DIE DEUTSCHE LITERATUR DES MITTELALTERS

★

VERFASSERLEXIKON

UNTER MITARBEIT ZAHLREICHER FACHGENOSSEN
HERAUSGEGEBEN VON

WOLFGANG STAMMLER

BAND II

Der von Gabelstein — Kyeser, Konrad

BERLIN UND LEIPZIG 1936

WALTER DE GRUYTER & CO.

VORMALS G. J. GÖSCHEN'SCHE VERLAGSHANDLUNG · J. GUTTENTAG VERLAGSBUCHHANDLUNG · GEORG REIMER · KARL J. TRÜBNER · VEIT & COMP.

Printed in Germany
Archiv Nr. 45 12 36

Druck von J. J. Augustin, Glückstadt - Hamburg - New York

Mitarbeiter

Dr. Josef Ahlhaus, ao. Professor an der Universität Würzburg.
Dr. Otto Basler, Direktor der wehrwissenschaftlichen Bibliothek, München.
Dr. Karl Bertram, Köslin.
Dr. Hans Bork, Studienassessor, Berlin.
Dr. Hans Brauer, Studienrat, Hannover.
Dr. Eduard Brodführer, Oberstudiendirektor i. R., Wilhelmshorst i. M.
Dr. Otto Brunner, ao. Professor an der Universität Wien.
Dr. Max Buchner, ord. Professor an der Universität Würzburg.
Dr. Henrik Cornell, Professor an der Universität Stockholm.
Dr. Jan van Dam, ord. Professor an der Universität Amsterdam.
Dr. Ludwig Denecke, Bibliothekar an der Staatsbibliothek, Berlin.
Dr. Josef Deutsch, Direktor der Universitätsbibliothek, Breslau.
Dr. Anton Dörrer, Staatsbibliothekar an der Universitätsbibliothek, Innsbruck.
Geheimrat Dr. Gustav Ehrismann, ord. Professor i. R., Berlin.
Dr. Fritz Eichler, Studienassessor, Köslin.
Dr. Hans Engel, ao. Professor an der Universität Königsberg.
Dr. Ruth Franke, Breslau.
Dr. Euard A. Geßler, Kustos am Schweizer Landesmuseum, Zürich.
Dr. Erich Gierach, ord. Professor an der Universität München.
Dr. Otto von Greyerz, ord. Professor an der Universität Bern.
Dr. Erich Gülzow, Studienrat, Barth i. Pomm.
Dr. Hermann Gumbel, ao. Professor an der Universität Frankfurt a. M.
Dr. Hans W. Hagen, Berlin.
Dr. Günther Hahn, Studienassessor, Crossen.
Dr. Kurt Halbach, Privatdozent an der Universität, Tübingen.
Dr. Louis L. Hammerich, ord. Professor an der Universität Kopenhagen.
Dr. Eduard Hartl, ao. Professor an der Universität München.
Dr. Wilhelm Hartnack, ao. Professor an der Universität Greifswald.
Dr. Franz Herberhold, Archivassessor, Berlin.
Dr. Erich Hofmann, Neu-Ulm (Donau).
Dr. Adolf Hofmeister, ord. Professor an der Universität Greifswald.
Dr. Max Ittenbach, Dozent an der Techn. Hochschule Danzig.
Dr. Hans Martin Junghans, Berlin.
Dr. Hermann Kaben, Studienassessor, Grevesmühlen.
Dr. Elisabeth Karg-Gasterstädt, Leipzig.
Dr. Josef Klapper, ao. Professor an der Universität, Breslau.
Dr. Josef Koch, ord. Professor an der Universität Breslau.
Dr. Engelbert Krebs, ord. Professor an der Universität Freiburg i. B.
Dr. Willy Krogmann, Berlin.
Dr. Lotte Kühn-Busse, Eberswalde.
Dr. Karl Langosch, Dozent an der Universität Berlin.
Dr. Albert Leitzmann, ord. Professor i. R., Jena.
Dr. Lutz Mackensen, Professor an der Herder-Hochschule, Riga.
Dr. Hermann Maschek, Klosterneuburg.
Dr. Friedrich Maurer, ord. Professor an der Universität Erlangen.
Dr. Hermann Menhardt, ao. Professor an der Universität Wien.
Dr. Karl Menne, Privatdozent an der Universität Köln.
Dr. Walther Mitzka, ord. Professor an der Universität Marburg.
Dr. Hans Naumann, ord. Professor an der Universität Bonn.
Dr. Friedrich Neumann, ord. Professor an der Universität Göttingen.
Dr. Hans Neumann, Studienassessor, Berlin.
Dr. Richard Newald, ord. Professor an der Universität Freiburg i. Schw.
Dr. Otto Niewöhner, Studiendirektor, Gotha.
F. Norman, Professor an der Universität London.
Dr. Kurt Ohly, Bibliotheksrat an der Staatsbibliothek, Berlin.
Dr. Horst Oppenheim, Stettin.
Dr. Otto Paul, München.
Dr. Karl Polheim, ord. Professor an der Universität Graz.
Dr. Robert Priebsch, weil. ord. Professor an der Universität London.
Dr. Bela v. Pukanszky, Dozent an der Universität Budapest.
Dr. Friedrich Ranke, ord. Professor an der Universität Breslau.
Dr. Walther Recke, Archivdirektor, Danzig.
Dr. Wilhelm Reinecke, Archivdirektor, Lüneburg.
Dr. Willm Reupke, Berlin.
Dr. Hans-Friedrich Rosenfeld, Professor an der Universität Turku.
Dr. Gustav Rosenhagen, Professor i. R., Hamburg.

Mitarbeiter

Dr. Paul Ruf, Staatsoberbibliothekar, München.
Dr. Arno Scheunemann, Breslau.
Dr. Friedrich Schmeidler, ord. Professor an der Universität Erlangen.
Dr. Wieland Schmidt, Berlin.
Dr. Hermann Schneider, ord. Professor an der Universität Tübingen.
Dr. Karl Schulte-Kemminghausen, ao. Professor an der Universität Münster.
Dr. Otto Schumann, ao. Professor an der Universität Frankfurt a. M.
Dr. Berta Schwarz, Bonn.
Dr. Claudius Freiherr von Schwerin, ord. Professor an der Universität München.
Dr. Hans Steinger, Privatdozent an der Universität Königsberg.
Dr. Karl Strecker, ord. Professor i. R., Berlin.
Dr. Hannah S. M. Amburger Stuart, London.
Geheimrat Dr. Karl Sudhoff, ord. Professor i. R., Leipzig.
Dr. Uhlhorn, Archivrat, Marburg.
D. Dr. Hans Vollmer, Professor, Hamburg.
Dr. Anton Wallner, Gymnasialprofessor i. R., Graz.
Dr. Wilh. Weichardt, Studienassessor, Küstrin.
Dr. Carl Wesle, ord. Professor an der Universität Jena.
Dr. Ruth Westermann, Berlin.
Dr. Günther Weydt, Frankfurt a. M.
Dr. Arthur Witte, ao. Professor an der Universität Jena.
Dr. Ludwig Wolff, ao. Professor an der Universität Göttingen.
Dr. Adam Wrede, Honorarprofessor an der Universität Köln.
Dr. Walther Ziesemer, ord. Professor an der Universität Königsberg.
Elisabeth Zitelmann-Hübener, Berlin.
Dr. Zülch, Frankfurt a. M.

G.

Der von Gabelstein, Name eines mystischen Predigers, von dem ein Zitat die Berliner Hs. mgo. 191, XIV. Jh., Bl. 364b aufbewahrt; gedruckt von F. Pfeiffer Germ. 3 S. 232. W. St.

Gablingen, s. Johannes v. G.

Gabriel von Lebenstein, Meister der Arznei, ein Kleriker angeblich zu Paris (Lehrer der heil. Geschrift); von ihm: '*Von den Wassern die man prent aus Kreutern und andern plumen*', im cod. 54. Aug. 4⁰ in Wolfenbüttel, saec. XIV., Bl. 19—24. Sudhoff.

Gabriel vom Liechtenstein oder *Gabriel fur die rund* nennt sich in einem politischen Gedicht selber mit diesem Namen (v. 234f.) als Verfasser. Die geschilderten Ereignisse behandeln den Aufruhr der Gemeinde in der freien Reichsstadt Schweinfurt gegen den Rat der Stadt im Jahre 1514. Der Spruchdichter nimmt die Partei der Gemeinde und gibt sich in den letzten Versen als ein Mensch aus, der gern ißt und trinkt und ungern arbeitet. Daß der Zeitpunkt der Entstehung des Spruches den geschilderten Ereignissen noch nahe ist, wie auch der Eingang des Gedichtes vermuten läßt, erhärtet noch die bei Liliencron unter Nr. 282 abgedruckte eilige Rechtfertigung von einem Anhänger der Ratspartei, der G. tendenziös einen *verlogenen boswicht* nennt. Der Spruch erzählt als letztes Geschehnis die Hinrichtung des Scharfrichters von Schweinfurt am 22. Dez. 1514 und die daraufhin erfolgte Flucht von 84 Gemeindemitgliedern, so daß wir als Entstehungszeit die letzte Woche d. J. 1514 oder die erste Zeit d. J. 1515 annehmen dürfen. Der Spruchdichter setzt die Kenntnis von vielen der Geschehnisse bei seinen Hörern oder Lesern voraus und betont das. Er ruft sie aber ins Gedächtnis zurück, um die Gemüter in Erregung zu halten oder wieder aufzuwühlen. Geschickt sucht er Rührung für das Schicksal der *armen gemein* zu erwecken. Den Bischof von Würzburg, Männer und Frauen hat er weinen sehen; und die frommen Edelleute haben mit ohnmächtig geballter Faust dabeistehen müssen. Einigemale wird die direkte Rede zur Belebung des Berichtes eingeführt. Die Nutzanwendung für das Verhalten der Gemeinde ist am Schluß nicht undeutlich gesagt: die Tendenz ist durchaus revolutionär. Einzelheiten sind hervorgehoben.

Der Spruch zählt 238 Verse und ist in Reimpaaren abgefaßt. Die Reime sind indessen oft zu Assonanzen herabgesunken. Die Reimarmut ist auffallend. Der Versbau ist locker und gesetzlos. Inhaltlich ist jedoch eine gewisse Disposition nicht zu verkennen. Nach einer kurzen allgemeinen Betrachtung schneller Übergang zum Thema, tendenziöser Schluß und Namennennung. Der Form dieses Gedichtes ist wieder, wie so oft in den Sprüchen dieser Art, wenig Sorgfalt zugewendet.

Das Ganze bietet uns ein Zeugnis dafür, wie in der Krisenzeit des ausgehenden MA. der Verwaltung der herrschenden Bürger die unteren Schichten mißtrauten.

R. v. Liliencron *Die historischen Volkslieder der Deutschen* III Nr. 283.

Karl Bertram.

Gabriel von Rüxingen *(Rückxingen)*. Hs. Additional 16581 des Britischen Museums, 15. Jh. (1469), ostschwäbisch, Bl. 160a; s. R. Priebsch *Deutsche Hss. in England* II (1901) S. 147—58. Ihm wird zugeteilt der Spruch:

Lise vnd höre die gepott
Vnd vernym das recht durch got.

R. Priebsch.

Gägnreuterin, eine ehrbare Witwe zu Passau. Sie trieb das Heilgewerbe und brannte Arzneiwässer, deren eines gegen Harngries siehe im clm. 5905, saec. XV., Bl. 44a: *Mich hat ein erbige witbe zu passow gelernt ain wasser aufprennen für den grieß, die da haist die gägnreutterin.*

Sudhoff.

Gandersheim, s. Eberhard u. Hrotsvith v. G.

'Das Gänslein'.

Überlieferung in der Heidelberger Hs. cpg. 341 und deren Kalocsaer Abschrift, in der Wiener Hs. 2885, der von ihr abstammenden Innsbrucker Hs. 16. o. 9. und der aus Würzburg stammenden Hs. 731 der Münchener Universitätsbibl. (Pfeiffer ZfdA. 8 S. 95.)

Der Versschwank von dem naiven weltfremden Mönch, dem man die Frauen als Gänse hinstellt, der dadurch der Verführung eines kecken Mädchens erliegt und nun vom Abt Gänse für das Kloster erbittet, ist gegen Ende des 13. Jhs. im rheinischen Alemannien entstanden. Vorbild war dabei die Dichtung vom 'Sperber' (s. d.), die von dem Gegenstück, der naiven Nonne, berichtete. Möglich, daß erst der deutsche Dichter eine verbreitete Pointe unter dem Eindruck jener Novelle zu einer geschlossenen Erzählung rundete. Jedenfalls ist es bisher nicht gelungen, eine im Ganzen parallele Erzählung in der älteren Literatur nachzuweisen, wenn auch Boccaccio und Martin Franc (um 1450) die Pointe selbst in ähnlicher Weise verwenden.

Ausgabe von Fr. Pfeiffer ZfdA. 8 S. 95ff.; von v. d. Hagen GA. II Nr. XXIII S. 37ff.; von Sarovolškij *Šest' Švankov*, Kiew 1913 (russ.). — H. Niewöhner *'Der Sperber' und verwandte mhd. Novellen* (Palästra 119) 1913 S. 67f.; A. Leitzmann PBB. 48 S. 260.E. Wallner *Reinhartfragen*, ZfdA. 63 S. 182 (über das in cpg. 341 als Name des Klosters genannte *Drahow*). — Nhd. von L. Greiner *Altdeutsche Novellen* II S. 235.

H.-Fr. Rosenfeld.

Gärtner, s. Werner der Gärtner.

Gast. Unter diesem Namen stehen als Nachtrag in der Manessischen Handschrift (ohne zugehöriges Bild und der Verfassername von ganz neuer Hand erst nachträglich in die alte Liste gesetzt) zwei Sangspruchstrophen. v. d. Hagen erwog nur sehr zögernd und zweifelnd die Lokalisierung des Dichters in der Schweiz, in der Nähe des schweizerischen Nachträgesammlers der Handschrift, auf Grund von zwei urkundlichen Belegen des Namens in der dortigen Gegend, die er beizubringen vermochte. Trotzdem wurde der Dichter nicht bloß früher von Wackernagel, sondern auch später von Stälin, Bartsch, Baechtold für die Schweiz in Anspruch genommen. Grimme bringt gegen diese Lokalisierung andere Nachweise des Namens aus anderen Gauen bei und ficht die Zweifellosigkeit der schweizer Herkunft daraufhin an. Für einen Bürgerlichen halten den Dichter Bartsch und Grimme ausdrücklich. Die zweite der Strophen enthält offenbar am Schluß eine scharfe Pointe gegen einen *künic*, der *niht rehte richten wil;* v. d. Hagen und Drees beziehen dies auf König Heinrich VII. Bartsch hält diese Datierung wegen der gleich zu erwähnenden Nachahmung Reinmars von Zweter (s. d.), die die Sprüche beweisen, für zu früh und denkt erst an die Zeit nach dem Tod Friedrichs II. Baechtold erwägt die Zeit Friedrichs II. selbst, so zwar, daß Burkhard von Wengen (s. d.) mit seiner königsfeindlichen Haltung hier Schule gemacht haben könnte. — Die Strophen handeln das Thema der Standespflichten nach Priamelart ab. Da mehrere Strophen Reinmars von Zweter (v. d. Hagen Nr. 113 Str. 93, vor allem 209) ähnlich sind, so hielt man hier Gast für den Nachahmer Reinmars (v. d. Hagen, Bartsch). v. d. Hagen sprach auch die Vermutung aus, der von Reinmar in Str. 102 apostrophierte *her gast* könnte der Dichter der beiden Manessischen Sangsprüche sein. — Die erste der beiden Strophen der Manessischen Handschr. steht anonym in einer Leipziger Handschrift (der Stadtbibliothek) und in der Kolmarer Handschrift in München, in ,,Wolframs von Eschelbach" ,,goldenem Ton" (Bartsch).

Text: v. d. Hagen *Minnesinger* 1838 II 260; IV 538f. Nr. 120. K. Bartsch *Die Schweizer Minnesänger* 1886, S. 161, CI. K. Bartsch *Meisterlieder der Colmarer Handschr.* (Bibl. d. Lit. Ver. 68) 1862, S. 535f. — W. Wackernagel *Die Verdienste der Schweizer um die deutsche Lit.* 1833, S. 13. C. F. Stälin *Württ. Gesch.* II (1847) S. 767. F. Grimme Germ. 35 (1890) S. 319. G. Roethe *Reinmar von Zweter* 1887, Anm. 239 (Gast: ,,ganz apokryph"). H. Drees *Die politische Dichtung der deutschen Minnesänger*. Progr. Wernigerode 1887, S. 7. J. Baechtold *Gesch. der dt. Lit. in der Schweiz* 1892, S. 154. F. Mone Deutscher Herold 1893, S. 73f. (völlig verfehlt: *Gast* als *-gast* aus *Stundengast* in Handschr. infolge Unleserlichkeit der Vorlage; letzterer

Name Familie von Ministerialen der Bischöfe von Konstanz).

K. Halbach.

Gast, Kunz (*Kontz*), wird von H. Folz (s. d.) (DTdMA. XII S. 350) und von K. Nachtigal (s. d.) (mgq. Berol. 414, Bl. 426b) unter den frühen Meistersängern gerühmt. Sonst unbekannt. Ob Bezug auf den Minnesänger Gast (s. d.)? W. St.

'Gebet, Wessobrunner'.

1. Hs.: München clm. 22053, VIII/IX. Jhs. (aus dem oberbairischen Kloster Wessobrunn), bestehend aus fünf verschiedenen Hss. mannigfachen theologischen, geometrischen, geographischen und chronologischen Inhalts, z. T. mit ahd. Glossen. Auf Bl. 65a—66b unter der Überschrift *De poeta* (= *poesis*) unser Gedicht.

2. Verfasser unbekannt. Die Mundart des Denkmals, das sich aus drei auch äußerlich unterschiedenen Teilen zusammensetzt, ist bairisch. Allerdings deuten ags. Schrifteigentümlichkeiten, die sich über das Ganze verteilen, und die Formen *Dat gafregin ih* („das erfuhr ich") zu Anfang darauf, daß der Dichter oder Schreiber zu dem angelsächsisch-niederdeutschen Kulturkreis in Beziehung stand.

3. I: „Das erfuhr ich unter den Menschen
als der Wunder größtes,
daß Erde nicht war noch oben Himmel
noch Baum irgend noch Berg (nicht) war
noch Sonne (nicht) schien
noch Mond (nicht) leuchtete noch das
Märchen-Meer.

II: Da dort nichts (nicht) war
an Enden und Wenden,
da war doch der eine, allmächtige Gott,
der Männer mildester, und da waren
auch viele mit ihm
gütige Geister und Gott der heilige"
(Übs. Wolfskehl-v. d. Leyen).

Damit brechen die stabreimenden Verse des Stücks ab, und es folgt auf die beiden poetischen Teile als dritter in Prosa ein Gebet um Glaubensstärke und Widerstandskraft gegen den Teufel.

4. Das Thema „Weltschöpfung" ist vom Dichter zunächst negativ behandelt, indem er die wichtigsten Bestandteile der sinnlichen Welt, die vor ihrer Erschaffung stand, erst einmal aufzählt.

Wäre das Gedicht nur bis zu dieser Stelle erhalten, so könnte man glauben, ein Stück altgermanischen Mythos unmittelbar vor sich zu haben. In der altnordischen 'Völuspa' z. B., einer Dichtung, die Werden und Vergehen der alten Götter zum Gegenstand hat, findet sich eine Strophe, die sich mit dem ersten Teil des 'Wessobrunner Gebets' beinahe im Wortlaut deckt; andere Quellen bestätigen, daß die hier zum Ausdruck gebrachte Vorstellung germanisch ist. Gleichzeitig aber müssen wir sofort an die christliche Schöpfungsgeschichte denken, die uns aus Genesis und 90. Psalm geläufig ist, und wir erkennen, daß hier offenbar ein Berührungspunkt beider Weltanschauungen vorliegt.

Von welchem Geist die ersten fünf Verse des 'Wessobrunner Gebets' getragen sind, darüber geben erst die wenigen Zeilen des folgenden, positiven Teils klare Auskunft.

Da ist nun nicht die Rede von den Göttern, die den Urriesen erschlagen und aus seinem Leib die Welt aufbauen, sondern von dem einen, allmächtigen, heiligen Christengott; es kann nicht zweifelhaft sein, wie die Fortsetzung dieses Gedichtes gelautet hätte.

5. Wir haben es im 'Wessobrunner Gebet' also mit einem Gegenstück zum 'Muspilli' (s. d.) zu tun: Hier Weltschöpfung, dort Weltzerstörung; beide Male sind die betreffenden Gedanken in einer Art vorgebracht, die sich in Ausdruck und Inhalt der altheimischen Gewohnheit derer, für die sie bestimmt sind, anpaßt.

Diese Form, die christliche Lehre Neulingen im Glauben schmackhaft zu machen, ist angelsächsisch; so haben wir uns die biblischen Dichtungen eines Caedmon und Cynewulf vorzustellen, denen auf deutschem Boden der 'Heliand' (s. d.) entspricht.

Damit finden, berücksichtigt man die Verbindung Baiern-Fulda, auch die bereits erwähnten, nichthochdeutschen Sprach- und Schriftformen in unserm Denkmal ihre Erklärung.

Text: Steinmeyer *Die kleineren ahd. Sprachdenkmäler* S. 16ff. Faksimileausgabe der gesamten Hs. von C. v. Kraus 1926. — Ehrismann *Gesch. d. dtsch. Lit.* I S. 131ff. Brauer.

Gebhart, Meister. Die Hs. in der Nürnberger Stadtbibliothek Cent. VI, 46f, XV. Jh., aus dem Katharinenkloster zu Nürnberg, enthält auf Bl. 267b—286b einen erbaulich-allegorischen Traktat in gehobener Sprache: 'Von den Kräften der Seele'. Am Schluß heißt es: *Daz puechlein hat gemacht mayster Gebhart.* W. St.

'Gebote, Die zehn', s. 'Esau u. Jakob'.

Gebweiler, s. Katharina v. G.

Gedrût. Höchst wahrscheinlich ein Frauenname, unter dem die Heidelberger Handschrift *A* eine Reihe sonst unter anderen Namen überlieferter Strophen zusammenstellt. Ein einziges Lied läßt sich sonst nicht nachweisen, es rührt sicher nicht von einer Frau her. Es gehört vermutlich nach Schwaben (Beziehungen zu Wachsmut von Künzingen, s. d.) und in die Mitte des 13. Jahrhunderts.

Kleine Heidelberger Liederhandschrrift *A* (Universitätsbibliothek Heidelberg 357, Blatt 24b—26a). F. Pfeiffer *Die alte Heidelberger Liederhandschrift* (Stuttg. Liter. Ver. 9) 1844, S. 137—144. HMS. III 332; IV 758. BG. Nr. 56, S. LXXII, 264f. — F. Grimme *Neue Beiträge zur Geschichte der Minnesinger*, Alemannia 22 (1894) S. 33. E. Schröder *Gedrût*, ZfdA. 58 (1920) S. 95f.

F. Karg.

'Gefangenschaft, Babylonische'.

Handschrift: Pergamentblatt aus Maria-Saal, jetzt in St. Paul, 12. Jh., beschrieben durch v. Kraus ZfdA. 50 S. 328ff. Die Bruchstücke des 'Johannes Baptista' vom Priester Adelbrecht und des 'St. Veit' gehörten zu einer anderen Handschrift.

Ausgaben: Mone Anzeiger f. Kunde d. dt. Vorz. 8 S. 55—58. v. Kraus S. 331—333. Leitzmann *Kleine geistl. Ged. des 12. Jhs.* S. 10—12, 30.

Literatur: Ehrismann *Gesch. d. dtsch. Lit.* II, 1 S. 114f. Stroppel *Liturgie und geistliche Dichtung* 1927 S. 69f. Wesle AfdA. 43 S. 164; ders. *Frühmhd. Reimstudien* 1925.

Der Dichter war wohl Moselfranke, die Handschr. zeigt anscheinend Spuren einer oberdeutschen Bearbeitung (Wesle). Zeit etwa um die Mitte des 12. Jhs., eine genauere Bestimmung ist wegen der Kürze des Erhaltenen und der z. T. fehlerhaften Überlieferung unmöglich. Die 70tägige Bußzeit vor Ostern wird mit den 70 Jahren der Babylonischen Gefangenschaft der Juden verglichen. Der Vergleich war üblich (s. Ehrismann).

Steinger.

Geiger, Konrad, s. Axspitz.

Geiler von Kaisersberg, Johann.

1. Drucke: 'Todtenbüchlein' 1480. — 'Beichtspiegel' ca. 1518. — *'Oratio habita in Synodo Argentinensi'* 1482. Dt. Übersetzung von Wimpfeling 1513. — 'Ein heylsame lere und predig' 1489. 1490. — 'Der Bilger' 1494. 1499. 1509. — 'Ein Sendtbrieff an die würdigen Frawen zu den Reuwern zu Freiburg i. Br.' 1499. — 'Die XXI Artikel' ca. 1500. — 'Der Trostspiegel' 1503 (zweimal). 1505. 1507. 1508. 1513. 1519. 1583. 1591/92. N. Ausgabe Hamburg 1597. Vgl. 'Granatapfel' und 'Irrig Schaf'. — *'Epistola elegantissima'* 1505. — *'Passio Christi'* 1506. 1507 (zweimal). 1508. 1513. Dt. Ausgabe 1506. 1507. 1509 (zweimal). 1513. — 'Predigen teutsch' 1508. 1510. — *'Fragmenta passionis'*, Otther 1508. 1511. — *'De oratione dominica'*, Otther 1509. 1510. 1515. —'Der Seelen Paradies', Nachschrift von Susanna Hörwart und Ursula Stigel, Otther 1510. — 'Das Buch Granatapfel' 1510. 1511. 1516. — 'Das irrig Schaf', Otther ca. 1510. 1514. — *'Navicula sive speculum fatuorum'*, Otther ca. 1510. 1511. 1513, vgl. 'Narrenschiff'. — *'Navicula poenitentiae'*, Otther 1511. 1512. 1517. — 'Christenlich Bilgerschaft', Otther 1512. Lat. Ausg. *'Peregrinus'* 1513. — 'Predig der himelfart' 1512. — 'Ein heilsam trostliche Predig' 1513. — 'Das Schiff der penitentz' 1514. Cgm. 46. — *'Sermones praestantissimi'*, Jakob Biethen von Reichenweiler 1514 (zweimal). 1515 (zweimal). Dt. Ausg.: 'Das Buch arbore humana', Wickgram 1520. — *'Sermones fructuosissimi'* 1519. — 'Die Passion', Johann Adelphus physicus in Straßburg 1514. — *'Pater noster'*, Joh. Adelphus (Müling) 1515. — 'Das Evangelibuch', Pauli 1515. 'Mit Uslegung' 1517. 'Plenarium' 1522. — 'Die Emeis', Pauli 1516. 1517. — 'Her der Künig' 1516. 1517. — 'Die Brösamlin', Pauli 1517. — 'Die Sünden des Munds', Pauli 1518. — 'Das Alphabet' 1518. — *'Sermones et varii tractatus'*, Wickgram 1518. 1521. — 'Der dreyer Marien Salbung' 1520. — 'Narrenschiff', Pauli 1520. 1574. 1625. — 'Postill', Weßmer 1522.

2. Geiler wurde am 16. März 1445 als Sohn des Stadtschreibers von Schaffhausen geboren. Seine Mutter Anna war eine geborene Zuber. Bald nach seiner Geburt siedelte die Familie nach Ammersweiher im Oberelsaß über, wo Geilers Vater 1447 an den Wunden, die er sich im Kampfe mit einem Bären geholt hatte, starb. Der Großvater in Kaisersberg nahm sich der Erziehung des Knaben an. In der dortigen Stadtschule genoß G. den Elementarunterricht. Am 28. Juni 1460 wurde er an der Universität Freiburg i. Br. immatrikuliert, legte am 12. Februar 1462 das Bakkalaureatsexamen ab, am 3. Februar 1463 wurde er Magister. Ende 1465

wurde er in den weiteren, 1467 in den engeren Rat der artistischen Fakultät aufgenommen. 1469/70 war er Dekan. 1470 empfing er die Priesterweihe. G. hielt vor allem über verschiedene Schriften des Aristoteles und über den ersten Teil des '*Doctrinale*' von Alexander de Villa Dei Vorlesungen. Kurze Zeit nachher zog er nach Basel, wo er 1474 das Dekanat bekleidete und ein Jahr später zum Doktor theol. promoviert wurde. 1476 wurde er an die Universität Freiburg berufen, zu deren Rektor er am 31. Oktober gewählt wurde. Schon ein Jahr später verließ er Freiburg. Über seine folgende Tätigkeit wissen die Quellen nichts zu berichten. Wahrscheinlich war er in Lyon und Marseille und sammelte das Material für seine 1488 erschienene Ausgabe der Schriften des Pariser Theologen Johannes Gerson. Predigten, welche er Ende 1477 in Baden-Baden hielt, veranlaßten angesehene Bürger von Würzburg, ihm eine Predigerstelle in ihrer Heimat zu verschaffen. G. nahm an, wurde jedoch in Straßburg von seinem Schüler, dem Ammeister Peter Schott († 1490), aufgehalten und als Prediger gewonnen. Schott selbst finanzierte die neugeschaffene Stelle. Am 20. Jan. 1478 erscheint G. als Zeuge bei der Grundsteinlegung der neuen Kirche des St. Magdalenenklosters. Vom 1. April 1478 an predigte G. in der St. Lorenzkirche, von 1486 an im Liebfrauendom, wo für ihn eine neue Kanzel errichtet wurde. Unter dieser wurde sein Leichnam beigesetzt. G. starb am 10. März 1510.

3. Als Kanzelredner genoß G. hohes Ansehen. Kaiser Maximilian I. besuchte seine Predigten häufig. Er ernannte ihn 1501 zum kaiserlichen Kanzler. 1503 weilte G. bei dem Kaiser in Füssen. Ehrenvolle Rufe nach Basel, Köln und Augsburg, wo sein ehemaliger Schüler Graf Friedrich von Zollern als Bischof wirkte, schlug er aus. In Augsburg predigte er vom 29. Sept. bis 28. Dez. 1488. Energisch trat er 1482 gegen die herrschenden Mißstände in der Kirche auf. Bei den Klostervisitationen im Elsaß spielte er eine hervorragende Rolle. Mystische Traditionen setzte er als Prediger bei den Reuerinnen von 1496 an fort. Die Wirkung seiner Tätigkeit äußert sich darin, daß diese eines der wenigen Nonnenklöster Straßburgs waren, die den Einflüssen der Reformation standhielten. Aber auch in geistiger Hinsicht übte G. eine starke Anziehungskraft aus. Durch seine Vermittlung wurden Sebastian Brant (s. d.), Wimpfeling und Hieronymus Gebwiler von Schlettstadt an die Domschule nach Straßburg berufen. Besonders die Schulbildung wollte G. heben. Sein abfälliges Urteil über den juristischen Lehrbetrieb Murners beleidigte den ehrgeizigen Mönch, dessen Predigtweise G. allerdings anerkannte. Die Gegensätzlichkeit zwischen Mönchtum und Weltgeistlichkeit spielte zweifellos bei dieser Verstimmung stark mit, die sich in dem Streit zwischen G.s Schüler und Freund Wimpfeling und Murner dann zur offenen Feindschaft wandelte. Mit Gabriel Biel (s. d.) verband G. dauernde Freundschaft, die auf seiner Stellung zur Scholastik beruht. Jakob Lochers Angriffe auf die Scholastik wehrte schließlich Wimpfeling in G.s Sinn ab.

4. Leider sind G.s Werke in unzulänglicher Form überliefert, da das Wenigste, das unter seinem Namen im Druck erschien, von ihm selbst revidiert wurde. Seine auf den mündlichen Vortrag berechneten flüchtig abgefaßten lateinischen Predigtskizzen und -konzepte sowie Nachschriften seiner Zuhörer waren das Material für die Herausgeber seiner Werke. de Lorenzis Meinung, daß G.s Neffe Peter Wickgram pietätvoller als Johannes Pauli (s. d.) vorgegangen sei, ist nach den Forschungen Fischers, Pflegers und Boltes zu widersprechen. Denn Pauli wahrte G.s Text gegenüber die nötige Ehrfurcht. Er ist ein kongenialer Geist. Beide sprechen die Sprache des Volkes, ihr nüchterner Verstand und ihre scharfe Beobachtung bringen sie zu der Erkenntnis, daß der derbe Realismus allein das wirksamste Mittel sei, ihre Aufgaben zu erfüllen. Die bekehrten Seelen sind Kamele, die von der Erbsünde beladene Seele ein Lastesel. Typisch für G. sind Serienpredigten, die sehr häufig von allgemein interessierenden Ereignissen ihren Aus-

gang nehmen. Ein Löwe auf dem Jahrmarkt wird in 17 Predigten als Sinnbild eines Frommen, eines Weltmenschen, Christi und endlich des Teufels dargestellt. Das 14fache Abbild eines rechten Klostermenschen bringt der Hase im Pfeffer. G.s Bilder sind von keiner dichterisch gestaltenden Phantasie geschaffen. Stets wird seine glänzende Erzählergabe gerühmt. Streng die göttlichen Gebote beobachten und nicht nach dem Treiben des Nächsten sehen, das sind G.s Hauptlehren, von deren Befolgung er sich Besserung verspricht. Fast das gesamte geistliche und weltliche Wissen des ausgehenden Mittelalters wird uns in G.s Werken vorgesetzt. Stets sind seine Worte dem Geist seiner Zuhörer angepaßt. Vor allem predigt er für die Straßburger, deren Tun und Treiben ihm Lebensstudium geworden war. Seine Predigten über Brants 'Narrenschiff' erzielten die größte Wirkung. Doch wirkte er nicht wie dieser durch die knappe didaktische Fassung seiner Gedanken, sondern durch seine weitausholende, erklärende Darstellung, die stets zu verallgemeinern sucht. Allegorien, Gleichnisse, Erzählungen, Sprichwörter und volkstümliche Redewendungen machen die Predigten abwechslungsreicher als ihre literarische Vorlage. G. arbeitet mit effektvolleren Mitteln als Berthold von Regensburg (s. d.) und die mystischen Prediger. Er wirkt derb durch realistische Bilder und Sittenschilderungen. An Friedrich von Zollern schreibt er: „Du kennst meine Derbheit, wonach ich wie der Fuhrmann die Reisenden auf der Landstraße zu fahren gewohnt bin und von Weglein nichts wissen will, auf denen man zwischen dem Wasser und dem Land noch gehen zu können glaubt." Willensenergie bestimmt seinen Charakter. Dennoch ist er Prediger im mittelalterlichen Sinn, weil er die Menschen zu dem naiven Glauben ihrer Vorfahren und zur alten Sitteneinfalt zurückführen will.

5. Die Versuche, G. zu einem Vorläufer Luthers stempeln zu wollen, mußten scheitern. Eine selbständige Stellungnahme zu den Problemen des Lebens läßt sich kaum feststellen. Immerhin zitiert G. antike und humanistische Autoren und übernimmt von der neuen Geistesrichtung vor allem pädagogische Ideale. Somit steht er den Bestrebungen der Brüder vom gemeinsamen Leben nahe. Der Bibel bringt er unbegrenzte Wertschätzung entgegen, doch will er sie nicht in den Händen eines beliebigen Laien wissen. Ihr Verständnis soll dem Volk durch die Predigt erschlossen werden. G. ist durchaus Scholastiker und setzt als solcher die realistischen Traditionen seines Lehrers Heynlin von Stein (s. d.) fort. Wie dieser tritt er für eine Reform im Sinne der mittelalterlichen Autorität ein und verfolgt so kirchliche Bestrebungen vom Ende des 14. und Beginn des 15. Jhs. weiter (Heinrich von Langenstein [s. d.], Johannes Gerson, Nikolaus von Dinkelsbühl [s. d.], Johannes Nider [s. d.]). G.s Lebensauffassung läßt ihn an Menschheit und Kirche nicht ganz verzweifeln und nicht dem Vorbilde Heynlins folgen, der schließlich in den Kartäuserorden eintrat, sondern sich mit den Unstimmigkeiten des Lebens abfinden. Die schmetternde Posaune des Straßburger Münsters, wie ihn die Zeitgenossen nannten, vertönte bald in den Tagen der Reformation. Murner allein hat vieles von G. gelernt.

P. Schott *Lucubraciunculae ornatissimae* 1498. *Epigrafa in Kayserspergium* 1510. *Margarita facetiarum, Scommata J. K. viri illuminatissimi* 1508. J. Wimpfeling *Doctrina et vita J. K.* 1510. B. Rhenanus *J. G. vita* 1511. J. A. Riegger *Amoenitates litterariae Friburgenses* 1775, S. 54—96. Teutscher Merkur 1783, H. 4. Vierling [= Oberlin] *Dissertatio de J. G. Caesaromontani scriptis germanicis* 1786. F. W. Ph. von Ammon *G. v. K. Leben, Lehren und Predigten* 1826. A. Stoeber *Essay historique et littéraire sur la vie et les sermons de J. G. de K.* 1834. J. Scheible *Das Kloster* I (1845). L. Dacheux *Un reformateur catholique à la fin du XVe siècle J. G. de K., prédicateur à la cathèdrale de Strasbourg, 1478—1510* 1876; dt. Auszug daraus: W. Lindemann *J. G. v. K., ein katholischer Reformator am Ende d. 15. Jahrh.* 1877. ADB. VIII S. 509—518. Goedeke I S. 396. Wetzer-Welte *Kirchenlexikon* ²5 S. 188—195. RE³. 6 S. 427—432. Ch. Schmidt *Histoire littéraire de l'Alsace à la fin du XVe siècle et au commencement du XVIe siècle* 1879, I S. 337—461. L. Dacheux *Die ältesten Schriften G. v. K.* 1882. Ph. de Lorenzi *G. v. K. Ausgewählte Schriften nebst einer Abhandlung über G.s Leben und echte Schriften* 4 Bde., 1881—83. Th. Vulpinus *16 Briefe Peter Schotts an G. v. K.*, JbfElsLothr. 9 S. 37—61. A. Hoch *G. v. K. 'Ars moriendi' aus dem Jahr 1497* (Straßburger theologische Studien 4, 2) 1901. 'Der passion' her. v. R. Zoozmann 1906. K. Fischer *Das Verhältnis zweier lat. Texte G. v. K. zu ihren dt. Bearbeitungen*. Diss. Straßburg 1908. A. Vonlanthen *G. s 'Seelenparadies' im Verhältnis zur Vorlage*, Arch. f. elsäss. Kirchengesch. 6 (1931) S. 229—324. J. B. Schwab *Johannes Gerson* 1858, S. 790f. J. M. B. Clauß *Kritische Übersicht d. Schriften über G. v. K.*, Hist. Jahrb. 31 (1910) S. 485, 519. M. Kerker *G. und sein Verhältnis zur Kirche*, Hist.-pol. Blätter 48 (1861) S. 637—652, 721—734, 949—963; 49 (1862) S. 33—42, 280—293, 390—403, 748—757. L. Pfleger *G. v. K. und die Bibel*, Arch. f. elsäss. Kirchengesch. 1 (1926) S. 119—140. Ders. *Zur Gesch. des Predigtwesens in Straßburg vor G. v. K.* 1907. A. Linsenmayer *Gesch. d. Predigt in Deutschland* 1886, S. 39. R. Cruel *Gesch. d. dt. Predigt im MA.* 1879. P. Keppler *Zur Fastenpredigt d. MA.*, Hist. Jahrb. 3 (1882) S. 305; 4 (1883) S. 161. L. Pfleger *Der Franziskaner Joh. Pauli und seine Ausgaben Geilerscher Predigten*, Arch. f. elsäss. Kirchengesch. 3 (1928) S. 47—96. Joh. Pauli *Schimpf und Ernst* her. v. J. Bolte 1924., I S. *16—*22. H. Mayer *J.G.v.K. hauptsächlich in seinen Beziehungen zu Freiburg i. Br.*, Schauinsland 23 (1896) S. 1—17. Ders. *Mitt. aus d. Matrikelbüchern d. Univers. Freiburg i. Br.*, Ztschrft. d. Ges. f. Beförderung d. Gesch., Altertums- und Volkskunde von Freiburg i. Br. 13 (1897) S. 69. L. Pfleger *G. v. K. und das Magdalenenkloster in Straßburg*, Straßburger Diözesanblatt 37 (1918) S. 24—31, 56—63. A. Steichele *Friedrich Graf von Zollern Bischof von Augsburg und G. v. K.*, Arch. f. Gesch. d. Bistums Augsburg 1 (1855) S. 143—172. Th. Dreher *Das Tagebuch über Friedrich von Hohenzollern, Bischof von Augsburg 1486—1505*, Mitt. d. Vereins f. Gesch. und Altertumskunde in Hohenzollern 18, S. 1—64; 19, S. 1—96; 20, S. 1—48; 21, S. 49—92. K. Stenzel *G. v. K. und Friedrich von Zollern*, Ztschrft. f. Gesch. d. Oberrheins N. F. 40 (1927) S. 61—113. K. Ott *Über Murners Verhältnis zu G.*, Alem. 23 (1895) S. 144—188. Th. Maus *Brant, G. und Murner*, Diss. Marburg 1914. E. v. Borries *Wimpfeling und Murner im Kampf um die ältere Geschichte des Elsasses* 1926, S. 4, 25f., 42. J. Schlecht *Dr. Johann Ecks Anfänge*, Hist. Jahrb. 36 (1915) S. 15f. Ders. Reformationsgeschichtl. Studien und Texte 21/22 (1912), S. 149f. F. X. Zacher *G. v. K. als Pädagog.* Progr. Burghausen 1 (1912/13), 2 (1913/14). E. Freiin Roeder v. Diersburg *Komik und Humor bei G. v. K.* (Germ. Studien 9) 1921. L. Bianchi *G. v. K. u. Abraham a S. Clara*, Oberdt. Zs. f. Volkskde. 3 (1929) S. 137—160. L. Pfleger *Das Auftreten der Syphilis in Straßburg. G. v. K. und der Kult d. heiligen Fiakrius*, Ztschrft. f. Gesch. d. Oberrheins N. F. 33 (1918) S. 153—173. Ders. *Wo stand die Münsterkanzel vor G. v. K.?*, Arch. f. elsäss. Kirchengesch. 3 (1928) S. 377f. O. Lauffer *G. v. K. und das Deutschtum des Elsaß im Ausgang des Mittelalters*, Arch. f. Kulturgesch. 17 (1927) S. 38—49. N. Paulus *G.s Stellung zur Hexenfrage*, Elsäss. Monatsschrift 1 S. 9—23. T. W. Röhrich *Testament J. G. v. K.*, Ztschrft. f. d. histor. Theologie N. F. 12 (1848) S. 572—586. — Bildnis: Burgkmair München Alte Pinakothek. Holzschnitt: Kristeller *Die Straßburger Buchillustration* 1888, Abb. 30.

R. Newald.

Geist, Bernhard (von), s. 'Palpanista'.

Gelnhausen, s. Johannes v. G.

Geltâr. Minnesinger des 13. Jahrhunderts, urkundlich nicht nachweisbar, vermutlich ein Österreicher (Beziehungen zu den Herren von Mergersdorf in Österreich u. d. Enns). In seiner Kunst von Neidhart (s. d.) beeinflußt.

Große Heidelberger Liederhs. C (Universitätsbibliothek Heidelberg Cod. Germ. Pal. 848, Bl. 320c—321b, mit Bild). Kleine Heidelberger Liederhs. *A* (Universitätsbibliothek Heidelberg 357, Nr. 95, Bl. 25a, unter den Gedichten Gedrûts, s. d., überliefert). — F. Pfaff *Die große Heidelberger Liederhs.* I 1909, Sp. 1030f. F. Pfeiffer *Die alte Heidelberger Liederhandschrift* (Stuttg. Lit. Ver. 9) 1844, S. 137—139. — [Bodmer] *Proben der alten schwäbischen Poesie des 13. Jahrhunderts* 1748, S. 172 (= I). Bodmer *Sammlung von Minnesingern aus dem schwäbischen Zeitpunkte* 1759 II S. 119. HMS. II 173; IV 485f., 758. BG. Nr. 57, S. LXXIII, 265—267. F. Pfaff *Der Minnesang des 12. bis 14. Jahrhunderts* (DNL. 8) S. 199 (= II). — W. Wilmanns ADB. VIII (1878) S. 552. K. Burdach *Reinmar und Walther* 1880 (²1928) S. 131—133; Anm. 49.

F. Karg.

'Genesis' (ahd.).

1. Handschriften: a) die Wiener Nr. 2721 (W); b) die Milstätter (M); s. 'Exodus'. c) Die Vorauer (V) enthält als 2. Teil der 'Bücher Mosis' (s. d.) die Geschichte Josefs. Menhardt *Handschriftenverzeichnisse österreich. Bibliotheken, Kärnten* I S. 211.

Ausgaben: (W) Graff *Diutiska* III S. 40 bis 112 (unvollst.). Hoffmann *Fundgruben* II S. 9—84. Maßmann *Dt. Ged. d. 12. Jhs.* II S. 158, 235—310. Piper *Geistl. Dichtung* I S. 87—193 (bis zum Tod Isaaks). — (M) Diemer *Genesis und Exodus* 1862; dazu Piper *Nachtr. z. älteren dt. Lit.* S. 253—260. — (Josef nach W u. V) Piper ZfdPh. 20 S. 257—289, 430 bis 474.

Literatur s. Ehrismann *Gesch. d. dt. Lit.* II, 1 S. 78—88. Blumenröder *Die Quellenberufungen i. d. mhd. Dichtung*, Diss. Marburg 1920 (Mschr.), bes. S. 42—44, 91—94. de Boor

ZfdPh. 52 S. 31ff.; Germanica f. Ed. Sievers 1925, S. 489—494. Bulthaupt, Palaestra 72. Dollmayer, QF. 94. Hauck *Kirchengesch. Deutschlands* IV[5] S. 100. Heusler *Dt. Versgesch.* s. Register. Kelle *Gesch. d. dt. Lit.* II S. 21—29, 251—260. Leicher *Die Totenklage i. d. dt. Epik* 1927 S. 39ff. Leitzmann PBB. 47 S. 140. Pniower, Berlin. Diss. 1883; ZfdA. 29 S. 26—47; 30 S. 150—175. Rödiger ZfdA. 18 S. 263—280. Scherer QF. 1 S. 7—69; 7 S. 3f.; 12 S. 44—49. E. Schröder ZfdA. 26 S. 199f. Stroppel *Liturgie u. geistl. Dicht.* 1927 S. 63 bis 69. Vogt PBB. 2 S. 208—271, 288—317, 586—592. Weller Palaestra 123. Wesle *Frühmhd. Reimstudien* 1925.

2. W bietet die ursprüngliche Fassung, M eine um Jahrzehnte jüngere Bearbeitung (s. u.). Innerhalb des 'Josef' sind W und M untereinander näher verwandt (Diemer S. IVff.), W hat einen sorgfältigeren Text als V (Piper). Die Sprache aller Handschriften ist bair.-österr., die des Dichters wich nur durch größere Altertümlichkeit ab (Dollmayer), die Heimat des Gedichts ist wahrscheinlich Österreich oder seine Alpenländer, wie später der 'Exodus' und der Vorauer 'Bücher Mosis', Scherer vermutet Kärnten (1 S. 21, 57f., 62ff.). Entstanden ist die 'Genesis' vor 1075, die damals von Gregor VII. verbotene Laieninvestitur erscheint noch als erlaubt (14, 15f.), der frühen Abfassung entsprechen die zahlreichen Endsilbenreime in W (Dollmayer).

3. Scherer unterschied nach Reim und Versbau, vor allem aber nach der bald breiteren, bald knapperen, ja lückenhaften Darstellung sechs Verfasser: 1. bis 23, 17 (Hoffmann); 2. bis 27, 5; 3. bis 29, 36; 4. bis 36, 14; 5. bis 52, 18; 6. bis 84, 21. Rödiger wollte außerdem den 1. Teil auf zwei, Pniower den 3. auf zwei oder drei Verfasser verteilen. Doch die nachgewiesenen Unterschiede reichen nicht aus, die Abschnitte zeigen Berührungen im Ausdruck sowie manche gleichbleibenden Züge und benutzen z. T. dieselben Quellen (Kelle, Vogt u. bes. Weller). Die meisten Ungleichmäßigkeiten lassen sich teils durch den Stoff und die Benutzung von Nebenquellen, teils dadurch erklären, daß der Verfasser, ohne Vorgänger auf seinem Gebiet, die Mittel der Darstellung selbst nach und nach suchen mußte (Weller). Der mittlere Teil der biblischen *'Genesis'*, aus einzelnen Abschnitten lose verbunden, legt Kürzungen nahe, der Anfang mit zusammenhängender und noch mehr die Josefgeschichte mit kunstvoll aufgebauter Erzählung eine gewisse Breite. Der Verfasser war Geistlicher, das zeigen seelsorgerliche Ermahnungen und gelehrte Kenntnisse, vielleicht ein wohlhabender Domherr adliger Herkunft (Weller S. 28ff.)

4. Den Anlaß zur Dichtung gab die kirchliche Liturgie, die für die Fasten vor Ostern die Lesung der *'Genesis'* (heute Kap. 1—14) vorschrieb. Das zeigt der Hinweis auf das *laus tibi domine* (23, 17) der Fastenzeit (Schröder, Stroppel). Der Dichter folgt im ganzen der biblischen Darstellung, benutzt aber auch Nebenquellen, für Schöpfung und Sündenfall vor allem die lat. Genesisdichtung des Alcimus Avitus, für gelehrte Zutaten und Deutungen anscheinend besonders Isidors 'Etymologien', daneben aber wohl noch andre kirchliche Schriften wie Laktanz, Beda, Hrabanus (Weller S. 41—86), doch wird er manches von dem Inhalt aus mündlicher Unterweisung gekannt haben (vgl. 28, 12). Weggelassen ist viel Nebensächliches, Fremdartiges, Unchristliches, Anstößiges, so Schilderungen von Kampf und Streit, Sodoms Untergang, die Geschlechtsregister; von zwei ähnlichen Geschichten wird nur eine erzählt (Weller S. 5ff.). Wichtige Zutaten zur Vulgata sind die Erschaffung der Engel und Luzifers Sturz, eine Beschreibung des menschlichen Körpers und eine Aufzählung der Pflanzen des Paradieses, Evas Zweifel, ob sie von der verbotenen Frucht essen solle (nach Avitus), die Fabelwesen unter den Nachkommen Kains (26, 13ff.). Wie seine Zeit sucht der Verfasser im Alten Testament Hinweise auf das Neue und findet sie in allegorischer Deutung. Anlaß bieten die Farben des Regenbogens und vor allem der Segen Jakobs.

5. Näher als solche Gelehrsamkeit (78, 2) liegen ihm einfacher Bericht und sittliche Nutzanwendung. Er erzählt mit geringer Schulung, die er wohl der Predigt verdankt (Ehrismann), und wechselndem Gelingen, bald knapp, bald ausmalend (s. oben), gelegentlich auf die Gegenwart

hinweisend, wie von Landsleuten und Zeitgenossen. Die Ismaeliter der Josefgeschichte heißen *chaltsmide* (31, 24) = „Hausierer"; Eliesers Werbung um Rebekka (34, 1 ff.) erinnert an Brautwerbungen späterer Epen; Jakobs Boten werden von Esau reichlich bewirtet (47, 1). Kurze Mahnungen und Betrachtungen sowie die Weglassung anstößiger Züge (s. o.) bekunden seelsorgerlichen Ernst, die drei ersten Teile erinnern nachdrücklich an die Notwendigkeit von Beichte und Buße, Luzifers Sturz warnt vor *ubermuot* (11, 14). Dabei schätzt der Dichter irdische Güter (Weller S. 28ff.). Er betont den Rang gern durch die Bezeichnung *herre*, achtet bei Empfängen auf die Form und läßt ein gewisses Behagen am eignen Stand und Wohlstand durchblicken (71, 6), weiß aber auch, daß Adel verpflichtet (57, 41). Schon die Quelle betont die Verbundenheit der Familie und läßt bei Abschied, Wiedersehen, Versöhnung und Totenklage das Gefühl sprechen, liebt Tränen und Umarmung; der Dichter verstärkt gelegentlich noch die Rührung (41, 31ff., 48, 30ff., 55, 1ff., 72, 20ff. u. a. Weller S. 175ff., Leicher). Nicht nur Josef, sondern auch Esau erregt sein Mitleid (40, 9ff.). Bei Rahels Tod predigt der Geistliche Jakob von der Vergänglichkeit ehelicher Liebe, doch nach der Rückkehr vom Begräbnis läßt der warmherzige Dichter ihn den kleinen verwaisten Benjamin auf den Arm nehmen (52, 1). An einem friedfertigen, lebens- und weltoffenen Sinn geht das Gebot der Askese ohne tiefe Erschütterung vorüber.

6. Die Wiener 'Genesis' steht, soviel wir sehen, am Anfang der frühmhd. Bibeldichtung. Sie bedeutet in Reim und Versbau der alt- und mittelhd. Zeit den Tiefpunkt geringster Formkunst (Heusler, Wesle). Den wachsenden Anforderungen an die Form will die Bearbeitung der Milsttäter Hs. aus der Mitte des 12. Jhs. genügen. Die Reime sind oft, der Versbau ist zuweilen gebessert, veraltete Worte sind beseitigt. Die Bearbeiter will eindringlicher wirken, beherrscht aber nicht den Ausdruck. Die meisten Änderungen finden sich am Anfang des Ganzen und des 'Josef', von S. 112 hören sie fast auf (Bulthaupt). Die in denselben Hss. überlieferte 'Exodus' ist ein völlig selbständiges Werk. Der Dichter der Vorauer 'Genesis' (s. 'Bücher Mosis') hat seinen Vorgänger gekannt.

Hans Steinger.

'Genesis' (altsächsisch).

1. Die Aussage der *Praefatio* und der *Versus* des *'Heliand'* (s. d.) von einer dichterischen Bearbeitung des A. T. in as. Sprache (durch den' Heliand'-Dichter) glaubte Wackernagel (ZfdPh. 1 [1869] S. 291ff.) zu Recht erwiesen: in den Versen des ahd. 'Wessobrunner Gebets' (s. d.) sah er unter bestimmten Voraussetzungen eines selbständigen Dichters der 'Gen.' und deren höherem Alter gegenüber dem 'Heliand' den ins Hochdeutsche umgeschriebenen Überrest des Anfangs dieser as. A. T.-Dichtung. Vorübergehend hat auch Scherer diese Ansicht vertreten, der Sievers *(Heliand* 1875 S. 5) nicht beitrat. Die älteste gleiche, freilich nie eingehender begründete Meinung stammt, so weit ich sehe, von Kindlinger *(Gesch. d. niedersächs. Sprache* 1800 S. 201ff.) und von Docen (Neuer Literar. Anzeiger 5 [1805] S. 262).

Sievers wies 1875 *(Der Heliand und die ags. Genesis)* aus sprachlichen und sachlichen Gründen nach, daß in die stabreimende ags. Genesisdichtung ein älteres Stück (sog. 'Genesis B') „hineingearbeitet" sei, das nicht ags. Originaldichtung, sondern eine Übersetzung aus dem As. ist. Der Übersetzer mag Angelsachse gewesen sein und gewisse Änderungen, Erweiterungen vorgenommen haben. Sievers schloß weiter: Diese ursprünglich as. abgefaßte 'Genesis' könne nur vom 'Heliand'-Dichter (aus seiner späteren Zeit und nach dem 'Heliand') stammen. Freilich wurden gegen diesen Teil seiner Lösung schon früh Bedenken laut (Paul Germ. 21 [1876] S. 95).

Mit dem Nachweis einer as. A. T.-Dichtung aber war diese selbst ja noch nicht gefunden. Dies glückte 1894 Zangemeister, dessen Entdeckung der Vatikanischen Bruchstücke (V), deren eines sich auf 25 Zeilen mit dem ags. 'Genesis-B'-Stück deckt, die Anschauung Sievers' glänzend bestätigte. (Ausg. durch Zangemeister u. Braune 1894; auch in den meisten 'Heliand'-Ausgaben.)

2. Die A. T.-Bruchstücke umfassen 337 Zeilen; sie behandeln Adams Klage; Kain und den Herrn, die Trauer der Eltern, Seth und Enoch; Abrahams Fürbitte für Sodom, Loth und die Zerstörung Sodoms. Den Umfang der alttestamentl. Dichtung überhaupt festzustellen, ist natürlich unmöglich. Blümel hat (PBB. 50 [1927] S. 305ff.) ausgehend von den 4 (5) Erwähnungen alttestamentlicher Stoffe (Weltschöpfung, Adam und Eva, Noa, Sodom) im 'Heliand', die allein die as. 'Genesis'

veranlaßt hätten, gemeint, mit 4 Stücken und einer Einlage über Sünden und Strafen auszukommen. Dann wäre die gesamte Noadichtung verloren. Ansprechend — aber nicht beweisbar.

3. Die wichtigste Frage aber nach dem Verf. der Bruchstücke wurde jahrelang leidenschaftlich erörtert. Ihr dienten letzten Endes auch die Untersuchungen über die Quellen, die er benutzte. Neben der Vulgata und möglicher Benutzung von (im einzelnen nicht festgelegten) Genesiskommentaren (Siebs ZfdPh. 28 [1896] S. 140ff.; Jellinek AfdA. 21 [1895] S. 208, 220f.) wurden bestimmt des Avitus Gedichte '*De initio mundi*' und '*De originali peccato*' genannt (Sievers *H. u. ags. G.* S. 17ff.; Braune Ausg. S. 32f.; Kögel LG. Erg.-Heft; vgl. noch Paul Germ. 21 [1876] S. 95); dagegen wird Avitus (u. im Zusammenhang damit andere theolog. Quellen) in neuerer Zeit wieder bestritten (Berthold Germanica 1925 S. 380ff., 401) und neben dem gängigen geistlichen Gedankengut in Apokryphen für legendäre Züge das Vorbild gesehen. Eine erstaunlich hohe Zahl der Quellen (fast ein Dutzend, darunter mündliche Überlieferung aus orientalischem Gut, Beda, De Sodoma, des Bonifatius Sermo VII., Pirminius, Aldhelm, Hilarius) möchte aber wieder Maßmann (Diss. Bonn 1923) nachweisen. Das ags. Buchepos hat der Dichter gekannt (Grüters Bonner Beiträge 17 [1905] S. 7ff.; von Unwerth PBB. 40 [1915] S. 363ff.). Endgültig Sicheres über die Quellen auszumachen scheint doch unmöglich — der Verf. unserer Bruchstücke steht jeder „Quelle" mit größerer, innerer Freiheit gegenüber, und so ist er auch nach seinem Stand, ob „Sänger" oder „theologischer Gelehrter" uns nicht erfaßbar.

Damit wurde für den Entscheid der Verfasserfrage — ob ein Verf. für 'Heliand' und 'Genesis', ob zwei Verfasser zu gelten hätten; ob der Stand des Geistlichen oder Laien zu erkennen sei — von Seiten der Quellenbeantwortung keine Klarheit gebracht. Weitere Untersuchungen (z. B. des Fremdwortgebrauchs: Schröder ZfdA. 44 [1900] S. 223ff., oder Behaghel *Der H. u. die as. G.* 1902 oder Pauls *Studien* 1902 u. *Zur Stilistik* PBB. 30 [1905] S. 142ff.) bezeugten bestimmt die Verschiedenheit der Verfasser vom Sprachgebrauch, von der Syntax, der Variation, vom Wortbestand, von der Wortbedeutung u. a. her. So gelangte man nach ursprünglicher Einheit des Dichters von 'Hel.' u. 'Gen.' (Braune; Kögel Bruckner 1904, 1929 [v. 'Heliand']) zur Anerkennung zweier Verfasser (so auch Sievers ZfdPh. 27 [1895] S. 538; Jellinek AfdA. 21 [1895] S. 206f.), zu einem äußerst scharfen Aberkennen aller dichterischen Fähigkeit und künstlerischen Begabung beim 'Genesis'-Dichter, der ungeschickt in jedem Betracht dem großen Vorbild des 'Heliand' nachschaffen wollte. Aber auch diese Auffassung (Sievers-Behaghel; Ehrismann ZfdWf. 3 [1902] S. 373f.; Paul; noch Blümel PBB. 50 (1927) S. 305ff.) wurde mit gutem Grund gemildert (Rödiger Herrigs Archiv 111 [1903] S. 192; Jellinek AfdA. 29 [1904] S. 31ff.). Und endlich nahm Braune (PBB. 32 [1907] S. 1ff.) einen vermittelnden Standpunkt ein: bei der Anerkennung zweier Dichterpersönlichkeiten jedes Eigenart, bei der jüngeren Dichtung das starke, fast zwingende Vorbild gelten zu lassen. Der 'Heliand' hat bestanden, als die 'Genesis' gedichtet wurde. Aus dem sprachgewaltigen, formvollendeten Werk übernahm der spätere, vielleicht in lebendiger Kunstübung gar nicht mehr geschulte Dichter Gedanken, Wortbestand und Formelvorrat, ohne immer darauf zu schauen, ob jene aus dem ursprünglichen Verband gelösten Blöcke in sein Gefüge genau paßten. Er war Schüler und Spätling in mehr als einem Betracht, aber doch liegt in ihm unmittelbare, packende Gestaltungskraft, rascher Wandel einmal geschauter, oft eigenwilliger Bilder und subjektive Durchdringung des Stoffes.

Vgl. 'Heliand'. Basler.

Gengenbach, s. Peter und Rudolf v. G.

Georg, s. auch Jörg.

Georg von Frundsberg, s. Maximilian I.

Georg von Giengen, s. Tudel.

Georg von Linz (vermutlich an der Donau), „Meister Jörg", Wundarzt, erwähnt von Hans Suff (s. d.) im Cod. med. et phys. Fol. 8° in Stuttgart Bl. 64ª: *für den brant ain gute salb . . . hat vil lut mit gehailt*.. Ein Rezept für ein schwarzes Pflaster unter dem Namen *Meister Jörgen* überliefert die Hs. Zb. 4. m., saec. XV., Bl. 220ª in Wernigerode.

Sudhoff *Beitr. z. Gesch. d. Chir. i. MA.* II S. 596.

Sudhoff.

Georg von Ungarn, s. 'Chronica und Beschreibung'.

'Georgslied'.

1. Hs.: Heidelberg, Pal. lat. 52, enthaltend Otfrids Evangelienbuch (Kodex „P"), auf Bl. 200ᵇ—201ᵇ das ahd. Georgslied in 51 Zeilen.

2. Verfasser unbekannt; die Niederschrift ist um die Jahrtausendwende von einem bis auf den Namen ebenfalls Unbekannten, der sich mit *Uuisolf* unterzeichnet hat, in alemannischer Mundart vorgenommen worden. Dem Verständnis und der Textherstellung des Liedes stellt die in der ahd. Literatur beispiellose Unform seiner Aufzeichnung manche Schwierigkeit entgegen.

Da die Handschrift, der eingangs erwähnte Kodex *P*, zweifellos einst im Besitz des Klosters St. Gallen gewesen ist, hat man geglaubt, Abfassung und Niederschrift des Georgsliedes ohne weiteres an diesen Ort setzen zu können. Dem ist mit zahlreichen Gründen widersprochen und eine Vermutung nach anderer Richtung hin entgegengestellt worden (s. Literaturnachweis).

Der Inhalt unseres Liedes ist in Kürze folgender: Georg verläßt seine „Mark" und begibt sich mit großem Gefolge zu einer Versammlung von Fürsten. Nach vergeblichen Bekehrungsversuchen der heidnischen Könige wird er in den Kerker geworfen: Engel begleiten ihn. Dort findet er zwei Frauen, denen er durch sein Gebet Nahrung verschafft. Ferner heilt er Stumme, Taube, Blinde, Lahme und läßt aus einer Säule Laub sprießen. Darüber gerät der Kaiser Tacianus in Zorn, erklärt, Georg sei ein Zauberer, und heißt ihn martern; aber was ihm auch angetan wird: Georg steht wieder auf und predigt. Nachdem er einen Toten erweckt und ihn zum Reden gebracht hat, begibt er sich schließlich zur Kaiserin selbst, bekehrt sie und veranlaßt sie, ihre Schätze auszuteilen. Ein heidnischer Götze entweicht vor ihm in den Abgrund. Hier bricht die Aufzeichnung ab mit den Worten: *Nequeo Uuisolf*.

4. Das Lied ist im Stil lateinischer Hymnen unter starker metrischer und sprachlicher Anlehnung an Otfrids (s. d.) Evangelienbuch nach einer prosaischen '*Passio Sancti Georgii*' verfaßt. Durch planmäßige Einschaltung von Kehrreimen ist sogar eine gewisse Strophenteilung erreicht.

5. Trotz seiner mannigfachen Verstümmelung nimmt es eine bedeutsame Stellung in der deutschen Literatur insofern ein, als es der einzige, in ahd. Sprache erhaltene Heiligenhymnus ist. Zwar ist uns noch von einem anderen ähnlichen Werk berichtet, einem Lobgesang auf den hl. Gallus, den Ratpert (s. d.), einer der vielen gelehrten Mönche, die St. Gallen im 9. Jh. besaß, dort in deutscher Sprache gedichtet hatte, aber dieses Lied liegt uns nur noch in einer späteren, lateinischen Übersetzung vor.

Der Zweck dieser Dichtungen war der gleiche, wie ihn Otfrid in der Vorrede zu seinem Evangelienbuch angibt: Es galt, den anstößigen, weltlichen Gesang der Laien zu verdrängen, d. h. an die Stelle germanischer Heldenlieder christliche Gesänge zu setzen. Wir haben hier also Ansätze zur Schaffung eines christlichen deutschen Volksliedes vor uns.

Text: Steinmeyer *Die kleineren ahd. Sprachdenkmäler* S. 94ff. — Ehrismann *Geschichte d. dtsch. Lit.* I S. 212ff., daselbst weiteres. Baesecke PBB. 51 (19..) S. 217. Brauer *Die Heidelberger Handschrift v. Otfrids Evangelienbuch und das ahd. Georgslied*, ZfdPh. 55 (1930) S. 261ff.

Brauer.

Gerardus, s. Gerhard.

'Gerart van Rossiliun', s. 'Girart v. R.'

Gerhard v. Augsburg, s. Hoops RL. II S. 160.

Gerhard von Eberhardsklausen, Pater, Ende des XV. Jhs. Schwester Katharina Gürdeler im St. Agnes-Kloster zu Trier zeichnete in ihrer umfangreichen

Predigtsammelhs. um 1500 von ihm auf: *Dyß navolgende lere und goit vermaynunge hait unß gedayn der jrsam alt pater van der clusen gherardus dem got nuwe fraude verlene* (Hamburg cod. theol. 2065, Bl. 337a—338b). Es ist ein Auszug aus einer Predigt vom geistlichen Menschen, mit mystischen Anklängen, in ergriffener Sprache. W. St.

Gerhard von Minden.

1. Die Fabeln G.s v. M. (der 'Wolfenbüttler Äsop') sind in einer Papierhs. des 15. Jhs. auf der Landesbibliothek zu Wolfenbüttel überliefert (997 Novi); durch weitgehende Einführung mittelfränkischer und überhochdeutscher Formen ist hier ein regelloses Sprachgemisch entstanden. Dazu tritt als Bruchstück einer guten nd. Hs. vom Ausgang des 14. oder Anfang des 15. Jhs. ein Pergamentblatt auf der bairischen Staatsbibliothek in München (cgm. 5249, 33; 2⁰). Besser noch war die Hs., die im 'Magdeburger Äsop' (Pseudo-Gerhard) verwertet ist. Dieser findet sich nur in einer Sammelhs. der Magdeburger Stadtbibliothek (III fol. 209 quart 75, 15. Jh., Bl. 76—124).

2. In einem einleitenden Überblick über die Herkunft und literarischen Schicksale der Äsopischen Fabeln berichtet der 'Magdeburger Äsop', daß ein Mindener Dekan Gerhard im Jahre 1370 die besten davon ins Deutsche übertragen hätte. Während man früher hierin eine Selbstnennung des Dichters gesehen hatte und den 'M. Ä.' also mit dem Namen G.s v. M. bezeichnete, erkannte Seelmann, daß es nur ein Hinweis auf ein älteres Werk und somit auf den stark benutzten 'Wolfenbüttler Äsop' sein könne, bei welchem nichts dieser Angabe widerspricht.

3. Die Sprache des 'W. Ä.' ist ein gutes Niederdeutsch mit nicht ganz unbeträchtlichem hochdeutschem Einschlag. Der Versbau entfernt sich mit etwas größerer Füllungsfreiheit noch nicht sehr weit von den die mhd. Dichtungen der Blütezeit bestimmenden Versbildern. Neben zweisilbig vollem wird seltener auch zweisilbig klingender Schluß verwendet, besonders in den vordern Teilen, also jedenfalls im Anschluß an Vorbilder, von denen sich G. später freier gemacht hat. Ziemlich häufig ist recht scharfes Enjambement. Die Reimkunst ist sorgsam.

4. Unmittelbare Quelle für den 'W. Ä.' (125 Fabeln) ist eine lateinische Fabelsammlung gewesen, ein sogenannter *Dérivé complet du Romulus anglo-latin* (also ein von Marie de France abhängiger erweiterter Romulus). Es muß G. aber eine uns nicht überlieferte Fassung vorgelegen haben, welche vermutlich auch die beiden im 'W. Ä.' ohne bekannte Vorlage erscheinenden Fabeln enthalten hat und an verschiedenen Stellen nach einem dem ursprünglichen Romulus näher verwandten Text bearbeitet gewesen ist; weniger wahrscheinlich ist es, daß G. selbst zwei Quellen benutzt hätte. Hiernach kann man G. nicht ohne weiteres alle Abweichungen von der Fassung der Brüsseler Hs. als freie Umgestaltungen zurechnen. Im ganzen hat er sich recht eng an seine Vorlage angeschlossen und hat sie meist gekürzt, gelegentlich so stark, daß es störend fühlbar wird; im allgemeinen empfindet man die Knappheit, die nur auf das Wesentliche sieht, als besonders stilgerecht und wirkungsvoll. Langsam gewinnt G. sich schließlich größere Freiheit und entfaltet dann mehrfach eine behagliche, idyllisch ausführende Erzählungskunst. Ein Vierzeiler, vielfach der Quelle gegenüber selbständig, bringt jedesmal zum Abschluß die in der Erzählung liegende Lehre kurz und schlicht zum Ausdruck. Es handelt sich dabei nicht um Anschauungen und Verhältnisse einer besondern Schicht, sondern um schlechthin menschliche, allgemeingültige Sätze der Lebensweisheit und Moral auf christlicher Grundlage. Die Eigenstellung eines jeden Standes erscheint als von Gott ihm zugewiesen.

5. Im Gegensatz zu G. tritt der Bearbeiter des 'Magdeburger Äsop' (101 Fabel), der dem Westen des nd. Sprachgebiets entstammt, nicht ganz selten mit seiner Person und seinen eigenen Erfahrungen hervor. Ohne Frage hat er eine geistliche Bildung genossen und kann sich zu den *gelerden papen* rechnen (34, 45ff.; 58, 94). Er hat in höfischem Dienst gestanden und muß sich schon früh eine angesehene Stellung erworben haben; rund 50 Jahre, ehe er die Fabeln dichtete, hat er bereits mit König Waldemar IV. (1340—1375) an der Küste Dänemarks ein Gespräch

gehabt (89), vermutlich 1351 im Gefolge und als Schloßkaplan des Grafen Gerhard von Hoya. Jedoch hat er im höfischen Leben auch bittere Erfahrungen machen können (80. 103), die sich in manchen Worten scharfer Mißbilligung und fast drohender Ermahnung an die *landesheren* äußern (u. a. 14. 16); auch die Hofleute und Ritter trifft harter Tadel. Bemerkenswert ist die Verwerfung der zu hoch greifenden, aussichtslosen Minne (60). Neben dem Heimischsein im höfisch-ritterlichen Leben (mit der Betonung von *höveschet* und *dörperhet)* zeigt sich teilnehmende Vertrautheit mit den ländlichen Verhältnissen, während das Bürgertum ganz zurücktritt; bei entschiedenem Eintreten für die wirtschaftlich Schwachen, rechtlich Machtlosen richtet sich der Dichter jedoch nicht minder scharf gegen ein Sichherausheben der Bauern und Niedriggeborenen über ihren angeerbten Stand (54. 66. 75. 87. 93). Erst in hohem Alter, in den ersten Jahren des 15. Jhs., wie sich aus einigen Anspielungen ergibt (102, 65ff. 135f.), hat er vielleicht auf einer Pfarre der Grafschaft Hoya sein Fabelwerk geschaffen.

6. Hauptquelle war ihm der 'W. Ä.' Daneben benutzte er bei gleichzeitiger Verwertung verschiedener Darstellungen auch einige lateinische Werke, nämlich ebenfalls den erweiterten Romulus, dazu den '*Aesopus moralisatus*', die Fabeln Avians und den '*Poenitentiarius*'; auch aus Freidank (s. d.) und einem 'Physiologus' hat er geschöpft. Seinen Vorlagen steht er viel freier gegenüber als G. Zwar hat er vielfach die Darstellung des 'W. Ä.' oder Teile daraus wörtlich oder nahezu unverändert übernommen. Auch die Entlehnungen verbinden sich aber meist mit großen Erweiterungen, und das meiste ist neugedichtet; ein im Vergleich zu dem 3—4 Jahrzehnte älteren Werk durchaus verändertes dichterisches Ziel ist als Antrieb zu erkennen. Statt der bündigen Heraushebung der Handlung nur in ihren wesentlichen Zügen werden (nicht ausnahmslos zum Vorteil) breite Ausmalungen mit zahlreichen wirklichkeitsentnommenen und bisweilen auch recht drastischen Einzelheiten gegeben. Es wird dabei alles der eigenen Umwelt angepaßt; bei G. begegnende Stücke der antiken Mythologie und fremdartige Verhältnisse (63. 73) müssen schwinden; sogar feste örtliche und zeitliche Anknüpfungen finden sich. Wie die Erzählung gegenständlicher geworden ist, richtet auch die ebenfalls viel breitere Moral sich oft auf bestimmte Lebensumstände der eigenen Zeit statt auf einen allgemeinen Gedanken. Während im 'W. Ä.' in der Regel nur die Lehre gegeben wurde, die aus der sinnbildlich wirkenden Geschichte ohne weiteres zu entnehmen war, wird hier gerne die allegorische Ausdeutung verwendet. Die Wirkung ist dadurch trotz der unterhaltsamen Erzählung verstandesmäßiger und lehrhafter nach Art eines tadelnden geistlichen Mahners, der sich an alle Stände außer seinem eigenen wendet.

7. Die Sprache zeigt Worte ndld. Herkunft. Der Versbau ist freier und unregelmäßiger als bei G. Sehr gerne wird das gleiche Reimband in 4 oder mehr oder auch 3 Versen durchgeführt.

Ausgabe des 'W. Ä.' von A. Leitzmann *Die Fabeln G.s v. M. in mnd. Sprache* 1898; dazu A. Schönbach Allg. Literaturblatt 9 (1900) Sp. 18—20; C. Borchling GGA. 1900, S. 292—315. Hoffmann von Fallersleben Germ. 13 (1868) S. 469—78; ders. *Niederdeutscher Aesopus, 20 Fabeln und Erzählungen aus einer Wolfenbüttler Hs. des 15. Jhs.* 1870. F. Keinz *Bruchstück einer nd. Fabelsammlung*, Germ. 31 (1886) S. 89—93. C. Borchling *Mnd. Hss.* III (GGN., Phil.-hist. Kl. 1902, Beiheft) S. 153f. R. Bülck NdKbl. 42 (1928/9) S. 56f. — Ausgabe des 'M. Ä.' v. W. Seelmann *G. v. M.* 1878; dazu Ph. Strauch AfdA. 5 (1879) S. 239—46. R. Sprenger *Zu G. v. M.* Progr. Northeim 1879. W. Seelmann Nd. Jb. 18 (1892) S. 146—51; *Grammatische Reimstudien an Pseudo-Gerhard*, ebd. 46 (1920) S. 41/51; *König Waldemar Atterdags Erlebnis bei Pseudogerhard*, ebd. 53 (1927) S. 49/57; *Zu Pseudogerhard*, ebd. S. 57/9. E. Damköhler NdKbl. 42 (1928/9) S. 14. — W. Stammler *Lg.* S. 58; GRM. 13 (1923) S. 434; dort weitere Literaturnachweise. C. Borchling u. H. Quistorf *Tausend Jahre Plattdeutsch* 1927, S. 28. 105—7. — H. Oesterley *Romulus. Die Paraphrasen des Phaedrus und die Äsopische Fabel im MA.* 1870. L. Hervieux *Les fabulistes latins depuis le siècle d'Auguste jusqu'à la fin du moyen âge* 1893—99.

L. Wolff.

Gerhard von Nürnberg, Dominikaner, 1431 Lesemeister im Predigerkloster zu Nürnberg, Prediger auch im dortigen Katharinenkloster.

Im Katalog des letzteren Klosters werden unter E. LI und E. LII angeführt: *Item ein predigpuch, das helt in im die predig, die der leßmaister pruder Gerhart gepredigt hat in der vasten, nohet all tag ein predig uncz auf den palmtag. — Item ein predigpuch, das helt in im die predig des vorgeschriben pruder Gerhart, die er gethan hat, die erst am suntag vor dem Cristag, die II. an dem jorstag, die III. an sant Thomas tag vor fasnacht, die IIII. am palmtag, die V. am montag in der karwochen, dar nach IIII predig an den IIII ostertagen und eine in der kreuczwochen vor dem heiligen auffertag. Dar nach sten aber VIII schon predig, die der maister Hans Nyder selig gepredigt hat. Die II vorgeschriben půcher hat swester Cecilia Rőtin geschriben.* Von diesen beiden Bänden ist der zweite anscheinend verschollen, der erste dagegen befindet sich heute in der Fürstl. Bibliothek zu Maihingen unter der Signatur: III Deutsch 1. 8° Nr. 16 und trägt den Titel: '*Die feurige lieb oder pürende lieb*'.

In demselben Katalog steht unter M. XII: *Item ein puch, sten vil schoner predig an, die vater Gerhart und vater Herolt und meister Michel gepredigt haben. Item daz puch hat Cecilia Rotin geschriben.* Dieser Bd. scheint sich erhalten zu haben in der Nürnberger Stadtbibliothek unter cod. Cent. VI, 53, wo auf Bl. 72a—86b G.s Predigt steht: *In nomine Domini nostri Jhesu Christi heben ich dises puch mit dem wirdigen leiden unsers lieben herrn Jhesu Christi, und synd hundert artikel seines wirdigen leidens, die hot gepredigt der lesmeister pruder Gerhart der gaistlich gotlich vatter des wirdigen ordens sancti Dominici den swestern Underlinden in ir kirchen, die auch prediger ordens sind, er hub die artikel an zu predigen am montag noch des heiligen Creuczes tag in dem herbst, do man zalt von gotes gepurt m°cccc° und in dem xxv jor, und also wurden sie geschriben mit der guten ler, die er dor zu det, nach dem minsten von einer armen sunderin. pitten got fur disen lerrer, der sie geprediget hot, und fur die armen S, die sie hot an geschriben.*

Danach war G. 1425 also Beichtvater der Nonnen in Unterlinden gewesen, bevor er nach Nürnberg übersiedelte.

Unterlinden war ein bekannter Herd mystischer Gedanken, und so finden wir auch in G.s Predigten mystische Ideen wie Ausdrücke wieder. Er knüpft z. T. an die Brautmystik an, an die Nachfolge Christi, z. T. an die Passionsbetrachtungen Seuses. Auch durch die mitunter recht dürftigen Nachschriften der Nonne leuchtet die begeisternde und warmherzige Rede hindurch, der G. offenbar mächtig war.

F. Jostes *Meister Eckhart und seine Jünger* 1895 S. 127, 147. F. Beck Mitteilungen d. Ver. z. Gesch. d. Stadt Nürnberg 25 (1924) S. 179f.

W. St.

Gerhard von Rappoltsweiler, Bruder, der Einsiedel, richtete einen dt. Sendbrief, voll halb mystischer, halb erbaulicher Ermahnungen, an Schwester Lückin, Vorsteherin des Klarissinnenklosters Wittichen bei Gernspach in Baden. Erhalten in der Berliner Hs. mgq. 125, XV. Jh., Bl. 62a—63a; Abschrift von Daniel Sudermanns Hand in mgq. 344, Bl. 55a—58b. W. St.

Gerhard von Sterngassen.

Hss.: Das lat. Hauptwerk '*Medela languentis animae*': München clm. 13587 (sc. XIV); '*Pratum animarum*' (I. Teil der '*Medela*'): Trier, Stadtbibl. cod. 589; II. Teil der '*Medela*': Trier, Bibl. des Priesterseminars, cod. 126; Exzerpt aus der '*Medela*': Utrecht (Univ. Bibl.) cod. 358.

Eine deutsche Predigt im 'Heiligenleben' des Hermann v. Fritzlar (s. d.), Heidelberg cod. pal. perg. 113.

Dominikaner wie seine Brüder Hermann und Johannes (s. d.), mit Familiennamen *Korngin* (Körnchen) geheißen, Sohn der in der Sterngasse zu Köln als Hausbesitzer nachgewiesenen Albert und Berta K., zwischen 1310 und 1324 öfters in Kölner Urkunden bezeugt, tritt mehrfach als Treuhänder *(manufidelis)* und Testamentsvollstrecker auf, was auf sein vertrauenerweckendes Ansehen schließen läßt, lebt mit Meister Eckhart (s. d.) gleichzeitig im Kölner Konvent. Eine im Kölner Antoniuskloster gehaltene deutsche Predigt (Cruel *Gesch. d. dt. Predigt im MA.* S. 440) trägt nichts bei zur Kenntnis der mystischen Lehren des G. Um so mehr tut das die '*Medela*': Im Abschnitt über die acht Seligpreisungen gibt er einen Traktat über das beschauliche Leben, der sich eng an Thomas v. Aquins (s. d.) '*Summa Theologiae*' 2. 2ae. quaestio 180 anlehnt, aber auch die Stufenfolgen Richards v. St. Viktor und eigene Erfahrung im mystischen Leben verwendet. Kulturgeschichtlich ist das Werk interessant durch seine Schilderung der zeitgenössischen Sünden und Mißstände. Es ist durchsetzt mit Exempeln aus alter und neuerer Zeit. Wie bei dem Dominikaner Jakob von Lilienstein finden sich bei ihm frisch geschriebene Kapitel über den Konflikt der Tugenden und Laster. Die '*Psychomachia*' des Prudentius hat hier über des Ambrosius Autpertus (gest. 778) Abhandlung '*De conflictu virtutum et vitiorum*' und die dem 12. Jh. angehörende pseudoleonische '*De conflictu vitiorum atque virtutum*' auf die mal. Moralliteratur eingewirkt. — Wie sein Bruder Johannes ist Gerhard trotz des Zusammenseins mit Meister Eckhart und der verwandten Innigkeit der mystischen Grundrichtung unberührt von Eckharts Neuplatonismus. Der Hauptwert der '*Medela*' liegt darin, daß wir hier eine eingehende Darlegung der Mystik von einem deutschen Mystiker in lateinischer Sprache vor uns haben, deren Hauptautorität Thomas v. Aquino ist.

Ausgabe der einzigen erhaltenen Predigt bei Pfeiffer *Deutsche Mystiker* I (1845) 60—63. Ausgabe der '*Medela*' von G. Löhr in Aussicht gestellt.

Literatur: Inhaltsübersicht der '*Medela*' bei M. Grabmann *Neuaufgefundene lat. Werke deutscher Mystiker*, MSB. 1922 S. 35—43; ders. *Mittelalterliches Geistesleben* 1926, S. 400ff. G. Löhr *Quellen u. Forschungen z. Gesch. d. Dominikanerordens in Deutschland* XV (1920) S. 46—48. Ph. Strauch ADB. 36 (1893) S. 120 bis 122; ders. AfdA. 33 (1909) S. 127. Gertrud Lichenheim *Studien zum 'Heiligenleben' Hermann v. Fritzlar*. Diss. Halle 1916, S. 23.

Engelbert Krebs.

Gerhard von Straßburg, Dominikaner u. Beichtvater des Nonnenklosters St. Nikolaus in undis zu Straßburg in der 1. Hälfte des XV. Jhs. Der Berliner cod. germ. 4^0 206, v. J. 1435, Bl. 177^b—180^a, bewahrt Auszüge aus Predigten oder Ansprachen: von sechs Stücken des vollkommenen Gehorsams: von vier Stücken, die Kauf u. Verkauf zur Todsünde machen; von neun Stücken des Zornes.

L. Pfleger *Zur Geschichte des Predigtwesens in Straßburg* 1907 S. 52f.

W. St.

Gerhard von Zütphen, s. Zerbolt.

Gerhoh v. Reichersberg, s. Reichersberg.

'Gericht, Jüngstes'. Das im Neuen Testament auch außerhalb der Apokalypse kräftig hervortretende Jüngste Gericht wird in der Folgezeit noch weit anschaulicher und eindringlicher geschildert; besonders wichtig sind IV. Esra und Ephrem der Syrer; aber auch das Sibyllinische Akrostichon, Predigten des Pseudo-Chrysostomos (4. Jh.), des Pseudo-Caesarius von Arles (6. Jh.) und des Hippolytus von Ostia, sowie später die Legende von den 15 Zeichen des Jüngsten Tages (s. d.) und Adsos '*Libellus de Antichristo*' (10. Jh.) haben bei der Ausgestaltung des mal. Gesamtbildes entscheidend mitgewirkt. Das Weltende wird durch die Herrschaft des Antichrist (s. d.) eingeleitet, es folgen dann die Vorzeichen, der Weltbrand, die Auferstehung und zuletzt das eigentliche Jüngste Gericht, wo der Herr die Bösen verdammt und die Guten in den Himmel hineinläßt. Diese einfachen Hauptzüge werden durch eine Fülle von dramatischen Einzelheiten belebt: Kämpfe des Elias, der Engel, eines Kaisers mit dem Antichrist, wunderliche Tiere, verspätete Reue bei Teufeln oder Menschen, rührende, aber vergebliche Fürbitten der Maria. Der ganze Vorstellungskomplex war das M.A hindurch sehr lebendig, wurde immer wieder von theologischen und erbaulichen Schiftstellern behandelt und auch in der bildenden Kunst vielfach zur Darstellung gebracht. Früh und reich ausgebildet ist der Stoff in der ags. Literatur; eigenartig sind die Niederschläge auf Island.

Auf deutschem Boden haben wir eine Frühschicht in der Karolingerzeit, streng kirchlich bei Otfrid (V, 19ff.), einfach biblisch im 'Heliand' (4277ff.), volkstümlicher, vielleicht gar mit Nachklang unchristlicher Vorstellungen im 'Muspilli' (31ff.). Nach der kluniazensischen Reform finden wir wiederum das Jüngste Gericht in größeren Dichtungen über das Leben Jesu oder das Erlösungswerk behandelt, so bei Frau Ava (Piper 304ff.), im 'Friedberger Christ und Antichrist' (Schluß), ferner in der 'Erlösung' (5812—6567), in Heinrichs von Neustadt 'Von Gotes Zukunft' (3. Buch); auch in anderen erbaulichen Werken: im 'Lucidarius' (Heidlauf 65ff.), bei Brun von Schönebeck (10643—11202), in der 'Martina' Hugos von Langenstein (187,3—211, 62), in Tilos von Kulm 'Von siben ingesigeln' (5793ff.). Auch in eigenen kleineren Dichtungen wird der *suontac* behandelt, so im Hamburger 'Jüngsten Gericht', im bair. 'Von dem Antichrist' (ZfdA. 6, S. 369ff.) und im alem. 'Von dem Jüngsten Tage' (DTdMA. 17, Nr. 1). Sehr oft findet man auch Anspielungen und Verwendungen in erzählenden Dichtungen (Beispiel: 'Die Hochzeit' 379ff. 708ff.), wie in der Lyrik (am berühmtesten Walthers *Nû wachet! uns gêt zuo der tac;* Wackernagel KL. II S. 70. 135. 149. 210) und in der Predigt (z. B. Grieshaber I S. 135. 148; Wackernagel *Altdt. Predigten* S. 154), seltener allerdings in den vom ausgehenden MA. geschätzten Exempla. Am spätesten finden wir den Stoff im Drama. Im Jahre 1322 wurde in Eisenach jenes 'Zehnjungfrauenspiel' (s. d.) aufgeführt, das so erschütternd auf Friedrich den Freidigen wirkte; es ist in zwei Bearbeitungen (aus 1370 und 1428) überliefert und auch im Künzelsauer Fronleichnamsspiel (1479) (s. d.) benutzt. Aus demselben 14. Jh. haben wir als Hauptwerk das in mehreren Hss. überlieferte und lange nachwirkende 'Spiel vom jüngsten Tage' (Mone *Dt. Schauspiele d. MA.* S. 273ff.), wie auch das sog. 'Des Entchrist Vasnacht' (Keller *Fastnachtsspiele* II Nr. 68); den allerletzten Jahren des 15. Jhs. endlich entstammt das rohe, judenfeindliche 'Spiel von dem Herzogen von Burgund', dessen Verfasser vielleicht Hans Folz (s. d.) ist. Mit Luther, der den strengen Richter auf dem Regenbogen nicht gern hatte, trat eine veränderte Anschauung ein, aber das religiöse Drama der katholischen Lande hat den Lieblingsstoff noch lange bewahrt.

Ehrismann *Lit.-Gesch.*, zu den einzelnen Texten. Piper *Geistliche Dichtung.* G. Voß *Das jüngste Gericht in der bildenden Kunst,* Diss. Lpz. 1884. K. Reuschel *Untersuchungen zu den deutschen Weltgerichtsdichtungen,* Diss. Lpz. 1895; ders. *Die deutschen Weltgerichtsspiele* (Teutonia 4) 1906. G. Grau *Quellen usw. der ält. germ. Darstellungen des J. G.* (Studien zur engl. Philol. 31) 1908; dazu Gutermann ZfdPh. 41 S. 401ff.; Ehrismann AfdA. 35 S. 188ff.; v. Unwerth PBB. 40 S. 349ff. Steinmeyer *Kleinere ahd. Sprachdenkmäler* S. 75—81. Strecker ZfdA. 51 S. 227—54; Kohlschmidt ebda. 64, S. 294—8. L. A. Willoughby *'Von dem jungesten Tage'* 1918. L. Darnedde *Die dt. Sibyllenbücher,* Diss. Greifswald 1933. L. L. Hammerich.

Gerlach von Limburg. Der in der ersten Hälfte des 14. Jhs. lebende Gerlach II. von Limburg wird in der späteren Limburgischen Geschichtsüberlieferung auch als Dichter gerühmt. Tilemann Elhelms (s. d.) 'Limburger Chronik' weiß von ihm zu berichten (27, 13f.): *Auch was he der klugeste dichter von Duschen und von Latinischen, als einer sin mochte in allen Duschen landen.* Der Verfasser des Anhangs, der in mehreren Hss. auf Tilemanns Chronik noch folgt (vgl. über ihn jetzt Gottfr. Zedler Hist. Vierteljahrsschr. 23 [1926] S. 299ff.), erzählt (Anh. I bei Wyß S. 101, 29): er habe ein *gedichte* gemacht *von korzen kleidern und von lange hosennesteln, das die komen solten.* Mehr wissen wir leider von seiner Dichterei nicht.

Limburger Chronik, hg. v. A. Wyß (MGH.SS. IV, 1) 1883. L. Sternberg Zeitschr. f. Deutschkunde 1922, S. 15. Halbach.

Germar, s. Helwig v. G.

Gern, Hans, dichtet im Landshutischen Kriege auf das Treffen bei Regensburg *'Ain lied von der behemschen schlacht'*, 17 Str., Druck o. O. u. J. (1504). Anf.: *Es kumpt noch wol ain gůte zeit...*
Str. 17: *Der uns das liedlein neu gesang,*
Hanns Gern von Embs ist ers genannt.

Goed. I S. 287; Liliencron *Hist. Volkslieder* II Nr. 241. Ruth Westermann.

Gernpaß (Michel?).

1. Das von Toischer als Fassung D bezeichnete und auf S. 23ff. abgedruckte Gedicht *Des höchsten sinns der maister edel Hilf componieren mir ain zedel* ist in folgenden Hss. erhalten: a) Wien Nationalbibl. Poem. Germ. 2937 Bl. 107ª bis 114ᵇ; b) München Staatsbibl. cgm. 270 Bl. 178ª—186ᵇ; c) Berlin Staatsbibl. Ms. Germ.

4° 490 Bl. 65^b—71^a (als Kuppitschs Besitz erwähnt in Mones Anzeiger f. K. d. dt. Vorzeit 8 [1839] Sp. 216); d) Berlin Staatsbibl. Ms. Germ. 4° 361 S. 116—126.

2. In der Hs. a, nach der Toischer abdruckt, hat das Gedicht 450 Verse und schließt:

Wann seine werkh die er hat getan
Recht als gar ain arm man.

Die Hss. b und d hängen daran einen Schluß:

O welt hut dich uor neid vnd uor haß
Also haüt geret der gern bas
(*d*: *Also redt michel gernpas*)
Und leb in trwen hie auff erden
Wan dir mag doch nit mer werdn
Wann dein speiß vnd das gewand
Und das du gutz haust hin gesant
Des raut ich dir in trwen stät
Das sint die aristotoles rät.

Die Hs. c hat diese 8 Schlußzeilen auf zwei verkürzt:

Daz rät euch an allen hazz
Ein ellend chnecht haist Gern Pazz.

In Anbetracht dessen, daß die Hs. a den übrigen gegenüber selbständig dasteht, ist also der Dichter Gernpaß nur in dem einen Zweige der hsl. Überlieferung bezeugt; sein Vorname Michel, den nur d angibt, hat keinerlei glaubwürdige Zeugen für sich.

3. Das Gedicht bietet eine poetische Bearbeitung von Buch I des '*Secretum Secretorum*'; Vers 16ff. lauten:

Nu las ich aines morgens frue
In dem sekret sekretorum
Die epistel regimen principum.

Das Gedicht ist im Stil nicht einheitlich. Die Anfangszeilen lassen allergeblümteste Rede erwarten; doch ist das nur ein erster Anlauf des Dichters; der weitere Verlauf des Gedichtes zeigt nüchternen Stil. Vielleicht ergibt eine Durchforschung der ungezählten unter dem Namen 'Cato' gehenden Spruchsammlungen einmal, daß er älteren Übersetzungen hie und da zu Dank verpflichtet ist. So, wie es vorliegt, gehört das Gedicht der zweiten Hälfte des 14. Jhs. an und ist in Baiern oder Österreich entstanden. Suchenwirt (s. d.) hat es für sein 1394 geschriebenes (vgl. ZfdA. 41 S. 211) Gedicht 'Von Aristoteles' Räten' (Primisser Nr. XXXVIII) benutzt.

Die in der ersten Zeile des Gedichtes enthaltene Anrede *Des höchsten sinns der maister edel* wird man auf Gott beziehen müssen. Doch sei immerhin erwähnt, daß in der wohl 1459 im Kloster Alsfeld geschriebenen Wiener Hs. Poem. Germ. 5305 Bl. $346^{a\alpha}$—$350^{a\beta}$ eine Sammlung von Sprüchen sich findet, die unter den vielen namentlich genannten Auctoritates auch einen aufführt: *D' meist' von dē hoen sinē* (vgl. Heymann *Helwigs Märe vom hl. Kreuz* [Palaestra 75] 1908 S. 3). In Th. Murners 'Gäuchmatt' (hsg. von E. Fuchs, Dt. Schriften V, 1931) heißt es v. 1788: *Spricht meister Peter von hohen synnen;* ebenso in Murners Narrenbeschwörung (hsg. von M. Spanier, Dt. Schriften II, 1926) v. 6—8: *Wir wöllent mit dir disputieren Vß meister peter von hochen synnen, Den du nit weist vnd wir wol kynnen.* In Übereinstimmung mit John Meier (ZfdPhil. 27 S. 551) sagt der Herausgeber dazu: „*Meister peter von hochen synnen...* ist der von Theologen viel gelesene Magister sententiarum Petrus Lombardus de alta Siena." (Vgl. auch Uhls Anmerkung zu Murners 'Gäuchmatt' v. 2401 in s. Ausg. 1896; Fuchs' Anm. zu 'Gäuchmatt' v. 1788; zu Spaniers Nachweisen ließe sich ergänzen: ZfdPhil. 36 S. 145—154 der vielleicht von Eberlin von Günzburg stammende '*Sendtbrieff an den pfarrer von Hohensynn D. Martini Luthers leer betreffende*'.)

W. Toischer *Die altd. Bearbeitungen der pseudoaristotelischen 'Secreta Secretorum'*. Programm Prag 1884; dazu Behaghel Litbl. 2 (1885) Sp. 56; Ph. Strauch DLZ. 1884 Sp. 1615ff. G. Kriesten *Über eine deutsche Übersetzung des pseudoaristotelischen 'Secretum Secretorum' aus dem 13. Jh.* Diss. Berlin 1907, S. 68ff. — Art. 'Aristotilis Heimlichkeit' I Sp. 126f.

Niewöhner.

Gernspeck, Hans, ein sonst unbekannter Meistersänger wohl aus dem Ende des XV. Jhs. Die Kolmarer Hs. (cgm. 4997) enthält von ihm auf Bl. 86b ein geistliches Lied im langen Ton Frauenlobs: '*Ein ewig Wort*'. Anf.: *Ein wort ist ye mit got in siner ewikeyt* (5 Str.). Nach Bartschs Einl. zur Kolmarer Hs. (StLV. 68) S. 12 und 151 wäre das Lied identisch mit dem Lied in der Heidelberger Hs. Pal. germ. 680, Bl. 48b—50a: '*Das gulden schlos*'. Doch beginnt dieses Lied: *Gaist vatter sun das ewig wart in der gothait*. 5 Str. W. St.

Gersdorf, s. Johann v. G.

Gerstenberg, Wigand.

1. Hss. Die Werke Gerstenbergs sind uns alle in den Originalhss. erhalten, so daß die zahlreichen Abschriften dagegen ohne Bedeutung bleiben. Folgende Hss. sind maßgebend: a) 'Landeschronik'. Hs. der Landesbibl. Kassel, Ms. Hass. 4° 115. b) 'Regententafel'. Hs. der Landesbibliothek Darmstadt Nr. 238. c) 'Stadtchronik' und 'Stadtrecht'. Hs. der Landesbibl. Kassel, Ms. Hass. 4° 26. Stück I. G.s 'Stadtchronik'. Auf der Rückseite von Bl. 2 ist der 'Orden des Neuen Testamentes' von G. eigenhändig geschrieben. Stück II. Johannes Emmerichs Stadtrecht von Frankenberg, von drei Händen (Hand 2 = Gerstenberg) geschrieben. G. hat daran selbst die Zusätze zum Register, das Vorwort, das erste Stück in seiner Überarbeitung und die erste Überschrift zum zweiten Stück geschrieben.

Die vielen Abschriften und Auszüge, sowie die nach diesen verfertigten Drucke sind von Diemar (Ausgabe S. 92ff.) eingehend behandelt worden.

2. W. G., genannt Bodenbender (in jüngeren Jahren auch *Doleatoris)*, wurde am 1. Mai 1457 zu Frankenberg (Oberhessen) geboren. Er entstammte einer angesehenen Frankenberger Bürgerfamilie. Im 16. Lebensjahr zog er zusammen mit anderen Landsleuten auf die damals von Hessen vielbesuchte Universität Erfurt, um Theologie zu studieren. 1476 finden wir ihn wieder in seiner Heimat, wo er den großen Brand seiner Vaterstadt am 9. Mai miterlebte. Er wurde hier Altarist an der Frankenberger Pfarre und amtierte am Jakobs- und am Elisabethaltar. Da er vermögend war, konnte er manches zur Verschönerung seiner Kirche beitragen. So ließ er um den bis dahin offenen Kirchhof ein Gitter anfertigen, stiftete auch später (1497) zwei Tafeln für die Altäre St. Jakobs des Großen und St. Elisabeths, die wahrscheinlich von Juppe und v. d. Leyten geschaffen sind.

Da der Altardienst ihm viel Muße ließ, konnte er ungehindert seinen geschichtlichen Neigungen nachgehen. 1493 begann er die umfangreiche Kompilation seiner thüringisch-hessischen 'Landesgeschichte', zu der er weitgehende Quellenstudien machte. Jetzt trat er auch in persönliche Beziehungen zu Landgraf Wilhelm III., dessen Kaplan er wurde, und der ihm 1494 den Altar auf Schloß Dornberg verlieh. 1495 war er im Gefolge seines Landesherrn auf dem Wormser Reichstage, wo er bedeutende Vergünstigungen für seine Vaterstadt erlangte. Ob er 1496 mit dem Landgrafen in Heidelberg war, ist nicht ganz sicher. 1497 erhielt er ein Altarlehen in der Marburger Schloßkirche.

Daneben unterbrach er seine Tätigkeit in Frankenberg nicht, auch setzte er die Arbeit an seiner 'Landesgeschichte' fort, machte in vielen hessischen Städten und Stiften Quellenstudien und besserte fortwährend an seinem Werk. Er fügte ihm noch drei Exkurse an: Die Wunder der heiligen Elisabeth, die Tugenden des Bruders Kurt und die Wunder des seligen Ludwig. Gleichzeitig faßte er auch den Plan zu seinem zweiten Hauptwerk, der 'Frankenberger Chronik'.

Der im Jahre 1500 erfolgte Tod des Landgrafen Wilhelm III. ließ G.s Berührung mit dem Hofe des Nachfolgers und Erben, Wilhelms II., zunächst geringer werden. G. lebte in dieser Zeit fast ausschließlich in Frankenberg und vollendete hier bald nach 1506 seine 'Stadtchronik', der er eine Überarbeitung des Frankenberger Stadtrechtes des Johannes Emmerich anhängte. Diese erweiterte er durch Voransetzung einer kleinen Zusammenstellung über den 'Orden des Neuen Testamentes'.

Bald trat er aber dem Hofe wieder näher. In den Jahren 1503—1506 stand er im Dienst der Landgräfin. Eifrig arbeitete er jetzt wieder an seiner 'Landeschronik' und verfaßte zwischen den Jahren 1504 und 1509 seine 'Regententafel', ein genealogisch-historisches Werk, das er mit bunten Ornamenten, Initialen und Wappen schmückte.

Nach dem Tode Wilhelms II. (1509) machte er nur noch wenig Vermerke in seiner 'Landeschronik'. Er versuchte dann später von dem hessischen Hausminister Balthasar Schrautenbach die Pfründe des St. Annen-Altars zu Frankenberg zu erhalten, verzichtete aber bald auf seine

Bewerbung zugunsten des Magisters Heinrich Soldan. Am 27. August 1522 ist G. gestorben.

3. W. G. ist in seinen geschichtlichen Werken vorwiegend Kompilator, doch nennt er im Gegensatz zu seinen Zeitgenossen in den meisten Fällen die Quellen, die er ausgeschrieben hat. Sie sind zahllos und zeigen die außerordentliche Belesenheit des Autors. Da sie von Diemar übersichtlich zusammengestellt sind (Ausgabe S. 23ff.), seien hier nur die wichtigsten genannt. Außer vielen antiken Schriftstellern benutzt G. vornehmlich Gregor von Tours, Paulus Diaconus, Turpinus, Dietrich von Niem (s. d.), Aeneas Silvius sowie zahlreiche Legenden, ferner das 'Leben der heiligen Elisabeth' von Dietrich von Apolda (s. d.), Weltchroniken, die 'Limburger Chronik' des Tilemann Elhen von Wolfhagen (s. d.) und Mainzer Chroniken. An Stadt- und Stiftschroniken nennt er solche aus Ziegenhain, Rheinfels, Marburg, Alsfeld, Spießkappel, Haina, Georgenberg und Frankenberg. Besonders wichtig wird G. uns dadurch, daß er zwei verlorene hessische Chroniken in Auszügen überliefert hat: die Chronik des Johannes Riedesel (die Jahre 1232 bis 1327 umfassend) und die 'Hessenchronik' (die Zeit des Landgrafen Heinrich I. bis zum Jahre 1471 behandelnd). Während Diemar annahm, daß die 'Hessenchronik' auf der sogenannten 'Kleinen Hessenchronik' fußt, die ihrerseits wieder auf die 'Hessische Fürstenreihe' zurückgehen soll, sucht Zedler neuerdings nachzuweisen, daß diese beiden zuletzt genannten Quellen auf der 'Hessenchronik' beruhen, und daß G. aus allen drei Schriften nebeneinander geschöpft hat. Verfasser der 'Hessenchronik' soll nach ihm Tilemann Elhen von Wolfhagen (s. d.) gewesen sein.

G.s Werke weisen viele Mängel auf. Unkritisch übernahm er das, was er in seinen Quellen las, ohne sich um ihre Abhängigkeit voneinander zu kümmern. Fand er einander widersprechende Angaben, so entschied er sich für das, was am meisten bezeugt war. Auch in der Chronologie ist er oft ungenau. In seinem allgemeinen Urteil erhebt er sich kaum über seine Vorlagen. Etymologischen Spielereien nicht abhold, phantasiert er gern über König Dagobert und Bonifatius. Bei allem verfolgt er eine erzieherische Absicht, war doch seine 'Landeschronik' wahrscheinlich für den Landgrafen Wilhelm den Jüngeren bestimmt. Anzuerkennen ist sein Mut, auch über fürstliche Persönlichkeiten ein abfälliges Urteil zu fällen, seine Liebe zu dem angestammten Fürstenhaus und zu seiner Vaterstadt Frankenberg, für die er auch vor Fälschungen nicht zurückschreckte. Den Geist des Humanismus und der Reformation hat er nicht mehr erfaßt. Keine bewegliche Natur, klein und bescheiden, unterscheidet er sich von seinem niederhessischen Zeitgenossen Johannes Nuhn (s. d.). Er steht durchaus auf einer Stufe mit den meisten der andern zeitgenössischen Chronisten.

4. a) 'Landeschronik'. G.s Hauptwerk, die 'Landeschronik von Thüringen und Hessen', zerfällt außer einer Vorrede in zwei voneinander getrennte Teile. Der Verf. beginnt mit Alexander dem Großen, um dann über die Römer, das Fränkische und Deutsche Reich zur Geschichte der wechselnden Landesherrschaften von Thüringen und Hessen bis zum Jahre 1247 überzugehen. Der zweite Teil umfaßt die Geschichte Hessens unter dem Hause Brabant. Im Vordergrunde steht durchaus die Fürstengeschichte. Nur von ihr aus ist die Landesgeschichte gesehen.

b) 'Frankenberger Chronik'. Sie ist für die Bürgerschaft Frankenbergs bestimmt gewesen, sagt G. doch ausdrücklich, er habe sie zu Ehren seiner Vaterstadt verfaßt. Um deren Bedeutung zu erhöhen, hat er sich zu Fälschungen verleiten lassen. Er täuscht Quellen (alte Urkunden, Chroniken und Rechtsbücher) vor, die bei dem Brande 1476 vernichtet sein sollen, und scheut nicht vor plumpen Erfindungen wichtiger Privilegien zurück. Daneben mißbraucht er die wertvollen Angaben des Frankenberger Stadtrechtes des Johannes Emmerich, ohne diesen zu nennen, übernimmt mit Vorliebe nicht ganz einwandfreie Stellen aus seiner 'Landeschronik' und erfindet allerhand Geschichten. Im Gegensatz dazu zeigen sich aber auch wieder seine Vorzüge in getreulicher Wiedergabe seiner Quellen, vor allem echter Urkunden, und in der guten Erzählung von Geschehnissen, die er genau kennt, besonders derer, die er selbst miterlebte.

c) 'Stadtrecht'. G. hat seine Zusätze zum Stadtrecht des Johannes Emmerich wahrscheinlich später als die 'Stadtchronik' verfaßt. Er versah das Werk mit einem Vorwort zum Gedächtnis des Verfassers und trug vorn die Notizen über den 'Orden des Neuen Testaments' ein. In den Text fügte er eine Reihe von Interpolationen, meistens belanglose Anmerkungen, und reihte dann vor die 13 letzten Blätter des Textes 6 neue, selbstgeschriebene ein.

Maßgebend ist heute allein die Ausgabe von H. Diemar *Die Chroniken des Wigand Gerstenberg von Frankenberg* (Veröffentlichungen d. Hist. Komm. f. Hessen und Waldeck 7, 1 Chroniken von Hessen und Waldeck 1) 1909.

Literatur. H. B. Wenck *Hessische Landesgeschichte* I S. XV. B. Röse Ersch-Grubers Encyclop Sekt. I T. 62 S. 90. A. Wyß ADB. IX S. 66. J. Pistor *Der Chronist Wigand Gerstenberg*, Zs. d. Ver. f. Hess. Gesch. 27 (1892) S. 1. Kurz aber trefflich bes. über G.s Stellung in der hessischen Historiographie unterrichtet W. Dersch *Oberhessische Heimatgeschichte* 1925, S. 22. Zu den Quellen: H. Diemar *Texte und Untersuchungen zur verlorenen 'Hessenchronik'*, Zs. d. Ver. f. Hess. Gesch. 37 (1903) S. 33. G. Zedler *Die 'Hessenchronik', ihr Umfang und Inhalt, sowie ihr Verf.*, ebda. 55 (1926) S. 176. Die Geburts- und Todesdaten G.s bei Abr. Saur *Diarium historicum*, verm. Aufl. 1594, S. 259 u. 476.

Uhlhorn.

Gert van der Schüren.

1. Gert *(Gherard)* van der Schüren wurde wahrscheinlich 1411 aus altem rheinischem Geschlecht in Xanten geboren (sein Vater war wohl Johann v. d. Sch., seit 1392 erzbischöflicher Vogt in Xanten, gest. 1439), genoß eine gelehrte Erziehung (der Dechant von Xanten Arnold Heymerich [† 1491] war sein Onkel und Lehrer), wurde vor oder in dem J. 1440 kaiserlicher Notar und spätestens 1447 Sekretär der Herzöge von Kleve, zuerst unter Adolf, dann unter Johann I. Er machte viele Geschäftsreisen im Dienste seines Herrn, war zweimal verheiratet (drei Söhne von ihm wurden Geistliche) und starb frühestens 1489.

Kurze Biographie von Harleß ADB. XXXIII S. 80.

Von seiner Hand sind uns zwei Werke erhalten, eine Chronik und ein Wörterbuch.

2. Die 'Chronik von Kleve und Mark' berichtet in Prosa die Geschichte der beiden Länder bis zum Jahre 1451. G. hat sie 1471 angefangen und vielleicht bis zu seinem Tode daran gearbeitet. Das Autographon des Textes ruht im Klevischen Archiv, eine Papierhs. in 4⁰, zusammengebunden mit der Vorgeschichte und der Fortsetzung der Chronik durch Johann Türck (s. d.). Es gibt eine Reihe von Abschriften dieser Urhs., von denen Troß S. VII und Scholten S. VI einige verzeichnen. — Die 'Chronik' geht zurück auf die lateinische Chronik des Levold von Northof (s. d.) und stellt ihren Stoff einfach, gewandt und volkstümlich, aber historisch unkritisch dar. Sie enthält u. a. eine Darstellung der Schwanrittersage.

Vgl. darüber J. F. D. Blöte ZfdA. 42 S. 4ff. Über das Nachleben der 'Chronik' vgl. man ebenda S. 3 A. 3. Gert's van der Schüren *Chronik von Cleve und Mark* hrsg. v. L. Troß 1824 (eklektische Ausgabe; vgl. Bellaard S. 3 A. 2); *Clevische Chronik nach der Originalhs. des* Gert van der Schuren *hg. v.* R. Scholten 1884.

3. Der 'Teuthonista' erschien im Druck am 31. Mai 1477 bei Arnold ther Hornen in Köln. Exemplare befinden sich in den Bibliotheken zu Berlin (St. Bibl.), Bonn, Düsseldorf (Landesbibl.), Greifswald, Haag (Kön. Bibl.), Hamburg (Stadtbibl.), Kiel, Köln, Leiden, London (Br. Mus.), Oxford, Utrecht. Nicht alle Exemplare sind vollständig (vgl. darüber Bellaard S. 9). Hss. haben sich nicht erhalten. Das Werk enthält: 1. ein germanisch-lateinisches Glossar, 2. ein lateinisch-germanisches Glossar, 3. zwei Anhänge, '*Termini Grecorum*' und '*Libellus de partibus indeclinabilibus*' (letzterer stammt wahrscheinlich nicht von Gert v. d. S.; vgl. Bellaard S. 73). Der vollständige Titel lautet: '*Vocabularius qui intitulatur Teuthonista vulgariter dicendo der Duytschlender*'. Der erste Teil war schon 1475 vollendet. Neugedruckt wurde das Werk von C. Boonzajer und J. A.

Clignett 1804 (nur der germanisch-lateinische Teil) und von J. Verdam *G. van der Schueren's Teuthonista oder Duytschlender* 1896 (in normalisierender mndl. Orthographie; der lat.-germanische Teil wurde in den andern hineingearbeitet). Eine von Harleß erwähnte Ausgabe aus d. J. 1777 in Utrecht scheint nicht zu bestehen (Bellaard S. 110 A.). Als Quelle nennt G. nur Ugutio *(Ugutionis Pisani Episcopi Ferrarensis Liber derivationum)*; er benutzte gewiß auch das '*Catholicon*' des Johannes Januensis; andere Quellen vermutet Bellaard S. 57.

In der Lexikographie nimmt das Werk als vermutlich erstes germanisch-lateinisches Glossar, das nicht einfach die Umkehrung eines lateinisch-germanischen Wörterbuchs ist, einen ehrenvollen Platz ein. Sprachlich ist es wichtig als Quelle für das Ostniederfränkische des ausgehenden Mittelalters. Es zeigt durchgehends niederfränkischen Lautstand mit einigen verschobenen Formen und hochdeutschen Wörtern. Sowohl laut- wie wortgeschichtlich bietet es für das Niederländische wie für das Rheinische ein umfangreiches, noch nicht ganz verwertetes Material.

D. H. G. Bellaard *Gert van der Schuren's Teuthonista of Duytschlender. Lexicographische onderzoekingen en klankleer.* Diss. Utrecht 1904. M. v. Lexer *Zur Geschichte der nhd. Lexikographie* 1890, S. 7. C. Borchling u. B. Claussen *Nd. Bibliogr.* Nr. 18.

4. Ihm wurde früher häufig (u. a. von Bellaard S. 3) zugeschrieben das '*Anonymi Chronicon de genealogia, successione, de rebus gestis comitum ac postea ducum Cliviensium*', das 1450 geschrieben und von G. für seine Chronik verwertet wurde. Gründe für seine Verfasserschaft erörtert Scholten S. XIff.; dagegen überzeugend O. Behm *Die ältesten clevischen Chroniken und ihr Verhältnis zu einander*, Bonner Diss. 1908.

Hss. bei Behm S. 10; Ausgabe v. J. S. Seibertz *Quellen der westfälischen Geschichte* III (1869) S. 323ff.

5. Von G. selbst geschriebene Urkunden und Briefe in verschiedenen Archiven verzeichnet Scholten S. I.

G. v. d. Sch. vertritt den Typus eines gelehrten Schreibers aus dem ausgehenden MA. Als Chronist steht er gänzlich in der mal. Tradition; sein Wörterbuch bringt Neues, aber fußt durchaus auf älteren Quellen. J. van Dam.

Gertrud von Büren. Die aus Goezes Nachlaß stammende Papierhandschrift der Hamburger Staats- und Universitätsbibliothek In scrinio 105, die eine seit Rachels Untersuchung mehr und mehr gewürdigte Verdeutschung der Evangelien und der Apostelgeschichte enthält, hat am Schluß die Bemerkung: *Hie endet sich daz buch der wirckunge der aposteln in dem iar unsers herren geburt XIV hundert uñ IIII iare sint sie gesch von suster Gertrut von buren.* Die Zahl XIV ist längst als Fälschung aus XV erkannt. Der Name *von suster Gertrut von buren* ist gleichfalls Nachtrag, denn er ist über die ursprüngliche rote Schlußverzierung weg geschrieben, doch möglicherweise von der Hand des Textes. Walther steht nicht an, die Wiedergabe der Evangelien in dieser Handschrift „hinsichtlich ihrer Sprache als die vollkommenste Blüte der mittelalterlichen Bibelverdeutschung" zu bezeichnen. Kurrelmeyer führt sie auf die Koburgersche Ausgabe zurück. Die Möglichkeit, daß G. v. B. diesen Text abgeschrieben und bis zu einem gewissen Grade bearbeitet hat, läßt sich kaum bestreiten. v. Bippen hat s. Z. eine Gesche von Büren in Bremen nachgewiesen, die eine Vaterschwester des 1541 verstorbenen älteren Bürgermeisters Daniel war. Sie könnte vor ihrer feststehenden Verheiratung Begine gewesen und als solche *suster* genannt sein. — Eine freundliche Nachricht des Bremer Archivs teilte mir mit, daß dort inzwischen nichts Neues über Gertrud von Büren bekannt geworden sei. — Proben aus der Handschrift finden sich in den ersten drei nachstehenden Veröffentlichungen.

Johann Melchior Goezens *Versuch einer Historie der gedruckten niedersächsischen Bibeln v. J. 1470—1621* 1775, S. 8—23. M. Rachel *Über die Freiberger Bibelhandschrift etc.* 1886, S. 9—18. Wilh. Walther *Die deutsche Bibelübersetzung des Mittelalters* 1889ff., Sp. 137 bis 143. W. Kurrelmeyer, *Die erste deutsche Bibel* X (1915), S. XXVff.

Hans Vollmer.

Gertrud v. Helfta, gen. die Große. Hss.: Wien cod. 4224 (geschr. 1490 in Donauwörth); Mainz, Stadtbibl. cod. 330. Dt. in Dresden cod. M. 243, s. XV, Bl. 1—203; St. Gallen cod. 506, s. XV (beide noch nicht untersucht). Erstdruck Leipzig 1505 (Lotter); 1536 Ausg. des Kartäusers Landsperger (Köln bei Melchior Novesianus). Teile ihrer Schriften im '*Hortulus devotionis*' des Kölner Kartäuserpriors Gerhard Kalkbrenner (gest. 1566) gedr. (1541). Spanische Übersetzung 1506, italienische 1560, vier französische zw. 1606 u. 1671, vlämische 1606, deutsche 1674.

Unbekannter Familie und Herkunft, aber jedenfalls Thüringerin, geb. 6. Jan. 1256, wurde G. fünfjährig der Abtissin des Zisterzienserinnenstifts Helfta, Gertrud v. Hackeborn, der Schwester der hl. Mechthild (s. d.), zur Erziehung übergeben. Gertrud v. Hackeborn (geb. 1232) hatte 1258 das Kloster, dem sie seit 1251 (neunzehnjährig) als Abtissin vorstand, von Rodersdorf nach Helfta verlegt und es zu einer Pflanzstätte vornehmsten Geisteslebens gemacht. Studium der hl. Schrift und der freien Künste bildeten die Grundlage. Auch G. d. Gr. wandte sich nach leidenschaftlich betriebenem Studium der freien Künste im Advent 1280 nach einer tiefen Gewissenserschütterung dem Studium der Gottesweisheit und des geistlichen Lebens zu und hatte als Fünfundzwanzigjährige ihre erste mystische Erscheinung des jugendlichen Christus. Die Geschichte ihres mystischen Gebetsumgangs mit dem Herrn schildert sie mit Bildern und Wendungen aus dem Hohen Lied im 2. Buch des 'Gesandten der göttlichen Güte' (*'Legatus divinae pietatis'*) seit Gründonnerstag 1289 mit Unterbrechungen in eigener Niederschrift, in Buch 3—5 durch Erzählnngen, die von einer Mitschwester zu ihren Lebzeiten aufgeschrieben wurden. Buch 1 wurde nach ihrem gegen Ende 1302 anzusetzenden Tod von unbekannter Hand verfaßt. Außer dem '*Legatus*' schrieb Gertrud '*Exercitia spiritualia septem*', ferner ein verloren gegangenes geistliches Gedicht und als Mitarbeiterin mit einer Mitschwester auf Wunsch der Äbtissin Sophie v. Querfurt (1292—1303) den '*Liber specialis gratiae*', der die Begnadungen der hl. Mechthild nach deren Erzählungen schildert. Alle Werke sind ursprünglich lateinisch geschrieben, doch finden sich im 'L. sp. gr.' deutsche Worte wie *frowe Mumme* und *minne*. Gertrud gehört zu den dt. geistlichen Schriftstellern, die den Leser zur Verehrung des Herzens Jesu anregen, und ist gerade hierdurch von großem Einfluß auf die französische Barockmystik des 17. u. 18. Jhs. geworden, wie sie auch heute noch eine für die Herz-Jesu-Verehrung viel ausgeschöpfte Autorin ist. Bemerkenswert ist der starke Einfluß der kirchlichen Liturgie auf G.s Mystik. Von allen dt. Frauen ist sie die einzige, der die Nachwelt den Namen der Großen gegeben hat.

Beste Ausgabe: *Revelationes Gertrudianae et Mechthildianae* (Paris 1875 u. 1877, von den Mönchen von Solesmes); dt. v. Weißbrodt 1877; franz. 1907.

Ihre Vita ndrh. in ms. C. 96 der Landesbibl. Düsseldorf, um 1500, Bl. 110ª bis 116ª; mnd. in ms. 21 des Staatsarchivs Osnabrück, um 1500, Bl. 191ª—214ᵇ.

Preger ADB. IX (1879) S. 74f. Ph. Strauch *Die jüngere Gertrud*, ZfdA. 27 (1883) S. 373—76. H. Größler *Die Blütezeit des Kl. Helfta bei Eisleben*. Progr. Eisleben 1887. E. Michael *Die hlg. Mechthild u. die hlg. Gertrud die Große Benediktinerinnen?*, Zs. f. kath. Theol. 23 (1899) S. 548—52. W. Müller-Reif *Zur Psychologie der myst. Persönlichkeit. Mit bes. Berücks. Gertruds der Großen von Helfta* 1921. W. Lampen *De spiritu St. Francisci in operibus St. Gertrudis Magnae*, Archivum Franciscanum historicum 19 (1926) H. 4. P. A. J. Terhünte *Die hlg. Gertrud v. Helfta*, Zs. f. Askese u. Mystik 2 (1927) H. 2. E. Michael *Geschichte des deutschen Volkes* III (1903) S. 181ff. G. Ledos *Ste. Gertrude* 1901; dt. v. Oettingen 1904. M. Molenar *G. v. Helfta*, Amsterdam 1926. D. G. Dolan *Ste. Gertrude* 1922. K. Richstätter *Die Herz-Jesu-Verehrung des dt. Mittelalters* 1919, ²1924. M. Wolter *Die Geistl. Übungen der hl. G. d. Gr.* 8. Aufl. von H. Bihlmeyer 1917. M. Grabmann *Mittelalterliches Geistesleben* 1926, S. 471ff.

Engelbert Krebs.

Meister Gervelin, ein anderwärts nicht bekannter Meister, von dem wir in der Jenaer Liederhs. vier Strophen besitzen, Sangsprüche in einem originell und kunstvoll gebauten Ton, mit nd. Spracheigenheiten, die beiden ersten religiöse Sprüche auf Christus und Maria, die beiden anderen moralischer Art. Ihr Dichter ist einer, der, wie er selbst gesteht, *umb êre* (d. h. für Lobsprüche) *guot enpfât*. Nach diesem ersten Ton folgt in der Hs. eine Lücke von zwei Blättern. Da von allen umstehenden Dichtern nicht viel erhalten ist, da die nach der Lücke folgenden beiden anonymen Töne mit 14 Strophen im Gegensatz zum ersten Ton lange Verse und einfache Reimordnung bevorzugen, so muß es fast als wahrscheinlich erscheinen, daß auf den ausgefallenen Blättern ein neuer Verfassername aufgetaucht ist, so daß die späteren beiden Töne Gervelin nicht mehr gehören (so Docen, vor allem Roethe und Holz; dagegen für Verfasserschaft Gervelins v. d. Hagen). Diese Strophen zeigen ihren (ebenfalls norddeutschen) Verfasser fast unausgesetzt in den Existenzkampf verstrickt: Werben um die *milte* der Herren und Kampf gegen die Konkurrenten; interesselose Betrachtung tritt fast gänzlich zurück. Politische Deutung hat v. d. Hagen bei Ton II Str. 3 in Erwägung gezogen. Die letzte Strophe tritt ein gegen den Meißner (s. d.) zugunsten des Marners (s. d.), damit die Datierung mindestens dieses zweiten Pseudo-Gervelin auf die zweite Hälfte des 13. Jhs. sicherstellend. Die genauere Deutung hat Burdach gegeben: die *doene*, die der Meißner „den Pfaffen wiedergeben" soll, nach der Ansicht des Dichters, zielen auf dasselbe, was Rumsland (s. d.) beim Marner erwähnt (HMS. III, 56 Ton IV Str. 6), der *die museken an der hant, die sillaben an dem vinger gemessen hat*, was nicht die Silbenzählung, wie man meinte, bedeutet, sondern, wie Burdach zeigt, die Solmisation, das Komponieren mit Hilfe von Noten, nach der Guidonischen Hand, nach Art der geistlichen Musik, wogegen die norddeutschen Meister sich offenbar damals noch sträubten. Bei den „Singern dort oben in Osterfranken", die Pseudo-Gervelin rühmend erwähnt, denkt v. d. Hagen an Konrad von Würzburg (s. d.), den Rumsland in einem Atem mit dem Meißner, mit Helleviur (s. d.) und dem Unverzagten (s. d.) seinem Gegner Meister Singuf (s. d.) empfiehlt. Ein ganzer Kliquenbetrieb tut sich da auf.

Text: von der Hagen *Minnesinger* 1838. III, S. 35ff. IV, S. 711. Nr. 147. — B. J. Docen Mus. f. altd. Lit. I (1809), S. 161. K. Burdach *Reinmar der Alte* 1880, 1928² S. 139. G. Roethe *Reinmar von Zweter* 1887, S. 185f. G. Holz *Jenaer Liederhandschrift* I (1901), S. VI unten.

K. Halbach.

'Geschützbuch, Züricher', Kopie von Gerold Edlibachs Zürcherchronik von 1485, neu illustriert, Zentralbibl. Zürich, Ms. A. 77 v. J. 1506. Neben der sehr realistischen Darstellung der vorkommenden Schlachten und Gefechte, welche den Chroniktext in Aquarellen im Bilde veranschaulichen, findet sich in der Handschrift (S. 298—328) die Abbildung sämtlicher im Schwabenkriege erbeuteten Geschütze, im ganzen 64 Stück. Die Wiedergaben dieses eigentlichen 'Geschützbuches' des Maximilianischen Artillerieparks sind naturgetreu und technisch richtig. Der unterlegte Text beschreibt jedes einzelne Geschütz nach Herkunft der Beute, nach seiner Länge, Schwere und seinem Kugeldurchmesser. — Ein zweites 'Geschützbuch' eines unbekannten Malers, das in der Zeit um 1520/30 entstanden ist, gibt diese eroberten Büchsen ebenfalls wieder. Zentralbibl. Zürich, Ms. A. 89. Beide Darstellungen dürften auf ein verlorenes Original zurückgehen, denn augenscheinlich ist das spätere keine Kopie des ersteren. Sämtliche Typen der Artillerie Maximilians I. (s. d.) sind vertreten, wie sie uns auch seine späteren Zeugbücher zeigen.

E. A. Geßler *Das schweizerische Geschützwesen zur Zeit des Schwabenkrieges 1499* (Neujahrsblatt der Feuerwerker-Gesellschaft in Zürich, Hft. 121) 1929 S. 2—8.

Ed. A. Geßler.

Geßler, Heinrich, verfaßte ein '*Formulare und tütsch Rethorika*', deren Erstdruck 1493 bei Joh. Prüß in Straßburg erschien. Das Buch enthält eine knappe Rhetorik, eine Formelsammlung, welche sich hauptsächlich mit den Anreden befaßt, und in großer Menge geschäftliche und gerichtliche Urkunden. Weiterhin hat G.s Arbeit noch vielfach als Vorlage und Anregung gedient, besonders auch im Schulbetrieb des deutschsprachlichen Unterrichts, z. B. bei dem Weseler Schulmeister Peter van Zirn (s. d.). Die Einstellung des Verfassers ist ausgesprochen juristisch. Von allen früheren Schriften der Art unterscheidet sich seine dadurch, daß jeder Urkunde ein kurzer Sachverhaltsbericht vorangeht. G. tritt in seinem Werk durchaus als Vorkämpfer für das immer weiter eindringende römische Recht auf.

Über sein Leben ist bekannt, was er in der Vorrede und in einigen der Urkunden von sich selbst sagt. Er erscheint dort als *H. G. von Fryburg schüler der kayserlichen rechten — H. G. von Friburg, Bürger zu Costantz — H. G. Unser frauwen schreiber zu Costantz — der ersame gelerte Heinricus Gessler von Fryburg, legist, fürsprech des großen Rats straßburg 1485 — H. G. von Friburg, fürsprech zu straßburg*. Ferner erzählt er noch, in dreißigjähriger Praxis im Elsaß, in Schwaben und dem übrigen Oberdeutschland habe er das Material für sein Buch zusammengetragen. Gebürtig aus Freiburg, hat er in Konstanz und Straßburg gewirkt, als Anwalt sowie als juristischer Berater geistlicher (darauf scheint *Unser frauwen schreiber* zu deuten) und weltlicher (*des großen Rats*) Körperschaften. Sein Zeitgenosse Zasius berichtet, G. sei 1519 an der Pest zu Straßburg gestorben.

Der Erstdruck ist in Berlin vorhanden: Inc. 20, 2374. Weitere Drucke weist nach: Stintzing *Gesch. d. populären Literatur d. röm.-kanon. Rechts i. Deutschland* 1867, S. 323/326; ders. ADB. IX S. 95.

Ruth Westermann.

Geßler, Jakob. Dominikaner in Eßlingen zu Anfang des 16. Jhs., Kaplan im Nonnenkloster Gnadental. Drei Predigten, die er hier 1518 gehalten hat, eine auf die Jungfrau Maria, die beiden anderen auf das Osterfest, sind von einer Zuhörerin aufgezeichnet im Stuttgarter cod. theol. et philos. octav. 3, Bl. 2a—11b, 102a—108b. Sie sind ohne Originalität, schmucklos und etwas nüchtern. W. St.

Geßler (auch in den Schreibformen *Göhsler, Gähsler, Gosseler, Gösseler* vorkommend), **Johannes,** dichtete ein Lied, welches er der Bruderschaft von St. Ursula Schifflein in Straßburg widmete. Darüber berichtet Johannes von Lindau, Predigermönch aus Wien, der in Straßburg wirkte, in seiner Hs. '*Von Sand Vrsulen schifflein vnd der XI tausent Junckfrauen pruderschafft*' (1444, Ms.germ. 4°, 405 Berol.): *So ist nun zu wissen, das in der loblichen reichstat Raffenspurg ein gar erwirdiger her vnd lerer der heiligen geschrift genant maister Johannes gosseler, pfarrer in sand Jobst münster ... gedichtet ain schöns vnd frölichs gesang oder liedlein mit seiner melodey oder don von vnser löblichen pruderschaft Sand Vrsula schifflein ...* (Bl. 34b—35b). Ferner kommt G. vor in den Urkunden des Ravensburger Stadtarchivs (132a) am 20. Nov. 1466 und am 16. Juli 1480. Er entstammte einer ratsfähigen Ravensburger Familie, deren Mitglieder zum Teil der Patrizierzunft „zum Esel" angehörten. An der Kirche zu St. Jos (Jodok) wirkte er als Leutpriester und war demnach Konventual der Prämonstratenserabtei Weißenau, der das Besetzungsrecht dieser Stelle zustand. In seiner Pfarrei gründete G. eine Bruderschaft der sterbenden Pilger, deren Ziele denen der Ursula-Bruderschaften verwandt waren.

Der Erstdruck des Liedes stammt von 1492 aus Straßburg: '*Das Lied vber sant Vrsulen schyfflin gedichtet von meister iohannes gösseler pfarher vnd doctor zu sant iost zu Raffenspurg*'. 12 Str. Anf.:

Ein zyt hort ich vil gůtter mer
von einem schyfflin sagen ...

Auch in niederfränkischer Bearbeitung erschien G.s Gedicht, und zwar in Kölnischer Mundart. Dort am Schauplatz des Ursula-Martyriums und der Ursula-Verehrung spielte die Bruderschaft natürlich eine besondere Rolle. Die ripuarische Fassung hat nur 7 Str. (1—3, 10, 9, 11, 12 der hochdeutschen!) und ist in drei Drucken erhalten: A) Köln 1509 [Joh. v. Landen]; B) [Köln, Quentell, um 1510]; C) ebenso, die nur gering voneinander abweichen.

O. Schade *Geistliche Gedichte des XIV. u. XV. Jhs. vom Niederrhein* 1854, S. 164ff.; Wackernagel KL. II Nr. 1017/18; Borchling-Claussen *Nd. Bibliogr.* Nr. 456, 493, 494.

Ruth Westermann.

'Gesta Romanorum', s. Nachtrag.

Getelen, s. Hans v. G.

Geuß, Johannes, Magister, stammte aus Teining in der Oberpfalz und gehörte seit 1416 zunächst der Artistenfakultät zu Wien als Dozent an. In den Jahren 1421, 1427 und 1431 bekleidete er das Dekanat, 1427 und 1437 auch das Rektorat. Sein

Vorlesungsgebiet erstreckt sich über Naturwissenschaften, Astronomie, Philosophie, daneben beschäftigt er sich seit ungefähr 1420 schon mit theologischen Fragen. 1433 wird G. Kanonikus und scheidet im folgenden Jahre aus der artistischen Fakultät aus, um zur theologischen überzugehen, wo er rasch den Dr. theol. erwirbt und Dekan wird. Von seinen Vorlesungen sei ein *Cursus biblicus* genannt. 1440 soll sein Todesjahr sein.

Zahlreiche Schriften sind erhalten, die Mehrzahl lateinisch abgefaßt (s. u.). Von deutschsprachlichen Arbeiten G.s ist weniger überliefert. Cod. theol. 293, Bl. 11a bis 57a in Göttingen enthält eine *'Erkanntnis der Sünden'*, die dem Herzog Albrecht von Österreich gewidmet ist. Der Traktat handelt von den Sünden, Reue, Beichte und Buße. Stark benutzt hat G. Schriften seines 1433 verstorbenen Zeit- und Fachgenossen Nikolaus von Dinkelsbühl (s. d.). Die 'Erkanntnis' wurde 1448 in schwäbischer Mundart niedergeschrieben. Auf dem inneren Einbanddeckel findet sich der Vermerk, daß der Verfasser im Auftrage der Herzogin Elisa, Albrechts Gemahlin und Tochter Kaiser Sigismunds, deren Beichtvater er war, noch mehr deutsche Bücher geschrieben habe. Vielleicht liegt aber eine Verwechslung mit Heinrich von Langenstein (s. d.) vor. — Eine deutsche Predigt Gs. steht noch in der Vorauer Hs. 294.

Lat. Schriften: Wien (*'Tract. de indulgentiis'*; Erklär. d. apostol. Symbolums; *'De vitiis linguae'*; *'De eucharistia')*; Vorau (Hs. 223 *'Sermo de audiendo et implendo verbo dei'*; Hs. 224 *'Tract. de detractione'*; Hs. 243 *'Sermones')*; Melk (Hs. 40, Bl. 71b—77a *'Sermo de lusu')*; Stift Schlägl (Hs. 118 v. J. 1445, Bl. 62b—84b Predigten); Gießen (Hs. 721, Bl. 158b—183a *'Collationes super Ave Maria'*; Hs. 755, Bl. 96a—138b *'Sermones')*; Donaueschingen (Hs. 286 *'Sermones')*; Bamberg (cod. Q IV 17, v. J. 1454, Bl. 285a—289a *'Sermo in die animarum'*; cod. P VI 10, Bl. 64a—139b *'Tract. de peccatis linguae')*.

Aschbach *Gesch. d. Wiener Universität* I S. 452/53. Wappler *Gesch. d. theol. Fakultät in Wien* 1884, S. 368. Ruth Westermann.

Ghetelen, s. Hans v. G.

Ghetink, Joh., s. Joh. v. Paltz.

Giengen, s. Georg u. Liebe v. G.

Gilgenfein rühmt Hans Folz (s. d.) unter den frühen Meistersängern. Sonst unbekannt. In dem dem Folzischen nachgeahmten Lied Kunz Nachtigals (s. d.) heißt er Lilienfein *(lilgenfein)*.

DTdMA. XII S. 351. mgq. Berol. 414, Bl. 427b.

W. St.

Gilgenschein nennt sich der sonst unbekannte Verfasser (wohl ein armer Fahrender) zweier Lieder zum pfälzischen Krieg von 1462.

1. Pfälzisches Streitlied ('Vom pfälzischen Krieg'), 18 Str.

Anf.: *Wölt ir hören ein nuwes geticht,*
was die tumherren hant entricht
ze Menz wol uf dem stift...

Str. 18: *Der uns das liedlin nüwe sang,*
der hat vil mangen heimlichen gedank,
er nent sich Gilgenschine.

2. Pfälzisches Siegeslied ('Schlacht bei Seckenheim'), 14 Str.

Anf.: *Wo untrüwe wirt bezwungen,*
freut sich das herze min!

Str. 14: *Gilgenschein ist ers genennet,*
der uns das liedlin dicht,
sin nam ist wol erkennet,
groß gut beswert in nicht.

ADB. IX S. 171. Zu 1: Liliencron *Histor. Volkslieder* I Nr. 118; Steiff-Mehring *Geschichtl. Lieder und Sprüche Württembergs* 1912 Nr. 9. Zu 2: Liliencron I Nr. 113; Steiff-Mehring Nr. 11.

Ruth Westermann.

Giltlingen, s. Joh. v. G.

'Girart de Roussillon'.

1. Überlieferung. Drei Doppelblätter einer um 1400 geschriebenen Pergamenthandschrift, 4°, benutzt als Umschläge zu Rechnungen in Stolberg, jetzt (?) in der Fürstlich-Stolbergischen Bibliothek zu Wernigerode, sind uns von einem nd. Prosaroman von 'G. d. R.' übriggeblieben. Eins wurde von Jacobs und von Bartsch, die zwei andern von Bernhardt veröffentlicht.

2. Der Übersetzer ist unbekannt; auch in bezug auf die Abfassungszeit herrscht völlige Unklarheit; das Alter der Handschrift, die wohl eine Abschrift ist, läßt auf das dreizehnte oder vierzehnte Jahrhundert schließen. Gewisse ostfälische Spuren in der Sprache *(silf, sülf, gik)* weisen auf einen Entstehungsort hin, der nicht allzu weit von dem Fundort entfernt liegt.

3. Die Vorlage ist die „chanson de geste" von 'Girart de Roussillon', die in der

2. Hälfte des 12. Jahrhunderts entstanden ist (Murrell vermutet 1155—65 in Limousin). Der Annahme einer direkten Übersetzung steht nichts im Wege — abweichende Namensformen beweisen dagegen nichts —, dennoch dachte Bartsch an Vermittlung durch ein deutsches Gedicht; Bernhardt hält hd., Liepe ndl. Vermittlung für möglich; ersteres auf Grund hd. Formen, die aus dem Abfassungsort, resp. dem Charakter der nd. Literatursprache überhaupt erklärt werden können; letzteres aus literarhistorischen Erwägungen heraus, die ungewiß bleiben.

Die Übersetzung ist ziemlich genau. Inhaltsangabe des Ganzen und der Fragmente bei Bernhardt S. 4. Technik und Stil sind einfach und nicht ungeschickt.

4. Literarhistorische Einordnung ist in Ermangelung gleichartiger Erscheinungen unmöglich. Als Parallele käme höchstens die nd. „Lanzelotprosa" (s. d.) in Betracht, die im Anfang des 13. Jhdts. angesetzt wird, aber hd. Verwandte besitzt. Ist der 'G. d. R.' ein literarisches Unikum, ein vereinzelter Vorläufer des späteren Prosaromans oder der Rest einer sonst völlig verschollenen literarischen Erscheinung innerhalb der mnd. Literatur?

E. Jacobs (u. E. Steinmeyer) *Bruchstücke eines nd. Prosaromans*, ZfdA. 30 (1886) S. 76; K. Bartsch *Zum Girart de Rossilho*, Zfrom Ph. 10 (1886) S. 143; darüber P. Meyer Rom. 16 (1887) S. 152; Bernhardt *Neue Bruchstücke des nd. Girart de Roussillon*, ZfdA. 45 (1901) S. 1. P. Meyer *Girart de Roussillon, chanson de geste traduite pour la première fois* 1884; *Girart de Rossillon, nach Oxford Can. 63* hg. v. W. Foerster 1880; E. S. Murrell *Girart de Roussillon and the Tristan Poems*. 1926 (mit wertvoller Bibliographie). W. Liepe *Elisabeth von Nassau-Saarbrücken. Entstehung und Anfänge des Prosaromans in Deutschland* 1920 S. 37. über den 'Lanzelot' zuletzt: E. Schröder ZfdA. 60 (1923) S. 148.

van Dam.

Gisbertus, Pater, Prediger im St. Agneskloster zu Trier. Drei Predigten aufgezeichnet von Schwester Katharina Gürdeler in der Hamburger Sammelhs. cod. theol. 2065, um 1500, Bl. 252a—256a (vom Frieden); Bl. 256a—265a (von der Beicht); Bl. 335b—337a (von der Beicht). Es sind Predigtauszüge, die von rednerischer Kraft und Beherrschung des Wortes zeugen. Ist G. identisch mit dem Giselbertus, der von 1408—26 Provinzial der dt. Dominikanerprovinz war (Jundt *Histoire du panthéisme populaire au moyenâge* 1875, S. 290)? W. St.

Giselher von Slatheim.

Hss.: Einsiedeln 278 (Perg. 14. Jh.); Königsberg 896; Oxford Cod. Laud. Misc. 479; Heidelberg Cod. Palat. 113 und 114.

Dominikaner aus Slatheim (nordwestl. von Erfurt) und Mystiker des Erfurter Kreises um Meister Eckhart (s. d.), Lesemeister in Köln und Erfurt, predigte zwischen 1323 und 1337 die in mehreren Predigtsammlungen mit anderen Vertretern derselben Geistesrichtung erhaltenen Predigten. Sein Lieblingsthema ist die Geburt des ewigen Wortes in der Seele. Bemerkenswert ist sein Zurückgreifen auf zeitgenössische Prediger, die vor demselben Hörerkreise gepredigt haben. So nennt er in einer einzigen Predigt: *Meister Heinrich, Meister Vryborg, Bruder Konrad von Lichtenberg, Meister Dietrich, Meister Eckhart, den von Muncze, Bruder Johann, Bruder Peter, Meister Heidenreich.* In einer anderen Predigt erinnert er seine Zuhörer, daß sie darüber gehört hätten, was *Bruder Hermann v. d. Tummen, der von Kyrberg* und *Bruder Andreas* gepredigt hätten. In einer dritten Predigt zitiert er *Meister Hermann, Meister Heinrich* und *Meister Heinrich von Vrymar.* So gewährt uns dieser Prediger einen Einblick in die Art, wie vor demselben Hörerkreis förmliche Diskussionen über die Themata der Mystik und der Jenseitsverklärung stattfanden, zwar nicht in wirklichen Disputationen, aber durch das Zurückgreifen des späteren Predigers auf die früheren. Mit Vorliebe zerbricht G. als Dominikaner *die bendelin* (Argumente) der Franziskanerschule.

Ausgaben: F. Pfeiffer ZfdA. 8 (1851) S. 211ff.; Ph. Strauch AfdA. 9 (1883) S. 144ff.; ders. *Paradisus Animae* (DTdMA. 30) 1919.

Literatur: W. Preger *Gesch. d. dt. Mystik* II (1881). Gertr. Lichenheim *Studien zum Heiligenleben des Hermann von Fritzlar*. Diss. Halle 1916.

Engelbert Krebs.

Glandorp, s. Hinrik v. G.

Glaser, Hans, aus Urach, Geschützmeister im Heere Herzog Ulrichs von

Württemberg, schreibt 1504 ein Gedicht von 343 Reimpaarversen: '*Ain hübscher spruch von dem württembergischen krieg*'.

Anf.: *Merkend hie ain news gedicht,*
des byn ich gänzlich vnderricht ...

V. 343: *Also spricht Hans Glaser wartman*
von Auren.

Die Überlieferung ist dreifach: A: Druck o. O. u. J. (München 1504 ?), abgedr. bei Steiff-Mehring *Geschichtl. Lieder u. Sprüche Württembergs* 1912 Nr. 23; B: Druck o. O. u. J. (1504 ?), abgedr. bei Liliencron *Histor. Volkslieder* II Nr. 237; C: Hs. Stuttgart cod. hist. O. 16a, S. 35f. (Lesarten bei Steiff; der Text hat einen pfälzisch gesinnten Bearbeiter gehabt).

Ruth Westermann.

Glatz, s. Christoph v. Glotz.

Glesse, s. Dietrich v. d. G.

Glichesaere, s. Heinrich der G.

Gliers, *der von Gliers*, im Inhaltsverzeichnis der Manessischen Hs. *der von Cliers*, wird daselbst der Dichter zweier Leiche genannt. Da kein Vorname angegeben ist, können wir nur vermuten, daß es sich um den zu Ende des 13. Jhs. lebenden Wilhelm v. Gl. handelt, den Schwiegersohn des Minnesängers Walther von Klingen (s. d.). Beide Leiche sind Minneleiche, und vor allem der zweite der Form nach interessant. Er ist sehr lang, 342 Zeilen, so daß er nur durch die strophische Form und den Mangel der Briefeinleitung sich von einem sogenannten *büechel* unterscheidet. Er zerfällt in zwei genau gleiche Hälften (von Bartsch mit Unrecht als zwei besondere Gedichte gedruckt), wie es sich vor ihm nur bei Ulrich von Lichtenstein (s. d.) und nach ihm bei Hadlaub (s. d.) findet. Einen rohen Versifex hat ihn Roethe gescholten, und Feinheit der Strophenbildung sucht man wirklich vergebens bei ihm: statt lyrischer Strophen finden wir meistens epische Reimpaare oder umarmende Reime, statt der dem Leich entsprechenden Zweiteiligkeit vielfach Dreiteiligkeit, aber ohne die Teilung in Auf- und Abgesang. Inhaltlich ist doch manches interessant: nicht als ob uns der Dichter durch originelle Bilder oder durch Tiefe des Gefühls überraschte, sondern wegen seiner literarischen Anspielungen, die uns einige sonst unbekannte Tatsachen mitteilen.

Bartsch *Schweizer Minnesänger* Nr. 20. HMS. IV S. 112. Roethe *Reinmar von Zweter* S. 355.

Singer.

Glotz, s. Christoph v. G.

Gluf, Heinz, Verfasser einer '*Hofmär vom punt*', die er um 1489 gegen den Grafen Eberhard im Bart richtet. Das Gedicht umfaßt 134 Reimpaarverse und ist in frischem, angreifendem Tone geschrieben. Anf.: *Der großmächtig kaiser Friderich*... Die Verfassernotiz läßt die Vermutung aufkommen, daß der Name G. nur fingiert ist und sich eine Persönlichkeit dahinter verbirgt, die selbst eine Rolle in den Ereignissen spielte; oder es war ein Fahrender, der als Schalksnarr durch Possen sich sein Brot verdiente:

Hainz Gluf pin ich genant,
lauf hin und wider in die land
und pin von geperd ain tor,
dester mer kumpt mir zu gehor,
das sust maniger verstieß...

(v. 117—121).

Die Hs. des Gedichts steht im Münchener cod. germ. 5919 (früher Regensburger Kreisbibl. cod. ms. 1.) Bl. 323; abgedr. bei Liliencron *Histor. Volkslieder* II Nr. 173; Steiff-Mehring *Geschichtl. Lieder und Sprüche Württembergs* 1912 Nr. 17.

Ruth Westermann.

Gmunden, s. Johannes v. G.

'Das Gnaistli'. Allegorisches Moralgedicht in Reimpaaren (908 v.). Titel nach v. 884: das Buch sei *gnaistli* genannt, d. h. 'Fünklein', mit dem die Tugend entzündet werden soll. Das Leben sei eine unruhige Wanderung, die Freuden der Minne, des Besitzes, der Ehre täuschen. Darum strebt nun der Dichter nach dem einzig würdigen Ziele der Tugend, im Sinne des Maßhaltens. Durch solch Verhalten können die 7 Todsünden zur Tugend werden. 4 Amtmänner des Herzens helfen die innere Herrschaft wahren: als Torwart die Weisheit, als Vogt die Stärke, als Koch die Mäßigkeit, als Ritter die Gerechtigkeit.

Donaueschingen Nr. 104, Pphs. 14. Jh. — Druck bei Laßberg *Liedersaal* III 23 (1846).

Mitzka.

Gobelinus Persona, s. Persona.

Goch, s. Johannes v. G.

Gogg, der Jud. Hs. Additional 16581 des Britischen Museums, 15. Jh. (1469), ostschwäbisch, Bl. 142b; s. R. Priebsch *Deutsche Hss. in England* II (1901) S. 147—58. Ihm wird in den Mund gelegt der Spruch:

Man syng, man sag, man schreyb oder ler,
Bedenck das du habest scham: so hast du er,
Vnd halt dein hertz in stiller hůtt,
Wann weitter ratt tůt selten gůt.

R. Priebsch.

'Goldemar'.

1. Das mhd. Gedicht von G. ist nur in einem etwas mehr als 9 Strophen umfassenden Bruchstück erhalten, und zwar in einer Papierhs. des Germ. Museums zu Nürnberg (Beschreibung bei Haupt a. a. O. S. 524f., vgl. auch Zupitza a. a. O. S. XXIX u. X), die auch Bruchstücke der 'Virginal' (s. d.) enthält. Bereits vor Auffindung des G.-Bruchstücks schloß W. Grimm *(Heldensage* S. 195f.) auf das Vorhandensein eines G.-Gedichts aus einer Stelle im 'Anhang des Heldenbuches' (vgl. unten). Das Gedicht ist in der sog. „Bernerweise" abgefaßt (über die Metrik vgl. Zupitza a. a. O. S. XXIX) und gehört zu den Dietrichepen.

2. Der Name des Zwergenkönigs, nach dem das Gedicht benannt wurde, ist für Zwerge in volkstümlicher Überlieferung belegt (vgl. Croker *Irische Elfenmärchen, übersetzt v. d.* Gebr. Grimm 1826, S. LXXXIII u. XCVIII). Das Motiv der Fabel ist weitverbreitet und begegnet ähnlich im 'Laurin' (s. d.), woraus aber keineswegs ein literarischer Zusammenhang zwischen beiden Gedichten geschlossen werden muß (Jiriczek *Deutsche Heldensage* I 1898, S. 249ff.; vgl. auch unter 'Laurin').

3. Das erhaltene Bruchstück erzählt, wie Dietrich auf Abenteuer ausreitet und dabei erfährt, daß in dem Gebirge Trûtmunt Riesen hausen. Auf der Suche nach ihnen kommt er an einen Berg, in dem der Zwergenkönig G. herrscht. Dort entdeckt er eine Jungfrau, die die Zwerge geflissentlich vor ihm zu verbergen suchen. Auf seine Fragen nach ihr erhält er keine Antwort, und als er erklärt, um sie kämpfen zu wollen, verweist ihn G. ins Sachsenland: dort werde er Gegner finden, die ihm gewachsen seien. Hier bricht das Bruchstück ab. — Diese Schilderung wird ergänzt durch eine Stelle im 'Reinfried v. Braunschweig' (s. d.) (v. 25274ff.), an der der Kampf der Riesen mit den „Wülfingen" erwähnt wird. — Eine kurze vollständige Inhaltsangabe endlich gibt der sog. 'Anhang des Heldenbuches' (vgl. Zupitza a. a. O. S. XXIXf.): Die Jungfrau heißt Hertelin und ist von G. geraubt worden; Dietrich aber nimmt sie dem G. im Kampf ab und macht sie zu seinem Weibe.

4. Als Dichter nennt sich in der 2. Strophe Albrecht von Kemenaten: *der tihte ditze mære.* Über die Persönlichkeit dieses Dichters ist wenig bekannt. Rudolf von Ems (s. d.) nennt ihn in den literarhistorischen Abschnitten seines 'Willehalm' (v. 2243ff.) und 'Alexander' (v. 3252f.). Danach scheint es sich um einen Zeitgenossen Rudolfs zu handeln, seine dichterische Tätigkeit ist etwa 1230—1240 anzusetzen. Als Heimat des Dichters wurde von Haupt (a. a. O. S. 528) und Zupitza (a. a. O. S. XLIXf.) der Thurgau angenommen, wo Herren von Kemenaten nachweisbar sind. Zingerle (Germ. 1 S. 296) wies einen A. v. K. in Tirol um 1240 nach. [Solange man A. v. K. auch für den Dichter von 'Eckenliet', 'Sigenot' und 'Virginal' hielt (vgl. unten), mußte die Identität des Dichters mit diesem Albr. aus sprachlichen Gründen zurückgewiesen werden; jetzt dagegen ist sie nicht ohne weiteres mehr abzulehnen.]. Steinmeyer (a. a. O.) vermutet, daß das Gedicht, von dem das Bruchstück erhalten ist, bereits eine Überarbeitung erfahren hat, also nicht direkt von A. v. K. herstammt.

Bereits Haupt (a. a. O. S. 526) erklärte den als Dichter des 'G.' genannten A. v. K. auch für den Verf. von 'Eckenliet' und 'Sigenot', Müllenhoff *(Z. Gesch. der Nib.* S. 9 Anm.) ging noch einen Schritt weiter, indem er ihm auch die 'Virginal' zusprach. Zupitza schloß sich dieser Meinung an (a. a. O. S. XLVIIff.) und versuchte, sie durch Beweise zu stützen. Gegen diese Hypothese wandte sich zuerst Wilmanns (a. a. O.), der jedoch die

Möglichkeit offen ließ, daß A. v. K. der Verf. eines (älteren) Teiles der 'Virginal' sein könnte; doch auch dies erscheint nach Schmidts Untersuchungen (a. a. O. S. 61f.) wenig glaublich. Heute kann die Hypothese von der gleichen Verfasserschaft A.s v. K. betr. der vier Gedichte als abgetan gelten (vgl. auch hier unter 'Eckenliet', I Sp. 494).

Textabdrucke: Haupt ZfdA. 6 S. 520ff.; v. d. Hagen HB. S. 525ff.; Zupitza DHB. V S. 201ff.

Literatur: Wilmanns ZfdA. 15 S. 294ff. Steinmeyer ADB. XV S. 597. Ernst Schmidt *Zur Entstehungsgeschichte und Verfasserfrage der 'Virginal'* 1906. H. Schneider *German. Heldensage* I S. 269.

Eberhard Klaaß.

Goldener, der. Von diesem Meister bringt die Jenaische Hs. fünf äußerst anmutige Sangsprüche: eine Parabel von Wind und Sonne als Werbung um *getragene wât*, aus zwei Strophen bestehend; einen anschaulichen, ebenfalls parabelartigen Mahnspruch an einen *herren jung*, nicht nachzulassen im hohen Streben; zwei ebenfalls äußerst geschickte, lebendige, anschauliche Preissprüche; der eine auf „Wizlav, den jungen Held in Rügenlande", offenbar den gleichnamigen Dichter (s. d.), den auch Frauenlob (s. d.) rühmt; der andere auf den Markgrafen Otto den Langen von Brandenburg, Vetter Ottos von Brandenburg mit dem Pfeile, des Dichters (s. d.), und Vormund des jungen Wenzels II. von Böhmen (s. d.), auch vom Meißner (s. d.) gerühmt. Diese Gönner und seine Sprache weisen den Goldener als Norddeutschen aus.

Text: von der Hagen *Minnesinger* 1838. III S. 51f. IV S. 715f. Nr. 154. — F. Grimme Germ. 33 (1888) S. 52 (urkundliche Nachweise aus Süddeutschland).

K. Halbach.

Göli. Unter diesem Namen sind uns in der großen Heidelberger Hs. vier Lieder überliefert, die andere Hss. Neidhart (s. d.) zuschreiben. Sie stammen aber sicher nicht von Neidhart selbst, sondern von einem seiner Nachahmer. Sie sind auch einheitlich im Ton, so daß man sie alle dem gleichen Dichter zuschreiben darf. *Goeli* ist im Schweizerdeutschen Appellativum in der Bedeutung „Spaßmacher, Narr", aber vom 13. Jh. an bis auf den heutigen Tag in verschiedenen Gegenden Familienname. Wenn das Inhaltsverzeichnis der Handschrift *Goeni* schreibt, so ist das kaum bloßer Schreibfehler, sondern zeigt, daß der Schreiber das Wort als Appellativum verstanden und hier mit einem andern wenig schmeichelhaften Beinamen verwechselt hat, da *Gueni*, *Goni* soviel wie „Schmarotzer" bedeutet und die Form mit *o* spezifisch Zürcherisch ist. Der Schauplatz eines der Lieder am Rhein, der Verweis auf die Hüte von Kolmar im Elsaß sowie einige Fremdwörter machen innerhalb des alemannischen Sprachgebietes Basel als Heimat wahrscheinlich. Dort ist nun ein Ritter *Diethelmus Goli(n) de Baden* als *civis Basiliensis* 1254—76 urkundlich nachgewiesen und vor 1280 gestorben. Als Tanzarrangeur tritt in einem Liede ein Weibel *Kuonze, Küenzel* auf: nun ist 1237 und 1241 ein *Conradus dictus Rifo* als Stadtweibel von Basel nachgewiesen. Auch der Beiname *Rifo* könnte in dem Beinamen *Ringewiffel* stecken, den er in dem einen Liede (XXI, 2) führt, wenn etwa *Rive weibel* dafür zu lesen wäre. Daß der Dichter so einen angesehenen Mann (angeregt durch einen Neidhartischen *meister Küenzel* als Tanzarrangeur) unter den Bauern vortanzen läßt, vielleicht auch seine Frau, die als *Sibilia* urkundlich nachgewiesen ist, unter dem Namen einer Bäuerin *Bêle* verewigt, darf uns nicht wundernehmen: das ganze war doch nur eine Spielerei der adeligen und patrizischen Herren ohne realen Hintergrund. Die Gedichte sind Sommerlieder, die aber Form und Inhalt Neidhartischer Winterlieder ziemlich geistlos nachahmen; sogar einen Ortsnamen *Hohenlîten* nach Neidharts *Schônenlîten* wagt der Dichter, obwohl der Schweizer doch das Wort *lîte* gar nicht kennt und dafür *halde* sagt. Hingegen ist ihm eine Strophe der Hs. *c*, in der *û* auf *ou* reimt, sicher abzusprechen.

Die beste Textherstellung der Gedichte in: *Neidharts Lieder* hg. von M. Haupt, 2. Aufl. von E. Wießner XVIII 10 — XXVII 8, wobei besonders auf die Zusätze Wießners zu achten ist. Bartsch *Schweizer Minnesänger* Nr. XII. — Herzog Germ. 31 S. 326. Grimme ebda. 35 S. 308. Socin ebda. 36 S. 311. Rabbinowitsch *Probleme der Neidhartforschung. Eine Untersuchung über das Verhältnis zwischen Neidhartliedern und Pseudoneidharten* 1928, S. 208ff. — Das Wappen der Manessischen Hs. scheint durch Verwechslung dem der *Giele* im St. Gallischen nachgebildet, s. HMS. IV S. 420.

Singer.

Goltschlacher, Rudolf, im XV. Jh. Lesemeister im Nürnberger Dominikanerkloster und Prediger im Nonnenkloster Marien Schiedung zu Pillenreuth. In der Hs. der Nürnberger Stadtbibliothek Cent. VI, 43g, XV. Jh., aus dem Katharinen-Kloster zu Nürnberg, steht Bl. 173b—179b: *Diß predig hat gethon ze Pilnreüt Rudolff Goltslaher leßmeister zu den predigern. Die predig an sant Paulus tag vor vasnacht wie man geistlich vasnacht sol haben.* Vielleicht stammen auch die darauf folgenden Predigten, Bl. 179a—187a zwei vom geistl. Maien, Bl. 187a—192b auf den 2. Sonntag nach Ostern, Bl. 192b—196b auf den 4. Sonntag nach Ostern, von R. G. Dieselbe Frage wäre zu prüfen bei cod. Cent. VI, 43e, Bl. 214b—215b, wo sich eine ähnliche Fastnachtsallegorie mit dem Krapfen findet wie in der ersten oben angegebenen Predigt. Schließlich steht noch eine dt. Predigt in dem Predigtsammelband von St. Gallen cod. 1066, XV. Jh., zusammen mit Ansprachen von Eckhart, Tauler, Nikolaus von Straßburg u. a. Doch hat R. G. wenig Mystisches an sich; der Stil ist zwar bilderreich, und die Allegorie wird gern angewandt. Aber alles geht ohne ekstatische Erhebung vor sich und bleibt auf der Ebene geruhiger Erbaulichkeit und treufleißiger Ermahnung.

W. St.

Golz, s. Wendel von Gorze.

Göni, s. Göli.

Gorze, s. Wendel v. G.

Gösli von Ehenheim. Herr Gösli gehört aller Wahrscheinlichkeit nach zu der Burg Ehenheim im Elsaß bei Straßburg, die 1246 durch den Bischof Heinrich von Stahleck zerstört wurde, indes das darunter liegende Städtchen Unterehenheim 1263 durch die Bürger von Straßburg erobert und verbrannt wurde. Auf das Elsaß weist auch der Reim *nôt* auf *gât*, und in die Zeit vor 1246 gehören auch die beiden Lieder, die in der Handschrift C unter seinem Namen stehn. Sie sind dort am Rande von späterer Hand eingetragen zusammen mit denen der Schweizer Johann von Ringgenberg (s. d.), Albrecht von Rapperswyl (s. d.) und Otto von dem Turne (s. d.); der Sammler hat also den Elsässer den Schweizern zugerechnet. Es ist ein Winterlied und ein Sommerlied, beide in recht künstlichen Strophen, beide aber ausgesprochen persönliche Dienstlieder: *ob si mir der sælden gan, daz ich wird ir dienestman.*

MSH. I S. 346f.; IV S. 293f.

Rosenhagen.

Gossenbrot. Hs. Additional 16581 des Britischen Museums, 15. Jh. (1469), ostschwäbisch, Bl. 231^{b}; s. R. Priebsch *Deutsche Hss. in England* II (1901) S. 147—58. Ihm wird ein 6zeiliger Spruch in den Mund gelegt:

Ayn grosser prech im gelauben statt.
Das mā nicht recht peychtuatter hatt,
Ist schult Ir vnfleyssigs leben,
Das sie nicht vnderschaid kůnnē gebē.
Kain pfaff gehörtt daran
Dann der alle vnderscheyd geben kan.

R. Priebsch.

Gösseler, s. Geßler, Joh.

Gotfried, s. Gottfried.

'Von Gottes Barmherzigkeit'.

10 Hss.: 1. Wien Nr. 2677, um 1300. 2. Erzbischöfl. Bibl. Calocsa Nr. 120, vor 1340. 3. Heidelberg Pal. Germ. 341, vor 1340. 4. Krumau (ohne Signatur), um 1388. 5. München cgm. 4882, um 1400, aus St. Emmeram in Regensburg. 6. Gotha chart. A. 823, vor 1450. 7. Dessau cod. Georg. 4⁰. 4, um 1440. 8. Stuttgart cod. poet. et philol., nach 1456. 9. Lübeck, ms. theol. germ. 8⁰. 89, zwischen 1450 und 1500. 10. Wolfenbüttel Blankenburg. 127a, vor 1500.

Ein erbauliches Gedicht, das in die zweite Hälfte des XIII. Jhs. gehört und in Thüringen beheimatet ist. Der Dichter war Geistlicher. Vielleicht liegt ein lateinisches Original zugrunde, das sich an die Bernhardinische Predigt *in festo annuntiationis b. Marie virginis* anschließt. Die bekannte Parabel von den Töchtern Gottes, die sich an Gott wenden, um für den sündigen Menschen Barmherzigkeit zu erflehen, wird mit vielen moralischen Ausschmückungen und Verbrämungen verarbeitet. Nicht selten wendet sich der Dichter mit mahnenden Anreden an die Leser. Lateinische Bibelzitate sind in Fülle eingestreut. Die Zahl der Hss. und die Überarbeitung, die das Gedicht in einigen erfahren hat, lassen auf seine Beliebtheit schließen.

Ausgabe von K. Bartsch *Die Erlösung* S. IX—XX. Helene Luther *'Von gotes barmherzikeit'*. Diss. Frankfurt 1921 (M.-Schr.). Zum Stoff R. Heinzel ZfdA. 17 (1874) S. 43ff.; A. Hartmann ebda. 23 (1879) S. 184ff.; E. Schröder ebda. 25 (1881) S. 128f.

W. St.

Gottesfreund im Oberland, s. Merswin.

Gottfried von Ensmingen, ein Straßburger Geschichtschreiber aus der zweiten Hälfte des 13. Jhs. (gest. nach 1294), Notar der bischöflichen Kurie dortselbst, schrieb auf Veranlassung Ellenhards (s. d.) in dessen uns noch erhaltener Sammelhs. den Teil der 'Chronik', der die Jahre 1257—1291 umfaßt. Zu Anfang und Ende desselben wird er ausdrücklich als Kompilator bezeichnet. Über die Geschichte des Interregnums geht G. schnell hinweg, um so ausführlicher verweilt er bei den Taten Rudolfs I. (1273—1291). Wie die Bürgerschaft Straßburgs in Erinnerung an frühere gemeinsame Waffentaten damals treu habsburgisch gesinnt war, so verleugnet auch G. diesen Standpunkt keineswegs. Trotzdem gilt sein Zeitbuch (*'Gesta Rudolfi'*) als eine der besten Quellen für das ausgehende 13. Jh.

Die im gleichen Codex befindlichen Berichte über Wunderheilungen vor dem Muttergottesbild im Straßburger Münster, die *'Miracula S. Mariae Argentinensis'* (1280—1281), stammen zwar von einem unbekannten älteren Verfasser, wurden aber auf Ellenhards Veranlassung ebenfalls durch G. in seinen Codex übertragen, wobei sie zugleich eine Neuredaktion erfuhren.

Daß G. auch der Autor des durch diedieselbe Handschrift überlieferten *'Bellum Waltherianum'* gewesen sei, ist von Strobel und Böhmer zu Unrecht behauptet worden.

A. W. Strobel *Godefredi ab Ensmingen relatio de conflictu in Husbergen* 1841. J. F. Böhmer *Fontes rerum Germanicarum* II (1845) Vorrede S. XV—XVIII; III (1853) Vorrede S. XXX—XXXII. E. Tempeltey *De Godefredo ab Ensmingen eiusque quae feruntur operibus historicis, Lipsiae* 1861. C. Hegel *Die Chroniken der Stadt Straßburg* (Die Chroniken der deutschen Städte VIII) Bd. I (1870) S. 56ff. A. Benoit *Recherche sur le lieu de naissance du chroniqueur Strasbourgeois Godefroi d'Ensmingen,* Revue d'Alsace I (1870) S. 204—214. W. Wiegand *'Bellum Waltherianum'. Studien zur elsässischen Geschichte und Geschichtsschreibung* I 1878, S. 29ff. C. Hegel ADB. IX (1879) S. 481. O. Lorenz *Deutschlands Geschichtsquellen im MA.* I (1886) S. 29—32. R. Reuß *De scriptoribus rerum Alsaticarum historicis, Argentorati* 1897, S. 29. H. Vildhaut *Handbuch der Quellenkunde zur dt. Gesch.* II (1900) S. 23ff.

J. Ahlhaus.

Gottfried von Franken, ein deutscher Pflanzen- und Pflanzenzucht-Kenner, namentlich Kenner des Weinbaus und der Weinpflege, aber auch mehr allgemein des Obstbaues. Er benutzt den Palladius oder doch eine Palladius-Bearbeitung, kennt nicht nur Franken (Würzburg und Bamberg), sondern auch Brabant, einigermaßen Italien, ist sogar in Griechenland gewesen. Er handelt z. B. vom Bäumepfropfen, kennt selbst Krankheiten der Obstbäume.

Joseph Haupt hat den lateinischen Grundtext und drei deutsche Bearbeitungen kennen gelehrt und handelt ausführlicher über dieselben im letzten Abschnitte seines 'Mitteldeutschen Arzneibuches des Meisters Bartholomaeus': WSB. 71 (1872) S. 451—566. Über Lebenszeit, Herkunft u. Wohnort Gottrids wissen wir nichts Sicheres.

Sudhoff.

Gottfried von Hohenlohe ist als Dichter nur aus Rudolfs v. Ems (s. d.) Verzeichnis im 'Willehalm' bekannt (v. 2234—40). Ein treuer Anhänger der staufischen Herrscherfamilie, war er an der Politik und den kriegerischen Unternehmungen Friedrichs II. und Konrads IV. hervorragend beteiligt. Gestorben ist er 1254 oder 1255. —Nach Rudolfs Worten hat er in seinem Werke die angesehensten Ritter an Artus' Hofe zusammen vorgeführt. Durch diese Charakterisierung *(die werden ritter über al)* unterscheidet Rudolf ausdrücklich den Inhalt von Hohenlohes Artusroman von den sonstigen, z. B. dem unmittelbar vorher genannten 'Daniel' des Strickers (s. d.), die immer nur die Taten eines Helden darstellen. Wie mit Absolon (s. d.), so verbanden Rudolf auch mit Gottfried v. Hohenlohe die gleichen staufischen Gesinnungen und die Beziehungen zu dem schwäbischen Dichterkreise.

Gervinus *Gesch. d. dt. Dichtg.* II[5] (1871) S. 48; Wackernagel *LG.* I[2] (1879) S. 248; Goedeke *Grundr.* I[2] (1884) S. 115. Stälin *Wirtemberg Gesch.* II S. 542—544, 764; ders. ADB. 12, 690f. Pfeiffer Germ. 2 (1857) S. 499f.; Bartsch ebda. 24 (1877) S. 2f. K. Weller *Württbg. Urk.-B.* I (1899); ders. *Gesch. d. Hauses Hohenlohe* 1904—08. Leitzmann ZfdPh. 43 (1911) S. 311—317. Junk Ausg. v. Rudolfs v. Ems 'Willeh. v. Orlens' (1905) S. 37f., 253 (die Textstelle bei Rudolf). E. Schröder ZfdA. 67 (1930) S. 332ff.

Gustav Ehrismann.

Gottfried von Neifen. Schwäbischer Minnesinger aus dem Geschlecht der freien Herren v. N., Stammschloß Hohenneuffen bei Urach, urkundlich nachweisbar 1234—1255, Sohn Heinrichs II. v. N. Er gehörte zu dem kunstfrohen, angeregten Dichterkreis um König Heinrich VII., zusammen mit Ulrich v. Türheim (s. d.), Burkart v. Hohenfels (s. d.) u. v. a. Seine formvollendeten Lieder sind an Walther v. d. V. (s. d.) und Neidhart (s. d.) geschult, vielfach Tanzlieder, die volksliedhafte Anklänge zeigen. Unter den Zeitgenossen stand er in hohem Ansehen, im Volkslied vom edlen Moringer lebt die Erinnerung an ihn fort.

Überlieferung: Große Heidelberger Liederhandschrift *C* (Universitätsbibliothek Heidelberg, Cod. Germ. Pal. 848, Nr. 17, Blatt 32c—41, mit Bild). Donaueschinger Handschrift des 'Parzifal' von Claus Wisse und Philipp Colin (Fürstl. Fürstenbergische Hofbibliothek zu Donaueschingen Nr. 97, Blatt 115b), 14. Jahrh., sowie in der dazugehörigen Kopie der Bibliotheca Casanatensis in Rom (A. I. 19), 14. Jahrh. (= 4,27—5,10). Berner Handschrift (Stadtbibliothek, Hs. 260), 2. Hälfte des 14. Jahrh. (= 28,18—29,2. 29,25—35. 34,6—15. 29,14—24). — F. Pfaff *Die große Heidelberger Liederhandschrift* I 1909, Sp. 69—111. — Melchior Goldast *Paraeneticorum veterum pars* I. 1604, S. 357, 397, 415, 444f. [Bodmer] *Proben der alten schwäbischen Poesie des 13. Jahrhunderts* 1748, S. 25 (= 24,21—36). Bodmer *Sammlung von Minnesingern aus dem schwäbischen Zeitpunkte* 1758 I S. 22f. (= 1,3. 2,4. 3,2. 4. 5,3. 6,2. 19. 20,1. 21,1. 27. 38,2. 40.41). Graff *Mittelhochdeutsche Gedichte*, Diutiska II (1827) S. 262—264 (Berner Hs.). HMS. I 41—62; III 468a (Cod. Casanatensis unter dem Namen von Veldeke); IV 80—83, 754f. *Die Lieder Gottfrieds von Neifen*, hrsg. von M. Haupt 1851. BG. Nr. 36, S. LXf., 199—206 (= 21,2—22,14; 33,33—34,25; 34,26 bis 35,16; 37,2—38,3; 44,20—45,7; 45,8—20; 45,21—46,2; 52,7—24). Fr. Pfaff *Der Minnesang des 12.—14. Jahrhunderts* (DNL. 8) S. 149—152 (= 34,26—35, 16; 37,2—38,3; 52,7—24). Cornelia Maria de Jong *G. v. N.* Diss. Amsterdam 1923. — Chr. F. v. Stälin *Wirtembergische Geschichte.* 1841—73, II S. 582—585, 576, 765. O. Richter *G. v. N. als volkstümlicher Dichter*, Neues Lausitzisches Magazin 44 (1868) S. 452—468. G. Knod *G. v. N. und seine Lieder* 1877; dazu Ph. Strauch AfdA. 5 (1879) S. 246—252. H. Zeterling *Der Minnesänger G. v. N.* Progr. Posen 1880. K. Burdach ADB. 23 (1886) S. 401—403 = *Reinmar der Alte und Walther von der Vogelweide* [2] 1928, S. 391—394. W. Uhl *Unechtes bei Neifen* (Gött. Beitr. z. dt. Philol. 4) 1888. Fr. Grimme *Zur Geschichte des Minnesingers G. v. N. und seines Geschlechtes.* Progr. Metz 1894. Ders. *Die rheinisch-schwäbischen Minnesinger* 1897, S. 135—157, 277—279. W. Muchall *Zur Poesie G.s v. N.* Diss. Leipzig 1911. W. Behne *Die Reihenfolge der Lieder G.s v. N.* Diss. Göttingen 1912. Ders. *Kleinigkeiten zu N.*, ZfdA. 54 (1913) S. 255f.

F. Karg.

Gottfried von Straßburg.

1. Die unvollendete deutsche Bearbeitung des afrz. Tristanromans des Thomas von Britannien (19548 v.) ist in 11 Handschriften und 12 Fragmenten überliefert. Abgesehen von dem Akrostichon der Eingangsstrophen *(G DIETRICH T I)*, in dem man neben den Initialen des Dichters und der Helden seines Werkes den Namen eines Förderers und Gönners sehen mag, während die weitergehende Ausdeutung (ZfdA. 50 S. 220) doch recht unsicher bleibt, enthält der Torso keine Namensnennung, doch sichert ihn das übereinstimmende Zeugnis der Fortsetzer Ulrich von Türheim (s. d.) und Heinrich von Freiberg (s. d.) als das Werk Gottfrieds; der Tod soll ihn an der Vollendung gehindert haben. Das ganze ältere Handschriftenmaterial stammt aus dem Elsaß, vermutlich aus Straßburg, zum Teil wohl aus ein und derselben Schreibstube. In Straßburg entstand auch eine Bearbeitung (M = Münch. Hs. Cgm. 51), die man dem zwischen 1230 und 1240 als *notarius burgensium* belegten und von Rudolf von Ems ('Willehalm' v. 2279) erwähnten Meister Hesse (s. d.) zugeschrieben hat.

Mit Unrecht hat die große Heidelberger

Liederhs. G. noch drei kleinere Gedichte beigelegt (MSH. II S. 266—277; Pfaff S. 1188—1201): ein Minnelied von 6 Strophen (5 auch in der alten Heidelb. Lhs. unter Gottfrieds Namen), ein Muttergotteslob in 63 Strophen (stark abweichend in 11, bzw. 36 Strophen in einer Karlsruher Hs. und in der Weingartner Liederhs., in beiden namenlos) und ein Lehrgedicht über die Armut in 13 Strophen. Das Muttergotteslob hat Ludw. Wolff als spätere, etwa um 1300 entstandene Dichtung nachgewiesen, deren Kern die 11 Strophen der Karlsr. Hs. bilden, während er in den Fassungen der beiden Liederhss. Erweiterungen durch zwei verschiedene Dichter sieht.

Rudolf von Ems (s. d.) zitiert 'Alexander' v. 20621ff. als Gottfriedisch einen Spruch 'Vom gläsernen Glück', der in der großen Heidelberger Lhs. unter den Gedichten Ulrichs von Lichtenstein (s. d.) steht. Man schätzt das Zeugnis des zeitlich viel näherstehenden Rud. v. Ems wohl mit Recht höher ein als das der Liederhs., und so gilt dieser Spruch und mit ihm zusammen ein zweiter über 'Mein und Dein', der in der Hs. vorhergeht und im gleichen Metrum gedichtet ist, allgemein als Gottfrieds Werk.

2. Anhaltspunkte für die Datierung des 'Tristan' ergibt die berühmte Auseinandersetzung mit anderen Dichtern, die sogenannte literaturhistorische Stelle v. 4621ff. Der Unbekannte, den Gottfried hier heftig schmäht, ist so treffend charakterisiert, daß es unmöglich ist, Wolfram von Eschenbach (s. d.) zu verkennen. G. hat also nach dem Bekanntwerden von Wolframs 'Parzival' gedichtet, und zwar sicher nach der Teilpublikation der ersten sechs Bücher, wahrscheinlich aber erst nach Vollendung des ganzen 'Parzival' (s. Vogt S. 317). Wenn es zutrifft, daß die allerdings recht allgemein gehaltenen Worte Wolframs im 'Willehalm' (4, 19 bis 24) als Antwort auf Gottfrieds Angriff gemeint sind, fiele der 'Tristan' zwischen den 'Parzival' und den 'Willehalm' (ca. 1210). Da Gottfried nicht nur Wolfram und Walther von der Vogelweide (s. d.), sondern auch den etwas älteren Hartmann von Aue (s. d.) als noch lebende Zeitgenossen anführt, kann man jedenfalls nicht allzuweit von diesem Zeitpunkt abgehen: zwischen 1205 und 1220 wären wohl die äußersten Grenzen, zwischen denen man sich Gottfrieds Dichten zu denken hat, auch wenn man nicht an die Beweiskraft der 'Willehalm'-Stelle glaubt.

3. Über Gottfrieds Leben und Lebensverhältnisse weiß man so gut wie nichts. Man ist sich im allgemeinen darüber einig, daß er kein Ritter gewesen ist: obwohl die Titulierung „Herr" und „Meister" nicht als absolutes Kriterium für Ritter und Nichtritter gelten kann, ist es doch zwingend, daß G. niemals als „Herr" bezeichnet wird. Am auffallendsten kontrastiert Konrad von Stoffeln (s. d.) ('Gauriel von Muntabel' v. 29ff.):

meister Gotfrid und her Hartman,
von Eschenbach her Wolfram.

Dazu stimmt, daß die Heidelberg. Liederhs. G. kein Wappen beilegt, und auch in seinem Werk glaubt man Züge zu erkennen, die im Gegensatz zu ritterlicher Denkart und Lebensform stehen (Vogt S. 319). Aber in was für Lebensverhältnissen man sich den nichtritterlichen Dichter vorzustellen hat, darüber gehen die Meinungen weit auseinander. Daß er Stadtschreiber gewesen sein soll, beruht auf Verlesen einer Urkunde, doch hat man auch noch nach der Aufklärung dieses Irrtums vielfach an eine ähnliche Beamtenstellung in städtischem oder bischöflichem Dienst gedacht (Vogt S. 321, Täuber S. 101). Die Vermutung irgendwelcher Beziehungen zum bischöflichen Hof in Straßburg liegt jedenfalls sehr nahe. Neuerdings mehren sich die Stimmen, die G. für einen Geistlichen halten (H. Fischer, Stökle, Jansen, Engels). Die Gegengründe (Ehrismann S. 300, Anm. 1) scheinen wenig überzeugend: gerade die Kühnheit der bekannten und vielzitierten Äußerung über Isoldens Gottesurteil (v. 15733ff.), die weder als Freidenkertum noch gar als Atheismus, aber gewiß auch nicht als Ausdruck mystischer Ideen vom Verhältnis des Menschen zu Gott (Naumann), sondern als nur formal gewagte, inhaltlich durchaus rechtgläubige Ironisierung des Glaubens an Gottesurteile zu gelten hat, ebenso wie die nicht minder kühne Allegorie der Minnegrotte (s. u.) möchte ich einem Geistlichen eher zutrauen als irgend einem andern Menschendes Mittelalters. Man braucht sich nur daran zu erinnern, was von Geistlichen in lateinischer Sprache gewagt wird, um die Kühnheit dieser Stelle weniger in dem zu sehen, was da gesagt wird, als darin, daß es in deutscher Sprache gesagt ist.

4. Stofflich gehört der 'Tristan' in den großen Bereich mal. Dichtung, der auf keltische Überlieferung zurückgeht. Erschließung der vorliterarischen, d. h. vor den erhaltenen Denkmälern liegenden Stoffgeschichte, genaue Abgrenzung des keltischen Gutes, fremder, besonders antiker und orientalischer, bzw. arabischer Einwirkungen und der schöpferischen Eigenleistung der französischen Epiker sind umstrittene und wohl nie mit endgültiger Sicherheit lösbare Probleme. Die Verhältnisse liegen hier sogar ganz besonders ungünstig: die ältesten Fassungen sind verloren, und die beiden frz. 'Tristan'-Romane des 12. Jhs., die auf uns gekommen sind, besitzen wir nur in dürftigen Bruchstücken: 3144 Verse des Anglonormannen Thomas (ca. 1170), der Gottfried als Quelle gedient hat, etwa ein Fünftel bis ein Sechstel des Ganzen, und 4485 Verse des Bérol (ca. 1180—90), der ebenso wie die deutsche Bearbeitung des Eilhart von Oberg (s. d.) auf einer älteren Quelle, der sogenannten '*Estoire*', beruht. Es scheint, daß Eilhart seine Quelle ohne sachliche Änderungen wiedergibt, aber auch sein Werk kennen wir nur aus Bruchstücken, Bearbeitungen und abgeleiteten Quellen zweiter Hand. Man hat bisher auch der jüngeren Eilhartbearbeitung in bezug auf den Inhalt ziemlich rückhaltlos Vertrauen geschenkt; neuerdings hat J. Gombert ernstlich in Frage gestellt, ob die Eilhartbearbeitung wirklich als ein einigermaßen vollwertiger Vertreter der '*Estoire*' angesehen werden dürfe, allerdings, wie mir scheint, nicht mit wirklich überzeugenden Gründen.

Die Dichtung des Thomas kann inhaltlich ungefähr aus den Bearbeitungen erschlossen werden: die Hauptquellen sind Gottfrieds Werk und die nordische Prosafassung des Mönchs Robert (ca. 1226), in zweiter Linie stehen das me. Gedicht '*Sir Tristrem*' (ca. 1300), die eine der beiden Fassungen der '*Folie Tristan*' und Abschnitte der italienischen '*Tavola Ritonda*'.

Unabhängig von Thomas und der '*Estoire*' ist die zweite (Berner) Fassung der '*Folie*' und der wirre Abenteuerwust des frz. Prosaromans (2. Viertel des 13. Jhs.). Die Rekonstruktion eines 'Urtristan', der postulierten ersten literarischen Fassung, von der alles andere ausgeht, wird dadurch erschwert, daß es in Frankreich mindestens seit der 2. Hälfte des 12. Jhs., wie Thomas, Bérol und Marie de France ('*Chievrefueil*' v. 5ff.) übereinstimmend bezeugen, mancherlei mündliche und novellistische 'Tristan'-Überlieferung gegeben hat, denn es steht keineswegs fest, daß auch diese mündlich-novellistische Überlieferung völlig auf jenem 'Urtristan' beruht. Es muß vielmehr mit der Möglichkeit gerechnet werden, daß auch keltische 'Tristan'-Motive in die literarischen Fassungen gelangt sind, ohne durch den 'Urtristan' hindurchgegangen zu sein.

5. Die Namen weisen eher auf inselkeltische als auf bretonische Heimat der Fabel (piktisch *Drostan*, kymrisch *Drystan*, seine Heimat *Lohennois*, ursprünglich wohl = *Lothian*, König *Mark* als historisch bezeugter Herrscher von Cornwall). In Morholt und dem Zweikampf auf der Insel vermutet man ein Fortleben von Wikingererinnerungen. Auch den Namen der Heldin, der in sehr verschiedenen Formen auftritt (*Iseut*, *Iselt*, *Isolt*, *Isol*, *Isode*, bei Eilhart *Isalde*, bei Gottfried *Isolt* und *Isot*, flektiert *Isolde* und *Isôte*) hat man für germanisch gehalten, wenn auch mit zweifelhaftem Recht.

Die 'Tristan'-Fabel, wie sie uns literarisch vorliegt, ist ein aus verschiedenen Elementen zusammengesetztes Gebilde. Wir unterscheiden die keltische Heldensage vom Moroltkampf und von der tödlichen Verwundung, die nur durch die Schwester des Feindes geheilt werden kann, speziell keltische Märchenmotive von der Fahrt in gebrechlichem Schifflein in unbekannte Ferne, Märchenmotive allgemeinerer Verbreitung (Jungfrau mit dem Goldhaar, s. Bolte-Polivka III S. 33, Erwerbung der Königstochter durch Drachenkampf und Entlarvung eines Betrügers mittels der ausgeschnittenen Zunge des Ungeheuers, s. ebda. I S. 547), die mannigfachen novellistischen Motive von der Täuschung des Gatten durch das Liebespaar, das Motiv von den zwei Frauen mit gleichem Namen, das arabischer Herkunft zu sein scheint, das antike Motiv von der verfälschten Nachricht, die Tristans Tod herbeiführt. Der eigentliche Kern der ehebrecherischen Liebesgeschichte liegt in einem Erzählungstypus, der sich in Irland als „Aitheda“ (Fluchterzählungen) erhalten hat. Nahe steht die weitverbreitete und an zahlreichen Örtlichkeiten Irlands lokalisierte Erzählung von Diarmaid und Grainne, die sich bis ins 14. Jh. zurückverfolgen läßt (bequem zugänglich bei Müller-Lisowski *Irische Volksmärchen* nr. 8; Tegethoff *Märchen, Schwänke und Fabeln* nr. 19). Von hier stammt der Konflikt mit dem Oheim und König, der Liebeszauber, die Flucht bzw. Verbannung in die Einöde, die Trennung durch das Schwert in der Minnegrotte (v. 17413ff.), das Motiv vom kühnen Wasser (Eilhart, hgg. von Lichtenstein, v. 6154ff.), schließlich der Tod Tristans durch eine vergiftete Wunde, deren noch mögliche Heilung durch aufwallende Eifersucht verhindert wird (Eilhart v. 9250ff.). Ihre entscheidende Umformung erfuhr diese keltische Liebeszaubergeschichte in dem Augenblick, als aus der Geschichte von dem Manne, der seinem Oheim und König im Herzen treu und nur durch äußern Zauber an dessen Weib gebunden ist, die Geschichte von dem Liebeszauber wurde, der beide Teile, Mann und Weib, mit der gleichen Leidenschaft zu der ehebrecherischen Liebe treibt. Erst dadurch war der Weg für eine Auffassung gebahnt, die das Geschehen der Fabel zwar immer noch durch äußeren Zauber bewerkstelligt werden läßt, es aber trotzdem nicht mehr als finsteres Wüten dämonischer Kräfte auffaßt, sondern innerlich bejaht. Die Bérol-Eilhartfassung hat diese fundamentale Veränderung in der Wertung des Geschehens noch nicht ganz vollzogen; zur letzten Vollendung ist sie erst bei Gottfried gelangt.

6. Die erhaltenen Bruchstücke der Dichtung des Thomas gehören zum weitaus größten Teil zu den Partien, zu deren Bearbeitung Gottfried nicht mehr gelangt ist; nur für zwei ganz kleine Stückchen von zusammen 142 Versen läßt sich eine unmittelbare Vergleichung des deutschen 'Tristan' mit seiner Vorlage durchführen. Man kann, um ein Bild von Gottfrieds Dichten zu gewinnen, nicht auf den ergiebigeren, wenn auch naturgemäß weniger verläßlichen indirekten Vergleich mit der erschlossenen Vorlage verzichten. Das Ergebnis, das sich damit erzielen läßt, kann bei mancher Unsicherheit im einzelnen doch im großen und ganzen als durchaus einwandfrei gelten. G. hält sich stofflich im wesentlichen an seine Vorlage, verwendet aber eine Fülle von bewußter und wohlbedachter künstlerischer Arbeit auf die Formung und Ausgestaltung: wir beobachten veränderte Anordnung größerer und kleinerer Abschnitte, veränderte Auffassung von Personen, Vorgängen und ihrer Beurteilung durch den Dichter, besonders vom inneren Erleben der Personen, ihren Gedanken, Gefühlen und Äußerungen. Zum Teil handelt es sich um das typische Verhalten deutscher Dichter zu ihren französischen Vorlagen: Beseitigung von Derbem, von Scheltworten, Brutalitäten, von unverhüllten Anspielungen auf Geschlechtliches und dergleichen. Stärker jedoch als alles andere wirkt das Bemühen, das Verhältnis der Liebenden zu vertiefen, zu sublimieren und zum Rang eines absoluten Wertes zu steigern.

7. Der geistige Gehalt des Tristan ist in erster Linie durch diese Sublimierung und Verabsolutierung der Minne bestimmt. Die Minne ist hier im Gegensatz zur Auffassung des Minnesangs nicht einseitige Werbung und Huldigung des Mannes, sondern die volle, schrankenlose beiderseitige Hingabe, verbunden mit der

Bereitschaft, Minne in ihrer Totalität, mit all ihrem Glück und Leid zu erleben und dies ganze Erleben, auch das Leid, ohne Rückhalt zu bejahen. Diese Minne erhebt die *edelen herzen*, denen der Dichter sich artverwandt fühlt, und für die er allein dichtet, über die große Masse, die nur Genuß und Glück begehrt und allen feineren Werten seelischen Erlebens verschlossen ist. Mit aller Deutlichkeit wird das Minneerlebnis von G. in den Bereich des Religiösen gesteigert, wie besonders Ranke und sein Schüler Nickel dargetan haben. Die Minne ist ein absoluter Wert und daher auch notwendig souverän: auf Ansprüche, die außerhalb ihres Bereiches liegen, braucht sie keine Rücksicht zu nehmen: im Gegenteil, es ist unsittlich, derartigeAnsprüche überhaupt zu erheben: König Mark ist der wahrhaft Schuldige, nicht Tristan und Isold.

Ihrer inneren Struktur nach hat diese Minneauffassung, die ihre vollkommenste Realisierung in der menschenfernen Einsamkeit der Minnegrotte findet, etwas Asoziales, Gesellschaftsfeindliches, doch ist es bei einem Dichter des 13. Jhs. nicht zu erwarten, daß dieser Zug zur vollen Entfaltung gelangt; vermutlich ist er ihm gar nicht zum Bewußtsein gekommen. Auch G. kann sich die Träger seines Minneideals nur als Menschen höchster sozialer Sphäre und in einer gesellschaftlichen Vollkommenheit vorstellen, die er in dem Begriff *moraliteit* zusammenfaßt. Daß es sich dabei viel mehr um Bildung in gesellschaftlichem, geistigem und künstlerischem Sinne als um Moral handelt, zeigt nichts deutlicher als die Leichtigkeit, mit der sich G. über das furchtbare Motiv von Isoldens Mordanschlag gegen Brangäne hinwegzusetzen vermag.

8. Im Versbau macht G. von der Füllungsfreiheit, die dem dt. Epos um 1200 noch erhalten geblieben ist, sparsameren Gebrauch als die Mehrzahl der Zeitgenossen. Der zweisilbige Takt, d. h. der regelmäßige Wechsel von Hebung und Senkung steht auch bei ihm nicht in absoluter Geltung, herrscht aber doch stärker vor als bei Hartmann von Aue und Wolfram von Eschenbach und gibt seinen Versen glatten und fließenden Charakter, ohne dadurch eintönig zu wirken: es bleibt gerade soviel von der Füllungsfreiheit gewahrt, wie nötig ist, um dem Vers eine leichte und anmutige Bewegtheit zu verleihen; man hat häufig behauptet, daß G. die klangschönsten und rhythmisch vollendetsten deutschen Reimpaarverse gebaut hat. Beugung des natürlichen Sprachakzents spielt eine noch nicht übermäßig aufdringliche, aber doch schon merkliche Rolle.

Den Eingang bilden 11 vierzeilige Strophen mit gedoppeltem stumpfem Reim in paralleler oder symmetrischer Anordnung (*niht: geschiht: niht: geschiht* oder *list: ist: ist: list*). Ähnliche Versgebilde, die über die schlichte Form des Reimpaares hinausgehen, kommen auch sonst gelegentlich vor.

9. Der Stil G.s ist, historisch betrachtet, von drei Quellen gespeist: von dem Stil des dt. höfischen Epos, wie ihn Hartmann von Aue ausgebildet hatte, von Anregungen, die ihm seine französ. Vorlage bot, und von Einwirkungen latein. Poesie und Prosa. Als Phänomen betrachtet, ist es ein Stil von eigenartiger und höchst persönlicher Prägung. Die Hauptstilmittel sind Antithese und Distinktion, Parallelismus und Symmetrie, Wortwiederholung und Wortspiel, und alle werden in verschwenderischer Fülle und erstaunlicher Mannigfaltigkeit ausgebreitet. Die stärkste stilgebende Kraft haben die Wortwiederholungen, die zum Teil in antithetischer Formung, zum Teil in leitmotivartiger Wiederkehr durch lange Versreihen hindurch auftreten. Ihnen dienen auch zahlreiche, zum Teil recht kühne sprachliche Neubildungen. Zeugt der antithetische Stil von der Neigung zur gedanklichen Auseinanderfaltung und auch zur Synthese des Polaren, so liegt in den Wortwiederholungen und Wortspielen Freude an spielerischer Abwandlung von Wortklang und Wortsinn und an virtuosenhafter Sprachbeherrschung. Es gilt von G.s Sprachstil dasselbe wie von seinem metrischen Stil: eine eigentümlich flutende und wogende Bewegtheit zeichnet ihn vor allen andern mittelhochdeutschen

Dichtern aus. Im Vergleich mit Hartmanns unauffälliger und etwas unpersönlicher Sprachform ist G.s Stil Steigerung zu einer gehobenen, mit bewußtem Kunstwillen zu ästhetischer Schönheit gestalteten Sprache.

Auch die innere Form seiner Dichtung ist ästhetisch gerichtet: wie er das Häßliche, Abstoßende, Unpoetische bewußt meidet und das Unklare, Verworrendunkle bei Wolfram heftig tadelt, so schildert er die Schönheit, sei es als Frauenschönheit, als Schönheit der Natur, als Schönheit in menschlicher Handlung und Gebärde oder als künstlerische Schönheit von Musik und Poesie mit Hingabe und begeisterter Bejahung ihres Wertes.

Ausgaben s. Ehrismann II 2, 1 S. 297; die neueste von F. Ranke 1930, doch ist bis zum Erscheinen des II. Bandes, der die Lesarten bringen wird, die wenig befriedigende Ausgabe von K. Marold 1906 (Teutonia 6) noch nicht zu entbehren.

Verzeichnis der Hss. Ehrismann S. 298, Marold S. VIII; über einzelne Hss. s. Gödeke I S. 99, ferner Germ. 29 S. 71; ZfdA. 54 S. 167; Mod. Phil. 16 S. 89. — Über Hss.-Verhältnis, Textkritik und Interpretation Hauptwerk: F. Ranke *Die Überlieferung von Gottfrieds 'Tristan'*, ZfdA. 55 S. 157, 381. Ferner: Th. von Hagen *Kritische Beiträge zu Gottfrieds 'Tristan'* 1868. J. Kottenkamp *Zur Kritik und Erklärung des 'Tristan' G.s von Straßburg* 1879 (AfdA. 6 S. 114). Germ. 12 S. 318; 17 S. 385; 22 S. 406; 24 S. 9; 26 S. 393; 35 S. 35. ZfdPh. 2 S. 183; 7 S. 64; 11 S. 228; 39 S. 223. PBB. 9 S. 145; 43 S. 534. Germanist. Stud. 1 (1872) S. 31. Beitr. z. d. Phil. 1880, S. 305. Festschr. f. Schade 1896, S. 177. GermAbh. 16 S. 126. ZfdA. 50 S. 220 (Akrostichon); 51 S. 300 (Metrik); 53 S. 99; 61 S. 178. Festskrift til Söderwall 1912, S. 307. Mém. de la soc. néophil. de Helsingfors 6 S. 109. Neophil. 9 S. 172.

'Das gläserne Glück' und 'Mein und Dein': Heinzel *Kl. Schr.* S. 58; Ranke *Ausgabe* S. 246. Der 'Marienpreis' zuletzt hgg. und untersucht von L. Wolff (Jenaer german. Forsch. 4) 1924; dazu Neophil. 10 S. 225; Rev. germ. 16 S. 302; AfdA. 44 S. 75; ZfdPh. 52 S. 167. Sonstige Literatur Ehrismann S. 332—334 Anm.

Untersuchungen und Darstellungen allgemeineren Inhalts s. Ehrismann S. 298. Ferner: B. Jansen *'Tristan' und 'Parzival'*. Diss. Utrecht 1923. H. Schneider Elsaß-lothring. Jb. 6. G. Weber *Wolfram von Eschenbach* I (1928) S. 218—248. K. H. Halbach *G. v. St. und Konrad v. Würzburg, „Klassik" und „Barock" im 13. Jh.* (Tübinger germ. Arb. 12) 1930. — Über Stand und Lebensverhältnisse Ehrismann S. 300 Anm. 1. Täuber *Die Bedeutung der Doppelformel für Sprache und Stil G.s v. St.* Diss. Greifswald 1912 S. 101; Vogt *Grundriß d. dt. Lit.-Gesch.* II, 1 S. 319 bis 321. U. Stökle *Die theol. Ausdrücke und Wendungen im 'Tristan' G.s v. St.*, Diss. Tübingen 1915; dazu Zs. f. Gesch. des Oberrheins N. F. 31 S. 470; Histor. Jb. 41 S. 1; H. Fischer MSB. 1915, 5. — Über Bildung, Weltanschauung, Moral: Ehrismann S. 315 Anmerk. 1—5; S. 320 Anmerk. 3; S. 331 Anmerk. 1 (Fremdwörtergebrauch). E. Hengel *G. v. St. und die französische Sprache*, Diss. Heidelberg 1922. Pestalozzi *Seelische Probleme des Hochmittelalters*, NJbb. 41 S. 192. E. Nickel *Studien zum Liebesproblem bei G. v. St.* (Königsberger Deutsche Forschungen 1) 1927. Über die Minnegrotte s. Ehrismann S. 314 Anmerk. 3; bes. Ranke *Die Allegorie der Minnegrotte* (Schr. d. Königsb. gel. Ges. II, 2) 1925. — Über den Begriff des „edlen Herzens" s. Ehrismann S. 308 Anmerk. 1, über Isoldens Gottesurteil S. 315 Anmerk. 6; dazu Ranke in *Medieval Studies in memory of Gertrude Schöpperle Loomis* 1927 S. 87; Naumann-Müller *Höfische Kultur* 1929 S. 47. — Über die literarische Stelle: Ehrismann S. 321 Anmerk. 2—4; über sonstige literarische Beziehungen Heidingsfeld *G. v. St. als Schüler Hartmanns von Aue.* Diss. Rostock 1886. E. Schröder *G. v. St. und das Rolandslied*, ZfdA. 61 S. 39. J. Gombert *Eilhart v. Oberg und G. v. S.* Diss. Amsterdam 1927. F. Piquet *Le problème Eilhart-Gottfried*, Rev. germ. 20 S. 119, 242.

Über das Verhältnis zur Vorlage: Ehrismann S. 303 Anmerk. 1; 304 Anmerk. 1. Bes. Piquet *L'originalité de G. de St. dans son poème de 'T. et I'.* 1905 (dazu Ehrismann S. 298). Gombert a. a. O.

Über Stil, Wortgebrauch, Darstellungskunst: Ehrismann S. 323 Anmerk. 1 u. 4. D. J. C. Zeemann *Stilist. Untersuchungen über Rudolf von Ems' Weltchronik und seine beiden Meister G. und Wolfram.* Diss. Amsterdam 1927; dazu AfdA. 47 S. 144; Litbl. 1929, S. 92. P. Engels *Die äußeren Stilmittel in vagantenhafter Lyrik und bei G. v. St.* Diss. Köln 1929. G. Weber a. a. O. — Über Metrik und Reim: Ehrismann S. 331 Anmerk. 2. Bes. C. v. Kraus ZfdA. 51 S. 301. Ferner: E. Schröder *Reimstudien*, GGN. 1918 S. 378, 407. E. Schlageter *Reimwörterbuch zu G.s 'Tristan'* (Münch. Texte, Ergänzungsreihe 6) 1926. Heusler *Versgeschichte* II (s. Register).

Die übrigen deutschen Tristanfassungen s. Eilhart von Oberg, 'Nfr. Tristan', 'Tristan als Mönch', 'Tristrant und Isalde'.

Die außerdeutschen Fassungen: Thomas hgg. von Bédier 1902—5. — Bérol hgg. von Muret 1903 (kleine Ausgabe 2. Aufl. 1922). — *Les deux poèmes de la Folie Tristan* hgg. von Bédier 1907; *Tristan Ménestrel*, Romania 35 S. 497. E. S. Murrel *The Death of Tristan from Douce ms. 189*, Publ. of the Mod. Lang. Assoc. of Amer. 43. — Die frz. Prosa Zeidler ZfromPh. 25 S. 175, 472, 641; E. Löseth *Le roman en prose de Tristan*, *le roman de Palamède et la compilation de Rusticien de Pise* 1890; *Le Tristan et le Palamède des mss. franç. du British Museum* (Videnskabs-selskabets Skrifter Kristiania II, 4) 1905; E. Vinaver *Etudes sur le Tristan en prose* 1925.

Die nordische und die englische Version der Tristansage hgg. von E. Kölbing 1878—83. — E. Sommer-Tolomei *La Leggenda di Tristano in Italia* 1910. — G. T. Northup *El cuento de Tristan de Leonis*, Chicago 1928.

Über die sehr umfangreiche Literatur zur Stoffgeschichte s. Voretzsch *Afrz. Lit.*³ 1925 S. 286; Ehrismann II, 2, 1 S. 66, 68—73, 302—4, Hauptwerke: W. Golther *Die Sage von Tristan und Isolde* 1887 (Öst.Litbl. 15 S. 177; Germ. 33 S. 119; ZfdPh. 22 S. 245; Rom. 17 S. 603; AfdA. 14 S. 233); *Tristan und Isolde in den Dichtungen des MA.s und der neueren Zeit* 1907 (Rev. crit. 64 S. 405; LZbl. 58 Sp. 1473; Le moyen âge 1907 S. 11; AfdA. 33 S. 270; MLN. 23 S. 197; DLZ. 29 Sp. 1195; ZffrzSpr. 37 S. 167); *Tristan und Isolde in der frz. und deutschen Dichtung des MA.s und der Neuzeit* (Merker-Lüdtke H. 2) 1929. J. Bédier *Le roman de Tristan et Iseut traduit et restauré* 1900. M. Deutschbein *Studien zur Sagengeschichte Englands* I 1906. J. Kelemina *Untersuchungen zur Tristansage* 1910 (Ltbl. 32 Sp. 361; Rom. 40 S. 114; ZfdPh. 44 S. 228; LZbl. Sp. 63, 705; DLZ. 33 Sp. 476; AfdA. 36 S. 142); *Geschichte der Tristansage nach den Dichtungen des Mittelalters* 1923 (Neophil. 10 S. 291; Rev. germ. 4 S. 53; Litbl. 46 Sp. 149; GGA. 187 S. 277; DLZ. 46 Sp. 412; Rom. 51 S. 597). R. Zenker Rom. Forsch. 29 S. 321; ZfromPh. 35 S. 715. J. Loth *Contributions à l'étude des romans de la table ronde* 1912. Gertrude Schöpperle *Tristan and Isolt* 1913 (DLZ. 35 Sp. 669; JEGPhil. 13 S. 444; Rom. 43 S. 126; Engl. Stud. 48 S. 299; LZbl. 66 Sp. 742; Museum 23 S. 242; MLN. 29 S. 213; ZfVk. 26 S. 405; Anglia Beiblatt 27 S. 167; AfdA. 38 S. 55; GGA. 132 S. 240; ZfdPh. 49 S. 259). A. Bugge Edda 16 S. 228. Friedr. Ranke *Tristan und Isold* 1925 (AfdA. 45 S. 179; DLZ. 48 Sp. 14; ZfdPh. 52 S. 165; Euphorion 29 S. 247); J. van Dam *Tristanprobleme*, Neophil. 15 S. 18, 88, 183. M. Lot-Borodine, F. Ranke, E. Vinaver in: *Medieval Studies in Memory of Gertrude Schöpperle-Loomis* 1928; dazu G. Ehrismann ZfdPh. 56 (1931) S. 99ff.

C. Wesle.

Gottfried von Würzburg, Meister. Hs. Additional 16581 des Britischen Museums, 15. Jh. (1469), ostschwäbisch, Bl. 169ᵇ; s. R. Priebsch *Deutsche Hss. in England* II (1901) S. 147—58.

Ihm wird zugeteilt der Spruch: *Trunckenhait ist* usw. = Freidank 94, 1.

R. Priebsch.

Gotzkircher, Sigismund (Walch), um 1410—15 vermutlich in Südtirol geboren in Gotzkirchen, Kotzkirchen *(Casa Dei)*, das noch nicht nachgewiesen ist. War schon früh in Italien, nachdem (?) er in Wien studiert hatte. 1432 im Mai und Juni war er in Rom, Anfang 1438 in Venedig, studierte in Padua, wo er zu Neujahr 1442 promovierte *(Sigismondus de Alemannia dictus Italicus)*. Er war der italischen Sprache völlig mächtig und ließ sich im Laufe der 40er Jahre in München nieder (1443), wo er schon 1449 als „Meister Sigmund" im Stadtarztamte begegnet und in anfangs steigendem Gehalte bis an sein Lebensende (Herbst 1475) als „Stadtleibarzt" fungierte, zu großem Wohlstande kam, mit Behagen und Neigung zu Prachtentfaltung unter den begüterten Geschlechtern seine Rolle spielte und als Arzt weithin Ruf genoß. Fürs Jahr 1469 wurde er vom Rate in amtliche Stellung nach Regensburg beurlaubt. Er besaß ein stattliches Haus und war verheiratet. Mit dem herzogl. Leibarzt Joh. Hartlieb (s. d.) war er befreundet, aber auch selbst bei den bairischen Herzögen Sigismund und Albrecht IV. (1468) ärztlich tätig. Er scheint auch vor 1460 in Ungarn gewesen und beim Comes Palat. Ladislaus de Gara und dem Grafen Ebersdorf ärztliche Tätigkeit entfaltet zu haben. Er besaß großes Interesse an Büchern, und aus seinen durch Paul Lehmann veröffentlichten Haushalts-Aufzeichnungen läßt sich eine für jene Zeit bedeutende Bibliothek zusammenstellen, ohne natürlich deren Bestand zu erschöpfen. Zwei seiner Handschriften, die später in den Besitz des Dr. Joh. Finck (s. d.) übergingen, sind heute in der Staatsb. zu Berlin (Elect. Fol. 60 und 88) und enthalten zahlreiche Einträge seiner Hand, namentlich die letztere. Er war auch Leibarzt der Gattin Ludwigs des Jüngern von Baiern-Ingolstadt, Margaretha, Schwester des Albrecht Achilles von Brandenburg. Kosmetische Rezepte für sie sind erhalten und ein Schwängerungsregimen (für ihren Gatten) abgedruckt im Arch. f. Gesch. d. Med. IX S. 356ff.; dort auch X S. 263f. Notizen über Zusammensetzung und Heilwirkungen der Quellen und Bäder zu Gastein vom Jahre 1450. Der deutschen Sprache hat er sich zu Rezepten und andern Aufzeichnungen nur selten bedient (vgl. Arch. f. G. d. Med. VII S. 111 u. 71; XI S. 56ff.). Für die Preise von Arzneidrogen zeigt er sich mehrfach interessiert. Auch ärztl. Vorschriften für Kaiser Sigismund finden sich (Elect. 88, Bl. 208—240).

P. Lehmann *Haushaltungsaufzeichnungen eines Münchener Arztes aus dem XV. Jahrh.*, MSB. 1909, 5. Abh.

Sudhoff.

Gozold. Der im Liederbuch der Hätzlerin (s. d.) von Haltaus als Nr. 10 auf S. 145 abgedruckte Spruch, den auch die verlorene Bechsteinsche Schwesterhs. des Liederbuchs der Hätzlerin bot, trägt im Heidelberger cpg. 358 Bl. 82b die Überschrift *Dis ist gozoldis sproch*, während es bei der Hätzlein heißt *Wie lieb ain fraw ain knaben hett*.

Der Inhalt des nur 138 Verse umfassenden Spruches ist: Der Liebhaber wirbt um die Frau, diese aber gesteht, einen andern zu lieben, und der Verschmähte muß für die Frau einen Liebesbrief an seinen Nebenbuhler schreiben. Da sie nicht fließend genug diktiert, wirft er zornig die Feder hin, und als sie daraufhin vor Schmerz ohnmächtig hinsinkt, bleibt der Brief unvollendet.

Das Gedicht gehört dem 14. Jh. an. Seine Heimat ist des geringen Umfangs wegen nicht eindeutig zu bestimmen. Beachtenswert sind Reime wie v. 11 *stuont: rund*, 17 *alsus: kus*, aber 105 *alsust: (ge)lust*, 25 *hie: sie* (Nom. Sing. Fem.), 27 *mir: schier*, 53 *aller ruo* (Gen. Sing.)*: vruo* (Adverb), 69 *hin und her: mêr*, 131 *truck* (= trocken)*: enstuoc*.

Gedruckt: *Liederbuch der Hätzlerin* Nr. X S. 145; Vers 1—56 außerdem nach dem Heidelberger cpg. 358 bei K. Geuther *Studien zum Liederbuch der Clara Hätzlerin* 1899 S. 95.

Niewöhner.

Graf, Dietrich (*Grof*), wird von Hans Folz (s. d.) unter den frühen Meistersängern aufgeführt. K. Nachtigal (s. d.) in seinem dem Folzischen nachgeahmten Liede teilt ihn mißverständlicherweise in zwei Persönlichkeiten und spricht daher von *her Dittreich und meister graff*.

DTdMA. XII S. 351. mgq. Berol. 414, Bl. 427a.

W. St.

'Graf Rudolf'.

1. Überlieferung: Fragmente einer Pergamenths. des 12. oder 13. Jhdts., teilweise (Blätter A—K) in der Un.-Bibl. zu Göttingen (cod. Ms. philol. 184, 7), teilweise (α—δ) in der Braunschweiger Stadtbibliothek.

Ausgaben: Wilhelm Grimm, 1828 (nur A—K); 2. Aufl. 1844 (vollständig); C. v. Kraus *Mhd. Übungsbuch* 1912, S. 54—71; 242—244. Anordnung der Fragmente: G. Holz PBB. 18 S. 562; S. Singer ZfdA. 30 S. 381. Textverbesserungen: v. Kraus S. 242f.; A. Leitzmann PBB. 41 S. 374; E. Schröder ZfdA. 69 S. 295. Allgemeines Werk: J. Bethmann *Untersuchungen über die mhd. Dichtung vom Grafen Rudolf* (Pal. 30) 1904; vgl. auch Ehrismann, II 2, 1 S. 58.

2. Der Dichter war sicher ein Mitteldeutscher, wie viele Reime beweisen. Für niederdeutsche Herkunft, die Schroeder verteidigt hat (G. Roethe *Die Reimvorreden des Sachsenspiegels* 1899, S. 37 Anm. 4), fehlen die Gründe. Die Forschung schwankt zwischen Thüringen und Niederhessen. Für Thüringen entschieden sich u. a. K. Bartsch *Berthold v. Holle*, Einl. S. 34, E. Schröder später (*Der Dichter des 'Eraclius'* 1924 S. 6), Ehrismann, für Niederhessen Bethmann, aber aus unzulänglichen Gründen (er operiert mit heutigen Dialektgrenzen; vgl. auch K. Helm Ltbl. 29 S. 148). Das wichtigste Argument bilden die *n*-losen Infinitive, auch einsilbige (*gân* : *nâ*). Die beiden Sprachlandschaften lassen sich im Frühmhd. noch schlecht unterscheiden; auch literarhistorisch wäre beides möglich.

3. Die Entstehungszeit hat schon Grimm festgelegt auf Grund der Tatsache, daß Zeile Db 36 als Inhaber des Reichsschenkenamts einen König erwähnt. Dafür kommt im 12. Jhdt. nur Wladislaw II. v. Böhmen in Betracht, der von 1158 bis 1173 regierte. (Da er mit den thüringer Grafen verschwägert war, könnte hier ein Hinweis auf den thüringer Hof als Entstehungszentrum liegen.) Andere unsicherere Argumente lassen auf das Ende dieser Periode schließen: 1169 kam eine Gesandtschaft aus Palästina; 1170 fand ein Reichstag in Nürnberg statt. Zu dieser Datierung stimmen die — allerdings oft trügerischen (Rolandslied!) — reimtechnischen und stilistischen Erwägungen.

4. Das Verhältnis des 'Gr. Rudolf' zu

andern Gedichten des 12. Jhdts. ist ziemlich unsicher, schließt aber wenigstens diese Datierung nicht aus. Abhängigkeit vom 'Rolandslied' erscheint, namentlich für den stofflich verwandten ersten Teil des 'Gr. Rud', wahrscheinlich, wenn auch manches formelhaft ist (Bethmann S. 160f., Ehrismann S. 63, E. Schulze *Wirkung und Verbreitung des deutschen Rolandsliedes*, Hamburger Diss. 1927 S. 23ff.). Die heute ziemlich allgemein angenommene Datierung des Rolandslieds um 1170 (M. Lintzel ZfdPh. 51 S. 13ff.; C. Wesle, Ausg. S. XI) läßt das zwar zu, aber setzt eine sehr rasche Verbreitung des 'Rol.' in Deutschland voraus. Abhängigkeit von 'Kaiserchronik' (s. d.) und Straßburger 'Alexander', die Bethmann S. 160ff. zu beweisen sucht, ist dann möglich, da beide dem Rolandslied vorangehen, aber die Übereinstimmungen besitzen nur schwache Beweiskraft. Sehr umstritten ist das Verhältnis zu Eilharts (s. d.) 'Tristrant' (Strobl AfdA. 5 S. 236; Lichtenstein Einl. S. 186; Bethmann S. 163; Helm Ltbl. 29 S. 150). Eine Beziehung zu Veldeke besteht kaum (Bethmann S. 169; Behaghel *Eneide*, Einl. S. 197; J. van Dam *Zur Vorgeschichte d. höf. Epos* S. 76), ebenso wenig zu Heinrich von Morungen (vgl. MF. Anm. zu 137, 4—9). Mit Bertholds von Holle (s. d.) 'Crane' verbinden ihn nur Namen (S. Singer, ZfdA. 30 S. 389; Bethmann S. 169).

5. Von dem Dichter ist weiter nur bekannt, daß er wahrscheinlich ein Laie war, obwohl er Latein konnte (Bethmann 156); da auch spielmännische Züge selten sind, dürfen wir in ihm vielleicht einen dichtenden Ritter erblicken.

6. Der Inhalt, so weit wir ihn aus den Fragmenten folgern können, ist folgender: Rudolf von Arras zieht nach Palästina, um gegen die Heiden zu kämpfen; er besiegt sie, aber entzweit sich mit seinen Glaubensgenossen und entschließt sich — so früh ein interessanter Zug! — im Dienste eines heidnischen Königs gegen die Christen zu kämpfen. Er verliebt sich in eine heidnische Prinzessin und entflieht mit ihr. Sie wird Christin. In Konstantinopel schlägt sie die Werbung des Königs aus; Rudolf zieht mit ihr in die Heimat, und sie erleben noch manches Abenteuer. Am Schluß der überlieferten Fragmente fällt ihr Reisebegleiter Bonifait im Kampfe gegen Räuber. Dieser Inhalt zeigt die Verbindung einer zeitgeschichtlichen Kreuzzugsepisode mit einer abenteuerlichen Entführungsgeschichte. Eine Quelle für diese Verbindung hat sich bisher nicht nachweisen lassen. Der zweite Teil geht offenbar auf eine französische Dichtung zurück, irgend eine Fassung der chanson de geste von '*Boeve de Hanstone*'. Allerdings weicht der 'Graf Rudolf' von den erhaltenen Fassungen erheblich ab, so daß entweder die verlorene Quelle oder, was wahrscheinlicher ist, der Dichter selbst dem Stoff selbständig gegenüberstand. Auf Letzteres deutet auch die Wahrscheinlichkeit, daß er die Kreuzzugsgeschichte am Anfang selbst hinzugedichtet hat. Daß er eine geschriebene französische Vorlage benutzt hat, macht E. Schröder (ZfdA. 67 S. 79) wahrscheinlich. Man vgl. über die Quellenfrage weiter: W. Grimm Einleitung; S. Singer ZfdA. 30, S. 381; Bethmann S. 85; M. Deutschbein *Studien zur Sagengeschichte Englands* I 1906, S. 191ff.; E. Tertsch *Studien zur Quellengeschichte des mhd. Gedichts vom 'Gr. R.'*, Wiener Diss. 1928.

7. Die Darstellung ist knapp und realistisch, der Stil ist der formelhafte des Epos des 12. Jhs. Der Dichter hat eine Vorliebe für Schilderungen von Kämpfen und Belagerungen. Liebesszenen beschreibt er in moderner Weise. Auch in Reimtechnik und Metrik ist er auf dem Wege zum höfischen Epos; die Zeilen sind schon ziemlich regelmäßig gebaut: überlange Verse und überfüllte Hebungen fehlen; Enjambement und Reimbrechung sind schon vorgeschritten. Auch die Reimtechnik zeigt moderne Züge; zwar sind die Reime noch nicht alle rein (Bethmanns Prozentsatz von 85 Prozent hält einer vorurteilslosen Berechnung nicht stand), aber immerhin ist der Fortschritt etwa im Vergleich mit dem 'Rolandslied', 'Floyris' (s. d.), dem 'Herzog Ernst' A (s. d.) bedeutend. Assonanzen begegnen nur zwischen Kon-

sonanten gleicher Artikulationsart. Die Zahl der klingenden Reime ist sehr groß. Im Wortschatz meidet der Dichter schon die ,,unhöfischen Wörter", und wenn er auch das Wort ,,Ritter" noch nicht kennt, so muß ihm die Vorstellung des höfischen Ritterideals im Kern bekannt gewesen sein, wie auch die Minne schon wichtiges Handlungsmotiv ist. Höfische Umgangsformen werden bereits erwähnt. Im Zusammenhang damit steht die Toleranz des Helden den Heiden gegenüber. Das Gedicht gehört zu Naumanns ,,staufischen" Dichtungen, wozu stimmt, daß es an einer Stelle dem deutschen Kaiser ein hohes Lob spendet. Über Stil und Gehalt: Bethmann S. 113ff.; L. Kramp *Studien zur mhd. Dichtung vom 'Gr. R.'*, Bonner Diss. 1916; H. Naumann u. G. Müller *Höfische Kultur* 1929, S. 69.

8. Aus den erhaltenen Resten dürfen wir auf eine Dichtung schließen, die unter den frühhöfischen Epen einen ehrenvollen Platz eingenommen haben muß, deren nächste Verwandte der 'Floyris' und Eilharts 'Tristrant' waren, die als Liebesroman, Kreuzzugsdichtung und Abenteurergeschichte die wichtigsten literarischen Motive der Zeit enthielt und von einem Dichter stammt, der als unmittelbarer Vorläufer Heinrichs v. Veldeke (s. d.) zu gelten hat. Es ist aufs Höchste zu bedauern, daß wir ihn nicht besser kennen.

J. van Dam.

'Graf von Savoyen'. *'Dy history des graffen von soffoy'* (= Savoyen) heißt ein Meisterlied, das zum ersten Male 1497 in Erfurt von *Meister Hansen Buchdrucker bey sant Paulspfar* (vgl. Tettau *Erfurter Drucke* S. 124—150) gedruckt wurde. Es ist in Regenbogens (s. d.) langem Ton verfaßt. Die Geschichte von dem treuen Paare, das erst Land und Leute verlassen muß, dann zur Trennung gezwungen wird, weil die Gattin — die Schwester des Königs von Frankreich — von ihrem Gatten, dem Grafen von Savoyen, vier schiffahrenden Kaufleuten verkauft wird, das sich endlich gerade am Hofe des *kunigs von Frankrich* nach vielen Gefahren und Abenteuern wiederfindet, diese Geschichte ist in schmuckloser, wenig persönlicher Art erzählt. Der Meister beruft sich nicht nur zu Beginn in althergebrachter Weise auf die *gschrift* als Quelle seiner Darstellung, er erklärt auch später, als er von der viele Jahre währenden Trennung der Liebenden berichtet: *das findet man noch in den büchern gschriben* (v. 219). — Mancher Dichter von Meisterliedern — ich denke z. B. an Paumholz (s. d.), den Verfasser der 'Kaiserin von Rom' — vermag bei einem ähnlichen Vorwurfe sich den gewählten Ton so zu eigen zu machen, daß er nicht zu Flickversen, zu gezwungener und gehemmter Ausdrucksweise greifen muß, um den Forderungen der Weise gerecht zu werden. Bei ihnen stehen dann Gehalt und Gestalt nicht ungeeint gegenüber. Ebensowenig wie etwa Martin Schleych (s. d.) in seinem Liede 'Von einer Künigin von Franckreych' oder der Verfasser von 'Kaiser Karls Recht' (s. d.) besitzt unser Meister diese wichtigen Fähigkeiten. Aus der Spruchdichtung stammende Eigentümlichkeiten (s. Stammler *Wurzeln des Meistergesanges* S. 533 und Anm. 1), wie z. B. die Verwendung von *nemet war* (v. 218) oder *das gib ich euch mein treue* (v. 331; darauf der Reim *ir alte freuntschaft wart in wider neue)* und Formelhaftes finden sich häufig. Auch Stammlers Charakterisierung (ebd.): ,,Jedes Meisterlied ist eine Addierung von Sprüchen" trifft für die 15 Gesätze des Gedichts durchaus zu. Das z. B. bei Paumholz angewandte Enjambement findet sich im 'Grafen von Savoyen' nicht. Wortakzent und Versakzent fallen nicht stets zusammen. —

2. Bei Goedeke-Tittmann (S. 330, Anm. 1) heißt es: ,,Der Stoff ist aus der Karlssage volksmäßig verarbeitet und berührt sich mit dem Volksbuche von der schönen Magelone." Der Dichter dieses Liedes steht ja nicht einzig da als Bearbeiter volkläufiger Themen, denen allerdings, wie wir aus den Forschungen Stammlers *(Von der Mystik zum Barock* 1927) und L. Mackensens *(Die deutschen Volksbücher* 1927) wissen, erst humanistischer Geist wahre Prägung verlieh. Paumholz z. B. behandelt in seiner 'Kaise-

rin von Rom' den Griseldis-Stoff der zu Unrecht verfolgten keuschen Frau.

Fraglos liegen — abgesehen vom Hauptmotiv der Trennung und der endlichen Wiedervereinigung — deutliche Übereinstimmungen der Episoden unseres Liedes und des 'Magelonen'-Volksbuches (s. d.) vor: so die Verwendung des Erkennungsringes (nur angedeutet, nicht ausgeführt im 'Grafen von Savoyen'), so der zweimalige Verlust eines wertvollen Gutes (1. die Edelsteine werden im 'Grafen von Savoyen', die Ringe in der 'Magelone' von einem Vogel geraubt; 2. das Kaufgeld für die Gräfin fällt dem Grafen von Savoyen ins Meer; dem schlafenden Peter werden die mit Kleinodien gefüllten Fässer entführt), so der Dienst des Grafen von Savoyen und Peters als unbekannte Ritter unter einem fremden Herrscher, so endlich die in beiden Werken wichtigen Turniere. Doch hier setzen die deutlichen Unterschiede zwischen dem Meisterlied und dem Roman ein. Lagen schon andere Akzente auf manchen Einzelszenen des 'Grafen von Savoyen' als auf ähnlichen der 'Magelone' — ganz verschiedene Bedeutung kommt den Turnieren für Aufbau und Sinn der beiden Darstellungen zu: in der 'Magelone', in der ja ein versüßlichtes, nicht mehr recht verstandenes, doch immer noch als Vorbild hingestelltes Rittertum geschildert wird, steht das Turnier im Anfang, der Verkehr der Liebenden ist höfisch, er ist in all seinen Hemmungen und geheimen Einverständnissen durch eine gewisse Etikette bedingt; im 'Grafen von Savoyen' dient das Turnier der Wiedervereinigung der Gatten, höfische Elemente sind nur sehr spärlich verteilt, man hat den Eindruck, daß sie nur als historische „Belege" zu dienen hatten für eine Zuhörerschaft, die allem Höfischen weltfern gegenüberstand. In der 'Magelone' wird eine Entführungsgeschichte erzählt, im 'Grafen von Savoyen' handelt es sich um ein Herrscherpaar, das nach glücklichen Jahren sich von seinem Reiche trennen muß, weil es lieber die irdischen Vorteile missen als *ewiklciche groß herzenleit und ungemach* leiden wollen (v. 32ff.); hatte der Graf sich doch *vermeßen*, hatte er doch nicht nur erklärt, in der ganzen Welt lebe niemand, *der sein geleich*, sondern auch sein Weib über alle Frauen der Welt gestellt (Gesätz 1) — superbia! In der 'Magelone' verläßt der Liebende die Geliebte wider seinen Willen, er eilt ja im Boote dem räuberischen Vogel nach (ein altes Trennungsmotiv der Liebenden: man denke an Wolframs 'Sigune und Schionatulander' mit der Suche nach dem Brackenseil); der Graf von Savoyen hingegen verkauft die Gattin an die fortsegelnden Kaufleute. — Der Gedanke endlich, daß der Mensch und gerade der Liebende sein irdisches Leben heiligen solle und irdischer Lust entsagen müsse, der so oft in Werken der Zeit auftritt, wird im 'Grafen von Savoyen' nur angedeutet: als der Graf hört, daß sie doch noch in Gold gefaßte Edelsteine in all ihrer Not besitzen, da erklärt er: *von sorgen was ich gar ein traurig man. / nun pflegen wir der minne spil; Nein* (so lautet der Text) *sprach das reine weib, her laßt darvon* (v. 90ff.). Rein und unberührt bleibt die Gräfin bis zur Vereinigung mit dem Gatten. Ganz anders mutet es an, wenn Magelone zur Pilgerin, zur Spitalmeisterin wird, zur heiligen Frau, möchte man sagen, die in Heidenport nur dem kranken Nächsten dienen will. —

In Anbetracht der auffälligen Unterschiede zwischen der 'History des graffen von soffoy' und dem 'Volksbuche von der schönen Magelone' wäre es vielleicht besser, nicht mit Goedeke-Tittmann zu sagen, daß sich unser Lied mit der 'Magelone' berührt, sondern die Gründe der Gleichartigkeiten lieber in der Kennzeichnung zu suchen, die Stammler (*Mystik-Barock* S. 424) für das Stoffgebiet der 'Magelone' und anderer Romane der Zeit gibt: „Trennung der Liebenden, Intrigen, Liebessehnsucht, unwandelbare Treue, schließlich glückliche Wiedervereinigung — das sind die ständigen Motive."

K. Goedeke und J. Tittmann *Liederbuch aus dem sechzehnten Jahrhundert* 1867 (daraus der hier zugrundegelegte Text nach einem Nürnberger Druck von Jobst Gutknecht usw.). W. Stammler *Von der Mystik zum Barock* 1927. Ders. *Die Wurzeln des Meistergesanges*, Dt. Vjschr. I (1923) S. 529ff.

Überlieferung: Die Dichtung ist erhalten bloß in der Hs. 2795 der Staatsbibliothek zu Wien (Papier, um 1480, aus der alten Bibliothek der Grafen von Zimmern).

Horst Oppenheim.

Grafenberg, s. Wirnt v. G.

Graff, Jörg (1.) ist einer jener Charaktere des ausgehenden 15. und des beginnenden 16. Jhs., deren Leben nicht auf eine einfache Formel zu bringen ist. Nicht kann man von ihm als „Meistersinger" allein sprechen, nicht kann man ihm nur als Verfasser historischer Lieder gerecht werden, nicht ist seine Kirchenlieddichtung in hohem Maße zu werten. Seine Landsknechtsnatur, sein Draufgängertum, sein Festhalten an alten Idealen, die nicht mehr allgemeine Geltung hatten, sein Beharren in der Denkweise einer Kaste, aus der er schon längst geschieden war, lassen ihn stets kampfbereit als einen Mann des Schwertes erscheinen, als einen Sänger, der sich an ein entflammbares Publikum wendet, als einen Gesunkenen, der sich mit seiner Kunst Brot verdienen muß — nie aber als einen gelehrsamkeitsstolzen Handwerker wie so viele Meistersinger, die in Abgeschlossenheit vom wirklichen Leben, daseinsfremd einen trockenen, doktrinären Stoff nach den strengen Regeln ihrer „Kunst" behandelten.

2. Schon die äußeren Daten seines Lebens sprechen von Kampf, von Ruhelosigkeit, von Unglück.

J. G. ist wahrscheinlich um 1475—1480 herum geboren. Gehörte er auch der Gürtler- und Beutlerzunft in Nürnberg, man darf sagen, seiner Vaterstadt, an — seinem eigentlichen Berufe nach ist er Landsknecht. Mit dem Augsburger Kürschner und Meistersinger Georg Graff (nachgewiesen bei Keinz *Hans Sachs-Forschungen* 1894, S. 330) ist unser Dichter ebensowenig identisch wie mit dem *Georg Graff Noricus*, der in Schelhamers Stammbuch als in Florenz 3. April 1582 inskribiert bezeichnet wird (A. Stöltzel *Die Entwicklung des gelehrten Richtertums in deutschen Territorien* 1872, S. 30). In jungen Jahren steht G. im Dienste Maximilians I. (s. d.), nimmt an dessen Feldzügen teil, kämpft wahrscheinlich in den oberitalischen Ligenkriegen zwischen 1496 und 1509, möglicherweise auch in der Burgunder Fehde, dem Vorstoß gegen die Champagne 1498, gegen die Schweiz 1499, kennt die Stadt Straßburg. Aber urkundliches Material — und zwar aus Nürnberg — über ihn liegt uns erst aus dem Jahre 1517 vor: da indes war es bereits mit dem Landsknechtsleben vorbei. Erblindet war der Mann, dessen helles Auge, dessen zielsicherer Blick ihm Daseinslust und Daseinsmöglichkeit gewährt hatte: *ein rat hat zugelassen, das dem plindten Jörg grauen ain silberer Schilt gemacht werd, darzu vil personen stewr geben*, heißt es in den Ratsprotokollen vom 23. Febr. 1517 (Hampe Anhang Nr. 1; zur Einrichtung dieser Schilde s. Götze S. 88 Anm. 1). Die Ursachen seiner Erblindung liegen im Dunkeln, denn die urkundliche Angabe, er sei, als *daß hauß am Weißen Thurn abgeprunnen, für schreckhen blindt worden* (Hs. 920 Bl. 450b, Sammlung Merkel im German. Museum, Hampe S. 460), ist vom medizinischen Standpunkt aus unhaltbar. Götze (S. 87) stützt sich auf die Diagnose eines heute lebenden Arztes und glaubt, daß vielleicht G. bereits vordem nur auf einem Auge sehen konnte, und daß er während des Brandes durch einen Bluterguß oder durch Blutgerinsel ins gesunde Auge seine Sehkraft einbüßte. — Jetzt muß der alte Kämpe als gewöhnlicher Liedersänger sein Brot verdienen, rekrutierten sich doch die Bänkelsänger des MA.s vielfach aus mittellosen Blinden (Hampe S. 460). Daß er als Sänger bereits um diese Zeit einen guten Namen hat, beweist nicht nur die Darreichung des silbernen Schildes, sondern auch die Tatsache, daß er im gleichen Jahre das Privileg erhält, daß die Buchdrucker *seiner gedicht kains nachdrucken in ainem viertail Jars* (Hampe Anhang Nr. 2). Aber G. fühlt sich nicht zum Tatenlosen, Bettelnden, Mitleidheischenden bestimmt: im Februar 1518 muß der Nürnberger Rat ein Verbot gegen ihn und einen anderen Blinden erlassen, *ain Spil mit einer Saw ze haben* (Hampe Anhang Nr. 3). Es handelt sich dabei darum, daß die beiden Blinden bewaffnet gegen eine Sau vorgehen wollten: wer das Tier erschlug, sollte den Siegespreis davontragen. Daß dieses „Spiel", das G. verboten wurde, damit kein *auffrur* in Nürnberg entstehe, keine Erfindung G.s war, beweist das alte Fastnachtspiel des 15. Jahrhunderts von der *sau, die plinten haben erschlagen* (A. v. Keller *Fastnachtspiele* S. 719, 27); Hans Sachs behandelt denselben Stoff in einem seiner Schwänke (Nr. 310) und gibt dieses traurige Turnier als eine Erfindung Kunzens von der Rosen zur Belustigung Maximilians auf dem Reichstag zu Augsburg 1518 aus (Götze S. 89). Man ist leicht geneigt anzunehmen, G. sei ein Opfer der Rohheit seiner Nürnberger Mitbürger, denen sein Gebrechen zur Quelle der Belustigung wurde. Aber dagegen spricht so manches. Einmal wurde im MA. für die Armen und Kranken nicht wenig gesorgt: man denke an Rosenblüts (s. d.) soziales Gefühl und seinen 'Spruch von Nürnberg' (V. Michels *Studien über die ältesten deutschen Fastnachtspiele* 1896, S. 137) und an Kienasts (s. d.) Lobverse auf die sanitären Einrichtungen in Straßburg; andererseits aber ist der alte Landsknecht ein jähzorniger, hemmungsloser Geselle, erschlägt er doch um die Weihnachtszeit 1518 seinen Hauswirt, den Steinmetzen Hermann Unfug. Die Tatsache, daß niemand den Blinden fortgeleiten wollte (s. Ratsprotokoll vom 30. Juli 1519; Hampe Anhang Nr. 18), und daß er, in grauenvoller Erkenntnis seiner Lage, in ohnmächtiger Wut um sich schlug, konnte die Verwandtschaft des Getöteten vom Verlangen nach strengem Strafvollzug selbstverständlich nicht abhalten. Nun beginnt für den blinden Sänger eine Zeit der Flucht von einem Kloster ins andere — gewähren ihm doch zuerst die Augustiner, dann die Kartäusermönche, dann die St. Kunigundenkapelle Asylrecht. Der Rat behandelt G.s Angelegenheit mit offenbarer Milde. Erst als der Gemaßregelte sich nicht an das ergangene Verbannungsurteil kehrt, wird er für ein Jahr (1519; Hampe Anhang Nr. 20) zur Turmhaft verdammt; ebensowenig kümmert er sich viel darum, daß er, den seine Lieder in diesen Jahren als Lutherischen bezeugen, in die katholischen Lande südlich der Donau verwiesen wird. Die Bekehrung zum Luthertum ist nicht allzu hoch zu bewerten. Mag es sich hier um ein geistiges Erlebnis des Ruhelosen auch handeln — eine Leistung persönlicher Eigenfarbe ist sie nach Götze (S. 92; ähnlich Hampe S. 468f.) nicht, beschreitet er doch damit nur den Weg der damaligen Nürnberger Entwicklung. Eine Zeitlang weilt der Umgetriebene wohl am Rhein, wie im Januar 1524 die Fürbitte an Ludwig V. von der Pfalz, man möge ihn wieder nach Nürnberg lassen, beweist. Mag diese Bitte auch abschlägig beschieden werden, immer wieder taucht der volkstümliche Landsknecht in Nürnberg auf, wenig besorgt um neue Ausweisungen, wie z. B. damals, als er gegen ausdrückliches Verbot ein Lied von den Bischöfen singt. In den Protokollen steht sein Name in diesen Jahren, da er immer tiefer und tiefer bis zum „Kolporteur niederer Bücherware" (Götze S. 95) sinkt, des öfteren, so bittet er 1525 (Hampe Anhang Nr. 29) erfolglos den Rat um Erlaubnis, *ein annder eeweyb zenemen* — ist ihm doch die Frau in den Haft- und Verbannungstagen davongegangen —, so wird seinem Eidam, mit dem er schlecht steht, im gleichen Jahre die Aufrichtung eines *peckenhaws* (Hampe Anhang Nr. 30) abgeschlagen, weil sich die Nachbarschaft dagegen verwahrt hatte, so wird ihm vom Rat ein Almosen versagt *seiner trumpel-metzen halben* (1526; Hampe Anhang Nr. 32). Der Blinde kann eben der Atmosphäre des Lagerlebens und des Marketenderinnenwesens nicht entgehen. — Sogar die alte Zunft, die Beutler, verwendet sich 1529 für ihn; ebenso erfolglos wie ihre Eingabe ist G.s Bitte 1534 (Hampe Anhang Nr. 42), *Ine In den Spital ein zunemen*. Erst 1542 (6. 5.; Hampe Anhang Nr. 43) findet er, *dweil er legerhafft*, dort Aufnahme. Das ist die letzte Nachricht über den Ruhelosen, bald danach wird er wohl gestorben sein.

3. G.s Schicksale sind bunt und vielfältig. Beschäftigung mit des Dichters Leben in noch größerem Ausmaße, als es ihm möglich war, forderte Hampe (S. 469). Einen Versuch, die Gestalt des Poeten und Landsknechts dichterisch darzustellen, machte F. K. Ginzkey in seinem 'Wiesen-

zaun' (1913). Für ihn ist G. der Vater der schönen Felicitas, die Albrecht Dürer zu zwei Marienbildern anregt. Dichtung (Dürer, Felicitas) und Wahrheit (Pirkheimer) gehen ungeschieden hier ineinander über.

G.s Lieder, seine Meistergesänge, seine Sprüche sind der getreue Spiegel seines Erlebens und zwar nicht nur gehaltlich, sondern auch formell. Sie liefern ein gutes Bild der äußeren Geschehnisse und des Verfalls, der seine Spuren sichtbar in den Werken des immer tiefer Sinkenden hinterließ.

Landsknechtstum und Verbundenheit mit dem tätigen Leben spricht aus dem wohl früh anzusetzenden 'Lied von der loblichen Stadt Straßburg' (abgedruckt Götze Anhang Nr. 1) — neben pseudohistorischen Schilderungen der Entstehung der Stadt *Stierusburg* (v. 68 usw.) stehen Beschreibungen, die das abschätzende Auge des Kriegsmannes verraten (v. 121f., 136f.) —, klingt aus dem Liede 'Von dem kunige Karl' (abgedruckt Liliencron *Hist. Volkslieder* III Nr. 305), in dem G. zum Kampfe gegen Frankreich aufruft: *ir lanzknecht jung und alte / nempt euch ain güten müt, in Franckreich well wir mit gwalte, / do well wir gwinnen güt* (16, 1ff.). Gegen die Türken wendet sich des Kriegers Zorn im Spruchgedicht 'Vom Kaiser Maximilian und vom bapst' (Liliencron III Nr. 306; über Mahnungen gegen die Türken- und Franzosengefahr s. Stammler S. 135). Lagen dem Gedicht vom König Karl die Brüsseler Verhandlungen zwischen Maximilian, dem spanischen und englischen König zugrunde, hier denkt der Dichter an den Reichstag 1518, der dem Türkenkriege gewidmet war, und greift auf die an Kaiser Friedrich III. von Ulrich Höpp (s. d.) 1471 gerichtete Türkenmahnung (Liliencron II Nr. 126) zurück, lehnt sich fast wörtlich an die Vorlage an, schafft Neues nur, wenn er sie grundsätzlich verläßt. Nicht von zwei Schwertern will G. etwas wissen, wie es etwa Hermann Franck (s. d.) tut: *Der bapst führt ain kreuz ... / der kaiser ein schwert* ... (v. 7 und 8); in althergebrachter Art singt er von *sant Peters schiff* (s. Oppenheim S. 30 Anm. 2). Unbeschwert von allem historischen und politischen Beiwerk stellt sich das prachtvolle rhythmisch eindrucksvolle Lied 'Von der kriegsleut orden' dar (abgedruckt Schade S. 420ff.). G. beginnt mit einem: *Got gnad dem großmechtigen keiser frume / Maximilian! bei dem ist aufkume / ein orden, durchzeucht alle lant / mit pfeifen und mit trummen: / landsknecht sind sie genannt*, erklärt keck, Fasten und Beten überlasse man den Mönchen, weiß von *processiones* (7, 5) mit langen Spießen, vom Schlachtfeld, wo man sich zum Kapitel sammelt, zu erzählen, zeichnet die grüne Heide als des Richters *bůch*, darein man das Urteil schreibt, *biß eim rints blůt in dschůch* (Str. 10), kennt den Tod, der jedem von ihnen droht, und muß enden: *Das ist der kriegsleut observanz und rechte, / sang Jörg Graff ein brůder aller landsknechte. / unfal hat im sein freud gewendt.* Wir glauben es ihm, gern wäre er im Orden geblieben bis an sein Lebensende!

4. G.s Kirchenlieder (s. WKL.) erwachsen nicht einer anderen, einer verinnerlichten Sphäre seines Dichtens. Ein kampfloses, selbstverständliches, jedem Wissen um die beginnenden Glaubenskämpfe fernes Katholikentum zeigt sich in den eben besprochenen Liedern, in denen er gerne mit einer Anrufung Mariae beginnt oder — ebenso traditionell — den Schutz der Jungfrau herbeiruft. Das sehr früh zu setzende Lied *Gots hulde ich verloren han* (Götze S. 82ff.) ist deshalb wesentlich, weil eine Kontrafaktur zu dem seinerseits wieder auf ein Pfaffenschandlied zurückgehenden Liede *Es hat ein maydlein sein schw verloren* zugrunde liegt (s. Böhme Nr. 67; Bolte Nr. 8 und Anm. dazu; Hennig *Kontrafaktur* S. 21, 132). Die Meinung von Götze: „Gerade viel Feingefühl verrät ja Graff nicht mit dem Versuch, just diesen Text ins geistliche umzusetzen, so daß Gottes Huld an die Stelle zu stehen kommt, wo erst der Schuh der Dirne stand", erscheint mir zu eng und zu sehr vom Standpunkt unserer Zeit aus gefaßt. Nicht tiefe Religiosität schuf G.s Kirchenlieder; so ist es wieder das Tatsachenmaterial, das in den lutherisch eingestellten Gesängen interessiert. Hier kehrt er auch gerne einmal den Meistersinger heraus mit seiner Bitte um Hilfe beim Ge-

sange, da er ja noch *jung* der Kunst sei (in: *Gott Vatter in trifalde*, WKL. Nr. 448) oder, wenn er das Verlangen ausspricht: *jr herren, corgiert mein singen* (WKL. Nr. 450 Str. 7). Die allgemeine Zeitstimmung äußert sich in dem Spott, dem Zorn gegen die Geistlichen, *des teufels mastschwejn*, die Simonie treiben, Weiber verführen, gegen die Schäden des Zölibates, die Übergriffe der Kurtisanen. Als Kind der ersten Reformationszeit hofft G. zunächst noch optimistisch auf Karls V. Eintreten für Luther (hatte nicht auch Eberlin von Günzburg dem Kaiser die ersten seiner 'Fünfzehn Bundsgnossen' gewidmet?), hofft er noch auf Erasmus als Parteigänger, wendet er sich dann an den Kurfürsten Friedrich den Weisen, dem in Deutschland so viele Herzen zufliegen. — Zu dieser Gruppe kann in weiterem Sinne auch 'Ein schön lied von den falschen zungen' (abgedruckt Schade S. 436ff.) gerechnet werden, das wieder ganz in meistersingerhafter Weise mit der Anrufung an Gott Vater beginnt. Die falsche Zunge, die Ursprung alles Üblen auf der Welt ist, wird ja seit frühester Zeit von den Meistersingern geschmäht: dem Marner (s. d.; Strauch 15, 9) ist sie der graue Wurm in einer Höhle, der manchen Mord stiftet, der wilde Alexander (s. d.) und viele andere, wie etwa Suchensinn (s. d.) und Muskatblüt (s. d.), wissen um ihre Gefährlichkeit (s. dazu Oppenheim S. 16 Anm. 4).

5. G. liebt es stets, Geschautes und Erlebtes zu gestalten. Am meisten fällt dies auf bei einer Reihe von Gedichten, die sein allmähliches Hinabgleiten ins Volkstümliche verfolgen lassen, die zeigen, wie er, vom Standpunkt der sittlichen und bürgerlichen Normen aus gesehen, tiefer und tiefer sinkt. Das Lied vom Heller (abgedruckt bei Schade S. 424ff.; s. a. Götzes interessanten Faksimiledruck), mit seiner Erkenntnis: *Eylff geschlecht die neert der häller* (Str. 3), zeigt den Dichter als einen Mann, der Nürnbergs lichtscheues Gesindel kennt, der die Schäden in der Stadt geißelt, der sich aber noch nicht von dem Scharfrichter verfolgt fühlt. Ganz „volksliedartig" und auf ein niederes Niveau eingestellt wirkt das Lied 'Von einem Jäger' (abgedruckt Schade S. 434ff.; zu dem verwendeten Ton *Der Wald hat sich entlaubet* vergl. Böhme Nr. 259). Wieder ist es Nürnberg, auf das er anspielt, ein Stelldichein an der *büchin klingen* (Str. 4). Schon Eobanus Hessus feierte den Ort. G. schildert ein Liebesabenteuer unter dem Bilde einer Jagd. Wie anders geht er vor, wie anders ist seine Darstellung als jene, die wir aus den mhd. Minnereden gewohnt sind (s. K. Matthaei *Mhd. Minnereden* 1913). G. schließt mit dem Bemerken, er habe das Gedicht verfaßt, *als in der jäger Schrot den dreck / von Bissingen hat bericht*. Er geht in der Namensnennung auf eine Scherzpraktik vom Jahre 1523 zurück: 'Practica doctor Schrotendrecks von bissingen...' (s. Götze S. 96). Danach muß der Versuch Schades (S. 418), Bissingen zur Heimatsbestimmung G.s zu verwenden, endgültig beiseite gelegt werden. Das Dirnenleben des alten Nürnberg, die Kuppelei, den Leichtsinn und Ehebruch zeichnet der Erfahrene in drastischer und frivoler Art im 'Lied von der Buhlerei' (abgedruckt Schade S. 440f.). Schon der Anfang: *Hort wie man mich lert pülerei / do ich zum ersten ward ein frei*, läßt keinen Zweifel über das Milieu zu. — Über die Sitte des Gesindes, beim Wechseln des Dienstes *(kölbeln) vmb Liechtmeß* einen Schmaus (Schlenkersbraten) zu halten, gerne einen *jungen knaben* einzuladen und sich mit ihm zu vergnügen, berichtet G. in unmißverständlicher Weise in seinem Lied 'Vom Kölbelmaiden und dem Schlenkersbraten', das er zu einer *faßenacht* gemacht haben will (s. Götze Anhang Nr. 2). — Völlig wie ein Bänkelgesang wirkt sein siebenundzwanzigstrophiges Lied von einer *vischerin, wie sie hat gestift vier mord* (abgedruckt Schade S. 429ff.). Ein Fischer bei Wien geht nachts auf Fang, seine Frau vergnügt sich indessen mit drei Studenten. Als der Mann heimkommt, verbirgt sie sie in der trockenen Fischgrube. Der Fischer aber, damit sein Fang nicht erstickt, läßt Wasser in die Fischgrube, die *schreiber frumen* gehen jämmerlich zugrunde. Ein törichter Knecht wirft nicht nur sie, sondern auch einen zu einem Kranken eilenden Geistlichen in die Donau (über das weitverbreitete Schwank-

motiv s. Götze S. 99, Anm. 2 mit Hinweis auf Keller *Erzählungen aus altdtsch.Handschriften;* Hagen *GA*. usw.). — Das 'New lied gemacht im thon als man singt von dem Künig von Franckreych vnd der stat Tollen' von den Hausmägden, *die kinder tragen* (Götze Anhang Nr. 3), beweist wiederum des Dichters niedere sittliche Einstellung. — Die 'Notturftige betrachtung der knebel', ein Meisterlied, gehört der gleichen Spätzeit, gegen 1530, an. Es ist insofern von Interesse, als es sich als Gegenstück zu dem vorhergenannten Liede erweist: werden dort die Frauen und Jungfrauen bloßgestellt, so reicht hier G. jedem der gescholtenen Männer und Junggesellen, dem Buhler, dem Säufer, dem Prahler, dem Herumtreiber, den Knebel, eine Art Narrenzeichen, wie Bolte durch vielfache Belege glaubhaft macht (s. Faksimile von Bolte, Festgabe für Liliencron Nr. 6 und Anm. dazu).

6. Der Wortschatz G.s ist deshalb so aufschlußreich, weil der Sänger, was ja auch dem Inhalte der Gedichte entspricht, kein Freund des Sichtens und des Vermeidens ungebräuchlicher Worte ist. Bairisch-fränkische Idiotismen finden sich in: *Gots hulde ich verloren han* (Götze S. 83), *im gartsegel*, im Bettelschiff, umschifft der Landsknecht die Klöster (Landsknechtsorden, Str. 2, 5; s. Anm. bei Schade), der Löwe, der Gehilfe des Nürnberger Scharfrichters, wird genannt im Hellerlied (15, 2; s. a. Lochners Bemerkungen), das eine Anzahl von rotwelschen Worten enthält und deshalb schon im ersten Druck schwer entstellt wurde (s. Kluge *Rotwelsch* S. 84f.); *winde* für „Hunde" gebraucht das Jägerlied (1, 3; 2, 3).

7. Uns sind nicht alle Gedichte G.s bekannt: vor 1517, jenem Jahre, da sich ein Mann wie Willibald Pirkheimer für den Erblindeten einsetzt (s. Götze S. 82; Hampe Anhang Nr. 2), muß er uns Unbekanntes geschaffen haben, für das Jahr 1528 wissen wir nur durch Chroniknotizen (Hampe S. 465 und Anhang Nr. 33 und 35) von uns verlorengegangenen Liedern. 'Der Landsknecht auf der Stelzen' und das 'Klaglied eines Nürnberger Bettlers' sind G. wohl schwerlich, eine Umarbeitung von Pamphilus Gengenbachs Gedicht von Tod, Engel und Teufel nicht mit Sicherheit zuzuschreiben (Götze S. 89, 91, 97).

8. J. G. ist ein Mann der Wirklichkeit. Aufs Inhaltliche kommt es ihm an. Er sehnt sich nicht danach, wie die ehrgeizigen Meistersinger, eigene Töne zu schaffen. Keine Weise gehört ihm selbst an. Er verknüpft nicht bestimmte inhaltliche Forderungen mit der Verwendung eines Tones: so baut er sein erstes lutherisches Lied fast genau nach einem katholischen Kirchenlied (Götze S. 94), so schreibt er ganz unbefangen das moralisierende Lied von den falschen Zungen und jenes obszöne von den Kölbelmaiden in Schillers (s. d.) beliebtem Hofton.

Jörg Graffs Gedichte und Sprüche sind durch eine Unzahl von Einzeldrucken und fliegenden Blättern weithin verbreitet worden (s. Weller I S. 209—212; II S. 533 und Goedeke). Von Handschriften, in denen Werke des Dichters vorkommen, ist jene von Valentin Holl (geschr. 1525, jetzt Germ. Mus. Nürnberg) zu nennen.

F. Böhme *Altdeutsches Liederbuch* 1887. J. Bolte *Acht Lieder aus d. Reformationszeit*, Festgabe für R. v. Liliencron 1910. A. Götze *Jörg Graff, Landsknecht und Poet*, ZfdU. 27 (1913) S. 81—107; ders. Faksimileausg. v. Graffs 'Lied vom Heller' (Zwickauer Faks.-Drucke Nr. 11) 1911. Th. Hampe *Der blinde Landsknechtsdichter Jörg Graff und sein Aufenthalt in Nürnberg*, Euphorion 4 (1897) S. 457—472 [wichtiges Archivmaterial]. Kurt Hennig *Die geistliche Kontrafaktur* 1909. F. Kluge *Rotwelsch, Quellen u. Wortschatz der Gaunersprache* I 1901. R. v. Liliencron *Die histor. Volkslieder der Deutschen* III 1867. G. W. K. Lochner *Erläuterungen zu Jörg Graffs Liedern*, Anz. f. Kunde der Deutschen Vorzeit 3 (1856) Sp. 171f. H. Oppenheim *Naturschilderung b. d. Meistersingern* (Form und Geist 22) 1931. O. Schade *Jörg Graff und Hans Witzstat*, Weim. Jb. 4 (1856) S. 416—452. W. Stammler *Von der Mystik zum Barock* 1927. Ph. Wackernagel KL. III Nr. 447—450. E. Weller *Annalen der poet. National-Literatur der Deutschen im XVI. und XVII. Jahrh.* 1862ff.

Horst Oppenheim.

'Granum sinapis', mystisches Gedicht aus der Zeit um 1300.

1. Das kleine, interessante Werk besteht aus acht Strophen *(periodi)* zu je 10 Versen mit der Reimstellung aa bb c dd ee c; alle Verse sind zweihebig stumpf, nur die beiden Zwischenreimverse vierhebig stumpf; es ist mehrfach überliefert, bekannt sind bisher: 1) die Wiener Hs.

4868 Bl. 92—110 (s. u. Denis, v. d. Hagen); 2) die Nürnberger Hs. Cent. VI 54, in der es dreimal auf Blatt 1, 303 und 304 steht (s. u. Bartsch); 3) eine Zeitzer Hs. (s. u. Bech); 4) die Breslauer Hs. IV F 88e (s. u. Pietsch); 5) kommt eine Baseler Hs. hinzu (Univ. Bibl. B. IX. 24 je eine Strophe auf Bl. 27, 29, 30, 32, 33, 34, 36, 38). In den mit Nr. 1), 3), 5) bezeichneten Hss. steht das Gedicht im Rahmen eines umfänglicheren lat. Kommentars, der es vergleichsweise als *granum sinapis*, das heißt *sicut granum synapis... materia libelli, quantitate quidem verborum parva, supercelestium onusta virtute* bezeichnet. Der mit dem wirklichen Inhalte des Gedichtes in keiner Beziehung stehende Titel scheint mir doch erst vom Verfasser des lat. Kommentars beigelegt, nicht bereits von ihm vorgefunden (so Bech s. u. S. 14). Die Nürnberger Hs. (Nr. 2) überliefert dazu einen dt. Prosakommentar (Bl. 304—321) in Form von Gebeten und Betrachtungen, der offensichtlich mit dem lat. Kommentar nichts zu schaffen hat. Das Gedicht ist mehrfach gedruckt (s. u.), der lat. Kommentar bruchstückweise von Bech (s. u.) veröffentlicht, vom dt. Kommentar Kostproben bei Bartsch (s. u. S. XXXIf.).

2. Anfang des Gedichts: *In dem begyn Ho ubir syn...* Schluß: *So vinde ich dich O oberweseliche gut.* Der lat. Kommentar beginnt: *Abissus abissum invocat in voce katherectarum...* Schluß: *Honor et gloria in secula seculorum;* er gliedert das Gedicht in zwei Hauptteile: a) v. 1—17 *de theologia distinctiva*, b) v. 18—80 *de (theologia) unitiva;* der zweite Teil zerfällt in drei Abschnitte, v. 18—30 über die Dreieinheit Gottes, v. 31—60 über Gottes Unerkennbarkeit durch *sensus* und *intellectus*, v. 61—80 über den *modus cognoscendi* in der mystischen Versenkung. Der lat. Kommentar erweist, daß das in manchem meistersingerlich anmutende Gedicht schwerste Fracht areopagitischer Gedanken trägt; die betreffenden Stellen der mystischen Schriften des Dionysius werden von dem Kommentator neben anderen Autoritäten angeführt und die abrupt dunklen Gedankengänge des Gedichtes systematisch zergliedert und erläutert.

3. Der Verfasser ist nicht sicher zu ermitteln. Preger (s. u.) rückt das Werk zu Unrecht in die Mystik vor Meister Eckhart (s. d.). Bech (s. u. S. 13f.) stellt eine „auffallende Ähnlichkeit der Sprache und der Gedanken zwischen Eckhart und dem deutschen Dichter" fest und nimmt es als Dichtung Eckharts aus seiner Frühperiode vor Paris (1302); zustimmend Strauch AfdA. 10 S. 88. Den lat. Kommentar schreibt Bech einem Schüler Eckharts zu, vgl. dazu die Subscriptio in der Wiener Hs. *Hec ille edidit qui contemplative vite fuit.* Gewiß ist, daß Gedicht und Kommentar verschiedene Verfasser haben und beide in unmittelbarer Nähe Eckharts zu suchen sind. Auch das Sprachliche weist nach Mitteldeutschland, die harten Synkopierungen in Bartschs Text (vgl. *wesn* 19, *ungmezzen* 37, *wedr* 39 usw.) fallen der bairisch gefärbten Sprache der Nürnberger Hs. zur Last, der echte Text kennt sie nicht.

Abdruck des Gedichts bei M. Denis *Codic. manuscr. theol. bibl. Vindobon.* II (1799) Sp. 1085f. (nach Hs. 1); v. d. Hagen MS. III 468dd (nach Hs. 1); K. Bartsch *Erlösung* S. 193ff. (nach Hs. 2); Wackernagel KL. II Nr. 445; hd. bei Preger *Gesch. d. dtsch. Myst.* I S. 289ff. Ausgabe der besten Fassung (Hs. 3) nebst Teilen des lat. Kommentars, sprachlichen Anmerkungen, Erklärungen und Parallelstellen aus Mystik und Dichtung von F. Bech *Granum sinapis, deutsches Gedicht und lat. Kommentar aus dem Zeitalter der dt. Mystik*, Progr. Zeitz 1883; dazu Strauch AfdA. 10 S. 18; Pietsch ZfdPh. 16 S. 364f. bringt Varianten der Breslauer Hs. (Nr. 4).

Hans Neumann.

Grat, Heinrich, Doktor, *bestellter phisicus und leibarzat* zu Frankfurt, verfaßte *'Ein nuzlich Regiment für die Pestilenz'*, kurz nach 1500, im Cod. allem. 164 der Nat.-Bibl. zu Paris, Bl. 300b.

Sudhoff.

Graz, s. Clement u. Erhart v. G.

Greiffenstein, s. Ludwig v. G.

Greiz, s. Erhart v. Graz.

Grenselbach, s. Seifried v. G.

Gresmund, Theoderich, aus Meschede an d. Ruhr, studierte mit seinem älteren Bruder Gottschalk in Erfurt, wo er auch zum Dr. med. promovierte. Er nahm seinen Wohnsitz in Mainz 1470—80. Sein '*Regimen praeservativum breve tempore pestilentiali*' erschien o. J. um 1490 zu Mainz (s. Klebs *Pestschriften* 1926 Nr. 107) auf 4 Bll. 4°. Ob er auch Deutsches verfaßt hat, bleibt noch festzustellen.

Melchior Adam *Vitae Germ. Med.* 1620 S. 5f. Arch. f. Gesch. d. Med. XIV S. 15/16.
Sudhoff.

Gresten, s. Waltram v. G.

Grevenstein, Hermann.

Innenseite des Rückendeckels von Hs. 1190 der Stadtbibliothek Frankfurt a. M.; abgedruckt (mit einigen Fehlern und Verlesungen) bei E. Schröder *Göttingen in der Hussitenfurcht*, Neues Göttinger Jahrbuch 2 (1930) S. 73—80.

Verfasser eines Liedes gegen die Hussiten, das in einer schlechten und beschädigten Niederschrift in einem Codex lat. Predigten des 15. Jhs. aus dem Besitz des Frankfurter Dominikanerklosters erhalten ist. Als Dichter ist am Schluß *magister Hermannus Grevensteyn in Gottingen* genannt, der 1397 als Student, 1413/14 als *famulus universitatis* in der Erfurter Matrikel erwähnt wird.

Das Lied besteht aus 4 Strophen von je acht abwechselnd lateinischen und deutschen Zeilen, denen je eine vierzeilige gleichartige Refrainstrophe folgt. Die erste und zweite Strophe wenden sich in gesteigerter Schärfe gegen die Hussiten; der ihnen gemeinsame Refrain ruft Christus als Richter an und spricht von ihrer Bekämpfung. Die dritte Strophe mahnt zum Festhalten am katholischen Glaubensbekenntnis, die vierte ruft abschließend Mariens Hilfe und Fürsprache an; der diesen beiden Strophen gemeinsame Refrain spricht vom Lohn des Glaubens in dieser und jener Welt. Die Sprache ist hochdeutsch mit starkem md. Einschlag; die reinen Reime des Anfangs werden in der dritten Str. von volksliedmäßigen Assonanzen abgelöst.

E. Schröder hat a. a. O. das Lied mit einem Hilfszug der Göttinger für das von den Hussiten bedrohte Erfurt 1429/30 in Verbindung gebracht. Die erhaltene Niederschrift liegt von diesen Ereignissen bereits ab: sie erfolgte durch jemanden, der das Gedicht nicht mehr als gesungenes Lied durchschaute, und, wie das Schriftbild ausweist, erst nach Fertigstellung des Codex, der Bl. 208aα das Datum 1437 enthält.
Max Ittenbach.

Grieninger, Peter (andere Schreibformen: *Groninger, Gröninger, Grüeninger*) ist in der Hauptsache bekannt als Abschreiber. Wir besitzen von ihm die Hss. Dresd. M 68 von 1447 (Novellen und Schwänke) und München clm. 4721 von 1443 (Bl. 49a—87a; '*Gesta Romanorum*'). Er versuchte sich dann auch selbst in einem Gedicht: '*Ain spruch uon sant Sebastian vnd uon vnser lieben frawen vnd uon der bestilentz*'. Anf.: *Horend jr heren allgemain*... V. 118/9: *Hie nent sich Peter Groninger der dissen spruch gemachet haut*.. Es handelt sich um 124 Reimpaarverse, die wenig Kunst verraten und recht bedeutungslos sind. Vermutlich gab die Pest, die 1438 in Augsburg wütete, G. zu seinem Spruch Veranlassung.

Über Leben und Persönlichkeit des Dichters ist wenig zu sagen. Die Namensform *Groninger* (flüchtig für *Gröninger)* deutet auf ostschwäbische Herkunft, eine Annahme, die noch bestärkt wird durch die Stelle, wo sich der Spruch findet: Münchener Hs. cgm. 270, Bl, 57a—59a, die überwiegend Dichtungen des Kaufringers (s. d.) enthält. Vielleicht war G. aus Markgröningen oder dem schwäbischen Grüningen. Da der 2. Teil von cgm. 270 auf 1464 datiert ist, dürfte die Zeit der Abfassung etwas früher anzusetzen sein.

K. Euling *Studien über Heinrich Kaufringer* (Germ. Abhandl. XVIII) 1900, S. 5ff. F. Wilhelm *P. G., ein Handschriftenschreiber und Spruchdichter*, Münch. Mus. 1 (1912) S. 235/240.
Ruth Westermann.

Grießenpeikh, Kaspar. Er wohnte in Wien, wo er 1458 promovierte und 1477 als Hausbesitzer verstorben ist. Von ihm dt. Rezepte zu gebrannten Wassern im Cod. germ. 349 vom Jahre 1458 der Staatsb. zu München, Bl. 114. Ein lat. '*Pulvis contra arenam (vesicae)*' im Cod. lat. 5225, Bl. 296^{b}, der Wiener Nationalbibliothek.
Sudhoff.

Grill, Nikolaus, Chronist

1. Er war ein wohlhabender Kaufmann und angesehener Ratsherr der Stadt Mühldorf a. Inn. In den Urkunden der

Stadt kommt sein Name zwischen 1369 und 1413 öfter vor. Geburts- und Todesjahr sind nicht bekannt. Das wichtigste Schriftstück zu seiner Lebensgeschichte ist sein am 8. April 1419 ausgefertigtes Testament; daraus geht hervor, daß er sich 1363 verheiratet hat. Demnach dürfte er ungefähr 1340 geboren sein.

2. Als Schriftsteller ist G. beglaubigt durch eine Notiz am Ende einiger chronikalischen Aufzeichnungen in dt. Sprache, die dem Stadtrecht von Mühldorf angefügt sind. Diese Aufzeichnungen zerfallen in zwei Teile, die an sich in gar keinem Zusammenhang stehen. Den Inhalt des ersten Teiles bildet ein Überblick über die älteste bairische Geschichte, beginnend mit der Einwanderung des sagenhaften Fürsten Barbarus aus Armenien nach der Sintflut und endigend mit dem Tode des Herzogs Heinrich III. i. J. 988. Dieser Abschnitt ist eine nahezu wörtliche Übersetzung der unter dem Namen des Bernardus Noricus laufenden Schrift *'De ordine ducum Barbariae sive regum'* und bisher nicht veröffentlicht. Es läßt sich auch nicht entscheiden, ob G. wirklich als der Übersetzer zu gelten hat.

3. Als zweiter Abschnitt folgen unmittelbar kurze annalistische Berichte, die von 1313 bis 1400 reichen und in der Hauptsache die Geschicke der Stadt Mühldorf behandeln. Die Erzählung ist knapp und schmucklos; ausführlicher wird der Verfasser nur, wenn er auf die öfteren, über die Stadt verhängten Belagerungen zu sprechen kommt. Als Aufzeichnungen eines Zeitgenossen und eine der ältesten historischen Darstellungen in dt. Sprache auf bairischem Boden sind sie von bleibendem Wert.

Eine kritische Bearbeitung nach der im Hauptstaatsarchiv München liegenden Originalhandschrift und einer Abschrift im Germanischen Nationalmuseum in Nürnberg besorgte K. Th. Heigel in dem Sammelwerk 'Die Chroniken der deutschen Städte' XV (1878) S. 367—410. Vorher veröffentlichte schon kurze Auszüge I. E. v. Koch-Sternfeld in 'Die bairischen Annalen' Jahrgang 1835, S. 27. Vgl. auch S. Riezler *Geschichte Baierns* III (1889) S. 917. M. Döberl *Entwicklungsgeschichte Baierns*³ I (1916) S. 359.

Paul Ruf.

Grim, Merten, wird von Hans Sachs unter den 12 alten Nürnberger Meistersängern aufgeführt. W. St.

Gritsch, Johannes, verfaßte kurz vor 1440 ein vorbildliches deutsches *'Quadragesimale'*. Neben Predigten für jeden Tag der Fastenzeit enthält sein Werk noch Entwürfe für Sonntagspredigten das ganze Kirchenjahr hindurch. In scholastischer Art sind G.s Predigten aufgebaut, aber durchsetzt von einer Fülle von Fabeln, Anspielungen und Erzählungen, die ihn besonders volkstümlich machen. Eigentümlich ist vor allem die geistliche Ausdeutung von Ovids 'Metamorphosen', neben denen er auch noch andere antike Dichter zitiert, z. B. Ennius. Vom Leben des G. ist nur bekannt, daß er in Basel als Minorit seine Laufbahn begann, um nach Vollendung seiner Ausbildung dort als Vorsteher des Ordenshauses zu wirken; zur Zeit des Baseler Konzils 1431 ist seine Predigttätigkeit nachgewiesen. Außer dem *'Quadragesimale'* hat G. noch zahlreiche lateinische Predigtwerke geschrieben, *Sermones de sanctis, de tempore, de passione.* Sein Hauptwerk hat eine ungeheure Verbreitung gefunden, das XV. Jh. weist nicht weniger als 26 Drucke auf; die frühesten o. O. u. J., dann Reutlingen 1476, Augsburg 1477, Köln 1481, Lyon 1492. Eine Hs. ist zu Engelberg, cod. 232, 372 Bll. 2°, geschrieben 1472 in Schwyz.

Hain Nr. 8062; Fabricius *Bibl. lat. med. aevi* III S. 314; Graesse *Lit.-Gesch.* II, 2 S. 167; ADB. IX S. 704; Cruel *Geschichte der deutschen Predigt im MA.* 1879, S. 558/61; Eubel *Geschichte der oberdeutschen Minoritenprovinz* 1886, S. 35.

Ruth Westermann.

Griven, s. Walther v. G.

Grof, s. Graf.

Groningen, Rainer.

1. R. G. nennt sich der Verfasser einer gereimten Braunschweiger Chronik, in welcher der durch Ludeken Holland in den Jahren 1488—91 angestiftete Aufruhr beschrieben wird. Es ist eine nüchterne Aufzählung von geschichtlichen Tatsachen ohne jeglichen poetischen Schwung. Der Titel *'Schichtspeel'* stammt vom Verfasser selbst. *schicht* heißt „Vorfall, Geschichte" und wird insbesondere als Bezeichnung gewaltsamer Volksauf-

stände gebraucht. Als Spiel wird der Aufstand bezeichnet, weil es sich einerseits um ein unsicheres Unternehmen wie ein Lotteriespiel, andrerseits um ein ruchloses Spiel handelte. Am 18. Januar 1492 war das mehr als 5000 Verse umfassende Werk bereits beendet. Über die Persönlichkeit Groningens — die Annahme, daß es sich nur um den Abschreiber handle, ist nicht wahrscheinlich — ist nichts Näheres bekannt. Jedenfalls war er theologisch gebildet. In der einzigen Hs. der Dichtung sind die Blätter 2, 3 und 12 ausgerissen, so daß etwa 600 Verse verloren gegangen sind. Der Verfasser betont ausdrücklich, das Spiel sei nicht *gedichtet, men geschen veel* (v. 4917), und schließt mit einer moralischen Nutzanwendung, so die bescheidene geistige Haltung der führenden Schicht Braunschweigs kennzeichnend, in deren Sinne er schreibt.

2. Das Schichtspiel ist bald nach 1510 unter Zuhilfenahme anderer Überlieferung, vor allem des 'Schichtbuches' von Herman Bote (s. d.), in Prosa umgearbeitet worden. Diese Paraphrase kann als ein Kommentar des 'Schichtspieles' gelten. Der Name des Verfassers ist nicht bekannt. Vermutungen über seine Persönlichkeit in der Einleitung der von Herm. Bäsecke besorgten Ausgabe (S. 9—14).

Hs. des 'Schichtspiels': Landesbibl. Wolfenbüttel 120 Helmst. (O. von Heinemann *Die Hss. der Herzogl. Bibliothek zu Wolfenbüttel* 1886 I S. 118, Nr. 141);
der Paraphrase: Abschrift in Wolfenbüttel aus dem 16. Jh. 652 Helmst. (O. v. Heinemann S. 100, Nr. 702).

Druck: 'Schichtspiel': L. Hänselmann *Die Chroniken der deutschen Städte vom 14. bis ins 16. Jh.* XI. Bd. = *Die Chroniken der nds. Städte: Braunschweig* II. Bd. 1880, S. 101—255.
Paraphrase: H. Bäsecke *Die Chroniken der deutschen Städte* XXXV, 1. Bd. = *Braunschweig* III, 1, 1928, S. 17—67.

Literatur: L. Hänselmann Einleitung zur Ausgabe; H. Bäsecke Einl. zur Ausgabe. Jellinghaus *Mnd. Lit.* S. 21. W. Stammler *Gesch. d. nd. Lit.* S. 29. — Einzelnes : Zum Worte *schicht* vgl. Schiller-Lübben *Mnd. Wb.*, dazu Edw. Schröder *Die Schlacht am Kremmer Damm?*, GGN. 1927 Heft 3, S. 223. Ed. Damköhler *Zum Braunschweiger 'Schichtspiel' und 'Schichtbuch'* [sprachliche Bemerkungen zu Hänselmanns Ausgabe], NdJb. 29 (1903) S. 123—131. H. Saake *Vadderphe und Bankrese*, NdKbl. 24 (1903) S. 53f. R. Sprenger *Zum Braunschweiger 'Schichtspiel' und 'Schichtbuch'*, NdKbl. 24 (1903) S. 75f. C. Walther *Himmelen*, NdKbl. 24 (1903) 76f. H. Saake *Soyten ludt gifft wol vadderphe*, NdKbl. 25 (1904) S. 36f.

K. Schulte-Kemminghausen.

Gröninger, Peter, s. Grieninger.

Groote, Gert, s. Nachtrag.

Groß, Erhart, Erbauungsschriftsteller.

1. Gr. entstammte der bekannten Nürnberger Patrizierfamilie Groß und lebte in der ersten Hälfte des 15. Jhs. (1432 bis 1450). Sein Geburtsjahr wird um die Wende des 14. zum 15. Jh. anzusetzen sein, während sein Tod nach den *'Annales Cartusienses'* in das Jahr 1450 fällt. Er war Kartäusermönch und Priester im Kloster Marienzelle zu Nürnberg und trat, abgesehen von seiner schriftstellerischen Tätigkeit, niemals im politischen und wirtschaftlichen Leben seiner Heimatstadt hervor. Er war ein überzeugter und frommer Katholik, und aus diesen Charaktereigenschaften wächst auch sein gesamtes Schrifttum. Seine zahlreichen erhaltenen Traktate sind noch heute zum Teil im Original überliefert; sie wurden besonders in den Klöstern der freien Reichsstadt häufig gelesen, haben aber ,abgesehen von der 'Grisardis' und dem 'Laiendoctrinal', niemals in der deutschen Literatur eine maßgebende Rolle gespielt. Das erwähnte 'Laiendoctrinal' ist auch zugleich das einzige Werk, welches vor 1500 viermal gedruckt wurde. Sonst führten die Schriften dieses begabten Kartäusers bis ins späte 19. Jh. hinein einen Dornröschenschlaf, obwohl die 'Grisardis' zu den Perlen der deutschen Prosaliteratur gehört.

2. Gr.s Bedeutung auf literarhistorischem Gebiet beruht auf seiner Erbauungsschriftstellerei. Hier hat er eine äußerst fruchtbare Tätigkeit entfaltet. Sein Verdienst ist es vor allem, Deutschland schon im Jahre 1432 mit der italienischen Renaissancenovelle 'Grisardis' bekannt gemacht zu haben, die er nicht nur in deutsche, sondern auch in lat. Sprache (die lat. Fassung ist leider nicht erhalten) übertragen hat. Wir haben es hier nicht mit einer bloßen Übersetzung, sondern mit einer wirklichen freien Bearbeitung zu tun. Die 'Grisardis' wurde zu einer deutschen

Novelle umgestaltet und überragt bei weitem die Wylesche Fassung. Dies Erstlingswerk erfuhr zugleich die größte handschriftliche Verbreitung; allein 7 Hss. zeigen die große, wenigstens lokale Beliebtheit dieser tugendhaften Erzählung; steht sie doch in einer Sammelhs. zusammen mit dem 'Renner' und dem 'Ackermann aus Böhmen'. Ebenfalls im Jahre 1432 entstand, vielleicht noch vor der 'Grisardis', das 'Nonnenwerk'. Schon der Titel dieser Schrift weist auf seine Bestimmung hin. Entgegen seiner späteren weltanschaulichen Einstellung zeigt sich G. hier als Mystiker; wahrscheinlich hat ihm der Traktat des Thomas von Kempen (s. d.) als Quelle gedient, wenngleich sich wörtliche Übereinstimmungen nicht finden. Nach vierjähriger Pause tritt G. mit zwei weiteren Werken hervor, einmal dem 'Cordial', dann dem 'Geographischen Traktat', wie er in der Literatur heißt; besser jedoch würde man ihn eine Beschreibung des Heiligen Landes nennen, denn der weitaus größere Teil behandelt dieses. Das 'Cordial' stellt eine verkürzte Übertragung des Werkes gleichen Namens von Gerhard v. Vliederhoven dar, während die Beschreibung des Heiligen Landes in zwei Teilen, der Erdentstehungsgeschichte und der Beschreibung Palästinas unter Berücksichtigung des Lebens Jesu, deutlich den Charakter der Kompilation verrät. Beide Werke sind für die deutsche Literatur nicht von großer Bedeutung geworden. Mit zunehmendem Lebensalter macht sich bei G. auch ein stärkeres Hinneigen zu der eigentlich geistlichen Literatur bemerkbar. Gründliche Studien verraten seine '43 Gespräche' aus dem Jahre 1439/40. Sie behandeln die Menschwerdung, das Leben und die Leiden Christi, ferner das Weltende und den Antichrist. Es ist dies das klassische gelehrte Werk von G. Drei Jahre später verfaßt er im Auftrag eines Nürnberger Bürgers das Werk, welches ihn zu seiner Zeit auch über die engeren Grenzen seiner Heimat hinaus berühmt machen sollte, das 'Laiendoctrinal'. Für uns bietet dieser Traktat heute, abgesehen von der gewandten Sprache, wenig Reize, zumal er eine Übertragung eines mndld. Werkes aus der Feder Jean de Clerks ist. Im Mittelalter jedoch war er wegen seiner eindringlichen Lehren und seiner bequemen Stoffeinteilung ein gern gelesenes Werk. Drei Hss. und vier Inkunabeln legen davon Zeugnis ab. Als letztes aber nicht etwa minderwertigstes Ergebnis seiner Arbeit ist aus dem Jahre 1449, sechs Jahre nach dem 'Laiendoctrinal', das 'Witwenbuch' überkommen. Es war wie das 'Nonnenwerk' vornehmlich für die Dominikanerinnen von St. Kathrin bestimmt. In 77 Gesprächen mit der Nürnberger Witwe Margarete Mendel behandelt G. die christliche Heilslehre. Alle Schriften unseres Kartäusers durchweht ein gemeinsamer Grundzug, den man auf die kurze Formel: Besserung des Menschen durch die Vermittlung des wahren Christenglaubens bringen kann.

3. Außer den zahlreich erhaltenen deutschen Schriften sind auch zwei Codices in lateinischer Sprache erhalten, der Cent. II. 67. in Nürnberg und der clm. 14952 in München. Der erste enthält zwei Kompilationen von Erharts eigener Hand, das '*Decretum et septem libri decretalium*' und das '*Decretum metricum et septem libri senteneciarum magistri Petri episcopi*'. Den Abschluß des gesamten Schrifttums bildet eine Konzepths. aus dem Jahre 1452 in München, mit dem Titel: '*De sacramento*'. Sie stammt nicht von G.s eigener Hand und ist ihrem Inhalte nach als Vorarbeit zu den '43 Gesprächen' anzusehen.

4. G. gehört trotz seiner schriftstellerischen Tätigkeit in der ersten Hälfte des 15. Jhs. doch noch zum Mittelalter. Aus all seinen Werken, selbst aus der 'Grisardis', die doch eigentlich auf den Humanisten schließen läßt, geht hervor, daß er streng in der alten Kunstform einer mittelalterlichen Prosa beharrte. Sein Schrifttum und seine Weltanschauung sind durch das Studium der scholastischen Theologie begründet, wenngleich er auch in seiner Jugend, wie das 'Nonnenwerk' erhellt, die mystischen Traktate eines Thomas v. Kempen gekannt und verwertet hat. Seine Bedeutung in literarhistorischer und geistesgeschichtlicher Hinsicht beruht auf der freien Nachgestaltung der italienischen Renaissancenovelle 'Grisardis', die er nicht

etwa aus humanistischer Teilnahme, sondern einzig und allein wegen der Geeignetheit für seine christlich ermahnende Tendenzliteratur uns hinterlassen hat. In dieser Novelle hat er „eine Perle deutscher Novellenliteratur" schlechthin geschaffen. Aber auch seine anderen Werke, sei es das 'Witwenbuch' oder das 'Laiendoctrinal', zeugen von seiner über den Durchschnitt herausragenden schriftstellerischen Begabung. Nur muß man sich hüten, an seine Traktate den Standpunkt des modernen Menschen heranzutragen.

Vor allem wichtig ist dieser fromme Kartäuserpater aber wegen seiner stilistischen Fertigkeit. Er ragt weit über den breiten Strom der mittelalterlichen geistlichen Schreiber heraus wegen seiner organischen und wohldurchdachten deutschen Prosa. Sein Stil ist grunddeutsch und selbst noch heute lesenswert. Wenngleich er nie eine gereimte Zeile geschrieben hat — er verabscheute den Reim für seine *hoe materi*, wie er sagte —, so erkennt man doch auf den ersten Blick den Sprachkünstler. Fremdworte braucht er nur wenig, ebenso schreibt er niemals lateinische Konstruktionen, wenn man von 2 bis 3 Ausnahmen absieht, die aber höchstens ein zehntel Prozent ausmachen. Durch den häufigen Gebrauch von These und Antithese, ferner durch Zwei- und Dreigliedrigkeit, nicht nur in den Worten sondern auch in den Sätzen, belebt er seine Prosa. Als Wortschöpfer kann man ihn nicht ansprechen, wohl aber gebraucht er in seiner Sprache zahlreiche volkstümliche Redewendungen, die seinem Schrifttum deutlich einen realistischen Zug geben. Er verdient in sprachlicher Hinsicht neben den großen Predigergestalten des Spätmittelalters genannt zu werden.

Hss. und Drucke: 'Grisardis': Cod. I, Qu. 77, 8°, Breslau 1436; cod. N. 289, 4°, Nürnberg 1442 (vollständig); ms. germ. 763, 4°, Berlin 1470; cgm. 535, 4°, 1457 a quo; cgm. 6020, 4°, 15. Jh.; Cod. 1699, 4°, Erlangen 1515; Cod. germ. 44, Wolfenbüttel 15. Jh. — 'Nonnenwerk': Cod. I. Qu. 77, 8°, Breslau 1436; cod. N. 289, 4°, Nürnberg 1442. — 'Cordial': Cod. I. Qu. 77, 8°, Breslau 1436; cod. N. 289, 4°, Nürnberg 1442. — 'Geogr. Traktat': Cod. I. Qu. 77, 8°, Breslau 1436; cod. N. 289, 4°, Nürnberg. — '43 Gespräche': cgm. 623, 2°, 1439/40 (eigenhändig). — 'Laiendoctrinal': M. 182, 8°, Dresden (Groß' eig. Hd.); cod. Amb. 55, 4°, 15. Jh. Nürnberg; E. M. 18, 2°, Karlsruhe, 15. Jh. (einzige Hs., die alem.). — Inkunabeln: Berlin 2697, 4°; Göttingen Hain 8083; Berlin 325, 8°, 1493, Augsburg; Berlin 211, 4°, 1485, Augsburg. — 'Witwenbuch': R. 521, 4°, Bischöfl. Bibl. Debrecén, 1446. — Lat. Hss.: Cent. II. 67, 2°, Nürnberg: *'Septem libri decretalium'*, *'Septem libri sentenciarum magistri Petri episcopi'*; clm. 14952; 16°: *'De sacramento'*, 1452.

Lit.: Ph. Strauch *Die 'Grisardis' des E. Groß nach der Breslauer Hs.* 1931 (gute Literaturangaben). — W. Stammler *Von der Mystik zum Barock* 1927, S. 35, 251, 446. K. Laserstein *Der Griseldisstoff in der Weltliteratur* 1926 (für E. Groß nicht immer zutreffend). F. Eichler *Studien über den Nürnberger Kartäuser Erhart Groß*. Diss. Greifswald 1934 (vollständige Literatur und die seit Strauch neu bekannten Hss.).

F. Eichler.

Groß, Nikolaus, s. Nikolaus v. Jauer.

Großenglogau, s. Johannes v. G.

Gruben, s. Hans v. der G.

Gruber, Wenzeslaus, s. Hans v. Trennbach.

Grünbeck, s. Grünpeck.

Grünberg, s. Valentin v. G.

Gründig, s. Eckhart der Jüngere.

Grüninger, s. Grieninger.

Grünpeck, Josef, aus Burghausen, geb. 1473, Mag. artium. Vorübergehend in kaiserl. Diensten als *Beihender* (Schreiber), später vornehmlich politischer Prognostikenschreiber, als Prophet sich gerierend. Stirbt um 1532. Veröffentlichte 1496 bei Hans Schauer in Augsburg einen lateinischen Syphilistraktat (Vorwort 18. Oktober) *'Tractatus de pestilentiali Scorra / siue mala de Franzos'*, der kurz darauf auch deutsch ausging (Vorwort 17. Dezember): *'Ein hübscher Tractat von dem vrsprung des Bösen Franzos, das man nennet die Wylden wärtzen'*, das erstere dem Augsburger Domherrn Graf Bernhart von Waldkirch, Mitgliede der Donaugesellschaft, das zweite dem Bürgermeister und Rate von Augsburg gewidmet. Der Traktat gibt sich als ein Kommentar zu dem fliegenden Blatte des berühmt gewordenen Straßburger Stadtsyndikus Sebastian Brant (s. d.), das durch das Gotteslästerer-Edikt vom Wormser Reichstage vom 7. August 1495 angeregt ist, im September 1496 in 62 lat. Distichen bei Joh. Bergmann de Olpe in Basel mit suggestivem Initialholzschnitt erschienen war: *'Eulogium de pestilentiali scorra sive mala de Franzos'*. Das Ganze ist im Wesentlichen astrologisch eingestellt; Grünpeck kommt also in sein Fahrwasser. Weit mehr quacksalberisch aufgezogen, aber auch weit mehr vom eigentlichen Klinisch-pathologischen der Syphilis bringend ist Grünpecks zweite Schrift zur Luesfrage, der *'Libellus de mentulagra, alias morbo Gallico'*, s. l. (14 Bll.), worin er aus eigener Erfahrung heraus — er hatte sich im Frühjahr 1501 zu Augsburg syphilitisch infiziert und zwei Jahre lang daran laboriert — den Verlauf der schlimmen Krankheit zu schildern weiß, von den ersten Erscheinungen an der Infektionsstelle durch die sekundären Symptome hindurch viele Mißerfolge der Behandlung bis zu erfolgreicher Beseitigung — eines der erfahrungsreichsten Büchlein im ersten Syphilissturm, das der Beobachtungsgabe des Laien ein gutes Zeugnis ausstellt.

v. Oefele ADB. X S. 56—59. C. H. Fuchs *Die ältesten Schriftst. über d. Lustseuche in Deutschland* 1843, S. 1—70. J. K. Proksch *Die Gesch. d. venerischen Krankh.* II (1895) S. 10—15. Sudhoff *Graph. u. typogr. Erstlinge der Syphilisliteratur* 1912, S. 11—20 u. Tafel VII—XIII. Ders. *Zehn Syphilisdrucke in Faksimile* 1924 S. XXI—XXV. u. S. 23—116.

Sudhoff.

Grünsleder *(Grünleder, Grünslederer)*, **Ulrich.** Geb. zu Vohenstrauß in der Oberpfalz, wurde er Geistlicher und wirkte als Kaplan an der Aha-Kirche in Regensburg. Von den Gedankengängen des Johannes Hus wurde er lebhaft angesteckt und entfaltete eine eifrige Propaganda für die hussitischen Ideen. Auf Geheiß des Bischofs Albrecht III. wurde er 1420 im Dom zu Regensburg verhaftet, doch widerrief er bei den mehrmaligen Verhören nie und erlitt am 1. April 1421 in Regensburg den Flammentod. Für seine Zwecke übertrug er zwei hussitische Traktate ins Deutsche und verbreitete sie unter den Laien.

Höfler *Geschichtschreiber der hussitischen Bewegung* II (Österr. Geschichtsquellen) Abt. I Bd. VI Teil II (1865) S. 427, 456f. H. Haupt Histor. Taschenbuch 6. Folge Bd. VII (1888) S. 246f.; ders. ADB. XLIX S. 605f.

W. St.

Guben, s. Johannes v. G.

'Gudrun', s. 'Kudrun'.

Guglinger, s. Bernhard v. Breidenbach.

Gumppenberg, s. Georg u. Stephan v. G.

Gundacker von Judenburg

(1) nennt sich als Verfasser eines Gedichtes von 5320 Versen, dem die Hs. (Perg. 15225 der Wiener Nationalbibl.) den Titel 'Christi Hort' beilegt *(daz puoch haizt Christz hort)*. Das Gedicht ist schwerlich viel älter als die Hs. (um 1300): besonders die schon recht gelockerte Metrik verbietet eine wesentlich frühere Datierung. In dem Dichter kann man wohl einen Geistlichen vermuten; im übrigen wissen wir über seine Person und seine Lebensverhältnisse nichts. Die weitgehenden Vermutungen Stübigers entbehren jeder Grundlage.

Das Gedicht zerfällt in zwei deutlich geschiedene Teile; der erste, 1304 Verse umfassend, besteht aus knapp erzählenden, reichlich von Gebeten, Anrufungen, Sündenbekenntnissen durchsetzten und umrahmten Skizzen, die von Schöpfung und Sündenfall bis zur Gefangennahme des Heilands führen und in der Auswahl des Stoffes im wesentlichen durch die kirchlichen Perikopen bestimmt sind. Diese Einleitung trägt aber nicht, wie Stübiger will, den Charakter der Predigt: der Dichter spricht nicht von Gott zu seinen Hörern, sondern zu Gott, der fast stets in der zweiten Person angeredet wird. Die Ereignisse werden nicht eigentlich erzählt, sondern Gott wird an sie erinnert; jeder Abschnitt beginnt mit: *ich mane dich*. Es ist also jene Form des Gebetes, wie sie besonders in Sündenklagen (vgl. etwa 'Rheinauer Sündenklage' Münchn. Texte 8 Nr. 27), aber auch sonst nicht selten vorkommt (z. B. 'Rolandslied' 8417ff., 'Kaiserchronik' 2939ff.).

Der Hauptteil schildert mit wenig Kunst, aber vielfach recht lebhaft erzählend Passion, Auferstehung, Himmelfahrt und Wunder nach der Himmelfahrt, besonders die Heilung des Tiberius durch das Christusbild der Veronika und ihre Folgen, Gefangennahme, Verurteilung und Selbstmord des Pilatus. Hauptquellen sind Nikodemusevangelium (*'Gesta Pilati'*) und eine Fassung der Pilatus-Veronikasage; daneben sind auch die kanonischen Evangelien und Flavius Josephus oder eine von diesem abhängige Quelle (Stübiger) benutzt. Ob die Darstellung der Auferstehung unter dem Einfluß des geistlichen Spieles steht, ist noch zu untersuchen.

Der im ganzen recht einfache Stil zeigt einige Berührungen mit der klassischen Dichtung; Leitzmann hat ein paar Anklänge an Walther v. d. Vogelweide (s. d.) und Wolfram (s. d.) aufgezeigt (an letzteren erinnert noch besonders v. 1677: *ewer triwe was ie gegen in lam* und v. 4205: *helfelicher tac)*. Sonstige Einflüsse, die Stübiger noch zu sehen glaubt, scheinen mir ganz unsicher, namentlich der Zusammenhang mit Frauenlob (s. d.).

2. In einigen Wiener und Budapester Pergamentbruchstücken hat sich eine merkwürdige kompilatorische Bearbeitung erhalten. Ihre Verse stimmen teils zu G., teils zum *'Evangelium Nicodemi'* Heinrichs von Hesler (s. d.), teils zu einer noch ungedruckten Grazer Pergamenths. (Univ. Bibl., alte Bezeichnung 39/85). Abschließendes über diese Kompilation läßt sich nur auf Grund genauerer Kenntnis der Grazer Hs. aussagen.

Ausgabe v. J. Jaschke DTdM. 18, 1910; (dazu LZbl. 61 Sp. 1450; DLZ. 32 Sp. 3107; AfdA. 35 S. 140). Teilpubl. bei Pfeiffer *Altd. Übungsbuch* S. 73ff. — P. L. Gruber bei J. N. Vogel *Specimen bibliothecarum Germ. Austriac.* S. 117. Hahn Die deutschen Mundarten (Frommann) II S. 531. Weinhold Almanach d. Akad. d. Wiss. zu Wien 10, 2, S. 210. Nagl-Zeidler I S. 180. Leitzmann PBB. 43 (1919) S. 540. K. Stübiger *Untersuchungen zu G. von J.* (Germ. Stud. 15) 1922; dazu AfdA. 42 S. 81. E. Klibansky *Gerichtsszene und Prozeßform in erzähl. deutschen Dicht. d. 12.—14. Jhs.* (Germ. Stud. 40) 1925. — Zu Stoff und Vorlage Tischendorff *Evangelia apocrypha;* Schönbach AfdA. 2 (1876) S. 151; Wülker *Das Evangelium Nicodemi* 1872; Hennecke *Handbuch zu den neutestamentlichen Apokryphen* 1904, S. 143ff. — Zu der Kontamination s. Stübiger ZfdA. 50 S. 386; 62 S. 241; PBB. 35 S. 329.

C. Wesle.

Gundelfinger, Mathias, 1. der Verfasser oder Anordner des sogenannten Luzerner Grablegungsspiels von 1494 *(Ludus de resurrectione Christi editus per Mathiam Gundelfinger)*, dürfte schwäbischer Herkunft und Geistlicher in Konstanz gewesen sein. Ein Heinrich Gundelfinger aus Konstanz wirkte als Magister artium et philosophiae und seit 1571 als Lehrer der Dicht- und Redekunst an der vorderösterreichischen Universität in Freiburg i. Br. Aus demselben angesehenen Konstanzer Geschlechte sind noch verschiedene Mitglieder als Domherren überliefert (vgl. *Eidgenössische Abschiede* III 1 S. 150, 242, 247, 269f: Mülinen *Helvetia sacra* I S. 36, 41). Nach Annahme Oskar Eberles dürfte der Tellbearbeiter Jakob Ruf, der in Konstanz Verwandte besaß und sich in Zürich niederließ, Gundelfingers Handschrift mitgebracht haben; er schrieb sich daraus viele Verse für sein Züricher Passionsspiel (1545) ab. Von Zürich mag die Handschrift am Ende des 16. Jahrhunderts in die Sammlung Rennwart Cysats (s. d.) gekommen sein, der selber ein Auferstehungsspiel plante und vielleicht Gundelfingers Spiel als Vorlage zu benützen gedachte. Eberle bestreitet die Möglichkeit, daß Gundelfingers Spiel jemals in Luzern aufgeführt wurde. Dagegen hält Erna Mundt an Baechtolds Annahme fest, daß Gundelfingers Text, ein Bruchstück eines Osterspiels, für die „Bruderschaft der Bekrönung unseres Herrn" in Luzern gedichtet und 1480 oder 1485 zuerst von ihr aufgeführt worden sei.

2. Das in der Luzerner Bürgerbibliothek als Nr. 177 vorhandene Manuskript Gundelfingers enthält Christi Tod, Marienklage und Grablegung. Der Titel Grablegung kommt in dem Verzeichnis vor, das auf einen zweiten Teil des Spieles, die Auferstehung, oder auf eine mehrtägige Passion hinweist. Die Blätter, auf denen diese geschrieben sein mochte, sind herausgeschnitten und nur noch ein Blatt übrig, nach dem der Schluß wiederum fehlt. Marienklage und Grablegung gehören hintereinander, die Lagen sind nur umgekehrt geheftet, weshalb Mone diese beiden Bruchstücke als nicht zusammengehörig getrennt von einander an verschiedenen Orten veröffentlichte.

3. An die Art der Entstehung dieses Grablegungsspieles dürfte der Aufzug der Darsteller in Form einer Prozession erinnern, deren Anordnung und Teilnehmer die Handschrift bestimmt. Zuerst zog man auf die Bühne, dann begleitete man Christi Leichnam ins Grab. Wenngleich die Szeneneinteilung durch frühere Spiele gegeben war, hebt sich der gefühlsmäßige Ausdruck in der Teilnahme Mariens und des Nikodemus und Josef v. Arimathia in inniger Subjektivität selbständig von jenen ab, z. B. vom Alsfelder Passionsspiel (s. d.), mit dem es an mehreren Stellen übereinstimmt.

Textausgabe: F. J. Mone *Schauspiele des Mittelalters* 1846—52, I S. 202—203 u. II S. 131—150.

Literatur über Gundelfinger: Mone a. a. O. II S. 119—130. Aug. Hartmann *Das Oberammergauer Passionsspiel* 1880 S. 249—269. Erna Mundt *Über das Luzerner Spiel von Christi Tod und Grab*. Diss. Marburg 1923; dazu Geschichtsfreund LXXVIII (1923) S. 337—339. W. Stammler *Reallexikon der deutschen Literaturgeschichte* I S. 233/34. O. Eberle *Theatergeschichte der inneren Schweiz* (Königsberger deutsche Forschungen 5) 1929 S. 13, 242; dazu S. Signer *Schweiz. Rundschau* 29 S. 846 bis 856. M. B. Evans Germanic Review 4 (1929) S. 225—236. R. Wildhaber *Jakob Ruf ein Zürcher Dramatiker des 16. Jhs.* Diss. Basel 1929.

Literatur über die Luzerner „Bruderschaft der Bekrönung unseres Herrn": B. Fleischlin *Schuldramen* S. 181. Th. v. Liebenau *Das alte Luzern* S. 223—225. K. Pfyfer *Geschichte des Kantons Luzern* I S. 243, 328. J. H. Hess *P. Marianus Rot* S. 34. H. Dommann *Die Luzerner Bekrönungsbruderschaft als religiöse Spielgemeinde*, Jb. d. Ges. f. Schweiz. Theaterkultur 3 (1930) S. 54—70. P. X. Weber *Über die Ostern- und Passionsspiele im alten Luzern* 1930 [mit weiteren Literaturangaben].

Anton Dörrer.

Günther von dem Forste. Unter den Namen *Gunther ûz dem Vorste* und *her Günther von dem Vorste* bringen die Liederhandschriften A und C eine Reihe von sechs Liedern, die sich nicht ohne weiteres in die Geschichte des Minnesanges einfügen. Der Text beruht auf einer und derselben Grundlage, die beiden Hss. unterscheiden sich nur durch reine Schreibversehen, stimmen dagegen in recht erheblichen Fehlern, die bis zum Auslassen ganzer Verse (26,5 u. 38,4), ja bis zu einer willkürlichen Änderung eines Verses (10, 2) gehen. Einen der größten Unterschiede zeigt wohl die Fassung des Titels. Darum hat in diesem Falle der *her* in C ebenso wenig Gewähr wie das dem Dichter gegebene Wappen, das erst die Züricher Schreibstube aus ihrer Wappenkenntnis hinzugefügt hat. Es ist das Wappen der bairischen Forster von Wilderforst, drei herzförmige Blätter in goldenem Felde (v. d. Hagen), von welchem Hause aus der zweiten Hälfte des 13. Jhs. mehrere Mitglieder nachzuweisen sind. Der Dichter kann aber ebensowenig diesem Hause angehört haben, wie den österreichischen Forstern; seine Heimat ist weiter nördlich, wie seine durchgehenden Reime auf den Infinitiv ohne *n* sowie andere lautliche und lexikalische Eigenheiten zeigen, so *bin des (binnen des)* und *geschehen* als klingender Ausgang einer Reihe. Er gehört also nach Thüringen (in weiterem Sinne, s. Michels *Mhd. Elementarbuch* § 143, A. 3), vielleicht in den Bereich der Meißner poetischen Tradition. Die einheitliche Sprache und Strophentechnik entscheidet auch über die Frage nach der Einheit des Verfassers, die man durch die abweichende Art der beiden letzten Gedichte veranlaßt werden könnte anzuzweifeln. Den ersten Liedern gegenüber, einfachen Minneliedern ohne bemerkenswerte Eigenzüge, haben diese beiden Gedichte eine mehr erzählende Art. Das zweite, zugleich das letzte der Sammlung, berichtet oder möchte in recht unklarer Weise von einem Traum berichten, in dem die Stimme der Geliebten dem Dichter vernehmbar geworden ist, und diesem geht voraus das Tagelied, das schon v. d. Hagen durch seine ungewöhnliche Länge aufgefallen ist, 23 Strophen! Herkömmlich ist darin der Refrain: *ez nâhet gegen* [fehlt A C, muß ergänzt werden] *dem tage, swâ sich zwei lieben scheiden, die haben herzeliche clage.* Dieser dient gewissermaßen als durchgehende Begleitung des Ganzen und fügt sich an die einzelnen Strophen ohne innere Verbindung an, wie gleich die erste zeigt, die als Vorspruch an die Hörer gerichtet ist. Damit unterscheidet sich das Lied von der sonst im Tagelied vorwiegenden dramatischen Form, vor allem aber fehlt der Wächter. Wieder herkömmlich ist der Dialog zwischen dem Ritter und der Frau, aber der Inhalt geht darin eigene Wege. Es klagt der Ritter über das Scheiden, die Frau aber tröstet ihn durch den Hinweis auf die deutlichen Bezeugungen ihrer Liebe. Das erstreckt sich, teils in ausgefüllten Strophen, teils in kurzen Strophenabschlüssen, über insgesamt 16 Strophen, während die 8 vorher eine nicht minder umständliche epische Einleitung geben. Dadurch bekommt das Gedicht eine stilistische Verwandtschaft mit den epischen Volksliedern späterer Überlieferung mit ihren ausleiernden Hinundherreden und der direkten Vor- und Nachrede an die Hörer. Das Gespräch zwischen Ritter und Frau erinnert von weitem an Tannhäuser und Frau Venus. Das gibt dem Gedicht, das frühestens in den Anfang des 14. Jhs. gehört, einen besonderen Platz, während die Minnelieder G.s mit ihrer vielfachen leeren Wiederholung verbrauchter Worte und Wendungen grade noch in diese Zeit weisen. Das alles weist nicht auf einen ritterlichen Sänger, und so mag *von dem Forste* ein Dichterbeiname sein.

HMS. II S. 164ff.; IV S. 477ff. Pfeiffer *Die alte Heidelberger Liederhandschrift* S. 206—214; Pfaff *Die große Heidelberger Liederhandschrift* Sp. 1014—1200.

G. Rosenhagen.

Günther von Mosbach, wohl ein bairischer Geistlicher; von ihm stammt ein Gedicht: '*Die pehemisch irrung*'; Druck von 1483 (Nürnberg, Hans Folz, 8 Bll. 8⁰), der in Wolfenbüttel zu finden ist. Anf.:

Alls ich eī nacht entschlaffen was
im traum mir ernstlich für kā das ...

Am Schluß:

Darvon so müssē sie sein die
so vō got freflich thun abker
spricht vō mosspach doctor günther.

Ruth Westermann.

Gunther von Pairis.

1. Handschriften: a) '*Hist. Constantinopolitana*'; 1. München, Staatsbibl. lat. 903, fol. 115a—148a, geschr. 1425 zu Regensburg nach einer Vorlage, die ihrerseits von einem Exemplar aus Pairis selbst abgeschrieben war. 2. Ebd. Univ.-Bibl. 321, Ende 14. Jh., aus Ingolstadt (das Exemplar des Canisius, enthält nicht die Verse). 3. Colmar Stadtbibl., ohne Nr., aus Isenheim, geschr. 1460. — b) '*De oratione, ieiunio et eleemosyna*'; Hs. (zu Basel gefunden) verschollen; Textgrundlage die Ed. princ. von 1507. — c) '*Ligurinus*'; Hs., von C. Celtes in Ebrach gefunden, gleichfalls verloren; auch hier muß dafür die Ed. princ. von 1507 eintreten. Eine Pariser Hs. (Bibl. nat. lat. 11 347, aus dem Anf. des 16. Jh.), enthaltend Buch 3—5, geht nach Pannenborgs Nachweis, Progr. S. 23ff., auf ein korrigiertes Exemplar der Ed. princ. zurück, ist also für die Textgestaltung wertlos. — d) '*Solymarius*'; Köln, Gymn.-Bibl. Fragm. A 28 12/13. Jh., 4 Blätter 12⁰; Drinkwelders Meinung, es sei noch mehr vorhanden, ist ein Irrtum.

2. Gunther, einem Mönch des Zisterzienserklosters Pairis bei Sigolsheim im Oberelsaß, das ehedem zur Diözese Basel gehörte, werden vier Werke zugeschrieben. Sicher gehört ihm die '*Historia Constantinopolitana*' (so der Titel in den Hss. 2 und 3). Es ist ein Bericht über den sogen. vierten Kreuzzug, der 1204 zur Eroberung Konstantinopels durch die Kreuzfahrer und zur Gründung des „Lateinischen Kaisertums" führte. An diesem Kreuzzug hatte der damalige Abt von Pairis, Martin, teilgenommen. Ihm verdankte G. die wertvollen Nachrichten, die er bringt. Martin und seine Schicksale stehen im Mittelpunkt, er wird reich mit Lob bedacht, seine Stellung unter den Kreuzfahrern wird als sehr einflußreich hingestellt, und besonders eingehend wird erzählt von den kostbaren Reliquien, die Martin von Konstantinopel nach Pairis brachte; sie werden im 24. Kapitel aufgezählt. Überhaupt teilt G. den kritiklosen Wunderglauben seiner Zeit. Für seine Stellungnahme zu den allgemeinen Zeitverhältnissen ist wichtig, daß einerseits Innozenz III. begeistert gepriesen wird, anderseits Philipp als dt. König erscheint. Im Schlußkapitel empfängt auch er hohes Lob, ja er wird hier sogar als *imperator serenissimus* bezeichnet; doch ist die Echtheit dieses Kapitels nicht unbestritten (vgl. Pannenborg, Progr. S. 8 und unten § 15). Die Entstehungszeit der Schrift ist ungewiß; aus der Art, wie über Innozenz gesprochen wird, scheint jedenfalls hervorzugehen, daß dieser bereits tot war, während Martin noch lebte. Pannenborg (a. a. O.) möchte das Werk daher etwa in die Jahre 1217/18 setzen.

In einer Schlußnotiz, die den 3 Hss. gemeinsam ist, wird der Verf. bezeichnet als *Magister Guntherus quidam, tunc monachus, prius autem scholasticus, vir admodum liberaliter eruditus;* er habe sein Werk verfaßt, um sich dadurch das ewige Leben zu verdienen. Sonst erfahren wir nichts über ihn.

3. Die Behauptung jener Notiz, G. sei *admodum liberaliter eruditus* gewesen, wird durch die Schrift selbst bestätigt. Sie ist in gutem, gepflegtem Latein geschrieben; rhythmischer Tonfall (Cursus) ist bei den Satzschlüssen fast stets, meist auch am Schlusse der Satzkola durchgeführt; Cursus velox und C. tardus überwiegen weitaus, C. planus und C. trispondaicus sind recht selten. Jedem der 25 Kapitel ist eine Reihe von metrischen Versen angefügt, meist 20, zus. 537. Inhaltlich sind diese Versgruppen rhetorische Umschreibungen der vorhergehenden Prosakapitel oder ebensolche Deklamationen im Anschluß an diese. 20 Gruppen bestehen aus Hexametern, 4 aus Distichen, 1 halb aus Distichen, halb aus Hexametern. 3 der Hexametergruppen und eine Gruppe von Distichen sind reimlos, alle übrigen gereimt. Der Leoniner herrscht vor; daneben begegnen Caudati, Unisoni, Tripertiti dactylici u. a. Die Verse sind höchst gewandt und sorgfältig gebaut, die Reime sind zweisilbig und durchweg tadellos rein (einzige Freiheit — auch anderwärts gestattet — Reime wie *adverse: per se, pia gens: agens;* in einer Tirade von 5 Collaterales wird einmal auch ein identischer Reim zugelassen: IV 17/20 *dolorem: dolorem;* doch liegt hier wohl Verderbnis vor; v. 17 *timorem?).* Vgl. zu diesen Versen noch § 15.

4. Allgemein wird seit Caveus (1694) demselben Gunther zugeschrieben ein Traktat '*De oratione, ieiunio et eleemosyna*'. Er ist nach einer jetzt verlorenen Baseler Hs. 1507 von dem Maulbronner Mönch Conr. Leontorius herausgegeben worden. In der Überschrift des Prologs wird die Schrift bezeichnet als *opusculum religiosi patris (prioris* bei Migne ist falsche Auflösung von *p̄ris*, s. Pannenborg, Progr. S. 7) *d̄ni Guntheri*. Die Behauptung im Gesamttitel und in der Vorrede, dieser Gunther sei *ordinis divi Benedicti* gewesen, entbehrt jeder Begründung: L. schrieb das Werk dem Guntherus von St. Amand *(G. Elnonensis*, † 1107) zu, den er bei Trithemius (nach Sigebert von Gembloux) erwähnt fand. Von sich selbst berichtet der Verf. in dem ergreifenden Schlußkapitel des Buches lediglich, er sei sieben Jahre vor Vollendung desselben *de luto faecis et miseriae*, d. h. aus dem sündigen Weltleben, ins Kloster eingetreten. An anderer Stelle (III, 5; Migne 212, 128B) erfahren wir, daß er sich vorher bereits zehn Jahre lang mit diesem Entschluß getragen, ihn aber erst nach schweren inneren Kämpfen ausgeführt hatte. Er muß also — sonst hätte er sich in jener Zeit eine so umfassende Bildung nicht aneignen können — vorher Weltgeistlicher gewesen sein. In welchem Alter er ins Kloster eingetreten ist, läßt sich aus diesen Stellen nicht entnehmen. Auch sonst bietet das Werk keinerlei irgendwie eindeutige zeitliche Anhaltspunkte. Ebensowenig erfahren wir, welchem Orden und welchem Kloster der Verf. angehört hat. Mehrfach klagt er über körperliche Leiden und Gebrechen. Im *Prooemium* berichtet er, er habe seine Schrift verfaßt, weil es über diese Gegenstände noch keine besondere Abhandlung gebe, ihm jedenfalls sei noch keine zu Gesicht gekommen. Als einzigen Lohn erhofft er (im Schlußkapitel) nicht irdisches Lob, sondern die Fürbitte seiner Ordensbrüder.

5. Der Traktat ist eingeteilt in 13 Bücher; 1—11 handeln ausführlich vom Gebet, während Fasten und Almosengeben kürzer, nur in je einem Buche, behandelt werden; diese Bücher, 12 und 13, sind erst zwei Jahre später, nachdem man den Verf. von seinen seelsorgerlichen Pflichten entbunden hatte, und nur deshalb hinzugefügt worden, damit nicht das Ganze ein Torso bleibe. Der Verfasser zeigt eine sehr gründliche theologische, grammatische und logische Bildung. Auch in den Klassikern ist er bewandert; neben der Bibel, neben Augustin und Boëthius zitiert er wiederholt auch Cicero, Horaz und Juvenal. Die Sprache ist, am Maß-

stab der Zeit gemessen, korrekt und sorgfältig. Der Cursus wird meist, doch nicht so regelmäßig wie in der *'Hist. Const.'*, beachtet. Wiederholt wird, z. B. bei Aufzählungen, kunstvoller Parallelismus membrorum durch Prosareim unterstrichen.

Zur Verfasserfrage s. § 14.

6. Ferner werden Gunther von Pairis von vielen, besonders aber von Pannenborg, zwei historische Epen zugeschrieben, der *'Solymarius'* und der *'Ligurinus'*. Von diesen ist der *'Lig.'* vollständig, wenngleich nur in einem alten Druck, überliefert, während wir vom *'Sol.'* nur geringe handschriftliche Reste haben. Wir betrachten zunächst den — zeitlich späteren — *'Lig.'* Dieser besteht aus 6577 Hexametern, die in 10 Bücher eingeteilt sind. Er berichtet in engem Anschluß an Buch II—IV der *'Gesta Friderici'* Ottos von Freising (s. d.) und Rahewins (s. d.) von den Großtaten Friedrichs I. bis 1160, insbesondere von seinen Kämpfen mit den Lombarden, die in dem Epos *Ligures* heißen; *urbs Ligurum, urbs Ligurina* ist die Hauptstadt Mailand (die Namensform *Mediolanum* begegnet nur einmal, II 97, bei der ersten Erwähnung, offenbar weil sie für den Vers unbequem war; noch mehr war das bei *Mediolanenses* der Fall, deshalb heißt es statt dessen immer *Ligures*). Daher trägt auch das Epos den Titel *'Ligurinus'*, den ihm der Verf. selbst gegeben hat (X 616, 622); irrtümlich hat man diesen Namen früher — schon im MA., wie die *Argumenta* zeigen — für den des Dichters selbst gehalten. Gewidmet wird das Werk im Eingang des ersten Buches Friedrich selbst, den es verherrlichen soll, und seinen fünf Söhnen, die alle einzeln ausführlich angeredet werden. Entstanden ist es zwischen Herbst 1186 und Herbst 1187 (Sturm S. 207f.), und zwar in der kurzen Zeit von 5 Monaten. Über die Person des Dichters und seine Lebensumstände läßt sich nicht allzuviel aus dem Epos herauslesen. Übereinstimmung herrscht jetzt darüber, daß er kein Lombarde war, wie Pannenborg noch 1871 annahm, sondern ein Deutscher. Darauf weist vor allem das dt. Nationalgefühl, das sich wiederholt äußert, insbesondere der Stolz auf die unwiderstehliche Tapferkeit der Deutschen.

Da er sich über den Westen und Südwesten des Reiches und hier wieder über die Diözese Basel am besten unterrichtet zeigt, ist es nicht unwahrscheinlich, daß wir seine Heimat dort zu suchen haben; auch hierüber herrscht Übereinstimmung. Was er über Italien berichtet, beweist, daß er Land und Leute wenigstens von Como bis Rom aus eigener Anschauung kannte. Aus seiner gelehrten Bildung ergibt sich, daß er dem Klerus angehörte, aus der Tatsache, daß er Belohnung für sein Epos erbittet, läßt sich schließen, daß er kein Mönch war, und aus der Art, wie er es tut, daß er sich jedenfalls keines höheren Ranges erfreute. Wir erfahren aber (I 82ff.; X 648f.), daß er sein früheres Werk, den *'Solymarius'*, dem Prinzen Konrad gewidmet hatte; und wenn er X 649 sagt *Quem [Solymarium] prius ingenuo dedimus ... alumno*, so läßt sich das kaum anders erklären, als daß er Konrads Erzieher gewesen war.

Doch muß er spätestens seit der Zeit der Vollendung des *'Sol.'* nicht mehr am Hofe geweilt haben; sonst könnte er nicht noch fünf Monate nachher (*'Lig.'* X 648f.) im ungewissen sein, welche Aufnahme sein erstes Epos dort gefunden habe. Dem Herzog Friedrich von Schwaben, dem zweiten der Kaisersöhne, gegenüber nennt er sich (*'Lig.'* I 73f.) einen *magno sub fasce labantem Oppressumque metu ... vatem;* er bittet Friedrich, ihm seine hilfreiche Hand zu reichen und ihn aufzurichten. Danach scheint es, als sei er in bedrängter Lage gewesen. War er etwa in Ungnade gefallen und suchte sich durch seine dichterischen Gaben wieder in Gunst zu setzen? Daß sich Konrad fünf Monate lang nicht bemüßigt gefühlt hat, dem Dichter über den *'Sol.'* ein freundliches Wort sagen zu lassen, ließe alsdann darauf schließen, daß die Ungnade des Hofes jedenfalls durch diese Gabe nicht behoben worden war. Ob der *'Lig.'* eine freundlichere Aufnahme gefunden hat, wissen wir nicht. Daß der Dichter ihn nicht lediglich aus Freude an der Sache und aus

Begeisterung für seinen Helden geschrieben hat, sondern auf Belohnung hofft, sagt er deutlich im Schlußabschnitt des Ganzen (X 576ff.). Welcher Art Lohn er sich wünscht, verrät er nicht. Ebensowenig ist bekannt, was aus seiner Absicht geworden ist, nach einer Erholungspause die Arbeit fortzusetzen und die weiteren Taten seines Helden bis auf die Gegenwart darzustellen (v. 604ff.).

7. An seine Vorlage, die '*Gesta Friderici*' (und zwar an die Fassung C, s. Hofmeister NA. 38 S. 342), lehnt sich der Dichter im allgemeinen eng an. Doch hat er manches, was seinem Zweck, der Verherrlichung seines Helden, nicht dienlich war, weggelassen, anderes gekürzt, manches andere dafür zugesetzt. Was er selbständig an geschichtlichen Nachrichten bringt, hat sich fast durchweg als zuverlässig erwiesen, und so ist sein Panegyricus — der Dichter selbst lehnt es ausdrücklich ab, als Historiker gelten zu wollen — doch auch als Geschichtsquelle nicht ohne Wert.

Selbständig ist der Dichter mitunter auch in seiner Stellung zu den Dingen und Personen. Selbstverständlich setzt er sich — im Anschluß an seine Vorlage — nachdrücklich für die Idee des Kaisertums ein. Der Kaiser ist ihm der Herr der Welt, jeglicher Krieg, den er führt, ist gerecht, Widerstand gegen ihn ist Frevel. Dennoch ist ihm Alexander III. der rechtmäßige Papst, der von Friedrich unterstützte Viktor IV. der Usurpator. Im übrigen aber lehnt er es (VI 518ff.) ab, zu der Frage Stellung zu nehmen, auf wessen Seite bei dem Zwist zwischen Kaiser und Papst das Recht zu finden sei. Doch findet er kräftige Worte gegen Mißstände in der Kirche, ja er gibt zu, daß in den Lehren Arnolds von Brescia, der im übrigen bei ihm wie in den '*Gesta*' als Ketzer und Rebell erscheint, doch neben dem Falschen auch Wahres enthalten gewesen sei. Die Italiener beurteilt er geringschätzig; doch weiß er von den Lombarden eine ganze Reihe lobenswerter Eigenschaften aufzuzählen.

8. Darstellung, Sprache und Vers des '*Lig.*' sind von einer außerordentlichen Glätte, Gewandtheit und Formvollendung, zumal wenn man die Kürze der Abfassungszeit berücksichtigt. Die Erzählung ist schwungvoll, lebendig und anschaulich; gelegentlich wird sie durch hübsche, gut durchgeführte, meist der Natur entnommene Bilder belebt. Die Sprache ist in Grammatik und Wortschatz wenn auch nicht rein klassisch, so doch dem klassischen Gebrauch stark angenähert; dasselbe gilt vom Vers. Wo metrische Fehler festgestellt sind, gehen sie mindestens z. T. auf verderbte Überlieferung zurück. (Näheres über die Vers- und Reimtechnik s. unten § 15). Von klassischen Vorbildern sind besonders Vergil, Ovid und Statius zu erkennen, doch ahmt sie der Dichter nirgends sklavisch nach, sondern verhält sich durchaus selbständig ihnen gegenüber. Gerade auf seine Verskunst tut sich der Dichter etwas zugute. Ja er rühmt sich, daß er die seit langen Jahrhunderten schlummernde Dichtkunst der Alten damit zu neuem Leben erwecke und sich an die Spitze einer neuen Dichtergeneration stelle (X 587ff.). Das ist — noch vor 1200! — der Standpunkt eines echten Humanisten, dem alles, was sich das MA. an den dichterischen Formen der Antike zu ändern erlaubt, alles, was es an solchen Formen sei es in Weiterbildung der antiken, sei es selbständig geschaffen hat, Entartung, Barbarei bedeutet. So ist es weder ein Wunder, daß dies dt. Heldenlied aus dem MA. sofort nach seinem Bekanntwerden in der Humanistenzeit mit einem Schlage berühmt und viel gedruckt und gelesen wurde, noch daß man über ein Jh. lang, z. T. eben wegen jener Formvollendung, seine Echtheit hartnäckig bestritten hat.

9. Aufgefunden wurde die einzige Hs. des '*Lig.*', von der wir wissen (die Pariser Hs. geht auf die Ed. princeps zurück, s. Abschn. 1), vor März 1504, vielleicht schon spätestens 1499 (s. Sturm S. 7f). durch Conrad Celtes in dem fränkischen Kloster Ebrach. Seine Freunde beförderten das Epos 1507 in Augsburg zum Druck. In dieser Ed. princeps gehen dem Text Inhaltsangaben (*Argumenta*) der zehn Bücher in je zehn Hexametern voran.

Auch diese sind sicherlich der Hs. entnommen, denn sie tragen durchaus mal. Charakter, sie rühren aber nicht vom Dichter selbst her (vgl. Sturm S. 234f.). Die Dichtung wurde, wie wir aus der Schlußbemerkung der Augsburger Ausgabe erfahren, bereits vorher in mehreren dt. Schulen (in Wien, Freiburg, Tübingen, Ingolstadt, Leipzig) im Unterricht gelesen; sie muß also in Abschriften, zum mindesten in Teilabschriften, verbreitet gewesen sein. Leider ist von diesen keine auf unsere Zeit gekommen; auch die Ebracher Hs. ist verschwunden. Die hohe Wertschätzung des Werkes hielt sich das ganze 16. Jh. hindurch; 5 weitere Ausgaben sind in diesem Zeitraum erschienen. Das 17. und 18. Jh. brachten nur je eine Neuausgabe hervor (1619 und 1726); der Anteil an der Dichtung ließ also deutlich nach. Aber niemand bezweifelte ihre Echtheit. Das geschah erst 1737 durch den Göttinger Prof. H. Chr. Senckenberg, der sie für eine humanistische Fälschung erklärte und damit bei den meisten Anklang fand; auch im 19. Jh. vertraten Kenner des dt. MA. s. wie J. Grimm, Pertz und Köpke diesen Standpunkt, wenngleich es auch an Widerspruch (Dümgé, Docen, W. Grimm) nicht ganz gefehlt hat. Erst 1871 erwiesen fast gleichzeitig, aber ganz unabhängig voneinander, der Franzose G. Paris — in dem belagerten Paris — und der Deutsche A. Pannenborg die Echtheit des *'Lig.'* Beider Ausführungen waren so überzeugend, daß seitdem alle Zweifel an der Echtheit des *'Lig.'*, wohl für immer, verstummt sind.

10. Gestützt wurde der Nachweis der Echtheit des *'Lig.'* auch dadurch, daß Wattenbach 1876 in Köln Fragmente des *'Solymarius'* fand und 1881 veröffentlichte. Denn von diesem Werk, das er seinem Zögling Konrad gewidmet hatte, spricht der Dichter des *'Lig.'* wiederholt. Gleich im Eingang, I 17ff., sagt er darüber: ... *praeludia quaedam Illud opus ceu prima novae tentamina Musae Et munus puerile fuit. Nunc altera summo Dona viro ... Offerimus.* Mit dem *'Sol.'* hatte er also seine neue klassizistische Richtung eröffnet. Die Kölner Fragmente, 232 Verse und Reste einiger weiterer enthaltend, sind Bruchstücke eines Epos, das auf Grund der *'Historia Hierosolymitana'* des frz. Mönchs Robert von St. Remy († 1122; gedr. *Recueil des historiens des Croisades. Hist. occidentaux* III S. 721ff.) die Geschichte des ersten Kreuzzuges erzählt. Das entspricht durchaus dem, was wir aus dem *'Lig.'* und aus Eberhard über den Inhalt des *'Sol.'* erfahren; seinen Namen führt dieser von *Solyma* = Jerusalem, dessen Eroberung ja den Höhepunkt des ersten Kreuzzuges bildet. Die Kölner Fragmente setzen ihre Vorlage genau in derselben Weise in Verse um wie der *'Lig.'* die seine. Der Stil ist genau der gleiche. Die Verstechnik unterscheidet sich wenig von der des *'Lig.'* Schon dadurch wird die Identität beider Verff. sehr wahrscheinlich, und sie wird durch die von Wattenbach auf Grund von Mitteilungen Pannenborgs beigebrachten, ebenso zahlreichen wie weitgehenden, wörtlichen Übereinstimmungen zwischen Stellen der Fragmente und solchen des *'Lig.'* — andere lassen sich anreihen — vollends schlagend bewiesen.

11. Während die Frage nach der Echtheit des *'Lig.'* längst entschieden ist, besteht bis auf den heutigen Tag noch keine Einigkeit in der Beantwortung einer anderen: ob die in den vorhergehenden Abschnitten zusammengestellten Werke sämtlich Gunther von Pairis gehören. Dies war schon früher behauptet worden. 1873 hat Pannenborg — der noch 1871 von einer Gleichsetzung des *'Ligurinus'*-Dichters mit G. v. P. nichts hatte wissen wollen, ja jenen für einen Lombarden erklärte — die These erneuert und von da ab immer wieder mit ebensoviel Eifer wie Scharfsinn und Gelehrsamkeit verfochten.

Aus den verschiedenen Werken stellte er ein Lebens- und Charakterbild Gunthers zusammen; dieser sei zuerst Weltgeistlicher und Erzieher am kaiserlichen Hofe gewesen und habe 1186/87 die beiden Epen geschrieben; später sei er, des Weltlebens und seiner Tätigkeit als *scholasticus* überdrüssig, ins Kloster Pairis eingetreten und habe dort etwa 1217/18 die *'Hist. Const.'*, etwas später den Traktat *'De or.'* verfaßt; nicht lange nach dessen Vollendung sei er vermutlich den schweren Leiden, über die er darin klagt, erlegen.

12. Pannenborg hatte auch mit dieser These von der Identität der Verfasser der vier Werke Erfolg. Erst 1911 unternahm es Joseph Sturm, P. zu widerlegen. Er erklärte, der Name G. für den Verf. des *'Lig.'* in der Ed. princeps und bei

Bebel beruhe auf bloßer Vermutung der Humanisten; den von P. beigebrachten inneren Gründen sprach er jegliche Beweiskraft ab. St. erfuhr seinerseits Widerspruch, zuerst von Drinkwelder (1914), der zwar zugab, daß es um die äußere Beglaubigung des Namens G. für den Verf. des '*Lig.*' und '*Sol.*' schlecht bestellt sei, aus inneren Gründen aber nach wie vor an G. v. P. festhielt, seine Verfasserschaft jedenfalls für höchst wahrscheinlich erklärte. Dann hat 1921 W. Rubarth erneut Pannenborg gegen St.s Skepsis in Schutz genommen. Holtzmann (NA. 44 [1922] S. 289 Anm. 1) stimmte Rubarth bei. Dagegen erklärte sich Hashagen (1926) für Sturm; desgl. Manitius (1931), der freilich Rubarth außer acht läßt.

13. Der gegenwärtige Stand des Problems ist demnach folgender: Daß G. v. P. die '*Hist. Const.*' verfaßt hat, steht fest. Daß ihm auch '*De or.*' gehöre, hat man, wenigstens in neuerer Zeit, nirgends bestritten. Daß andererseits '*Lig.*' und '*Sol.*' (d. h. die Kölner Fragmente) von einem Dichter herrühren, ist einwandfrei erwiesen. Aber ob dieser G. geheißen habe und ob dieser mit G. v. P. identisch sei, in diesen Fragen stehen sich noch heute die Meinungen schroff gegenüber.

14. Hier seien noch kurz zwei Teilprobleme erörtert, die bisher nicht genügend beachtet worden sind. Das erste betrifft den Traktat '*De oratione*'. Ist es erwiesen, daß er G. v. P. gehört? Wie steht es mit der äußeren Beglaubigung? Der Verf. des Traktats hieß Gunther und war Mönch, vorher Weltgeistlicher; das trifft auch für G. v. P. zu. Ferner lag die verschollene Hs. des Traktats in Basel, der Diözesanhauptstadt von Pairis, und dort wurde er zuerst gedruckt. Das ist alles. Für die innere Beglaubigung hat von den drei Parallelstellen aus der '*Hist. Const.*' und dem Traktat, die Pannenborg FDG. 13 (1873) S. 270f. beibringt, nur die erste stärkeres Gewicht; aber sie allein genügt nicht, denn die starke wörtliche Übereinstimmung kann sehr wohl auch auf gemeinsamer Vorlage beruhen. Soweit man also lediglich diese beiden Schriften miteinander vergleicht, reichen weder äußere noch innere Gründe bis jetzt aus, um die Identität der Verfasser auch nur wahrscheinlich zu machen. Daß sich aus einer erneuten genauen Prüfung der beiden Werke weiteres Material ergeben würde, ist wenig wahrscheinlich, da Pannenborg in dieser Hinsicht ganze Arbeit zu machen pflegte. Ob sich auf indirektem Wege, d. h. durch Vergleichung der '*Hist. Const.*' einerseits, des Traktats anderseits mit den beiden Epen die Zuweisung des Traktats an G. v. P. wirklich nachweisen läßt, diese Frage fällt zusammen mit dem Gesamtproblem, das sich hier nicht im einzelnen erörtern läßt.

15. Das zweite Teilproblem, das hier zur Sprache gebracht werden soll, betrifft die von Pannenborg (FDG. 19 [1879] S. 611ff., bes. S. 614) behauptete Übereinstimmung der Verstechnik in den metrischen Abschnitten der '*Hist. Const.*' einerseits, in den beiden Epen anderseits. Es ist richtig, daß die Verse hier wie dort vortrefflich sind. Insbesondere die reimlosen Hexameter und Distichen der '*Hist. Const.*' erinnern mit ihrem Schwung und ihrer Gewandtheit und, in der Art, wie sich oft Vers und Satz in mannigfacher Weise überschneiden, lebhaft an die Verse des '*Lig.*': das betonte auch G. Paris. Ferner verzichten die Verse der '*Hist. Const.*' wie der '*Lig.*' auf die im MA. gewöhnlich gestattete Freiheit der Syllaba anceps vor der Zäsur (die beiden einzigen Ausnahmen finden sich im Schlußabschnitt, Kap. XXV: v. 6 *quippĕ*, 8 *similĕ*: die ohnehin bestehenden Zweifel an der Echtheit dieses Kapitels werden dadurch sehr erheblich verstärkt). Es findet sich weiterhin in der '*Hist. Const.*' ebenso wenig wie in den Epen der Abl. gerundii auf *-dŏ*. Streng halten sich die reimlosen Verse der '*Hist.*' an die klassische Regel, daß im Ausgang des Hexameters nur zwei- und dreisilbige, am Ende des Pentameters nur zweisilbige Wörter stehen dürfen; das entspricht der Übung im '*Lig.*' (der lediglich dort Ausnahmen zuläßt, wo sie auch klassisch gestattet sind, z. B. bei Eigennamen) und im '*Sol.*' Dies fällt um so mehr ins Gewicht, als die gereimten Verse der '*Hist.*' auch ein-, vier- und fünfsilbige Wörter am Hexameter-, drei- und viersilbige am Pentameterausgang zulassen. Es ist weiter richtig, daß sich auch im '*Lig.*' Leoniner und andere gereimte Hexameter finden. Der Dichter des '*Lig.*' hat also trotz seines grundsätzlichen Klassizismus von diesen echt mal. Spielereien doch nicht ganz lassen können. Daß der '*Lig.*' die Verschleifung zuläßt, die '*Hist. Const.*' nicht, ist belanglos, da derselbe Unterschied auch zwischen '*Lig.*' und '*Sol.*' besteht. Und wenn im '*Lig.*' und '*Sol.*' die gereimten Spielarten des klassischen Verses doch nur sporadisch auftreten, in der '*Hist.*' aber weitaus vorherrschen, so läßt sich das sehr wohl so erklären, daß der Dichter im Laufe der Jahrzehnte, die zwischen den Epen und der '*Hist.*' liegen, seinen Geschmack änderte, daß er seinen klassizistischen Standpunkt aufgab und an den spezifisch mal. Vers- und Reimspielereien stärkeren Gefallen fand, vielleicht wieder stärkeren Gefallen fand. Auch die Verschiedenheit der Gegenstände könnte durchaus bestimmend gewesen sein. Soweit ist also Pannenborg im Recht. Aber einen, und zwar sehr wesentlichen Unterschied hat er übersehen oder verschwiegen: die Reime sind im '*Lig.*' fast durchweg nur einsilbig, die in der '*Hist.*' aber sämtlich zweisilbig, und sie genügen den strengsten Anforderungen, die man im MA. an die Reinheit dieser Verse zu stellen pflegte. Das ist nun keineswegs ein durchschlagender Beweis gegen die Identität der Verfasser. Denn es ist auch hier wieder sehr wohl möglich, daß ein Dichter im Laufe einer so langen Zeit seinen Geschmack änderte und sich gewöhnte, an seine Reime einen strengeren Maßstab anzulegen. Aber

wenn Pannenborg die Reimtechnik hier und dort für völlig übereinstimmend erklärt und darin eine wesentliche neue Stütze für seine These erblickt, so muß dagegen nachdrücklich Einspruch erhoben werden.

Literatur:

1. Ausgaben: a) *'Historia Constantinopolitana'*; H. Canisius *Antiquae lectiones* V 2 (Ingolst. 1604), S. 358ff., nach der Ingolstädter Hs., daher ohne die metrischen Stücke; wiederabgedruckt bei Basnage *Thesaurus monumentorum ecclesiasticorum* IV (Antwerpen 1725) S. Iff. und bei Migne *Patrologia latina* 212 (1855) Sp. 221ff. Erste vollst. Ausgabe von [P. Comte Riant] *Guntheri Alemanni... De expugnatione urbis Constantinopolitane... seu Historia Constantinopolitana...* 1875; wiederholt in: [Riant] *Exuviae sacrae Constantinopolitanae* I, 1877, S. 57ff. Zur Textkritik: G. Paris Revue crit. 1875 II S. 87f.; Pannenborg FDG. 19 (1879) S. 611f. und Progr. S. 29. — b) *'De oratione, ieiunio et eleemosyna;* Ed. princeps: *Opus pulcherrimum de tribus usitatis christianorum actibus; oratione videlicet, ieiunio et eleemosyna... venerabilis pris Guntheri ordinis divi Benedicti... Impressum Basilee... 1507 ...* (Herausgeber Conr. Leontorius); genaue Beschreibung bei Pannenborg Progr. S. 5ff.; Neudruck bei Migne 212 Sp. 97ff. — c) *'Ligurinus'*; Ed. princeps: *Ligurini de gestis Imp. Caesaris Friderici primi Augusti libri decem...* Augsburg 1507 (Herausgeber: Marquard von Stein, Mathaeus Marschalck, Bernhard und Konrad Adelmann von Adelmannsfelden, Konrad Peutinger, Georg Herbart); genaue Beschreibung bei Pannenborg Progr. S. 1ff. und (kürzer) bei Sturm S. 6f. Zur Textkritik Pannenborg ebd. S. 26ff. Sieben weitere Ausgaben des 16.—18. Jhs. verzeichnet bei Dümgé S. LVI ff. (Migne 212, Sp. 286ff.). Letzte selbständ. Ausgabe: *Guntheri poëtae Ligurinus... rec.* C. G. Dümgé, I Heidelb. 1812 [II, der den Kommentar enthalten sollte, ist nicht erschienen]; danach bei Migne 212, Sp. 255ff. Eine neue Ausgabe für die MGH. wird von A. Hofmeister vorbereitet. — d) *'Solymarius'*; die Kölner Fragmente gab heraus W. Wattenbach *Le Solymarius de Günther de Pairis*, Archives de l'Orient lat. I (1881) S. 551ff. Separatdruck: *Guntherus Parisiensis. Solimarius. Ed. Guill. Wattenbach* 1881.

2. Übersetzungen: a) Günthers von Pairis *'Hist. Const.'* dt. von Th. Vulpinus (Renaud), Jb. f. Els.-Lothr. 5 (1889) S. 1ff. — b) G.s von Pairis i. Els. *'Lig.'* dt. von dems., 1889.

3. Sonstige Literatur: H[ch]. C[hr]. S[enckenberg] *Coniecturae de Gunthero, Ligurini scriptore supposititio*, in: *Parerga sive accessiones ad omnis generis eruditionem*, I 3, Gottingae 1737, S. 149ff. R. Köpke *Otton. Studien II. Hrotsuit von Gandersheim* 1869, S. 260ff. G. Paris *Dissertation critique sur le poème latin du Lig. attribué à Gunther* 1872 [schon vorher in: Comptes rendus des séances de l'Acad. des Inscriptions et Belles-lettres pendant l'année 1871, Nouv. Série, T. VII, S. 91ff.]; ders. Rev. crit. d'hist. et de littérature 1873, II S. 32ff.; 1875 II S. 85ff.; 1883 I S. 310f. A. Pannenborg *Über den 'Lig.'*, FDG. 11 (1871) S. 161ff.; ders. *Magister Guntherus u. s. Schriften*, FDG. 13 (1873) S. 225ff.; ders. *Noch einmal Mag. Guntherus*, FDG. 14 (1874) S. 185ff.; ders. *Die Verse in der 'Hist. Const.' u. der Dichter des 'Lig.'*, FDG. 19 (1879) S. 611ff.; ders. *Der Verfasser des 'Lig.'* Progr. Göttingen 1883. W. Wattenbach *Die Ehrenrettung des 'Lig.'*, ZfdA. 26 (1871) S. 386ff.; ders. LZbl. 1873 Sp. 997ff.; ders. *Deutschlands Geschichtsquellen im MA.* II[6] (1894) S. 286ff. W. Gundlach *Heldenlieder der dt. Kaiserzeit* III (1899) S. 325ff. [ausführl. Inhaltsangaben]. J. Sturm *Der 'Ligurinus'. Ein dt. Heldengedicht zum Lobe Kaiser Friedrich Rotbarts* (Studien und Darstellungen aus dem Gebiete der Geschichte, VIII 1 u. 2) 1911. O. Drinkwelder *Ist G. v. Pairis der Verf. des 'Lig.'?*, Studien u. Mitt. z. Gesch. des Benediktinerordens 35 (1914) S. 671ff. W. Rubarth *Der Verfasser des 'Lig.'* Diss. Breslau 1921 (Maschinenschrift). R. Holtzmann *Das 'Carmen de Frederico I. Imperatore' aus Bergamo u. die Anfänge einer staufischen Hofhistoriographie*, NA. 44 (1922) S. 252ff., bes. S. 289ff. E. Ottmar *Das 'Carmen de Friderico I. Imperatore' aus Bergamo u. s. Beziehungen zu Otto-Rahewins 'Gesta Friderici', Gunthers 'Lig.' u. Burchard v. Ursbergs Chronik*, NA. 46 (1926) S. 430ff., bes. S. 463ff. J. Hashagen *Geschichtsschreibung im staufischen Elsaß*, Els.-lothr. Jb. 5 (1926) S. 33ff. (über *'Lig.'* und *'Hist. Const.'*) Manitius III (1931) S. 698ff. (handelt nur über *'Sol.'* und *'Lig.'*).

Otto Schumann.

Guntzburger, sonst nicht bekannt, dichtete einen Spruch der Hs. cgm. 379 aus dem Jahre 1454. Anf.:

Ich weiss ain freylein, das ist vein
mit erin wol behüt... (Bl. 112).

Ruth Westermann.

Güntzel, Nickel, Stadtschreiber zu Görlitz um 1410. Er ist der Sohn des gleichnamigen Nickel Güntzel (gest. wohl um 1392) und wird von 1401—1426 als *notarius* bezeichnet, zugleich war er Ratsmann, Schöppe und Bürgermeister (1401, 1407 und 1422) und starb 1426. Er schrieb in seinen letzten Lebensjahren nur aus dem Kopfe, ohne die schriftlichen Vorlagen zu benutzen, chronikalische Notizen über die Jahre 1404, 1406, 1407, 1408, 1413, 1415, 1416 nieder, wobei die Zeitfolge nicht bewahrt wird. Die Nachrichten sind mindestens, was die Zeit betrifft, unzuverlässig, wie gleichzeitige Quellen erweisen.

Original in der Bibl. der Oberlaus. Gesellsch. d. Wissensch. L. I. 262 Bl. 1—3ª. Der Text, meist lateinisch, bis jetzt ungedruckt. In demselben Codex stehen noch chronikalische Notizen aus den Jahren 1431, 1432 u. 1433 *(Cod. dipl. Lusat. super.* II. 2 S. 306, 459f., 480, 499). Vergl. Jecht *Quellen z. Gesch. d. Stadt Görlitz bis 1600* 1909, S. 173f.

R. Jecht.

Gürtler, Konrad, von Nürnberg, Büchsenmeister (s. Formschneider), Verfasser eines Nürnberger Zeughausinventars, 1462.

A. von Essenwein *Quellen zur Geschichte der Feuerwaffen* 1877, S. 39—43. B. Rathgen *Das Geschütz im Mittelalter* 1928, S. 80, 132/33. — Inventar 1462: J. Baader *Nürnbergs Stadtviertel und deren Bewaffnung* (32. Jahresbericht des hist. Vereins von Mittelfranken) 1864.

Eduard A. Geßler.

Gurtz, s. Wendel v. Gorze

Güß, s. Geuß.

'Gute Frau'.

Überlieferung: Die Dichtung ist erhalten bloß in der Hs. 2795 der Nationalbibl. Wien (Pap., um 1480), aus der alten Bibliothek des Grafen von Zimmern.

Der anonyme Verfasser der 'Guten Frau' war seiner Sprache nach Niederalemanne und dichtete im Auftrag eines Markgrafen, am ehesten des 1242 gestorbenen Markgrafen Hermann V. von Baden (so E. Schröder), nach dem mündlichen Bericht von dessen aus Frankreich gebürtigen Kaplan. Abgefaßt ist die Dichtung erst, als Wolfram (s. d.) seinen 'Parzival' beendigt (oder zum mindesten bis zum 9. Buch geführt) hatte, wohl in den 20er Jahren des 13. Jhs.

Trotz einiger deutlicher Reminiszenzen spielt freilich Wolframs Stil für den Dichter keine Rolle, vielmehr bewegt er sich durchaus in den Bahnen Hartmanns von Aue (s. d.), dessen epische Werke er sämtlich kennt, und den er vielfach kopiert bzw. ausschreibt: ein typischer Epigone, der zwar die äußere Form leidlich beherrscht, von Hartmanns Kunst der seelischen oder dialektischen Durchdringung seines Stoffes aber nicht eine Spur verrät, sondern sich mit nüchternem, reizlosem Bericht begnügt.

Dabei war es ein dankbarer Stoff, den ihm die (verlorene) französische Quelle bot: die auf der Eustachiuslegende aufgebaute, dem Magelone-Kreis nahestehende Erzählung von der weltentsagenden Pilgerschaft eines Fürstenpaares, ihrer Trennung durch Verkauf der von Zwillingen entbundenen Gattin, die durch höhere Fügung ihre Keuschheit trotz neuer Ehen wahrt, und von der glücklichen Wiedervereinigung aller; ganz äußerlich und beiläufig ist der Stoff hier (vermutlich schon in der Vorlage) mit der Karlssage verknüpft. Innerhalb des weit verbreiteten Erzählungskreises weist die 'G. F.' nahe Berührungen auf mit der englischen Romanze von Syr Ysambrace, mit dem Meisterlied vom 'Grafen von Savoyen' (s. d.), mit Chréstiens *'Li contes del roi Guillaume d'Engleterre'* und besonders mit Ulrichs von Eschenbach (s. d.) 'Wilhelm von Wenden', ohne daß doch unmittelbare Beziehungen vorlägen. Ein einleitender Teil aber, der die Jugend- und Liebesgeschichte des Paares berichtet, rückt die 'G. F.' in die Nachbarschaft eines andern, sonst ferner bleibenden Vertreters des Stoffkreises, der afrz. Dichtung *'L'Escoufle'* aus dem 13. Jh., so daß die Quelle also eine Mittelstellung zwischen den erhaltenen Fassungen einnahm.

Literatur: Ausgabe von E. Sommer ZfdA. 2 (1842) S. 385ff. E. Schröder ZfdA. 48 S. 504ff. W. Eigenbrodt *Untersuchungen über das mhd. Gedicht 'Diu guote vrouwe'*, Diss. Jena 1907 (Sprache u. Metrik). E. Schröder *Der Dichter der 'Guten Frau'*, Prager deutsche Studien 8 (1908) S. 339—52; ders. *Zur Chronologie der höfischen Epik*, ZfdA. 51 S. 108f. C. v. Kraus *Der rührende Reim im Mhd.*, ZfdA. 51 S. 37. — Stoffgeschichtliches: S. Singer Zs. d. Ver. f. Volkskunde 4 S. 73. Eug. Glaser *Über das mhd. Gedicht 'Der Busant'*, Diss. Göttingen 1904, bes. S. 63, 71ff., 107ff. E. Jahncke *Studien zum 'Wilhelm v. Wenden' Ulrichs von Eschenbach*, Diss. Göttingen 1903, bes. S. 16, 22ff., 24, 29. Käthe Leonhardt *Quellengeschichtliche Untersuchungen zum 'Wilhelm von Wenden' des Ulrich von Eschenbach*, Diss. Tübingen 1931, bes. S. 55ff. — Zum ganzen Erzählungstypus vgl. bes. Heinr. Günter *Buddha in der abendländischen Legende* 1922, S. 8ff.

H.-Fr. Rosenfeld.

Gutenberg, s. 'Türkenkalender'.

Gutenburg, s. Ulrich v. G.

Der Guter. Bürgerlicher Dichter des ausgehenden 13. Jhs., jünger als Konrad von Würzburg (s. d.). Heimat unbekannt.

Jenaer Liederhandschrift *J* (Nr. 14[a], Blatt 38[b]—39[a], mit Melodie) = G. Holz *Die Jenaer Liederhandschrift* I 1901, S. 66—68. Chr. Wiedeburg *Ausführliche Nachricht von einigen alten teutschen poetischen Manuscripten aus dem dreyzehenden und vierzehenden Jahrhunderte, welche in der Jenaischen akademischen Bibliothek aufbehalten werden* 1754, S. 27 (= I, 2). Chr. H. Myller *Sammlung deutscher Gedichte aus dem 12., 13. und 14. Jahrhunderte* II 1785 (Iwein 68. Meistergesangbuch 1). HMS. III 41—43; IV 713. BG. Nr. 89, S. XCf., 346—348.

F. Karg.

Gutevrunt, s. 'Buch von Troja'.

Gutkorn, Hans. Die Chronik der Stadt Mainz enthält als Hauptstück die Eroberung von Mainz durch Erzbischof Adolf von Nassau im Jahre 1462. Auf Bl. 72b der Hs. A dieser Chronik, vom Ende des 16. Jhs. stammend, findet sich folgende Eintragung: *Es hatt ein burger zu Meinz mit nahmen Hans Guttkorn die einnehmung der Stadt Meincz in reimen verfast anno 1462, wie er selbst dabey gewessen unndt alles mitt augen gesehen.* Auf Bl. 72b—77a folgt dann in 212 Reimpaarversen das Gedicht selbst. Es ist in frischem, anschaulichem Ton geschrieben mit scharfer Tendenz gegen den Nassauer. Am Ende berichtet der Verfasser (v. 192 bis 196):

der disse spruch nun hatt gedicht,
der ist gewessen bey der geschicht,
Hanss Guttkorn ist er genandt
Undt muß nun buwen frembte land
Undt sich geben in gedult...

Diese Zeilen lassen den Schluß zu, daß der sonst unbekannt gebliebene Dichter, vielleicht auf Grund seiner Parteinahme, verbannt worden ist.

Gedr. bei P. H. Külb *Die Eroberung der Stadt Mainz i. J. 1462 durch Adolf v. Nassau,* Zs. d. Ver. z. Erforsch. d. rhein. Gesch. u.Alterthümer 1 (1845/51) S. 88f.; *Die Chroniken der mittelrhein. Städte, Mainz* II, 1882 (Dt. St.-Chr. XVIII), hrsg. v. C. Hegel, S. 74—81.

Ruth Westermann.

Gutolf von Heiligenkreuz, als Mönch des Zisterzienserklosters Heiligenkreuz im Wienerwald urkundlich zwischen 1265 und 1285 genannt, war als Beichtvater des Nonnenklosters St. Niklas in Wien tätig. Für die Nonnen dieses Klosters hat er eine lateinische Grammatik verfaßt, die auf Priscian, Donat und dem '*Doctrinale*' des Alexander de Villa Dei fußt. Sie zeigt aber eine reiche, über die durchschnittliche Schulgelehrsamkeit hinausreichende Bildung, die das Werk zu einer Art Realenzyklopädie werden läßt, aus der ein auffallendes Interesse für germanische und deutsche Dinge spricht. Weiters besitzen wir von Gutolf ein Gedicht von 1830 lateinischen Hexametern auf Bernhard von Clairvaux, einen Dialog zwischen der heiligen Agnes und einem Zisterziensermönch und ein '*Opus de cognoscendis accentibus*', beide Werke ebenfalls in lateinischen Hexametern, und einen '*Tractatus de ordine iudiciario*', einen für den praktischen Gebrauch abgefaßten Abriß des kanonischen Prozeßrechtes. Zu den Prosaschriften Gutolfs zählen schließlich zwei historische Arbeiten: Von ihnen ist die '*Translatio sanctae Delicianae*' aus Gutolfs Tätigkeit als Beichtvater im Wiener Niklaskloster entstanden. In den ersten Monaten des Jahres 1276 berief König Ottokar II. von Böhmen Vertreter der führenden Wiener Bürgerfamilien nach Prag, um sich der Treue der Stadt in seinem bevorstehenden Kampf gegen König Rudolf zu versichern, darunter Paltram vor dem Freithof und seinen Neffen Paltram Vatzo. Diese beiden Männer, die dem Niklaskloster persönlich nahestanden, erwarben im Kloster Strahov in Prag das Haupt der heiligen Deliciana und brachten es nach Wien. Da nun Gutolf über das Schicksal der heiligen Deliciana sehr wenig wußte, hat er in die Geschichte der Übertragung zahlreiche zeitgenössische Nachrichten verflochten, die irgendwie das Interesse des Niklasklosters berührten. Auch eine Schilderung der Stadt Wien hat Gutolf in die '*Translatio*' aufgenommen. Politisch steht er wie die ihm nahestehenden Wiener Patrizier auf Seite des Böhmenkönigs. Diese Stellungnahme tritt auch in der '*Historia annorum 1264—1279*' hervor, die wenige Monate nach dem Tod König Ottokars II. niedergeschrieben wurde, als Fortsetzung einer in Heiligenkreuz entstandenen und fortgeführten Handschrift der '*Österreichischen Annalen*' (Hs. 539 der Nationalbibliothek Wien), und wertvolle Nachrichten zur Zeitgeschichte enthält.

A. E. Schönbach *Über Gutolf von Heiligenkreuz. Untersuchungen und Texte*, WSB. 150/2 (mit genauen Angaben über die Hs. und mit dem Text des Dialoges zwischen der heiligen Agnes und einem Zisterzienser, dem *'Opus de cognoscendis accentibus'* und dem *'Tractatus de ordine iudiciario'*). O. Redlich und A. E. Schönbach *Des Gutolf von Heiligenkreuz 'Translatio s. Delicianae'*, WSB. 159/2 (mit dem Text der *'Translatio'*). — Das Leben des heiligen Bernhard ist gedruckt: Clariloci apud Nanceium (ohne Druckort) 1606 u. 1609. *Bernhardus Gutolfi monachi ed. Theophilo Heimb* Nürnberg 1743 u. 1746. *'Historia annorum 1264—1279'*, Mon. Germ. Scriptores 9, S. 649—654 ; dazu außer der angeführten Literatur O. Redlich Mitteil. des Institutes für österr. Geschichtsforschung 3 S. 497f.; E. Klebel Jahrbuch für Landeskunde von Niederösterreich N. F. 21 S. 61ff.

Otto Brunner.

'Gydo und Tyrus'.

1. Die deutsche Prosaerzählung von *'Gydo und Tyrus'* ist überliefert: I. selbständig in: a) der Berliner Sammelhs. Ms. germ. quarto 478, Pap. 15. Jh., geschrieben von Mats von Guntzburg (Günzburg bei Augsburg); b) dem Stuttgarter cod. theol. et phil. 81, Papier 4°; II. in deutschen Hss. der *'Gesta Romanorum'*: c) Zürich, C 113, fol. Papier; d) Berlin, ms. germ. quarto 942; e) London, Brit. Mus. add. 10291 fol. (vielleicht auch in andern, nach Oesterleys Ausgabe entdeckten Hss.); III. f) in dem Augsburger Druck der *'Gesta Romanorum'*, bei H. Schobser 1489. Der Text von a ist abgedruckt bei Mau S. 53ff., ein Fragment daraus bei W. Stammler *Prosa der deutschen Gotik* 1933 S. 121. Die Erzählung ist bei A. Keller *Der Römer Tat* 1841 nicht enthalten.

2. Der Stoff wurde zuerst in einem altfrz. Versroman, vielleicht aus dem Ende des 13. Jhdts., dargestellt, dann nach dessen Vorbild verschiedentlich in mittelenglischen Versepen unter dem Titel *'Guy von Warwick'* bearbeitet und schließlich, wohl ebenfalls in England, auszugsweise in die *'Gesta Romanorum'* (s. d.) aufgenommen und den moralisierenden Tendenzen dieser Sammlung angepaßt. In dieser Form begegnet die Geschichte in 18 von Oesterleys lateinischen Hss.

3. Die Fassung der *'Gesta Romanorum'* wurde, immer in Oberdeutschland, dreimal deutsch bearbeitet:

I. In treuer Übersetzung der sog. Vulgatversion der *'Gesta'*, ohne Moralisierung, in alemannischer Sprache. Der Text wurde oben als a bezeichnet.

II. Mit zahlreichen Abweichungen, von denen der glückliche Ausgang, die Wiedervereinigung der Eheleute am Schluß die wichtigste ist, überliefert in c, d, e und f.

III. Eine ziemlich ausführliche, im Stil knappe, aber wieder den ursprünglichen, höfischen Gehalt herausarbeitende Prosafassung: b. Nach Mau sind II und III enger mit einander verwandt.

4. Der Inhalt ist ursprünglich eine Freundschaftssage: Der Held Gydo (Guido) hat sich durch ritterlichen Kampf eine Frau erobert. Kurz nach der Heirat erhebt er sich morgens früh und bekommt von Christus, der ihm erscheint, den Auftrag, gegen die Heiden zu kämpfen. Er läßt seine Frau und sein ungeborenes Kind zurück und zieht weg. Sein Freund Tyrus (Tyrius, Thyrus) kämpft mit und kommt zu Ehren, wird aber durch Verleumdung zu Fall gebracht. Auf dem Heimweg begegnet G. dem unglücklichen Tyrus, findet mit ihm ein Schwert und tötet Tyrus' Feind. Gydo kommt dann unerkannt und als Bettler verkleidet nach Hause, wo seine Frau sich frommen Werken widmet. Er zieht sich als Einsiedler in den Wald zurück und wird nach seinem Tode von seiner Frau, der er sich erst kurz vorher zu erkennen gegeben hat, betrauert.

5. Die Geschichte dieser Prosaerzählung ist charakteristisch für die Art und Weise, wie das Mittelalter mit Erzählstoffen umgehen konnte. Anfangs durchaus ritterliche Erzählung, wird sie des Ritterlichen entkleidet, um geistliches Gepräge zu erhalten. Die *'Gesta Romanorum'* fügen dann noch eine bis in Einzelheiten ausgearbeitete allegorische Deutung hinzu. In deutscher Prosafassung unterbleibt diese geistliche Deutung; der Stoff wird offenbar wieder wegen seiner epischen Elemente geschätzt, während endlich in der Fassung b, die offenbar von einem rückwärts gewandten Bearbeiter stammt, das Ritterliche wieder zu Ehren kommt. So weist diese frühe deutsche Prosa bezeichnende Züge aus der Geschichte der Prosaerzählung auf.

P. Mau *Gydo und Thyrus. Ein deutscher Ausläufer des altfrz.-mengl. Freundschaftsromans 'Guy von Warwick'*. Diss. Jena 1909.

J. van Dam.

H.

Haas (Haß), **Augustinus** oder **Georg**, Dominikaner in Nürnberg um 1470, übersetzte lateinische Predigten des dortigen Priors Peter Kirchschlag ins Dt. u. d. T.: 'Ein Buch von zwölf Sterben und von einem vollkommen wirkenden Leben'; in den Hss. Cent. VII, 21 und VI, 96 der Stadtbibliothek Nürnberg, die zusammengehören, erhalten. Der Stil ist frei von Holprigkeiten, mystische Stimmungen und Ausdrücke finden sich nicht selten. Die Hss. stammen aus dem Katharinenkloster in Nürnberg; für die dortigen Nonnen, deren Beichtvater er war, hat H. die Verdeutschung vorgenommen, wie ausdrücklich in dem alten Bibliothekskatalog des Klosters vermerkt wird; damals hatten die beiden Bände die Signatur: M. XXIII und XXIV.

F. Bock Mittlgn. d. Ver. f. Gesch. d. Stadt Nürnberg 25 (1924) S. 173f., 184. F. Jostes *Meister Eckhart und seine Jünger* 1895 S. 148.

W. St.

Haas, Konrad s. Haasenwein.

Haasenwein, Hans. 'Kunstbuch', Sächsisches Nationalmuseum zu Hermannstadt in Siebenbürgen. Der Verfasser, *auss dem Haasenhof bey Landshut im Bayerland*, fing diese militärische Bilderhandschrift, welche den gewohnten Inhalt bietet, 1417 an, dann scheinen Fortsetzungen dazu gekommen zu sein. Es wurde von einem Nachkommen Konrad Haas von Dornburg zwischen 1529 und 1560 vollendet; letzterer war Zeugwart und Zeugmeister in Ungarn und Siebenbürgen in kaiserlichen Diensten. Ein typisches Beispiel für die Entstehung dieser Ikonographien.

M. Jähns *Geschichte des Kriegswesens* 1889, I S. 275. F. M. Feldhaus *Die Technik der Antike und des Mittelalters* 1931, S. 346.

Eduard A. Geßler.

Habsburg, s. Johannes v. H.

Hackeborn, s. Gertrud u. Mechthild v. H.

Hadamar von Laber.

1. Seinen Ruhm verdankt H. v. L. weniger seiner hervorragenden politischen Stellung und Betätigung als seinem Jagdgedichte. Seine Stammburg steht in der Oberpfalz am Ufer der Schwarzen Laber. Die mal. Bewunderer und Nachahmer der 'Jagd' nennen nicht des Dichters Vornamen mit Ausnahme der Zimmerischen Chronik (hsg. von Barack, Stuttg. Lit. Verein Nr. 91—94) II S. 239, die ihn *Herr Hermann von Labern* nennt, und Püterichs von Reicherzhausen (s. d.), der *hatmar* angibt und sich (wie auch sonst so oft) glänzend unterrichtet zeigt. Von den vier Hadamaren, die im 13. und 14. Jh. urkundlich bezeugt sind, hat Hadamar III. alle Wahrscheinlichkeit für sich. Wohl veröffentlichte Wilh. Erben aus einem oberpfälzischen Kopialbuche eine Urkunde vom 12. Juni 1316, durch die Ludwig der Baier an Hadamar II. von Laber und dessen Söhne Hadamar und Ulrich das Jagdrecht im ganzen Lande Baiern verlieh, und erwog dabei, ob diese Auszeichnung nicht eine Aufmunterung oder eine Belohnung für die Abfassung des Jagdgedichtes darstelle. Doch bleibt auch E. Schröder, der Erbens Veröffentlichung im AfdA. 32 S. 235ff. bespricht, bei Hadamar III. als dem Dichter, für den also die erwähnte Urkunde nichts beweist als dies eine, daß Beschäftigung mit dem Weidwerke in seinem Geschlechte Tradition war.

Hadamar III. wird gegen 1300 geboren sein. Denn 1317 werden er und sein jüngerer Bruder Ulrich noch mit ihrer Mutter in einer Urkunde genannt; eine Urkunde von 1324 nennt aber beide Brüder neben ihrem Vater; sie sind also wohl zwischen 1317 und 1324 großjährig geworden. Danach erscheint H. v. L. in Urkunden erst wieder vom Jahre 1341 ab. Sein Sohn Hadamar IV. ist zum ersten Male 1350 in einer Urkunde nachzuweisen und zwar mit seinem Vater zusammen. Hadamar III. und sein Bruder Ulrich stehen treu zu Ludwig dem Baiern und dessen Sohne Ludwig, dem Markgrafen von Brandenburg, und werden auch für ihre Dienste belohnt. 1354 wird H. v. L. zum letzten Male urkundlich erwähnt (denn Aventin verwechselt ihn wohl mit seinem jüngeren Bruder Ulrich, wenn er H. im 7. Buche der '*Annales Boiorum*' bei Schilderung der Vorgänge nach Markgraf Ludwigs Tode 1361 nennt).

2. Die 'Jagd' ist von Mone als ein Alterswerk des Dichters angesehen worden, während Schmeller — auch unter Berufung auf den Wortlaut des Gedichtes — zu dem Schlusse kommt, daß der Dichter noch ein jüngerer Mann war. Die größte Wahrscheinlichkeit spricht für eine Abfassungszeit zwischen 1335 und 1340; Strophe 293 erwähnt *Herzog Ludwîc den grîsen von Decke*, womit wohl Ludwig IV. von Teck gemeint ist, der etwa 20 bis 25 Jahre älter war als H. v. L.

3. Das Gedicht schildert eine Jagd. die allegorisch das Liebeswerben bedeutet. Einem Wilde nachzuspüren, nimmt der Jäger eines Morgens das *Herze* und andere treue Hunde wie *Fröude, Wille, Wunne, Trôst, Stæte, Triuwe, Gelücke, Lust, Liebe, Leit, Genâde, Harre* u. a. mit, und die Hunde finden die Fährte des Wildes. *Herze*, allen vorauseilend, wird verwundet. Wölfe — Merker — verjagen die Hunde. Schließlich gelingt es dem Jäger, mit *Fröude* und *Wunne* das Wild zu stellen. Er zögert aber, seinen Hund *Ende* anzuhetzen, und abermals erscheinen Wölfe, vor denen die Hunde flüchten müssen. Der Jäger klagt sein Mißgeschick; ihm bleibt aber die Hoffnung, daß *Triuwe* und *Harre* ihm doch noch zu einem Erfolge verhelfen werden.

Diese Haupthandlung der Allegorie wird nicht nur durch vier Gespräche mit Weidmännern unterbrochen, die dem Jäger guten Rat geben, sondern es werden auch Liebesklagen, Betrachtungen und Sprüche der Lebensklugheit eingelegt, so daß die ermüdende Gleichförmigkeit der Allegorie wenn nicht aufgehoben, so doch gemildert erscheint. Manchen von uns spricht der Dichter jedenfalls mehr durch die nicht allegorischen Teile seines Werkes an.

Bei seinen Zeitgenossen war es aber gerade die Allegorie, die Schule machte. Wohl ist schon im 13. Jh. eine gewisse Hinneigung zu allegorischer Darstellung deutlich bemerkbar (Gottfrieds Schilderung der Minnegrotte, der Tobureldichter Albrecht, Ulrich von Lichtenstein); wohl konnte H. v. L. für seine Jagdallegorie und den Einfall der „Kanifizierung" dem sogen. Seifried Helbling (s. d.) — mit dem er die drei Hundenamen *Wenc, Werre* und *Triuwe* gemeinsam hat — und der 'Königsberger Jagdallegorie' (s. d.) Anregungen verdanken. Aber erst H.s 'Jagd' war bahnbrechend und mustergültig für seine und die kommende Zeit.

Wolfram (s. d.) und der Tobureldichter Albrecht (s. d.) sind seine Vorbilder. Durch sie ist nicht nur die Form des Gedichtes (siebenzeilige Strophe des 'Titurel') veranlaßt; vielleicht entstammt auch die Anregung zu dem ganzen Gedichte einem Abschnitte des 'Titurel', der die Jagd Schionatulanders nach dem Brackenseile schildert (Wolframs Tit. 132ff.; 'Jüng. Titurel' hsg. von Hahn 1140ff.). Mit dem 'Jüngeren Titurel' finden wir die 'Jagd' in Hss. vereinigt. Bei den Meistersingern geht die Titurelstrophe kurzweg unter dem Namen *des Labers* (oder *Laubers*) *ton*. Gelegentlich findet sich auch einfach das Wort *Löberer* (s. u.) als Überschrift eines Gedichtes.

4. Auch sonst wird Hadamar bemerkenswert oft in Dichtungen genannt:

a) Das Gedicht '*Von ainer stätten vnd von ainer fürwitzen*' (Liederbuch der Hätzlerin Nr. 8 S. 138; Bechsteins verlorene Schwesterhs. zum Liederbuch der Hätzlerin Bl. 39b; Berlin Staatsbibl. Ms. Germ. Fol. 488 Bl. 48b; München Staatsbibl. cgm. 439 Bl. 38; ebda. cgm. 713 Bl. 72a und umgearbeitet Bl. 200a; Heidelberg Universbibl. cpg. 313 Bl. 400a; Stuttgart Landesbibl. Cod. poet. et philol. Q 69 Bl. 249b; 'Tirol. Lesebuch' [s. d.] Bl. 46a) spielt v. 162 auf Str. 550 der 'Jagd' an, die nur in den Hss. Afga Eeh (nach Stejskals Benennung) überliefert sind, und v. 187 auf Str. 223 mit der nur in der Hs. a überlieferten Lesart *wege* statt *wâge*.

b) In dem Gedichte 'Des Labers Rat' (Anfang: *Vil oft und dick so redt der mund;* überliefert in Nürnberg, Valentin Holls Hs. Bl. 80[b]; Freiburg i. B. Univ.-Bibl. Nr. 362 Bl. 6[bu]; München Staatsbibl. cgm. 270 Bl. 71[a] und ebda. cgm. 379 Bl. 34) wird Strophe 15 der 'Jagd' zitiert.

c) Erwähnt wird H. auch in 'Des Labers Lehren' (Anfang: *Lieben chind nun hand fur guot;* überliefert in München Staatsbibl. cgm. 270 Bl. 96ª und ebda. cgm. 379 Bl. 56) sowie

d) in der Zimmerischen Chronik (hsg. von Barack, Stuttgarter Lit. Verein Nr. 91—94, Bd. II S. 239 und 240, Bd. IV S. 271).

5. All dies sind Werke, die nicht als Nachahmungen der 'Jagd' zu bezeichnen sind. Zahlreich sind aber die Nachahmungen, die teils die Jagdallegorie, teils H.s Stil und seine Sprache nachbilden. Hier sei die Gruppe der Jagdallegorien, die also Hadamar mehr stofflich Anregung verdankt, beiseite gelassen (siehe dafür: 'Königsberger Jagdallegorie' und 'Minnereden und Minneallegorien'). Als Nachbildungen von Hadamars Stil und Strophe seien genannt:

a) 'Des Minners Klage', Anfang: *Das yemandt möchte sterben Vor großem hertzen laide*, gedruckt in Schmellers Ausgabe der 'Jagd' S. 147—162; überliefert in Heidelberg cpg. 326 Bl. 1ª (76 Strophen) und in München cgm. 179 Bl. 1ª (15 Strophen), beidemale der 'Jagd' vorangehend; vgl. dazu unten bei i);

b) 'Der Minnenden Zwist und Versöhnung', Anfang: *Mînes herzen paradîsel, O mîner ougen sunne* bzw.: *O edle creature Wîplîches kunnes krône*, gedr. bei Schmeller a. a. O. S. 163—170; im cpg. 326 Bl. 61ªff. folgen 41, im cgm. 179 nur 24 Strophen auf Hadamars 'Jagd';

c) 'Der Minne Falkner', Anfang: *Man spricht die minne sei blinde: Doch mag ir nichts entrinnen*, gedruckt in Schmellers Ausgabe S. 171—208, 185 Strophen.

d—h) fünf Gedichte von der Minne in der Hs. Wien Nationalbibl. Poem. Germ. 2796; das letzte dieser fünf, anfangend *O wirdig aller eren*, auch in der Hs. Heidelberg cpg. 348 Bl. 1ª (382 Strophen); vgl. Museum f. altd. Lit. I S. 575f.;

i) ein Minnegedicht *im Titurels done*, anfangend *Eim engel sich gelichet Ein schœnez wip begarwe*, überliefert in einer Weimar. Hs. Bl. 109ᵇ—116ᵇ, abgedruckt HMS. III 432ᵇ—436ᵇ; dies Gedicht enthält unter seinen 55 Strophen 29 aus 'Des Minners Klage' (siehe oben unter a); vgl. F. Bech Germ. 6 S. 223);

k) ein *Löberer* überschriebenes Gedicht von 175 Strophen, in dem Minne und Treue personifiziert auftreten, in einer Papierhs. des 15. Jhs. (1464 sagt Schmeller a. a. O. S. IX) in der Fürstl. Lobkowitzschen Bibl. zu Raudnitz a. d. Elbe Bl. 201—223; vgl. Serapeum 1843 Nr. 1 und J. Petters im AnzfKddV., Neue Folge 4 (1857) Sp. 78ff. und 387;

l) ein Gedicht 'Von der Unminne', 63 Titurelstrophen, anfangend *Sy es uch vnu'drossen*, überliefert in Heidelberg cpg. 313 Bl. 490ª; in Strophe 6 nennt es ausdrücklich Wolfram und H. v. L. als die großen Vorbilder (auszugsweise mitgeteilt von Mone im Badischen Archiv I S. 75ff.);

m) 'Der Thron der Ehre', 65 Titurelstrophen, beginnend *Ich meister von den kunsten Wie schimpflich ich mich schriben*, überliefert in Heidelberg, cpg. 313 Bl. 481ᵇ (auszugsweise mitgeteilt von Mone im Badischen Archiv I S. 81ff.).

In des von Laber gemainen Thonn hat auch Jakob Püterich seinen Ehrenbrief 1462 gedichtet, und derselben Form bedienen sich einige kleinere Gedichte, wie ein Pater noster, ein Ave Maria, ein Lied über ewiges und zeitliches Leben in der Wiener Hs. Poem. Germ. 2880 oder die Rätselfragen *jn Labers ton*, die im *Liederbuch aus dem 16. Jh.*, hsg. von K. Goedeke und J. Tittmann 1867, S. 383 abgedruckt sind (vgl. auch Weller Repert. typ. S. 3 Nr. 30: *In lauberß thon neu Frage vnd Anthwort)*.

Für all diese Gedichte ist noch so gut wie jede kritische Arbeit zu leisten. Wer das bei Ulrich Füetrer (s. d.) erwähnte bisher verlorene Gedicht Albrechts von Scharfenberg (s. d.) *Fraw Eren hof* wiederzufinden hofft, muß vor allem im Kreise dieser Gedichte suchen. Es ist auch noch nicht das letzte Wort gesprochen darüber, ob die drei (oben als a, b, c bezeichneten) Gedichte, die Schmeller im Anhang seiner 'Jagd'-Ausgabe abdruckt, oder wenigstens die beiden ersten davon H. v. L. zum Verfasser haben, wie die Zimmerische Chronik (II S. 240) angibt: *der hat etliche lieder und gedicht ain ganz buch gemacht*. Mone vermutete, daß 'Des Minners Klage' mit ihrem Schlußakrostichon *Katharina* einem Widmungsstücke für Hadamars Geliebte vorgesetzt gewesen sei, und Schmeller neigte dieser Vermutung zu, während Stejskal sich bescheidet: "Mones Deutungsversuch hat auf den ersten Blick etwas Bestechendes, müßte jedoch, um als haltbar erkannt werden zu können, erst einer genaueren Untersuchung hinsichtlich der Sprache und Überlieferung unterzogen werden." Die Frage ist auch dadurch unübersichtlich, daß die hsl. Überlieferung der 'Jagd' sogar nach Stejskals Ausgabe noch viele ungelöste Rätsel aufgibt. Die Hss. bieten die 21 ersten Strophen des Gedichts in so starken Abweichungen der Reihenfolge, daß bisher noch jeder Versuch scheiterte, Sinn und Art dieser Abweichungen zu erfassen.

F. J. Mone *Quellen und Forschungen* I S. 221ff.; ders. Bad. Arch. I S. 90ff. J. A. Schmeller *Hadamars von Laber Jagd und drei andere Minnegedichte seiner Zeit und Weise: des Minners Klage, der Minnenden Zwist und Versöhnung, der Minne Falkner* (StLV. 20) 1850; Schmellers Vorarbeiten zu seiner Ausgabe bewahrt die Münchener Staatsbibl. unter der Signatur: Schmelleriana A 20, 53—54; Plaß *Die Herren von Laber*, Verhandlungen des Histor. Vereins von Oberpfalz und Regensburg 21 S. 139ff. K. Stejskal *Zu H. v. L.*, ZfdA. 22 S. 263; ders. *Hadamars von Laber Jagd mit Einleitung und erklärendem Kommentar* 1880 (Besprechungen: Jos. Seemüller AfdA. 29 [1881] S. 36; K. Bartsch GGA. 1881 S. 1305; Tomanetz ZfdPhil. 12 S. 243; LZbl. 1880 Sp. 1550; Wilmanns Ltbl. 1 [1881] Sp. 6). K. Stejskal ADB. XVII S. 465. J. Mayerhofer *Ein Beitrag zur Familiengeschichte H.s v. L.*, Zs. des Hist. Vereins für Schwaben und Neuburg 11 S. 128; ders. Germ. 30 S. 483 (über die Heimat von H.s Frau, Abdruck einer Urkunde vom 1. Februar 1343). F. W. E. Roth *Urkundliches über H.*, Germ. 37 S. 62 (Nachweise von 1244—1277). Behaghel Germ. 37 S. 296 (H. I., nicht H. III. ist der Dichter). M. Raith *H. v. L.*, Verhandlungen des Histor. Vereins für Oberpfalz und Regensburg 41 S. 237 (über die verschiedenen Träger des Namens). E. Bethke *Über den Stil H.s v. L. in seiner 'Jagd'*. Diss. Berlin 1892. W. Erben *Ein oberpfälzisches Register aus der Zeit Kaiser Ludwigs des Baiern, erläutert und hsg.* 1908; dazu Edw. Schröder AfdA. 32 S. 235.

Zu den 14 Hss., die Stejskal benutzte, nenne ich noch drei: München Staatsbibl. cgm. 5152; die bei Keller *Verzeichnis altdt. Hss.* S. 158 Nr. 99 erwähnte Stuttgarter Hs., die Eigentum des Antiquars Süskind war; das ZfdA. 67 S. 44 von HF. Rosenfeld bekanntgemachte Pergamentdoppelblatt Codex 21, III des Statthaltereiarchivs zu Innsbruck. Gragger *Deutsche Hss. in Ungarn* (1921) gibt die Lesarten der von Stejskal C genannten Hs.

Niewöhner.

Hadewijch.

Hss.: Zwei in Brüssel und eine in Gent, beschrieben bei Vercoullie, Phototypen bei Snellen, alle drei aus dem 14. Jh.

Über Leben und Zeit der Dichterin und mystischen Visionärin H. gehen die Meinungen ganz auseinander. Doch dürfte die Gleichsetzung der Dichterin und Mystikerin, der wir die Lieder, Briefe und Visionen verdanken, mit der von Ruysbroek (s. d.) bekämpften Ketzerin Bloemardinne heute als überwunden gelten. Während A. C. Bouman noch 1922 ihre Abhängigkeit von Meister Eckhart (s. d.) nachzuweisen und sie somit in das 14. Jh. zu setzen versucht, wobei er allerdings mit Texten operiert, die von Johanna Snellen und J. van Mierlo unter die unechten verwiesen werden, hat van Mierlo triftige Gründe dafür vorgebracht, daß H. um 1250 ihre Visionen geschrieben hat, daß sie adeliger Abkunft, vielleicht aus der Familie van Diest, Burggrafen von Antwerpen, war, mit vielen beschaulichen Seelen in Verbindung stand, über die sie uns in einer Liste der Vollendeten im Anschluß an die 13. Vision Bericht gibt, daß sie wohl nicht Mitglied eines der alten Orden oder gar Äbtissin, sondern eine für sich lebende Begine, d. h. eine von der Welt zurückgezogen lebende Fromme war, die über ein hohes Maß ritterlicher und theologischer Bildung verfügte. Eine von Kern edierte Predigtsammlung aus dem Anfang des 14. Jhs., die sog. Limburgischen Sermonen, bringt ihren 10. Brief in leichter Umarbeitung als Predigt. Hadwijchs ,,Prosa ist Kunstprosa höchsten Grades. In alle Stilgeheinmisse der lateinischen Kirchenväter ist sie eingeweiht. Nach ihr ist im Mittelalter, selbst nicht durch Ruysbroek, solche Kunstprosa nicht mehr geschrieben worden." H. ist ,,unsere unwidersprechlich größte Dichterin aus dem Mittelalter", voll von „Gefühlen einer nach dem Höchsten aufstrebenden Liebe", sie steht „am Anfang der niederländischen Mystik" (Mierlo). Ruysbroek ist demnach nicht ihr Meister, steht vielmehr unter ihrem Einfluß, denn ihre Schriften wurden im Rotkloster zu Groenendael aufbewahrt.

Ausgaben: *Werken van Zuster Hadewijch. I: Gedichten, diplomatisch uitgegeven naar twee handschriften ter Koninkl. Bibl. te Brussel door* J. F. Heremans u. C. J. K. Ledegang 1875; II: *Proza, naar de drie bekende handschriften dipl. uitg. door* J. Vercoullie 1895. *Liederen van Hadewijch, naar de drie bekende hss. kritisch uitg. met Inleidung en Woordelijst door* Johanna Snellen 1907. J. v. Mierlo *H. Strophische Gedichte* 1919; *Visionen* 1924. J. Quint *Dt. Mystikertexte des MA.s* I (1929) S. 21—30 (die 1. Vision). — *De Vizionen van H. in heden daagsel Nederl. overgebracht door* A. Verwey, Antwerpen 1922. F. M. Huebner *Visionen der Schw. H.* (Inselbücherei Nr. 207) 1917. *Die Werke der H.* Bd. I. *Briefe u. ausgewählte Gedichte*, Bd. II. *Visionen, übersetzt v.* J. O. Plaßmann 1923. W. Oehl *Dt. Mystikerbriefe des MA.s* 1931 S. 426f., 721ff., 841.

F. J. Mone *Übersicht d. mndl. Volkslit.* 1838 S. 195ff. C. A. Serrure *Gesch. d. Ned. en Fr. Letterk. in het Graefschap Vlaenderen.* A. Thijm *De la Litterature néerlandaise* S. 70f. M. Jöris *Untersuchungen über die Werke v. Z. H.* 1894. Ruelers *Jan v. Ruysbr. en Bloemardinne* (in Vercoullie *Werken v. Z. H.* III S. XXI—XCVI). Edw. v. Even *H. en Bloemardinne*, Dietsche Warande 1896. Van Veen *Bloemardinne de Brusselsche Ketterin uit de veertiende eeuw*, Theol. Tijdschr. 38 (1903) S. 226f. J. A. N. Knuttel *H.-Bloemardinne*, Tijdschr. 35 (1916) S. 81f. Dagegen: J. Witlox *H.-Bl.*, Tjidschr. van Taal en letteren 7 S. 93—104. Joh. Snellen *H. mystica*, Tijdschr. 31 S. 114ff. A. C. Bouman *Die lit. Stellung d. Dichterin H.*, Neophilologus 8 S. 270ff. J. Mierlo *H.s Mengeldichten* 1912; ders. *H. u. Eckhart*, Dietsche Warande 1921 S. 135ff., 309ff., 441ff. (H.s Lebenszeit); 1923 S. 113—115 (gegen Bouman); ders. *H. une mystique flamande*, Revue d'ascétique et de mystique 1924.

Engelbert Krebs.

Hadlaub, Johannes *(Hadloub)*. Meister J. H. ist 1302 urkundlich in Zürich nachgewiesen. Seine Lebenszeit wird näher bestimmt durch Zeitgenossen, die er nennt. Er ist wahrscheinlich identisch mit einem Johannes, der in einer jetzt in Bamberg befindlichen Hs. Einträge macht, unter anderen Briefkonzepte an den Züricher Kanonikus und Kantor Konrad von Mure, den er als seinen Freund und Verwandten bezeichnet: dieser ist im Jahre 1281 gestorben. In seinen Liedern nennt *H. Rüedeger Maness, herrn von Manegg* (s. d.) am Ütliberg, gestorben 1304, und Herrn Heinrich von Klingenberg (s. d.), gestorben 1306: vor 1304, bezw. 1306 müssen also die Lieder gedichtet sein, da H. die Betreffenden noch als lebend erwähnt. Daß von ihm nicht weniger als 54 Gedichte in der großen Heidelberger Hs. und nur in dieser erhalten sind, verdankt er sicher seinen Beziehungen zu den Manesse, von deren Liederbüchersammlung er uns berichtet, mit denen unsere Hs. sicher in näherem Zusammenhange steht. Doch hat diesmal der Zufall keinen Unwürdigen ausgezeichnet; denn H. gehört zu den interessantesten Dichtern seiner Zeit. Er gibt Erzählung in Liedform: dadurch nähert er sich teilweise den Meistersängern, die ja auch biblische oder novellistische Stoffe in Liedform behandeln. Meistersänger hat es ja in der Schweiz nicht gegeben, aber die Entwicklung tendiert bei H. doch in dieser Richtung. Was ihn freilich unterscheidet, ist, daß er autobiographische Erzählung gibt, in der Art des Lichtensteiners (s. *Ulrich v. Lichtenstein)* seine eigene Liebesgeschichte darstellt. Diese ist nun freilich trotz einer gewissen Steifheit der Form so anmutig berichtet, daß man wohl begreift, daß sie Gottfried Keller zur Nacherzählung angeregt hat. Das sind Lieder der hohen Minne, da die angebetete Dame sozial über dem Dichter steht. Daneben finden wir eine Anzahl Lieder der niederen Minne, in denen Liebe und Lust im Verhältnis mit einem Bauernmädchen fröhlich und derb zum Ausdruck gebracht werden. Formell sind in den Liedern der hohen Minne Einflüsse der Schwaben, Reinmars (s. d.) und Walthers (s. d.), in denen der niedern vorwiegend die Neidharts (s. d.) und Steinmars (s. d.) festzustellen. Doch trifft der Dichter auch in den Liedern der hohen Minne manchmal einfache und volkstümliche Töne. Ob wir annehmen müssen, daß er verheiratet war, weil er von dem Elend des Ehestandes so eindringlich in einem äußerst originellen Gedicht zu berichten weiß, scheint mir nicht so sicher, wie es meist angenommen wird. Außer seinen Liedern haben wir noch drei Leiche von ihm: er ist ein ungemein mannigfaltiger und interessanter, wenn auch kein großer Dichter.

Bartsch *Schweizer Minnesänger* Nr. 27. Sillib *Auf den Spuren Johannes Hadlaubs*, HSB. 1922.

Singer.

Hage, s. Hartwig v. dem H.

Hagen, Gottfried.

1. G. H. war ein Geistlicher, der als Anhänger des Kölner Patriziats in der Form einer Reimchronik *('Boech van der stede van Coelne')* die Kämpfe beschrieb, die die Kölnischen Adelsgeschlechter in der zweiten Hälfte des 13. Jhs. gegen die Erzbischöfe und die mit ihnen verbündeten Zünfte führten. Gewöhnlich identifiziert man ihn mit einem *Godefridus* aus der Familie der Vetscholder, der in den Urkunden seit 1268 als Stadtschreiber auftritt, auch im Gedicht selbst (Groote v. 6279) diese Funktion ausübt, 1270, nicht unumstritten, Pfarrer von S. Martin wurde und spätestens 1301 starb. Gegen diese Identifizierung, die schon in Heinrichs von Beeck (s. d.) 'Agrippinachronik' (1469) begegnet, hat jedoch Dornfeld (S. 218ff.) wichtige Bedenken erhoben: der Stadtschreiber führe niemals, auch im Gedicht nicht, den Beinamen *Hagene;* er habe am 7. August 1268 in Diensten der Stadt gegen den drohenden päpstlichen Bannspruch protestiert, der Dichter dagegen am 14. Oktober desselben Jahres im Dienste des Domstiftes eine Reise nach Neuß gemacht; der Dichter verfüge nicht über eine so intime Kenntnis der historischen Tatsachen, wie sie beim Stadtschreiber vorausgesetzt werden muß; seine Sprache beweise nicht den geborenen Kölner. Ich halte diese Argumente für zwingend. Unsere Kenntnisse über den Dichter beschränken sich daher auf das wenige, was wir seiner Dichtung entnehmen können. Er nennt sich am Schluß (6287: *Meister Godefrit Hagene maichde mich allein)* und berichtet 5550ff. von seiner Mission nach Neuß. Dornfeld charakterisiert ihn als glühenden Patrioten und hebt seine tiefe Religiosität, seine Offenheit und seinen Humor als wichtigste Eigenschaften hervor. Seine Sprache ist ripuarisch, doch vielleicht nicht kölnisch. Die von Dornfeld zum Beweise nördlicherer Herkunft zitierten Sprachformen sind wichtig, aber erfordern noch eine Untersuchung in größerm Rahmen. Nach H.s eigener Angabe wurde das Gedicht 1270 vollendet; die letzten 18 Zeilen, die auf einen Sühnebrief aus dem April 1271 anspielen, sind von ihm vermutlich nachgetragen worden. Die von Cardauns vorgeschlagene Datierung: 1277—1287 ist von Kelleter S. 27ff., Dornfeld S. 90 widerlegt worden.

2. Hsl. Überlieferung: D = 2 Pergamentblätter um 1300 im Staatsarchiv in Düsseldorf; vgl. A. Birlinger *Zu Gottfried Hagens Chronik*, ZfdA. 17 S. 428. Das Fragment umfaßt Groote v. 3976 bis 4100; F = Papierhs. in der Stadtbibliothek zu Frankfurt a. M. aus dem Anfang des 15. Jhs., lückenhaft und fehlerhaft. Beschreibung bei Dornfeld S. 1. Von F bestehen eine Reihe von Abschriften und eine Paraphrase aus d. J. 1470 im Kölner Stadtarchiv (Cardauns S. 18).

D und F weichen nur wenig von einander ab. Dornfeld S. 9ff. hat einige Blattversetzungen aufgedeckt, die älter sind als die erhaltenen Texte. Textkritischen Wert hat auch der Auszug in der Koelhoffschen Chronik.

3. Gedruckt wurde das Gedicht: teilweise bei Hamm *De Conrado ab Hochstaden*, und ders. *De Engelberto de Falkenburg* 1771; von J. M. Heberle in Brewers 'Vaterländischer Chronik' 1825 und 1826, später z. T. vervollständigt von H. Lempertz *Des Stadtschreibers Meister Godefrit Hagen Reimchronik der Stadt Cöln aus dem 13. Jh.* 1834; vollständig, diplomatisch nach F von E. von Groote *Des Meisters Godefrit Hagen Reimchronik der Stadt Cöln aus dem 13. Jh.* 1834; mit nach D normalisiertem Text von H. Cardauns [und C. Schröder] *Dit is dat boich van der stede Colne* (Chroniken d. Städte 12) 1875 (kritisch über die Sprache Dornfeld S. 4ff.).

4. Das Werk stellt den Kampf der städtischen Patriziergeschlechter gegen die Erzbischöfe Konrad von Hostaden (bis 1261) und Engelbert von Falkenburg (bis 1271) dar. Eine legendenhaft-geschichtliche Einleitung geht vorher. Der Dichter stellt sich nicht auf einen höhern Standpunkt; einerseits ist er ein durchaus parteilicher Anhänger des Patriziats und wendet sich gegen Erzbischof und Zünfte; anderseits vermag er nicht, den geschichtlichen Gang im Ganzen zu überblicken und Haupt- von Nebensachen zu unterscheiden. In bezug auf Einzelheiten scheint er

gut unterrichtet zu sein. Vgl. Cardauns S. 8ff. und für historische Kritik im einzelnen S. 224.

5. Über den künstlerischen Wert wird sehr verschieden geurteilt. Das Urteil des Historikers Cardauns S. 8 ist entschieden zu ungünstig. Stilistisch zeigt das Werk, wie Dornfeld nachgewiesen hat, Einflüsse der geistlichen Dichtung und der volkstümlichen Epik; daneben weist es bürgerliche Lehrhaftigkeit und Beschaulichkeit auf. Der Dichter ist sehr reimarm; auch unreine Reime kommen vor. Die Metrik ist ziemlich unregelmäßig; neben dem vierhebigen klingenden und stumpfen Typus begegnen auch längere Zeilen. Der Dichter verwendet gern, und zwar wahllos verteilt, Drei- und Vierreime.

6. Benutzt wurde das Gedicht von der Prosachronik 'Agrippina' Heinrichs von Beeck (s. d.) aus dem 15. Jh. (Cardauns S. 14, Dornfeld S. 2) und von der Koelhoffschen Chronik '*Chronica van der hilliger stat van Coellen*' (Cardauns S. 14, Dornfeld S. 2).

7. Der Dichter nimmt in der Reihe der Stadtchronisten durch sein realistisch-sachliches Werk einen ehrenvollen Platz ein. Es ist eine starke Äußerung des städtischen Selbstbewußtseins, zugleich ein wichtiger Beitrag zur rheinischen Dialektliteratur.

J. Jansen Annalen d. Hist. Ver. f. d. Niederrhein 1 S. 198. J. Merlo *Meister Godefrit Hagene*, Jahrbücher des Vereins von Altertumsfreunden im Rheinland 59 S. 114 und 75 S. 79. H. Cardauns ADB. X S. 337. H. Kelleter *Gottfried Hagen und sein Buch von der Stadt Köln* Leipziger Diss. 1894. E. Dornfeld *Untersuchungen zu Gottfried Hagens Reimchronik der Stadt Köln nebst Beiträgen zur mittelripuarischen Grammatik* (GA. 40) 1912.

J. van Dam.

Hagen, Gregor (oder **Matthäus**), galt lange als Verfasser der 'Oesterreichischen Chronik der 97 Herrschaften', deren wahrer Autor bis heute unbekannt ist. (Entstanden zwischen 1384—1397 wohl am Hofe Herzog Albrechts III. von Österreich durch einen der Wiener Universität nahestehenden Geistlichen.) Die irrtümliche Zuschreibung an Gregor Hagen geschah durch Hieronymus Pez in seinen '*Scriptores rerum Austriacarum*' 1721 bis 1725, der in einer ihm vorliegenden Handschrift des XVII. Jhs. Gregor Hagen als Verfasser eines nicht zum ursprünglichen Bestand der Handschrift gehörenden Auszuges aus der 'Österreichischen Chronik' genannt fand und diese Nennung auf die ganze Chronik bezog.

Einen Matthäus nennt Heinrich von Gundelfingen in den 70er Jahren des 15. Jhs. als Verf. der Chronik.

J. Seemüller Einleitung zu seiner Ausgabe der 'Österreichischen Chronik', MG., Deutsche Chroniken 6 (1909) insbes. S. XLVIII und CCLXXIX.

Otto Brunner.

Hagen, Henning, Helmstedter Chronist, geb. um 1440 in Helmstedt. Noch ist ein Schülerheft aus dem Jahre 1453 von ihm erhalten. Von 1494—1503 ist er Propst des Ludgeri-Klosters in seiner Vaterstadt.

Außer einem Kopialbuch dieses Klosters a. d. J. 1481 (Wolfenbütteler Archiv VII B 68), von seiner Hand zusammengestellt, verfaßte er i. J. 1491 auf Wunsch des Stadtrates eine Chronik.

Als Herzog Wilhelm 1490 die Stadt Helmstedt übernahm, erklärte er, ihre Rechte zu achten, soweit sie sich urkundlich belegen ließen. Noch im gleichen Jahre entstand ein Rechtsstreit zwischen Herzog und Stadt, und nun wandten sich die Ratsherren an Hagen mit der Bitte, ihnen einen Auszug aller städtischen Urkunden herzustellen, vor allem auch die lateinischen zu übersetzen, damit sie deren Inhalt kennen lernen könnten. Hagen kam diesem Verlangen mit Fleiß und Sorgfalt nach. Die eigentliche, in mnd. Sprache geschriebene Chronik besteht aus den nach Buchstaben und Zahl geordneten Urkundenauszügen. Einige Urkunden werden vollkommen mitgeteilt, wichtigere Ereignisse ausführlich erzählt. Durch eingestreute persönliche Bemerkungen sucht der Verfasser den Stoff lebendiger zu machen. Am Anfang bittet der Verfasser, daß die Chronik öfter vor dem Rat vorgelesen würde; jeder solle sich daraus die für sein Amt nötigen Kenntnisse verschaffen, die Jungen sollten daraus die Leistungen der Alten erkennen und ihnen nacheifern.

E. Henrici Braunschweigisches Magazin, 1909, S. 66—69. E. Mutke *Helmstedt im Mittelalter. Verfassung, Wirtschaft, Topographie* (Quellen und Forschungen zur braunschweigischen Geschichte 4) 1913.

W. St.

Hagen, Niklas, Meister, Wundarzt zu Regensburg in der zweiten Hälfte des 15. Jhs. Joh. Schenck aus Würzburg (s. d.) hat uns eine deutsche Anweisung zur Behandlung komplizierter Arm- und Beinverletzungen des Nikolaus Hagen überliefert: '*Daz ist meister Niclais practica zu Regesburg*' und *Datum Regespurgk* unterzeichnet. Abgedruckt: Beiträge zur Gesch. d. Chirurgie im M. A. II (1918) S. 570. An gleicher Stelle sind auch noch weitere Anweisungen des Meisters Niklas mitgeteilt: für Nervenverletzung am Arm mit Handlähmung (S. 573/74), zur Korrektur schlecht geheilter Glieder (S. 575/76), desgl. für nicht eingerenkte Glieder (S. 576/77), nachträgliche Einrenkung mittelst des ,,Geisbocks'', eine Salbe für krumm geheilte Glieder (S. 578), ein Krebs - Streupulver (S. 579). Nikolaus Hagen war also ein tüchtiger Extremitäten-Chirurg. Auch Hans Suff (s. d.) kennt ihn und der Berner Kodex der Bindarznei.

S. auch Nikolaus von Regensburg.

Sudhoff.

Hagen, Philipp, s. Philipp v. H.

Hagn, s. Hagen.

Haider, Ursula.

Die verlorengegangenen Aufzeichnungen der U. H. über ihr Leben, Wirken und mystische Begnadung sind inhaltl. erhalten in der handschriftl. im Bickenkloster zu Villingen (heute Lehrfrauenkonvent St. Ursula) aufbewahrten Chronik der Juliana Ernstin von 1637.

Erstdruck: *Chronik des Bickenklosters zu Villingen 1238—1614* hgb. v. Karl Jordan Glatz (StLV. 151) 1881.

Geboren zu Leutkirch in Schwaben 1413 und in der Wiege zur Doppelwaise geworden, erfuhr U. ihre erste Erziehung durch die Großmutter und einen Bruder der Mutter, den Priester Johannes Ber. Als sie 9 Jahre alt war, wurde sie zur Vorbereitung auf den Sakramentenempfang in die Klause zu Reuthe gegeben. Die Nachricht, daß sie dort den Unterricht der *guten Beth* genossen, ist schwer zu vereinen mit der Angabe, sie sei damals neun Jahre alt gewesen. Denn das würde, falls das Geburtsdatum stimmt, in das Jahr 1422 weisen, während Elisabeth Bona (s. d.) schon am 25. Nov. 1420 starb. Achtzehnjährig trat U. in Vorarlberg in das Klarissenkloster zu Valdunen ein, wo sie als 36jährige zur Äbtissin gewählt wurde. Bei einer der üblichen Todesbetrachtungen auf dem Friedhof mit den Schwestern, zeigte sich ihr ein Rosenstrauch, von dem der Wind eine Anzahl Rosen hinwegstäubte, und eine Stimme sagte ihr, daß ihr Grab nicht hier, sondern in Villingen im Schwarzwald sein werde. Im 13. Jahr ihrer Äbtissinenschaft rief der Franziskanerprovinzial Heinrich Karer U. und sieben ihrer Mitschwestern im Gehorsam nach Villingen, denn der Rat der Stadt wollte aus dem offenen Kloster am Bicken-Tor ,,ein geschlossenes St. Klara-Kloster'' machen und hatte sich darum an den Provinzial gewandt. Trotz Widerstand der weltlichen Obrigkeit in Feldkirch, die den Weggang der verehrten Äbtissin nicht dulden wollte, übersiedelte U. mit sieben Schwestern und reformierte mit Takt und Energie das bisher unverschlossene Bickenkloster. Jhr mystisches Leben zeigt Einflüsse von Heinrich Seuse (s. d.) (Verehrung der ,,ewigen Weisheit'') und ist voll von Visionen, Ansprachen, bildlosen mystischen Erkenntnissen und blühender Poesie, ohne jede Spur krankhafter Verbildung. Ihren geistlichen Töchtern prägte sie eine innige Verehrung des Herzens Jesu (vgl. Gertrud, Mechthild, Seuse usw.) ein und regte sie zur eindringlichen Betrachtung der Passion Christi an. Zugleich zeigte sie sich stark in Not und Gefahr, praktisch und klug in der Einrichtung und Reformierung des armen Klosters und pflegte liebevoll die Kranken. Sie starb 85jährig am 20. Januar 1498.

Karl Richstätter *Die Herz-Jesu-Verehrung d. dtsch. Mittelalters* ²1924 S. 190f. W. Oehl *Deutsche Mystikerbriefe* 1931 S. 650—656.

E. Krebs.

Haigerloh, s. Albrecht v. H.

Haim, Johannes, Lesemeister des Dominikanerklosters zu Frankfurt a. M., Schüler des Michael von Frankfurt (s. d.). Eine Predigt, die er 1517 im Frauenkloster seines Ordens Gnadental hielt, im Stuttgarter cod. theol. et philos. octav. 3, Bl. 109b—117b.

W. St.

'Haimonskinder'.

1. Das deutsche Volksbuch 'Von den vier H.' nimmt in der großen Zahl verwandter Werke eine besondere Stellung ein. Im Vordergrunde des Geschehens steht nämlich nicht fabelhaftes Erlebnis und Liebe, sondern der Grundton des Buches ist männlich und kriegerisch, dazu spielt auch das christliche Moment mit bewußter Absicht des Autors eine gewisse Rolle. Die Beliebtheit des Buches wurde durch diesen seinen Charakter allerdings etwas beeinträchtigt, im Vergleich etwa zum 'Fortunat' (s. d.) oder der 'Magelone' (s. d.). Seiner Entstehung nach ist es genau so wenig ein „Volksbuch" im Wortsinn wie die andern seiner Gattung. Auch die 'H.' waren durchaus für eine höfisch-ritterliche Leserschaft geschrieben worden.

2. Aus verschiedenen Motiven ist die Sage zusammengeflossen: das hauptsächliche umfaßt Vasallenkämpfe und Sarazenenkrieg unter verschiedenen karlingischen Fürsten, vornehmlich Karl Martell, der aber mit Karl dem Großen verquickt erscheint. Karls Paladine kommen vor, eine Reihe an sich fremder Motive, wie der Zauberer Malegys, das Roß Bayart u. a. werden verbunden mit der Grundgeschichte, die den Streit zwischen Karl und den Söhnen des Haimon, vornehmlich dem ältesten, Reinholt von Montelban, behandelt. Den zweiten Teil des Buches bildet das Martyrium des heiligen Reinolt, das sich in Köln abspielt und mit seiner wunderbaren Beisetzung in Dortmund endet. Hier liegen natürlich besondere Anknüpfungspunkte für die Verbreitung der 'H.' nach Deutschland.

3. Entstanden ist die Geschichte vermutlich in den Ardennen. Eine älteste französische Fassung wäre um 1150 anzusetzen. Zwei Versdichtungen des '*Renaus de Montauban*' sind erhalten: eine ältere in Reimen und Assonanzen, die der Ausgabe durch Michelant nach Hss. des XIII. Jhs. zugrunde liegt; außerdem eine jüngere, die durch neue Episoden, z. B. die Geschichte von Maugis (+ Malegys) und die Chronik des Mabrian, stark aufgeschwellt ist. Frühe Prosaauflösungen in Drucken des XV. Jhs. gibt es von beiden. Zeitig dringt der '*Renaus*' in die umliegenden Länder: in Italien wie in Spanien finden sich frühe poetische wie prosaische Bearbeitungen des Stoffes, und von seiner ungeheuren Beliebtheit berichten zahlreiche Autoren, z. B. Cervantes im 'Don Quixote'. In England ist ein Druck von rd. 1489 erhalten, dem einer der französischen Prosadrucke Vorbild ist. Vielleicht auf dem Wege über England drang die Sage nach Skandinavien; dort aber steht die Malegys-Geschichte im Vordergrund, daher der Name '*Mágus-Saga*'. Der Schauplatz der Ereignisse ist seltsamerweise nach Deutschland verlegt; statt der Sarazenenkriege werden in der nordischen Fassung Sachsenkriege ausgefochten.

Für die Überlieferung der H. im Deutschen ist wesentlich ihre Verbreitung in den Niederlanden. Nach französischem Vorbild wurde in der 2. Hälfte des XIII. Jhs. ein mittelniederländischer '*Renout van Montelbaen*' gedichtet, von dem uns aber nur Bruchstücke erhalten sind. Das Urbild ist auch verloren, doch läßt sich erkennen, daß der Übersetzer unselbständig und trocken vorgegangen ist. In Prosa aufgelöst finden wir diese Dichtung im Volksbuch von den '*Heemskinderen*', dessen frühesten erhaltenen Druck von 1508 G. S. Overdiep 1931 herausgab; der Druck von 1619 gibt eine stark gekürzte Fassung. Die Prosa ist an manchen Stellen noch mit Versen aus dem alten '*Renout*'-Gedicht durchsetzt. Die '*Renout*'-Dichtung nun und die Prosa der '*Heemskinderen*' sind die unmittelbaren Vorbilder der deutschen Behandlungen des Stoffes.

4. Von einem Niederdeutschen, der wohl in höfischen Diensten in der Pfalz oder in Württemberg stand, wurde in der 2. Hälfte des XV. Jhs. der '*Renout*' in deutsche Verse gebracht, dabei wesentlich gekürzt. Zwei fast gleichzeitige Hss. liegen vor, deren ältere 1474 entstand (Codd. palat. 340 und 399). Im älteren '*Reinolt von Montelban*' ist die Vereinigung mit der Malegys-Geschichte vollzogen. Als weitere Nachfolge hat der niederländische '*Renout*' die in kölnischer Mundart geschriebene

Prosa *'Historie van sent Reinolt'*, die zeitlich vielleicht sogar noch vor dem Heidelberger *Reinolt* liegt. Das Werk wurde als erbaulicher Lesestoff für Stift und Kirche verfaßt (Urkunde von St. Aposteln in Köln, wohl daselbst entstanden). Als fernere Quellen für die *'Historie'* dienten — da die Heiligenlegende im *'Renout'* nur ziemlich kurz wegkommt — eine lateinische *'Vita sancti Reynoldi'* des XIII. Jhs., sowie die Legende in den *'Acta Sanctorum'*. In der Legendenerzählung hat eine Kontamination des Haimonssohnes Reinolt stattgefunden, einmal mit den angelsächsischen zwei Märtyrern namens Ewald, ferner mit dem heiligen Reinwald, der in Dortmund verehrt wurde. In ähnlicher Weise wurde einer der anderen Haimonssöhne, Adalhart, mit dem Abt Adalhart von Korvey verquickt. Der niederdeutsche Boden war der Aufnahme natürlich sehr günstig wegen der örtlichen Beziehungen zu Dortmund und Köln. In hochdeutsche Prosa übersetzt finden sich die 'H.' zum ersten Male in der Hs. zu Aarau, Bibl. Zurl. 41 (hrsg. durch A. Bachmann), die außerdem den *'Morgant'* (s. d.) enthält und 1531 geschrieben wurde. Ob dies die unmittelbare Vorlage zum ersten hochdeutschen Druck war, ist noch zu untersuchen; die Wahrscheinlichkeit ist vorhanden. Der Druck nämlich entstand auch auf schweizer Boden; Jheronimus Rodler zu Simmern brachte 1535 das *'Buch der vier Süne Aimonts'* heraus. Hs. wie Druck weisen enge Verwandtschaft zum französischen Druck von 1521 auf. Der Rodlersche Druck war eine Prachtausgabe, die aber keine weitere Verbreitung erfuhr, einmal ihrer Kostspieligkeit wegen, aber auch, da sie allzu ernsthaft und weitschweifig für den Leser aus dem Volke war.

5. Zum eigentlichen Volksbuch werden die 'H.' erst mit der Verdeutschung aus der niederländischen Prosa. 1604 veröffentlichte sie Paulus van der Aelst aus Deventer in Köln, das für die Aufnahme besonders günstig erschien. Vorbild dürfte der ndl. Druck von 1508 gewesen sein. Für die Heiligenlegende hat Aelst dann noch aus der niederdeutschen *'Historie'* geschöpft. Der Autor ist Katholik, bevorzugt einen lehrhaften Ton und zeigt gern seine Bildung durch Einflechten antiker Anspielungen. Den Stilmitteln seiner Zeit, Synonymenhäufung, Betonung des Materiellen, Übertreibungen, huldigt er durchaus. Diese Übersetzung, die auch dem heitern Moment mehr Gewicht gab, bürgerte die 'H.' in Deutschland endgültig ein, und eine Menge von Nachdrucken bis ins vorige Jh., sowie zahlreiche bildliche Darstellungen, Überlieferung in Ortsnamen und Erwähnung bei neueren Schriftstellern zeugen davon. Zum Leben und zur philologischen Untersuchung brachten auch dies Volksbuch die Bestrebungen der Romantiker, voran Görres und Grimm.

Das deutsche Volksbuch von den Heymonskindern, hrsg. v. F. Pfaff 1887 (dort alle ältere Literatur). *'Reinolt von Montelban', hrsg. v.* F. Pfaff (StLV. 174) 1885. *Die 'H.' in deutscher Übersetzung des XVI. Jhs., hrsg. v.* A. Bachmann (StLV. 206) 1895. — L. Jordan *Die Sage von den vier H.* 1905. M. Loke *Les versions néerlandaises de Renaud de Montauban*, Toulouse 1906. *De Histoire van den vier Heemskinderen, uitg. d.* G. S. Overdiep, Groningen 1931. L. Mackensen *Die deutschen Volksbücher* 1927. — *'Historie van sent Reinolt', hrsg. von* A. Reifferscheid, ZfdPh. 5 (1874) S. 271/93. F. Ostendorf *Überlieferung und Quelle der Reinoldlegende*, Diss. Münster 1911.

Ruth Westermann.

Hainricus, s. Heinrich.

Halberstadt, Albrecht von.

1. Die Übersetzung der Ovidschen 'Metamorphosen', die wir A. zu verdanken haben, hat sich nicht vollständig in die Neuzeit gerettet. Erhalten sind nur zwei Bruchstücke aus derselben Oldenburger Pergament-Hs. aus dem Ende des 13. Jhs., die spätestens 1625 zum Einheften von Akten zerschnitten wurde: A, Doppelblatt, jetzt in Berlin, enthaltend 279 Verse, hsg. von Leverkus ZfdA. 11 S. 358—374; B, in Oldenburg, Einblatt, 144 Verse, hsg. von Lübben Germ. 10 S. 237—245; Nachlese bei E. Schröder ZfdA. 53 S. 335.

2. Der Inhalt des A.schen Werkes ist bekannt aus Jörg Wickrams 1545 veröffentlichter Überarbeitung. Wickram griff zu dem deutschen Werk, da seine Lateinkenntnisse eine direkte Übersetzung ausschlossen. Zwar sagt er: *dann ich desz lateins gar unkundig binn*, doch beweisen einige Stellen, in denen er mit Ovid gegen A. übereinstimmt, daß er entweder etwas

Latein verstand oder, und das ist wohl das Gegebene, daß er gelegentlich einen lateinkundigen Bekannten zu Rate zog. Von geringfügigen Einzelheiten abgesehen, ist A. somit seine einzige Quelle. Trotzdem ist eine Wiederherstellung des ursprünglichen Wortlautes nicht zu erzielen, wie ein Vergleich der Ausgabe von Bartsch mit dem erst vier Jahre später bekannt werdenden Bruchstück B lehrt. (Die lexikalischen Angaben im Lexer über A.s Wortschatz stammen aus der Ausgabe von Bartsch!)

3. Den Prolog, den A. seiner Dichtung voranschickte, übernahm Wickram zwar nicht wörtlich, wie er uns versichert, doch bietet er ihn in leidlich gutem Zustande. Aus dem Prolog entnehmen wir den Namen des Dichters (v. 52), seine Heimat (v. 52—53, Sachse aus Halberstadt), den Ort, an dem er dichtete (v. 98, *Jechaburg*, Wickram druckt *Zechenbuch)*. Es handelt sich um die Probstei Jechaburg bei Sondershausen, wo für 1217, 1231 (früher für 1218 angesetzt) und 1251 ein *magister Albertus* als Chorherr nachgewiesen ist. Der *Albertus* von 1251 bleibt besser fern. Gleichsetzung mit dem 1178—1193 in Halberstadt bezeugten *magister Albertus* ist höchst fraglich. Die Zeit der Abfassung liegt verborgen in dem Wickramschen *Zwelff hundert jor Und zehene bevorn*. Eine wirklich befriedigende Erklärung ist noch niemand geglückt. Sicher ist, daß Wickram geändert hat, da der Reim *zuvor: jor* bei A. unmöglich ist. Baesecke und Ludwig, die sich für 1190 eingesetzt haben, vermögen nicht zu überzeugen; Wickram selbst, und nach ihm Haupt, Bartsch und die meisten modernen Forscher beziehen die Angabe auf 1210. Das spätere Jahr ist aus anderen Gründen annehmbar, aus der Stelle selbst ist es nur durch gewagte Konjektur herauszulesen, und von „unbezweifelbarer Richtigkeit", wie Leitzmann will, kann bei einer solchen verzweifelten Angabe keine Rede sein.

4. Jechaburg gehörte zur Herrschaft Sondershausen, später kam es an die Grafen von Hohnstein, die von 1213 an unter die Oberhoheit des Landgrafen von Thüringen geraten. Des Landgrafen Hermann nun gedenkt A. am Schluß des Prologs. Die Stelle ist wiederum verderbt, die Herstellung bei Haupt und Bartsch zu willkürlich, bei Kralik ansprechend, doch schwer zu beweisen. Fest steht, daß der Dichter das ganze Werk in Jechaburg verfaßte, und daß er den Prolog zuletzt schrieb. Aus der Art, in der Landgraf Hermann erwähnt wird, geht vielleicht hervor, daß er nicht mehr lebte; die Stelle wäre dann als panegyrischer Nekrolog zu fassen, wohl an den Sohn und Nachfolger Ludwig gerichtet. Der Abschluß des Werkes fiele dann nach 1217. Kraliks Wiederherstellung legt nahe, daß der Landgraf Hermann die Arbeit angeregt habe; aus dem von Wickram überlieferten Texte läßt sich das nicht herauslesen. Da Jechaburg 1210 noch nicht unter der Oberherrschaft des Landgrafen war, liegt auch kein zwingender Grund vor, die Arbeit auf eine Anregung seitens Hermann zurückzuführen.

5. A., der Niederdeutsche, bemüht sich, eine mitteldeutsche (dabei aber thüringisch gefärbte) Literatursprache zu schreiben (v. 48ff.). Trotzdem scheint sein Werk keinen Anklang gefunden zu haben. Weder Zeitgenossen noch Nachfahren geben Kunde von dem Dichter, auch läßt sich in späterer Dichtung nichts nachweisen, das auf Bekanntschaft mit A.s Werk schließen ließe. Er selbst verdankt jedoch der zeitgenössischen Literatur einige Anregung. Heinrichs v. Veldeke (s. d.) 'Eneide', Herborts v. Fritzlar (s. d.) 'Liet von Troye' und die Dichtung Heinrichs von Morungen (s. d.) waren ihm bekannt; außerhalb des thüringischen Kulturkreises begegnet nur Bekanntschaft mit Hartmanns (s. d.) 'Iwein'.

6. A. ist der erste deutsche Dichter, der ein klassisch-weltliches Werk direkt aus dem Lateinischen übertrug. Hierzu benutzte er eine glossierte Ovid-Hs., deren Glossen er zum Teil verwendete. Für eine genaue Feststellung seiner Arbeitsweise stehen nur die in den Bruchstücken erhaltenen 423 Verse zur Verfügung. Aus Wickram Erschlossenes ist mit größter Vorsicht zu benutzen, da er selten einen Vers unangetastet gelassen hat. Was den

Inhalt der A.schen Übersetzung betrifft, so hat Wickram kaum geändert, und von diesem Gesichtspunkte aus ist eine Vergleichung mit Ovid wertvoll und angebracht. Die anmutige Form und den sprühenden Witz des Originals sucht man bei dem Deutschen vergebens. Er ist ein guter Lateinkenner, Mißverständnisse unterlaufen ihm selten, mit peinlichster Sorgfalt reiht er hölzern Zeile an Zeile. Mit der klassischen Götterwelt findet er sich im Prolog ab: sie seien alle dem Teufel verfallen. Hiermit aber läßt er sich genug sein. In den Erzählungen selbst treiben die alten Götter und Helden ihr Wesen, ohne daß sich der Dichter versucht fühlt, moralische Bedenken in den Gang der Erzählung einzuflechten. Erotische Szenen werden etwas unverfänglicher gegeben, einige zweideutige ausgelassen. Der Humor kommt zu seinem Recht, das Groteske bildet er mit sichtlichem Behagen nach, das rein Kriegerische liegt ihm weniger. Eigenes gibt A. in der Beschreibung des heimatlichen Waldes; Bäume der Quelle, die ihm unbekannt sind, ersetzt er durch deutsche, manches in seiner Schilderung der Vögel beruht auf eigener Anschauung und einem warmen, empfänglichen Gemüt für die ihn umgebende Natur. Hierher gehört auch die Eindeutschung der antiken Götterwelt. Die meisten Götter erscheinen allerdings mit ihren klassischen Namen, daneben finden wir die Najaden als *waltfrawen*, *waltfeien*, *elbinnen*, die Nymphen als *meerfrawen*, *meerfeyen*, *wassermagt*, Faune und Satyre als *waldmenlin*, *gezwerge*, *schretze*, *elben*, Giganten und Zyklopen werden zu Riesen.

7. Die Metrik der Bruchstücke ist altertümlich und unbeholfen; darin liegt wohl neben dem thüringischen Dialekt und dem denkbar unritterlichen Stile des gelehrten Klostergeistlichen der Grund, weshalb ein Werk so großen Ausmaßes (Schröder errechnete 21722 Verse, kaum zu viel) keinen Anklang fand bei den Zeitgenossen, die schon durch den 'Iwein' verwöhnt waren, ehe der Jechaburger Magister zu dichten begann. L. Denecke meint, die Nichtachtung sei z. T. durch das Fehlen eines Zentralhelden veranlaßt, dessen Schicksale die Zuhörer mit Teilnahme verfolgen konnten. Wenn dem so ist, wäre vielleicht das spurlose Verschwinden des '*Umbehanc*' (s. Bligger v. Steinach) aus ähnlichen Voraussetzungen zu erklären.

Literatur bei Ehrismann II 2, 1. Hinzu kommt seitdem: E Ochs *Rumold*, GRM. 9 S. 288ff.; K. Helm *H. v. Morungen und A. v. H.*, PBB. 50 S. 143—145; D. Kralik *Der Prolog der Ovid-Verd. A.s.v.H.*, Festschrift für Jellinek 1928 S. 22—50; L. Denecke *Ritterdichter und Heidengötter* 1930, passim.

F. Norman.

Halberstadt, s. Konrad v. H.

Halbsuter, von Luzern, Verf. des großen und ausgezeichneten Sempacherliedes: *Im tusend und drühundert* (Liliencron I S. 125; L. Tobler II S. 15), dessen letzte Str. in der offenbar überarbeiteten Gestalt den Verf. folgendermaßen nennt:

Halbsuter unvergessen,
also ist er genant,
zuo Luzern ist er gesessen
und was gar wol erkant.
He, er was ein biderman:
dis lied hat er gemachet,
als er ab der schlacht ist kan.

Man identifiziert diesen Halbsuter mit einem Hans Halbsuter von Root bei Luzern, seit 1435 Bürger von Luzern, Mitglied des Rats 1441—60, urkundlich bis 1480 bezeugt.

Anzeiger f. Schwz. Gesch. Bd. 3—5 (1878 bis 1889).

O. v. Greyerz.

Halgart, Johannes. Dominikaner zu Anfang des 16. Jhs., Prior des Konvents zu Mainz, vorher Beichtvater des Dominikanerinnenklosters Gnadental. Eine hier 1518 gehaltene Predigt im Stuttgarter cod. theol. philos. octav. 3, Bl. 118b—123b.

W. St.

Halle, Heinrich v., s. Mechthild v. Magdeburg

Haller, Hans Konrad, gen. *Obolus*, Prediger. Er stammte aus Wyl, trat 1508 in das Kloster St. Gallen ein, wurde dort Priester und Kustos und starb am 12. Oktober 1525. Den Schwestern zu St. Georgen bei St. Gallen hielt er i. J. 1517 Predigten über Bonaventuras Schrift '*Lignum vitae*' und zeichnete sie auch für die Zuhörerinnen deutsch auf. Das Autograph ist erhalten in dem St. Galler cod. 989. Er war auch sonst ein fleißiger Abschreiber; die St. Galler Hss. 355, 385, 590, 1006, 1010 stammen ebenfalls von seiner Hand.

W. St.

Haller, Heinrich, war um 1470 Bruder des Kartäuserklosters auf Allerengelberg in Schnals (Südtirol). Wir kennen ihn nur als Übersetzer der '*Expositio Paternoster*' des Jakob v. Jüterbogk (s. d.). Vielleicht ist Haller ein Schüler Jakobs gewesen. Die Klarheit des Ausdrucks, die an diesem Theologen gerühmt wird, scheint sich in der flüssigen, leicht lesbaren Prosa Heinrich Hallers wiederzuspiegeln. Hallers Übersetzertätigkeit reiht sich an die im 15. Jh. in Schnals eifrig betriebene Herstellung deutscher Abschriften und Übersetzungen an.

Cod. Vind. 12787 [Suppl. 111], Bl. 82b—188a. Aus Schnals, um 1470. Der Schreiber, Petrus Vorst, muß ebenfalls in Schnals Kartäuser gewesen sein.

Hermann Menhardt.

Hamersteten, s. Augustin v. H.

Hamle, s. Christan v. H.

Hammenstede, Barthold, aus Gandersheim, Magister und Baccalaureus der Heiligen Schrift im XV. Jh. Von ihm niederdeutsche Predigtenauszüge in der Wolfenbütteler Hs. Novi 785. 2, s. XV., Bl. 41a—42a.

C. Borchling GGN. 1902, Beiheft S. 150.

W. St.

Hämmerlin, s. Hemmerlin.

Han von Mainz *(Mentz)*, ein „Schuhknecht" und Meistersänger. Hans Sachs benutzt einen Ton von ihm in der Münchener Hs. cgm. 4998, Bl. 36. Sonst unbekannt.

W. St.

Hanau, s. Philipp v. H.

Hans, s. auch Johannes.

Hans, Meister, s. Aichenfeld.

Hans, Bruder.

I. Ein niederrheinischer Mystiker. ‚*Niderlender*' (‚Niederdeutscher') nennt er sich v. 4234, die Sprache weist in die Gegend von Kleve; um geistlich zu werden, verließ er seine Gattin (vgl. bes. v. 877, 1570). Sein Werk ist ein Marienbuch in 7 Teilen (auch Lieder genannt); verfaßt wohl bald nach 1391 (Kanonisierung der Birgitte, s. u.). 1. Vorrede; 15 Str., deren Anfangsworte das *Ave Maria* bilden; jede Str. enthält 12 Zeilen, wechselnd in deutscher, franz., engl., lat. Sprache. 2. Abstammung der Maria. 3. Von der Wunderkraft des Ave. 4. (urspr. Beginn des Gedichtes!) *Marien genaat.* 5. *Marien staat.* 6. *Marien danz.* 7. Beschluß: *Marien glanz.* 2—6. in je 100 Titurelstrophen; in jedem ergeben die Strophenanfänge akrostichisch das *Ave Maria;* 7. in 100 Strophen zu je 16 Versen auf nur 2 Reime; mit demselben Akrostichon. Vorbild und Quelle ist Bonaventura, dazu Konrads v. Würzburg (s. d.) 'Goldene Schmiede', Rumsland (s. d.) in v. 1581? (vgl. HMS. II 367a); als Vorbilder und Quellen sind genannt Neidhart (s. d.) und Wolfram (s. d.) v. 1658f., Frauenlob (s. d.) und Meister Popp (s. d.) v. 4095f., Hans von Lothringen (s. d.) v. 5037, Bernhard von Clairvaux v. 3207, Birgitte von Schweden als Heilige v. 2587, dazu biblische Schriften (*Vita Christi* v. 1675). Die Sprache ist niederrheinisch, doch ist der Dichter augenscheinlich bemüht, sich hier und da dem Hochdeutschen („schwäbisch") zu nähern (vgl. v. 4232ff.); viel Latein und frz. Fremdworte eingemengt. Die prunkvolle Künstlichkeit der Form ist besonders zu bemerken.

Handschriften und Ausgaben: *P* (dem Original sehr nahe, wahrscheinlich aus dem Besitz der Gräfin Margarete von Berg-Ravensberg [verwitwet 1394, gest. 1425?]; im 3. Gesang fehlen 6 Str., diese bei Gerß S. 223f.) Petersburg, saec. XIV., hg. von R. Minzloff *Bruder Hansens Marienlieder* 1863; dazu F. Bech GGA. 1863 S. 1286—1310. *Pa* Paris, saec. XIV. (nicht vollst.); Bethmann *Marienlieder*, ZfdA. 5 (1845) S. 419—21; Bartsch Germ. 12 (1867) S. 89; Priebsch *Deutsche Handschriften in England* I (1896) S. 10. *D* (aus Kloster Marienfrede b. Wesel) Düsseldorf, saec. XIV.? F. Gerß *Zur Marienlyrik*, ZfdPh. 11 (1880) S. 218—27. *K* Köln (Stadtbibl.), 2. Hälfte XV. Jh., im Auszug abgedr. W. KL. II Nr. 1020—1025; Bartsch Germ. 24 (1879) S. 251. — J. Franck *Zu Bruder Hansens Marienliedern*, ZfdA. 24 (1880) S. 373—425; E. Schröder ZfdA. 25 (1881) S. 127—29 (über die Quellen); A. Birlinger Germ. 18 (1873) S. 112 (zu v. 4155). Vgl. Bartsch ADB. X S. 525.

II. Die Berliner Hs. germ. oct. 367 (schwäbisch, XV. Jh.) enthält Bl. 36a—

48b: *ain curß von dem liden unsers heren Jesu Christi.* Am Schluß: *bruder Henslin gehöret diser curß.*

III. Würzburg Univ.-Bibl. Ms. ch. fol. Nr. 66 (bair., XV. Jh.) Bl. 272a ist ein Augustiner Bruder Hans genannt: *Die almechtickait des vater die weißheit des sunes vnd die lieb des heiligen geistes sey alle Zeit mit euch vnd mein armes gebet zu vor lieber bruder hanß* ... Bl. 274b: *Diser priff ist von einem Kartheußer eim bruder sanct augustinus orden gesant* ... Die Hs. enthält in der Hauptsache (240 Bll.) Taulerpredigten.

Die Stücke I, II, III wären auf Zusammenhänge zu untersuchen.

Ludwig Denecke.

Hans von Anwil (Thurgau? Es gibt mehrere schweiz. Orte dieses Namens), Verf. eines Liedes von der vergeblichen Belagerung Laufenbergs (L. ist der ältere Name für Laufenburg im Aargau) durch die Basler und Berner im Aug. 1443: *Nu wellen wir aber heben an,* aus einer Freiburger Hdschr. abgedr. bei L. Tobler II S. 30.

O. v. Greyerz.

Hans von Augsburg, s. Nider, Joh.

Hans von Bühel, *der Büheler,* nennt sich der Dichter zweier spätmittelalterlicher Versnovellen, die als weitverbreitete Wandermotive bekannt sind.

1. Die Geschichte, die der Dichter zuerst behandelt, 'Die Königstochter von Frankreich', ist stofflich die, welche wir auch als das Volksbuch von der „geduldigen Helena" überliefert finden. Ein König in Frankreich beabsichtigt, nach dem Tode seiner Frau die eigene Tochter zu heiraten. Entsetzt flüchtet das Mädchen und gelangt nach England, wo sie sich bei armen Bauern verbirgt; durch ihre kunstreichen Handarbeiten wird sie bekannt und vom Marschall des Königs ins Haus genommen. Der König lernt sie kennen und nimmt sie zur Frau. Während der König abwesend ist, wird die junge Frau auf Grund falscher Briefe verurteilt und mit ihrem neugebornen Sohn ausgesetzt. Gerettet kommen die beiden nach Rom, wo sie unter päpstlichem Schutze leben, bis nach Jahren ein Wiederfinden und die Versöhnung sowohl mit dem König von England, dem Gatten, als auch dem Vater, dem französischen König, erfolgt.

Wie die meisten der im MA. aufs neue gestalteten Erzählungen, stammt wohl auch diese aus dem Orient. Im 12. Jh. erhält sie durch Alexander von Paris eine frühe Form, auf der die französische und weiterhin die anderssprachlichen Prosa-Auflösungen beruhen, auch die des deutschen „Volksbuches". Einen Unterschied zu dem Gedicht des H. v. B. bildet es, daß in den genannten Fassungen der Papst zu der Vater-Tochter-Ehe seinen Dispens gibt und die Tochter sich verstümmelt, um weniger reizvoll zu sein. Das französische Gedicht *'La manekine'* des Philippe de Reims um 1270, die englische *'Emare'*, der deutsche *'Künic ze Riuzen'*, der uns in einer Papierhs. des 15. Jhs. erhalten ist, verbreiten den Stoff weiter. Das alte orientalische Märchenmotiv hat sich inzwischen durch eine Fortsetzung historischer Art erweitert: man bezieht den 100jährigen Krieg zwischen England und Frankreich auf die Ereignisse der 'Königstochter'. Die deutsche Novelle von 'Mai und Beaflor' (s. d.) aus der zweiten Hälfte des 13. Jhs. behandelt das gleiche Thema, doch besteht keinerlei Zusammenhang zwischen ihr und dem Gedicht des H. v. B. Was für ein Vorbild unser Dichter gehabt hat, wissen wir nicht, doch zeigt er eine gewisse Verwandtschaft mit den französischen Fassungen.

Überliefert ist sein Gedicht in der fragmentarischen, nicht sehr umfangreichen Hs. 31 74 auf der Breslauer Stadtbibliothek, ferner in Drucken von 1500 und 1508. Die Hs. ist in südrheinfränkischem Dialekt geschrieben; man darf annehmen, daß sie am Hofe Friedrichs III. von Saarwerden, Erzbischofs zu Köln, entstanden ist. Der Druck von 1500, der bei Grüninger in Straßburg erschienen ist, liegt in 6 Exemplaren vor (Berlin 4° Inc. 2315, München, Wolfenbüttel, Göttingen, Freiburg, Straßburg). Er steht der Überlieferung am nächsten; ein Mehr von 3 Versen und graphische Abweichungen weisen dem Straßburger Exemplar eine Sonderstellung zu. Die in 3 Stücken (Darmstadt, Gießen, Schleusingen) erhaltene

Fassung von 1508 scheint der letzte, in Einzelheiten geänderte Druck des Werkes zu sein. Die südrheinfränkische Mundart, wie sie das Hs.-Fragment aufweist, ist zugunsten der Straßburger Druckersprache zurückgetreten. Der Straßburger Herausgeber dichtet die Schlußverse (8251—59) hinzu, die sich auf das Erscheinen im Druck beziehen. Der Dichter selbst gibt als Entstehungsjahr 1401 an.

2. Elf Jahre später bringt H. v. B. sein zweites Gedicht heraus: ...*do man zalt dvsent vierhundert jar vnd zwölff dar zu das ist war*... ('Dyocl.' v. 9479—80). Aus dem Entstehungsjahr selbst besitzen wir die Baseler Hs. O III 14 der Univ.-Bibl. Basel, die zwar nicht das Original, doch eine ihm nahe verwandte Abschrift darstellt. Als Entstehungsort ist Basel selbst wahrscheinlich. Weitere, dialektisch abweichende Hss. gibt Keller an; 1473 erscheint zu Augsburg der Erstdruck. Die Dichtung ist den Frauen gewidmet, wie es am Anfang ausdrücklich heißt, in warnender und erziehender Absicht.

Dieser nach seinem Helden benannte 'Dyocletian'-Roman geht auf die ebenfalls aus dem Orient stammende Geschichte 'Von den 7 weisen Meistern' (s. d.) zurück. Ein Königssohn wird von seiner Stiefmutter, nachdem er ihre Verführung abgelehnt hat, fälschlich angeklagt, sie überfallen zu haben. Der Vater läßt ihn zum Tode verurteilen, doch seine 7 gelehrten Erzieher wissen durch das Erzählen von Beispielen, denen die Kaiserin wieder andere entgegensetzt, Zeit zu gewinnen, bis sich die Unschuld des Jünglings herausstellt. Diese Rahmenerzählung umfaßt zahlreiche bekannte Novellenmotive. Vermutlich über das Hebräische dringt diese Geschichtensammlung ins Lateinische, wo sie in den '*Gesta Romanorum*' (s. d.) auftritt und von dort sich über ganz Europa verbreitet. Bei der Dichtung H.s v. B. können wir diesmal das Vorbild nachweisen. Der Büheler äußert sich selbst (Dyocl'. v. 9443—47) dazu:

ein gut geselle mir sin gedacht
der mir den synn geschriben bracht
vs latin zu tutsche hat ers geschriben
vnd was doch one rimen beliben....

Es gelang Schmitz, klar darzustellen, daß die Heidelberger Prosahs. Pal. germ. 106, 8 (die er als H^2 bezeichnet) dem H. v. B. vorgelegen hat, die ihrerseits eine eng sich dem Lateinischen anpassende Übersetzung ist. Wenn Schmitz eine Beeinflussung B.s durch das 1352 anonym erschienene deutsche Gedicht, das den gleichen Stoff behandelt, andeutet, so scheinen mir die Beispiele nicht ganz überzeugend zu sein.

3. Seiner geistigen Haltung wie der Form nach zeigt sich H. v. B. als Nachfolger Konrads von Würzburg (s. d.), und zwar als einer der besten. Die Neigung zum Bürgerlichen — Frömmigkeit, Tugend und häusliches Glück treten hervor — artet noch nicht in platte Weitschweifigkeit aus, Der Stil ist einfach, öfter von archaisierenden Wendungen durchsetzt; die Reimtechnik sauber und gewandt. Sprachlich gehört H. v. B. dem alemannischen Gebiet an, doch ist eine nähere Lokalisierung nicht durchführbar.

4. Wer ist nun dieser H. v. B.? Wir stützen uns auf seine eigenen Äußerungen und die urkundlichen Nachrichten, denen K. Büschgens aufs Sorgfältigste und Überzeugendste nachgeht. Der Dichter sagt von sich, daß er als Dienstmann des Kölner Erzbischofs zu Poppelsdorf bei Bonn gelebt habe ('Königstochter' v. 9481 bis 86):

...*do dicht ich Büheler sicherlich*
by zyten herrn Friderichs
von Sarwert ertzbischoff
zu Coln by dem in sinem hoff
was ich wenn ich sin diener was
zu Boppelstorff ich saß...

Daß wir es nicht mit einem Geistlichen zu tun haben, zeigt sein Bekenntnis: *das macht, ich kan nit der geschrifft;* auch seine Vertrautheit mit ritterlichen und kriegerischen Dingen läßt mehr auf einen Ministerialen schließen. Nachdem zuerst Behaghel einen Edelknecht H. v. B. urkundlich 1415 festgestellt hat, gelingt es K. Büschgens, diesen überzeugend mit einem Ministerialen der Markgrafen von Hachberg im Südwesten Badens zu identifizieren, der seine Lehen bei Grenzach östlich Basel besitzt. Seiner Herkunft aus einem oberbadischen Geschlecht, das zu Bühl im Klettgau daheim ist, steht auch sprachlich nichts entgegen. Die Beziehungen nach Basel sind enger Art; des Bühelers Frau ist eine Baslerin aus angesehenem Geschlecht; so erklärt sich auch die Basler Überlieferung der Hs. Mit dem Aufenthalt am Hofe Friedrichs von Saarwerden steht keine dieser urkundlichen Feststellungen in Widerspruch: der erste Nachweis stammt von 1414, dem Todesjahr des Erzbischofs. Zudem bestehen Beziehungen zwischen Köln und den Hachbergern. Der Tod H.s v. B. muß zwischen 1429 und 1444 erfolgt sein.

K. Bartsch *Bruchst. einer Hs. der 'Königstochter' H. v. Bs.*, Germ. 36 (1891) S. 246—57; ADB. V S. 509. O. Behaghel *Zu H. v. B.*, Germ. 36 S. 241—46. Katharina Büschgens *H. v. B., Studien zur Überlieferung, Sprache und Persönlichkeit* (mit reicher Bibliographie), Diss. Bonn 1921 (Masch.-Schr.). H. Fitscher *Anrede und Grußformen in den Romanen H. v. Bs.*, Diss. Greifswald 1913. — *'Dyocletians Leben' von H. v. B.* hrsg. v. A. Keller 1841. *'Li roman des sept sages'* hrsg. v. A. Keller 1836. *Des Bühelers 'Königstochter von Frankreich'* hrsg. von Th. Merzdorf 1867; dazu J. Strobl Germ. 12 (1867) S. 109—114. P. Paschke *Über das anonyme Gedicht von den sieben weisen Meistern*, Diss. Breslau 1891. E. Scheunemann *'Mai und Beaflor' und 'Die Königstochter von Frankreich', Untersuchungen zur Darstellung im hohen und späten MA.*, Diss. Breslau 1934. J. Schmitz *Die ältesten Fassungen des dtsch. Romans von den sieben weisen Meistern*, Diss. Greifswald 1904. F. Seelig *Der elsässische Dichter H. v. B.* Diss. Straßburg 1887 (= Straßburger Studien III; weist die Untauglichkeit der Merzdorfschen Überlieferung nach und bringt die richtigen Lesearten). *Oeuvres Poétiques de Philippe de Reims*, hrsg. v. H. Suchier 1884, I (bringt viel zur Motivgeschichte der Königstochter). J. Weller *Über den Stil der 'Königstochter von Frankreich'*. Diss. Bonn 1921.

Ruth Westermann.

Hans van Ghetelen nennt sich durch Akrostichon in den Schlußversen der *'Ewangelia'*, welche die sogenannte Mohnkopfdruckerei in Lübeck im Jahre 1488 herausgebracht hat; erhalten ist davon nur ein Exemplar auf der Preußischen Staatsbibliothek in Berlin (Dy 9030, 2°). Es ist ein Plenarium, das die Perikopen für das ganze Kirchenjahr in nd. Übersetzung wiedergibt und bei den Sonntagen und hohen Festen meist eine ziemlich umfangreiche Glosse (auch mit Exempeln) zufügt. Neudruck 1492.

Nach Herm. Brandes sollten auch die sämtlichen andern nd. Mohnkopfdrucke von dem Bearbeiter der *'Ewangelia'* von 1488 und 1492 und also von H. v. G. stammen, der ein Mitinhaber der Druckerei gewesen wäre: *'Dat boek van der navolghinge Jhesu Christi'* von 1489 und 1496, *'Dat verde boek van der navolginge Christi'* (1492), *'Des dodes dantz'* von 1489 und der *'Dodendantz'* von 1496 und 1520, *'De salter to dude mit der uthlegginge'* (1493), der *'Speygel der leyen'* (1496), *'Sunte Birgitten openbaringe'* (1496), *'Dat narrenschyp'* (1497), *'Reynke de vos'* (1498; s. d.) und der *'Lucidarius'* (s. d.) von 1520, dazu das *'Testament eynes waren cristenmynschen'* (1491) und *'Henselynsboek'* (s. d.). Die in verschiedenen dieser Bücher festzustellende Rücksichtnahme auf andere Werke derselben Druckerei nötigt jedoch noch nicht zum Schluß auf ein- und denselben Vf., sondern wird aus der nicht fernliegenden Annahme verständlich, daß der Drucker mit einigen der Schriftsteller, deren Werke er herausgab, in enger Fühlung stand und die Arbeiten z. T. in seinem Auftrag unternommen waren. Die allen Mohnkopfdrucken eigentümlichen, jedoch keineswegs völlig gleichmäßig durchgeführten lautlichen und orthographischen Übereinstimmungen aber, weit davon entfernt, den zwingenden Beweis für die Verfassereinheit zu liefern, erklären sich am natürlichsten aus der Hausorthographie der Druckerei, die sich bekanntermaßen auch stark abweichenden Texten überlegen kann. Durch sorgsame Untersuchungen von Arbeitsweise, Stil, Wortschatz, Sprachform (so weit nicht bloß das orthographische Bild in Frage steht), dazu Versbau und Reimkunst in den dichterischen Werken und Abschnitten und der Geistesrichtung in den selbständigen Stücken wäre also erst festzustellen, ob wir H. v. G. außer den 'Ewangelien' noch andere Arbeiten zuzuweisen haben, und welche von den Büchern etwa sonst zusammengehören können.

K. E. H. Krause *H. v. G. aus Lübeck*, Nd. Jb. 4 (1878) S. 96/8. P. Pietsch *'Euangelia' (Lübeck 1492), ein Druck des Lübecker Unbekannten*, NdKbl. 11 (1886) S. 2f. H. Brandes *Die literarische Tätigkeit des Verfassers des Reinke*, ZfdA. 32 (1888) S. 24/41; *'Dat Narrenschyp' von H. v. G.* 1914, S. XIXff. u. 573f.; dazu A. G. von Hamel DLZ. 1915 Sp. 1552/4. W. Stammler Hansische Geschichtsblätter 45 (1919) S. 62 Anm. 2.

L. Wolff.

Hans von Göppingen, s. Suff.

Hans von Hof. Dichtete ein Lied auf die Belagerung Bambergs durch den Bischof Anton von Rotenhan in dem Immunitätsstreit zwischen Bischof und Stadt 1435. 18 fünfzeilige Strophen. Anfang: *Man hat getichtet in kurzer stund.* Die Kunst des Verfassers ist gering, die Verse sind ungeschickt und hölzern. Doch nennt er sich stolz am Schluß *einHofere* = „von Hof" (nicht = „Höckriger", wie Goedeke[2] I S. 238 will). Nach den Stadtrechnungen von 1437—39 wurde in Bamberg damals ein *Hans von Hof* gehenkt; möglicherweise ist das der Dichter, dem dann sein Lied statt des erbetenen Gewandes den Strick eingetragen hat, da es Spitzen gegen das Domkapitel enthielt.

R. v. Liliencron *Histor. Volkslieder* I Nr. 71. Heller *Die Altenburg bei Bamberg* 1828 S. 92, 131.

W. St.

Hans von Landshut. I. Im Ms. 69. 14. Augustanus Fol.° Bl. 43—47 und 56—85 zu Wolfenbüttel findet sich unter dem Namen eines Hannsen von Landshut ein *'Traktat krankheit zu vertreiben'* und ein *'Traktat, wie man krankheit sol erkennen, als in dem Harme zu besehen, für zen, zu dem gehore, von wunden, von dem Oderlossen'.* Sudhoff.

II. Meistersänger. In der Berliner Hs. 4°. 414, z. T. von Hans Sachs 1517—18 gesammelt, steht Bl. 250b von ihm: *'In des Marners langen Ton das güldin Alfabet'*, eine meistersingerische Lobpreisung Gottes, der Dreifaltigkeit und der Heilstaten in sieben Strophen. Anf.: *Ob ich der hohen gotheit zart.*

III. 1524 war in Ingolstadt der Student Arsatius Seehofer zum Widerruf lutherischer Lehren genötigt worden; Frau Argula von Grunbach, geb. v. Stauffen, hatte sich seiner angenommen und an die Universität eine Verteidigungsschrift gerichtet. Ein gewisser Johann von Landshut wandte sich gegen dieses Vorgehen der Edelfrau in einem *'Spruch Von der Staufferin Ires Disputirens halben'* (4 Bll. 4°). Doch Frau Argula erwiderte ihrerseits auch in Reimen: *'Ain Antwort in gedichtßweiß, ainem auß der hohen Schůl zů Ingolstat, auff ainem spruch, newlich von jm außgangen, welcher hynden dabey getruckt steet. 1524.'* (14 Bll. 4°). Da es sich offenbar bei diesem Johann v. L. um einen Studenten handelt, kann er mit dem älteren Meistersänger nicht identisch sein.

Über den ganzen Streit handelt unter Abdruck der Gedichte Rabus *Historien der Martyrern* V (1556) S. 116ff.

W. St.

Hans von Leonrodt, s. Johannes v. L.

Hans von Lothringen. Eine einzige Erwähnung findet sich im Marienbuch des Bruder Hans (s. d.), 7. Teil, v. 5035ff:

Hed ich nu cunst von allen dingen,
daz ich tusentvalt baz cund singen
wen der Hanz deyt von Lothringen,
so sold diin [Maria] *suesser lop erclingen*
durch miin kelen schoon und claer
daz ganze jaar.

Es ist jedenfalls ein Liederdichter und Sänger gemeint, während Bruder Hans sich selbst als Epiker fühlt.

Ludwig Denecke.

Hans von Lucken, *der best Arzet einer der ziten was anno 1349.* Er stammte wohl aus dem hannoverschen Loccum oder dem brandenburgischen Luckau. Von ihm sind deutsche Verhaltungsmaßregeln zu Pestzeiten überliefert im Münchner Cod. germ. 591 Bl. 124/125, die ich 1915 im 8. Bde. des Archivs für Gesch. d. Med. S. 277 bekannt gab. Vgl. auch ebenda S. 270. Sudhoff.

Hans von Schore. In der Fehde zwischen dem Erzbischof Albrecht von Mainz und dem jungen Landgrafen Philipp von Hessen wurden 1519 28 hessische Ritter bei Flörsheim von einer mainzischen Schar unter Frowins von Hutten Leitung gefangengenommen. Ein hessischer Anonymus verfaßte danach ein Schmählied auf die Gegner. Dies beantwortete ein mainzer Anhänger, H. v. Sch., mit einem Rügelied auf den unbekannten Dichter. H. v. Sch. ist sonst unbekannt, seine Kunst ist auch nicht bedeutend. Er ließ beide Lieder, das fremde voran, in einem fliegenden Blatt 1519 (4 Bll. 4⁰) drucken.

Neudruck bei R. v. Liliencron *Die historischen Volkslieder der Deutschen* III Nr. 342.

W. St.

Hans von Schwartach, Bruder. Rezepte von ihm bringt Ms. Zb. 4. m (XV. Jh.) in Wernigerode, Bl. 175, auch Mittel für und gegen Schwangerschaft Bl. 165.

Sudhoff.

Hans der Schwätzer. Der Spruch 'Von den Hantwerken' (gedr. Keller *Fastn.* S. 1135) hat in der Dresdener Hs. M 50 die Schlußzeile: *Also redt Hanns Rosenplut der Swetzer*, im Münchener cgm. 713: *Also redt hans der sweczer*, in der Leipziger Hs. Nr. 1590 (vgl. Germ. 33 S. 159): *Also redt hanß der schweczer*, in der Hs. C. U. S. 218 der Hamburger Stadtbibliothek: *Das sagt vns hanns Roßner.* Die Hs. 5339a des Germ. Museums zu Nürnberg nennt keinen Verfasser am Schluß des Gedichts. Siehe Rosenplüt.

Vgl. V. Michels *Studien zu den ältesten deutschen Fastnachtsspielen* (QF. 77) S. 120ff. (hält den 'Spruch von den Handwerkern' nicht für Rosenplütisch).

Niewöhner.

Hans im finstern Tann, s. Lenz, Hans.

Hans von Trennbach.

Quelle: *Auszug aus Herrn Hannsen Trennbeckhers Leben von dessen Hausofficier Wenzeslaus Gruber, Laienbruder im Kloster zu Scheyern* (Baiern); s. L. Westenrieder *Baierisch-histor. Calender .... für 1787* S. 278ff.

Darnach war H. der Sohn des Herren Ortolf von Trennbach, besoldeter Rat des Herzogs Ernst von Österreich und des Erzbischofs von Salzburg, Herzog Heinrichs zu Baiern Pfleger zu Traunstein und Herzog Ludwigs, seines Sohnes, dann dessen Mutter, Frau Margarethen von Österreich, Hofmeister, hatte zwei Söhne Ortolf und Thoma, trat nach einem bewegten Leben, das ihn auch nach Rom und auf einer beabsichtigten Jerusalemreise wenigstens bis Rhodos führte, als Laienbruder in die Kartause Gaming in der Steiermark, wo er nach seines getreuen Grubers Aussage *bey 115 Jahr* alt geworden und kurz vor seinem Ende ein Reimgedicht über die Leiden des Alters gemacht haben soll:

O jung Weld schau hier an mich
du wirst geschaffen gleich wie ich —
Kum krimer Tod nim mich hin
alten Mann, das bitt ich dich.

Diese Reimerei muß sich alsbald in Baiern u. Schwaben großer Beliebtheit erfreut haben. Sie findet sich, stets ohne Verfassername und im einzelnen mehr oder weniger abweichend: 1. in der Münchener Hs. clm. 641 (s. Anzeiger f. Kunde d. deutsch. Vorzeit 1873 Sp. 131f.) und entsprechend im Pal. germ. 98, Bl. 198b (s. K. Bartsch *Die altd. Hss. d. Univ.-Bibl. in Heidelberg* 1887, Nr. 60); 2. in einer Augsburger Hs. (s. Keller *Fastnachtsspiele, Nachlese* StLV. 46, S. 329); 3. im Liederbuch der Klara Hätzlerin (Augsburger Hs. 1470—71) bei Haltaus S. 41 Nr. 30; 4. in der Hs. Additional 16581 des Britischen Museums, 15. Jh. (1469), ostschwäbisch (s. R. Priebsch *Deutsche Hss. in England* II [1901] S. 147—158) Bl. 225a mit der Überschrift *Der allt greyß vnd kranck man vnd die jungen kyndtlin*, dazu eine Miniatur: Ein alter, an einer Krücke gehender Mann von zwei Kindern angestarrt.

R. Priebsch.

Hans von Waldheim.

1. Handschrift: Papierhandschrift in der Landesbibliothek zu Wolfenbüttel, 255 Bll., davon 254 Bll. Bericht.

Drucke: F. E. Welti *Die Pilgerfahrt des Hans von Waltheym i. J. 1474* 1925 (der einzig vollständige Abdruck der Aufzeichnungen mit eingehender Beschreibung der Hs.). F. E. Welti *Hans von Waltheims Reisen durch die Schweiz i. J. 1474*, Arch. d. Histor. Ver. d. Kantons Bern 25 (1920) H. 2, S. 89ff. (kommentierter Abdruck der auf die Schweiz bezüglichen Blätter). A. Werminghoff *Das oberbadische Land im Pilgerbuche des Hans von Waltheim 1474/75*, Zs. f. d. Gesch. d. Oberrheins N. F. Bd. 37 (1922) S. 71ff. (kommentierter Abdruck der Eintragungen über Oberbaden). R. Durrer *Bruder Klaus. Die ältesten Quellen über den seligen Nikolaus von der Flüe, sein Leben und seinen Einfluß* 1917/21, I S. 66ff. (kommentierter Abdruck des Berichtes über Waldheims Begegnung mit Bruder Klaus).

In nhd. Übersetzung druckten einzelne Teile des Berichtes ab: A. Ebert *Verschiedene topographische Notizen aus Hans von Waldheim[s] Reise i. J. 1474*, Überlieferungen zur Geschichte, Literatur und Kunst der Vor- und Mitwelt 1826,

I S. 4ff., 33ff. (Besuch bei Nikolaus von der Flüe im Unterwaldnerland und kleinere Stücke). G. Freytag *Nikolaus von der Flüe*, Im neuen Reich 2 I (1872) S. 593ff. (Besuch bei Nikolaus von der Flüe), wiederholt in: G. Freytag *Vermischte Aufsätze aus den Jahren 1848 bis 1894*, hsg. von E. Elster II (1903) S. 3ff. E. E. L. Rocholtz *Die Schweizerlegende von Bruder Klaus von der Flüe nach ihren geschichtlichen Quellen und politischen Folgen* 1875 S. 255ff.

2. H. v. W. entstammte einem ursprünglich oberfränkischen Geschlecht, das sich wohl von Leipzig aus im beginnenden 15. Jh., wie zahlreiche andere neue Einwandererfamilien, in dem durch die Pest entvölkerten Halle a. S. niedergelassen hatte. Der erste 1417 in Halle erwähnte Träger des Namens v. W., Fabian, wird als Hansens Vater bezeichnet. H. v. W. wurde um 1422 in Halle geboren. Er erhielt seine Schulbildung auf der Lateinschule und kam, wie er selbst erzählt, einmal auch nach Basel zum Konzil. Es war das wohl im Jahre 1434, als der Erzbischof von Magdeburg vierzig der vornehmsten Hallischen Bürger zur persönlichen Verantwortung auf das Konzil nach Basel hatte vorladen lassen. Die Vermutung dürfte wohl zutreffen, daß auch Hansens Vater, der Pfänner Fabian v. W., darunter war, der den Sohn mitnahm. 1440 bei Eintritt seiner Volljährigkeit erwarb H. das Bürgerrecht seiner Vaterstadt. Erst dadurch ward ihm das Recht, wie schon sein Vater, Pfänner zu werden. Offenbar war es das vom Vater zusammengebrachte Vermögen, das ihm 1450 den Kauf von 21 Pfannen Deutsch und 12 Pfannen Gutjahr ermöglichte, wofür er nicht weniger als 2025 alte Schock zu zahlen hatte. Der 28jährige gehörte nunmehr zu jener Hallischen Geldaristokratie, „Pfänner" oder auch „Salzjunker" genannt, die infolge ihres meist recht erheblichen Reichtums, der ein gesichertes Einkommen gewährte, den wohlhabendsten und einflußreichsten Teil der Hallischen Bevölkerung bildete und den ersten Rang in der Stadt einnahm. Das Stadtregiment lag zum Großteil in ihren Händen. So ist es nicht weiter verwunderlich, daß H. v. W. noch im gleichen Jahre 1450 seine Laufbahn in städtischen Ämtern als Kämmerer im Rat begann. Rasch machte er nun Karriere. 1453 und wieder 1456 ist er fünfter Ratsmann in der Stelle eines Pfänners, 1457 wird er Oberbornmeister und als solcher Ratsmitglied. Im gleichen Jahre vertritt er dann schon den vor Ablauf seiner Amtsperiode zum Salzgrafen gewählten ersten Ratsmeister (Bürgermeister) bis zur Neuwahl. Und 1459 wird er selbst, ein guter Dreißiger, bereits erster Ratsmeister. Noch dreimal, 1462, 1465 und 1468, liegt die schwierige Leitung der Stadt Halle in seinen Händen. In seiner Amtszeit 1462 vereinbarte er in Verbindung mit den Schöffen, den Innungen und der Gemeinheit neue Bestimmungen über die Gewinnung des Bürgerrechts, über den Eintritt in Pfännerschaft und Innungen. Nicht unwahrscheinlich ist es, daß auf diese Bestimmungen, die auf die Mobilisierung einer neuen Finanzquelle für die Stadt hinzielten, gerade H. v. W. maßgebenden Einfluß ausgeübt hat, zeigte er doch auch sonst, wie die Hallischen Schöffenbücher erkennen lassen, daß er, wie so viele Pfänner kaufmännisch rührig, Geldgeschäfte trieb. 1460, 1466, 1469 und 1472 erscheint H. wieder als Oberbornmeister. Als solcher hatte er mit zwei anderen die Belange der Pfännerschaft im Rat wahrzunehmen. Sodann war er mit der Oberaufsicht über einen Solbrunnen und die Salzgewinnung betraut, hatte die Salzproduktion zu regeln und die Überwachung jener zahlreichen Formalitäten des bis in das Kleinste rechtlich und technisch geregelten Siedebetriebes. Nur ein als zuverlässig und angesehen bekannter Pfänner konnte also zum Oberbornmeister erkoren werden. Im August 1469 ist H. in einer Streitsache wegen des Neujahrsmarktes zu Leipzig benannt, ein Zeichen, daß auch er die Gefahr der Leipziger Messe für Halle erkannte. Doch hat er sie nicht zu bannen vermocht. Mit seinem Amt als Oberbornmeister 1472 schließt jene Zeit für ihn, in der er, ein Abkömmling eines erst jung zugewanderten Geschlechts, kaum bekämpft, im Vordergrund der Hallischen Stadtgeschichte steht.

Die damals wieder wachsende Neigung, Pilgerfahrten nach heiligen Stätten zu unternehmen, weckte auch in H. v. W. den Gedanken, eine solche Reise anzutreten. Seine Frömmigkeit und seinen menschenfreundlichen Sinn für großzügig ausgeübte und organisierte Wohltätigkeit, ein für die damaligen Pfänner charakteristisches Merkmal, hatte er schon 1467 durch eine Stiftung von 200 rh. Gulden mit 8 Gulden Jahreszins bezeugt, die zur Kost für arme Pilger und zur Beschaffung warmer Bäder und wohlschmeckender Bissen für Kranke im Spital St. Cyriaci verwendet werden sollen. Werminghoff hat es durchaus wahrscheinlich gemacht, daß Waldheim auch im Auftrag Herzog Wilhelms III. von Thüringen reiste, für den er Partikeln aller Art erwarb, die dann in die später so berühmte Sammlung des Wittenberger Heiltums eingereiht wurden, wie die Vergleichung der Ankäufe von Reliquien durch W. mit den Angaben im Wittenberger Heiltumsbuch v. J. 1509 erkennen läßt. Andererseits gestattete W. seine finanzielle Lage eine solche Pilgerfahrt, die er am 17. Februar 1474 mit einem Knecht antrat. Der von ihm eingeschlagene Weg, der sich im einzelnen genau verfolgen läßt, führte durch Süddeutschland und die Schweiz nach Südfrankreich. In seinem auf der Reise geführten Tagebuch hat er ihn genauestens beschrieben. Die Pest verhinderte eine schnellere Rückkehr, so daß er erst am 19. März 1475 wieder in Halle eintraf. Die Betfahrt war leider die letzte fröhliche Zeit seines Lebens gewesen. In Halle war der große Vorstoß der Popularpartei gegen die Alleinherrschaft der Pfänner erfolgt. Es begann der Angriff der mit dem Magdeburger Erzbischof verbündeten Demokraten auf die Reste der politischen Rechte der Pfänner. Der Kampf rief auch H. v. W. noch einmal auf den Plan. Er wird nunmehr zur Säule des Widerstandes. Er scheut nicht die Strafen, die er im Verlauf des Kampfes erdulden muß: Hausarrest, Geldstrafen (einmal muß er 400 Gulden zahlen!) und mehrmaliges Gefängnis. In den mannigfachen Besprechungen und Verhandlungen mit dem neuen Rat oder dem Erzbischof führt er für die Pfänner mehr als einmal das Wort. Als ihn diese 1475 abermals zum Oberbornmeister erwählen, verweigert ihm der Rat die Bestätigung. Seine überlegene, etwas sarkastische Art, die Anklagen der Popularen zu entkräften, haben ihn ganz besonders verhaßt gemacht. Seine Äußerung, „Innungen und Gemeinheiten wären seine Herren nicht", in der sich so recht sein Pfännerstolz wiederspiegelt, wird immer wieder gegen ihn ausgespielt. Man wirft ihn ins Gefängnis, aber man beugt ihn nicht. Wieder und wieder ist in der Anklageschrift des Rates gegen die Pfänner sein Name genannt, so soll er auch früher einmal einem Verschläger rauhe Worte gegeben haben. Sein Kampf für die Pfännerpartei war umsonst. Und als schließlich die Wut der neuen Stadtherren gegen ihn besonders hoch geht, kehrt er im März 1476 seiner undankbaren Vaterstadt den Rücken, siedelt nach Leipzig über, wo er mehrere Häuser besaß, und wird „der Fürsten Mann". Er ging nach Leipzig zu seinen Freunden, „daß er sein Gemüt ein wenig wieder erfrischte, aber darum nicht, daß er außen bleiben wollte", so berichtet sein Freund und Zeitgenosse Spittendorf (s. d.) Aber auch dort ließ er den Kampf der Daheimgebliebenen nicht aus den Augen. Im April 1477 kam er noch einmal mit mehreren Leipziger und thüringer Juristen den Hallischen Pfännern aus seinem Exil zu neuen Verhandlungen als Wortführer zu Hilfe. Aber die offenherzige und derbe Art des Alten behagte nicht, so daß der erzbischöfliche Vertreter die letzte Unterredung mit der Beschuldigung abbrach, „Waldheim verachte seinen Herrn von Magdeburg und gäbe sich fast in Gezänke". Das war W.s letztes Auftreten in Halle. 1479 wurde ihm, wie allen Pfännern, der vierte Teil seiner Salzgüter und vom übrigen Vermögen ein Fünftel konfisziert. Die Selbständigkeit der Salzjunker, der noch vor wenigen Jahrzehnten mächtigen Lenker der Geschicke der Stadt, war gebrochen. W. hat den Beginn der neuen Epoche nicht mehr erlebt. Am 28. April 1479 starb er in der Verbannung zu Leipzig, noch nicht 60 Jahre alt. „Er war ein aufrichtiger, frommer Mann. Gott erbarme sich über seine Seele. Etliche Leute, die freuten sich seines Todes gar sehr und sagten ihm viel Schlechtes nach, Gott vergebe es ihnen", mit diesen Worten nahm sein Mitkämpfer Spittendorf von ihm Abschied.

H. v. W. lebte in glücklichen Familienverhältnissen. Seine Frau Dorothea ist dem Geschlecht nach unbekannt. Ihr vermachte er 1454 Haus und Hof am alten Markt *kegen sente Michele gelegen* nach seinem Tod zur Leibzucht. Doch muß sie vor 1474 gestorben sein. Von seinen Kindern nennen seine Aufzeichnungen einen Sohn Heinrich, später ebenfalls Pfänner, und drei Töchter Orthie, Agnes und die mit einem Peter von Müchel verheiratete Klara. Mit dem Tod des letzten Nachkommen des H. v. W., Georg v. W., am 30. Dezember 1632 starb das Geschlecht aus, das Halle einen bedeutenden Mann, der deutschenHistoriographie eine nicht unbedeutende Reisebeschreibung geschenkt hat.

3. Junker Hans ist ein gutes Muster der Gläubigen seiner Zeit, der in glaubensseliger Frömmigkeit ein „fast bedenkenfreies Vertrauen gegenüber den ihm gezeigten Partikeln, den ihm erzählten Legenden und Wundergeschichten der Heiligen" offenbart und sich als treuen Sohn seiner Kirche zu erkennen gibt. So ist es verständlich, daß sein Pilgerbuch ein Buch voller Einblicke in den Reliquienkult jener Tage ist, in dem „Schilderungen von Gotteshäusern, kirchlichen Gebräuchen, Grabstätten von Heiligen und Märtyrern, Beschreibung von Reliquien, Wundergeschichten und Legenden, wie eben nicht anders zu erwarten ist, einen großen Raum einnehmen" (Welti). Wichtiger sind die Aufzeichnungen für die historischeGeographie, liefert doch ihr Verfasser genaue Angaben über seinen Weg, indem er nicht nur jeden Ort, den er berührte, nennt, sondern fast überall sogar die Zahl der Meilen hinzufügt. So wird sein Memoriale zugleich zu einem nicht zu unterschätzenden Hilfsmittel des mal. Reise- und Verkehrswesens. Darüber hinaus klingen Kultur- und Personengeschichte und Topographie an. Ja, selbst für Einzeluntersuchungen, wie das mal. Herbergswesen, birgt das Tagebuch bisher ungenütztes Material in großer Fülle. Daneben finden sich viele andere nicht weniger interessante Notizen: Einträge über Gebräuche, Sitten und Gesetze der durchzogenen Länder, über Legenden, Sagen und historische Ereignisse. Der Wert des Berichtes aber liegt in der Gleichzeitigkeit und Zuverlässigkeit, die die erwähnten kommentierten Ausgaben, die Durrer in seinem genannten Buch (I, S. 57ff.) und H. Morgenthaler (*Die Auffindung und Erhebung der Thebäer-Reliquien in Solothurn 1473—74*, Zs. f. Schweiz. Kirchengesch. 17 S. 161ff.) schon gebührend gewürdigt haben. Der Bericht läßt, wie gesagt, W. als einen frommen, gebildeten und liebenswürdigen Mann erkennen, „der überall, wohin er kommt, als gern gesehener Gast Aufnahme findet und dank seiner gesellschaftlichen Stellung und Gewandtheit Aufschlüsse und Eindrücke empfängt, die sich der gewöhnliche Reisende nicht leicht verschaffen kann" (Welti). Sein Berufsinteresse aber blickt durch, wenn er als Salzjunker an mehreren Stellen auf Salzbezug und Salzgewinnung des besuchten Landes näher eingeht.

Alle die erwähnten Angaben, besonders aber die Erzählung von der Begegnung mit dem Einsiedler Nikolaus von der Flüe (s. d.), sichern dem W.schen Pilgerbuch seinen gebührenden Platz neben allen anderen Reiseberichten des 15. Jhs. Mit Recht hat Werminghoff seine Reisebeschreibung, als die Niederschrift einer sog. Kavalierstour, als einen historischen Reisebericht, in Gegensatz zu den Reiseführern jener Tage gestellt. Wir müssen es bedauern, daß die übrigen von W. geführten Tagebücher verloren gegangen zu sein scheinen.

Literatur und Quellen: Außer den unter 1. oben angeführten Schriften sind noch zu nennen: Joh. Chr. v. Dreyhaupt *Pagus Nelitici et Nudcici oder ausführliche Beschreibung des Saalkreises* 1749/50. J. Opel *Denkwürdigkeiten des Hallischen Ratsmeisters Spittendorf* (Geschichtsquellen der Prov. Sachsen 11) 1880. *Das Wittenberger Heiltumsbuch vom Jahre 1509*, Faksimiledruck hsg. in G. Hirths Liebhaberbibliothek alter Illustratoren VI, 1884. G. Hertel *Die Hallischen Schöffenbücher* (Geschichtsquellen der Prov. Sachsen 14, T. 2) 1887. G. F. Hertzberg *Geschichte der Stadt Halle* I, 1889. H. Freydank *Die Hallesche Pfännerschaft* 1927.

Bernhard Sommerlad.

Hans von Westernach. Er gehörte der schwäbischen Adelsfamilie an, die aus Westernach im bairischen Bezirk Mindelheim stammte und im Stifte Augsburg das Erbmarschallamt besaß. Ein H. v. W. erscheint 1454 in Streitigkeiten mit dem Kurfürsten Friedrich von der Pfalz vermöge seines Anteils an dem im Elsaß gelegenen Schlosse Hohenkönigsburg. Gegen den Kurfürsten stand auch unser Dichter i. J. 1462 in der Schlacht bei Seckenheim auf der Seite des Grafen Ulrich v. Württemberg im Felde. Er hat auf das kriegerische Ereignis ein Gedicht verfaßt, das nur unvollständig überliefert ist; 53 achtzeilige Strophen aβaβcδcδ sind erhalten. Nach Str. 45ff. scheint er zu den bei Seckenheim Gefangenen zu gehören und das Lied auf den Sieger gedichtet zu haben, um sich damit die Freiheit zu ersingen. Ein Straflied (32 vierzeilige Str. aa ββ) aus der Zeit nach 1468 und vor 1474 fordert angesichts verschiedener Übel die einzelnen Stände zur Besserung auf. Wo sich der Dichter gegen Juristen und Dekretalen wendet (Str. 21f.), erinnert er an Götz von Berlichingen. Er dichtet frisch und selbstbewußt und ist stolz auf den Adel und seine bairische Abkunft (Schlacht b. Seckenheim 27,4. 43,5—8; Straflied Str. 15ff.). Dieselbe Gesinnung finden wir auch in seinem 'Lobspruch von den bairischen Fürsten' (53 achtzeilige Str. aa bb cc δδ), den er als älterer Mann am Ende des 15. Jhs. gedichtet hat. Hier (Str. 11ff.) offenbart er auch einige, freilich recht unzuverlässige Kenntnis der Geschichte, wenn er einen *Bauarus* das Baiernland gewinnen und den *Her Norix aus Armenia* dem *norckgew* (Nordgau) den Namen geben läßt. Er hat Chroniken gelesen: *Inn den Caronick fyndt man das Das sy [die teutschen] so frumm sind gewesen Gar dick hab ich das gelesen* (8,6—8). Er lobt die bairischen Fürsten der Reihe nach. Sein Deutschbewußtsein tritt an zwei Stellen (8,2—4. 51,1—3) schön hervor. Der Spruch war auch sangbar. Die Mundart der drei Gedichte ist ein nicht rein bewahrtes Schwäbisch.

Die beiden ersten Gedichte bei v. Liliencron *Die historischen Volkslieder der Deutschen vom 13. bis 16. Jahrhundert* I 533—40, Nr. 115; 558—61, Nr. 123a. — Nr. 115 aus einer vermoderten Hs. des 17. Jhs. im Karlsruher Archiv mitgeteilt von J. F. Mone *Quellensammlung d. bad. Landesgeschichte* III (1863) S. 142—147. Zum Geschichtlichen vgl. Kremer *Geschichte Friedrichs v. d. Pfalz* I S. 64; Quellen u. Erörterungen 2 S. 30. — Nr. 123a aus der gleichzeitigen Hs. cgm. 756 (aus dem Kloster St. Afra zu Augsburg), Bl. 42. — Der 'Lobspruch' ist gedruckt in Hormayrs 'Taschenbuch f. d. vaterländische Geschichte' 1850, S. 1—16; vgl. Weller *Ann.* I S. 354.

Hermann Menhardt.

Hans Ebran von Wildenberg. 1. Er wurde um 1430 als Sproß einer in Niederbaiern unweit Abensberg seßhaften, turnier- und stiftfähigen, wenn auch wenig einflußreichen Adelsfamilie, deren eine Hauptlinie die der Wildenberger war, geboren. Sein Geschlecht war so recht der Typ der spätmittelalterlichen Beamtenfamilie. Der Vater, Ulrich Ebran, war in 2. Ehe mit Elisabeth von Gumppenberg vermählt, deren Vater gleichfalls im Dienste eines wittelsbachischen Teilherzogs, Ludwigs des Gebarteten von Baiern-Ingolstadt, gestanden hatte und dessen Marschall gewesen war. Hans Ebran selbst, der älteste der sechs Söhne aus Ulrichs zweiter Ehe, vermählte sich mit Barbara von Paulsdorf, nachdem er (vermutlich am Hofe zu Landshut) die ritterliche Erziehung seiner Zeit genossen hatte. Nach dem 1455 erfolgten Tode seines Vaters erhielt er zusammen mit seinem Bruder Peter die Hofmark und das feste Schloß Wildenberg, bei Pirkwang im Bezirksamt Rottenburg an der Laber gelegen. Seine Besitzungen gehörten zum Territorium Herzog Ludwigs des Reichen von Baiern-Landshut; in seinem und später in seines Sohnes Georg des Reichen Dienste stand auch H. E.: an sieben Feldzügen des Landshuter Herzogs teilnehmend, focht er bei Giengen als adeliger Reiterhauptmann; vor Beginn des Kampfes hatte er den Ritterschlag erhalten. In den Sätzen des heimischen Rechtes bewandert, nahm er die Stelle eines Oberrichters in Landshut ein, wie er auch dem Hofgericht beisaß. 1463 wurde er zum Rat des Herzogs bestellt. Damit trat an die Stelle seiner bisherigen kriegerischen Tätigkeit ein Wirken im friedlichen Dienst des Herzogs. Ludwig d. R. bedachte ihn mit der Vertrauensstellung eines Hofmeisters seiner Gattin, der Herzogin Amalie, die von ihrem Gemahle nach Burghausen geschickt worden war, damit Ludwig selbst sich einem um so ungebundeneren Leben in der lustigen Dreihelmenstadt Landshut ergeben konnte. Zweifellos hat die Charakterfestigkeit und streng-sittliche Lebensführung Hans Ebrans den Herzog veranlaßt, diesen als Frauenhofmeister nach Burghausen zu senden und ihm damit die Leitung des ganzen Hofhaltes selbst anzuvertrauen. Als Schloßhauptmann stand H. E. an der Spitze des gewaltigen Burghauser Schlosses, dessen Wehrhaftigkeit gerade unter seiner Amtszeit noch verstärkt wurde, während er als Hofmeister zusammen mit der Hofmeisterin die zeremonielle wie auch die wirtschaftliche Leitung des gesamten Hofhaltes in Burghausen, der zweiten Residenz der Landshuter Herzöge, hatte. Auch nach Ludwigs Tod behielt H. E. seine Stelle bei — als Hofmeister der jungen Herzogin Hedwig, der Gemahlin des Sohnes und Nachfolgers Ludwigs, Herzog Georgs des Reichen, die nun das Schicksal ihrer Schwiegermutter teilte und in Burghausen wie in einem glänzenden Gefängnis ihre Tage verbrachte. — In seinen letzten Lebensjahren wurde H. E. Pfleger zu Burghausen; ich möchte vermuten, daß ihm damals die Funktionen des Hofmeisters ganz oder doch teilweise abgenommen wurden, wenn er auch natürlich den Titel dieser Hofcharge beibehielt. Bald nach 1500 (zwischen März 1501 und Sommer 1503) ist er gestorben; weder sein Todesjahr noch sein Begräbnisplatz sind bekannt, während zwei Totentafeln in der Elsbeth-Kirche zu Pattendorf, die ihn und seine Gemahlin betend darstellen, sein Gedächtnis festhalten.

2. Von wahrer Frömmigkeit und einer streng sittlichen Lebensführung, die sich von dem frivolen Treiben vieler seiner adligen Zeitgenossen vorteilhaft abhebt, hat H. E. den ihm übertragenen Pflichtenkreis gewissenhaft erfüllt und sich durch manche Werke christlicher Karitas betätigt. Auf ihn geht u. a. die Gründung eines Spitals in der Hofmark Pattendorf zurück, das 1893 sein 400-jähriges Bestehen feiern konnte. Wallfahrten führten ihn nach Monte Cassino wie ins Heilige Land. Zusammen mit dem gleichfalls als Schriftsteller bekannten Ulmer Felix Fabri (s. d.) machte H. E. von Venedig aus eine an Gefahren reiche Seefahrt nach Korfu, Kreta, Cypern und Jaffa und wandte sich von hier nach Jerusalem, wo er zum Ritter des Heiligen Grabes geschlagen wurde, wie auch nach Bethlehem.

3. Zur Abfassung seiner nicht unwichtigen 'Chronik von den Fürsten aus Baiern' wurde H. E. keinesfalls etwa durch einen offiziellen Auftrag seines Herzogs veranlaßt, wenn natürlich auch seine Beziehungen zum Landshuter Hofe wesentlich zu dem Entschluß beigetragen haben, dieses Werk zu schreiben. Aber der innere Grund für die Abfassung desselben war doch seine Neigung für die Historie; auch der Wunsch, seiner treuen Ergebenheit gegenüber der wittelsbachischen Dynastie Ausdruck zu geben, führte ihm die Feder. Ludwig der Reiche von Landshut und dessen Waffengefährte, Friedrich der Siegreiche von der Pfalz, gelten ihm als Vorbilder der rechten Fürstenart.

Doch trägt sein Werk keinen biographischen Charakter an sich, sondern schildert die Geschlechter und die einzelnen Regenten derselben, die Baiern von den ältesten Zeiten an bis zum Ende des 15. Jhs. gehabt hat. Die erste Fassung seiner 'Chronik' ist vermutlich um 1465 herum begonnen und zu Ende der 70er Jahre beendet — noch vor dem 1480 erfolgten Antritt seiner Reise ins Heilige Land. Eine spätere (in einer Weimarer Handschrift überkommene) Fassung ist um 1490, jedenfalls vor 1493, abgeschlossen worden.

Von einer pragmatischen Behandlung des Stoffes ist keine Rede. Es ist mehr der warme, gemütliche Plauderton eines alten

Mannes, der immer gerne ein Anekdötchen in das geschichtliche Bild einfügt, was die 'Chronik' charakterisiert. Der Verfasser bindet sich auch nicht durch eine streng annalistische Behandlung seines Materials, sondern sucht dasselbe sachlich zu ordnen; hier liegt ein Fortschritt gegenüber früheren Chroniken. An Sorgfalt und Akribie fehlt es zuweilen. Jahreszahlen werden nur selten gebracht, wenigstens nicht für den Teil, für welchen der Verfasser Zeitgenosse ist. Namen, die seinem Gedächtnis entfallen sind, ersetzt er einfach durch einen beliebigen Buchstaben *(N. N.)*. Was sein Werk besonders auszeichnet, ist ein hoher Grad von Objektivität. Natürlich sagt er nicht alles, was er weiß, sondern zeigt gerade für zeitgenössische Ereignisse und Personen sehr große Zurückhaltung. In Geboten der Diskretion findet sie ihre einfache Erklärung. Seine Darstellung steht weit über dem oft derben, ja rohen Ton anderer Werke dieser Art und dieser Zeit, verbindet Volkstümlichkeit mit einfacher, edler Form, vermeidet alles Häßliche und Anstößige in Wort und Inhalt. Und doch wirkt die Schilderung eindrucksvoll, ja zuweilen fast dramatisch. Es ist der korrekte Hofmann, der aber doch auch mit den breiten Massen des Volkes vertraut ist, der da zu uns spricht. Ein durch und durch deutsches Werk, dessen Verfasser man es gerne vergibt, daß er offenbar das Latein gar nicht konnte und daher etwa *Ernesto* statt „Ernestus" schreibt.

Ganz in der Weise des mittelalterlichen Historiographen setzt H. E. schon bei den ältesten Zeiten, mit Noah und dem Babylonischen Turmbau, ein, skizziert die Geschichte der Weltreiche, besonders des römischen, sowie die fränkische Geschichte, um sich dann Baiern zuzuwenden und den Leser mit den wichtigsten Geschicken des Grafenhauses der Scheyern und damit der Vorfahren der seit 1180 als Herzöge von Baiern auftretenden Wittelsbacher bekannt zu machen. Die Herkunft der Grafen von Scheyern von den Karlingern soll erwiesen, damit aber auch das scheyrische Geschlecht auf die graue Vorzeit zurückgeführt werden. Trotz mancher Seitenwege verliert H. E. sein Ziel nicht aus dem Auge. Während im ersten Teile seiner Chronik die Reichsgeschichte stark berücksichtigt wird, tritt sie im zweiten sehr stark zurück: es ist eine Dynasten-Geschichte, eine wittelsbachische Hausgeschichte, die hier gegeben wird: nach genealogischen „Staffeln" gegliedert werden uns die einzelnen Sprossen der verschiedenen Linien der Wittelsbacher vorgeführt — auch außerbairische Wittelsbacher wie der dänische König Christoph und die in Holland regierenden Wittelsbacher werden berücksichtigt.

4. Sowohl unter dem Gesichtswinkel der Kulturgeschichte wie in literaturgeschichtlicher Hinsicht ist die 'Chronik' H. E.s sehr beachtenswert — charakteristisch für die Geschichtsauffassung eines klugen, sozial hochstehenden Menschen an der Grenzscheide von Mittelalter und Neuzeit, zugleich ein wichtiges Sprachdenkmal des endenden Mittelalters. „Altweiberhaftigkeit" und Kritiklosigkeit kann nur der ihrem Verfasser vorwerfen, der das Werk mit einem seiner Entstehungszeit fremden Maßstab mißt. H. E. hatte einen recht guten Blick für die Differenzen in der Überlieferung geschichtlichen Materials. Er teilt in solchen Fällen dann eben die verschiedenen Überlieferungen mit, ohne selber eine Entscheidung zu treffen. Bei kirchlichen und kirchenpolitischen Dingen ist er natürlich stark durch seine streng kirchliche Weltanschauung beeinflußt. Er schöpft aus den lebenden Volkstraditionen und überliefert uns so Sagen, von denen wir ohne ihn wohl kaum eine Kenntnis hätten, so die vom braven Feldhauptmann Schweppermann, von dem Brandenburger Otto und der schönen Müllerin in der Gretlmühle usf. Seine hohe soziale Stellung machte ihn zum Zeugen wichtiger Begebenheiten und gab ihm die Möglichkeit an die Hand, zuverlässige Nachrichten zu erhalten. Natürlich bedient er sich auch der Geschichtswerke, die er erreichen konnte: Ottos von Freising (s. d.) Chronik steht obenan. Auch die Chronik Jakob Twingers von Königshofen (s. d.) hat er sehr stark benützt, wenn er sie auch meist nicht wörtlich

abschrieb, sondern freier bearbeitete. Für die bairische Geschichte hatte er einen ausgezeichneten Vorläufer in dem Chorherrn von St. Mang in Regensburg: Andreas von Regensburg (s. d.). Daneben benützte H. E. noch zahlreiche Chroniken und Annalen, die er in Stiften und Klöstern erreichen konnte, Aufzeichnungen aus Niederaltaich, Monsee, Tegernsee, Kremsmünster und besonders aus Scheyern. Urkundliches Material und Aktenaufzeichnungen verwendet er wenig, wohl aber gedruckte Geschichtswerke seiner Zeit wie die 'Etymologien' Isidors von Sevilla, die Kirchengeschichte des Petrus Comestor, den Werner Rolevinck (s. d.). Doch ist nicht außeracht zu lassen, daß auch H. E. Autoren als Quellen zitiert, deren Werke er nicht selber gekannt hat, sondern bloß in anderen Werken erwähnt fand. Jedenfalls hat er die 'Historie' des Matthias von Kemnat (s. d.) gekannt, die ihm vielleicht mit die Anregung zu seinem Werk gegeben hat. Besonders erwähnenswert ist auch der siebthalb Meter lange und ½ Meter breite Stammbaum der bairischen Herzöge, der heute dem Münchner Geheimen Hausarchiv angehört, und den vermutlich H. E. selbst als ein Hilfsmittel noch vor Abfassung seines Werkes sich angefertigt hat, der aber dann während der Entstehung der 'Chronik' fortlaufenden Verbesserungen unterzogen wurde und vorbildlich für solche Stammbäume geworden ist.

Jedenfalls war es keine leichte Arbeit für unseren Autor, sich das immerhin reiche Quellenmaterial zu verschaffen, das er benützt hat. Mit Andreas von Regensburg (s. d.) zusammen ist er zu einem geistigen Vorläufer Aventins geworden. Sein Werk hat starke Beachtung während der folgenden Generationen gefunden: einmal von dem „Dichter" und Maler Füterer (s. d.), dann seitens Veit Arnpecks (s. d.) und schließlich seitens des Vaters der bairischen Geschichte: Aventins. Eine treffliche Ausgabe des Werkes liegt uns heute durch Fr. Roth vor.

F. Roth *Des Ritters Hans Ebran von Wildenberg 'Chronik von den Fürsten aus Baiern'* (Quellen und Erörterungen zur bairischen und deutschen Geschichte N. F. II) 1905; daselbst S. I bis LXXXV über Leben und Werk. F. X. Wegele *Geschichte der deutschen Historiographie* S. 154ff.; O. Lorenz *Deutschlands Geschichtsquellen im MA.* ³1886, S. 208ff. V. Keller *Ritter Hans Ebran von Wildenberg*, Verhandlungen des Historischen Vereins für Niederbaiern XXXI (1895) S. 91ff. S. Riezler *Geschichte Baierns* III S. 906ff.; ders. ADB. XLII (1897) S. 498f.

Max Buchner.

Hans Ulrich, Meister in Baden-Baden. Von ihm ein Bericht über die operative Entfernung einer eingeheilten Büchsenkugel *(der mit einer büchsen geschossen was und der klotz in im stecket)*. Viele Meister hatten die Entfernung vergeblich versucht. *Da gebot im Hans Ulrich von margrafen baden das er ein armbrost an dem buch spannen solt und do er das understund zu spannen, von dem getreng und atem des menschen wart der klotz in die ußersten hut des buchs herfür getriben, das maniglich sach und greif das der klotz da was. Von stund ergreif er in und schneid uf den klotz und det den stein on alle zangen herus*... So der Bericht Hans Ulrichs bei Brunschwig *'Buch der Cirurgia'* 1497, Bl. 31ᵇ. Daß Hans Ulrich beim Markgrafen von Baden in Diensten gestanden wäre, wie überall zu lesen, ist ein Mißverständnis der Bezeichnung des Ortes Baden-Baden als *Markgrafen baden* (z. B. Wieger *Medizin in Straßburg* S. 6). Dauernden Namen in der Stadt seines Wirkens hat sich dieser Scherermeister durch das steinerne Kruzifix geschaffen, das er durch den bedeutenden niederländischen Plastiker Niclaus Gerhaardt von Leiden 1467 fertigen ließ auf dem ehemaligen dortigen Friedhof; „in tief ergreifender Auffassung, in Adel und Naturwahrheit der Formen das bedeutendste Kruzifix der gesamten Plastik des Nordens im 15. Jahrhundert".

Aug. Rich. Maier *Nicolaus Gerhaardt van Leiden* (Stud. z. Kunstgesch. 131) 1910, Taf. VI u. VII.

Sudhoff.

Der Hardegger, Spruchdichter des 13. Jhs., dessen ernste, formschöne Dichtungen teils religiöse, teils politische Stoffe behandeln. Seine politischen Strophen zeigen ihn als Parteigänger der Staufer, er spielt an auf die Absetzung Heinrichs VII.

durch Friedrich II. (1235) und auf die Wahl Konrads IV. zum König von Rom (1237). v. d. Hagen reiht ihn einem schweizer Ministerialengeschlecht ein und identifiziert ihn mit dem urkundlich von 1227 bis 1264 (nach Grimme bis 1275) nachweisbaren St. Galler Lehnsmann Heinrich von Hardegge, was Wilmanns bezweifelt, weshalb Bartsch, der auch die adlige Herkunft in Frage stellt, ihn nicht unter die schweizer Minnesänger aufnahm (vgl. dagegen J. Baechtold *Geschichte der deutschen Literatur in der Schweiz* 1892 S. 150; S. Singer *Die mal. Lit. der dt. Schweiz* 1930 S. 134f., 139). Die meisten seiner Strophen sind in der Weise der Almentstrophe gedichtet. Stilistisch sind sie gekennzeichnet durch die Vorliebe für Reihenbildungen, deren Glieder sich in absteigendem Wert (Kaiser, König, Fürst...) folgen.

Große Heidelberger Liederhs. *C* (Universitätsbibliothek Heidelberg Cod. Germ. Pal. 848, Bl. 290c—291c, mit Bild; Strophe I, 2 nochmals unter *von Wengen* Bl. 300c). Jenaer Liederhs. *J* (3 Strophen unter denen Meister Stolles: I, 6 = 5; I, 2 = 15; I, 1 = 19, mit Melodie). — F. Pfaff *Die große Heidelberger Liederhs.* I 1909, Sp. 954 bis 960, 975. G. Holz, F. Saran u. E. Bernoulli *Die Jenaer Liederhs.* 1901 I 3, 6, 9; II 1f. — Melchior Goldast *Paraeneticorum veterum pars I* 1604 S. 358 (= I, 9 Zeile 9, 10). HMS. II 134—137; III 678f.; IV 445—447. B.-G. Nr. 45, S. LXVII, 241 (= I, 12; II). — W. Wilmanns ADB. X (1879) S. 558. F. Grimme *Beiträge zur Geschichte der Minnesänger 3*, Germ. 33 (1888) S. 55f.

Elisabeth Karg.

Harder, Konrad, (1.) ist ein Meistersinger, den Michael Beheim (s. d.) cod. pal. 312 Bl. 287 unter den Nachmeistern nennt, der in der Heiberger Hs. unter dem Namen *Süx Harter* als achtzehnter *alt nachdichter* steht (Schröer S. 225), und den auch Folz (s. d.) erwähnt *(Walter von der Fogelweite, / Der Harder nit lang beite ...;* Meisterlied 94, 61f.; in dem von Hans Sachs zum großen Teil selbst geschriebenen mgq. Berol. 414 Bl. 476b). Genaues über Leben und Wirken des Meisters ist nicht bekannt. Während Bartsch (ADB. XXVII S. 592) ihn in den Anfang des 15. Jhs. versetzt, vertritt er in seiner Ausgabe der Kolmarer Handschrift (S. 182) die Ansicht, er gehöre noch dem 14. Jh. an: sind doch seine Reime sehr rein und sorgfältig und stehen in dieser Beziehung weit über jenen von Beheim.

2. Nicht alle Lieder, die unter Harders Namen gehen, sind tatsächlich von ihm verfaßt: eine gewissenhafte Ausscheidung echten Materials von den dem Meister namentlich in jüngeren Handschriften beigelegten Gedichten muß noch erfolgen. Zu wenig charakteristisch, zu sehr der Tradition verhaftet sind nämlich viele seiner Lieder. Stets von neuem hat er sich geistlichen Stoffen zugewandt. Auch seine weltlichen Gedichte — und damit folgt er dem Herkommen — zeugen von seiner gläubig-katholischen Einstellung und von dem Prinzip, daß der wahre Sänger lehrhaft vorgehen müsse (zu dieser Auffassung von der Dichtkunst s. Stammler *Wurzeln des Meistergesanges).* Mit seinem Ausruf: *Gesanc, wiest din sô gar vergezzen!* (Kolmarer Hs. Nr. 186) schlägt er ein seit alter Zeit beliebtes Thema an (ich denke z. B. an Marner [s. d.], Strauch Str. XIV v. 273ff.): selten einmal wagte ein Mann, wie es Frauenlob (s. d.) tat (Ettmüller Nr. 321), sich auf den Standpunkt zu stellen, der wahre Künstler schaffe zu seiner Zeit genau so Wertvolles wie die großen verstorbenen Meister. Niemand verstehe mehr, meint Harder, die *kunst*, die Fähigkeit *rîme zů mezzen*, wie einst der edle Regenbogen (s. d.). In diesem Gedicht, in welchem Harder die Meistersingerkunst so hoch stellt, daß man sich mit ihr zu Gottes Thron emporsingen könne, daß Christus selbst den Sänger im Himmelreiche lohne, ist nicht zufällig Regenbogen gepriesen. Dieser Meister ist es, dessen verkünstelten, „gelehrten" Stil er besonders liebt, dessen Manier, Ausdrücke der lateinischen Kirchensprache zu verwenden, er gerne pflegt. Das fällt besonders in einem Lobgesang zu Ehren Mariae auf, wo er die Jungfrau bittet: *Nun hilff uns frow zu der voleist / Mit hilffe tue mattris / In gloria dei patris* ... (Holzmann S. 212; s. a. Henrici S. 156). Auch in dem sogenannten „Leich" (Kolmarer Hs. Nr. 2) — die Betitelung stimmt nicht ganz, wie Bartsch (ADB.) ausführt, da er in gleichgebauten, nur in der Melodie wechselnden Strophen abgefaßt ist — wird z. B. ein *avê gracia plena* eingefügt.

Doch nicht hierin liegt das Charakteristikum dieses Gedichtes. Schon im zuerst genannten Meisterliede hieß es von Maria *Du zucker zeyß fließender bach;* wo uns deutsche Mystik seit ältesten Zeiten entgegentritt, da findet sich die Idee des „Fließens" in vielfacher Gestalt (noch ein Mann wie Jörg Preining [s. d.] verwendet dieses Bild). Ganz und gar mystisch durchsetzt, auf den ersten Blick nicht leicht verständlich — noch Docen (S. 1152) erklärte, es lasse sich hier kaum ein Sinn herauslesen —, besingt der „Leich" in ewig wechselnden, verhüllt andeutenden Bildern, die z. T. aus der Sphäre des Rittertums, des Tageliedes, genommen werden, die Geheimnisse der Empfängnis Mariae, der Herrlichkeit der Gottesmutter; das Hohe Lied, oft verwandt im Meistergesange (ich erinnere an Frauenlobs Marienleich) tönt hinein. Der König auf der Zinne wirft den Apfel herab, den die *schoene meit durchschoenet* auffängt (Str. 1), der *marner ûf dem kocken* wirft den Anker in *den wâc* (Str. 2), dem König entfällt die Krone, seine *liebe tohter* hebt sie auf und krönt sich selbst (Str. 10), den Falken lockt sie, *ir luoder daz gap rîchen smac* (Str. 2); vom *jungen*, vom *alten*, vom *grîsen*, der mit der Hehren ist (Str. 8), den sie gebiert (Str. 13), ist die Rede. —

Im allgemeinen aber ist Harder kein Freund von dunklen Andeutungen: wer mahnen und lehren will, der muß auch in klaren Worten Mahnungen und Deutungen geben. Dem Tode in seiner düsteren Macht, dem keiner, auch der Kundigste nicht, entgehen kann, der die Schrecken des *kerner* (Beinhauses) für jeden Sterblichen aufgespart hat, gelten zwei Lieder (Kolmarer Hs. 184 und, wie Bartsch S. 88 zeigt, Nr. 931 des ungedruckten Kolmarer Kodex). Ähnliches schuf z. B. Meister Meffried (s. d.); Klagen über die Vergänglichkeit stimmten seit Hrabanus Maurus, Alkuin bis zu Walther von der Vogelweide (s. d.) und Frauenlob viele Dichter an (s. Oppenheim S. 35 u. ebd. Anm. 3 u. 4). Wer der Geschichte des Alexanderliedes bis zur Straßburger Handschrift gedenkt, wird einen interessanten Beitrag in der Schlußzeile des Liedes 184 in der Kolmarer Handschrift finden: *swie rîch künc Alexander was, in half niht rîcher solt.* — Weder formal noch inhaltlich Neues bringen Harders Lehren, die er den Frauen (Behandlung des Themas der Frauenehre bei Suchensinn — vgl. Oppenheim S. 42ff. — und bei Paumholz [s. d.]), den Rittern, den Priestern, den Meistern erteilt (Kolmarer Hs. 185). In alter Weise spricht er über die Nächstenliebe, die Liebe zu Gott, über Bescheidenheit und Demut (Kolmarer Hs. 185). Auch das *beyspil* (Holzmann S. 312/313) von den vier Brüdern, die des Vaters letztes Wort nicht achteten, und seine karge Anwendung auf die politischen Zeitzustände mit dem Anruf an *kaiser, künig, ir fursten also zart* kommt nicht über Althergebrachtes zu Eigenem und Erlebtem. Verhältnismäßig ledig von Flickversen — H. macht sich ja sonst selten frei von ihnen — ist die hübsche Fabel vom Wolf und vom Storch, die eine Weinschänke errichten. Bald sehen sie, daß die Gäste auf Borg trinken, sie trennen sich — der Storch muß in ferne Lande — und einigen sich dahin, daß der Wolf durch Wegnahme von Vieh die Schulden eintreibt, daß der Storch aber das Geld ausgezahlt erhält. Er trägt es in einem Tüchlein um den Nacken; als er in einem fischreichen Gewässer nach Nahrung sucht, da gleitet das kostbare Gut über den langen Hals und den schmalen Kopf und ist nicht mehr zu finden: *drum er das gelt im see verlor / ist er den fröschen gram.* Wilhelm Grimm, der diese Fabel (S. 23ff.) abdruckt, glaubt (S. 57), ein älteres Gedicht jener Art, wie wir es z. B. von Heinrich von Mügeln (s. d.) kennen, habe dem Meister vorgelegen. Seiner Auffassung nach ist die Überlieferung verderbt: der schlaue Fuchs, mit dem der Storch in Gemeinschaft leben könnte, müsse eigentlich an Stelle des Wolfes stehen.

3. Ganz besondere Beachtung aber verdient das Meisterlied: *Man hoeret aber rîchen schal* (Kolmarer Hs. 3). Nicht, daß der Leser zuerst denkt, es handele sich, wie in *'Fraw Minne lehen'* (Keller *Fastnachtsspiele* III S. 1378), um weltliche Minne, so daß er erst durch den Schluß:

Marî, nâch dir mîn herze beide wüetet unde topt Aufklärung erhält, räumt ihm diese Sonderstellung ein. Auch nicht der Umstand, daß hier Ausdrücke sich finden, die dieser Meistersinger strenger Observanz sonst nicht gebrauchte, wie z. B. *Ezn wart sô clein nie vogelîn / ezn sunge sîm gemehelîn.* Auch nicht die Vergleiche parodistischer Minnesprache waren dafür maßgebend. Wichtig ist dies Gedicht, weil es in ihm der Meister unternahm, die Musiktheorie seiner Zeit darzubieten und aufs Ausführlichste zu behandeln. Diese Theorie war ja ein wesentlicher Bestandteil der meisterlichen Bildung (s. Stammler S. 540ff.). Harders Lied, mit der Haubenlerche *(galander)*, die *in accûtis ûf ein mâl* klimmt, mit der Vogelkehle, aus der *ut rê mi fa sol lâ* ertönt, mit der Anführung von *trippel* und *perdûnen* ist so aufschlußreich, daß Jacobsthal seinen Aufsatz Über die musikalische Bildung der Meistersänger' (ZfdA. 20 S. 69ff.) hieran anschließt. Während andere Meistersinger, wie z. B. Muskatblüt (s. d.) und Jörg Schiller (s. d.; andere Hinweise auf dies Gebiet bei K. Burdach *Reinmar der Alte und Walther von der Vogelweide* S. 178ff., H. M. Junghans *Studien zum Meistersinger Jörg Schiller*, Diss. Greifswald 1931, S. 79f. und Oppenheim S. 57 mit Anm. 2 u. 3, S. 64f.) in ihren Gedichten nur wenige Zeilen der „Musikwissenschaft" widmen, prunkt und glänzt unser Meister in immer neuen Wendungen mit seinem gelehrten Können.

4. Weisen Harders: *korwîse* oder *goldener schilling, goldener reie, hôfwîse* oder *süezer ton.*

Dichtungen Harders finden sich in einer großen Zahl von Hss.: cod. pal. germ. 356, cod. pal. germ. 392, cod. pal. germ. 693; München cgm. 351, cgm. 714, Wiltener Hs. (cgm. 5198), Kolmarer Hs. (cgm. 4997); Karlsruher Hs. 481; Berl. ms. germ. 23 (Nr. 45; s. Grimm!); Heibergers Hs. (K. J. Schröer *Meistersinger in Österreich*, Germ. Stud. II S. 197ff.); Wolff Bauttners Hs. und Birners Hs. in Jena.

K. Bartsch *Die Meisterlieder der Kolmarer Handschrift* (StLV. 68) 1862. B. J. Docen *Beschreibung einer Sammlung alter Meistergesänge*, Aretins Beyträge IX (1807). W. Grimm *Altdt. Tierfabeln* 1855. E. Henrici *Barbarolexis. Sprachmischung in älteren Schriften Deutschlands* 1914. A. Holzmann *Meistergesänge des XV. Jhs.*, Germania 3 (1858) S. 307ff. A. v. Keller *Fastnachtspiele aus dem XV. Jh.* (StLV. 28, 29, 30, 46) S. 1853ff. Mone Anzeiger f. Kunde d. dtsch. Mittelalters 7 (1838) Sp. 374. H. Oppenheim *Naturschilderung u. Naturgefühl bei den frühen Meistersingern* (Form und Geist 22) 1931. W. Stammler *Die Wurzeln des Meistergesanges*, Dt. Vjschr. 1 (1923) S. 529ff.

Horst Oppenheim.

Harff, s. Arnold v. H.

Harp, Heinrich, s. Herp.

'Hartebok'.

1. Das 'H.' ist eine in der Staatsbibliothek zu Hamburg befindliche Hs. von 82 Blättern (ms. 102c fol., 76a in scrinio). Die Größe der Blätter beträgt 21,2×14,6 cm. Das erste Blatt trägt auf seiner ersten Seite zwei Zeichnungen in primitiver Technik. Die untere stellt ein von einem Pfeil durchbohrtes Herz dar. Darüber ist ein zweites, größeres Herz gezeichnet, das zwischen zwei Balken liegt, die ihrerseits wie bei einer Presse durch zwei Querbalken verbunden sind. In diesem Herz steht die von jüngerer Hand stammende Inschrift: *Hertz brech* (Hoffmann von Fallersleben las: *Hertz brich*). Der erste Herausgeber der Hs. hat bei flüchtigem Lesen das Wort als *Hartebok* entziffert. Von ihm haben es die Späteren übernommen.

Auf der Vorderseite des letzten Blattes ist eingetragen: *Johannes Coep hort dit bok to, wol dat fynde, de geuet em wedder. he schal bergelt* (ursprünglich scheint hier *tergelt* gestanden zu haben) *hebben edder nicht.* Coep war 1533 Alderman der Vlanderfahrergesellschaft, als welcher er 1542 abdankte. Im Besitz dieser Gesellschaft ist die Hs. bis 1854 geblieben, wo sie nach Ausweis einer Eintragung auf der Innenseite des Umschlagdeckels als Geschenk der Vlanderfahrergesellschaft durch Herrn W. H. Coßler, ältesten Präses derselben, in den Besitz der Hamburger Staatsbibliothek überging.

Die Hs. zeigt gut lesbare Schriftzeichen. Es scheinen zum mindesten zwei Schreiber beteiligt zu sein, von denen der zweite mit dem Epos 'Valentin und Namelos' einsetzt. Kinderling glaubt, daß Staphorst die Entstehung der Hs. in das Jahr 1404 setze, weil er sie im Anschluß an eine längere Bemerkung über die durch die Vlanderfahrer gestiftete Bruderschaft des

Hl. Leichnams abdruckt. Nach Seelmann ist sie kurz vor 1500 entstanden. In diese Zeit weisen auch die Schriftformen. Sie ist wahrscheinlich in Brügge niedergeschrieben. Die erste Veröffentlichung des gesamten Inhalts geschah durch Nikolaus Staphorst, Pfarrer zu St. Johannes in Hamburg (1679—1731) in seiner 'Hamburgischen Kirchengeschichte' (Des ersten Theiles Vierter Band) 1731. Der Druck ist flüchtig und lückenhaft hergestellt.

N. Staphorst *Hamburgische Kirchengesch.* 1731 I 4 S. 6—13. J. F. A. Kinderling *Gesch. der niedersächsischen oder sogenannten plattdeutschen Sprache* 1800, S. 299—304. K. F. A. Scheller *Bücherkunde der Sassisch-Niederdeutschen Sprache* 1826, S. 55f. Nr. 284—290. J. M. Lappenberg Zs. des Vereins f. Hamburgische Gesch. 2 (1847) S. 647ff. Hoffmann von Fallersleben *Findlinge* I 1 (1859) S. 65. H. Oesterley in K. Goedeke MA. 1871² Buch XII. Goedeke *Grundriß* I S. 458 (§ 100) 2. W. Seelmann *Gerh. von Minden* (Nd. Denkm. II) S. XV; ders. *Valentin und Namelos* (Nd. Denkm. IV) S. X. C. Borchling *Reiseberichte* I S. 117 (Nachrichten der K. Gesellschaft der Wissenschaften zu Göttingen 1898, Heft 2). W. Stammler *Die deutsche Hanse und die deutsche Literatur*, Hans. Geschichtsbll. 45 (1919) S. 45f.; ders. *Geschichte der nd. Lit.* 1920, S. 48, 51. K. Gödeke an Hoffmann v. Fallersleben in Euph. 31 (1930) S. 253.

2. Inhalt der Hs.

I. 'Van der Bort Christi' (Bl. 1a bis 10a).

Mit Recht unterscheidet Wackernagel zwei Gedichte: 'Van der bort Christi' und 'Van unser frowen hemmeluart' (Jellinghaus: 'Marien Himmelfahrt'). Beide haben einen deutlichen Schluß. Beim ersten wird der Inhalt zusammengefaßt mit den Worten: *Dat is van godes bort / Dat wy hir hebben gehort / Dat is van godes kuscheyt, / God beware uns vor alle leyt / Vor sunden vnde schanden / Vnde vor des düuels banden, / God gheue dat wy sulk leuen driuen, / dat wy mit gode bliuen.* Das zweite schließt mit den Worten: *Dith is gedichtet van vnser vrowen hemmeluart. / Süuerlik dinck nü gedichtet wart, / We desse hemmeluart gerne eret / Vnde ock we se gerne horet / Deme mynschen wil se sin gud meren / Vnde helpen eme to der ewigen eren...* An diese beiden Gedichte schließt sich als Schluß ein Gebet an Maria an. Es ist also deutlich eine Dreiteiligkeit zu erkennen, die dem Schreiber bewußt gewesen ist. Im ersten Gedicht wird nach einer kurzen Einleitung die Verkündigung Gabriels geschildert, es folgt die Geburt Christi, die Anbetung der Könige, Mariens Freude, der Lobgesang der Engel und die Verkündigung an die Hirten. Die Darstellung ist frisch und lebendig. Das zweite Gedicht handelt von der Himmelfahrt der Jungfrau und ihrer Begrüßung im Himmel. Es klingt stark an andere Marienleben an (insbesondere das hd. des Bruders Philipp, s. d.) und ist von der lateinisch-kirchlichen Literatur der Zeit beeinflußt. Als Vers ist der vierhebige Reimvers angewandt. 'Van der bort Christi' macht im ganzen einen älteren Eindruck; es als Teil eines verlorenen Epos anzusehen (Jellinghaus), liegt keine Veranlassung vor. Der Name des Verfassers ist, wie bei allen im 'H.' enthaltenen Dichtungen, nicht genannt.

Drucke: Staphorst I 4 S. 175—202; Ph. Wackernagel KL. II S. 395—405. Im Auszug: H. Oesterley (Goedeke MA. XII S. 9f.).

Literatur: Die oben genannte allgemeine Literatur wird bei den einzelnen Werken nicht mehr angeführt. Jellinghaus *Geschichte der mnd. Lit.* 1925³, S. 5f.

II. 'Van deme Holte des hilligen Crutzes' (Bl. 11a—23b).

'Van deme Holte des hilligen Crutzes' ist kein Originalgedicht, sondern die Übertragung des mndl. Gedichtes 'Boec van deme houte', das früher fälschlich dem niederländischen Clerk Jacob van Maerlant (c. 1235—1300) zugeschrieben wurde. Seth, der Sohn Adams, erhält vom Engel Cherubin, dem Hüter des Paradieses, drei Kerne, die er seinem Vater, wenn er gestorben ist, unter die Zunge legen soll. Daraus entstehen drei Bäume, deren Holz nach mancherlei wunderbarem Schicksal an dem Kreuze Verwendung findet, an dem Jesus stirbt. Die Elemente dieser Legende lassen sich bis in die frühesten Zeiten der Christenheit zurückführen und haben in verschiedensten Formen und Sprachen Bearbeitung gefunden. Das Ganze ist mehr eine gereimte historische Darstellung als Dichtung. Künstlerisch steht es weit unter dem Gedicht 'Van der bort Christi', mit dem es in der Anwendung des vierhebigen Verses übereinstimmt. Immesen (s. d.) in seinem 'Sündenfall' ist von unserem Gedicht beeinflußt.

Zweite Hs.: Hamburger Stadtbibliothek Convent IV (XV. Jhd.) 8° (C); vgl. Borchling *Reiseberichte* I S. 99.

Drucke: Staphorst I 4 S. 202—222; Carl Schröder '*Van deme Holte des Hilligen Cruzes*' 1869; ders. NdJb. 2 (1876) S. 88—109: Hs. C; Auszug Oesterley a. a. O. S. 10f.

Literatur: Mussafia *Sulla legenda del legno della croce* 1870. Vgl. auch die Anmerkungen und Einleitungen zu den Drucken, besonders die Einleitung zu Schröders Ausgabe; Tideman *Dboec van den houte door J. van Maerlant*, Leiden 1844; Jellinghaus *Mnd. Lit.* S. 6; Heinr. von Freiberg *Legende vom hl. Kreuz*, hsg. von Al. Bernt 1906.

III. 'Van eyneme eddelen krutgarden' (Bl. 24a—27a).

Der Garten, von dem die Rede ist, ist das Herz des Menschen. Stetigkeit soll die Mauer sein, rechter Glaube das Tor und sichere Hoffnung der Schlüssel dazu. Es werden mehrere Tugenden aufgezählt, die im Garten als Kräuter wachsen sollen. Das beste Kraut aber ist Maria selbst. Solche allegorische Dichtung, die uns heute teilweise als recht geschmacklos erscheint, so wenn vom Dünger des Gartens mit Bezug auf Jesus gesagt wird: *Dessen Mess brachte uns dat Lam, / Dat van dem Hemmel hir nedder quam*, muß aus dem Zeitgeist des späten Mittelalters heraus verstanden werden. Die Quelle dieser Art allegorischer Dichtung, für die gerade der Norddeutsche immer empfänglich gewesen ist, war die religiöse Literatur in lateinischer Sprache.

Drucke: Staphorst a. a. O. S. 223—25; Oesterley (Goedeke MA. XII S. 52f.) (v. 1—97).

Literatur: Jellinghaus *Mnd. Lit.* S. 8 (Inhaltsangabe ungenau). Vgl. Borchling *Reiseberichte* IV S. 18, Nr. 33.

IV. 'Dith is de kranszhals' (Bl. 27b—31b).

Auch dieses Gedicht gehört zur allegorischen Dichtung. Es ist jedoch nicht geistlichen, sondern höfischen Inhalts und beginnt mit der Darstellung eines Traumes, in dem der Dichter auf der Jagd zu einer mit Edelsteinen und rotem Golde bedeckten Burg reitet, wo unter einem Baum mit *rozenbladen* eine Jungfrau sitzt. Sie klagt, daß sie keinen Mann von *steder truwe* kenne, dem sie ihr Herz zuwenden könne. Da vergleicht der Dichter der Jungfrau gegenüber die Eigenschaften eines treuen Mannes mit den neun Graden am Halse eines Kranichs. Zum Dank für diese Unterweisung erhält er einen Fingerring, und als er aufwacht, findet er wirklich den Ring auf seinem Bett. Da macht er sich auf, die Jungfrau zu suchen. Er findet sie nicht und tröstet sich damit, daß er selbst erst die Tugenden besitzen müsse, von denen er vorher gesprochen hat. Dann zählt er die guten Eigenschaften der Frauen auf und endet mit einem Lob auf *alle wifflike gute*.

Der zweigliedrige Aufbau des Gedichtes ist sehr geschickt durchgeführt. Im ersten Teil werden wir in die Welt des Traumes versetzt, im zweiten kann der Dichter sich mit dem Lob der Frau unmittelbar an den Leser wenden. Inhaltlich ist es von höfisch ritterlichen Anschauungen beeinflußt, kann aber nicht als eigentliche Minnedichtung bezeichnet werden. Theologisch-literarischer Einfluß ist nicht zu verkennen. Wahrscheinlich haben wir es auch hier mit einer Übersetzung aus dem Ndl. zu tun.

Andere Hss.: Jütische Sammlung in Stockholm, Kgl. Bibliothek; vgl. Borchling *Reiseberichte* II S. 110. Wolfenbüttler Bibl. Helmst. Hs. 1203 (von Heinemann Nr. 1311). Diese beiden Hss. enthalten nur den ersten Teil des Gedichtes. Alle drei Hss. weichen sprachlich stark voneinander ab. Eine hd. Fassung in der Landesbibliothek zu Gotha, cod. chart. A 985.

Drucke: Staphorst I 4 S. 225—229; P. J. Bruns *Romantische und andere Gedichte in altplattdeutscher Sprache aus einer Handschrift der Akademischen Bibliothek zu Helmstädt* 1798, S. 110—120 (unter der Überschrift: 'Der Baumgarten'); L. Ettmüller (Bibliothek der ges. deutschen Nationalliteratur 33) 1852, S. 56—63; Oesterley (Goedeke MA. XII, S. 67f.) (im Auszug).

Literatur: Jellinghaus *Mnd. Lit.* S. 24; vgl. Borchling *Tausend Jahre Plattdeutsch* 1927 I S. 26. K. Nerger NdKbl. 15 (1891) S. 74f.

V. '*Unser leuen frouwen rozenkrantz*' (Bl. 31b—32b).

Ein gereimtes Gebet an Maria. Je vier Verse sind durch gleichen Reim zu einer Strophe zusammengefaßt, die der Reihenfolge nach mit den Buchstaben des Alphabets beginnen. Man nennt es deshalb besser mit Wackernagel: 'Unser leuen frouwen ABC'. Am Schluß ist die Strophigkeit gestört. Anscheinend handelt es sich hier um Zusätze, die nicht vom Dichter des eigentlichen ABC stammen.

Drucke: Staphorst I 4, S. 229—231; Wackernagel KL. II S. 406f.; Oesterley a. a. O. S. 13.
Literatur: Jellinghaus *Mnd. Lit.* S. 15; Wackernagel a. a. O.

VI. 'Van Namelos ond Valentin' (Bl. 33a—75b).

Im Epos wird das Schicksal zweier ohne Wissen der Mutter ausgesetzter Zwillingsbrüder behandelt, von denen der eine als Valentin bei Hofe aufwächst, der andere in der Wildnis tierische Gewohnheiten annimmt und wie ein Tier aussieht. Nach Abenteuern verschiedenster Art werden diese merkwürdigen Zwillingsbrüder wieder zusammengeführt. Namelos — so heißt der zweite Bruder — lernt sprechen und sich wie ein Mensch gebaren. Auf einem gemeinsamen Abenteuerzug retten sie ihre Mutter vor dem Tode, zu dem sie verurteilt ist. Von ihrer Blutsverwandtschaft wissen sie nichts. Noch einmal trennen sie sich, um mancherlei Abenteuer zu erleben, bis sie sich schließlich alle wieder zusammenfinden und nun ihre enge Verwandtschaft erfahren. Valentin wird Pippins Nachfolger auf dem fränkischen Thron und Namelos König von Ungarland.

Der mnd. 'Valentin und Namelos' (s. d.) ist ein Ausläufer der höfischen Dichtung des Mittelalters, aber seinem Geiste nach schon ganz auf die bürgerliche Haltung der Hansezeit und deren sittliche Anschauungen eingestellt. Eine altfranzösische Dichtung ist die Vorlage. Die Quelle ist nicht mehr vorhanden, aber aus ihr sind noch andere mehr oder minder selbständige Bearbeitungen geflossen. Bekannt sind eine md. Dichtung und Prosabearbeitung, eine schwedische Wiedergabe und eine mndl. Dichtung. In Frankreich selbst ist der Stoff im 15. Jh. zu einem vielverbreiteten Volksbuch verarbeitet worden, das in eine Reihe anderer Sprachen übersetzt ist. (Bibliographie in der Ausgabe von W. Seelmann.) Dramatische Bearbeitung hat der Stoff gefunden durch Jak. Ayrer und Abraham Schädlin.

Der Name des mnd. Dichters ist nicht bekannt. W. Seelmann stellt es als wahrscheinlich hin, daß das Epos von einem in Brügge weilenden Niederdeutschen, etwa einem Clerk, verfaßt worden ist.

Zweite Hs.: Papierhs. der Kgl. Bibliothek in Stockholm, Vitterhet Tysk Nr. 29, kl. 4° (vgl. Dasent ZfdA. 5 S. 404; ders. *Theophilus in Icelandic, Low German and other tongues*, London 1845); letztes Drittel des 15. Jhs. Es fehlen die Verse 1—58, 629—846, 1595—1667. Borchling *Reiseberichte* II S. 108f.

Drucke: Staphorst I 4, S. 231—263; Ge E. Klemming *Namnlös och Valentin. En medeltids-Roman*, Stockholm 1846 (Samlingar utgifna af Svenska Fornskrift-Sällskaped. Tredje Delen. Häft 1); W. Seelmann *V. u. N.* (Nd. Denkmäler IV) 1884. Im Auszug: Hoffmann von Fallersleben Altdeutsche Wälder I S. 208—10 (v. 2531—2617), Text nach Staphorst; Oesterley bei Goedeke MA XII S. 33f.; W. Stammler *Mnd. Lesebuch* Nr. 52 (v. 1—241). Eine Abschrift von W. Grimm aus Staphorst in Berlin, Grimmschrank, vgl. H. Daffis *Inventar der Grimm-Schränke* 1923, S. 90.

Literatur: W. Seelmann, Einleitung der oben genannten Ausgabe; dazu J. Franck DLZ. 1884 Sp. 1914f.; W. Seelmann NdJb. 10 (1884) S. 160ff.; Ed. Schröder AfdA. 11 (1885) S. 116ff.; R. Sprenger Ltbl. 1885 Sp. 9ff. W. de Vreese *Een nieuw Fragment van 'Valentijn en Nameloos'*, Tijdschr. v. ndl. Taal- en Letterkunde 11 (1891) S. 140—62; J. te Winkel *'Valentijn en Nameloos'*, ebenda S. 229 bis 236. R. Sprenger *Zu 'Valentin u. Namelos'*, NdJb. 19 (1893) S. 108f.; Ed. Damköhler *Zu 'Valentin u. Namelos'*, ebda. 21 (1895) S. 125f. Ed. Beta *Untersuchungen zur Metrik des mnd. 'Valentin u. Namelos'*. Leipz. Diss. 1907. W. Stammler *Die deutsche Hanse und die deutsche Literatur*, Hans. Geschichtsbll. 45 (1919) S. 44; ders. *Mnd. Lesebuch* Anm. zu Nr. 52. F. Karg *Die altschwedische Erzählung von 'Valentin und Namelos'*, Festschrift f. Eugen Mogk 1924, S. 197—230. H. Jellinghaus *Mnd. Lit.* S. 22. A. Dickson *Valentine and Orson, a study in late medieval romance*, New York 1929.

VII. 'Van dren konyngen' (Bl. 76a bis 80b).

Das Gedicht ist eine Bearbeitung einer weitverbreiteten Legende, von der wesentliche Elemente bereits im antiken Orient bezeugt sind. Drei Könige im jugendlichen Alter reiten auf die Jagd und treffen auf die Leichen ihrer Väter, von denen sie christlich-moralische Lehren erhalten, die von dem Spruche ausgehen: *Wat gij sint, dat were wij, Wat wij sint, dat werde gij.*

Der im 'H.' vorliegende Text ist die Bearbeitung eines hd. Originals.

Abschrift: W. Grimm (aus Staphorst) vgl. H. Daffis a. a. O. S. 93.

Druck: Staphorst a. a. O. S. 263—67; Oesterley bei Goedeke MA. XII S. 35f.; Hamburger Heimatkalender 1925 S. 10—12.

Literatur: K. Künstle *Die Legende der drei Lebenden und der drei Toten und der Totentanz* 1908 (enthält ungenaue Angaben über das 'H.'); ders. *Ikonographie der christl. Kunst* I (1928) S. 208ff. W. F. Storck *Die Legende von den drei Lebenden und den drei Toten*. Diss. Heidelberg 1910; ders. *Der Spruch der Toten an die Lebenden*, Zs. f. Vkde. 21 (1911) S. 53ff. W. Stammler *Die Totentänze des MA*. 1922, S. 13ff. Jellinghaus *Mnd. Lit.* S. 24. Andere deutsche Fassungen der Legende bei W. F. Storck a. a. O. S. 5f.; vgl. NdJb. 11 (1885) S. 104.

K. Schulte-Kemminghausen.

Harter, s. Harder.

Hartlieb, Johannes.

1. Hss. und Drucke: *'Kunst des gedächtnüsz'* (1430): Gießen UB 76. — *'Über die Erhaltung des Sieges'*: Berlin Ms. germ. qu. 1187. — *'Chiromantie'*, Blockbuch 1473 (vergl. Donaueschingen 815). — Übersetzung des Andreas Capellanus: Cgm. 236. 241. 251; Donaueschingen 151. 152; Wien Hoffmann 108 (3053. Ms. Ambr. 465); Priebsch II S. 205. Drucke: Augsburg 1482. 1484; Straßburg 1484. — *'Buch aller verbotenen Kunst'*: Wolfenb. 815; Dresden M 59; Cod. pal. germ. 478. — *'Alexander'*: Cgm. 270. 288. 338. 580. 581; Cod. pal. germ. 88. 154; Wien Hoffmann 107 (2906); Berlin Ms. germ. 2° 1066; Maihingen Nr. 30; Wernigerode = Katal. 91 Rosenthal Nr. 4; Raab ohne Signatur (Münchn. Mus. 2 S. 211—221). Drucke: Augsburg 1472. 1473. 1478. 1480. 1482. 1483; Straßburg 1488. 1493. 1503. 1509. 1514; Frankfurt a. M. 1573; Leipzig 1613.; o. O. 1643; Nürnberg 1654. 1670. — *'Brandan'*: Cgm. 301. 385. 689; Nürnberg Ms. 34. fol. Bibl. Solger. — *'Secreta mulierum'*: Cgm. 261; Cod. pal. germ. 480. 488; Wolfenb. 69. 8°; Berlin Ms. germ. 928; Dresden 314. — Übersetzung Felix Hemmerlins: Cgm. 732. 733. — Caesariusübersetzung: Priebsch II S. 107 (Brit. Mus. Ms. Sign. Additionals 6039). — 'Kriegsbuch': Wien Hoffmann 219 (3062); Freiburg i. Br. UB. 362.

2. Im Auftrag Ludwigs des Bärtigen und als Erzieher seines Bastardsohnes Wielands von Freiberg († 1439) verfaßte H. zu Neuburg a. D. 1430 die *'Kunst des gedächtnüsz'*. Kurze Zeit nachher studierte er wohl auf Kosten des genannten Herzogs in Wien, wo er Bakkalaureat (1433), Magisterium und schließlich Doktorat der Arznei erwarb. Dort verfaßte er eine astrologische Abhandlung über die Erhaltung des Sieges (1434). Für Erzherzog Albrecht VI. von Österreich, den späteren Gemahl Mechthilds (s. d.), übersetzte er bald nachher des Andreas Capellanus *'Tractatus amoris'*. H. war mit Sibylle, der Tochter Albrechts III. und der Agnes Bernauerin, verheiratet. Von 1450 an stand er als Leibarzt seines Schwiegervaters im Dienste der Münchner Linie, für welche er auch diplomatisch tätig war (1446 Ferrara, 1456 bei Johann von Brandenburg-Kulmbach). An der Judenvertreibung (1442) ist H. beteiligt; nach dieser wurde ihm das Haus, in dem die Judenschule war, von dem Herzogspaar geschenkt. Als Dank hierfür verfaßte er sein Alexanderbuch, zudem ist auch der Herzogin Anna von Braunschweig, der Gemahlin Albrechts III., eine 'Geomantie' und die 1448 abgefaßte, als Blockbuch um 1473 gedruckte 'Chiromantie' und die Brandanlegende gewidmet. Mit dem Jahr 1451, dem Auftreten des Nikolaus Cusanus in München, ist eine einschneidende Wendung in H.s Anschauungen festzustellen; damals gelobte er die Stiftung eines Minoritenklosters. Seine Neigung zu allem Geheimnisvollen und Rätselhaften in der Natur und im Menschen macht einer religiösen Auffassung Platz, für welche das nach arab. Quellen (Picatrix) 1456 kompilierte 'Buch aller verbotenen Kunst' Zeugnis ablegt. Dieses Werk ist für den Markgrafen Johann von Brandenburg-Kulmbach verfaßt. Für Herzog Siegmund, dessen Leibarzt er 1456 wurde, übersetzte H. die *'Secreta mulierum'* des Albertus Magnus mit den Erläuterungen des Tortula. Um dieselbe Zeit entstand auch die Übersetzung von Felix Hemmerlins (s. d.) Bäderbuch. Noch 1467 war H. mit Siegmund in Gastein. Er erzählt selbst, daß er dieses Bad fünfmal mit seinem hohen Patienten besucht habe. Um 1460 übertrug er das zweite Buch speziellen Inhalts von des Caesarius von Heisterbach (s. d.) *'Dialogus miraculorum'* für den Münchner Patrizier Hans Pütrich den Jüngeren († 1467). H. starb zwischen 22. März und 29. September 1468.

3. H.s Werke gehören der Übersetzungsliteratur an. Er übertrifft fast die ganze zeitgenössische deutsche Prosa durch den

Reichtum seiner sprachlichen Wendungen. Die Brandanlegende ist unter allen Übersetzungen die beste. Die lateinische Syntax beeinflußt H. weniger als die ersten dt. humanistischen Übersetzer. Er stellt sich stets auf seine Gönner ein, denen er seine Werke widmet. So tragen alle seine Arbeiten einen höfischen Charakter. Sein Bestreben, den fremden Stoff der eigenen Vorstellungswelt anzugleichen, sein behaglich liebevolles Sichversenken in die Einzelheiten sowie die Ausmalungen des Stoffes entsprechen der Erzählungstechnik der „Volksbücher". Besonders gern gibt H. seine naturwissenschaftlichen Kenntnisse zum besten. Das Bestreben, breiter und anschaulicher zu wirken, Teilnahme für seine Gestalten zu erwecken und ihre Handlungen zu motivieren, nimmt in den späteren Werken zu. Noch im 'Alexander' hält sich H. ganz an seine Vorlage, eine Redaktion aus der Pariser Hs. Bibl. nat. Nouv. acq. Lat. 310 s. XII. Am freiesten verhält er sich der Vorlage gegenüber in der Caesariusübersetzung, die stellenweise als freie Nacherzählung zu werten ist. Oft stattet er die Darstellung durch lebendige Einzelzüge aus, sucht den Zusammenhang zu verdeutlichen, plastischer zu gestalten, seine weltlichen Kenntnisse zu verwerten. In der Weglassung theologischer Erörterungen zeigt er Geschmack, die Wiedergabe scholastisch-kirchlicher Fragen stößt auf Schwierigkeiten. Dennoch treten seine religiösen Anschauungen und lehrhaften Absichten, besonders aber seine Marienverehrung deutlich hervor. Die Verbreitung der Vorlage läßt sich auf drei Ursachen zurückführen: a) Streben nach Deutlichkeit; b) Belastung mit synonymen Wendungen; c) syntaktisches Denken in Form ganzer Sätze.

4. H. besitzt wenig Eigenart und selbständige Gesinnung. Durch höfische Beziehungen ist sein ganzes Leben bestimmt. Auf der einen Seite unterstützt er erotische Neigungen seiner Gönner, in der Öffentlichkeit jedoch trägt er moralische Absichten deutlich zur Schau. Seine Stellung zur Naturwissenschaft verbindet ihn mit dem Humanismus, doch setzt er konservativ literarische Traditionen des 14. Jhs. fort.

K. Drescher *J. H., über sein Leben und seine schriftstellerische Tätigkeit*, Euph. 25 S. 225—241, 354—370, 569—590; 26 S. 341—367, 481—564. Fr. Wenzlau *Zwei- und Dreigliedrigkeit in der dt. Prosa d. 14. u. 15. Jhs.* (Hermaea 4) 1906 S. 231—242. H. Becker *Zur Alexandersage. Der Brief über die Wunder Indiens bei J. H. und Sebastian Münster*, Festschrift z. 70. Geburtstag O. Schade dargebracht 1896, S. 1—26. S. Hirsch *Das Alexanderbuch J. H.s* (Palästra 82) 1909. H. Poppen *Das Alexanderbuch J. Hs. und seine Quelle*, Heidelberg Diss. 1914. Das 'Alexanderbuch' her. v. R. Benz 1924. C. Schröder *St. Brandan, ein lateinischer und drei deutsche Texte* 1871, S. XVII. 'Buch der verbotenen Kunst' her. v. D. Ulm 1914. S. Riezler *Geschichte der Hexenprozesse in Baiern* 1896, S. 64—71, 326—337. H. Ritter *Picatrix*, Vorträge d. Bibl. Warburg 1921/22 (1923) S. 94—124. Faksimiledruck der 'Chiromantia' besorgt von E. Weil (Münchener Drucke) 1923. 'Käsarius' hsg. von K. Drescher (DTdMA. 33) 1929.

R. Newald.

5. Von medizinisch-naturwissenschaftlichem Schriftwerk übersetzender, bearbeitender und kompilierender Art seien genannt: eine 'Gedächtniskunst' (womit sich oft auch die Ärzte damals zur „Stärkung des Gedächtnisses" beschäftigten) 1430 für seinen alternden Gönner Herzog Ludwig von Pfalz-Neuburg, 1434 Astrologisches z. B. „Himmelshäuser" in Wien (*D. Joh. H. de Meglingen 1432* Freiburg i. Br., Ms. 458), 1448 für seine Gönnerin, Albrechts III. von Baiern-München Gattin, Anna von Braunschweig eine 'Chiromantie', die vielleicht mit dem populären Blockbuch aus Augsburg (Faksim. Münchner Drucke 1923) inhaltlich gar nicht identisch ist. 1456 schrieb er für die gleiche Fürstin das 'Puch aller verpotten kunst ungelaubens und der zauberei' aus allerhand Autoren zusammen, das große literarische Kenntnis okkulter Literatur verrät. Auf Veranlassung seines jungen Herrn, Herzogs Siegmund, bearbeitete er die pseudoalbertischen '*Secreta mulierum*' mit „heimlicher Gloß des Buchs Trotula" samt Macrobius, Gilbertus u. Mustiv (cgm. 261, handschriftlich auch in Dresden Ms. 314) und übersetzte schließlich Felix Hemmerlins Schrift 'Von warmen Bädern' (cgm. 732).

Sudhoff *Dtsche med. Inkunabeln* S. 97—99.

Sudhoff.

6. H. verfaßte auch ein Kampfbuch 'Onomatomantia', 1437, d. h. eine Lehre der Kunst, die Namen von Kämpfern mit der Kalenderstellung des Kampftages in Übereinstimmung zu bringen. Es ist enthalten in Cod. ms. 3062 Staatsbibl. Wien; Nr. 117 Heeresbücherei Berlin, von 1447 und 1453 (beides Feuerwerksbücher), letzteres mit Bildern (s. 'Feuerwerksbuch'), und gehört in den Bereich der Fechtbücher (s. Lichtenauer). Es ist auf astrologischer Grundlage aufgebaut.

M. Jähns *Geschichte der Kriegswissenschaft* 1888, S. 261, 371/72. Ztschr. f. hist. Waffenkunde IV S. 115. G. Köhler *Die Entwicklung des Kriegswesens* B. III Abt. 1 S. 270. F. M. Feldhaus *Die Technik der Antike und des Mittelalters* 1931, S. 354, Abb. 376. A. Schultz *Höfisches Leben zur Zeit der Minnesänger* 1889, II S. 394 Abb. 175.

Eduard A. Geßler.

Hartmann, Der arme.

1. Der arme H. nennt sich der Dichter einer *'Rede von dem heiligen gelouben'* (v. 3737), er hatte nach v. 1626ff. früher ein Gedicht über das Jüngste Gericht verfaßt, das verloren ist.

2. Handschrift: Die Straßburg-Molsheimer, geschrieben 1187 oder wenig später, verbrannt 1870. Blatt 8 mit etwa 400 Versen fehlte (v. d. Leyen v. 3225—3625). Angaben bei Ehrismann *Gesch. d. dtsch. Lit.* II, 1 S. 17.

Ausgaben: Maßmann *Dtsch. Ged. d. 12. Jhs.* S. 1—42. v. d. Leyen Germanist. Abhandl. 14.

Literatur s. Ehrismann a. a. O. S. 62—65. Brüch Prager dtsch. Stud. 17. Hauck *Kirchengeschichte Deutschlands* ⁵IV S. 102f. Kelle *Gesch. d. dtsch. Lit.* II S. 63—68, 281—283. Leitzmann PBB. 24 S. 206—220; 47 S. 139. v.d. Leyen ebd. 47 S. 522—528. Reißenberger, Leipz. Diss. 1871. E. Schröder ZfdA. 33 S. 104 Anm.; 64 S. 236; GGN. 1918 S. 424f.; 1925 S. 148—160; MSB. 1924,3 S. 5f. Stroppel *Liturgie u. geistl. Dichtg.* 1927, S. 75—81, 165f. Weede, Kieler Diss. 1891 S. 26f. Zimmermann *Die Zusammensetzung der Straßb.-Molsh. Hs.* Diss. München 1924 (Mschr.).

3. Über Hartmanns Leben erlaubt nur sein Werk einige Vermutungen. Er war anscheinend Laie, jedenfalls rechnet er sich v. 16, 423, 2927ff. nicht zu den Geistlichen. Sein Rat, den Besitz der Kirche zu geben und sein Leben im Kloster oder als Klausner zu beschließen (v. 3130ff.), in Verbindung mit einem stark hervortretenden Sündenbewußtsein, läßt glauben, daß er in höheren Jahren selbst der Welt entsagt hatte, vielleicht als Laienbruder eines Klosters (Kelle S. 67). Das Leben der ritterlichen und adligen Kreise (v. 2391ff, 2498ff.) scheint er aus eigner Erfahrung zu kennen. Er besitzt geistliche Bildung und versteht Latein, er kennt die Bibel und weiß etwas von den sieben freien Künsten (v. 409ff.), doch ohne Anspruch auf Gelehrsamkeit.

4. Die Sprache ist wesentlich mitteldeutsch mit einzelnen bairischen Spuren (Schröder Z. 33, Weede, v. d. Leyen S. 29). Was Brüch (S. 50ff.) für thüringische Herkunft anführt, ist nicht beweisend. Westmitteldeutsche Merkmale treten auf, aber nicht häufig oder neben verbreiteteren Formen (ebd. S. 56f.), Schröder (MSB.) macht auf die Möglichkeit aufmerksam, daß der Dichter seine Heimat verlassen hatte. Sein Werk ist nach Baiern gelangt, wie die erwähnten Spuren zeigen. Anscheinend gehörte es zu den Dichtungen, die sowohl dem 'Rolandslied' (s. Konrad) als auch der 'Kaiserchronik' (s. d.) bekannt waren (Belege bei v. d. Leyen S. 9ff.); dann wäre es nicht lange vor 1150 verfaßt.

5. Nach einer längern Einleitung (v. 1—60) knüpft H. an die einzelnen lat. Sätze des Nicäno-Konstantinopolitanischen Bekenntnisses eine Übertragung ins Deutsche und ausführlichere Darlegungen der kirchlichen Glaubenslehre, an geeigneten Stellen auch Ermahnungen, oft im Anschluß an weitere Zitate, meist aus der Bibel. Vom Vater handeln v. 61—178, vom Sohn v. 179—1641, im Anschluß an seine Beteiligung am Schöpfungswerk mit einem Abschnitt über den Bau der Welt (v. 321—422), vom Heiligen Geist v. 1642—3708, unterbrochen von einer Reihe von Abschnitten, die mit *diz ist des heiligen geistes rat* beginnen (v. 1680 bis 3630). Einer davon enthält eine Sündenklage (v. 1752—2369) mit Beispielen von Bekehrungen, des Schächers am Kreuz (v. 1843ff.), des Theophilus (v. 1987ff.), Petrus des Zöllners (v. 2002ff.), der Maria Magdalena (v. 2114ff.), Afra (v. 2238ff.) und der ägyptischen Maria (v. 2264ff.), ein anderer die Geschichte von Lazarus und dem Reichen (v. 2684ff.). Die letzten

vor der Lücke (v. 2884ff.) sprechen denen, die des Heil. Geistes Rat folgen, je nach ihrer Leistung als Lohn die Würde der Engelchöre zu. Ein Gebet an Christus (v. 3709—3800) schließt das Ganze. Kleinere Zutaten eines andern werden von Schröder (Z. 33 u. GGN. 1925 S. 158) und von v. d. Leyen (S. 31ff.; PBB.) angenommen, von Leitzmann und Brüch (S. 14ff.) bestritten. Sie sind nicht sicher nachzuweisen, wahrscheinlich ist v. 2880 bis 2883 spätere Zutat, aber schwerlich die einzige. Die Abschnitte von des Heil. Geistes Rat gehören dagegen nach Reim und Sprache H. selbst (Reißenberger S. 6ff.; Brüch S. 7ff.), sie entsprechen den Darlegungen über Weltschöpfung und Weltbau (v. 273ff.).

6. Hartmanns Quelle war neben dem Nicäno-Konstantinopolitanischen Bekenntnis vor allem die Bibel (Nachweise bei v. d. Leyen S. 94ff.), darüber hinaus waren ihm die kirchliche Gedankenwelt und ihr Ausdruck wohl mehr aus dem Gottesdienst mit Predigt, Liturgie und Hymnen als aus theologischen Abhandlungen vertraut. Der nur scheinbar gelehrt tuende, mit dem Geständnis mangelhaften Wissens (v. 423ff.) schließende Abschnitt über den Bau der Welt enthält wohl im wesentlichen Erinnerungen aus dem Schulunterricht. Von den Legenden scheint H. wenigstens die von Theophilus nach dem Gedächtnis erzählt zu haben (v. d. Leyen S. 111ff.), in allen ist die Erzählung dürftiger als in den Geschichten aus der Bibel.

7. Der Versbau neigt zu leichter Füllung, die wenigen überlangen Verse mit v. d. Leyen H. abzusprechen, besteht kein hinreichender Grund. Das Streben, eindringlich zu wirken, die Neigung zu lat. Ausdrücken und Parallelsätzen in Verbindung mit seiner Gewandtheit in Worten und Reimen verführen den Dichter zur Breite. Wiederholungen und Schwerfälligkeiten sind ihm kaum alle abzusprechen. In den lehrhaften Teilen erhebt sich sein Werk nicht über den Durchschnitt ähnlicher Dichtungen des 12. Jhs., die fast dürftige Erzählung der Legenden wird von Betrachtungen überwuchert. Am freiesten entfaltet er sein Können in den beredten Äußerungen seiner Weltfeindschaft.

8. H. s. Werk ist zugleich Erklärung des christlichen Glaubens, wie er in der Meßliturgie bekannt wurde, und Ermahnung zu christlichem Leben, die in der Forderung der Weltflucht gipfelt. Alle weltlichen Güter, Besitz, Wohlleben, Ehe, Ehre gelten ihm als Verderb der Seele, vergängliches Wissen als unnütz, er weiß nichts Besseres, als alles aufzugeben und seine Tage als Mönch oder Klausner zu beschließen. Die 'Rede vom Glauben' beleuchtet die nebeneinander wirksamen Kräfte in der geistigen Lage der Zeit. Während die weltliche Dichtung Geistlicher schon begonnen hat oder doch vor der Tür steht, predigt ein Kenner des Weltlebens von neuem schroffste Weltentsagung. Und dieser wortgewandte Mahner ist vielleicht einer der ersten Laien, die sich in der deutschen Schriftdichtung versucht haben. Hans Steinger.

Hartman, Johannes, Prediger und Beichtvater der Nonnen zu Marienberg im Braunschweigischen im ersten Viertel des XVI. Jhs. Von ihm erhalten Predigten in niederdeutsch-lateinischer Mischsprache, vielleicht Autograph des Verfassers.

Hs.: Wolfenbüttel Landeshauptarchiv VII B 309. — Kurz erwähnt bei E. Henrici *Sprachmischung in älterer Dichtung Deutschlands* 1913 S. 26.

W. St.

Hartmann von Aue.

1. Da Hartmann von Aue nirgends urkundlich bezeugt ist, müssen seine Werke und die Zeugnisse seiner Zeitgenossen Aufschluß über sein Leben geben. Seinen Namen nennt er 'Bü.' 29 und 'Greg.' 173. Aus 'A. H.' 1 und 'Iw.' 21 kann man entnehmen, daß er Ministeriale eines Geschlechtes von Aue war. Sein ritterlicher Stand wird durch die Anrede der Zeitgenossen (Wolfram: *mîn her H. v. Ouwe;* Konrad v. Stoffeln: *v. Ouwe her H.*; Wirnt: *der herre H.*) *her* und überdies durch die ritterlichen Anschauungen in seinen Werken bestätigt. Die Bezeichnung *meister* in Heinrichs v. d. Türlin (s. d.) 'Krone' geht auf Hartmanns dichterische Meisterschaft. Die Bilder der Liederhandschriften zeigen H. zu Pferde in ritterlicher Zier. Sein

Wappen in B und C ist das der Herren von Wespersbühl bei Eglisau, das aber nicht ohne weiteres als Heimat des Dichters bezeichnet werden kann. Zwar stammt H. aus Schwaben (1. H. v. d. Türlin 'Krone' v. 2553ff.: *den* (Erec) *von der Swâbe lande/ uns brâhte ein tihtære;* 2. vgl. 'Greg.' v. 1573ff. und 'A. H.' v. 31 und 1422), dahin weisen auch seine wenigen mundartlichen Besonderheiten, und zwar nach Schwaben im weiteren Sinne, dem Südwesten Deutschlands bis zum Rhein. Und ferner konnten sich die Herren von Tengen auch nach Eglisau „von Aue" nennen; aber es wäre dann zu fragen, warum H. sich nicht „von Tengen" nannte. Das Freiherrengeschlecht, dem jener Herr Heinrich angehört, von dem unser Dichter im 'A. Heinr.' spricht, mag eher in Au bei Freiburg i. B. zu suchen sein. Dort ist 1112/1123 ein *Henricus de Owa* urkundlich bezeugt. Der Nekrolog des Zisterzienserklosters Tennenbach bei Emmendingen zeigt zum 1. 4. den Eintrag: *der arme Henrich des abbts von Einsidlen knecht.* Da dort nur Namen der nächsten Umgebung genannt werden, könnte hiermit sehr wohl der Freiherr von Aue gemeint sein. Daß die dortigen Herren von A. ihrerseits im Dienstverhältnis zu den Zähringern standen, macht nicht unmöglich, daß sie selbst Ministeriale hatten, darunter eben unsern Dichter; durch seine Beziehungen zu den Zähringern könnte H. in seiner Jugend sehr wohl jene Reise nach Westfranken gemacht, 'Bü.' v. 1280. Denn die Zähringer waren mit dem zeitweiligen Auftraggeber Chrétiens, dem Grafen Philipp von Vlandern, verwandt. — (Endlich mag man bei Hartmanns Namen an „die" Aue denken, die Insel Reichenau, an Walahfried Strabos *augia felix,* besonders da die Wespersbühler Dienstmannen der Reichenau waren.) Das Kreuz mag H. mit vielen andern Rittern auf Geheiß Kaiser Heinrichs VI. auf dem Reichstag zu Worms im Herbst 1195 genommen haben nach dem im Winter 1194/5 erfolgten Tod seines Herrn. Da man die Zeilen des Kreuzliedes M. F. 218, 29: *und lebte mîn her Salatin und al sîn her, dienbræhten mich von Vranken niemer einen fuoz*
wohl so verstehen muß: nicht einmal Saladin, wenn er noch am Leben wäre, nur Gott allein, könnte den Dichter zur Teilnahme am Kreuzzug bewegen, der Tod Saladins aber in das Jahr 1193 fällt, muß H. am Kreuzzug von 1197/98 teilgenommen haben. Zur Zeit der Kreuznahme, nach der Abfassung von 'Bü.', 'Erec' und 'Greg.', wo wir nichts von der neuen Würde hören entgegen dem 'A. H.' und 'Iw.', war H. schon Ritter. 1210 wird er von Gottfried von Straßburg im literarischen Exkurs des Tristan noch als lebend erwähnt. Doch sein Tod wird von H. v. d. Türlin 'Krone' v. 2348 beklagt. Zwischen 1210 und 1220 muß er gestorben sein; wenn wir sein Geburtsjahr etwa 1170 ansetzen, mag er 45 Jahre alt geworden sein.

2. Die Ergebnisse der Forschung gehen dahin, nach Reim- und stilistischen Kriterien die Reihenfolge der Werke Hartmanns folgendermaßen aufzustellen: 'Bü.', 'Erec', Minnelieder, 'Greg.', Kreuzlieder, 'A. H.', 'Iwein'. Nach der erlangten Ritterwürde zur Zeit der Kreuznahme entstehen 1196/8 die Kreuzlieder, vorher 'Bü.', 'Er.', Minnelieder, 'Greg.' Im 'Bü.' v. 7 und 'Erec' v. 1603 und 7480 ist von des Dichters Jugend die Rede. Sprach- und Reimgebrauch lassen 'Erec' und 'Greg.' so eng zusammentreten wie 'A. H.' und 'Iwein'. Im 'Iw.' wird auf den 'Er.' verwiesen, der nach 1190 (Einnahme Akkons, vgl. v. 1999ff.) entstanden ist. Der 'Iwein' muß noch vor 1203 fallen, da 'Parz.' Buch V (vor 1203 geschrieben) auf 'Iw.' v. 1793 anspielt.

H. erscheint als großer Norm- und Formgeber der höfischen Welt, dem Gehalt wie auch der sprachlichen Formung nach. Wenn irgend bei einem Epiker der Blütezeit die Erfüllung klassisch-höfischer Kultur erfolgte, dann bei ihm. Ausgleich, Durchbildung, höfische Mitte, mit einem Wort *mâze* zeichnet ihn aus. Er ist der Schöpfer der ritterlichen Legende, er führt den Artusroman großen Stils in Deutschland ein, er ist Verfasser von Minne- und Kreuzlyrik. Innerhalb der Dichtung der Zeit ist Hartmann gewiß kein absoluter Neuerer, er setzt (etwa von Veldeke u. a.) Begonnenes fort, auch stehen schon andre neben ihm, die seine Linien gleichsam mit stärkerem Stifte nachziehen werden, etwa Wolfram. Ihn in seiner Mittlerstellung zu erfassen, sei an den Werken versucht.

a) 'Büchlein'. Ambraser Hs. Überschrift: *Ein schön Disputatz.* Klage über die Minne und Lehre von der Minne sind in der Form eines Streitgedichts, *disputatio*, ausgedrückt. Schon hier in dem vom jungen Dichter (v. 7) verfaßten Werk zeigt sich seine Eigenart: er beschreibt sein Erleben und lehrt, damit andere einem bestimmten Gesetz nach leben und erleben können. Leib und Herz streiten miteinander: durch Minne sei dem Leib alles Glück geschwunden, doch das Herz will die Schuld nicht allein tragen, Minne sei ja nicht reine Wonne, es gehöre auch *arbeit*, ritterlicher Mannesdienst, dazu. Es folgt ein gerechtes Auswiegen, eine Versöhnung. Leib und Herz gehören zusammen. In einer Allegorie vom *krûtzûber* lehrt das Herz den Leib alle Minnetugenden, und mit der höchsten Mahnung: *wis stæte!* wird der Leib als Fürsprecher zur Dame gesandt. Im Gedicht tritt zu der Zweiheit Herz — Leib noch die Seele, so daß man von einem Trialismus sprechen kann. Typisch ist für H. das Gegenüberstellen: wie es sein soll und wie nicht etwa. Alles muß ausbalanciert sein. In dem Streben, sich der dispositio des Rittertums würdig zu erweisen, in der Ablehnung unverdienten Glückes kann man die eben schon erkennbare Vorstufe zum 'Parzival' sehen. — Das Büchlein zeigt alternierendes Versmaß; das Schlußgedicht ist liedhaft, ein außerordentlich künstliches Reimwerk von 15 Strophen. — Dem Dichter mag eine frz. Quelle vorgelegen haben.

b) Ein 2. 'Büchlein', Ambraser Hs., aus dem übrigens Haupt die Bezeichnung *büechel* (ed. Bech, v. 811) nahm, wurde von Saran aus inhaltlichen und metrischen, von v. Kraus nach den Reimkriterien H. abgesprochen. Eine Minneklage ist auch dies Werk, aber nicht um versagte, sondern um verlorene, einst erfüllte Minne. Ob die Kriterien, wegen derer das 2. Büchlein dem Dichter abgesprochen wird, stichhaltig sind, kann hier nicht nachgeprüft werden, wird aber die Forschung vielleicht noch weiter beschäftigen.

c) Hartmanns erster großer Artusroman ist der 'Erec', Ambraser Hs. Ferner Wolfenbütteler Bruchstücke (hsg. von Heinemann ZfdA. 42).

Der Stoff stammt letztlich aus der kymrischen Volkssage, kommt auf das bretonische Festland, wird von Chrétien geformt, der die Quelle für H. ist. Wie sind Rittertum und Minne zu vereinen? so lautet eine der Kardinalfragen der neuen ritterlichen Kultur. Sie bildet das Thema des 'Erec'. Noch ernsthafter und inniger als Chrétien ist H. um die Probleme neuer ritterlicher Bildung bemüht. Aus seiner Eigenart ergibt sich der Charakter seines Werks. Nicht als Übersetzung strenger Observanz, vielmehr als selbständige Dichtung voll Eigenwert und Eigenwollen ist Hartmanns 'Erec' anzusehen. Mag der Franzose dem Deutschen an schöpferischer und darstellender Kraft überlegen sein, mag für Chrétien die gestaltete Form wichtig sein, so lassen sich die außerästhetischen Ziele Hartmanns damit gar nicht vergleichen. Sein Ethos, Lehre und Vorbild zu geben, beeinflußte sein Künstlertum; seine Dichtung ist mehr theoretisch-ethisch als ästhetisch. Neben Chrétien mag H. sporadisch einer Nebenquelle gefolgt sein.

Erec, der Sohn des Königs Lac, hat Enite, die Tochter des armen Ritters Imain auf Tulmein, zur Gemahlin genommen. Doch: *er minnete ze sêre*, d. h. über der ehelichen Minne vergißt er seines Rittertums. Seine Liebe ist egoistisch, sie erfüllt nicht die Forderungen eines idealen Rittertums. In dem *verligen* liegt seine Schuld. Doch ebenso wird die Gattin, die zwar über seine Unritterlichkeit klagt und dadurch den Anstoß zu neuer ritterlicher Tat gibt, schuldig. Ihre Schuld liegt darin, eine Zeitlang nicht die echte höfische Minne aufgebracht zu haben, die allein den Mann zur Entfaltung aller ritterlichen Tugenden bringt. In vielerlei Abenteuern, die nicht um ihrer selbst willen zu bestehen sind, sondern eben zur Sühnung der Schuld, 1. Abenteuerreihe v. 3039—6813, oder aber als Erlösungstaten an andern, 2. Abenteuerreihe v. 6814—8975, müssen beide Gatten unhöfisches Versäumen ritterlicher Pflichten nachholen und büßen. In echt Hartmannscher Art sind die Beschwerden der Abenteuerreisen auf beide Gatten verteilt, wie die Schuld auch bei beiden liegt. Enite muß lernen, wieder an die ritterliche Erfüllungsmöglichkeit ihres Gatten zu glauben. Denn wie einst ernster und bedeutsamer Parzival an Gottes ritterlicher Erfüllungsmöglichkeit zweifeln wird, nicht etwa an seiner Existenz, so zweifelte Enite an Erecs augenblicklichen ritterlichen Erfüllungen, nicht an seiner Ritterschaft insgesamt. Das Rittertum zu einer beseelten Form zu machen, sie zu Recht zu erfüllen, ist in Beantwortung der zu Beginn gestellten Frage der Inhalt des Romans. In dem Maße, in dem Enite wieder selbstlose hohe Minne zu wecken vermag, in dem Maße erprobt Erec sich als tauglicher Ritter. Am Ende steht die Versöhnung der beiden Gatten, durch Artus besonders anerkannt und wieder vollkommen dadurch eingeordnet in die *massenie*. Dem Musterpaar Erec-Enite steht ein anderes gegenüber: Mabonagrin und seine Minnedame. Dieser Ritter mußte erst durch Erec zu ritterlichem Tun erlöst werden. Wie ein Fluch lastete die unhöfische, weil egoistische Liebe seiner Minnedame auf dem Ritter, die ihn nicht freiließ zu tätigem Rittertum. Wir haben die typisch Hartmannsche Gegenüberstellung von erfülltem und unerfülltem Ideal, wie wir sie im 'Büchlein' bereits fanden. Hartmann hat im 'Erec' das Idealbild ritterlicher Minne und ritterlicher Tat im Zusammenwirken gezeigt. Damit behandelte er ein Problem des Minnesangs. Seine eigenen Minnelieder gehören noch zu seinen Jugendwerken.

d) Die Lieder Hartmanns sind unter seinem Namen nur in den Liederhss. A, B und C überliefert. Die kleine Heidelberger Hs. hat nur 10 Strophen, dagegen die große Heidelberger 60, von denen 28 auch in der Weingartner Hs. stehen. A 1—3 = C 42 bis 44 stehen in E unter Walthers Namen, B 18—21 = C 22—25 in E unter dem Reinmars. B 19—21 = C 23—25 werden in m Walther zugeschrieben.

Alle großen Dienstarten der Zeit, Frauen- wie Herrendienst, wurden von Hartmann erfüllt, doch zwei gehen für den Dichter unglücklich aus. Die Minnedame erhörte ihn nicht, der Tod des Herrn endete das zweite Dienstverhältnis, so daß nur die dritte Dienstart blieb: Gottesdienst. Von dem tragischen Ausgang überschattet ist des Dichters Lyrik, ernst und durch seine erzieherischen Absichten und Fähigkeiten mehr Gedanken- als Gefühlsdichtung. Sehr wenig liedhaft, sprachlich und inhaltlich ohne Reiz, gezwungen mutet die Minnelyrik an. So maßgebend H. als Epiker ist, so wenig Einfluß hat er als Lyriker. Ihm fehlt die eigentlich minnesingerische Art, er beherrscht das Gefühl, statt sich ihm hinzugeben. Innigere Töne werden erst in der späten Lyrik, den Kreuzliedern, angeschlagen, da wird der Lehrer und Denker zum Sänger. Am Ende stehen die drei Kreuzlieder 209, 25; 211, 20; 218, 5. Nicht mehr Frauenminne, Gottesminne steht nun im Mittelpunkt. Ruhig, ernst und schön klingen die Aufgaben und Mahnungen an die Ritter, den Lehren des späten Walther ähnlich: *Dem kriuze zimt wol reiner muot und kiusche site... Nû zinsent, ritter, iuwer leben* ... In dem Kreuzheer, auf der heiligen Fahrt in Christi Schar nur ist alle Weltsorge dahin, nur da kann der nun so Einsame *mit fröiden wünneclichen* fahren. Die Witwenklage 217, 14 muß nach Reinmars v. Hagenau (s. d.) Witwenklage gedichtet sein, die nach dem Tode Leopolds VI. (1194) etwa im Frühjahr 1195 entstanden sein muß. Zwischen 217, 14 und 209, 25 fallen entsprechend dem ersten längeren und dem zweiten kürzeren Kreuzlied das längere 205, 1 und das einstrophige Lied 206, 10. Sie deuten auf die Auflösung des Minneverhältnisses. Vor die Auflösung des Minneverhältnisses sowie vor den Tod des Herrn sind alle übrigen Lieder zu setzen. Sie gehören eng zusammen und werden in die Entstehungszeit des 'Büchleins' und des 'Erec' fallen. Mit der Reise nach Westfranken kann 214, 12 und 212, 13 in Zusammenhang stehen; unter westlichem Einfluß wird wohl auch das daktylische Lied entstanden sein: 215, 14. Die übrigen Lieder 206, 17; 216, 1; 207, 11; 213, 29; 209, 5; 216, 1 und 211, 27 sind die frühen Gedichte, die konventionellen Charakter tragen und als eigentliche Minnelyrik kaum zu werten sind. Voll Schwanken und Zweifel ist des jungen Hartmann Minneverhältnis, nur pflichtgemäß erfüllt er den ihm bald überdrüssigen Dienst weiter. Klagen über die von der Dame versagte Gunst stehen im Mittelpunkt. Aber auch ein Ideal allen Minnedienstes wird aufgestellt: der Begriff *stæte* kehrt immer wieder. Es liegt kein Grund vor, an des Dichters Minneverhältnis zu zweifeln. Alle Dienstarten wird er erlebt, nicht nur bedichtet haben, so ist 206, 10 sicher autobiographisch zu werten. Seltsam vereinzelt ist der burschikose Ton des Liedes 216, 29.

e) 'Gregor', die Geschichte vom *guoten sündære*, die erste und strengere der ritterlichen Legenden, liegt in folgenden Hss. vor: A Vatikan; B Straßburg, verloren; C Ulm; D Salzburg; E Wien; G Erlau; H Köln; I Bern; K Konstanz.

Der 'Greg.' fällt zeitlich vor Ritterwerdung und Kreuznahme des Dichters. Er behandelt das Inzestmotiv, einen weitverbreiteten Sagen- und Legendenstoff. Gregor, das Kind einer Geschwisterehe, wächst fern vom Rittertum in der Fremde auf. Im Kloster setzt sich die ritterliche Neigung durch. Gr. kommt zum Ritterleben und zu unschuldiger Schuld: er heiratet die eigene Mutter. Nach 17 Bußjahren wird er von Gott begnadet und zum Papst gewählt. Sündenfall, Bußzeit und Wiedervereinigung mit Gott in der alles überwindenden Gnade bilden den Inhalt des Gregor. Dies moraltheologische Thema ist in höfische Umwelt gestellt. Doch bei aller sympathischen Darstellung, die das Rittertum — durch den jungen Helden z. B. — erfährt, trägt doch das Mönchsleben die höhere Weihe. Zwar weiß der junge Greg. ganze Lehren vom Rittertum zu geben, zwar wünscht der Abt selbst ihm Gottes Heil zu seiner Ritterschaft, dennoch überwindet Gregor in seiner Buß- und Leidenszeit die Welt. Der Weg führt von der *vita activa* ritterlichen Tatlebens zur *vita contemplativa* des Mönchseins. Ritter- und Weltleben haben zwar ihre Berechtigung, aber auf höherer Seinsstufe, auf höherem Gradus, steht das geistliche Leben. Geistlich war der Grundgedanke: jede Sünde, sei sie noch so schwer, kann von Gott vergeben werden. Dieser Gedanke wurde in ritterlicher Umwelt dargestellt, die aber mehr und mehr zurücktrat zugunsten des geistlichen Kolorits. Ein Ausgleich zwischen geistlichem und weltlichem Rittertum ist hier nicht gegeben, wir suchen vergeblich nach der Gegenüberstellung, wie sie H. sonst liebt. Vielleicht stellen wir am besten die ganze Dichtung einer andern gegenüber, um den erstrebten Ausgleich zu finden. Für den 'Greg.' bildete das frz. Gedicht '*Vie du pape Grégoire*' die Quelle.

f) 'Der Arme Heinrich'. Hss.: A Straßburg, verbrannt; Ba Heidelberg, Cod. pal. germ. 341; Bb Caloczaer Cod.; C St. Florian; D Indersdorfer Bruchstücke.

Zwischen 'Erec' und 'Iwein' steht eine Reihe von ernsteren Dichtungen, 'Greg.', Kreuzlieder und endlich 'A. H.' Diese zweite der ritterlichen Legenden ist milder und ausgewogener als die erste. Der Dichter erzählt hier die Geschichte seines Dienstherrn, des Freiherrn von Aue, des vorbildlichen Ritters, dem nur eines mangelt: Gott. In harter und strenger Zucht, vom Aussatz befallen, wird er vom Welttoren zum von Gott begnadeten Menschen. Denn Gott neigt sich dem Unglücklichen — der auf Blut und Leben der opferbereiten Meierstochter, somit auf seine Rettung durch Menschenkraft, verzichtet — und heilt ihn. Heinrich hat zu den beiden Wertgebieten des *utile* und des *honestum* nun auch das höchste Gut hinzuerworben. Auf Ausgleich und *mâze* kommt es auch hier an. Wie der Held zu Beginn Gott nicht hatte, kannte seine Gegenspielerin die Welt nicht; am Ende kennt auch sie beides. Der Unterschied zwischen den Ständen wird durch die Heirat Heinrichs ausgeglichen und überbrückt. In Harmonie und maßvoller Freude klingt die Erzählung aus. Wie im 'Gregor' kann man eine Dreistufigkeit des Geschehens erkennen: den Zustand unverdienten Glücks, das Leid und die daraus folgende Läuterung, endlich die Erhöhung in ein wahres Wunschleben durch die Zusammenfügung aller drei

Wertgebiete. Von Schuld zu Gnade geht auch hier der Weg, aber nicht die Überwindung ritterlichen Lebens ist hier Thema und Ziel, es handelt sich nicht um den Ausbau eines winzigen Wertgebiets oder um die Bevorzugung eines bestimmten Gradus, sondern gerechte Erfüllung ritterlichen Lebens und Einbeziehung aller Wertgebiete wird erreicht. Auch die Aussatzsage ist öfter behandelt worden; der Stoff ist durchaus dem Leben und der Wirklichkeit entnommen. Doch hält H. auch im Stil weise die Mitte zwischen realistischer und idealistischer Darstellungsweise.

g) Das letzte Werk Hartmanns, der zweite große Roman, in unmittelbarer sprachlicher Nähe zum 'A. H.' stehend, ist der 'Iwein'.

Hss.: A Heidelberg; B Gießen; C München; D Florenz; E Berlin; F Linz; G Nürnberg; H Prag; I Wien; K Sigmaringen; Meinst in Henricis Besitz; N München; O Wien; P Köln (alles Perg.hss.!); a Dresden; b Heidelberg; c Heidelberg; d Ambras, jetzt in Wien; e Gießen; f Dresden; l London; p Paris; r Rostock; u Lindau; z Raudnitz (alles Papierhss.!).

Da als Quelle dem Dichter der Meisterroman Chrétiens, *'Ivain le chevalier au lion'*, vorlag, der Stoff somit eine zweifach sorgfältige Formung und Feilung erfuhr, konnte hier Muster und Vorbild der ritterlichen Romane entstehen. Wie einst Erec sich „verlag", so „verfährt" sich Iwein. Von den Abenteuerberichten eines Artusritters verlockt, zieht er selbst aus, tötet den Herrn eines Zauberschlosses, gewinnt so Land und Gemahlin und nimmt Urlaub zu neuer ritterlicher Tat. Denn Gawans Freundesrat warnt ihn vor Erecs „Verliegen". In unbesonnener Abenteuerlust überschreitet Iw. die ihm gesetzte Frist, verletzt also eine höfische Form. Die Abgesandte seiner Gemahlin, ein früher Typ Kundries, Lunete, verflucht ihn vor dem Artushof. Durch den plötzlichen Umschlag in seinem Leben wird Iw. wahnsinnig, aber durch die Pflege einer edeln Dame wieder geheilt. Nach einer Reihe von Abenteuern, die mehr noch als im ersten Roman Iwein zunächst läutern, dann aber auch Dienst und Hilfe an andern sind, nie aber sinnlos bunte Aventiuren, erfolgt schließlich die Versöhnung beider Gatten. Zuvor hatte in echt Hartmannscher Art wie als letzte große Bewährungsprobe die Gegenüberstellung der beiden Artusritter par excellence, Gawein und Iwein, gestanden. Die Anerkennung durch Artus fehlt auch hier nicht. Wußte der Held im 'Erec' zu wenig von ritterlicher Tat, so beherrscht ritterliches Streben Iwein zu sehr. Die rechte *mâze* ist nicht eingehalten, ein schicklicher Ausgleich wird erstrebt. Darüber hinaus wird ein allgemeineres ritterliches Moralgesetz aufgestellt und zu erfüllen versucht: *sælde und êre* zu erwerben, das bedeutet aber Gottes und der Welt Gnade miteinander zu vereinen. Im 'Iwein' hält H. sich enger an seine Vorlage als im 'Erec', ohne aber weniger von seiner eigenen Art und seinem eigenen Wollen in das Gedicht zu bringen. In Motivierung und psychologischer Begründung ist er dem Franzosen gegenüber wie im 'Erec' auch schärfer, klarer und sorgfältiger; vor allem aber in hohem Maße erzieherisch. Die tiefere Sinngebung, nach Gottfried v. Straßburg (s. d.) *der aventiure meine*, erfolgte bei H. Zwar wird in Schilderung und Handlung das Irrationale einbezogen: der Wunderbrunnen, der Zauberwald, der treue Löwe, Lunetens Zauberring, die Feenmotive; doch steht daneben auch die reale ritterliche Welt mit Kampf und Spiel, mit dem lichten Pfingstfest, dem Baumgarten, aber auch mit dem Krautjunkerbild und den edeln Damen bei schwerer Arbeit. Beides erscheint vereint: die reale Welt des Lebens und die ideale Welt der Dichtung, zusammen auf höhere Stufe gehoben, zum ritterlichen Roman geformt, in dem — entgegen dem 'Erec' — nun der Mann (hier Iwein wie dort die Frau, Enite!) seine *triuwe* bewähren muß. So wie beide Gatten im frühen Roman ihre Minne läutern mußten, so muß Iwein seine *triuwe* läutern. Er besaß sie wohl dem Inhalt nach, aber da er die ihm gesetzte Frist versäumen konnte, die rechte Form mithin noch nicht kannte, mußte er sie in langer und schwerer Zucht nachholen. Der Weg geht von einem mehr egoistischen

Rittertum zum idealen Vorbild. Daß eine Gestalt des Romans sich nicht ganz in den Zusammenhang einfügen will, darf nicht übersehen werden. Denn wie der Dichter Märchenmotive in großer Zahl kennt, so hat er auch eine Märchengestalt. Laudine, die „schnell getröstete Witwe" des Königs Askalon und nachmalige Gattin Iweins, ist diese Figur. Sie ist die Frau, die von einem Manne bewacht, von einem andern „erlöst" oder befreit werden muß, um dann als Siegespreis gewissermaßen dem Befreier zu gehören. Weder Chrétien noch Hartmann, obschon sich letzterer alle Mühe gibt, ist die völlige Umstilisierung dieses Märchenwesens in den höfischen Roman gelungen. Sonst aber ist H. die Aufstellung eines großen leuchtenden Vorbilds ritterlichen Lebens wie ritterlicher Dichtung gelungen. Denn inhaltlich wie formal wurde der 'Iwein' Muster: nach seinem sprachlichen Vorbild wurden die großen Hss. des 'Parzival' und des 'Tristan' (G und M) gearbeitet. Alles Unhöfische in Metrik, Stil und Diktion wurde, mehr und endgültiger noch als im 'Erec', getilgt.

3. H. war der klassische Erfüller seiner Epoche, der Vertreter des Normativen und Typischen in ihr. Die Abwandlung des allgemeingültigen Bildes oder einzelner Erscheinungen ist dann den Walther, Wolfram und Gottfried überlassen, ihnen, die stärker persönlich umformen. Doch vor ihnen hatte H. mit der allgemeingültigen Erfüllung stehen müssen. So gelingt dem Dichter die Prägung der *mâze*, jener Haltung der Ausgeglichenheit und ruhigen Mitte. Mag der Begriff seine lange Entwicklungsgeschichte vor H. haben, erst bei ihm wurde sie wahrhaft erfülltes Ideal, sei es in sprachlicher, metrischer oder bildlicher Hinsicht, sei es in Schilderung, Charakterzeichnung oder Lebenshaltung. In vielerlei Formung und Abwandlung ist die *mâze* immer wieder Thema seiner Dichtungen, und darüber hinaus: die Erziehung zu eben diesem Ideal. Aus dieser Haltung mag resultieren, daß gerade bei Hartmann die typische Gemeinschaftshaltung der „Freude" immer wieder geschildert und auch gefordert wird. Solch allgemeine Haltung liegt H. und wird besonders gepflegt bei ihm. Nur vorübergehend und unter erschwerenden Umständen sondern sich Einzelne aus dieser innerlich bedingten Gemeinschaft ab, um als Individuen in *trûren* zu verfallen. Doch lange kann solch unritterlicher Zustand nie dauern: Enites Trauer, Iweins Wahnsinn, selbst die Buße des frommen Gregor finden ihr Ende usw.

Aus dem Ideal der *mâze* mag auch die Ablehnung des *hôhen muotes* stammen, die wir bei H. wie bei dem frommen Thomasin von Zirklaria (s. d.) finden. Wo immer die Entfaltung des eigenen Ich, das Hervortreten der Persönlichkeit über ein gewisses Maß hinausgeht, hält H. sich zurück. Und so ist der *hôhe muot* gleichbedeutend mit der schlimmen Sünde der *superbia*, der unchristlichen Überheblichkeit. Nicht die Ausprägung des eigenen Ich, nicht das Hervortreten des Individuums ist bei H. das Ideal, sondern vielmehr das maßvolle Beherrschen des Ich zugunsten der großen Ideen der Epoche. Darum ist es auch kein Zufall, daß gerade H. die Prägung des Gottesbildes der Epoche erst- und zugleich einmalig (nur Gottfried folgt ihm noch!) wie endgültig gelingt. Auch hier handelt es sich um ein allgemeines Bild, die persönliche Abwandlung und Erfassung ist nach Hartmanns Formung den Nachfolgern überlassen. Seine Bedeutung ist für uns an dieser Stelle, daß er Gott in schöner Umstilisierung zum Schild und Schutz ritterlicher Art werden ließ ('Er.' 8813). Hinter der Erfüllung der neuen ritterlichen Idee, der Entfaltung des neuen, auf *rehtiu güete* gegründeten Rittertums im 'Iwein' gegenüber einem mehr archaischen, wie es etwa Chrétien (und an manchen Stellen selbst noch H. im 'Erec') zeigt, tritt die Persönlichkeit des Dichters zurück. Aber gerade darin erfüllt sie sich auch.

Sehr zu Recht und ungemein aufschlußreich nannte Ehrismann H. den Vertreter der theoretischen Lebensform, verglichen mit Wolfram als Verkörperer der religiösen und Gottfried als dem der ästhetischen Lebensform (Neuphil. Mitteil. 1924).

4. Metrik. Hartmanns rhythmische

Formung des üblichen 4hebigen höfischen Reimpaars hat ihre Besonderheit in der Freiheit der Senkungen. 'Büchlein' und Lieder zeigen entgegen dem 'Erec' einen verhältnismäßig regelrechten Bau. Die Verse des 'Greg.' und des 'A. H.' sind glatter als die des 'Erec'. Die sog. „unregelmäßigen“, d. h. in der Anwendung der Senkungen freieren Verse sind im 'Iw.' zu wirksamen Kunst- und Ausdrucksformen geworden. Diktion und Formgebung sind auf dem Wege vom 'Erec' zum 'Iwein' klassisch-untadelig geworden.

5. Darum versteht man die Wertschätzung und das Lob der Zeitgenossen in Bezug auf unsern Dichter sehr wohl. Abgesehen von der bekannten schönen Stelle in Gottfrieds Literaturkatalog von *H. dem Ouwære* mit den *lûter und reinen cristallînen wortelîn*, dem darum das *lôrzwî* gebührt, äußert sich Rudolf von Ems (s. d.) in seinem 'Willehalm von Orlens' und in seinem 'Alexander' über ihn. Lobend erwähnt ihn als *der wîse Hartmann* auch Albrecht, der Dichter des 'Jüngeren Titurel' (s. d.), Str. 2352. Schließlich sehen wir ihn als Minnesinger bei dem von Gliers (s. d.) erwähnt, HMS. I 107 Lied 3, 17. Und endlich gilt ihm die bewegte Totenklage Heinrichs v. d. Türlin, der gut und deutlich die Verwandtschaft der beiden höfischen Klassiker erkannte: Reinmar in der Lyrik wie H. in der Epik als Mitte und Erfüllung, 'Krone' v. 2403ff.

Die Literatur über H. v. Aue findet sich bis 1927 ausführlich und übersichtlich bei G. Ehrismann *Gesch. d. dtsch. Lit. bis zum Ausgang des Mittelalters* II 1 (1927) S. 141—212. Seither ist noch zu nennen: H. Drube *Hartmann u. Chretien.* Diss. Münster 1931. W. Hofer *Zur Problemstellg. im 'Erec'*, Z. f. roman. Phil. 48. W. Kolz *Der Gradusgedanke im 'A. H.'*, ZfdBildg. 3 S. 594 ff. G. E. Krichbauer *Über die Iwein-Hs. I.* Diss. Graz 1928. R. Putz *Chrestiens 'Ivain' und Hartmanns 'Iwein' nach ihrem Gedankengehalt verglichen.* Diss. Erlangen 1927. N. Rauscher *Das Waidhofer 'Greg.'-Fragment*, ZfdA. 64 S. 285ff. A. Witte *H. v Aue und Chrétien v. Troyes*, PBB. 53 S. 65ff. K. Zwierzina *'Iw.' 3473 und 'A. H.' 1046* 1928. H. Spaarnay *H. v. A.* I 1932.

Ferner die Frankfurter Dissertationen von: A. Arnold *Studien über den Hohen Mut* 1930; K. Korn *Studien über Freude und Truren bei mhd. Dichtern* 1931; Bertha Schwarz *Das Gottesbild in höfischer Dichtung* 1933.

Da die Ausgaben der Hartmannschen Werke erschöpfend bei Ehrismann a. a. O. angegeben sind, seien hier nur die wichtigsten verzeichnet: Gesamtausgabe: Fedor Bech 1870. 'Büchlein', Lieder und 'Armer Heinr'. hsg. von Haupt 1842. — 'Erec' hsg. von Haupt 1839; 2. Aufl. 1871. — Lieder = Minnesangs Frühling ed. Vogt[3] 1920. — 'Gregor' hsg. von H. Paul[5] 1919. — 'A. Heinrich' hsg. von E. Gierach[2] 1925. — 'Iwein' hsg. von G. F. Benecke und Karl Lachmann 1827; 5. Ausg. durchges. von L. Wolff 1926.

Bertha Schwarz.

Hartmann von Kronenberg, s. Kronenberg.

Hartmann von Starkenberg. Von den zahlreichen Geschlechtern dieses Namens kommen für die Bestimmung des Dichters vor allem zwei in engere Wahl: ein österreichisches nach einem Starkenberg (oder Starhenberg) in Österreich an der bairischen Grenze, in dem aber der Name Hartmann nicht nachweisbar ist, so daß v. d. Hagen bloß noch erwägt, es könnte etwa in dem Dichter ein Dienstmann nach Burg und Herren benannt sein (in Ulrichs von Lichtenstein 'Frauendienst' werden Glieder dieses Geschlechts öfters erwähnt); oder eine mächtige Ministerialenfamilie von Starkenberg aus Tirol, in der nun in der Tat nach 1260 ein Hartmann mehr als einmal bezeugt ist, für den man sich denn auch überwiegend entschied. Das Wappen freilich der Manessischen Handschrift gibt die Bestätigung nicht. — Von Hartmann sind uns in ihr drei einfache, leicht klingende, anspruchslose Liedchen voll höfischen *trûrens* erhalten. In zweien seufzt er auf langer Abwesenheit in der Ferne nach einem Boten hin zur Geliebten und bestimmt zu einem solchen sein Lied; das dritte, ein köstlich beschwingtes Gebilde, Freuden- und Lenzlied, zeigt den Ritter im hohen Mut: *Ez muoz in ir dienst erkrachen beide, schilt und ouch daz sper;* ein Ausruf, der offenbar der Hs. das Thema der Illustration geliefert hat, in der der Held, bewirtet von einem Fräulein, an seinen Waffen schmiedet. Leichtklingende Reime, lückenlos über die Versgrenzen wegflutender Fluß von Hebung und Senkung, Zerlegung in kleinere Versteile sind Spezialitäten von Hartmanns liebenswürdiger harmloser Scherzomusik.

Text: HMS. II, 73f. IV, 413ff. Nr. 85. J. Schatz Zeitschr. des Ferdinandeums für Tirol, 3. Folge, 45 (1901) S. 177ff. (besonders auch urkundliche Nachweisung). — J. v. Laßberg *Liedersaal* I², S. VI. 1846 (erwägt das Geschlecht der Montfort = Starkenberg in der Schweiz). K. F. Kummer *Herrand von Wildonie* 1880, S. 70. K. Burdach ADB. 35 (1893) S. 495. P. Kluckhohn ZfdA. 52 (1910) S. 155[1] (unentschieden über Geschlecht; Urkunden beider Geschlechter).

K. Halbach.

Hartung, Bruder. Von ihm auf der Gräfl. Lobkowitzschen Bibl. zu Raudnitz in Ms. VI. Fc 14 des XV. Jhs. ein Auszug aus dem Traktat vom Schlaf und Traum, gewidmet dem Landgrafen Otto von Hessen, Bl. 159—165. Sudhoff.

Hartung von Erfurt.

Hss. Königsberg Un.-Bibl. 896; München cgm. 636; Wien 3057 u. 2845.

H. war Franziskaner und steht im Dienste der mystischen Richtung der Prediger aus Eckharts (s. d.) Zeit. Als Vertreter des strengen Armutsideals lehrt er, daß Christus ein ganz Armer gewesen sei. Doch will er „nicht gegen den Papst und die Christenheit reden," sondern nur wehren, daß die Armut Christi in Abrede gestellt werde. Das läßt auf die Zeit nach 1323 schließen, denn am 12. November dieses Jahres erließ Johann XXII. die Konstitution '*Cum inter nonnullos*', welche es für häretisch erklärt zu behaupten, daß Christus und die Jünger gar kein Eigentum besessen oder nur den *simplex usus facti* im Gegensatz zum *usus juris et dominium* gehabt haben. Da die Sammlung 1340 abgeschlossen ist, so ergibt sich für die Predigttätigkeit des H. die Zeit zwischen 1323 und 1340. Politisch steht H. auf Seiten Ludwigs des Baiern, daher die Ausfälle gegen die Priester und Pfaffen. Er klagt an, daß es jetzt nur wenige gesunde Lehrer und treue Priester gebe. Die von H. benützte Bibelübersetzung ist dieselbe, wie die in Matthias v. Beheims (s. d.) Evangelienbuch (ed. Bechstein Mittlg. d. dt. Ges. zu Lpz. III 1867) und im Stuttgarter Cod. nr. 15 und der Wiener Hs. 2714. H.s Predigtwerk war weit verbreitet, wird unter anderen von Hermann v. Fritzlar (s. d.) benützt, aber in späteren Sammlungen mit anderen Predigten durchsetzt, die anstelle anstößiger H.-Predigten eingefügt werden.

J. Haupt WSB. 94 (1879) S. 235—334.

Engelbert Krebs.

Hartwig von dem Hage.

1. Von Hartwig von dem Hage sind folgende Werke überliefert: 1. die 'Legende von der Marter der hl. Margarete'; 1738 Zeilen; 2. 'Die sieben Tagzeiten von den Leiden Christi' 1562 Zeilen. Beide sind unmittelbar anschließend überliefert in der Münchener Hs. cgm. 717, Papier, geschrieben 1348; letzteres Gedicht auch in Hs. 1740a des Germanischen Museums in Nürnberg (15. Jh., Pergament) in verstümmelter Fassung (vgl. Schönbach S. 251).

2. Die Verfasserschaft der Tagzeiten geht aus einem Akrostichon am Anfang hervor; die der Margaretalegende wurde schon von Docen (Altd. Wälder III S. 148) aus zahlreichen Übereinstimmungen im Reimgebrauch, im Wortschatz und in ganzen Zeilen gefolgert. Ihm schlossen sich Schönbach S. 248 und Rode S. 40ff. vorbehaltlos an.

3. Der Text enthält viele schwäbische Eigentümlichkeiten, die wohl dem Abschreiber zur Last fallen. Die Reimsprache weist, allerdings nicht vollkommen einwandfrei, nach Alemannien. Als Zeit dürfte der Ausgang des 13. oder der Anfang des 14. Jhs. in Frage kommen.

4. Die Legende erzählt die Geschichte der Margareta nach einer lateinischen Quelle, die der Fassung in des Boninus-Mombritius '*Sanctuarium*' (XII S. 104ff.) (Mailand vor 1480) sehr nahesteht, aber ist ziemlich selbständig. Das Tagzeitengedicht berichtet, wie das bei dieser Gattung üblich ist, die Geschichte Christi, in sieben Tagzeiten eingeteilt. Es ist vielleicht kurz nach der Legende geschrieben worden.

5. Formell fällt vor allem die häufige Anwendung der reichen Reime auf, das wichtigste Kriterium für gleiche Verfasserschaft. Der Stil ist unpersönlich und formelhaft, der Versbau ziemlich regelmäßig.

Beide Gedichte sind ziemlich kunstlos, die Legende immerhin besser als die Tageszeiten, was am Stoff liegen mag. Der Dichter, der einmal Kenntnis Reinmar von Zweters (s. d.) verrät, war wahrscheinlich ein Geistlicher.

Im ganzen Durchschnittsware aus der mhd. Nachblüte, soweit man aus den Proben in der Literatur — beide Werke sind ungedruckt — schließen kann.

B. J. Docen Museum für altdeutsche Lit. u. Kunst II (1811) S. 265; ders., Altd. Wälder III (1816) S. 148. A. Schönbach AfdA. 7 S. 249. K. Bartsch ADB. X S. 324. F. Vogt *Über die Margaretenlegenden*, PBB. I S. 263ff. (namentlich S. 277). A. Rode *Über die Margaretenlegende des Hartwig von dem Hage*, Diss. Kiel 1890.

J. van Dam.

Hartwig von Raute.

Weingartener Liederhs. in Stuttgart (B) S. 112 = Pfeiffers Abdruck (Stuttg. Lit. Ver. V) S. 119. Cod. Pal. Germ. 848 (C) Bl. 249a = Pfaffs Abdruck Sp. 825.

1. Ein *Hartwic de Route* oder *Riute* (BC schreiben: *Raute)* erscheint von rund 1130—1150 in Urkunden von Tegernsee, Weihenstephan b. Freising, Baumburg im Traunkreis, Vornbach b. Passau und Garsten in Oberösterreich, hier (um 1150) unter den Ministerialen des Markgrafen Ottokar von Steier. Für den Minnesänger fallen diese Daten zu früh; vielleicht beziehen sie sich auf dessen Vater. Das Wappen in BC zeigt ein von Gold und Schwarz geschachtes Feld, mit rotem Kreuze überlegt. (Die Grafen v. Wasserburg, die als Dienstherren der Rauter in Betracht kommen, führten den Löwen im Schilde.)

2. Erhalten sind 7 Strophen in 4 Tönen. Sie weisen die Kennzeichen der Frühzeit auf: vorwiegende Einstrophigkeit, vereinzelte ungenaue Bindungen, Zweireim und Daktylen. Das mehrstrophige Lied, wohl auf der Heimkehr von einer Welschlandfahrt gesungen, blickt zurück auf Stunden schwerer Bedrängnis: als die Gefährten in Todesnot Reu und Leid erweckten, tat dem Sänger der Gedanke am meisten weh, daß er nie im Leben seiner Herrin Huld erfahren. Ein "Geleit" (oder Strophenrest) winkt übermütig dem Kaiser einen Abschiedsgruß zu und parodiert ein Kreuzliedmotiv: *Ich sihe wol daz dem keiser und den wîben mit ein ander niemen dienen mac.* Die Einzelstrophen flechten aus kurzen und langen Zeilen reich gegliederte Satzketten; mit ihrer Reienform mögen sie noch auf Neidhart gewirkt haben, der sie kannte. Auch das lebhaft, ja leidenschaftlich vorbrechende Gefühl der Lieder geht über die höfische Konvention hinaus und hebt den Sänger aus der Schar zahmerer Genossen auf einen Sonderplatz.

HMS. Nr. 79. MF. Nr. XVI. Kummer *Herrand v. Wildonie* 1880, S. 65. Burdach ADB. XXX S. 38. Schönbach WSB. 141, 104.

Anton Wallner.

Has, s. auch Haas.

Has, Kunz (auch Contz Haß). Er ist etwa um 1460 geboren, denn im Lied von der Stadt Rotenburg (1520) sagt er am Schlusse: *Kuntz hass der hat das lied gedicht Ist nun ein alter man.* Durch seine gedruckten Gedichte ist er von 1490 bis um 1525 bezeugt. Er war ohne Zweifel ein Nürnberger. Die Familie Haß oder Has kommt in den alten Bürgerbüchern als eine in Nürnberg einheimische Handwerkerfamilie von 1438 an vor, Kunz Has erscheint darin 1495 und 1498, das zweitemal als *knapp*. Knappen hießen damals vorzugsweise die Gesellen der Tuchmacher, und da Has sein Lobgedicht auf Nürnberg mit dem Tuchmacherhandwerk beginnt, wird er dieser Zunft angehört haben. Daß er Meistersänger war, geht aus dem Eingang jenes Gedichtes hervor, wo er seine Kunst eine meisterliche nennt (v. 3) und ein Gesetz der Tabulatur (v. 6) anführt. Has hatte an Hans Rosenplüt (s. d.) ein Vorbild; das zeigten das Lobgedicht auf Nürnberg und der Bauernkalender. Has ist durch Rosenplüts 1490 gedruckten Spruch auf Nürnberg im selben Jahre zu seinem Gedicht veranlaßt worden und nimmt in dessen Eingang auf das seines Vorgängers Bezug. Er nennt es '*Eyn new gedicht der loblichen Stat Nürnberg von dem regiment gebot vnd satzung eyns erbern weysen Rats*' (742 v.), macht die Gewerbs- und Handelsgesetzgebung zum Hauptgegenstande und zeigt sich dabei als Mann mit praktischem

Blick. Auch in dem zuerst 1493 gedruckten Gedicht: *'Hierin vindet mon die vrsach wodurch alle hendel yetz in der welt verkert vnd verderbt werden'* (446 v.) steht der Handel und das Geldwesen im Vordergrund; von den Ständen und von den Frauen wird insofern gesprochen, als ihre Entartung dem Gedeihen schadet. Der Rahmen des Gedichtes und die Dialogführung sind kunstlos, ja geradezu ungeschickt. Daß Has recht unästhetische Dinge als Vorwurf wählen konnte, zeigt auch *'Ein spruch von einem peckenknecht der funff vnschuldiger menschen grausamlich ermördet zu Wienn in Osterreich'*. Der Mord ist 1504 geschehen, Has hat ein älteres Gedicht darüber i. J. 1516 „korrigiert" d. h. umgearbeitet, wie er das auch um 1515—20 mit dem Kalender des Hans Rosenplüt gemacht hat. Rosenplüts *'Calender von Nurmberg'* (19 achtzeilige Strophen xayazbvb) ist ein sehr schmutziges Gedicht, aber auch Has' Bearbeitung, der *'Pawrn kalender in der Narren kappen weiß'* (27 neunzeilige Str. abab cdccd), strotzt von Derbheiten und Zoten, die nicht bloß auf die Sittengeschichte des 15. u. 16. Jhs., sondern auch auf Has ein schlechtes Licht werfen. Im J. 1520 dichtete er *'Ein new lied von der stat Rottenburg an der Tauber und von vertreibung der Juden do selbst. Im Schuttensamen ton'* (10 Str. ababcdc), wählte also eine den Nürnbergern bekannte Strophe. Has geht weniger auf die *große schand* ein, die *die Juden lange zeit getriben* (1, 3—4), als vielmehr auf die Erbauung einer Marienkapelle, wo Wunder geschahen. Das Gedicht *'Von dem Eelichen standt, wie er gehalten soll werden, Ser nutzlich vnd fruchtbar allen denen, so sich darein begeben, nach außweyßung vnd inhalt götlicher schrifft'* (352 v.) ist in Aufbau und Inhalt ebenso schwach wie die andern Gedichte in Reimpaaren. Nach allem kann man Has keine eigene Erfindungs- und Gestaltungskraft zusprechen. Er war ein minderer „Dichter", aber kein „Meister".

Das 'Gedicht auf Nürnberg', gedr. o. O. u. J. (Nürnb. 1490), im Germ. Museum. Ausg. Nürnb. Peter Wagner 1492, in Berlin. Vgl. Anz. f. K. d. dt. Vorzeit 1858 Sp. 140. Neue Ausg. v. K. A. Barack 1858, mit Angaben über ältere Lit. u. Has' Leben auf S. 4—7. Weller *Ann.* II 13, Nr. 48, u. S. 563f. — 'Die Ursach', gedr. Bamberg 1493 (Hain *Repert.* Nr. 8368 = Wien Ink. X. H. 76), Augsb. 1499 (Hain Nr. 8369, vgl. Weller *Ann.* II S. 8—9), Nürnb. Ambr. Huber 1501 (in München 4⁰ P. o. germ. 234, 16). Weller *Repert.* Nr. 207, *Ann.* II S. 563. — Der 'Spruch vom Peckenknecht', gedr. Nürnb. Jobst Gutknecht 1516, neue Ausg. Augsb. Math. Franck um 1560 (in Zürich). Weller *Ann.* I S. 203, Panzer *Zusätze* S. 139f., Nr. 857c. — Der 'Bauernkalender', gedr. Nürnb. Jobst Gutknecht um 1515—20. Abgedr. in Franz M. Böhme *Altd. Liederbuch*, Nr. 452, S. 562—6. Weller *Repert.* Nr. 1469. Goedeke I^2 S. 333. Rosenplüts 'Collender zu Nürnberg' bei Ad. Keller *Fastnachtspiele* (Bibl. des Lit. Ver. in Stuttg. Bd. 30) S. 1103—7, 1326—44, nach der Dresdner Hs. 58d S. 258—264. Zur Narrenkappenweise vgl. Keller a. a. O. Bd. 46 S. 286—90. — Das 'Lied von Rotenburg', gedr. o. O. u. J. (1520), in Berlin Yd 7803, Nr. 44. Darnach bei Liliencron *Die hist. Volkslieder der Deutschen* III S. 355f., Nr. 346; IV Nachtrag S. 81 (*Schuttensamenton*); vgl. Weller *Repert.* Nr. 1479; *Ann.* II S. 401, Nr. 1106. — Das Gedicht 'Der valschen Bettler Teuscherey' aus Val. Holls Hs. gedr. bei Kluge *Rotwelsch* S. 118f. — Das Gedicht 'Von dem Eelichen standt', gedr. o. O. u. J. um 1525 (in München Exeg. 131), neue Ausg. Freiburg W. Meyerpeck um 1540 (in Wernigerode); vgl. Weller *Repert.* Nr. 3429. — Das 'Spottlied auf Herzog Friedrich v. Sachsen, wie er 1493 Pfleger zu Würzburg werden wollte', abgedr. bei Liliencron a. a. O. II S. 329—333, Nr. 188 (vgl. Barack a. a. O. S. 5), ist wegen der frischeren Tonart und wegen der Mundart Has abzusprechen.

Hermann Menhardt.

'Das Häslein'.

Überliefert nur in dem 1870 verbrannten Codex A 94 der ehemal. Johanniterbibl. zu Straßburg.

Der nicht ungeschickt erzählte, Einfluß Gottfrieds von Straßburg (s. d.) verratende Schwank von der naiven Unschuld, die für ein Häslein ihre Minne hingibt und, gescholten, sie auf gleichem Wege zurückkaufen zu können glaubt, ist um 1300 in ausgesprochen alem. Sprache wohl im südlichen Niederalemannien entstanden. Verwandt mit den afrz. Fabliaux *'De la Grue'* und *'Du Heron'* bildet 'Das H.' mit dem 'Sperber' (s. d.) und der 'Dulziflorie' (s. d.) eine engere Gruppe, die, falls nicht wiederholte Seitenbeeinflussung stattgefunden hat, auf eine gemeinsame bereits deutschsprachliche Quelle zurückgeht. Dann aber würden 'Sperber' und 'Häslein' eine gewisse über ihren Eigenwert hinausgehende literarhistorische Bedeutung gewinnen, indem sie bei dem deutlich sekundären Charakter, den die epische Ausweitung in der spielmännischen 'Dulziflorie' vom Ende des 12. Jhs. zeigt, diese schwankhafte Versnovelle bereits für das 12. Jh. sichern würden. Eine Rekonstruktion ist freilich unmöglich, da die Umgestaltung in den beiden Novellen zu durchgreifend war. Zudem hat der Dichter des 'H.' auch den Grundriß geändert, indem er unter Zuhilfenahme des Motivs von der bloßgestellten Braut den Schwank in eine versöhnliche Familienszene ausmünden ließ.

Ausgabe bei v. d. Hagen GA. II Nr. 21, S. 1ff. — Dazu H. Niewöhner *'Der Sperber' und verwandte mhd. Novellen* (Palästra 119) 1913, bes. S. 69ff. und S. 142ff. A. Leitzmann PBB. 48 S. 258ff. — Nhd. bei L. Greiner *Altdeutsche Novellen* S. 233ff. u. Fr. Bergmann *Altdt. Minnemären* 1924.

H.-Fr. Rosenfeld.

Hasel, s. Johannes v. H.

Haselbach, s. Ebendorfer.

Peter Hasenstand nennt sich der Verfasser, wohl ein Fahrender, eines frisch und derb geschriebenen Liedes auf die Kirchweih von Affalterbach im Jahre 1502, bei der die Nürnbergischen vom Markgrafen von Ansbach überfallen wurden. Das Gedicht nimmt die Partei der Nürnbergischen; erhalten ist es nur in einer späteren Abschrift von 1549 in einer Nürnbergischen Chronik, Germ. Mus. 113.

51 Str. Anf.: *So will ichs aber heben an...*
Str. 51: *PeterHasenstand ich nennen tu,*
er spricht gar oft dem Wirte zu....

Goed. I S. 287; Liliencron *Histor. Volkslieder* II Nr. 225.

Ruth Westermann.

Hasfurt, s. Virdung.

Haslau, s. Konrad v. H.

Haspel. Im Jahre 1356 wird Heinrich von Brandis Bischof von Konstanz, und mit dieser Zeit beginnen scharfe und grausam durchgeführte Streitigkeiten zwischen Bischof und Stadt, die Wirtschaft und Verkehr lahmlegen. Auf diese Ereignisse bezieht sich '*Ein klaglied des Haspels eins fischers von Costentz von bischof Heinrich von Brandis, gedicht im 1356. jar*'. Der unbekannte Dichter, der sich als einer der am schwersten von den Wirren betroffenen Fischer ausgibt, läßt in 10 Str. Orte und Burgen über die Zustände klagen; sein Stil ist gewandt und sehr anschaulich.

Anf.: *IchHaspel muß erst fahen an*
dichten, das ich zwar nie began...

Die Mülinensche Liederhs. zu Bern bringt auf S. 107/10 das Gedicht. Liliencron *Histor. Volkslieder* I Nr. 18.

Ruth Westermann.

Haß, s. Haas u. Has.

Hätzlerin, Klara, war eine der ersten berufsmäßigen Abschreiberinnen von Büchern in Deutschland. Sie ist urkundlich nachgewiesen als Steuerzahlerin in Augsburger Registern und zwar für die Jahre 1452—76; also ist die Annahme, sie sei Nonne gewesen, bereits dadurch hinfällig. Eine Reihe von Prosa-Abschriften von ihrer Hand, mit eigenem Namenszug versehen, ist erhalten:

1. *Die bekrönung kaiser Fridrichs*, Pal. germ. 677, um 1467;

2. *Doctor Johann Hartliebs buch aller verbotenen kunst, unglaubens und zauberei*, Pal. germ. 478, 15. Jh.;

3. *Das erst puch vahet also an und lert paissen....*, Donaueschingen Nr. 830, 1468;

4. *Heinrich Mynsinger, Von den valcken, habichen, sperbern, pfäriden und hunden* (hrsg. v. Haßler, StLV. 71, 1863);

5. *Hie hebent sich an die Ehaften und alle recht, die dise statt von ir Herschafft Her Hatt pracht* (s. P. Braun *Notitia... de codd. manuscr. in bibl. ... monasterii ad SS. Udalricum et Afram*, Augsb. 1791, Buch IV).

An poetischen Abschriften ist nur das Liederbuch der Prager Hs. (zitiert als H) erhalten. Zu dessen Überlieferung ist ausdrücklich zu sagen, daß es nicht von Kl. H. selbst zusammengestellt oder gesammelt ist, sondern auf älterem Vorbild beruht. Ihrer Entstehung nach sind die meisten der Lieder dem beginnenden XIV. Jh. zuzuschreiben. Sehr ähnlich sind 2 Liederbücher aus dem Anfang des XVI. Jhs., das sog. Bechsteinsche (Aufenthalt unbekannt) und das Ebenreuttersche (Berlin mgf. 488); doch wies Geuthers eingehende Untersuchung nach, daß diese beiden nicht Abschriften von H sind, sondern von einer verlorenen Schwesterhandschrift zu H abstammen. Diese, b genannt, und H müssen eine gemeinsame, ebenfalls nicht erhaltene Quelle gehabt haben, die aber ihrerseits selbst noch nicht als Original anzusehen ist.

Das Liederbuch der Kl. H. (Prag, Böhm. Mus. 325, 2°, 353 Bll.) trägt den Besitzervermerk:

Item daz puch ist Jörg Roggenburg...
Anno dom. mcccclxx

und am Schluß:

Anno domini Augspurg mcccclxxj,
Clara Hätzlerin.

Diese Differenz in der Angabe des Entstehungsjahres der Hs. (nicht des Inhalts) läßt den Schluß noch klarer erscheinen, daß H eine Abschrift eines schon im Besitz Jörg Roggenburgs befindlichen, 1470 abgeschlossenen Liederbandes ist. Also war Kl. H. nicht Sammlerin oder gar Verfasserin von Teilen des Buches. Ihre Tätigkeit dabei ging nicht hinaus über einzelne Zufügungen, vielleicht Fortlassung allzu grober Anspielungen (die in den beiden genannten jüngeren Liederbüchern stehen), und die üblichen, bei ihr nur geringen Schreibflüchtigkeiten.

Inhaltlich zerfällt das Buch in zwei Teile, einen, der 85 erzählende, und einen, der 134 lyrische Gedichte umfaßt. Außerdem sind noch 119 zweispaltige Sprüche vorhanden.

Die meisten der Gedichte stammen aus dem Meistergesang. Allegorien, Liebes-, besonders Tagelieder, Sprüche, Priameln, Erzählungen, didaktische Verse, Marienlieder, ein politisches Gedicht, Freß- und Sauflieder, der in bäuerlicher Umwelt handelnde '*Mayer Betz*' (s. d.), dies alles liegt vor, ohne eine einheitliche Anordnung erkennen zu lassen. Von genannten Dichtern seien aufgezählt Heinrich Teichner (s. d.), Suchenwirt (s. d.), Suchensinn (s. d.), Hermann von Sachsenheim (s. d.), Oswald von Wolkenstein (s. d.), der Mönch von Salzburg (s. d.), Jörg Schiller (s. d.), Muskatblüt (s. d.), Rosenplüt (s. d.), Freidank (s. d.), Neithart (s. d.); daneben stehen zahlreiche anonyme Gedichte.

Liederbuch der Clara H. Hrsg. v. C. Haltaus 1840 (noch falsche Annahme, H. sei Nonne!). K. Geuther *Studien zum Liederbuch der Kl. H.* 1899. — K. Bartsch ADB. XI (1880) S. 36.

Ruth Westermann.

Hauer, Georg. Unter den lateinischen Schul- und Übungsbüchern des beginnenden 16. Jhs. nimmt der '*Hauerius*' eine bevorzugte Stellung ein. Im Jahre 1515 schrieb G. H. diese Anfängergrammatik zu Ingolstadt. 1516 und 1517 erschien das Werk im Druck. Von besonderem Interesse wird es dadurch, daß es eine Blütenlese von Aussprüchen berühmter antiker und humanistischer Schriftsteller bringt, auch Sprichwörter und volkstümliche Redebilder, und zwar in deutscher Übersetzung des Verfassers. Die deutsche Formulierung zeichnet sich in allen Fällen durch knappe und treffende, oft völlig freie Gestalt aus. Ein Teil der im Druck 1516 vorhandenen Zitate fehlt 1517. Der '*Hauerius*' ist enthalten im Sammelband A lat. a 126 der Münchener Staatsbibliothek.

J. Knapper *Eine alte Verdeutschung lateinischer Sprichwörter*, ZfdPh. 36 (1904) S. 128ff., 387ff.; ders. Neue Jahrbücher 12 (1903) II. Abt. S. 579.

Ruth Westermann.

'Hausbuch, Mittelalterliches'. Sammlung des Fürsten von Waldegg zu Wolfegg und Waldsee, um 1480 (auch bekannt als „Wolfegger Hausbuch"), in Süddeutschland verfertigt. Diese kriegswissenschaftliche Handschrift mit rein technischen und dann kriegstechnischen, auch sehr lebensvollen realistischen zeitgenössischen Zeichnungen ist künstlerisch von hohem Werte. Der „Meister des Hausbuchs" dürfte Henrich Mann von Augsburg gewesen sein. Seine Tätigkeit erstreckt sich um 1470 bis 1510. 'Hausbuch' wurde die Handschrift seinerzeit genannt, weil der Codex alle diejenigen Kenntnisse enthalte, die für den Besitzer eines „Hauses", d. h. einer Burg, von Bedeutung waren. Der Verfasser ist unbekannt, es gehört zu jenen die Kenntnisse ihrer Zeit zusammenfassenden Werken, wie wir sie ebenfalls aus dem 'Feuerwerksbuch' (s. d.), von dem auch ein Teil hier aufgenommen ist, kennen. Die Einleitungsbilder sind von größtem kulturgeschichtlichem Interesse, dann folgt der Hauptteil; aufbauend auf dem ‚Feuerwerksbuch' folgen die Ausführungen über Büchsenmeisterei, Pulver-, Geschütz- und Kriegswesen. Wir gewinnen aus dieser Handschrift ein treffliches Bild des Kriegswesens in der zweiten Hälfte des 15. Jhs.

Herausgegeben vom Germanischen Museum, Nürnberg: *Ein mittelalterliches Hausbuch des 15. Jahrhunderts* 1866. Helmuth Th. Bossert und Willy F. Storck, Neuausgabe 1912.

M. Jähns *Geschichte der Kriegswissenschaften* I S. 269, 270, 279. M. Sterzel *Das Wolfegger Hausbuch und seine Bedeutung für die Waffenkunde*, Ztschr. f. hist. Waffenkunde VI S. 234, 280, Abb. 1—6, 314, Abb. 1—15. P. Sixl Ztschr. f. histor. Waffenkde. I S. 223, 303 Fig. 53 und 54, 304; II S. 442. A. v. Essenwein *Quellen zur Gesch. der Feuerwaffen* 1872, S. 16, 50. Abb. 61—63a. B. Rathgen *Das Geschütz im Mittelalter* 1928, S. 81, 96. R. von Retberg *Kulturgeschichtliche Briefe über ein mittelalterliches Hausbuch* 1865. G. Köhler *Die Entwicklung des Kriegswesens* 1887, B. III, Abt. I S. 320. F. M. Feldhaus *Die Technik der Antike und des Mittelalters* 1931, S. 355/356 Abb. 379, 357 Abb. 380, 381. A. Schultz *Deutsches Leben im 14. und 15. Jh.* Fig. 12, 85, 182, 200, 204, 205, 242, 283, 483, 486, 500, 536, 537, 543, 548, 593, 655, 656 (Wagenburg).

Eduard A. Geßler.

Hausen, s. Friedrich v. H.

Hauser, Johann. Er ist um 1440 geboren und am 29. Nov. 1518 gestorben. Er war Mönch des Benediktinerstiftes Mondsee in Ober-Österreich, zuletzt einfacher Leutpriester. Als Sammler lat. und dtsch. Gedichte, als Übersetzer, als Lexikograph hat er eine so umfangreiche Tätigkeit entfaltet, daß er wohl auch Bibliothekar und Schulmeister gewesen sein wird. Er hat auch selbst Gedichte verfaßt. Er sagt in einer Rückschau auf sein Leben an seinem 50. Geburtstag, daß er 49 Jahre in der Hoffnung geschwebt, eigenes Dichten immer verschoben habe, nun sei er nicht mehr frisch genug: *Aygen gedicht wär mir ze schwär, Latein zw tewschen ist mein ger* (v. 19f.). Den Zweck seiner Tätigkeit spricht er in den v. 25—29 aus: *Wann gutte mayn han ich dar ynn Jugent ze vebent vnd ir synn Lieb ze habn alt geschicht Dar inn man vindt der weyshait dicht Auch ander ler exempel gut.* Unter den von Hauser gesammelten, übersetzten, umgearbeiteten oder selbst verfaßten Gedichten findet sich Lyrisches, Hymnen, gereimte Gebete, Allegorisches, Lehrgedichte, Sprüche, Priameln, Rätsel, Segen und Zaubersprüche, Meistergesänge, Dialoge und kleine Dramen. Man muß ihm Sinn für Volkskunde zuerkennen. Unter den bestimmt bloß abgeschriebenen Dichtungen sind der deutsche 'Cato' (s. d.) und der 'Neue Cato', Hans Folz' (s. d.) Lehre für die Pest, ein Gedicht vom Neydhart von dem Schmecher, (s. d.) ein Pseudo-Aristoteles. Von H. besitzen wir noch eine i. J. 1482 vollendete Bibelübersetzung, eine Art Kommentar von Wort zu Wort. Ferner einen lateinischen Index zur Bibel '*Collectura ex aurea biblia*' (1483), und eine '*Pharetra doctorum*' (1485), d. h. ein alphabetisches Sachlexikon aller Stellen der Kirchenväter, also einen Vorläufer der Register zum Migne.

Eine Untersuchung des Wirkens Hans Hausers ist erst zu leisten, insbesondere sein Anteil an den 88 deutschen Texten der Wiener Codices 4117—20 festzustellen. Das Autobiographische steht in Cod. 4119 Bl. 105^b—106^b, vgl. 199^a—202^b, die Bibelauslegung in Cod. 2853 (vgl. Hoffmanns Verzeichnis Nr. CCLII), die '*Collectura ex aurea biblia*' in Cod. 3699, die '*Pharetra doctorum*' in Cod. 3618. Alle diese Hss. stammen aus Mondsee in Ober-Österreich. Vermutlich ist damit die Zahl der Hss., die von Hauser geschrieben oder gesammelt worden sind, nicht begrenzt.

Hermann Menhardt.

Hawart (Herr Hawart). v. d. Hagen, sich stützend auf das scheinbar auf gebirgige Heimat zu deutende Bärenkampfbild, vermutete in einem Ritter Hawart (1242 nachgewiesen in Tirol) unseren Dichter (nach ihm Kummer, Drees). Roethe erwog die Möglichkeit, daß es sich um einen Fahrenden handeln könnte. Kindler von Knobloch brachte eine Straßburger Familie dieses Namens bei und sah in einem gegen die Wende des 13. und 14. Jhs. in hohem Alter urkundlich belegten Mitglied derselben den Dichter: *Johannes Hauwart* (nach dieser Familie der Name einer Gasse, der Hauergasse, in Straßburg, mit Wildschweinbild; also der Name hängt mit dem Eber zusammen [Schulte]). Das Wappen der Manessischen Handschrift (mit einem Bärenkopf) ist, wie schon v. d. Hagen sah, offenbar abgeleitet aus dem Bärenkampfbild; der Sammler hat also den Namen als *haduwart*, „Kampfwart", gedeutet; beides aber ist nicht ursprünglich und scheidet für die Beweisführung aus (Wallner). Schulte und Grimme schlossen sich dieser Straßburger Identifikation denn auch an; dieser, indem er eigene urkundliche Belege des Namens schon aus chronologischen Gründen beiseite schob; Wallner bleibt skeptisch. Die Zeit des Dichters läßt sich aus seiner Dichtung bestimmen: er erwähnt das Heilige Land als in der Hand der Heiden befindlich, hat also seine Kreuzstrophen vor dem zweiten Kreuzzug Ludwigs des Heiligen (1270) gedichtet; zugleich klagt er über die Verwirrung im Reich während der Zeit des Interregnums. — Die Sammlung Hawart ist interessant, wenn auch klein; es sind ein Sangspruchton (ein religiöser Spruch; jener gegen die Not des Heiligen Landes und jener gegen die Verwirrung im Reich); ein sangbares fünfstrophiges Kreuzlied, einfach und zündend, wie sie Walther v. d. V. (s. d.) gedichtet, doch mehr persönlich; ein scherzhafter Dialog, zwischen Ritter und Dame über die Liebe, wie sie ebenfalls wohl eher Walther als die bloß scheinbar älteren Reinmar (s. d.) und Albr. v. Johannsdorf (s. d.) eingeführt haben; in diesem Gespräch läßt sich die Dame, die der Minne unkundig ist, von dem Partner mit der fast wörtlich von Walther übernommenen Weisheit belehren, daß Minne *zweier herzen* (gegenseitige) *wünne* sei, und sie zieht daraufhin natürlich schleunigst zurück. Doch hat H. auch einen starken Schuß Sinnlichkeit in seiner Lyrik, wie der anzügliche Refrain dieses Liedes beweist, noch mehr aber das IV. Lied, in dem sich der Dichter feuriger und unverhüllter um die Erfüllung seiner Wünsche bewirbt. Man hat nach dem Gesagten H. also unter die späten Waltherschüler zu rechnen. Die Strophik H.s ist höchst originell und beweist starke Neigung zu barocker Stilisierung entschieden. Besonders bemerkenswert ist der Einsatz am Beginn von rhythmischen Perioden mit langausholenden Versen (Spruchton I und Ton III, das Gespräch). Ton I

reimt Anfangs- und Schlußwort. Ton II, das äußerst sangbare Kreuzlied, ist besonders wirkungsvoll auf öftere Wiederholung paralleler Perioden gebaut und auf leichtklingende Reime, sowie am Schluß auf einen scharf kontrastierenden jambischen Einsatz. Die Minnelieder (Ton III und IV) sprengen das übliche strophische Schema: Ton III besteht aus zwei bloß ganz im allgemeinen symmetrischen Teilen, beide nämlich einsetzend mit langhinrollender Phrase, die Einsätze der einzelnen Verse wechselnd trochäisch und jambisch und so äußerst lebendig; Ton IV schlichter ist entweder ebenfalls ohne Stolleneinführung, oder die Stollen sind doch auf das Minimum zweier Verse gebracht, wenn man mit von der Hagen bessert. — Diese Sammlung ist uns überliefert sowohl in der Manessischen (C) als in der alten Heidelberger Handschrift Nr. 357 (A), jedoch, wie schon v. d. Hagen bemerkte, aus gemeinsamer Quelle (AC) zusammen mit den umstehenden Dichtern (Wisser).

Text: HMS. II, 162ff. IV, 476f. Nr. 106. — K. F. Kummer *Herrand von Wildonie* 1880, S. 70. Kindler von Knobloch *Das goldene Buch von Straßburg* 1885 I, 112. G. Roethe *Reinmar von Zweter* 1887, S. 179. H. Drees *Die politische Dichtung der deutschen Minnesänger*. Progr. Wernigerode 1887, S. 17. W. Wisser *Das Verh. der Minneliederhandschriften B und C*. Progr. 1889, S. 34. F. Grimme Neue Heidelberger Jahrb. 4 (1894) S. 69, 85 ob. A. Schulte ZfdA. 39 (1895) S. 239. F. Grimme *Gesch. der Minnesänger* 1897, S. 69ff. A. Wallner PBB. 33 (1908) S. 498f.

K. Halbach.

Hawich der Kellner. Die Berliner Sammelhs. Ms. Germ. Fol. 1278, aus englischem Besitz (in Berlin seit 1912), enthält als viertes Stück eine dichterische Behandlung der Sankt Stephanuslegende (Bl. 1—47). Der Verfasser berichtet über sich selbst (v. 10—14):

ich bin ein ärmer dienstman,
auch hais ich der Chelnër
und pin ein Passawër.
sand Stephan ist der herre mein,
und pin auch von gepürde sein.

V. 5225—5232:

der dy rede richt
in theuschem getické,

der ist Hawich der Kölner,
von Baiern ein Passawer.
sand Stephan ist der herre mein,
und pin auch von gepürd sein
gewesen, seid sand Stephan
zu Passaw aigen haus gwan.

mit meinen vodern es gestifft wart ....

Daraus geht hervor, daß H. ein Dienstmann an St. Stephan zu Passau war. Es besteht die Vermutung, er sei identisch mit einem *cellerarius Hartwig*, der unter Bischof Otto von Lonsdorf (1254—65) dort urkundlich nachweisbar ist und 1285 starb. Die Bezeichnung *der Chelnër* spricht dafür; die Namensverschiedenheit läßt sich aus der textlichen Flüchtigkeit der sonst sauber und gut lesbar geschriebenen Hs. erklären. In Bezug auf Stil und Quellen würde auch die Zeit dazu stimmen: H. lehnt sich in starkem Maße an Epen des 13. Jhs. an; vornehmlich Hartmann von Aue (s. d.) und Konrad von Heimesfurt (s. d.) sind seine Vorbilder. Die Mundart des Dichters ist seiner Herkunft gemäß bairisch-österreichisch. Das Gedicht ist in technisch meist sorgsam behandelten Reimpaaren geschrieben (5245 Verse), stilistisch verrät es keine besondere Eigenart und Gewandtheit. Die Hs. stammt vom Ende des 14. Jhs. und ist von einer Hand gefertigt.

Herausgegeben von R. J. Mac Clean *Hawich der Kellner, Sankt Stephans Leben* (DTdMA. 35) 1930. — E. Baumgarten *Lateinische und mittelhochdeutsche Stephanuslegenden*, Diss. Halle 1924. Vgl. Priebsch *Dtsch. Hss. in England* I S. 113, Nr. 119; Degering Mitteil. a. d. Kgl. Bibliothek, Neue Erwerbungen d. Handschriftenabteilung, Abt. II S. 63f., (1917).

Ruth Westermann.

Haydecker, s. Heidecker.

Hayden, Gregor.

1. Er hat im 15. Jh. nach einer lat. Vorlage die Sage von 'Salomon und Markolf' (s. d.) in deutsche Reime gebracht.

Von den persönlichen Verhältnissen H.s wissen wir sehr wenig. Die Übersetzung ist dem Landgrafen Friedrich VII. von Leuchtenberg, einem in der Oberpfalz ansässigen Herrn, gewidmet, mit dem der Dichter in persönlichem Verkehr gestanden zu haben scheint. Dort ist das Gedicht wohl auch entstanden. Die Reime weisen darauf hin. Friedrich VII. ist zwischen 1459 und 1487 urkundlich belegt; in dieser Zeit muß also auch die Übersetzung verfaßt worden sein.

2. Das Gedicht ist uns nur in einer einzigen Hs. erhalten (cgm. 579). Außerdem besitzen wir noch eine weitere um 1200 entstandene poetische Fassung des Stoffes, die uns in vier Hss. vorliegt. Die sog. Eschenburgische Handschrift, die jetzt verschollen ist, druckte v. d. Hagen im 1. Bande seiner 'Deutschen Gedichte des Mittelalters' als letztes Stück ab. Von deutschen prosaischen Bearbeitungen sind uns zwei hsl. (cgm. 3974 und Cod. Lips. Germ., signiert Rep. II 8° 159) und sechs als Drucke überliefert. Einen Druck ohne Titel, Ort und Jahr besitzt die Univ.-Bibl. zu Leipzig (signiert Poet. lat. rec. 169). Zwei führen den Titel '*Frag vnd antwort Salomonis vnd Marcolfi*', zwei '*Red vnd widerred*', der sechste '*Marcolphus myt synem Wive*'. Dieser (nd., 16 Bl. 4°, ohne Ort u. Jahr) befindet sich in Kopenhagen.

3. Als Vorlage für seine Übersetzung diente H. eine der ausführlicheren lat. Bearbeitungen; welche es war, ist noch nicht erwiesen; einzelne Übereinstimmungen sprechen für den erwähnten Cod. Lips. Das um 1200 entstandene deutsche Gedicht scheint H. gekannt zu haben. v. d. Hagen vergleicht a. a. O. S. XIV dieses Werk mit H.s Arbeit und sagt, „daß, wenn seine Übersetzung auch treuer, ihr Wert in der Darstellung, zum Teil vielleicht eben deshalb, doch beträchtlich geringer sei". Man wird sagen dürfen, daß sich H. durchweg eng an den lat. Text gehalten, da er jedoch lat. Prosa in deutsche Verse umgießen mußte, im Einzelfalle den Ausdruck mit Glück umgestaltet hat. Derbheiten und Roheiten seiner Vorlage tilgte er; das war er der Rücksicht auf sein höfisches Publikum schuldig.

E. Schaubach *Gregor Haydens 'Salomon und Marcolf'*. Diss. Leipzig 1881.

Eduard Brodführer.

Hayweger, Augustin, ist ein Meistersinger, von dem wir nur eine dreistrophige Bibelparaphrase: *Hort in der zeit alss*

Lücass spricht in der „Schrankweise" des Hans Folz (s. d.) kennen. Dieses Meisterlied findet sich in dem von Hans Sachs 1516/17 z. T. selbst gesammelten Berliner mgq. 414 auf Bl. 445a.

Horst Oppenheim.

Hecht, s. Pfarrer zum Hecht.

Hechtlein *(Hechtl)*, **Johann.** Hechtlein dürfte aus Landau in der Pfalz als Benediktinermönch um 1460 nach St. Paul im Lavanttal (Kärnten) gekommen sein. Er war hier Pfarrer zu St. Lorenzen in der Wüste, später (1483—88) der 28. Abt des Stiftes St. Paul. Er ist wahrscheinlich der Verfasser einer Spruchsammlung, die literarisch zum deutschen 'Cato' (s. d.), 'Facetus' (s. d.) und 'Cornutus' (s. d.) gehört.

Abgedruckt aus dem Cod. Vind. 12840, Bl. 79b—83a, von H. Menhardt in der 'Carinthia' I (Mitt. des Gesch.-Ver. f. Kärnten) 1930, S. 10—19; ders. *Handschriftenverz. der Kärntner Bibliotheken* I (1927) S. 115.

Hermann Menhardt.

'Hedwig'.

1. Leben der hl. Hedwig. Die Schutzpatronin von Schlesien und Polen ward 1174 auf Schloß Andechs geboren; die Familie gehörte zum bairischen Uradel. Der Vater Graf Berthold IV. hatte am dritten Kreuzzuge teilgenommen und von Kaiser Barbarossa den Titel eines Herzogs von Meranien, d. h. Dalmatien und Istrien, erhalten. Er hatte acht Kinder. Seine Tochter Agnes, die König Philipp von Frankreich nach der Scheidung von der dänischen Ingeborg heiratete, starb, da Innozenz III. die Ehe nicht anerkannte, verstoßen 1201 auf Schloß Poity. Gertrud, die den König Andreas von Ungarn heiratete, ward, als sie, nach einem erzwungenen Aufenthalt im Auslande, mit ihrem Gatten wieder nach Ungarn zurückkehrte, mit diesem ermordet; ihre Tochter ist die hl. Elisabeth von Thüringen. Die Söhne Otto und Heinrich teilten sich in die Herrschaft des Vaters; Berthold ist Erzbischof von Kalocza in Ungarn geworden, 1218 zum Patriarchen von Aquileja postuliert. Eckbert († 1237) wird Bischof von Bamberg; in seinem Hause wird 1208 Philipp von Schwaben ermordet durch Otto von Wittelsbach, den Verlobten der Tochter der hl. Hedwig, Gertrud, die dann Nonne und Äbtissin in Trebnitz wird. Berthold und Eckbert litten schwer unter dem Verdachte, an dem Mordplane beteiligt gewesen zu sein. In Bamberg waren auch der Großoheim Otto VI. († 1190) und der Oheim Poppo II. († 1245) Bischof. Hedwig erhielt die Erziehung in der Bamberger Diözese im Kloster Kitzingen; eine jüngere Schwester, die spätere Äbtissin von Kitzingen Mechthild III. († 1254), war in Bamberg zu St. Theodor untergebracht. In Kitzingen lernte Hedwig die Hl. Schrift; sie war ein ernstes Kind, das an Lachen und Spiel keinen Gefallen fand. 1186 wird sie, 12 Jahre alt, mit Herzog Heinrich I. von Schlesien vermählt. Sein Vater Boleslaus der Lange hatte, von seinem Bruder vertrieben, in Deutschland die Halbschwester Konrads III. geheiratet, eine Nichte Herzog Leopolds von Österreich. Durch Barbarossas Vermittlung hatte Boleslaus das schlesische Herzogtum zurückerhalten; sein Sohn, Hz. Heinrich, war daher in Deutschland erzogen worden. Erst 1201 kam er zur Regierung. Hedwig gebar sechs Kinder, von denen vier am Leben blieben: Heinrich, Konrad, Gertrud und Boleslaus (geb. 1208). Nach seiner Geburt entsagte sie durch Gelübde dem ehelichen Verkehr. Schon unter Boleslaus war 1175 das Kloster Leubus mit Zisterziensern aus (Schul-)Pforta besetzt worden. Heinrich I. führt planmäßig die deutsche Besiedlung Schlesiens weiter. Im Jahre seines Regierungsantritts (1201) gründet das Herzogspaar das Kloster Trebnitz, das 1203 mit Zisterzienserinnen aus Bamberg besetzt wird; auch Kloster Heinrichau wird 1226 gegründet; im gleichen Jahre werden die Dominikaner nach Breslau, die Franziskaner nach Goldberg gebracht. Die deutschen Bauernsiedlungen mehren sich; am Hofe leben deutsche Adlige, mit denen deutsche Bildung und glänzende höfische Lebensführung einziehen. Heinrich wird der erste Herzog, der unabhängig von Polen regiert. Er stirbt, gebannt wegen eines Zehntstreits, 1228; Hedwig fühlte sich verpflichtet, sich von seinem Sterbelager in Krossen fernzuhalten. Sie über

lebte ihn 15 Jahre. Am 9. April 1241 stirbt ihr Sohn Heinrich II. der Fromme bei Wahlstatt den Heldentod gegen die Mongolen. In diesem Kampfe ist die abendländische Bildung gegen die asiatische Flut gerettet worden. Am 15. Oktober 1243 ist Hedwig in Trebnitz gestorben. Papst Urban IV., der als Jakob Pantaleon als Legat in Schlesien geweilt hatte, war ihrer Kanonisation geneigt; am 12. Okt. 1262 verhörten die päpstlichen Kommissare in Trebnitz die Zeugen; unter Urbans Nachfolger Clemens IV. ist sie in Viterbo am 26. März 1267 heiliggesprochen worden; am 25. Aug. 1268 fand die Translation ihrer Gebeine in Trebnitz statt. Ihr Fest wird am 17. Okt. gefeiert. Ihr Bild ist das einer von Gottes- und Nächstenliebe erfüllten, gegen sich selbst asketisch überstrengen Frau. Schon zu Lebzeiten setzt die Legende ein und schmückt ihr Leben mit Wunderberichten; Hedwigsbrunnen, Hedwigsteine, wo sie ruhte, gibt es in Schlesien noch vielfach; 72 Kirchen sind ihr in Schlesien geweiht. Sie ist eine Stammutter sämtlicher alten Dynastengeschlechter Europas geworden (Wittelsbacher, Habsburger, Hohenzollern und Wettiner; eine Wettinerin, Agnes von Rochlitz, war auch ihre Mutter). Die Beziehungen zu Baiern blieben erhalten; die ersten Nonnen des Zisterzienserinnenklosters Seligenthal bei Landshut kamen 1352 aus Trebnitz.

2. *'Vita'* und Legenden. Die Heiligsprechungsbulle ist erhalten; Abdr. bei Cherubini *Bullar. magnum* 1673, I S. 166 (schlecht); G. A. Stenzel *Scr. rer. Sil.* II (1839) S. 119. — Schon unter den Büchern Papst Clemens' IV. († 29. XI. 1268) befand sich eine Lebensbeschreibung Hedwigs; *Cod. dipl. Sil.* 7 I S. 173. Auch der Dominikaner Simon, der am Heiligsprechungsprozeß beteiligt war, soll über H. geschrieben haben; *Cod. dipl. Sil.* 7 II S. 126. Der Autor der *'Vita'* nennt einen Zisterzienser Engelbert als Verf. einer ihm vorliegenden, wohl kurzen Sammlung von Lebensdaten der Heiligen. Die uns erhaltene *'Vita'* entstand zu einer Zeit, als noch lebende Zeugen des Lebens der Heiligen vernommen werden konnten; etwa um 1300. Der Verf. war kein Mönch. Das Original oder eine gleichzeitige Abschrift besitzt die Breslauer Dombibliothek; andere Hss. der 1. Hälfte d. 14. Jhs. die Bresl. Staats- u. Univ.-Bibl.: IV F 190 aus Leubus, IV F 191 aus Trebnitz, IV F 189 aus Heinrichau; ein vatikanischer Cod. Vat. Pal. 857; vgl. Poncelet *Cat. cod. legend. lat. Bibl. Vat.* (1910) S. 280. Aus dem 15. Jh. stammt die Hs. der Peter-Paul-Bibl. zu Liegnitz, die 1836 von J. G. Feige ins Deutsche übersetzt worden ist. Eine 1431 geschr. Hs. (aus der Magdalenenbibl. zu Breslau) besitzt die Breslauer Stadtbibl.; zwei Hss. des Bresl. Dominikanerklosters sind verschollen. Krit. Ausgaben) 1. *'Vita maior'*. Prol.: *Splendoris aeterni genitor;* Anf.: *Hedwigis iam in caelis beata;* Ende: *Ora quoque pro nobis supplicibus tuis* ... Herausg. v. G. A. Stenzel *Scr. rer. Sil.* II (1839) S. 1—99; *Act. SS. Oct.* VIII S. 224—64; A. Semkowicz *Mon. Pol. hist.* IV S. 510 bis 633; Surius IV (1574) S. 773—97; (1580) S. 860—84; X (1618) S. 231—45; (1879) S. 483—522. Lesarten von Wernicke Zs. d. Ver. f. Gesch. Schles. XV (1880) S. 548—50; Auszüge bei Ad. v. Wolfskron *Die Bilder der Hedwigslegende* 1846 S. IX—XLII. — 2) *'Vita minor'*. Anf.: *Lux lucis et fons luminis;* Ende: *et solamen per Christum dominum nostrum. Amen.* Gedr. in: *'Vita beatissimi Stanislai etc.'* 1511 Bl. 127[b]; Stenzel S. 99—105; *Acta SS. Oct.* VIII S. 200—202, Nr. 10—22; Semkowicz S. 634—642; Wolfskron S. XLI—LI. — 3) *'Genealogia'*. Anf.: *Ad cognoscendum aliqualiter;* Ende: *et dominam Constantiam in Trebnicz monasterio abb.* Gedr. bei Stenzel S. 105 bis 114; *Acta SS. Oct.* VIII S. 265—67; Semkowicz S. 642—51; Wolfskron S. I—VIII.

3. Bilderhss. a) Die *'Legenda maior'* und *'minor'* ließ Ludwig I., 1352—1398 Herzog v. Schlesien und Liegnitz, i. J. 1353 *foris civitatem Lubyn*, s. h. im Südosten v. Lüben, wo er 1349 eine der hl. Hedwig geweihte Burgkapelle erbaut hatte, abschreiben. Der Schreiber nennt sich Nicolaus Pruzie (aus Preußen). Er wird auch der Schöpfer der Illustrationen (1 ganz-

seitige und 60 halbseitige) sein, die sich auf das Leben der Heiligen beziehen. Sie sind zart entworfen, die Innenflächen leicht ausgetuscht, der Gesichtsausdruck der wenig kraftvollen Gestalten ist ohne rechte Abwechslung, die Perspektive fehlerhaft. Trotzdem sind diese Miniaturen höchst wertvoll, nicht als Kunstwerke, aber für die Kulturgeschichte. Die Hs. enthält am Ende Bl. 147^b ein Gebet, Bl. 148 die Kanonisationsbulle, Bl. 157 eine Hedwigspredigt Clemens IV., Bl. 163b die Interpretation des Namens Hedwig, Bl. 166 die dreiteilige Homilie Bernhards über das *Missus est* mit vier Bildern, dann Bl. 202 von etwas jüngerer Hd. eine Zusammenfassung der Legende in Briefform mit der Schlußschrift von ungeübter Hd.: *Hanc epistolam compilavit dominus Nycolaus de Posenaw* [s. d. Art. Henrici, Nicolaus] *prothonotarius Reverendi in Christo patris domini Preczlay Wratislawie Episcopi et transmisit eam Domino duci Ludwico Bregensi.* Diese Hs. vermachte der Herzog zunächst im Testamente von 1360 den Liegnitzer Predigermönchen, aber 1369 bestimmt er sie dem neu von ihm gegründeten Kollegiatstift St. Hedwig zu Brieg. Als dieses 1534 aufgelöst ward, kam sie 1569 an die Bibl. des Brieger Gymnasiums; daraus entlehnte sie am 12. Jan. 1630 Hzg. Johann Christian, der sie an den Bistumsverwalter Breuner in Neisse schenkte; aus dessen Besitz kam sie, wie ein in der Hs. vorhandenes Exlibris zeigt, an den Kaiserl. Rat Franz Gottfr. v. Troilo, um die Mitte des 17. Jhs. in den Besitz der Prinzessin Maria Benigna, Gattin des Feldherrn Oktavio Piccolomini, die sie den Piaristen in Schlackenwerth überwies. Mit der Aufhebung des Klosters ging die Hs. an die dortige Stadtgemeinde über, die 1911 sämtliche Bücher für 100000 Kronen an das Wiener Antiquariat Gilhofer und Ranschburg verkaufte. Heute ist Besitzer der Hs. Rudolf Ritter von Gutmann in Wien.

Vgl. A. Ritter von Wolfskron *Die Bilder der Hedwigslegende nach einer Hs. v. J. 1353 in der Bibl. der PP. Piaristen zu Schlackenwerth* 1846. H. Luchs *Über die Bilder der Hedwigsleg.* 1861; ders. *Über die Verfasser u. Copisten u. über die Schicksale der wichtigsten Hss. der Hedwigsleg.*, Schlesiens Vorzeit III (1881) S. 99ff. E. Hora *Die ehemalige Schlackenwerther Hs. der Hedwigslegende*, Mitt. d. Ver. f. Gesch. d. Deutschen in Böhmen 49 (1911) S. 540ff.

Von dieser Bilderlegende ließ sich Hzg. Ruprecht, Ludwigs Neffe (1374—1409), an Silvester 1380 eine Kopie mit den gleichen Bildern und dem Briefe des Nikolaus v. Posen anfertigen.

b) Hz. Albrecht III. v. Österreich (1365—1395) läßt 1380 die '*Legenda maior*' ins Deutsche übersetzen; als Übersetzer nennt sich Rudolphus dictus Wintuawer; Hs. Brüssel, Bibl. royale Nr. 3408; vgl. van den Gheyn *Cat. des mss. de la bibl. royale de Bruxelles* V (1905) S. 381.

c) Als Bilderhs. geplant war die heutige Maihinger Hs. [Öttingen-Wallersteinsche Bibl. Signatur: I 2 (Lat.) fol. 30]. Doch ist der Raum für die Miniaturen freigeblieben; die erklärenden Überschriften stehen in roter Farbe oben und in der Mitte der Seiten; die Auswahl der Bilder deckt sich mit den Bildern der Schlackenwerther Hs. Sie ist 1428 von Michaelis *capellanus in Sceydilwitz* (Scheidelwitz bei Brieg) erworben worden, '*comparata*', und geschrieben *per manus Francisci Råschin in domo domini Nicolai Balconis* (Nikolaus Balkaw) *Bregensis canonici.*

d) Die gleiche Bibliothek zu Maihingen besitzt mit der Signatur I 3 fol. 7 eine Papierhs. der Legende in deutscher Übersetzung aus dem 15. Jh.: *Hie hebt sich an der Tractat oder der spiegel der gepurt sant hedwigen etwan ain herczogin zů slesien.* Dem Traktat über die '*Genealogie*' folgt Bl. 9—105 die '*Legenda maior*' und '*minor*'. Diese in Süddeutschland entstandene Übersetzung ist illuminiert mit 72 kolorierten Zeichnungen, die in der Auswahl mit den Bildern der Schlackenwerther Hs. übereinstimmen, ohne jedoch von ihr abzuhängen.

Vgl. Fr. X. Seppelt *Mittelalterliche Hedwigslegenden*, Zs. d. Ver. f. Gesch. Schlesiens 48 (1914) S. 1ff., wo auch die Vorrede abgedruckt ist und die Bilder beschrieben werden. Ebenda 31 (1897) S. 333 von C. Schmidt ein Hinweis auf eine Dresdener Hs. P. 44, Mitte 15. Jh.; sowie Bd. 15 (1881) von Wernicke eine Notiz über Fragmente einer verlorenen Hs.

4. a) Am 26. Sept. 1424 wird in Erfurt von dem Franken Kilian, Barfüßermönch zu Meiningen, eine deutsche Übersetzung beendet. Die Papierhs. gelangte durch Testament aus der gräfl. Hennebergschen Bibliothek an das Gymnas. in Schleusingen.

B. Obermann *Daz lebin sent hedewigis*. Schleusinger Progr. 1880, wo Kap. 1 u. 2 unvollst. abgedruckt sind.

b) Aus der Abschrift des Herzogs Ruprecht von Liegnitz ist die Legende 1451 durch Peter Freitag (s. d.) verdeutscht worden.

c) Aus dieser Übersetzung entnahm Konrad Baumgarten in Breslau die Grundlagen für die 66 Holzschnitte, mit denen er den ersten Druck der deutschen Hedwigslegende 1504 schmückte: *Alhy hebet sich an dy grosse legende der hailigsten frawen Sandt Hedwigis*. Etwa 12 Exemplare davon sind noch, meist in Breslauer Bibliotheken, vorhanden.

d) Auch von dem Krakauer Druck von 1511 erschien eine deutsche Übersetzung: *Historia von dem Heyligen ... Stanislav, auch andern Heyligen ... Auf einen glaubwürdigen lateinischen Scribenten durch M. Blasium Laubich ... der.. Ertzherzogen Marien zu Oestereich etc. Wittib Hoffkaplan. Gedrukt zu Grätz in Steyer bei Georg Wildmannstetten MDXCV*. — Der Hainauer Pfarrer Matth. Funk veröffentlichte in Frankfurt 1511 eine heute verschollene '*Vita S. Hedwigis ... heroico carmine descripta*'.

e) Aus dem Texte bei Surius ist die Legende verdeutscht durch Joan a Via *Historien der lieben Heiligen Gottes*, München, Adam Berg 1579, sowie durch Heinr. Fabricius *Auszug bewerter Historien der Fürnemsten Heiligen Gottes*, Köln 1599, S. 738. — Nach Baumgartens Legende erschienen Bearbeitungen 1631 von Georg Baumann u. 1686 bei Andreas Perger in Glatz. — 1697 läßt der Pfarrer in Naumburg am Queis Florian Rimpler bei Joh. Hoffmann in Nürnberg lateinische Hedwigspredigten drucken: '*Patrocinale Silesiae* ...'; 1723 erschien in Neiße von dem Jesuiten Carl Regent: *Exempel der Schlesier oder Vorstellung der furnehmsten Christlichen Tugenden, welche .. S. Hedwig zur Lebzeit heilsam geübt*. — 1777 kommt in Breslau eine kurze Lebensbeschreibung heraus. Eine andere von der Hand einer Fürstin Eleonora Philippine wird 1825 in 5. Aufl. gedruckt. — 1843, ²1854 erscheint als Jubiläumsschrift von Fr. X. Görlich *Das Leben der heiligen Hedwig*; 1860 von Aug. Knoblich *Lebensgeschichte der hl. Hedwig*. — Jos. v. Eichendorff ist über eine Stoffsammlung zu einem Hedwigsleben nicht hinausgekommen. — 1872 gibt F. Becker eine Biographie heraus, 1886 Jos. Jungnitz ein Lebensbild. — 1927 hat die '*Legenda maior*' eine kritische Übersetzung durch Konr. Metzger u. Franz Metzger erhalten.

J. G. Büsching *Von den Legenden der heil. Hedwig*, Bruchstücke einer Geschäftsreise durch Schlesien 1813, S. 459. Zeissberg *Die poln. Geschichtsschreibung des Mittelalters* 1873, S. 121 (Verzeichn. des hschr. u. gedr. Materials zur Gesch. d. hl. Hedwig). *Schlesische Fürstenbilder* 1872 (8. Bogen v. H. Luchs). Grünhagen ADB. XI (1880) S. 229ff. H. Hoffmann *Das Leben d. hl. Hedwig*, 85. Jahresber. d. Schles. Ges. f. vaterl. Cultur V (1907) S. 12—24. P. Knötel *Die Entwicklung der Hedwigstypen in der schles. Kunst*, Zs. d. Ver. f. Gesch. Schles. 54 (1921) S. 17. K. Burdach *Die Kulturbewegung Böhmens u. Schlesiens an der Schwelle der Renaissance*, Euphorion 27 (1926) S. 494ff.

J. Klapper.

Hefft, Leonhard, s. Andreas v. Regensburg § 5.

Hegelin, s. Heynlin.

Heggelbach, der Abenteurer. Hs. Additional 16581 des Britischen Museums, 15. Jh. (1469), ostschwäbisch, Bl. 158ᵃ; s. R. Priebsch *Deutsche Hss. in England* II (1901) S. 147—58. Ihm wird zugeteilt der Spruch:

Lüg nicht, arm man,
Wann es gehortt gross hern an.

R. Priebsch.

Heidecker (Haydecker). Hs. Additional 16581 des Britischen Museums, 15. Jh. (1469), ostschwäbisch, Bl. 148ᵇ; s. R. Priebsch *Deutsche Hss. in England* II (1901) S. 147—58. Ihm wird beigelegt der Spruch:

Er sey aigen oder frey,
Wer von purt nit edel sey,
Der soll sich edel machen
Mitt tugentlichen sachen (= Freidank 54, 8).

R. Priebsch.

Heidelberg, s. Nikolaus v. H.

Heiden, s. Hayden.

'Die Heidin'.

1. Der Novellenstoff von der 'Heidin' erfreute sich großer Beliebtheit und ist daher im Mhd. mehrfach behandelt worden; im Gegensatz zu andern Novellengruppen wie besonders der vom 'Schüler von Paris' (s. d.) gehen die späteren Bearbeitungen aber alle direkt oder indirekt auf die erste erhaltene deutsche Fassung ('Heidin' I) zurück. 'Heidin' II und III stellen dabei im wesentlichen Erweiterungen der jeweils vorangehenden Stufe dar, während 'Heidin' IV wieder auf 'Heid.' I zurückgreift.

2. Überlieferung: 'Heidin' I ist überliefert in der Windhager Hs. Vind. 2779 und der Pommersfelder Hs. Nr. 2798; 'Heidin' II in der Wiener Hs. Nr. 2885, ihrem Innsbrucker Abkömmling Hs. Nr. 16. o. 9 des Ferdinandeums, der Heidelberger Hs. cpg. 353 und der Berliner Hs. Ms. Germ. quart 478; hierher gehört eine aus mehreren Fragmenten, die wohl von einer Hs. herrühren, erschließbare Sproßredaktion; 'Heidin' III in der Gothaer Hs. cod. chart. B. 56; bei dem oben erwähnten Verhältnis von 'Heidin' I—III kommen die unter II und III genannten Hss. in den übereinstimmenden Teilen jeweils auch für die vorhergehende Fassung in Frage. 'Heidin' IV findet sich im Heidelberger cpg. 341 und in dessen Kalocsaer Abschrift.

3. In 'Heidin' I hat ein deutscher Dichter offensichtlich einen französischen Schwank, der zum Kernstück das Motiv von der Teilung der Frau hatte (die Umworbene gibt dem Liebenden die Wahl zwischen ihrer oberen und unteren Hälfte), zu einer ernsthaften ritterlichen Novelle umgebaut, die nun von vornherein an dem Widerspruch zwischen dem possenhaften Kernmotiv und der strengen Form des Minnedienstes krankt. Das innere Wesen dieser höfischen Institution ist diesem Epigonen bereits so gänzlich fremd, daß sein Held zwar um des Rufes einer Heidenfürstin willen zu ihrem Dienst auszieht, aber auf Grund des Teilungsabkommens für die durch ihn verschuldeten Mißhandlungen seiner Dame nur Spott hat, und daß er gerade dadurch zum Ziele der Liebeserfüllung gelangt. Es bedeutet für den Dichter keine Rechtfertigung, daß der Theoretiker der höfischen Minne, der Kaplan Andreas, das Motiv theoretisch-spekulativ als Liebesprobe erörtert hat, aber eben nur als Prüfstein wahrer Minne, nicht zur praktischen Durchführung der Teilung wie in der Novelle. Und so bleibt denn diese nicht lange nach 1250 wohl im bairischen Nordgau entstandene Novelle trotz der von Hartmann v. Aue (s. d.) gelernten Form recht unerquicklich.

4. In den 70er und 80er Jahren des 13. Jhs. hat dann ein gleichfalls bairischer Bearbeiter die Novelle großenteils umgedichtet und episch ausgeweitet ('Heidin' II) und sie dem Roman angenähert (2500 v.): die Personen erhalten Namen, die z. T. an die Heldenepik anklingen (der Held Wittig von Jordan, wonach 'Heidin' II und 'Heidin' III auch vielfach genannt), und nach echt deutschen Brauch schließt die Liebesgeschichte mit glücklicher Ehe, wozu aus der Heldenepik die Motive von der Flucht der Liebenden und dem Rachezug des beraubten Heiden sowie dessen Zwangstaufe entlehnt werden. An Behebung der inneren Schwierigkeiten der Fabel ist in dieser ziemlich schwachen Bearbeitung natürlich nicht zu denken, vielmehr wird durch lüsterne Zutaten der vorhandene Widerspruch noch gesteigert. Auf diese Fassung zielt gewiß Püterich von Reicherzhausen (s. d.) unter dem Titel '*Her Witich vom Jordan*': sie schreibt er einem Dichter *von Hindihofen Maister Ruediger* zu. Der Name wird der gleiche sein wie *RüedegerHünchovaere* (d. h. R. von Hinchofen südöstlich von Regensburg; s. d.), wie sich der Dichter des 'Schlegel' nennt. Doch können 'Schlegel' und 'Heidin' II (oder III) nach ihren stilistischen und sprachlichen Eigenheiten jedenfalls nicht vom gleichen Verfasser herrühren; es müßte sich also um zufällige Namensgleichheit handeln, aber wahrscheinlicher ist wohl ein Versehen Püterichs. Im Prolog der Wiener Hs. 2885 und ihrem Innsbrucker Abkömmling wird die Dichtung zugeschrieben einem *von wunnen hofn̄ der may gnant also ist vns sein zunam bekant*. Dies brauchte nicht notwendig der obigen Angabe zu widersprechen: „Mai von Wunnenhofen", das könnte ein Übername sein, den sich R. von Hindihofen in leichtem Anklang an seinen wirklichen Namen gegeben hätte. Aber eine Gewähr

für die wirkliche Verfasserschaft hat weder der eine noch der andere Name. Der letztere scheint dem ganzen Zusammenhang wie den Überlieferungsverhältnissen nach eher der Name eines Spielmannes zu sein, der die Dichtung in sein Repertoire aufgenommen hatte. Der entfernte Anklang mag dann einen Irrtum Püterichs veranlaßt haben. Als 'Wittich von Jordan' zitiert diese Fassung auch der Verfasser des 'Friedrich von Schwaben' (s. d.), der sie zugleich fleißig ausgeschrieben hat.

5. Aus 'Heidin' II entstand durch Eingriffe von drei oder vier Bearbeitern 'Heidin' III, die ihren Hauptteilen nach noch dem ausgehenden 13. Jh. angehört. Während ein erster bairischer Bearbeiter sich im wesentlichen auf Umschmelzung und geringfügige Erweiterungen beschränkte, fügte ein anderer (gleichfalls bairischer) in frischer, am Volksepos geschulter Darstellung einen Drachenkampf des Helden (700 v.) und vielleicht noch einen kürzeren spielmännischen Einschub hinzu, und zu guter letzt erhielt die Dichtung wohl von einem Ostschwaben zu Anfang des 14. Jhs. einen neuen Schluß, der vor allem die Zwangstaufe des Heiden beseitigte. Die nunmehr auf 4600 Verse angeschwellte Dichtung hat jetzt alle Einheitlichkeit eingebüßt.

6. Um die Wende des 13. und 14. Jhs. hat ein nicht unbegabter md. Dichter wohl aus Ostfranken unter Zugrundelegung von I, aber in völligem Neubau die Dichtung mit anerkennenswerter Freiheit bearbeitet. Den Schluß, die gemeinsame Flucht und glückliche Heirat, hat IV von II übernommen. Sonst aber erfolgt die Umgestaltung mehr von innen heraus: indem der Dichter die Rolle der Heidin hebt und Dialog und Monolog vor allem auch durch eristische Zuspitzung mit Geschick seinen Zwecken dienstbar macht, gelingt es ihm, die Peinlichkeit des Teilungsmotivs zu überwinden. So steht denn IV künstlerisch bedeutend höher als I—III, und es beeinträchtigt den Eindruck von der Selbständigkeit des auch im Reimspiel bewanderten Dichters kaum, daß er gelegentlich einmal ein paar Verse dem 'Wigalois' Wirnts von Gravenberg (s. d.) oder dem 'Winsbeke' (s. d.) entlehnt. Die eristischen Redepartien von 'Heidin' IV haben es dann dem Verfasser der 'Frauenlist' (s. d.) angetan, während das 'Frauenturnier' (s. d.) von den Reimspielereien wie einzelnen Wendungen sich beeinflussen ließ.

'Heidin' I—III hrsg. von L. Pfannmüller *Die vier Redaktionen der 'Heidin'* (Palästra 108) 1911 ('Heidin' I schon vorher nach der Pommersfelder Hs. von Bartsch *Mitteldeutsche Gedichte* Nr. 2). Karl Maeker *Die beiden ersten Redaktionen des mhd. Gedichtes von der 'Heidin'* 1890, ist unvollendet und durch Pfannmüller überholt. 'Heidin' IV hrsg. von v. d. Hagen GA. I Nr. 18, S. 383ff.; IV kritisch von L. Pfannmüller *Mhd. Novellen* Bd. I 1912. Zu 'Heidin' IV noch A. Leitzmann PBB. 48 S. 46ff.; Stehmann *Die mhd. Novelle vom Studentenabenteuer* (Palästra 67) S. 140.

H.-Fr. Rosenfeld.

Heigerlin, s. Fabri, Johannes, III.

Heilbronn, s. Balthasar v. H.

Heiligenkreuz, s. Gutolf v. H.

Heilsbronn, s. Konrad u. Mönch v. H.

Heimesfurt, s. Konrad v. H.

Heimsfurt, s. Friedrich Konrad v. H.

Heinfogel, s. Konrad von Megenberg 4a.

Heinlin, s. Heynlin.

Heinrich, s. auch Heini, Heinz, Heinzelin, Hinrik.

Heinrich (der Dichter der 'Litanei').

1. Handschriften: G, Nr. 1501 (39/59) der Grazer Universitätsbibl., 8°, 12. Jh., aus Seckau; über sie Eichler Zentralbl. f. Bibliothekswesen 35 S. 51ff. S, die Straßburg-Molsheimer s. unter Hartmann, der arme.

Ausgaben: Hoffmann *Fundgruben* II S. 215 bis 238 (G). Maßmann *Dtsch. Ged. d. 12. Jhs.* I S. 43—63 (S). v. Kraus *Mhd. Übungsbuch*[2] S. 28—62, 274—276 (G u. S).

Literatur: Ehrismann *Gesch. d. dtsch. Lit.* II, 1 S. 172—175; v. Kraus S. 274f.; Gotzen RL. unter '*Litanei*'. Kelle *Gesch. d. dtsch. Lit.* II S. 176—182, 370—373. Leitzmann ZfdA. 64 S. 79f. Rödiger ebd. 19 S 241—346. E. Schröder ebd. 61 S. 60; GGN. 1925 S. 148—160. Stroppel *Liturgie u. geistl. Dichtg.* 1927 S. 126—129. Vogt PBB. 1 S. 108—146. Zimmermann *Die Zusammensetzung d. Straßb.-Molsh. Hs.* Diss. München 1924 (Mschr.).

2. Der Dichter nennt sich G 237, 19 *dinen* [Gottes] *scalch Heinrichen,* sein Werk G 237, 25 *letanie,* S 1461 *letania.* Er dichtete anscheinend im österr. Alpen-

land oder doch in naher Nachbarschaft, dafür sprechen die Ausdrücke *bercclinge* und *chlam* (Schröder Z.); vermutlich war er Geistlicher, aber wohl nicht Mönch, denn 236, 39 betet er: *gib uns maezigen richtüme.* Die Sprache von G ist österreichisch ohne Anzeichen, daß die des Dichters abgewichen sei, der Text sorgfältig. S enthält zahlreiche Fehler und Änderungen, selten den bessern Text (Vogt S. 115ff.; Rödiger S. 242ff.). Der Schreiber war Moselfranke (Schröder GGN. S. 157ff.).

3. G mit 950 Versen bietet die ursprüngliche, S mit 1468 eine wohl mehrfach erweiterte Fassung. In G tragen die Anrufungen nach der der Dreieinigkeit Überschriften: *de sancta Maria, de angelis, de sancto Johanne baptista, de apostolis, de martyribus, de confessoribus, de virginibus, de omnibus sanctis;* es folgt eine Reihe besonderer und allgemeiner Bitten an Gott: *communis.* Für die Apostel, Märtyrer, Jungfrauen werden zwei, für die Bekenner drei Vertreter genannt. In S sind eingeschoben, abgesehen von einzelnen Versen, ein Abschnitt (v. 53—90) in der Anrufung Gott Vaters, eine Anrufung der Dreieinigkeit (v. 173—196, doch ist nur vom Vater und Sohn die Rede), des Apostels Johannes (v. 618—661) und weiterer Heiliger (v. 746—1035, 1096 bis 1242). Die des Johannes, Ägidius, Nikolaus stehn nach den Schlußversen der Gruppe (v. 617, 745), die des Blasius und Kolumban (gemeint ist Koloman) unter den Bekennern statt der Märtyrer, die der Maria von Magdala hinter den Jungfrauen (Kelle S. 178). Nur wenige Verse hat S weggelassen oder durch andre ersetzt.

4. Daß Heinrich selbst sein Werk erweitert hat, schloß Vogt (S. 125) aus v. 907—909: *wi torstih ìwer namen hie uerswige under ìwer genozscefte? daz clagih mit rehte.* Kelles und Leitzmanns Gegengründe reichen nicht aus. Wahrscheinlich waren die Zusätze an den Rand oder auf eingelegte Blätter geschrieben. Dann ist die 'Litanei' anscheinend von neuem bearbeitet und erweitert worden (Rödiger S. 271ff.); in welchem Umfang und ob von einem oder mehreren, bleibt noch unsicher. V. 978—1035 scheinen wegen v. 1033 von einer Frau gedichtet zu sein (Leitzmann), v. 746—805 gehören wohl wie die folgenden Abschnitte zu H.s eignen Nachträgen, und v. 769—771 darf man dann wohl mit Vogt wie v. 907—909 auffassen. Reime, Sprachgebrauch und Aufbau der alten und neuen Abschnitte (Vogt S. 126f.) sprechen nicht gegen H.s Anteil an den Erweiterungen. Dann ist der v. 890 erwähnte Abt Engelbrecht, auf dessen Geheiß die Bitte an Koloman eingeschoben wurde, wahrscheinlich entweder Abt Engelbrecht von Obernburg in Kärnten, bezeugt 1173 (Rödiger S. 338f.), oder, da Koloman im 12. Jh. nur in der Passauer Diözese verehrt wurde, der *praepositus,* auch *abbas* genannt, Engelbrecht des Chorherrnstifts St. Florian in Oberösterreich 1172—1203 (Kelle S. 179f.). Dann wäre die Fassung S spätestens bald nach 1172, die Fassung G einige Jahre früher entstanden. Der Zeit entsprechen die Reime, in G ist etwa 1/7 unrein (Vogt S. 113). Der Versbau schwankt von Kürze zu Überlänge.

5. In der liturgischen Allerheiligenlitanei des Mittelalters wechseln Namen und Zahl der angerufenen Heiligen nach Zeit und Gegend, die Vertreter der Heiligengruppen in G erscheinen schon in der römischen Litanei. Aber H. häuft nicht Namen, dafür gestaltet er die einzelnen Anrufungen zu umfangreicheren und selbständigeren Gebeten aus, als Schluß verwendet er gern die üblichen Responsorien. Gliederung und Rangordnung der Heiligen ist ebenfalls kirchlichem Muster entnommen. Seit Hrabanus Maurus (s. d.) gab es für kirchlichen Gebrauch Litaneien in lateinischen Versen, wahrscheinlich ist eine von diesen das Vorbild von H.s Dichtung geworden. Parallelen zu kirchlichen Litaneien bei Vogt (S. 130ff.) und Stroppel.

6. Heinrich kennt kirchliche Schriftsteller und Hymnen, Parallelen bei Kelle und Rödiger (S. 324ff.). Er zitiert Gregor (234, 2ff., wohl Moralia X, 8) und dessen '*Vita*' (229, 20), er scheint 230, 6ff. des Hieronymus Tätigkeit als Bibelübersetzer

zu meinen und hat die Geschichte der Maria von Magdala gelesen (v. 1176, über die Quelle Kelle S. 179). Er lebt in der kirchlichen Gedankenwelt und ihren Formen. Daß Sündenbewußtsein und Gnadenbedürfnis stark hervortreten, gehört zur Aufgabe einer Litanei, aber dem Dichter war es gegeben, ihnen bewegten und überzeugenden Ausdruck zu leihen.

Hans Steinger.

Heinrich, Magister *(Hainricus)*, Verfasser eines Traktates über Mnemotechnik, der lateinisch und deutsch in der Münchener Hs. clm. 4749 erhalten ist.

L. Volkmann Jahrb. d. kunsthistor. Sammlungen zu Wien NF. 3 (1929) S. 160.

W. St.

Heinrich, Meister. So nennt sich der Dichter am Schluß des Spruchgedichtes *'Von dem pfaffen und pfeffin' (das gebeüt euch meynster Heynrich euwer gueter freünt)*, das A. v. Keller aus einer Karlsruher Hs. in seinen 'Erzählungen aus altdt. Hss.' (StLV. 35, 1855) S. 65/9 abgedruckt. Der Verf. ist Alemanne *(lan: gestan, sam: an, sam: gewan, trinitat: gat)*, sonst ist nichts über ihn auszumachen. Das Ende des Mittelalters viel erörterte Thema vom Konkubinat der Kleriker wird hier in durchaus ernstem Tone, mit fast tragischen Verzweiflungsausbrüchen der Frau, behandelt. Die Metrik ist sehr frei, die Verse sind recht ungleich lang, die Zahl der Hebungen ganz verschieden. Auch stilistisch macht sich eine gewisse Unbeholfenheit bemerkbar, viele Wiederholungen von Worten, Reimen, ja ganzen Sätzen beweisen die dichterische Armut des Verfassers, der wohl in das XV. Jh. zu setzen ist.

W. St.

Heinrich v. Aalen, s. Heinrich v. Rang.

Heinrich von Afterdingen, s. Heinrich von Ofterdingen.

Heinrich von Anhalt. Heinrich I. von Anhalt folgte 1212 seinem Vater, legte 1242 die Regierung nieder, starb 1252. Er war ein Anhänger Philipps, dann Ottos IV. und wandte sich schließlich Friedrich II. zu. Seine Gattin Irmgard war eine Tochter des Landgrafen Hermann von Thüringen, an dessen Hofe er auch die süddeutschen Minnesänger kennen gelernt haben mag, deren Kunst und Sprache er nachgeahmt hat. Wir besitzen von ihm zwei Lieder von ansprechendem Inhalt und gefälliger Form, deren Sprache den Niederdeutschen zeigt, der sich bemüht hochdeutsch zu dichten.

HMS. 1, 14—15; 4, 36—38. LD. Nr. XXVII. G. Roethe *Die Reimvorreden zum Sachsenspiegel* S. 59.

G. Rosenhagen.

Heinrich von Augsburg, I) der Dichter des *'Planctus Evae'*.

1. Die beiden Wiener Handschriften, die den *'Planctus Evae'* enthalten, überliefern den Namen des Autors als *Heinricus Augustensis*; cod. Vindob. 1063 hat den Zusatz *magister* und 388 *scolasticus*. Dieser Heinrich wird auch in den *'Annales Augustani'* erwähnt und zwar in den Jahren 1077 und 1083 als *[magister] Heinricus, Augustensis canonicus* (s. MGH. SS. III S. 129 und 130): 1077 wird er, der vorher in Aquileia war, Augsburger Domherr *(Heinricus Aquileiae pridem Augustensis canonicus ... constituitur)*; 1083 stirbt er, mit Bischof Wigold aus Augsburg vertrieben, im Kloster zu Füssen und wird dort begraben.

Die Domschule von Augsburg, die durch Bischof Ulrich (923—973) einen großen Aufschwung genommen hat, steht damals in hohem Ansehen (vgl. Specht *Gesch. des Unterrichtswesens in Deutschland* 1885 S. 321). Wie man aus seinem Werk schließen darf, hat H. als Lehrer die Tradition würdig fortgesetzt — soweit ihn das Augsburger Schisma sein Amt ausüben ließ. Seine Vertreibung hängt mit den ernsten Zwistigkeiten zusammen, die in Augsburg infolge des Kampfes zwischen Regnum und Sacerdotium ausbrechen. Nach Embricos Tod (1077) wählt ein Teil der Domherren gegen den von Kaiser Heinrich IV. eingesetzten Siegfried den Propst Wigold von St. Moritz zum Bischof, der sich aber nicht in Augsburg behaupten kann und auf einem Schloß bei Füssen residieren muß, obwohl er vom Herzog von Baiern, vom Erzbischof von Mainz u. a. unterstützt wird. H. hält zu Wigold. Daher ist es fraglich, ob H. sich überhaupt längere Zeit in Augsburg aufgehalten hat.

2. H.s Werk umfaßt etwa 2300 leoninisch gereimte Hexameter. Der Titel lautet nach dem ersten Incipit der Wiener Hs. 388 '*Planctus Eve*', in der darauffolgenden Inscriptio, die aus zwei Hexametern mit zweisilbig leoninischem Reim besteht, '*Liber Eve*' und in dem einen Vers, der in dem andern Kodex dem Gedicht vorausgeht und einsilbigen leoninischen Reim trägt, '*Ploratus Aeve*'. Daraus hat der erste Herausgeber Huemer dem Werk den Titel '*Planctus Evae*' (Klage über Eva) als dem Inhalt am besten entsprechend ausgewählt.

H. behandelt in dem Gedicht am eingehendsten den Anfang der Genesis, die Schöpfung und den Sündenfall, und knüpft daran die Erlösung durch Christus. Bisher ist nur das erste Viertel (v. 1—555) bekanntgemacht, das über die Schöpfung handelt (s. u.). Für das Übrige ist man noch immer auf die karge Inhaltsangabe in den *Tabulae cod. mscr. in bibl. pal. Vindob.* (1864) I S. 60 angewiesen und auf die Kostproben, die Denis in den *Cod. mscr. theol. bibl. pal. Vindob. Lat.* (1793) I S. 391ff. gibt.

Die Schöpfung betrachtet H. zweimal hintereinander von verschiedenem Standpunkt aus. Nach der üblichen Doxologie bringt er im ersten Teil (v. 14—352) den eigentlichen Bericht mit eingehendem Kommentar. Er nimmt sich nicht nur alle Einzelheiten des Bibeltextes vor und interpretiert sie, sondern trägt auch vieles hinein, was nicht in der Bibel steht und nicht eigentlich mit dem Thema zusammenhängt. So führt er z. B. aus, wie wichtig das Wasser sei, um die Erde zu tränken und die Menschen durch die Schiffahrt von Land zu Land zu verbinden, so schildert er in fast 20 Versen das himmlische Paradies, bringt seine Auslegung der Prädestination an oder weist die fatalistische Lehre der Priscillianisten als unchristlich zurück. Er fügt schon hier mystisch-allegorische Ausdeutungen ein, die sonst dem zweiten Teil vorbehalten sind (s. v. 195ff., 238ff., 276ff.). Auch auf die Sitten seiner Zeit wirft er ab und an einen Blick, so auf das Verbot der Verwandtschaftsehe oder auf die allgemeine Einstellung zur Ehe.

Nachdem H. Gottes Werk als gut und nützlich hingestellt und gezeigt hat, daß die Welt die verschiedensten Gegensätze in sich birgt, geht er im zweiten Teil (v. 379—555) nach Anrufung des Hlg. Geistes, der ihm enthüllen solle: *tenuis quod littera velat*, auf die einzelnen Vorgänge der Schöpfungsgeschichte nochmals ein, um sie nun in ihrer chronologischen Folge allegorisch-mystisch zu deuten. So faßt er Himmel und Erde als *perfecti-carnales*; die trockene, dunkle Erde des Fleisches tränkte das Wasser des Herzens und erhellte das Licht des Glaubens, oder er erklärt die Vögel als Mönche, die sich zur *vita speculativa* erheben und von den Winden der Lehre umhergetrieben werden.

3. Der Stil hat einen stark ausgeprägten rhetorischen Charakter. Wortwiederholung, Spiel mit den Wurzeln desselben Wortes und mit ähnlich anlautenden Wörtern, Alliteration, Anapher, Antithese, Asyndese, alles Kennzeichen des *ornatus facilis*, fallen einem sofort ins Auge. Unter den Entartungen zeigt sich z. B., wie bei Matthäus von Vendôme, dem bedeutendsten Vertreter dieser Stilart, die die Sätze zerreißende Vorstellung, bei der die Subjekte der verschiedenen Sätze asyndetisch aufgereiht werden, dann die Prädikate oder näheren Bestimmungen. Unpoetisch ist u. a. die Vorliebe fürs Abstraktum und Neutrum. — Zum äußeren Schmuck gehört noch der leoninische Reim: er ist vorwiegend einsilbig, nur zu etwa 10% bereits zweisilbig.

Wie im Großen so vermißt man auch im Kleinen die innere Verknüpfung. Das Werk zerfällt in einzelne Teile, von denen viele nur durch das dünne Band der chronologisch festliegenden biblischen Handlung verbunden sind.

Sonst kann man die Leistung nur vom allgemeinen literarischen Standpunkt aus werten. H. hat sich zwei wichtige Kapitel der biblischen Geschichte ausgewählt, um sie von der Höhe der damaligen theologischen Bildung aus exegetisch durchzuarbeiten und dabei verschiedene Punkte der christlichen Lehre mitzuberühren.

Daß es H. vor allem auf belehrende Wirkung ankam, zeigt sich auch in vielen Einzelheiten. Nicht selten hat er seinen Versen etwas Spruchartiges, Memorialhaftes gegeben. Besonders deutlich verrät sich der Magister darin, daß er am Ende des ersten Teils (s. o.) die Schöpfung den 6 Tagen entsprechend in 6 Merkversen zusammenfaßt (v. 346—351). Es versteht sich von selbst, daß sich mit dieser didaktischen Tendenz oft die moralische verbindet. Sie kommt am sichtbarsten in direkten Ermahnungen zum Ausdruck, die H. an seine Leser bzw. Hörer richtet.

Ein klares Bild von der schriftstellerischen Leistung läßt sich natürlich erst dann geben, wenn das Werk ganz herausgegeben und kommentiert sowie die Frage der Quellenbenutzung gelöst ist. Es scheint, als ob sich H. nicht an einen seiner Vorgänger eng angelehnt hat. Von einer Nachwirkung ist bisher nichts bekannt.

J. Huemer *Zur Gesch. der mlat. Dichtung: Heinrici Augustensis 'Planctus Evae'.* Progr. Wien 1891. Manitius *Gesch. der lat. Literatur des MA.s* II S. 615ff.

K. Langosch.

II) Leutpriester zu St. Peter in Basel um 1300. Auszüge aus seinen Predigten, die mystische Anklänge verraten, in der Berliner Hs. germ. quart. 191, XIV. Jh.; abgedr. durch F. Pfeiffer Germ. 3 (1858) S. 226.

W. St.

Heinrich v. Baiern, s. Heinrich von München.

Heinrich von Basel. In der Basler Hs. A. XI. 55, XIV. Jh., Bl. 289b, stehen zwei Strophen aus einem Gedicht über Treue und Untreue, mit der Unterschrift: *Ego Heinricus feci.* Die Schrift ist stark abgerieben und verblaßt, auch durch Binden verstümmelt. Daher ist eine Identifikation kaum möglich; die zwei ersten Zeilen der zweiten Strophe klingen an Freidank (s. d.) 44, 11f. an.

Druck bei Binz *Die dt. Hss. der öffentlichen Bibliothek in Basel* I (1907) S. 289.

W. St.

Heinrich van Beeck, Verfasser einer 'Agrippina' genannten, 1469—72 geschriebenen Chronik der Stadt Köln, die entgegen der ursprünglichen weitergehenden Absicht des Verfassers nur bis 1419 reicht und demnach des Chronisten eigene Zeit nicht behandelt. Die Chronik ist ein wenig befriedigendes Machwerk, trotzdem eine der Hauptquellen der 1499 gedruckten sog. Koelhoffschen (Kölner) Chronik. Erhalten ist die 'A.' außer im Autograph noch in mehreren Abschriften (Stadtarchiv Köln). Besonders merkbar ist, daß durch sie für Köln zuerst das sogenannte Quaternionensystem behandelt und durch ein Bild veranschaulicht wird, durch einen doppelköpfigen Reichsadler, auf dessen weitausgebreiteten Fängen *des hilligen roemschen richs corpus* mit seinen Ständen mittels Wappen dargestellt ist. Desgleichen enthält die 'Agrippina' das älteste bekannte Bild des Kölner Bauers, das Symbol für Kölns Reichsstandschaft in dem genannten System. Ein anderes Bild der Chronik weist über einer Krone die Worte auf: *Collen dye crone boven allen rychsteden.* Vermutlich hat diese Legende dem Spruche *Coellen ein kroin boven allen steden schoin* zugrunde gelegen. Über den Verfasser, der sich in seinem Werk der im 15. Jh. üblichen, über der eigentlichen Kölner Mundart stehenden amtlichen Kölner Verkehrssprache (Hochsprache) bedient, ist nichts Näheres bekannt. Sein Name erscheint mehrfach in Kölner Urkunden, jedoch ohne nähere Bezeichnung. Nach diesem Namen zu urteilen, scheint H. v. B. oder sein Geschlecht aus dem nordniederfränkischen Gebiet zugewandert zu sein.

Historisches Archiv der Stadt Köln, Chroniken u. Darstellungen Nr. 10—14. Die Chroniken der deutschen Städte 13, S. 226—31. A. Wrede, *Der Kölner Bauer im Lichte der Forschung,* Beiträge zur Kölnischen Geschichte, Sprache, Eigenart 2 (1916) S. 87—115, besonders 92ff.

A. Wrede.

Heinrich von Beringen.

1. 'Schachbuch' (10772 v.) Außerdem 4 Liebesgedichte. Hss.: a) einzige vollständige Hs. des 'Schachbuchs' Stuttgart Poet. et Phil. 4⁰ Nr. 25: nachlässig geschrieben, Lücken, schlechte Überlieferung der Reime. b) **Hs.** Brit. Mus. Add. 24946 (mehr als die Hälfte), ergänzt eine Lücke in jener. Hs. der Lieder: München cgm. 717.

2. H. v. B. ist nur aus Angaben des Sch.s bekannt, die Namensform *Beringen* (als Personenname weit verbreitet) ist aus *Berngen* erschlossen: im deutschen Süd-

westen kommen 5 Orte in Betracht. Sprache alem. Sein 'Sch.' um 1290. Schätzt Minne und Wein, denkt von seiner Kunst bescheiden, hat das 'Sch.' in jungen Jahren gedichtet. Verfasser wohl der Augsburger Kanonikus H. v. B. aus dem Geschlechte B. (Stammburg Unterböhringen b. Gaislingen nw. Ulm).

3. Seiner Quelle Jacobus de Cessolis steht H. recht frei gegenüber, nirgends ängstlich abhängig. Er läßt 30 Erzählungen und 20 Sprüche weg, fügt anscheinend keine Erzählung hinzu. Die Umdichtung gewinnt durch die Kürzung, ist lebhaft, aber flüchtig und überträgt abstrakte, philosophische Dinge der Vorlage entweder gar nicht oder unbeholfen, wenn nicht gar falsch. Er eifert besonders gegen das Glücksspiel. Breiter als in der Quelle sind höfische Feste und Bräuche erzählt, vor allem aber Liebesgeschichten. In solcher Darstellungskunst besteht der Vorzug dieser ältesten deutschen Übertragung des Cessolis.

4. Die 4 kleineren Gedichte wohl vom selben Verfasser, der schon im 'Sch.' unglücklicher Liebhaber ist: in I (von M. Haupt 'Abfertigung' genannt) fertigt eine Liebende den Verleumder ihres Verehrers ab. II—IV sind Liebeslieder mit Refrain: II wirft der Geliebten Zurückhaltung vor, er will nach III treu ausharren, IV beklagt sein Unglück.

Ausg.: *Das Schachgedicht H.s v. B.* her. v. P. Zimmermann (Litt. Ver. 166) 1883. — P. Zimmermann *D. Schachgedicht H.s von Berngen.* Diss. Heidelberg 1875. F. Holzner *D. deutschen Schachbücher in ihrer dicht. Eigenart gegenüber ihrer Quelle, d. lat. Schachb. d. J. de C. II. D. Sch. Hs. v. B.* Progr. Außig 1897. M. D. J. Lloyd *Studien zu H. v. B.s Schachgedicht* 1930.

Mitzka.

Heinrich von Braunschweig, Meister; von ihm eine Verordnung gegen Skorbut im Jahrb. d. Ver. f. niederd. Sprachf. XXVII (1901) S. 139—141. Sudhoff.

Heinrich von Breslau, Herzog. Unter dem Namen *Herzoge Heinrich von Presselâ* bringt die Manessische Handschrift zwei Lieder, von denen das eine sich durch den hübschen Schluß empfiehlt: *swenne ich mîn vrouwen ane sihe, mir ist wiez allez rôsen trage,* das andere in anmutender Weise die Gerichtsallegorie verwendet: er klagt seinen Liebeskummer dem Mai, der Sommerwonne, der Heide, dem Klee, dem grünen Wald, der Sonne und der Venus; sie versprechen alle, der Geliebten Leides zuzufügen; aber er lehnt es am Ende ab: *ir zarter lîp der möht es niht erlîden, lât mich ê sterben, si genesen.* Der Verfasser dieser nicht ohne Geist geformten Lieder war Heinrich IV., Herzog von 1270—1290, der in den Händeln der Zeit seine Rolle besonders im Bunde mit Ottokar von Böhmen gespielt hat. Sein Grab ist noch heute in der Kollegiatkirche zum heiligen Kreuz zu sehen. Als Freund der Dichtkunst nennt ihn Frauenlob, Sprüche 135.

HMS. 1, 10—11; 4, 20ff. LD. Nr. LXXXI. ADB. XI (1880) S. 607—611.

G. Rosenhagen.

Heinrich von Brühl, Kartäuserprior; Rezept von ihm im Cod. 34 in quarto, Bl. 155a, der Bibl. des Bisch. Ord. zu Passau, saec. XV/XVI. Sudhoff.

Heinrich v. Brünn *(Prünn)* ist der Name eines Meistersingers, der uns nur durch die Aufzählung von Hans Folz (s. d.) mgq. Berol. 414, Bl. 476b (Mayer, Meisterlieder Nr. 94 V. 69) und Kunz Nachtigal (s. d.) mgq. Berol. 414 Bl. 426b (WKl. II Nr. 1311, Gesetz 3) überliefert ist. Horst Oppenheim.

Heinrich von Burgus (Burgeis im Vintschgau), bezeichnet sich selbst als Bruder, war also Mönch, wahrscheinlich Franziskaner in Brixen oder Bozen, verfaßte zu Anfang des 14. Jhs. ein Lehrgedicht 'Der Seele Rat', von Püterich von Reichertshausen (s. d.) erwähnt, sonst ohne Spuren im späteren Schrifttum, nur in einer Hs. des 15. Jhs. unter Verlust des Anfangs überliefert (6548 v.), hgg. von Hans-Friedrich Rosenfeld, DTdMA. 37 (1932). Das Ganze ist eine große Bußlehre, eine poetische Predigt über Sünde und Sündenvergebung in allegorischer Einkleidung (Seelenbrautschaft, Heilung der verwundeten Seele durch Frau Reue, Frau Beicht, Frau Gottesfurcht, Streit zwischen Seele und Leib, Satansprozeß), ein literarischer Niederschlag franziskanischer Seelsorgearbeit. Gewisse Beziehungen zu Predigten Bertholds von Regensburg (s. d.) sind vorhanden, doch steht dahin, ob es sich um unmittelbare Entlehnungen handelt. Die Darstellung ist klar, schlicht und kunstlos, aber ungemein breit und weitschweifig, von einer etwas monotonen Predigerberedsamkeit. In der abschließenden Gerichtsszene steigert sie sich stellenweise zu poetischem Schwung. Eine Monographie über den Dichter hat Rosenfeld in Aussicht gestellt. C. Wesle.

Heinrich von Dießenhofen.

1. Das Leben des Heinrich Truchseß *(dapifer)* von Dießenhofen ist aus zahlreichen Urkunden und Notizen über ihn und seine Familie im ganzen recht gut bekannt, für sein Werk, die Chronik (1316 bis 1361; vollständig nur im clm. 21259, früher in Ulm) fehlt es an einer abschließenden Ausgabe. Ein erster Teil davon, von 1316/23 und 1333/34, steht fast wörtlich gleich in anderen Handschriften für sich als *'Vita Johannis XXII. pape'* (zuletzt gedruckt bei Baluze-Mollat, siehe unten), und die Fortsetzung bis 1336 fast wörtlich gleich für sich als *'Vita Benedicti XII.'* (gleichfalls bei Baluze-Mollat).

2. Geboren ist er um 1300 als Sohn des aus dem Hause der Ritter von Hetlingen (Dienstmannen der Grafen von Kiburg, nach deren Aussterben der Grafen von Habsburg) stammenden Johannes Truchseß von D., der ein gewandter und besonders in Geldsachen vielfach tätiger Beamter der habsburgischen Herzöge von Österreich Albrecht (I. König) und seiner Söhne Friedrich (des Schönen), Leopold, Albrecht und Otto gewesen ist. Für König Friedrich den Schönen bekleidete er das Amt eines Hofmeisters und führte für die Stellung der Habsburger in den oberen Landen wichtige Verhandlungen in den Jahren 1318—1334; im Jahre 1342 ist er gestorben. Heinrichs Mutter war Elisabeth, eine nahe Verwandte Jakobs von Rinach, des Propstes von Beromünster, die schon 1303 gestorben ist. Er selbst war der fünfte oder sechste Sohn aus der Ehe. An einer Reise des Vaters nach Avignon 1322 im Auftrage Friedrichs des Schönen hat er wahrscheinlich teilgenommen, 1324 ist er in Bologna als Rektor (d. h. Haupt der Studenten) bezeugt, 1324 oder 25 hat er den doctor decretorum (im Kirchenrecht) gemacht. 1330 erscheint er erstmalig als Kustos im Stift Beromünster (Kanton Luzern), was er gewiß schon seit einigen Jahren war. Von 1331 bis Ende 1337 ist er wohl ununterbrochen als Gesandter Herzog Ottos von Österreich in Avignon gewesen und hat daselbst erfolgreich die Lösung des Herzogs vom Banne (wegen seines Anschlusses an Ludwig den Baiern) betrieben; Papst Johann XXII. († 1334) hat ihn zu seinem Kaplan ernannt. Vor allem auch der Inhalt seines Geschichtswerkes in diesen Jahren zeigt seinen dauernden Standort in Avignon. Von 1338 an ist er urkundlich vielfach teils als Kustos in Beromünster, teils als Domherr in Konstanz (seit 1342) bezeugt. 1343/44 verließ er mit der Partei der Domherren, die den Zünften und Ludwig dem Baiern feindlich waren, die Stadt. 1344 wurde er selbst mit seinem Bruder Konrad und (in erster Linie) dem Grafen Albrecht von Hohenberg von einer Partei des Domkapitels bei Clemens VI. für das erledigte Bistum Konstanz vorgeschlagen; aber keiner der drei wurde bestätigt, sondern der Domdekan Ulrich Pfefferhart. 1356 erscheint Heinrich nach der Ermordung des allseitig verhaßten Bischofs (von Konstanz) Johannes Windloch bei Regelung von dessen Nachlaßangelegenheiten als Haupt des Domkapitels. 1357 nahm Herzog Rudolf IV. von Österreich zwei Töchter von Heinrichs Bruder Johann zu Hofdamen seiner Gemahlin an. Am 29. März 1373 erscheint Heinrich als Untereinnehmer der apostolischen Kammer. Noch im Sommer 1373 ist er in Geschäften des Domkapitels urkundlich bezeugt und soll noch 1374 nach heute nicht nachweisbaren Papieren hervorgetreten sein. Am 22. Dezember 1376 ist er, wohl in Konstanz, wo er in den letzten Jahren stets nachweisbar ist, gestorben. Er erscheint so in seinem Leben als ein aus guten adligen Kreisen stammender, in wichtige Angelegenheiten des Reiches, der Kirche, der Herzöge von Österreich und des Bistums Konstanz ein-

geweihter, zum Teil ausführend daran beteiligter Mann.

3. Seine Chronik gibt sich in der Hauptbs. clm. 21259 als 25. Buch der '*Historia ecclesiastica nova*' des Tholomeus von Lucca. Von ihm stammt auch eine Anzahl der Zusätze (aber nicht alle diese Zusätze) zum Text des 24. Buches dieses Werkes in der Fassung der Ambrosianischen Handschrift zu Mailand (Druck und Besprechung solcher Zusätze bei Aebi S. 180—189, vgl. Huber bei Böhmer *Fontes* IV S. XVIIf.). Die Chronik (als 25. Buch des Tholomeus) beginnt in guter Ordnung und Darstellung, mit Einteilung in Kapitel, die aber bald aufhört, und geht immer weiter in eine unredigierte Sammlung von fortlaufend aufgezeichneten Nachrichten und Notizen über. Der Satzbau wird dabei immer mehr fragmentarisch und unvollkommen, die anfänglich innegehaltene literarische Form geht weiterhin ganz verloren. Der Verfasser nennt sich mehrfach ausdrücklich (in der Einleitungsnotiz und 1353, bei Böhmer IV S. 87), in der Hs. wechseln die Hände zu 1345, 1350, 1355. Der in der Hauptsache wohl geordnete und in Kapitel gegliederte erste Teil reicht bis 1343, von 1345 oder 46 ab setzt offenbar gleichzeitige Berichterstattung ein, während in den früheren Teilen sich manche Hinweise auf jeweils spätere Zeit, d. h. also Beweise für spätere Bearbeitung dieser früheren Textteile finden. Doch in der Hauptsache müssen auch diese Nachrichten der 20er und 30er Jahre gleichzeitig aufgezeichnet gewesen sein. Man sieht also, wie der Verfasser in Italien und Avignon die Anregung zur großen kirchlichen Geschichtschreibung im Anschluß an Tholomeus von Lucca erhalten hat, wie er in Ausführung dieser Jugendanregung allmählich erlahmt, ein bloßer Sammler und Verfertiger von Einzelnotizen geworen ist. Diese sind dann allerdings durch chronologische Genauigkeit schätzenswert.

4. Der Standpunkt des Verfassers ist entsprechend seinen Lebenserfahrungen durchaus der eines Anhängers Johanns XXII. und der folgenden Päpste, eines Gegners Ludwigs des Baiern, wozu ihn auch schon seine Stellung als Anhänger der Herzöge von Österreich trieb. Er tadelt diejenigen, die das päpstliche Interdikt nicht beachten, aber auch die allzu große Härte Papst Benedikts XII. in dessen Verkündung, strebt überhaupt nach Gerechtigkeit, z. B. auch gegen die Juden. Ungenauigkeit in genealogischen Angaben macht ihm Ottokar Lorenz zum Vorwurf. Im ganzen ist sein Werk eine Hauptquelle für Südwestdeutschland (Schwaben und Schweiz) im 14. Jahrhundert.

Konstantin Höfler *Chronik des Heinrich Truchseß von Dießenhofen* (Beiträge zur Geschichte Böhmens, hg. vom Verein für Geschichte der Deutschen in Böhmen. Abt. I, Quellensammlung Bd. 2, Anhang) 1865 (auch vorher selbständig als Sonderdruck, 1864). *Heinricus de Dießenhofen ed.* J. Fr. Böhmer. (Fontes rerum Germanicarum Bd. IV) 1868, Vorrede S. XI—XX von A. Huber, Text S. 16 bis 126, das Ganze besorgt von A. Huber. Baluze-Mollat *Vitae paparum Avenionensium* Tom. I (1916) S. 172—177: '*Quinta Vita Iohannis XXII. papae*'; S. 216—222: '*Tertia Vita Benedicti XII*'. — J. L. Aebi *Heinrich der Truchseß von Dießenhofen, der Zeitbuchschreiber*, Der Geschichtsfreund XXXII (1877) S. 130 bis 220. O. Lorenz, *Deutschlands Geschichtsquellen im Mittelalter seit der Mitte des dreizehnten Jahrhunderts* I³ (1886) S. 84—91. Potthast *Bibliotheca historica* I² S. 578. A. Schulte *Beiträge zum Leben der Konstanzer Domherrn und Geschichtschreiber Heinrich Truchseß von Dießenhofen und Albrecht Graf von Hohenberg*, Zeitschr. f. Gesch. des Oberrheins N. F. I (der ganzen Reihe 40), 1886, S. 46—60. H. Simonsfeld *Zu Heinrich von Dießenhofen*, NA. 13 (1888) S. 223f. G. Mollat *Étude critique sur les Vitae paparum Avenionensium d'Étienne Baluze* 1917, S. 13—17.

B. Schmeidler.

Heinrich von Dissen, s. Dissen.

Heinrich von Eckenwinder. Die Berliner Hs. germ. 4⁰ 1581 enthält Bl. 127ᵃ bis 152ᵇ einen Traktat in deutscher Prosa zum Lobe der Jungfrauenschaft, der sich aus längeren und kürzeren Sprüchen einzelner Lehrer zusammensetzt. Er beginnt mit dem Spruch eines *maiſter hainrich von eckenwinder*, der in hyperbolischer Antithetik Gottes Freude am Magdtum zum Ausdruck bringt. Es folgen Sprüche eines Meisters von Freiburg Bruder von Haslach, Johannes von Liechtenber, eines Lehrers vom St. Johannes-Orden u. a. Die Hs. wird um die Mitte des 15. Jhs. in der

Schweiz, vielleicht in einem Frauenkloster, niedergeschrieben sein (Degering *Germ. Hss.* II S. 292). — Ist der Verfasser mit Heinrich von Egwint (Eggewint; s. d.) gleichzusetzen (Preger II S. 123; ZfdA. 8 S. 223)? Wieland Schmidt.

Heinrich von Eggewint, Mystiker. Von ihm vier Predigten in der Einsiedler Hs. 278, XIV. Jh., Bl. 175b—188a. Sie zeigen in Gedankengang und Ausdruck Spuren der Eckhartschen Schule. Da H. *brůder* genannt wird, gehörte er vielleicht auch dem Dominikanerorden an.

Druck durch F. Pfeiffer ZfdA. 8 (1851) S. 223/34.

W. St.

Heinrich von Erfurt.

Hss. Frankfurt II 30; Heidelberg Cod. Pal. 113 u. 114 (sog. 'Heiligenleben' des Hermann v. Fritzlar, s. d.); Wien 2845 u. 3057; Königsberg Un.-Bibl. 896.

1. H. ist mit Namen bekannt durch die Dreifaltigkeitspredigt der Frankfurter Predigtpostille (92. Predigt der Hs. II 30): *Als ich drey Namen han: man heißet mich bruder und heinrich und von ertfürd.* Von dieser Predigt ausgehend, kann man (teils wegen des Lieblingsthemas von der Geburt des ewigen Wortes in der Seele und von den bei der Aufnahme dieses ewigen Wortes in der Seele tätigen Seelenkräften, teils wegen wörtlicher Übereinstimmungen von Predigtstücken) in den obengenannten Hss. alter Predigtsammlungen eine ganze Menge von Predigten dieses Verf. feststellen, den Preger fälschlich in Giselher v. Slatheim (s. d.) gesucht hatte. Auch der von Pfeiffer im II. Band der 'Deutschen Mystiker' abgedruckte „achte Traktat" des Meister Eckhart (s. d.) stellt sich als Kompilation aus Predigten des H. heraus. Ausgangspunkt aller Predigten über die Geburt des ewigen Wortes in der Seele ist die erste Adventspredigt der Frankfurter Postille, in der neun Fragen über dieses Thema aufgeworfen werden, die der Prediger im Laufe seiner Adventspredigten behandeln will. Im Gegensatz zu anderen Meistern, die behaupten, daß zuerst der Verstand oder der Wille die Geburt des ewigen Wortes in der Seele wahrnehme, lehrt H.: „Aber ich spreche, es ist *Gehugnisse* (Gedächtnis). Denn was geoffenbart soll werden in der Seele, das offenbart sich in Bildern, diese nimmt das Gedächtnis auf und reichet sie der Vernunft, die es dem Willen weiter gibt. Das Gedächtnis wird überbildet, die Begehrung erfüllt und die Vernunft über sich selbst gerückt." Ein weiteres Lieblingsthema, an dem H.s Predigten in den Sammlungen erkennbar sind, ist die Frage, woran ein Mensch erkenne, daß er Gott liebe mit übernatürlicher Liebe und nicht nur mit natürlicher.

2. Durch die Einreihung sehr vieler Stücke H.s in die verschiedenen Sammlungen läßt sich sein Ansehen in den Kreisen der mystischen Prediger jener Zeit erkennen. Da die Sammlungen um 1340 liegen, so ist seine Predigttätigkeit auf die zwei Jahrzehnte vorher zu datieren. Dadurch gewinnt eine Notiz in den '*Acta nationis germanicae Bononiensis*' (1887) Bedeutung, welche für 1316 einen *Dominus Henricus de Ertfurdia Magdeburgensis dioecesis* als Studenten bezeugt. Danach war H. noch nicht Mitglied eines Bettelordens. Durch seine Ansicht über die Bedeutung des Gedächtnisses bei der Aufnahme des ewigen Wortes in der Seele reiht er sich den von Augustinus beeinflußten Mystikern des Dominikanerordens am ehesten ein. Man darf also wohl einen Bruder dieses Ordens in ihm vermuten, der unter Eckharts Einfluß stand.

Lit.: J. Haupt WSB. 76 S. 51ff. A. Spamer *Über die Zersetzung und Vererbung in dt. Mystikertexten,* Gießener Diss. 1910. Insbes. Gertr. Lichenheim *Studien zum Heiligenleben des H. v. Fritzlar.* Diss. Halle 1916.

Engelbert Krebs.

Heinrich von Frauenberg, der Verfasser von fünf Minneliedern in der großen Heidelberger Handschrift, war aller Wahrscheinlichkeit nach ein Schweizer. Er steht in der Handschrift am Ende von einer Reihe von Schweizern, auf die gleich noch andere Schweizer folgen. Dann war er ein Angehöriger eines in Graubünden begüterten Freiherrengeschlechts, das in nahen Beziehungen zu dem Bischof von Chur stand. Ein Heinrich von Fr. kommt in dortigen Urkunden von 1258 bis 1305 vor. Die Erwähnungen gehen auf zwei verschiedene Personen, wohl Vater und Sohn. Der Ältere wird als der Dichter anzusprechen sein, und nicht der Jüngere, der ein Abkommen mit König Adolf schloß und in dessen Krieg mit Albrecht von Habsburg das Banner des mit Adolf verbündeten Abtes von St. Gallen führte. Zu der früheren Datierung passen auch die Gedichte, die ohne besondere Kennzeichen die allgemeine Art des höfischen Frauenliedes zeigen. Nur die Erwähnung des Orions als Morgenstern im Tageliede entspricht den Neigungen der schulgelehrten Meister der späteren Zeit des 13. Jhs. Im übrigen weist der verhältnismäßig einfache, gefällige Strophenbau auf eine sichere musikalische Kunst. Jenes Tagelied hat auch noch den besonderen Zug, daß die Frau beim ersten Morgenzeichen sich zu dem Wächter begibt, so wirkt ihre Aussprache natürlich: der Wächter verspricht, Acht zu geben, wenn es tagt.

HMS. 1, 95—96; 4, 108; Bartsch LD. XXIII; Bartsch *Schweizer Minnesänger* XIII; Grimme Germ. 35 S. 317.

G. Rosenhagen.

Heinrich von Freiberg. Dieser Dichtername erscheint in drei Werken aus der Wende des 13. und 14. Jhs. auf obersächsisch-böhmischem Boden.

1. Heinrich von Freiberg ist der Verfasser einer Fortsetzung der unvollendet gebliebenen Tristandichtung Gottfrieds von Straßburg (s. d.). Sein 'Tristan' ist uns in zwei Hss. (*F* Florenz, Bibliotheca nazionale centrale, Magliab. VII 9. 33, Perg., wohl in Böhmen Anf. 14. Jh. geschrieben, und *O* im Kölner Stadtarchiv W 87, Pap., Anf. 15. Jh.) und einem Bruchstück (*w* in Wolfenbüttel, Perg., 14. Jh.) überliefert.

Über Heinrichs Leben sind wir ununterrichtet. Freiberg in seinem Namen ist wohl Herkunftsbezeichnung. Unter den verschiedenen Orten dieser Benennung darf gewiß Freiberg in Sachsen, damals eine weitberühmte Bergstadt, als seine oder seines Geschlechtes Heimat gelten. Sein Werk entstand in Böhmen, denn es wurde im Auftrage des böhmischen Adligen Reimund von Lichtenburg verfaßt. Daß der Dichter auch in Böhmen geboren sein kann, ergibt sich aus der Tatsache, daß der Familienname „von Freiberg" in Leitmeritz und Deutschbrod (Bergbauort!) nachweisbar ist und die Lichtenburge da und dort Besitz hatten. Auch Ulrich von Eschenbach (s. d.) ist nach einem außerböhmischen Eschenbach benannt, bezeugt aber selbst, daß er in Böhmen geboren ist. Reimund von Lichtenburg erscheint von 1278—1329 häufig in Urkunden; er ist einer der zahlreichen böhmischen Adligen, die deutsche Dichtung nach dem Vorbilde des königlichen Hofes förderten. Da von ihm die Fügung *sîn edele jugent* gebraucht wird, darf der 'Tristan' ungefähr 1285—1290 angesetzt werden.

Quellen für sein Werk waren dem Dichter Eilhart von Oberg (s. d.) und Ulrich von Türheim (s. d.). Ob er daneben noch eine (uns unbekannte) franz. Vorlage benutzt, und wie viel er der verdankt, wieviel selbständig geändert oder erfunden hat, ist umstritten; wahrscheinlich schöpfte er nur aus jenen beiden und aus Gottfried; außerdem kannte er freilich die großen Meister der Vergangenheit und seine Zeitgenossen. Weder Kenntnis des Latein noch des Französischen ist erweisbar. Er gestaltet den Stoff ausführlicher als Ulrich, doch bleibt er knapp im Ausdruck und erzählt in straffer Zusammenfassung. Einzelne Szenen bieten wahre Perlen höfischer Erzählung. Die Sprache beherrscht er musterhaft. Seine Ausdrucksweise zeigt die Merkmale des Mitteldeutschen, aber er vermeidet mundartliche Ausdrücke und Reime. Er weiß sich an Gottfried gut anzupassen, wahrt aber doch seine Eigenart. Er ist ein freischaffender Künstler, der sich das Überkommene in rechter Weise zu Nutze zu machen versteht.

Der 'Tristan' Gottfrieds von Straßburg hat zwei Fortsetzer gefunden: Ulrich von Türheim in den dreißiger Jahren und ein halbes Jh. später Heinrich von Freiberg. Auf der Höhe Gottfriedischer Kunst konnte keines stehen, doch man tut auch Unrecht, der Späteren Werke nur an Gottfried zu messen. Während Ulrichs Werk aber in jeder Hinsicht unzureichend ist, steht Heinrichs Epos auf achtunggebietender Höhe. Es ist die beste dichterische Leistung seiner Zeit. Gewiß mag die Anregung zur Neudichtung die Unzufriedenheit mit Ulrichs Fortsetzung gewesen sein, aber es ist einseitig, in den Literaturgeschichten Heinrich nur als Anhängsel zu Gottfried zu behandeln. In dem deutschen Neusiedlungslande Böhmen war seit Reinmars von Zweter (s. d.) Aufenthalte am Hofe Wenzels I. die deutsche Dichtung in immer reicherem Maße erblüht. Heinrich stellt den Höhepunkt in dieser Entwicklung dar. Es war eine Epigonendichtung, die ihre höfischen Vorbilder in den großen Meistern der Vergangenheit sah und ihre Dichtersprache ihnen entlehnte. Aber es zeigen sich im 'Tristan' leise auch schon Züge der kommenden Entwicklung, weniger in der Sprache als in den lehrhaften Bemerkungen und den geistlichen Ergüssen am Schlusse des Werkes.

Ein so vollendeter Dichter kann unmöglich den 'Tristan' als Ausgangspunkt seiner dichterischen Tätigkeit gehabt haben. Manche schreiben ihm als Jugendwerk das Gedicht vom hl. Kreuz zu, ferner den ausgezeichneten Schwank vom 'Schrätel und Wasserbär' und nach dem 'Tristan' noch die 'Ritterfahrt des Herrn von Michelsberg'. Über das erste und letzte dieser Gedichte ist hier zu handeln, über den Schwank s. u. 'Schrätel'.

2. Heinrich von Freiberg (in der Hs. steht *Fridewerch*, doch ist *de* verwischt; vom Schreiber? um es zu tilgen?) nennt sich als Verfasser einer Legende vom hl. Kreuz, welche nur in der Papierhs. Nr. 2885 der Wiener Nat.-Bibl. (Bl. 196b bis 205c) erhalten ist. Diese Abschrift wurde 1393 *in Insprukka per manus Johannis Götschl* verfertigt und stellt eine in sprachlicher Hinsicht sehr verwilderte oberdeutsche Umschrift aus der Ambraser Sammlung dar. Der Inhalt des Werkes ist die Geschichte vom Kreuzholz Christi, dessen wunderbare Schicksale vom Paradiese bis zur Kreuzigung erzählt werden. Die Quelle ist nicht, wie man zunächst annehmen würde, die '*Legenda aurea*' des Jakob von Varago, sondern die lateinische Vorlage hat neben dieser auch die '*Vita Adae et Evae*' und den Gottfried von Viterbo verarbeitet. Das Gedicht ist recht ungeschickt und stümperhaft, in Stil und Ausdruck sehr verschieden vom 'Tristan'. E. Kraus und Bernt sehen deshalb eine noch unvollkommene Jugendarbeit des Tristandichters in diesem Werke, während Wallner u. a. sie ihm absprechen. Auch ergeben sich wegen der Quelle chronologische Schwierigkeiten, das Gedicht gehört mehr in den Anfang des 14. Jhs. als ein Jahrzehnt vor den 'Tristan'. Ob dann dieser H. v. F. ein Verwandter des Tristandichters oder ohne jede Beziehung zu diesem einfach ein Heinrich aus Freiberg in Sachsen ist, läßt sich nicht sagen. Ebensowenig, ob nicht ein Stümper den berühmten Namen sich geborgt hat.

3. Heinrich von Freiberg nennt sich auch der Verfasser der 'Ritterfahrt des Johann von Michelsberg'. Dieses Gedicht steht in der berühmten, vermutlich aus Böhmen stammenden Heidelberger Hs. cod. Pal. germ. 341 als letztes Stück und stand an gleicher Stelle auch im Kalocsaer Kodex, doch sind hier die Schlußblätter bekanntlich verloren. In *P* fehlen aber die ersten zehn Zeilen; einst stand es vollständig in derselben Hs. Bl. 99ff., doch ist es dort weggeschabt und überschrieben. Ob damit ein Versehen gut gemacht oder die ersten Zeilen absichtlich getilgt wurden, wissen wir nicht. Das Gedicht schildert die Turnierfahrt des böhmischen Ritters Johann von Michelsberg nach Paris und ist zu seinem Lobe verfaßt. Es ist formgewandter als die Legende, zeigt aber ebenfalls Abweichungen in den Reimen und im Sprachgebrauch. E. Kraus, Wallner u. a. sprechen es dem Tristandichter ab, Bernt sucht es für den Tristandichter zu retten.

Ob der Dichter ein dritter Namensvetter des Tristanfortsetzers ist oder nur ein findiger Schreiber den Namen einsetzte, ist nicht zu entscheiden. Für sein Werk hat er wohl keine schriftliche Vorlage benutzen können, sondern wird einen Bericht über die abenteuerliche Fahrt gehört haben. Er hat es wohl im Auftrage seines Helden geschrieben, denn es ist ein ausgesprochenes Loblied auf den

Michelsberger. Johann (I.) von Michelsberg erscheint in Urkunden von 1283 bis 1294 und war 1306 tot. Im 'Dalimil' (s. d.) wird die Ritterfahrt, die damals wohl großes Aufsehen machte, zwischen Ereignissen der Jahre 1293 und 1296 erwähnt; die deutsche Prosaübersetzung setzt sie 1297 an. Wallner hält diese Angaben für irrtümlich und denkt an Johann (II.), den Enkel des vorigen, der 1319 zum erstenmal urkundet, da die Fahrt für einen jungen Helden und in die Zeit Johanns von Luxemburg besser passe. Literarisch ist das Gedicht insofern bedeutsam, als es nicht mehr den Überlieferungen des 13. Jhs. entspringt, sondern auf die kommende Dichtung der Wappendichter und Pritschmeister hinweist.

Ausgaben: 'Tristan': Myller; v. d. Hagen; Bechstein (Deutsche Dichtungen des Mittelalters, Bd. 5) 1877; A. Bernt *Heinrich von Freiberg* 1906. — 'Gedicht vom hl. Kreuz': Pfeiffer *Altdeutsches Übungsbuch* 1866; Fietz Progr. Cilli 1881; Bernt, s. o. — 'Ritterfahrt': v. d. Hagen Germania 2 (1837) S. 92; Arnošt Kraus *Jan z Michalovic* 1888; Bernt, s. o.

Schrifttum: Toischer *Die Heimat Heinrichs von Freiberg*, Mitt. d. Ver. f. Gesch. d. Dt. i. Böhmen 15 S. 149ff. E. Kraus *Über Heinrich von Freiberg*, Germ. 30 S. 1ff.; Wolkan *Gesch. d. deutschen Lit. in Böhmen* 1894, S. 200ff.; Bernt Einl. z. Ausgabe (bespr. Rosenhagen ZfdPh. 40 S. 228ff.; Wallner ZföGymn. 58 S. 514ff.); Wiegandt *H. v. Fr. und sein Verhältnis zu Eilhart u. Ulrich*. Diss. Rostock 1879. Singer *Die Quellen von H.s 'Tristan'*, ZfdPh. 29 S. 73ff.; Golther *Tristan und Isolde in den Dicht. d. Ma. u. d. Neuzeit* 1907; Lieske *Höfisches Leben und ritterliche Gesellschaft bei H. v. Fr.* Diss. Greifswald 1922; Hruschka über Fietz (s. o.) AfdA. 8 S. 302ff.; W. Meyer *Die Geschichte des Kreuzholzes vor Christus*, Abh. bayr. Akad., phil.-hist. Kl. 16 II; Klimesch *Die Herren von Michelsberg als Besitzer von Weleschin*, Mitt. d. Ver. f. Gesch. d. Deutsch. i. Böhmen 20 S. 197ff.; Knieschek über A. Kraus (s. o.) Lit.-Bl. 1890 Sp. 137; Wallner *Die Ritterfahrt* (in: *Reinhartfragen*), ZfdA. 63 S. 190ff.

E. Gierach.

Heinrich von Friedberg, s. Heinrich von Freiberg 2.

Heinrich von Friemar *(de Vrimaria, Fry-, Fir-* usw.). 1. Mehrere Theologen des Ordens der Augustinereremiten, die aus dem Dorfe Friemar bei Gotha stammen, haben diesen Namen getragen; und da sie zum Teil Zeitgenossen waren, so ist es begreiflich, daß sie später miteinander verwechselt wurden. Nach den Forschungen von W. Füßlein (Zeitschr. des Vereins f. thüring. Gesch. u. Altertumskunde N. F. 17 [1907] S. 391—416) und W. Hümpfner (ebenda 22 [1915] S. 49 bis 64) muß man wenigstens vier Theologen dieses Namens unterscheiden: 1. H. v. Fr., der Ältere, rd. 1250—1342, über den wir unten Genaueres mitteilen. 2. H. v. Fr., der Jüngere, der in Urkunden von 1318/21 als Provinzial der sächsisch-thüringischen Ordensprovinz und als Bakkalar der Theologie auftritt, kurz darauf Magister und 1342 Regens des Studiums in Prag wird. Er starb am 21. April 1354 und wurde in der Augustinerkirche in Erfurt begraben; die schöne Grabplatte neben dem Hochaltar ist noch erhalten. 3. H. v. Fr., der in Urkunden von 1324 bis 1350 als Lektor *(Lesemeyster)* des Erfurter Klosters erwähnt wird. 4. H. v. Fr., 1342 Lektor in Gotha, in den folgenden Jahren Bakkalar in Paris; mit ihm identifiziert Hümpfner einen *H. de Saxonia*, der in den achtziger Jahren Regens des Studiums in Bologna war und 1384 gestorben zu sein scheint.

2. Der berühmteste ist der an erster Stelle Genannte. In seinem *'Tractatus de origine et progressu Ordinis Fratrum Eremitarum s. Augustini'* *(Analecta Augustiniana* IV [1910/11] S. 298/307; 321/328) berichtet er, daß er den Generalprior Lanfrank gesehen habe, als er zum Studium nach Bologna ging. Da Lanfrank (nach Ossinger) 1264 starb, ergibt sich, daß H. spätestens um 1250 geboren ist. Weiterhin erzählt er, daß er an den Generalkapiteln in Regensburg (1290) und Neapel (1300) teilgenommen hat; während des dazwischen liegenden Jahrzehnts leitete er die damals noch ungeteilte deutsche Ordensprovinz. 1311 nahm er an dem Konzil von Vienne teil und ist wohl identisch mit dem *magister Henricus de ordine S. Augustini*, der das Gutachten der Pariser Theologen in Sachen der Templer (25. März 1308) mitunterschrieben und besiegelt hat. 1315 treffen wir ihn wieder in Deutschland als Provinzial der thüringischen und sächsischen

Provinz; seit 1318 scheint er seinen dauernden Wohnsitz in Erfurt genommen zu haben. Er starb am 18. Oktober 1342.

3. Ossinger *(Bibliotheca Augustiniana* S. 952f.) schreibt H. v. Fr. eine große Anzahl von Werken zu; die Frage ist aber noch durchaus ungeklärt, wie sie sich auf die einzelnen Friemarer verteilen, vor allem, welchen Anteil der ältere und der jüngere Heinrich haben. Außer dem '*Tractatus de origine etc.*' darf man dem älteren wohl zuweisen den '*Tractatus de decem praeceptis*' oder '*Praeceptorium*' (gedr. Köln 1475; unter dem Namen des Nikolaus von Lyra [Hain 10400ff.] Paris 1493 und öfters); die '*Expositio decretalis "Cum Marthae" de celebratione missae*', die aus Vorträgen vor dem Erfurter Klerus erwuchs und dem Erzbischof Matthäus von Mainz (1321/28) gewidmet ist (vgl. A. Franz *Die Messe im deutschen Mittelalter* 1902, S. 496ff.). Ob die asketische Schrift '*De quattuor instinctibus*' dem älteren oder dem jüngern Heinrich (dem man besondere Frömmigkeit nachsagte) zuzuteilen ist, wage ich nicht zu entscheiden; diese Schrift ist auch in deutscher Übersetzung verbreitet worden (vgl. C. Borchling *Mittelniederdeutsche Hss. in Wolfenbüttel* usw., Nachrichten v. d. Kgl. Gesellschaft der Wissenschaften zu Göttingen, Philol.-Hist. Kl. 1902 [Beiheft] S. 45). Bei der Bedeutung, die die Heinrich von Friemar in ihrem Orden hatten, wäre eine kritische Untersuchung des unter ihrem Namen gehenden, weit verbreiteten handschriftlichen Materials dringend erwünscht.

J. Koch.

Heinrich v. Glandorp, s. Hinrik v. G.

Heinrich (der Glichezare?).

1. Die ursprüngliche Dichtung H.s ist nur bruchstücksweise erhalten in einer um das Jahr 1200 geschriebenen zweispaltigen nicht abgesetzten Hs., die nach einer noch von Grimm gelesenen, jetzt aber durch Gallustinktur zerstörten Inschrift 1515 in Melsungen zu Umschlägen von Rechnungsbüchern zerschnitten wurde. Seit Schönbach bezeichnet man diese Hs. mit S. Vier Bruchstücke der Hs. befinden sich auf der Landesbibliothek zu Kassel, wo sie in einem Exemplar von J. Grimms 'Sendschreiben' aufbewahrt werden. S_1 enthält 73 Verse (Baesecke 589—660), S_2 283 Verse (Baesecke 697—980), S_3 263 Verse (Baesecke 1524—1796), zum Teil in argem Zustand, so besonders die für die Verfasserfrage wichtigen 1784—90, S_4 69 Verse (recht lückenhaft; Baesecke 1831—1901); von der alten Dichtung sind also fast 700 Verse erhalten in einer Hs., die nicht gar zu weit von der Zeit der Abfassung dieser Dichtung entfernt sein kann. Die Sprache von S ist elsässisch mit zum Teil leicht bairischer Überfärbung. — Das Gedicht H.s liegt außerdem in einer sehr viel jüngeren Bearbeitung vor, die in 2 Hss. erhalten ist. 1. P (Cod. pal. germ. 341 der Universitätsbibliothek zu Heidelberg; beschrieben durch G. Rosenhagen, Deutsche Texte des Mittelalters XVII [1909] S. I ff.) ist eine Sammelhandschrift. Sie enthält auf 374 zweispaltig beschriebenen Blättern zu 40 Zeilen 213 Gedichte. Vier Schreiber waren bei der Herstellung von P beschäftigt. Der Schreiber β schrieb als Nr. 60 der Sammlung das Gedicht H.s auf Bl. 167c bis 181d. Nach v. 562 ist eine Lücke im Text, die der Schreiber durch Freilassen von zwei Zeilen andeutet. Die Lücke war also schon in der Vorlage *P und erstreckte sich wahrscheinlich nur auf ein Blatt. Ob durch Zufall verschwunden oder vorsätzlich entfernt, ist nicht sicher zu entscheiden, doch möchte man das letztere annehmen, da v. 563ff. zufolge die Lücke wohl in recht drastischer Weise den Ehebruch des Fuchses und der Wölfin behandelte. Die Sprache von P ist nach den neueren Forschungen südböhmisch; dies bedürfte noch einigen Beweises. Zeit: Anfang des 14. Jhs. 2. K, die Kalocsaer Hs., nach alter Signatur A_1 XI, jetzt Nr. 1 der Erzbischöflichen Bibliothek, aus dem Anfang des 14. Jhs., enthält auf 338 Blättern 184 Gedichte. Die Hs. ist zweispaltig geschrieben, 40 Verse zur Spalte. Das Gedicht H.s erscheint als Nr. 54 in anderer Umgebung als in P. Die P-Lücke befindet sich auch in K, nur daß sie hier bereits mit v. 553, dem Anfang eines neuen Abenteuers, einsetzt. Der Schreiber läßt 3 Spalten = rd. 120 Verse für späteren Nachtrag frei. Nach O. R. Meyer schrieb der Schreiber der

Hs. P den 'Borten' in K, und nach AfdA. 42 S. 111 ist K von einer Hand. Dies stützt die Annahme, daß P und K in derselben Schreibstube entstanden. Die Heimat von K wäre dann auch in Südböhmen zu suchen, wenn sich die oben erwähnten Vermutungen bestätigen sollten. Das Verhältnis von P zu K ist bei jeder einzelnen Erzählung genau und gesondert zu untersuchen. Eine abschließende Untersuchung über das Verhältnis von P zu K fehlt. So ist denn auch auf Grund des bis jetzt vorliegenden Materials nicht mit Sicherheit zu entscheiden, ob H.s Gedicht von K aus P oder von beiden aus einer verlorenen Vorlage abgeschrieben wurde.

2. Name des Dichters und der Dichtung. Bis vor kurzem nahm man allgemein an, der Dichter hieße Heinrich der Glichezare (P 1786: *glichesere*, K *glichsenere*, *nere* durchgestrichen und darüber *re*, doch darunter das Restitutionszeichen, S an dieser Stelle verderbt. P 2250f. *der glichesere her heinrich*, K *glichsenere*, diesmal nicht korrigiert). Mit recht beachtenswerten Gründen will Wallner das *glichesere* auf den Fuchs beziehen. Auch der Name der ursprünglichen Dichtung ist nicht mit Sicherheit zu erschließen. In der P K-Bearbeitung führt die Dichtung den Namen '*Reinhart Fuchs*'. Ein in den alten Fragmenten erscheinendes '*isingrines not*' (in der Bearbeitung wegen des altertümlichen partizipialen *-ot*-Reimes beseitigt) könnte die Vermutung erwecken, die alte Dichtung habe ihren Namen nach dem Wolfe, und diese Ansicht hat bis zum heutigen Tage Verteidiger gefunden. S schreibt die Tiernamen aus mit Ausnahme des Fuches (*R.*, *R^tes^*, *R^tc^*), woraus sich vielleicht schließen ließe, daß der Fuchs schon in S der Titelheld gewesen sei. Sicherheit ist mit den vorhandenen Mitteln weder über den Namen der Dichtung noch über den des Dichters zu erzielen. In P und K (2251) führt der Dichter den Titel *her*.

3. Inhalt. Die ersten fünf Abenteuer sind lose aneinandergereiht; von VI an ergibt sich eine gewisse Einheit aus der Gevatterschaft Fuchs-Wolf und ihren Folgen. I Fuchs und Hahn (11—176), II Fuchs und Meise) 177—216), III Fuchs und Rabe (217—284), IV Fuchs und Hunde (285—312), V Fuchs und Kater (313—384). Diese ersten fünf Abenteuer laufen für den Fuchs ungünstig aus, obwohl der Rabe einige Federn einbüßt und der Fuchs in IV und V schließlich mit dem Leben davonkommt. VI Gevatterschaft von Fuchs und Wolf (385—412), VII Fuchs von der Wölfin abgewiesen (413—442), VIII Bachenabenteuer (449—498), IX Wolf im Klosterkeller (499—550), X Fuchs und Esel (551—562; Bruchstück; Lücke, die wohl das Ende des Fuchs-Esel-Abenteuers und den Ehebruch von Fuchs und Wölfin enthielt), XI Kuenins Anklage gegen Hersent, Frau Hersent beteuert ihre Unschuld (563—634), XII Wolfstonsur (640—726), XIII Des Wolfs Fischfang (727—822), XIV Fuchs und Wolf im Brunnen (823—1060), XV Der Schwur auf des Rüden Zähne (1061—1153), XVI Vergewaltigung der Wölfin durch den Fuchs (1154—1238), XVII Ameisen und Löwe, Erkrankung des Löwen (1239—1320), XVIII Hoftag des Löwen. Die Tiere klagen den Fuchs an. Das „heilige" Huhn (1321 bis 1510), XIX Honigabenteuer des Bären (1511—1644), XX Des Katers Mäusefang (1645—1744), XXI Die Heilung des kranken Löwen (1835—2096), XXII Belehnung des Elefanten mit Böhmen (2097 bis 2116), XXIII Ernennung der Olbente zur Äbtissin von Erstein (2117—2164), XXIV Vergiftung des Löwen (2165—2248).

4. Quellen. Nebenquellen sind der lateinische '*Ysengrimus*' (s. d.) und die kleineren unter klerikaler Formgebung im MA. aufgeblühten Tierdichtungen, als Hauptquelle kommt aber der altfr. '*Roman de Renart*' in Betracht, der allerdings erst in Fassungen bekannt ist, die nach dem dt. Gedicht entstanden. (So die meisten Forscher; dagegen der an Bédierscher Betrachtungsweise geschulte Foulet.) Aus den Branchen des '*Roman*' entstammen sicher fünfzehn der Abenteuer (I—III, V, VIII, IX, XII—XVI, XVIII—XXI), fünf lassen sich mit größerer oder geringerer Wahrscheinlichkeit für das Franz. erschließen (IV, VI, VII, X, XI). XXII und XXIII sind sicher Erfindung des elsässi-

schen Dichters. XXIV hat man auf ein Mißverständnis des Dichters zurückführen wollen, der *poison* = „Gift" verstand. Der im Französischen gut bewanderte Dichter hätte aber beim Weiterlesen sein Mißverständnis bemerken müssen. So mechanisch läßt sich die Abweichung nicht erklären. Wir schreiben XXIV dem Deutschen zu. Für XVII hat man verschiedene recht weitabliegende Parallelen beigebracht; neuerdings führt Wallner ein hinterindisches Märchen an. Die Parallelen verschlagen nichts. Der dt. Dichter mag eine ähnliche Geschichte gehört haben; er aber führte sie ein und gab ihr die besondere satirische Spitze.

5. Geschichtliche Anspielungen. Wallner hat versucht, die geschichtlichen Anspielungen als symbolisch bei Seite zu schieben. Der Beweis ist nicht geglückt. V. 2097ff. wird der Elefant vom König mit Böhmen belehnt; der *armman* reitet in das ihm verliehene Land und verkündet seinen Untertanen die *vremde mere/daz er ir herre were*, doch wird er zerbläut und vertrieben. Man hat auf Wladislaw II. geraten, der, 1140 in Böhmen zum Herzog gewählt, 1142 das Land verließ, um Hilfe gegen seine aufsässigen Böhmen zu erlangen. Eine andere Möglichkeit der Erklärung bietet sich in Sobieslaw II., dessen Bruder Udalrich 1174 vom Kaiser mit Böhmen belehnt wurde. Udalrich trat die Herrschaft an Sobieslaw ab. Gut würde der Spott des Dichters auch passen auf Friedrich, der 1174 abgesetzt wurde, 1179 wieder auf dem Thron saß, doch im Sommer 1182 vertrieben wurde. Im Herbst 1182 wurde er auf dem Regensburger Reichstag wieder eingesetzt. Baesecke, der diesem Friedrich das Wort redet, möchte die Entstehungszeit der Dichtung zwischen Sommer und Herbst 1182 ansetzen, ehe die Nachricht von der Neueinsetzung ins Elsaß gelangte. Der Schluß ist nicht zwingend. Man pflegt gemeinhin das Unglück anderer zu bespötteln, wenn sich auch später alles zum Guten wenden sollte. Die schimpfliche Vertreibung war mit der Neueinsetzung nicht aus der Welt geschafft. Stimmen wir der Deutung auf Friedrich zu — und dies bleibt vorläufig die beste —, so erlangen wir dadurch nur einen terminus ab quo: 1182. Wir müßten dann mit einer Zeit rechnen, in der die Vertreibung noch einigermaßen aktuell war, und die Dichtung müßte zwischen 1182 und spätestens 1185—86 entstanden sein. V. 2120ff. belehnt der König auf Anraten des Fuchses das alte weise Kamel mit der Abtei Erstein. Die neue Äbtissin wird von den Nonnen vertrieben und in den Rhein gejagt. Ein Kamel führte das Kloster Niedermünster im Wappen, und die Satire spielt wohl auf eine kaiserliche Äbtissinnenwahl an, bei der eine Nonne aus Niedermünster mit Erstein belehnt, doch von den Ersteiner Nonnen abgewiesen wurde. Es ist bisher nicht gelungen, dieses rein lokale Ereignis nachzuweisen, auf das der Dichter hier anspielt, doch dürfte — trotz des Wallnerschen Vorstoßes — an der allgemeinen Richtigkeit der Annahme kein Zweifel bestehen. Erstein und Niedermünster liegen im Elsaß, wohin uns auch der v. 1024 erwähnte *von Horburc her Walther* (Horburg bei Colmar) führt.

Von der Elefanten- und Kamelbelehnung muß weitere Beschäftigung mit der historischen Einstellung der Dichtung ausgehen. Die Beziehung auf böhmische und elsässische Zustände zugegeben, wird man zwingend zu dem Schluß geführt, daß sich hinter König *Vrevel* kein Geringerer als Friedrich Barbarossa verbirgt. Hier fällt sofort die Namensgebung auf. Die naheliegende Übersetzung von *noble* verschmäht der Dichter, *vrevel* nimmt schon zu dieser Zeit häufig die Bedeutung „vermessen" (s. Lexer) an. Auf den Hofstaat dieses vermessenen Königs häuft der Dichter Unglück, Schande und Spott, den König selbst — hierin von jeglicher Überlieferung abweichend — läßt er vergiften. Auch soll man sich nicht zu sehr über den Tod des Königs grämen! Weshalb verließ er sich auf den Fuchs! Es ist gute Nachricht, wenn man von dem Tode eines Herrn hört, der sich von falschen Ratgebern beraten läßt. Zu entdecken bleibt noch, ob sich das Ameisenabenteuer des Königs nicht auch auf ein historisches Ereignis zurückführen lasse. (Die Quellen versagen!) Der König springt auf die Ameisenburg und sagt den Bürgern *vremde mere / daz er ir herre were* (v. 1253f.). Der Herr der Burg, *ein ameyz vreisam* (v. 1273), kriecht dem König ins Ohr und von dort ins Gehirn. Der König erkrankt, und erst jetzt besinnt er sich darauf, wie sehr er in Tagen des Glücks Rechtsprechung und gute Regierung versäumt habe. Der Hoftag wird anberaumt, ein Hochsitz gebaut, der mehr als 1000 Mark kostet. Alle Tiere erscheinen, denn König Vrevel *was ir herre ane got* (v. 1246), wohl eine bitterböse Anspielung auf kaiserlich-staufische Kirchenpolitik. Alles in allem wäre man versucht, den Hoftag als beißende Parodie auf ein kaiserliches Fest — Mainz 1184? — anzusehen. Läßt sich die Ameisenepisode aufklären, so darf man auch hoffen, daß einiges Licht auf die Szene fallen würde, in der der Fuchs bestochen wird und den Ameisenherrscher laufen läßt (v. 2039ff.), woran der Dichter die Betrachtung knüpft: Heutzutage geht es ebenso; bei großen Herren kommt man mit Bestechung weiter als mit treuem Dienst. Von diesem Gesichtspunkt aus erklärt sich auch vielleicht, warum Ameisenherrscher, Elefant und Kamel unbenamst bleiben. Die Dichtung ist nicht nur politische Satire. Auch auf den in Deutschland neu aufgekommenen Minnedienst französischer Prägung fallen drastische Streiflichter. Der Fuchs vergeht vor Minne nach der Wölfin, die ihn zuerst abweist. In der Lücke stand wohl das Liebesabenteuer, über das der Merker Kuenin dem betrogenen Gatten so hämisch berichtet, und auf dem Hoftage weiß jeder um die Buhlschaft zwischen Fuchs und Wölfin. Nicht etwa, daß der Fuchs seine Gemahlin nicht liebt; daneben aber braucht er eine Freundin, *wande minne git hohen muot / davon duhte si in guot* (v. 843f.). Auch die Kirche erhält einige Seitenhiebe. Die im Gedicht erscheinenden Priester und Mönche sind satirische Zerrbilder, die Heiligsprechung des vom Fuchs totgebissenen Huhns für einen Kleriker recht bedenklich. Und doch müssen wir annehmen, daß der Dichter ein Kleriker war, vielleicht aus dem niederen Adel, wenn dem Prädikat *her* in P und K Bedeutung zuzumessen ist. Wie weit der satirische Ton auf persönlichen Mißerfolg und individuelle Verärgerung zurückzuführen ist, entzieht sich unserer Kenntnis. Der Dichter war ein heller Kopf, ein gebildeter Mann, vertraut mit der Dichtung und den kulturellen Zuständen seiner Zeit. Ein scharfer Spötter, voll niederträchtigen Hohns, zeichnet er mit treffsicherer Kunst Bild auf Bild und weiß Krankheitsgeschichte und Hoftag des Löwen mit vollendeter epischer Darstellungskraft zu einem Ganzen zusammenzuschließen. Im Stoff war er großenteils vom Gegebenen abhängig, zuweilen lassen sich wörtliche Übereinstimmungen zwischen ihm und einer französ. Branche erweisen, aber selbst dort, wo er ziemlich zeilengetreu einer französ. Quelle folgt, kommentiert er die Ereignisse mit der ihm eigenen frechen Unverfrorenheit. Selbst den im MA. sattsam bekannten Klagen über den moralischen Verfall der Welt traut man bei ihm nicht so recht: es scheint ihm mit seiner gerechten Entrüstung ebenso wenig Ernst zu sein, denn der *guote Reinhart*, der Erzlump, triumphiert am Ende über alle und zieht sich hohnlächelnd in seine Burg zurück. (Dies allerdings überlieferungsgetreu, doch hätte der Dichter bei der ihm zuzuschreibenden Selbständigkeit sicher geändert, wenn er hätte ändern wollen.) Vom mittelalterlichen Dichter kann man sich die Zuhörer nicht wegdenken. Es muß demnach in den 80er Jahren des 12. Jh. im Elsaß eine Partei gegeben haben, der dieses antistaufische Treiben zusagte. War Walther von Hornburg von dieser Partei?

6. So wie die Dichtung abbricht, scheint ein Nachwort zu fehlen. Das in P und K erscheinende stammt von dem Bearbeiter. Dieser Bearbeiter wird der zweiten Hälfte des 13. Jhs. zuzuweisen sein. Seinen Namen kennen wir nicht, Heinrich von Freiberg (s. d.) kommt schwerlich in Frage. Der Dialekt der Bearbeitung ist nicht sicher zu bestimmen. Die rein sprachlichen Kriterien lassen nur die Bestimmung md. zu, andere Kriterien, so das Hs.-Problem von P und K, bedürfen noch der Klärung. Über seine Tätigkeit berichtet der Bearbeiter, ein elender Verseschmied, selber am Ende der

Dichtung (v. 2250ff.). Er ist *der ander man der ouch ein teil getichtes kan*. Nach seiner Meinung hat er die Reime verbessert; ab und zu hat er Verse ausgelassen oder hinzugefügt. Doch hielt sich seine Bearbeitung in solchen Grenzen, *daz er daz mere hat verlan ganz rechte, als iz ouch was e*. Soweit wir in der Lage sind, den Bearbeiter an Hand der alten Bruchstücke zu kontrollieren, ersehen wir, daß seine Erneuerung meistens auf das rein Sprachliche hinzielt, und daß er den Kern der alten Dichtung unangetastet läßt. In wie weit die Herstellung des alten Gedichtes an Hand der alten Bruchstücke statthaft sei, diese und verwandte Fragen beschäftigten vor einigen Jahren die Fachpresse in einem Tone, der dem alten Elsässer helle Freude bereitet hätte. Daß Erörterungen und Ergebnissen einer derartigen Polemik mit wissenschaftlichem Mißtrauen zu begegnen ist, liegt auf der Hand.

Ausgaben: Mailath und Köffinger *Koloczaer Codex altdeutscher Gedichte* 1817 S. 361—420 (Abdruck von K). J. Grimm *'Reinhart Fuchs'* 1834 S. 25—114 (kritischer Text nach P und K). J. Grimm *Sendschreiben an K. Lachmann* 1840 (Mitteilungen von S und kritische Herstellung; mir nicht zugänglich). K. Reißenberger *'Reinhart Fuchs'* (Altdeutsche Textbibliothek 7) [1]1886, [2]1908 (kritischer Text nach P und K mit gelegentlicher Einbeziehung von S, das an den betreffenden Stellen buchstabengetreu mitgeteilt wird). P. Piper DNL 2, 1 S. 293—315 (Teildruck mit kurzer Inhaltsangabe nicht gedruckter Partien). G. Baesecke *Heinrichs des Glichezares 'Reinhart Fuchs'* 1925 (S und P parallel, K unberücksichtigt, da es nach Baesecke Kopie von P ist; S kritisch; Einleitung von K. Voretzsch S. V—XXVIII, von G. Baesecke S. XXVIII—LII); dazu F. Maurer Theuth. 3 S. 82—83; F. Piquet Rev. Germ. 17 S. 397; E. Schröder AfdA. 45 S. 93—96; J. W. Muller Museum 34 S. 151—155; A. Wallner DLZ. 47 Sp. 2475—77; W. Suchier DLZ. 48 Sp. 1306f.

Eine Ausgabe, die sich weniger mit tiersagengeschichtlichen Erörterungen allgemeiner Art befaßt, dagegen die im Gedicht enthaltenen Anspielungen kultureller und geschichtlicher Art voll auswertet, gibt es vorläufig nicht. Sie wäre dringend erwünscht.

Literatur zur Reinhartforschung im allgemeinen geben K. Voretzsch in Baeseckes Ausgabe und Lucian Foulet *'Le Roman de Renard'* 1914, Kap. I: *Les Théories Actuelles*. Ferner: K. Müllenhoff *Über 'Reinhart Fuchs'*, ZfdA. 18 S. 1—9. A. Schönbach *Die Überlieferung des 'Reinhart Fuchs'*, ZfdA. 29 S. 47—64. K. Reißenberger *Zu 'Reinhart Fuchs'*, PBB. 11 S. 330—44. J. Lange *Les rapports du 'Roman de Renard' au poème allemand*, Progr. Neustadt 1888, Fortsetzung (deutsch) 1889; dazu Voretzsch Litbl. 1890 Sp. 70—72. W. Braune *'Reinhart Fuchs'*, PBB. 13 S. 585—86. K. Voretzsch *Der 'Reinhart Fuchs' Heinrichs des Glîchezâre und der 'Roman de Renart'*, ZfromPh. 15 S. 124—182, 344—374; 16 S. 1—39. H. Büttner *Der 'Reinhart Fuchs' und seine franz. Quelle* 1891 (fußt auf Martins Anschauungen); dazu Voretzsch Litbl. 1892 Sp. 156—160; Lit. Cbl. 1892 Sp. 531; Reißenberger DLZ. 1892 Sp. 1108f.; S. Singer AfdA. 18 S. 244—48. R. Sprenger *Zu 'Reinhart Fuchs'*, Germania 36 S. 195—96. K. v. Bahder *Bemerkungen zu 'Reinhart Fuchs'*, PBB. 16 S. 49—63. John Meier *Zum 'Reinhart Fuchs'*, PBB. 18 S. 205—7. E. v. Steinmeyer *Kleinigkeiten zu 'Reinhart Fuchs'*, ZfdA. 45 S. 314—16. E. Martin *Zur Geschichte der Tiersage im Mittelalter* (Prager Deutsche Studien 8) 1908. A. Leitzmann *Bemerkungen zum 'Reinhart Fuchs'*, PBB. 42 S. 18—38. G. Mausch *Der 'Reinhart Fuchs' H.s des Glichesaere*, Diss. Hamburg 1921 (Maschinenschrift; mir nicht zugänglich). A. Graf *Grundlage des 'Reinecke Fuchs'* 1922 (mir nicht zugänglich). B. Schulz *Vergleichende Studien zum deutschen Tierepos*, Diss. Jena 1922 (Auszug). A. Wallner *'Reinhart Fuchs'*, PBB. 47 S. 173—220; *Nachtrag* PBB. 48 S. 141. F. Vogt *Geschichte der mhd. Lit. I* (1922) S. 134—37. E. Klibansky *Gerichtsszene und Prozeßform in erz. dt. Dichtgn.* (German. Stud. 40) 1925, S. 41—56. G. Baesecke *Der Vers im 'Reinhart Fuchs'*, ZfdA. 62 S. 251—60. A. Wallner *Reinhartfragen*, ZfdA. 63 S. 177—216. E. Schröder GGN. 1926 S. 22—50. A. Wallner *Die Urfassung des 'Reinhaert Fuchs'*, ZfdA. 64 S. 237—59. G. Baesecke *Heinrich der Glichezare*, ZfdPh. 52 S. 1—22; *Zur 'Reinhart Fuchs'-Kritik*, ebda. S. 22—30. A. Wallner *Reinhartfragen*, ZfdPh. 52 S. 259—70. E. Schröder *Abwehr*, AfdA. 46 S. 121—22. H. Naumann *Ritterliche Standeskultur um 1200*, passim, in: Naumann-Müller *Höfische Kultur* 1929.

F. Norman.

Heinrich von Halle, s. Mechthild von Magdeburg.

Heinrich von Herford, s. Nachtrag.

Heinrich von Hesler.

Werke und Ausgaben: 'Apokalypse' hg. v. Helm (Dtsch. Texte d. MA.s 8) 1907. 'Erlösung', Bruchstücke hg. v. v. Heinemann u. Steinmeyer ZfdA. 32 S. 111—117, 446—449. 'Evangelium Nicodemi' hg. v. Helm (StLV. 224) 1902. Teile des 'Ev. N.' und der 'Ap.' bei Pfeiffer *Altdtsch. Übungsbuch* 1866 S. 1—26. Weitere Abdrucke von Bruchstücken s. Helm.

Literatur: Amersbach Progr. Konstanz 1883 u. 1884. Baesecke AfdA. 33 S. 61—68. de Boor Festschr. f. Ehrismann 1925 S. 125—148. Helm PBB. 24 S. 85—187; ZfdU. 30 S. 304—306. Heusler *Dtsch. Versgesch.* III 1929 S. 36f.

Hübner *'Daniel'* (Palaestra 101) 1911 S. 24f. v. **Kraus** Festschr. f. Jellinek 1928 S. 51—71. **Krollmann** Z. d. westpr. Geschichtsver. 58 (1918) S. 93—110. **Menčik** ZfdA. 50 S. 386—391. **Pisanski** *Entwurf einer preuß. Literärgesch.* hg. v. **Philippi** 1886 S. 55. **Reißmann** *Tilos von Kulm Gedicht von den siben Ingesigeln* (Palaestra 99) 1910 S. 108f. **Schönbach** AfdA. 2 S. 149—212. E. **Schröder** ZfdA. 43 S. 180—183; 53 S. 400; MSB. 1924, 3, S. 5. **Schumann** *Über die Quellen der Ap. H.s v. H.* Gießen. Diss. 1912. **Strauch** *Die Deutschordenslit.* 1910 S. 15—17. **Wülcker** *Das Ev. Nic. i. d. abendländ. Lit.* 1874 S. 44—50. **Ziesemer** *Die Lit. d. dtsch. Ordens* 1928 S. 50—56.

1. Der Dichter nennt sich 'Ap.' v. 154f. *Heinrich ... Hesler ist min hus genant*, 'Erl.' v. 60f. S. 112 *Heinrich von Hasiliere*, nach 'Ap.' v. 16480 war er ein *nothafter ritter*. Daß ihm auch das ohne Namen überlieferte 'Ev. N.' gehört, hat zuerst Pfeiffer vermutet, Amersbach durch den Nachweis weitgehender Übereinstimmung in Sprachform, Wortschatz und Ausdrucksweise begründet, Schumann (S. 58ff.) mit dem Hinweis auf die von der 'Ap.' abweichenden persönlichen Anschauungen im 'Ev. N.' bestritten, doch ohne zu überzeugen, und zuletzt de Boor mit dem Nachweis naher stilistischer und gedanklicher Verwandtschaft bestätigt (S. 138ff.).

2. Die Heimat des Dichters hat man zunächst in Burgheßler oder Kloster Haeseler zwischen Saale und Unstrut gesucht. Für Westfalen, wo Heßler bei Gelsenkirchen vor Hesseler, Krs. Beckum, den Vorzug verdiene, entscheidet sich Helm, weil des Dichters Reime und Wortschatz im ganzen zwar md., aber mit nd. Bestandteilen gemischt sind, von denen manche auf den Westen deuten (PBB. S. 145ff.; 'Ev. N.' S. XXXIIIff.). Er wäre dann einer der hd. dichtenden Niederdeutschen. Für das thüring. H. entscheiden jedoch trotz der noch nicht geklärten sprachlichen Bedenken die zuletzt von Krollmann gesammelten urkundlichen Zeugnisse. Nur dort ist eine Burg und ein nach ihr benanntes ritterliches Geschlecht nachgewiesen, in dem überdies der Name Heinrich mehrfach vorkommt.

3. 'Ap.' v. 5827 ist vor Aufhebung des Templerordens, also vor 1312, geschrieben, v. 2277, 5825, 12115 eher vor Verlegung des päpstlichen Hofs nach Avignon als nach 1309, 'Ev. N.' v. 4687ff., falls die Berührung mit dem sog. Seifried Helbling II nicht zufällig ist, bes. v. 1171 dort mit v. 4692 hier, nach 1292/94 (Helm 'Ev. N.' S. XXXII, XCIV; ZfdU. S. 304. Schumann S. 70). Nach Stil und Versbau kann H. nicht lange vor 1300 begonnen haben. Für die Reihenfolge der Werke ergeben sich keine sichern Anhaltspunkte. Die 'Erl.' steht wie stilistisch, so wohl auch zeitlich dem 'Ev. N.' nahe (de Boor S. 143f.), vielleicht macht das namenlose Werk den Anfang. de Boor scheint das 'Ev. N.' der 'Ap.' stilistisch überlegen und daher später, Helm umgekehrt der Versbau der 'Ap.' gewandter (Ev. N. S. XCIIIf.). Daß H. nicht, ohne seine Kräfte an geringern Aufgaben erprobt zu haben, sein Hauptwerk begann, bestätigen vielleicht seine Beziehungen zum Orden.

4. Schröder (Z. 53) vermutet den Dichter in einem *Heinricus de Heseler*, der 1341 und 1342 als Propst und Komtur des Deutschen Hauses in Zschillen bei Rochlitz a. d. Mulde bezeugt ist und Propst wohl schon 1333 war. Falls er es ist, so ist er dem Orden erst in höherem Alter beigetreten, denn in der 'Ap.', bei deren Abfassung er gewiß nicht mehr jung war (vgl. Schumann S. 64), rechnet er sich durchweg zu den Laien (v. 1172, 3001, 13098) und gehört keinem Orden an (v. 6652), auch die Absicht einzutreten lag ihm noch völlig fern (v. 5827, Krollmann S. 108). Die 'Ap.' ist zum Vorlesen vor Laien bestimmt, Verheirateten, auch Frauen (v. 2063f., 3005, 11103f., 11241, 15125, 3333, 3700ff., 7198). Daß H. im Ordensland dichtete, hat schon Pisanski vermutet. In der Tat finden sich manche Ausdrücke H.s nur oder vorwiegend in Ordensdichtungen wie im 'Passional' (s. d.) und bei Nikolaus von Jeroschin (s. d.) wieder (Helm 'Ev. N.' S. LXXXIIIf.), aber abgesehen von Fachausdrücken kann sich um 1300 im Ordensland kein Wortschatz ausgebildet haben, der sonst nicht üblich war. Das 'Ap.' v. 16471 genannte *Nebre* glaubte Helm ('Ev. N.' S. LXXXVff.) in Westpreußen wiederzufinden. Die Abfassung eines so umfangreichen und gelehrten Werks wie der 'Ap.' ist indessen im Ordensland allenfalls

in einem Ordenshaus und für den Orden, nicht in einem der entlegenen kleinen Orte für Laien denkbar (ähnlich Krollmann S. 104); es kommt also nur Nebra a. d. Unstrut in Betracht. Dort oder sonst in der thüring. Heimat sah H. die *vrunt und mage* um sich, deren sicherlich mündliche Frage er 'Ap.' v. 17879ff. beantwortet. Die 'Ap.', von der vier der Haupthss. wahrscheinlich aus Ordenskreisen stammen, wird bei H.s Eintritt oder aus seinem Nachlaß in den Besitz des Ordens gelangt sein. Das 'Ev. N.', von dem Hss. aus Ordensbesitz nicht nachweisbar sind (Helm 'Ev. N.' S. LXXXII; Ziesemer S. 52), war vielleicht zur Zeit seines Eintritts nicht mehr in den Händen des Dichters.

5. Im 'Ev. N.' nennt H. neben dem apokryphen auch die bibl. Evangelien als Quelle (v. 369ff.). An die Erzählung der Höllenfahrt schließt er die Geschichte von Tiberius, Vespasian, Veronika und der Zerstörung Jerusalems, der Bericht vereinigt Züge aus beiden lat. Fassungen der Legende. H. kennt ferner die Legende vom Kreuzesholz und von deutschen Werken 'Urstende', 'Erlösung' (s. d.) und die sächsische Weltchronik (Helm PBB. S. 129ff.; 'Ev. N.' S. XXVIIIf.).

6. Der Inhalt der 'Erl.' läßt sich aus den Bruchstücken nicht sicher erkennen.

7. Die 'Ap.' knüpft an die Übersetzung des biblischen Textes satz- oder wortweise umfangreichere Erläuterungen und Betrachtungen. Dabei benutzt H. die sog. '*Glossa ordinaria*' und die Kommentare von Beda und vor allem Ambrosius Autbertus und Haimo von Halberstadt. Der Abschnitt vom Antichrist (v. 17751ff.) folgt meist Adso, der über Dan (v. 19093ff.) Gregors '*Moralia*', der von der Auferstehung (v. 19959ff.) des Honorius (s. d.) '*Elucidarium*'. Auch Joachim von Flore hat H. gekannt. Die meisten Bibelstellen sind Autbert entnommen (Schumann). Der Schluß (v. 22901—23259) ist nach Überlieferung, Stil und Quellen wahrscheinlich unecht (Schumann S. 71).

8. Bis auf den oft verwickelten Satzbau ist H.s Stil im ganzen sachlich und klar, die geblümte Rede liegt ihm fern, aber er liebt es, einen Ausdruck wie ein Leitmotiv durch kleinere oder größere Abschnitte zu wiederholen in der Art Konrads von Würzburg (s. d.) und sucht auch die Wortwiederholung in unmittelbarer Nachbarschaft bis zum Klangspiel, das von fern an Gottfried von Straßburg (s. d.) erinnert (de Boor); meist handelt es sich um einfache Häufung wie *ze dute duten*, *ewic ewikeit*, *mit rechte rechtes rechtes* ('Ap.' v. 16640). Mehr Gewandtheit zeigt H. in der Wahl und Bildung seiner zahlreichen nominalen und verbalen Zusammensetzungen wie *ablassend*, *huffehalz*, *mortgirichlich*, *steinherzic*, *sundenmelic*, *wurmezic* ('Ev. N.'), *bruchstinkend*, *mortvreidic*, *mutblind*, *nachtslichend*, *sigselic*, *stalvest*, *sunnenluter*, *warbichtic*, *wortswinde* ('Ap.'), *meientouwen*, *sigevechten* ('Ev.N.', 'Ap.'), *vegevuren* ('Ap.'). Der Wortwiederholung dienen kühne Ableitungen wie *erden* und *vleischen* ('Ap.' v. 2520, 2523, 3385 u. ö.). Einige Lieblingsausdrücke kehren immer wieder: *knote* (bildlich), *versteinen* und *verharten*, *erharten*, *vlinshart*, in der 'Ap.' liebt H. Zusammensetzungen mit *durch* wie *durchgrunden*, *durchmirken*, *durchwizzen*, auch *durchgut*, *durchlanc*, von denen mehrere sonst nicht belegt sind. Die Zeilenbrechung schreckt vor Härten nirgends zurück. Ziemlich häufig sind in der 'Ap.', ihrem Gegenstand entsprechend, Anreden, z. T. formelhaft (v. 1665, 7155, 8141, 10593, 11787, 13333, 17191 u. ö.), und Fragen des Dichters oder der Zuhörer, bis zum Überdruß kehren einige Übergangs- und Abschlußformeln wieder (z. B. *vorbaz tengeln*). Im einzelnen fehlt es H. nicht am angemessenen Ausdruck, im ganzen begnügt er sich zu leicht mit wenigen eingeübten Kunstmitteln.

9. In der Geschichte des Versbaus ist die 'Ap.' von Bedeutung, weil H. seit Otfrid als erster seine Grundsätze darlegt (v. 1353—1481). Mit gemäßigt freier Silbenzahl, 6 bis 8, höchstens 10, steht er Konrad von Würzburg nahe. Von der Anordnung der Worttöne weiß seine eingehende Darlegung nichts, die Begriffe Hebung und Senkung fehlen der Zeit überhaupt (vgl. 'Makkabäer', Tilo von Kulm).

10. H. besitzt für einen Laien und schon im 'Ev. N.' eine ungewöhnliche geistliche

Bildung, wenn er auch nicht immer seine Gewährsmänner richtig versteht und seine Bibelkenntnis begrenzt ist (Schumann S. 13ff., 18ff.; Helm PBB. S. 133ff.; 'Ev. N.' S. XXIX). Mit einigem Recht fühlt er sich, *swie cranc so min lebent si* ('Ap.' v. 12706), als Lehrer der *tummen* und *unkunstigen* ('Ap.' v. 2063f., 3005, 3134, 12704 u. ö.). In der Regel schließt er sich eng an seine Quellen an, einigemal aber wagt er anscheinend eigene Erklärungen, teils nach dem Wortsinn, teils allegorische (Schumann S. 23ff.).

11. Der Mittelpunkt seiner Gedankenwelt sind Sündenfall und Erlösung. Er hat sie nicht nur im 'Ev. N.' und in der 'Erl.' behandelt, sondern kehrt auch in der 'Ap.' bei jeder Gelegenheit zu ihnen zurück (v. 458ff., 2444ff., 9044ff., 11466ff., 19555ff., 19901ff.). Auch die Fragen nach der Prädestination, Willensfreiheit und Gottes Anteil an der Sünde beschäftigen ihn (v. 11531ff., 19647ff., 21260ff.). Die Gewißheit seit der Auferstehung darzulegen, veranlassen ihn Frage und Zweifel andrer (v. 17879ff.). Von Grund aus teilt er die Abneigung seiner Zeit gegen die Juden. Im 'Ev. N.' (v. 4714ff.). und in der 'Erl. finden sich Äußerungen des Hasses; die Fürsten, die die Juden beschützen, werden für deren Untaten verantwortlich gemacht. Aber diese Feindschaft ist überwiegend religiös begründet. Daher kann H. schon im 'Ev. N.' (v. 5264ff.) die Juden zur Bekehrung auffordern und sich in der 'Ap.' (v. 5652ff., 10366ff.) zu der kirchlichen Lehre bekennen, daß sie sich vor dem Jüngsten Gericht alle würden taufen lassen.

12. Es fehlen nicht ganz Regungen einer eignen Überzeugung (Schumann S. 32, 43, 55, 65). Die Frage nach der Zahl der Seligen beantwortet H. zurückhaltender als Autbert, aber im Sinne der Kirche ('Ap.' v. 14462f.), ein andermal (v. 21218ff.) lenkt er in eine Ermahnung ab. Den Ruf der Märtyrer, Gott möge sie an ihren Verfolgern rächen ('Ap.' 5, 9), deutet er mit Berufung auf das Gebot der Feindesliebe um ('Ap.' v. 11770ff.). In vorsichtigem Gegensatz zur kirchlichen Lehre will er mit Hinweis auf Matth. 16, 27 und Ez. 18, 20 das Urteil über alle, die nie Gottes Wort gehört haben, und über die vor der Geburt gestorbenen Christen- wie Heidenkinder Gott selbst überlassen sehen (v. 20049ff.); denn er vertraut unbeirrbar auf Gottes Gnade, sein *recht ist irbarmen* ('Ev. N.' v. 2129), hat er doch dem Schächer am Kreuz ohne Beichte vergeben ('Ev. N.' v. 1872ff.). Eine Geringschätzung der Beichte und damit ketzerische Neigungen liegen schwerlich darin, in der 'Ap.' (v. 5076ff.) hat H. jedenfalls eine Bemerkung über ihr Fehlen unterlassen und hebt überdies immer wieder (v. 3277ff., 3325ff., 4121ff., 4762ff., 6766ff., 7032ff., 7158ff., 21000ff., 22374ff.) ihre Notwendigkeit hervor.

13. Mit gläubigem Gehorsam gegen die Kirche als solche verbindet H. ein strenges Urteil über ihre Vertreter. Vor allem trifft es die Klosterleute, die nur ihr Gewand gewechselt haben ('Ap.' v. 2630ff., 6532ff., 6613ff.). Ein recht geführtes weltliches Leben kann Gott besser gefallen, Ehre und Heiligkeit sind vereinbar ('Ap.' v. 2641ff.). So lebt in H. noch ein gut Teil von dem ritterlichen Geist der Blütezeit. Der theologisch Gebildete fühlt wie ein Ritter: *dar stach got den edeln stich und reit daz riche poneiz*, die Seele *sal mit vast getwungen knubelen sin swert beclemmet halden* ('Ap.' v. 10690f., 4900f.). Höfischen Anstand und Rücksicht auf die Frauen hält er hoch ('Ap.' v. 3606ff., 3700ff., 6369ff.), und zuweilen fließen ihm *höveschheit* und gute Werke, *dorperheit* und Sünde zusammen ('Ap.' v. 4998, 5022, 5531, 7439, 8203, 8634).

14. Durch diese Verbindung ritterlichen Empfindens mit kirchlicher Bildung und durch die Kraft seines unmittelbaren Gottvertrauens, das selbst seine kirchliche Gebundenheit auf Augenblicke bescheiden zu lockern vermag, würde H. in einer Geschichte der gebildeten Laienfrömmigkeit im Mittelalter eine beachtete Stellung einnehmen. Hans Steinger.

Heinrich von Hessen. Die Wiener Papierhandschrift in Folio Nr. 2843 hat am Schluß des 10. Psalters (nach Walthers Zählung), geschrieben i. J. 1441 zu Mauerbach bei Wien, die Worte: *Explicit* *psalterium de latino in vulgare translatum per egregium doctorem magistrum Henricum de Hassia.* Schon Trithemius (1531) unterscheidet zwischen zwei Gelehrten dieses Namens: *Henricus de Langenstein, dictus de Hassia* († 1397) und *Henricus de Hassia iunior* († 1427). Der ältere, auch Heinrich Hainbuch genannt nach einem Gute bei Langenstein in Hessen, seit 1363 als Universitätslehrer in Paris, seit 1384 in gleicher Eigenschaft zu Wien nachweisbar, wo er sich große Verdienste um die Entwicklung seiner Hochschule erwarb, ist bekannt durch sein Auftreten gegen astrologischen und apokalyptischen Aberglauben, vor allem durch seine Gedanken zur Erneuerung der Kirche an Haupt und Gliedern, auf die ihn die Not des Schismas brachte. Eine ganze Reihe von Schriften kirchenpolitischen, exegetischen, dogmatischen, erbaulichen und homiletischen Inhalts wird von der Überlieferung ihm zugewiesen, die man bei Pez, Hartwig, Aschbach u. a. zusammengestellt findet. — Sein jüngerer Zeitgenosse vertrat gleichfalls Philosophie und Theologie an der Universität Heidelberg, wurde später Kartäuser-Mönch und starb als Prior des Klosters Monikhusen in Geldern. Aus seinen Arbeiten sei die *'Summa de re publica'* hervorgehoben. — Die Schriften der beiden Heinriche sind vielfach durcheinander geworfen worden, und der fromme Wunsch von Ottokar Lorenz, es möchte endlich Klarheit in die massenhaft vorliegenden Verwechslungen gebracht werden, ist noch keineswegs restlos erfüllt. Welcher von den beiden ist nun der Übersetzer unsers Psalters? Walther erklärt sich ohne Begründung für den jüngeren. Dem älteren ist neuerdings eine für seine Zeit recht beachtliche Kenntnis des Hebräischen zugesprochen worden. Eine solche tritt nun freilich nach den Proben bei Walther in jener ja auch ausdrücklich *de latino in vulgare* gefertigten Übersetzung nicht hervor. Aber dieser Heinrich von Langenstein ist uns bekannt als Vorkämpfer für deutsche Wissenschaft: *Certe, iam obstructum est os loquentium iniquae non est apud Germanos veritatis splendor: sed praeceps immanitatis furor* — (Hartwig I S. 62 Anm. 2), als Verfasser einer deutschen Schrift *'Cantnüzz der sunden'*, die in 2 Teilen (61 Kapiteln) von der Beichte und den Todsünden handelt und für Albrechts III. Sohn geschrieben wurde (Vorrede und sonstige Proben bei Hartwig II S. 46ff.), und als Verdeutscher des *'Rationale divinorum officiorum'* von Wilhelm Durandus (Aschbach S. 401f.). — Gleichwohl wage ich noch keine Entscheidung, zumal allen Ernstes mit einer dritten Möglichkeit zu rechnen ist, daß die vereinzelte Angabe in der Wiener Handschrift 2843 mit unter die schon nach dem Urteil von Denis gar nicht seltenen Fälle gehört, wo unserem Langenstein wegen seiner Berühmtheit von harmlosen oder berechnenden Schreibern allerlei Opera angewiesen wurden, die von ganz andern Verfassern herrühren. — Mit Recht rühmt übrigens Walther dem Übersetzer unsers Psalters bei Neigung zu freierer Art eine glückliche Wahl des Einzelausdrucks nach sowie eine gewisse Gewandtheit in der Satzbildung. Leider ist die Textüberlieferung nicht günstig und im besonderen gerade die genannte Wiener Handschrift durch allerlei Zusätze des Schreibers entstellt. — Vgl. Heinrich von Langenstein.

J. Trithemii *Catalogus scriptorum ecclesiast.* S. CXXIII und CXXXIV. Bern. Pezius *Thesaurus anecdotor.* 1721, I S. LXXIVff. und II S. 505ff. Otto Hartwig *Leben und Schriften Heinrichs von Langenstein. Zwei Untersuchungen* 1858. Joseph Aschbach *Gesch. der Wiener Universität* 1865, bes. S. 366—402. Ottokar Lorenz *Deutschlands Gesch.-Quellen im MA.* II (1887) S. 362ff., 399. Wilh. Walther *Die deutsche Bibelübersetz. d. MA.s* 1889ff., Sp. 573ff., 618, 718. B. Walde *Christl. Hebraisten Deutschlands am Ausg. d. MA.s* (Alttest. Abhandl. VI, 2 u. 3) 1916 S. 8—30. Überweg *Grundr. d. Gesch. d. Philosophie* II [11] (Bernh. Geyer) 1928 S. 611, 785. RGG. II² (1928) Sp. 1774 (Altaner).

Hans Vollmer.

Heinrich VI. von Hohenstaufen.

Weingartener Liederhandschrift (B) in Stuttgart, S. 1 = Abdruck von Pfeiffer (Stuttg. Lit. Ver. V) S. 1. Cod. Pal. Germ. 848 Bl. 6 = Abdruck v. Pfaff Sp. 1.

1. Mit dem *Keiser Heinrich*, der in B und C (die aus gemeinsamer Vorlage stammen) den Reigen der Minnesänger eröffnet, kann nur Heinrich VI., der Sohn

Friedrich Barbarossas und der Burgunderin Beatrix, gemeint sein. Geboren 1165 zu Nimwegen, wurde er vierjährig zum Römischen König gewählt, erhielt auf dem berühmten Mainzer Pfingstfest von 1184 den Rittergurt, wurde noch im selben Jahre mit Konstanze, der Erbin des Normannenreichs (geb. 1154), verlobt und 2 Jahre darauf bei seiner Vermählung zum König von Italien gekrönt. Von da an waltete er mit fast unbeschränkter Vollmacht bald in Italien, bald in Deutschland als Mitregent, wurde Reichsverweser, als sein Vater das Kreuz nahm, und nach dessen Tode sein Nachfolger auf dem Kaiserthron. Sein erster Versuch, das sizilische Erbe anzutreten (1190), scheiterte, der zweite (1194ff.) brachte ganz Italien in seine Gewalt. Die Gefangennahme König Richards machte ihm England lehenspflichtig, und Frankreich, Spanien, Griechenland hatten das gleiche Los zu gewärtigen. Mitten unter Zurüstungen zum "Deutschen Kreuzzuge", der ihm den Weg zur Weltherrschaft bahnen sollte, wurde der 32jährige Kaiser zu Messina vom Tode ereilt. Mehr Staatsmann als Krieger, nach Bedarf geschmeidig und gewalttätig, von durchdringendem Verstand und fast gelehrter Bildung, jedem Lebensgenusse abhold und einzig von der Lust zu herrschen beseelt: so tritt uns im Urteil der Zeitgenossen dieser Staufer entgegen, "der das Volk der Deutschen groß und gefürchtet gemacht bei allen Völkern ringsum".

2. Unter den Minnesängern würde man "Heinrich den Ernsthaften" nicht suchen, doch ebensowenig seinen Gegner Richard den Wilden unter den Troubadours. Umgeben von Sängern, wie Hausen (s. d.), Steinach (s. d.), Horheim (s. d.), Gutenburg (s. d.), Hohenburg (s. d.), Botenlauben (s. d.), mag auch der junge König sich in der neuen Hofkunst nach romanischem Vorbild versucht haben. Eins von den drei Liedern, die ihm die Handschriften beilegen, paßt in der Tat nach Stil und Metrik vortrefflich in diesen Kreis und diese Zeit hinein. Die beiden andern aber folgen der altheimischen Weise, in der (wohl beträchtlich früher) Meinloh (s. d.) und Genossen sangen. Dabei fehlt jeder Spielraum für den Übergang von der einen Richtung zur andern, denn die beiden altertümlichen "Wechsel", in denen *ein ritter guot* frohlockend der Liebesnacht gedenkt, kann H. nicht als Knabe gesungen haben, also nicht vor 1184; seine Kanzone aber nicht nach 1186. Wir wissen freilich nicht, wie lange sich die heimische Weise noch neben der fremden erhielt, aber für den jugendlichen Sänger am Kaiserhofe, in den Rheinlanden, drei Lustren nach Hausens Anfängen, ist dies Nebeneinander von Nibelungenstrophe und Troubadourstrophe, von Frauenkult und naiver Erotik kaum glaubhaft. Zudem soll Heinrich hier sagen: *Wol hoeher dannez rîche* — „als der Kaiser" — *bin ich al die zît!* Dieser für einen Kaisersohn befremdliche Gedanke kehrt nun auch in seinem Troubadourlied wieder und erregt auch gegen dessen Echtheit Bedenken. „Die Reiche und Lande sind mir untertan, wenn ich bei der Lieblichen bin; scheid ich von ihr, *sost mir al mîn gewalt und mîn rîchtuom dâhin.*" Nach dem J. 1186, das ihm die italische Krone und die Mitregentschaft brachte, hätte H. diesen Satz wohl umdrehen müssen: „Fern von ihr bin ich König, bei ihr nur ein armer, um Liebe bettelnder Mann." Aber konnte er denn vorher, als Thronanwärter, so reden, wie die Überlieferung will? Doch nur dann, wenn er keine Scheu trug, aller Welt seine ehrgeizige Ungeduld zu verraten! Auch die nächste Wendung, die der Leitgedanke des Liedes nimmt, muß aus dem Munde eines Kronprinzen entweder wie kindisches Schmollen wirken oder als knabenhaftes Pathos: „Eher denn auf sie würde ich auf die Krone verzichten! Der irrt groß, der dran zweifelt, ich könnte noch manchen frohen Tag verleben, wenn auch nie eine Krone auf mein Haupt käme. Ohne sie [die Geliebte] könnt ich es nicht. Verlör ich sie, was hätt ich dann?" Mit einem „Nichts" kann auf diese Frage offenbar nur ein Sänger niedern Standes antworten, denn einem König bliebe eben noch seine Krone und mit ihr alle Macht und Pracht der Erde. Der Gedanke, den

das Lied in dreifacher Variation vorträgt, ist ein Gemeinplatz aller Liebespoesie und zumal des provenz. und deutschen Minnesangs (recht nahe kommt unserm Liede der von Gliers [s. d.], Schw. MS. 194, 125—139. 203, 61ff.). Sängern aller Stände steht dies Motiv zu Gebote, nur einem Herrscher nicht. Der Minnesänger, gleichviel ob Kaiser oder Spielmann, redet als Ritter zur Edeldame und darf seinen wahren Stand nicht verraten; das tun erst Spielleute der Spätzeit, die den Minnesang nicht mehr ernst nahmen. — Als man zu Ende des 13. Jhs. aus literarhistorischem Interesse an die Sammlung aller noch erreichbaren Liederdichter ging, lag der Wunsch nahe, dem deutschen Minnesang einen erlauchten Ahnherrn zu geben, wie ihn die Troubadours in ihrem Landesfürsten Wilhelm v. Poitiers hatten, und wie ihn das mittelalterliche Sängertum überhaupt in König David verehrte. Man erkor dazu, bona fide oder auf eine Tradition gestützt, den von Sängern umringten Staufer aus der Frühzeit, fahndete unter der ältesten Lyrik nach seinem Eigentum und glaubte in den Redensarten von Krone und Herrschaft sein Handzeichen zu entdecken. — Bezweifelt wurde Heinrichs Autorschaft zuerst von Lachmann, entschieden bestritten von Haupt, dem Zarncke beistimmte. J. Grimm hingegen, z. T. auch Scherer und neuerdings Joseph und Vogt traten für die Glaubwürdigkeit der Überlieferung ein, so daß eine Einigung über die Frage bisher nicht erzielt ist.

Toeche *Heinrich VI.* 1867 Winkelmann ADB. XI (1880) S. 419. Joh. Haller *K. Heinrich VI.* 1915. HMS. Nr. 1. Simrock bei Abel *K. Philipp* 1852 S. 286. MF. Nr. VIII (Haupt und Vogt). J. Grimm Germ. 2 S. 477; K. Meyer ebd. 15 S. 424. Scherer *DSt.* 2 S. 10 und *Lg.* S. 145. Joseph QF. 79 S. 65. Paucksch PBB. 48 S. 120.

Anton Wallner.

Heinrich von Istrien, Markgraf. Ulrich von Lichtenstein (s. d.) in seinem 'Frauendienst' erwähnt einen Markgraf Heinrich, laut Handschrift *von Osterrîch* genannt (8, 18f.), als denjenigen, der ihm (1215/9) vier Jahre lang höfische Zucht beigebracht habe, vor allem auch *an prieven tihten süeziu wort* und *suoze sprechen wider diu wîp*, d. h. also höfisches Dichten, mindestens in Form poetischer Brieflein. — v. d. Hagen hielt diesen Zuchtmeister noch, ohne zu zögern, für Heinrich von Mödling (1223 gestorben; vgl. über ihn Kummer S. 60[2]). Schon Uhland (Walther S. 85), vor allem dann aber Lachmann (Ausgabe) kam nun zu der Vermutung, daß mit diesem Heinrich kein anderer als der später im 'Frauendienst' auftretende Heinrich von Istrien *(Isterîch)* zu verstehen sein müßte. Karajan freilich, in der Anmerkung, hatte alsbald auf den infolge seiner Ächtung sehr undurchsichtig gewordenen Lebenslauf dieses Fürsten verwiesen. In der Tat glaubte dann Falke, Heinrich von Istrien bestimmt ausschließen zu können, da dieser, infolge angeblicher Mitschuld an der Ermordung Philipps von Schwaben (1208), der Ächtung verfallen, aller seiner Würden, Lehen und Eigengüter für verlustig erklärt, gerade in den entscheidenden Jahren von Ulrichs Ausbildung noch immer flüchtig und unstet umhergeirrt sei und den Kreuzzug von 1217 mitgemacht habe. Noch Bechstein (Ausgabe, Anmerkung zu 8, 18) hat sich auf Grund dieser Einwände gegen Lachmanns Konjektur spröde verhalten, im Gegensatz zu Kummer und nicht mehr mit wirklicher guter Begründung; denn inzwischen hatten sowohl Scherer als v. Oefele Falkes Aufstellungen als übertrieben und vorschnell, ja als unhaltbar erwiesen. Scherer wies nach, daß umgekehrt Heinrich von Mödling gar nicht in Betracht kommen könne, da er zu alt sei in der fraglichen Zeit, da er zwar *dux*, aber selbst so wenig wie einer der andern Heinriche aus seinem Haus Markgraf je genannt worden sei, und da die Behauptungen von dem Umherirren des Istriers, auf die Falke sich stütze, des strikten Beweises ermangeln. v. Oefele betonte denn auch wenig nachher, persönliche Folge habe man der Ächtung später nicht mehr gegeben; Heinrich kam wieder in den Besitz seines Familieneigentums in Steiermark, Kärnten und Krain; in Windischgrätz sei sein Hofhalt gewesen. Dazu trat dann endlich noch der Hinweis von Schönbach, auch die Schenkung von Istrien selbst an Aquileja (1214) durch Friedrich II. sei unvollzogen geblieben, wodurch keinerlei Grund bleibe, an Heinrich von Istrien als dem Zuchtmeister Ulrichs zu zweifeln. Mit Recht also entscheidet sich Nadler für ihn. — Er ist (urkundlich 1188ff.; gestorben 1228) der zweite Sohn des Herzogs Berthold (IV.) von Meran, aus dem Haus Andechs, gewesen, Bruder Herzog Ottos I. von Meran und Bertholds von Andechs, Patriarchen von Aquileja. — Kummer hat noch auf die „nicht unwichtige Rolle", die alle drei Brüder für die Vermittlung welscher und deutscher Literatur gespielt haben, besonders verwiesen.

HMS. IV, 325a oben. Ulrich von Lichtenstein *Frauendienst, hg. v.* K. Lachmann 1841, Anm. S. 665 (Th. v. Karajan, mit urkundlichen Belegen). J. Falke *Gesch. d. fürstl. Hauses Liechtenstein* I (1868) S. 63. W. Scherer Anz. f. d. Alt. 1 (1876) S. 248. K. F. Kummer *Die poetischen Erzählungen des Herrand von Wildonie* 1880 S. 25, 60. v. Oefele ADB. XI (1880) S. 526f. Ulrich von Liechtenstein *Frauendienst, hg. v.* R. Bechstein 1888 S. 11f. A. E. Schönbach *Die Anfänge des deutschen Minnesangs* 1898 S. 60, 87. J. Nadler *Lit.-Gesch. der deutschen Stämme*² I 1923 S. 162. Annemarie Bruder *Stud. zu Ulr. v. Lichtensteins Frauendienst.* Diss. Freibg. (Masch.) 1923 (verweist auf das enge Verhältnis zwischen Ulrich und Heinrich S. 16ff., 118f.: U. spricht mit besonderer Verehrung von H. Dieser ist es, der beim Friesacher Turnier dem Verkleidungsspiel noch zum endlichen Gelingen verhilft. Außerdem urkundliche Belege für H.). Halbach.

Heinrich v. Kalkar, s. Kalkar, Heinrich.

Heinrich der Klausner hat eine Marienlegende verfaßt, welche in der Pommersfelder Papierhs. 2798 in klein 4° enthalten ist. Die Hs. wurde im 14. Jh. in Thüringen geschrieben; ihr Inhalt bei Bethmann ZfdA. 5 S. 370 und in Bartschs Einleitung. Der Dichter, der sich v. 45 *Heinrich Clûsenêre* nennt, ist nicht näher bekannt. Wie aus der Stelle hervorgeht, ist die Legende nicht das erste Werk, das er verfaßt hat, aber wir kennen kein weiteres von ihm. Er dichtete sie im Auftrage des *jungen kunc ûz Bêmirlant*, in dem wir wahrscheinlich Wenzel II. von Böhmen (s. d.) zu sehen haben. Den Stoff vermittelte ihm Bruder Pilgrim, Gardian von Görlitz, der ihm die Geschichte erzählte. Ob man daraus schließen darf, daß der Dichter auch aus Görlitz stammte, steht dahin. Seine Sprache ist ostmd. In der Hs. trägt die Legende die Überschrift: *dit mer ist von eyme schuler* und reicht von Bl. 54a bis 76b; sie zählt 1364 Verse in Reimpaaren. Die Legende erzählt von einem armen Schüler, der zum Marienfest nicht in den Dom gehen darf, weil er keine Schuhe hat. Er bittet Maria um ein paar Schuhe. Als er sie nicht erhält, betet er mehrere hundert Ave Maria, um die Mutter Gottes zu kleiden. Da stellt sie ihm zur Wahl: entweder 30 Jahre im Lande Bischof zu sein oder am dritten Tage in den Himmel zu kommen; dann verkündet sie ihm noch, daß sie mit Leib und Seele zum Himmel gefahren sei. Das macht er der Welt kund und stirbt nach drei Tagen. Die Dichtung ist kein großes Kunstwerk, aber anmutig und sprachgewandt erzählt. Sie gehört in die Reihe der Kurzgeschichten, die Ende des 13. Jhs. in Böhmen sehr beliebt waren. Der Dichter stellt einen aus der Schar der kleineren Poeten dar, welche neben den größeren Meistern wie Ulrich von dem Türlin (s. d.) oder Ulrich von Eschenbach (s. d.) am Prager Hofe Gunst und Gabe heischten. E. Schröder sieht in ihm einen Kleriker der böhmischen Kanzlei; die Verse 523ff. erkennt er als gegen Frauenlob (s. d.) gerichtet.

Die Legende wurde von K. Bartsch in den 'Mitteldeutschen Gedichten' (Bibl. des Stutt. Litt. Ver. 53) 1860 herausgegeben. Vgl. Wolkan *Gesch. d. deutschen Lit. in Böhmen* III (1894) S. 207ff. E. Schröder ZfdA. 57 (1920) S. 152ff. E. Gierach.

Heinrich von Kolmas. Minnesinger aus der 2. Hälfte des 13. Jahrhunderts, einem thüringischen Geschlecht, das in der Gegend von Eisenach-Langensalza beheimatet war, angehörend (das von v. d. Hagen angesetzte Kolmar und die darauf beruhende Beheimatung im Elsaß sind wohl ein Irrtum). Er ist urkundlich zwischen 1262 und 1279 bezeugt. Das einzige von ihm erhaltene Lied erinnert an die Walthersche Elegie. Es wendet sich in tiefem Ernst von der Vergänglichkeit des irdischen Lebens der Sorge für das ewige

Heil zu, als dessen Mittlerin und Mehrerin die Jungfrau Maria in ergreifender Bitte angerufen wird. Form und Inhalt heben das Lied weit über den Durchschnitt hinaus.

Handschrift des Schwabenspiegels auf der juristischen Bibliothek zu Zürich. — HMS. III 468m (2. Nachlese); IV 762. W. Wackernagel *Lyrische Gedichte des XII., XIII. und XIV. Jahrhunderts*, Alteutsche Blätter 2 (1840) S. 122f. A. Nebe *Drei thüringische Minnesinger*, Ztschft. des Harz-Vereins f. Gesch. u. Altertumskde. 19 (1886) S. 218—223.

Elisabeth Karg.

Heinrich von Köln, Dominikaner in der zweiten Hälfte des XIV. Jhs. und bekannter Prediger. Deutsche Predigten von ihm in Berlin mgo. 501, s. XV., Bl. 211a—232b (unvollendet; aus dem Katharinenkloster zu Nürnberg); mgf. 1276 (ebda. aufgezeichnet um 1400 von Schwester Anna Wintterin); Univ.-Bibl. Prag Hs. XVI. A. 2, v. J. 1514, Bl. 119a—312b (aus dem Klarissenkloster zu Eger); München cgm. 627, v. J. 1458, Bl. 238a—239b; Heidelberg pal. germ. 537, s. XV., Bl. 134b—135b (unvollendet; vgl. Germ. 3 S. 225, 242f.); StB. Kolmar Hs. 268, um 1440 (K. Bartsch *Beiträge zur Quellenkunde* S. 315). Der Inhalt ist stark scholastisch gehalten, mit Beispielen aus dem bürgerlichen Leben, ohne mystische Anklänge. Demgemäß ist auch der Stil nüchtern und klar, mehr aufzählend als erbauend, wobei allerdings zu erwägen ist, daß wir es vielfach nur mit Auszügen nach dem Gedächtnis zu tun haben. W. St.

Heinrich von Kröllwitz. 'Auslegung des Vaterunsers', geistliches Lehrgedicht mit reichlicher Allegorie (4889 v.), 1252—1255 verfaßt.

1. Hss.: 2 vollständige, älteste Ende 13. Jh. Schwerin, und 3 Bruchstücke, eins davon Übertragung ins Nd. — Über den Verfasser ist das bekannt, was das Gedicht selber meldet: *von Krolewiz ûz Mîssenlant*. Es ist Kröllwitz sw. Merseburg, nicht das nördlich Halle gelegene. Wohl ein Geistlicher. Aufenthalt am Schweriner Hof nicht bewiesen.

2. Sein Werk, eine breite Paraphrase des V. U. in 68 Abschnitten, deren Reimpaare durch Dreireim abgesetzt werden, besingt die Trinität, dazu drei Himmel, dann noch einen Himmel, der die Jungfrau Maria sei. Der Turm sei ihre Demut, die Weite des Turmes ihre Reinheit usw. Der Himmel insgesamt ist mit Edelsteinen verziert, deren Eigenschaften gedeutet werden. Nach Beendigung der Auslegung nennt der Dichter seinen Namen und die Abfassungszeit; er sei der erste, der solches unternommen. — Eine einheitliche Quelle ist nicht gefunden, auch nicht anzunehmen, zitiert werden vor allem Bibel und Augustin. Auch die Steinallegorien sind nicht auf eine bestimmte Quelle zurückzuführen, sondern allgemein in die verbreitete Tradition aus Lapidarien einzuordnen. Heinrich erwähnt 'Herzog Ernst' (s. d.) und Freidank (s. d.). v. 1456f. sind ältestes dt. Zeugnis für den Kompaß *uffe dem sê*. Die Sprache ist mundartlich, doch insgesamt nicht lokalisiert. Der Dichter bekennt selbst die übermäßige Breite der Darstellung. Diese im 13. Jh. vielfach gepflegte geistliche Allegorie setzt literarischen Brauch des vorhergehenden Jhs. fort. Die Art, wie H. einzelne Bibelworte ausführt, paßt zu den Predigtsammlungen seiner Zeit.

Ausg.: G. Chr. F. Lisch *Heinrich's von Krolewiz ûz Mîssen 'Vater unser'* 1839. — A. Hofmeister *H.s v. K. 'Vaterunser' niederdeutsch*, Nd. Jb. 17 (1892) S. 146f. E. Steinmeyer ADB. 17 (1883) S. 179f. R. Bechstein *Die Sprache H.s v. K.*, Germ. 8 (1863) S. 355f. C. Thümmler *Zum 'Vater unser' H.s v. Krolewitz*. Diss. Leipzig 1897.

Mitzka.

Heinrich von Landshut, sonst unbekannt, dichtete ein obszönes Spruchgedicht, angeblich aus eigener Anschauung. Anf.: *Es sas ain weib ob ainem schragenn*. Sehr fehlerhaft überliefert in einer Regensburger Hs., danach abgedruckt von A. v. Keller *Erzählungen aus altdeutschen Hss.* (StLV. 35) 1855 S. 460/2. Dem Stil nach gehört das Gedicht in die Zeit um 1400.

W. St.

Heinrich von Langenstein, auch H. von Hessen der Ältere genannt, mit Familiennamen *Hembuche [Heynbuch]*, bedeutender Theologe und Astronom, Kirchen- und Staatspolitiker, geb. 1325 (?) wahrscheinlich auf dem Hofe Hembuch, gest. 11. 2. 1397 in Wien.

1. Leben. H. studierte in Paris, wurde

20. Mai 1363 magister artium, 1375 magister in theologia und später Vizekanzler der Universität. Im Schisma stand er auf Seiten Urbans VI. und schlug in mehreren Schriften (*'Epistola pacis'*, zwischen 7. und 24. Mai 1379; *'Epistola consilii pacis'*, nach 15. Juli 1381; *'Ad imperatorem'*, 1381) die Abhaltung eines Generalkonzils zur Lösung des Schismas vor. Der schroffe Zwiespalt zwischen Urbanisten und Clementisten an der Universität veranlaßte ihn und andere dt. Professoren, Paris im Frühjahr 1382 zu verlassen. Er ging zunächst zu seinen Freunden Jakob von Eltville, Abt des Zisterzienserklosters Eberbach, und Eckhart von Dersch, Bischof von Worms. Der Aufenthalt in Rheinhessen (1382/84) wurde der große Wendepunkt in H.s innerer Entwicklung. „Damals lernte der bisher sehr stark kritizistisch und rationalistisch eingestellte Denker die Mystik eines hl. Bernhard gründlich kennen und wurde erst dadurch jener allseitig durchgebildete und ausgereifte Gelehrte und Priester, der auch mit scharfem Blicke die Schattenseiten des theologischen Betriebes seiner Zeit kannte und rügte" (K. J. Heilig). 1384 wurde H. von Albrecht III. an die neu gegründete theologische Fakultät der Wiener Universität berufen. Er leistete der jungen Hochschule nicht nur durch seine wissenschaftliche Arbeit große Dienste, sondern hatte auch an ihrem Ausbau und ihrer Organisation hervorragenden Anteil. 1393/4 war er ihr Rektor.

2. Schriften. Es hat lange Zeit gedauert, bis über das Schrifttum H.s Klarheit geschaffen wurde. Die grundlegende Arbeit schrieb O. Hartwig *Henricus de L., dictus de Hassia* 1857. An zweiter Stelle ist F. W. E. Roth zu nennen: *Zur Bibliographie des H. Hembuche de Hassia*, Zentralblatt für Bibl.-Wesen, Beiheft II (1888). Er verwirrte den Tatbestand insofern, als er manches irrigerweise dem jüngern H. v. Hessen zuschrieb. Entscheidende Klärung brachte neuestens auf Grund eingehender Untersuchung des handschriftlichen Bestandes K. Jos. Heilig *Kritische Studien zum Schrifttum der beiden Heinriche von Hessen*, Römische Quartalschrift 40 (1932) S. 105—176. S. 105—122 wird das Leben des jüngern Heinrich, der zuerst Heidelberger Professor war und 1427 als Kartäuser starb, eingehend behandelt. — Von den etwa hundert größern und kleinern, meist ungedruckten Werken H.s von Langenstein können hier nur einige, die die Lebensarbeit des bedeutenden Gelehrten kennzeichnen, genannt werden.

a) Schriften der Pariser Zeit, rd. 1360—1382. Während seiner Artistenzeit trat H. — in dieser Hinsicht ein getreuer Schüler des Nikolaus von Oresme — vor allem mit naturwissenschaftlichen, insbesondere astronomischen Schriften hervor: *'Quaestio de cometa'*, 1368 (vgl. H. Przechlewski *H. v. L.s 'Questio de cometa' und der astrologische Irrwahn seiner Zeit*, Breslauer Phil. Diss. 1924 [Maschinenschrift]); *'Contra astrologos coniunctionistas'*, 1371; *'De magnete'*: *'De habitudine causarum'*. Als Bakkalar schrieb er den üblichen Sentenzenkommentar, als Magister einige Schriftkommentare. Die Schriften zum Schisma wurden schon oben genannt.

b) Während des Eberbacher Aufenthaltes (1382/84) entstand außer einem zweiten Sentenzenkommentar eine ganze Anzahl asketischer Schriften, teilweise in Briefform. Genannt seien: *'De discretione spirituum'* (deutsch in cgm. 64 Bl. 153b bis 183a; vgl. F. Wilhelm MM. 1 [1911] S. 34f.; auch in cgm. 778 Bl. 92—98; cgm. 813 Bl. 261—273); drei Schreiben *'De contemptu mundi'*; *'Speculum animae'* (gedruckt 1580; Neuausgabe von E. Mistiaen *Le miroir de l'âme* 1924; deutsche Übersetzung von Ulrich dem Kartäuser [s. d.], Heidelberg, deutsche Hs. 107 Bl. 108a—152b); *'Epistola de futuris Ecclesiae periculis'*.

c) In Wien entfaltete H. eine außerordentlich vielseitige schriftstellerische Tätigkeit. Das theologische Hauptwerk ist der in sieben Bänden handschriftlich vorliegende Genesiskommentar. *'De ydeomate hebraico'* ist die erste hebräische Grammatik eines deutschen Christen. Daneben entstanden weitere kirchenpolitische Traktate, volkswirtschaftliche Schriften (*'De contractibus'*, gedruckt in: Joh.

Gersonis *Opera* IV [Coloniae 1483] S. 185—224; '*Epistola de contractibus ad consules Viennenses*', deren Edition Heilig vorbereitet), pastorale Unterweisungen für den Klerus ('*Secreta sacerdotum*') und das Volk ('*Contra Telesphorum*', worin der Aberglaube bekämpft wird). In den Streit um die Lehre von der unbefleckten Empfängnis Mariens griff er mit der auch philosophie-geschichtlich bedeutsamen Schrift '*Contra disceptationes et contrarias praedicationes fratrum mendicantium super conceptione B. Mariae V. et contra maculam B. Bernhardi*' (gedruckt Straßburg 1516) ein (vgl. Fr. Ehrle BSB. 1919, 9. Abh.). Aus der Eberbacher und Wiener Zeit ist auch eine Anzahl von Predigten erhalten.

d) Die Bedeutung H.s für die Entwicklung der deutschen Prosa ist noch zu wenig untersucht. Die für Herzog Albrecht IV. verfaßte Schrift '*Erchantnus der sund*' ist in vielen Hss. erhalten (z. B. Berlin, germ. quart. 1155; Wien, Nat.-Bibl. 2994, 2997, 3968; cgm. 269, 351, 355 usw.) und wurde Augsburg 1494 und Landshut 1517 gedruckt. Außerdem übersetzte H. einige Psalmen (Wien, Nat.-Bibl. 2843), die *Cantica* des Breviers, Traktate über Fronleichnam, die Todsünden u. dgl. und leitete die Übersetzung des liturgischen Handbuches von Wilhelm Durandus '*Rationale Officiorum*' (vgl. M. Denis *Catalogus Manuscript.* II n. DCCXVI).

3. In H. vonLangenstein haben wir einen der universalsten und einflußreichsten deutschen Gelehrten des späteren Mittelalters vor uns. Auf vielen Gebieten hat er selbständig gearbeitet. Seine ursprünglich einseitig nominalistische Haltung wurde später durch die Berührung mit der Bernhardischen Mystik in Eberbach und durch die in Wien sich vollziehende Anlehnung an Thomas von Aquin bedeutend gemildert. — Vgl. Heinrich von Hessen.

Außer den oben genannten Arbeiten sei hingewiesen auf: H. Kneer *Die Entstehung der konziliaren Theorie* 1893. J. W. Nagl und J. Zeidler *Deutsch-österreich. Literaturgeschichte* I (1899) S. 319. W. Walther *Die deutschen Bibelübersetzungen des Mittelalters* 1889 Sp. 618ff. B. Walde *Christliche Hebraisten Deutschlands am Ausgange des Mittelalters* 1916 S. 2ff. Weitere Literatur in: Überweg-Geyer *Geschichte der patristischen und scholastischen Philosophie* [11]1928 S. 785f. K. Jos. Heilig *Lexikon für Theologie und Kirche* IV (1932) S. 924—26. H. bereitet eine Monographie vor.

J. Koch.

Heinrich von Laufenberg, s. Laufenberg.

Heinrich von Leeuwen, s. Dionysius der Kartäuser.

Heinrich von Leinau (*Lînouwe*) gehört zu denjenigen mhd. Dichtern, deren Person uns gänzlich unbekannt ist, und deren Werke uns verloren sind. Wir kennen seinen Namen und den Titel seines Gedichtes '*Der Wallære*' nur aus Rudolfs v. Ems (s. d.) 'Alexander' v. 3254—56 und seinem 'Willehalm' v. 2224—29, dazu 7100—7108: es erzählte die Heldentaten (*manheit*) *Ekkenes*, unter denen die Erringung des Sperberpreises erwähnt wird. Es war also ein höfischer Roman, der seinen Namen wohl danach trug, daß der Held als „Waller", in Verkleidung eines Pilgers, auftrat, welches Motiv an die Heimkehrsage und auch an die Hornsage ('Horn und Rimenhild' [Rimel], frz. Versroman, 1. Hälfte d. 13. Jhs.; engl. '*King Horn*', 2. Hälfte d. 13. Jhs.) erinnert. Ungeklärt ist der Name des Helden, der im Genitiv *Ekken(n)es* erscheint (Nom. *Ekkenis*?). Wegen der Übereinstimmung des Namens mit dem des Riesen Ecke hielten die früheren Forscher das Gedicht für identisch mit dem 'Eckenlied', womit sich aber die Angaben Rudolfs nicht vereinigen lassen. Ob die ganz entstellte Bücheranzeige in Püterichs (s. d.) 'Ehrenbrief' *Leouen weller* Str. 99 unser Gedicht meint, ist zweifelhaft (ZfdA. 6 S. 50; Scherer QF. 21 [1877] S. 18 = „Löwen Waller", Heimkehrsage?). Heinrich v. Leinau (aus dem Allgäu?) war wohl Angehöriger der schwäbischen Dichtergruppe, mit der Rudolf v. Ems in Verbindung stand (s. Absolon, Gottfried von Hohenlohe).

L. Uhland Germ. 1 (1856) S. 319ff. = Schriften VIII (1873) S. 354ff. S. Gervinus *Gesch. d. dt. Dichtg.* II[5] (1871) S. 236. Vogt ZfdPh. 25 (1893) S. 6f.; ders. bei Euling *Kistener, Die Jakobsbrüder* (1899) S. 125f. Leitzmann ZfdPh. 43 (1911) S. 316. — E. Schröder ZfdA. 67 (1930) S. 332ff. Die Textstellen bei Rudolf: 'Alex.' (1929) v. 3254—56; (1904) 'Willehalm' (1905) v. 2224ff. 7100ff. Reg. S. 252. 257.

Gustav Ehrismann.

Heinrich von Lettland, Verf. des *'Chronicon Livonicum vetus seu Chronicon Livoniae'* (1186--1227).

Handschriften s. d. Ausgabe von Arndt u. Potthast.

Ausgabe: W. Arndt MGH. SS. XXIII S. 231 bis 332 (mit Angabe der älteren); ders. *Scriptores rer. Germ. in usum schol.* 1874. Übers. von Pabst 1867.

Literatur: Arndt a. a. O. S. 231ff. Dahlmann-Waitz *Quellenkunde d. dtsch. Gesch.*[9] 1931 S. 431 Nr. 6883. Potthast *Wegweiser d. d. Geschichtswerke d. europ. MA.s*[2] I 1896 S. 583f. Wattenbach *Deutschlands Geschichtsquellen* II[6] 1894 S. 359. Berkholz Mitteil. a. d. Livl. Gesch. 13 S. 39—44. Holtzmann NA. 43 S. 159—212, 650; 44 S. 366—368. v. Keußler ebda. 44 S. 365f.; ders. Sitzungsber. d. Ges. f. Gesch. u. Altertumskde. Riga 1914—21 S. 150—167. H. Hildebrand *D. Chronik H.s v. L.* 1865. Spliet *Überblick über d. Chronik H.s v. Livland 1184—1227.* Diss. Erlangen 1923 (Maschinenschr.).

1. Der Verfasser nennt sich nicht selbst, kann aber mit großer Wahrscheinlichkeit erschlossen werden (Hildebrand S. 163) als der *sacerdos ipsius* (des Bischofs Philipp von Ratzeburg) *et interpres Henricus de Lettis* (XVI, 3). Ob mit diesem *de Lettis* die Abkunft oder, wie bei andern Angaben *(Letthorum, de Ymera sacerdos* u. ä. XII, 6, XXIV, 1, 5), der Wirkungskreis gemeint ist, war lange umstritten (Hildebrand S. 163f.; Arndt S. 237; v. Keußler; Holtzmann). H. bezeichnet sich (XI, 7) als *scolaris* Bischof Alberts, überall nimmt er ausgesprochen Partei für die Deutschen, zweimal rechnet er sich selbst ausdrücklich zu ihnen (XXIII, 9 *nostri*; XXV. 2 *nobis*); den Liven ist seine Darstellung feindlich, den Letten meist günstig (Hildebrand S. 167f.). Für die Kirche hat er mit Eifer und Mut unter Mühsal und Gefahren gewirkt und fühlt sich ganz als ihr Glied. Die Deutschen sind ihm die rechten Vertreter und Verteidiger des Glaubens. Er besitzt eine gewisse Kenntnis antiker Schriftsteller und schreibt ein leidliches Latein.

2. H. verfaßt sein Werk *rogatu dominorum et sociorum* und gibt an, es enthalte nur Selbsterlebtes oder von Augenzeugen Gehörtes (XXIX, 9), er hat aber wohl auch einige Urkunden eingesehn (Hildebrand S. 23ff.). Seit 1208 erscheint sein Name (XI, 7), mit dem Sommer 1227 bricht die Chronik ab. H. wird sie in den letzten Lebensjahren Alberts († 1229) verfaßt haben; er selbst hat vielleicht noch 1259 hochbetagt als Pfarrer von Pfaffendorf gelebt (Berkholz; Holtzmann 44; 43 S. 650). Zweifelhaft bleibt, ob H. v. L. derselbe ist wie der urkundlich bezeugte Priester H. v. Lon (Busch bei Keußler S. 153f.). Sein Werk ist eine wertvolle, stark ins einzelne gehende und im wesentlichen zuverlässige Quelle für die Anfänge der deutschen Herrschaft in Livland, vor allem der Kämpfe gegen die Esten.

Hans Steinger.

Heinrich von Linau, s. Heinrich von Leinau.

Heinrich von Löwen, Dominikaner-Lesemeister zu Köln, wohl im XIV. Jh. Eine mit mystischem Gedankengut durchsetzte Predigt in verschiedenen Fassungen in den Hss.: 1) Stuttgart Brev. 88, XIV. Jh., Bl. 41a—42b; 2) Basel A. IV. 44, Ende XIV. Jhs., Bl. 56a—58b; gedr. durch F. Pfeiffer Germ. 3 (1858) S. 242/4; 3) Berlin mgq. 191, XV. Jh., Bl. 153b—154b; 4) Mainz Bischöfl. Seminarbibl. ohne Nr., XV. Jh., Bl. 62a—64b; gedr. durch F. W. E. Roth Germ. 37 (1892) S. 198/200. Der Legende nach hielt diese Predigt die Gottesmutter Maria selbst in Gestalt des Lesemeisters, als er krank darniederlag. W. St.

Heinrich von Lübeck.

I. *(Heinricus von Lubelck)*, Magister, Stadtarzt in Straßburg, war an der Abfassung des Gutachtens der fünf Straßburger Ärzte beteiligt, auf das wir bei Heinrich von Sachsen (s. u.) verweisen. Er kommt in den Straßburger Stadtakten als Stadtarzt *Heinrich von Weplo* vor, Schüler von Meister *Bernhart dem Arzet.* (Arch. f. Gesch. d. Med. XVI S. 12 und S. 20.)

II. Ein späterer Arzt Heinrich in Lübeck ist Heinrich Lamme, Dr. med., in Lübeck geboren, der zu Ende des 14. Jahrhunderts in Prag und Montpellier studierte und im März 1411 dort ein wertvolles *'Collectum de peste'* abschloß, das im Arch. f. Gesch. d. Med. XI S. 141—163 mitgeteilt und besprochen ist auf Grund von zwei Handschriften der

Lübecker Stadtbibliothek Ms. med. 4° Nr. 8 (L. 8) Bl. 150—159 und Nr. 10 (L. 10) Bl. 288—301, wie denn die Lübecker Stadtbibliothek zahlreiche Handschriften aus seinem Nachlaß besitzt (vgl. Studienheft 8, *Die mediz. Fakultät Leipzig im 1. Jahrh. d. Univ.* 1909 S. 3 Anm.).

Sudhoff.

Heinrich v. d. Mauer, s. Heinrich v. d. Mure.

Heinrich von Meißen, s. Frauenlob, Heinrich.

Heinrich von Meißen, Markgraf. 1216 geboren, verlor er schon 1221 seinen Vater, und seine Mutter verheiratete sich mit Poppo XII., Grafen von Henneberg, dem Bruder des Grafen Otto von Botenlauben (s. d.). Sein Vater schon war ein Gönner der Dichtkunst gewesen, bei seinem Stiefvater wurde er mit Dichtung und Musik näher vertraut. Als Komponist kirchlicher Musik fand er die Anerkennung des Papstes Innozenz IV., dessen Bulle vom 23. Jan. 1253 den Vortrag seiner Kompositionen, des *Kyrie eleison*, des *Gloria*, des *In excelsis*, genehmigte. Unter seiner Regierung fand der Besitz des Hauses Wettin seine weiteste Ausdehnung von der Werra bis zur Oder, daher der ehrende Beiname *Illustris*, „der Erlauchte". Er starb 1288. Die große Heidelberger Handschrift gibt sechs Lieder von ihm, die sich an die Überlieferung des höfischen Minnesanges anschließen. Er gehört als Minnesänger, wie auch durch die Ähnlichkeit der persönlichen Verhältnisse, mit Otto von Brandenburg (s. d.) und dem Herzog Heinrich von Breslau (s. d.) zusammen.

HMS. 1, 13—14, 4; 4, 29ff. Bartsch-Golther LD. Nr. LIII. ADB. XI (1880) S. 544—546. Gottschau PBB. 7 S. 405ff. Roethe *Reinmar v. Zweter* S. 76 ff.

G. Rosenhagen.

Heinrich von Melk.

1. Werke: *Häinrichen dinen* [Gottes] *armen chnecht* nennt sich v. 1032 der Verfasser eines Gedichts, dessen übliche Bezeichnung (nach v. 2, 444) '*Von des todes gehugde*' oder 'Erinnerung an den Tod' beibehalten wird (Erg.). Ihm wird auch ein namenloses, nach seinem Inhalt meist 'Priesterleben' genanntes Gedicht zugeschrieben (Prl.).

Handschrift: Die Wiener Nr. 2696, Perg. kl. Fol., 14. Jh., Angaben bei Ehrismann *Gesch. d. dtsch. Lit.* II, 1 S. 17. Das 'Prl.' ging ursprünglich der 'Erg.' unmittelbar voran (Kochendörffer ZfdA. 35 S. 192).

Ausgaben: (Erg.) Maßmann *Dtsch. Ged. d. 12. Jhs.* II S. 343—357; Vorw. S. 159—161. Diemer WSB. 18 S. 191—310. — (Prl.) Haupt Altdt. Blätter I S. 217—238. — (beide) Heinzel *Heinrich von Melk* 1867.

Literatur: Ehrismann a. a. O. S. 186—194. Baunack Xenia Nicolaitana 1912, S. 109—125; ZfdA. 54 S. 99—116; 57 S. 49—94; 58 S. 239f. Hauck *Kirchengesch. Deutschlands* IV[5] S. 87ff., 536ff., 896. Heusler *Dt. Versgesch.* II bes. S. 96ff. Kelle *Gesch. d. dt. Lit.* II S. 84—98, 293—301. Kochendörffer ZfdA. 35 S. 187—204, 281—315. K. Lachmann *Kl. Schr.* I S. 331. O. Lorenz *H. v. M.* 1886. Maria Mackensen N. Heidelb. Jbb. 1925 S. 133ff. Rödiger ZfdA. 19 S. 241ff. E. Schröder ebd. 45 S. 217 bis 223, 419. Stroppel *Liturgie u. geistl. Dichtg.* 1927 S. 198—203. Wesle *Frühmhd. Reimstudien* 1925. Wilmanns *Der sog. H. v. M.* 1885.

2. Die Sprache beider Gedichte ist bairisch-österreichisch (Rödiger S. 279ff.), nach Versbau und theologischer Haltung gehören sie etwa in die Mitte des 12. Jhs. Daß das 'Prl.' von H. und zwar nach der 'Erg.' verfaßt sei, schloß Diemer (S. 255f.) aus 'Prl.' v. 386 (395) f., wo der Dichter auf die den folgenden gleichlautenden Verse 'Erg.' 181—186 verweise. Diese sind von Wilmanns (S. 46ff.) und Kochendörffer (S. 187f.) für spätere Zutat erklärt worden, doch sprechen weder Gründe der Form noch des Inhalts zwingend gegen die Echtheit (Baunack Z. 54 S. 99f.; 57 S. 80f., der sie mit Kochendörffer freilich auf 'Prl.' v. 377 [386]ff. bezieht). Aber auch abgesehen davon stehn sich die Gedichte nach Verskunst, Stil und Haltung nahe genug und heben sich durch die gemeinsame leidenschaftliche und anschauliche Art so deutlich von der zeitgenössischen geistlichen Dichtung ab, daß man mit Baunack (Z. 57 S. 92) an der Annahme eines Verfassers festhalten wird.

3. Trotz Kochendörffers (S. 302ff.) und Baunacks (Z. 54 S. 113ff.) Widerspruch darf man mit Heinzel das Leben des Dichters aus seinem Werk ablesen. H. hatte ein Gelübde getan ('Erg.' v. 1), rechnete sich aber ('Erg.' v. 225) zu den Laien. Heinzel hielt ihn daraufhin für einen Laienbruder. Er hatte, ohne Geistlicher zu sein, geistliche Bildung genossen,

war also höhern Standes (Ehrismann S. 187 Anm. 6); es ist wohl ein Rest von Adelsstolz, wenn er ('Erg.' v. 230f.) Mönchen ihre niedre Abkunft vorhält, während er sich ('Prl.' v. 452 [461] ff.) mit üblicher Demut entschuldigt, daß er Priester zu lehren wage. Zur Zeit seiner Dichtungen stand er in höherem Alter, aus seiner Schilderung der Menschen und Stände, zumal der Geistlichen und Ritter, auch der Frauen spricht eigene Erfahrung, auch wohl Verbitterung. Innerhalb der Klosterwände hat er seine Jugend nicht zugebracht. Den 'Erg.' v. 991 (1033) genannten Abt Erchenfrid hat zuerst Lachmann für den gleichnamigen Abt von Melk (1122—1163) gehalten.

4. Seinen Vorsatz, *eine rede von des todes gehugde* zu dichten ('Erg.' v. 2), führt H. erst nach einer langen Abschweifung aus, der er v. 450 *einen besundern namen von dem gemäinem leben* gibt. Den Geistlichen (v. 35ff.) wird Lässigkeit in der Seelsorge, Simonie und Unkeuschheit, den Mönchen (v. 187ff.) Ehrgeiz, Mißgunst und Eitelkeit vorgehalten. Unter den Laien (v. 264ff.) den Mächtigen Habsucht und Untreue, den Rittern und ihren Frauen Hoffahrt (der in der Kleidung sogar die armen Weiber frönen, v. 319ff.), den Rittern insbesondre Hurerei und Totschlag (v. 354ff.). Die Welt wird böser (v. 373ff.), in Rom herrscht das Geld, die geistlichen Fürsten haben nur Sinn fürs Kriegswesen. Mit einer wirkungsvollen Reihe knapper Sätze schließt die Anklage. Auf den Tod lenkt H. die Gedanken mit dem Hinweis auf die Kürze des Lebens (v. 455ff.) und das überwiegende Leiden, das am Leben eines Königssohns veranschaulicht wird (v. 483ff.), auf die Vergänglichkeit der Freuden, wobei er die Rittersfrau an die verwesende Leiche ihres Mannes führt (v. 559ff.), und auf die Schrecken nach dem Tod, die der tote Vater selbst seinem Sohn schildert (v. 636ff.). Den Höllenqualen werden die Himmelsfreuden gegenübergestellt (v. 943 [985] ff.), ein Gebet bildet den Schluß. Die Gliederung wird nur gelegentlich (v. 264ff.; 435ff.) hervorgehoben, Abschweifungen und Nachträge werden nicht gescheut.

5. Noch freier gefügt ist der Gedankengang im 'Prl.'. Baunacks Versuch einer Gliederung (Z. 57 S. 77ff.) entspricht schwerlich den Absichten des Dichters. Fast die ganze Einleitung ist verloren, es sollte wohl auch nicht so unvermittelt schließen, wie es in der Hs. geschieht. Auf die Klage, daß die Priester ihre Pflicht als *wartman* vernachlässigen, folgt ein fast dramatischer Auftritt: Der Wanderer klopft vergebens an das Haus des Geistlichen, der hat sich nach reichlichem Mahl bereits zu seiner *chamerfrouwe* zurückgezogen (v. 75). Das Folgende bekämpft die Unkeuschheit der Priester. Diese berufen sich (v. 163ff.) mit Unrecht auf Paulus (1. Kor. 7, 9; dazu Baunack Z. 57 S. 49ff.); dem Priester, der das Meßopfer darbringt, ist die Ehe versagt (v. 261ff.); außerehelicher Geschlechtsverkehr aber ist überhaupt verboten (v. 478 [487] ff.). Sich anschließende Gedanken durchkreuzen den Beweis. Einmal wird die Simonie verurteilt (v. 585 [594] ff.), mehrfach auf die Verpflichtung hingewiesen, den Laien ein gutes Beispiel zu geben (v. 127ff.; 516 [525] ff.; 558 [567] ff.), ja diese werden vor pflichtvergessenen Geistlichen gewarnt (v. 598 [607] ff.). Der Schluß (v. 641 [650] ff.) richtet sich gegen die Priesterdirnen. Der Priester selbst erzählt seiner *triutin*, daß er ihr von erhaltenem Ablaßgeld diese beiden goldenen Ringe gekauft habe; sachkundig wird ihr Putz beschrieben.

6. Der Versbau ist frei, die Reime sind für ihre Zeit sehr sorgfältig (Wesle), das 'Prl.' reimt noch genauer (nur 13½% unrein gegen 22½ in der 'Erg.', Kochendörffer S. 199), bietet aber eine größere Zahl besonders kunstloser, doch z. T. sehr ausdruckskräftiger Verse.

7. H. v. M. ist ein leidenschaftlicher Vertreter der kirchlichen Richtung, die sich an die Reformen Gregors VII. anschloß und von der Kirche selbst in Laienkreise getragen wurde (Heinzel, Lorenz, Baunack Z. 54 S. 107ff., Hauck). Ob die Messe eines unwürdigen Priesters gültig sei, die Frage bewegt noch seine Zeitgenossen, von H. wird sie bereits bejaht ('Erg.' v. 181ff., s. oben; 'Prl.' v. 358 [367] ff.). Eine Priesterehe erkennt er nicht

mehr an. Für die Laien gilt: *bezzer sî gehîen denne brinnen* ('Prl.' v. 175ff.), aber wer es vermag, bleibe wie Paulus *ein reine maget*. H. ist in kirchlichen Schriftstellern bewandert (Parallelen bei Heinzel und Baunack), nennt Beda ('Prl.' v. [316]; 316 [325]) und ist stolz auf seine Bibelkenntnis (Nachweise bei Lorenz S. 61ff.). Die umständliche Gedankenfügung 'Erg.' v. (885)—(926), deren Echtheit Baunack wahrscheinlich macht (Xen. S. 116ff.), läßt sich wohl am besten verstehn, wenn dem Dichter Zweifel an den Höllenstrafen zu Ohren gekommen waren (dazu Hauck S. 88f.).

H. schwankt zwischen Bußruf und erbarmungsloser Verdammung. Er bietet alle Mittel auf, die Gewissen zu wecken, verbirgt aber auch nicht seine Genugtuung, daß seine Worte verwunden, und erscheint sich selbst als Kämpfer ('Erg.' v. 243, 264): *noch hoeret einen andern sturmschal von unserm herhorn tiezzen*. Im 'Prl.' spricht er vorsichtiger (v. 516 [525]ff., 634 [643]ff.), aber seine Leidenschaft steigert sich bis zum Fluch (v. 261ff.). Es beherrscht Ernst und Spott, schlagfertige Kürze und predigtmäßige Beredsamkeit. Logische Beweise, um die er sich besonders im 'Prl.' bemüht, sind nicht seine Stärke (dazu Heinzel S. 6f., Baunack). Dafür versteht er die Kunst, bald mit nacktem Wort, bald im Ausdruck sich anpassend, jede Beschönigung zu zerstören ('Erg.' v. 356, 372; 'Prl.' v. 67f., 74f., 104ff.). Vielleicht ist er an Lebenskenntnis, sicher durch seine Fähigkeit, sie anschaulich, eindringlich und, wo er will, halb dramatisch darzustellen, allen erhaltenen deutschen Dichtungen des 12. Jhs. überlegen.

8. Bekannt ist in der 'Erg.' die früheste Erwähnung deutscher ritterlicher Minnedichtung (v. 612). Aber daß H. den vornehmen Frauen eine eigene Scheltrede erläßt (v. 318, 341), ist, wenn nicht spöttisch, so doch kein ernst gemeintes Zugeständnis an das beginnende Minnewesen (v. 289ff., 427ff., dazu auch Baunack Z. 54 S. 113ff.). Wie er, vermutlich Standesgenosse der Ritter, in früheren Jahren auch gedacht haben mag, jetzt ist das neue schöne Spiel für ihn nur eine weltliche Eitelkeit mehr, seine Dichtung will noch ausschließlich strafen und warnen. Die rechte Lehre der Kirche und Gottes Wort sind auch ihm eins, aber wie die Dinge liegen, ist ihm der Priester in geistlichen Dingen nicht mehr schlechthin der Führer; Gott kann, um sein Recht zu verkünden, nicht nur Daniel, sondern selbst Bileams Eselin berufen ('Prl.' v. 428 [437]ff., dazu Heinzel). Aber in der Art, wie er seine Aufgabe angreift, lebt vielleicht, ungebrochen und auch durch die Wendung aufs Geistige kaum veredelt, ein gut Teil Kampflust und Tatwillen des Ritters. Hans Steinger.

Heinrich von Morsbrunn. Hs. Additional 16581 des Britischen Museums, 15. Jh. (1469), ostschwäbisch, Bl. 170b: s. R. Priebsch *Deutsche Hss. in England* II (1901) S. 147—58. Ihm wird der Spruch gegeben:

Die geyren fliegent geren dar,
Da sie des ases nement war (= Freidank 142, 19). R. Priebsch.

Heinrich von Morungen.

1. Über Herkunft und Leben des Dichters sind die Nachrichten spärlich. Vereinzelte dialektische Spuren weisen auf Mitteldeutschland. Die Burg Morungen bei Sangerhausen in Thüringen kann als seine Heimat betrachtet werden. Die Wappen des dort im 16. Jh. nachweisbaren Geschlechts zeigen Übereinstimmung mit dem Wappen der großen Heidelberger Liederhs. mit der Bezeichnung *Her Heinrich von Morungen* und dem im Wappenbuche Konrad Grünenbergs Bl. 128b stehenden unter der Überschrift: *der Edel Moringer der zu Lips begraben litt*, beide mit Halbmond und Sternen. Davon verschieden, auch aus früher Zeit, aber wohl nicht authentisch, sind die Wappen wie das der Hs. B, die einen Mohrenkopf zeigen. Eine Urkunde (Germ. 19 S. 419), undatiert, zwischen 1213 und 1221, vermutlich 1217 ausgestellt, zeigt *Henricus de Morungen* als *miles emeritus*. Er überträgt durch den Markgrafen von Meißen die Jahresrente von 10 Talenten, die ihm dieser wegen seiner hohen Verdienste ausgesetzt hat, an das Thomaskloster zu Leipzig. Eine zweite Urkunde

dss Markgrafen nennt ihn am 17. August 1218 in Leipzig unter den Zeugen. H. stand also längere Zeit im Dienste des Markgrafen Dietrich IV. von Meißen (reg. 1195 bis 1221), den auch Walther v. d. Vogelweide (s. d.) in mehreren Sprüchen nennt. Da die Urkunden ihn im Alter zeigen, wird H.s Blütezeit noch in die letzten Jahrzehnte des 12. Jhs. fallen. Heinrich v. Veldeke (s. d.) hat ihn, zumal in den frühesten seiner erhaltenen Lieder, stark beeinflußt, und er wirkt selbst mit einigen Liedern auf den frühen Walther, was deren Mehrzahl in die Jahre 1196—98 weisen würde (Halbach). Der provenzalische Einfluß, die fast völlige Reinheit der Reime sowie Verbindungsfäden mit andern Dichtern führen gleichfalls etwa in dieses Jahrzehnt.

2. Für H. ist die Minne die Alles beherrschende und allem Dasein erst Glanz und Bedeutung verleihende Macht. Die Minne, „die der Welt Freude mehrt", bringt ihm im Traum das Bild der Geliebten und erfüllt ihn zugleich mit schweren Ahnungen. Während Friedrich v. Hausen (s. d.) (48, 23), von dem H. vielleicht das Motiv übernommen hat, klar und knapp den Traum und sein Bedauern vorträgt, führt H. (145, 9) dort erst die überirdisch lenkende Gewalt ein und erhebt den Wechsel der Empfindungen von Freude und Leid zum leitenden Motiv des Gedichts. Diese Gewalt durch Erregung seines Gefühls übt auch die Herrin als fast überirdische Trägerin des Minnegedankens aus: mit Elbenzauberblick (126, 8), als Besiegerin (130, 18), Töterin (147, 4), als Sonne (124, 35f.), als Venus (138, 33). Der Dichter wird ihr *eigen man* (130, 20), der *mâne*, der seinen Schein von der Sonne empfängt (124, 36), der Gefangene (126, 18), krank und wund durch ihren Anblick (137, 14).

Die hohe Minne, nicht als Erziehungs-, sondern als Seelenproblem, beschäftigt H. vor allem. Auflehnung, Haß und Reue zerstören nie die grundsätzliche Anerkennung der hohen Minne als einzige Möglichkeit. Die *sünde* der Herrin tötet ihn (130, 5), das Verweigern des Lohnes schmerzt ihn, ihn reuen die verlorenen Jahre, aber nur der Untergang, steter Dienst oder Hoffnung auf endlichen Lohn folgen daraus für den Dichter. Lieder der niederen Minne (wie Rößner S. 1f., v. Kraus S. 51f., Halbach S. 426 u. 432 glauben) kann man für H. nicht zugeben. Die Strophe (142, 19), auf die sich der „Rößnersche Zyklus" stützt, scheint unecht (s. u.), und die Herstellung eines „epischen" Zusammenhanges mit andern, formal verschiedenen Strophen (H. erzähle von einer „mißglückten stürmischen Unternehmung", und daß er „kurzerhand von der trauernden Herrin abschwenkt zu liebeswilligeren Weibern" [Halbach]) geht über den Rahmen unserer Interpretationsmöglichkeiten doch hinaus.

Obwohl sich die Gedichte H.s im Rahmen des hohen Minnedienstes halten, sind doch fast alle Ausdruck ungewöhnlicher Leidenschaft und viele geradezu vom Affekt bestimmt oder Darstellung desselben. So erscheint die Eifersucht des Dichters selbst als neues Motiv, ebenso die Klage über das falsche Singen dessen, der es *von herzen niht enmeinet*. „Im Gegensatz zu Reinmar liegen Freude und Trauer bei M. weit auseinander" (Korn). Aber H. hat sich auch nie zur Verrlichung des gesellschaftlichen Freudeideals verführen lassen, sein Trauern kann nur durch die Beglückung, nicht durch eine ideale Forderung aufgehoben werden.

3. Da für H. die Minne alles durchdringt, kennt er auch keine gedankliche Abgrenzung und Abwägung gegen andere Wertgebiete. Er prüft nicht wie Engelhart v. Adelnburg (s. d.) (148, 25: *waz schadet der sêle ein werder lîp?)*, sondern bittet Gott, ihn von der Erde zu erlösen, wenn sein Glaube an die Zaubermacht der Geliebten böse sei (139, 11), vertraut also auf das gottgewollte Wesen der Minne. Wie Gott an der Minne in naivem Sinn teilnimmt, so wirkt diese fort ins Jenseits als hohe Minne der Seelen. Ebenso ist H.s Dichtertum gerade erst im höfischen Minnedienst wirksam. Der berühmte Satz: *wan ich durch sanc bin zer welte geborn* (133, 20) steht nicht im Gegensatz zu: *wan ich wart durch sie und durch anders niht geborn* (134, 32), deutet auch auf keinen Gegensatz zwischen Künstler und Welt, sondern erklärt im Zusammenhang des Liedes den Gesang

als eine Form des Minnedienstes, auch im Leid. So ist H. auch in keiner Weise Verkünder der Standesanschauung von Freude und hohem Mut, und die Zeile: *sorge ist unwert, dâ die liute sint frô* (133, 28) wird von ihm nicht als Maxime aufgestellt. H. lehnt die Forderungen und Einrichtungen der Gesellschaft nicht ab, weil sie für ihn keinen Eigenwert besitzen, er beklagt sie nur, wo sie einen ganz auf die Untrüglichkeit des Gefühls vertrauenden Willen durchkreuzen (136, 25). So berühren auch die Probleme des Kreuzzugs, Schildesamts den Dichter nicht, und nur einmal (140, 32) erscheint der Natureingang, einmal (143, 6) die Zeitklage.

4. An Stelle aller stofflichen Reize stellt H. den bildlichen als Ausdruck der Seele. Der bildliche Schmuck ist für ihn Träger der Empfindungen, niemals losgelöstes Spiel. Das Kreisen seiner Gedanken um die Geliebte verdichtet sich zu dem Bilde: *ich var alse ich fliegen kunne mit gedanken iemer umbe sie* (125, 21), sein stetes Anschauen erscheint im Bilde des Mondes, der seinen Schein von der Sonne empfängt (124, 25). Die alte Vorstellung vom Herzen als Schrein der Geliebten wird emotional gesteigert durch die Geste vom Entzweibrechen des Herzens (127, 4) und zugleich nach ihrer Gefühlswirkung, nicht nach ihrem Bildinhalt, kontrastiert mit dem fühllosen Echo, dem gedankenlosen Sittich und Star und dem der Bitte sich neigenden Baum. So erscheint des Dichters Liebesklage als Grabschrift (129, 36), die Freude beim Erscheinen der Geliebten als Tagesanbruch (130, 37; 131, 15), die Ahnung von ihrem Scheiden als Erbleichen des Mundes (145, 9), seine hilflose Ergebenheit als Geste des Stummen, der seine Worte deuten muß und sich niederfallend auf ihren Fuß neigt (135, 31).

Schönheit ist die Eigenschaft, in der sich die Erscheinungswelt am höchsten offenbart, Glanz, Licht und Farbe ihr Gradmesser und Sinnbild. Prägungen wie *liehte ougen*, *rôter munt*, *kel wîz* sind neu. Indem H. es unterläßt, mit den alten Beiworten wie *schoene* auf einen Wert hinzuweisen, vertraut er auf die sinnliche Erscheinung als vollgültige Manifestion dieses Wertes.

5. Die Form ist bei H. auf der Stufe höchster Vollendung angelangt. Weites Ausschwingen der Gedanken, geschickte Verknüpfung der Strophen, musikalischer Rhythmus, kunstvolle Reimtechnik, Abrundung der Lieder durch Rückgreifen vom Ende auf den Anfang, immer ohne Starrheit oder Überwuchern der Form, zeichnen seinen Stil aus. Strophenanfänge: 132, 27 I *Ist*..., II *Si* ..., III *Sist*... — 139, 19 I *Ich hôrt*..., II *Ich vant* ... *eine*, III *Ich vants* ... *eine*. In 145, 1 u. II durch grammatische Reime in umgekehrter Reihenfolge verbunden, in III und IV dagegen in willkürlicher Reihenfolge und mit einer Ausnahme. — 130, 31 verbindet I und III durch Anklang des Schlusses, II und IV durch Anklang des Beginns. — Die Reime sind bei H. fast völlig rein (vgl. Gottschau S. 372f. u. v. Kraus). Selbst *a* mit *â* wird nur ausnahmsweise gebunden. Dialektische Reime erscheinen selten, am meisten nasallose Infinitive. Die Dialektformen *nat* und *wal* (137, 7, 21) scheinen bewußte Kunstmittel. Erweiterte Reime und Doppelreime sind ungemein häufig verwendet. Dagegen sind Innenreime ganz selten. Der Versuch von v. Kraus, das Lied 136, 25 auf ein System von Vorreimen und -assonanzen hin umzugestalten, stößt nicht nur auf stilistische Schwierigkeiten im Einzelnen, sondern auch auf das Bedenken, daß H. — wie fast alle frühen Minnesänger — eine solche Häufung von Reimanklängen durchaus meidet.

6. Vorbilder und Quellen H.s sind in Deutschland fast nicht festzustellen. Während von einem Einfluß volkstümlicher Dichtung nichts zu spüren ist (der Elbenzauberblick 126, 8 und gelegentliche Dialektformen beweisen so wenig wie das angeblich „durchweg erzählende Gedicht im Stil einer volksmäßigen Ballade" 139, 19), läßt sich der Einfluß früher Minnesänger, vor allem Heinrich v. Veldeke, gelegentlich erkennen. 140, 32 zeigt noch einmal Natureingang in Veldekes Art, vielleicht als direkte Reminiszenz an 58, 29f. (nach Halbach). Ebenso die folgende Str. 141, 1 mit der Schilderung der Geliebten, wo 6 von 9 Reimworten Veldekes übernommen sind (= 56, 19). Aber dessen einfache Freude an den Erscheinungen ist schon so von H.s

seelischer Spannung erfüllt, daß es über eine Nachahmung weit hinausgeht.

Der Einfluß Ovids ist stark umstritten. H.s Gegenüberstellung von Schwalbe und Nachtigall (127, 34) muß nicht auf die Erzählung von Prokne und Philomele zurückgehen (Met. VI, 412ff.), da H.s vergleichsabsicht, der Gedanke über den Gesang der beiden Vögel gerade nicht bei Ovid zu finden ist. Das Narzissusmotiv (145, 22) stammt aus provenzalischer Lyrik, die Grabschrift des verschmähten Liebenden (129, 36) so gut aus Veldeke (Dido) wie aus Ovid *(Her.* 2, 145; 7, 191 usw.). Die Erinnerung der Liebesnacht (143, 22) wird man kaum auf Ovids Leanderheroide zurückführen, da die höfischen Formen des Tagelieds und des Wechsels eine nähere und erschöpfendere Erklärung bieten (Drygalski 24ff.). Der Echoruf (127, 11) fordert natürlich kein klassisches Vorbild in der allgemeinen Fassung, wie sie H. gibt, eher noch das Motiv des Stars (127, 23; 132, 7), des sprechenden Lieblingsvogels der Herrin (132, 35). Aber auch hier ist man nicht gezwungen, an Ovid *(Am.* 2, 6) — oder Katull — zu denken. Die Beurteilung all dieser Motive hängt wesentlich ab von der Beurteilung zweier Strophen, für die Ovids Einfluß sicher ist: 137, 4—9 und 137, 9a—f. E. Lemcke (S. 90ff.) hat bewiesen, daß die erste unter dem Einfluß von Ovids '*Amores*' (III, 4. Elegie) entstanden ist. Aber die Strophe ist nicht von H. Ihr eifernder Ton, ihr sprichworthafter Ausklang, ihre unedle Gesinnung und wörtliche Wiederaufnahme echter Wendungen weisen sie einem Epigonen zu. Die andere Strophe (137, 9a) ist inhaltlich entbehrlich, stilistisch gut, aber nicht in H.s Art. Die mythologischen Anspielungen treten selbständig hervor, ohne seelische Beziehung. Nimmt man hinzu, was K. Helm zu der fast allgemein anerkannten Datierung von Albrechts v. Halberstadt (s. d.) Ovidübersetzung auf 1210 bemerkt hat: daß Morungens Dichtung dem Bekanntwerden Ovids in Thüringen vorausgeht, so erklärt sich die Entstehung der Ascholoiestrophe so: Um 1210, bei Erscheinen von Albrechts Werk, hat ein Dichter des Kreises (wer es auch immer war) diese Strophe hinzugesetzt, einer, der den neuentdeckten Sagenstoff nicht wie H. sonst verdeckt und der Idee unterordnet, sondern als alleinigen Reiz betrachtet.

Hat also die Antike auf H. kaum entscheidend eingewirkt, so muß er mit Friedrich v. Hausen und Rudolf v. Fenis (s. d.) als wichtigster Vermittler provenzalischer Lyrik gelten (vgl. Michel). Wichtige Motive wie Schwanengesang, Liebe von Kind auf, Stummheit des Liebenden, Minne als Fehde verbinden ihn mit den Provenzalen, ohne daß immer deutlich wäre, ob direkte Entlehnung vorliegt. Sicher ist, daß H. ganz die Eigentümlichkeit seines Stils bewahrt. Geht er in der Zeitklage (143, 8) nicht über die Troubadours hinaus, so steigert er die Darstellung des vor Liebe Sprachlosen — bei Raimon de Toloza — durch das Bild des Stummen, der mit der Hand seine Worte deuten muß; so auch die Reue der Geliebten im Alter — bei Bernart von Ventadorn — durch das Motiv vom Sohne, der ihn einst durch seine Schönheit rächen soll. Nur ein Lied (145, 1) ist zum Teil wörtliche Übersetzung eines anonymen provenzalischen Gedichts. H. ändert dort bei scheinbar engster Anlehnung den Ton des Liedes vom Eleganten ins Tragische, beseitigt den mythologischen Namen und schiebt zwischen die beiden ursprünglichen Bilder den Traum ein.

7. Als unecht betrachtet v. Kraus mit gutem Grund 147, 16. Auch 146, 11, in E unter Walthers Namen überliefert, stimmt wenig zu H.s Art. Unecht sind ferner Str. 137,4 und 137, 9a (s. o.) und 142, 19 *(Ich bin keiser âne krône)*. Fehlen des Enjambements, stockender Rhythmus, Formelhaftigkeit und Plattheit des Gedankens schließen H.s Autorschaft hier aus. Damit fällt das Mittelstück des „Rößnerschen Zyklus" (s. o.).

8. H.s Einfluß ist zuerst auf Walther erkennbar. Sein Motiv der Rache an der alternden Geliebten (124, 32) nimmt dieser verschärft auf (L 73, 17). Bligger von Steinach (s. d.) 118, 1 ist beeinflußt von H. 133, 15. Formal folgt ihm zuweilen Albrecht von Halberstadt, später Ulrich von Lichtenstein (s. d.). Das Jubellied mit dem wiederholten *sêlic* klingt nach bei Ulrich

von Singenberg (s. d.) (HMS. Nr. XXII) und Hiltbolt von Schwangau (s. d.) (HMS. Nr. IV). Kristan von Lupin (s. d.), Hezbolt von Weißensee (s. d.) und Konrad von Altstetten (s. d.) imitieren die Schilderung der Herrin oder ganze Szenen wie die Begegnung an der Zinne. Hadlaub (s. d.) bringt das Motiv von der Geliebten im Herzen des Dichters in H.s Weise. Die Wendung *gnâd, ein küneginne* ist offenbar berühmt geworden und kehrt wieder bei Weißensee, Altstetten, dem Herzog Johann von Brabant (s. d.) und Hadlaub.

Die „Grabschrift" in einer späteren Minneklage (Altdt. Bll. I S. 395) geht offenbar auf 129, 36 zurück; eine Strophe der Haager Liederhs. (Prager Dt. Stud. 14 S. 73 Str. 7) auf 147, 4; ein Lied der Heidelberger Hs. 343 (Kopp *Volks- und Gesellschaftslieder des 15. u. 16. Jhs. I* [DTdMA. V] S. 155f.) auf 145, 1. H.s Andenken lebt fort mit Otto v. Botenlauben (s. d.) als edler Sänger im 'Renner' (ed. Ehrismann v. 1179) des Hugo v. Trimberg (s. d.), als *minnediep* bei Seifried Helbling (s. d.) (I v. 757ff.), als einer der vier *puoler* im 15. Jh.

Die Ballade vom edlen Möringer stellt eine Übertragung der Heimkehrsage auf unsern Dichter dar. Sie ist wahrscheinlich im 13. Jh. entstanden, zu einer Zeit, als das Andenken des Dichters noch in vielen Zügen lebendig war. Die Zimmersche Chronik (ed. Barack I S. 300) bringt richtige und falsche Nachrichten über H. v. M. zusammen mit der Sage. Stücke aus einem Lied Walthers, die der heimkehrende M. in der Ballade singt, haben in der Tat einige Beziehung zu H. v. M. Vielleicht hat die Ausdeutung des Namens *Morungen* oder *Möringer*, die das Wappen der Hs. B und Brünenbergs Wappenbuch zeigt, die Übertragung der Heimkehrsage auf den Dichter bewirkt.

K. Bartsch *Zu H. v. M.*, Germ. 3 S. 304. Gottschau *Über H. v. M.*, PBB. 7 S. 336. — F. Michel *H. v. M. und die Troubadours* (QF. 38) 1880; dazu R. M. Werner AfdA. 7 S. 121. F. Vogt *Der edle Moringer*, PBB. 12 S. 431. K. Schütze *Die Lieder H.s v. M. auf ihre Echtheit geprüft*. Diss. Kiel 1890; dazu Bielschowsky AfdA. 17 S. 301. E. Lemcke *Textkritische Untersuchungen zu den Liedern H.s v. M.* 1897. O. Rößner *Untersuchungen zu H. v. M.* 1898; dazu W. Wilmanns. AfdA. 25 S. 340. F. Grimme *Der Minnesänger Kristân von Lupîn und sein Verhältnis zu H. v. M.* Diss. Münster 1885. H. Paul PBB. 2 S. 475, 546. K. Burdach *Reinmar der Alte und Walther von der Vogelweide* S. 46, 96. A. E. Schönbach *Beitr. z. Erklärung altd. Dichtwerke* WSB. 1899 S. 112. C. v. Kraus *Zu den Liedern H.s v. M.* (Abh. d. Gött. Ges. d. Wiss. phil. hist. Kl. NF. XVI.) 1916. S. Singer *C. v. Kraus zum 20. April 1918*. S. Singer PBB. 44 S. 436. G. Neckel PBB 46 S. 156. J. Schwietering *Die Einwirkung der Antike auf den deutschen Minnesang*, ZfdA. 61 S. 63. C. v. Kraus *H. v. M. Ausgabe mit Anm. u. Übers.* 1925. E. Schröder ZfdA. 61 S. 171. E. v. Drygalski *H. v. M. und Ovid*. Diss. Göttingen 1928. K. Halbach *Ein Zyklus von Morungen*, ZfdPh. 54 S. 401. A. Arnold *Studien über den hohen Mut*. Diss. Frankfurt a. M. 1930 S. 14. K. Korn *Studien über Freude und Trûren*. Diss. Frankfurt a. M. 1932. K. Helm *H. v. M. und Albrecht von Halberstadt*, PBB. 50 S. 143. G. Weydt ZfdPh. 57 S. 367.

Günther Weydt.

Heinrich von Mügeln.

1. Seine Lieder stehen am vollständigsten im Ms. philos. Nr. 21 der Univ.-Bibl. Göttingen von 1463, 6 weitere Hss. (Heidelberg 14, 356, 693, Weimar Q 566, Leipzig 1305, Wien Nat.-Bibl. 2856) bringen keine neuen Strophen außer dem Gedicht *'Septem artes'* (in Cod. Pal. 693), wohl aber die Heidelberger Hss. 392 und 680, und besonders die Kolmarer Hs. (München Cod. germ. 4997, vgl. Bartsch StLV. 68, 1862) und die Wiltener Hs. (München Cod. germ. 5198, vgl. Zingerle WSB. 1861). Einzelne Gedichte auch anderwärts. — *'Der meide kranz'* (2592 V.) steht im Ms. philos. 21 von Göttingen und im Cod. Pal. germ. 14, das erste Drittel auch in den Hss. von Weimar und Leipzig (s. o.). — Die Ungarnchroniken: die lat. Reimchronik in Wien, Nat.-B. 3352 (15. Jh.), die lat. Prosa in einer Bilderchronik von 1358, die ein Meisterwerk der Miniaturmalerei darstellt, ebda. Nr. 405, die deutsche Bearbeitung in Hss. zu Breslau Stadtbibl. R. 304, Heidelberg germ. 5, München germ. 331, 1112, Wien Nat.-B. 2866, 2919 und Wolfenbüttel 3197, 3228 (alle 15. Jh.). — Die Übersetzungen: Valerius Maximus in Berlin, Staatsbibl. germ. fol. 1093, Gotha Herz. Bibl. A 587, Erlau (s. Anz. f. dtsch. Vorzeit 1855 Sp. 251), Wien Nat.-Bibl. 2811, 2870, 2905, 2909, 2910, 2911, 3039; Psalmen und Kommentar sind dz. in 31 Hss. bekannt;

18 davon und 2 Drucke verzeichnet Walther *Bibelübers.* Sp. 591ff.; die ältesten sind: Rein Zist.-Stift Nr. 204 (a. 1371), Wien Nat.-Bibl. 2783 (14. Jh.), Salzburg Stud.-Bibl. V. 1 B. 20 (um 1400), Wien Schottenkl. 206, 3 (a. 1413), München cgm. 526 (a. 1424), Berlin germ. 1320 (a. 1426), Klosterneuburg Stiftsbibl. 11 (a. 1437), Donaueschingen Ms. 187 (a. 1455), Wien 2671 (a. 1456), München cgm. 3894 (a. 1458), cgm. 506 (a. 1470), Heidelberg germ. 32 (a. 1470) usw. usw.

2. Über Heinrichs Leben wissen wir nichts, als was wir seinen Werken entnehmen können. In der Widmung des Valerius nennt er sich: *ich Heinrich von Mogelin gesezzen bi der Elbe in dem land zu Missin:* er stammt also aus Mügeln (bei Pirna?) im Meißnischen. Wir finden ihn zunächst am Hofe König Johanns von Böhmen (gest. 1346), wie das Loblied auf diesen Fürsten bezeugt, dann in der Umgebung Karls IV., dem zu Ehren er zwei Loblieder und vor allem sein Hauptwerk, '*Der meide kranz*', verfaßte. Zwischendurch war er in Ungarn am Hofe König Ludwigs I., der 1346 die Tochter Karls geheiratet hatte, die 1353 starb. In diesem Zeitraume schrieb er wohl die lat. Reimchronik, die er, noch ein *juvenis*, Ludwig widmete. Sie blieb unvollendet; vielleicht veranlaßte der Tod der Königin den Dichter zur Rückkehr nach Prag. Hier wurde '*Der meide kranz*' wohl bald nach der Krönung Kaiser Karls (1355) gedichtet, bei dem er in hoher Gunst stand. Daß er Rat des Kaisers gewesen sei, hat man aus v. 680 des Kranzes wohl zu Unrecht erschließen wollen. Auch Doktor der Theologie, wie ihn spätere Meistersinger nennen, war er schwerlich, wenn er auch zweifellos gelehrte Bildung und theologisches Wissen besaß. Dann finden wir ihn am Hofe Rudolfs IV. von Österreich (1358—1365), des Schwiegersohnes Karls; bald nach dem Regierungsantritte muß er ihm die deutsche Ungarnchronik überreicht haben, denn er nennt ihn noch Herzog, nicht Erzherzog. Nach dessen Tode weilte er bei Hertnit von Pettau, dem er 1369 die Übersetzung des Valerius widmete. Ob die Übertragung der Psalmen, von der Johannes aus Hof für den Egerer Bürger Ludwig 1371 eine Abschrift machte, früher oder später als die des Valerius erfolgte, wissen wir nicht. Wo und wann er starb, ist unbekannt.

3. Heinrich hat zahlreiche geistliche und weltliche Gedichte verfaßt. Es steckt in ihnen ein guter Kern, aber sie werden allzuoft durch Schwulst und Gelehrsamkeit verdorben. Wo er einfach bleibt, ist er zwar nicht neu, aber erträglich. Das gilt von seinen Minneliedern wie von seinen Sprüchen. Am besten sind seine Fabeln, wo er selbständig erfindet und knapp erzählt. Die Ordnung der Gedichte in der Göttinger Hs. hat man auf den Dichter selbst zurückführen wollen, fraglich, ob mit Recht; die zusätzlichen Strophen der Kolmarer und Wiltener Hss. müßten dann später verfaßt sein. Ein Verzeichnis aller Strophenanfänge bei Schröer (s. u.). Den Gedichten und gerade ihrem gelehrten Aufputz verdankte der Dichter seine Berühmtheit zu seiner Zeit und bei den Meistersingern, die ihn zu den Gründern ihrer Kunst zählten. — Sein Hauptwerk ist '*Der meide kranz*', eine allegorische Dichtung zu Ehren Kaiser Karls. Die 12 Künste erscheinen als Jungfrauen vor dem Kaiser, der entscheiden soll, welcher der Preis gebührt. Er weist sie aber an die Zucht, und diese begleitet sie zur Natur, welche der Theologie den Vorrang gibt. Die Tugenden, herbeigerufen, krönen die Erwählte, haben aber dann selbst noch einen Streit mit der Natur um den Vorrang zu bestehen, den die Theologie schlichtet. Der Dichter hatte den Stoff, wohl zuvor, in zwei kurzen Gedichten: '*Septem artes*' und '*Von allen frien künsten*' behandelt. Bei der Abfassung hat er Heinrichs von Neustadt (s. d.) 'Zukunft Gottes' und dessen Quelle, den '*Anticlaudianus*' des Alanus ab Insulis, benutzt. — Die Ansichten über das Verhältnis der ungarischen Chroniken zu einander sind geteilt. Vermutlich verfaßte er zunächst die lateinische Reimchronik, teilweise in Meistersingerstrophen, die unvollendet blieb. Man hat in ihm auch den Verfasser der lateinischen Prosa vermutet, die das '*Chronicon pictum Vindobonense*' von 1358

überliefert; Hauptquelle dazu, aber nicht alleinige, war die Ungarnchronik Simons von Kéza. Jenes ist die unmittelbare Vorlage für Heinrichs deutsche Ungarnchronik gewesen, die er um 1360 verfaßt haben mag. — Von der gelehrten Bildung des Dichters legen die Übersetzungen seiner Altersjahre Zeugnis ab: 1369 verdeutschte er die dem Kaiser Tiberius gewidmeten Memorabilien des Valerius Maximus und früher oder später die Psalmen mit dem Kommentar des Nikolaus von Lyra, welcher das berühmteste Erläuterungswerk jener Zeit war. Die Übersetzung ist gewandt und frei, wird öfters zur Bearbeitung, entbehrt aber stilistischer Kraft. Beide Werke fanden weite Verbreitung in Handschriften und frühen Drucken.

4. Heinrich von Mügeln ist der Vertreter einer Übergangszeit: das Alte ist im Verfall und das Neue noch nicht geboren. Er wurzelt noch ganz in der Vergangenheit. Wie Frauenlob (s. d.) leitet er über von der höfischen Lyrik zum Meistersang. Aber er darf nicht einseitig nur als Meistersinger gewürdigt werden, er ist vielmehr einer der Hauptvertreter der didaktisch-theosophischen Richtung jener Zeit. Heinrich erweist sich als Polyhistor, dem theologische Werke, astronomische und chemische Kenntnisse, Geschichte und andere Wissenszweige gleichermaßen vertraut sind. Er ist kein großer Dichter, aber in den landläufigen Darstellungen wird er meist zu ungünstig beurteilt. Seine Prosa ist für die werdende Schriftsprache nicht ohne Bedeutung geblieben. Seine Übersetzungen geben bereits einen Vorklang von Humanismus und Renaissance.

Eine Gesamtausgabe seiner Werke wird von Burdach vorbereitet. — W. Müller *Fabeln und Minnelieder von HvM.* 1847; U. Kube *Vier Meistergesänge von HvM.: der tum, von allen frien künsten, der guldin schilling, von der kunst Astronomie,* Diss. Marburg 1931 (= Germ. Stud. H. 112). *'Der Meide Kranz', hrg. v.* W. Jahr, Diss. Leipzig 1909. Die lat. Reimchronik gedr. bei Engel *Monumenta Ungarica,* Wien 1809; die Bilderchronik hrg. als *'Marci Chronica de gestis Hungorum'* von Toldy, Ofenpest 1867, besser von Florian *'Chronicon pictum Vindobonense',* in *Fontes Domest.* I 2 S. 100—245; die deutsche Ungarnchronik bei M. Kovachich *Sammlung kleiner Stücke, in welchen gleichzeitige Schriftsteller einzelne Abschnitte der ungarischen Geschichte aufgezeichnet haben,* I., Ofen 1805. — Karl J. Schröer *Die Dichtungen Heinrichs von Mügeln, nach den Hss. besprochen,* WSB. 55 (1867) S. 451ff. Benedikt *Über die Sprache in H.s v. M. 'Der meide kranz',* Progr. Gymn. Smichow 1889; ders. *Die Metrik in H.s v. M. 'D. m. k.',* ebda. 1890. Wilmans *Ein lat. Gedicht H.s v. M.,* ZfdA. 14 (1870) S. 155ff. Roethe *H.s v. M. ungar. Reimchronik,* ZfdA. 30 (1886) S. 345ff. Marczali *Ungarns Geschichtsquellen im Zeitalter der Arpaden* 1862, S. 63ff. O. Lorenz *Deutschlands Geschichtsquellen im Mittelalter* I ([3]1886) S. 337f. — W. Walther *Die deutschen Bibelübersetzungen des Mittelalters* Sp. 588ff. Hans Vollmer *Die Psalmenverdeutschung von den ersten Anfängen bis Luther* 1931ff. — Friedjung *Kaiser Karl IV. und sein Anteil am Geistesleben seiner Zeit* 1876. R. Wolkan *Geschichte der deutschen Literatur in Böhmen bis zum Ausgange des 16. Jhs.* 1894. K. Helm *Zu Heinrich von Mügeln,* PBB. 21 (1896) S. 240ff. 22 (1897) S. 135ff. E. Moor *Die deutschen Spielleute in Ungarn,* Ung. Jbb. 1922.

E. Gierach.

Heinrich von München, der Verfertiger einer nach ihm genannten 'Weltchronik' in der ersten Hälfte des 14. Jhs., gibt seinen Namen einige Male in seinem Werke kund, u. a.: *Ich Heinrîch von Beierlant, der sich niht anders hât genant, von Münichen ûz der werden stat.* Seine Arbeit ist eine Fortsetzung der Thüringischen Weltchronik („Christ-Herre-Chronik"; s. d.). Diesem ersten Teil, der durch einzelne Zusätze aus Rudolfs von Ems (s. d.) 'Weltchronik' und aus Enikel (s. d.) erweitert war, hat er seine eigene Fortsetzung hinzugefügt, die er großenteils aus umfangreichen Entlehnungen zusammenstellte: aus Enikel, Konrads von Würzburg (s. d.) 'Trojanerkrieg', Ulrichs v. Eschenbach (s. d.) 'Alexandreis', Ottes (s. d.) 'Eraclius', Strickers (s. d.) 'Karl', den drei Teilen des 'Willehalm', der Heldensage, aus jüngeren Rezensionen der 'Kaiserchronik' (s. d.), Philipps (s. d.) 'Marienleben'. Das Werk ist noch nicht gedruckt, und die Handschriften weichen an Umfang sehr von einander ab: zunächst wurde das Alte Testament vollendet und das Neue hinzugefügt, die weiteren Fortsetzungen gehen bis zum Trojanischen Krieg oder bis auf Karl d. Großen, Ludwig d. Frommen oder Friedrich I., Friedrich II. Danach schwankt die Masse des Stoffes sehr und erreicht den Umfang von rund 56000, ja bis zu 100000 Versen. Die Handschriften der unter dem Namen Heinrichs von München gehenden Weltchronik sind Erzeugnisse eines künstlerisch gesunkenen Zeitgeschmacks. Daß man von Stil, von Form keinen Begriff mehr hatte, zeigt schon das formlose Wirrnis der Handschriften, die willkürlich Stoff aus den betr. Vorlagen aufnehmen oder auslassen und abbrechen. Allerdings muß mit einem endgültigen Urteil über H. v. M. zurückgehalten werden, da wir, ehe eine kritisch sichtende Ausgabe vorliegt, für seinen wirklichen Anteil an dem, was die Hss. bieten, keine sichere Gewähr haben. Jedenfalls war aber auch er nur ein oberflächlicher Zusammenträger und dürftiger Versmacher.

Wackernagel *LG.* I² (1879) S. 223. 450; Gervinus II⁴ (1871) S. 77. — v. d. Hagen *Grundriß*, bes. S. 545—548; Jacobs u. Ukert *Beitr. ... d. Bibl. zu Gotha* II S. 243—59. Maßmann *Kaiserchronik* III (1854) S. 95—103, 189—191. Vilmar *Die zwei Rezensionen u. die Hss.-Familien d. 'Weltchronik' Rudolfs v. Ems* 1839. Lachmann *Wolfram* S. XXXVI. Martin *Dt. Heldenbuch* II S. XLVIff. Singer *'Willehalm' von Ulr. v. d. Türlin* 1893, S. IXf., LXXXIIIff. Schönbach ZfdA. 38 (1894) S. 218f. F. Wilhelm *Gesch. d. Überlieferg von Strickers 'Karl'* 1904, S. 232—274. E. Petzet *Catal. cod. mss. Bibl. Monac.* V¹ (1920) S. 9f.

Gustav Ehrismann.

Heinrich von Münsingen s. Münsinger, Heinrich.

Heinrich von der Mure. Minnedichter der ersten Hälfte des 13. Jhs. Das erste seiner Gedichte legt den Gedanken nahe, daß er später Mönch wurde; so stellt ihn auch das Bild der Hs. C in schwarzer Kutte dar. Die wenigen überlieferten Strophen gestatten jedoch nicht, ihn mit Sicherheit dem schweizerischen (ein H. von Mure 1260 urkundlich nachweisbar) oder dem von Ulrich von Lichtenstein (s. d.) erwähnten steirischen Geschlecht zuzuweisen. Bartsch hat ihn jedenfalls nicht unter die schweizer Minnesänger aufgenommen. Grimme sucht ihn in einem fränkischen, zwischen 1291 und 1309 häufig in Urkunden belegten Ritter, doch verbieten Form und Inhalt seiner Gedichte, vor allem auch die Frauenstrophe, ihn ins spätere 13. Jh. zu setzen.

Große Heidelberger Liederhs. *C* (Universitätsbibliothek Heidelberg Cod. Germ. Pal. 848, Bl. 75ᶜ—76ᵇ, mit Bild). F. Pfaff *Die große Heidelberger Liederhs.* I 1909, Sp. 218f. [Bodmer] *Proben der alten schwäbischen Poesie des 13. Jahrhunderts* 1748, S. 36f. (= I, 1, 4; III). HMS. I 119f.; III 597; IV 121f.). — K. Bartsch *Urkundliche Nachweise zur Geschichte der deutschen Poesie 10*, Germ. 9 (1864) S. 150. W. Wilmanns ADB. XXIII (1886) S. 57. F. Grimme *Neue Beiträge zur Geschichte der Minnesänger 6*, Alemannia 22 (1894) S. 38—40.

Elisabeth Karg.

Heinrich von Neustadt.

1. Der Dichter nennt sich *Heinrich von der niuwen stat*, einen *arzat von den buochen*, d. h. einen gelehrten Arzt. Seine Gelehrsamkeit beschränkt sich aber nicht auf Medizin, sondern sie ist auch auf theologischem Gebiet eine sehr respektable. Und in lateinischer wie deutscher Literatur ist er gleichmäßig belesen. Was aber mehr als all dies ist: auch das wirkliche Leben ist ihm nicht fremd gewesen: davon zeugen satirische Bemerkungen aller Art. Mit seinen österreichischen Landsleuten Heinrich von Melk (s. d.). und Heinrich von dem Türlin (s. d.) teilt er eine gewisse Vorliebe für lüsterne Schilderungen. Daneben zeichnet ihn eine starke Religiosität aus, die vielleicht dadurch gesteigert wird, daß er den Jüngsten Tag nahe glaubte, und die Teilen seiner geistlichen Dichtung ein von wenigen erreichtes religiöses Pathos verleiht. Er stammt aus Wiener-Neustadt, ist aber in Wien ansässig, über dessen Bewohner er satirische Bemerkungen sich gestattet. Er war zweimal verheiratet, das erste Mal mit Katharina Möllin, die als Besitzerin eines Hauses an der Strauchgasse nachgewiesen ist, das zweite Mal mit Alheit, mit der zusammen er mit einem Hause am Graben, dem Freisingerhof, im Jahre 1312 belehnt wird. Doch hat er schon während seiner ersten Ehe am Graben gewohnt. Der von ihm genannte Pfarrer Niklas von Stadlau ist urkundlich 1297 bis 1318, Herr Bernhard von Kranneste 1304—12 nachgewiesen. Auch zu böhmischen Edelleuten, Herrn Dobisch von Beheim und dem von Nisch, hatte er Beziehungen. Eingemischte slavische und ungarische Fremdwörter wie die einer

merkwürdigen *lingua franca* und einer ebenso undefinierbaren semitischen Sprache zeugen weniger für seine Kenntnisse als für den internationalen Charakter des damaligen Wien.

2. Er hat uns zwei umfangreiche Werke hinterlassen:

a) Der 'Apollonius von Tyrland' ist ein umfangreicher Versroman von 20640 Versen, eine erweiternde Bearbeitung des aus dem späteren Altertum stammenden lateinischen Romans, der entweder nach dem Griechischen bearbeitet oder doch nach griechischem Muster gedichtet ist. Nach 14jähriger Trennung findet der Held seine Frau im Tempel der Diana von Ephesus, seine Tochter in einem öffentlichen Hause zu Mytilene wieder. Diese 14 Jahre, über die der antike Roman mit einer kurzen Bemerkung dahingleitet, sind hier mit einer Fülle von Abenteuern ausgestattet, die den Hauptteil und den Hauptreiz des Romans ausmachen. Die Quellen dafür sind noch nicht einwandfrei nachgewiesen: es ist wahrscheinlich, daß manches davon byzantinischer Herkunft sein dürfte. Manches hat wohl Heinrichs eigene Phantasie hinzugetan: manches erinnert an 'Iwein' und 'Parzival', an 'Wolfdietrich' (s. d.), den Alexanderroman und die Allegorien von der Tugendburg in Ulrichs von Eschenbach (s. d.) 'Alexander' usw.

b) Das Gedicht von '*Gotes zuokunft*' schildert in 8129 Versen die dreimalige Herabkunft des Herrn: die Menschwerdung, die Erscheinung nach der Auffahrt und die letzte beim Jüngsten Gericht. Die Angabe, daß der '*Anticlaudianus*' des Alanus ab Insulis verdeutscht werden solle, bezieht sich nur auf den ersten Teil, der die Vision des Alanus berichtet: wie die Natur und die Tugenden über die Schaffung eines vollkommenen Menschen beraten, um der Verderbnis der Welt zu steuern, von der Fahrt der Ratio zu Gott auf einem von den fünf Sinnen gezogenen, von den sieben freien Künsten zusammengestellten Wagen usw. Aber auch in diesem ersten Teile hat der Dichter noch andere Quellen zu Rate gezogen, wie vor allem in den folgenden Teilen: so die '*Legenda aurea*', die '*Vita Mariae rhythmica*', das '*Compendium theologicae veritatis*', eine dem h. Bernhard fälschlich zugeschriebene Predigt u. a. m. Auch die Lieder der italienischen Geißler sind ihm vielleicht irgendwie zu Ohren gekommen und haben auf ihn wie auf die Verfasser von Weltgerichtsspielen einen starken Eindruck gemacht.

c) Als ein Teil von 'Gottes Zukunft' ist uns die Übersetzung des lateinischen Streitgesprächs zwischen Seele und Leichnam überliefert. Khull wollte es Heinrich ganz absprechen; ich dachte, es sei aus seinem Zusammenhang zu lösen und als gesondertes Werk zu betrachten. Wahrscheinlich steht es aber ganz recht an seiner Stelle und ist als Teil von 'Gottes Zukunft' anzusehn.

H. v. N. '*Apollonius*', '*Von Gotes Zuokunft*' *im Auszug hg. v.* J. Strobl 1875. *Die Werke H.'s v. N.* hg. v. S. Singer (DTdM A. VII) 1906. Bockhoff und Singer *H.s v. N. 'Apollonius von Tyrland' und seine Quellen* 1911. Khull *Zur Überlieferung und Textgestaltung von 'Gotes Zukunft' des H. von Wiener-Neustadt* 1886. M. Marti *'Gotes Zukunft' von H. v. N. Quellenuntersuchung* 1911. M. Geiger *Die 'Visio Philiberti' des H. v. N.* 1912.

Singer.

Heinrich von Nördlingen.

Hs.: Briefe an Marg. Ebner, Brit. Museum, London, cod. Add. 11430, 16. Jh., Papier.

2. Hochdeutsche Übertragung des 'Fließenden Lichtes der Gottheit' von Mechthild v. Magdeburg, Einsiedeln, Stiftsbibl. Nr. 277, 14. Jh.

Heinrich wirkte um 1332, als er mit Margarethe Ebner (s. d.), der Mystikerin von Maria Medingen bei Dillingen, bekannt wurde, schon seit geraumer Zeit als Weltpriester im Kreise frommer Frauen der Stadt Nördlingen und umliegender Klöster, stand auch mit den Zisterziensern von Kaisheim in freundschaftlichem Verkehr. Besuche in Medingen sind im Oktober und November 1334, zwei auch im Frühjahr 1333 bezeugt, Ende 1335 verläßt er infolge des Streites Ludwigs des Baiern mit dem Papst die Heimat und reist nach Avignon, die Freundin bittend, ihm Briefe zu schreiben, die seine zu Nördlingen lebende Mutter nachsenden werde. Das Jahr 1336 verbrachte er in Avignon, auf der Heimreise ist er eine

Zeitlang Gast der „Herzogin“ auf dem Schloß Neuenhof bei Speyer und kehrt im März 1337 nach Nördlingen zurück. Ludwigs des Baiern Befehl, das Interdikt des Papstes nicht mehr zu beachten, verleidete dem papsttreuen Priester die Heimat. Christine Ebner (s. d.) von Engeltal riet brieflich zum Verlassen des Landes. Verfolgungen durch die Kaiserlichen machten ihm die Übernahme der Pfarrei Fessenheim unmöglich, vom 21. Dez. 1338 bis 6. Januar 1339 ist er in Konstanz, ohne dort Heinrich Seuse (s. d.) zu treffen, den er besuchen wollte; er geht nach Königsfelden im Aargau zur Königin Agnes von Ungarn, dann nach Basel, wo sich Tauler (s. d.) seiner annimmt und ihm Unterkunft im Spital und die Möglichkeit der Ausübung geistl. Funktionen erwirkt. Seit dem 24. Januar 1339 predigte er täglich mit großem Zulauf vor Weltleuten und Geistlichen, zelebrierte bei den Deutschherren und hatte bei ihnen einen „Herrentisch“. Beichthören und Briefschreiben belasteten seine Zeit über Gebühr, Neid der Geistlichkeit verfolgte ihn, Gunstbezeugungen von Weltgeistlichen und Ordensleuten erfreuten und belasteten ihn. Seine Mutter zog 1340 zu ihm nach Basel, wo 1345 die Erleichterung des Interdikts Heinrich neue Fülle von seelsorglichen Arbeiten brachte. Im selben Jahr ist er in Straßburg im Umgang mit Rulman Merswin (s. d.) und dessen Gattin und anderen Gottesfreunden, wie er denn überhaupt als ein Mittelpunkt dieser Kreise erscheint und deren Namen uns überliefert. Mit Seuse hat er zeitweilig gebrochen. Seiner Anregung folgend, schrieb Marg. Ebner ihre ‘Offenbarungen’, deren Manuskript er in Straßburg erhielt. In Basel fertigt er selbst die 1445 vollendete hd. Übersetzung des ‘Fließenden Lichts der Gottheit’ von Mechthild von Magdeburg (s. d.), ein Meisterwerk der Übersetzung aus einem dt. Dialekt in den anderen. Der kleine Traktat von sieben Stufen der Demut (Brief 68 bei Strauch) ist ein deutscher Auszug aus Eadmeri Cantuarensis ‘*Liber s. Anselmi de similitudinibus*’ c. 100ff. (Migne *Patr. lat.* 159 Sp. 665ff.). Ende 1341 wagt H. zum erstenmal wieder einen Besuch in Medingen, ebenso 1344; 1346 reist er, um Reliquien zu sammeln, nach Köln und Aachen, 1347 im Auftrag des Basler Bischofs nach Bamberg zum selben Zweck; 1348/9 lebt er einsam in Sulz i. E., kehrt 1349 nach der Heimat zurück, wo die Pest wütet und Marg. Ebner am 20. Juni 1351 sechzigjährig ihm entrissen wird, besucht im November 1351 erstmals die 74jährige Christine Ebner (s. d.) in Engeltal, mit der er früher in Korrespondenz stand, nun aber drei Wochen in mystischen Gesprächen verbringt, und verschwindet dann ganz aus unserem Gesichtskreis. Ort und Zeit seines Todes sind unbekannt.

Die literarische Bedeutung seiner Briefsammlung liegt darin, daß sie die erste Sammlung echter Briefe in dt. Sprache ist, aus der uns ein kultur- und geistesgeschichtlicher Einblick in das Leben der städtischen Kreise Süddeutschlands geboten wird, wie sonst nirgends. Der Verkehr des Adels, der Fürsten und Bürger, Mönche, Nonnen und Weltgeistlichen untereinander wird mit Namen und großen wie kleinsten Angelegenheiten uns durch sie lebendig. Sprachlich sind die Briefe reich an neuen Wortbildungen, gewandt und immer lebhaft. Dabei ist H. ein bewußter Pfleger seiner Muttersprache, ein Liebhaber seiner Heimat, eine empfindsame, anlehnungsbedürftige Natur, mehr die Sprache der Mystik redend als selbst Mystiker, für uns eine der interessantesten Gestalten des bürgerlichen Spätmittelalters.

Ausgaben: Ph. Strauch *Marg. Ebner und Heinrich v. Nördlingen* 1882 (die Briefe S. 167 bis 403); Gall Morel *Die Offenbarungen der Schwester Mechth. von Magdeburg oder das fließende Licht der Gottheit* 1869. Kritische Ausgabe für die Texte des Mittelalters der Preußischen Akademie der Wissenschaft von Stierling und Romuald Banz in Vorbereitung. Auswahl: W. Oehl *Dt. Mystikerbriefe* 1931 S. 297ff. Lit.: Ph. Strauch a. a. O. Einleitung. Darauf geht alles Neuere zurück.

Engelbert Krebs.

Heinrich von Nordhausen, s. Heinrich von Sachsen.

Heinrich von Nürnberg.

Heinrich von Nürnberg begegnet uns nur einmal in der Literatur des Spätmittelalters. In Eberhard Windecks (s. d.) Sigmundbuch heißt es einleitend: [die Heiligen] *die wellent mir umb gott erwerben craft und macht, wanne ich es nicht gemacht han umb guot darumb zu nemen, wanne ich es von großer bette wegen von fürsten und herren, den ich des hernoch geschrieben legende han gelossen von worten und puncten zuo liebe von meinem diener genannt Heinrich von Nürenberg schrieben alles...* Daraus geht nur das eine hervor, daß H. v. N. in einem Dienstverhältnis zu Eberhard Windeck stand, und daß er an der Abfassung bzw. an der Niederschrift des Sigmundbuches irgendwie beteiligt war. Wie weit er Einfluß auf das Werk selbst gehabt hat, können wir nicht erkennen. Ausschließen möchte ich die Vermutung von O. Lorenz, H. v. N. sei der Maler des Codex gewesen. Auch geht es zu weit, wenn Lorenz das ganze Werk nach H. v. N. benennen will, „der die eigentliche Mühe und Arbeit gehabt" habe; das wissen wir ja nicht. Am Schluß der Hs. H (vgl. den Artikel über Windeck) wird Windecks Diener Reinhardt Brunwart von Miltenberg als Schreiber genannt, eine Notiz, die in der Vorlage von H gestanden hat und einfach übernommen worden ist. Danach ist Brunwart der Schreiber der ersten Fassung. Über die Beteiligung H.s v. N. gibt es nun zwei Möglichkeiten: entweder war H. v. N. Brunwarts Vorgänger und beim Abschluß des Werkes 1438 schon gestorben, jedenfalls nicht mehr in Windecks Dienst, oder aber H. v. N. ist der Redaktor und Brunwart nur Schreiber. Ist letzteres der Fall, dann trifft das Urteil über den literarischen Wert des Buches nicht Windeck allein, sondern ihn mit, vielleicht in erhöhtem Maße. Beide Möglichkeiten sind annehmbar, da sich durchschlagende Gründe für keine beibringen lassen.

Vgl. d. Art. Windeck. Dazu noch Altmann *Studien* S. 6 u. 12; Neues Archiv 18 (1893) S. 691. O. Lorenz *Deutschlands Geschichtsquellen* II S. 297, 381.

Fr. Herberhold.

Heinrich von Offenburg, Lesemeister, dann Prior (1449 bis mindestens 1467) des Augustinerklosters in Straßburg. Zwei Predigten über das Abendmahl und die Ausgießung der Hlg. Geistes, in scholastischen Definitionen und Distinktionen, in der Berliner Hs. germ. 4°. 35, s. XV., Bl. 70^b—92^b. Zwei andere, wärmeren Tones und volkstümlicher, in der Berliner Hs. germ. 4°. 206, v. J. 1436, Bl. 222^b bis 233^b.

Cruel *Geschichte der dt. Predigt im MA.* 1879 S. 525f. L. Pfleger *Zur Geschichte des Predigtwesens in Straßburg* 1907 S. 61/3.

W. St.

Heinrich von Ofterdingen ist in dem Gedichte vom 'Wartburgkriege' (s. d.) der Verteidiger des Ruhmes des Herzogs von Österreich. Da die in dem ältesten Teile dieses Gedichtes auftretenden Sänger geschichtliche Personen sind, die in einer Beziehung zum Hofe des Landgrafen Hermann gestanden haben (außer Reinmar v. Zweter, s. Roethe *R. v. Zweter* S. 79), so ist Ofterdingen als Minnesinger der Zeit um 1200 anzuerkennen, der zu Eisenach aufgetreten ist, aber auch irgendwelche österreichische Beziehungen gehabt hat, obwohl wir sonst nichts Verläßliches von ihm wissen.

Der Wartburgkrieg hg. v. v. d. Hagen MS. Nr. 72, III, Nr. 29, und Simrock 1868. Strack *Zur Geschichte des Gedichtes vom Wartburgkriege*. Diss. Berlin 1883. Wilmanns ZfdA. 28 (1884) S. 206.

G. Rosenhagen.

Heinrich von Osnabrück, s. Dissen, Heinrich.

Heinrich von Pfalzpeunt *(Phaltzpingen, Pfolspeundt)*, aus Pfalzpaint an der Altmühl, unterhalb Eichstätt, Ritter des Deutschen Ordens, Glied eines adligen Geschlechtes, der beim Eintritt in den Orden seinen Besitz in Pfalzpaint urkundlich seiner Schwester Margaret durch Verzicht überantwortete, womit dieser väterliche Familienbesitz deren Gatten Michael von Muggental zufiel. Heinrich hatte sich in der Wundarznei ausgebildet und legte sein Wissen in einem Buche nieder, das '*Bündarznei*' betitelt ist und im allgemeinen sich nicht mit der operativen Chirurgie befaßt. Doch wird auch für diese Vorkehrung getroffen durch Anweisung zur Herstellung der Narkose mittelst Schlafschwämmen und die Ausführung der

Nasenplastik gelehrt, „ein meisterkunst", desgleichen die Hasenschartenoperation. Heinrich hatte also eine Vorliebe für die plastische Chirurgie. Der Hautlappen für in Verlust geratene Nase wird aus dem Oberarm innen genommen.

Über die Lebensgeschichte Heinrichs ist weiter nichts bekannt geworden. Als seine Lehrmeister nennt er Johann von Bires in Lutringen, bei Metz zu Bires gesessen, Meister Christoph von Münster (s. d.) zu München, der, ehe er zu München 1458 Dienst nahm, bei denen von Eichstätt in Diensten war, also in nächster Nähe Heinrichs, der vermutlich in der Kommende zu Ellingen in den Deutschritterorden eingetreten ist; wird doch unter den Wohltätern zum Deutschen Hause zu Ellingen neben andern Sippen der Gegend auch „die von Pfalspaint" genannt. Fernere Lehrer Heinrichs sind Meister Otte von Heideck zu Weißenburg (Weißenburg wenig südlich, Heideck wenig nördlich von Ellingen gelegen), Meister Hans von Baireut, Meister Linhart von Schope (Schopfheim) bei Basel, Meister Konrat von Nornberg in dem Sundergau (vielleicht im Sundergaubad zu Nürnberg) und Meister Hans von Halberstadt. Heinrich hatte seine Lehrmeister, wie man erwarten konnte, zunächst in seiner Nähe gehabt.

Handschriften seiner '*Bünd-Erznei*' von 1460 sind heute bekannt: 1. in Breslau, Univ. III. Qu. 13 (die von Häser u. Middeldorpf benutzte) von 1517; 2. in Stuttgart Cod. med. et phys. Fol. 11, ein Drittel von 1., um 1500 geschriebenes Bruchstück; 3. in Dresden Landesb. C. 328, *kunst erznei .. Heinrich von Spospunt bruder deuzeß Ordens*, aus dem 16. Jh., mit einigen Auslassungen; 4. ohne Namen des Verfassers zwei in der Berner Stadtbibliothek VII, 118 und 5. VII, 119 von 1477 und 1482, also recht alt; 6. ohne Namen, da das erste Blatt weggerissen ist, auch der Codex XIII. F. 29 der Prager Universitätsbibl., eine wertvolle, leider nicht ganz vollständige Hdschr., kurz nach 1500 geschrieben und mit der Stuttgarter in erster Linie zu einer neuen Textredaktion zu benutzen.

H. Häser u. A. Middeldorpf *Buch der 'Bündth-Ertznei' von Heinrich v. Pfolspeundt .. 1460* 1868. Muffat *Heinr. von Pfolzpeunt*, Sitzungsber. d. K. bayer. Akad. Jhrg. 1869 I S. 564—570. C. Brunner *Die Verwundeten i. d. Kriegen d. alten Eidgenossen* 1903, S. 380 bis 397. Sudhoff *Beitr. z. Gesch. d. Chir. i. MA.* II (1918) S. 531—560. E. Gurlt *Gesch. d. Chirurgie* 1898, II S. 187—198.

Sudhoff.

Heinrich von Pforzen (Pforzheim?).

1. 'Der Pfaffe in der Fischreuse' ist überliefert in der Karlsruher Hs. Nr. 408, den Münchener Hss. cgm. 270 und cgm. 379, dem Liedersaalkodex, einer jetzt verschollenen Hs. aus Privatbesitz (Kellers Hs. Nr. 60; vgl. Keller-Sievers *Verzeichnis altdeutscher Handschriften* 1890, S. 87ff.) sowie den Berliner Hss. germ. 4⁰ 814 und 1107, die nicht nur einander äußerst nahe stehen, sondern sich auch weitgehend mit den Varianten jener verschollenen Hs. decken, und schließlich in der Nürnberger Hs. 5339a.

2. Als Verfasser des Schwankes von dem im Fischnetze gefangenen ehebrecherischen Pfaffen, worin wenig geschickt ein verbreitetes Grundmotiv in andersgeartete Umgebung gestellt ist, gilt seit Laßberg (*Liedersaal* III S. 216) und Goedeke (*Grundriß* I² S. 300 Nr. 11) jener *von Pfortzen Hainrich*, der sich am Schluß der Dichtung allein im Liedersaalkodex nennt, und den Laßberg und Goedeke als *H. von Pforzheim* interpretieren. Aber schon die Formulierung *so wil von Pf. H. der rede hie ein ende breten* wie die Isoliertheit des Liedersaalkodex in dieser Angabe spricht eher für den Zusatz eines späteren Bearbeiters nach verbreitetem Brauch des 14. und 15. Jhs., wie ganz ähnlich die leichte Bearbeitung der Nürnberger Hs. Hans Schnepperer, d. h. Rosenblüt, (s. d.), als Verfasser nennt.

3. Tatsächlich lassen sich denn auch gewisse sprachliche Differenzen zwischen den Plusversen des Liedersaalkodex und dem von den andern Hss. gebotenen Text konstatieren: Der Schwank ist wohl im nördlichen Niederalemannien in der ersten Hälfte des 14. Jhs. entstanden, während die Zusatzverse eher auf das Ostschwäbische weisen. Man wird daher auch für Heinrich kaum an Pforzheim in Baden denken dürfen, wennschon dies früh als *Pforzem, Pforzen* auftritt (vgl. z. B. *Wirtembergisches Urkundenbuch* Bd. IX S. 552 C; *Regesta Boica* Regbd. S. 305; Oesterley *Hist.-geogr. Wbch.* S. 523a), sondern eher an das heutige Pforzen bei Kaufbeuren (auch dies ursprünglich Pforzheim, s. z. B. *Regesta* a. a. O. S. 305a). Er war wohl ein bürgerlicher Berufsschreiber.

Der Schwank ist abgedruckt bei Laßberg *Liedersaal* III Nr. 66 S. 215ff. und bei Ad. v. Keller *Erzählungen aus altdeutschen Hand-*

schriften S. 350ff.; kritisch herausgeg. nach allen Hss. mit Ausnahme der Nürnberger bei Sarovolśkij *Šest ' Švankov*, Kiew 1913 (russ.). Die Nürnberger Fassung hat H. Sachs als Quelle seines Schwankes *'Die drey Vischrewsen'* gedient; vgl. A. L. Stiefel *Hans Sachs-Forschungen*, Festschrift der Stadt Nürnberg 1894 S. 107 u. H. Sachs *Schwänke* ed. H. Goetze I S. 319.

H.-Fr. Rosenfeld.

Heinrich von Preußen, Benediktiner in Melk, übersetzte 1423 eine Erbauungsschrift von Johannes Gerson ins Deutsche. Erhalten in der Hs. A. A. 13, 14, 15 (= Ib 3) im Servitenkloster zu Innsbruck, geschrieben von *Jacobus Kolben*, Bl. 121a bis 153b: *Das hernach geschriben püchel hat gemacht der erwirdig lerer maister Hanns Jerson kanzler der schnel ze Parys das sagt von den zehen gepoten gotz und von der peicht und wie man den menschen ermanen sol in der zeit des todes ... das puechel hat aus latein zu dewtsch pracht en erwirdiger priester mayster Hainrich von Prewssen im kloster zu Melkch. Anno domini etc. im drewundzwainczigisten jar.* W. St.

Heinrich von Rang.

Hs. Additional 16581 des Britischen Museums, 15. Jh. (1469), ostschwäbisch, Bl. 211b; s. R. Priebsch *Deutsche Hss. in England* II (1901) S. 147—58.

Ihm wird in den Mund gelegt ein kleines didaktisches Gedicht (34 Zeilen) mit der Überschrift: *Junger man volg disem ratt vnd lere.* Anfang:

Welicher Junger ratt ditzs lere merckt
Der wirt vnderweiset vnd gesterckt
Ain tail des grunds der weyßhait...

Vier Dinge sollen junge Leute halten: 1. Nutze, fruchtbare Worte geben; 2. guten, heilsamen Rat spenden; 3. Friede und Einigkeit unter Zweiträchtigen machen; 4. einfältige, arme Leute unterweisen. Am Schluß Z. 30—34 nennt sich der Verfasser:

Der ditz also gereymet hätt
Dienet zu Auln des reichs stätt
Vnd sein nam ist sicherlich
Von ranng genänt Hainrich.

R. Priebsch.

Heinrich von Rees. Deutsche Rezepte eines *werten Meister der ertzenei* H. v. R. stehen im Ms. 75 der Bischöfl. Bibliothek zu Kalócsa in Ungarn, eine Brandsalbe, die Zurückbleiben von Mälern vermeidet, *wuntmaler zu vertreiben.*

Sudhoff.

Heinrich von Rugge.

a) Cod. Pal. Germ. 848 (C), Bl. 122 *Her Heinrich von Rugge* (vgl. unter Reinmar Bl. 104c—105a. 105c—106b) = Pfaffs Abdruck, Sp. 408 (vgl. 352—354. 357—361). b) Weingartner Liederhandschrift in Stuttgart (B), S. 45: *Her Hainrich von Rvche* = Pfeiffers Abdruck (Stuttg. Lit. Ver. V), S. 53. c) Kleine Heidelberger Handschrift (A), Univ. Bibl. Nr. 357, Bl. 29b: *Heinrich der Riche*, ebd. *Heinrich von Rvcche*; Bl. 3b (unter Reinmar), Bl. 37a (unter Liutolt v. Seven) = Pfeiffers Abdruck (Stuttg. Lit. Ver. IX), S. 168. 170 (18. 226). d) Cod. lat. 4570 der Münchener Hof- und Staatsbibliothek (N), Bl. 239b: *Diz ist ein leich von deme heiligen grabe.*

1. Die Herren von Rugge oder Rucke waren Ministerialen der Pfalzgrafen von Tübingen. Die Trümmer ihrer Stammburg Ruck liegen auf dem Berge gleichen Namens bei Blaubeuren. Ein *Heinricus miles de Rugge*, wohl der Minnesänger, erscheint zwischen 1175—78 in einer Urkunde des Abtes Eberhard von Blaubeuren. Schild in BC: Feh schwarz (C: blau) und weiß in rotem Felde. Unter verstorbenen Minnesängern wird Rugge erwähnt von Heinrich v. d. Türlin (s. d.) um 1220 ('Krone' v. 2437ff.), von Reinmar v. Brennenberg (s. d.) (*LD.* 46, 72), dem Marner (s. d.) (S. 113, 275) und dem v. Gliers (s. d.) (*Schw. MS.* 20, 111).

2. Die Überlieferung hat Rugges Lieder mit denen Reinmars des Alten (s. d.) vermengt, und die saubere Scheidung ist umso schwieriger, als Rugges Kunst ein doppeltes Gesicht zeigt: sie folgt einerseits der muntern, wirklichkeitsnahen, volksmäßig redenden Art Heinrichs von Veldeke (s. d.), anderseits der verstiegenen Schmachtweise und modischen Phraseologie der Hausenschen Richtung, baut dort schlichte Strophen und schwelgt hier in Binnenreimen und Responsionen. Mißt man das strittige Liedergut an der immerhin deutlicheren Eigenart Reinmars und verzichtet man auf die mißliche Auskunft, einen anonymen dritten Teilhaber heranzuziehen, dann wird man, mit MF., alles Zweifelhafte dem Liederbuche Rugges zuschieben.

3. Ganz abseits von den eigentlichen

Fundgruben des Minnesangs, in einer Benediktbeurener Hs. kirchlichen Inhalts, ist uns Rugges Kreuzleich erhalten, ein Gedicht, das ebenso bedeutsam durch seinen poetischen Rang ist wie durch das geschichtliche Ereignis, das sein Anlaß war. Als im Spätherbst 1190 aus dem Morgenlande die Kunde vom Tode Friedrich Barbarossas und von den schweren Verlusten des Kreuzheeres eintraf, galt es, der allgemeinen Bestürzung und Trauer entgegenzuwirken und die Hilfe der Heimat aufzurufen für die Heerestrümmer in Syrien. Das unternimmt mit seiner Kreuzpredigt der Sänger, der sich als Laie bescheiden den *tumben man von Rugge* nennt. „Ihr alle wißt, was geschehen ist. Laßt uns beten, daß der Gnadenhort, den Kaiser Friederich und so mancher Pilgrim durch ihren Tod erwarben, uns nicht verloren geh. Allenthalben hört man die Leute um ihre Toten klagen; wir sollten sie eher glücklich preisen, denn die Himmelskrone ist ihr Teil geworden. Auch uns steht sie zu Kaufe. Wer Mannesmut bewähren will, der nimmt jetzt das Kreuz. Der Feige, der lieber daheim bleiben will, um mit den Weibern zu kosen, wird sich verrechnen. 'Was soll mir der Wicht?' sagt seine Erkorene zur Gespielin, 'ich mag ihn nicht!' Und diese gibt ihr recht. Ihr aber, stolze Helden, laßt alles Vergängliche fahren, nehmt das Kreuz und zieht mit mir, in den Tod und ins Himmelreich!"

4. Daß Rugge die hl. Fahrt angetreten hat (vermutlich unter Leopold von Österreich, der im Frühjahr 1191 von Zara nach Akkon fuhr), bestätigt eine Liedstrophe (107, 35), in der er von den Freunden und der *frouwe* bewegten Herzens Abschied nimmt, nachdem er in einer andern Strophe (102, 14) seinen frommen Entschluß erneut und mit der Nichtigkeit aller Erdengüter begründet hat. Das *toben umbe guot*, die schnöde Erwerbsgier, die weder um die Seele sorgt noch hochgemute Lebensfreude kennt, beklagt Rugge nochmals in einem Liede (108, 22), wie denn seine Dichtung nicht im Minnethema aufgeht, sondern merklich zur Spruchlyrik neigt. Sie wandelt auch in dieser Hinsicht auf dem Wege, der von Veldeke kommt und zu Walther v. d. Vogelweide (s. d.) führt.

HMS. Nr. 44. LD. Nr. X. MF. Nr. XIV. Pfeiffer Germ. 7 S. 110. Grimme *Minnesinger* S. 127, 274. Erich Schmidt *Reinmar v. Hagenau und H. v. R.* (QF. 4) 1874. Paul PBB 2 S. 487. Becker *Der altheim. MS.* 1882 S. 13 (vgl. Burdach AfdA. 10 S. 22). Burdach ADB. XXIX S. 605. Schönbach WSB. 141 S. 89. Halbach ZfdA. 65 S. 145. Anton Wallner.

Heinrich von Sachsen. I. *Heinricus de Saxonia de Northus*, Magister, als *physicus civitatis Argentinensis* 1328 und 1363 nachweisbar. Er hat sich mit andern damaligen Straßburger Stadtärzten an der Herausgabe einer deutschen Pestschrift beteiligt, die sich '*Schatz der Weisheit und Kunst*' betitelt. Abgedruckt im Archiv f. Geschichte der Medizin 16 S. 12—15. Vgl. auch ebenda S. 187f. und Janus 28 S. 378/79.

II. Ein anderer Mag. *Heinricus de Saxonia* stammte *de oppido Bernburg, Magdeburgensis dioecesis*, der als Straßburger Stadtphysikus 1350 nachweisbar ist. Vgl. Strohl *Topographie der Stadt Straßburg nach hyg. Gesichtspunkten gearbeitet* 1889 S. 259ff. Sudhoff.

Heinrich von St. Gallen, Magister der Artistenfakultät der Prager Universität und dort von 1371 bis 1397 in den Akten während seines Studiums und seiner Lehrtätigkeit nachweisbar; er wird um 1345/50 geboren sein. Nach dem Jahr 1397 verschwindet sein Name.

Er ist der Verfasser einer weitverbreiteten '*Passio Christi*', einer Übersetzung nach dem Lat. in dtsch. Prosa, die sich in rd. 60 Hss. nachweisen läßt; auch einige Frühdrucke dieses Werkes finden sich. Die Vorgänge werden vom Freitag vor Palmarum bis zum Begräbnis oder zur Auferstehung Christi in gemütvoller Weise geschildert, die Marter und das Leiden im einzelnen ausgemalt. Dadurch scheint die Schrift vor allem in Frauenklöstern starke Verbreitung gefunden zu haben. — Weitere Werke sind dtsch. Predigten über die acht Seligkeiten (cgm. 64 Bl. 183 u. cgm. 4882 Bl. 77), eine dtsch. Auslegung über das Magnifikat (Bamberg Ms. hist. 157 Bl. 232) und ein kurzer erbaulicher Traktat über die 'Hindernisse für einen geistlichen vollkommenen Menschen' (Nürnberg Ms. Cent. VI 43[1] Bl. 231). Ob ihm eine Predigtsammlung durch das ganze Jahr in zwei Teilen einer Karlsruher Hs. zugeschrieben werden darf, ist fraglich (Cod. Reich. 105). Lat. Schriften haben sich bislang nicht gefunden.

H. v. St. G. scheint sich, soweit man das nach dem vorliegenden Material beurteilen kann, vorwiegend der Übersetzungstätigkeit gewidmet zu haben. Die praktisch-homiletische Seite seines Wirkens ist deutlich; über seine wissenschaftliche Einstellung läßt sich kaum etwas sagen. Die Darstellung ist warm und einfach und hebt die Hauptmomente wirksam hervor. Vor Abweichungen des historisch Überlieferten und selbständigen Erfindungen scheut er nicht zurück.

W. Schmidt ZfdPh. 57 (1932) S. 233—243. E. Rooth Suolahti-Festschr. (1934) S. 471—509.

Wieland Schmidt.

Heinrich von Sax, ein Angehöriger des rheintalischen Geschlechts, wohl jener Heinrich, der seinen Vater Albert mit seinen beiden Brüdern 1256/7 beerbte. Seine Gedichte, ein Leich und vier Lieder, sind nur in der großen Heidelberger Hs. erhalten. Der Leich ist ein Tanzleich und ein gutes Beispiel dieser anmutig bewegten Gattung. Von den Liedern zeigt eines Refrain. Sie sind melodiös, aber inhaltlich wenig originell: die Minne hängt ihn, bindet ihn, röstet ihn, tötet ihn — das sind alles Gemeinplätze, die man auch anderwärts finden kann.

Bartsch *Schweizer Minnesänger* Nr. 14.

Singer.

Heinrich von Schillingsfürst. Hs. Additional 16581 des Britischen Museums, 15. Jh. (1469), ostschwäbisch, Bl. 190[a]: s. R. Priebsch *Deutsche Hss. in England* II (1901) S. 147—58. Ihm wird ein 10zeiliger Spruch beigelegt, dessen letzte 4 Zeilen aber Freidank (s. d.) entnommen sind:

Hieltt man ain yeglichs darnach es tatt,
So beliben uil an erē stat,
Seytt es aber darzü ist kōmen,
Das man den bösen heltt als den frōmen,
So mag es die lang nicht besten
Das es mit liebe müge ergen.

Darauf Freidank 67, 25—68,1.

R. Priebsch.

Heinrich von Schönensteinbach, Dominikaner u. Prediger. Schönensteinbach bei Gebweiler im Elsaß war ehemals ein Augustinerinnen-Konvent. Ende des 14. Jhs. wurde von Konrad von Preußen (gest. 1426) mit der Priorin Klara Anna v. Hohenburg dort ein Dominikanerinnen-Kloster eingerichtet, das erste weibliche der Reformrichtung. Von hier ging die Reform durch Deutschland, die Schweiz, die Niederlande. Die Schwestern huldigten mystischen Neigungen, wie aus ihren Viten hervorgeht, die handschriftlich aufgezeichnet sind in einem Ms. im Besitz des Bischofs von St. Gallen, genannt '*Buech der reformacio der clöster prediger ordens*' (vgl. Denifle ZfdA. 19 [1876] S. 479/81) und einem Auszug in der Tübinger Hs. M. d. 456, 15. Jhs., Bl. 81a—245b; ihr Vf. war Joh. Meyer (s. d.).

Beichtvater der Schönensteinbacher Schwestern war ein gewisser Heinrich (gest. 1452), der sich großer Verehrung bei ihnen erfreute. Eine Reihe Predigten sind erhalten in mgq. Berol. 191 Bl. 10a—115a. Es sind Auszüge, die aber doch die klare und kaum pathetische Sprache zeigen; mystische Anklänge finden sich seltener, als man vermuten sollte. Eine genauere Untersuchung steht bevor.

W. St.

Heinrich, der tugendhafte Schreiber. In thüringischen Urkunden von 1208 bis 1228 erscheint wiederholt der Name *Henricus Notarius* oder *Scriptor*, und zwar an bevorzugter Stelle. In dem ältesten Teile des Gedichtes vom 'Wartburgkrieg' (s. d.) nimmt einer das Wort, der sich den tugendhaften Schreiber nennt: *ich tugendhafter schrîber trit im zuo mit kampfes gir* (3,2); spätere Chroniken geben diesem den Vornamen Heinrich. Unter dem Namen des tugendhaften Schreibers bringt die Handschrift C zwölf Gedichte, von denen das zwölfte allerdings mit den ersten elf nichts zu tun hat; es steht in der Jenaer Handschr. unter denen des Stolle (s. d.), und dahin gehört es auch seiner Art nach: es ist schon ein mehrstrophiges Spruchgedicht, in dem Gawein mit dem hofkundigen Kei sich über die Frage unterhält, wie man bei Hofe zu Erfolg kommt.

Zwischen den elf Liedern des tugendhaften Schreibers, die ihm bleiben, und jenem *Henricus scriptor* sind die Fäden etwas dünn, aber immerhin ist die Beziehung nach Thüringen deutlich, und der in doppelter Überlieferung auftretende Name sieht doch wie ein einmaliger Beiname aus. Die Lieder selber haben weniger Persönliches an sich; sie spielen um das Thema Minne ohne starke eigene Züge.

HMS. II 148—153; IV 463—468. LD. Nr. XXIV.

G. Rosenhagen.

Heinrich von Steinheim, Meister. Hs.Additional 16581 des Britischen Museums, 15. Jh. (1469), ostschwäbisch, Bl. 170ᵃ; s. R. Priebsch *Deutsche Hss. in England* II (1901) S. 147—58. Ihm wird zugeteilt der Spruch: *Maniger mir die straß wertt* usw. (= Freidank 135, 16—17).

R. Priebsch.

Heinrich von Stretelingen. Minnesinger aus vornehmem schweizer Geschlecht, dessen Stammschloß am Thuner See lag. In der Festsetzung des Dichters schwankt man zwischen Heinrich II., 1250 — 1263 nachweisbar, und dessen Sohn Heinrich III., der von 1258 bis 1293 bezeugt ist, und von dessen übermütigem und verschwenderischem Treiben die Stretelinger Chronik erzählt. Seine drei Lieder haben inhaltlich wenig Eigenes, formal sind sie sehr gewandt. Zwei von ihnen verwenden den Refrain, von denen der eine die Stimme der als Bote ausgesandten Nachtigall lautmalend wiedergibt.

Große Heidelberger Liederhs. *C* (Universitätsbibliothek Heidelberg Cod. Germ. Pal. 848, Bl. 70ᶜ—71ᵇ, mit Bild). Naglersche Bruchstücke *Ca* (Berliner Bibliothek ms. germ. 4⁰ 519, Bild). F. Pfaff *Die große Heidelberger Liederhs.* I 1909, Sp. 201—203. Bodmer *Sammlung von Minnesingern aus dem schwäbischen Zeitpunkte* 1758 I S. 45f. HMS. I 110f.; III 596; IV 116f. B.-G. Nr. 61, S. LXXV, 269f. J. Baechtold *Die Stretelinger Chronik* (Bibl. älterer Schriftwerke der deutschen Schweiz u. ihres Grenzgebietes Bd. 1) 1877, S. VII—XXVI (reproduziert auch das Bild der Naglerschen Bruchstücke). K. Bartsch *Die Schweizer Minnesinger* 1886, Nr. 9, S. LXIX bis LXXV, 106—109. F. Pfaff *Der Minnesang des 12. bis 14. Jahrhunderts* (DNL. 8, 1) S. 202f. (= I). — K. Bartsch *Urkundliche Nachweise zur Geschichte der deutschen Poesie 4*, Germ. 9 (1864) S. 147f. F. Grimme *Die Schweizer Minnesänger* 5, Germ. 35 (1890) S. 315—317. R. M Meyer ADB. XXXVI (1893) S. 575f.

Elisabeth Karg.

Heinrich der Teichner.

1. Überlieferung. Eine Übersicht über die Gedichte des T.s und die gesamte hsliche Überlieferung ist ZfdA. 68 S. 137ff. und 69 S. 145ff. zu finden[1]). Dort sind 14 Teichnersammelhss. verzeichnet und dazu 27 Mischhss., die verstreut einzelne Teichnergedichte überliefern. 747 Gedichte sind aufgezählt, darunter nur 3, die bloß bruchstückweise überliefert sind (Nr. 696, 697, 746). 97 von diesen Gedichten — fast 10000 Verse — sind bisher gedruckt; aus vielen andern hat Karajan Proben mitgeteilt.

Unter den Hss. ist nur eine Pergamenths., M, das Leningrader Bruchstück aus der 2. Hälfte des 15. Jhs., ein Doppelblatt oktav, das zwar nur 83 Verse bietet, aber einer Hs. von wenigstens 200 Blättern mit über 8000 Versen entstammt. Des T.s Gedichte sind früh gesammelt worden; welchen Anteil er selbst daran hatte, ist noch nicht festgestellt; die ältesten uns erhaltenen Sammelhss. sind jedenfalls noch zu seinen Lebzeiten geschrieben: A in Österreich, E in Augsburg[2]). Jede der 14 Sammelhss. mit Ausnahme von E und M bietet Gedichte, die anderweitig nicht überliefert sind.

Völlig offen ist noch die Frage, ob einzelne der 747 Gedichte die Teichnerschlußzeile *Also sprach der Teichnær* zu Unrecht tragen. Die Gefahr solcher Fälschung liegt recht nahe. Die Hs.O hat zwar zwischen Hunderten von Teichnergedichten eins — bei dem der Schreiber zugleich der Dichter war — richtig mit der Schlußzeile *Also redt Conrat Bolstatter* (s. d.) erhalten, und auch bei den zehn Gedichten des Teichnerschülers Heinrich Kaufringer (s. d.) ist die Schlußzeile *Also redt Heinrich Kaufringer* in Ordnung; aber die vier andern bestimmt nichtteichnerschen Gedichte in O führen zu Unrecht die Teichnerschlußzeile[3]). Im Münchener cgm. 713 schließt Peter Smihers (s. d.) 'Student zu Prag' *Also hat geredt meister teichner;* im cgm. 5919 folgt auf die Teichnergedichte Nr. 29 und 748 ein nichtteichnerisches mit dem Schlusse *Also spricht der teichsner*[4]). Wenn nichtbairische Hss. das *ei* seines Namens

---

[1]) Nachgetragen sei, daß auch Gedicht Nr. 422 schon gedruckt ist: ZfdA. 48 S. 16.

[2]) Neben der Gruppe der bairisch-österreichischen Teichnerhss. zeichnet sich überhaupt eine ebenso alte Augsburger Überlieferung deutlich ab (Hss. EGOP, cgm. 379 und 270, L und die beiden Heidelberger Hss. cpg. 313 und 314). Der Export der Teichnergedichte aus Österreich nach Augsburg hängt aber wohl mit den politischen Beziehungen zwischen Österreich und Schwaben zusammen. Daß H. d. T. persönliche Beziehungen zu Augsburg gehabt hätte, dafür haben wir keinen Anhalt.

[3]) Vgl. ZfdA. 68 S. 148.

[4]) Vgl. Keller *Verzeichnis altd. Hss.* (hsg. von Sievers) S. 68f.

als *i* schreiben, so ist über die Form *Tichtnær* hinweg[1]) der Übergang zu *dichter* möglich. So gibt die Freiburger Hs. den beiden Gedichten Nr. 163 und 555 den Schluß *Also spricht* (*sprach*) *diser* (*der*) *dichter*. Wer weiß also, ob nicht auch in Val. Holls Hs. bei dem Gedichte '*Von gaylin der vaßnacht töchtern*'[2]) in der Schlußzeile *Also redt auch der dichter* an H. d. T. fälschlich gedacht war? Und die 1530 von Martin Ebenreuter geschriebene Hs. (Berlin, Staatsbibl. Ms. Germ. Fol. 488) geht so weit, daß sie die vier dem Teichnergedicht Nr. 480 vorangehenden Stücke mit den Schlußzeilen *Also sprach (spricht) der deigner (deichner, teichner, tiechter)* versieht.

Teichnergedichte unter fremden Verfassernamen kommen wenig vor: Das Gedicht Nr. 364 von der 'Frau mit der Roßhaut' schreibt Val. Holls Hs. dem Hans Raminger (s. d.) zu[3]), und der Teichnerspruch Nr. 555 hat in einer Straßburger Hs.[4]) die Schlußzeile *Also ret der alt moringer*.

Der so oft im 19. Jh. dem T. zugeschriebene Cisiojanus *Besniten ist daz kint*...[5]) hat nur in einer einzigen Hs. des 15. Jhs. (Donaueschingen, Fürstl. Fürstenbergische Hofbibl. Mscr. 103) die Überschrift *Daz ist dez Teichner Kalender*; sonst fehlt in der hslichen Überlieferung jeder Hinweis auf einen Verfasser. Wohl gehört dieser Cisiojanus kalendarisch dem Gebiete des Bistums Salzburg an, aber ihn H. d. T. zuzuschreiben sind wir nicht berechtigt[6]). — K. Geuthers letzten Endes wohl auf! v. d. Hagen-Büschings *Grundriß* S. 411 zurückgehender Versuch[7]), das Gedicht *Ich kam zu ainer frawen zart*...[8]) für den T. in Anspruch zu nehmen, hat keinerlei Wahrscheinlichkeit für sich, ebensowenig Franz Hackers Vermutung, daß zwei in der Weimarer Hs. Q. 564 dem Teichnerspruch Nr. 555 unmittelbar benachbarte Gedichte ebenfalls dem T. zugehören könnten[9]).

2. Name. Des Dichters Vorname ist vor allem durch Peter Suchenwirt bezeugt (vgl. unten Sp. 342), dann aber auch durch die Hs. C, die ihn meist in die Teichnerschlußzeile einfügt, aber auch im Register (vorn innen auf der Papierbeklebung des Einbanddeckels) nennt. Der T. selbst erwähnt seinen Vornamen nie, man müßte denn in dem Gedichte Nr. 597 den Knecht Heinrich, der seinen weisen und gewaltigen Herrn wegen seiner Trunkenheit ermahnt, für den T. selbst ansehen. Als *der Teichnær* nennt sich der Dichter selbst nicht nur in den Schlußzeilen aller seiner Gedichte (von dem einen 'Gespräch mit der Weisheit' Nr. 747 abgesehen), sondern auch im Innern einiger Gedichte (so bei Nr. 14, 406, 687, 747). Die Namensform ist einwandfrei überliefert; das *-ei-* darin entspricht altem *-î-*. Karajan erwägt fünf Möglichkeiten der Deutung des Namens: Büßer, Schleicher, Hüttenmann, Teichgräber und Hersteller von Brunnen- und Wasserleitungsröhren. Ein Ort Teichen oder Teichel ist, von Mitteldeutschland abgesehen, nicht vorhanden. Vielleicht konnte aber auch ein aus dem Tal des Teichl- oder Teichelbaches Stammender den Namen *Teichelær* und *Teichnær* tragen? Dieser Bach entspringt nordwestlich von Admont an der Grenze zwischen Oberösterreich und Steiermark und fließt nach Norden ab; nach Aufnahme des Steyrling heißt er Steyr und mündet bei dem Orte gleichen Namens in die Enns.

3. Heimat. Kaum mehr als 50 km süd-

---

[1]) So schreibt — wenn auch nicht ausschließlich — die Hs. G.

[2]) Bl. 80a von Val. Holls Hs.; gedruckt: Keller *Erzählungen aus altdt. Hss.* S. 658.

[3]) Vgl. Keller *Verzeichnis altd. Hss.* (hsg. von Sievers) S. 101. V. Michels '*Studien zu den ältesten deutschen Fastnachtsspielen*' (QF. 77) S. 161 glaubt dieser einen unter 10 Hss. Der in Val. Holls Hs. unmittelbar daneben stehende 'Bürger im Harnisch' (gedr. Keller *Erzähl. aus altd. Hss.* S. 197) ist stofflich eng mit den Teichnergedichten Nr. 364 und 365 verwandt; seine beiden Eingangszeilen stimmen zu Rosenplüts (s. d.) 'Hasengeier'. Ob er zwischen H. d. T. und Rosenplüt oder unter die Nachahmer Rosenplüts einzuordnen ist, bleibt noch zu untersuchen (vgl. Michels a. a. O. S. 144 Anm. und Franz Brietzmann *Die böse Frau* [Palaestra 42] S. 186).

[4]) Vgl. AfdA. 45 S. 23 Anm. 3.

[5]) Gedruckt: J. C. v. Fichards Frankfurtisches Archiv für ältere deutsche Litteratur und Geschichte 3 (1815) S. 212; ZfdA. 24 S. 132; Germ. 21 S. 341; K. Pickel *Das hl. Namensbuch des Konrad Dangkrotzhein* 1872 (Elsäss. Literaturdenkmäler Bd. I) S. 61.

[6]) Denn es würde die Beweislast zu Unrecht völlig verschieben, wenn man die bündige Widerlegung einer Hypothese verlangte, die etwa behauptete, alles was in diesem „Gedichte" an Stil, Metrik, Reim, auch an der hslichen Überlieferung zu den unbestrittenen Teichnergedichten nicht passe, erkläre sich aus dem ganz abweichenden Inhalte, und die Überschrift in der Donaueschinger Hs. beruhe auf einer guten alten (mündlichen?) Tradition.

[7]) K. Geuther *Studien zum Liederbuch der Klara Hätzlerin* 1899 S. 65—68.

[8]) Gedruckt: Haltaus *Liederbuch der Hätzlerin* Nr. 3 S. 122.

[9]) Franz Hacker *Die Weimarer Liederhs. F.*, PBB. 50 S. 355.

südöstlich von der Quelle des Teichlbaches liegt die einzige Gegend, deren genauere Kenntnis der T. in seinen Gedichten verrät: Das Gedicht Nr. 686 'Vom Wams' kennt die Gaal, den Burggrafen dort, das westlich vom Gaaltal gelegene St. Oswald und die Anhöhe, die auf dem Wege dorthin nur mit kräftigem Vorspann überwunden werden kann. Wer das Teichltal aufwärts nach Süden den Übergang ins Ennstal gefunden hat, den trennt nur noch eine Talwanderung von St. Oswald. Und wenn der T. Legenden und Heilige nur recht spärlich erwähnt, so wird der hl. Oswald auffallend oft genannt! — Den Beinamen *der Teichnær* könnte der Dichter schon von seinem Vater geerbt haben. Genauer als ,,bairisch-österreichisch" ist seine Sprache vorläufig nicht zu bestimmen; man mag anmerken, daß die auffälligste seiner Reimbindungen, die von *ou*: *æ*, sich auch in Ottokars (s. d.) 'Steirischer Reimchronik' häufig findet. Jedenfalls bezieht sich der T. überall in seinen Gedichten auf österreichische Zustände. Selbst das benachbarte Baiern wird kaum genannt (vgl. unten Sp. 338). Er spricht wohl davon, daß er die Lande durchfahren habe (Gedicht Nr. 578 v. 2). Doch kennt er den Schwarzwald zugegebenermaßen nur vom Hörensagen (Karajan Anm. 291a). Was er gegen die neu aufkommende *reinischait*, also gegen rheinische und schwäbische Mode und Tracht, wettert, ist nur aus österreichischer Perspektive gesehen. An Donaustädten nennt er Linz (nur mit Namen), Wien und als Ende der Welt, als Ziel des Auswandererschiffes (Gedicht Nr. 544), Ofen[1]). Einmal erwähnt er den Wienerwald, zweimal berichtet er, daß er selbst in Wien gewesen sei; doch deuten beide Gedichte (Gedichte Nr. 355 u. 545) mehr auf vorübergehenden als auf dauernden Aufenthalt daselbst; zum Mindesten sind sie an Zuhörer gerichtet, die nicht in Wien leben; ein *hie ze Wienne* o. ä. findet sich beim T. nirgends. Doch ist nicht unwahrscheinlich, daß er schließlich seinen Lebensabend dort verbracht hat. Dort ergab sich am leichtesten jene persönliche, wenn auch künstlerisch nicht zur Auswirkung gelangte Berührung mit Peter Suchenwirt, wie sie aus dessen Nachruf auf H. d. T. hervorleuchtet. Und wir haben keine Veranlassung, Ladislaus Suntheims Zeugnis anzuzweifeln, der um 1500 in einer Beschreibung der Stadt Wien sagt: *Der gut tichter genannt der Teichner ligt begraben zu sand Colman* (F. Pfeiffer Germ. 1 S. 375ff.).

4. Lebenszeit. Der T. erwähnt nirgends die heftigen Kämpfe zwischen Ludwig dem Baiern und dem Papsttum; unmittelbaren Eindruck der Pestnot spiegelt keins seiner Gedichte. Vom Schisma sagt er nichts; undenkbar, daß er von ihm geschwiegen hätte, wenn er es erlebt hätte. Dazu stimmt, daß Peter Suchenwirts Nachruf auf den T. zwischen 1372/73 und Ende 1378 zu datieren ist[2]). Genaueren Anhalt geben die Gedichte Nr. 580, 678, 690 und 745. Nr. 580 gehört in die Zeit nicht allzulange nach 1358, denn es sind (v. 9) seit der großen Pest *ieczue mer dan czehen jar* vergangen. Nr. 678 hängt wohl damit zusammen, daß Herzog Rudolf IV. in dem neuen Stadtrechte für Wien vom 20. Juli 1361 alle Freistätten aufhob. Nr. 690 erwähnt (v. 41) den *sechsten nucz*, den der Papst jetzt von der Geistlichkeit einfordere, entstammt also dem Anfang der 60er Jahre. Gedicht Nr. 745 sagt v. 73ff.: *Wer ich ein so getaner man Sam herczog stephan Oder herczog albrecht... Ich wölt den pawrn ir pårt schern.* Stephan II. regierte vom 11. Oktober 1347 an mit seinen Brüdern gemeinsam, vom 13. September 1349 ab mit nur zwei Brüdern zusammen und erhielt am 3. Juni 1353 bei einer Teilung Baiern-Landshut als alleiniger Herrscher; er starb am 19. Mai

[1]) Die Hs. E bietet statt Ofen sogar *slanckmund*, Slankamen am Einfluß der Theiss in die Donau.

[2]) So J. Seemüller *Chronologie der Gedichte Suchenwirts*, ZfdA. 41 S. 193ff., vor allem 222f.; in seiner *Deutschen Poesie*... S. 36 gab Seemüller noch etwas bestimmter an: ,,mit großer Wahrscheinlichkeit entweder in das Jahr 1377 oder zwischen 1372/73 und 1377 und zwar näher dieser Grenze als jener." Jedenfalls ist damit sein eigener Ansatz ADB. XXXVII S. 544 verbessert und auch das überholt, was K. Euling AfdA. 24 S. 298f. sagt.

1375. Albrecht von Österreich kann Albrecht II. (regiert 1339—20. Juli 1358) oder Albrecht III. (regiert 1365—29. August 1395) sein. Das Gedicht gehört also in die Jahre 1353—58 oder 1365—75. Da es die „Rheinischheit" schilt, die nach andern Quellen um 1350 aufkommt (für Österreich fehlen leider Nachrichten), so ist die erstere Zeitspanne wahrscheinlicher. Alles andere, Erwähnungen von Preußenfahrten (Karajan S. 94) oder von Unfrieden zwischen Landesfürsten und Rittern (ebd.; Gedicht Nr. 508), gibt keinen festen Anhalt. Ein so markantes Ereignis wie die Fahrt des Auswandererschiffes von Linz nach Ungarn (Gedicht Nr. 544) ist uns zeitlich leider nicht bestimmbar. Alle Versuche, für Teichnergedichte eine Entstehungszeit vor 1350 wahrscheinlich zu machen, sind bis jetzt gescheitert. Der Satz *Do chünich Fridreich lebt gesunt* (Gedicht Nr. 229) ist sinnvoll nicht nur vor dem Todesjahre Friedrichs des Schönen (Karajan S. 91), sondern auch noch später, solange man wußte, daß er seine letzten Lebensjahre (1328—30) gelähmt auf der Burg Guttenstein verbracht hatte; und diese Erinnerung kann jahrzehntelang fortgelebt haben. Und ebenso können die Erinnerungen an die Kämpfe vor Padua (1319—24), mit denen bäurische Knappen prahlen (Seemüller *Dt. Poesie* S. 36), auf Wirtshauserzählungen längst eisgrau gewordener alter Krieger beruhen.

So umfaßt die Spanne der Jahre, für die wir des T.s Dichtertätigkeit nachweisen können, nicht die Zeit von 1330—75, sondern engt sich ein auf ein oder anderthalb Jahrzehnte zwischen 1350 und 1365. Die beiden ältesten Hss., von denen E bestimmt, A höchst wahrscheinlich schon den 60er Jahren angehört, bieten bereits 519 von insgesamt 747 Teichnergedichten.

Wir haben uns den T. um 1350 als Vierziger, bei seinem Tode als hohen Sechziger vorzustellen. So tritt er uns entgegen nicht nur in dem, was er über seine grauen Haare, über körperliche Beschwerden, über Heiratsgedanken verrät, sondern auch in Temperament, Erfahrung und Weltweisheit. Der Fünfzigjährige steht nach seiner Meinung auf der Höhe seiner Kraft (Karajan Anm. 11); er klagt aber auch über das Absinken der Kraft, über Altersbeschwerden und Schmerzen am Haupt, am Herzen und am ganzen Körper (Gedichte Nr. 576 u. 578; Karajan Anm. 12 u. 13). Der ganz vereinzelt stehende übermütige Schwank 'Vom Wams' (Gedicht Nr. 686) mag in seine früheste Zeit gehören. Doch wer will sagen, ob nicht aus Neidhartanklängen (Haupt *Neidhart von Reuenthal* 1858 S. 238, 43ff.) und Jugenderinnerungen heraus der an Jahren gereifte T. noch einmal jung wurde, so wenig das sonst seine Art ist? Ein anderes Mal hat er jedenfalls eine Geschichte von solch einem 'Wams' bedeutend lehrhafter behandelt (Gedicht Nr. 145). Daß sich die Hauptmasse seiner Dichtung auf eine verhältnismäßig geringe Zahl von Jahren zusammengedrängt habe, ist technisch nicht unmöglich; denn er scheint fortlaufend gedichtet zu haben, sogar während er mit gebrochenem Bein zu Bette lag; und ganz besonders ärgerlich ist ihm bei dem Prozesse gegen seine heiratswütige Pflegerin, daß er volle drei Wochen dadurch nicht zum Dichten kam (Gedicht Nr. 545).

5. Lebensverhältnisse. Auf die drei von Gott geschaffenen Stände, auf Bauern, Ritter und Pfaffen beschränkt sich des T.s Gesichtskreis. Die hohe Politik, Kaiser und Papst, Reich und Landesfürsten spielen für ihn kaum eine Rolle. Ausgesprochen städtische Verhältnisse schildert er nicht. Mit Bestimmtheit ist negativ festzustellen: Er war kein Geistlicher und kein Mönch und stand auch nicht —zum mindesten nicht in seinem Mannesalter — im Hofdienste bei einem ritterlichen oder fürstlichen Herren. Beides bestätigt Peter Suchenwirt. Seine Zuhörerschaft ist nicht geistlich und nicht höfisch oder ritterlich. Er bittet nicht seine Zuhörer um Gaben, sei es Geld, sei es Wein; Wirtshäuser besucht er überhaupt nur mit Maß. Nirgends deutet er an, daß er vom Ertrage seiner Dichtkunst lebe, wenn er auch sagt, er könne viermal reicher sein, wenn er nur die Welt und ihre Torheit lobe (Gedicht Nr. 693) — darin

steht er in unausgesprochenem Gegensatz zu Peter Suchenwirt. Doch findet sich auch bei ihm kein Wort davon, daß er sein täglich Brot im Schweiße seines Angesichts mit seiner Hände Arbeit schaffen muß. Die Streitfrage, ob Ehre oder Pfennig höher zu schätzen sei, entscheidet er wie einer, der mit weltlichem Gut immerhin auskömmlich versorgt ist. Peter Suchenwirt erwähnt seine Spenden für Kirchen, Spitäler und Arme. Der T. lobt im 'Gespräch mit der Weisheit' (Gedicht Nr. 747 v. 938ff.) den Vater, der seinem Sohn einiges Hab und Gut hinterlassen kann, ihn aber doch auch etwas Ordentliches lernen läßt für den Notfall, daß das Gut verloren gehe; vielleicht hat sein eigener Vater so gehandelt. Von seinen Eltern allerdings spricht er nicht ein Wort, auch nicht von Geschwistern oder Geschwisterkindern. Er ist ungesellig im Grunde, nicht menschenscheu und nicht menschenfeindlich. Die Ehe, die wahre, auf Liebe und Ehre gegründete, preist er immer wieder aus vollem Herzen, aber... Frauen ohne Zucht und Scham gibt's übergenug; die Frau, die er nehmen würde, müsse er erst auf ihr Benehmen am Faschingstage hin prüfen[1]). Kurz, er hat die Ehe so gründlich bedacht, daß er nie dazu kam, diesen ernsten Schritt zu tun; und als ihm, dem Beinbrüchigen, seine Pflegerin zu Wien mit mehr als sanfter Gewalt zur Ehe verhelfen wollte, hat er sich seine Freiheit vor den Schranken des Gerichts erkämpft (Gedicht Nr. 545).

6. Charakter. Peter Suchenwirts Nachruf[2]) ersetzt Hunderte von Belegstellen aus des T.s eigenen Werken: ... *Der tugenden schatz begraben leit Hie in des todes tzymmer; Den solten chlagen ymmer Priesterschaft und werden weib. Er hat mit cheusche seinen leib Untz an sein end behalten. Geistlicher weishait walten Begund er fur der welde spot. Im liebet in dem hertzen got Für alle weltleich er. Sein rat, sein weise ler Ist in der welde garten Gesät mit worten tzartten Der welt ze trost, got ze lob. Mit gueten siten swebt er ob Allen, di getichtes phlegen. Spil, lueder lies er under wegen; Swern, schelten, pose wort Wart nie chains von im gehort; Waz den ern nicht an tzam, Dar auf het er vorcht und scham. Got furchten und minnen In hertzen und in sinnen Von gewonhait er nicht lie. Dez morgens, wenn der tag her gie So waz ze dienst er berait Mit gantzes hertzen innerchait Got und aller engel schar, Untz alle mezz ein ende gar In gotes dienst namen. Er chund nicht anders ramen Wenn daz got und der sel tzam. Gotleich er und weltleich scham Liebt im in dem hertzen Für üppig schimphen, schertzen. An ezzen, trinchen mäzzig, Untugenden gar gehezzig Waz er tzu allen stunden. Sein mund wart nie funden Mit smaichen noch mit liegen. Er chund nicht herren triegen Durch alte wat, durch swache miet. Waz im vil manich lerer riet, Als uns di ewangeli sagen, Daz chund er ie in churtzen tagen Der welde bringen wol tze guet Mit chunsten und mit senftem muet Wann er ein slechter lai was Der nie chain schrift gelert noch laz, Und hat materig tzu deutsch erpracht, Die einem glerten nicht versmacht Hiet in der grammatica: Slechtleich nain, slechtleich ia! Waz im got hat ie beschert, Daz wart nicht üppichleich vertzert: Spital, chirichen nam er war Und tailt ez mit der armen schar In gotes lieb mit milter hant. Maria, mueter, wis gemant Der lieb, die er tzu dier het Mit warten, wachen, mit gepet! Geruech sein sel begnaden... ...! O Teichner, piderber Hainreich, Dein leben waz rain und guet. Dez werd die sel dein behuet Vor haizzer helle flammen! Durch got nu sprecht: Amen!*

Uns bleibt übrig, einige Linien etwas stärker herauszuarbeiten, die in Suchenwirts Zeichnung recht fein gezogen sind. Er redet von des T.s *worten tzartten* und davon, daß *pose wort* von ihm nie gehört wurden. H. d. T. ist kein scharfkantiger, eckiger Charakter, nicht von loderndem Zorn und flammender Entrüstung getrieben. Er ist kein Bußprediger, kein Satiriker, kein politischer Flugblattkämpfer. Er ist weltweise, milde, duldsam; nicht abgeklärt (in ihm ist wohl nie viel Gärendes gewesen), nicht durch Not und Er-

[1]) So in zwei Gedichten, fast wörtlich übereinstimmend; vgl. Karajan Anm. 176.

[2]) Peter Suchenwirts Werke (hsg. von Aloys Primisser) Nr. XIX S. 64f.: *Daz ist di red vom Teichner.*

fahrung herangereift. Die liebenswerte Schwäche seiner Art empfindet Peter Suchenwirt und jeder, der des T.s Gedichte liest. Scharfen Konflikten geht er nicht einmal aus dem Wege, sondern ist einfach unfähig, sie in ihrer ganzen Schärfe zu erfassen. Nichts ist für seine „konziliante" Art so kennzeichnend wie das Gedicht Nr. 364 von der 'Frau mit der Roßhaut': Die unsinnige Hoffart der Frau und die Tötung des edlen Rosses könnten einen tragischen Untergrund schaffen wie in Boccaccios Falkennovelle, oder alles könnte auf eine „Frauenzucht" derbster Art hinauslaufen. Aber der Herzog kauft dem Ritter ein neues Roß und der Frau ein Gewand, so schön wie das der Herzogin!

Von Natur ist der T. friedfertig. Er rät zum *überhœren*, zum *vertragen;* den Anschein der Feigheit scheut er dabei nicht. Die Wahrheit steht ihm aber hoch über allem; die Lehre, *mit vürgedenken* zu reden, um nicht auf ein rundes Ja oder Nein festgelegt zu werden[1]), hat er für seine Person nicht befolgt. Jedes Übermaß scheut er; selbst Weisheit und Tumpheit sollen gemischt sein wie Wasser und Wein. Die ständische Ordnung ist ihm gottgewollt; er ist für Kleiderordnungen; bemerkenswert ist allerdings seine „bürgerliche" Auffassung vom Wesen des Adels (vgl. Karajan S. 161f.). Das Heraustreten aus dem von Gott zugewiesenen Stande nennt er „Üppigkeit"; bei Bauern und Frauen ist sie ihm vor allem ein Greuel, und so maßvoll er sonst die Worte wählt, so scharf spricht er von Fasching und „Rheinischheit" (vgl. Gedicht Nr. 745 v. 1).

Einzelne Personen greift der T. nicht an; er will nur allen einen Spiegel vorhalten, und zwar so, *daz ez nieman zoren tůt* (Gedicht Nr. 319). Darum erscheinen in seinen Gedichten so wenig Namen von Zeitgenossen. Der betrügerische Schmied Berchtold (Gedicht Nr. 660) weilte sicher nicht mehr unter den Lebenden oder war den Zuhörern unbekannt; denn solche Zurückhaltung ist bei dem T. Grundsatz (Gedicht Nr. 319; vgl. Karajan Anm. 192 u. 127).

[1]) Das empfiehlt er im Gedichte Nr. 607.

Zu der kirchlichen Gesinnung des T.s steht seine Duldsamkeit gegen Juden und Heiden nicht im Widerspruch; er will sie nur ohne Gewalttat behandelt wissen; gegen Ketzer billigt er äußerste Schärfe. Wenn er die Pfaffen so viel schilt — Pfaffen und Frauen! —, so entspringt das der hohen Verehrung, die er dem Ideal gegenüber empfindet. Vor allem in der einen Kernfrage vom Wesen des Priesters ist sein Standpunkt kirchlich einwandfrei. Er versteigt sich sogar zu der Behauptung, wenn er in der Kirche Messe und Predigt höre und draußen auf dem Kirchhof Gott in eigener Person erscheine, werde er doch in der Kirche bleiben; denn Gottes Leib und Wort seien ihm drinnen genau so nah und gegenwärtig wie unmittelbar vor Gottes Angesicht (Karajan Anm. 89).

7. Bildung, Kenntnisse und Quellen. Daß H. d. T. lesen und schreiben konnte, bezeugt er selbst mehrfach. Wir tun wohl recht, wenn wir ihn uns wie Hans Sachs vorstellen, seine Gedichte säuberlich aufschreibend, mit einem leisen Stolz auch auf ihre große Zahl[2]). Von seiner Schulbildung sagt er[3]): *Ainer spricht, ich han gelesen In der schull und sey gelart So ret ainer dw widervart Ich sey ein lay an all geschrift*[4]). Beide hätten recht: *Ich pin gelert und auch nicht Von natur ich gelert pin Und von got, der geit mir sin. Auer nach den puechstaben Pin ich aller chunst beschaben. Also pin ich gelert und nicht...* Deutlich ist der Anklang an Wolframs (s. d.) 'Willehalm' 2, 19—22[5]), aber auch der Unterschied. Der T. bezeichnet sich als Autodidakten *nach den puechstaben*, d. h. doch wohl in der eigentlichen gelehrten Bildung (ob auch in den elementaren Fertigkeiten des Lesens und Schreibens, bleibe dahingestellt). Was er und Peter Suchenwirt

[2]) Die ältesten Teichnerhss. geben — abweichend von den sonstigen Sammelhss. des 14. und 15. Jhs. — gern die Schlußsumme der in ihnen enthaltenen Gedichte an: A *funfthalhund't vnd XIII*, E *LXXVIII Theichn'*, H *LXXXXIIII Teichn'*.

[3]) Gedicht Nr. 452, Karajan Anm. 56.

[4]) Unter den Letzteren ist Peter Suchenwirt.

[5]) Vgl. Schwietering *Die Demutsformel bei den mhd. Dichtern* (Abhandl. der Gött. Ges. d. Wiss., philol.-histor. Klasse Neue Folge VII, 3) 1921 S. 47.

geschrift nennen, ist wohl Lateinisches; denn Latein konnte er nicht[1]). Wo man im 'Gespräch mit der Weisheit', seinem buchmäßigsten Gedichte, lateinische Formeln durchklingen zu hören glaubt, stand ihm wohl ein theologischer Berater zur Seite. Solch einem verdankt er wohl auch die Kenntnis des '*Processus beatae Mariae virginis*'[2]). Deutschen Übersetzungen verdankt er gewiß viel, und so nennt er als Gewährsmänner Aristoteles, Seneca, Ambrosius, Hieronymus, Gregorius, Anselm, Bernhard, vor allem Augustin, zweimal auch Berthold von Regensburg (s. d.). Er kennt auch *ein rechtbuch, eine chronik, der Romer puech* (die '*Gesta Romanorum*') und der *vater puech*, dazu Legendenstoffe und viele Fabeln, vor allem aber Sprichwörter; er hatte seinen Freidank (s. d.) gut im Kopf und zitiert ihn immer wieder. Wie viel sein großes Marienlob (Gedicht Nr. 437) Konrads v. Würzburg (s. d.) 'Goldener Schmiede' verdankt, ist noch zu untersuchen[3]). Sonst ist der T. ausgesprochen unliterarisch. Was er von Alexander und von Aristoteles' Liebestorheit weiß, braucht nicht auf Lamprecht (s. d.) oder den Schwank von 'Aristoteles und Phyllis' (s. d.) zurückzugehen. Von ritterlich-höfischer Dichtung sagt er nur, sie handele von Rittertat und nicht von Wirtshausbrüdern; was er von Parzival und Gamuret weiß, beweist nicht unbedingt Kenntnis von Wolframs Werk[4]). Volksepos und Heldensage erwähnt er nicht ein einziges Mal; als Riese liegt Samson seinen Gedanken näher als die Gestalten der deutschen Sage (Karajan Anm. 24 u. 25). Wenn er den hl. Oswald auffallend oft erwähnt, so spielen dabei wohl Jugenderinnerungen eine Rolle (vgl. oben Sp. 337); ob er freilich nur den Stoff oder auch eins der deutschen Gedichte kannte, bleibt fraglich.

Wer üppige Bauern schilt, kennt als Österreicher selbstredend Neidhart (s. d.); der T. nennt ihn einmal, außerdem einmal Engelmar; und die Gestalt des 'Wamses' (Gedicht Nr. 145 u. 686) ist ja in einer der ältesten unechten Neidhartstrophen vorgebildet (vgl. oben Sp. 340). Von den Gedichten des sogen. Seifried Helbling (s. d.) kennt er im Wortlaut zum mindesten eins, das von bäurischen Knappen handelt, und spielt in zwei Gedichten darauf an[5]). Nicht erkennbar ist unmittelbare Beeinflussung durch Peter Suchenwirt (s. d.). Vom Stricker (s. d.) jedoch, der dem T. seiner ganzen Art nach nahesteht, findet sich das Bispel von der naschhaften Katze[6]) vollständig (mit Ausnahme der Verse 17f. und 27f.) als Einlage in des T.s Gedicht Nr. 37.

Die Gelehrsamkeit des T.s stammt aber nicht nur aus Büchern und mündlicher Belehrung, sondern auch aus eigenem Nachdenken und Grübeln. Die Wörter *besinnen, bedenken, betrahten* spielen bei ihm eine große Rolle. So macht er sich Gedanken über den Unterschied von *sålde* und *glůck* (Gedicht Nr. 259 u. 622) oder von *weishait, chunst* und *besichtichait*[7]). Lebendige Wechselwirkung mit dem Hörerkreis lieferte oft genug Fragen, für die im theologischen Schrifttum keine fertig formulierte Antwort vorlag. Öfter auch beklagt der T. die Verwirrung, in die ihn sich widersprechende Meinungen von Meistern und Predigern versetzen. Nicht überall, wo der T. sich in zwei Gedichten widerspruchsvoll äußert, haben wir eine Weiterentwicklung seiner Ansichten von der Unvollkommenheit zu größerer Vollkommenheit anzunehmen. Seiner Natur entspricht es, einer Frage wie dem uralten Streite zwischen Herbst und Mai mehr als eine

[1]) Gedicht Nr. 7; Karajan Anm. 22.

[2]) Gedicht Nr. 438: *Mir cham für, dez ist nicht lanch Vnser frawen fürganch.*

[3]) Die Hs. F überliefert Konrads und des T.s Gedicht unmittelbar hintereinander. Konrads 'Goldene Schmiede' ist das einzige nichtteichnersche Gedicht in F.

[4]) Über die eine Stelle aus Wolframs 'Willehalm' siehe oben Sp. 344.

[5]) Gedicht Nr. 134 und 682; vgl. Karajan S. 108 und Anm. 37.

[6]) Hahn *Kleinere Gedichte von dem Stricker* Nr. I; Goedeke MA. S. 644.

[7]) Gedicht Nr. 747 v. 533; Augustin von Hamerstetten (s. d.) setzt in der Hs. F an den Rand die wohl im Hintergrund der Erörterung stehenden lateinischen Wörter *sapientia, scientia, prudentia.*

Antwort abzugewinnen. Es gehört auch nicht a priori alles Frische und Frohe seiner Jugend, das Gedämpfte und Trübe dem Alter. Wirklichen Wandel in seinen Anschauungen können wir nur in den Fragen der Weltseele (Gedichte Nr. 327 bis 334 u. 683; Karajan Anm. 90), der Prädestination (Gedichte Nr. 358—360) und des Einflusses der Gestirne auf das Menschenschicksal (Karajan Anm. 91 bis 93 u. 96) feststellen. Vor allem die von Duns Scotus ausgehende Welle theologischer Auseinandersetzungen wird dem T. viel Unruhe gebracht haben. Dabei schlüpfte ihm sicher auch hie und da minder vollgiltige Lehre durch; daher wohl die Geringschätzung, mit der ihn ein Theologe von Fach wie Thomas Ebendorfer (s. d.) behandelt (s. unten Sp. 349); oder spricht daraus die instinktive Abneigung gegen Laientheologen?[1])

8. H. d. T. als Dichter. Die Vermutung liegt nahe, das unwirksame, ermüdende 'Gespräch mit der Weisheit' (Gedicht Nr. 747) gehöre an den Anfang von der T.s Dichtertätigkeit, in die Zeit, wo er noch nicht die ihm später eigene feste Form für seine Lehrdichtung gefunden habe. Doch trifft das nicht zu: In der Prädestinationsfrage steht das Gedicht nicht auf dem schroffen, später abgeschworenen Standpunkte des Gedichtes Nr. 358; vor allem aber setzen die Abschnittsschlüsse des 'Gesprächs mit der Weisheit' bereits die Technik der sonstigen Teichnerschlüsse auf *-ære* voraus. Neben dies Gedicht mit seinen 4100 Versen stellt sich dem Umfange nach das in der Hs. F unmittelbar folgende große Marienlob 'Von Joachims Kündung''[2]) mit 2000 Versen. Sonst aber sind des T.s Gedichte recht gleichartig, meist zwischen 50 und 200 Versen lang, mit einer Frage beginnend oder mit einer Erzählung, an die die Lehre angeknüpft ist. Rein episch sind ganz wenige, etwa das vom 'Wams' und die Legende von St. Dorothea[3]).

Lyrische Strophenformen meidet der T. nicht nur, sondern lehnt sie auch theoretisch ab. Um ein „Meister" zu sein, brauche man nicht einmal Vers und Reim (Beweis: Aristoteles und die Hlg. Schrift)[4]) Das scheidet ihn von den Meistersingern, die seinen Namen auch nirgends in ihren Listen alter Meister bringen. Er verschmäht allen Schmuck der Sprache; er ist treffsicher im Ausdruck, aber im Grunde doch prosaisch und wirkt nicht durch Schmuck und Schwung der Rede, sondern durch seine sittliche Grundhaltung. An Fremdwörtern braucht er nur die theologisch-lateinischen und meidet fast völlig die ritterlich-höfisch-französischen. Das Hofleben, das Peter Suchenwirts Stoff und Stil bestimmt, ist ihm nichts; beide lebten in ganz getrennten Sphären, nicht ohne voneinander zu wissen, aber ohne sich dichterisch zu beeinflussen. Der T. steht auch formal mehr unter dem Einfluß der Predigt- und Traktatliteratur[5]), in der auch z. B. des T.s Frage als Gedichteingang reichlich vorgebildet ist[6]).

Des T.s Vers ist volkstümlich. Regelmäßiger Wechsel von Hebung und Senkung ist nicht durchgeführt: Wohl hat man mit zweisilbiger Senkung nicht mehr zu rechnen, aber oft genug mit beschwerten Hebungen; Auflösungen auf der Hebung sind selten. Auftaktlosigkeit bevorzugt er. Die Verse mit klingenden

[1]) 1356 verbrannte man zu Speyer den Begarden Berthold von Rohrbach, der u. a. gelehrt hatte, *quod laico illuminato plus credendum sit quam evangelio et doctoribus scripturae sacrae;* vgl. Wilh. Eysengrein *Chronologicarum Rerum... Spirae... Libri XVI* (Dillingen 1564) zum Jahre 1356.

[2]) Gedicht Nr. 437; zu beachten ist, daß dies und das folgende Mariengedicht Nr. 438 in der Hs. B eine ausgesprochene Spitzenstellung einnehmen.

[3]) Gedicht Nr. 686 und 220.

[4]) Sein Standpunkt unterscheidet sich also von dem gleichfalls ablehnenden Heinrich Wittenweilers (s. d.), der im 'Ring' v. 3520ff. sagt: *Chluogeu sach wil reimens nicht; Wer mag ein disputieren Mit gmessner red florieren?*

[5]) Vgl. Anton E. Schönbach *Mitteilungen aus altdt. Hss. Stück VII: Die Legende vom Engel und Waldbruder*, WSB. philol.-hist. Klasse Bd. CXLIII, XII (1901); siehe auch AfdA. 28 S. 55ff.

[6]) In lat. Traktaten als *Quaeritur...*; vgl. sonst etwa: *Meister erhart ward gefraget was das grost gut were...* cgm. 116 Bl. 71 a (Pfeiffer *Deutsche Mystiker* II S. 602) oder: *Ein junger fragt ein maister wie er sich halten solt wann er zu gotz tisch gieng...* cgm. 121 Bl. 189a.

Reimen haben fast alle vier Hebungen. Ganz vereinzelt steht das Gedicht Nr. 177, das alle Verse, stumpf und klingend ausgehende, dreihebig baut[1]). Ob der T. in der Behandlung seines Verses eine Entwicklung durchgemacht hat, das harrt noch der Feststellung.

9. Nachwirkung. Für des T.s Nachwirkung legt vor allem die große Zahl der Teichnerhss. Zeugnis ab. Dichter, die ihn mit Namen nennen, sind nicht allzu zahlreich: Peter Suchenwirt und der Ehrhard Wameßhaft (s. d.) nahe stehende, wenn nicht gar mit ihm identische Dichter der 'Warnung für hartherzige Frauen' (s. d.)[2]), der in seiner Schlußwidmung v. 1807ff. sagt: *Nu verley gluck die guden tage Das eß der schonnen wol behage Vnd meyn erstes nem vergutt. Die weyß das ich nit Müßgepluett Oder auch der Deychner bin. Sie nem den gutten willen hyn, Der gett den wercken billich for*... — Augustin von Hamerstetten betrachtet i. J. 1494 die Teichnerhs. F als ein würdiges Geschenk für den Kurfürsten Friedrich den Weisen und dessen Bruder Johann. Doch ist aus dem Widmungsgedichte, das er voranstellt[3]), nicht zu erkennen, daß er mehr vom T. wußte als den Namen, die Tatsache seiner Berühmtheit und das, was in der Hs. F selbst steht. — Eigentümlich ablehnend (vgl. oben Sp. 347) verhält sich dem T. gegenüber Thomas Ebendorfer (s. d.) aus Haselbach. In seinen '*Sermones dominicales super epistolas Pauli*', die er nach eigener Angabe in den Jahren 1424ff. vor seiner Gemeinde zu Bertholdorf gehalten hat, nennt er zwar bei einer Aufzählung anstößiger volkstümlicher Literatur[4]) den T. nicht; aber in dem Traktate '*De quinque sensibus*' steht der T. mitten in dieser schlechten Gesellschaft: *Videant, qui cum tanta delectatione audiunt rumores de gigantibus, item cantilenas alia negligendo, item de bellis eorum fictis, item historias fictas Theodorici Veronensis vel Laurini de Thirol vel rosengarten vel librum Renner vel audiunt Teichner Neidhart, tamen sine rationali causa scilicet pro moderato solatio post laborem quaerendo*[5]).

Mehr noch als solche Erwähnungen besagen aber des T.s Schüler für den Einfluß, den er ausgeübt hat. Leichter als Inhalt und Ethos seiner Dichtungen gaben natürlich die so deutlich ausgeprägten formalen Eigenheiten seiner Gedichtanfänge und -schlüsse Anlaß zur Nachahmung. So finden wir Gedichte mit Schlußzeilen wie *Also redt der Regenspurger*[6]), *Also redt Hanns Erenbloß*. Die beste Übersicht darüber, wie viele Dichter des 15. Jhs. ihren Namen in die letzte Zeile ihrer Gedichte setzen (wenn's geht, als Reimwort, sonst ins Versinnere) geben Val. Holls Hs. und der Münchener cgm. 5919[7]); wir finden da Fröschel von Laidnitz, den Morgenrot, Peter Smiher, den Schüber, Rosner, Jörg Schilcknecht, Hans Raminger, Hans Volz bzw. Hans von Worms, Hans Schneider, Max Würsung, Claus Span, Peter Poll, Hans Krug, Jörg Graf, Kunz Has, Hans Glaser von Urach, Jörg Schilher, den Schenkenbach und vor allem Hans Rosenplüet, dessen Gedichte in ihren Schlußreimpaaren auf *-üet* genau solchen Echtheitsstempel tragen wie die des T.s. Aus andern Hss. sind etwa zu nennen Oswald von Wolkenstein, Lienhart Peuger (ein österreichischer Teichnerschüler aus dem Anfang des 15. Jhs.)[8]), Konrad Bolstatter und besonders Heinrich Kaufringer, dessen früheste

[1]) Mit einziger Ausnahme der Teichnerschlußzeile.

[2]) Das 1460 verfaßte Gedicht (eine Reimpaarübertragung eines Abschnittes aus Andreas Capellanus) steht in der Hs. Ms. Germ. 4⁰ 719 der Berliner Staatsbibliothek Bl. 68^a—101^a. Sophie Brentano hat es ins Neuhochdeutsche umgesetzt in ihrer 'Bunten Reihe kleiner Schriften' (Frankfurt a. M. 1805) S. 304ff. unter dem Titel: 'Wie ein Ritter sich bemühet, einer harten Frau Sinn zu wenden.'

[3]) Abgedruckt bei Erich Busse *Augustin von Hamersteten*, Diss. Marburg 1902 S. 11ff.; vgl. auch Wagners Archiv I S. 506.

[4]) Siehe Cruel *Geschichte der deutschen Predigt im Mittelalter* S. 497f.

[5]) Aus dem Münchener clm. 23781 Bl. $84^{b\beta}$ abgedruckt durch Keinz *Beiträge zur Neithart-Forschung*, MSB., philosoph.-hist. Klasse 1888 II S. 310.

[6]) Siehe Walter von Wickede *Die geistlichen Gedichte des cgm. 714*. Diss. Rostock 1909.

[7]) Siehe Keller *Verzeichnis altd. Hss.* (hsg. von Sievers) S. 95ff. und 62ff.

[8]) Über ihn und seine nicht nur formale Abhängigkeit vom T. vgl. Seemüller *Deutsche Poesie* ... S. 65—67.

Gedichte ganz des T.s Art zeigen und auch nur in der Teichnerhs. O überliefert sind[1]).

Den Teichnereingang finden wir nachgeahmt in Sprüchen unbekannter Verfasser: *Ain grawer man fragt mich der meer Wa rechte eer hinkomen weer*[2]) oder: *Mich fragt manger wie es mir gee*[3]), bei Hans Folz: *Ich fraget ainest ain der mer Von wannen die affen kemen her*[4]), vor allem aber bei Peter Smiher. Dessen Gedicht 'Der Neithart'[5]) beginnt: *Eyner fragt mich der mär Ob der Neythart gestorben wär*, das 'Vom Spiel'[6]) dagegen: *Ainer fraget mich der mere Ob spiel vast sund wäre.*

Auch zwei Lieder sind hier zu nennen, die wohl von Jörg Schilher herrühren: *Ain schöne liebe junckfraw her Batt mich, das ich ir gäb ler Wie sy solt tragen ir leben* und *Ain zartes fräwlin waidenlich Das bat mit hertzen triulich mich, Das ich ir ler solt geben, Wie sy ir zeit vf erd verzert, Das sy ir weiplich er ernert In irem jungen leben*[7]). Unter den Liedern Oswalds von Wolkenstein nenne ich vor allem: *Mich fragt ain ritter an gevar ... Das ich in des beschaiden solt ...*[8]) und: *Kain ermer vich Under allen tieren kund ich nie ervaren, Neur aines, haißt ain hofeman*[8])[9]).

Inhaltlich stehen unter dem Einflusse des T.s Sprüche wie der 'Vom Eigennutz'[10]) oder der: *Es ist einer komen in die land Ein gast heißt schmir mir die hand*[11]).

[1]) Vgl. H. Schmidt-Wartenberg *Inedita des Heinrich Kaufringer* (Germanic studies edited by the Department of Germanic languages and literatures, III. University of Chicago 1897); die Gedichte hatte vorher Johannes Bolte schon entdeckt.

[2]) Ungedruckt; Hs.: cgm. 5919 Bl. 84a.

[3]) Wolfenbütteler Priamelhs. DTdMA. XIV Nr. 240.

[4]) Gedruckt ZfdA. 8 S. 537 nach dem cgm. 5919 Bl. 71a.

[5]) Hsg. von Bolte Zs. des Vereins für Volkskunde 15 S. 21.

[6]) Ungedruckt; Hs.: Weimar, Thür. Landesbibl. Ms. O 145 Bl. 31a.

[7]) Haltaus *Liederbuch der Hätzlerin* Teil I (Teil II der Hs.!) Nr. 122 und 123, S. 93 und 94.

[8]) *O. v. W.s Lieder hsg. von* Schatz Nr. 118 und 96 Str. 3.

[9]) Vgl. das Teichnergedicht Nr. 480.

[10]) Ungedruckt; Hs.: Weimar, Thür. Landesbibl. Ms. O 145 Bl. 1b.

[11]) Wolfenbütteler Priamelhs. DTdMA. XIV Nr. 560.

Vers 1 des Gedichtes Nr. 555 in der Fassung der Hss. O und der Hätzleringruppe findet sich in einem wohl um 1422 entstandenen Gedichte der Hs. 111 (L. 180 und 184) zu Donaueschingen[12]).

Literatur. Außer den vom T. handelnden Abschnitten der Literaturgeschichten vgl.: Th. G. v. Karajan *Über H. d. T.*, Denkschriften der Kaiserl. Akademie der Wissenschaften zu Wien, philos.-hist. Klasse VI 1855 S. 85 bis 174. J. Seemüller ADB. XXXVII S. 544ff.; derselbe *Chronologie der Gedichte Suchenwirts*, ZfdA. 41 S. 193ff.; derselbe *Deutsche Poesie vom Ende des 13. bis in den Anfang des 16. Jhs.* (Geschichte der Stadt Wien, hsg. vom Alterthumsverein zu Wien, Bd. III 1. Hälfte) 1907 S. 34—49 und weiterhin hie und da. Niewöhner *Des T.s Gedichte*, ZfdA. 68 S. 137ff. und 69 S. 145ff. — K. Geuther *Studien zum Liederbuch der Klara Hätzlerin* 1899 erwähnt den T. oft, bietet aber für ihn nichts Stichhaltiges

Das einzige uns überlieferte (selbstredend nicht authentische) Bild des T.s, das die Hs. O auf Bl. 7b bietet, reproduziert Lehmann-Haupt *Schwäbische Federzeichnungen in Hss. des 15. Jhs.* 1929 S. 56.

H. Niewöhner

Heinrich von Tettingen. Schweizer Minnesinger, zum Kreise Walthers von Klingen (s. d.) gehörend, mit dem er 1267 gemeinsam urkundet. Er entstammt einem aargauischen Geschlecht. Die zwei von ihm erhaltenen Lieder tragen die typischen Züge des späteren Minnesangs, vollendete Form und konventionellen Inhalt.

Große Heidelberger Liederhs. *C* (Universitätsbibliothek Heidelberg Cod. Germ. Pal. 848, Bl. 361, mit Bild). F. Pfaff *Die große Heidelberger Liederhs.* I 1909, Sp. 1184f. Bodmer *Sammlung von Minnesingern aus dem schwäbischen Zeitpunkte* 1759 II S. 181. HMS. II 262f.; III 706; IV 540—542. K. Bartsch *Die Schweizer Minnesänger* 1886, Nr. 17, S. CII—CIV, 163 bis 165.

Elisabeth Karg.

Heinrich von dem Türlin.

1. Hss.: 'Der Mantel': Ambras. Hs. 73. E. 1. Bl. 28c—30b. — 'Die Krone': vollst. nur in *P*, Heidelberg, Cod. pal. 374, Pap., 495 Bl. fol., vom Jahre 1479. *V*, Wien Nat. Bibl., Nr. 2779, Bl. 131a—170b, Perg. fol., 14. Jh., v. 1—12281. *G*, Berlin Staatsbibl., Ms. Germ. fol. 923 Nr. 9, Perg., Ende 13. Jhs., v. 3122—3262. Seit Scholls Textausgabe (Bibl. Lit. Verein 27, 1852) sind noch bekannt geworden: *D*, Linz a. D., Oberöst. Landesarchiv, 4 Bl. Perg. fol., 14. Jh., v. 12898—13503, 14116—14721; WSB. 11, 242 bis 277; F. Wilhelm u. R. Newald

[12]) Vgl. Barack *Die Hss. der Fürstl. Fürstenbergischen Hofbibliothek zu Donaueschingen* S. 107.

Poet. Fragmente des 12. u. 13. Jhs. 1928, S. 35—49. *g*, Schwäb.-Hall, Perg., Ende 13. Jh., v. 2735—2810; Germ. 31, S. 116f., jetzt verschollen. *K*, Kiel, Cod. MS. K. B. 48[1], Perg.-Doppelbl., 14. Jh., v. 5922—6081, 6404—6564; Beitr. z. Bücherkde. u. Philol. Aug. Wilmanns gew. (1903), S. 405ff.

2. Heinrich von dem Türlin (im Akrostichon 'Krone' v. 182—216 unumgelautet *Turlin)* entstammt einem Kärntner Bürgergeschlecht, das in Urkunden *de Portula* oder *von, vor* und *bei dem Türlein* genannt wird und seinen Namen nach einem Durchlaß in der nördl. Stadtmauer von St. Veit hatte. Nähere Lebensdaten fehlen. Seine beiden Werke sind etwa zwischen 1205 und 1220 verfaßt worden, zuerst der 'Mantel', dann, sicher nach 1210, die 'Krone'. Beide verraten gute Bildung, große Belesenheit in deutscher, französischer und wohl auch lateinischer Literatur, Vertrautheit mit ritterlichem Wesen und den Adelsgeschlechtern Kärntens. Vielleicht bekleidete H. am Hofe des kunstliebenden Herzogs Bernhard von Kärnten (1202—1256) eine Beamtenstelle und war als Ministeriale waffenberechtigt. Des Dichters Charakterbild zeigt Gewandtheit und liebenswürdiges Wesen; es fehlt aber seiner eitlen, oberflächlichen Natur an planvoller Gründlichkeit und sittlichem Ernst, so daß sein Witz sich nicht selten in anstößigen Derbheiten gefällt.

3. 'Der Mantel' ist wohl das Bruchstück eines größeren Artusromans, der den Lanzeletstoff behandelt haben mag. Das erhaltene Stück (994 v.) erzählt von einem Pfingstfeste am Hofe des Königs Artus zu Kardigant. Dabei überbringt ein fremder Junker einen Zaubermantel, der die Gabe hat, nur der Frau zu passen, die nie ihrem Manne untreu gewesen. In der sofort veranstalteten Probe an der Königin und ihren Frauen, die zu manchem Spott Anlaß gibt, bricht die Überlieferung ab.

4. 'Die Krone der Abenteuer' umfaßt über 30000 Verse und will den Titel somit schon durch ihre damals noch unerreichte Länge rechtfertigen. Sie will auch den 'Parzival' überbieten, wohl gar ein „Antiparzival" sein und läßt deswegen (vielleicht allerdings im Anschluß an eine verlorene franz. Quelle) ihren Helden Gawein die Gralsfrage tun, die Parzival, wie betont wird, versäumte. Eingangs verspricht der Dichter die Jugendgeschichte des Artus. Dann aber erzählt er von einem fremden Ritter Gasoein de Dragôz, der Ansprüche auf die schon seit sieben Jahren mit Artus vermählte Königin Ginover erhebt, von ihrer Entführung durch diesen Ritter und ihrer Befreiung durch Gawein; das Ganze klingt also stark an den Lanzeletroman an. Unterbrochen wird die Handlung entsprechend Wolframs (s. d.) 'Parzival' durch eine Kette von Abenteuern Gaweins (etwa 5000 Verse). Seine Abenteuerfahrt wird in einem zweiten Teile des Gedichts (von v. 13925 an) wieder aufgenommen und breit ausgestaltet, wobei auch Geschichten erzählt werden, die im ersten Teil als schon geschehen erwähnt sind. Auch in der 'Krone' finden wir zweimal die Keuschheitsprobe des 'Mantels', hier mittels eines Bechers und Handschuhs vollzogen, wobei eine Lieblingsfigur des Dichters, der spottsüchtige Seneschall Keiî, ausgiebig zu Worte kommt. Die Handlung des Gedichts ist recht unübersichtlich; einzelne Abschnitte (und nur Abschnitte konnten natürlich jeweils vorgetragen werden) entschädigen allerdings durch gewandte Darstellung und scharfe Charakterzeichnung. Als Quelle nennt der Dichter ein franz. *exemplâr*. Doch hat er zweifellos mancherlei französische Vorbilder benutzt (Chrestien und seinen ersten '*Perceval*'-Fortsetzer, '*La Damoisele a la Mule*', '*Fabliau du mantel mautaillé*' u. v. a.), daneben auch deutsche Dichter stilistisch und inhaltlich herangezogen (Hartmann, Wolfram, Wirnt, wohl auch Veldeke, Zatzikhofen, Gottfried). Sein Werk kennzeichnet sich also als typisches Epigonenerzeugnis aus dem beginnenden Verfall des Ritterromans. Auch hat die 'Krone', wie die geringe Zahl der erhaltenen Handschriften nahelegt, wohl nicht die Verbreitung gefunden, die ihr Dichter erhofft hatte. Ihre Nachwirkung in einer Reihe von späteren Epen ist anzunehmen, im einzelnen aber noch nicht gründlich erwiesen.

O. Warnatsch *'Der Mantel'* (GermAbhh. 2) 1883. G. Graber *H. v. d. T. u. die Sprachform seiner 'Krône'*, ZfdPh. 42 (1910) S. 154/88, 287/331. E. Gülzow *Zur Stilkunde der 'Krone' H.s v. d. T.* (Teutonia 18) 1914 (hier ausführliche Lit.-Angaben). Carinthia 1 (1858) S. 1 u. 18 (Lexer); 1912, S. 94—100 (Ortner); 1913, S. 108—177 (Grabner); 1917, S. 85f. (Ortner). E. Öhmann PBB. 48 (1924) S. 137/8. A. Leitzmann ebda. 49 (1925) S. 444/56. E. Gülzow ebda. 50 (1927) S. 318.

Erich Gülzow.

Heinrich von Veldeke.

1. Persönliches. Angaben über H. v. V. verdanken wir: a) dem Epilog der 'Eneide' v. 13429—13528. Daraus erfahren wir, daß der Dichter das Gedicht bis zu der Stelle, wo Eneas den Brief der Lavinia las (10930), fertig hatte, als es bei einer Hochzeit einer Gräfin von Kleve mit einem Landgrafen verloren ging. Ein Graf Heinrich habe es heim nach Thüringen geschickt. Nach neun Jahren habe er es zurück bekommen und für Pfalzgraf Hermann vollendet. Die Hochzeit hat wahrscheinlich 1174 stattgefunden, das Gedicht wäre demnach nach 1183 vollendet. 1190 muß es fertig gewesen sein, denn Hermann, der in diesem Jahre Landgraf wurde, wird noch als Pfalzgraf erwähnt. Der Epilog zerfällt in zwei Teile, v. 13429—490 und 13491—528. Der erste Teil ist wahrscheinlich unecht (kräftige Gründe sprechen dafür; vgl. J. Schwietering *Die Demutsformel mhd. Dichter* 1921, S. 62). Aber diese Tatsache beeinträchtigt den Wert des Mitgeteilten wohl kaum. Die Entstehung der 'Eneide' ist also in zwei Phasen vor sich gegangen: vor 1174 in wahrscheinlich limburgischer Mundart, 1183—90 Umarbeitung, Vollendung und Umschrift ins Hochdeutsche.

b) den beiden Epilogen des 'Servatius': H.s Gönnerin war eine Gräfin Agnes von Loen; sie hat ihn gebeten, das Gedicht zu verfassen, und ein gewisser Herr Hessel, Küster zu Maastricht, hat diese Bitte unterstützt. Agnes ist wahrscheinlich die Frau Ludwigs I. von Loen, eine geborene von Reineck. Sie starb etwa 1176. Es kommt auch ihre Tochter Agnes in Betracht, die um 1173 Otto von Wittelsbach, Herzog von Baiern, heiratete und vor 1182 gestorben ist. Diese Agnes muß den 'Servatius' mit nach Baiern genommen haben. Daraus geht hervor, daß die Entstehung des 'Servatius' ziemlich früh anzusetzen ist, jedenfalls vor 1176; mit Rücksicht auf die Entstehung der 'Eneide' empfiehlt es sich, sie vor den Anfang an diesem Werk zurückzuverlegen, also um 1170. Auch über Hessel ist etwas bekannt geworden: J. Notermans *('n Vriend van H. v. V.*, Limburg, 9, S. 3ff.; Ts. v. taal en letteren 15 S. 205) hat einen *frater Hezelo* 1171 bis 1176 in Maastricht nachgewiesen.

c) Mitteilungen über ihn bei Herbort von Fritzlar (s. d.), Wolfram von Eschenbach (s. d.), Gottfried von Straßburg (s. d.), Rudolf von Ems (s. d.) und im 'Moriz von Craun' (s. d.). Diese Stellen bezeugen eine große Verehrung für den Dichter; aus einer Stelle bei Wolfram und bei Gottfried läßt sich folgern, daß er im ersten Jahrzehnt des 13. Jhs. schon gestorben war.

2. Stand und Bildung. Es darf als sicher gelten, daß H. v. V. dem niederen Adel, den Ministerialen, angehörte. Darauf deutet der Titel *her*, den Wolfram ihm gibt, und den er in den Liederhandschriften trägt, sein Verhältnis zu dem Geschlecht von Loen, seine Stellung in B unter den Ministerialen (in C ist er sogar zum Freiherrn emporgerückt) und die Tatsache, daß sein Geschlecht im 13. Jh. als Ministerialen der Grafen von Loen genannt wird. Auch seine Erwähnung des Mainzer Hoftags, den er besucht haben soll, spricht für seine adlige Abstammung. Dem gegenüber hat J. van Mierlo *(De Speelman H. v. V.*, Versl. en Meded. Kon. Vl. Akademie 1928, S. 999 u. ö.) H. als Spielmann hinzustellen versucht. Für diese These, die heute an sich unwahrscheinlich erscheint, hat er keinen stichhaltigen Grund beigebracht. Sie wurde von J. Lyna *(Paginae bibliographicae* IV S. 1370, 1929), widerlegt. Wohl wäre noch zu erwägen, ob H. ein Geistlicher war. Im 'Servatius', vor allem im Prolog, sind Stellen, die darauf hinweisen, aber formelhaft sein können. Hier müssen innere Gründe gegen seinen geistlichen Stand entscheiden; 'Eneide' wie Lyrik sind ausgesprochen weltlich gerichtet. Der Dichter muß aber gründlichen Unterricht genossen haben, und für den

'Servatius', der aus lateinischer Quelle übersetzt ist, wird man sogar Kenntnis des Latein bei ihm voraussetzen müssen.

3. Werke. Von H. v. V. sind überliefert ein höfisches Epos, die 'Eneide', eine Legende, der 'Servatius', und eine Reihe von lyrischen Gedichten. Ein viertes Gedicht von 'Salomo und der Liebe' wird manchmal auf Grund einer Stelle im 'Moriz von Craun' (s. d.) 1160 vorausgesetzt, aber läßt sich leicht als Irrtum erklären (vgl. Behaghel S. 173; Vogt *M. F.* S. 343; Schwietering *Demutsformel* S. 67; Burdach *Vorspiel* I 1, S. 59 und 75; L. Denecke *Ritterdichter und Heidengötter* 1930 S. 102ff.).

4. H.s *Eneide*' ist in folgenden Hs. überliefert: B, die Berliner Hs., Ms. germ. fol. 282, Pergament, 12. od. 13. Jh.; E, die Eibacher Hs., in der Bibliothek des Grafen Degenfeld zu Eibach bei Geislingen (in Württemberg), Papier, 14. Jh.; G, die Gothaer Hs., Chart. A. 584, Papier, 15. Jh.; H, Heidelberger Hs., cod. Pal. germ. 368, Perg., 14. Jh.; h, Heidelberger Hs., cod. Pal. germ. 403, Papier, 15. Jh.; M, Münchener Hs., cod. germ. 57, Perg., 13/14. Jh.; W, Wiener Hs., Altdtsch. Hss. No. XII (Hoffmann S. 32), Papier, geschrieben 1474; Me, Meraner Bruchstücke, Perg., Ende des 12. oder Anfang des 13. Jhs.; P, Pfeiffers Bruchstücke, Perg., Anfang des 13. Jhs., jetzt in Berlin; R, Regensburger Bruchstück, Perg., 12. Jh.; Wo, Wolfenbütteler Bruchstück, Perg., 12. Jh.; Münchener Bruchstück, hrsg. v. W. Meyer, ZfdA. 27 S. 146; Münchener Bruchstück, hrsg. v. Keinz, Germ. 31 S. 74; auch bei *F. Wilhelm* u. *R. Newald* Poetische Fragmente 1928 S. 3.

Die 'Eneide' ist die freie Übersetzung eines modernen französischen Epos, des '*Roman d'Eneas*', der in den siebziger Jahren des 12. Jhs. in Nordfrankreich entstanden ist. Dieses Werk war eine sehr freie Bearbeitung Vergils in mittelalterlichem Sinne, wobei besonders die Liebe in der Modeform der höfischen Minne stark betont wurde. Vor allem auf Lavinia fällt helles Licht. In ausführlichen Liebesmonologen wird das Wesen dieser Minne unter dem Einfluß Ovids breit geschildert. H. v. V. hat diesen Roman frei übersetzt; er hat den Inhalt logischer geordnet, manches Überflüssige weggelassen, Erklärungen und Motivierungen und besonders Kampfschilderungen hinzugefügt. Sein Werk ist infolge der auffälligen Breite seines Stils bedeutend umfangreicher als seine Vorlagen. Er hat die moderne Quelle wohl in seiner Heimat Limburg kennen gelernt, aber es darf angenommen werden, daß er daneben über ausgedehnte Kenntnisse auf dem Gebiet der deutschen Dichtung verfügte. Ob er daneben auch niederländische Literatur gekannt hat, muß infolge des Fehlens jeglicher Überlieferung unentschieden bleiben.

Von der Dichtung des 12. Jhs. kennt er manches; aber sein wichtigstes Vorbild ist der Straßburger 'Alexander' (s. Lamprecht, Pfaffe) gewesen, dem er eine große Reihe von Einzelstellen entnommen hat, und dessen frühhöfische Tendenzen inhaltlicher und formeller Art er fortsetzte und vollendete. Das stilistische Material, das dieses Epos ihm bot, ermöglichte es ihm, das von ihm erstrebte Ideal eines vollkommen rein reimenden Werkes fast ganz zu erreichen. Seine Darstellung wird aber dadurch so umständlich, daß sie die Wirkung des Werkes für den modernen Geschmack beeinträchtigt. Daneben wird aus guten Gründen vielfach seine Abhängigkeit von Eilharts von Oberg (s. d.) 'Tristrant' angenommen. Darauf deutet das Abhängigkeitsverhältnis der beiden Liebesmonologe, die früh einsetzende Überlieferung des 'Tristrant', die Verbreitung der Eigennamen aus Eilhart im Rheinland und H.s Anspielung auf 'Tristrant und Isalde' in einem lyrischen Gedicht. Diese Abhängigkeit wurde von van Dam verteidigt und u. a. von Wagner (*Eilhart von Oberg* I 1924) und Ranke (*Tristan und Isold* 1925) akzeptiert. Gegen sie wandten sich Wolff, Ehrismann, Gierach (s. o. I Sp. 522) und van Mierlo (dieser leugnet sogar die Abhängigkeit vom Straßburger 'Alexander'). Die Abhängigkeit von 'Alexander' und 'Tristrant' sowie von anderen rheinischen Dichtungen führt, unter einen Gesichtspunkt gebracht, zu der Annahme einer rheinischen Dichtersprache, die sich aus Reimen und Reimformeln nachweisen läßt (vgl. J. van Dam *Das Veldeke-Problem* 1924; die Hypothese verwertet Naumann *Höfische Kultur* 1929). Sprachlich ist uns die 'Eneide' hochdeutsch überliefert. C. v. Kraus hat dargetan, daß die Sprache der 'Eneide' auch im Archetypus hochdeutsch gewesen ist, so daß eine neue Ausgabe auf Behaghels Versuch einer Rekonstruktion der ursprünglichen Mundart verzichten kann. v. Kr. nimmt weiter an, daß H. sich der sog. mittelhochdeutschen Dichtersprache anschließt und bei der endgültigen Abfassung sowohl auf ein limburgisches wie auf ein hochdeutsches Publikum Rücksicht nimmt. Letzteres sei vorläufig dahingestellt, ersteres muß angenommen werden unter der Beschränkung, daß H. in seinen Reimen eine rheinische Schicht, die Spuren einer rheinischen Dichtersprache noch aufweist. Die gleichen Elemente finden sich im Straßburger 'Alexander' und im 'Tristrant'.

Der Stil der 'Eneide' ist breit und stark formelhaft. Trotzdem hat das Werk ungeheures Aufsehen erregt. Das läßt sich aus zahlreichen Spuren in der spätern Dichtung nachweisen: aus Namensnennungen, von denen die wichtigsten schon oben zusammengestellt wurden, aus Anspielungen auf die Eneasgeschichte und aus Entlehnungen in späteren Dichtungen. Letztere wurden nachgewiesen u. a. bei Albrecht von Halberstadt (s. d.), Herbort von Fritzlar, Hartmann von Aue (s. d.), Wolfram von Eschenbach, Gottfried von Straßburg, Ulrich von Zatzikhofen (s. d.), Meister Otte (s. d.), 'Karlmeinet '(s. d.). Diese tiefe Wirkung läßt sich aus der besonderen literarhistorischen Bedeutung der 'Eneide' erklären: inhaltlich verdeutscht sie das erste französische höfische Epos und bringt den ersten klassischen Stoff nach Deutschland; geistig-kulturell betont sie das neue höfische Element, vor allem die moderne Liebesauffassung; stilistisch-sprachlich bietet sie eine temperierte Sprache ohne unhöfische Wörter, einen harmonischen Versbau, reine Reime; im Ganzen eine feste und nicht durch eine starke dichterische Persönlichkeit gestörte Tradition. In Thüringen schließt sich an H.s Auftreten eine kurze klassische Renaissance; Wolfram von Eschenbach verdankt ihm die Vorstellung des edlen Heiden. Dagegen läßt sich ein Einfluß auf die ndl. Literatur nicht strikt nachweisen (Erwähnung eines Eneasgedichtes bei Maerlant '*Historie van Troye*'; Einfluß auf den '*Reinaert*': F. Buitenrust Hettema *Van den Vos Reynaerde* II 1910, S. 63).

5. Die Lyrik ist überliefert in den Liederhandschriften A, B und C, die meisten nur in BC, einige nur in A. Genaueres bei den Textabdrucken: HMS. I 35—40, IV 72—79; bei L. Ettmüller *Heinrich von Veldeke* 1852 und in MF. 56ff.; hier in rekonstruierter limburgischer Sprache; die Lesarten bieten den überlieferten Text, der hochdeutsch ist, aber — im Gegensatz zu der 'Eneide' — den nfrk. Dialekt deutlich durchblicken läßt.

H.s Lyrik scheint bei Zeitgenossen und Mitwelt weniger bekannt gewesen zu sein als seine 'Eneide'; nur Gottfried bezeugt v. 4728: *wie wol sanc er von minnen*, obwohl er ihn unter die *verwaere*, nicht unter die *nahtegalen* rechnet. Weiter nennt ihn als Lyriker der Marner (s. d.) XIV, 276 und ein Meistergesang des 14. Jhs. (Bartsch *Kolmarer Meisterlieder* 24, 41).

H. v. V. steht auch in seiner Lyrik unter französischem Einfluß; er zeigt die charakteristischen Formelemente der Troubadourpoesie, die Dreiteilung, den daktylischen Rhythmus, die Silbenzählung. Einige Melodien entlehnt er wahrscheinlich provenzalischer Lyrik; seine Strophe 58, 35, die bekannte Anspielung auf die Tristansage, hat ein auch von Bernger von Horheim (s. d.) bearbeitetes Vorbild, das meistens Chrétien de Troyes zugeschrieben wird. Daneben begegnen einstrophige Lieder. Die Lyrik zeigt auch volkstümliche Elemente, ein vermutlich nicht ganz traditionelles Naturgefühl, eine Neigung zum Humor, zum Lehrhaften, zum Sprichwörtlichen, eine gewisse Anschaulichkeit und Lebensnähe in der Bildersprache. Interessant ist das Vokalspiel 61, 9. Sonst ist der Stil ziemlich formelhaft; auch der Frauendienst geht im allgemeinen nicht über die Schablone hinaus. Abhängigkeit von deutschen Dichtern ist kaum nachweisbar; nur benutzt er 67, 9 einen Ton von Dietmar von Aist. Seine Lyrik hat Spuren hinterlassen in den *Carmina Burana* 142a (vgl. Schumann GRM. 14 S. 428), vielleicht bei Heinrich von Rugge (s. d.) (100, 34 unter Einfluß von 61, 32?), bei Heinrich von dem Türlin (s. d.) (Öhmann PBB. 48 S. 137); ripuarische Minnelieder in H.s Stil wurden von Vogt (PBB. 48 S. 125) verzeichnet. Einfluß auf Hadewijch (s. d.), den Bouman (Neoph. 8 S. 274) nachzuweisen suchte, ist sehr zweifelhaft. Auch der von E. Rooth (*Ein neuentdeckter ndl. Minnesänger aus dem 13. Jh.* 1928) nachgewiesene limburgische Lyriker steht nicht unmittelbar unter dem Einfluß Hs. v. V.

6. Der 'Servatius'.

Die Servatiuslegende ist überliefert in einer Handschrift des 15. Jhs., die sich jetzt in der Leidener Universitätsbibliothek befindet, sowie in zwei Bruchstücken einer Hs. des 12. Jhs. in München u. in Leipzig (Bibl. des Reichsgerichts). Der vollständige Text wurde von J. H. Bormans 1858 herausgegeben; die Fragmente von W. Meyer ZfdA. 27 (1883) S. 146 und B. Schulze ZfdA. 34 (1890) S. 218; um neue vermehrt von L. Scharpé *De handschriften van Veldeke's Servatius*, Leuvensche Bijdragen 3 (1899) S. 5ff. Textabdruck auch bei Kempeneers *Hendrik van Veldeke en de bron van zijn Servatius* 1913 S. 147ff. Die Ausgabe von Piper in Kürschners DNL. ist wertlos. Über die Sprache der Haupths., die mndl. beeinflußt ist, vgl. F. Leviticus *Laut- und Flexionslehre der St. Servatiuslegende H.s v. V.* Leipz. Diss. 1899.

Daß der 'Servatius' ein echtes Werk H.s v. V. ist, beweisen weder die Namensnennung in den oben erwähnten beiden Epilogen noch das Zeugnis Püterichs von Reichertshausen (s. d.), der in seinem 'Ehrenbrief' Str. 114 das Werk nennt, wohl aber gegen mehrfach geäußerte Zweifel (am schärfsten von R. M. Meyer ADB. XXXIX S. 565, aus ästhetischen Gründen; dazu treten Argumente, die dem grundsätzlich andern Charakter der Dichtung, dem anderen Interessenkreis entnommen werden) Ähnlichkeiten der Sprache, die v. Kraus (*H. v. V. und die mhd. Dichtersprache* 1899), und des Stils und der Quellenbehandlung, die van Dam (*De letterkundige beteekenis van Veldeke's Servatius*, Tijdschrift voor Nederlandsche taal en letterkunde 47 S. 202ff.) nachgewiesen haben.

Über die Quelle der Legende herrscht noch eine gewisse Unklarheit. Im 11. Jh. entstand eine auf fabulöse Weise ausgeschmückte Darstellung, für die z. B. der Versuch, Servatius von Jesus abstammen zu lassen, charakteristisch ist. Dieser Text ist wieder in verschiedenen Umarbeitungen vorhanden, u. a. 1. die Fassung des Jocundus, eines Franzosen, der in Maastricht gearbeitet hat. Sie ist teilweise von Köpke (MGH. SS. XII S. 85) veröffentlicht; 2. die *Gesta Sancti Servatii*, hg. v. Fr. Wilhelm *Sanct Servatius, oder wie das erste Reis in deutscher Zunge geimpft wurde*, 1910; ein schwieriger, stilistisch geschwollener Text; 3. die Fassung T, von Wilhelm nach einer Trierer Handschrift in seinem Apparat und im Anhang verarbeitet und in fortlaufendem Text nach Brüsseler Hss. von Kempeneers veröffentlicht. Das Verhältnis dieser drei Texte ist von Wilhelm wahrscheinlich falsch beurteilt worden (ich nehme die Reihenfolge Jocundus-Gesta-T an), aber er hat wie viele (Schröder AfdA. 38 S. 108; Kempeneers; Droogmans) übersehen haben, das richtige Quellenverhältnis erkannt: die '*Gesta*' sind die Quelle für den oberdeutschen 'Servatius', T die für H. v. V. T ist ein fast allzu knapper Auszug aus den '*Gesta*', der nur das für Servatius Wichtige so kurz wie möglich erzählt und manchmal ohne die 'Gesta' unverständlich ist. H. hat ein paar unwesentliche Lesarten mit den '*Gesta*' gemeinsam; sie lassen sich aber aus Kreuzung von Handschriften erklären; Kenntnis der '*Gesta*', wie Wilhelm will, braucht für H. nicht angenommen zu werden.

Über die Quellenbehandlung orientiert der erwähnte Aufsatz von van Dam *Het letterkundig karakter van Veldeke's Servatius*. Es wird darin ausgeführt, daß H.s Bearbeitung sich durch Breite und Verschwommenheit von der Vorlage unterscheidet und Züge aufweist, die stark an die 'Eneide' erinnern. Statt Chronikstil schreibt H. den Stil des Epos, wie in der 'Eneide'. Da der 'Servatius' vor der 'Eneide' angesetzt wird, muß H.s epische Schulung schon früh angefangen haben. Weitere Untersuchungen tun hier not. van Mierlos Versuch (*Geschiedenis der oud- en middelnederlandsche letterkunde* 1928, S. 45), die Wurzel hier in älterer, nicht erhaltener ndl. Epik zu suchen, hat bis jetzt nicht überzeugt. Limburg war vor der Schlacht bei Woeringen 1288 stark östlich gebunden, so daß ich auch für den 'Servatius' eine rheinische Schulung für wahrscheinlich halte.

Wilhelms Versuch, den 'Servatius' als Ausfluß einer kaiserfreundlichen, dem Papst feindlichen Politik zu deuten, hat nirgends Anklang gefunden.

Ebenso wie die 'Eneide' ist auch der 'Servatius' in Deutschland bekannt geworden, aber in geringerm Maße und unter andern Umständen. In Thüringen ist von diesem Werke keine Spur überliefert; das höfische Publikum wird das Werk seines Lieblingsdichters nicht gekannt oder nicht geschätzt haben. Die beiden in deutschen Inkunabeln gefundenen Bruchstücke belegen eine in Deutschland vorhanden gewesene Handschrift und bestätigen Püterichs Zeugnis. Außerdem weist der oberdeutsche 'Servatius', der in Baiern, einem Mittelpunkt der Verehrung des Heiligen — vielleicht hat Agnes sie hingebracht — verfaßt ist, in zahlreichen Einzelheiten, wie Wilhelm nachgewiesen hat, vielleicht sogar, wie er vermutet, in einer Reihe von Wundern, den Einfluß von H.s Darstellung auf. Häufig nimmt man außerdem an, daß der Bericht über Attilas Christentum und Abfall, wie er in der 'Klage' vorkommt, aus H.s 'Servatius' stammt; eine andere Quelle hat man nicht nachweisen können (Wilhelm a. a. O. S. LXIII; *Nibelungenstudien* I, 1916, S. 12).

7. So sehen wir, daß H. v. V. in Deutschland sehr bekannt gewesen ist, und zwar mit seinem Gesamtwerk, aber nicht als ganze Dichterpersönlichkeit, sondern in drei verschiedenen, zeitlich, örtlich und geistig verschiedenen Sphären, in der des höfischen Epos, im Mittelpunkt der Servatiusverehrung in Baiern, in der der Sammelhandschriften mittelhochdeutscher Lyrik. Am wichtigsten ist seine literarhistorische Stellung im höfischen Epos, wo er als Vollender der frühhöfischen Tradition und als erster vollhöfischer Epiker 12. und 13. Jh., die Zeit der Tradition und das Zeitalter großer Dichterpersönlichkeiten verbindet. In bescheidenem Sinne ein Formkünstler, darf er auf den Ruhm eines großen Dichters keinen Anspruch erheben; wohl aber gehört er zu den literarhistorisch wichtigsten Dichtern des deutschen Mittelalters.

W. Braune *Untersuchungen über H. v. V.*, ZfdPh. 4 (1873) S. 249. Ehrismann II, II, 1 S. 79. J. Droogmans *H. v. V. De eerste Dietsche dichter. Zijn leven en zijn werk* 1928. J. van Mierlo Jun. *Heynrijck van Veldeke* 1929. L. J. Rogier *Henric van Veldeken. Inleiding tot den dichter en zijn werk met bloemlezing* 1931. J. van Dam *Zur Vorgeschichte des höfischen Epos. Lamprecht. Eilhart. Veldeke* 1923; ders. *Das Veldeke-Problem* 1924. E. Klaaß ZfdPh. 58 (1933) S. 362—365. *H. v. V., hg. v.* L. Ettmüller 1852. *H. v. V. 'Eneide'*, hg. v. O. Behaghel 1882. *H. v. V. 'Sinte Servatius legende' uitg. d.* J. H. Bormans 1858. *'Eneas'. Roman du XIIe siècle, éd.* p. J.-J. Salverda de Grave 1925/29. C. v. Kraus *H. v. V. und die mhd. Dichtersprache* 1899; ders. *Die ursprüngliche Sprachform von Veldekes 'Eneide'*: Festschrift für Kelle (1908) I S. 211. E. Schröder *Der Epilog der 'Eneide'*, ZfdA. 47 S. 291. H. de Boor *Frühmhd. Studien* 1926. B. Fairley *Die 'Eneide' Hs. v. V. und der 'Roman d'Eneas'*. Diss. Jena 1910. O. Gogala di Leesthal *Studien über Veldekes 'Eneide'* 1914. W. Wittkopp *Die Eneide Hs. v. V. und der 'Roman d'Eneas'*. Diss. Leipzig 1929. H. Roetteken *Die epische Kunst Hs. v. V. und Hartmanns von Aue* 1887. G. Hofmann *Die Einwirkung Veldekes auf die epischen Minnereflexionen Hartmanns von Aue, Wolframs von Eschenbach und Gottfrieds von Straßburg*. Diss. München 1930. J. van Dam *De letterkundige beteekenis van Veldeke's 'Servatius'*, Ts. v. Ndl. T. en Lk. 47 (1928) S. 202.

J. van Dam.

Heinrich der Vogler.

1. In dem Epos 'Dietrichs Flucht' nennt sich als Verfasser *Heinrich der Vogelære* (v. 8000). Der Dichter ist wahrscheinlich ein Fahrender gewesen, worauf vielleicht der Name *der V.* selbst hindeutet (Burdach ADB. XLI S. 47), der um 1275 (Götze) in Tirol gedichtet hat. (Die Hypothesen v. d. Hagens, der ihn für einen „Kriegsmann", und Uhls, der ihn für einen Geistlichen ausgibt, sind kaum haltbar.) Seine dichterische Kraft ist gering, er ist als Dichter „mittelmäßig und erfindungsarm" (Peters). Daß er nur der Überarbeiter verschiedener ursprünglich getrennter Gedichte ist (Wegener), erscheint allerdings als zu weitgehende Annahme. Doch hat er die verschiedenen Fabeln, aus denen er seine Dichtung schuf, reichlich ungeschickt und langatmig wiedergegeben.

2. Seit v. d. Hagen (a. a. O.) und W. Grimm (Anm. zu Athis C 74) galt H. d. V. auch für den Verfasser der 'Rabenschlacht'. Martin, Peters, Severin und Boesche bauten diese Hypothese aus; viele Parallelen zwischen beiden Gedichten sprachen dafür, immerhin blieben aber doch besonders inhaltliche Bedenken bestehen. Seit Leitzmanns Untersuchungen

dürfte nunmehr die Unhaltbarkeit der Hypothese als erwiesen gelten. Fest steht jedoch, daß der unbekannte Verfasser der 'Rabenschlacht', der noch stümperhafter als H. d. V. erscheint, in starkem Maße unter dessen Einfluß steht. Aus dieser Tatsache heraus sowie wegen der gemeinsamen handschriftl. Überlieferung und inhaltlichen Beziehungen mögen hier die beiden Gedichte zusammen betrachtet werden.

3. Beide Gedichte sind stets gemeinsam überliefert, und zwar in vier Hss.: R (früher auf Schloß Riedegg, jetzt verloren, Abschrift von W. Grimms Hand in der Staatsbibliothek in Berlin) stammt aus dem Ende des 13. oder Anfang des 14. Jhs., in österr.-bair. Gegend geschrieben; lükkenhaft. — W (die Windhager Hs., jetzt in Wien, cod. germ. 2279, perg. fol.) aus dem 14. Jh., österr., ebenfalls lückenhaft. — P (Heidelberg, cod. palat. germ. 314, Papier) aus dem 15. Jh. — A (Ambraser Heldenbuch), 'Dietr. Fl.' auf Bl. LI bis LXXVa, 'Rab.' Bl. LXXVb—XCIIb. — Über die Hss. handelt Martin (a. a. O. S. XXXIIIff.); nach ihm zwei Gruppen: RW und AP; seiner Textausgabe hat Martin (a. a. O. S. 55ff.) R zugrunde gelegt. (Über einige kurze Bruchstücke von 'Dietr. Fl.' vgl. Ottenthal ZfdA. 23 S. 336ff.; die 1918 aufgefundenen Seckauer Bruchstücke der 'Rab.' gab Zwierzina PBB. 50 S. 1ff. heraus.)

4. Das Gedicht 'Dietrichs Flucht' (so benannt durch v. d. Hagen, der Dichter selbst nennt es *daz buoch von Berne;* eine Inhaltsangabe bei Schneider a. a. O. S. 214f.) bringt als Einleitung eine Genealogie der Amelungen bis auf Dietrich, die teilweise unbekannte Dinge enthält (vgl. dazu Jiriczek *Dt. Heldensage* S. 150ff.). Dieser Teil (als der künstlerisch weitaus schlechteste) scheint übrigens von höfischer Dichtkunst beeinflußt zu sein (Wegener nimmt sogar, allerdings wohl zu Unrecht, ein unbekanntes höf. Gedicht als Vorlage an). Der Kern der Dichtung dagegen entspricht (nach Martin) ungefähr der Sagenüberlieferung in der 'Thidrekssaga' (376—390) und dem 'Anhang des Heldenb.' (366—460).

5. Die 'Rabenschlacht' (Name ebenfalls von v. d. Hagen stammend; Inhaltsangabe bei Schneider a. a. O. S. 217f.) ist inhaltlich eine Fortsetzung von 'Dietr. Flucht'. Der äußerst ungeschickte Bearbeiter, dem wir das Gedicht in der uns vorliegenden Form zu verdanken haben, ist seinem Stoff in keiner Weise gewachsen. Sein stilistisches Vorbild mag Wolfram (s. d.) gewesen sein (Leitzmann). Die Entstehungszeit liegt nach 'Dietr. Fl.' (nicht vor 1275) und vor 1282 (Götze). Der Entstehungsort ist in Österreich zu suchen.

6. Über die Metrik beider Gedichte vgl. Martin (a. a. O. S. LIVff.) und Leitzmann (PBB 50 S. 401ff.). Ausführlich hat in letzter Zeit über die historischen und sagenkundlichen Hintergründe Schneider (a. a. O. S. 214ff.) gearbeitet, der als Frühform ein „erstes Dietrichepos" voraussetzt und skizziert.

7. Erwähnt sei schließlich noch L. Ettmüllers Versuch, aus der 'Rab.' einen „echten" Teil wiederherzustellen (*Daz mære von vroun Helchen sünen* 1846).

v. d. Hagen *Lit. Grundr.* S. 75. Martin DHB. II. Wegener ZfdPh. Erg.-Bd. 1874, S. 447ff. Peters *HdV.* Progr. Berlin 1890. Uhl ADB. XL S. 787ff. Severin *H. d. V. u. seine Vorbilder.* Diss. Halle 1899. Voretzsch *Ep. Studien* I 1901, S. 328ff. Boesche *Sprachl. Unters. z. 'Dietr. Fl.' u. 'Rab.'* Diss. München 1905. Leitzmann ZfdPh. 51 S. 46ff. Götze ebenda S. 478. H. Schneider *Germ. Heldensage* I (1928) (S. 232 weitere Lit.).

Eberhard Klaaß.

Heinrich von Weißenburg, s. Vigilis.

Heinrich von Weplo, s. Heinrich von Lübeck.

Heinrich, Graf zu Württemberg. Die Berliner Staatsbibliothek besitzt eine Sammelhs. mgq. Berol. 719, die aus sechs verschiedenen Stücken besteht, darunter zwei Erzählungen Hermanns von Sachsenheim (s. d.), zwei weiteren, anonymen Stücken nach Meistersingermanier, einer geistlichen Dichtung und einer Sammlung von Liedern, vornehmlich Liebesliedern, doch auch einigen Spiel- und Fastnachtliedern. Da in dieser Sammlung mehrfach die Jahreszahl 1464 vorkommt, dürfen wir die Hs. wohl für dieses Jahr ansetzen. Sie ist sorgsam geschrieben, nach einer Reihe von Sprachformen zu urteilen, von der Hand eines niederrheinischen Schreibers (*schymp, troiste, dages* u. a. m.). Öfters kehrt zwischen den einzelnen Liedern der Wahlspruch *Sans oblier* wieder, ferner sind kurze Sprüche, unverständliche Buchstabenfolgen, kleine Liebessätze eingeflochten, ferner Zeichnungen von Kronen, Spruchbändern, und dann der Name *katheryna*. Ich möchte annehmen, daß das Büchlein Geschenk eines Liebhabers an eine gewisse „Katheryna" war. Die meisten der Lieder sind anonym, genannt werden an Dichternamen der *Brandberger* (= Bremberger, Bl. 103a, 144b; s. d.), *Joh. Sasse* (Bl. 148a; s. d.), *Schromberger* (Bl. 163a; s. d.) und schließlich *Heynrich graffe zu wirttenberg*, dessen Name unter den Liedern mit den folgenden Eingangszeilen steht:

1. Bl. 108a—109a: Anf.:
In freuden bin jch vmber kranck,
sint das ich miden müss die Reyn...
In großes elende kere ich mich,
wan ich, zart frauwe, von hin scheyde...
Wunschlichen schone ist ir gestalt
die mich in lieb erfrewen thüt...
O tusent schon von hoher art,
din zücht, din ere mich frewen thüt...

2. Bl. 128a—b: Anf.:
Von aller schone eyn vbermass,
wünschlichen zart gebildet fyn...

3. 178a—179a: Anf.:
Verplecht in hohen truwen
bis ich dir, lieb, bis Inne myne ende....

Die Lieder sind sorgsam gebaut und erinnern noch stark an die Tradition der ritterlichen Minnedichtung, der sie näher stehen als der meistersingerlichen Art.

Verfasser scheint der Stammvater des württembergischen Königshauses zu sein, Graf H. z. W. 1448 geboren, war er dem geistlichen Stande bestimmt, obgleich das seiner Wesensart keineswegs entsprach. Nachdem er 1465 Koadjutor von Mainz geworden war, verließ er bereits 1472 das geistliche Amt, heiratete und mischte sich in weltliche Erbfolgestreitigkeiten. Sein unruhiges und streitsüchtiges Wesen machte ihm viel Schwierigkeiten; allmählich bildete es sich zur Geisteskrankheit heraus, infolge deren H. auf Hohen-Urach festgesetzt ward, wo er, begleitet von seiner zweiten Gemahlin, seinen Lebensrest verbrachte. 1519 starb er.

Ist H. tatsächlich der Verfasser unserer Lieder (und ein anderer Graf H. z. W. käme wohl nicht in Frage!), so haben wir es mit Jugenddichtungen zu tun, da er zur Zeit der Niederschrift, 1464, erst 16 Jahre alt war. Vielleicht mag er selbst Besitzer oder Geber des Buches gewesen sein. Näheres über die Zusammenhänge war der bis jetzt vorhandenen Literatur nicht zu entnehmen.

Textausgabe durch W. Holland u. A. Keller *Lieder H.s, Grafen von W.* Die Hs. war, bevor sie in die Berliner Staatsbibliothek kam, im Besitz von Clemens Brentano und von den Brüdern Grimm, von denen sie auf C. G. H. Meusebach übergeht (s. *Briefwechsel Jacob Grimm — C. G. H. Meusebach, hrsg.* v. C. Wendeler 1880, S. 74). Zu H.s Leben s. Stälin ADB. XI S. 627ff.; ders. *Wirtembergische Geschichte* III (1856) S. 599ff.

Ruth Westermann.

Heinrich von Zürich *(Zurch)*. Hs. Additional 16581 des Britischen Museums, 15. Jh. (1469), ostschwäbisch, Bl. 148^b; s. R. Priebsch *Deutsche Hss. in England* II (1901) S. 147—58. Ihm wird zugeteilt der Spruch:

Kumber trag,
Nitt uil lewtten sag
Vnd doch nit verzag:
Gluck kumpt alltag.

R. Priebsch.

Heinrich Hetzbold von Weißensee. Heinrich Hetzbold war ein thüringischer Ritter, dem Dienstadel angehörig, Burgmann zu Weißensee. Urkundlich erwähnt wird er von 1312 bis 1345, und so ist er auch ein Spätling des Minnesangs. Er braucht Konrads von Würzburg (s. d.) *leitvertrîp*, er gibt der Geliebten den Namen „Schöner Glanz", er redet die Dame *mîn zuckerkrukkîn* an und spricht von sich als einem *tumben affen*. Auch ganz gegen die Art des klassischen Minnesangs ist es, daß er sich am Schlusse eines Liedes nennt: *diz singet Hezzebolt*. Andrerseits steht er in Beziehung zu älteren und auch jüngeren thüringischen Dichtern, Heinrich von Morungen (s. d.) auf der einen, Kristan von Lupin (s. d.) und Kristan von Hamle (s. d.) auf der andern Seite.

HMS. II 22—25; IV 316ff. Bartsch *LD.* XCIII. — R. M. Meyer ADB. XXI S. 609f. Germ. 32 S. 421ff. Gottschau PBB. 7 S. 403ff. Roethe *Reinmar v. Zweter* S. 276, Anm. 216 (über die thür. Minnesänger).

G. Rosenhagen.

Heinrichau, s. Konrad v. H.

'De Heinrico.'

1. Hs.: Cambridge, Universitätsbibl. Gg 5, 35 (die berühmte Liederhandschrift). In einer Sammlung von lateinischen Gedichten auf S. $437^{b,c}$: *'De Heinrico'*.

2. Verfasser unbekannt; Zeit und Ort der Abfassung sind durch den Inhalt — ein geschichtliches Ereignis des 10. Jahrhunderts — und die Mundart, die nach dem mittleren Rheinfranken (Köln, Trier, Aachen) weist, im wesentlichen bestimmt (Genaueres s. u.). In der vorliegenden Gestalt beruht das Gedicht allerdings wohl erst auf einer, wenn auch nicht viel später, in England angefertigten Abschrift.

3. Der Dichter ruft den Sohn der heiligen Magd an, ihm bei seinem Werk beizustehen; von einem Herzog namens Heinrich, der über das Baiernland waltete, soll die Rede sein.

Zu Kaiser Otto tritt ein Bote und meldet ihm, Heinrich sei erschienen. Da erhebt sich der Kaiser, geht ihm mit großem Gefolge entgegen und empfängt ihn ehrenvoll. Er heißt ihn und seine Begleiter willkommen, und nachdem Heinrich in gleicher Weise geantwortet hat, reichen sie sich die Hände; dann geleitet er ihn ins Gotteshaus. — Nach gemeinsamem Gebet führt Otto den Heinrich in die Versammlung der Großen, und dort findet die offizielle Versöhnung statt.

Die geschichtliche Grundlage für den hier geschilderten Vorgang ist stark umstritten. Seitdem mit der richtigen Lesung des althochdeutschen Textes in Zeile 7 (*bringit her* statt *bruother*) die Notwendigkeit, die beiden Helden des Gedichts als Brüder anzusehen, beseitigt ist, schwankt die Deutung zwischen drei Kaisern namens Otto und drei Baiernherzögen mit Namen Heinrich. Der letzte Herausgeber des Gedichtes entscheidet sich für Otto III. und Heinrich II. und nimmt als Entstehungszeit die Jahre 984—85 an.

4. Äußerlich zerfällt das Gedicht in 8 Strophen zu je 4 bzw. 3 Langzeilen, die so gebaut sind, daß auf die erste, lateinische Halbzeile eine zweite, deutsche reimt. Das Latein ist deutsch gedacht und auch formal nach den Gesetzen deutscher Rhythmik behandelt. Der Versbau ist wenig sorgfältig, die Sprache kunstlos, die Darstellung realistisch (dem Kaiser Otto sind niederdeutsche Wortformen in den Mund gelegt)! Stilistisch ist das Ganze als eine Mischung von Elementen der lateinischen Hymnen- und Preisdichtung mit starkem spielmännischem Einschlag zu kennzeichnen.

5. Der innere Aufbau des Gedichts läßt deutlich drei Teile erkennen: a) Einführung des Helden, b) Einleitung des folgenden Hauptteils, c) geschichtlicher Bericht. Dies ist die Art der deutschen politisch-historischen Dichtung, von der uns in *'De Heinrico'* der einzige Vertreter aus ahd. Zeit erhalten ist. Allerdings kann dieses Gedicht, schon weil es zur Hälfte undeutsch ist, im Volksmund nie gewesen sein.

Text: Steinmeyer *Die kleineren ahd. Sprachdenkmäler* S. 110ff. — Ehrismann *Geschichte der deutschen Literatur* I S. 228ff.

Brauer.

Heinricus s. Heinrich.

Heinz der Kellner hat wohl gegen Ende des 14. Jhs. im südlichen Alemannien den reichlich unflätigen Schwank verfaßt, dem v. d. Hagen den hochtrabenden Titel 'Turandot' gegeben hat. Gewiß gehört dieser in die gleiche Stofftradition, aber es handelt sich hier nicht um Rätselerraten, sondern um einen Redekampf, in dem der bäuerische Dümmling siegt, und der Schwank rückt mit seiner Freude an den Naturalia der derben Welt der untersten Schicht des Fastnachtsspiels nahe. Und aus der Sphäre niederer Volksüberlieferung wird Heinz seinen Stoff geschöpft haben. Jedenfalls ist er in der Neuzeit fast über ganz Europa im Volksmunde verbreitet, und auch die sonst älteste Bezeugung einer nahestehenden Fassung in den *'Escraignes Dijonnoises'* des Estienne Tabourot († 1590) scheint eher auf mündliche Tradition als auf ein verlorenes Fabliau zurückzugehen.

Ausgabe nach der einzigen Hs. bei Laßberg *Liedersaal* I S. 537 und bei v. d. Hagen GA. III S. 175 Nr. 63. — Zum Stoff vgl. A. L. Stiefel *Über die Quelle der Turandotdichtung H. d. K.s*, ZfvglLitgesch. NF. 8 S. 257—61; M. Landau ebda. 9 S. 371—73; Reinh. Köhler Germ. 14 S. 269—271 = *Kl. Schriften* II S. 465—68; Bolte-Polívka *Anmerkungen zu den Kinder- und Hausmärchen der Brüder Grimm* I S. 201f.

H.-F. Rosenfeld.

Heinzelin von Konstanz.

1. Dichtungen: 'Von dem Ritter und von dem Pfaffen' (388 v.); 'Von den zwei Sanct Johansen' (88 v.). Die ihm ehemals außerdem zugeschriebene 'Minnelehre' (2550 v.), eine Erzählung eines Liebeswerbens mit Briefen, ist einem schweizer Dichter nicht vor Mitte des 14. Jhs. zuzuweisen; vgl. Joh. v. Konstanz.

2. Hss.: 'RP.' und 'JJ.' zusammen in der Würzburger Perg.-Hs. des Michael de Leone (s. d.) in München 2° Cod. Msc. 731, 'JJ.' außerdem noch in dessen Hausbuch (Würzburger Univ.-Bibl. mp. m. F. 6) und Berner Bibl. Nr. 260. Anfang von 'JJ.' auf e. Bild von 1419 in Baldern im Rieß (ZfdA. 6 S. 318, 529).

3. H. war Küchenmeister des Grafen Albrecht von Hohenberg; und zwar des Trägers dieses Namens (V.), der 1345 Bischof von Würzburg wurde. 'JJ.' ist um 1320 in Konstanz, wo gerade damals didaktische und lyrische Dichtung gepflegt wurde, nicht erst in Würzburg entstanden. — Das erste der beiden Streitgespräche, 'RP.', ist ein Dialog zweier Damen um den Vorzug des Pfaffen oder des Ritters als höfischer Liebhaber. Keine Satire, auch keine phantastische Minneauffassung: nicht wird wie gewöhnlich in solcher, in Frankreich und in heimischer, vor allem in lateinischer Vagantenpoesie gepflegter Dichtung, dem Pfaffen der Vorzug gegeben, sondern er wird dem Ritter gleichgestellt. Der Schluß ist insofern versöhnlich, als die Ritterdame gegen die Redekunst ihrer Freundin nicht aufkommen kann, sondern an Frau Minne appelliert. Das recht geschickte Gedicht hat wohl keine direkte Vorlage. — 'JJ.' ist das Gespräch zweier Klosterfrauen über die Tugenden des Täufers und des Evangelisten Johannes. H. nennt eine Quelle, doch ohne Namen; jedenfalls ist sie lateinisch. Das Thema ist bei Geistlichen und Laien auch vorher beliebt. Hier zeigt sich H. als Nachahmer Konrads von Würzburg (s. d.) in Strophenform, Reim und Redewendung.

Ausg.: *Heinzelein von Konstanz* her. v. Fr. Pfeiffer 1852 (einschl. der *Minnelehre*). F. Höhne *Die Gedichte d. Heinzelein v. K. u. d. Minnelehre*. Diss. Leipzig 1894. Ed. Schröder *H. v. K.*, ZfdA. 53 (1912) S. 395.

Mitzka.

Heinzenburg, s. Wilhelm v. H.

Heisterbach, s. Cäsarius v. H.

Heißingerin in München *(heiczingerin)*, wohl kurpfuschende Hebamme, die wie die *mulieres Salernitanae* auch männliche Geschlechtsleiden heilt; cgm. 398 Bl. 258r: *wem der zers* (Penis) *geswollen ist vnd pluet vnd nit hin hinder mag* [Paraphimosis, spanischer Kragen], *der nim* usw.

Sudhoff.

Helbling, Seifried.

1. Unter diesem Dichternamen gehen 15 Gedichte österreichischer Zeitsatire eines unbekannten Verfassers, dessen Name anfänglich von der Forschung in dem Spielmann S. H. des XIII. Gedichtes vermutet worden war (1263 v.). Die meisten datierbar für 1282—1299. Besser würde nach dem Rahmenmotiv der meisten Gedichte der Titel 'Kl. Lucidarius' passen, aber die Bezeichnung S. H. ist üblich geblieben.

2. Hss.: einzig vollständig Wien 2887; außerdem ein älteres Bruchstück von XV.

3. Dichter: wohl Ritter, in Niederösterreich in der Zwettler Gegend. Er nennt sich 60jährig, ist verheiratet und steht mindestens bei Abfassung der Gedichte nicht im öffentlichen Leben, sondern beobachtet nur. Er kann lesen, versteht Latein, hat literarische Kenntnis von Walther v. d. Vogelweide (s. d.), Wolfram (s. d.), Stricker (s. d.), Werner dem Gärtner (s. d.), Steinmar (s. d.), wohl auch Thomasin (s. d.), vor allem Konrad von Haslau (s. d.). Die Babenberger verkörpern ihm die gute alte Zeit. Mit der neuen Habsburger Herrschaft söhnt er sich allmählich aus. Bei scharfer Satire auch des Ritterstandes der Gegenwart wurzelt er ganz im ritterlichen Standesbewußtsein, gegen Überhebung der Bauern und Eingriffe der Landesherrschaft. Sein Hauptinteresse geht auf die politischen und vor allem die sozialen Verhältnisse

seiner Heimat, über Österreich hinaus erweitert sich sein Gesichtskreis zu gesamtdeutscher Einstellung. Der Verfasser der nicht über jene Landschaft hinaus verbreiteten Gedichte ist wohl schon zu seiner Zeit nicht bekannt geworden.

4. Die Gedichte waren sichtlich zuerst einzeln im Umlauf. Ihre zeitliche Reihenfolge ist: XIV (1282—83), V (1285), VI (1291), XIII (1291?), I (1291), II (1292—94), III, IV (1296—98), XV (nach 1291), VIII (1299). Nicht datiert sind die geistlichen Lieder ohne Satire IX—XII, und das ebenfalls aus der Lucidariusreihe herausfallende Gedicht VII. Nach dem Lucidariusmotiv Gespräch zwischen dem Herren und dem Knappen, dem die satirischen Reden in den Mund gelegt werden. Der Stil ist nicht höfisch, zielt auf Bestimmtheit: die Satire ist realistisch, oft persönlich oder gibt didaktisch ausgewertete Genrebilder. Am meisten durch Konrads von Haslau 'Jüngling' beeinflußt, sonst ohne bestimmte Quelle in verbreiteter literarischer Überlieferung eingebettet. Der Fortschritt zu Konrad besteht im Vorgehen aus abstrakter Haltung zu gegenständlicher Erfindung, doch noch nicht wie Werner weiter zu epischer Formung.

Die Ethik ist nicht leidenschaftlich, verwendet die herkömmlichen Gedanken über Gut und Böse. Gegen Übermut der Bauern, den Geiz der Herren, die Sparsamkeit der Fürsten werden Beispiele aus Vergangenheit oder Literatur aufgestellt, einmal wird ein Lebender als Muster genannt. Die ständische Gliederung wird ausgiebig, in konservativer Abwehr, behandelt; gern auch Tracht und Bewaffnung.

Ausg.: *Seifried Helbling* hsg. v. J. Seemüller 1886. — Zum Text: E. Martin ZfdA. 13 S. 152; A. Schönbach DLZ. 1887 S. 306; H. Paul Lbl. 1887 Sp. 153; G. Ehrismann Germ. 33 S. 370; H. Suolahti Mém. de la soc. néophil. de Helsingfors 6 (1919) S. 109 (zu I 177). — Zur Datierung von V: J. Seemüller ZfdA. 33 S. 439.

Mitzka.

'Heldenbuch, Dresdener', s. Kaspar von der Rhön.

Helfer, Georg, Benediktiner in Augsburg, seit 1471 Abt von Fultenbach, gestorben 1503. Der Münchener cgm. 754, v. J. 1463, enthält von seiner Hand eine deutsche Übersetzung von den 'Dialogen' Gregors. Ob er nur der Schreiber oder auch der Übersetzer ist, wäre noch festzustellen.

P. N. Bühler O. S. B. *Die Schriftsteller und Schreiber des Benediktinerstiftes St. Ulrich und Afra in Augsburg während des Mittelalters.* Diss. München 1916. S. 56.

W. St.

Helfrich von Leutringen, s. 'Eckenlied' § 6.

Helfta, s. Gertrud v. H.

'Heliand'.

1. Die Geschichte der 'H.'-Forschung setzt ein mit der Veröffentlichung der '*Praefatio*' samt den '*Versus de poeta*' durch Matthias Flacius Illyricus in seinem '*Catalogus testium veritatis*' ([2] 1562); ohne Herkunftsangabe (Kluge Nd. Korr.-Blatt 37 [1919] S. 7 weist auf eine Mindener Spur), aber bestimmt aus alter und echter hsl. Überlieferung, die anscheinend allein und ohne den Heliandtext nach 1556 (1. Ausg. des '*Catalogus*') dem Flacius oder seinen Mitarbeitern am Magdeburger Zenturionenwerk irgendwie bekannt geworden war. Die Bedeutung des Fundes ahnte Flacius nicht.

Der Heliandtext trat zufrühst in das Blickfeld der älteren germanischen Sprachwissenschaft in der Gestalt des *Cottonianus* (C): Franciscus Junius, Thom. Smith, George Hickes bedeuten die Merkpunkte sprachlicher, später auch literargeschichtlicher Erkenntnis und steigernder Wertschätzung des Denkmals, von dem Hickes ('*Linguarum veterum septentrionalium thesaurus*' 1705) Proben (315 Zeilen) und in etwa gesicherte Ergebnisse bekannt gab: eine Dichtung, ihre Heimat Deutschland, ihre Entstehung Karolingerzeit. Seine Mitteilungen behielten für das 18. Jahrhundert noch Quellenwert, so bei Schilter ('*Thesaurus*' I, 1726), auf der anderen Linie für Gottsched, für Lessing (Lachm.-M. XV S. 160f.).

Eine erste Verbindung der '*Praefatio*' (aus Du Chesne) mit dem Text (nach den Proben von Hickes) und einer von Bernhard Pez brieflich vermittelten Textzeile aus einer bis dahin unbekannten Bamberger Hs. (die vorübergehend in Würzburg war) stellte Johann Georg Eccard (von Eckhart) ('*Veterum Monumentorum Quaternio*' 1720, und noch einmal '*Commentarii de rebus Franciae Orientalis*' 1729) her. Unbeachtet blieben seine richtigen Folgerungen: beide Hss. gehören zusammen; die Dichtung ist ein sächsisches Werk, von einem sächsischen Dichter unter Ludwig d. Frommen verfaßt, der Verf. ist Geistlicher. Man sieht dies gut bei Schilter ('*Thes.*' I Einl. S. VII f.), der den Abdruck der '*Praefatio*' nach Du Chesne bringt (womit er aber nichts anzufangen weiß) gegenüber der Wiedergabe eines Textstückes (nach Hickes) (Unterteilung Kero. S. 82).

Ebensowenig drang eine selbständige, knappe Äußerung über die Dichtung, ihre Sprache und Zeit der Abfassung weiter, die Adelung in seinem 'Magazin für die deutsche Sprache' I 1, S. 114 (1782) bei der Besprechung von Michaelers '*Tabulae parallelae*' (1776) machte, wobei er sich noch auf sein 'Lehrgebäude der deutschen Dichtung' (1782) berief.

Klopstock und seinem deutsch-nordischen Kreis danken wir weitere Bemühung um die Hs. C, von der Teilabschriften (durch Helferich Peter Sturz) genommen wurden, ohne doch zu einem äußerlich greifbaren Ergebnis einer Ausgabe zu führen.

Der Abbé Gérard Gley entdeckte bei Studien zum älteren deutschen Recht, die ihn zu Arbeiten auf dem Gebiet des deutschen Altertums überhaupt führten, 1794 zu Bamberg eine Hs., die er nach den Schriftzügen ins VIII./IX. Jahrhundert setzte, und deren Sprache ihn an die der Straßburger Eide von 842 mahnte. Bald erkannte er, Ähnliches oder Gleiches bei Hickes gelesen zu haben, und nun beginnt vielfaches, im letzten Sinn doch ergebnisloses Bemühen um Bekanntgabe, um Übertragung, um Erklärung des Denkmals. Als einziges Ergebnis — abgesehen von kürzeren Mitteilungen in wissenschaftlichen Zeitschriften — ist zu buchen der Abdruck von etwa $2^1/_2$ Hundert Zeilen aus C und aus der neu aufgefundenen Hs. (M) mit einer ersten Geschichte der 'H.'-Forschung in Gleys Buch '*Langue et littérature des anciens Francs*' 1814.

Ebenso ergebnislos — aufs Äußere einer Ausgabe gesehen — verliefen jahrelange Vorarbeiten Reinwalds (nach seinem Tod 1815 nach München gelangt), darauf beruhende kleine Textveröffentlichung Docens (Misc. II [1807] — die nur zu von der Hagens Besprechung und zur Entdeckung des Alliterationsverses für den 'Heliand' führte), eine weitere Abschrift von *M* durch Graff, Vorbereitungen Scherers († 1829).

Vgl.: Hedler *Gesch. der 'H.'-Forschung*, Diss. Rostock 1890.

Joh. Andreas Schmeller — „sobald er als Kustos zu freier Benutzung der Hs. kam" (Graff), legte 1830 vor: '*Heliand. Poema Saxonicum seculi noni*. Seine Ausgabe wird der eigentliche Anfang zur wissenschaftlichen Erforschung und Durchforschung des Denkmals.

Zur Bezeichnung des Untertitels: '*Heliand oder die altsächsische Evangelienharmonie*': Evangelienharmonie seit Andreas Osiander (1537) geläufig, aber auch von Hickes und Eccard verwendet. 'Heliand' ist eigene Prägung Schmellers. Die auch von mir (1923) geteilte Auffassung, daß Graff seiner Ausgabe des Otfrid (1831) in Anlehnung an das Treffwort Schmellers das Titelwort 'Krist' vorangestellt habe, trifft nach Graffs eigenen Worten (Jahrbücher für wissenschaftl. Kritik 1830, II S. 384) nicht zu.

Schmeller gibt den Text von M seiten- und zeilengetreu, jedoch ohne die metrischen Zeilen abzusetzen. Lücken in M werden aus C ersetzt, Lesarten von C in Fußnoten gegeben. Der kommenden Quellenforschung dient Angabe der entsprechenden Stelle des NT. zu den betr. Textstellen.

Die in der Einl. versprochene Folge eines Wörterbuchs und einer Grammatik des Denkmals bringt das '*Glossarium Saxonicum e poemate Heliand*' 1840. Aus der Einführung ist zu erwähnen, daß Schmeller das Quellenverhältnis des 'Heliand' zum Tatian berührt, zu dem er in der vorbereiteten Tatianausgabe (1841) geführt war.

Aber die wichtigsten Fragen nach den Hss. und ihrem gegenseitigen Verhältnis, nach den Quellen der Dichtung, nach der Arbeitsweise des Dichters, nach dem ererbten Formenbestand wurden in den folgenden Jahren nicht gestellt. Nur Vilmar ging den 'deutschen Altertümern im Heliand' (1845, [2] 1862) nach. Aus dem Kreis um Zarncke griffen Windisch ('Der H. u. s. Quellen' 1868) und Sievers (Ausg. 1878 — u. schon ZfdA. 19 [1876] S. 1ff., z. T. gegen Grein 'Heliandstudien' 1869) zu. Behaghels Untersuchung ('Die Modi im H.' 1876) lehrte syntaktische Betrachtung des Textes.

Mit der Entdeckung der Vatikanischen Bruchstücke und deren rascher Bekanntgabe in sorgsamer Ausgabe durch Zangemeister und Braune (1894) beginnt eine neue, die zweite große Zeit der 'Hel.'-Forschung. Alle Fragen — auch die früher behandelten — werden neu gestellt, und kaum ein Punkt des vordem festen Bestandes an Erkenntnissen bleibt ungefördert. Dem Rückblickenden werden die Zusammenstellungen von Piper *Die as. Bibeldichtung* 1897, von Steinmeyer in: Ergebnisse der germanist. Wissenschaft 1902, S. 219ff. und von Conradi *Stand der H.-Forschung* 1909 gute Dienste leisten. Noch bleibt, trotz eingehender Arbeiten gerade der letzten Jahre, vieles ungelöst: die Quellen- und Verfasserfrage für 'H.' u. as. 'Genesis' scheint bis zu gewissem Grad sicheren Wissens beantwortet. Die Frage nach der Heimat des Gedichts und des Dichters — wäre auch sie beantwortet — könnte manche Vorfrage erledigen.

2. Die Handschriften.

A. Die Haupthandschriften M *(Monacensis)* 9. Jh., C *(Cottonianus)* 10. Jh.

C bietet den Text fast vollständig, in M sind Textverluste eingetreten, die etwa ein Sechstel des Gedichtes ausmachen, das 5983 stabreimende Langzeilen umfaßt. — C allein hat die sog. Fitten [etwa „Abschnitt, Kapitel"] = Einteilung, die wohl auf den Dichter (nach Sievers PBB. 50 [1927] 423 aber auf Hraban!) zurückgeht. M ist sorgfältig geschrieben, fast frei von Sinnesfehlern, wenn auch mit gelegentlichen Auslassungen; C hat zahlreiche Auslassungen, Verbesserungen u. a., die sich meist am Zeilenschluß finden und z. T. aus der Flüchtigkeit des Schreibers erklären. C hat dagegen in der Wortstellung die ursprünglichen Verhältnisse besser bewahrt, verdient auch in metrischen Dingen den Vorzug.

B. Die Bruchstücke: P *(Pragensis)* 9. Jahrh. — älteste der Hss.! — sprachlich näher zu C als zu M, doch mit charakteristischen Eigenheiten.

V *(Vaticanus)* 9. Jahrh., sprachlich zu C. Der Vaticanus umfaßt neben dem einen Stück 'Heliand' die 3 alttestamentlichen ('Genesis'-)Stücke.

Beschreibung der Hss. M und C und Ausgaben in Sievers' Ausg. 1878 mit Paralleldruck von C u. M. Kollation (aller Hss.) von Piper Nd. Jahrb. 21 (1895) u. in s. 'Altsächs. Bibeldichtung' 1897. — Für C seither: Priebsch *The H. Ms. Cotton* 1925 mit dem sicheren Ergebnis: in 2. Hälfte X. Jahrhd., wohl in England von einem Angelsachsen, in karolingischer Minuskel mit insularer Beimischung geschrieben.

Ausg. von P durch Lambel 1880. Ausg. von V durch Zangemeister u. Braune 1894.

C. Verlorene Handschriften:

In Mainz seit 9. Jh. vorhandene Hs., die auch die as. alttestamentliche Dichtung enthielt. Vgl. Jostes ZfdA. 40 (1896) S. 129ff., dessen zeitliche Ansetzung der Magdeburger Eintragungen jetzt durch Möllenberg (Geschichtsblätter f. Stadt u. Land Magdeburg 60 [1925] S. 117ff.) aufs schwerste erschüttert sind. Doch wird davon die 'H.-' u. 'Genesis'-Überlieferung nicht berührt. — Neuerdings Sievers PBB. 50 (1927) S. 424. War diese Hs. dann das Widmungsexemplar des 'Heliand' an Hraban, in das die as. 'Genesis'-Dichtung nach dem Abschluß der Hauptdichtung und zeitlich vor der Präfatioentstehung eingetragen wurde? — Kluge weist auf eine Mindener Spur hin, die von weiter Ferne her immerhin die Möglichkeit einer weiteren Heliand- u. der Präfationenüberlieferung zeigt (Nd. Korr.-Blatt 37 [1919] S. 7). Nach Melanchthons Mitteilung (1554 bis 1560) hat sich in Luthers Besitz ein Monotessaron, auf Befehl Ludwigs d. Fr. in fränkischer Sprache abgefaßt u. mit Vorreden begleitet, befunden (vgl. zuletzt Croker *Anekdoten Melanchthons*, Schriften V. f. Gesch. Leipzigs 10 S. 6ff.; Clemen Zentralbl. f. Bibl.-Wesen 36 [1919] S. 256ff.).

Der Heliand ist nicht vollständig auf uns gekommen; M bricht kurz vor dem Schluß ab; auch Aufnahmen mit dem Palimpsest-Apparat (System Kögel), die mir 1923 dank dem Entgegenkommen der Bair. Staatsbibl. gefertigt wurden, lassen mehr als Buchstabenreste nicht erkennen.

Über das Verhältnis der Hss. zueinander und zu dem verlorenen Original gehen die Meinungen auseinander. M und C weisen auf gemeinsame Vorlage, für die immerhin einiges der äußeren Anlage erschlossen werden kann, und die möglicherweise nahe an die Entstehungszeit der Dichtung heranreicht und dem Original sicher sehr nahe steht.

Anders Baesecke Sokrates 8 (1920) S. 173. — Wrede hat wegen gewisser niederfränk. Bestandteile zwischen das Original u. C noch c eingefügt.

Für Ausgaben wird M — nach Sievers' Nachweis ZfdA. 19 (1876) S. 39ff.; ebenso Behaghel Germ. 21 (1876) S. 139ff. — zu Grunde gelegt, so in Behaghels Ausg. — Für C tritt Piper ein. In neuerer Zeit hat Karg (PBB. 50 [1927] S. 310ff.) C den Vorzug vor M in klanglicher Beziehung gegeben, ohne damit das Verhältnis der beiden Hss. irgendwie abschließend zu beurteilen.

Die Heimat der Handschriften zu bestimmen bereitet wegen der in jedem Fall auftretenden Unstimmigkeiten in der einzelnen Hs. und in der Gesamtüberlieferung einhelliger Lokalisierung ernste Schwierigkeiten, so daß sogar von einer reinen Literatursprache im 'H.' gesprochen werden konnte. Die Bedenklichkeiten bei der Heimatzuweisung werden um so größer, je mehr Gewicht den Ausweichungen vom zu erwartenden Sprachzustand gegeben werden muß. Als Beispiel gelte in M das Vorkommen einiger hd. Formen, die in C an derselben Stelle in nd. Lautgestalt auftreten; oder: Doppelformen *mi*, *thi* gegen *mik*, *thik*, *im* gegen *imu*, *them* gegen *themu* u. a.

M wird im Kloster Werden entstanden sein. Die alte Meinung von Münster oder dem Münsterland ist endgültig aufgegeben (Heyne ZfdPh. 1 [1869] S. 285ff.; Braune PBB. 1 [1874] S. 11ff.; Jellinek ebda. 15 [1891] S. 301ff.). — C hat Eigentümlichkeit der sog. „Brechung", einige ags. Schreibungen (vom Schreiber her); ist aber nicht im Kloster Korvey an der Weser geschrieben (Schröder Mitt. Inst. f. österr. Geschichtsforschung 18 [1897] S. 47ff.). — Aber für die Vorlage *MC darf Korvey aus mehreren sprachlichen Gründen und aus deren Übereinstimmung mit Urkundenformen in Anspruch genommen werden. — Für P kann das östliche nd. Gebiet gelten. — Nur für V ist aus der Deutung zeitlich verschiedener Eintragungen in einen Kalender derselben Hs. mit größter Sicherheit festgestellt, daß sie von einem Ostsachsen, einem Geistlichen, der im Magdeburger Gebiet daheim war, (in Mainz) geschrieben sind (Jostes Literar. Rundschau f. d. kathol. Deutschland 2 [1895] S. 46ff. u. ZfdA. 40 [1896] S. 129ff. Kauffmann ZfdPhil. 33 [1901] S. 495ff. Falk ZfdA. 56 [1919] S. 279f. — Aber Möllenberg s. o.). — So weisen P als älteste 'H.'-Überlieferung und V übereinstimmend in ein Heimatgebiet: das ostsächsische Niederdeutschlands. Vgl. noch Steinger *Die Sprache des H.*, Nd. Jb. 51 (1925) S. 1ff.

Die Heimat des Heliand sah man — wie auch W. Grimm sich gelegentlich dazu äußerte ('Kl. Schr.' IV S. 536) — nach Heynes Behauptung lange in Münster oder doch in Westfalen (ZfdPhil. 1 [1869] S. 285ff.), aber eingehende Untersuchungen haben die Unmöglichkeit dieser Annahme dargetan. Sprachliche, sach- und geistesgeschichtliche Tatsachen aus dem 'Heliand' wurden in reicher Fülle vorgetragen, so z. B. das dem 'Heliand' eigentümliche Alliterationsverhältnis *g* : *j* (Jostes), das Fehlen der Diminutiva (Wrede), mehr die „Burg-Namen" (Vilmar *Deutsche Altertümer*² 1862 S. 39. Jostes ZfdA. 40 [1896] S. 164f. u. Kbl. Ges.-V. d. dt. Gesch.-Vereine 46 [1898] Sp. 139. Wrede ZfdA. 43 [1899] S. 333ff., 356. Roethe AfdA. 25 [1899] S. 390. Kauffmann ZfdPh. 32 [1900] S. 519. Collitz bei Bauer *Wald. Wb.* S. 91ff. Bruckner *'H.'-Dichter ein Laie* Progr. 1903/04 S. 20f. Metzenthin Journal of English and Germanic phil. 21 [1922] S. 473 u. a.) und anschließend „Strom-, Berg-, Landbezeichnungen; auch unmittelbare Schilderungen, so das Seeleben, der Seesturm, der Anprall der Wogen, die Frage der angeblichen „Salzgewinnung" (Jostes - Behaghel-Wrede — zuletzt Schröder ZfdA. 61 [1924] S. 35f.) oder die Landschaftsschilderung (der Heliand „in lebendiger Anschauung der See gedichtet" Jellinghaus; vgl. auch Bruckner PBB. 56 [1932] S. 436ff., 440), aber greifbare und eindeutige Schlüsse ergaben sich nicht! Einzig die Heimweisung nach Ostsachsen konnte mannigfachen Gewinn davontragen: ein Gebiet von Korvey a. d. Weser bis etwa Magdeburg stellt sich doch schärfer umrissen, aber nicht unbestritten, heraus.

Einige Festlegungen: Jellinghaus für Utrecht (Nd. Jahrbuch 15 [1889] S. 61ff.), Kögel für Werden (Lit.-Gesch. S. 268), aber dagegen stehen sprachliche Tatsachen. Jostes für Nordalbingien (Gegend des Bistums Hamburg), später für die Gebiete um die Loiremündung (zuletzt in 'Heimat des H.' 1912). Wrede für die Gegend Friesenfeld und südlichen Hassengau (ZfdA. 43 [1899] S. 333ff. Jostes ZfdA. 40 [1896] S. 167. Roethe AfdA. 25 [1899] S. 387ff. Kauffmann ZfdPh. 32 [1900] S. 520 Anm. 1. Conradi *Heimat* 1904 S. 35ff. Geffcken *Wortschatz des 'H.'* 1912. Behaghel PBB. 39 [1914] S. 226f. Löwenthal ZfdA. 57 [1920] S. 277. Franck ZfdA. 46 [1902] S. 329ff.). Bretschneider im Anschluß an Wrede und im weiteren Verfolg seines Ingwäonischen, auf Grund einer Laut- und Formenlehre von P und V und des Versuches einer 'H.'-Grammatik des Originals, für die Entstehung des Gedichts in dem von Wrede vertretenen Gebiet (*Die Sprache des 'H.' und ihre dialektgeograph. Entwicklung* Diss. Phil. Marburg 1923); weitergeführt mit dem Anspruch einer Dialektgeographie Ostfalens und eingestellt auf den größeren Rahmen einer Sprachgeschichte zwischen Weser und Elbe; im großen und ganzen bei den älteren Ergebnissen verbleibend (*Die Heliandheimat und ihre sprachgeschichtliche Entwicklung*. Marburg 1934). Entscheidende Abschnitte: S. 216f.: Ablehnung des Begriffes „ingwäonisch" und Ersatz durch „altwestgermanisch" (vgl. noch S. 319); S. 223ff.: Zur Geschichte der Landschaft Ostfalen mit Kritik der Heimatbestimmung Wredes; *trocken*-Grenze; „Treppenlandschaft" Ostfalen. S. 315: Festlegung auf Ostfalen; genauer für Magdeburg. — Lasch entscheidet sich ebenfalls für das südliche Ostfalen (doch ausdrücklich ohne örtliche Festlegung!) (Ndd. Jahrbuch 51 [1925] S. 59). — Zuletzt gelangt Frings mit gänzlich neuem Unterbau zu gleichem Ergebnis wie Lasch und erhofft durch eine vereinte ndrl.-rhein.-westfäl. Wörterbucharbeit das Ausstrahlen des Wortgutes auch in den ostfäl. Raum erweisen zu können (*Germania Romana* 1932 S. 214ff.; bes. 233). — Kauffmann – bestritten, aber nicht widerlegt – für Korvey (PBB. 12 [1887] S. 356ff. Germ. 37 [1892] S. 369ff. ZfdPh. 32 [1900] S. 512ff.).

Man wird immer eine Bildungsstätte — doch ein Kloster — suchen müssen, an der unser Denkmal entstehen (und im weiteren Verlauf auch einmal abgeschrieben werden) konnte, und dort fordern dürfen: gelehrte

Studien, literarische Überlieferung; geachtete Stellung unter den Klöstern und enge Beziehungen zu den führenden theologischen und missionierenden Kreisen: ernstlich kommt in dem nun enger umgrenzten Gebiet nur Korvey in Frage; hier ist am ehesten der 'Heliand' entstanden.

3. Die Unsicherheit oder vielmehr Nichtübereinkunft über den Begriff „Quelle" und „Vorlage" hat auch bei der 'H.'-Forschung Mißverständnisse genug hervorgerufen. Dem germanischen, epischen Stil eignet die Wendung an die Zuhörer, ihre Aufmerksamkeit erbittend, z. B.: *ôk mag ik giu gitellien, ef gi thar tô uuilliad huggien endi hôrien*, oder die formelhafte Berufung: *sô gifragn ik*.

Den reinen Stoff vermittelte — was schon Schmeller 1840 aussprach und Behringer 1863 ausführte — der lat. Tatian, der selbst das Matthäusev. zur Grundlage hat. Aber unser Dichter verfolgte von Anfang an einen bestimmten Plan für sein Werk, er wählte aus der Vorlage aus, wodurch freilich auch manche nicht glücklich durchgeführte Umstellung bedingt war. Er ließ das Lebenswerk Christi sich auf einer Reise nach Jerusalem abspielen, und gab den für den Fortgang des Ganzen wichtigen und die Erzählung führenden Stücken den Vorrang vor den lehrhaften. Was er sonst noch — neben Unwichtigem — ausschloß, geschah mit gutem Grund: so alles im besonderen Sinn Jüdische, dem deutschen Gefühlsleben Fremde, alle mystische und allegorische Ausdeutung biblischer Gedanken, Fragen der Lehrmeinung der Kirche.

Die Benutzung der Vulgata im eigentlichen Sinn einer „Quelle" ist nicht erwiesen, ihre Kenntnis natürlich nicht bezweifelt. Größeren Anteil an der Stoffvermittlung hinsichtlich der Erklärungen und Ausdeutungen, auch der Zusätze nehmen die Kommentare ein, und zwar in erster Linie des Hrabanus Maurus Kommentar zum Matthäus, des Beda Kommentare zum Markus (dies zuletzt von Weber ZfdA. 64 [1927] S. 62 bestritten) und Lukas und endlich — aber weniger häufig — des Alkuin Kommentar zum Johannes. Über das Ausmaß dieser Einwirkungen besteht keine Einigkeit: Windisch (*'H.' u. s. Quellen* 1868), Sievers (Ausg. Einl. XLff.), Scherer, Kögel, Schönbach, Jellinek, zuletzt noch z. T. mit neuen Ergebnissen Weber ZfdA. 64 [1927] S. 1ff. fassen die Zahl der durch sie hervorgerufenen Stellen sehr hoch — Bruckner (Progr. S. 19, 27ff.) und Middendorff dagegen recht gering. Dagegen wollte Grein (*'H.'-Studien* 1869) die Väterschriften selbst (Beda, Hieronymus, Augustin, Gregor) unmittelbare Vorlage sein lassen, wurde aber durch Sievers (ZfdA. 19 [1876] S. 1ff., 75f.) widerlegt. — Und Jellinek hat sich mehrfach (ZfdA. 36 [1892] S. 162ff., AfdA. 21 [1895] S. 214f. u. ZfdPh. 36 [1904] S. 544) — doch nicht überzeugend — dafür eingesetzt, daß als Stoffvermittler dieser Art lediglich ein einziger (uns unbekannter oder verlorener) Kommentar, den auch Hraban benutzt habe, anzunehmen sei. — Der 'H.'-Dichter hat vielmehr durchgehends Matthäusstellen verwendet, denen wir im Kommentar des Hraban wieder begegnen, und darüber hinaus eine Reihe von Gedanken, die dem Hraban eignen, aufgenommen. Auch Jostes' Vorschlag, Predigten als Grundlage der Dichtung und diese dann homilienartig entstanden sich zu denken, kann nicht gelten (ZfdA. 40 [1896] S. 364ff.; vgl. **Schönbach** Cosmopolis 1 [1896] S. 617). Mögliche Beziehungen zu Paschasius Radbertus deckte Kauffmann (ZfdPh. 32 [1900] S. 512ff.) auf. Aber Weber lehnt dies ab (ZfdA. 64 [1927] S. 63). — Eher dürfte — wenn auch nicht bis zur Sicherheit zu erhebender — Nachklang an die Sprache der Psalmen, liturgischer Formeln, bestimmter vielleicht Nachwirkung von Apokryphen sein — aber „Quellen" wird man darin nicht sehen wollen.

Des Dichters Arbeitsweise war sichtlich die, zu den gewählten Tatianstellen — wohl abschnittsweise — nach den im Kodex beigefügten Verweisungen auf die einzelnen Evangelien die betr. Kommentare nachzuschlagen und aus ihnen zu übernehmen, was und wo dies ihm für seine Absicht der Einzelstelle und in seinem Gesamtplan diente.

Die Quellenfrage und ihre allmähliche

Klärung führte aber notwendigerweis immer mehr auf den Verfasser selbst, auf seinen Stand. Die Einheitlichkeit im Aufbau und in der Durchführung des gesamten Dichtwerkes ließ von allem Anfang an und nie ernstlich angezweifelt einen Verfasser zu: und das war ein entschiedener Vorzug in der gesamten Forschungsgeschichte des 'H.'. Aber schon die ersten, ernsten Quellenforschungen zeigten deutlich einen des Lateins kundigen, in der Klosterbildung erzogenen, mit dem theolog. Schrifttum der Zeit wohlvertrauten Gelehrten, der seinen Stoff selbst sammelte, ordnete und sein Dichtwerk nach festem Plan einheitlich durchführte. Windisch meinte zwar, aus der Verbundenheit des Dichters mit den heimischen Anschauungen des sächsischen Volkes und aus der vollendeten Technik in der Handhabung der Alliteration, des Stils, eher auf einen in seiner Jugend im Kloster erzogenen und so der lat. Sprache mächtigen edlen Sachsen als auf einen Mönch unbekannter Herkunft schließen zu können. Aber das bedeutet nur eine geringe Ausbiegung. Es wird verständlich, daß ein zuweisungsfrohes Zeitalter unter den mit Namen und Werk bekannten Gelehrten der Zeit gern den 'Heliand'-Dichter erkennen wollte und kleinen Übereinstimmungen, die vielleicht Zufälligkeiten sind oder sich aus allbekanntem Gut ohne Zwang einer Quellen- oder Vorlagestütze erklären, mehr Gewicht, als berechtigt und nötig, zuwies. Dieses Suchen nach der Dichterpersönlichkeit hat schon früh — doch ganz unkritisch — eingesetzt: Eccard hielt den sächsischen Bischof Badurad von Paderborn (815—852) (oder einen seiner Untergebenen) für den Verf. In unseren Tagen (1916) hat Heinrichs nachzuweisen versucht, daß der Bischof Haymo von Halberstadt (840—853) der Verf. des H. sei: Anlaß sind ihm Übereinstimmungen in den unter Haymos Namen gehenden Homilien und in einer Abhandlung '*De corpore et sanguine Domini*' mit Stellen im 'H.'. Aber es ließ sich unschwer nachweisen, daß hier wieder jenes große mal. Gemeingut vorliegt, und daß weiterhin manches in den bekannten Kommentaren vorkommt.

Böckelmann hat in verschiedenen kleinen Aufsätzen, doch uneinheitlich und ohne strenge Scheidung von „Urheber" und „letztem Gestalter", zu erweisen gesucht, daß die Dichtung von Adalhard (um 775—826), dem Abt vom Kloster Corbie, angeregt, von seinem Bruder Wala verfaßt sei. Die Beweisführung ist ihm nicht gelungen und hat zuviel der inneren Schwierigkeiten.

Auch Pietschs Äußerung, die man hier wird anschließen dürfen, der Bischof Bernolt von Straßburg († zwischen 832 und 840) habe als Anreger oder Hauptförderer — ausdrücklich: nicht Dichter! — an der 'H.'-Dichtung mitgewirkt und dem übrigens unbekannten Verf. den Stoff vermittelt, so daß dann Entstehung und erste Niederschrift des 'H.' in Straßburg erfolgt sei, entbehrt jeder Beweiskraft.

Scharf gegen die Auffassung eines gelehrten, geistlichen Verfassers wenden sich Jostes (ZfdA. 40 [1896] S. 341ff. u. Korrbl. Ges.-V. d. dtsch. Gesch.-V. 46 [1898] 133ff.) und Bruckner (Progr. 1903/04). Für Bruckners Beweisführung erklärten sich Bernt (Zfösterr. Gymn. 56 [1905] S. 211ff.) und Conradi (*Stand der 'H.'-Forschung* 1909). Gegen Bruckner begründend Ehrismann (Engl. Studien 37 [1905] S. 279ff.). Das Ziel ist, den 'H.'-Dichter als Laien, als ungelehrten, aber begabten Volkssänger nachzuweisen. Grundlage dafür sind — z. T. auch von der Gegenseite zugestandene — Mißverständnisse und Unklarheiten in der Textauffassung der Evangelien, die einem gelehrten Verf. nicht hätten zustoßen können. Aber man könne auch auf Angaben der '*Praefatio*' sich stützen und an Windisch z. T. anknüpfen. So wird im Verf. ein hochbegabter, aber nicht gelehrter Volkssänger, der *Skop*, gesehen; ihm steht der gelehrte Klosterbruder (oder auch mehrere! so Bruckner), der geistliche Berater zur Seite, der über die nötige theologische Belesenheit der Quellen und Hilfsmittel verfügt und sie jeweils am gegebenen Ort vermittelt: das gälte für Tatian, die Kommentare und die Lehrmeinung der Kirche. Nur Mißverstehen des mündlich Vorgetragenen habe die Unstimmigkeiten gegenüber der „Quelle" verschuldet. Aber dies alles verschiebt die Sache des Dichters und macht den Verf. des 'H.' zu einem Werkzeug nicht sorgsamer Berater eines fremden, unverstandenen Gutes.

Bruckner hat dann (*Die as. Genesis und der Heliand, das Werk eines Dichters* 1929) unter der Wirkung der Arbeit Heuslers (ZfdA. 57 [1920] S. 1ff.) die Verfasserfrage nochmals behandelt, und nun verschiebt sich ihm die Aufgabe doch so stark, daß er nicht mehr den „Geistlichen" gegen den „Laien", sondern nur mehr den gelehrten Geistlichen, „der gründlich Latein konnte, und sich seinen Stoff selber an Hand des Tatian und der Kommentare planmäßig zusammenstellte", gegen den Geistlichen stellt, der „sich bei seiner Arbeit von einem andern mußte beraten lassen, eben weil er nicht genügend Latein verstand". Das sind aber nur Gradunterschiede. Die Anwendung dieser neuen Auffassung auf die Einheitsfrage der Verfasser kann aber doch nicht überzeugen, so sehr auch für einzelne Stellen beider Dichtungen Neuwertungen erreicht sind. Bruckners Eintreten (1904, 1929) dafür, daß 'H.' und as. 'Genesis' von einem Dichter verfaßt seien, wird auch in dieser letzten Untersuchung nicht sicherer. — Immerhin gibt Schulte-Kemminghausen, wenn auch sehr bedingt, zuletzt noch die Möglichkeit eines Verfassers von 'H.' und as. 'G.' zu (Jahresbericht f. german. Phil. N. F. 9 [1929] S. 224f.).

Die Möglichkeit, das gelehrte Wissen mit der äußersten Beherrschung der Stil- und Verskunst zu vereinen, sah Kögel (*LG.* S. 280ff.) darin, den 'H.'-Dichter in der Jugend die angestammte Alliterationsdichtung pflegen und ihn in späteren Jahren ins heimische Kloster Werden eintreten zu lassen, wo er mit spät erworbenem theologischen Wissen den 'H.' schuf. Ähnlich, aber ohne sich auf ein bestimmtes Kloster festzulegen, Middendorf (Anglia. Beibl. 17 [1906] S. 1ff.). Aber auch hier ist der gelehrte, geistliche Verf., dem im Kloster alle Hilfsmittel unmittelbar zur Hand sind, zugegeben: und an ihm ist doch nicht zu zweifeln, nur war er — wie schon lang erkannt ist — kein „Theologe ersten Ranges", kein Dogmatiker.

In der Beherrschung des Formalen der Dichtkunst steht er auf dem Boden der literarischen Überlieferung, die nach England weist: das ags. geistliche Buchepos kennt er nachweislich: an ihm mag er gelernt haben; er verfügt über einen Formelschatz, der alle Vorgänger übertrifft, den er sich übersteigernd meisterhaft verwendet, und über eine Sprachgewalt, die nur dem „Dichter" eignet. Die „Germanisierung" seines Stoffes ist seit Vilmars Darstellung (*Deutsche Altertümer im H. als Einkleidung der evangelischen Geschichte* 1845.[2] 1862) zum Allgemeingut des Wissens vom dt. Altertum geworden. Für uns ist sie heut mehr zurückgetreten. Aber er bedeutet eine Vereinzelung dichterischer Gestaltungskraft, der gegenüber jeder Nachfolger unbedingt erliegen mußte. Und deshalb steht er am Ende der altererbten Kunstübung in Deutschland — ganz abgesehen von den bald nach ihm einsetzenden starken Wandlungen der as. Sprache.

4. Jede Betrachtung des 'H.' hat sich mit der '*Praefatio*' und den '*Versus*' auseinanderzusetzen, denn sie begreifen die wichtigsten Fragen nach dem Dichter, der Entstehungszeit, dem Vorhandensein einer alttestamentlichen Dichtung. Sie allein geben bei dem beharrlichen Schweigen des Dichtwerkes einige Aufschlüsse. Innerhalb ihrer eigenen Aussagen aber sind sie widerspruchsvoll, daß einheitliche Auffassung im einzelnen nicht erarbeitet werden konnte. Auch was nach Ausscheiden späterer Zusätze als alter Bestand gilt, ist darstellungsmäßig mit antiker Gelehrsamkeit und mal. Wissen stark durchsetzt. Dem (durch A. B. gekennzeichneten) Prosabericht folgt eine poetische Behandlung des Stoffes, der Bedas Erzählung von der Berufung des Kädmon ('*Hist. eccles. gentis Anglorum*' IV 24) zu Grunde liegt. Diese '*Versus*' überliefern keine auf den 'H.'-Dichter bezüglichen Tatsachen, sie leben in sagenhafter Auffassung von Berufung und Stand des Dichters — meinen aber natürlich den Verfasser der as. Dichtung. Zu den '*Versus*' stellt sich jener 2. Teil der '*Praefatio*' (B), fast wie Überleitung von dem (alten, echten) Tatsachenbericht (A) zur Legende anmutend. Der Verf. dieses

B-Stückes, wohl identisch mit dem Dichter der '*Versus*', rief dann wohl auch durch vermittelnden Einschub und Zusatz in A Unstimmigkeit und Widerspruch der Gesamtpraefatio hervor. Man hat in der alten und echten '*Praefatio*' eine Art Empfehlungsschreiben sehen wollen, das dem fertigen Werk mitgegeben worden sei: es ist eine auch geistesgeschichtlich aufs beste sich einfügende Deutung Sievers', daß Hraban deren Verfasser sei; daß weiterhin die erweiterte '*Praefatio*' und die '*Versus*' in seiner Umgebung in Fulda entstanden seien. Dann aber wird das Bild von Hraban und seinem Kloster für die Bildungsgeschichte des dt. Geistes und für die ahd. Literaturgeschichte noch lichtreicher: in seine unmittelbare Nähe rücken, nach dem Abschluß des Matthäuskommentars (821/822), die ahd. Tatianübersetzung (um 825) und — wenn auch räumlich entfernter — der 'Heliand'.

Die bei allem dem bestehenden Unstimmigkeiten der gesamten '*Praefatio*' lösen sich dann erträglich. — Daß die '*Praefatio*' zum 'H.' gehöre, ist aus ihr vielfach gesichert.

Lit. zu den Hauptfragen: Zarncke Berichte d. Ges. d. Wiss. Leipzig. Phil.-Hist. Kl. 17 (1865) S. 104ff.; Windisch *Quellen* S. 20ff.; Scherer *Kl. Schr.* I S. 569ff.; Heyne ZfdPh. 1 (1869) S. 275ff.; Sievers Ausg. Einl. S. XXIVff.; Rödiger AfdA. 5 (1879) S. 278ff.; Giseke '*H.*' *u.* '*Präfatio*' 1879; Wagner ZfdA. 25 (1881) S. 173ff.; Jellinek AfdA. 21 (1895) S. 221ff.; Jostes ZfdA. 40 (1896) S. 343. Schönbach 3 Proömien f. W. Gurlitt 1904; Braune PBB. 32 (1907) S. 24; Zellinek ZfdA. 56 (1919) S. 109ff.; Sievers PBB. 50 (1927) S. 416ff.

Die H.-Dichtung ist — wegen der Erwähnung Ludwigs d. Fr. in der '*Praefatio*' — spätestens 840 abgeschlossen worden. Der durch Windisch geführte Nachweis der Benutzung des Hraban-Kommentars zum Matthäus durch den Dichter gibt den frühesten, möglichen, Zeitpunkt der Entstehung: 821/22 vollendete Hraban seine Erläuterung, nach 822 wird der Dichter begonnen haben nach dem Plan, in dem von Anfang an neben Tatian die Erklärer ihren festen Platz — Hrabans Kommentar aber den ersten! — hatten. So mag die Zeitspanne 825—835 etwa als Entstehungszeit des 'Heliand' gelten.

Greins Datierung auf 815 ist völlig widerlegt. Kögels Abgrenzung auf 829 für das Dichtwerk ist unwahrscheinlich (L.-G. Erg-Heft S. 24f.).

Schrifttum: Es ist unmöglich, von den rund 900 Untersuchungen und Aufsätzen, die als bibliographische Einheiten sich mit der 'Heliand'-Frage oder einem Einzelpunkt befaßt haben, auch nur die wichtigen auswählend aufzuführen. Die etwa 100 Jahre sprachlicher und literargeschichtlicher Arbeit haben die einzelnen Fäden aufs festeste ineinander verknüpft, daß mehrfache Aufzählung am Einzelort nötig würde. So seien hier nur die größeren Ausgaben, Übersetzungen und Hilfsmittel genannt. Im übrigen wird auf die Bibliographie bei Piper *Die as. Bibeldichtung* 1897, in Behaghels Ausg. (zuletzt [4] 1922) und in meiner Einführung *Altsächsisch* (1923) gewiesen; diese bringt zur Einzelstelle jeweils das gesamte Schrifttum; auf ihr ist auch dieser Artikel aufgebaut. — Seit 1923 ersch. Schriften sind im Text eingehender aufgenommen, um das Bild des heutigen Standes der 'H.'-Forschung schärfer zu zeichnen. Auch das frühere Schrifttum konnte natürlich nur in der Auswahl des Bedeutenden aufgeführt werden.

A. Ausgaben: Schmeller 1830. — Heyne 1866, [4] 1905. Rückert 1876. — Sievers 1878 (mit Formelverzeichnis). — Behaghel 1882, [4] 1922. Dazu Neudruck: [5] 1933, der leider das seither erschienene Schrifttum nicht berücksichtigt. — Piper 1897.

B. Übersetzungen: Simrock 1856; Neuausg. 1926. — Zusammen mit den 'Genesis-Bruchstücken' von Heusler 1921. 1933. — Kunze 1925.

C. Grammatik: Gallée [2] 1910. — Holthausen[2] 1921.

D. Syntax: Behaghel 1897.

E. Wörterbuch: Schmeller 1840. In den Ausgaben Heynes, Rückerts (von Bartsch), Behaghels. Sehrt 1925 (mit vollständiger Stellenangabe!).

F. Literaturgeschichte: Kögel *Gesch. d. dtsch. Lit.* I u. Erg.-Heft 1894—95. Kögel u. Bruckner Pauls Grundriß[2] II 1901—09. Ehrismann *Gesch. d. ahd. Lit.* [2] S. 157ff. Unwerth u. Siebs *Gesch. d. dtsch. Lit.* 1920.

Basler.

Hellefiur, s. Höllefeuer.

Hellenbrecht der Gute. Hs. Additional 16581 des Britischen Museums, 15. Jh. (1469), ostschwäbisch, Bl. 166[a]; s. R. Priebsch *Deutsche Hss. in England* II (1901) S. 147—58. Ihm wird zugeteilt der Spruch:

Schluff ain schalck in zobelsbalck,
Dannocht wer er ain schalck (= Freidank 49, 19). R. Priebsch.

'**Hellerwertwitz**', s. Fressant.

Helm, Franz, von Köln a. Rh. 'Feuerwerksbuch'. Ms. 1 Bibl. Zeughaus Berlin, Sammelcodex. Papierhdschrft. mit Namensnennung am Schluß.

Helm lebte um 1525 bis 1537, er nennt sich Schlosser, Büchsenmeister und Feuerwerker und diente den Herzögen von Baiern. Seine Nachrichten schöpfte er aus einem 1444 datierten 'Feuerwerksbuch' (s. d.), bzw. nach dessen Abschrift von frühestens 1451. Ähnliche Nachrichten in späteren Werken des Verfassers: Cod. germ. 487 Staatsbibl. Berlin; Cod. palat. germ. 128 Univ. Bibl. Heidelberg, von 1535.

F. M. Feldhaus *Was wissen wir von Berthold Schwarz?*, Ztschr. f. hist. Waffenkde. 4 S. 116, 117.

Eduard A. Geßler.

Helmold, Pfarrer von Bosau, Verfasser der *'Cronica Slavorum'*.

1. Ein gewisser leidlich gesicherter Grundstock an Nachrichten und Schlüssen über das sehr dürftig bekannte Leben des Schriftstellers ist in der Einleitung zu meiner unten genannten Ausgabe von 1909 zusammengestellt, weitere Schlüsse sind in den danach erschienenen Aufsätzen von Ohnesorge und mir gezogen und geklärt worden. Mit Sicherheit kann man danach fast nur sagen, daß der Verfasser der sogen. Slavenchronik (über die Berechtigung dieses Titels vgl. weiter unten) nicht in Holstein, dem Lande der Wirksamkeit seiner Mannesjahre, sondern im alten Sachsenlande links der Elbe geboren ist. Dafür spricht die Zuneigung und Teilnahme, die er überall den Sachsen links der Elbe entgegenbringt, die häufig ebenso unverkennbare Abneigung gegen die Holsteiner, endlich die Verehrung für die Grafen von Schauenburg, besonders Adolf II., die den eingeborenen Holsteinern verhaßt waren. Ob seine engere Heimat dann die Gegend um den Harz (Goslar, Hildesheim, Elbingerode) oder Westfalen (die Weserlande) war, kann dahingestellt bleiben, mir erscheinen nach wie vor die Harzgegenden als unvergleichlich viel wahrscheinlicher. Urkundlich ist Helmold erstmalig 1150 als *diaconus* zu Neumünster in der einzigen erhaltenen Urkunde Vicelins bezeugt, er muß danach spätestens 1125, wird um 1120—25 geboren sein. Wann und wie er nach Holstein gekommen ist, wissen wir nicht; als Knabe und Jüngling lebte er um 1134—38 in und bei Segeberg in Holstein, ist vielleicht um 1139—1142 auf der Schule in Braunschweig unter Leitung des Schwaben Gerold, seines späteren Bischofs in Oldenburg und Lübeck, gewesen. 1154 war er beim Tode Vicelins in Neumünster zugegen, 1155 und 1156 begleitete er dessen Nachfolger Gerold auf einer Missions- und Inspektionsreise durch sein neu errichtetes Bistum und wurde vor 1163 Pfarrer von Bosau am Plöner See. Sicherlich ist er der „Priester Helmold" in einer Urkunde Bischof Heinrichs von Lübeck von 1177, ob auch der „Propst Helmold" (welches Stifts?) in einer Urkunde Bischof Konrads von Lübeck von 1170, kann zweifelhaft sein. Über das Datum seines Todes ist nichts bekannt.

2. Die Überlieferung des Werkes ist nicht gut; unsere älteste Hs. ist von ca. 1300, der darin dem Werke gegebene Titel: *Cronica Slavorum edita a venerabili Helmoldo presbitero* rührt bestimmt nicht vom Autor her. Die Vorrede zum ersten Buch, die wichtiges Persönliches enthält, steht in unseren Hss. nicht, sie ist nur im Druck des Reinerus Reineccius nach einer verlorenen Hs. erhalten. Diese Hs. hätte nach Reineccius eine ganz andere Fassung der Slavenchronik geboten, an den spärlichen, von ihm mitgeteilten Lesarten läßt sich das nicht nachprüfen. Jedenfalls ist dieses hier allein überlieferte Vorwort zum ersten Buch authentisch.

3. Das Werk selbst ist von höchster Bedeutung und hat als freie Darstellung eines freigewählten Themas *(historia;* so würde es mit mittelalterlichem Ausdruck nach mittelalterlicher Sitte besser wie als *cronica* zu bezeichnen sein) nicht viele seines gleichen in diesen Jahrhunderten des Mittelalters. Es setzt sich zum Ziel zu beschreiben „die Bekehrung des Volkes der Slaven, das heißt durch die Tätigkeit welcher Könige und Prediger die christliche Religion in diesen Gegenden [um Lübeck] erstmalig gepflanzt und nachher wiederhergestellt worden ist", und endet mit der triumphierenden Feststellung, „daß das ganze Slavenland von der Eider

an der Dänengrenze bis nach Schwerin hin, das ehemals durch räuberische Anfälle unsicher und öde gemacht war, nun durch Gottes Gnade gleichsam eine große Ansiedlung der Sachsen geworden ist, in der Städte und Dörfer erbaut werden und die Zahl der Kirchen und Diener Christi zunimmt". Dieses Ziel der Erzählung hat der Verfasser in der Tat erreicht und den großen Gang der Dinge, die Anfänge der Bekehrung im 9. und 10. Jahrhundert, die Hemmungen im 11., den schließlichen Erfolg im 12., mehr der Kolonisation als der Mission, vortrefflich und unter Mitteilung einer Fülle von Tatsachen, von denen wir ohne ihn nichts wissen würden, beschrieben. Auch innerdeutsche Verhältnisse, der Kampf zwischen geistlichem und weltlichem Fürstentum, zwischen Heinrich dem Löwen und seinen Gegnern und anderes mehr, treten bei ihm in helles Licht. Dabei ist er aber nicht intim aus der Kanzlei irgend eines Fürsten oder Handelnden unterrichtet, sondern erzählt nur, was man allgemein und in weiten Kreisen damals wußte. Die Angriffe von Schirren, daß die Bewußtheit seiner Schriftstellerei zugleich fälschenden Zwecken gedient habe, sind vollständig widerlegt, man kann sich auf Helmolds subjektive Ehrlichkeit durchaus verlassen. Leider hat der Russe D. N. Jegorov in seinem unten genannten Buch solche Angriffe mit dem gleichen Fanatismus wie Schirren und einer um nichts besseren Begründung wiederholt, leider haben sie auch auf deutsche Forscher, die Jegorovs Behauptungen nicht sogleich nachprüfen konnten, einen in der Sache nicht berechtigten Eindruck gemacht. Über die gesamte Aufnahme von Jegorovs Werk in der deutschen Forschung vgl. meine Anzeige in der Histor. Zs. Bd. 146 (1932) S. 333—340, und zur Widerlegung von Jegorovs Behauptungen über Helmold meinen unten genannten Aufsatz im NA. Bd. 50. Eine solche Zurückweisung der Verdächtigungen gegen H.s subjektive Ehrlichkeit schließt nicht aus, daß manche seiner Angaben objektiv anfechtbar sein können. Viel erörtert ist neuerdings die Frage, wieweit bei der Kolonisation des 12. Jhs. östlich der Elbe die slavische Bevölkerung erhalten geblieben oder, wie man früher sagte, „ausgerottet" worden ist. Helmolds Ausdrucksweise legt mehrfach diese letztere Auffassung nahe, aber es ist durch die neuere Forschung (vor allem von Witte) zweifelsfrei festgestellt, daß da rhetorische Übertreibungen bei H. bzw. falsche Auffassungen der modernen Forschung vorliegen und das Problem des Fortlebens der slavischen Bevölkerung östlich der Elbe noch auf der Grundlage ganz umfassender Untersuchungen verschiedenster Art geklärt werden muß.

Geschrieben hat Helmold sein erstes Buch um 1167/68, das zweite, sehr viel kürzere, um 1172.

Helmoldi presbyteri Bozoviensis 'Cronica Slavorum'. Post I. M. Lappenberg recogn. B. Schmeidler (Mon. Germ. hist. SS. rer. Germ. in usum scholarum) 1909. *Helmolds Chronik der Slaven. Hrsg. von* B. Schmeidler (Geschichtsschreiber d. dt. Vorzeit 56) 1910. W. Ohnesorge *Neue Helmoldstudien*, Zeitschrift des Vereins für Hamburgische Geschichte 16 S. 90—199 (derselbe Verfasser hat schon vorher mancherlei über Helmold geschrieben, z. B. Jahresberichte der Geschichtswissenschaft 32. Jahrg. 1909, II, S. 478ff., doch läßt sich gegen alles viel einwenden). B. Schmeidler *Helmold und seine 'Cronica Slavorum'*, Zeitschrift des Vereins für Lübeckische Geschichte 14 S. 185—235. Ders. *Über die Glaubwürdigkeit Helmolds und die Interpretation und Beurteilung mittelalterlicher Geschichtsschreiber*, NA. 50 (1933) S. 320 bis 387. Zur Kolonisationsfrage und Helmold vgl. H. Witte *Wendische Bevölkerungsreste in Mecklenburg* (Forschungen zur deutschen Landes- und Volkskunde XVI, 1) 1907; D. N. Jegorov *Die Kolonisation Mecklenburgs im 13. Jahrhundert.* Moskau 1915 (russisch); in deutscher Übersetzung erschien Bd. I, II. 1930, hsg. Osteurop. Inst. Breslau; dazu ein dritter Band von Hans Witte *Jegorovs Kolonisation Mecklenburgs im 13. Jahrhundert. Ein kritisches Nachwort* 1932. Vgl. auch die ausführliche Inhaltsangabe und Besprechung des Buches von Jegorov in dem umfassenden Bericht von H. F. Schmid *Die slavische Altertumskunde und die Erforschung der Germanisation des deutschen Nordostens*, Zeitschrift für slavische Philologie 1 (1924) S. 396—415; 2 (1925) S. 134—180.

B. Schmeidler.

Helmsdorf, s. Konrad u. Ludwig v. H.

Helmstädter, Der. Das Gedicht 'Von der Natur des Kindes' (gedr. im Liederbuch der Hätzlerin S. 287, sonstige Hss. Nürnberg Val. Holls Hs., München cgm. 270, Weimar O 145, Wernigerode Fstl.

Stolbergische Bibl. Z b 4 m Bl. 130b) hat in der letztgenannten Hs. als siebtletzte Zeile: *Also redt der Helmstetter*, wo die Münchener und die Weimarer Hs. lesen: *Also rett Hans Raminger*, während das Liederbuch der Hätzlerin (und Val. Holls. Hs. wohl ebenso) die Zeile ersetzt durch: *Des ich von gantzem hertzen ger.* Die Frage, welcher Verfassername richtig ist, braucht nicht auf ein „entweder — oder" hinauszulaufen; beide Namen könnten auch dieselbe Person bezeichnen. Das unterfränkische Helmstadt (westlich von Würzburg) würde der Mundart des Dichters am besten entsprechen; besser als das badische (südöstlich von Neckargemünd). Vgl. Raminger, Hans.

H. Niewöhner.

Helwig.

1. Helwigs 'Märe vom heiligen Kreuz' ist überliefert in der Sammelhandschrift 5305 Papier der Wiener Nationalbibl. aus dem 15. Jh., die wahrscheinlich im hessischen Kloster Alsfeld geschrieben wurde. Sie trägt die Jahreszahl 1459. Der Schreiber des Gedichtes war wahrscheinlich ein Thüringer.

2. Der Dichter heißt wahrscheinlich Helwig von Waldirstet (erschlossen aus *Waldir / So tet:* Konjektur Roethes; Ehrismann vermutet weiter Entstellung aus dem belegbaren *Welperstete* = jetzt *Wolferstedt);* er war wohl ein Geistlicher; das beweist sein Thema, seine Frömmigkeit, seine didaktisch-moralisierende Haltung, wohl auch sein Judenhaß. Als Gönner nennt er Friedrich von Baden; vielleicht ist das Friedrich III. (†1353) oder nach Schröder Friedrich von Baden-Hachberg, der zu Anfang des 14. Jhs. dem Deutschen Orden beitrat. In dem Falle gehörte der Dichter wohl auch dem Orden an.

3. Die Sprache des Gedichtes weist auf Thüringen hin; die Abfassung erfolgte in der ersten Hälfte des 14. Jhs. Schröder vermutet, daß der Dichter in der Nähe seines Gönners, in Freiburg i. Br. dichtete; darauf deutet nichts Sprachliches hin.

4. Das Gedicht '*Des heiligen cruzes mer*' umfaßt etwa 1000 Zeilen, geht für die erste größere Hälfte auf eine noch unbekannte lateinische Legende von der Geschichte des Kreuzes vor Christus, für die zweite Hälfte auf die '*Legenda aurea*' zurück. Die Behandlung wird gegen Ende freier, aber ist durchweg kunstlos und unpersönlich. Die Metrik ist normal; zweisilbiger Auftakt ist nicht allzu selten, die Versfüllung ziemlich frei. Der Stil ist einfach und verrät keine besondere Schulung; der Dichter hat vielleicht das 'Passional' (s. d.) und Heinrichs von Freiberg (s. d.) Kreuzlegende gekannt. Es handelt sich im Ganzen um eine Durchschnittsleistung auf dem Gebiet der Reimlegende.

Helwigs Märe vom heiligen Kreuz, hrg. v. P. Heymann 1908 (Palaestra 75); dazu A. Bernt AfdA. 33 (1909) S. 278; G. Ehrismann ZfdPh. 45 (1913) S. 305. E. Schröder ZfdA. 69 (1932) S. 124.

J. van Dam.

Helwig von Germar, Mystiker und Schüler Meister Eckharts (s. d.). Nach dem Inhaltsverzeichnis des '*Paradisus anime intelligentis*', das zwei Predigten unter diesem Namen enthält, war H. v. G. Lesemeister der Erfurter Dominikaner: *der lesemeister was zu Erforte.* Er entstammt dem uradligen Geschlecht von Germar, das im 13. Jh. in Germar bei Mühlhausen in Thür. ansässig war, doch ist die Identität des Mystikers mit den urkdl. 20. Febr. 1285 erwähnten Oheim (verh.) und Neffe (minderjährig?) H. v. G. (B. v. Germar *Die Ministerialen und Ritter v. Germar*, Mühlhäuser Gbll. 3 [1902] S. 9/16) nicht erwiesen, mit dem Oheim unwahrscheinlich. Vielleicht war H. v. G. der *Fr. Helwicus Theutonicus*, den das von einem Anonymus verfaßte Verzeichnis aller *scripta sive opuscula F. F. magistrorum sive bacul. de ordine Predicatorum* nennt (Denifles Archiv 2 S. 231 Nr. 43; dazu M. Grabmann Divus Thomas 5 [1927] S. 401/10). — H.s v. G. Predigten, bes. *Qui videt me...*, beweisen eigene spekulative Begabung; vgl. seine Stellungnahme zum Problem der wirkenden und möglichen Vernunft in ausdrücklichem Gegensatz zu Dietrich v. Freiberg (s. d.). — Die Predigt *Qui videt me* wurde von Nikolaus von Landau (s. d.) teilweise wörtlich in seine Predigt *Vocatus est Jhesus* übernommen.

Hss. I) nr. II, 12 u. II, 21 des '*Paradisus anime intelligentis*', Oxforder Cod. Laud. Misc. 479, nach E. Sievers' Abschrift hrsg. v. Ph. Strauch (D. T. 30) 1919 S. 95, 115; abgedruckt ferner bei Preger *Gesch. d. dtsch. Mystik* II S. 439 n.

442. — II) Eine weitere Hs. des '*Paradisus*' befindet sich in der Hamburger Staatsbibl. (Stammler *Studien z. dtsch. Mystik*, ZfdPh. 55 [1930] S. 29). — Kassel. Landesbibl. Ms. theol. 4, 11 u. 12 = *Des Nikolaus v. Landau Sermone* hrsg. v. Zuchhold 1905 (Hermaea II) S. 41/42. Text hier mehrfach besser u. vollständiger als in Oxford. — Zum Inhalt vgl. E. Krebs *Meister Dietrich* (Beiträge z. Gesch. d. Phil. d. MA. V, 5 (6) 1905) Anm. zu S. 138. Denifle *Das Buch v. geistl. Armut* 1877, Anm. zu S. 167, 4. — Charakteristik H.s v. G. bei Preger a. a. O. S. 152.

Elisabeth Hübner.

Helwig (Helwicus) **von Magdeburg**, Franziskaner, Lektor der Theologie daselbst und in Erfurt, gest. 28. Sept. 1252, verfaßte das Büchlein: '*Denarius sive Decacordum*'. Es ist bedeutsam als Zeugnis franziskanischen Geistes aus der Frühzeit des Ordens auf deutschem Boden.

Handschrift: Berlin, lat. theol. F. 501. Hg. von F. Doelle in: Beiträge zur Geschichte der Sächsischen Franziskanerprovinz vom hl. Kreuz 1 (1908) S. 87—96; S. 68 ff. über den Verfasser. Deutsche Übersetzung von W. Meyer *Das Büchlein von den göttlichen Wohltaten* 1926.

J. Koch.

Hemerken, s. Thomas von Kempen.

Hemlin, s. Heynlin.

Hemmerlin, Felix.

1. Leben. Er nennt sich selbst *Hemerli* oder *Hemmerlin*. Aus einer Altzüricher Familie stammend, ist er 1388 geboren. Auf der Großmünsterschule vorgebildet, ist er 1406 in Erfurt, zu Beginn des Jahres 1408 in Bologna inskribiert, wo er bis 1412 bleibt. Dann wird er in Erfurt Bakkalar des Kirchenrechts. Seit 1412 besitzt er in Zürich am Großmünster eine Chorherrnpfründe. Während des Konstanzer Konzils ist er als apostolischer Notar und Sachwalter in kirchlichen Geschäften, hauptsächlich für den Rat von Luzern, tätig; er gehört zur Mittelpartei, die die Reformen erstrebt. 1421 erhält er die Propstpfründe in Solothurn. Im Oktober 1423 ist er wieder in Bologna, wo er am 11. Sept. 1424 Doktor des Rechts wird; sein Diplom als *doctor decretorum* ist das älteste von Bologna erhaltene Diplom. Er besucht Rom, wo ihm Martin V. (1417 bis 1431) Gunstbezeugungen erweist. Um 1427 ist er in Zürich; 1428 wird er Kantor am Großmünster; er ist auch Chorherr von St. Moritz in Zofingen. Während der Fehden des mit dem Züricher Adel gegen die Eidgenossen verbündeten Österreich wird er Rat des Markgrafen von Baden, wohl auch bei Markgraf Wilhelm von Hochberg und bei dessen Bruder Otto, sowie Kaplan des Herzogs Albrecht VI. von Österreich und des Königs Friedrich III. Er sammelt eine Bücherei von wenigstens 500 Bänden, Gemälde, Kunstgegenstände, womit er sein Heim im Sinne der Renaissance ausstattet. So liegt er bis zum Baseler Konzil stillen Studien ob. Am Konzil (1431—1448) nimmt er als Propst von Solothurn und Doktor der geistlichen Rechte eine angesehene Stellung ein und wird vom Konzil mehrfach mit Aufträgen betraut. Hier reift er zum Vorkämpfer der Reform aus. An Zahl und Bedeutung überragen seine Reformschriften seine persönlichen und politischen Traktate. Er zieht sich durch sie die Feindschaft von Amtsgenossen zu. Ein Plan, ihn meuchlings zu beseitigen, mißglückt; der Münsterpropst und der Konstanzer Bischof entfremden sich ihm. Solange Adel und Österreich in Zürich herrschen, bleibt jedoch sein Einfluß im Stift und in der Bürgerschaft; die Zeit um 1444—1450 bedeutet die Höhe seines Ansehens. Er schreibt nun den durch sittliche Höhe und Darstellungskraft bedeutenden '*Liber de nobilitate*' in Form eines Zwiegesprächs zwischen *Nobilis* und *Rusticus*, um die schrankenlose Erhebung des Adels zu befürworten und den Seelenadel im Geburtsadel, stellenweise mit haßerfüllter Seele gegen die Bauern, zu verherrlichen. Diese Schrift wird der Anlaß zu seinem Leiden, als Zürich 1450 wieder zu den Eidgenossen übertritt und Österreich aufgeben muß. Ein Streit mit dem Bischofe von Konstanz wird von Hemmerlins Todfeinde Gundolfinger zur Anklage gegen ihn benutzt. Persönliche Gegner bringen ihn 1454 in ein Gefängnis in einem bischöflichen Schlosse nahe bei Konstanz, dann in einem anderen Schlosse. Zu lebenslänglicher Haft verurteilt und der Würden für verlustig erklärt, wird er nach elfmonatiger Haft nach Luzern zu den von ihm bekämpften Franziskanern überführt. Wir wissen nicht, ob er in der

Haft gestorben ist. Sein Todesjahr ist etwa 1460. Die Schriften aus dieser Zeit zeigen einen noch ungebrochenen Geist. Im '*Registrum querele*' führt sein Schutzengel Klage vor Gott mit der Bitte, den früheren Bischof Konrad zum Richter gegen den Gundolfinger zu ernennen; nun werden dessen Schandtaten enthüllt; Hemmerlin aber soll sich durch seine Gefangenschaft himmlischen Lohn erwerben. In den Klageliedern zürnt er über seine Vaterstadt, die ihn im Kerker schmachten lasse; das sei ein Zeichen des nahen Weltgerichts.

2. Werke. Es sind mindestens 39 Schriften nachweisbar. Die wichtigeren sind: 1. '*Contra validos mendicantes*' ('Gegen die starken Bettler, die Begarden') v. J. 1438 mit den ergänzenden Traktaten '*Contra Anachoritas Beghardos Beginasque silvestres*' (die als Anachoreten in den Wäldern leben), sowie '*Glosa Bullarum per Beghardos impetratarum*' (Bemerkungen zu zwei päpstlichen Bullen zu ihren Gunsten). — 2. '*Tenor epistole de celis misse per patronos ecclesie Thuricensis contra negligentes divinum cultum*' (gegen die Vernachlässigung des Zürcher Gottesdienstes). — 3. '*Liber de nobilitate*', in 34 Kap.; dem Herzog Albrecht VI. gewidmet. — 4. '*Processus iudiciarius habitus coram omnipotenti deo inter nobiles et Thuricenses ex una et Switsenses cum complicibus partibus ex altera*'. Wie die vorangehende Schrift gegen die Züricher Bauernpartei für den Österreich anhängenden Adel. — 5. '*De furto reliquiarum etc. in monasterio b. Virg. loci heremitarum commisso*' (ein in Einsiedeln vollführter Reliquienraub). — 6. '*De oblatis et solutis pecuniis pro prebenda seu beneficio in ecclesiis etc. percipiendo*' (über Bezahlung von Pfründen). — 7. '*Tractatus de novorum officiorum institutione*'. Gegen die Einführung eines neuen Franziskanerfeiertages. — 8. '*De negotio monachorum*'. Über die weltlichen Geschäfte der Mönche. — 9. '*De plebanis et religiosis mendicantibus in predicationis officio se invicem impedientibus*'. Gegen die Bettelmönche, die sich in die Pfarrgeschäfte drängen. — 10. '*Dyalogus doctoris Felicis Hemmerlin de anno iubileo*'. Über die Vor- u. Nachteile des Jubeljahrs 1450.— 11. '*Forma appellationis contra cardinalem, qui in Germania vellet intrare ecclesiam cathedralem*'. Gegen die beabsichtigte Besetzung des Bistums Brixen mit dem Kardinal Nikolaus von Kues (s. d.). — 12. '*De benedictionibus aure cum sacramento faciendis*'. Zugunsten der Wetterprozessionen mit dem Sakrament. Vgl. Ad. Franz *Die kirchl. Benediktionen* 1909 II S. 118. — 13. '*Tractatus exorcismorum seu adiurationum*'. Über die Beschwörung schädlicher Tiere. — 14. '*De libertate ecclesiastica*'; darin eine Aufzählung seiner Schriften. — Aus dieser Epoche sind verloren: 15. '*Juris utriusque repetitorium*'. — 16. '*De assassinis in mortem principis tendentibus et machinantibus*'. — 17. '*De aeris distemperatione propter quorundam cadavera non rite sepulta proveniente*'. — 18. '*Passionale virginum nubilium nondum nuptarum cum mundo degentium*'; wohl eine Warnung vor den Gefahren der Welt und Empfehlung des Klosterlebens. — Erhalten und mit wichtigen Lebensangaben: 19. Hemmerlins Vorwort zu den Schriften des von ihm hochverehrten Konrad von Mure, Hs. der Kantonalbibl. Zürich Nr. 56. — 20. '*Dyalogus de consolatione inique suppressorum*', voll Zorn gegen den Stiftspropst, aber sich zu freiem Witze erhebend. — 21. '*Contra iniquos iudices*'. — 22. '*Doctoratus in stultitia*'; wie einer in der Narrheit zum Doktor promoviert wird. — 23. '*Contra quendam superbum clericum epistola*'; ein Spottbrief an einen dummstolzen Geistlichen. — 24. '*Passionale*', die Hauptschrift über die von ihm erlittenen Verfolgungen. — Alle diese Schriften entstanden vor 1454. Im Kerker in Luzern geschrieben: 25. '*Registrum querele*'. — 26. '*De matrimonio*'. — 27. '*De boni et mali occasione*'; wie Böses zum Guten ausschlägt. — 28. '*De misericordia defunctis et captivis adhibenda*'; fordert Barmherzigkeit für sich. — 29. '*De religiosis proprietariis precepta domini predicantibus*'; gegen die reichen Bettelmönche, die die Armut Christi predigen. — 30. '*De credulitate demonibus adhibenda*';

über Offenbarungen durch Besessene. — 31. '*Tractatus de exorcismis*'. —32—34. '*Lamentatio duorum sacerdotum captivorum*'; '*Alia lamentatio*'; '*Planctus pro defunctis*'; drei Klagelieder, das letzte eine teilweise Umdichtung des *Dies irae*.

3. Wesen. In den Schriften verwendet H. einen reichen Apparat aus der Bibel, den Kirchenvätern, dem römischen und kanonischen Rechte. Seine Methode ist die scholastische. Er kennt Latein, Griechisch, Hebräisch jedoch nur kümmerlich. Sein Latein ist durchaus mittelalterlich. Das Griechische preist er als die „klarste und wohllautendste" Sprache. Deutsche Versuche liegen bis auf ein ihm zugeschriebenes dunkles historisches Volkslied und die lateinisch-deutsche Mischpoesie des zweiten Klageliedes überhaupt nicht vor. Was an Eleganz fehlt, wird durch ein von starkem Selbstbewußtsein getragenes ebendiges Temperament, durch Schärfe, Humor, Witz, Natürlichkeit und Anschaulichkeit ersetzt. Anziehend ist die Form des Zwiegesprächs, das von zahlreichen Anekdoten durchwirkt, lebendig fortschreitet. An den Geschicken der Vaterstadt nimmt er regen Anteil; vor Verleumdung der politischen Gegenpartei schreckt er nicht zurück. Sein Geist bleibt in mittelalterlichen Anschauungen befangen; eine tiefgreifende, großzügige Grundanschauung fehlt ihm; er verliert sich in Einzelheiten. Auch rachsüchtig kann er sein. Aber er ist eine starke Persönlichkeit, die unbeirrt durch Anfeindungen ihre sittliche Überzeugung im Kampfe um die Reform der Kirche bekundet. Ein Reformator im Sinne des 16. Jhs. ist er nicht; er steht auf dem Boden des katholischen Dogmas und ist auch stark vom Volksglauben seiner Zeit beeinflußt.

4. Handschriften: Zürich (jetzt Zentralbibl.) Kantonalbibl. C 119 v. J. 1502; C 110 v. J. 1471; Stadtbibl. (Wasserkirche) F 49, Abschrift der vorigen beiden; Kantonalbibl. C 56: Vorrede zu den Werken des Konr. v. Mure. — München Clm. 18195 (aus Tegernsee), 15. Jh., Bl. 260: '*Reprobatorium mendicitatis validorum corpore et aliter nutrire se sciencium*'; Clm. 3553 v. J. 1470, Bl. 194: '*De validis mendicantibus*'. — Bamberg Q VI 35 (Kat. I 836), 15. Jh., Bl. 130 (dieser Teil v. J. 1495): '*Contra validos mendicantes*', aus Kloster Michelsberg. — Basel A XI 55, 15[1]. Jh., aus dem Leonhardstift, Bl. 103b: '*Nota hic contra aliquos lollhardos et beghardos ac alios, qui dicunt res ecclesie esse elymosinas*'. — Prag, Metropol.-Kap. 1134, 15. Jh., Bl. 256a: '*Tractatus continens auctoritates et raciones, an fructus et proventus beneficiorum sint elemosine an stipendia, disputans cum quodam lolhardo*'.

5. Drucke: Basel 1497 (Hain 8424) von Seb. Brant (s. d.): '*Clarissimi viri jurium doctoris Felicis Hemmerlin cantoris quondam Thuricenn. varie oblectationis opuscula et tractatus*', mit Widmung Brants an den Kurfürsten Hermann von Köln, 27 Schriften, aber ohne den '*Liber de nobilitate*' und '*Processus iudiciarius*'. — Wohl im gleichen Jahre erschien ein Abdruck. — Kurz nachher ohne Ort u. Jahr eine 3. Ausg. mit dem '*Liber de nobilitate*'. — Die Vorrede zu Konr. v. Mure ist gedr. bei J. G. Hottinger *Schola Tigurina*, Appendix I 146. — Auszüge aus den Schriften auch im *Thesaurus historiae Helveticae* 1738: '*Fel. Malleoli nonnulla ad historiam Helveticam pertinentia*'. — Auszüge auch aus den nicht gedruckten Schriften bei B. Reber *Felix Hemmerlin* 1846: '*Passionale*' S. 377, '*Registrum querele*' S. 447, '*De misericordia*' S. 464; hier sind auch alle anderen Schriften eingehend besprochen und in Auszügen mitgeteilt. — Die drei Klagelieder bei Reber S. 479—486. — Ein ihm zugeschriebenes histor. Volkslied bei Liliencron *Die hist. Volkslieder* I 389 Nr. 80; es müßte vor dem 22. Juli 1443 entstanden sein: '*Ein subirlich liedlin von eidgenoszen: In diesem nüwen jare / so endet sich die not*'.

6. Nachwirkungen. In Zürich ist Nikolaus von Wyle mit H. bekannt geworden; er hat seinem Wohltäter in den 'Translationen' (157, 1 u. 158, 31 ff.) ein schönes literarisches Denkmal gesetzt; er habe ihm mehr Gutes in seiner Züricher Schulmeisterzeit erwiesen als sonst jemand nach Vater und Mutter. 1464 hat Nikolaus die Schrift '*Contra validos mendicantes*' als 9. Translation verdeutscht [Stuttg. Lit. Ver. (1860) Nr. 57] und der Pfalzgräfin Mechthild (s. d.) gewidmet, vgl. auch Aug. Tünger *Facetiae*, hg. v. Keller (Stuttg. Lit. Ver. 118) 1876, S. 16 u. 87. Die Übereinstimmung in der 14. Translation v. J. 1470 mit Kap. VI in Hemmerlins '*Liber de nobilitate*' ist wohl in der gemeinsamen Quelle begründet: Bonacursus de Montemagno '*De vera nobilitate magis a virtute quam divitiis orta*'. — Melchior Goldast hat die Schrift '*Contra validos mendicantes*' übersetzt: '*Ein rechtsgegründeter Dialogus wider die Bettelmönche im heil. röm. Reich*', in dem

Werke *'Politische Reichshändel'* (1614) P. XVIII S. 768. — Die beiden Exorzismenschriften und *'De credulitate'* sind in das *'Flagellum daemonum Hieronymi Menghi'* (1604) und von da in den *'Malleus maleficarum'* ('Hexenhammer') II (1620; 1669; deutsch: 1704) übergegangen. — Auch die Schweizer Geschichtschreibung hat Abschnitte aus H.s Werken benutzt.

Walchner Schriften der Ges. zur Beförderung der Geschichtskunde zu Freiburg i. Br. I (1828) S. 135—210. B. Reber *Felix Hemmerlin von Zürich* 1846. F. Fiala *Dr. Felix Hemmerlin als Propst des St. Ursenstifts zu Solothurn* 1857; ders. ADB. XI S. 721. Heinr. Kurz *Niclasens von Wyle zehnte Tranlation* 1853, S. 10. Ph. Strauch *Pfalzgräfin Mechthild* 1883, S. 14. A. Schneider *Der Zürcher Canonicus und Cantor magister F. Hemmerli an der Univ. Bologna* 1888. E. Dürr *F. Hemerli als Vrefasser eines histor. Volksliedes*, Anz. f. Schweiz. Gesch. N. F. 12 S. 220—235. J. Dierauer *Gesch. d. Schweizerischen Eidgenossenschaft* II (1902) S. 36ff. A. Werminghoff *F. Hemmerli, ein Schweizerischer Publizist d. 15. Jh.*, Neue Jbb. f. d. klass. Altertumswiss. 13 (1904) S. 582ff.

J. Klapper.

Henelin, Henelyn, Henlin, s. Heynlin.

Hengler, s. Hugler.

Henneberger, der *(Hynnenberger* in der Handschrift geschrieben), trägt seinen Namen nach seiner Heimat Henneberg und ist, wie seine Dichtung beweist, einer der fahrenden Meister, wie die Jenaer Handschrift sie hauptsächlich enthält. Er hat elf Sangsprüche gedichtet, bloß in der Jenaer Handschr. erhalten: moralischer Art (über Ritterpflicht, Fürstenpflicht, Freundespflicht, bösen Rat und böse Tat) und religiöser Art (gegen den Zweifel, über das Wunder der Menschwerdung; ein zweistrophiges religiöses Gedicht, das Maria fürbittend zeigt). In einem Spruch lehnt der Dichter gelehrte astronomische und kosmologische Dichtung für sich ausdrücklich ab (Str. 7). In einer Strophe (3) klagt er, *wie jaemerlîche ez in der Kristenheit nu stât*, und mahnt die edlen Herren, Frieden zu schaffen; sie beweist die Zeit des Interregnums als die Zeit des Dichters, also die zweite Hälfte des 13. Jhs. Der Ton des H.s ist kräftig, ausladend, einen bewegteren Mittelteil stellend zwischen einen schweren Anfang und Schluß. Die Ungleichheit der Stollen, die v. d. Hagen annimmt, kommt natürlich auf das Konto der Überlieferung, wie, nach v. d. Hagens Ansicht, die Unregelmäßigkeit des zweiten Verses der ersten Strophe; die Füllworte, durch die der überzählige Takt in der ersten Zeile erreicht ist, lassen sich in allen Strophen leicht wieder entfernen; Str. 5 und 11 sind auch in der Handschrift im ursprünglichen Normalmaß erhalten oder sogar noch verkürzt; Str. 10 allerdings ist stärker verderbt.

Text: HMS. III 39ff. IV 712. Nr. 149. — K. Burdach *Reinmar der Alte* 1880; ²1928, S. 135. G. Roethe *Reinmar von Zweter* 1887, Anm. 222.

K. Halbach.

'Henneke Knecht.'

1. Das niederdeutsche Lied von H. Kn. ist handschriftlich und gedruckt in siebenfacher Überlieferung, die sich vom Jahre 1603 bis 1679 erstreckt, auf unsere Zeit gekommen (einen Abdruck des 18. Jhs. nicht gerechnet). Den besten Text bietet *'Des Edelen Henneken von Lauensteine . . . Relation'* 1665 (o. O.) S. 254ff.

2. Wie auf Entlehnung deutende Anklänge in einem Liede auf die Schlacht bei Bleckenstedt (bei Braunschweig, 1493) und dazu vielleicht eine Anspielung in einem andern gleichzeitigen Liede zu zeigen scheinen, gehört es noch dem 15. Jh. und hatte nach den Sprachformen und seinen eigenen Ortsangaben seine Heimat augenscheinlich im Calenbergschen; immer wieder führen die Zeugnisse für seine Beliebtheit nach Braunschweig-Südhannover. In 14 Lindenschmidtstrophen, denen im Uhlandschen und de Boucks chen Liederbuch noch eine 15. zugesetzt ist, stellt es dar, wie ein Bauernknecht beim Kommen des Sommers von der groben Landarbeit nichts mehr wissen, sondern ein flotter Schiffer werden will, wie auf der See dann aber seine prahlerische Überhebung kläglich zuschanden wird und er demjenigen, der ihn in Heimat und bäurischen Beruf zurückbringt, reichen Lohn verspricht. Durch dramatische Lebendigkeit, derbe Anschaulichkeit und prächtigen Humor zeichnet dies sicher

abgerundete Spottgedicht sich aus, das sich größtenteils aus Reden aufbaut. Die Anschauung von dem angeborenen und allein den Anlagen entsprechenden Berufsstand eines jeden Menschen, aus dem er nicht herauszutreten hat, bildet den tiefern Hintergrund. Gesungen wurde das Lied nach der feierlich getragenen Weise des Jakobs-Pilgerliedes, was durch den gewollten Gegensatz zum lustigen Inhalt die Wirkung noch erhöhen mußte.

3. Entstanden ist es offenbar, indem Züge aus zwei Liedern verbunden sind. Das eine vom Bauernsohn, der unter die Soldaten geht (niederländisch überliefert, die Anfangsstrophe auch niederdeutsch), gab den Grundriß, und verschmolzen wurde damit ein vergleichbares Motiv aus einem zweiten, schon im 15. Jh. überlieferten niederdeutschen Liede von Henneke, dem Bauernknecht, der im Winter bettelt, daß man ihn behält, und sich im Sommer, wenn er unentbehrlich ist, nicht halten läßt. Kleine Unstimmigkeiten sind noch als Spuren dieses Ursprungs festzustellen. Unhaltbar sind frühere Versuche, das Lied auf geschichtliche Ereignisse auszudeuten. Hingegen hat man es noch im 17. Jh. als Unterlage zu parodistischen Zeitgedichten verwertet, einem Spottlied auf die vergebliche Bestürmung Göttingens durch Piccolomini im Jahre 1641 (gedruckt erst 1730) und einem andern auf die Niederlage, welche die Franzosen 1675 an der Conzer Brücke bei Trier durch die Hannoveraner erlitten haben, und dazu hat es jedenfalls für die humoristische Einkleidung jener Relation vom Türkenkrieg die Anregung gegeben. Auch einer Übertragung ins Lateinische (viermal überliefert) hat man es für wert gehalten. Noch im 18. Jh. wird die ungewöhnliche Beliebtheit des echt bodenständigen Liedes bei den Niedersachsen wiederholt bezeugt, und ein volkstümlicher Ausläufer ist schließlich noch im Jahre 1877 in Hannover aufgezeichnet, so daß die Lebensdauer dieses Liedes vom Spätmittelalter bis in unsere Zeiten reicht.

Vielfach gedruckt, u. a. bei D. E. Baring *Descriptio Salae principatus Calenbergici* II (1744) S. 153/7 (dazu I S. 147/53); Uhland *Alte hoch- und niederdeutsche Volkslieder* 1844/5, Nr. 171 u. 171, 2; Hoffmann v. Fallersleben *H. Kn.* 1872; F. Frensdorff *H. Kn.*, Göttingen o. J. (1878); *Die nd. Liederbücher v. Uhland u. de Bouck, hg. v. d. germanist. Sektion des Vereins für Kunst u. Wissenschaft in Hamburg* 1883 (1910); Erk-Böhme *Deutscher Liederhort* 1893/4 ([2]1925) Nr. 1539; Stammler *Mnd. Leseb.* Nr. 67; P. Alpers *Die alten nd. Volkslieder* 1924, Nr. 74 (dazu S. 246ff.). — A. Lübben Germ. 23 (1878) S. 445. C. Walther NdKbl. 6 (1881) S. 4. F. Frensdorff ebd. 17 (1895) S. 51. F. Goebel Nd. Jb. 31 (1905) S. 38ff.; ArchfnSpr. 115 (1905) S. 55f. P. Alpers Nd. Jb. 38 (1912) S. 53f.; Mitteilungen aus dem Quickborn 17 (1924) S. 41ff.; NdKbl. 39 (1924) S. 54. W. Stammler Hansische Geschichtsblätter 45 (1919) S. 52.

L. Wolff.

Hennenberg, s. Friedrich v. H.

Henrici, Nicolaus.

1. Von seinem Leben wissen wir wenig. Er nennt sich *de Poznancia, de Poznania*, stammt also aus Posen. 1349 erscheint er als Kleriker in der Breslauer Diözese. Er hatte länger als vier Jahre an verschiedenen Universitäten studiert, war dann ein Jahr an der Prager Universität und drei Quartale zum Studium des römischen Rechts in Bologna gewesen. Er wird Advokat des Breslauer bischöflichen Konsistoriums 1356, Pfarrer in Grottkau und bischöflicher Notar 1357. Am 2. Mai 1360 ist er schon Pfarrer in Protzan bei Frankenstein. Seit 1363 ist er bischöflicher Protonotar. Von 1367 an wirkt er als Notar, später als Protonotar am Prager Hofe Karls IV., den er 1368 nach Italien begleitet; er urkundet am 12. Aug. 1368 in Modena. Seit 1371 ist er Breslauer Domherr; am 31. Mai 1378 ist er noch in der Prager Kanzlei. Am 5. Mai 1376 hatte er auf Wunsch Karls IV. von Papst Gregor XI. die Anwartschaft auf das Breslauer Domarchidiakonat erhalten; von 1378 an wirkt er in diesem Amte unter dem Breslauer Bistumsverweser, dem Lebuser Bischofe Herzog Wenzel von Liegnitz. Als Archidiakon wird er zuletzt am 14. Sept. 1394 genannt.

2. Der Katalog der Breslauer Dombibliothek v. J. 1625 zeigt, daß N. eine bedeutende Bücherei besessen hat; sie enthielt Gregor, Augustin, Hieronymus, Bernhard von Clairvaux, Bonaventura, Richard von St. Victor, den '*Malograna-*

tus', des Gallus '*De aula regia*', auch ein Buch '*De morte Hieronymi*', also wohl die drei Episteln, die Eusebius, Augustinus u. Cyrillus zugeschrieben wurden. Die Dombibliothek erbte wenigstens fünf Sammelbände von ihm. Im sog. Bierstreite 1381—83 steht er gegen den Breslauer Rat und gegen Wenzel von Böhmen, der die Rechte des Kapitels bedroht. So fällt er in Ungnade und muß sich mit einem aus Preußen gebürtigen Hieronymus nach Ermland begeben. Aus Heilsberg, wo er bei Bischof Heinrich lebt, schreibt er 1381—1383 Briefe an die früheren Kanzleigenossen, auch an den unter Johann von Neumarkt (s. d.) ausgebildeten Bischof Dietrich Damerow (Damerau) von Dorpat. Er ist schon alt, die Hand zittert, das Auge versagt. Die Briefe zeigen seine weltmännische Art, die Freude am Reichtum, ein starkes Unabhängigkeitsbewußtsein. Humanist im späteren Sinne ist er noch nicht; aber das Streben nach Schmuck und Fülle der Rede hat er mit dem Kreise um Joh. v. Neumarkt gemeinsam. Das zeigt er auch in dem Briefe, der sich als Anhang zu der Bilderlegende der hl. Hedwig (s. d.) erhalten hat, die Herzog Ludwig I. von Schlesien u. Liegnitz 1353 herstellen ließ. Die Korrespondenz des H. bildet den Anhang zu einer Abschrift des Formelbuches des Domherrn Arnold v. Protzan. Neben Urkunden finden sich da Betrachtungen über ein hinfälliges Alter, während die Jugend am Burghartstage mit den Mädchen tanzt, über die Notwendigkeit der Buße, über die Erlösung, über Kg. Wenzel, der den fast blinden Verfasser verjagt hat, obwohl er seinem Vater lange gedient hat: ferner die Geschichte eines Ritters, dessen schöne Frau von einem *fantasma* verlockt zu einem armen Schuster in Trier durchgeht: die Geschichte einer Zauberin, die einen jungen Ritter in ein Pferd verwandelt; die Geschichte eines Schiffbrüchigen, der die Hexen tanzen sieht; Betrachtungen über die Sitte der Neujahrsgeschenke, über die Gefahren des Umgangs mit schönen Frauen mit Anwendung auf einen hübschen Hieronymus, den ein neidischer Mönch nicht mehr bei seinen Basen duldet; Hieronymus kann, obwohl aus Preußen gebürtig, die schönen Neißer Mädchen nicht vergessen. Briefe an den Dorpater Bischof beklagen die Flucht aus Breslau zum ermländer Bischof und die Leiden, die H. für die Verteidigung der Freiheit der Kirche erduldet: das Schachspiel fessele ihn nicht mehr: abends nach dem Weintrunke scherze er am Kamin, um dann die Scherze zu bereuen. Am Karneval solle man nicht zu leichtsinnig sein. Ein Lob, das ihn mit dem Apostel vergleicht, weist er ab; seine Dictamina seien sehr roh. Ein grober Fastnachtsscherz wird erzählt. Die letzten Dictamina stammen aus der Zeit nach der Rückkehr nach Breslau.

M. Fliegel *Die Dombibl. zu Breslau im ausgehenden Mittelalter*, Zs. d. V. f. Gesch. Schles. 53 (1919) S. 102. Die 'Dictamina' stehen in der Königsberger Hs. 101; vgl. Steffenhagen *Cat. Codd.* I S. 44; gedr. *Cod. dipl. Sil.* V (1862) v. W. Wattenbach als Anhang des Formelbuchs des Arnold v. Protzan, S. 299. K. Burdach *Die Kulturbewegung Böhmens u. Schlesiens an der Schwelle der Renaissance*, Euphorion 27 (1926) S. 494ff.; ders. *Schlesisch-bömische Briefmuster aus der Wende des 14. Jhs.* (Vom Mittelalter zur Reformation 5) 1926, S. 320—328.

J. Klapper.

'Henselin'.

1. Das Fastnachtsspiel 'H. oder Von der Rechtfertigkeit' *(Henselyns boek)* ist uns durch einen Druck im Besitz der Hamburger Stadtbibliothek überliefert, der offenbar der sogenannten Mohnkopfdruckerei in Lübeck entstammt und in die letzten Jahre des 15. Jhs. zu setzen ist (nach 1497).

2. Die Vorstellung, daß eine Tugend, personifiziert gedacht, unter den Menschen verfolgt und verstoßen wird, daß sie *gast* auf Erden wird, kehrt in der deutschen Dichtung vielfach wieder, seit vom 13. Jh. an im Zusammenhang mit der langsam sich vollziehenden großen Kulturumbildung die Klagen über den Verfall der vormals so hoch stehenden und allgemein geachteten edeln Sittlichkeit immer häufiger erklingen. Ein Gedicht von der Gerechtigkeit in einer Weimarer Sammelhandschrift aus der 2. Hälfte des 15. Jhs., das bei thüringischen Sprachformen aus dem Niederdeutschen übertragen scheint,

schildert in Gesprächform, wie die Gerechtigkeit bei allen Ständen nacheinander umsonst gesucht wird, und der fragende Bote von den „Alten" zuletzt erfahren muß, daß sie gerade begraben wird. Diese kleine Dichtung war jedenfalls die Grundlage für das Fastnachtsspiel '*Van der rechtverdicheyt*', das die Zirkelbrüder in Lübeck i. J. 1484 aufführten, und das, wiewohl nur dem Titel nach bekannt, offenbar hierherzuziehen ist (Abwandlungen auf den Glauben die Spiele von 1496 und 1515). Diese Aufführung wird dann den Anlaß gegeben haben, im Rathaus auf einer Reihe jetzt nicht mehr erhaltener Gemälde mit beigesetzten Versen die Nachfrage nach der verlorenen Gerechtigkeit darzustellen; der einfache Handlungsgrundriß mit dem Begräbnis am Schluß steht dem Gesprächsgedicht noch ganz nahe. Dagegen zeigt die erhaltene Dichtung 'H.' einen wesentlichen Ausbau. Die drei Söhne, die hier ausziehn, um das zu äußerlich genommene Vermächtnis ihres Vaters zu erfüllen, werden bei der Heimkehr zu der Einsicht geführt, daß sie die überall vergebens gesuchte Rechtfertigkeit nur durch ernste Pflichterfüllung, die bei dem eigenen Leben einzusetzen hat, in sich selber finden können, und erkennen in dieser Aufgabe ihr Erbteil als das Beste, was ein Vater seinen Kindern hinterlassen kann. Obwohl auch hier die Klage um die bessere Vergangenheit mitsamt der Mahnung, am Alten festzuhalten, verschiedentlich anklingt, wird auf diese Weise doch das rückwärtsgewandte, verzagte Schwarzsehertum überwunden, und über die Verurteilung der herrschenden Verderbnis mit dem nach alter Weise verschärfend hinzutretenden Hinweis auf die Unwertigkeit des Irdischen erhebt sich eine Teilnahme, die sich auch zu den Unzulänglichen bekennt und des freien Glaubens ist, daß Gott auch ihrer nicht vergessen werde.

3. Ihren Namen trägt die Dichtung von dem Narren, der den Brüdern in eigenartiger Weise als vierter beigesellt wird und, ähnlich wie der Dümmlingsbruder der Märchen, der einsichtsvolle Führer wird; wahre Erkenntnis kommt aus dem Munde dessen, der von der Welt als töricht verachtet wird. Der Gestalt dieses weisen Narren mag ihr Name nach einem wirklichen Vorbild gegeben sein, nach dem H. Sprenger oder Beyer, der als seiltanzender Mime in auskömmlichen Lebensverhältnissen in Lübeck von 1461 bis 1500 nachzuweisen ist.

4. Mit der Erweiterung des Gehalts, die durch den Ausbau gewonnen wurde, verband sich die künstlerische Abrundung durch die Rahmenhandlung, die mit dem Ausgang wieder zum Eingang zurückkehrt. Die frisch vorwärtsschreitende Darstellungsweise, wenn auch nicht von so epigrammatischer Kürze wie das Gesprächsgedicht, ist knapp, nur auf die Heraushebung der Grundgedanken gerichtet, zu andeutender Aufführung geschaffen, wie es dem halb allegorischen Charakter des Gegenstands entspricht. Dabei weiß der Dichter jedoch die Vertreter der verschiedenen Stände trefflich in ihrer Ausdrucksweise und ihrem Wesen von einander abzuheben. Der Versbau zeigt die Freiheit der niederdeutschen Blütezeit. Kreuzreim im dramatischen Hauptteil, durch welchen in der Regel jedem Sprecher eine vierzeilige Strophe zugeteilt wird, hat im Anfangs- und Schlußgedicht Reimpaare sowie bei Gedankenkettung Reimhäufung neben sich.

5. Zu einer Gleichsetzung des Dichters, der wohl geistlichen Standes gewesen ist, mit dem Verfasser einer andern niederdeutschen Dichtung oder verschiedener fehlen ausreichende Unterlagen. Eine Nachwirkung des trotz der satirischen Grundrichtung durch sein warmgläubiges Menschentum anziehenden Werks, das mit seinen Anschauungen ganz im Mittelalter wurzelt, zeigen verschiedene Anführungen in der jüngern Glosse zum 'Reinke' (s. d.).

Ausgaben: C. Walther *Das Fastnachtsspiel 'H. oder Von der Rechtfertigkeit'*, Nd. Jb. 3 (1877) S. 9/36; C. Borchling u. H. Quistorf *Tausend Jahre Plattdeutsch* 1927, S. 129/41. Das md. Gedicht hg. v. R. Köhler Germ. 18 (1873) S. 460. Wiechmann '*H.s Bok*', Serapeum 23 (1862) S. 177/85. R. Sprenger NdKbl. 4 (1879) S. 39f. 49. C. Walther *Zum Fastnachtsspiel 'H.'*, Nd. Jb. 5 (1879) S. 173/9; 6 (1880) S. 13. H. Brandes *Die literarische Tätigkeit des*

Verfassers des 'Reinke', ZfdA. 32 (1888) S. 24/41; ders. *Die jüngere Glosse zum 'Reinke de Vos'* 1891, S. XXII/IV. C. Walther GGA. 1891 S. 561/5; Nd. Jb. 27 (1901) S. 12. H. Brandes *'Dat Narrenschyp' von Hans van Ghetelen* 1914, S. XXIff.

L. Wolff.

Henslin, Bruder, s. Hans, Bruder.

Hentz, Hans, 'Rüst- und Büchsenmeisterbuch', Cod. Q. 342 Landesbibl. Weimar.

Der Verfasser war ein bekannter Nürnberger Büchsenmeister, der um die Mitte des 15. Jhs. in seiner Vaterstadt als solcher und merkwürdigerweise auch als Organist zu St. Martin eine bedeutende Rolle gespielt hat. Die Pergamenthandschrift ist illustriert mit Beischriften und zusammenhängendem Text. Der Inhalt gibt anfangs die verschiedenen Kriegsgeräte und technischen Kriegs- und Belagerungswerkzeuge wieder. Am Schluß folgt eine Abschrift des 'Feuerwerkbuches' (s. d.), die eng mit einer solchen von 1445 verwandt ist. — Cod. Ob. 13 Landesbibl. Dresden, Bilderhandschrift, 158 Blatt, ähnlich der obigen in schlechter Ausführung.

M. Jähns *Geschichte der Kriegswissenschaft* 1889, I S. 263/64. B. Rathgen *Das Geschütz im Mittelalter* 1928, S. 117, 129, 132, 133. 135, 150, 160, 336. J. G. Hoyer *Geschichte der Kriegskunst* 1800, II S. 1108—1147 ('Feuerwerksbuch' 1445).

Eduard A. Geßler.

Hentz von den Eichen, schweizer Dichter des Spätmittelalters, verfaßte ein Gedicht über den Streit zwischen Leib und Seele. Das Thema wird selbständig behandelt: der Leib steht noch inmitten seiner irdischen Laufbahn, im Traum mahnt ihn die gottgefällige Seele an sein künftiges Heil, so daß er sich bekehrt und reuig stirbt. Der Dichter weiß die Sprache gewandt zu handhaben, er erzählt lebhaft und anschaulich, mit Neigung zu realistischer Schilderung. Leider ist die Überlieferung fragmentarisch.

Hs.: London Brit. Museum Add. 32447, Bl. 8a—11a, geschrieben 1518 von dem Bieler Stadtschreiber Ludwig Sterner. — Druck durch R. Priebsch *Der krieg zwischen dem lyb vnd der seel*, ZfdPh. 29 (1897) S. 87/98.

W. St.

Herbolzheim, s. Berthold v. H.

Herbort von Fritzlar. H. ist in der Stadt Fritzlar a. d. Eder in Hessen (vielleicht um 1180) geboren. Wahrscheinlich hat er eine Klosterschule besucht und dann in Paris studiert. Dort hat er auch Französisch gelernt. Wenn er je Geistlicher geworden ist, so vermutlich erst in späteren Jahren. Zahlreiche Stellen (Plusverse) seines Gedichtes scheinen darauf zu deuten, daß er Kriege und Frauen aus eigener Erfahrung kennen gelernt hatte, als er von dem Landgrafen Hermann von Thüringen († 1217) beauftragt wurde, den *'Roman de Troie'* des Benoit de Sainte-Maure ins Deutsche zu übertragen. Sein *'Liet von Troye'* ist die älteste bekannte deutsche Bearbeitung der Troja-Sage. Er war bei der Abfassung wohl schon zum Manne gereift und bezeichnet sich nur im Hinblick auf seine Meister, den Franzosen Benoit und die deutschen Dichter Heinr. v. Veldeke (s. d.) und Gottfried v. Straßburg (s. d.), deren Stil er nachahmt, als *jungêre* (v. 30 u. 14163) und ironisch als *gelarter schulêre* (v. 18451). Die französische Handschrift, die H. benutzte, ist ihm von einem pfälzischen Grafen von Leiningen zugeschickt worden. Sehr wahrscheinlich ist es die noch jetzt im Pariser Arsenal aufbewahrte Hs. Nr. 3342, die von dem Schreiber Gerard li Chaus am Anfang des 13. Jhs. geschrieben worden ist. Dieser Umstand, ferner die erschließbare Zweispaltigkeit und die abgesetzten Verse der Originalhs. Herborts, der ausgebildete thüringische Wappenschild, den er v. 1328—34 beschreibt, und nicht zuletzt die Kenntnis von Gottfrieds 'Tristan' lassen sein Werk nicht vor 1210 entstanden sein. — H. verrät Kenntnis Ovids und Vergils, vielleicht hatte er auch des Statius *'Achilleis'* und die *'Imago mundi'* des Honorius Augustodunensis (s. d.) bei der Arbeit zur Hand. — Die französische Quelle, Benoits *'Roman de Troie'*, ist ein höfisches Epos von 30316 Versen. H. hat den Umfang auf 18458 v. gekürzt, indem er viel Entbehrliches wegließ oder zusammenzog. Bei der Arbeit hat er den Grundsatz befolgt, den Inhalt womöglich anders darzubieten als der Franzose; er verwendet dazu Umkehrungen von Einzelheiten und Umstellungen, direkte Rede statt der indirekten und umgekehrt, er gebraucht öfter ein Motiv der Vorlage an zwei Stellen. Nicht immer kommt es ihm auf Kürzung an, oft läßt er sich durch ein Wort oder einen Vers Benoits zu Erweiterungen veranlassen. Am Anfang scheint H. eine viel weitergehende Umgestaltung beabsichtigt zu haben, weil er hier am stärksten verändert hat. In der selbständigen Einleitung (v. 1—98) ist Benoits Zusammenfassung des Inhalts (v. 145—714) weggelassen, bald darauf die Liebesepisode Jason-Medea (Ben. 1257—1762, Herb. 629—1044 ganz frei bearbeitet. Später dürfte dem Dichter die Umgestaltung zu langwierig geschienen haben, weil er weiterhin mehr kürzt als hinzusetzt. Nur mit Unwillen nimmt er den geographischen Exkurs (Ben. 23137—301) in sein Werk auf (v. 14150—300). H. arbeitet mit innerer Unabhängigkeit, oft bricht sein Humor in Wort- und Klangspielen, in ironischen Bemerkungen durch, auch frivole Scherze erlaubt er sich. In den Schlachtschilderungen ist er oft anschaulicher, realistischer, auch derber als Benoit, eigene Kriegserlebnisse scheinen sich in vielen Plusversen niedergeschlagen zu haben; manchmal freilich, wohl in der Eile, ist H. verworren. In den Naturschilderungen ist H. reicher. In einzelnen Zügen hat er seine Personen veredelt. — H.s Stil ist ungewandt, häufig beschwert durch Wortwiederholungen. Parataktische Satzbildung, Wort- und Satzparallelen, Antithesen, anaphorische und asyndetische Reihen, Aufzählungen kennzeichnen ihn. Bekannt ist die Steigerung des Leides vom einfachen zum zehnfachen, mannigfachen, übermannigfachen usw., die sich durch etwa 9000 Verse hinzieht (v. 1487 bis 10443ff.). — Gegenüber seinen deutschen Vorbildern und Zeitgenossen fehlt H. die feine höfische Bildung. Seine Derbheiten, Schimpfworte, Übertreibungen des Gräßlichen erinnern an Spielmannsdichtungen. Seine Verse sind oft unregelmäßig, rührende und Binnenreime nicht selten. Die Reime sind mit Rücksicht auf die Mundart rein. H. hat sein Hessisch an die oberdeutsche höfische Gemeinsprache angenähert.

Einzige Ausg. von G. K. Frommann *Herborts v. Fr. 'Liet von Troye'* (Bibl. d. ges. dt. Nat.-Lit. Bd. 5) 1837, nach der einzigen vollständigen Hs. H Heidelberg Cod. pal. germ. 368. Bruchstück B Berlin Ms. germ. fol. 902, kollationiert von Ph. Strauch ZfdA. 21, S. 203—6. Bruchstück S Skokloster in Schweden, veröffentlicht von Hjalmar Psilander, Uppsal. Univers. Årsskrift 1917, Progr. 2. Zur Überlieferung vgl. E. Schröder GGN. 1909, S. 92—102. Beiträge zur Textkritik v. E. Schröder ebda. 1918, S. 72—99. — Zum Leben und zur zeitlichen Stellung Herborts vgl. K. Bartsch ADB.VIII S. 117f. E. Schröder *Zwei altd. Rittermären* S. VI—XVIII. W. Reuß *Die dichterische Persönlichkeit H.s v. Fr.* Diss. Gießen 1896. O. Behaghel *Heinrichs v. Veldeke 'Eneide'* 1882, S. CCVI—CCVIII. E. Joseph ZfdA. 30 S. 395—9. G. Baesecke ebd. 50 S. 366—82; ZfdPh. 42 S. 453—61. E. Schröder ZfdA. 52 S. 360—4. J. Schwietering *Die Demutsformel mhd. Dichter*, Abh. Gött. NF XVII, 3. Anna Rausch *Untersuchungen zu Herborts v. Fr. 'Liet von Troie' mit bes. Berücksichtigung der Datierungsfrage.* Diss. Königsberg (Maschinenschrift); Auszug: Jahrb. d. Phil. Fak. Königsberg 1922, S. 20f. — Die franz. Quelle ist herausgegeben von Aristide Joly *Benoit de Sainte-More et le Roman de Troie* 1870—71. Krit. Ausg. von Léop. Constans *Benoit de Sainte-Maure 'Le Roman de Troie'* (Société des anciens textes français 88. 89. 96. 97. 100. 103) 1904—12. Verhältnis zur Quelle: G. K. Frommann Germ. 2 (1857) S. 49—81, 177—209, 307—342. Cl. Fischer *Der afrz. 'Roman de Troie' des Ben. de S.-M. als Vorbild für die mhd. Trojadichtungen des H. v. Fr. u. des Konr. v. Würzb.* Diss. Münster 1883. H. Dunger *Die Sage vom Trojan. Kriege in den Bearbeitungen des Mittelalters u. in den antiken Quellen* 1869. Wilh. Greif *Die mittelalterlichen Bearbeitungen der Trojasage. Ein neuer Beitrag zur Dares- u. Diktysfrage* (Ausg. u. Abh. aus dem Gebiet der roman. Phil. 61) 1886. H. Menhardt *Herbortstudien*, ZfdA. 65 S. 225—254; 66 S. 174—200. — Friedr. Bode *Die Kampfschilderungen in den mhd. Epen.* Diss. Greifswald 1909, S. 181—299 passim. Cl. H. Diebel *Die Formen der Wortwiederholung bei H. v. Fr.*, Jahrb. d. phil. Fak. zu Marb. 1922/23; ders. *Ein eigentümliches Ordnungsprinzip bei H. v. Fr.*, PBB. 45 S. 467—72. M. H. Jellinek und C. v. Kraus fassen in der Zs. f. öst. Gymn. 44 (1893) S. 691 u. im Euphorion 5 (1898) S. 463—5 v. 10917f. als Widerspruch in einer Kunstdichtung. Zs. f. vgl. Sprachforschg. 37 S. 140—6, handelt P. Kretschmer über *Xerses* (v. 4049—57) zu mhd. *zers* "mentula". — Zu Mundart, Reimgebrauch u. Metrik vgl. K. Zwierzina ZfdA. 45 S. 82f., 303; AfdA. 26 Reg. S. 348; 27 Reg. S. 344. W. Brachmann *Zum Reimgebrauch Herborts v. Fr.* Diss. Leipzig 1907. W. Grimm *Kl. Schriften* III S. 219f. H. Gräf *'Eraclius'* (Quellen u. Forschungen 50) S. 26—31; dazu E. Schröder GGA. 1884, S. 563ff. v. Bahder

Germania 30 S. 391f. Fr. Vogt GGA. 1912, S. 249f. E. Schröder MSB. 1924, 3. Abh., S. 4ff. und ZfdA. 63 S. 175f. K. Zwierzina Festgabe für Luick 1925, S. 123ff. — Vgl. noch G. Ehrismann *Lit. Gesch.* II 2, 1, S. 95—106 und Fr. Vogt *Gesch. d. mhd. Lit.* I³ S. 183 bis 191.

Mundart, Stil und inhaltliche Einzelheiten des 'Pilatus' der Straßburger Hs. (s. d.) machen höchst wahrscheinlich, daß Herbort sein Verf. ist. Herbort könnte den Auftrag des Landgrafen Hermann eben deshalb bekommen haben, weil er sich als Dichter des 'Pilatus' einen Namen gemacht hatte. Zum 'Pilatus' vgl. Ehrismann Lg. II, 1 S. 157f., ferner E. Schröders Hinweis auf die stilistische Verwandschaft Gött. Nachr. 1925, S. 152. Hermann Menhardt.

Herff, s. Arnold von Harff.

Herford, s. Heinrich v. H.

Herger, s. Kerling u. Spervogel.

Hermann, Bruder, Vf. der Geschichte der Jolande von Vianden (geb. um 1231 als Tochter des Grafen Heinrich von V. im nordöstlichen Luxemburg, seit rd. 1248 Nonne, seit 1258 Priorin im luxemburgischen Kloster Mariental, gest. um 1283). Das Gedicht, das bei fehlendem Schluß 5963 v. zählt, ist nur in einer Abschrift des 17. Jhs. überliefert. Der Dichter war zweifellos Dominikaner und stand in engen Beziehungen zum Kloster Mariental. Er schildert — wahrscheinlich bald nach 1283 — die Kämpfe, in denen die junge Grafentochter gegen Eltern, Verwandte, Freunde, geistliche und weltliche Ratgeber den von allen mißbilligten Eintritt in das Kloster Mariental erzwingt. Dabei ist der innere Antrieb der Dichtung weniger Gottseligkeit und Frömmigkeit der Heldin, als vielmehr der unwiderstehliche Drang nach dem Dominikanerorden und besonders dem einen Kloster, das damals noch ganz jung und unbedeutend war und erst während ihrer Zugehörigkeit zu Ansehen und Geltung gelangte. Mit heißem Eifer und geradezu komischer Geschäftigkeit bemühen sich Franziskaner, Zisterzienser und Prämonstratenser um die Grafentochter, und die Eltern finden sich nach anfänglichem Widerstreben damit ab, daß die Tochter den Schleier nimmt, stimmen schließlich auch der Wahl des Ordens zu, nur mit dem kleinen und durchaus nicht standesgemäßen Kloster wollen sie gar nicht einverstanden sein. Das Gedicht gehört also zu der stattlichen Zahl mittelalterlicher Literaturwerke, die in allererster Linie zu Ehren einer ganz bestimmten kirchlichen Institution verfaßt sind. Ob schriftliche Quellen benutzt sind, oder ob sich der Dichter im wesentlichen auf mündliche Überlieferung, vielleicht auf persönliche Mitteilungen der Jolande stützt, ist kaum zu entscheiden. Im allgemeinen scheint die Erzählung ziemlich wahrheitsgetreu, was natürlich nicht ausschließt, daß der eine oder der andere Vorgang traditionelles Legendengut enthält oder traditionell stilisiert ist. Die immer wiederkehrende Schilderung ähnlicher Vorgänge, besonders von Beratungen, bei denen immer wieder dieselben Meinungen geäußert und annähernd dieselben Gründe und Gegengründe vorgebracht werden, scheint die Folge wenig stilisierter Wirklichkeitstreue. Man wird eben in der Familie recht oft über den so unerwünschten Fall beraten und hin und hergeredet haben, ohne daß man immer etwas Neues zu sagen hatte. Auch sachlich wirkt manches überraschend ungeschminkt, vielleicht nichts mehr als die nüchternkühle Berechnung, mit der man Jolande die Wahl läßt, entweder ihren Verlobten zu heiraten oder in ein reiches Kloster zu gehen, das der Familie die Zahlung der Entschädigung für das gebrochene Heiratsversprechen abnehmen könnte. Die äußere Form bietet wenig Besonderheiten: sie bewegt sich auf dem Durchschnittsniveau des ausgehenden 13. Jhs.; die vom Hsg. nachgewiesenen Anklänge zeugen von Vertrautheit mit klassischer und nachklassischer Dichtung.

Bruder Hermanns Leben der Gräfin Jolande von Vianden, hgg. von John Meier (GermAbh. 7) 1889. C. Wesle.

Hermann von Arberg, Graf. Hs. Additional 16581 des Britischen Museums, 15. Jh. (1469), ostschwäbisch, Bl. 141ᵇ; s. R. Priebsch *Deutsche Hss. in England* II (1901) S. 147—58. Ihm wird in den Mund gelegt der Spruch:

Du solt nicht vast traurig sein,
Ob es nit gatt nach dem willen dein,
Wann gott mitt trübsale vil
Die seinen haym suchen will.

R. Priebsch.

Hermann von Bruychoyfen. Über Hermann v. B. hat sich nichts feststellen lassen; ob er aus dem rheinischen Orte Broichhoven stammt, ob der Name vielleicht auch *Bruychoysen* zu lesen ist und Hermann möglicherweise der rheinischen Familie von Brochusen (Broichhusen) zugehört oder nach einem der zahlreichen Orte Bruchhausen benannt ist, bleibt ungewiß.

Von Hermann v. B. findet sich auf der Preuß. Staatsbibl. (Ms. germ. 4⁰ 1479) eine Hs., die das Heroldsbuch des Jülichschen St. Hubertusordens enthält, mit zahlreichen Wappenbildern und Miniaturen (vielleicht aus dem Kreis des Hausbuchmeisters), vom J. 1480, ripuar., Pap., 130 Bll. (Beschreibungen der Hs. bei R. *Priebsch Dt. Hss. i. Engl.* I [1896] S. 102, Nr. 106; H. Degering Mitt. a. d. kgl. Bibl. zu Berlin III [1917] S. 77/79; H. Wegener *Beschr. Verz. d. Min.-Hss. d. Pr. Staatsbibl. zu Berlin* V [1928] S. 62/65). — Der St. Hubertusorden wurde von Herzog Gerhard von Jülich nach seinem Siege über Herzog Arnold von Geldern und Wilhelm von Egmont bei Linnich am 3. November 1444, wo man unter dem Rufe „St. Hubert heut für Jülich!" gekämpft hatte, gegründet. Die von dem Ordensherold Hermann v. B. für den Herzog von Jülich (Bl. 13b) abgefaßte Hs. hat literarisch kein Interesse, kann aber für die frühe Geschichte und die ersten Mitglieder des Ordens manchen Fingerzeig geben.

Heinr. Oidtmann *Die Hubertusschlacht bei Linnich* 1904 (besonders S. 41 ff.).

Wieland Schmidt.

Hermann Damen, s. Damen.

Hermann von Fritzlar.

Hss.: Heidelberg cod. pal. perg. 113 u. 114 enthält das 'Heiligenleben', Nürnberg cod. Nor. Cent. VI 46h die 'Blume der Schauung'.

Kompilator und Sammler mystischer Predigten, wohlhabender Laie aus Fritzlar. 1290 als Student (in den *Acta nationis Germanicae Boniensis*, ed. 1887; vgl. Strauch DLZ. 1908 Sp. 2207) an der Universität Bologna bezeugt, dehnte H. seine Reisen in Italien bis Salerno, Amalfi und Benevent aus, um die Apostelgräber zu besuchen. Im zweiten Teil der Vorrede seines 'Heiligenlebens' bezeichnet er sich als „heimlichen Gottesfreund". Im selben Werk bezeugt er sich als den Verfasser der 'Blume der Schauung'. Da das 'HL.' 1343—1349 kompiliert ist, muß die Abfassung der 'BldSch.' vor 1343 fallen. Beide Werke berühren sich in Anlage und Gebrauch von Formeln. Das 'HL.' erscheint verwandt mit Predigtsammlungen, die in den Wiener cod. 2845 und 3057 sowie in der Königsberger Hs. 896 erhalten sind, ferner mit der Postille des Hartung v. Erfurt (s. d.) im Münchener cod. germ. 636 und der Postille des Heinrich v. Erfurt (s. d.) in der Hs. II 30 der Frankfurter Stadtbibliothek. Diese letztgenannte stellt den Predigten auf die Heiligenfeste in H.s 'HL.' die Predigten auf die Herrenfeste und Sonntage zur Seite. In beiden Sammlungen nimmt Bruder Heinrich v. Erfurt mit seinen Darlegungen über die „Geburt des ewigen Wortes in der Seele" einen beherrschenden Platz ein. Mittelpunkt der in Hs. Schrifttum sich äußernden Geistigkeit scheint sonach das Erfurter Predigerkloster zu sein, dem Meister Eckhart (s. d.) längere Zeit angehörte. Auffallend ist die Tendenz, den Klerus zu kritisieren, die im 'HL.' hervortritt. Geschrieben sind beide Werke durch einen von H. bezahlten Schreiber, dem aber kein selbständiger Einfluß auf die Abfassung zukommt.

Ausgaben: 'HL.' bei Pfeiffer *Deutsche Mystiker* I S. 3—258; 'BldSch.' bei W. Preger *Gesch. d. dt. Mystik* II S. 426ff. J. Haupt WSB. 76 S. 51ff.; 94 S. 235ff. F. Wilhelm *Dt. Legenden u. Legendare* 1907, S. 146—74. A. Spamer *Zersetzung u. Vererbung in dt. Mystikertexten*, Diss. Gießen 1910. Gertrud Lichenheim *Studien zu Hermann v. Fr. 'HL.'* Diss. Halle 1916.

Engelbert Krebs.

Hermann von Lerbeck, Geschichtschreiber, war geboren vermutlich um das Jahr 1345. Er trat in den Dominikanerorden ein und gehörte dem Kloster St. Paul in Minden an. Aus seinem Leben ist abgesehen von dem Wenigen, das er selbst in seinen Schriften andeutet, nur die Tatsache bekannt, daß Papst Bonifaz IX. ihn durch Urkunde v. 17. Juni 1391 zu seinem Kaplan ernannt hat. In den Jahren vor 1400 hielt er sich oft am Hof des Grafen Otto von Schaumburg (1370—1404) auf.

Über sein Todesjahr ist nichts Näheres ermittelt.

Aus dem Dominikanerkloster zu Minden sind zwei namhafte Geschichtschreiber hervorgegangen, Heinrich v. Herford (s. d.) und H. v. L. Wahrscheinlich hat dieser jenen, der 1370 starb, persönlich gekannt, jedenfalls hat er dessen Weltchronik benutzt. H. schrieb um 1380 den *'Catalogus episcoporum Mindensium'*, der die Zeit von 780—1379 umfaßt, die Vorrede trägt die Adresse des Mindener Bischofs Otto III. von dem Berge (1384 bis 1398). Die Quellen des *'Catalogus'*, der mehrere Fortsetzungen fand, sind Urkunden, die schriftliche und mündliche historische Tradition im Bistum Minden und die Weltchronik Heinrichs v. Herford; er ist eine gute Arbeit, die sich auszeichnet durch Kritik, prägnanten Stil und Sachlichkeit. Dieselben Vorzüge eignen dem *'Chronicon Comitum Schawenburgensium'*, das H. v. L. in der Zeit von 1400—1404 verfaßt und Bernhard, Propst zu Hamburg, und dessen Bruder, dem Grafen Otto von Schaumburg, in der Vorrede gewidmet hat. Die Darstellung beginnt m. d. J. 1030 und reicht hinab bis in die Tage des Verf.; sie fußt insbesondere auf Werken mal. Geschichtschreibung, sodann auf Nekrologien und Urkunden. In der zweiten Hälfte des 15. Jhs. wurde die Chronik ins Niederdeutsche übertragen. Außerdem hat H. v. L. eine Chronik des Sachsenführers Widukind geschrieben, die nicht erhalten ist.

Ausgabe des *'Catalogus'* von Kl. Löffler. *Mindener Geschichtsquellen* I 1917 (Veröffentlichungen der Historischen Kommission der Provinz Westfalen) S. 17—90; des *'Chronicon'* bei H. Meibom *Rerum Germanicarum Tomi 3* (1688) I S. 489—548; der niederdeutschen Bearbeitung von Fuchs (Progr. Bückeburg 1872). — Über H. v. L. s. Löffler a. a. O. Einleitung S. XXIII—XXX; vgl. im übrigen die Literaturangaben bei Potthast I S. 591 und bei U. Chevalier *Répertoire des sources historiques du moyen-âge. Bio-bibliographie. Nouv. éd.* I (1905) Sp. 2123.

Josef Deutsch.

Hermann v. Linz, s. Linz.

Hermann v. (d.) Loveia, Mystiker und Schüler Meister Eckharts (s. d.). Nach dem Inhaltsverzeichnis des *'Paradisus anime intelligentis'*, das drei Predigten unter diesem Namen enthält, war H. v. d. L. Dominikaner-Lesemeister: *brudir hermann der lector von der Loveia.* Eine Wiener Hs. nennt H. v. d. L. neben andern um 1300 als Zeugen für die Wahrheit der Gesichte im *'Legatus divinae pietatis'* der großen Gertrud von Helfta (s. d.) und zwar in seiner Eigenschaft als *lector ordinis Fr. Praedic. in Lipsia* (vgl. *'Revelationes Gertrudianae ac Mechtheldianae'* 2, 721, VI). Der gleiche Eintrag findet sich auch in einer Dresdener u. Trierer Hs. (Ph. Strauch *Meister-Eckhart-Probleme* S. 32 Anm. 15). Ein *Hermannus* war 1320 (aber nicht mehr 1336) Prior des Leipziger Dominikanerklosters (*Urkundenbuch der Stadt Leipzig* III 13), 36, 192, 12; vgl. Strauchs Einleitung zum *'Paradisus'* S. IX Anm. 1). Der Name ist (nach Stammler DLZ. 1922 Sp. 767) in Zusammenhang zu bringen mit der mal. Bezeichnung *loiba, loyba,* auch mit dem Artikel, für den Thüringer Wald. Die latinisierte Form *lovia* (Pertz' Archiv 12 S. 176) entspricht dem *Loveia.* H. v. d. L. besagt also „Hermann von dem Thüringer Wald", vgl. die andern Bezeichnungen der Eckhartjünger nach thüringer Orten (Treffurt, Apolda, Germar). — H.s v. d. L. Predigten ragen innerhalb des Erfurter Kreises nicht besonders hervor, er kommt über die Anfänge der Eckhart-Mystik nicht hinaus. Die Predigt *Ubi est qui natus est* wurde von Nikolaus v. Landau (s. d.) fast wörtlich übernommen.

Hss. I. Nr. I, 13 u. 17, Nr. II, 9 des *'Paradisus anime intelligentis'*. Oxforder Cod. Laud. Misc. 479, nach E. Sievers' Abschrift hrsg. v. Ph. Strauch (D. T. 30) 1919. — II. Eine weitere Hs. des *'Paradisus'* befindet sich in der Hamburger Staatsbibl. (Stammler *Studien zur dtsch. Mystik,* Zs. f. dtsch. Phil. 55 [1930] S. 29). — Kassel. Landesbibl. Ms. theol. 4, 11 u. 12 = *Des Nikolaus v. Landau Sermone* hrsg. v. Zuchhold 1905 (Hermaea II) S. 29.

Charakteristik Hs. v. d. L. bei Preger *Gesch. d. dtsch. Mystik* II S. 186.

Elisabeth Hübener.

Hermann, der „Mönch von Salzburg". Liederdichter um die Wende des 14. Jhs.

1. Als Benediktiner H. bezeichnet in der Hs. A (s. u.), während C und E, offenbar durch Verwechslung mit Tauler (s. d.), den

Namen (Dominikaner C) Johannes geben (s. Mayer-Rietsch S. 43 u. 45a 4); sonst heißt der Dichter nur „der Mönch". Ansprechend ist seine Identifizierung mit dem 1424 urkundlich genannten Prior *Hermannus* des Benediktiner-Petersstiftes in Salzburg durch Ampferer. H. gehörte jedenfalls zum Hofkreise des Erzbischofs Pilgrim von Puchheim (1365—1396; vgl. das Akrostichon in Mayer-R. Nr. 18; W. KL. II 581), ebenso wie der aus Urkunden 1369 bis 1385 bekannte *Richerus plebanus in Rastat* (Akrost. in W. KL. II 582). Über die Dichterlegende in der Kolmarer Hs. s. Peter von Sachsen. Nicht fest erfaßbar ist die Person des *plebanus* Martin (s. d.) und dessen mögliche musikalische Mitarbeit an H.s Werk.

2. Erhalten sind von H. über 40 geistliche und fast 60 weltliche Gedichte; die ersten lehnen sich größtenteils an lat. Hymnen an, die andern erschöpfen sich im Spiel mit Formeln der späthöfischen Dichtung. Meistersängerisch-barocke Formen (s. Peter von Sachsen) sind nicht selten (s. W. KL. II 580), anderseits sind volkstümliche Töne (Einfluß Steinmars, s. d.) mit Glück verwandt (dazu bes. Ursprung, s. u.). Durch historische Beziehungen datierbar auf 1387 und 1392 sind Mayer-R. Nr. 30 und 18, in der Klosterneuburger Hs. (Mayer-R. Hs. 35) auf 1418 datiert Nr. 67 und 74. Wichtig ist die Erhaltung einer großen Zahl von Melodien, z. T. mit instrumentaler Begleitung. Eine Nachwirkung der weltlichen Dichtung H.s ist bei Oswald von Wolkenstein (s. d.) zu erkennen, an die ungleich weiter verbreitete geistliche knüpft Heinrich Laufenberg (s. d.) an.

3. Eine Zusammenstellung der etwa 50 Hss., die Lieder H.s enthalten, geben Mayer und Rietsch S. 20—28, vgl. dazu W. KL. I 365—370. Die wichtigsten sind A (Mayer-R. 1) = clm. 715 aus Tegernsee, 1. Hälfte d. 15. Jhs.; C (Mayer-R. 2) = cgm. 628, v. J. 1468; E (Mayer-R. 12) = Wien 4696 aus Lambach, 1. Hälfte d. 15. Jhs. (s. aber Mayer-R. S. 43a. 2) — für die geistlichen Gedichte. Für die weltlichen D = Sammelband Wien 2856 aus Monsee, 14./15. Jh.

Grundlegende und zusammenfassende Literatur: Ampferer *Über den Mönch von Salzburg*, Progr. d. Gymn. Salzburg 1864. WKL. II Nr. 547—90 (die geistlichen Lieder). F. A. Mayer und H. Rietsch *Die Mondsee-Wiener Liederhandschrift und der Mönch von Salzburg* 1896 (enthält die weltlichen Lieder); dazu Wilmanns AfdA. 24 (1898) S. 155—167. O. Ursprung Arch. f. Musikwiss. 4 (1922) S. 413—419 und 5 (1923) S. 11—30.

Ludwig Denecke.

Musik. Rietsch veröffentlichte 55 Melodien zu den weltlichen Liedern, von denen zu fünf zwei, zu einem drei verschiedene, geringe Abweichungen bringende Niederschriften gegeben werden. Wieweit der Mönch als Komponist anzusehen ist, bleibt nicht bestimmbar. Ein „Leutepriester Martin", der im Register der Hs. genannt wird, ist weder als Person noch als Komponist irgendwie gesichert. Ursprung hat geglaubt, daß bei manchen Liedern der Mönch nur als Aufzeichner anzusehen sei, da z. B. das Neujahrslied „Mein traut Gesell" in anderen Hss. vorkommt (die aber nicht älter als die Mondseer Ldhs. sind). Wie weit es sich um „Volkslieder" handelt, bleibt dahingestellt. Schwierigkeit bereitet zunächst die Notation, die zu den „scheinbar mensurierten" Denkmälern gehört. Anpassung an moderne symmetrische Rhythmik ist abzulehnen, ebenso die Ignorierung der angedeuteten Rhythmik, wie sie Ursprung und Moser (Gesch. der dt. Musik I [1926⁴] S. 180ff.) bringen. Näher kommt der richtigen Fassung sicher Wolf (Hdb. der Notationskunde I [1913] S. 186f.), der dabei aber wieder „Beobachtung des viertaktigen Periodenbaues" versucht. Die Anfangsmelismen, ebenso die Schlüsse werden jetzt allgemein als instrumentale Vor- bzw. Zwischen- und Nachspiele betrachtet; auch dies ist nicht einwandfrei richtig. Rietschs Untersuchung behält ihren großen Wert! Zuzustimmen ist auch seinem Hinweis, daß das 20mal vorkommende Jonisch in der Tonalität (20 dorische, 6 phrygische, 5 lydische, 1 mixolydisches, 2 äolische Stücke) nicht modernes Dur ist. — Einen anderen Charakter zeigen die sechs mehrstimmigen Lieder. Nr. 11 und 12 der Hs. haben primitive, wesentlich auf Tonika, Quint und Oktave beschränkte instrumental oder auch vokal auszuführende Begleitstimmen, am Ende des 14. Jhs. recht rückständige Art der alten Diaphonia basilica! Auch das *kchühorn* Nr. 13 (Morgendialog des Liebespaares) verlangt solche Begleitung, Nr. 18 der „Freudensaal" und 19 sind Tenores zum „Übersingen" (Stegreifkontrapunktieren des Diskantisten). Etwas entwickelter, aber noch Quint- und Quartparallelen enthaltend sind Nr. 12 und 15. Zwei mehrstimmige Martinslieder aus der Lambacher Ldhs. bestehen aus einem nicht befriedigend zu lösenden zwei- und dreistimmigen Stück, sowie einem „Radel von drein stymmen" (Kanon), das mehrfache Auflösungsversuche fand, zuletzt von K. A. Rosenthal (Zeitschrift für Musikwiss. 9 [1926/27] S. 640). Das dritte Bruchstück (Rietsch S. 522) hat übrigens den Text der „Fuga" des Wolkensteiners: „Her wirt, mich dürstet also sere".

Hans Engel.

Hermann von Oesfeld *(Ovesvelt, Ossfelt, Ovesvel)* ist der Verfasser zweier kleinerer Arbeiten prozeßrechtlichen Inhalts, der '*Cautela*' und der handschr. auch *Brynis* und *Oreimes* genannten '*Premis*' (zu nd. *premese* = Bremse), Anweisungen an die Parteien zu vorsichtigem Verhalten vor Gericht. Außerdem stammt von ihm ein Register zum Sächsischen Landrecht. Dagegen ist ihm die Urheberschaft am 'Richtsteig Landrechts', am 'Richtsteig Lehnrechts' und an der Sachsenspiegelglosse zu Unrecht zugeschrieben worden. Seinen Namen hat er vermutlich von der Stadt Öbisfelde an der Aller. Er war aber Bürger von Magdeburg und im Auftrag dieser Stadt 1358 als Gesandter bei Karl IV. Die handschriftliche Überlieferung reicht bei der '*Cautela*' bis 1382 zurück, bei der '*Premis*' bis 1420.

Ausgabe von '*Cautela*' und '*Premis*': Homeyer *Der Richtsteig Landrechts* (1857) 390ff. Hs.: Homeyer *Die deutschen Rechtsbücher des MA*. (Neubearb. 1931) II S. 293. Vgl. Stobbe *Gesch. d. deutschen Rechtsquellen* I (1860) S. 398, 393, 397, 443.

v. Schwerin.

Hermann von Sachsenheim, s. Nachtrag.

Hermann von Salzburg, s. H. der „Mönch v. S."

Hermann von Schopfloch, Meister. Hs. Additional 16581 des Britischen Museums, 15. Jh. (1469), ostschwäbisch, Bl. 172[a]; s. R. Priebsch *Deutsche Hss. in England* II (1901) S. 147—58. Ihm wird zugeteilt der Spruch:

Wer dem fluß seinen fluß wertt,
Der hatt in der speys verkertt.

R. Priebsch.

Hermann von Sulz, Graf. Hs. Additional 16581 des Britischen Museums, 15. Jh. (1469), ostschwäbisch, Bl. 160[a]; s. R. Priebsch *Deutsche Hss. in England* II (1901) S. 147—58. Ihm wird zugeteilt der Spruch:

Wer liset das er nit verstatt,
Wie paldt er sich versaumet hat (= Cato 51f.)

R. Priebsch.

Hermann von Wartberg, Verf. des '*Chronicon Livoniae*' (bis 1378).

Handschrift: 16. Jh. im Danzig. Archiv.

Ausgabe: Strehlke *Script. rer. Prussic.* II (1863) S. 9—116. Übers. Strehlke 1864.

Literatur: Dahlmann-Waitz *Quellenkunde d. dtsch. Gesch.*[9] 1931 S. 469 Nr. 7490. Potthast *Wegweiser d. d. Geschichtswerke d.europ. MA.s* [2]I 1896 S. 591.

1. *Hermannum de Wartberge capellanum magistri per Livoniam* nennt die von späterer Hand zugefügte Überschrift den Verfasser. Urkundlich ist der Familienname nicht belegt, auch im Text (S. 87) fehlt er. Der Verfasser war jedenfalls Augenzeuge vieler der von ihm berichteten Ereignisse, begleitete den Meister von Livland auf Kriegszügen und Reisen (z. B. 1372 zum Generalkapitel in Marienburg) und wurde, wenn er jener Bruder Hermann war, mehrfach mit wichtigen Aufträgen betraut (z. B. 1366, 1380). Um 1358 wird sein Bericht ausführlicher, damals oder wenig später muß er eine Stellung erhalten haben, die ihm einen Einblick in die Geschicke des Landes gewährte, wie Strehlke mit Recht vermutet, schon in reiferen Jahren, denn 1366 antwortet er in Danzig bei wichtigen Verhandlungen mit dem Erzbischof von Riga und mehreren Bischöfen im Namen des Ordens. Die Chronik schließt 1378, zuletzt bezeugt ist H. anscheinend 1380. Seiner Herkunft nach war er Niederdeutscher, da er mehrfach Namen in niederdeutscher Form anführt. Eine genauere Bestimmung

ist nicht möglich, da es nicht einmal sicher ist, ob er adlig oder bürgerlich war (Strehlke S. 11ff., 87).

2. Die wichtigsten Quellen der Chronik sind außer eigenem Erlebnis, Berichten von Augenzeugen und Urkunden Heinrich von Lettland (s. d.), die 'Livländische Reimchronik' (s. d.) und Bartholomäus Hoeneke (s. d.). Benutzt ist ferner ein eigener Bericht H.s über jene Verhandlungen mit den Bischöfen, der von Strehlke (S. 148ff.) abgedruckt ist. Die Darstellung ist für die älteren Zeiten unzuverlässig und durchweg, der Stellung des Verfassers entsprechend, dem Orden günstig gefärbt, aber wo Selbsterlebtes berichtet wird, von großem Wert. Als Quelle gedient hat die Chronik ihrerseits vor allem der älteren Hochmeisterchronik und Wigand von Marburg (s. d.; Strehlke S. 19f.).

Hans Steinger.

Hermann von Wartberg, Graf. Hs. Additional 16581 des Britischen Museums, 15. Jh. (1469), ostschwäbisch, Bl. 160[b]; s. R. Priebsch *Deutsche Hss. in England* II (1901) S. 147—58. Ihm wird zugeteilt der Spruch:

Hab an dein gericht vesten můtt,
So man dir vnrecht tůtt. R. Priebsch.

Hermann von Weißenburg. Er war Ende des 15. Jahrhunderts Burggraf der Stadt Weißenburg in Ungarn im Dienste Stefans des Großen, wurde von diesem zu diplomatischen Gesandtschaften verwendet und starb bald nach dem 12. Juli 1499.

H. verfaßte eine Chronik über die Zeitbegebenheiten Stefans des Großen in deutscher Sprache, die mit dem Jahre 1457 beginnt und in dem Jahre 1499 endet. Sein Neffe Ulrich nahm sie 1502 mit nach Nürnberg, wo sie Hartmann Schedel abschrieb. Diese Abschrift allein hat sich erhalten im cgm. 952. Das Original ist verlorengegangen. Die sprachliche Untersuchung lehrt, daß H. aus Bistritz stammte.

Olgierd Górka *Kronika czasów Stefana Wielkiego Moldawskiego*, Krakau 1931. R. Huss *Die deutsche Chronik eines Bistritzers aus dem Jahre 1499 (bezw. 1502) und die Bistritzer Kanzleisprache des 15./16. Jahrhunderts*, Siebenbürgische Vierteljahrshefte 56 (1933) S. 122 bis 164.

W. St.

Hermann von Wiedenbach, Bruder, ein in Kl. Böddeken erzogener Kleriker, der dann dem St. Michaelshaus der „Kogelherren" des Ordens St. Hieronymi in Wiedenbach bei Köln angehörte. Als solcher schrieb er Ende des XV. Jhs. eine umfängliche Anweisung für einen jungen Kleriker, wie er sich äußerlich und innerlich verhalten soll. Sie beruht auf genauer Selbstbeobachtung und ist eingekleidet in Ermahnungen an den *fr. H.*, also Fiktion des Selbstgespräches; einmal redet er unmittelbar sich an: *O Hermanne.* Der Text ist teils lateinisch, teils niederdeutsch, und zwar westfälisch mit niederrhein. Anklängen.

Hs. 2676(1) der Landesbibl. Darmstadt, 226 Bll.; sie stammt aus der Kölner Kartause St. Barbara (Kl. Löffler *Kölnische Bibliotheksgeschichte im Umriß* 1923, S. 71) und ist wohl über das Stift Butzbach, das 1468 nach dem Muster von Wiedenbach errichtet wurde (Wagner *Die vormaligen geistl. Stifte im Großherzogtum Hessen* I, 1873, S. 335ff.), nach Hessen gekommen.

W. St.

Hermstorf, s. Konrad v. Helmsdorf.

Hernsheimer, Peter, verfaßte einen Almanach für Mainz auf das Jahr 1492 in deutscher und lateinischer Sprache, gedruckt bei Peter Friedberg in Mainz.

Einblattdrucke des XV. Jhs. S. 178, Nr. 686f. -- Der lateinische Druck faksimiliert bei Heitz-Haebler *100 Kalender-Inkunabeln* 1905 Nr. 75.

W. St.

Herolt, Johannes, Prediger.

1. Geboren zwischen 1380 und 1390, vielleicht in Nürnberg, jedenfalls nicht in Basel, trat H. in den Dominikanerorden, war als Beichtvater am Katharinenkloster in Nürnberg tätig und urkundet 1438 als Prior des Nürnberger Predigerklosters. Auf einer Reise starb er im Regensburger Predigerkloster 1468; als Todestag wird entweder St. Bartholomäustag (24. Aug.) oder die Oktave dieses Tages (31. Aug.) oder der 26. August angegeben.

2. Seine lateinischen Schriften verfaßte er unter dem Pseudonym *Discipulus*, weil, wie er bescheiden angibt, *in istis sermonibus non subtilia per modum magistri, sed simplicia per modum discipuli conscripsi et collegi.* Bekannt sind bis jetzt 12 latein. Werke: a) '*Liber de eruditione*

Christifidelium', v. J. 1416. Er enthält Anweisungen über die zehn Gebote, die sieben Todsünden, das Vaterunser, das Avemaria, das Glaubensbekenntnis, die sieben Sakramente, die sieben Gaben des Heiligen Geistes, und am Schluß ist ihm ein Jahrgang Predigtentwürfe über biblische Texte beigefügt mit Nachweis der Materialien dazu in diesem Werk. Also für Prediger bestimmt. — b) *'Sermones de tempore'*, v. J. 1418. Enthält 164 Predigten. — c) *'Additiones ad sermones'*, v. J. 1430. — d) *'Sermones de sanctis'*, v. J. 1434. Enthält 48 Predigten. — e) *'Promptuarium exemplorum'*. — f) *'Promptuarium de miraculis b. Mariae virginis'*. — g) *'Promptuarium de festis sanctorum'*. — h) *'Quadragesimale'*, v. J. 1435. Enthält für jeden Tag der Fastenzeit eine Predigt. — i) *'Postilla super evangelia dominicalia et de sanctis'*, v. J. 1437. — k) *'Postilla super epistolas de tempore et de sanctis'*, v. J. 1439. — l) *'Sermones super epistolas dominicales'*, v. J. 1444. — m) *'Applicationes ad sermones secundum proprietates rerum naturalium'*, v. J. 1463. — Alle diese lateinischen Schriften sind in zahlreichen Hss. überliefert und gehören zu den frühesten und verbreitetsten Frühdrucken; vgl. Hain Nr. 8473—8522; Copinger Nr. 2921—39.

3. Im Katharinenkloster zu Nürnberg bewahrte man aber auch Nachschriften seiner deutschen Predigten, die er den Nonnen hielt. Eine solche Nachschrift hat sich erhalten in der Hs. Cent. VII, 57 der Nürnberger Stadtbibliothek, die i. J. 1436 geschrieben wurde. Sie ist betitelt: *Diß puch heist der rosengart. Dis hot gepredigt pruder Johannes Herolt cursor in dem advent in dem 36 ior.* Es sind Adventspredigten: Die Seele soll einen Rosengarten bauen, damit die Ewige Weisheit darin wohnen kann. In diesen Garten trägt die Seele das Jesusknäblein bis zu den Bäumen. Alle Teile des Gartens, von der Mauer bis zu den einzelnen Blumen und Tieren, sind Symbole für Eigenschaften der Seele oder Vorgänge des religiösen Lebens. H. benutzt ein oft und gern benutztes Motiv in einer schwungvollen Sprache. Mystische Dinge fehlen, doch mangelt es dafür nicht an dogmatischer Abstraktion. Die Hs. entspricht der Nr. O XXIV des alten Bibliothekskataloges des Katharinenklosters. Eine andere Hs. mit deutschen Predigten H.s, die allerdings noch nicht wieder aufgetaucht ist, wird ebendort unter Nr. M XII verzeichnet.

4. Herolts Ziel war, für den einfachen Prediger Hilfsmittel zu schaffen. Er ist durchaus praktischer Moralprediger und Seelsorger; die Glaubenslehren treten zurück hinter der Sittenlehre. Die Prediger sollen nach seiner Meinung nicht gelehrte Spekulationen vortragen, sondern jene Lehren, die für das tägliche Leben nützlich sind, also die zehn Gebote, die Glaubensartikel, die Sakramente, die letzten Dinge — den Guten zur Erbauung und Erläuterung, den Bösen zum Schreck und zur Bekehrung. Er steht dabei ganz auf kirchlichem Boden.

Alle Arten von Predigten pflegte H.: Fasten- und Passionspredigten, Marien- und Heiligenpredigten, erzählend, mahnend, scheltend. Obrigkeit und Untertan, Herr und Knecht, Mann und Frau, Eltern und Kinder; Adel, Kaufleute, Handwerker, Arbeiter, Juden; Wucher, Schlemmerei, Kleiderprunk, Fluchen und Lügen, Tanz und Spiel — alles behandelt er in volkstümlicher Art.

Sehr einfach und übersichtlich ist der Aufbau der Predigten. Die Dreiteilung ist so gut wie stets durchgeführt. Eine Fülle von Beispielen aus dem Menschenleben und der Natur, von Exempeln aus der profanen und heiligen Geschichte, die auch allein gesammelt werden, sollen die vorgetragenen Lehren veranschaulichen und einprägsamer gestalten. Allegorie ist beliebt: Predigt über das Gebären der Frauen, Weihnachtspredigt über das Würfelspiel. Dabei wird die scholastische Figur der immer erneuten Distinktion gern verwendet.

Diese Predigtweise machte ihn zu einem der beliebtesten Volksprediger des Spätmittelalters und erklärt die ungeheure Verbreitung seiner Predigtsammlungen. Als die Rostocker Brüder vom gemeinsamen Leben 1476 die erste gedruckte Predigtsammlung H.s herausbrachten, rühmten sie ihm in ihrem '*Prologus*' mit Recht nach, daß er unter allen modernen Predigern unstreitig der erste *in scientia vulgi* sei.

R. Cruel *Geschichte der dt. Predigt im MA.* 1879. F. Holzhausen Germ. 30 S. 193ff. W. Walther *Das sechste Gebot in J. Herolts Predigten*, Neue kirchl. Zeitschr. 3 (1892) S. 484—499. F. Jostes *Meister Eckhart und seine Jünger* 1895, S. 147, 158. A. Franz *Die Messe im dt. MA.* 1902. N. Paulus *J. Herolt O. Pr. und seine Lehre. Ein Beitrag zur Geschichte des religiösen Volksunterrichts am Ausgang des MA.s*, Zeitschr. f. kathol. Theologie 26 (1902) S. 417—447. G. A. Weber *J. Herolt. Ein Beitrag zum Bilde, das N. Paulus zeichnet*, ebda. 27 (1903) S. 362—366; dazu N. Paulus S. 366 bis 368. H. Siebert *Die vorreformatorische Heiligenverehrung* 1907. W. Fries *Kirche und Kloster zu St. Katharinen in Nürnberg*, Mitteilungen des Vereins f. Geschichte der Stadt Nürnberg 25 (1928) S. 1—143. F. Bock *Das Nürnberger Predigerkloster. Beiträge zu seiner Gesch.*, ebda. S. 145—213. — Zum Rosengarten-Motiv vgl. Kurt Schmidt *Der lüstliche Würtzgarte. Ein Beitrag zur Geschichte der dt. Mystik im Spätmittelalter.* Diss. Greifswald 1932, S. 56—79.

W. St.

Herp (*Herpius, Harphius*), **Heinrich.** H., der auch lateinisch *Citharoedus* heißt, gehört der mystischen Schule des Ruysbroek (s. d.), Gerhart Groot (s. d.), Florentius Radewijns, Gerhard Zerbold (s. d.) und Thomas v. Kempen (s. d.) an. Anfang d. 15. Jhs. in Brabant geb., trat er 1445 bei den Fraterherren ein und wurde bald Rektor in Delft und später in Gouda, verließ aber den milderen Orden, um in den strengeren der Franziskaner einzutreten, in den er 1450 in Ara Coeli zu Rom aufgenommen wurde. Diesen Aufenthalt im Kloster auf dem Berg Alvernia benutzte er zur Abfassung mystischer Traktate. 1470—73 treffen wir ihn als Provinzialvikar der reformierten Ordensprovinz Köln. 1477 starb er als Gardian des Konventes in Mecheln. Von seinen mystischen stark mit Entlehnungen aus Ruysbroek gefüllten Werken wurde nur eines zu seinen Lebzeiten, das meiste erst nach seinem Tode gedruckt.: '*Speculum aureum decem praeceptorum Dei*' (Mainz 1474 u. öfters); '*Sermones de tempore et de sanctis*' (1480 u. öfters); '*Spieghel der volcomenhait*' (ndl. Drucke von 1488—99; hd. bei Peter Schöffer in Mainz o. J. — Hd. Hss.: Berlin mgf. 1317, s. XV., Bl. 1a—99b; mgo. 516, s. XV, 91 Bll.; Karlsruhe cod. perg. germ. LXXIX, um 1500, Bl. 2a—233a). Hiervon erschien 1522 eine italienische, in neuerer Zeit von Anselm Hofman eine dtsche. Übers. Aus einer lat. Übersetzung dieses vlämischen Werkes ('*Directorium contemplativorum*' Köln 1513) und zwei weiteren Werken: ‚*Soliloquium divini amoris*' und '*Eden seu Paradisus contemplativorum*', fügte der Kartäuser Bruno Loher ein einziges Buch zusammen, das er unter dem Titel '*Theologia mystica*' (Köln) als Herps Hauptwerk veröffentlichte. Die dritte Auflage (Köln 1556), dem hl. Ignatius von Loyola gewidmet, wurde wegen mißverständlicher Ausdrücke auf das Verzeichnis der kirchl. verbotenen Bücher gesetzt, aber die verbesserte Ausgabe (Rom 1586) erhielt die kirchl. Approbation. Eine französ. Übersetzg. publizierte der Jesuit Jean de Machault 1617. Das Generalkapitel zu Toledo erhob 1633 die '*Theol. myst.*' zum offiziellen Lehrbuch des Franziskanerordens. Bemerkenswert ist, daß einer der Traktate des III. Teils der '*Theol. mystica*', die hier als '*Eden seu Paradisus*' zusammengefaßt sind, nichts anderes ist als ein Kommentar zum 'Neunfelsenbuch' des Rulman Merswin (s. d.). Wie Gerh. Zerbold und Thomas v. Kempen hat H. starken Einfluß auf die spanische Mystik des 16. Jhs. ausgeübt. Insbesondere steht die '*Conquista del reino de Dios*' des Juan de los Angeles ganz im Banne seiner Lehre. Bis in die neueste Zeit viel geschätzt, wird Herp in Joh. Scheebens 'Herrlichkeiten der göttlichen Gnade' viel zitiert. Wie die ganze Schule Ruysbroeks, so ist auch Herp ein Vertreter der spätmittelalterlichen Herz-Jesu-Verehrung, die den Siegeszug dieser Andacht in der französischen Barockmystik vorbereitet hat.

Wadding-Sbaraglia *Scriptores Ordinis Minorum* 1908. A. Possevin *Apparatus Sacer* (Vened. 1603) I S. 728. De Katholiek 92 (1887) S. 211ff. H. v. Arnheim *Kronyk v. h. Fraterhuis te Gouda*, Bydr. en Mededeelingen v. h. Hist: Genootsch. Amsterdam S. 1—46. A. Schlager *Beiträge zur Geschichte der Kölner Franziskaner-Ordensprovinz im MA.* 1904 S. 155f., 214f.; ders. Katholik 85 (1905) II S. 46—48; ders.: *Blütenlese aus d. Werken rheinischer Franziskaner* 1907. Biogr. Belg. IX (1886) S. 278ff.

Pierre Goult *Les mystiques des Pays Bas et la Literature Espagnole du seizième siècle* 1927 S. 262. C. Richstätter *Die Herz-Jesu-Verehrung des deutschen Mittelalters* ² 1924.

Engelbert Krebs.

Herrad von Landsberg, *'Hortus deliciarum'* (nicht vor 1175 vollendet). Äbtissin auf Hohenburg im Elsaß, † 1195. Die Hs. (324 Pergamentbl. in Folio) des *'Hortus'* in Straßburg mitsamt einer Kopie 1870 verbrannt. 336 Miniaturen. Außer geistl. Gedichten Prosaexzerpte aus Bibel, theolog. und naturbeschreibenden Schriften, für ihre Nonnen. Dies alles latein.; deutsch sind Glossen zu latein. Bezeichnungen auf Miniaturen.

Lit.: Ausg. nicht vorhanden. Die Gedichte und die deutschen Glossen (S. 117—200) bei Chr. M. Engelhardt *Herrad v. Landsperg* 1818. G. Dreves *H. v. L.*, Zs. f. kathol. Theologie 1899 S. 632. A. Straub u. G. Keller *Herrade de Landsperg 'Hortus deliciarum'* 1901 [Wiedergabe der meisten Miniaturen, eine farb.]. H. Reumont *Die deutschen Glossen im 'H. d.' der H. v. L.* Diss. Straßburg 1900. S. Zellinger *D. geköderte Leviathan im 'H. d.'*, HistJb. 1925 S. 141.

Aufgegeben ist die Meinung, daß auf Hohenburg unter Herrad das St. Trudperter Hohelied (s. d.) entstanden oder gar von ihr mitverfaßt sei (G. Ehrismann *Gesch. d. dt. Lit.* II S. 30, 8). Mitzka.

Herrand von Wildonje. Minnesinger und Dichter kleiner schwankartiger Erzählungen aus der Mitte des 13. Jhs. Er gehört einem vornehmen, einflußreichen steirischen Ministerialengeschlecht an, dessen Stammschloß, Alt Wilden, noch heute nahe bei Graz an der Mur als Ruine erhalten ist. H. v. W. II. ist urkundlich belegt zwischen 1248 und 1278 und hat in den Kämpfen für und gegen Ottokar von Böhmen eine entscheidende Rolle gespielt (vgl. dazu Ottokars Reimchronik, Ausg. von J. Seemüller, Kap. 49 v. 5832ff., Kap. 85 v. 9779ff., Kap. 124 v. 13923ff.), die ihm zeitweise den Verlust seiner Burgen und sogar längere Gefangenschaft von Seiten Ottokars eintrug. Als Schwiegersohn Ulrichs von Lichtenstein (s. d.), mit dessen Tochter Perhta er verheiratet war, stand er in unmittelbarer Beziehung zu den literarischen Bestrebungen seiner Zeit. Die drei von ihm überlieferten Minnelieder stehen unter dem Einfluß Walthers v. d. Vogelweide (s. d.) und zeigen sichere Beherrschung der Technik. Inhalt und Bilder sind konventionell, aber der Vortrag ist frisch und lebendig und nicht ohne echtes Gefühl.

Die vier kleinen Erzählungen, die die Ambraser Hs. überliefert, behandeln Schwank- und Novellenstoffe, die z. T. auf indische oder antike Motive zurückgehen und in der gesamten damaligen Kulturwelt bekannt und beliebt waren. Sie enthalten immer eine „Lehre", gehören also in jene Reihe der *Exempla* und *Bîspele*, womit das spätere 13. Jh. dem Verfall der Sitten entgegenzuarbeiten und zugleich seiner Fabulierfreude, der Freude am bunten Stoff, zu genügen versuchte. Sie sind frisch und ansprechend erzählt, vielfach in der unmittelbaren Umgebung des Dichters lokalisiert und mit realistischen Zügen ausgestattet, in denen sich der Einfluß Ulrichs von Lichtenstein verrät.

Lieder: Große Heidelberger Liederhs. *C* (Universitätsbibliothek Heidelberg Cod. Germ. Pal. 848, Bl. 201ᵃ—202ᵇ, mit Bild). F. Pfaff *Die große Heidelberger Liederhs.* I 1909, Sp. 655f. Bodmer *Sammlung von Minnesingern aus dem schwäbischen Zeitpunkte* 1758 I S. 193f. HMS. I 347f.; III 644; IV 294—301. B.-G. Nr. 58, S. LXXIII, 267 (= III). J. Bergmann *Des steyermärkischen Herrn und Sängers H. v. W. vier poetische Erzählungen aus der Mitte des 13. Jhs.*, Jahrbücher der Literatur, Anzeige-Blatt für Wissenschaft und Kunst, 1841, Nr. XCV, XCVI, S. 32 bis 61 (darin die Lieder S. 38f.). K. F. Kummer *Die poetischen Erzählungen des H. v. W. und die kleinen innerösterreichischen Minnesinger* 1880, S. 177—179; 212—215.

Erzählungen: Ambraser Hs. (Wiener Nationalbibliothek) S. CCVII bis CCXX. J. Bergmann s. o. K. F. Kummer s. o. 'Die getreue Kone' außerdem noch: [Chr. H. Myller] *Sammlung deutscher Gedichte aus dem 12., 13. und 14. Jh.* 178⁴ III. Fr. H. v. d. Hagen *Gesamtabenteuer* 1850 III S. 713—719. 'Der verkehrte Wirt': Fr. H. v. d. Hagen *Gesamtabenteuer* II S. XLII—XLIX, 333—347. H. Lambel *Erzählungen und Schwänke* 1872, Nr. 4, S. 191—210.

L. Beckh-Widmannstetter *Das Grabmal oder der Grabstein Leutolds von Wildon in der Stiftskirche zu Mainz und die Siegel der Wildoner*, Mitth. der k. k. Centralcommission zur Erforschung und Erhaltung der Baudenkmäler 17 (1872) S. CCXI—CCXVII. K. F. Kummer *Das Ministerialen-Geschlecht v. W.*, Arch. f. österr. Geschichte 59 (1880) S. 183 bis 322. F. v. Krones *Wildon*, ADB. XLII (1897) S. 510f. Wu. ebenda S. 512f. M. H. Jellinek *Mhd. Kleinigkeiten 2*, ZfdA. 48 (1906) S. 370. Edw. Schröder *H. v. W. und Ulrich von Lichtenstein*, GGN. 1923 S. 33—62.

Elisabeth Karg.

'Herren Liden, Von Unsers'. So betitelt der Schreiber eine ostschwäbische Dichtung von ursprünglich 942 Zeilen, die wohl Ende des 14. Jhs. entstand und in einer nach 1450 in Nürnberg geschriebenen Sammelhandschrift auf Bl. 218b—231a steht. Die Hs. ist jetzt auf dem Britischen Museum, Add. 24946. Hauptquelle der Dichtung ist das '*Evangelium Nicodemi*', einer oder der andere Zug mag aus Passionsspielen stammen, möglicherweise aus der Tradition, aus der das Augsburger Passionsspiel schöpfte. Inhalt: Christus vor Pilatus, Kreuzigung, Höllenfahrt, Auferstehung. Metrik: Achtsilbler mit stumpfem Ausgang, oft durch schlechte Überlieferung bis zur Unkenntlichkeit entstellt. Daneben drei klingende Reimpaare innerhalb von 12 Zeilen (299/300, 307/8, 309/10).

J. Baechtold *Dt. Hss. aus dem Britischen Museum* 1873, S. 109ff. R. Priebsch *Dt. Hss. in England* II (1901) S. 215—223. Vollständige Ausgabe: C. T. Carr 1929; dazu E. Schröder AfdA. 48 S. 208f.; F. Norman MLR. 25 S. 234f.

F. Norman.

Hersfeld, s. Lamprecht v. H.

Hervord, s. Heinrich v. Herford.

'Der Herzmahner'. Unter diesem Namen geht ein umfänglicher Druck des XV. Jhs. (o. J. 228 Bll. 12°), dessen genauer Titel lautet: *Diß Buechleyn ist zu Erst durch eynen andechtigen hohgelerten vatter Cartewser ordens jn latein gemacht. Darnach durch eynen andern vertewscht. Und durch Capar hochfeder zu nuremberg zu drucken verfugt / vnd sagt von dem leyden vnnsers herren jhesu cristi / allweg bey jedem stuck / mit jnniger hertzlicher andacht / vnd danncksagung / vol verdiensts / on zweifel gotlicher gnaden. vnd ist genant der Hertzmaner / von jnnprunstiger hertzlicher vermanung wegen / darjnn begriffen.* Es ist eine Aneinanderreihung von Gebeten, deren jedes beginnt: *Ich wolsprich und dancksag dir herr ihesu Criste,* und an Christi Leidensgeschichte anknüpft. Aber die Gebetsform wird nicht festgehalten, sondern das einzelne Gebet geht zu Erzählung, Betrachtung, Klage, Gelöbnis über. Voran geht die Erzählung des Sündenfalls und seiner Folgen für das menschliche Geschlecht. Alles ist in einem überschwenglichen, beständig mit Parallelen und Wiederholungen, Anaphern und Hyperbeln arbeitenden Stil geschrieben. Ein Verfasser ließ sich bisher nicht feststellen, auch die (angeblich?) lateinische Quelle ist noch nicht aufgefunden.

Hain *8534. Exemplar in Berlin StB., Inc. 1926 (aus Meusebachs Besitz).

W. St.

'Herzog Beliand', s. 'Heidin'.

'Herzog Ernst', s. Nachtrag.

'Herzog Friedrich v. d. Normandie'. Für den 'Herzog Friedrich' der sog. *Eufemiavisor* (drei im Auftrage der norweg. Königin Eufemia kurz nach 1300 in Schwedische übertragene Epen: '*Ivan*', '*H. Fr.*', '*Flores*') wird eine verlorene dt. Vorlage angenommen. Ins Schwedische ist 'H. Fr.' 1307/8 umgesetzt, aus dem Schwed. (6 Hss.) weiter ins Dänische (1 Hs.) übertragen worden. Für dt. Herkunft spricht reichliche Übernahme dt. Wörter. Dialektfrage unentschieden. Das dt. Gedicht wohl um 1250 im Auftrage Ottos von Braunschweig († 1252) oder schon Kaiser Ottos IV., von einem Niederdeutschen, der hochdeutsch dichten will, verfaßt. Die geschickt komponierte Handlung setzt sich aus Motiven der Artusepik, vor allem 'Erec' und 'Lanzelet', und einer Entführungsgeschichte aus Spielmannsdichtung und andern deutschen literarischen Quellen (Presbyterbrief, Steinbücher) zusammen: Der Held erwirbt von einem Zwergenkönig, dem er hilft, einen unsichtbar machenden Ring. Eine im Turm vor den Freiern bewahrte Königstochter entführt er zu Schiff, er wird über Bord gespült, das Schiff fährt weiter. Die Verfolger fischen ihn auf, vom Scheiterhaufen entkommt er. Immer wieder wirkt dabei und sonst jener Ring. Mit seiner Hilfe findet er die Königstochter, seine Braut, wieder. Sie kehren zurück, Versöhnung, Heirat, Thronfolge.

Edw. Schröder GGA. 1882, S. 26; ders. *Zwei altdt. Rittermären* [2]1913, S. 12. A. Lütjens *H. Fr. v. d. N. Ein Beitrag z. Gesch. d. deutschen u. schwed. Lit. d. M. A.* (Münchener Archiv 2) 1912.

Mitzka.

Heseloher, Hans, s. Nachtrag

Hesler, s. Heinrich v. H.

Hesse, Meister, aus Straßburg, wird von Rudolf von Ems (s. d.) im 'Willehalm' v. 2279—89 als verständnisvoller literarischer Geschmacksrichter und selbständig bessernder Herausgeber von Handschriftentexten angerufen, indem er von dessen Urteil die Fortsetzung seiner eigenen dichterischen Tätigkeit abhängig machen will. Meister Hesses auf gediegenen künstlerischen Grundsätzen beruhende Textherstellung zeigt sich in zweien der besten Handschriften, von Wolframs 'Parzival' und von Gottfrieds 'Tristan' (Ranke). Er war *notarius burgensium (schrîbære*, Willeh. 2281), Vorsteher der städtischen Kanzlei in Straßburg, und ist urkundlich bezeugt zwischen 1230 u. 1240.

E. Martin Straßb. Stud. 1 (1882) S. 99, 384. E. Schröder ZfdA. 51 (1907) S. 153f. F. Ranke ebenda 55 (1914) S. 406, 415. A. Leitzmann ZfdPh. 43 (1911) S. 317. G. Ehrismann *Stud. üb. Rud. v. Ems* 1919 S. 91f., 99. H. Naumann *Gesch. d. dt. Lit.-Sprachen* 1926 S. 20; ders. Merker-Stammlers Reallex. II (1927) S. 272f. — Junk Ausg. d. 'Willehalm' (1905) S. 38.

Gustav Ehrismann.

Hesse von Reinach. Schweizer Minnesänger des späteren 13. Jhs. aus aargauischem Ministerialengeschlecht. Er ist als Geistlicher zwischen 1234 und 1275 urkundlich nachweisbar, zunächst als Chorherr des Stiftes Beromünster, zu dem sein Geschlecht vielfache Beziehungen hatte, dann als Leutpriester von Hochdorf (Kanton Luzern), von 1265 an als Propst zu Werd. Vor 1232 muß er gestorben sein. Der energische und einflußreiche Mann, der auch politisch in dem Streit zwischen Kaiser und Papst eine Rolle gespielt hat, ist ein Beispiel dafür, daß auch Geistliche sich an der Minnedichtung beteiligten. Die beiden erhaltenen Lieder — vielleicht vor 1250 entstanden? — unterscheiden sich inhaltlich nicht von den übrigen, ihre Form zeigt sichere Beherrschung des Technischen und weist den Dichter ins spätere 13. Jh.

Große Heidelberger Liederhs. *C* (Universitätsbibliothek Heidelberg Cod. Germ. Pal. 848, Bl. 113c—114, mit Bild). F. Pfaff *Die große Heidelberger Liederhs.* I 1909, Sp. 389f. Bodmer *Sammlung von Minnesingern aus dem schwäbischen Zeitpunkte* 1758 I S. 90. HMS. I 210f.; III 610; IV 147f. K. Bartsch *Die Schweizer Minnesänger* 1886, Nr. 10, S. LXXV, 110—112. — K. Bartsch *Urkundliche Nachweise zur Geschichte der deutschen Poesie 1*, Germ. 9 (1864) S. 145f. A. Schumann ADB. XXVIII (1889) S. 620—625.

Elisabeth Karg.

Hessen, s. Heinrich v. H.

'Hester', s. 'Esther'.

Hetzbolt, s. Heinrich Hetzbolt von Weißensee.

Heuberg, s. Konrad v. H.

Heuchlingen, s. Seifried v. H.

Heynlin (von Stein), Johannes.

Hss.: Codices Basil.: A V 26. A VI 12. A VII 8—13. B c II 5. F VII 11. F VIII 9. F IX 5. X II 20.

Verschiedene Namensformen: *Heynlein, Henelyn, Henlin, Hélin, Hemlin, Hegelin, Lapierre, de la Pierre, Steinlin, Lapidanus.*

1. Johannes Heynlin stammt aus Stein zwischen Pforzheim und Bretten in der Diözese Speier. Er wurde zwischen 1430 und 1433 geboren. Ende September 1450 erhielt er das Bakkalaureat in Leipzig, wo er bis 1452 nachzuweisen ist. Unter dem Eindruck der Predigten Capistrans wendet sich H. der Theologie zu. Ein fast einjähriger Aufenthalt an der Universität Löwen (1453) bestimmt seine scholastisch-realistische Einstellung. Die folgenden 11 Jahre ist H. in Paris nachzuweisen. 1455 erwarb er Lizentiat und Magisterium der freien Künste, von 1456 an war er zwölfmal Prokurator der deutschen Nation, 1458/59 Rezeptor. H. vertrat den an der Pariser Universität herrschenden gemäßigten Realismus. Seine Lehrer waren Lucas Desmoulins, Thomas von Courcelles und Petrus de Vaucello. Freundschaft verband ihn mit seinen Studiengenossen Johannes Vergenhans Nauclerus, dem späteren Kanzler der Tübinger Universität, Wilhelm Fichet, Johann Matthias von Gengenbach u. a. Als Professor der artistischen Fakultät dozierte H. über Artistoteles' 'Organon' und Naturphilosophie. Gleichzeitig studierte er an der theologischen Fakultät, deren Bakkalaureat er 1462 erwarb. Am 18. Juni des gleichen Jahres wurde er Mitglied der Sorbonne. Mit Fichet bewohnte H. dort ein Zimmer. Beide verkehrten mit dem Pariser Humanistenkreise, der sich um Gregorio Tifernas bildete. Die Einführung des Realismus an der Basler Universität

war offenbar der Grund, daß H. seine Studien vor dem Sentenzenjahre (1465) abbrach. Er las erst 1467 über dieses Thema. Durch sein energisches Eingreifen und die Vermittlung des Basler Rates erreichte H., der wahrscheinlich von Paris Gesinnungsgenossen mitbrachte, seine Aufnahme in die artistische Fakultät und setzte mit Peter von Andlau die Gleichberechtigung der *via antiqua* neben der *moderna* durch. Jene vertreten Geiler (s. d.), Gengenbach, Surgant als H.s Schüler. 1465 bis 67 ist H. nicht nachzuweisen. Wahrscheinlich trat er in Verbindung mit den ersten Buchdruckern in Mainz. Von Juni 1467 an war er wieder in Paris. In seiner Disputation mit Fichet sind die ersten formalen Äußerungen des Humanismus festzustellen. Als Vertreter seiner Nation trat H. erfolgreich gegen Ludwigs XI. Absicht einer Aushebung unter den Studenten auf. 1468 oblag ihm als Prior die Leitung des Studienbetriebes, 1469 war er Rektor. Als solcher setzte er das Recht der Besichtigung und Prüfung des Pergaments durch die Universität gegen die Äbte von St. Denis durch. Neuerdings Prior 1470, führte er die neue Datierung ein. Am 15. Februar 1472 erlangte er das Lizentiat, am 12. Oktober des gleichen Jahres wurde er in das Konsortium der Doctores Theologiae aufgenommen. Die Einrichtung der Druckerpresse in Paris ist das gemeinsame Werk H.s und Fichets. Letzterer war der geistige Leiter dieses Privatunternehmens, H. war als Herausgeber tätig. Verlagsspekulation ist beiden fremd, die von ihnen gedruckten Werke (1469—72) weisen sorgfältig hergestellte Texte antiker Autoren oder Humanisten auf. Die klassischen Werke sollen vor allem Vorbilder für die gewandte Ausdrucksweise sein. Zu Bessarion, den Fichet besonders verehrte, scheint auch H. in nähere Beziehungen getreten zu sein. Als Lehrer trug H. Grammatik vor. Reuchlin, der als Begleiter des badischen Markgrafen Friedrich, des späteren Bischofs von Utrecht, nach Paris kam, Rudolf Agricola und die beiden humanistischen Drucker Amerbach und Surgant sind H.s bedeutendste Pariser Schüler. An den unerquicklichen Kämpfen mit Heinrich von Zoemeren, dem Vertreter der *via moderna*, und der Erwirkung des vorübergehenden Verbotes dieser wissenschaftlichen Richtung durch Ludwig XI. ist auch H. beteiligt.

2. Am 12. September 1474 ist H. zum letzten Mal in Paris nachzuweisen. Reuchlin scheint ihm nach Basel gefolgt zu sein. H. lehnte eine Dozententätigkeit an der dortigen Universität ab und widmete sich von da ab fast ausschließlich dem Predigerberuf. Vielleicht veranlaßte ihn hierzu ein schon in Paris auftretendes Augenleiden, für das er später in St. Ottilien bei Freiburg i. Br. Heilung suchte. Am 27. November 1474 begann er in St. Theodor zu predigen, dann in St. Peter und schließlich bei den Augustinerchorherrn in St. Leonhard, die dem Windesheimer Generalkapitel unterstanden. Gelegentlich predigte er auch in anderen Kirchen Basels und auswärts, wenn er Visitationen abzuhalten hatte. Die Art seiner Wirkung am Oberrhein ist eine Parallelerscheinung zu Paulus Wann (s. d.), der gleichzeitig an Klostervisitationen in Baiern und Österreich beteiligt war und als Domprediger zu Passau für eine Reformierung im Sinne des Mittelalters eintrat. Nach Bern wurde H. dreimal als Ablaßprediger für den Münsterbau berufen (1476, 1478, 1480). H. verteidigte die Rechte der regulären Seelsorge durch die Pfarrgeistlichkeit gegenüber den Bettelmönchen. Als Vertreter von Wilhelm Textoris versah H. ein volles Jahr das Amt des Predigers am Basler Dom (1477/78). Bei den Vorbereitungen zur Gründung der Tübinger Universität wirkte H. ebenfalls mit. Die Ähnlichkeit in der Organisation der Artistenfakultät in Basel und Tübingen spricht hierfür. Gleichzeitig mit Summenhart (s. d.) wurde H. nach Tübingen berufen. Seine Stellung als Stadtpfarrer und Professor der Theologie gebot ihm, über die Ausführung der Universitätsordnung zu wachen und regelmäßig Predigten zu halten, deren scharfe Ausfälle gegen den Aufwand der Fürsten ihn bei der Hofgesellschaft mißliebig machten. 1479 bekleidete er das Rektorat.

Noch im gleichen Jahr wurde er vom Markgrafen Christoph als Kustos oder Thesaurarius des Chorherrnstiftes nach Baden-Baden berufen. Mit dieser Stellung war auch die Ausübung des Pfarramtes verbunden; zudem oblag ihm die Seelsorge im Kloster Lichtental, dessen Äbtissin Margareta die Schwester des regierenden Markgrafen Christoph war. Die Versuche der Berner, ihn für ihre Stadt dauernd als Prediger zu gewinnen, scheiterten. Zu dem oberrheinischen Humanistenkreis Geiler (s. d.), Johannes von Hochberg, Johannes Müller, Peter Schott unterhielt H. freundschaftliche Beziehungen. Die unerquickliche Spannung am Kollegiatstift in Baden-Baden veranlaßte ihn, wohl 1484 die ihm angebotene Stelle als Kanonikus und Prediger am Münster in Basel anzunehmen. Dort schloß sich der neue Humanistenkreis mit Sebastian Brant (s. d.), Trithemius, Wimpfeling an ihn an. Seine Beziehungen zu dem Drucker Marbach ließen ihn seine Pariser Tätigkeit in Basel fortsetzen.

3. Am 15. August 1487 trat H. in das Kartäuserkloster St. Margaretental in Basel ein. Hierzu veranlaßte ihn vermutlich, daß der erwartete Erfolg seiner Predigten nicht eintrat. Anderseits läßt sich auch eine Reihe von Persönlichkeiten nachweisen, die kurz vor dem Auftreten Luthers dem reformierten Bernhardinischen Ideal der *contemplatio* nachstreben: wie der Benediktinerabt Johannes Rode von St. Matthias in Trier, Johann Alantsee, Johannes Hochberg und Johannes Roth. Daß die letztgenannten H.s Beispiel folgten, ist wahrscheinlich. Viele nahmen ihm diesen Schritt übel. Einen warmherzigen Verteidiger fand er in Sebastian Brant. Andere wollten ihn als Stellvertreter des Bischofs nach Straßburg berufen. Bei seinem Eintritt ins Kloster schenkte H. seine ganze Bibliothek von 283 Bänden der Kartause; von seinem Vermögen wurden die Fenster des Ordenshauses wiederhergestellt. Auch in der Kartause setzte H. seine Tätigkeit als Prediger fort. Nach wie vor blieb er der Mittelpunkt des geistigen Lebens in Basel. Eifersucht seines vorgesetzten Priors Jakob Lauber trübte seine letzten Lebensjahre. Er starb am 12. März 1496. Eine prunkvolle Beerdigung, die seine Freunde beabsichtigten, wurde von Lauber nicht gestattet.

4. H.s scholastische Erstlingsarbeiten '*Quaestiones in libros III Aristotelis de anima*' (1452) und '*Collectanea in totam philosophiam naturalem Aristotelis*' (1452 bis 1454) zeigen ihn als Kommentator fast der ganzen Aristotelischen Philosophie, Ethik und Politik ausgenommen. Auch die Werke des Platonikers Porphyrios und des Scholastikers Gilbert de la Porrée kommentierte er. Seine Vorbilder sind Albertus Magnus (s. d.), Thomas von Aquino (s. d.) und Paulus Venetus. Durch Umständlichkeit und Spitzfindigkeit sind seine klaren Gedankengänge oft getrübt. Sein Hauptwerk ist der von Hoßfeld in 27 Drucken nachgewiesene '*Compendiosus dialogus de arte punctandi*', der das Hauptgebiet seiner Tätigkeit als Lehrer der Grammatik an der Pariser Universität behandelt. Seine Vorrede zu den von ihm in Paris und Basel veranstalteten Druckausgaben zeigen seine humanistische Einstellung, welche nie aus dem Bannkreis des Christentums tritt. Der Belehrung einfacher Landgeistlicher dient sein Traktat über die heilige Messe '*Resolutorium dubiorum circa celebrationem missarum occurrentium*' (1492), der in 44 Druckausgaben nachzuweisen ist.

5. Die Basler Bibliothek besitzt die vollständige Sammlung seiner 1410 Predigten, welche zwar lateinisch abgefaßt sind, aber, sofern sie für das Volk bestimmt waren, deutsch gehalten wurden. Den Hauptinhalt einer Predigt faßte er häufig in kurzen gereimten Sprüchen zusammen. Zwei gereimte Übersetzungen der 10 Gebote und Begleitsprüche zu Wandmalereien seien in diesem Zusammenhang erwähnt. H.s Predigten sind gleichmäßig und in strenger Form gebaut. Ein Vorspruch — Begrüßung des Volkes oder kurzes Gebet — leitet sie ein. Der Anrufung des göttlichen Beistandes oder der heiligen Maria folgt nach Wiederholung des Bibeltextes die eigentliche Predigt, welche durch eine kraftvolle pathetische Schlußrede beendet wird. Seine Sprache

ist leicht verständlich, einfach, seine Bilder anschaulich und lebendig. Durch Rätsel, Anekdoten, Anspielungen auf Bräuche und Vorgänge in der Stadt, die Anwendung der Dialogform und bilderreicher Gleichnisse ist die Wirkung von H.s Predigten auf das Volk zu erklären. Als Ziel seiner Tätigkeit sieht er moralische Besserung, an der er schließlich, da er die Welt für grundverdorben hält, verzweifeln muß. Warnen und Verheißen sind die Mittel, durch welche er sein Ziel zu erreichen sucht. Die Hauptthemen seiner Predigten behandeln Habsucht, Wucher, Reichtum, Hochmut, üppige Kleidung, Spiel, Trunksucht, Buhlschaft, Unmäßigkeit, Fluchen und Lästern. Oft spricht er den Wunsch aus, geistliche und weltliche Obrigkeiten sollen durch ihre Machtmittel den Prediger unterstützen.

6. H. ist einer der letzten großen Vertreter der Scholastik, er gehört der *via antiqua* an und sucht dieser realistischen Richtung überall, wo er als Gelehrter auftritt, zum Sieg zu verhelfen. In Paris wird H. auch für den Humanismus gewonnen, dessen erste Niederschläge sich in seiner Disputation mit Fichet (1467) feststellen lassen. Der Inhalt seiner Prioratsrede (1470) ist ein Lob der Theologie als der Krone aller Wissenschaften. Die klassischen Studien werden als Schmuck angesehen. Nur seine Doktorenrede (1472) enthält eine selbstbewußte humanistische Äußerung: „Mögen andere ihrem Vaterland einen Triumph über seine Feinde bereiten, es zum mächtigen Reich ausdehnen oder ihm unermeßliche Schätze zuführen, ich bringe meinen Badensern solchen Ruhm zurück, wie seinen Bürgern einst Perikles, dessen herrliches Haupt zuerst bei den Athenern sich den Schmuck der beiden verschlungenen Ölzweige verdiente; von ihm nahm würdig das Recht solches Geschenk zu verleihen seinen Ursprung." Das Streben nach Vereinfachung und Vertiefung seiner philosophischen Richtung läßt H. erfolgreich dem Humanismus vorarbeiten. Will er als Philosoph die Lehrmethode mit einem gediegeneren Inhalt füllen, so ist ihm als Humanisten eine elegantere Form Vorbild. Doch tritt er gegen sein Lebensende in den Vorreden zu seinen Ausgaben gegen die weltliche Seite des Humanismus auf und betont den Gegensatz zwischen den weltlichen und heiligen Büchern, die nunmehr seiner weltabgewandten Gesinnung ganz entsprechen. Auch mystische Einwirkungen sind in seinen Predigten festzustellen. Seine Marienverehrung verbindet ihn mit den moralisierenden oberrheinischen Humanisten (Brant, Geiler, Wimpfeling), als deren Vorbild er zu gelten hat. H.s Ideale gehören vergangenen Jahrhunderten an.

M. Hoßfeld *J. H vom Stein*, Basler Zeitschr. f. Gesch. 6 u. 7, ders. *Der 'Compendiosus dialogus de arte punctandi' und sein Verfasser J. H.*, ZblfBblw. 25 (1908) S. 161—165. ADB. XII S. 379. REPTh. VIII S. 36ff. Hist.-Pol. Bll. 144 (1909) S. 657—672. Trithemius *De scriptoribus ecclesiasticis* 1494, Bl. 129; 1546, S. 370f. *Adumbratio eruditorum Basiliensium* 1780, S. 101—105. Janssen *Gesch. d. deutschen Volkes* 19. 20. I S. 145—152. W. Vischer *Gesch. d. Univers. Basel* 1860, S. 157—193. P. Feret *La faculté de théologie de Paris et ses docteurs les plus célèbres* IV (1897) S. 162—164. J. Philippe *Guillaume Fichet* 1892, S. 82—94. ZfBfr. 4 (1900—1901) S. 129—140. J. Philippe *Origine de l'imprimerie à Paris* 1885. A. Claudin *The first Paris press. An account of the books printed for G. Fichet and J. H. in the Sorbonne 1470—72* 1898. P. Champion *Les plus anciens monuments de la typographie parisienne* 1904, Nr. 1. 2. 50. 59. 86. C. Prantl *Gesch. d. Logik im Abendlande* IV (1870) S. 229f. — J. Haller *Die Anfänge der Universität Tübingen 1477—1527* 1927, S. 19—26, 129—132. H. Hermelinck *Die theol. Fakultät in Tübingen vor der Reformation 1477—1534* 1906. Ch. Schmidt *Histoire littéraire de l'Alsace à la fin du XVe siècle et au commencement du XVIe siècle* 1879, I S. 194. J. Hürbin *Peter von Andlau* 1897. JbfSchweiz. Gesch. 9 (1884) S. 1—108. *S. Brants 'Narrenschiff'* her. v. F. Zarncke 1854, S. XVI—XXI.

R. Newald.

Hieronymus von Erfurt, angeblich Verfasser einer deutschen Prophezeiung in der Dresdener Hs. M. 63, v. J. 1469, Bl. 78b.

W. St.

Hieronymus von Wörth *(de Werdea* = Donauwörth). Als *Magister Johannes de Werdea* bis 1451 an der Wiener Universität, seitdem Benediktiner in Mondsee; 1463 Prior daselbst, † 9. 10. 1475. Eine größere Anzahl seiner lat. Dichtungen steht in der Sammelhs. aus dem Kloster St. Ulrich und Afra in Augsburg (clm. 4423), in Mondsee geschrieben von Simon Weinhart 1481/82. Darin auch ein dt. Lied *O muter der parmhertzigkeit*, 3 Str., abgedr. WKL. II Nr. 886.

Zusammenstellung aller Werke bei Vincenz Staufer *Mondseer Gelehrte*, Progr. Melk 1864/65. Analecta hymnica 48 (1905) S. 462ff. Nr. 446—457 (das dt. Gedicht mit gebessertem Text nach cgm. 20110). Dreves Zs. f. kath. Theologie 20 (1896) S. 179—186. Weinkauff Zs. d. Berg. Gesch.-Vereins 11 (1876) S. 115. J. Franck ADB. VI (1877) S. 502f. Pez *Bibliotheca ascetica* II S. 171—226 (*'Tractatus de profectu religiosorum'* abgedr.). *Mantissa chronici Lunaelacensis* (1749) verzeichnet im II. Tl. mehrere Schriften: s. S. 366f., 376f., 384, 395, 414, z. B. *'Expositio grammaticae Alexandri de Villa Dei', a. 1447.*

Ludwig Denecke.

Hildbold, s. Hiltbolt.

Hildebrand, s. Hillebrant.

'Hildebrandslied'.

1. Hs.: Kassel, theol. fol. 54 (aus Fulda), VIII/IX. Jhs. Neben Verschiedenem theologischen Inhalts auf Bl. 1ª und 76ᵇ das 'Hildebrandslied' von zwei Händen in insularer Schrift zu 53 Zeilen.

2. Verfasser unbekannt. Aus Schrift, Sprache und Inhalt des Denkmals läßt sich folgendes erschließen: Als ostgotische Dichtung des 6. Jhs. gelangte das Lied nach Baiern und wurde dort im Lauf des 8. Jhs. umgedichtet. Zu Beginn des 9. wurde es dann auf nd. Sprachgebiet aus einer obd. Handschrift unter mechanischer Umsetzung des Lautstandes ohne große Sorgfalt abgeschrieben.

3. Gegenstand der Dichtung ist ein Zusammentreffen von Vater und Sohn als Angehörige zweier sich feindlich gegenüberstehender Heere.

Sie rüsten sich zum Zweikampf, aber ehe sie aufeinander losschlagen, richtet der Ältere an den Jungen die Frage nach seiner Abkunft. Dieser antwortet: „Hildebrand hieß mein Vater; ich heiße Hadubrand. In der Vorzeit ging er nach Osten, floh er Odoakers Haß, hin mit Dietrich und mit vielen seiner Degen. Frau und Kind ließ er unversorgt zurück. Nicht, wähn ich, hat er noch das Leben!" Da ruft Hildebrand, denn niemand anders ist der Alte, Gott zum Zeugen: „Noch nie hast Du mit so nah verwandtem Mann gesprochen!" Er streckt ihm Armringe als Huldgabe hin, doch trotzig erwidert der Junge: „Mit dem Speer soll man Gabe empfangen, Spitze gegen Spitze. Du willst mich in Sicherheit wiegen, aber Du betrügst mich nicht. Tot ist Hildebrand, Heribrands Sohn!" Der Alte bricht in Wehklagen aus: „Soll mich nun mein eigenes Kind mit dem Schwert hauen oder mit seiner Streitaxt töten, oder soll ich ihm zum Mörder werden?" Schließlich überwindet das Ehrgebot sein Sippegefühl, er fordert den Sohn zum Kampf heraus, sie schießen ihre Speere gegeneinander, zerhauen sich mit den Schwertern die Schilde — da bricht unser Lied ab. Aus anderen Quellen und Zeugnissen wissen wir, daß der Vater den Sohn erschlug. — So bietet die Dichtung ein getreues Spiegelbild der ethischen Haltung des Germanentums der Völkerwanderungszeit: Feste Formen überall (typisch die Anrede vor dem Kampf, die Reizreden und endlich die Art des Zweikampfes selbst), Sitte und Recht regeln das Verhalten des Einzelnen und zwingen seine Gefühle, bis zum bittern Ende. Doch über das Völkische hinaus sind uns die Gestalten des Hildebrand und Hadubrand menschlich nähergebracht durch eine fast grauenvolle, tragische Ironie, mit der der Dichter sie umkleidet hat: Ein Sohn, der den Vater durch das Feindesgewand nicht erkennt. Der Vater, der ein Menschenalter der Heimat fern war, muß aus des eigenen Kindes Mund das Lob seiner Tapferkeit vernehmen, der Eigenschaft gerade, die ihn unmittelbar darauf zwingt, diesem seinem Sproß den Tod zu geben. Im gleichen Augenblick fast, in dem sein Geschlecht in neuer Blüte vor ihm ersteht, muß er es vernichten.

4. Der Dichter verrät sich mit keinem Wort; er tritt vollkommen hinter seine Schöpfung zurück, enthält sich selbst in den berichtenden Eingangs- und Schlußworten, die das Zwiegespräch der Helden umrahmen, jeglicher Äußerung, die ihn uns irgendwie greifbar machen könnte.

5. Die literargeschichtliche Bedeutung des Hildebrandsliedes ist deshalb so groß, weil es das einzige erhaltene Beispiel germanischer Heldendichtung in althochdeutscher Sprache ist, uns also die lebendigste Vorstellung von dem altgerma-

nischen epischen Lied vermittelt. Der geschichtliche Hintergrund der Dichtung wird durch die Namen Dietrich (Theoderich) und Odoaker angedeutet; das Verhältnis zwischen beiden ist allerdings umgekehrt. Auch Hildebrand ist wahrscheinlich eine historische Persönlichkeit, die man in Gensimund, dem Vertrauten der Ostgotenkönige, von dem Cassiodor erzählt, wiederzufinden geglaubt hat. Der Stoff des Liedes aber, die Geschichte vom Kampf zwischen Vater und Sohn, gehört der Weltliteratur an; das Hildebrandslied hat ihn in seiner ältesten Fassung, mit tragischem Ausgang, bewahrt.

Text u. Philologisches bei Steinmeyer *Die kleineren ahd. Sprachdenkmäler* 1916, S. 1ff. Ästhetische Würdigung v. Anne Marie Münzing *Das Hildebrandslied*, ZfdU. 1924, S. 341ff. Das Hildebrandslied i. Zushg. mit der übrigen ahd. Lit. bei Baesecke Reallex. d. dtsch. Litg. I S. 28f., weiteres bei Ehrismann *Gesch. d. dtsch. Lit.* I S. 115ff.

Brauer.

Hildegard von Bingen.

1. Hss.: a) '*Scivias*'; Wiesbaden Landesbibl. Urtext im sog. „Kleinen Hildegardiskodex"; dazu ebd. der sog. „Große Hildeg.-Kod." (12. Jh.). Heidelberg, cod. Salem. X 16 (12. Jh.). Cues Hospitalbibl., Hildegardiskodex, geschr. 1210 vom Mönch Otto von St. Eucharius, Trier. Rom, Vat. Cod. Palat. 311 (12. Jh.). Oxford, cod. coll. Mertonensis n. 160 (13. Jh.). Weitere Hss. in Wien, Rom, Brüssel und in Privatbesitz. b) Die übrigen Werke (außer den medizinischen) alle im sog. „Großen H.-K." zu Wiesbaden. Briefsammlungen außerdem in vielen Bibliotheken Europas. Hauptcodex Wien Cod. Vindob. 629. '*Liber vitae meritorum*' u. '*Cantica*' in einem Codex des Klosters Affligbem (12. Jh.). c) Die medizinischen Werke: I. Die '*Physica*'; Paris Bibl. Nat. Nr. 6952 (15. Jh.) (bei Migne gedr.); ferner in Wolfenbüttel und Brüssel. II. '*Causae et curae*'; Pgths. der Kgl. Bibl. Kopenhagen Cod. Hafniensis 904 (1903 bei Teubner in Lpz. gedr.).

Erstausgabe des '*Scivias*' Paris 1513 durch Jakob Faber im Sammelwerk: '*Liber trium virorum (Hermae, Uguetini, Roberti) et trium spiritualium virginum (Hildegardis, Elizabeth, Mechthildis)*' Bl. 40a—130b. Erstausgabe der '*Physica*' Straßbg. 1533 bei J. Schott; der Briefe Köln 1566 durch Just. Blanckwald.

2. Benediktinerin und mystische Seherin, geb. 1098 auf Burg Böckelheim a. d. Nahe, Tochter Hildeberts, eines Ministerialen des Hochstifts Speyer, wurde mit 8 Jahren der Reklusin Jutta von Spanheim in der Frauenklause neben dem Benediktinerstift Disibodenberg a. d. Nahe übergeben und von dieser im Lesen, Schreiben und etwas Latein, vor allem aber im geistlichen Leben unterrichtet. Schon von Kindestagen an schaut sie ein geistiges Licht und hört Worte, und in dem Licht sieht sie Gesichte, die aber nichts von bräutlicher Mystik, sondern kosmische und geistige Geschehnisse beschreiben und ankündigen. 1136 nach Juttas Tod „Meisterin" der hauptsächlich aus adligen Damen bestehenden Klostergemeinde, löst sie mit großer Energie, gegen den Widerspruch von Abt und Konvent, ihr Verhältnis zur Abtei Disibodenberg, indem sie die Mutter ihrer vornehmen Sekretärin Richardis, die Markgräfin Richardis von Stade, zum Erzbischof Heinrich I. von Mainz schickt und durch diesen die gewollte Loslösung, den Besitz eines neuen Klostergutes auf dem Rupertsberg bei Bingen und die Erhebung ihres Klosters zur Abtei erlangt. Die Verlegung des Klosters datiert Delehaye auf 1147/8.

3. In dieser Zeit ist sie schon seit 1141 damit beschäftigt, mit Hilfe der genannten Nonne Richardis und des Mönches Volmar von Disibodenberg ihre Gesichte niederzuschreiben. Sie schrieb auf Wachstafeln oder diktierte der Sekretärin, der Mönch aber glättete das Latein und schuf den endgültigen Text. So entstanden die drei Bücher des Werkes '*Scivias*' ('Wisse die Wege!'). Das Aufsehen, das sie erregten, veranlaßte den Erzbischof von Mainz, Ende 1147 dem mit dem hlg. Bernhard und großem Gefolge in Trier weilenden Papst Eugen III. die Schriften vorzulegen. Dieser sandte eine Kommission unter dem Bischof von Verdun zu Hildegard und ließ deren Bericht im Konsistorium besprechen, wobei Bernhard v. Clairvaux den Papst gebeten haben soll, die Schriften gut zu heißen. Ein Exemplar der päpstlichen Anerkennungsschreiben existiert nicht. Der Inhalt des '*Scivias*' spiegelt die Theologie ihrer Zeit: In geheimnisvollen Bildern werden die Glaubenslehren von der Erschaffung und Erlösung, den Sakramenten und Tugenden wie vom Ordensstand behandelt und an die Theorie die erbauliche Anwendung gefügt. Die Sprache

ist autoritativ, von fremdartigen, prophetischen Ankündigungen und Drohungen übergehend in dichterische Lobgesänge und dramatische Wechselgesänge. Man begreift, daß das 12. Jh. aufhorchte auf diese Sprache, daß Fürsten, Bischöfe, Ordensleute und Laien von Hildegard Rat und Fürbitte erbaten. Eine reiche Briefsammlung (428 Nummern) gibt heute noch davon Zeugnis. P. v. Winterfeld hat 1901 (Neues Archiv 27 S. 237ff.) die Unechtheit der drei Papstbriefe an Hildegard erwiesen (durch das Kriterium des rhythmischen Satzschlusses). Dagegen ist der Brief des Papstes Alexander III. an Propst Wezelin in Köln in Sachen der Auseinandersetzung Hildegards mit Disibodenberg echt und stellt die Wirkung eines erhaltenen Briefes H.s an den Papst dar. Für eine Anzahl Briefe läßt sich die Echtheit erweisen, da sie doppelt erhalten sind, innerhalb der Hildegard-Sammlungen und außerhalb. Bei anderen ist der Nachweis der Echtheit oder Unechtheit nicht zu führen. Doch darf nach Oehl „im Großen und Ganzen das vorliegende Material der Korrespondenz als authentisch betrachtet werden, natürlich abgesehen von der späteren Textmißhandlung". Eine chronologische Ordnung ist bei den meisten Briefen unmöglich. Der Inhalt der Briefe zeigt H. als energische Verteidigerin ihrer Rechte, als unerschrockene Mahnerin der Großen dieser Erde. Als ihre Sekretärin Richardis, die Tochter des Markgrafen von Stade, Schwester des Markgrafen von Brandenburg, Schwägerin des Dänenkönigs Erik und Schwester des Erzbischofes von Bremen, um 1151 Äbtissin von Hildesheim werden sollte, verweigerte sie die Entlassung der jungen Nonne. Als diese doch erzwungen wurde und Richardis bald starb, hielt sie dem ihr den Tod anzeigenden Erzbischof von Bremen ebenso ernstlich das an Richardis geschehene Unrecht vor, wie sie vorher dem Erzbischof von Mainz in dieser Sache ihren Widerstand begründet hatte. Zugleich aber bietet sie dem Bremer die Versöhnung im Andenken an die, die seine Schwester dem Leibe nach, ihre Tochter dem Geiste nach gewesen ist. Der Briefwechsel H.s und des hl. Bernhard fällt frühestens in das Jahr 1147, der mit Kaiser Barbarossa in die Jahre nach 1155, in dieselbe Zeit (um 1155) ist der mit Elisabeth v. Schönau (s. d.) anzusetzen. Die meisten Briefe sind, selbst dankbaren Zöglingen gegenüber, die ihr mit fraulicher Herzlichkeit schreiben, von einer beachtenswerten Kühle der persönlichen Empfindungen, da ihr beständiges prophetisches Schauen ihr eine Distanz gegenüber den Mitmenschen gab, die sie selbst nie überschritt, während gerade die Briefe von Frauen an sie erkennen lassen, wie sehr sie die Herzen für sich zu gewinnen wußte. Manche Briefe sprechen die Bewunderung über H.s Bücher aus oder bitten um Übersendung. Andere bringen persönliche oder öffentliche Anliegen vor sie und bitten um ihre Gebete. Im Streit Barbarossas mit Papst Alexander steht sie auf Seiten des Papstes, ohne die Gunst des Kaisers zu verlieren, der ihr 1163 einen Schutzbrief für ihr Kloster ausstellt.

Eine Folge der Verbreitung des '*Scivias*' waren H.s Reisen, eine der seltsamsten Erscheinungen aus dem Leben einer mal. Nonne. Auf mindestens drei größeren Fahrten, bis hinab ins Bistum Lüttich, hinüber nach Trier und Metz und südwärts nach Hirsau und Zwiefalten, hat sie fränkische, rheinische, lothringische und schwäbische Klöster und Städte besucht und dort, wie in Würzburg und Bamberg, vor Klerus und Volk öffentliche Mahnreden gehalten oder mit den Klosterinsassen geistliche Unterredungen geführt.

4. Im Jahre 1158 erhält sie die Anregung zur Niederschrift einer neuen mystischen Arbeit, des '*Liber vitae meritorum*'. Fünf Jahre dauert die Niederschrift. Zur Dogmatik des '*Scivias*' tritt hier ein in prophetischen Bilderreden geschriebenes Lehrbuch der christl. Sittenlehre. Die feine Beobachtungsgabe, mit der H. hier die verborgensten Herzensregungen im Kampfe mit den Versuchungen ans Licht zieht und zur Darstellung bringt, läßt vermuten, daß ihre Zöglinge und Mitschwestern bei vielen dieser Schilderungen Modell gestanden haben. Mit

Humor und einer an die mal. Wasserspeier und Tierornamente erinnernden Phantasie sind die menschlichen Schwächen, Eitelkeit, Geschwätzigkeit, Spaßmacherei durch genau beschriebene Figuren gezeichnet. Einem Dialog der Tugenden und Laster im Anfang jedes Buches folgt die Erörterung und Auslegung. Das sechste Buch bringt eine an Dante erinnernde Himmelsschau.

5. Das letzte ihrer mystischen Werke, '*Liber divinorum operum*', entstand 1163 bis 1170. Ihr Mitarbeiter Volmar starb 1169, ohne dessen Vollendung erlebt zu haben. Abt Ludwig v. St. Eucharius in Trier und H.s Neffe Wezelin, Propst v. St. Andreas in Köln, halfen ihr an seiner Statt, und H. dankt ihnen im Epilog des Werkes. Es ist, wie Pitra sich ausdrückt, eine Verbindung des Sechstagewerks mit der 'Apokalypse'. Um die Person Christi gruppiert sie Schöpfung, Erlösung und Heiligung der großen und der kleinen Welt, des Makrokosmos und Mikrokosmos. Mal. Naturwissenschaft und mystische Ausdeutung auf das geistliche Leben verbinden sich mit geschichtstheologischen Visionen. Das Seelenfünklein *(scintilla animae)*, das in der späteren Dominikanermystik wichtig wird, begegnet schon hier (Migne 197 Sp. 894 und 913).

6. Während H. an diesen mystischen Schriften arbeitete, gründete sie 1165 ein Filialstift ihres Klosters in Eibingen auf der dem Rupertsberg gegenüberliegenden Rheinseite bei Rüdesheim. Wöchentlich zweimal fuhr sie hinüber zur Visitation.

7. Neben die mystischen Schriften treten homiletisch-exegetische. In den Jahren 1150—1157 trug sie nach dem Vorwort zum '*Liber vitae meritorum*' im Kapitelsaal den Schwestern die 58 Evangelienerklärungen vor, die in dem Gr. Wiesbadener H.-Kodex erhalten und durch Pitra gedruckt vorliegen. Schrankenlos waltet hier die Allegorie, die alles und alles bildlich ausdeutet. — An historischen Arbeiten besitzen wir von H. Fragmente einer Selbstbiographie in Buch 2 und 3 der von den Mönchen Gottfried und Theoderich verfaßten '*Vita St. H.*' Wie all ihr Schrifttum beruht auch dieses Werk nicht auf Erinnerungen, sondern auf einer Vision. Das gilt auch von der 'Vita des hl. Rupert' und der des 'Hl. Disibod'. Die 'Rupertusvita' wird eingeleitet mit einer Erklärung des Athanasianischen Glaubensbekenntnisses und klingt aus in ein geistliches Festspiel, das wohl jährlich am Tag des Klosterpatrons aufgeführt wurde. — Auf einer Vision beruht auch ihre Erklärung der Benediktinerregel, die sie auf Bitten der Augustiner Chorherren von Ravengiersburg im Hunsrück (*Coenobium Hunnense)* verfaßte. Und nochmals dasselbe ist zu sagen von ihrem Gutachten über die Katharer, das sie den Mainzer Prälaten auf deren Bitten zusandte, und das für die Geschichte dieser Bewegung von Bedeutung ist.

8. Von religiöser H.-Literatur sind endlich ihre 70 geistlichen Lieder zu nennen, die sie selbst in Musik setzte, und deren Neumen uns erhalten sind. Ohne eigene literarische Bildung, vermochte Hildegard nicht die Kunstformen des Reimes und Rhythmus zu verwenden. Die Poesie dieser Werke liegt in der Gedankenanordnung und der Kraft der Sprache. Das vorhin genannte Festspiel zu Ehren des hl. Rupertus läßt Lieder, Ansprachen, Antiphone und Responsorien miteinander abwechseln. Ihr Lieblingslied war der Muttergotteshymnus *O virga ac diadema* („O Reis und Strahlendiadem..."').

9. Eine ganz andere Welt eröffnet H. dem Leser in ihren naturbeschreibenden und medizinischen Schriften. Durch sie ist sie nicht nur dem heutigen Historiker dieser Wissenschaften, sondern auch dem Sprachforscher eine sprudelnde Quelle, weil sie für zahlreiche Tiere, Pflanzen und Steine die mhd. Worte mitten im lateinischen Text erhalten hat. Wie aus dem Vorwort zum '*Liber divinorum operum*' hervorgeht, widmete sich H. acht Jahre 1150—57 dem Studium der Naturdinge. Als Resultat liegen zwei Werke vor: a) '*Physica*', auch '*Liber simplicis medicinae*' oder '*Liber subtilitatum diversarum naturarum*' genannt und b) '*Causae et curae*' *('Liber compositae medicinae')*. Auf Grund dieser Schriften hat man H. als die erste schriftstellernde Ärztin

Deutschlands bezeichnet. Ein tiefer Einblick in die Pharmazeutik des 12. Jhs. und in die deutschen Kloster- und Hausmittel jener Zeit wird uns hier vermittelt. Physiologie, Pathologie und Therapeutik ihrer Zeit haben in diesen Werken ihren Niederschlag gefunden.

10. Eine ganz seltsame Seite des mal. Klosterwesens eröffnet sich uns endlich durch H.s „geheime Sprache". Es mochte in der Zeit des Streits zwischen Kaiser und Papst, zwischen Bischöfen und Bischöfen beider Parteien und auch aus mancherlei uns heute verborgenen Ursachen den Nonnen geraten erscheinen, eine geheime Sprache zu besitzen, in der sie mündlich und schriftlich — denn auch ein geheimes Alphabet hat H. verfaßt — miteinander sich aussprechen konnten, ohne Gefahr zu laufen, durch Lauscher verraten zu werden. Gegen Grimm hat F. W. E. Roth die Echtheit und die Bedeutung dieses philologisch hochinteressanten Werkes verteidigt.

11. Nach Volmars Tod 1169 waren, wie oben bemerkt, Abt Ludwig von St. Eucharius in Trier und Propst Wezelin von St. Andreas in Köln H.s literarische Mitarbeiter. Die Abtei Disibodenberg vermochte ihr nicht einmal den Güterverwalter zu stellen, wozu sie verpflichtet war. Nun treten durch Abt Ludwigs Vermittlung der Mönch Gottfried von St. Eucharius, später Abt von Echternach, sodann der Mönch Dietrich von Echternach *(Theodoricus magister, Th. scolasticus)* für einige Zeit in H.s Dienst, bis es der Energie Wezelins gelingt, von Disibodenberg die Entsendung eines neuen Propstes Gottfried zu erreichen, der das erste Buch ihrer Biographie verfaßte, die Dietrich später vollendete. Inzwischen war der Ruf H.s auch in Länder romanischer Zunge gedrungen. 1175 schreibt der Mönch Wibert von Gembloux erstmals an H., und bald folgen Briefe von den Zisterziensern von Villers. Da inzwischen Gottfried gestorben und auf dem Rupertsberg Seelsorgenot eingetreten war, wurde Wibert 1177 Seelsorger und Mitarbeiter H.s bis zu ihrem Tod. Von seiner Hand stammt die Vision über den hlg. Martin, die aber wenig von H.s Geist und Art bewahrt. In die letzten Lebensjahre H.s fällt noch ein Rechtsstreit mit der Mainzer Kurie, der 1178 die Verhängung des Interdikts über H.s Kloster zur Folge hatte und die greise Äbtissin zu neuen energischen Briefen an den am kaiserlichen Hoflager weilenden Erzbischof Christian veranlaßte. 1179 erreichte sie die Aufhebung des Interdikts und ein Entschuldigungsschreiben des Erzbischofs. Im selben Jahre am 17. September 1179 starb die Zweiundachtzigjährige.

12. Ihre Persönlichkeit tritt aus dem Gesagten schon deutlich hervor. Die Eigenart ihres visionären Schauens ist von ihr selbst am eingehendsten besprochen in einem Brief an Wibert von Gembloux aus dem Jahre 1174. In dem fast immer von ihr geschauten geistigen Lichte fühlt sie sich in die Höhe und in entlegene Orte getragen. In diesem Lichte schaut sie — nicht häufig — ein anderes, das lebendige Licht, das sie froh und jung macht. Nie erleidet sie eine Extase. — Eine Eigentümlichkeit hat kürzlich Marg. Hattemer näher gekennzeichnet: Hildegard litt oft an „situationsbedingten" Krankheiten. Wenn sie in ihren Visionen einen Auftrag erhält, dem sich Hindernisse in ihr selbst oder von anderer Seite entgegenstellen, so erkrankt sie, leidet Schmerzen, wird steif und unbeweglich, bis sie an die Erfüllung des Auftrages herangeht. Dann gesundet sie. Die Erkrankungen sind also psychogen und werden von Hattemer als Hysterie im streng medizinischen (nicht entwertenden) Sinne bezeichnet. Damit soll keinerlei Erklärung ihrer Visionen gegeben sein, deren eigentümliche Form Hattemer vielmehr auf die „eidetische Anlage" H.s im Sinne der W. Jaenschschen Physiologie zurückführt. Diese eidetische Anlage vermittelt H. nicht nur optische, sondern auch „synästhetische" Erlebnisse; denn gelegentlich fühlt H., wie das geschaute Licht ihr zugleich Hirn und Brust durchströmt und erwärmt, und wie sie emporgehoben und weit weggetragen wird. Das geistige Lebenswerk der großen Frau bleibt von diesen leiblichen Bedingtheiten ihrer Eigenart unberührt. H. war

die einflußreichste Frau ihres Jahrhunderts. Um 1220 verfaßte Prior Geveno von Eberbach eine Sammlung ihrer in den verschiedenen Büchern und Briefen erhaltenen Prophezeiungen (*'Pentachronon'* oder *'Speculum futurorum temporum'*). Ihr Schrifttum gibt dem heutigen Leser den vielseitigsten Einblick in das religiöse, politische, wissenschaftliche, ärztliche und gesellschaftliche Denken und Leben ihrer Zeit und veranlaßt deshalb neuerdings eine immer wachsende Literatur über die zahlreichen Sparten kulturgeschichtlicher Gebiete, die durch H. uns erschlossen werden.

Ausgaben, Übersetzungen und Literatur: *S. Hildegardis abbatissae opera omnia*, Migne P. L. 197 (1855). AS. Sept. Bd. V, dies 17, Sp. 629. *Analecta S. H. ed.* Joh. Cardinalis Pitra 1882. — J. Bühler *Schriften d. hl. H.* 1922 (dt. Übersetzung). — *S. Hildegardis 'Causae et Curae' ed.* Paulus Kaiser 1903. Paul Kaiser *Die naturwissenschftl. Schriften Hildegards* 1901. — Maura Böckeler *Der hl. Hildegard 'Wisse die Wege' deutsch* 1928. *S. H. 'Scivias', trad. littéralement du Latin en Francais* 1909—1914. — L. Clarus *Briefe u. Leben d. hl. H.* 1854. — A. v. d. Linde *Die Handschriften der Kgl. Landesbibliothek in Wiesbaden* 1877. — M. David-Windstoßer *Die Lieder der hl. H. übers. u. eingeleitet* 1929. — *Der h. H. 'Reigen d. Tugenden' ('Ordo virtutum'), ein Singspiel hg. v. d. Abtei Sankt H.* 1927. — Berendes-Goslar *Die Physika der hl. H.*, Separat a. d. 'Pharmazeutischen Post' 1896. H. Schulz *Der Äbtissin H. v. B. Ursachen u. Behandlung der Krankheiten* 1933. — I. Herwegen *Les collaborateurs de Sainte Hildegarde*, Revue Bénédictine 21 (1904) S. 393. J. Ph. Schmelzeis *Das Leben und Wirken d. hl. H.* 1879. F. W. E. Roth *Stud. z. Lebensbeschreibung d. h. H.*, Stud. u. Mittlgn. z. Gesch. d. Ben.-Ordens 1918 S. 68ff. Joh. May *Die hl. H. v. Bingen* 1911, [2] 1929. Agn. Prümm *Die h. H.* 1927. Helm. Riefenstahl *Die h. H. v. Bingen* 1927. Helene Riesch *D. h. H.* 1917. F. M. Steele *The life and visions of St. H.* 1914. Joh. Braun *Die hl. H.* 1918. J. Grimm *De lingua ignota*, ZfdA. 6 S. 326. F. W. E. Roth *Die Lieder u. die unbekannte Sprache der hl. H.* 1880. H. Liebeschütz *Das allegorische Weltbild d. h. H.* (Studien d. Bibl. Warburg 16) 1930. Vernet in Vacant-Mangenot *Dictionnaire de theol. cath.* VI (1920) Sp. 2468ff. J. Baudot in *Dictionn. pratique des connaissances relig.* III (1926) S. 737f. P. Pourrat *La spiritualité Chrétienne* II (1921) S. 119ff. A. Hauck *Kirchengesch. Deutschlands* IV (1903) S. 398ff. O. Karrer *Die große Glut* 1926 S. 163ff. J. Gmelch *Die Kompositionen d. h. H.* 1913. L. Bronarski *Die Lieder d. h. H.* 1922. Besse *Les mystiques Bénédictins des origines au 13e siècle* 1922. Marg. Hattemer *Gesichte und Erkrankungen der H. v. Bingen*, Hippokrates, Zs. f. Einheitsbestrebungen d. Gegenwartsmedizin 3 (1930) S. 125—149. W. Oehl *Deutsche Mystikerbriefe d. MA. 1100 bis 1550* 1931 S. 55—112.

Engelbert Krebs.

Hildegard von Hürnheim, s. 'Aristotelis Heimlichkeit'.

Hildegundis v. Schönau, Zisterzienserin.

Handschriften: Posen, Raczinskische Bibliothek Qu II H. d. 18, saec. XIII., aus dem Kloster Ebrach in Franken, enthält die Vita der Heiligen, wie sie von ihr selbst auf dem Sterbebett erzählt und noch im Todesjahr 1188 von einem Mönch nach dem Bericht eines Ohrenzeugen niedergeschrieben wurde. München, Cod. lat. 22, 227 aus Windberg, saec. XII., auf Befehl des Abtes Gebehard (1146—1191) geschrieben, enthält eine metrische *'Vita Hildegundis'*. — Düsseldorf, Staatsbibliothek und Bonn Univ.-Bibl. Handschriften des *'Dialogus Miraculorum'* des Caesarius v. Heisterbach (s. d.), der l. I c. 40 die *'Vita Hildegundis'* enthält.

Erstdruck: Editio princeps des Caesarius, Köln 1475.

H., als Tochter eines Ritters in Neuß geboren, verlor früh die Mutter und noch als Kind auf einer Pilgerfahrt ins Heilige Land zu Tyrus auch den Vater. Vom treulosen Diener beraubt zurückgelassen, wurde sie erst nach Jahresfrist von deutschen Pilgern mit nach Hause genommen, ging aus Not in Männerkleidern und bettelte, wurde aber dann geheimer Kurier des Erzbischofs Philipp v. Heinsberg von Köln (1167—1191), für den sie im Jahre 1185 Briefe an Papst Lucius III. nach Verona bringen sollte. In den rhätischen Alpen fälschlich als Dieb angeklagt und gehenkt, wurde sie nach 3 Tagen wundersam befreit und vor den Toren von Verona niedergesetzt, kehrte nach Deutschland zurück und trat als Bruder Josef in das Zisterzienserkloster Schönau bei Heidelberg ein. Der am Galgen empfangenen Weissagung gemäß starb sie 3 Jahre nach der wundersamen Rettung am 19. April 1188 und wurde erst im Tode beim Waschen der Leiche als Jungfrau erkannt.

Beste Ausgabe: Jos. Schwarzer *Vitae u. Miracula aus Kloster Ebrach*, Neues Archiv 6 (1881) S. 514—529; W. Wattenbach *Vita Hildegundis Metrica*, ebd. S. 531—36. — Jos. Stranger *Caesarii Heisterbacensis Monachi Dialogus Miraculorum* 1851, I c. 40. — Eine spätere erweiterte Legende edierte Papebroch in Acta Sanctorum, April Bd. II S. 780—790. Derwein *Das Zisterzienserkloster Schönau* 1931.

Engelbrecht Krebs.

Hildesheim, s. Johannes u. Willebrand v. H.

Hillebrant, Meister, *kaiser Friedrichs sone und sein Marschalk,* nennt Ms. F. 4 zu Berleburg als Verfasser eines 'Roßarzneibuches' von 29 Abschnitten: *Welches roß ein siechs haubet hait ... ein geswollen hals ... den burzel hait* ... Bl. 65ª—67ª. (Vgl. Meister Albrecht.) Auch in der Bibl. Vittorio Emmanuele zu Rom in cod. 200 Bl. 184 sein 'Roßarzneibuch' (s. XV.).

Sudhoff.

Hiltbolt von Schwangau. Die Burg Schwangau lag auf dem rechten Ufer des oberen Lech (der Neubau des 19. Jhs. Hohenschwangau liegt auf einem andern nahen Gipfel). Trotz der Nähe der bairischen Grenze gehörte es noch zu Schwaben, und die Besitzer waren Ministerialen der schwäbischen Herzöge, der Welfen bis 1181 und dann der Hohenstaufen. Der Name Hiltbolt kommt in dem Geschlechte mehrfach vor, aber keine der Urkunden, die ihn enthalten, trifft auf den Minnesinger, dessen Lieder der Blütezeit des adligen Minneliedes angehören, wie es sich in Anlehnung an die romanischen Muster ausgebildet hat. Sie fallen etwa in die Zeit von 1190 bis 1210. Wir werden wohl den Dichter als jüngeren Sohn zu denken haben. Zwei der Lieder (das 3. und 5.) lassen eine Teilnahme an einem Kreuzzuge erkennen, 1190, 1197 oder auch 1217. Wer der Herr ist, den er im 3. Liede anredet, ist nicht zu sagen. Noch in die Art des früheren Minnesanges weist die Vorliebe für einstrophige Lieder, 7 unter 23. Doch ist die Gedankenführung darin, wie in den mehrstrophigen, durchaus zusammenhängend und geschlossen; jedesmal geben die letzten Verse einen bestimmten Abschluß. Ein anderes Lied, das 21., hat den Natureingang der älteren Lieder, doch weist schon die Reimtechnik, ein Reim durch jede der beiden Strophen, auf die Schule, welche für die Gesamtheit der Lieder maßgebend ist, die Schule, welche durch Friedrich von Hausen (s. d.) und Reinmar d. A. (s. d.) führend vertreten ist. Es herrscht darin die nachdenkliche Erörterung der Minne als allgemeiner Idee, wobei das Anschauliche und Persönliche verblaßt. Dem entspricht auch der logisch entwickelte Satzbau. Näher zu Hausen und dessen Genossen stellt ihn die durchaus herrschende Verwendung des sogenannten daktylischen Rhythmus. Dazu kommen viele einzelne Stellen, die auf dessen Vorbild neben dem Reinmars hinweisen. Auch fehlt es nicht an Beziehungen zu Heinrich von Morungen (s. d.) und Walther v. d. Vogelweide (s. d.). Dagegen erinnert das höfische Tanzlied (Nr. 4) mit seinem Kehrreim *Elle und Else tanzent wol, des man in beiden danken sol* von weitem an Spätere, an Neidhart (s. d.) oder mehr an Ulrich von Winterstetten (s. d.) und Burchard von Hohenfels (s. d.). Doch ist das Lied im übrigen durchaus höfisch, Elle und Else werden ausdrücklich als *frouwen* bezeichnet. — Der fließende, gefällige Klang seiner Verse und die treffende Sicherheit des Ausdrucks haben bei aller Enge des Inhalts etwas ungemein Liebenswürdiges an sich. Man sieht, wie die nun einmal geschaffene Art des Minneliedes sich dem dazu Begabten als freie, spielende Kunst zur Verfügung stellte. Manchmal klingt etwas an das sehr viel spätere Volkslied an, dessen Vorbilder solche Lieder durch manche Vermittlungsstufen hindurch geworden sind. Für die Verbreitung der Lieder dieses durchaus nicht führenden Sängers zeugt die im Bestande nicht ganz einhellige Überlieferung durch die drei großen Liederhandschriften sowie auch die Verwertung einer Strophe von ihm in einem späten Minnegedichte im Titurelston (HMS. III 432ff.; s. Roethe *Reinmar von Zweter* 1887, S. 210 Anm.).

K. Burdach ADB. XXXIII S. 184f. E. Juethe *Der Minnesänger H. v. Sch.* (Germ. Abh. 44) 1913.

G. Rosenhagen.

Hiltgart von Hürnheim, s. 'Aristotelis Heimlichkeit'.

Him(m)el, Johannes, von Weiz (Steiermark). Seit 1411 Magister regens in der Wiener artistischen Fakultät, las er seit 1416 auch in der theologischen Fakultät als Bakkalaureus. 1430 ging er als Dr. theol. und Professor endgültig in die theologische Fakultät über und erhielt auch ein Kanonikat. Auf dem Basler Konzil vertrat er seit 1432 den Herzog Albrecht V. von Österreich und die Universität Wien und starb am 11. November 1450 in Wien.

Eine Reihe lateinischer Schriften sind bei Aschbach aufgeführt. Deutsche Predigten, die er während des Konzils in den Jahren 1434 und 1435 in Basel gehalten hat, sind erhalten in den Berliner Hss. fol. 741 und quart. 166, Bl. 330a—342a = quart. 206, Bl. 384b—402b.

Aus seinem Besitz, 1439, stammt die Vorauer Hs. 46, geschr. um 1400, enth. '*Secundus liber fr. Thome de Aquino super sententias*' (Beiträge zur Kunde steiermärkischer Geschichtsquellen 4, 1867, S. 94).

Aschbach *Geschichte der Wiener Universität* I S. 471/3.

W. St.

Himelberg, s. Zachäus v. H.

'Himmel und Hölle'.

1. Handschrift: Clm. 4460, ehemals im Dominikanerkloster in Bamberg. 'H. u. H.' folgt unmittelbar auf Bamberger 'Glaube und Beichte', von derselben Hand des 12. Jhs.

Ausgaben: Müllenhoff *Denkm.* ³I S. 67—73; II S. 158—164. Steinmeyer *Kl. ahd. Sprachdenkm.* S. 153—155. Wilhelm Münchner Texte 8 S. 31—33; Komment. S. 59—70. Weitere s. Ehrismann *Gesch. d. dtsch. Lit.* II, 1 S. 134.

Literatur: Hävemeier Diss. Gött. 1891. Ehrismann S. 134—138. Kelle *Gesch. d. dt. Lit.* II S. 49f., 272—275. Morgan PBB. 38 S. 343—353. Naumann *Notkers 'Boethius'* 1913, S. 92. Peters *Quellen u. Charakter d. Paradiesesvorstellungen* 1915, S. 63 bis 78.

2. Die sinnliche Ausmalung der *himilisgen gotes burg* mit allegorischer Deutung einzelner Züge geht in einfache Aufzählung des Guten über, das sich dort findet, und der Gebrechen, die dort fehlen, mit dem wiederkehrenden Satzanfang *da ist* oder *da nist*. Daran schließt sich eine ähnliche, aber aus einem Satz bestehende Aufzählung von Qualen und Schrecken der Hölle. — Das Denkmal ist eins der ältesten Beispiele dichterisch gehobener Prosa und würde vielleicht auch bei weniger lückenhafter Überlieferung dieser Gattung eins der eigenartigsten sein.

Der kunstlose Aufbau umspannt eine für ihre Zeit ungewöhnliche Kraft und Fülle der Worte. Seltene Ausdrücke, reichlicher Gebrauch von Zusammensetzungen, die der Verfasser wohl z. T. selbst gebildet hat, und Epitheta, Alliteration und Variation geben der Sprache ein unverkennbares Gepräge (Morgan S. 345ff., Peters S. 64, Ehrismann S. 137f.). Die Stilmittel sind in lateinischer Kunstprosa üblich (Wilhelm Komm. S. 67f.), aber auch in deutscher (Naumann); ungewöhnlich scheint nur das Maß ihrer Anwendung. Daß es sich um Prosa handelt, war lange zweifelhaft (Ehrismann S. 137 Anm. 2, Wilhelm S. 65f.), denn die Sätze zerfallen in Glieder, die sich meist als vierhebige Verse lesen lassen. Aber Steinmeyer hat gezeigt, daß Bamberger 'Gl. u. B.' Teile enthalten, von denen dasselbe gilt. Wie dieses Denkmal zweifellos als Prosa gedacht ist, so also auch 'H. u. H.' Beide Stücke haben zudem anscheinend denselben Verfasser. Auch in 'Gl. u. B.' findet sich die Vorliebe für seltene Ausdrücke, manche sind mit 'H. u. H.' gemeinsam, beide haben dieselbe Vorliebe für *al*. Freilich waren die Vorlagen wohl verschieden, denn die Schreibung ist nicht gleich (Steinmeyer S. 154f.). Die Himmelsburg wird nun wie eine irdische beschrieben (v. 65—107, 193 bis 303). Engel bewachen sie und wehren den Teufel ab, in ihr herrscht Friede und Sicherheit, Christus bewirtet die Seligen. Dann wird das völlige Abweichen des himmlischen vom irdischen Leben mit vielen Einzelzügen veranschaulicht (v. 246ff.). So legt man dort weder Block noch Stock ins Feuer, man braucht weder Fleisch noch Fisch zuzubereiten noch Bier oder Met herzustellen, eine Reihe aufgezählter Kleidungsstücke und Kamm, Bürste, Seife, Badetuch sind entbehrlich. Man bedarf auch keines Vogts oder Fürsprechers, Brücken und Wege sind sicher. Der Teil schließt mit einem Gebet (v. 304 bis 320). Die Unterbrechung (v. 108—192) veranlaßt mehrere Wiederholungen. Gottes Hochsitz umgibt der Regenbogen. Dieser wird als Naturerscheinung betrachtet und als Erinnerung an Sintflut und Weltuntergang gedeutet. Sein Name, *iris* von *irin* (εἰρήνη), aber bedeutet Friede. Der letzte Teil (v. 321—378) spricht von den vier Tieren, die um Gottes Stuhl stehn, und den 24 Ältesten, die vor ihm sitzen. Der Text zeigt hier Störungen, es scheint, daß einer aus Raumgründen verkürzten Fassung die Verse der ursprünglichen beigeschrieben sind (Jellinek).

4. Hauptquelle war die 'Apokalypse', besonders das 21. Kapitel, mehrfach finden sich Anklänge an Psalmen (Hävemeier S. 31f.). Der Dichter liebt lat. Ausdrücke, spricht aber von seinen Kenntnissen und seiner Bildung mit äußerster Bescheidenheit (v. 127ff.). Vermutlich verdankt er nicht allein das, was er über die Natur des Regenbogens vorbringt, seinem Lehrer (*magezoge* v. 139). Kommentare zur 'Apokalypse' scheint er nicht benutzt zu haben, denn die üblichen Deutungen fehlen. Dafür erstrebt er volkstümliche Anschaulichkeit mit offenbarer Vorliebe für alltägliche Züge. Ermöglicht wurde das durch das für den übersinnlichen Gegenstand übliche Stilmittel der „negativen Schilderung" (Ehrismann S. 141). Der Ausdruck ist gewandt und geschult, gern werden sinnverwandte Worte oder Parallelsätze nebeneinandergestellt. Ebenso unverbraucht wie die Sprache erscheint uns die Verskunst, doch vielleicht z. T., weil Ähnliches verloren ist. Die Verse hat Hävemeier (S. 5) als Langzeilen erkannt, seine Ansetzung der Zäsuren, die sich nicht auf die Handschrift stützen kann, ist freilich oft gewaltsam. Daher wird Heuslers Auffassung zutreffen, daß regelmäßige Einschnitte nicht beabsichtigt seien. Sollte sich darin Einfluß lyrischer Verse geltend machen, so wäre wohl ein verlorener Dichter das Vorbild gewesen. Neben dem Endreim werden Binnenreime verwendet (v. 16f., 38, 45, 210).

Hans Steinger.

Himmelberg, s. Zachäus v. H.

'Himmelreich'.

1. Handschrift: Clm. 9513 aus dem Kloster Ober-
15 Seiten. altaich in Niederbaiern, am Rande von

Ausgaben: Schmeller ZfdA. 8 S. 145—155. Hävemeier, Götting. Diss. 1891. Meyer-Benfey *Mhd. Übungsstücke*[2] 1921, S. 1—11. Leitzmann *Kl. geistl. Ged. d. 12. Jhs.* [2]1929, S. 20—27, 31.

Literatur: Ehrismann *Gesch. d. dtsch. Lit.* II, 1 S. 140—142. Heusler *Dtsch. Versgesch.* II S. 139ff. Jellinek ZfdA. 58 S. 217—221. Peters *Quellen u. Charakter d. Paradiesesvorstellungen* 1915, S. 101—108. Morgan PBB. 38 S. 343ff.

2. Die Sprache der Handschrift stimmt mit der der Windberger Psalmen überein (Hävemeier S. 11ff.), der Schreiber war also vermutlich ebenfalls Mönch in Windberg (Niederbaiern). Da Kennzeichen abweichender Herkunft fehlen und beide Denkmäler auch im Wortgebrauch, darunter im Gebrauch seltener Worte, einander nahe stehen (ebd. S. 17f.), ist anzunehmen, daß schon der Dichter demselben Kreis angehörte, falls er nicht, wie Schmeller (S. 145) vermutet, der Schreiber oder Verfasser der Psalmen selbst war. Deren Handschrift ist im Jahre 1187 geschrieben (Graff *Diutiska* III S. 461), das 'Himmelreich' wird derselben Zeit angehören, die Reime sind fast alle mundartlich rein.

3. Die Einleitung (v. 1—64) rühmt Gottes Weisheit, Macht und Unendlichkeit. Er beherrscht drei Reiche, über Firmament und Menschenwelt (*terra morientium*) erhebt sich das Himmelreich.

4. Eine unmittelbare lateinische Quelle ist nicht gefunden. Kelle dachte an Übersetzung eines verlorenen Hymnus, aber in der Beschreibung der Hölle fehlt jede Spur einer Strophengliederung (Peters S. 68). Morgan glaubte, der Stil lasse sich nur erklären, wenn man Auflösung eines stabreimenden Gedichts in Prosa annehme, doch fehlen für Bekanntschaft mit Stabreimdichtung im 11. Jh. alle weiteren Beispiele. Die weitaus meisten Gedanken lassen sich auch in älteren und späteren lateinischen Schriften und Dichtungen belegen, besonders Kommentaren zur 'Apokalypse', aber zuweilen scheint der Verfasser doch eine neue Wendung gefunden zu haben (Peters S. 72ff.). Daß er in Bamberg lebte, wohin die Überlieferung weist, läßt sich aus der Sprache weder beweisen noch widerlegen. Wahrscheinlich schrieb er um die Mitte des 11. Jhs., dem entsprechen die zahlreichen altertümlichen Formen.

Hans Steinger

Himmelsfurt, s. Konrad v. Heimesfurt.

Hinderbach (auch *Hinterbach, Hindernbach* u. *Enderbach* geschrieben), **Johannes (von)**, Diplomat und Geschichtschreiber Kaiser Friedrichs III. und Fürstbischof von Trient.

1. Er stammte aus der Gegend von Rauschenberg im Regierungsbezirk Kassel, wurde um 1418 geboren, folgte seinen Verwandten Hinderbach-v. Langenstein-Treysa an die Artistenfakultät der Universität in Wien, erlangte dort 1436 das Baccalaureat, lehrte von 1438 bis 1441 als *magister artium* an ihrer juridischen Fakultät lateinische Grammatik, bildete sich sodann an der Universität Padua im römisch-kanonischen Rechte aus und wurde dort 1452 im Beisein des Kaisers Friedrich III. feierlich zum *doctor decret.* promoviert. Dieser nahm ihn ähnlich wie Enea Silvio de'Piccolomini zur Ordnung wichtiger Reichsangelegenheiten in den Dienst. In die Bruderschaft des Dominikanerordens eingetreten, wurde H. 1449 Pfarrer zu Mödling bei Wien (bis 1465). Enea Silvio nennt ihn *secretarius caesaris pontificii juris egregie peritus ac facundia nobilis*. H. war an den Vorbereitungen zur Vermählung und Krönung des Kaisers beteiligt, stand sodann in besonderen Diensten der Kaiserin, leistete 1455 mit Enea Silvio dem neugewählten Papste Calixtus III. und 1459 Pius II. (= Enea Silvio) die kaiserliche Obödienz, erlangte 1455 zu dem schon verliehenen Passauer Kanonikate ein weiteres und die Präpositur an der bischöflichen Kirche zu Trient, 1459 den kaiserlichen Adel und den Rang eines kaiserlichen Rates und päpstlichen Grafen, machte die demütigenden Wiener Ereignisse des Kaisers mit und wurde, nachdem er ein Jahr zuvor vergeblich als Bischof von Brixen vorgeschlagen worden war, endlich am 30. August 1465 einstimmig zum Bischof von Trient gewählt. Herzog Sigismund von Tirol, Kaiser und Kaiserin erwirkten ihm die pästliche Bestätigung und die Verordnung, daß hinfür zwei Teile der Kanoniker in Trient Deutsche und ein Dritteil Italiener sein sollten, wie ja auch die Trientner Bischofswürde seit dem 11. Jh. meist von Persönlichkeiten aus dem näheren oder entfernteren deutschen Hinterlande bekleidet worden war. Der Kaiser betraute seinen Liebling mit seiner Vertretung an der Kurie bei den Verhandlungen wider die Türken und die böhmischen Brüder. H. eröffnet als kaiserlicher Botschafter auch den Reichstag von Regensburg 1471; der Kanzler des Hochstiftes Basel schildert ihn *als ein kleins Männli und hat glych ein Stimm als die Glock zu Olten, die tönt als ein alter Kessel.* Das erstrebte Kardinalat vermochte H. nicht durchzusetzen. Er wirkte seither vornehmlich in seinem Fürstentum und Bistum und starb am 21. September 1481 zu Trient.

2. H. hatte auch in seinem engeren Wirkungskreis unruhige Zeiten zu bestehen. Der sogen. Ritualmord an dem Knaben Simon in Trient (1475; s. '*Judenspiel, Endinger*') erregte besonderes Aufsehen. H. verschönerte das Castello del Buonconsiglio (s. H. Semper *Il castello del b. c. a Trento* 1914; N. Tommasi *Castell del B. C. in Trient* 1918), legte Grund zu einem neuen Schlosse in Trient, das seine Nachfolger Madrutz herrlich ausbauten, ließ das Schloß Stenico ausmalen u. dgl. m. Unter Hinderbachs kunstsinnigen Bauten ragt die durchaus deutsche Formen aufweisende Peterskirche am meisten hervor; in ihr wurden das Leben und die Leiden des kleinen Simon bildlich dargestellt und reiche Pracht entfaltet, da dieses Ereignis viele Wallfahrer nach Trient zog. H. trug durch Ansiedlungen verschiedener Orden und Berufung tüchtiger Kanzelredner, durch Begünstigung des ersten deutschen Buchdruckers auf altösterreichischem Boden (1475) und durch eigene literarische Tätigkeit zur Hebung des geistigen Lebens in Tirol bei und stand mit den führenden Geistesgrößen und mit dem Humanistenhofe des Herzogs Sigismund von Tirol im besten Einvernehmen.

Den humanistischen Bestrebungen seit seiner Jugend mit Eifer ergeben, trat H. in seiner historiographischen Tätigkeit zunächst als Schüler und Freund des Enea Silvio hervor, setzte dessen begonnene Geschichte des Kaisers Friedrich III., vornehmlich über die Zeit von 1460 bis 1463, fort (*ed.* A. F. Kollar *Analecta monumentorum omnis aevi Vindobonensia* II [1761] S. 550—665 u. Hs. 73 Bl. 200—283 des Wiener Haus-, Hof- u. Staatsarchivs), brachte sie aber über einen Versuch der Darstellung jener Ereignisse, die für den Kaiser und seine nächste Umgebung wichtig waren, nicht viel hinaus. Er hinterließ außerdem u. a. die ungedruckte '*Chronologia Frideric iimperatoris III. et suae familiae ab anno 1432—70*'.

3. Eine rege Tätigkeit entfaltete H. als Glossator von Handschriften geschichtlichen und theologischen Inhalts wie auch römischer Dichter und italienischer Grammatiker (bes. die Hss. 109 u. 785 des Wiener Staatsarchivs). Er betrieb die Vervielfältigung von Handschriften und die Wiederauffüllung der beraubten bischöflichen Bücherei (s. G. Tarugi Secchi *La biblioteca vescoville Trentino* 1930; A. Dörrer *Mittelalterliche Bücherlisten aus Tirol*, Zentralblatt f. Bibliothekwesen 51 [1934] S. 250, 252 u. 257ff.; ders. *Etschländer Buchwesen und Geistesleben* 1933 S. 10, 21, 35) darunter auch seine Schrift des italienischen Humanisten Francesco Filelfo, bei dem einst Enea Silvio gehört hatte (vgl. B. Bonelli *Monumenta Ecclesiae Tridentinae* 1860—65 S. 145, 157ff.). Der Oberitaliener Johannes Math. Tiburinus, Arzt in Brixen, feierte in Gedichten den gelehrten Bischof. Johannes Jacobus a cruce de Mutina richtete zwei Jahre vor H.s Tode ein Gedicht an den Trientner Domherrn und Vizekanzler des Herzogs Sigismund von Tirol, Ulrich Kneusel; von diesem erbat sich Konrad Celtis eine Beschreibung des Nonsberges, vermutlich für sein großes, nicht vollendetes Werk '*Germania illustrata*'. Tiburinus erwähnt in einem seiner Gedichte bei Beschreibung einer feierlichen Prozession des Bischofs H. auch den Trientner Domherrn und Pfarrer von Tisens bei Lana an der Etsch Georg Nothaft, dem der deutsche Humanist Rudolf Agricola große Anerkennung zollte. Rege Beziehungen unterhielt H. mit Abt Kaspar von St. Georgensberg (s. d.) und den übrigen Humanisten am Innsbrucker Hofe (s. *Eleonore von Österreich*).

4. H. ließ, gleich seinem Vorgänger Bischof Georg Hacke aus Themeswald in Schlesien (1444—65), durch die beiden deutschen Schreiber Puntschucher und Johannes Wiser die weltberühmten sechs Trientner Musikhandschriften anlegen; sie stellen mit ihren 1585 geistlichen und weltlichen Kompositionen heute die wichtigste Quelle für die kunstvolle polyphone Musik des 15. Jhs. dar. Dieses umfangreiche Musikrepertoire umfaßt die Hauptwerke der damaligen deutschen, italienischen, burgundischen, niederländischen und englischen Meister. Diese Codices stehen ähnlichen Sammelwerken italienischer, französischer und englischer Bibliotheken vollkommen ebenbürtig zur Seite und wurden unter die 'Denkmäler der Tonkunst in Österreich' durch G. Adler und O. Koller (1900ff.) aufgenommen.

V. v. Hofmann-Wellenhof *Leben und Schriften des Dr. Johannes Hinderbach*, Zeitschrift des Ferdinandeums 3. F. 37 (1893) S. 203—262. H. Hammer *Literarische Beziehungen und musikalisches Leben des Hofes Herzogs Siegmunds von Tirol*, ebda. 43 (1899) S. 73ff., 90ff. A. Zingerle *Der Humanismus in Tirol unter Erzherzog Sigmund dem Münzreichen. Tirolensia* 1898 S. 141; ders. *De carminibus latinis saeculi XV. et XVI. ineditis. Beiträge zur Geschichte der Philologie* I (1880). D. v. Schönherr *Die Kunstbestrebungen der Habsburger in Tirol*, Gesamm. Schriften I (1900) S. 46ff., 58, 90. G. Rauch *Die Rezeption des Humanismus in Wien* 1903. L. Santifaller *Das Brixner Domkapitel in seiner persönlichen Zusammensetzung im MA.*, Schlern-Schriften 7 (1924) S. 37, 45, 341, 519. Krones ADB. XII (1880) S. 457/8. Chr. Greinz Lexikon f. Theologie u. Kirche V (1933) S. 58/59. G. Papaleoni *Giustizie a Trento sotto il vescovo Giovanne IV.*, Archivio Storico Italiano 1893 S. 259—277. G. B. Bampi *Delle stampe e degli stampatori nel Principato di Trento fino 1564*, Archivio Trentino 2 (1883) S. 202—224. F. Ambrosi *L'invenzione della stampa e le prime stampe di Trento* 1894. F. Waldner *Quellenstudien zur Geschichte der Typographie in Tirol bis zum Beginn des 17. Jhs.*, Zeitschrift des Ferdinandeums 3. F. 32 (1888) S. 1—122; 34 (1890) S. 165—255 O. Stolz *Ausbreitung des Deutschtums in Südtirol im Lichte der Urkunden* I (1927). H. v. Voltini *Eine Aufzeichnung des Bischofs Hinderbach über den Palast der Bischöfe von Trient in Bozen*, Zeitschrift des Ferdinandeums 3. F. 42 (1898) S. 381—385. K. Tögel *Johannes Schroff aus dem Inntal* 1927, S. 26. *Urkunden und Regesten aus dem k. k. Statthalterei-Archiv in Inns-*

bruck, Jahrbuch d. kunsthistor. Sammlungen des Kaiserhauses 20 (1899) Reg. 18234 (a. d. Jahr 1474: Inventar der Kleinodien H.s), 18227 u. 21 (1900) Reg. 18647ff. F. Schneller *Beiträge zur Geschichte des Bistums Trient*, Zeitschrift des Ferdinandeums 3. F. (1895) S. 221 bis 223. Mitteilungen der k. k. Zentralkommission f. Kunst in Wien 1897 S. 30 u. 1899 S. 184ff.

A. Dörrer.

'Hindin, Die verfolgte', s. Jagdgedichte und Minneallegorien.

Hinrik, s. auch Heinrich.

Hinrik von Glandorp. Als Vikar an St. Silvester in Quakenbrück von 1470 bis 1521 bezeugt, war G. von 1506 ab gleichzeitig Stadtschreiber. In dieser Eigenschaft machte er zusammenhanglose chronikartige Aufzeichnungen in nd. Sprache, die von dem Herausgeber als Stadtbuch-Chronik bezeichnet werden. Er berichtet teils nach literarischen Quellen, teils aus eigenem Erleben.

Ausgabe: Rich. Bindel Progr. Quakenbrück 1902. R. Sprenger Nd. Kbl 23 (1902) S. 14f. Nieberding *Das Kollegiatstift Scti. Silvestri in Quakenbrück*, Mitt. d. hist. V. zu Osnabrück 2 (1850) S. 214.

Schulte-Kemminghausen.

'Hiob'.

Ausgabe: Karsten (DTdMA. 21) 1910.

Literatur: Helm ZfdU. 30 S. 367f. Heusler *Dtsch. Versgesch.* III 1928 S. 37f. Hipler *Lit.-Gesch. d. Bistums Ermland* 1872 S. 23—25. W. Holz *Ist die md. poet. Hiobparaphrase ein Werk des Tilo von Kulm?* Diss. Frankfurt 1923 (Maschinenschr.). W. Müller *Über die md. poet. Paraphrase d. Buches Hiob.* Diss. Heidelberg 1882. Reißmann *Tilos von Kulm Gedicht von den siben Ingesigeln* (Palaestra 99) 1910 S. 111ff. Strauch *D. Deutschordenslit.* 1910 S. 22f. Ziesemer *D. Lit. d. dtsch. Ordens* 1928 S. 80—83.

1. Der Dichter nennt sich nicht. Hiplers Vermutung, daß es Tilo von Kulm (s. d.) sei, suchten Müller und Reißmann zu begründen, Holz hat sie durch den Nachweis erheblicher Unterschiede in Reimgebrauch und Versbau widerlegt. Vollendet ist der 'H.' nach der Angabe des Nachworts (v. 15521f.) i. J. 1338 zur Zeit des Hochmeisters Dietrich von Altenburg, dessen Preis sich anschließt. Der 'H.' ist demnach im Ordensland selbst gedichtet, dem entspricht die nahe sprachliche und stilistische Verwandtschaft mit andern dort entstandenen Werken, Tilos 'Siben Ingesigeln' und den 'Historien der alden E.' (s. d.).

2. Der übersetzte oder frei wiedergegebene Bibeltext geht, in kleine und kleinste Teile zerlegt, unter vorausgeschickten und nachfolgenden, oft auch dazwischengeschobenen Erläuterungen nicht selten völlig unter. Eine genaue Untersuchung der Quelle fehlt, der Vulgatatext ist im ganzen gewissenhaft wiedergegeben, ganze Verse sind erst von Kap. 27 an ausgelassen (Karsten S. XLI.). Der Verfasser weist (v. 489) auf die viererlei Erklärung bei Gregorius (*'Moralia in Job'*) hin, aber nur in der Vorrede, vor allem v. 269—450, schließt er sich eng an dessen Praefatio an. Denn *der glose* sei *zu vil*, er selbst will daher den Text *lichtlich und slecht* auslegen, so gut er könne. Karsten hält die Postilla des Nikolaus von Lyra für die wichtigste Quelle der Auslegung (S. XLIII u. die Anm. zu den einzelnen Stellen). Es müßte sich dann freilich um die erste Fassung ohne die späteren Zusätze handeln, die Lyra 1330 für beendet erklärt, aber anscheinend nicht herausgegeben hat.

3. Daß es dem Verfasser des 'H.' nicht ganz an sprachlicher Gewandtheit fehlt, zeigt der Marienpreis (v. 108ff.) und sonst etwa die Erzählung Hiobs von seinem früheren Leben (v. 11008ff.). Aber den ausgedehnten begrifflichen Erörterungen ist er nicht gewachsen. Allzu oft bestimmt Reim- und Verszwang die Wortstellung und den Satzbau. Bezeichnend sind Füllworte wie *vil, wol, zwar, gar*, Versicherungen und nichtssagende Wendungen wie *als ich sage, mit gevug, sicherlich, an arge list, an missewende, durch keine schicht* (v. 560, 656, 670, 690, 701, 720), Nachstellung des Adjektivs im Reim (stehend *Job: grob)*, verneinende Zusätze wie *vlizig und nicht laz* (v. 458), *valsch und nicht war* (v. 7417), *daz lyez er nimmer underweyn* (v. 566), Abschlußformeln (v. 350, 838, 3032, 6438, 6834, 9898 u. ö.; Müller S. 50). Im allgemeinen begnügt sich der Verfasser mit leidlich klarem Ausdruck. Der Belebung dienen Anreden, Fragen, Einwände, dem Schmuck die nicht seltenen Umschreibungen wie *genaden sprengel* (v. 9954, 12500), *kummers anehanc* (v. 2800), *der sunden schimel* (v. 8261), *sunden schicht* (v. 3496 u. ö.) u. ä. (Müller S. 50ff.; Reißmann S. 113f.), Häufungen des Ausdrucks wie *offen-*

bar und uberlut (v. 190), *mit eren und nach prisbejac* (v. 792), Fremdworte wie *firmament, laterne, lucerne, center, punct, tempern,* auch höfische wie *gral* (v. 46, 3212, 4288, 9949 in Umschreibungen für Gott), *massenie, (sunden) just.* Stilistisches Vorbild ist Tilo von Kulm, mit dessen 'Ingesigeln' der 'H.' zahlreiche, oft wörtliche Berührungen aufweist (Reißmann S. 112 ff.).

4. Der Vers zählt 7 oder 8 Silben, selten 9 (Müller S. 53), er ist damit um eine Stufe gleichförmiger als der Vers bei Heinrich von Hesler (s. d.) und Nikolaus von Jeroschin (s. d.), jedoch noch frei im Gegensatz zu Tilo von Kulm. Die Zeilenbrechung vermeidet keine Härte.

5. Der Dichter bleibt völlig im Hintergrund. Fast könnte man vermuten, daß er sich eines Auftrags entledigt, ohne am Stoff inneren Anteil zu nehmen. Nur einmal tritt er mehr hervor: aus seinem Lob des Hochmeisters und dem etwas altertümelnden Preis seiner Kriegstaten scheint warme Verehrung zu sprechen. Bei durchaus geistlicher Haltung ist ihm ritterliches und höfisches Wesen nicht fremd: *man suchet vorerst und schust mit heldes hant, mit mannes craft, man stritet und hat riterschaft, daz man ircryge vride, als die weysen sayn geschide, zu vuze und zu pherden* (v. 2362 ff.). Und einmal begegnet mitten zwischen frommen Erörterungen unerwartet *ver Salde* (v. 7922). Hans Steinger.

Hirschau, s. Wilhelm v. H.

Hirschbrunnen, s. Simon v. H.

Hirschfeld, s. Bernhard v. H.

Hirschvelder *(Hirssfelder)*, **Bernhard,** (1) stammte aus Nördlingen, studierte seit 1454 in Leipzig. 1473 kehrt er von Augsburg nach Nördlingen zurück und wirkt dort bis 1481 als Schreibmeister; vorübergehend ist er auch in Straubing und Ansbach tätig. 1482 siedelt er als Schreiblehrer *(modist)* nach Nürnberg über, wo er noch 1502 als lebend erwähnt wird. Bald danach muß *der guldenschreiber*, wie sein Beiname in den städtischen Akten seit 1483 lautet, gestorben sein.

2. Aus seiner Berufstätigkeit gingen seine deutschen Schriften hervor, die dem praktischen Gebrauch dienen sollten. Zuerst ist zu erwähnen '*Von ordnung tütsch missiven, clagzedel, supplicanten vnd ander brieflich geticht zu dictieren. Teutsche Synonyma cantzleyischer Form*'. Erhalten in cgm. 3607, 68 Bll. 2°. Es ist eins der damals viel vorkommenden Formularbücher zur Anwendung in den Schreibstuben und Kanzleien. — Anderen Charakter trägt die '*Ars memorativa. Ein kurtzer tractat Der edlen vnd hochgelopten kunst der gedechtnus auff das allerkurtzest gefundiert vnnd gesatzt durch den man on all ymagines on Camern on Terminis on pictur on alle mu vnnd fantasey Auch on afftervbung Sundern durch einen Suptilln behennd vnnd erst new gefunden vnd uor niemer gehortten modum In dreyn stund gewiß vnd kunstlich aller vnnd yedlicher sach uor fursten herrn retten vnd gerichten Ein achzig Newnzig oder Hundert Artickel Dargegn vnnd vff yedn Artickel sein besonder antwurt ob die geben wurd zu setzen zu mercken vnd zu behalten Die uor vnd nach hinder sich vnnd fur sich on Irrung vnd anstossen In gemeßener zal vnd vnuergessenlicher ordnung furbringen vnnd erzellen mogen*'. Erhalten in dem verstümmelten cgm. 4413, Bl. 143b—184b, der aus Hartmann Schedels Besitz stammt. Entstanden ist das Werkchen um 1470 bis 1475 in Nördlingen. Es ist eine Kompilation und Übertragung früherer, teilweise lateinischer Traktate über Gedächtniskunst, nur gegen den Schluß selbständig, mit vielen Zeichnungen und Allegorien.

L. Volkmann Jahrb. d. kunsthistor. Sammlungen in Wien NF. 3 (1929) S. 150/8.

W. St.

Hirtz, Matthias, Pritschmeister. 'Ein Lied vom Schießen zu Augsburg' 1509, in Jörg Schillers Hofton, in Val. Holls Hs. (German. Museum Nürnberg) Bl. 120b.

W. St.

Hirzelin, etwa um 1270 geboren, war ein Fahrender aus der Gegend des Bodensees. Dahin weisen einige seiner Reime, und die dahin und in die nördliche Schweiz gehörenden Orts- und Geschlechternamen gibt er genau an, während er von Österreich, Kärnten, Böhmen usw. außer den Fürsten niemand kennt. Ein näheres Verhältnis wird er zu Herzog Heinrich v. Kärnten und zu Ulrich

v. Walsee gehabt haben, weil er (v. 180 bzw. 279) sie durch eine ausführliche Schilderung ehrend hervorhebt und ihrer Freigebigkeit gegen Fahrende gedenkt. König Albrecht I. hat er 1298 die erste Nachricht von seiner Erwählung überbracht: *Diz tet ich dem fürsten chunt* (v. 49) und nahm selbst am 2. Juli an der Entscheidungsschlacht gegen Adolf v. Nassau teil, die er besungen hat. Seine Dichtung, 'Die Schlacht bei Göllheim', ist nur als Bruchstück von 314 v. erhalten und bricht leider da ab, wo Adolf v. Nassau selbst in die Schlacht eingreift. Hirzelins Schlachtschilderung ist ein Seitenstück zu der der Ritterromane. Er lebt in ritterlichen Anschauungen und kennt die Dichtungen, die sie verherrlichen. Mit einer Anspielung auf Wolframs 'Willehalm' v. 1—19 beginnt er. Mit v. 116: *von Pulle ein chünich von Rom ein vogt* kehrt er Walthers Vers 28, 1 (nach der Weingartner Hs.) um. Er gebraucht zahlreiche Fremdwörter der ritterlichen Kultur. Die Darstellung der Ereignisse ist lebhaft, geschickt, ja schwungvoll.

Wiener Hs. 352 [Salisb. 416] (A), Bl. 106aα—108bβ, nach E. Klebel Jahrb. d. V. f. Ldk. v. Nied.-Österr. 1928, S. 57, wenig nach 1299 eingetragen. Eine über die Wolfenbüttler Hs. Nr. 1007 aus A stammende Abschrift ist die Wiener Hs. 3399 [Rec. 1548] (a). Abdruck nach A bei Graff *Diutisca* III S. 314—324, nach a in Rauch *Script.* II S. 300—309, nach beiden bei Böhmer *Fontes* II S. 479—486. Ein Stück bei Primisser in seiner Ausg. des Suchenwirt S. 208. Am besten bei v. Liliencron *Die hist. Volkslieder d. Deutschen* I S. 11—21, wo ältere geschichtliche Literatur und M. Haupts Textbesserungen zu finden sind. Historische Literatur über Cod. 352 bei Klebel a. a. O. Hoffmann *Verz. der altd. Hss.* S. 255 identifiziert Hirzelin ohne Beleg mit Klein-Heinzelin oder Joh. v. Konstanz.

Hermann Menhardt.

'Historien der alden E'.

Handschrift: cod. ms. 907 d. Univ-Bibl. Königsberg.

Ausgabe: Gerhard (StLV. 271) 1927.

Literatur: Gerhard *Die 'Historien der alden E'*. Diss. Frankfurt 1921 (Maschinenschr.). Helm ZfdU. 30 S. 368. Hipler *Lit.-Gesch. d. Bistums Ermland* 1872 S. 21—23. E. Schröder AfdA. 47 S. 186f. Ziesemer *Die Lit. d. dtsch. Ordens* 1928 S. 84f.

1. Der Dichter nennt sich nicht. Hiplers Vermutung, daß er Tilo von Kulm (s. d.) sei, hat Gerhard widerlegt. Die 'H.' stehen sprachlich und stilistisch den 'Ingesigeln' und dem 'Hiob' (s. d.) nahe (Gerhard S. 74ff., 105), aber eine so dürftige Reimerei kann weder Tilo noch dem Hiobdichter zugeschrieben werden. Offenbar lebte der Verf. im Ordensland und kannte beide Werke; er reimte also nach 1338 (s. 'Hiob'). Schröder (S. 187) hält Baiern für seine Heimat. Sachlich schließen sich die 'H.' an die Bearbeitungen alttestamentlicher Bücher in der Ordensdichtung an, doch fehlen, abgesehen vom Hiob, Anzeichen, daß der Verfasser sie gekannt hat (Gerhard S. 213f.).

2. Die Vorrede (v. 1—53) gibt als Gegenstand des Werks die *historien* an, die in der *alden e* berichtet werden, d. h. die äußere Geschichte. Die Darstellung wird dann aber bis in die Zeiten der Apostel fortgeführt. Den Abschluß bildet eine Aufzählung der 33 Wunder Christi und der Grabstätten der Apostel. Ein kurzes Gebet folgt (v. 6145—6165).

3. Die Hauptquelle sind die geschichtlichen und prophetischen Bücher des A. T., vom N. T. die Act. ap. Zur Ergänzung dient die '*Historia scholastica*' des Petrus Comestor. Die gelegentlichen Berufungen auf Kirchenväter stammen schwerlich aus eigener Belesenheit (Gerhard S. 151ff., 164ff.). Der Verfasser will der Kürze halber manches *uberslan* (v. 43), seiner Auswahl aber fehlt Sorgfalt und Verständnis. Nebensächliches wie die Vertreibung Hagars (V. 601ff.) wird ausführlich berichtet, Wichtiges wie die Gesetzgebung am Sinai kaum erwähnt (v. 1313f.) oder wie der Zug durchs Rote Meer vergessen. Oft wird Übergangenes oder nur Angedeutetes nachgeholt, so der Auszug aus Ägypten (v. 1375ff.). Stellenweise hat man den Eindruck sinnloser Verwirrung. In der Geschichte der Könige werden die Berichte der verschiedenen Quellen blindlings aneinandergereiht, oft mit genauer, aber nicht immer zuverlässiger Angabe, wo mehr zu finden sei (z. B. v. 3039, 3059, 3064, 3089, 3102). Mißverständnisse und Übersetzungsfehler auch grober Art kommen vor (Gerhard S. 171ff.).

4. Der Stil steht unverkennbar unter dem Einfluß Tilos und des Hiobdichters.

Aber der Verfasser hat seinen Vorbildern vor allem die Mittel abgesehen, sich den Reim durch allerlei Füllsel zu erleichtern (Gerhard S. 193ff.). Die Darstellung ist völlig nüchtern. Eine gewisse Anteilnahme spürt man vielleicht da, wo der Verfasser den Kampf des Josias gegen Necho als männliche Tat beurteilt: *daz er icht vorlure den pris* (v. 3774ff.).

Hans Steinger.

'Die Hochzeit'.

Handschrift: Die Milstäter; Menhardt *Hndschriftenverzeichnisse österr. Bibliotheken, Kärnten* I S. 211. —

Ausgaben: Karajan *Dt. Sprachdenkm. d. 12. Jhs.* S. 19—44. Waag *Klein. dt. Ged. d. 12. u. 13. Jhs.* [2] S. LVI—LXXIX, 87—123.

Literatur: Ehrismann *Gesch. d. dt. Lit.* II, 1 S. 200—206. de Boor Germanica f. Ed. Sievers 1925, S. 497. Dunstan Mod. Lang. Rev. 20 S. 310—316; 21 S. 178—186. Kraus WSB. 123, 4. Leitzmann PBB. 47 S. 137—142. Löbner Berlin. Diss. 1887. Scherer QF. 7 S. 14—19; 12 S. 52f. Schirokauer PBB. 47 S. 46f. Stroppel *Liturgie und geistl. Dichtg.* 1927 S. 171, 174, 206. Vogt Litbl. 1892 Sp. 145 bis 147. Wesle *Frühmhd. Reimstud.* 1925, bes. S. 78. Weiteres s. unter 'Recht'.

1. Die Flexion zeigt einige alem. Merkmale, dem entspricht der Wortschatz (Kraus S. 6f.; Leitzmann S. 140f.; Schirokauer). Es finden sich noch Reime auf leichte Flexionssilben (v. 544f.; 1005f.), danach darf man Entstehung noch in der ersten Hälfte des 12. Jhs. annehmen.

2. Eine umfangreiche Einleitung (v. 1 bis 144) wendet das Bild vom Gold unter dem Kehricht auf den an, der Weisheit verschweigt, und weist nachdrücklich auf das *reht* eines jeden hin, d. h. das ihm Gebührende, vor allem im Sinne der Verpflichtung. Dann wird eine Geschichte erzählt (v. 145—324). Auf einem Gebirge wohnte ein mächtiger Herr; als sich ein Teil seiner Knechte gegen ihn empörte, warf er ihn in den Kerker im Abgrund. In einem Tal lebte eine schöne Jungfrau, die beschloß er zu heiraten, um einen rechten Erben zu gewinnen. Er warb um sie und führte sie heim, mit zahlreichen Einzelzügen wird die Sitte der Vornehmen jener Zeit geschildert. Diese Züge werden dann kürzer oder ausführlicher allegorisch gedeutet (v. 325—1078). So bedeutet der Bräutigam den heiligen Geist, die Braut den Menschen (339ff.), der Verlobungsring das Taufkleid (353ff.), die Abgesandten des Bräutigams den Tag, der Gute und Böse, Reiche und Arme bescheint (379ff.), das weiße Gewand der Braut die Reinheit von Sünden (776ff.), ihre Schönheit die Jungfrau Maria (790ff.), die Leute, die sie im Hause des Bräutigams erwarten, die fünf Weltalter (806ff.), die Fahrenden, die sich zur Hochzeit einstellen, die Apostel und Märtyrer (1031ff.). Wie die Leute, um die Braut zu sehn, so sollen wir zum Himmel eilen (482ff.). Der Dichter schweift wiederholt vom Plan ab. Schon in der Erzählung findet sich eine Deutung (236ff.), zwischen den Deutungen finden sich eine Beschreibung des himmlischen Jerusalems (407ff.), Lehren für Reiche und das Gleichnis Matth. 25, 14ff. mit Deutung auf die fünf Sinne (487ff.), anscheinend nach einer Lücke bei v. 604 Betrachtungen über die kupferne, silberne und goldene Beichte und (812ff.) einige Abschnitte aus der Erlösungsgeschichte von Luzifers Fall bis zur Höllenfahrt Christi. Den Schluß bildet wie üblich ein Gebet (1079—1088).

3. Scherer hielt die Hochzeit für interpoliert; Kraus hat gezeigt, daß der größere Teil der Deutungen nach Sprache und Stil, Versbau und Reimkunst und in der Betonung des Rechtsbegriffs dem Gedicht 'Vom Recht' so nahe steht, daß ein Verfasser beider sehr wahrscheinlich ist. Wenn sich die Erzählung von den übrigen Teilen abhebt, so beruht das wohl nicht, wie Kraus will, darauf, daß hier eine ältere Dichtung benutzt ist, sondern darauf, daß es sich hier allein um Erzählung, sonst um Deutung und Betrachtung handelt (Vogt). Die Anordnung des Stoffs zeigt kaum größere Mängel als in andern Gedichten des 12. Jhs.

4. Vorbild ist das biblische Hohelied mit der üblichen geistlichen Ausdeutung, auch die auf Maria (vgl. 'Trudp. Hohes Lied') scheint der Verfasser gekannt zu haben, doch werden die Einzelheiten nach der Landessitte der Zeit ausgemalt, so daß der erzählende Teil kulturgeschichtlichen Wert besitzt. Parallelen bei kirchlichen Schriftstellern verzeichnen Kraus und

Dunstan. Mehrfach scheint das Evangelium Nicodemi, für den Engelsturz ein Adambuch vorgeschwebt zu haben. Ob die Deutungen des Adlers und des Vogels, der die Jungen mit seinem Blut wiederbelebt, einer verlorenen Quelle entnommen oder aus mehreren Angaben entwickelt sind, bleibt unentschieden.

5. Der Dichter will weitere Laienkreise zu einem christlichen Leben mit Benutzung der kirchlichen Heilsmittel verleiten, von denen besonders die Beichte hervortritt. Im Sinn seiner Zeit denkt und spricht er, wenn er die Braut *uzzer einem edelen chunne* (v. 198), den Bräutigam einen *guoten chneht* (v. 96) nennt und Worte kriegerischen Inhalts aufs sittliche Leben anwendet (v. 115ff.). Aber diese Ausdrücke bedeuten keinerlei Anpassung an die Anschauung des Kriegerstandes. Neben den Aufgaben tätiger Nächstenliebe im Anschluß am Matth. 25, 35f. nennt er besonders kirchliche Pflichten, ferner keinen Meineid schwören und dem Unrecht wehren (v. 488ff.). Barmherzig zu sein ist vor allem der Reiche und Mächtige verpflichtet (486ff., 876f.). Den Armen sucht er zu unterdrücken, aber am Jüngsten Tag wird Gott seinen Hochmut zu Fall bringen (740ff.). Christus selbst hat mit der Fußwaschung ein Beispiel der Demut gegeben (913ff.). Dies Eintreten für die Benachteiligten läßt ebenso wie der Hinweis darauf, daß Gott den Tag über Reiche und Arme scheinen läßt (391ff.) und alle erlösen will (871ff.), die ständische Abstufung unberührt. Es ist wieder das *reht*, daß die Knechte des Herrn *an sin êre rieten* (163f.), oder wenn der Arme *des rîchen herren rât ubirgât* (864f.). Genauer hat wohl derselbe Dichter seine Anschauung vom *reht* in einem besondern Werk dargelegt (s. 'Recht').

6. Der Versbau ist ungleichmäßig, die Reime sind verhältnismäßig genau (Wesle S. 78, 97), etwa $^1/_5$ ist unrein, mehrfache Reime, bis 5 (v. 938ff.) und 6 (101ff.), sind nicht selten (Kraus S. 40ff.). Der Stil verwendet sparsam Mittel der Predigt mit einer gewissen Vorliebe für Bilder und Gleichnisse. Gern folgt der Dichter lose angeknüpften Einfällen und schweift ab, um folgerichtige Durchführung seiner Gedanken bemüht er sich nicht (Kraus S. 23ff.). Und doch erreicht er seinen Zweck, eindringlich zu wirken, denn durch alle Unzulänglichkeiten des Ausdrucks und der Anordnung spürt man den warmen Eifer eines gewissenhaften Seelsorgers. Hans Steinger.

Hodenpach, Frau von. Hs. Additional 16581 des Britischen Museums, 15. Jh. (1469), ostschwäbisch, Bl. 172ᵇ, s. R. Priebsch *Deutsche Hss. in England* II (1901) S. 147—58.

Ihr wird zugeteilt der Spruch:
Mein aynickait dunckt mich gůt,
Ich sich wol wie ains dem andern tůt.

R. Priebsch.

Hof, s. Dorothea, Hans u. Thomas v. H.

Hoffgart, s. Hopfengarten.

Hohenberg, s. Konrad v. H.

Hohenburg, s. Konrad v. H.

Hohenems, s. Rudolf v. Ems.

Hohenfels, s. Burchard v. H.

Hohenfurt, s. 'Liederbuch v. H.'

Hohenlohe, s. Gottfried v. H. u. der von Brauneck.

Hohenstaufen, s. Heinrich VI. u. Konradin v. H.

Hohensteiner. Hs. Additional 16581 des Britischen Museums, 15. Jh. (1469), ostschwäbisch, Bl. 149ᵇ; s. R. Priebsch *Deutsche Hss. in England* II (1901) S. 147 bis 158. Ihm wird zugeteilt der Spruch:

Er můss haben ain stetten můtt,
Der vil leutten will werden gůtt.
Sieh, hör vnnd schweyg,
Wilt du leben on neyd.

R. Priebsch.

Hohentrüdingen, s. Siegmund v. H.

Hohenwang, Ludwig, Drucker und Übersetzer(1), ist um 1440 in Elchingen bei Ulm geboren. Er hat im Jahre 1461 in Basel studiert. 1475—1477 ist er nachweislich als Drucker und Übersetzer im Kreise der Frühhumanisten in Augsburg tätig. Die '*Epitoma rei militaris*' des Flavius Vegetius Renatus hat er verdeutscht. Die Verdeutschung der '*Biblia aurea*' ist ihm nicht mit Sicherheit zuzuschreiben. Aus seiner Augsburger Offizin sind folgende Drucke hervorgegangen: 1. Ein Kalender für das Jahr 1477; 2. *'Summa hostiensis'* 1477; 3. Ein Kalender für das Jahr 1478; 4. Lucians *'Asinus aureus'* — undatiert; 5. Ludolphs von Suchen 'Weg zum heiligen Grabe' — undatiert; 6. *'Via contemplationis passionis Jesu Christi quadruplex'*, Einblattdruck — undatiert.

2. Seit 1487 ist H. nachweislich in Basel als Drucker und Herausgeber tätig. Er gehört hier zum Kreise des älteren Humanismus. Aus seiner Baseler Offizin stammt folgender Druck: Innocentius III. *'Orationes pro sacrarum literarum intelligentia impetranda'*, 20. Nov. 1487.

Auf seine Tätigkeit als Herausgeber lassen folgende Werke schließen: 1. *'Manuale Virgilianum'*, nicht vor 1500 erschienen; 2. Jakob Wimpfeling *'De fide concubinarum in sacerdotes'* und *'De fide meretricum in suos amatores'*, 1501 von H. herausgegeben; 3. *Alberti Magni scripta in IV libros sententiarum*, 1506 von Jakob von Pforzheim in Basel gedruckt und von H. mit einer Lobrede auf Albertus versehen.

Um 1506 ist H. wahrscheinlich in Basel verstorben. Bedeutung hat er erlangt durch seine Tätigkeit als Buchdrucker und Humanist.

3. In seiner Verdeutschung von des Vegetius Werk *'De re militari'* hat er eine nach Form und Inhalt zwar getreue, aber nicht sklavische Übersetzung geschaffen, die, ihrer Aufgabe und den Neigungen des Verfassers entsprechend, den Inhalt der Form vorzieht. Er ist weder ein Schüler Wyles noch Steinhöwels, sondern steht zwischen beiden als durchaus selbständige schriftstellerische Persönlichkeit.

H. Weichardt *Ludwig Hohenwang, ein Übersetzer des 15. Jahrhunderts.* Diss. Greifswald 1933 [enthält ein ausführliches Literaturverzeichnis].

Hermann Weichardt.

4. Die Vegetius-Übersetzung widmete H. dem Grafen Johann von Lupfen (Lauffen)-Württemberg, dessen Dienstmann er war. Ms. Durlach 18, Staatsbibl. Karlsruhe. Die Handschrift steht in dem Sammelband, der Philipp von Seldeneck (s. d.) einschließt.

'Des durchleichtigen wolgebornen Grauen Flavii Vegecii Renati .... von der Ritterschaft.... seiner biecher vierer. Augsburg 1475'.

Der Übersetzer gibt mit guter Kenntnis des sachlichen Inhalts diese vier Bücher der römischen Kriegskunst wieder, als Vorbild gedacht für seine Zeit. Als fünftes Buch folgt eine Ikonographie, 63 Blätter mit vielen Abbildungen, doch haben diese keinen Zusammenhang mit dem Vegetiustext, sondern sind dem italienischen Kriegsbuche des Roberto Valturio *'De re militari libri XII'*, gedruckt 1472, entnommen. (Vgl. M. Jähns *Geschichte der Kriegswissenschaften* I S. 358—562.) Der Inhalt entstammt zum großen Teil byzantinischen Codices, antiken Kriegsschriftstellern, wobei Valturio allerhand eigene Erfindungen hinzugefügt hat. Diese deutsche Übersetzung des H. ist später vielfach benützt worden. Interessant sind seine deutschen Erklärungen der römischen kriegswissenschaftlichen Fachausdrücke.

Weitere Handschriften von H.: Bibl. Wolfenbüttel, Germ. Museum Nürnberg, Staatsbibl. Dresden, Bibl. des Herzogs v. Genua, Turin und Linz. Neue Übersetzung gedruckt Erfurt 1511 und Augsburg 1529 und 1534.

M. Jähns *Geschichte des Kriegswesens* 1889, I S. 109, 186, 244—247, 264—268, 323—324, 452—453. Ders. *Technischer Teil, Geschichte des Kriegswesens*, 1880 S. 796, 811, 815, 1051. G. Köhler *Die Entwicklung des Kriegswesens und der Kriegsführung* 1887, III. Abt. I S. 121, 244, V S. 42, 131, 132. H. Delbrück *Geschichte der Kriegskunst* III. Teil: MA. 1907, S. 200, 276, 283, 670—673, IV. Teil, 1920, S. 117, 197, 235, 315, 336, 362. F. M. Feldhaus *Die Technik der Antike und des MA.* 1931 S. 214, 215, 354 Abb. 377, 376. W. Gohlke *Das Geschütz d. Altertums u. d. MA.*, Z. f. histor. Waffenkde. V (1909 bis 1911) S. 389 Abb. 50, S. 391, 387 Abb. 45, 46, 47, S. 393 Abb. 56, desgl. VI (1912—1913) S. 20, 21 Abb. 70. L. Beck *Geschichte des Eisens* Abt. I 1884 S. 447, 529, 548, 550. A D B. XII (1880) S. 696, 697.

Ed. A. Geßler.

'Hohe Lied, Das St. Trudperter'.

Handschriften: A, Die Wiener Nr. 2719, Perg., beschrieben von V. Müller Marburg. Diss. 1901. Eine jüngere Eintragung, wohl des 14. Jhs., *iste liber est Sancti Trudperti martyris*, bezeugt, daß die Hs. damals Eigentum des gleichnamigen Klosters im Schwarzwald war. Die Schreibung ist nachlässig und willkürlich, der Text fehlerhaft, mehrere Hände haben nachgetragen, gebessert und den lat. Text übergeschrieben. — B, zwei Pergamentblätter des 12. Jhs., jetzt im German. Mus. Nürnberg Nr. 42518. Zacher ZfdPh. 9 S. 420—422; 11 S. 416—418; dazu Steinmeyer Jahresber. f. Germ. Phil. 1901 S. 70f. Der Text ist besser als in A, die lat. Worte fehlen. — Eine Erneuerung mit Auslassungen, Mißverständnissen, aber auch einzelnen wertvollen Lesarten bieten cgm. 4479 vom Jahr 1509 und dessen Abschriften cgm. 4478 und 4477 vom Jahr 1510, alle drei ehemals im Franziskanerkloster in München und wohl dort geschrieben. Bekannt durch Walther *Die dt. Bibelübers. d. Mittelalters* III Sp. 539ff.; dazu V. Müller ZfdA. 46 S. 360—380 und dessen Diss. — Etwa 50 Zeilen enthält der schweiz. Traktat *'Von dem balmeboume'* (V. Müller S. 41f.), gedruckt bei Wackernagel *Altd. Predigten* S. 134—149.

Ausgaben: (A) Haupt 1864. — (B) Zacher a. a. O. — Kritisch von H. Menhardt 1934. — (Zwei Abschnitte) Naumann *Altd. Prosaleseb.* S. 1—3.

Literatur: Ehrismann *Gesch. d. dt. Lit.* II, 1 S. 29—39. F. Bech Germania 9 S. 352—370. Beissel *Gesch. d. Verehrung Marias in Deutschland w. d. Mittelalters* 1909. Hauck *Kirchengesch. Deutschlands* IV, 5 S. 83, 354f. Hayner PBB. 3 S. 491—523. Kelle *Gesch. d. dt. Lit.* II S. 123—126; 325f. Lüers *Die Sprache der dt. Mystik d. Mittelalters im Werke v. Mechthild von Magdeburg* 1926. G. Müller Dt. Vierteljahrsschrift 4 S. 97ff., bes. S. 104. V. Müller a. a. O. Rocholt Realenz. f. prot. Theol. unter: *Rupert von Deutz*. Scherer QF. 7 S. 74 Anm.; 12 S. 19, 74 Anm. , 76—78; ZfdA. 20 S. 198—205. Seemüller QF. 24 S. 13f. Walther a. a O. Sp. 530—536. Wilhelm *Denkm. dt. Prosa d. 11. u. 12. Jhs., Komm.* S. 140f.

1. Die Sprache der Wiener Hs. ist anfangs alem., später stehn neben alem. bair. Merkmale; V. Müller vermutet (S. 80ff.) alem. Abschrift einer bair. Vorlage. Die Sprache im 'Palmbaum' ist alem., die der übrigen Hss. bair. Der Verfasser war Oberdeutscher, sichere Anhaltspunkte, ob Baier oder Alemanne, sind nicht gefunden; der Wortschatz (V. Müller S. 84ff.) gibt keine Entscheidung; die Erwähnung des hl. Rupert unter den Lehrern der Christenheit (83, 20) beweist nicht für Baiern, da Rupert als Bruder Trudperts auch in St. Trudpert genannt werden konnte (Hayner S. 504f.), und die Wendung *gesah in got* allein nicht, wie Ehrismann will, für Alemannien. Die Zeit ist die der aufkommenden Mystik um 1150. Der Verfasser rechnet sich selbst zu den *geistlichen* Menschen, an die er sich wendet (1, 3). Haupt schrieb das Werk aus nichtigen Gründen (Bech) den Äbtissinnen Rilindis und Herrat des Klosters Hohenburg im Elsaß zu, daher früher 'Hohenburger HL.' genannt, Scherer aus andern ebensowenig stichhaltigen Rilindis allein. Aber weibliche Verfasserschaft steht überhaupt nicht fest. Wahrscheinlich bleibt nur, trotz Hayners Widerspruch, daß das Werk zunächst für Nonnen bestimmt war, da sich nicht alle Anreden an Jungfrauen, Bräute Gottes u. ä. ohne weiteres aus dem Text ergeben (V. Müller S. 75ff.).

2. Muster war Willirams um etwa 100 Jahre ältere Auslegung. Dessen Übersetzung ist in der Regel übernommen oder wenig verändert, auch die Auslegungen sind benutzt, z. T. wörtlich, doch mit Beseitigung der lat. Bestandteile und nur, soweit es bei der grundsätzlich abweichenden Deutung möglich war (V. Müller S. 44ff.). Denn während Williram der üblichen Deutung auf Christus und die Kirche folgt, fehlt diese im Tr. HL. bis auf wenige Stellen (22, 1; 43, 1. 29; 64, 12; 106, 7; 120, 5 V. Müller S. 59). Als Gottes Braut gilt Maria oder die Seele derer, die sie *nachpildent* (10, 16ff.; 43, 1; 52, 1ff.), als Bräutigam alle drei Personen der Trinität (13, 4ff.). Doch wird diese Vorstellung nicht streng festgehalten, ja es treten andre Bilder für das Verhältnis zu Gott auf: Der Schöpfer erscheint als Vater, Christus als Bruder, der Hl. Geist als *gemahel* (118, 27ff.) oder der Schöpfer als Vater, Christus als Bruder, der Hl. Geist als Mutter (131, 10ff.). Das Verhältnis der Seele zur Dreieinigkeit wird näher bestimmt durch die Augustinische und die Abälardsche Trinitätsformel, die Tugenden *geloube*, *gedinge*, *minne* und die Gaben des Hl. Geistes (Ehrismann S. 32).

Wie die Deutung der Braut auf die Kirche, so ist auch die auf die einzelne Seele alt und üblich. Die auf Maria steht in Zusammenhang mit der immer mehr anwachsenden Marienverehrung. Petrus Damiani nennt das HL. ein *epithalamium* zum Lobe Marias (*Patr. Lat.* 144 Sp. 558, angeführt von Zickler Realenz. f. prot. Theol. unter *Maria*). Im 12. Jh. findet sich die Deutung auf Maria öfter, so bei Rupert von Deutz (Kelle S. 124; Walther Sp. 531; Beissel S. 101ff.), auch dem Dichter der 'Hochzeit' (s. dort) war sie anscheinend bekannt. Mit der Gedankenwelt Ruperts von Deutz (s. d.) berührt sich das 'Tr. HL.' auch in dem Satz, daß Christi Erlösungswerk beschlossen war *e anegenge der welte* (120, 17; dazu Rocholt a. a. O. S. 238f.). Demnach darf wohl Anregung des Verfassers durch Rupert vermutet werden, als Quelle kann jedoch dessen Kommentar zum HL. nicht gelten. Ob des Verfassers mystische Neigungen in näherer Beziehung zum Wirken Bernhards von Clairvaux stehn, bedarf noch der Untersuchung.

3. Man hat das 'Trudp. HL.' das erste Buch der deutschen Mystik genannt. Es will nicht übernatürliche Erkenntnisse vermitteln, sondern zu einem Leben anleiten, dessen Ziel die Vereinigung der Seele mit Gott ist, darin ein echter Vertreter altdeutscher Mystik, wie sie G. Müller (a. a. O.) kennzeichnet. Auf die Vorbereitung fällt dabei das Hauptgewicht. Auf gedankliche Klarheit und Folgerichtigkeit wird weniger Wert gelegt. Eine eigentliche Theorie der Mystik, wie sie Hugo und Richard von St. Victor aufbauen, mit dem Begriff der *contemplatio* fehlt. Nur der der *meditatio* wird verwendet (88, 6; 91, 4). Als Haupt der Seele gilt einmal der *wille* (129,20), ein andermal die *vernunst* (141, 24f.), vermittelst deren wir Gott erkennen (5, 17; 118, 10; 128, 15ff.). Die allegorische Erklärung geht über den Wortsinn oft völlig hinweg. Willirams Text ist zuweilen mißverstanden (V. Müller S. 88ff.). Wie die Deutung im ganzen so sind auch die meisten mystischen Bilder übernommen. Über ihren Ursprung und ihre Verwendung in der späteren deutschen Mystik unterrichtet vorläufig Lüers, bes. S. 119ff.

Die Frömmigkeit des 'Tr. HLs.' ist weltabgekehrt. Der Verfasser wendet sich allein an die geistlichen Menschen, und zwar solche, die in der *samenunge* eines Klosters leben. Wenn auch ein Leben in der Welt zum Himmel, eins im Kloster zur Hölle führen kann (123, 33ff.), erreicht doch der in der Welt Lebende nie den sittlichen Grad und die Gottnähe wie der ihr Entsagende (39, 9ff.). Dafür fordert Gott vom geistlichen Menschen nicht nur mehr Verzicht, sondern auch mehr Glauben (139, 6f.). Aber das Leben außerhalb der Welt bleibt doch ein Leben in Gemeinschaft. Dazu verpflichtet schon die Klosterregel Benedikts, auf den sich der Verfasser (59, 28; 83, 14) beruft. Besonderen Wert legt er darauf, daß sich die Fortgeschrittenen der Anfänger und Zurückgebliebenen annehmen (124, 21ff.). Wer das tut, dem wird im Gebet die Vereiniungg mit Gott zuteil *also in ictu oculi... da si [din vernunst] got widere in sich ziuhet mit der haiteren widirbildunge*, das Schweigen, über dem man auch sein Gebet versäumen darf, denn Christus betet statt deiner (118, 10ff.). Diese Vereinigung denkt er im Anschluß an Cantic. 5, 6 als ein Zerfließen und Zurückfließen der Seele in die Gottheit, die sie erschaffen hat (72, 8ff.). Vorbedingung ist neben den christlichen Tugenden der innere Frieden, *din sele sol der spiegel sin, da dinen ſridesamen chunich unde dinen lieben gemahelen inne sehest* (93, 27ff.), Gott will in ihr ruhen (20, 4). Doch wie als Glied der klösterlichen Gemeinschaft, fühlt sich der Verfasser ganz als Glied der Kirche. Die gewohnten Formen der Andachtsübung und des Gottesdienstes bleiben Regel, er liebt *die sůzen ymnes unde die niuwen sequentian unde daz wunnecliche gradal unde die ſrolichen alleluia* (121, 8ff.). Von Mahnung und Beispiel erwartet er mehr als von Zwang und Strafe (118, 2ff.). Doch findet er scharfe Worte, wo es gilt, Störendes, Feindliches abzuwehren, zumal innerhalb des eigenen Standes (68, 15; 70, 6ff.). Der Körper wird ihm aus einer Dienerin der Seele (109, 17f.) *ain aiterhaſtez hore* (128, 22f.), in seinem Verfall sieht er nur die Vorbereitung auf himmlischen Lohn (74, 18ff.). Er glaubt in der allerschlimmsten Zeit zu leben und die Tage des Antichrist nicht fern (85, 6f.; 87, 30ff.). So mischt sich denn in die Freude, die die Gottesbraut erfüllen soll (85, 28f.), das Gefühl des Ausgestoßenseins. Aber *sver sih des ellendis trostet mit der welte, der negiwinnet niht der sûzzen trahene* (144, 5f.). Und wie die Vermischung von Freude und Schmerz (143, 26), so kennt das 'Tr. HL.' auch bereits die Vorstellung des Gottschmeckens (20, 14; 93, 31).

4. Den Stil behandelt Ehrismann. Der Verfasser beherrscht die Mittel kirchlicher Beredsamkeit, verwendet Fragen, Ausrufe, Übergangsformeln. Die Deutung des einzelnen gibt er bald wie Williram ohne, bald mit besonderer Einführung mit *daz ist, daz chit... bezeichendt*. Wo Begeisterung oder Innigkeit ihn emportragen, steigert sich die Sprache zu dichterischer Schönheit (etwa 6, 22ff.; 118, 15ff.; 145, 6ff.). Die Gedankenfolge im großen bleibt an den Text gebunden. Doch verbinden eine Reihe von Abschnitten (108, 18—120, 7 zu Cant. 7, 1 *[iuncturae]* —7) die Seligpreisungen der Bergpredigt, und am Ende wird darauf hingewiesen, daß das Buch mit königlicher Freude begann und nun mit innigem Weinen schließt (145,6ff.).

Hans Steinger.

Holland, Johann, Ehrenhold und Wappendichter. Eine gereimte Beschreibung des Turniers zu Schaffhausen 1511 in München cgm. 1317, v. J. 1560, Bl. 137a—143b; ebda. in cgm. 1952, S. XVI., ein gemaltes Wappen mit Reimsprüchen von ihm. W. St.

Holle, s. Berthold v. H.

Höllefeuer. Spruchdichter der zweiten Hälfte des 13. Jhs., seinen eigenen Worten nach ein Fahrender. Ist er mit dem von Berthold von Regensburg (s. d.) wegen seines lästerlichen Namens angegriffenen H. identisch, so steht der Mißachtung des Mönchs die hohe Geltung gegenüber, die H. nach dem Zeugnis des Rumezlant (s. d.) (HMS. III 65[a]) bei seinen Zeitgenossen hatte. Seine Kunst wird der Konrads von Würzburg (s. d.) und des Meißners (s. d.) gleichgestellt. Die von ihm erhaltenen acht Sprüche sind formal und inhaltlich an Walther von der Vogelweide (s. d.) geschult. Sie nehmen Bezug auf die politischen Wirren nach dem Ende der Stauferherrschaft, sind also während des Interregnums entstanden. Daneben behandelt er religiöse und didaktische Stoffe und klagt über eigenes Mißgeschick und die Beschwerden des Alters.

Jenaer Liederhs. *J* (Nr. 10, Bl. 30a—31b, mit Melodie) = G. Holz, F. Saran u. E. Bernoulli *Die Jenaer Liederhs.* 1901 I S. 56—58; II S. 20f. Chr. Wiedeburg *Ausführliche Nachricht von einigen alten teutschen poetischen Manuscripten aus dem dreyzehenden und vierzehenden Jahrhunderte welche in der Jenaischen Bibliothek aufbehalten werden* 1754, S. 23—25 (= 6, 7). [Chr. H. Myller] *Sammlung deutscher Gedichte aus den 12. 13. und 14. Jahrhundert* 1785 II S. 151f. (nach Gottfrieds 'Tristan'). HMS. III 33—35; IV 710. — W. Wilmanns ADB. XII (1880) S. 757 f.

Elisabeth Karg.

Hollen *(Holen, Hoylen,* im Druck von J. Schiphowers '*Chronicon Archicomitum Oldenburgiensium*' bei Meibom II 185: *Howe),* **Gottschalk,** Prediger.

1. H. ist in Körbecke bei Soest um 1400 geboren. In Herford trat er in das Augustinerkloster ein. In Italien hat er seine wissenschaftliche Ausbildung erhalten. Aus Andeutungen in seinen Schriften kann man schließen, daß er in den Klöstern von Perugia und Siena geweilt hat und wahrscheinlich in Bologna den Magistertitel erhielt. In Deutschland muß er ziemlich weit herumgekommen sein. Er erzählt ein eigenes Erlebnis in Greifswald. Seine Hauptwirkungsstätte war Osnabrück. Dort ist er im Jahre 1481 (1480?)an Altersschwäche gestorben.

2. Der Augustinereremit H. war als Prediger weithin geschätzt. Sein Jahrgang von Winter- und Sommerpredigten schließt sich an die Episteln der Sonn- und Festtage an. Die dem zweiten Teil angehängten '*Sermones de dedicatione*' sind Kirchweihpredigten. Das '*Praeceptorium divinae legis*' enthält Katechismuspredigten, die vom Text der 10 Gebote ausgehen. In den gleichen Zusammenhang gehören die in der Sammlung über die 7 Sakramente enthaltenen Reihenpredigten und der Traktat über die 7 Hauptsünden. Die geistige Haltung H.s ist scholastisch. Er beherrscht das universale Wissen seiner Zeit. Vom Geist der Renaissance und des Humanismus ist er nicht beeinflußt, wenn er auch Petrarcas '*De remediis utriusque fortunae*' und Boccaccios '*De claris mulieribus*' häufiger zitiert. Seine Hauptquelle sind die Bibel und die

Kirchenväter, unter ihnen an erster Stelle Augustin. Von mittelalterlichen Theologen wird Thomas von Aquino (s. d.) am meisten zitiert. Aber auch Mystiker wie Bernhard von Clairvaux und Hugo von St. Viktor (s. d.) werden gerne herangezogen. Gewarnt wird vor den deutschen Schriften Meister Eckharts (s. d.), *qui sunt laicis valde periculosi*. Unter den antiken Schriftstellern steht an erster Stelle Aristoteles. Als Prediger vertritt er einen gesunden Realismus, der sich stützt auf die Fähigkeit, die Wirklichkeit des Lebens mit klarem Blick zu erkennen. Deshalb sind seine Predigten aufschlußreich für die Kulturgeschichte und volkskundliche Feststellungen. Gegen die kirchlichen Mißstände seiner Zeit findet er ein freies Wort. In dem Streit, *utrum sit licitum legere vel habere libros sacros in vulgari editos vel translatos*, steht er auf Seiten derer, die die Lektüre heiliger Bücher in der Volkssprache mit gewissen Einschränkungen verteidigen. Er verweist in diesem Zusammenhang unter anderem auf die Bibelübersetzung des Wulfila.

Werke:

1. Gedruckte: a) '*Praeceptorium divinae legis*'. (Ältester bekannter Druck: Nürnberg 1477, Koberger. Später häufiger aufgelegt.) — b) '*Sermonum opus exquisitissimum, ob sui devotionem et raritatem, gloriam, splendorem eo preciosius, quo dulcius audientium demulcet aures dulci historiarum insitione, doctorumque tum theologorum tum iurisconsultorum auctoritatibus munitum disertissimi lectoris patris Gotschalci Eremitarum divi Augustini professi, pro tempore hyemali super epistolas dominicarum per anni circulum, tabulis ac directoriis materiarum eorundem sermonum adiectis*'. Hagenau 1517. 2. Teil: '*Sermones dominicales super epistolas Pauli partis estivalis.... una cum sermonibus de dedicatione*'. Hagenau 1517. — c) '*Sermones de B. Virgine*'. Hagenau 1520 (nach Ossinger). — d) '*De festis mobilibus et astronomia clericali*'. Florenz 1514 (?). —

2. Handschriften: Die obigen Predigten waren vor dem Druck auch handschriftlich verbreitet (Landmann S. 31 Anm. 3). Außerdem: a) '*De septem peccatis mortalibus*'. — b) '*De septem sacramentis*'. c) 16 Predigten über die letzten Dinge (a, b und c Staatsbibliothek Berlin Ms. theol. lat. Fol. 98, vom Jahre 1496). — d) '*De novem peccatis alienis*'. — e) '*De officio missae*'. — f) '*De sacramento eucharistiae in Blomenberge*'. (d, e, f nach Schiphower.) — g) '*De passione Christi*' (nach Höhn S. 109).

Literatur: Nic. Cusenius *Monasticum Augustinianum, Monachii* 1623, S. 188. Joannis *Schiphoweri Chronicon Archicomitum Oldenburgiensium*, bei Henr. Meibomius *Rerum Germanicarum Tomi III, Helmaestadii* 1688, II S. 185. Ant. Höhn *Chronologia Provinciae Rheno-Suevicae* 1744, S. 109. J. F. Ossinger *Bibliotheca Augustiniana* 1768 S. 452. Joh. Geffcken *Der Bilderkatechismus des 15. Jhs.* 1855 S. 31f. und ö. Th. Kolde *Die deutsche Augustiner-Kongregation und Johann von Staupitz* 1879 S. 199f. R. Cruel *Gesch. d. dt. Predigt im MA.* 1879 S. 505—513. Stanonik ADB. XII S. 758. Fr. Jostes *Zur Gesch. der mal. Predigt in Westfalen*, Westf. Zs. f. Gesch. 44 (1886) S. 1ff.; ders. *Volksaberglaube im 15. Jh. in Westf.*, ebda. 47 (1889) S. 85—97. W. Diekamp *Westf. Hss. in fremden Bibliotheken und Archiven*, ebda. 44 (1886) S. 63f. Flor. Landmann *Das Predigtwesen in Westfalen in der letzten Zeit des Mittelalters* 1900 S. 31—33 und ö., vor allem 131—217. H. Hurter *Nomenclator Literarius* II Sp. 1072. N. Merlin bei A. Vacaut et E. Mangenot *Dictionnaire de Théologie Catholique* (Paris 1922) Sp. 32f. K. Helm Handwb. d. dt. Aberglaubens IV (1931) Sp. 257.

K. Schulte Kemminghausen.

Holzapfel, der Singer. Hs. Additional 16581 des Britischen Museums, 15. Jh. (1469), ostschwäbisch, Bl. 143b; s. R. Priebsch *Deutsche Hss. in England II* (1901) S. 147—58. Ihm wird zuerteilt der Spruch:

Er sey Jud, ketzer, morder, oder dieb,
Hatt er gelt, so ist er lieb,
Oder die weil gut fur erē gett,
So wiß das es übel in der welt stett.

R. Priebsch.

Holzmesser, s. Eislinger.

Holzschuher, Lazarus.

Hss.: Familiengeschichte mit Liste der „Ehrbaren" im Germanischen Museum Nürnberg, unter den Frhr. von Holzschuherschen Papieren (Original). Eine frühe Abschrift im Bair. Staatarchiv Nürnberg, Hs. Nr. 281.

Lazarus Holzschuher der Ältere wurde im Jahre 1472 als Sohn von Karl Holzschuher und Gertrud Gruberin geboren. Im Jahre 1498 (laut Nürnberger Hochzeitsbuch; andere Quellen geben 1496 und 1497 an) heiratete er Katharina, die Tochter des in Landshut ansässigen Bayreuther Arztes Dr. Johann Bühel und dessen Ehefrau Margaretha Hallerin. Nach dem Heiratsbrief, von dem Gatter in seiner '*Historia*' (s. u.) eine mit dem Datum 1496 versehene Abschrift bringt, gab, Dr. Bühel seiner Tochter 800 fl. Mitgift und ließ sie „klaiden und vertigen nach eren", außerdem bekam sie noch 100 fl. Kostgeld für das erste Jahr und durfte ihn nach dem Nürnberger Stadtrecht beerben. Dazu gab Lazarus seiner Frau 1000 fl. Die Ehe wurde mit sieben oder acht Kindern gesegnet — die Quellen gehen darüber auseinander —, von denen ein Sohn Lazarus später eine Chronik der Stadt Nürnberg schrieb sowie eine Tochter Magdalena Klosterfrau zu St. Katharina wurde und im hohen Alter von 82 Jahren als Priorin starb.

1497 kam Lazarus in den Rat als junger Bürgermeister, wurde jedoch das nächste Jahr nicht wieder gewählt. Erst 1514 finden wir ihn wieder als Mitglied des Rates. Inzwischen war er Vormund der Witwen und Waisen, auch Kirchenmeister bei St. Sebald; in letzterer Eigenschaft war er Mitglied des Ausschusses, von dem Peter Vischer im Jahre 1507 den Auftrag für sein größtes Kunstwerk, das Sebaldusgrab, erhielt. Lazarus reformierte seiner eigenen Angabe nach die Priesterpfründen, Almosen und Stiftungen, sowie die Salbücher der Stadt. Im Jahre 1505 fing er seine Familienchronik an. In einer genealogischen Sammlung der Familie Imhof wird erwähnt, daß Lazarus besonders viele alte Briefe und Urkunden zu seiner Familiengeschichte benutzt habe; der Zweck sei gewesen, die Behauptung einiger neuerer Geschlechter, die Holzschuher wären nicht von solch alter Herkunft, wie sie sagten, zu widerlegen. Im Jahre 1511 fügte er dieser Chronik eine Liste der „Ehrbaren Leute" bei. Hierunter finden sich auch mehrere Geschlechter, die nicht zu den ratsfähigen Patrizierfamilien Nürnbergs gehörten, jedoch in diese hineinheirateten.

Lazarus Holzschuher starb im Jahre 1523 und wurde in der Holzschuherschen Familienkapelle auf dem Johannisfriedhof zu Nürnberg, wo dieselbe noch zu finden ist, begraben.

Mehrere Mitglieder dieser Familie haben sich auf genealogischem Gebiet betätigt. Der Vater unseres Lazarus, Karl, soll laut Angabe in der Nürnberger Chronik seines Enkels, Lazarus des Jüngeren, eine Aufzeichnung gemacht haben, in der er erwähnt, daß er im Jahre 1404 in Flandern zwei angeschwemmte Walfische gesehen habe. Leider fehlt jede Angabe über die Beschaffenheit dieser Aufzeichnung. Ein anderes Mitglied dieser Familie, Veit, hat Mitte des 16. Jahrhunderts genealogische Aufzeichnungen gemacht, die unter den Familienpapieren im Germ. Mus. Nürnberg zu finden sind.

Quellen und Literatur: J. C. Gatter *Historia Genealogica Dominorum Holzschuherorum* 1755. J. G. Biedermann *Geschlechtsregister des Hochadelichen Patriziats zu Nürnberg* 1748. Hannah Amburger *Die Familiengeschichte der Köler*, Mitteilungen des Vereins für Geschichte der Stadt Nürnberg, 30 (1930) S. 165. C. Hegel *Chroniken der Deutschen Städte* I S. 214. E. Reicke *Geschichte der Reichsstadt Nürnberg* 1896 S. 759. A. Würfel *Diptycha Ecclesiae Sebaldinae* 1796. — Nürnberger Hochzeitsbüchlein, Hs. Nr. 216, Bair. Staatsarchiv Nürnberg. Imhofsche Genealogische Sammlung, Hs. Nr. 247 ebda. Holzschuhersche Geschlechtschronik, Hs. Nr. 282, ebda. Lazarus Holzschuher d. J.: Nürnberger Chronik. Hs. Nr. 21 ebda.

Hannah S. M. Amburger Stuart.

Homberg, s. Werner v. H...

Höneke, Bartholomäus, Vf. der sog. 'Jüngeren Livländischen Reimchronik'.

1. Die Chronik selbst ist nicht erhalten. Wir wissen von ihr aus Johann Renners 'Livländischen Historien', der als seine einzige Quelle für die betreffende Zeit angibt: *alleine eine chronicken, so dorch einen prester Bartholomeus Hoeneken genant vor langen jaren beth up den meister Goswin van Hericke inclusive rimeswise beschrewen* (Höhlbaum I S. 8 Anm. 1). Den Inhalt gibt Renner zum großen Teil wieder, meist mit wenig verändertem Wortlaut, wie die Reimspuren und manche Wendungen zeigen (Höhlbaum I S. 94ff.; II S. XIXf.). Die H. nacherzählten Abschnitte bei Renner hat Höhlbaum (II) gesondert abgedruckt. Benutzt haben H. ferner Hermann von Wartburg (s. d.), Wigand von Marburg (s. d.) und die große Hochmeisterchronik (Höhlbaum I S. 197ff., II S. XLIIff.).

2. Danach umfaßte die 'Jüng. Livl. Reimchronik' die Jahre 1315—1348; ausführlich dargestellt, offenbar vielfach aus eigenem Erlebnis, war die Zeit von 1340 bis 1348. Die endgültige Form ist nicht vor 1349 niedergeschrieben (Höhlbaum II

S. XIX), die meisten und genauesten Nachrichten beziehen sich auf das Dorpater Gebiet und das Schloß Weißenstein, Höhlbaum (II S. XVIf.) vermutet dort den Ort der Abfassung. Renner scheidet H.s Werk nicht von der älteren 'Livländischen Reimchronik' (s. d.), Höhlbaum glaubt daher, daß er beide in derselben Hs. gefunden habe, und daß H. vielleicht eine Fortsetzung des älteren Werkes habe liefern wollen. Die Reimspuren bei Renner zeigen, daß H. niederdeutsch dichtete (Höhlbaum II S. XIXf.).

3. Zuerst hat Bienemann die Vermutung ausgesprochen, daß B. H. derselbe sei wie der *bruder Hennicke von Ossenbrucken der dreyer herrn meyster capellan gewesen, dessen alt geschrieben reimssweiss chronica* Moritz Brandis in seiner Geschichte des Geschlechtes Üxküll als Quelle anführt (Winkelmann H. Z. 24 [1870] S. 182 Anm.). In der Tat ist in der 1. Hälfte des 14. Jhs. in Osnabrück ein Priester Honeke, also wohl ein Mitglied derselben Familie nachweisbar (Rennerausg. S. XIII).

Dahlmann-Waitz *Quellenkunde d. dtsch. Gesch.* [9] 1931 S. 469 Nr. 7489. Potthaft *Wegweiser durch d. Geschichtswerke d. europ. MA.s* [2]I (1896) S. 619. Bienemann Balt. Monatsschrift 21 (1872) S. 84—93. Höhlbaum *Joh. Renners 'Livländ. Historien' u. d. jüng. livl. Reimchronik.* Götting. Diss. 1871 u. 1872 (I); Progr. Mitau 1878; ders. *Die jüngere livländische Reimchronik des B. H.* 1872 (II). *Joh. Renners 'Livl. Histor.'* hg. v. Hausmann u. Höhlbaum 1876.

Hans Steinger.

Honniger, Jakob, aus Grußen, verfaßte einen Almanach für Erfurt auf das Jahr 1494 in deutscher und lateinischer Sprache, gedruckt in Nürnberg bei Kaspar Hochfeder.

Einblattdrucke des XV. Jhs. S. 179, Nr. 690f. — Der lateinische Druck faksimiliert bei Heitz-Haebler *100 Kalender-Inkunabeln* 1905 Nr. 84.

W. St.

Hopfengarten *(Hopfengart, Hopffgart, Hoffgart, Hopf)* ist ein Meistersinger, von dessen Leben uns nichts bekannt ist. Er wird nicht nur von Folz (s. d.) mgq. Berol. 414 Bl. 476d (Mayer, Meisterlieder Nr. 94, V. 19) und — an vierter Stelle — von Kunz Nachtigal (s. d.) mgq. Berol. 414 Bl. 426b (WKl. II, Nr. 1311, V. 5) in ihren Dichterkatalogen genannt, sondern auch in der Heiberger Hs. als *der viert alt nachdichter* bezeichnet. Bekannt sind sein *stiller ton* und sein *langer ton* (in der Heiberger Hs. *der lange ton des Hopfes* und *der lange hopfengart)*, der nach Münzer S. 18b (abgedruckt Nr. 95) im Anfang mit dem Choral „Ihr alten pflegt....“ übereinstimmt. H.s Töne finden sich in der Heiberger Hs. und in der Augsburger Hs. 2° 370; cgm. 5102.

Lieder des Meisters in Puschmans Singebuch und in der Heiberger Hs.

G. Münzer *Das Singebuch von Adam Puschman* 1906. K. J. Schröder *Meistersinger in Österreich,* Germ. Stud. II S. 226.

Horst Oppenheim.

Höpp, Ulrich. In einem handschriftlichen Arzneibuch der Memminger Stadtbibliothek (Pap. 2, 39. 4°, früher XIX, 1, 3) finden sich zwei Gedichte U. H.s eingelegt: a) 'Sieg der Untreue über die Treue', Anfang: *Ich gieng durch lust und auch durch wunn An einem morgen da die sunn...* 255 Reimpaarverse (ein Vers fehlt); b) 'An Kaiser Friedrich', Anfang: *O hechster vogt der himel sall Sich her und schlaich der gnaden ball...* 344 Reimpaarverse. Die Unterschriften zu beiden Gedichten lauten in der Hs.: zu a)

Deo gracias
datum an sant moricen tag jm 80 jar
M Schüttenhelm de Augusta,

zu b)

M. Schutt Schüttn̄helm gedenck das end.
1489 Jar.

Im 'Sieg der Untreue' klagt Frau Treue, daß ihr Feldlager verwüstet, ihr Gefolge erschlagen liege, während Untreue gewaltigen Zulauf habe. Treue setzt ihre letzte Hoffnung auf Kaiser Friedrich. Das zweite Gedicht erwähnt die 1470 erfolgte Einnahme Negropontes (Euböas) durch die Türken (v. 276) und die Bereitwilligkeit, mit der Fürsten und Städte auf des Kaisers Ruf in Regensburg erschienen seien. Es preist Kaiser Friedrich und beschwört ihn, St. Peters Schifflein über den See des Jammers in den Hafen des Friedens zu steuern und die Türken zurückzuschlagen. Es fügt sich am besten in die Stimmung unmittelbar zu Beginn des Regensburger „Christentages“ von 1471, in die Wochen, in denen die Reichsstände zum großen Teil bereits in Regensburg versammelt waren, aber immer noch unsicher war, ob der Kaiser persönlich erscheinen werde. Darin, daß es sich an den Kaiser wendet, ist es ein Gegenstück zu der im cgm. 5919 Bl. 343a überlieferten 'Ermahnung wider die Türken', die an die Fürsten, Grafen, Ritter und Städte gerichtet ist (vgl. ZfdA. 71 S. 49ff. und Wolgemut, Niklas).

U. H. nennt sich in beiden Gedichten (v. 249 bzw. 341). Sonst haben wir keinerlei Kunde von ihm. Seinen Reimen nach möchte man ihn mehr für einen Baiern als für einen Augsburger halten, wenn auch ein Mediziner Paul Höpp, der sein Sohn sein könnte, als Augsburger bezeugt ist. (Der Codex R 50 der Landesbibliothekd Karlsruhe enthält auf Bl. 2: *Collecta Instrümentorum Medicinalium Copia ista per Me MagistrumPaulumHoepp August-anum in Inclita Vniuersitate Vienensi Anno domini nostri Redemptoris MD Decimo nono;* vgl. Th. Längin *DieHss. zu Karlsruhe, Teil III Die Durlacher und Rastatter Hss.* S. 134; das Zitat in Naumanns Serapeum VII S. 338: "Paul Hopp siehe Schellhorn Beytr. 1. 72" habe ich nicht verfolgen können.) Der Schreiber M. Schüttenhelm schrieb jedenfalls die Gedichte bestimmt nicht in Augsburg, denn dort würde er sich nicht *de Augusta* nennen. U. H. dichtete das Gedicht auf Kaiser Friedrich wohl im Auftrage, vielleicht auch gegen Bezahlung.

Hans Schneider (s. d.) hat in seinem Spruch 'Vom Hause Österreich' U. H.s Gedicht 'An Kaiser Friedrich' ausgeschrieben (vgl. v. Liliencron *Histor. Volkslieder* Nr. 250, Bd. II S. 564ff.).

Über die Hs. siehe Serapeum (hrsg. von Rob. Naumann) 7 S. 338f. — Abgedruckt ist der 'Sieg der Untreue' in Herrigs Archiv f. d. Studium der neueren Sprachen 37 S. 203, das Gedicht 'An Kaiser Friedrich' ebda. S. 209 und bei Liliencron *Histor. Volkslieder* Nr. 126, Bd. II S. 3ff. K. Bartsch ADB. XIII S. 113.

Niewöhner.

Horburger, Johannes. Hs. Additional 16581 des Britischen Museums, 15. Jh. (1469), ostschwäbisch, Bl. 191ᵃ; s. R. Priebsch *Deutsche Hss. in England II* (1901) S. 147—58. Ihm wird ein 16zeiliger Spruch zugeteilt: *Es schadet liegen uil sere* usw., der aber ganz aus Freidank (s. d.) entnommen ist: 169, 8—9, 7—8; 170, 6—7, 4—5; 51, 3—6; 63, 8—9; 171, 23—24. R. Priebsch.

Horheim, s. Bernger v. H.

Horn, Ulrich, Barfüßer, verdeutschte 1488 und 1489 die beiden Schriften des Albertus Magnus 'Wie man soll Gott anhangen' und 'Betrachtung des Leidens Christi', beide in der Hs. 18526 des Germ. Museums zu Nürnberg, Bl. 1a—152a, geschr. 1492 im Augustinerinnenkloster Mariastein bei Eichstätt. Vielleicht ist derselbe Text auch in Donaueschingen Hs. 356, s. XV. ex., Bl. 51a—104b, und in dem Druck von Kaspar Hochfeder in Nürnberg 1492. Eine Untersuchung steht noch aus.

Ein *Ulricus Horn de Pollingen* schrieb 1444 die Gothaer Hs. Chart. A 919, eine deutsche Historienbibel (vgl. Jacobs-Ukert *Beiträge zur älteren Literatur* II, 1836, S. 66; Vollmer *Materialien zur Bibelgeschichte* I 1 S. 71). Er ist wohl kaum mit dem Übersetzer identisch.

W. St.

Hornau, Christian, 1435 Leutpriester in Ermbrechtshofen, ist kein selbständiger Schriftsteller, wie man nach H. Degering *Kurzes Verzeichnis der germanischen Hss. der Preuß. Staatsbibliothek, I. Die Hss. in Folioformat* 1925, S. 6, annehmen könnte. Denn die Verdeutschung des Psalmenkommentars des Nikolaus von Lyra, die die Berliner Hs. 2°. 43 enthält, ist von Chr. H. nur geschrieben, nicht verfaßt. Ob es die Übersetzung Heinrichs von Mügeln (s. d.) ist, muß eingehende Untersuchung lehren. W. St.

Hornberg, s. Bruno v. H.

Hornburg, Lupold. 1. Wir kennen L. H. nur durch die Sammlung des Michael de Leone (s. d.), Kanonikus und Großschreibers am Domkapitel in Würzburg. L. H. stammt aus Rothenburg o. d. Tauber und lebte im Anfang und der Mitte des 14. Jhs. Ob er mit dem von Haupt (Fußnote zu Beginn der Anmerkungen zu MF. XX) urkundlich nachgewiesenen *Lupolt Horenburg* identisch ist, erscheint zweifelhaft. H. gehört dem Laienstande an; in der 'Klage' (s. unten) läßt er sich mit

„Knappe“ ansprechen. In den Überschriften und Glossen zu seinen Gedichten heißt er wiederholt „der lange Lupold“. Es handelt sich dabei scheinbar um einen Necknamen für Leute, die Lupold hießen.

2. Von L. H. überliefert die Würzburger Liederhandschrift fünf Dichtungen: das strophische Gedicht 'Von allen Singern' und vier Zeitgesichte: 'Landpredigt', 'Rede von des Reiches Klage', 'Der Zunge Streit', 'Ehrenrede'. Nur das Gedicht 'Von allen Singern' ist bisher gedruckt und zwar von Docen im Museum für altd. Lit. und Kunst II (1811), S. 18—29 und von v. d. Hagen MS. IV (1838) S. 881f. Die Bezeichnung *von allen singern eyn lobelich rede* steht im Repertorium der Hs. Bl. 2ª. Das Gedicht zerfällt in drei Strophen mit den Überschriften: *Daz erste liet, Daz ander liet, Daz dritte liet.* Die erste Strophe enthält eine Aufzählung von zwölf Minnesängern und Spruchdichtern des 13. Jhs. (Reinmar, Walther, Neidhart, Wolfram, Konrad von Würzburg, Boppe, Marner, Regenboge, Frauenlob, Sunnenburg, Ehrenbote, Wernher). An jeden Namen wird eine kurze Charakteristik geknüpft. Die zweite Strophe ist ganz Lupolds Liebling Reinmar gewidmet, dessen *sin*, also sein Verstand, hervorgehoben wird, vgl. die Randglosse zur Überschrift: *und aller meist von erin Reinmars.* Die dritte Strophe zählt dieselben Meister wie die erste nochmals auf, doch in etwas anderer Reihenfolge, wieder unter Hinzufügung eines Werturteils. Die Charakteristiken treffen teils die dichterischen Eigenheiten der Gekennzeichneten vorzüglich, z. B. *der von Eschenbach fündelt*, d. h. er ist gesucht in seinem Ausdruck; z. T. sind sie ganz allgemein gehalten. Das Lied ist, wie die Überschrift sagt, *ins Marners lange wise* gesungen. Dieser lange Ton des Marners (s. d.) wird von den Tabulaturen des späteren Meistergesangs zu den vier gekrönten Tönen gerechnet. Die Zwölfzahl bei der Aufzählung „der“ Meister (vgl. das Repertorium: *von „allen“ singern eyn lobelich rede)* findet sich bei H. im Gegensatz zu älteren Katalogen verstorbener Meister zum ersten Mal. Das ist bemerkenswert, weil auch die späteren meistersingerischen Gedichte über die Entstehung des Meistergesangs unter ihren zwölf „Alten“ z. T. dieselben Namen nennen wie Lupold, wenn sich auch bei diesem selbst noch keine Verbindung zwischen der poetischen Aufzählung der Meister und der Entstehungssage des Meistergesanges findet; vgl. Zwierzina *Die Gedichte Lupold Hornburgs*, Festschrift des Erzh.-Rainer-Realgymnasiums zu Wien S. 129ff.

3. Den vier Zeitgedichten H.s ist der Gedanke gemeinsam, daß nur ehrliches Handeln und Streiten Wert hat, und daß die Plagen der Zeit die Strafe sind für die Verlogenheit der weltlichen und geistlichen Großen. Die Gedichte fallen in ein Jahr, von Sept. 1347 ('Ehrenrede') bis Sept. 1348. Die 'Landpredigt' schildert in 266 Zeilen die Nöte der Jahre 1342 bis 1348. Als Vorlage diente Lupold das '*Chronicon modernorum hominum*' des Michael de Leone (vgl. Boehmer *Fontes Rer. Germ.* I S. 466). Die Schuld an allem Unglück trägt die Selbstsucht der Fürsten und *hôhen pfaffen*, wobei eine deutliche Abneigung gegen die Unzuverlässigkeit Karls IV. hervortritt. — H. ändert seine Haltung in der 'Rede von des Reiches Klage'. Darin hat er das von dem Ostheimer Pfarrer Otte Baldeman (s. d.) aus Karlstadt in deutschen Reimpaaren übersetzte '*Ritmaticum querulosum et lamentosum dictamen de modernis cursibus et defectibus regni ac imperii Romanorum*' des Lupold von Bebenburg (s. d.) durch einige Zusätze erweitert, um es bei dem von Albrecht dem Lahmen nach Passau einberufenen Fürstentag vorzutragen. Dort sollte der Streit zwischen Karl IV. und seinem Gegner, dem Markgrafen Ludwig von Brandenburg, beigelegt werden. H. ist wohl im Gefolge des Bischofs von Würzburg, eines Anhängers Karls IV., dorthin gekommen. In der 'Rede von des Reiches Klage' erzählt „Frau Reich“, ein wunderschönes Weib, von ihrem entschwundenen Glanz und befiehlt dem „Knappen“ Ludolf, die Fürsten zu ermahnen, sich ein einheitliches Haupt zu wählen. — In 'Der Zunge Streit' zeigt sich H. wieder recht feindlich

gegen Karl. Der deutsche Kaiser hat sich auf die Seite des falschen Waldemar, eines offenbaren Betrügers, gestellt. Dagegen richtet sich 'Der Zunge Streit'. — Das älteste Gedicht H.s ist die 'Ehrenrede'. Es ist eine Ehren- und Leichenerde auf den Ritter Konrad von Schlüsselberg, der in einer Fehde zwischen dem Bischof von Würzburg und den Städten Würzburg, Rothenburg und Windsheim als Verbündeter der Städte, von seinem Kaiser verlassen, gefallen war.

Sämtliche Lit. vgl. bei Zwierzina a. a. O.

Eduard Brodführer.

Horneck, s. Ottokar v. Steiermark.

'Hortulus animae'. 1. Drucke. Seit dem 14. Jh. werden unter dem Einflusse der Mystik handschriftliche Gebetbücher für Nonnen und Laien der gebildeten höfischen und bürgerlichen Kreise häufiger. Der Buchdruck übernimmt das Kleinformat dieser Hss., die inhaltlich weitgehende Verwandtschaft aufweisen. Das Bedürfnis nach reichlichem Bildschmuck wird um 1500 vornehmlich in Straßburg befriedigt. Hier erscheint der '*Hortulus animae*', eine Zusammenstellung von Gebeten, die für Deutschland etwa die Bedeutung des französischen '*Livre d'heures*' gewinnt. Im Wettbewerb mit ähnlichen Sammlungen wie '*Salus animae*', '*Horologium devotionis*', 'Zeitglöcklein', macht der Druck des 'H.' zunächst in lateinischer, dann in deutscher Gestalt seinen Weg durch das deutsche Volk. Von 1498 an läßt sich eine Reihe Drucke des lat. 'H.' nachweisen; 1498 in Straßburg bei Wilhelmus Schaffener de Roperßwiler (Hain 8936): '*Ortulus anime*'; im gleichen Verlage am 15. März 1500: '*Hortulus anime. Incipit Officium siue Cursus beate Marie*' (Hain 9938). Am 31. Jan. 1500 beendet Joh. Grüninger in Straßburg den Druck: '*Ortulus anime cum orationibus aliquibus superadditis, que in prioribus libris non habentur*' (Hain 8937); 1501 folgt bei Grüninger die 1. deutsche Übersetzung. Eine davon abweichende Übersetzung erscheint 1502 in Straßb. bei Wehinger, die aus der Feder des Sebastian Brant (s. d.) stammt, wie ein Einleitungsgedicht besagt. Hierauf beruhen alle deutschen Straßburger Drucke: 1505; 1508; der verschollene Flachsche Druck von 1510; 1512; 1513. Prosa und Versgebete erweitern beständig den Inhalt. Dann tritt Nürnberg hinzu; 1511 (*nonas Julij*) bei Jodocus Gutknecht: '*Hortulus anime cum alijs quamplurimis orationibus*'; daneben hier und in seiner Lyoner Filiale Johann Koberger; so in Lyon 1516 und 1517: *arte et industria Joannis Clein chalcographi*. In Leipzig wird 1513 von Konr. Kachelofen eine niederdeutsche Ausgabe besorgt: '*Ortulus anime to dude*'. Es gibt auch andere Drucke, so aus Basel und Worms. In der Reformationszeit überarbeitet Georg Rhau den Text im protestantischen Sinne; auch kath. Ausgaben, in denen die auf Ablässe bezüglichen Stellen ausgekratzt werden, bleiben in Umlauf.

2. Gebete. Die Flachsche Ausg. von 1500 enthält: '*Cursus beate Marie virginis iuxta statutum Urbani pape secundi editum in concilio apud Clarummontem celebrato*'; '*Oratio de compassione*'; '*Cursus Bonaventure de passione Christi*'; '*Alius cursus de passione Christi compositus per Johannem papam XXII.*'; '*Oratio beati Ambrosii de singulis articulis passionis Jesu Christi*'; '*Alia oratio de eodem*'; '*Oratio Bede de septem verbis ultimis*'; '*Oratio beati Gregorii de quinque vulneribus Christi*'; '*Orationes ante ymaginem pietatis*' (Schmerzensmann); '*Alia oratio*'; '*Oratio de armis et passione Christi*'; '*Oratio coram ymagine crucifixi*'; '*Salutationes ad omnia membra Christi*'; '*Passio domini nostri Jesu Christi secundum Johannem in die Parasceues dicenda*'; '*Septem psalmi penitentiales*'; '*Confessio*'; tägliche Gebete; Gebete zur Dreifaltigkeit, zur ewigen Weisheit; zu Maria: '*de septem doloribus*'; '*planctus*'; '*de angustiis*'; '*coram ymagine beate virginis in sole*'; Heiligengebete: Michael, Schutzengel, Engelchöre, Joh. Bapt., Patriarchen und Propheten, Apostel; Märtyrer: Sebastian, Vinzenz, Blasius, Valentin, Georg, Erasmus, die 10000 Märtyrer, Kilian, Christoph, Cyriak, Lorenz, Moritz, Dionys, Stephan, 14 Nothelfer; Bekenner: Erhard, Anton, Wilhelm, Thomas v. Aquino, Benedikt, Ambrosius, Alexius, Dominikus, Bernhard, Augustin, Hieronymus, Fran-

ziskus, Gallus, Wolfgang, Leonhard, Martin Bischof, Nikolaus; Jungfrauen und Witwen: Agnes, Brigitta, Agatha, Dorothea, Apollonia, Gertrud, Sophia, Margaretha, Maria Magdalena, Anna, Martha, 11000 Jungfrauen, Elisabeth, Katharina, Barbara, Ottilia; allgemeine Heiligengebete; Festtagsgebete: *Circumcisio*, *Epiphania* und Dreikönige, Lichtmeß, Verkündigung, Ostern, Bittage, Himmelfahrt, Pfingsten, Fronleichnam, Mariä Heimsuchung, *Divisio apostolorum*, Mariä Himmelfahrt, Mariä Geburt, Allerheiligen, Mariä Opferung, Advent, Mariä Empfängnis, Weihnachten, Unschuldige Kinder, Kirchweih, *'In dedicatione altaris'*; Buß- und Beichtgebete; *'Casus papales'*; *'Forma absolutionis Gersonis'*; Kommuniongebete; Meßgebete; Gebet vor dem Kreuze; *'Oratio sancti Augustini a spiritu sancto sibi revelata'*; *'Oratio beati Thome de Aquino'*; *'Oratio sancti Bernhardini'*; die 8 Psalterverse, die der Teufel dem hl. Bernhard offenbaren mußte; Gebet zu Maria und Johannes; Anfang des Johannesevangeliums; Gebet zum Aveläuten aus dem Lukasevangelium; kurze Stoßgebete in allen Lebenslagen; Ablaßgebete; für die Seelen im Fegefeuer; *'De sancto Fyacrio'*; Birgittenrevelationen (15 Gebete zum Leiden Christi); viele dieser Gebete mit reichlichen Ablaßverheißungen.

3. Bildschmuck. Die Künstler, die die ersten deutschen Ausgaben von 1501 und 1502 illustriert haben, sind nicht bekannt. Ihr Stil zeigt die auf Martin Schongauer zurückführende Straßburger Sonderart, altertümlich herbe, aber künstlerisch fortentwickelte Züge. Die Ausgabe Flachs von 1511, vielleicht schon die verlorene von 1510, bringt die fein und frei gezeichneten Holzschnitte Hans Baldungs, neben denen nur wenige ältere Illustrationen beibehalten werden. Eine neue Kunst zieht in Nürnberg in den *'H.'* ein, wo mehrere Holzschnitte aus der Dürerschule hervorgingen.

4. Die Wiener Hs. des 'Seelengärtleins'. Hs. 2706 der Nationalbibl. zu Wien (Denis I, DCCCCLI), eine der schönsten Miniaturhss.: *'Ortulus anime. Der selen gärtlin wurde ich gnent. Von dem latein man mich noch kent. Zu Straßburg in seym vatterlant Hat mich Sebastianus brant Gesehen und vast corrigiert. Zu teusch auch vil transferiert'*. Der Band ist nicht für Margarete von Österreich, Tochter Maximilians, geschrieben; er geht, auch in den Richtlinien für die Darstellung, Auswahl, Zahl und Einordnung der Bilder, auf den Flachschen Druck von 1510 zurück. Aber die Ausführung zeigt die bei den niederländisch-französischen Horarien üblichen Gewohnheiten. Es sind vorhanden 36 Vollseiten-, 30 Halbseitenbilder; Rahmen und Randleisten, Initialen und zeilenfüllende Leisten, davon 29 Rahmen mit figürlicher Darstellung, 90 mit ornamentalen Motiven (meist naturalistische Pflanzenteile, Insekten, Ranken, Blüten, Juwelen, Goldarbeiten und geometrische Motive); 75 große, mehrere Tausend kleine Initialen und viele Tausende von Fülleisten. Die von zwei Händen im 2. Jahrzehnt des 16. Jhs. ausgeführte Arbeit entstammt der Gent-Brügger Schule, deren Nachblüte wenig persönlich, aber in Geschmack, Farbe, Lieblichkeit höchst feinsinnig ist.

Eduard Chmelarz *Ein Verwandter des Breviarium Grimiani*, Jahrb. d. kunsthist. Sammlungen d. allerhöchsten Kaiserhauses 10 (1889) S. 429ff. Ausgabe: *'Hortulus animae'. 'Seelengärtlein'. Codex Ms. 2706 der k. k. Hofbibliothek in Wien. Hg. u. m. Einl. versehen* v. Fr. Dörnhöffer 1907/09 (im 3. Bd. Dörnhöffers Erläuterungen). Engl. Ausg.: *The Garden of the Soul* (*Hortulus animae*) 1910.

J. Klapper.

Hrabanus Maurus.

1. Das Leben dieses berühmten Abtes von Fulda und Erzbischofs von Mainz, welcher von der Nachwelt als *praeceptor Germaniae* gefeiert wurde, läßt sich auf Grund des vorliegenden Quellenmaterials wenigstens in seinen Hauptzügen verfolgen, abgesehen davon daß sein Geburtsjahr nicht sicher nachzuweisen ist (s. u.). Der Name *Hrabanus* („Rabe"), dessen anlautendes *H* in den ältesten Handschriften, die sehr wahrscheinlich bis in die zweite Hälfte des neunten Jahrhunderts zurückgehen (s. Dümmler *Studien* S. 26), belegt und durch das Wort- und Buchstabenspiel in dem Gedichtzyklus vom Heiligen Kreuz (*Praefatio*, Migne 107 Sp. 147f.) gesichert

ist, erscheint bereits in einer Fuldaer Urkunde (Dronke a. a. O. Nr. 90, S. 55), nach der ein gewisser *Waluramnus* und seine Ehefrau *Waltrat* im Jahre 788 dem Kloster in Fulda ihren Sohn Hraban und gleichzeitig eine in Mainz gelegene Besitzung übergeben. Die Möglichkeit, daß dieses Kind mit unserm Hraban identisch ist, wird durch folgende Tatsache unterstrichen: in dem bereits erwähnten Werk *'De laudibus Sanctae Crucis'* nennt der Verfasser sich *Magnentius* (Migne a. a. O.), was Bach (a. a. O. Sp. 639) und noch deutlicher Ebert (a. a. O. S. 120f. Anm. 3) mit Recht als „der Mainzer" erklärt haben. Ferner gibt Hraban in seinem von ihm selbst gedichteten Epitaph Mainz als Geburtsstadt an: *urbe quidem hac* [sc. Mainz, dem Ort seiner Grabstätte] *genitus sum* (M. G. H. Poet. II Nr. 97, S. 243f., Vers 3) und bezeichnet sich in einem anderen Gedicht als Franke: *ipse quidem Francus genere est* (ebd. Nr. 1, S. 159f., Vers 7). Seine deutsche Abstammung und seine Mainzer Herkunft können hiernach also nicht bezweifelt werden. Dagegen ist das Jahr seiner Geburt unbekannt und nur hypothetisch zu erschließen. Mabillon entschied sich für das Jahr 776 (bei Migne *Prolegomena* Cap. 1, Abs. 4; Bd. 107, Sp. 12 A. B.) mit der Begründung, daß Hraban im Jahre 801 zum Diakon geweiht wurde (*'Annales Laurissenses minores'* z. J. 801: M. G. H. SS. I [1826] S. 120) und für diese Weihe nach den alten Kirchengesetzen ein Alter von 25 Jahren erforderlich war. Dieses Geburtsjahr wurde u. a. von Dümmler angezweifelt, weil Hraban dann das Archiepiskopat in Mainz mit 71 Jahren angetreten und fast noch ein Jahrzehnt verwaltet hätte. D. nimmt an, „daß Hraban als ein Jüngling von vornehmer Herkunft und ungemeiner Begabung von jener Vorschrift — [falls sie wirklich bestand, was D. an anderer Stelle bezweifelt] — entbunden und vor der gewöhnlichen Zeit geweiht wurde, wie es ja z. B. auch damals vorkam, daß Drogo, der natürliche Sohn Karls des Großen, mit kaum 22 Jahren Erzbischof von Metz wurde" (a. a. O. S. 27). Im Gegensatz zu Mabillon geht D. von der am 23. Dezember 814 erfolgten Priesterweihe Hrabans durch den Erzbischof Haistolf von Mainz aus (*'Ann. Laur.'* z. J. 814 a. a. O. S. 122; vgl. hierzu auch die Bemerkung Hrabans: *a quo* [sc. *Haistulpho*] *recordor me accepisse dignitatem ecclesiasticam* = *'De institutione clericorum', Praefatio* bei Migne 107 Sp. 296 C; Knoepfler a. a. O. S. 3). Da die Aufnahme in den Priesterstand frühestens im Alter von 30 Jahren erfolgte, wäre Hraban danach also im Jahre 784 geboren (s. hierzu auch noch Türnau a. a. O. S. 1 Anm. 5 und Haucks Realenzykl. ³VIII S. 403f.)

2. Mit dem Inhalt der oben angeführten Schenkungsurkunde stimmt auch überein, daß Hraban in jungen Jahren in das Fuldaer Kloster kam: *in Fulda post haec dogma sacrum didici* (M. G. H. Poet. II Nr. 97, S. 243f., Vers 4; dazu Mabillon bei Migne, Proleg. Cap. 2 Abs. 5 a. a. O.), in den dortigen Benediktiner Orden eintrat: *quo monachus factus seniorum iussa sequebar, / norma mihi vitae regula sancta fuit* (M. G. H. Poet. a. a. O. Vers 5f.) und noch unter dem Abt Baugulf (780 bis 802) die Diakonenweihe empfing. Dieser ist sehr wahrscheinlich als sein erster Lehrer anzusprechen, der ihn später zur weiteren Ausbildung besonders in den freien Künsten nach Tours in die Schule Alkuins gesandt haben soll: *Abbas namque suus Fuldensis rector ovilis / illum huc direxit ad tua tecta, pater* (M. G. H. Poet. II Nr. 1, S. 159f., Vers 9f.; dazu Dümmler a. a. O. S. 28f.). Dem steht allerdings entgegen, daß nach dem *'Catalogus Abbatum Fuldensium'* erst der Abt Ratgar (802 bis 817) *Hrabanum et Hatton Turonis direxit ad Albinum magistrum liberales discendi gratia artes* (M. G. H. SS. XIII [1881] S. 272, Z. 27f.). Die Richtigkeit dieser Angabe hat Dümmler bezweifelt. da Hraban dann nur wenige Monate den Unterricht Alkuins genossen haben könnte, der bereits 804 starb. Einem zweimaligen Aufenthalt in Tours, den meines Wissens als erster Ebert (a. a. O. S. 121) und nach ihm wieder Türnau (a. a. O. S. 5f.) und Manitius (a. a. O. S. 289) angenommen haben, widerspricht schon Dümmler (a. a. O. S. 28 Anm. 8); Hauck (*Kirchenge-*

schichte S. 157f. Anm. 3) wiederum stellt die Möglichkeit eines Irrtums im *'Catalogus'* entschieden in Abrede und läßt u. a. auch die Vermutung Eberts und Dümmlers nicht gelten, daß Theodulf in einem seiner Gedichte mit dem *Corvinianus* bzw. *Corvulus* (M. G. H. Poet. I, 1 [1880] S. 490/93) Hraban gemeint hätte: „Gerade bei dem ironischen Ton des Gedichtes scheint es mir wenig wahrscheinlich, daß hier der damals doch noch recht junge, nach D[ümmler] zwölfjährige, Schüler gemeint ist: er paßt nicht in den Kreis der sonst Ironisierten" (Hauck a. a. O. Schluß der Anm.). Wie dem auch sei, jedesfalls war das Verhältnis zwischen Lehrer und Schüler ein sehr herzliches und für Hraban außerordentlich fruchtbar, selbst wenn es nur kurze Zeit bestanden hat. So berichtet Hraban in einem Brief an den Abt Hildvinus von St. Dionys, daß er den Namen *Maurus* (mit dem allein er sich in seinen Schriften häufig nennt) von Alkuin erhalten habe: *quod* [sc. *nomen*] *meus magister beatae memoriae Albinus mihi indidit* (M. G. H. Epist. V, 14. Brief S. 403, Z. 3f.). Dazu stimmt die Anrede, die Alkuin seinerseits in einem kurzen Brief an den Schüler gebraucht: *Benedicto St. Benedicti puero Mauro Albinus salutem;* aus dieser Formulierung geht auch die Anspielung des Namens Maurus auf den Lieblings-Jünger des heiligen Benedikt deutlich hervor, so daß sich andere an ihn geknüpfte Kombinationen erübrigen. Diesen Brief setzt Dümmler in das Jahr 798 (M. G. H. Epist. IV [1895], Nr. 142, S. 223f.), während Hauck ihn erst (a. a. O. S. 157f. Anm. 3) 804 geschrieben wissen will. Bleibt die Datierung auch ungewiß, so beweist der Inhalt des Schreibens dagegen, daß Hraban bereits vor dem Tode Alkuins nach Fulda zurückgekehrt war und dort das Amt eines Lehrers an der Klosterschule übernommen hatte.

3. Die Zeit nach seiner Rückkehr war für eine ruhige wissenschaftliche und lehrende Tätigkeit wenig günstig. Das Leben gestaltete sich für die Angehörigen des Klosters unter dem herrischen Wesen des Abtes Ratgar äußerst schwierig, da dieser alles andere seiner leidenschaftlichen Baulust unterordnete. Eine Beschwerde der Fuldaer Mönche an Karl den Großen (M. G. H. Epist. IV Appendix Nr. 33, S. 548/51) führte nach langwierigen Verhandlungen und Vermittlungsversuchen des Kaisers (*'Ann. Laur.'* z. J. 809 bzw. 812 a. a. O. 121) zur Absetzung Ratgars und zur Wahl des trefflichen Eigil (ebd. z. J. 817 S. 123; *'Ann. Fuldenses'* z. J. 817/818 ebd. S. 356). Auch Hraban hatte Ratgars Herrschaft zu spüren gehabt, der ihm durch Entziehung seiner Schriften eine geregelte Arbeit und Lehrtätigkeit sehr erschwerte. Zwar ist der Ton des Gedichtes, in dem seine *glosae parvique libelli* zurückerbeten werden (M. G. H. Poet. II Nr. 20, S. 185f., Vers 9), höflich und maßvoll, ja beinahe demütig — seine Gefühle für Ratgar waren aber sicher nicht die besten, zumal dieser seinem Wunsche keineswegs entsprach. Trotzdem schloß Hraban sich der großen Zahl seiner Brüder nicht an, die während des Streites mit dem Abt zum Zeichen ihres Protestes das Kloster verlassen hatten (817). Die Verse (M. G. H Poet. a. a. O. Nr. 40, S. 204f.), die er diesem Ereignis widmet, zeigen „mehr Betrübnis als Ingrimm" (Hauck a. a. O. S. 639 Anm. 4), und er fügte sich in das Unvermeidliche, auf bessere Tage hoffend. Diese blieben auch nicht aus, nachdem Eigil die Leitung des Klosters übertragen worden war. Mit diesem Manne verband ihn eine feste Freundschaft: *disputationem quoque saepius cum Hrabano magistro, qui ei erat speciali familiaritate connexus, excepit* (*'Vita Eigilis'*, M. G. H. SS. XV, 1 [1887] S. 231, Z. 45f.; dazu M. G. H. Poet. a. a. O. Nr. 22, S. 186f.). Jetzt endlich konnte er ganz seiner Wissenschaft leben und in der Stellung des Klosterlehrers seinen und Fuldas Ruhm weithin verbreiten. Diese doppelte Tätigkeit erlitt auch keine nennenswerte Einschränkung, als er nach dem Tode Eigils im Jahre 822 selbst zum Abt gewählt wurde. „Jede Stunde, welche er an den Regierungsgeschäften erübrigen konnte, widmete er den Studien oder dem Unterricht; das war die einzige Leidenschaft dieses leidenschaftslosen Mannes" (Hauck a. a. O. S. 640). Die Anforderungen,

welche die Verwaltung des großen Klosterbesitzes an die Arbeitskraft seines Leiters stellte, waren nicht gering: so ließ er u. a. den von Eigil bereits begonnenen Neubau des Klosters fertigstellen und in den zu Fulda gehörenden Dörfern und Bezirken Kirchen errichten, die mit reichem Bilderschmuck verziert wurden. Hierüber und über die weitere Tätigkeit Hrabans als Abt bietet die Schrift seines Schülers Rudolf reiches Material (s. *'Rudolfi miracula'*, M. G. H. SS. XV 1, Cap. 1, S. 330, Z. 13ff.; Cap. 3, S. 332, Z. 45ff.; Cap. 13, S. 338, Z. 46ff. u. ö.; dazu Hauck Realenzykl. ³VIII S. 404f.)

4. Von den politischen Wirren seiner Zeit hielt Hraban sich völlig zurück: *nam pro dolor multi inveniuntur huius temporis viri ex ecclesiasticis personis, qui relicto predicandi officio et spiritali conversatione, in eo se magnos estimant, si terrenis negotiis preponantur, et disceptationibus saecularium sepe intersint, ita ut in eorum conventibus quasi arbitres presideant, et eorum conflictuum iudices fiant.* So schreibt er an den Bischof Hemmo von Halberstadt (M. G. H. Epist. V, 36. Brief S. 471, Z. 33ff.). Diese Anschauung hinderte ihn aber nicht, sich eine feste politische Meinung zu bilden, die in seiner unerschütterlichen Treue zu Ludwig dem Frommen ihren Ausdruck fand. Es war nicht nur Dankbarkeit, die ihn an den Kaiser fesselte, für die reichen Stiftungen und Geschenke an das Fuldaer Kloster (Dronke a. a. O. Nr. 484f., S. 213f.; Nr. 523f., S. 230ff.; Nr. 655, S. 302f.), sondern sein Rechtsgefühl stand in dem Streit zwischen Vater und Söhnen durchaus auf der Seite des ersten. Im Jahre 832 besuchte Ludwig mit seiner Gemahlin Judith das Kloster zur großen Freude des Abtes und der Mönche, welche diese Ehre wohl zu würdigen wußten.

Auch dem Kaiser Lothar bewährte Hraban nach Ludwigs Tod die gleiche Treue, da er ihn, den ältesten Sohn, für den berechtigten Erben des Reiches hielt. Als die Schlacht bei Fontenoy gegen seinen Erwählten entschied und ein Teil der Fuldaer Mönche mit Hrabans Haltung nicht mehr einverstanden zu sein schienen, trat er nach beinahe 20jähriger Tätigkeit von seinem Amt als Leiter des Klosters zurück und fand auf dem Petersberg bei Fulda in der Nähe einer von ihm selbst erbauten Kirche eine Zufluchtstätte (*'Rudolfi miracula'* a. a. O. Kap. 14/15, S. 339f.). Über die Ereignisse im einzelnen, die zu seinem Rücktritt führten, s. zuletzt Hauck (*Kirchengeschichte* S. 641f. Anm. 5). Politische und persönliche Gründe werden seinen Schritt veranlaßt haben, doch scheint die Wahl seines Jugendfreundes und Mitschülers Hatto zum Nachfolger, welche Hraban selbst vorgeschlagen hatte, und die bald erfolgte Bestätigung dieser Wahl durch Ludwig den Deutschen — der neue Abt wird im April 842 bereits als solcher bezeichnet (s. Dronke a. a. O. Nr. 543, S. 242) — zu beweisen, daß eine gütliche Einigung zwischen Hraban einerseits und dem ostfränkischen König bzw den Fuldaer Mönchen erfolgte. Daß der damals durch Krankheit geschwächte, mindestens hohe Fünfziger sich nach Ruhe und Entlastung von Amtsgeschäften sehnte, ist verständlich (vgl. den Brief Hrabans an Kaiser Lothar M. G. H. Epist. a. a. O. Nr. 28, S. 443f.; dazu die Bemerkung: ..... *quod in praesenti anno valida aegritudine laborabam, ex qua etiam adhuc penitus absolutus non sum*; ebd. Nr. 24, S. 431, Z. 6f.), und so brauchte sein Rücktritt kein erzwungener gewesen zu sein. Sollte es aber zwischen ihm und Ludwig doch einen Konflikt gegeben haben, so wurde er sehr bald wieder beigelegt; das kam in dem vom König herbeigeführten Zusammentreffen der beiden Männer (vgl. M. G. H. Epist a. a. O. Nr. 33, S. 465ff.), vor allem aber in der Berufung Hrabans zum Erzbischof von Mainz zum Ausdruck (*'Ann. Fuld.'* z. J. 847 a. a. O. S. 365; dazu M. G. H. Epist. a. a. O. Appendix S. 531, Z. 6f.). Unmittelbar nach seinem Amtsantritt berief er auf Veranlassung des Königs eine große Provinzialsynode in das St. Albanskloster bei Mainz, der 848 und wahrscheinlich 852 zwei weitere folgten. Über ihren Inhalt und die Bedeutung ihrer Satzungen vgl. Hauck Realenzykl. ³ VIII S. 406 bzw. *Kirchengeschichte* S. 643f. und Anm., Dümmler

ADB. XXVII S. 71; über Hrabans Streit mit dem Mönch Gottschalk Dümmler *Geschichte des ostfränkischen Reichs* I (1862) S. 310 bis 320. Über das sonstige Wirken Hrabans als Erzbischof ist abgesehen von seiner Mildtätigkeit wenig überliefert; neun Jahre nach seiner Amtsübernahme starb er hochbetagt und hochgeachtet am 4. Februar 856 und wurde in der St. Albanskirche beigesetzt.

5. Als Schriftsteller ist Hraban durch seine exegetischen Arbeiten zum Alten und Neuen Testament hervorgetreten und besonders bekannt geworden. Ohne ernstliche Kenntnisse des Griechischen, nur auf den Vulgatatext gestützt hat er im Laufe der Jahre fast alle historischen Schriften des A. T.s, die großen Propheten, das Buch Sapientia und Jesus Sirach, ferner das Matthäusevangelium, die Paulinischen Briefe und sehr wahrscheinlich auch die Apostelgeschichte erläutert. Hierin erweist er sich durchaus als Schüler Alkuins. Vor allem sein Matthäus-Kommentar (Migne 107 Sp. 727ff.) hat weithin gewirkt — dem lange Zeit unter seinem Namen stehenden Johannes-Kommentar hat Schönbach (a. a. O. S. 109/28, besonders S. 113ff.) mit vollem Recht die Autorschaft Hrabans aberkannt. In diesen Schriften folgt er meist wörtlich, hierin im Gegensatz zu seinem Lehrer und Vorbild, den von ihm benutzten Quellen und zeigt eine große Belesenheit in der damaligen theologischen Literatur. Neue Gedanken findet man bei ihm nicht. Seine Absicht war vielmehr, die heilige Schrift seinen Lesern und Schülern nahe zu bringen, die in erster Linie unter den Klerikern zu suchen sein werden. So kommt auch hier sein Wunsch, lehrend und belehrend zu wirken, deutlich zum Ausdruck, wobei die allegorische und mystische Auslegung der hlg. Schrift den Hauptzweck bildete; als Ergänzung hierzu werden die '*Allegoriae in universam sacram scripturam*' bestimmt gewesen sein (Migne 112 Sp. 849ff.), die eine lexikographische Zusammenstellung der allegorischen Begriffe aus dem Alten und Neuen Testament darstellen, und ebenso die zweiundzwanzig Bücher umfassende Schrift '*De universo*', richtiger wohl '*De rerum naturis*' (Migne 111 Sp. 9ff.), die inhaltlich zum größten Teil auf Isidor zurückgeht, *sed etiam de mystica earundem rerum significatione* handelt (*Praefatio altera ad Hemmonem episcopum*, a. a. O. Sp. 12 D). Das wichtigste und bedeutendste pädagogische Werk ist aber sein Buch '*De institutione clericorum*' (Migne 107 Sp. 293ff.; Knoepfler a. a. O.), das er auf Bitten seiner Freunde und Schüler noch als Mönch verfaßt und dem Erzbischof Haistolf gewidmet, später in Mainz noch erweitert und das erste Buch unter einem neuen Titel gesondert herausgegeben hat (Praefatio, a. a. O. Sp. 295 B. C.; Knoepfler a. a. O. S. 1). Wie immer nennt er auch hier seine Gewährsmänner, von denen für ihn aber Augustins Schrift '*De doctrina christiana*' an erster Stelle gestanden zu haben scheint. Nicht, wie man eigentlich erwarten sollte, die dogmatische Lehre bildet den Mittelpunkt: sie steht fest und bedarf keiner Erläuterung mehr; ihre Unanfechtbarkeit bewahrt die Gläubigen vor häretischen Irrlehren. Dafür steht neben den äußerlichen Unterweisungen für den kirchlichen Kultus die geistige und wissenschaftliche Vorbildung der jungen Kleriker im Vordergrund des Interesses: *novissime vero liber ipse* [d. h. das dritte] *exponit, quomodo oportet eos, qui docendi officium gerunt, diversos auditores diversis allocutionibus admonere et in doctrina ecclesiastica fideliter erudire, et quia haec omnia, quae diximus, ad clericorum officium maxime pertinent, qui locum regiminis in ecclesia tenent et de universis legitimis dei populum instruere debent, placuit ipsos libros 'de institutione clericorum' nuncupari, id est, cum qua se vel sibi subditos ad servitium divinum instruere debent* (*Praefatio* Sp. 296 B; Knoepfler a. a. O. S. 2). Schließlich verfolgte auch den gleichen oder doch einen ähnlichen Zweck die große Homiliensammlung Hrabans, deren erster Teil eine Reihe moralisierender lateinischer Predigten einmal zu den kirchlichen Festtagen, dann über die Tugenden und Laster bildet, zusammengestellt auf Wunsch des Erzbischofs Haistolf (Migne 110 Sp. 9ff.), während der zweite (sehr viel umfangreichere), dem

Kaiser Lothar gewidmete Band (a. a. O. Sp. 135ff.) eine Auslegung der neutestamentlichen Schriften — ebenfalls in Form von Predigten — enthält und dadurch seinen exegetischen Arbeiten sehr nahe steht.

Seine poetischen Werke ragen über das Mittelmaß nicht hinaus. Hraban war kein Dichter. Das beweist bereits sein erster Versuch '*De laudibus Sanctae Crucis*' (Migne 107 Sp. 133ff.), eine Sammlung von achtundzwanzig Gedichten, die jedesmal in ungebundener Rede und dann in einem zweiten Prosateil des gleichen Inhalts näher erklärt werden. Für die Wahl dieser doppelten Darstellung beruft er sich auf Prosper und Sedulius, für die äußere Form der Gedichte auf Porfyrius, der Konstantin den Großen besungen hatte: „Hraban übertraf ihn [Porfyrius] fast noch an Künstelei, die Hexameter ergeben kreuz und quer wieder andere Hexameter und decken sich außerdem teilweise mit hineingezeichneten Figuren. Man darf wohl glauben, daß er zur Ausführung dieser unerhörten Kunststücke, die mit der Poesie nichts gemein haben und durchweg die mystische und symbolische Bedeutung des Kreuzes feiern sollen, Jahre gebraucht hat" (Dümmler *Studien* S. 29). Trotzdem hat dieses Werk eine weite Verbreitung und anscheinend größte Anerkennung und Bewunderung gefunden: es erlebte verschiedene Neuauflagen, von denen eine Kaiser Ludwig dem Frommen 831, eine spätere, die eigentlich für den Papst Gregor IV. bestimmt war, nach dessen Tode 844 seinem Nachfolger Sergius II. überreicht wurde (Dümmler a. a. O. S. 30f.).

Zu den Gedichten vgl. auch Dreves a. a. O., dazu Strecker AfdA. 33 (1909) S. 51ff.; zu den übrigen Schriften Hrabans u. a. Dümmler ADB. XXVII S. 72ff.; Hauck Realenzykl.[3] VIII S. 407ff.; Manitius a. a. O. S. 295ff.

6. Die große Wirkung, die Hraban auf seine Um- und Mitwelt ausgeübt hat, erklärt sich neben seiner literarischen Tätigkeit, die bewußt auf jede Originalität verzichtete und nur bestrebt war, die autoritative kirchliche Überlieferung zu pflegen und fortzupflanzen, hauptsächlich durch seine fast drei Jahrzehnte währende pädagogisch ausgezeichnete Leitung der Fuldaer Klosterschule. Weit über die deutschen Grenzen drang der Ruhm Fuldas und seines großen Lehrers; immer wieder fanden neue Anhänger den Weg zu ihm und seinem Kreis, und die Zahl bedeutender Theologen und Schriftsteller, die aus Hrabans Schule hervorgegangen sind, ist nicht gering: neben seinem Neffen Gundram, dem Baiern Baturich (817—847 Bischof von Regensburg), dem Westfranken Lupus (seit 842 Abt von Ferrières), dem Mönch Rudolf, der die Geschichte Ludwigs des Deutschen schrieb, und vielen anderen sind in erster Linie der berühmte Abt von Reichenau Walahfrid Strabo (s. d.) und Otfrid von Weißenburg (s. d.) zu nennen. Bezeichnet dieser sich in der Vorrede seines Evangelienbuches an den Erzbischof Liutbert von Mainz selbst als einen Schüler Hrabans, so kann dies nach den Resultaten der jüngsten Forschung auch für den deutschen 'Heliand'-Dichter gelten, der — wie bereits Sievers (ZfdA. 19 S. 39) und zuletzt wieder Weber (ebda. 64 S. 61ff.) nachgewiesen haben — zweifellos den Matthäus-Kommentar für sein Epos benutzt und darüber hinaus möglicherweise noch nähere Beziehungen zu Fulda und seiner Schule gehabt hat (vgl. 'Heliand'). Sievers gelangte nämlich bei seinen neueren und neuartigen Untersuchungen (wie er selbst bekennt durch einen glücklichen Zufall) zu dem überraschenden Resultat einer „absolute(n) Identität der Stimme des Verfassers der alten Praefatio [des 'Heliands'] mit der Stimme des Hrabanus Maurus" und zog daraus den Schluß, „Hraban müsse der Verfasser auch unserer anonymen Praefatio gewesen sein." Eine Stütze seiner Behauptung fand er in einem zweiten Argument „von mehr der herkömmlichen philologischen Art", nämlich in der Übereinstimmung des sprachlichen Ausdrucks (PBB. 50 S. 419/23). Ist Sievers im Recht, so würde dieser Umstand allerdings erneut „ein wirkliches Interesse und auch direktes Verständnis [Hrabans] für ein Werk der deutschen Literatur" beweisen und eine ältere Hypothese stützen können, nach welcher auch die deutsche

Übersetzung der Tatianischen Evangelienharmonie (s. d.) auf Hraban zurückzuführen sei. Auch hier stellt Sievers eine unerwartete Übereinstimmung fest, aus der es sich für ihn zweifelsfrei ergibt, daß der Abschnitt Tat. 124, 7—125, 11 (Ausgabe S. 178ff.) „sicher aus der Feder des Hraban geflossen" ist (a. a. O. S. 425/29; vgl. dazu auch a. a. O. 52, S. 189f.). Durch diese Untersuchungen wird ein neuer Gesichtspunkt für die Beurteilung Hrabans gefunden, der neben den altbekannten Tatsachen weitere Perspektiven über den Einfluß dieses Mannes auf die kirchliche Literatur und Dichtung eröffnet, welche auch für die nationalen Tendenzen des neunten Jahrhunderts charakteristisch sind, wie sie z. B. bei Otfrid und im 'Heliand' sich äußern. Erkennt man die Thesen von Sievers an, so gewinnt die ehrende Bezeichnung *praeceptor Germaniae* für Hraban erhöhte Bedeutung.

Migne (nach Mabillon) *Patrologia Latina* 107—112 (1851ff.). Dümmler, Gedichte = Mon. Germ. Hist. Poetae II (1884) S. 154ff.; ders., Briefe = ebda. Epistolae V (1899) S. 379ff. Knoepfler *Rabani Mauri 'De Institutione clericorum'* (Veröffentl. a. d. Kirchenhist. Seminar München Nr. 5) 1901. *Miracula Sanctorum in Fuldenses ecclesias translatorum auctore Rudolfo* = Mon. Germ. Hist. Scriptores XV, 1 (1887) S. 328ff. Dronke *Codex Diplomaticus Fuldensis* 1850.

Bach *Hrabanus Maurus der Schöpfer des Deutschen Schulwesens*, Ztschr. f. d. Alterthumswissenschaft (hrsg. v. Zimmermann) 2 (1835) Sp. 636ff. Kunstmann *Hrabanus Magnentius Maurus* 1841. Ebert *Geschichte der Literatur des Mittelalters im Abendlande* II (1880) S. 120ff. E. Sievers *Zum Heliand*, ZfdA. 19 (1876) S. 1ff.; dazu Jellinek ebd. 36 (1892) S. 161ff. Dümmler ADB. XXVII (1888) S. 66ff.; ders. *Hrabanstudien*, BSB. 1898, 1 S. 24ff. Hauck Realenzyklopädie f. protest. Theologie und Kirche³ VIII (1900) S. 403ff. Türnau *Rabanus Maurus, der praeceptor Germaniae* 1900. Schönbach *Über einige Evangelienkommentare des Mittelalters. Hrabanus Maurus*, WSB. 146 (1902/3), 4. Abhdlg. S. 79ff. Hablitzel *Hrabanus Maurus* (Biblische Studien 11, 3) 1906. Dreves *Hymnologische Studien zu Venantius Fortunatus und Rabanus Maurus* 1908; dazu Strecker AfdA. 33 (1909) S. 51ff. Manitius *Geschichte der lateinischen Literatur des Mittelalters* I (1911) S. 288ff. Hauck *Kirchengeschichte Deutschlands*³/⁴ II (1912) S. 638ff. Prochno *Das Bild des Hrabanus Maurus. Ein Beitrag zur Geschichte des Portraits.* Kultur- und Universalgeschichte (Walter-Goetz-Festschrift) 1927, S. 15ff. E. Sievers *'Heliand', Tatian und Hraban*, PBB. 50 (1927) S. 416ff. Weber *Der Dichter des 'Heliand' im Verhältnis zu seinen Quellen*, ZfdA. 64 (1927) S. 1ff. P. Lehmann *Fuldaer Studien, Neue Folge*, MSB. 1927, 2. Abhandlg.

Hans Bork.

Hrotsvith von Gandersheim.

1. Über ihr Leben wissen wir wenig, Geburtsjahr und -ort sind unbekannt. Sie muß aber aus einer der vornehmen sächsischen Adelsfamilien des 10. Jhs. stammen, da nur deren Töchter Aufnahme in den zahlreichen Frauenklöstern des Landes fanden. Unter diesen nahm Gandersheim einen besonderen Rang ein. Auf Veranlassung des Stammvaters der Liudolfinger und seiner Gemahlin Oda als Tochterkloster des berühmten Herford gegründet, entwickelte sich die erste rein sächsische Stiftung am Fuße des Harzes zu einer gründlichen Bildungsstätte, deren Äbtissinnen meist nahe Angehörige des Herrscherhauses waren. Hier erhielt auch Hr. ihre wissenschaftliche Erziehung. Ihren Namen, den sie in den Vorreden zu ihren einzelnen Werken öfter nennt, übersetzt und erklärt sie einmal als *Clamor Validus Gandeshemensis* (Strecker S. 113, Abs. 3) und charakterisiert damit gleichzeitig die Absicht, die sie mit ihren dichterischen Versuchen verfolgte.

Zur Zeit ihrer Aufnahme in das Kloster leitete die *magistra Rikkardis* die Schule, derer die Dichterin in einer der Vorreden dankbar gedenkt. In erster Linie aber hat als ihre Lehrerin die Tochter Herzog Heinrichs von Baiern und Nichte Ottos I. Gerberga zu gelten, die später mit der Leitung Gandersheims betraut wurde und zu der Hr. schon vorher in allerengste Berührung trat. Wie sie selbst berichtet, sei ihre Herrin (die um 940 geboren ist) jünger gewesen als sie; daher lag es nahe, ihr Geburtsjahr in den Anfang oder die Mitte des vierten Jahrzehnts zu rücken. Bei Rikkardis hatte sie gutes, wenn auch nicht ganz einwandfreies Latein gelernt und an geistlichen und profanen Schriftstellern und Dichtern geübt, deren Lektüre ihr die sicherlich umfangreiche Klosterbibliothek vermittelte. Ihre Lernbegierde und Leselust war freilich kritiklos und der Vorwurf nicht unberechtigt, sie habe für einzelne ihrer Heiligenlegenden ('*Maria*') apokryphe Stoffe benutzt. Ihr gläubiges Gemüt ließ sich hierdurch aber nicht beirren: *si autem obicitur, quod quaedam huius operis / iuxta quorundam aestimationem sumpta sint ex apocrifis, / non est crimen praesumptionis iniquae, / sed error ignorantiae, / quia, quando huius stamen seriei / coeperam ordiri, / ignoravi dubia esse, / in quibus disposui laborare. / At ubi recognovi, / pessumdare detrectavi, / quia, quod videtur falsitas, / forsan probabitur esse veritas* (Strecker S. 1, Z. 10—16). Durch die Beziehungen zu Gerberg, die im Gegensatz zu ihr auch den Unterricht gelehrter Männer genossen hatte, hob sich ihr Wissen allmählich über das gewöhnliche Niveau der weiblichen Bildung damaliger Zeit. Sie suchte und empfing weitgehendste Anregung und Förderung bei ihrer hohen Gönnerin: von ihr wurde sie nicht nur in die lateinische Metrik eingeführt, sondern auch auf Autoren verwiesen, die in der Bibliothek von Gandersheim fehlten und die ihren Gesichtskreis über den engen Blickpunkt der Klostermauern hinaus wesentlich erweiterten: *quae* [Gerberg] *aetate minor* (s. o.), / *sed... scientia provectior, / aliquot auctores, quos ipsa prior a sapientissimis didicit, / me admodum pie erudivit* (Strecker S. 2, Z. 3—6). Gerberg ist es vor allem zuzuschreiben, daß Hr. selbst zur Feder zu greifen wagte. Soviel Freude ihr diese Tätigkeit auch bereitete, nachdem die ersten nicht geringen Schwierigkeiten überwunden waren, und so sehr ihr Selbstbewußtsein allmählich erstarkte, sie blieb doch bescheiden und zurückhaltend, wagte anfangs nicht mit ihren Werken hervorzutreten und war jederzeit bereit, sich der Kritik ihrer Herrin oder maßgebender Gelehrter zu beugen. Schon der erste Satz der *praefatio* zu den Legenden ist für ihre Selbstbeurteilung charakteristisch: *Hunc libellum, / parvo ullius decoris cultu ornatum, / sed non parva diligentia inlaboratum, / omnium sapientium benignitati offero expurgandum, / eorum dumtaxat, qui erranti non delectantur derogare, / sed magis errata corrigere* (Strecker S. 1, Z. 1—5; vgl. ferner die Vorrede zum zweiten Buch, Strecker S. 113f., Abs. 6 u. ö.). Lange Zeit war die Kenntnis ihrer Dichtungen nach ihrem eigenen Willen auf einen kleinen Leserkreis beschränkt; erst nach dem Jahre 962 übergab sie das Legenden-Buch der Öffentlichkeit, wie aus der Erwähnung der kaiserlichen Nichte *(ut imperialem decebat neptem)* hervorgeht.

An dieses schlossen sich später im zweiten Buch die Dramen an, während die beiden historischen Gedichte (als drittes Buch) den Abschluß bildeten. Da das erste, die '*Gesta Ottonis*', vor 968 vollendet gewesen sein muß und in dem zweiten, der Geschichte des Klosters Gandersheim, Ottos I. als eines Toten gedacht zu werden scheint (s. Vers 69ff. 561ff.; Strecker S. 258 bzw. 273) hat die Dichterin das Jahr 973 noch erlebt. Wann sie gestorben ist, bleibt ungewiß. Die Annahme, sie hätte Gerberg überlebt († 1001) und die Regierung Ottos III. noch erlebt, vermögen keine zwingenden Gründe zu unterstützen.

2. Hr.s Werke sind nur in einer nicht ganz vollständig überlieferten Handschrift aus St. Emmeram (jetzt in München mit der Signatur cod. lat. Monac. 14485) erhalten. Während also die Dichterin zu ihren Lebzeiten und in den nächsten Jahrhunderten keinerlei Einfluß auf die literarische Welt auszuüben vermochte, blieb es dem Zeitalter des Humanismus und seinem erwachenden Nationalgefühl vorbehalten, den Ruhm der Gandersheimer Nonne wieder zu erwecken, wenn nicht überhaupt erst ins Leben zu rufen. Bald nach 1490 erhielt Konrad Celtes Einblick in den St. Emmeramer Kodex und wahrscheinlich durch seine Vermittlung (vielleicht aber auch selbständig) der bekannte Abt von Sponheim, Johannes Trithemius, durch den Hr.s Name auch jenseits der Alpen bekannt wurde (s. näheres bei Köpke S. 13ff.). Celtes, der die Handschrift aus der Bibliothek von St. Emmeram entliehen hatte, veranstaltete im Jahre 1501 die erste Druckausgabe der Legenden, Dramen und der ‚Gesten'. Seine Arbeit war äußerst flüchtig und wenig philologisch: er nahm Umstellungen vor, korrigierte, schob

Inhaltsangaben ein und nahm vor allem von der lückenhaften Überlieferung der *'Gesta'* keine Notiz. Auch der irrige Titel „Komödien" für die Dichtungen des zweiten Buches, das er willkürlich an den Anfang stellte, geht auf ihn zurück. Tritheims Verdienst um Hr. liegt nicht zuletzt darin, daß er ein zweites Exemplar der Handschrift herstellen ließ (Pommersfelder cod. 2883). In der ersten Hälfte des 16. Jhs. entdeckte der Mönch Bodo aus dem von Gandersheim 1124 begründeten Kloster Clus die Handschrift der *'Primordia coenobii Gandeshemensis'*, nach der bereits Leibniz und später Pertz (MGH. SS. IV S. 306ff.) dieses Gedicht und die *'Gesta'* abdruckten (vgl. im übrigen hierzu weitere Einzelheiten bei Winterfeld, *prooemium;* Manitius S. 632 u. a.).

3. Zu Beginn ihrer schriftstellerischen Tätigkeit behandelte Hr. legendarische Stoffe, die sie in leoninische (gereimte) Hexameter bzw. Distichen *('Gongolfus')* kleidete. Die ersten fünf Legenden *('Maria', 'De ascensione Domini', 'Gongolfus', 'Pelagius', 'Theophilus')* stellte sie zusammen und widmete sie ihrer Lehrerin und — wie aus der Widmung hervorgeht — damals bereits Gandersheimer Äbtissin Gerberg in der Hoffnung, sie werde in ihren Mußestunden an der Lektüre Gefallen finden, und mit der Bitte, das Gelesene, wo notwendig, zu verbessern. Später erfolgte eine neue Sammlung von weiteren drei Legenden *('Basilius', 'Dionysius', 'Agnes')*, die ebenfalls der sächsischen Fürstentochter gewidmet wurden. Vielleicht durch Gerbergs lobende Zustimmung, aber auch durch die Freude am eigenen Werk veranlaßt, vereinigte Hr. später (s. o.) beide Sammlungen zu dem ersten Buch ihrer Dichtungen, versah es mit einem abermaligen *'Prooemium'* an die Äbtissin und schickte dem Ganzen eine allgemeine Einführung in Reimprosa voraus (s. o.), die ihren Schritt erklären und rechtfertigen sollte.

4. Reizvoller und origineller wirken durch ihre frischen, lebhaften, bisweilen schlagfertigen Wechselreden die in einem zweiten Buch zusammengestellten Dramen. Wenn sie auch nach dem Vorwort die Komödien des Terenz „nachahmen" sollten (vgl. Strecker S. 113, Abs. 1—3), kann man sie als Komödien höchstens ihres glücklichen Ausgangs wegen bezeichnen und sollte sie richtiger „dramatisierte Dialoge" nennen. Inhaltlich unterscheiden sie sich wenig von den Legenden. Hier wie dort werden Keuschheit, Gottvertrauen und Frömmigkeit gepriesen und verherrlicht. Aber während die Dichterin in ihrem ersten Werk völlig abhängig von ihren Vorlagen ist, keine lebendige Gestaltungskraft aufzubringen vermag und noch ganz in der religiösen Betrachtungsweise des 9. Jhs. befangen bleibt (vgl. hierzu Hauck a. a. O.), gelingt es ihr, in den Dramen blutvollere Gestalten hinzustellen. Vielleicht schon deswegen, weil sie sich hier von der lästigen Fessel des Metrums freimachte und wie in den Vorreden sich rhythmischer oder gereimter Prosa bediente, wird auch ihre Sprache freier; noch mehr aber begünstigte der Inhalt die äußere Form. Ahmt sie hierin und in der Komposition keineswegs ihr berühmtes Vorbild nach — ihre Dramen haben weder einen Titel noch eine Einteilung in Akte und Szenen, waren also sicherlich nicht für eine Aufführung bestimmt und haben daher auch trotz ihrer Ähnlichkeit in Inhalt und Tendenz mit dem mittelalterlichen Drama, den Mysterienspielen, keinerlei Berührung gehabt —, so steht sie zu Terenz doch in naher Beziehung durch Wahl ihrer Stoffe und Motive. Sie will ein bewußtes Gegenstück zur Laszivität ihres Vorbildes geben und stellt deshalb in den meisten ihrer Dramen die sinnliche Liebe in den Mittelpunkt, freilich mit negativem Vorzeichen, da jedes mit dem Triumph der Keuschheit endet: *hoc tamen facit non raro verecundari / gravique rubore perfundi, / quod, huiusmodi specie / dictationis cogente / detestabilem inlicite amantium dementiam / et male dulcia colloquia eorum, / quae nec nostro auditui / permittuntur accommodari, / dictando mente tractavi / et stili officio designavi. / Sed (si) haec erubescendo neglegerem, / nec proposito satisfacerem / nec innocentium laudem adeo plene iuxta meum posse exponerem, / quia, quanto blanditiae amentium / promptiores ad illiciendum, / tanto et superni adiutoris gloria sublimior / et triumphantium victoria*

probatur gloriosior, / praesertim cum feminea fragilitas vinceret / et virilis robur confusioni subiaceret (Strecker S. 113, Abs. 4/5).

Es kann nach Hr.s eigenen Worten nicht zweifelhaft sein, daß sie Wirkung und Einfluß des Terenz abzuschwächen hoffte. Wir können ihr unbedingt glauben, daß sie nicht aus Lüsternheit seine Komödien gelesen hat, die ihr die „Schamröte" ins Gesicht trieben. Aber sie versuchte doch, „den Teufel mit Beelzebub" zu verjagen. Ob es ihr gelungen ist? Die Frage muß verneint werden. Außer der Tatsache, daß nur eine Handschrift von ihren Werken überliefert ist, wissen wir auch nur von der Kenntnis eines ihrer Dramen in überarbeiteter Form zur Zeit des 12. Jhs. (*'Gallicanus'*). Trotzdem gebührt Hr. allein dieser Dramen wegen ein erster Platz in der Literatur des 10. Jhs. Daß sie lateinisch schrieb und dichtete, ergab sich aus der Epoche, in der sie lebte, und hat ihrem vaterländischen Empfinden keinen Abbruch getan. Daß sie in ihrer Anschauung und Einstellung, besonders in ihrer Bildung ein Kind ihrer Zeit und Umgebung war und noch ganz in der Tradition des 9. Jhs. wurzelte, bedarf kaum einer Erklärung, noch weniger einer Entschuldigung. Daß sie poetisches Talent und besonders in ihrer Prosa auch Formtalent und den Blick für das Komische an Menschen und Situationen besaß, hätte sie volkstümlicher machen können als sie geworden ist.

Die Dramen gliedern sich ihrem Inhalt nach in zwei Gruppen: 1—3 und 6 schildern fromme Jungfrauen, die einen Heiden bekehren oder durch ihn den Märtyrertod erleiden; in den beiden übrigen werden umgekehrt sündige Buhlerinnen durch fromme Männer zu Keuschheit und gottgefälligem Lebenswandel zurückgeführt. Die heute gebräuchlichen Titel der Dramen (*'Gallicanus'*, *'Dulcitius'*, *'Callimachus'*, *'Abraham'*, *'Pafnutius'*, *'Sapientia'*) entsprechen den Hauptpersonen der einzelnen Stücke.

5. Die beiden historischen Gedichte des dritten Buches, die *'Gesta Ottonis'* und die *'Primordia coenobii Gandeshemensis'*, sind sehr wahrscheinlich erst nach den Legenden und Dramen entstanden und (von der gereimten Prosavorrede der 'Gesten' abgesehen) wieder in leoninischen Hexametern abgefaßt.

Das erste schildert die Taten Ottos des Großen bis zur Kaiserkrönung und bringt gewissermaßen als Anhang über Otto II. noch einige Angaben. Leider ist die Überlieferung gerade dieses Gedichtes sehr lückenhaft: der Bericht über die wichtigen Jahre aus Ottos Regierungszeit (953 bis 962) mit dem Aufstand Liudolfs, der Ungarnschlacht und dem zweiten Zuge nach Italien muß als verloren gelten (vgl. bei Strecker S. 253f. die Lücken nach Vers 752 und 1188). Das Ganze trägt einen durchaus dynastisch orientierten Charakter. Das war natürlich, wenn man außer Hr.s persönlicher Einstellung zu ihrem Herrscherhause berücksichtigt, daß Gerberg die Anregung zu den 'Gesten' gegeben hatte und der natürliche Sohn Ottos des Großen, der Erzbischof Wilhelm von Mainz, das Werk vor der Veröffentlichung überprüfen sollte. Wahrscheinlich hat auch dieser oder ein anderer der kaiserlichen Familie nahestehende Gewährsmann die nötigen historischen Unterlagen geliefert, über deren Mangelhaftigkeit die Dichterin aber beredte Klage führt. Die Darstellung ist wie im ersten Buche christlich-legendär. Otto wird mit dem biblischen König David verglichen, durch teuflischen Einfluß von Rebellen bekämpft, durch göttliche Wunder und Gnaden beschirmt. Eine wichtige Rolle spielen die königlichen Frauen, und die ausführlich geschilderte Flucht Adelheids aus Italien verrät deutlich Kenntnis und Vorbild des Ekkehardschen *'Waltharius'*. Findet sich auch mancher geschichtlich interessante und wichtige Zug, so geben die 'Gesten' im allgemeinen doch wieder ein typisiertes, kein charakteristisches Bild.

Die 'Geschichte Gandersheims' knüpft inhaltlich unmittelbar an die 'Gesten' an, da die Urgroßeltern Ottos I. Liudolf und Oda, die Gründer des Klosters (s. o.), im Mittelpunkt der Erzählung stehen, die Heimstätte Hr.s in dauernder Verbindung mit dem sächsischen Herrschergeschlecht blieb und somit die Vorgeschichte der Liudolfinger bis zu Ottos Geburt gleichzeitig mit der Geschichte Gandersheims verbunden wird. Aber auch hier überwiegt das Legendarische das Geschichtliche. Immerhin bildeten die *'Primordia coenobii'* eine wichtige Grundlage für die von dem oben genannten Bodo verfaßte Klosterchronik von Gandersheim, die bis in die Mitte des 16. Jhs. geführt wurde.

Ausgaben: Konrad Celtes 1501. K. A. Barack *Die Werke der Hrotsvitha* 1858. Paulus de Winterfeld *Hrotsvithae opera* 1902. Karolus Strecker *Hrotsvithae opera (omnia)*. 1906; ² 1930.

Übersetzungen: I. Bendixen *Das älteste Drama in Deutschland oder: die Comödien der Nonne Hrotswitha von Gandersheim* (1850/53). O. Piltz *Die Dramen der Roswitha von Gandersheim* (Reclam Nr. 2491/92).

Literatur: R. Köpke *Hrotsuit von Gandersheim* (Ottonische Studien zur deutschen Geschichte im 10. Jahrh. II) 1869. A. Ebert *Allgemeine Geschichte der Literatur des Mittelalters im Abendlande* III (1887) S. 285—329. Otto Schmid ADB. XXIX (1889) S. 283-294. K. Strecker *Hrotsviths 'Maria' und 'Pseudo/Matthäus'*. Progr. Dortmund 1902; s. auch Anz. f. d. Altert. 29 (1904) S. 34—53. Hauck *Kirchengeschichte Deutschlands* 3/4 III (1906) S. 299—308. M. Manitius *Geschichte der lateinischen Literatur des Mittelalters* I (1911) S. 619—632. K. Hampe Hoops Reallexikon II (1913—15) S. 563f. G. Ehrismann *Geschichte der deutschen Literatur bis zum Ausgang des Mittelalters* I (1918) S. 378—383. K. Polheim *Die lateinische Reimprosa* 1925 S. 1—40. K. Brandi *Hrotsvit von Gandersheim*, Deutsche Rundschau 209 (1926) S. 247—260.

Hans Bork.

Hueber, Christoph, Schulmeister, Verfasser einer 'Deutschen Rhetorik', erhalten in München cgm. 216, v. J. 1477, Bl. 5a bis 14b, 151a—159b. W. St.

Hueth, Georg (Jorge), Verordnung für alle Gesüchte (Geseichte), eine Salbe mit Bad. Ms. germ. Fol. 8 Berlin, Bl. 88ᵇ, saec. XV. Sudhoff.

Der Hufferer nennt sich der Verfasser einer Bearbeitung der Novelle von der geteilten Decke, worüber im Zusammenhang der Fassungen des 'Kotzenmäre' (s. d.) genauer gehandelt wird.

H.-Fr. Rosenfeld.

Hug, s. Hugo.

Hug, Heinrich, Chronist aus Villingen. Geb. vermutlich zwischen 1465 und 1470, gest. wohl bald nach 1533. Seine Chronik umfaßt die Jahre 1495 bis 1533. Die Originalhandschrift kam aus dem Nachlaß des letzten Archivars des Benediktinerstifts St. Georgen in Villingen in den Besitz des Fürsten Waldburg-Zeil. Die Abschriften (in der Leopold-Sophienbibliothek in Überlingen, der Fürstlich Fürstenbergischen Bibliothek in Donaueschingen, der Altertumssammlung in Villingen und im Archiv des Stifts St. Paul in Kärnten) sind nur ungenaue, oft ganz dürftige Auszüge aus dem Original, enthalten aber gelegentlich selbständige Zusätze und sind, da die Jahrgänge 1495 bis Ende 1497, Teile von 1499, 1500, 1513, 1519, ganz 1520 und 1521, ein Teil von 1522 und die wichtigen Monate vom Dezember 1524 bis März 1525 im Original fehlen, unentbehrlich. Die auf einem Teil der Abschriften beruhende Ausgabe Mones in der 'Quellensammlung der badischen Landesgeschichte' II S. 80/108 ist völlig unzulänglich. Gegen sie, nicht gegen die Chronik selbst, hätte sich G. Scheidel (*Kritik der Villinger Chronik, die Anfänge des Bauernkrieges betr.* Progr. Ansbach 1884—1885) richten müssen. Schon damals war zu benützen die Scheidel erst nachträglich bekannt gewordene Ausgabe von Christian Roder in der Bibliothek des Literarischen Vereins in Stuttgart Bd. 164 (1883). Die Chronik, besonders wichtig für die Geschichte des Schwabenkriegs, für die Vertreibungs des Herzogs Ulrich von Württemberg und für den Bauernkrieg, enthält auch wertvolle Nachrichten zur Handels- und Preisgeschichte. Vieles erfuhr er in seiner Stellung als Ratsherr, anderes durch Landsknechte — in der Schlacht von Novara fielen allein 21 Mann aus Villingen — und durch gedruckte Zeitungen. Hug ist warmer Anhänger des Hauses Österreich, Gegner der Schweizer und der mit ihnen verbündeten Reichsstadt Rottweil. Dem alten Glauben blieb er treu; eine einzige Stelle könnte als Schwanken gedeutet werden. Mit dem strengen Vorgehen gegen die Bauern ist er einverstanden; nur vereinzelt kommt etwas Mitleid zum Durchbruch. H. Baier.

'Hugdietrich'.

1. Das epische Gedicht von H.s Braut-

werbung ist erhalten als 1. Lied des 'Wolfdietrich B' (s. d.). Es hebt sich jedoch durch seine geschickte, anmutige Darstellungsweise so stark von den übrigen Teilen des 'Wolfd. B' ab, daß der Verf. dieser Teile unmöglich mit dem des 1. Liedes identisch sein kann. Der 'H.' ist vielmehr eine selbständige Dichtung, deren unbekannter Verf. wohl ein verlorenes novellistisches Lied des 10.—12. Jhs. als Quelle verwertete; eine Quelle, die verschiedentlich benutzt wurde, wie es mehrere erhaltene Gedichte ähnlichen Inhalts bezeugen (vgl. Schneider *Wolfd.* S. 248ff.; Grimm *Myth.* S. 326 Anm.).

2. Das Gedicht schildert die Werbung H.s um Hildburg, die Tochter des Königs von Saloniki. H. selbst ist König von Konstantinopel. Er gelangt zu der streng bewachten Prinzessin, indem er Weiberkleidung anlegt und sich für H.s Schwester ausgibt. Die Liebenden leben nun einige Zeit in dem Turm zusammen, H. zeugt hier seinen Sohn Wolfdietrich (über eine spätere Erweiterung des Gedichts vgl. Goedeke I S. 246f.).

3. Die vermuteten historischen Hintergründe dieser Erzählung hat zuerst Müllenhoff aufzuhellen versucht; er gelangte zu der Ansicht, daß H. identisch sei mit Theoderich, dem Sohn des Merowingers Chlodovech. Gegen M. wandte sich Voretzsch, der H. für identisch mit Chlodovech selbst erklärte; die H.-Sage beruhe also in ihren wesentlichen Punkten auf der Brautwerbung Chlodovechs um Chrotchilde (vgl. hierzu Heusler Hoops RL. IV S. 564f.; Schneider *Wolfd.* S. 14 und 337ff.). Bei dem häufigen Vorkommen des Motivs unserer Sage in der Literatur erscheinen jedoch derartige historische Ableitungen als zu weitgehend. — Erwähnt sei wenigstens Wolfskehls phantastische Hypothese vom Zusammenhang H.s mit dem Kultus der nahanarvalischen Brüder (vgl. hierzu Voretzsch a. a. O. S. 295ff., Schneider *Wolfd.* S. 381f.).

Einzelabdrucke des Textes: F. F. Oechsle 1834. Frommann ZfdA. 4 S. 401ff. ('Haugdieterich'). v. d. Hagen HB. 1 S. 169ff. — 'Wolfdietrich B)' im DHB. III.

Literatur: Müllenhoff ZfdA. 6 S. 435ff. ders. *Z. Gesch. d. Nib.* S. 11 Anm. K. Wolfskehl *German. Werbungssagen* I. Diss. Gießen 1893. Voretzsch *Ep. Studien* I 1901. Hermann Schneider *Die Gedichte u. die Sage von Wolfdietrich* 1913. Ders. *Germ. Heldensage* I 1928 S. 349f. Goedeke I S. 192. Liebrecht Arch. f. Lg. 1 S. 48ff. F. Pfeiffer *Freie Forschung* 1867 S. 449ff. (Rezension der Nachdichtung des 'H.' von W. Hertz 1863).

Eberhard Klaaß.

Hugler ist ein Meistersinger, über dessen Leben und Wirken nichts bekannt ist, und der in den Dichterkatalogen von Folz (s. d.) mgq. Berol. 414 Bl. 476b (Mayer, Meisterlieder, Nr. 94, v. 71) und Kunz Nachtigal (unter dem Namen *Hengeler)* mgq. Berol. 414 Bl. 426b (WKL. II Nr. 1311, Gesätz 3) genannt wird.

Horst Oppenheim.

Hugo von Ehenheim, aus einem Straßburger Patriziergeschlecht, Dominikaner ebendort. 1421 wurde er auf dem Metzer Generalkapitel beauftragt, im Konvent zu Toulouse, wo sich ein studium generale befand, für das Schuljahr 1422/23 in der Abteilung der nicht zur Provinz gehörenden Schüler die Sentenzen für die Erwerbung der Magistergrade zu erklären. 1426 wird er Prior des Straßburger Klosters und Professor sacrae theologiae, 1431 und 1434 wird er in diesem Amte bestätigt. Er war ein sehr beliebter und gesuchter Prediger, der nicht nur in seinem Kloster die Kanzel oft bestieg, sondern bei feierlichen Anlässen gern und viel nach außen geholt wurde. Nach einer unkontrollierbaren Nachricht soll er 1447 als Bischof von Nikopolis gestorben sein.

Seine Predigten zeigen in der scharfen und klaren Disposition den gelernten Scholastiker. Aber er spricht nicht als Theologe, sondern als Volksredner, der dem Ungelehrten die religiösen und sittlichen Wahrheiten darlegen will. Eine gewisse Trockenheit läßt sich nicht leugnen; durch Anführung von Exempeln und Gleichnissen sucht H. dem zu begegnen. Die Glaubenslehren liebt er durch reichliche Zitate aus der Bibel und den Kirchenvätern zu belegen. In den schlichten und einfachen, mitunter warmen Stil mischen sich wohl auch einmal Ausdrücke und Vorstellungen aus der Mystik ein; aber die praktische Moral überwiegt doch immer.

H.s Predigten stehen in dem Straßburger cod. A. 88 und in den beiden Berliner mgq. 35 Bl. 49^a—57^a, 114^b—131^b; mgq. 206 Bl. 17^b—177^a, 187^b—192^a.

Cruel *Geschichte d. dt. Predigt im MA.* 1879 S. 526/9. L. Pfleger *Zur Geschichte des Predigtwesens in Straßburg* 1907 S. 30/50, 80/82.

W. St.

Hugo von Konstanz, sonst nicht bekannt, verfaßte zwei Predigten in scholastischer Art, die die Karlsruher Hs. Nr. XXXI, aus St. Georgen, auf Bl. 133a bis 177a überliefert. Die eine (Bl. 133a) hat den Evangelisten Johannes zum Gegenstand: *Dise predie tet vns Brvder Hůgo der lesemaister von Constence von dem lieben vñ gvten sant Johannes ewangeliste.* Die zweite (Bl. 153b) ist zu Ehren Johannes des Täufers: *Dise predie tet vns Brvder Hvge der lesemaister.* Die Hs. ist Ende des XIII. Jhs. anzusetzen und in alemannischer Mundart geschrieben.

A. Holder *Zwei Predigten des Lesemeisters Hugo von Constanz,* ZfdPh. 9 (1878) S. 29ff.

Ruth Westermann.

Hugo von Langenstein, s. Nachtrag.

Hugo von Meiningen (andere Namenform: Memmingen) (1.) ist einer jener nicht seltenen Dichter des 15. Jhs., deren Name fast nur dadurch bekannt ist, daß er bei Hans Folz (s. d.; Meisterlied Nr. 94 v. 73; unter dem Namen *Huge),* in mgq. Berol. 414 Bl. 477, jener von Hans Sachs größtenteils selbst geschriebenen Hs., und bei Kunz Nachtigal (s. d.; WKL. II Nr. 1311) Erwähnung findet.

2. Von Hugo von Meiningen ist in cgm. 351 (s. XV, Bl. 234a) ein siebenstrophiges Lied „in des Regenpogen langem don" mit dem Anfang: *Es sitzet auf der kunsten stule* (traditionell; s. z. B. Hülzing) überliefert, das von der Erschaffung der Welt und dem Sündenfall handelt. In der ersten, in Aretins Beiträgen abgedruckten, Strophe heißt der Dichter sich den *kunstlosen Hug von Meiningen,* lobt vieler Meister Kunstfertigkeit, betont aber: *Doch mag auch niemant in der schule / Gelernen also vil, daß er all dink bericht, / Wie sie nun kumen sint zu velt,* künde doch der eine von der Ritterschaft, der andere von Frauen. Gottes Beistand erbittet er für sein Beginnen. — Unser Dichter geht also in den Bahnen des altbewährten Liedschemas vor; die Meistersinger, deren Bildung aus geistlichen Quellen fließt (s. Stammler *Wurzeln des Meistergesanges),* haben zu jeder Zeit, vor der Reformation und nach ihr, Mariae, der Heiligen, Christi oder Gottes Hilfe für das Gelingen ihres Werkes angerufen. Die Anführung der Ritterschaft und der Frauen gemahnt an des Marners (s. d.) Klage, daß man es mit seinem Gesange keinem recht machen könne (Ph. Strauch *Marner* 1876, Str. XV, 261ff.; dieser Stoff bildet oft den Gegenstand von Gedichten, Albrecht Lesch [s. d.] hat ihn gestaltet; andere Belege s. Oppenheim S. 5 Anm. 1).

3. Der lange Ton Regenbogens hat bei Wagenseil 25 Reime; wie aus den Erörterungen von Docen hervorgeht, entspricht Hugos Lied in der vorliegenden Fassung nicht diesen Forderungen.

B. J. Docen *Krit. Beschreibung einer Sammlung alter Meistergesänge,* Aretins Beyträge z. Gesch. u. Lit. 9 (1807) S. 1160. H. Oppenheim *Naturschilderung u. Naturgefühl bei den frühen Meistersingern* (Form und Geist 22) 1931. W. Stammler *Die Wurzeln des Meistergesanges,* DVjs. 1 (1923) S. 529ff.

Horst Oppenheim.

Hugo von Montfort.

1. Die Heidelberger Universitätsbibliothek besitzt eine Liedersammlung (cod. pal. germ. 329), die in Folio auf 54 numerierten Blättern in Pergament 40 Lieder enthält, und deren Verfasser sich am Schluß des sonst unbeschriebenen Blattes 53 mit folgenden Reimen nennt:

Comes hugo de Monteforti
Dominus de Brigantia
O wer ich aller sunden fry
So wurd ich in selden gra.

Blatt 54 zeigt das Wappen der Montforts (Beschreibung s. Bartsch S. 1). Neben diesem Codex, der sämtliche Lieder Hugos enthält, ist Nr. 25 mit dem Namen des Dichters überliefert in einer Handschrift K der Bibliothèque du Collège in Kolmar (schon von Bartsch nicht mehr aufzufinden gewesen. Beschrieben im 'Anzeiger für Kunde des deutschen Mittelalters' 2 [1883] Sp. 272). Dann enthält die Hs. CLXXVI des Klosters Vorau in Steiermark Lied Nr. 14 in österr. Dialekt. Abschriften des Heidelberger Codex aus der ersten Hälfte des 19. Jhs. befinden sich in Berlin, Donaueschingen und Graz.

Die Überlieferungen und ihre Schicksale hat ausführlich J. E. Wackernell (s. u.) beschrieben, der auch bis jetzt das Eingehendste und Wichtigste über den Dichter gesagt hat; er erkennt vier Schreiber: A (bis Bl. 1, 13), B (bis Bl. 47), C (bis Bl. 48^a) und D (den Schreiber der letzten beiden Gedichte).

Die Sprache H.s ist alemannisch, die Überlieferung durch die Schreiber österreichisch gefärbt.

2. H. v. M. wird allgemein mit Oswald von Wolkenstein (s. d.) als Epigone oder im besten Falle als einer der letzten Minnesänger beurteilt. Doch diese Anreden sind falsch. Epigone könnte er nur sein, wenn er die feste Form der Minnedichtung in seine Zeit hinübergerettet, dort wieder künstlich zu beleben versucht und die ganze Wandlung der Gattung übergangen hätte. Aber H. steht mitten in seiner Zeit drin, kennt alle Wandlungen und gibt seinen Gedichten das Gepräge seiner Zeit. Was die Sammlung so wichtig macht und uns den Dichter so nahe bringt, ist die Stärke seiner Persönlichkeit und die Nähe des Erlebens, aus der er schafft. Bei H. sind es zum großen Teil — einige didaktische Reden und Briefe ausgenommen — blutwarm empfundene Begebenheiten, die er gestaltet, und so können wir hier von Erlebnisdichtung sprechen. Deshalb aber einen Roman aus den Gedichten zu machen oder sie gar umzustellen, wie dies Wackernell tat, ist Überspitzung einer als richtig erkannten Tatsache. So sagt der Dichter von sich selbst, daß er vieleseiner Gedichte *ze rossen* gedichtet hätte (XXXI, 147):

So han ich vil geticht in welden und in owen
Und darzuo geritten.
Dis buoch han ich gemachen
Den sechsten teil wol ze rossen.

Und wenn der Dichter sich dann über seine Reimnot beklagt oder über das Unvermögen, glatte Verse zu machen, so nehmen wir das gern in Kauf für dieFrische, mit der er sein übervolles Herz ausschüttet und als einer der ersten das biblische Sprichwort in deutsche Verse faßt, wenn er sagt:

Ich han es ie darnach gemachen,
Als mir do was ze muot.
Wan wes das hertz begerend ist,
Der mund tuots dikche sagen.

Es ist falsch, metrische Konjekturen an den Gedichten vorzunehmen, wie dies Bartsch und Wackernell taten, und auch Reimverbesserungen sind sehr vorsichtig anzusehen. H. gestaltet nicht aus Konventionen heraus, seine Farben sind gesehen, die Klänge gehört. Wir haben die Lieder als das zu nehmen, was sie sind: Erlebte Gestaltungen eines hochgebildeten Mannes, der mitten in seiner Zeit steht, die innerlich genau so zerrissen und schwankend ist wie er (Schisma), der leidenschaftlich an allen Fragen Teil nimmt (Thomistenstreit XIII, 41; XVIII, 175; XXII, 9), der auf der einen Seite um sein Seelenheil bangt und auf der anderen Seite das Leben in seiner Schönheit und Fülle leben will.

3. Mit der gleichen Freiheit, die der i. J. 1357 geborene Graf Hugo VIII. von Montfort-Bregenz und Tannenberg in seiner Herrschaft übt (er erteilt seinen Bregenzern Privilegien, Steuerfreiheiten usw.: Urkunden vom 26. Dezember 1408 bis Freitag vor Palmsonntag 1409), tritt er auch in seinen Reden der Zeit, der Verderbtheit der priesterlichen und weltlichen Stände entgegen. So steht er vor uns, wie ihn Suchenwirt beschrieben hat: *da rayt graff Haug von Munfurt, dem trew noch eren nie geprach.* Zu dieser Charakteristik stimmen die Würden, die Hugo sich erwarb; so wird er Hofmeister des Herzogs Leopold III. von Habsburg (Urkunde vom 30. März 1396) und oft als Schlichter in Streitigkeiten angerufen. Und als der Habsburger 1381 von den Venezianern zu Hilfe gerufen wird gegen Carrara, ist H. bei den folgenden Hilfsexpeditionen, die der verlorene Posten braucht, der Führer.

Seine eigenen Länder hat H. durch Heiraten klug zu vermehren gewußt, und so reicht unter ihm die Herrschaft Montfort-Bregenz weit hinein ins Toggenburg, nach Stadeck bei Graz, Rorau in Österreich und ins Mürztal, ja das Schwergewicht seiner Macht hatte sich nach Osten in die Steiermark verlagert. Durch geschickte Verträge mit dem Neffen und Mitregenten in Bregenz, Wilhelm von Montfort, kann er sich auch seine Gebiete in Vorarlberg bewahren. So ist der Dichter auch ein kluger und besonnener Staatsmann, der in den Grenzen seiner Zeit und seiner Kräfte zum letzten Mal das geistige und kulturelle Erbe seines Standes sich anerwerbend getreu verwaltet und nach seinem Vermögen auch in seinem dichterischen Werk Ausdruck verleiht.

4. Der Begriff der Minne als der *senenden minne* und des Minnedienstes unerreichbaren Frauen gegenüber hat sich gewandelt. H.s Gedichte gelten seinen Gattinnen. Wenn nun Wackernell durch Umstellung der Gedichte einen Roman des Dichters mit einer fremden Frau während seiner ersten Ehe herauslesen will, so ist das sehr bedenklich. Eher scheinen diese frühen Gedichte noch ganz konventionelle Stücke aus der Zeit zu sein, als er in Wien den Ritterdienst und damit auch das Minnedichten lernte. Da ist die Rede von verschwiegener Liebe, die Wackernell viel zu kraß ausgedeutet (S. XVI) (Lied Nr. III, 25—33). Ob es nun wirkliche oder fingierte Abenteuer sind, kann nicht entschieden werden. Vor allen Dingen ist es bedeutsam, daß H. in seinen ersten Gedichten eben noch ganz in der Tradition des hohen Minneliedes steht und nachher langsam seine eigene Form findet.

H. war dreimal verheiratet. Noch nicht 17 Jahre alt heiratete er aus dynastischen Gründen Gräfin Margaretha von Pfannberg, verwitwete Gräfin von Cilli, die um 1391 stirbt. Bald darauf heiratet er (vielleicht um 1395) Clementia von Toggenburg, die 1400 stirbt. Drei Klagereden zeugen von des Dichters tiefer Trauer. Von der *Fraw Welt* wendet er sich ab (Lied Nr. XXIX.), und auch seinem Dichten will er absagen. In Nr. XXXI gibt er einen großen Rückblick über sein bisheriges Schaffen und sein Leben und hält alles für abgeschlossen.

Doch schon im nächsten Jahr (1401/02) schreibt er drei Minnebriefe, deren erster beginnt: *Min fröd begint sich nüwen / also kan got gross leid ze fröden machen.* Im selben Jahr noch heiratet er Anna von Neuhaus und Stadeck, die ihn dann überlebt. Er selbst stirbt am 4. April 1423.

5. Neben diesen Tatsachen, die uns also einen ganz persönlichen Dichter und dessen eigenartiges Verhältnis zum Minnesang und Minnedienst zeigen, hat die Handschrift noch eine sehr große Bedeutung dadurch, daß sie zu einzelnen Liedern die Noten enthält und uns so das gesungene Lied vermitteln kann. Die Melodien hat Paul Runge bearbeitet und herausgegeben (s. auch H. J. Moser *Geschichte der deutschen Musik*, Kapitel 'Minnesang').

Es zeugt von H.s Ehrlichkeit der Gesinnung, daß er nicht wie sicher mancher Sänger vor ihm sich mit fremden Federn schmückt, sondern offen seinen Komponisten nennt (XXXI, 177ff.):

Die wisen zuo den lieden
Die han ich nicht gemachen
(Ich wil üch nicht betriegen),
Es hat ein ander getan frölich und och lachen.

Ob ich üchs sagen wolt,
So seit ich üchs zwar recht:
Die wisen hat gemachen Bürk Mangolt,
Unser getrüwer knecht.

Runge stellt nun das Verhältnis zwischen Dichter und Komponist so dar (S. 5), als hätte Mangolt zuerst den *ton* festgelegt, und H. hätte danach seine Verse *gemessen.* Zum mindesten will Runge die Folgestrophen nach der schon festgelegten Melodie gebaut sehen. Abgesehen davon, daß wir hier ein meistersingerliches Prinzip nicht auf den letzten Aus- und Umgestalter des Minnesanges anwenden dürfen, spricht gegen diese Annahme, die doch dem aus dem Erleben schöpfenden Dichter eine ganz unsinnige Atempause aufzwingen würde, wollte er sich von seinem Komponisten nach Beendigung der ersten Strophe nun erst das *gemäß* festlegen lassen — spricht gegen diese Annahme eine von Runge übersehene einfache Tatsache: H. hat mehr Lieder gedichtet, als Mangolt in Melodien gesetzt hat. Melodien fehlen zu den ausgesprochenen Liedern Nr. VI, VII, IX, die doch H. selbst ausdrücklich als *lieder* in seiner Rückschau über sein bisheriges Schaffen als solche bezeichnet hat (Nr. XXXI, 161—176). Diese hätten nach Runges Anschauung zum mindesten nicht über die erste Strophe hinauskommen dürfen.

6. Die Frage, ob die beiden letzten Lieder: *Kond ich ein gedicht volbringen* und *Des himels vogt und hochster keiser* von H. stammen, ist eigentlich niemals ernstlich diskutiert worden, weil alle Beurteiler zur Ablehnung von H.s Autorschaft gelangten. Auch Runge kann diese nicht beweisen,

obgleich er aus den Melodiegängen plausibel machen will, daß Bürk Mangolt der Komponist ebenfalls der letzten Gedichte sei. Doch schon die Notierung gerade des vorletzten Liedes spricht zum mindesten für eine Ausnahmestellung. Bei Nr. XXXIX ist entgegen aller Gewohnheit die textlose Einleitungsphrase vor die Initiale gestellt. Das muß dem Schreiber der beiden letzten Lieder doch auch im Original vorgelegen haben. Dasselbe wiederholt sich bei den liqueszenten Noten innerhalb des Liedes. Mangolt hat aber sicherlich anders geschrieben, wie es aus den Notierungen aller Lieder sowohl zum Anfang als auch innerhalb des Liedes hervorgeht, und diese Notierung ist der des vorletzten Liedes genau entgegengesetzt. Das letzte Lied hat keine liqueszenten Noten. So wird man auch die auf die Melodien gestützte Rettung der Lieder für H. nicht aufrecht erhalten können. Für die Unwahrscheinlichkeit vom textlichen Standpunkt aus sprechen ganz grobe Tatsachen wie die nirgends sonst erwiesene Kreuzfahrt nach Palästina und die vielen bei Bartsch angeführten Gründe (S. 12).

7. H. selbst unterscheidet drei Gattungen in seinen Gedichten: Reden, Briefe, Lieder.

Reden: In seinen Reden steht H. in der großen Entwicklung drin, die diese Gattung aus dem prägnanten Spruch herausgenommen hat. Schon Frauenlob und seine Nachfolger hatten Sprüche von 3, 5 und mehr Strophen (Wackernell). Und so haben H.s Zeitgenossen an Stelle der früheren Sprüche jetzt Reden (Suchenwirt, Teichner u. a.). Diese Form paßt auch am besten für H.s Absicht, in ihr seine Anschauungen über die Zeit und seine Anklagen auszusprechen. Daß diese Dichter deshalb schwächlicher sein sollen (Wackernell S. CCLV), weil sie zu dieser Form greifen, ist nicht gesagt, denn gerade in ihr gelingt H. mit Nr. XXIV eine sehr hübsche Einkleidung in einen Traum oder jener großartige Gang zur Gralsburg und ihre Schilderung (Nr. XXVIII). Wuchtig in ihrem Pathos beginnt die Trauerrede über den Verlust seiner zweiten Frau Clementia und die verzweifelte Hinwendung zu Gott (Nr. XXVII):

O sach aller sach, du bist an end,
Din wesen das was ie.
Kum heiliger Geist, behend
Hilf mir uf erden hie.

Und das jähe Hineingerissenwerden in ein Schicksal und die Besinnung auf sich selbst gelingen sehr fein in der schlichten Strophe (129):

Ich han gross lieb verlorn
Mit sterben hie uff erden,
Mich stach der unmuot dorn.
Ich wând mir möcht doch niemer also werden.

Allerdings verführt die leichte Art der Strophenführung zu ungezählten Wiederholungen und feststehenden Redensarten, denen auch H. immer wieder erliegt, aber so schlichte und doch gewaltige Strophen stechen dann heraus und zeigen den großen, ergriffenen Dichter, wie dort, wo er die Gottheit anruft (Nr. XXX, Anfang):

Ob allen sachen swebende,
Als luft tuot über stein,
So bist du selden gebende:
Vor allen dingen rein
Bist du mit diner macht,
Niemant kan dich volloben.

8. Briefe: Von den beiden Briefgattungen, den didaktischen und den Minnebriefen, pflegte H. nur die Minnebriefe, deren sechs in seinem Buch stehen (Nr. III, XIX, XXIII, XXXIV, XXXV, XXXVI). Auch hier darf man nicht aus einer Stelle ein schöpferisches Unvermögen herauslesen wollen, wie dies Wackernell tut aus dem Umstand, daß H. in Nr. III der Treue seiner Frau ein *minneliedli tichten* will, es aber dann doch ein Minnebrief wird. Der Grund ist eher darin zu suchen, daß H. durch die weite Ausdehnung seiner Ländereien und in seinem Dienst als Hofmeister gezwungen war, viel von Hause fort zu sein. Denn auch die Briefe sind aus der Wirklickeit geboren, sind nicht fingiert, sondern wirklich geschrieben und geschickt. Dies ist der Grund dafür, daß sie sich manchmal nur wenig von den eigentlichen Liedern unterscheiden; denn eigentlich sollten es ja Lieder sein, bloß die räumliche Trennung zwang dem Dichter beinahe nur äußerlich eine andere Gattung auf.

9. Lieder: H. hat elf Lieder gedichtet, die Wackernell in Tanzlieder (Nr. VI, VII, IX), moralisierende (Nr. XIII, XXII, XXIX) und Tagelieder einteilt. Doch diese Trennung ist zu äußerlich und künstlich; besser ist es, alle Lieder zusammenzufassen, denn die Grenzen sind fließend; auch in den Tanzliedern kann H. seine innere Spaltung nicht verleugnen und schwankt zwischen den einzelnen Gattungen. So rechnet Wackernell Nr. XXIX: *Fro Welt ir sint gar hüpsch und schön* zu den moralisierenden Liedern, obwohl er dadurch weder dem Gehalt noch der Form gerecht werden kann. Sicher kannte H. eine jener häufigen Darstellungen der „Frau Welt" in der bildenden Kunst, die auf der Frontseite eine schöne Frau zeigen, deren Rücken aber von Schlangen und Geschwüren bedeckt ist. Diesen starken Kontrast gestaltet auch H. wieder in seiner Dichtung auf doppelte Art. Einmal nimmt er die Form des Wechsels zwischen Mann und Frau auf, dann — und darin zeigt sich die große Kunst des Dichters — wird dieser Gegensatz im Rhythmus noch einmal nachgebildet und auch vom Komponisten glücklich aufgenommen. Der Mann spricht in schwerem, geradem Takt und die Frau in leicht tändelndem, ungeradem Takt. Leider hält diese Spannung und Kontrastwirkung nur die ersten sechs Strophen hindurch an, dann verfällt der Dichter in ein didaktisches Moralisieren über die Zeit und ihre Übelstände. Daß dies Lied ihm selbst sehr am Herzen gelegen hat, verrät die besonders reiche Ausstattung der Initiale, die eine Frau zeigt, die ein Spruchband mit den Worten *Frow Welt* trägt. Auch die ganze Seite ist besonders reich mit Ornamenten geschmückt.

Die Tagelieder entbehren dadurch, daß sie an die eigene Gattin gerichtet sind, natürlich ihres tiefsten Impulses. In den geistlichen Tageliedern aber wird dann der Wächter umgedeutet zur Symbolgestalt des Mahners zum geistigen Leben, und der Tag, der nun anbricht, soll ein neues, gottgefälliges Leben heranführen. „So ist aus dem Tagelied ein Taggebet geworden" (Wackernell).

Mit H. bricht der Minnesang ab. Er selbst hat keine Nachfolger, denn nur durch zwei Umstände war es ihm möglich gewesen, überhaupt in seiner Art das Minnelied noch einmal zu beleben, zwei Umstände, von denen mindestens der erste späteren Dichtern fehlen mußte: die zeitliche Nähe zum späten Minnesang und seine soziologische Stellung. Aber vor allem war es nur möglich durch H.s ethische und dichterische Persönlichkeit.

Ausgaben: K. Bartsch *H. v. M.* (StLV. 143) 1879. J. E. Wackernell *H. v. M.* (Sammlung älterer tirolischer Dichter Bd. 3) 1881. P. Runge *Die Lieder des H. v. M. mit den Melodien des Burk Mangolt* 1906.

Biographisches: J. Bergmann *Das Leben H.s v. M.*, Sitzungsberichte d. Wiener Akademie, phil.-hist. Klasse IX. J. N. Vanotti *Geschichte der Grafen von Montfort und von Werdenberg* 1845. K. Weinhold *Über den Dichter Graf H. v. M. VIII.*, Mitteilungen des hist. Vereins für Steiermark Heft VII (1857). H. J. Moser *Geschichte der deutschen Musik* 1930 Bd. I S. 152 bis 198.

Hans W. Hagen.

Hugo v. Mühldorf, s. Kunz v. Rosenheim.

Hugo von Reutlingen, s. Spechtshart.

Hugo von Salza. In Heinrichs von dem Türlin (s. d.) Abenteuer-Krone (v. 2438ff.) wird unter einigen alten Minnesängern (Dietmar von Aist, Heinrich von Rugge, Friedrich von Hausen, Ulrich von Gutenburg) auch der *reine Hug von Salza* erwähnt. In der Tat fand Haupt in einer Urkunde Ludwigs III. von Thüringen, 1174 in Siebleben für das Kloster Reinhardsbrunn ausgestellt, als Zeugen einen Hugo von Salza. Es liegt doch wirklich sehr nahe, in ihm, mit Scherer, den Dichter, d. h. also einen mitteldeutschen Vorläufer Veldekes und Morungens, einen Bahnbrecher des Minnesangs in Deutschland, zu sehen. Wilmanns freilich glaubte, sich trotzdem sehr zweifelnd verhalten zu müssen.

Heinrich von dem Türlin *Der Abenteuer Krone, hg. v.* G. Scholl 1852. HMS. IV 870. M. Haupt *Minnesangs Frühling, bearb. v.* F. Vogt 1920³, S. 306 Anm. W. Scherer *Gesch. d. deutsch. Dicht. im 11. und 12. Jh.* 1875, S. 128. Walther v. d. Vogelweide *hg. v.* Wilmanns-Michels⁴ I (1916) S. 406, Anm. I 112.

Halbach.

Hugo von St. Victor (in Paris), Theologe und Mystiker.

1. Leben. Wir sind über das Leben H.s nur ungenau unterrichtet. Der Prolog zum '*Soliloquium de arrha animae*' zeugt von so engen persönlichen Beziehungen zur Abtei der Augustiner-Chorherren in Hamersleben (Prov. Sachsen), daß wir annehmen dürfen, H. sei selbst Mitglied dieses Klosters gewesen. Dann ist es aber auch wahrscheinlich, daß er hier seine erste Ausbildung erhielt; die bemerkenswerte Schilderung seines jugendlichen Wissenseifers ('*Didascalion*' 6, 3) bezieht sich wohl auf diese Zeit. Nach der Chronik Alberichs von Trois Fontaines (MGH. SS. XXIII S. 828) und dem Epitaph in St. Victor war H. aus Sachsen gebürtig; die erheblich später auftauchende Nachricht, er sei ein Sohn des Grafen Konrad von Blankenburg, ist wenig glaubwürdig, wenn man beachtet, daß H. von sich sagt: *Ego a puero exulavi et scio, quo moerore animus arctum aliquando pauperis tugurii fundum deserat, qua libertate postea lares et tecta laqueata despiciat* ('*Didascal.*' 3, 20). Um 1118 siedelte der Jüngling in die Abtei St. Victor in Paris über, in der Wilhelm von Champeaux soeben eine neue theologische Schule eröffnet hatte. Seit 1125 dort als Lehrer tätig, wurde H. 1133 als Prior der Leiter der Schule, die vor allem ihm und seinem Schüler Richard ihren Ruhm verdankt. H. starb am 11. Februar 1141.

2. Schriften und Lehre. „Der Gesamteindruck der schriftstellerischen Tätigkeit H.s ist der einer universellen, viele Wissensgebiete umspannenden Leistung; er hat mit dem Satze: *Omnia disce... Coarctata scientia iucunda non est* in seiner wissenschaftlichen Lebensarbeit Ernst gemacht. Es ist ein mächtiger Kreisbogen, den H.s Schriftstellerfleiß von seiner Chronik, dem '*Epitoma in philosophiam*', der '*Grammatica*' und '*Geometria*' angefangen, hindurch durch die Gebiete der Pädagogik und Dialektik, der Exegese, Moral, der geistlichen Beredsamkeit bis zur spekulativen Dogmatik und den ergreifendsten mystischen Traktaten während eines verhältnismäßig kurzen Lebens beschrieben hat" (M. Grabmann *Geschichte der scholast. Methode* II [1911] S. 234). Die beste Gesamtausgabe, die freilich auch manches Zweifelhafte und Unechte enthält, erschien Rouen 1648 (abgedruckt bei Migne *P. L.* Bd. 175—177). Im einzelnen seien folgende Werke hervorgehoben: a) '*Didascalion*' ('*Eruditionis didascalicae libri*'), Migne 176 Sp. 739—812, wohl die bedeutendste Wissenschaftslehre des 12. Jhs. Sie zeigt den Zusammenhang H.s sowohl mit der antiken als auch mit der patristischen Überlieferung. Das Ziel alles geistigen Strebens ist die Weisheit; das Streben richtet sich nun entweder darauf, die Gottebenbildlichkeit der menschlichen Natur durch Betrachtung der Wahrheit herauszuarbeiten (Theorie) oder ihre Mängel durch Tugendübung zu beseitigen (Praxis). Außerdem sind die mechanischen (unfreien) Künste zur Befriedigung der menschlichen Lebensbedürfnisse nötig (Mechanik). Endlich tritt zu allen die grundlegende Wissenschaft der Logik hinzu. Die Theorie gliedert H. nach Boëthius in Theologie (*theol. humana*), Mathematik und Physik; die Praxis nach Eudemus in Ethik, Ökonomik und Politik. Die sieben unfreien Künste (wozu auch die Medizin gerechnet wird) stehen den sieben freien gegenüber, die sich in H.s Schema auf Mathematik (*quadrivium*) und Logik (*trivium*) verteilen. So hoch H. nun auch den Wert der profanen Wissenschaften schätzt, so stellt er doch über alle die christliche Theologie (*theol. divina*), weil sie sich mit der Wahrheitsfülle der göttlichen Offenbarung befaßt. — b) '*De sacramentis* (d. h. Geheimnisse) *christianae fidei*', Migne 176 Sp. 173—618, entstanden zwischen 1135 und 1140, ist H.s theologisches Hauptwerk. Es liegt zeitlich nach den ersten Redaktionen von Abaelards '*Theologia*' und vor dem Sentenzenbuch des Petrus Lombardus (1150/52). Während Abaelard nie über die Darstellung der Gotteslehre hinausgekommen und durch Überspitzung der dialektischen Methode mit der kirchlichen Lehre in Widerstreit geraten ist, gibt H. als erster Scholastiker ein abgeschlossenes System der Glaubenslehre; durch die maßvolle Verwendung der Dialektik und ihre innige Verbindung mit einer tiefgläubigen Mystik wurde der Viktoriner bald zu einer der er-

sten theologischen Autoritäten. Und wenn auch der Lombarde eine einzigartige Bedeutung für den theologischen Schulbetrieb dadurch erhielt, daß seine Sentenzen das theologische Elementarbuch der folgenden drei Jahrhunderte wurden, so blieb doch die theologische Wissenschaft dem originellern Deutschen viel stärker verpflichtet. Den Plan seiner Darstellung hat H. schon vor dem Hauptwerk sowohl in dem '*Didascalion*' (6, 4) wie in der kleinen Schrift '*De sacramentis legis naturalis et scriptae*' (Migne 176 Sp. 17—42) entwickelt. Er folgt — hierin durch Augustinus beeinflußt — dem geschichtlichen Verlauf der Heilstatsachen, die er in zwei Büchern unter den beiden Gesichtspunkten „Schöpfungswerke" und „Erlösungswerke" ordnet. Den Angelpunkt des Ganzen bildet die Lehre von dem menschgewordenen Worte Gottes, „unserem Könige, der in die Welt kam, um mit dem Teufel zu kämpfen". So wird H. nicht müde, nachzuweisen, wie die ganze Heilsgeschichte, Personen und Ereignisse, Einrichtungen und hl. Zeichen, auf ihn bezogen sind. — c) Die mystisch-asketische Literatur hat H. ebenfalls durch eine ganze Anzahl von Schriften bereichert; genannt seien: 19 Homilien über das Buch Ecclesiastes, der Kommentar zu des Pseudo-Dionysius '*Hierarchia Caelestis*', '*De archa Noe morali et mystica*', '*Soliloquium de arrha animae*' und '*De vanitate mundi*' (Sonderausgabe beider Schriften durch K. Müller, in Lietzmanns Kl. Texten H. 123, 1913). Die mystische Theologie H.s lehrt nun nicht etwa besondere Wege der Vollkommenheit, sondern macht die Glaubenslehre für das religiöse Leben des einzelnen fruchtbar. Demnach entspricht das Verhältnis zwischen der Theologie in '*De sacramentis fidei*' und der Mystik dem von Theorie und Praxis in den profanen Wissenschaften. Die Seele soll durch die Betrachtung dessen, was Gott im allgemeinen, im besondern und im einzelnen für sie getan hat, von der Eitelkeit der Welt entfernt, zur Gottesliebe entflammt und zur Einigung mit ihm geführt werden. Auch hier steht Christus im Mittelpunkt: er ist der Quell und der eigentliche Gegenstand der Liebe der Seele; sie ist seine Braut, und seine Gnade ist das Unterpfand der bräutlichen Gemeinschaft. Das Eigentümliche der Viktorinischen Mystik, die von Hugos Schüler und Nachfolger, Richard von St. Viktor († 1173), zum System ausgestaltet wurde, besteht in der Verbindung der Bernhardinischen Brautmystik mit neuplatonisch-augustinischem Gedankengut: Aufstieg von der Welt durch die Seele zu Gott. Diese Verbindung ist insbesondere auch für die deutsche Mystik fruchtbar geworden und läßt sich noch bei Thomas von Kempen (s. d.) nachweisen.

A. Liebner *H. u. die theol. Richtungen seiner Zeit* 1832. J. E. Erdmann *Geschichte d. Philos.* I[4] 1896 (hier auch über das Fortwirken H.s). A. Mignon *Les origines de la scolastique et H. de St.-V.* 1895. M. Grabmann *Die Geschichte der scholast. Methode* II (1911) S. 229—290. J. de Ghellinck *Le mouvement théologique du XIIe siècle* 1914. K. Müller *Zur Mystik H.s v. St. V.*, Zeitschrift f. Kirchengesch. 45 (1926) S. 175 bis 189. Außerdem zahlreiche Einzeluntersuchungen; man vgl. den Literaturnachweis bei Ueberweg-Geyer *Gesch. d. patr. u. schol. Philos.* [11] 1928 S. 709, und im *Bulletin de théol. anc. et méd.* I (1929-1932).

J. Koch.

Hugo von Straßburg, s. Ripelin.

Hugo von Trimberg, 1. berühmt als Verfasser des mhd. Lehrgedichtes 'Der Renner', war Schulrektor am Stift St. Gangolf in der Bamberger Vorstadt Teuerstadt; in den drei (oder vier?) lat. Urkunden, in denen er sich unterzeichnet, nennt er sich *rector scolarum* (ähnlich im '*Registrum multorum auctorum*' v. 1ff.). Aus seinem 'Renner' können wir uns ein gutes Bild von seinem Leben machen. Er war Ostfranke, geboren in Werna, einem Dorfe in der Diözese Würzburg, wie aus Bemerkungen in einigen seiner lat. Gedichte hervorgeht; im 'Renner' nennt er sich einmal, v. 24563, *Hûc von Trimperc*, nach einem Rittersitze seiner Heimat. Seine Lebensdaten können meist nur aufs Ungefähr berechnet werden. Geboren war er um 1230, am 'Renner' arbeitete er in den Jahren 1290—1300, bzw. 1313, da er nachträglich noch große Einschübe machte. Vierzig (oder zweiundvierzig) Jahre hat er das harte Los eines Schulmeisters getragen bis in sein hohes Alter.

Armut, häusliche Sorgen, zahlreiche Familie, Gebrechen des Alters und die Unbotmäßigkeit der Jugend, überhaupt die Gesunkenheit der Gegenwart gegenüber der guten alten Zeit sind seine ständige Klage. Als Stiftslehrer besaß er ein umfassendes Wissen, und im 'Renner' macht er davon den uneingeschränktesten Gebrauch. Er hat die Schulung der sieben freien Künste genossen, eine der damaligen ausländischen Universitäten hat er nicht besucht, aber er hat sich ein umfangreiches enzyklopädisches Wissen erworben.

2. Seine Werke hat Hugo an zwei Stellen, aber etwas undeutlich, verzeichnet: im '*Registrum*' am Schlusse und im 'Renner' am Anfang. Nach der Zählung im 'Renner' hat er sieben deutsche Bücher und fünftehalb lateinische verfaßt. Von den lateinischen sind erhalten das um 1280 geschriebene '*Registrum multorum auctorum*', eine kurze Literaturgeschichte alt- und mittellateinischer Autoren, und die '*Laurea Sanctorum*', eine, ebenfalls gedrängte, Lebensbeschreibung der Kalenderheiligen, wie das '*Registrum*' zu Lehrzwecken bestimmt. Außerdem das '*Solsequium*', eine Sammlung von kleinen Erzählungen und Legenden in Prosa, die die Geistlichen zur Erbauung und Belebung in ihre Predigten einflechten konnten (Exempla, Predigtmärlein). Von den deutschen Büchern ist nur der 'Renner' erhalten; der 'Samener' (Sammler), den er im 'Renner' v. 24592 nennt, war ein kurzer Vorläufer des 'Renner' und scheint in diesem aufgegangen zu sein.

3. Der 'Renner' war eines der gelesensten deutschen Werke des ausgehenden Mittelalters, davon zeugt die große Zahl der Handschriften und Fragmente, rund 60. Sie zerfallen in zwei Klassen, solche mit der Einteilung Hugos in Distinktionen und solche mit der Kapiteleinteilung, die Michael de Leone (s. d.), der Kanzler des Bistums Würzburg, in seiner — jetzt nur noch in Bruchstücken zu München erhaltenen — berühmten sogenannten Würzburger Handschrift, aus der eine große Zahl Rennerhss. abstammt, durchgeführt hat. Den Titel 'Renner' hat Hugo nicht selbst gegeben, aber er vergleicht sich mit einem Reiter, mit dem sein scheu gewordenes Pferd durchgeht, indem er damit bildlich die unregelmäßige Form der Gedankenentwicklung des Gedichtes, die häufig vom Thema abschweift, kennzeichnen will (v. 13899—940). Als Titel findet sich 'Renner' in dem Register, das Michael seiner Handschrift beigegeben hat, und er wurde dann allgemein üblich.

4. 'Der Renner', über 24600 Verse, ist seinem Wesen nach ein Lehrgedicht, in speziellem Sinn: eine Moralpredigt gegen die Sündhaftigkeit, gegliedert nach den sieben Hauptsünden in der Reihenfolge Hoffart, Habsucht, Unmäßigkeit, Üppigkeit, Zorn und Neid, Trägheit. Eingeleitet werden die endlosen Moralisierungen durch die Allegorie vom Menschenbaum: der Dichter kommt auf eine Heide, da steht ein Birnbaum in Blüte auf einem Rain in grünem Gras. Reif geworden fallen die Birnen auf den umliegenden Grund, und zwar in einen Brunnen (Quelle), in ein Dorngebüsch, in eine Lache. Der Rain bedeutet Adam, der Baum Eva, die Gott aus einer Rippe Adams genommen hatte, der Brunnen ist die Habsucht, der Dorn die Hoffart, die Lache bedeutet andere Sünden, das grüne Gras die Reue. Diese Allegorie bildet gleichsam den Vorspruch, das Thema der Moralpredigt, das im folgenden Hauptteil abgehandelt wird. Diese Lasterlehre ist aber in geistigerem Sinne eine moralische Erkenntnislehre, da die Einsicht in das Übel, in die Laster, zum Guten, zur immer weiterschreitenden Erkenntnis Gottes führt. Die Hauptsünden werden an einzelnen Menschenklassen praktisch anschaulich gemacht, indem die besonderen Laster der Stände, Berufe, Altersklassen und dergleichen gegeißelt werden. In dieser Hinsicht ist das Gedicht eine Satire auf alle Stände. Der allegorische Rahmen vom Evenbaum wird im Verlauf der Abschweifungen nur vorübergehend sichtbar, und in der Redseligkeit des Alters gerät Hugo vom Hundertsten ins Tausendste.

Aus dem einförmigen Moralpredigerton treten einzelne kleinere Geschichten, Anekdoten, Fabeln, Bilder aus dem täglichen Leben, persönliche Eindrücke, greifbar hervor. Auch damit hat Hugo die Technik der Predigten nachgeahmt, in welchen gern solche Beispiele, Exempla als sogenannte Predigtmärlein eingeschaltet wurden. Der Allegorie entsprechend, die mit dem Gras der Reue schließt, folgt auf die Erörterung der Sünden ein Abschnitt über die Beichte und Buße (v. 20347). Mählich neigt sich das Gedicht zu Ende, es steigen Gedanken an das Alter und an den Tod, an das Jüngste Gericht und an das ewige Leben auf, an Verdammnis oder Seligkeit. Sünde und Buße sind die beiden Pole dieser Sittenlehre, und damit trägt der 'Renner' zugleich den Charakter einer Bußpredigt, die mit dem Sündenfall beginnt und mit dem Jüngsten Gericht schließt. Aber Hugo war kein weltflüchtiger Asket, sondern er hatte einen offenen Sinn für die Schönheit der Erde, die Gott so köstlich geziert hat.

Durch die Einstreuung einer Masse von Kenntnissen aus fast allen Wissensgebieten, der Religion, Naturgeschichte, Medizin, Jurisprudenz, der Sprache ist die Bußpredigt zu einem Weltbild erweitert. So betrachtet ist die Morallehre des 'Renner' zugleich eine Art Enzyklopädie und eine Popularisierung der Wissenschaft in deutscher Sprache. Religion und Wissenschaft (Beziehungen zur Predigt und zur Schule) sind die kulturellen Stoffgebiete im 'Renner'.

5. Die Grundlage von Hugos sittlicher Überzeugung ist Frömmigkeit in der Form der Kirchenlehre. Schlichter Glaube ist wertvoller als tiefsinniges Spekulieren und als alle weltliche Weisheit. Die Heilige Schrift ist die Quelle aller Weisheit; außerdem zitiert er als Autoritäten häufig Kirchenväter, vor allem Augustinus, Hieronymus, Gregorius. Unter den Kirchenschriftstellern des Mittelalters schätzt er besonders St. Bernhard, während er die Scholastiker meidet. Am nächsten aber stand seinem Empfinden Freidank (s. d.), *der wîse man*, aus dessen Spruchsammlung entnahm er eine Fülle faßlicher Weisheits- und Erfahrungssprüche.

6. Der 'Renner' ist ein Spiegel der Zeit, er geht hervor aus den sozialen Verhältnissen, die zugleich einen Umschwung in der Literatur bedingten. Mit dem Rückgang der ritterlichen Gesellschaft und dem Aufstieg des Bürgertums machte sich weithin eine praktische, realistische Auffassung der Dinge geltend, nicht mehr die Phantasie, sondern Verstand und Wissen begannen auch in der Literatur maßgebend zu werden. H. v. T. ist hier einer der ersten Vertreter der neuen rationalistischen Geistesrichtung. Das zeigt er auch besonders in seinem Spott über das Turnierwesen und andere Kraftproben, und er warnt vor der Lügenhaftigkeit der Ritterromane, während er allerdings die Lieder aus der guten alten Zeit den Herren als ein Bildungsmittel vorhält. Doch gesinnungsverwandt sind ihm die Spruchdichter mit ihrem gelehrten Wissen.

Stil und Metrik entsprechen dem Inhalt und dem Zweck des Werkes: eine fließende, dem Sprechvortrag eignende Ausdrucksweise ohne künstlerische Absicht.

7. Seit dem Erscheinen des 'Renner' ist das Interesse an ihm nie verloren gegangen. Auf die Handschriften folgte im Jahre 1549 der Druck in Frankfurt a. M. Gottsched, Gellert beschäftigten sich mit ihm, und Lessing plante eine Ausgabe.

Ausg.: *'Der Renner', z. ersten Male hgb. vom Histor. Verein in Bamberg* 1833—34 (Abdruck der Erlanger Hs. v. 1347). Krit. Ausg. von G. Ehrismann (Bibl. d. Literar. Vereins, Nr. 247. 248. 252. 256) 1908—11. — Lat. Werke: Joh. Huemer *Das 'Registrum multorum auctorum' des H. v. Tr.*, WSB. 116, 1888, S. 145—190. Krit. Ausg. von K. Langosch vorbereitet. H. Grotefend *'Laurea Sanctorum'*, Anz. f. Kunde d. dt. Vorz. 1870 Nr. 8—10. E. Seemann *H. v. Tr.s Lat. Werke I, Das 'Solsequium'* (Münch. Texte H. 9) 1914. — Leben u. Werke: K. Janicke *H. v. Tr.s Weltanschauung*, Germ. 5 (1860) S. 363—377. E. F. Wölfel *Untersuchungen üb. H. v. Tr. u. s. 'Renner'*, ZfdA. 28 (1884) S. 145—206. A. Jäcklein *H. v. Tr. Verfasser einer 'Vita Mariae rhythmica'*. Progr. Bamberg 1900/1. L. Behrendt *The ethical teaching of H. of Tr.* (The Catholic Univers. of America) 1926. E. Seemann *H. v. Tr. u. die Fabeln seines 'Renners'* (Münch. Archiv f. Philol. d. MA.s, H. 6) 1923. F. Diel *Reimwörterb. zum 'Renner'* (Münch. Texte Ergänz.-Reihe VII) 1926. — G. Ehrismann *H. v. Tr.s 'Renner' u. d. mittelalterl. Wissenschaftssystem*, Braune-Festschr. 1920, S. 211 bis 236. W. Rehm *Kulturverfall u. spätmhd.*

Didaktik, ZfdPh. 52 (1927) S. 299—330. W. Stammler *Die „bürgerliche" Dichtung des Spätmittelalters*, ebenda 53 (1928) S. 1—24.

Gustav Ehrismann.

Hugo von Werbenwag. Minnesinger aus schwäbischem, an der oberen Donau beheimatetem Ministerialengeschlecht der Grafen von Hohenberg-Haigerloch. Er ist urkundlich nachweisbar zwischen 1258 und 1279 (1292) und vermutlich bald nach 1292 als Mönch im Kloster Salem gestorben. Eines seiner Gedichte spielt auf Heinrich Raspe an, muß also zwischen 1246 und 1247 entstanden sein. Er gehört zum Kreis der schwäbischen Dichter, die die Tradition des Dichterhofes Kaiser Heinrichs VII. fortsetzen und in kunstvoller Form und klangvoller Sprache Frauendienst und Lenzfreude besingen. Daneben finden sich auch Züge einer realistischeren, von Ulrich von Lichtenstein (s. d.) beeinflußten Kunst, so wenn er um den Lohn für geleistete Dienste vor Kaiser und Papst Rechtsstreit und Klage gegen seine Herrin erheben will, eine Drohung, die diese mit überlegener Ironie zurückweist.

Große Heidelberger Liederhs. *C* (Universitätsbibliothek Heidelberg Cod. Germ. Pal. 848, Bl. 252a—253b, mit Bild). F. Pfaff *Die große Heidelberger Liederhs.* I 1909, Sp. 833—836. [Bodemer] *Proben der alten schwäbischen Poesie des 13. Jahrhunderts* 1748, S. 147—149 (= I, 3—7, III, 2). Bodmer *Sammlung von Minnesingern aus dem schwäbischen Zeitpunkte* 1759 II S. 49f. HMS. II 67—69; IV 409f. B.-G. Nr. 49, S. LXX, 253f. (= I). — A. Birlinger *Kleine Beiträge 3*, Germ. 16 (1871) S. 83. F. Grimme *Die rheinisch-schwäbischen Minnesinger* 1897, S. 177—182, 286f. R. M. Meyer ADB. XLI (1896) S. 743f.

Elisabeth Karg.

Hülzing (1.) ist ein Meistersinger des 15. Jhs., der in cod. pal. germ. 312 Bl. 287 (Holzmann S. 308f.) von Michel Beheim (s. d.) unter den Nachmeistern des Gesanges im Gegensatz zu den alten Meistern genannt wird, der als Nachdichter in der Heiberger Hs. (Schröer S. 226) steht, und der auch in dem großen Dichterkataloge von Hans Folz (s. d.; Meisterlied 94, 77) in mgq. Berol. 414 Bl. 476 Erwähnung findet. Er ist keine ausgesprochene Individualität; in Form und Inhalt seiner Gedichte geht er in keiner Weise über andere, frühere Dichter hinaus: auffällig allerdings ist die Reinheit seiner Reime und der gute Versbau.

2. Drei Meisterlieder Hülzings sind uns überliefert. In seiner Paraphrase des Vaterunsers (Kolm. Hs. 195) — man denke an ähnliche Werke des Marners (s. d.) und Reinmars von Zweter (s. d.) — bedient er sich der althergebrachten Einkleidungen und Fügungen der Meistersinger: er bittet den Herrn, er möge aus seiner *gotheit sark* (interessant wegen Bedeutungswandel) *die gruntvest und daz zimmer* senden, auf denen er *des paternoster wirdikeit* bauen wolle, er erklärt: *Her, du bist in dem himel zam / nâch rechter zirkel ringen*..., er bringt die altbekannte Scheidung in Laien und Gelehrte. Doch nicht ist der Laie für ihn, wie für viele seiner Kunstgenossen, der „nichtgelehrte volkstümelnde Künstler im Gegensatz zum Kunstdichter" (so Stammler S. 536 u. ebd. Anm. 4; Gegenbeispiele Oppenheim S. 53 u. ebd. Anm. 1). Hülzing nämlich fordert, der Priester solle Latein, der Laie *mit siner zungen* sprechen.

3. Und doch gehört er zu den Meistersingern, die auf ihre *kunst* stolz sind, für die Gelehrsamkeit an erster Stelle zu stehen hat. Davon zeugen die zwei anderen Lieder. Das Bewußtsein spricht aus beiden, daß nur der in den Gesetzen der „Schule" Erfahrene „singen" könne. In dem Liede: *Es dichtet menger fru und spat* (Holzmann S. 314f.) wird der Forderung, daß der Meistersinger die sieben freien Künste kennen müsse, in immer neuen Wendungen Ausdruck verliehen (zu den sieben freien Künsten s. Stammler S. 543 und ebd. Anm. 1; Strauch *Marner* S. 183 zu XV, 361ff.; Muskatblüt — s. d. — allegorisiert die sieben freien Künste; s. Oppenheim S. 46 Anm. 3). Und so kommt der Meister, völlig in den Bahnen der Tradition (s. Stammler S. 537 und ebd. Anm. 2), zu seiner Kennzeichnung Gottes: *Die siben kunst hat got allain verspart in sinem herzen* (Str. 2) oder: *Die siben kunst nach rechter zal hat sich got selb gemessen / weder ze brait noch ze schmal* (Str. 3). Während hier der „Ungelehrte", der sich anmaßend mit der hohen Kunst befaßt, dahin verwiesen wird, er *solt ie bilich reutten*

die steck aus vor dem pflug, wendet sich das Meisterlied: *Reich mir den win, sprach Trunkenbolt* (Kolm. Hs. 196) in stark parodierender Art gegen die Unkenntnisse und Fehler der Singschulenmitglieder, sitzen doch hier *ûf gesanges stuol* (traditionell; s. z. B. Hugo v. Meiningen) nicht ehrsame, würdige Meister, sondern eine Schar von Tieren! Daß auch hier jedoch kein eigenes Geistesgut des Meisters zu finden ist, daß nämlich diese Form des Spottgedichtes nur übernommen wurde, geht aus Docens Bemerkungen zu seinem Abdruck (Nr. 32) und der Veröffentlichung einer *'Schendung im plaben ton'* hervor (auch Kanzler [s. d.] vergleicht den kunstlosen Sänger etwa dem Esel in der Löwenhaut; s. Oppenheim S. 7 Anm. 3).

4. Folgende Töne werden Hülzing in der Überlieferung zugeschrieben: *engelweis, hagelweis, hofton, weis(s)er ton.* Nach Bartschs Ansicht (*Kolm.Hs.* S. 183) sind der Hofton und der weis(s)e Ton miteinander, ja wahrscheinlich mit der Hagelweise identisch. Beliebt war der letztgenannte Ton sicherlich, dichtete doch noch 1548 Adam Puschman in dieser Weise seine 'Rechtfertigung Christi'.

Lieder des Meisters finden sich in folgenden Handschriften: München cgm. 351 Bl. 210a, 217b, Kolmarer Hs. (cgm. 4997); Heidelberg cod. pal. germ. Bl. 37b.

K. Bartsch *Die Meisterlieder der Kolmarer Handschrift* (StLV. 68) 1862. B. J. Docen *Beschreibung einer Sammlung alter Meistergesänge*, Aretins Beyträge zu Gesch. u. Lit. 9 (1807) S. 1144 und 1147. A. Holzmann *Meistergesänge des XV. Jhs.*, Germania 3 (1858). H. Oppenheim *Naturschilderung b. d. Meistersingern* (Form und Geist 22) 1931. K. J. Schröer *Meistersinger in Österreich*, Germ. Stud. II S. 197ff. W. Stammler *Die Wurzeln des Meistergesanges*, Dt. Vjschr. 1 (1923) S. 529ff.

Horst Oppenheim.

Humery, Konrad.

1. Wahrscheinlich Sohn des am 7. April 1409 und 23. April 1411 zu Mainz bezeugten Peter Humery, der als Kaufmann, besonders mit Edelmetallen, gehandelt zu haben scheint und in Diensten des Erzbischofs stand (F. Herrmann *Quellen z. Topographie u. Statistik d. Stadt Mainz* [Beitr. z. Gesch. d. St. Mainz 3] 1914, S. 128). Konrad H. wird in Mainz aufgewachsen sein. Er muß um oder bald nach 1400 geboren sein, da er im Sommer 1421 in Erfurt immatrikuliert wird (J. C. H. Weißenborn *Akten d. Erfurt. Univ.* [Gesch.-Quellen d. Prov. Sachsen 8] I 1881, S. 120, Z. 38). Schon im Winter 1421 finden wir ihn an der Kölner Universität als *clericus Coloniensis dioecesis* eingetragen (H. Keussen *D. Matrikel d. Univ. Köln* [Publikat. d. Ges. f. Rhein. Gesch.-Kunde VIII] I 1892, S. 181, Nr. 131, 2). Von 1428 an studiert er in Bologna, wo er im November 1432 zum *decr. doctor in iure canonico* promoviert (G. C. Knod *Dtsch. Studenten i. Bologna* 1899, S. 222f., Nr. 1570); auch den Titel *Magister* führt er später. 1435 ist er wieder in Mainz und als Jurist und Syndikus der Stadt bei der „Pfaffenrachtung" tätig (D. Chron. d. dtsch. Städte XVII, 1881, S. 153, Anm. 3). Bei dem Sturz des Geschlechterregimentes vom Jahre 1444 ist er der Führer der Zünfte und wird Kanzler und oberster Schreiber des neuen Rates der Zwanzig (St.-Chron. S. 294, Z. 16f.). Bei der Untersuchung über die Tätigkeit seiner Vorgänger hat Humery, wenn wir der Chronik Vertrauen schenken dürfen, mehr die Willkür der Partei als Wahrheitsliebe walten lassen (St.-Chron. S. 200, Z. 9ff.); für Geld scheint er nicht unempfänglich gewesen zu sein (St.-Chron. S. 294, Z. 21ff.). Während der Bischofsfehde 1461—63 schließt er sich der Partei Erzbischof Diethers von Isenburg an und ist dessen Vertreter und Unterhändler bei verschiedenen Angelegenheiten, so 1461 mit dem päpstlichen Gesandten Ferrici in Frankfurt. Im Juni 1462 wird er mit 300 Anhängern Diethers gebannt (Velke S. 340; s. § 2) und verliert sein Vermögen. Als der siegreiche Erzbischof Adolf von Nassau die schwer geschädigte Stadt allmählich wieder emporzubringen sucht, verpflichtet er sich auch am 1. Februar 1471, K. H. oder dessen Erben für die seinem Vorgänger Diether geleisteten Dienste 800 rhein. Gulden zu schulden (H. Schrohe *Die Stadt Mainz unter kurfürstl. Verwaltung* [Beitr. z. Gesch. d. St. Mainz 5] 1920, S. 7). Am 16. September 1478 einigt sich der (seit 1475 wieder eingesetzte) Erzbischof Diether wegen dieser Summe mit den beiden Schwiegersöhnen H.s (Herrmann S. 53, Anm. 18); zwischen 1471/78 muß H. also

gestorben sein. Nach dem Nekrolog der Stephansbruderschaft zu Mainz, der H. angehörte, gibt Schorbach (S. 230; s. 2) als Todesjahr „um 1472" an. — Von einer mehr menschlichen Seite lernen wir diese heißblütige, kämpferische Persönlichkeit als Mitstifter einer 1443 gegründeten gastronomischen „Bruderschaft von leckerechtigen und vireßigen knaben" kennen, wo H. den Spitznamen „Zimernkrose" führte (St.-Chron. S. 315). Er hatte zwei Töchter, die mit Mainzer Bürgern verheiratet waren (Herrmann S. 53).

2. Bekanntschaft in weiteren Kreisen verdankt H. einer bald nach Johann Gutenbergs Tode entstandenen Urkunde vom 26. Februar 1468; danach wurden von Gutenberg hinterlassene Typen und Druckgeräte an ihren Eigentümer H. zurückgeliefert mit dem Bemerken, dieselben weiterhin nur in Mainz gebrauchen zu dürfen. Diese Urkunde hat bei den Inkunabulisten mannigfache Interpretation erfahren. Man hat daraus gefolgert, daß H., ähnlich Fust, Gutenberg hohe Geldsummen geliehen habe, mit denen dieser das '*Catholicon*' von 1460 gedruckt habe, und daß nach Gutenbergs Tode die verpfändeten Druckgeräte an H. gefallen seien. Diese Anschauungen sind heute wesentlich reduziert worden, ohne daß man zu völliger Klärung dieser Fragen gelangt ist. Die bedachtsame Untersuchung Velkes wird wohl auch der Persönlichkeit H.s am meisten gerecht. Denn daß H. hohe Geldsummen in ein unsicheres Geschäft gesteckt habe, ist wenig glaublich; wahrscheinlicher dagegen, daß H. den Gutenberg in seine Parteipolitik einzuspannen suchte und in ihm wohl ein willfähigeres Werkzeug zu finden hoffte als in den Fust-Schöffer. Man nimmt an, daß Gutenberg Propagandadrucksachen und ähnliche kleinere Schriften für des Bischofs Partei hergestellt habe. Da Gutenberg aber nach 1460 völlig mittellos dastand, mußte H. ihm Typen und Druckgerät oder doch die Mittel dafür zur Verfügung stellen. Gutenberg arbeitete mit dem in H.s Besitz befindlichen Material, und nach Jahren, als Gutenberg gestorben war, gelangte dieses, wohl nicht sehr umfängliche, Eigentum in H.s Hände zurück.

C. A. Schaab *D. Gesch. d. Erfindung d. Buchdruckerk.* I (1830) S. 325—327, 472—476. K. Schorbach *D. urkundl. Nachr. ü. J. Gutenberg*, Festschrift z. 500 jähr. Geb. v. J. Gutenberg 1900 S. 227—233. W. Velke *Z. frühesten Verbreitung d. Druckkunst*, ebda. S. 323—346. E. Voullième *D. dt. Drucker d. 15. Jahrh.*[2] 1922, S. 105f. R. Stammler *Dt. Rechtsleben in alter und neuer Zeit* I. (1928) S. 20—22. A. Ruppel *Über d. Wohnort Gutenbergs i. s. letzten Lebensjahren*, Gutenberg-Jahrbuch 1928 S. 58—68. E. v. Rath bei Milkau *Handbuch d. Bibliothekswiss.* 1931 S. 351.

3. Die schriftstellerische Tätigkeit H.s ist wenig beachtet worden. Ein Bologneser Kollegheft v. J. 1430 befindet sich auf der Vaticana, Cod. pal. lat. 672 (H. Stevenson iun. *Codd. pal. lat. Bibl. Vatic.* I [1886] S. 238f., Nr. 672; Fr. Falk ZblfBblw. 6 [1889] S. 561; Knod a. a. O. S. 222f.).

Von Velke wird die Abfassung des Manifestes vom 30. März 1462, das gegen Erzbischof Adolf von Nassau gerichtet war, H. zugeschrieben; es ging aus den Parteikämpfen hervor und ist in der Sprache der Urkunden gehalten (Hain Nr. 6161; K. Menzel *Diether v. Isenburg* 1868, S. 173f.; Velke a. a. O. S. 338f.; S. de Ricci *Catal. raisonné des premières impressions de Mayence* [Veröffentl. d. Gutenberg-Ges. VIII/IX] 1911, S. 88f., Nr. 78; *Einblattdr. d. XV. Jhs.* [Samml. bibl.-wiss. Arbeiten 35/36] 1914, S. 129f., Nr. 514).

Von einer ganz anderen Seite lernen wir ihn als Übersetzer von Boethius '*De consolatione philosophiae*' kennen. Von dieser Übersetzung sind bisher zwei Hss. bekannt geworden: ein Berliner Ms. lat. theol. fol. 490, Bl. 109^a—156^b (V. Rose *Verz. d. lat. Hss. d. Kgl. Bibl. zu Berlin* II 1 [1901] S. 337, Nr. 481; M. Manitius *Gesch. d. lat. Lit. d. M.-A.* I [1911] S. 34. — Dieser Teil der Hs. ist am Mittelrhein vielleicht in Mainz selber, im 3. Viertel des 15. Jhs. geschrieben) und ein in Jacques Rosenthals Besitz befindlicher Kodex, der 1472 von Kaspar Kraft in Ulm geschrieben wurde (*Bibl. med. aevi mss. II.* = J. Rosenthal, München, Katalog 90, S. 24—26, Nr. 124). H.s Arbeit stellt eine sehr freie dt. Bearbeitung des lat. Textes dar, teils erweiternd, meist aber kürzend und angeführte Autoren z. T. fortlassend; er verdeutscht dem Sinne nach und unterscheidet sich darin vorteilhaft von der Übersetzung Peters von Kastel (s. d.) (1401), der am Buchstaben des lat. Textes hängt (im 15. Jh. zweimal gedruckt: GKW. 4573 u. 4575). Der Zweck ist, auch die Ungelehrten — *so ferre yen die mütterlichen züngen vorgehalten würdent* — teilhaben zu lassen an den nützlichen lat. Werken, die *viel lerer der heiligen ſchrift vnd ander mynſamen herczen vnd fründe gottes* gelehrt und geschrieben hätten. H.s Übersetzung trägt schon humanistisches Gepräge und ordnet sich damit einem größeren Kreis gleichgerichteter Bestrebungen ein. In Bologna mag H. mit dem Humanismus bekannt geworden sein; Beziehungen zu dt. Humanisten haben sich bislang nicht gefunden.

Wieland Schmidt.

Hunchoven, s. Rüdiger v. H.

'Hunde, Drei, als Beschützer', s. Jagdgedichte f).

Hundertpfund, Heinrich, dichtete '*Von unser lieben frauen Marienlob, genannt die guldin arch*', das allerdings leider verschollen ist.

A. Primisser *Peter Suchenwirts Werke* 1827 S. LI.

W. St.

Hündler, Veit, Mitglied des Karmeliterordens, einziger bekannter Verfassername eines dt. Handschriftenbruchstückes aus Ungarn. Er wurde wahrscheinlich um die Wende des 14. und 15. Jhs. in der Gegend von Kronstadt (Siebenbürgen) geboren, mußte sich aber vom Siebenbürger Sachsenlande bald trennen, trat in Wien in den Karmeliterorden ein und wurde bereits vor 1447 der Provinzvorsteher seines Ordens für Ungarn und Deutschland. In Ungarn besaß der Karmeliterorden im MA. drei Ordenshäuser: in Ofen, Eperies und Fünfkirchen. Bei einem Besuch in Fünfkirchen lernte H. den Bischof Andreas kennen und übernahm auf sein Ansuchen das Bistum in Bodon und das Suffraganeat in Fünfkirchen. Diese Stelle behielt er zwar auch unter den Nachfolgern von Andreas, war jedoch mit seiner Lage niemals zufrieden. Als unruhiger Geist und zur Verschwendung neigend ersehnte er stets neue Stellen, und kaum gab es einen Bischof in Ungarn, dem er seine Dienste nicht angeboten hatte. Schließlich verließ er unter dem Humanistenbischof Janus Pannonius, der nach seinem Ausspruch die Deutschen nicht leiden mochte *(qui tantum non favet Alamanis)*, Fünfkirchen und erhielt das Suffraganeat in Groß-Wardein. Doch auch hier verweilte er nicht lange, 1467 ist er wieder in Fünfkirchen zu treffen, und von da an fehlt jede Spur von ihm.

Die Hs. von H.s Sprüchen, die der eifrige Kirchenhistoriker Josef Koller u. d. T. '*Viti Huendler Proverbia Germanica*' veröffentlichte, wird in der Bibliothek des Augustinerklosters zu Klosterneuburg aufbewahrt. Die Sprüche sind in einem Briefformularbuch aufgezeichnet. H. zählt zunächst die Tugenden auf, welche die Könige zieren, erläutert sodann andere Tugenden und Laster und fügt moralische Betrachtungen zu einzelnen Momenten des menschlichen Lebens, die er mit Gleichnissen veranschaulicht. Besonders beachtenswert und für die nationalen und sozialen Verhältnisse des 15. Jhs. bezeichnend sind seine Bemerkungen über Freundschaft: *Wann das mer on sant wirt, vnd der hymel on heyligen, vnd der teufel on sel, so wirt gefraunt deusch vnd vngeren, phaffen vnd pawren.* Es ist dies zugleich der selbständigste Satz in H.s Sammlung, in welcher er nur blasse und farblose Nachahmungen von Bibelsprüchen gibt.

Hs. hg.: J. Koller *Historia Episcopatus Quinqueecclesianum* IV, Posonii 1796, S. 295f. — Vgl. V. Bunyitay *A váradi püspökség története* (Gesch. des Bistums von Großwardein) II S. 145f. E. Békesi *Magyar irók az Anjouk is utódaik korában* (Ungarische Schriftsteller zur Zeit der Anjoukönige und ihrer Nachfolger), Katholikus Szemle 1899 S. 810ff. Eugen Pintér *A magyar irodalóm története a legrégibb időktöl Bessenyei György fellépéséig* (Geschichte der ung. Literatur von den ältesten Zeiten bis zum Auftreten Georg Bessenyeis) I 1909.

B. v. Pukánszky.

Hundtfelt, Martin. 'Fechtbüchlein', Anhang zu Lichtenauers (s.d.) 'Fechtbuch', Cod. Vatikan. Nr. 1449 Rom, v. J. 1462.

Hundtfelt gehörte zu dem Kreis der Lichtenauerschen Fechtgesellschaft und bringt Ergänzungen zu dessen Werk.

M. Jähns *Geschichte der Kriegswissenschaften* 1889, I S. 370/71.

Eduard A. Geßler.

Hunolt, Heinrich. Von ihm Rezepte, für eine weiße Salbe, für eine Zugsalbe und gegen Gliedwasser im cgm. 443, Bl. 122b bis 124a, aus dem 15. Jh. Sudhoff.

Hunt, Der. Unter seinem Namen mystische Sätze in der Berliner Hs. 191. 4⁰, Bl. 387b, mitgeteilt durch F. Pfeiffer Germ. 3 S. 232. W. St.

Hurlinger, Meister, von Nördlingen. Hs. Additional 16581 des Britischen Museums, 15. Jh. (1469), ostschwäbisch, Bl. 172b; s. R. Priebsch *Deutsche Hss. in England II* (1901) S. 147—58.

Ihm wird in den Mund gelegt der Spruch:
Sollt ich allerwegen habn was ich wöllt,
So tätt ich nym̄er gar das ich sollt.

R. Priebsch.

Hürnheim, Hiltgart von, s. 'Aristotelis Heimlichkeit'.

'Hurübel, Von dem'.

1. Die ältere Fassung des 14. Jhs. (212 Verse) gab J. Bächtold Germ. 21 S. 205ff. nach dem Sammelbande Pn, VII 29 der Professorenbibliothek zu Solothurn (so sagt wenigstens Bächtold; in der Angabe der Bibliothek muß er sich jedoch irren, denn diese besitzt die Hs. nicht und signiert auch ihre Bücher und Hss. in anderer Weise) und der Karlsruher Hs. 408 Bl. 176rαff. heraus; er erwähnte dazu die Dresdener Hs. M 209 Bl. 125—129. Der Münchener cgm. 714 Bl. 263ff. und die Wiener Hs. Nr. 13711 Bl. 1r sowie Harl. 6323 Bl. 30a in London sind zuzufügen. Eine Umarbeitung des 15. Jhs. gab nach einem — wohl Augsburger — Drucke der Hamburger Stadtbibliothek Keller *Fastnachtsspiele* S. 1283ff. heraus. Eine bessere Überlieferung dieser Fassung II birgt die Hs. 5339a des Germ. Museums zu Nürnberg Bl. 129v—134v. Die Fassung III des Gedichtes 'Von dem H.' nennt in der Schlußzeile *Niclas Wolgemut* (s. d.) als Verfasser. — Eine Ausgabe der Fassung I bereitet Alfred Hübner vor, dem ich für manchen Hinweis zu Dank verpflichtet bin.

2. Der Titel des Gedichts lautet 'Hurübel' in allen Hss. außer dem cgm. 714 *('Die groß blag')*, der Wiener Hs. 13711 *('Das Hurübel oder Sensucht')* und Kellers Druck *('Die Seen Sucht')*. Die ältere Fassung (Germ. 21) ist ganz klar aufgebaut: Der Dichter will von einer Plage reden, die *kůrtzlich ufgestanden* ist, größer als alle ägyptischen Plagen. *Sie ist genant die hůresucht ... Man nennet es* [lies *nennet si*] *ouch das hůrübel. Ob sie ouch in Walhen sye, Da bin ich niht gewesen by. Tütsche lant ist sin vol mit ein.* Dann schildert er, *Was das selbe hůrubel were* (v. 50), *Wie man das hůrubel vertryben sal* (v. 63). Den ersten dieser beiden Teile gliedert er: a) Ursachen, b) Folgen bzw. Erscheinungsformen des Hurübels. Der zweite Teil (v. 173ff.) gibt drei Heilkräuter an, *miden, maßelieb* und *abelan*. Der Dichter ist bürgerlich; geistliche oder ritterlich-höfische Gedankengänge fehlen völlig; die Schilderung der Qualen, die der Minner durchlebt, zeigt nicht einmal einen bürgerlichen Abglanz höfischer Ausdrucksweise, wenngleich der *martelære* (v. 148) nicht fehlt. *Das hůrubel kumt von fröwen gunst Vnd steteclichen by in wesen, Also han ich in eim bůch gelesen* (v. 90ff.); unter den sonstigen Ursachen dieser Krankheit zählt er aber höfische neben arg unhöfischen auf, und unter den Folgen der Krankheit erscheint auch *daz bitter krimmen in dem buch* (v. 121). Das Erfreulichste, das er meldet, ist dies: *Das hůrubel ist von der nature, Selten kumet es in die bure; Wer es den buren ouch gefere, Das weren böse, böse mere .... Vil besser, es sig bi vns allein, Dann wurde es den buren gemein* (v. 73ff.). Nur in der „Solothurner" Hs. steht als Unterschrift unter dem Gedicht ein Dichtername: *Meister hans wolenber.*

3. Die Reimpaare, auch die klingenden, sind vierhebig; neben Versen mit Auftakt stehen auch auftaktlose. Regelmäßiger Wechsel von betonten und unbetonten Silben herrscht, von einigen Auflösungen auf der Hebung abgesehen. Beschwerte Hebungen fallen wohl sämtlich den Schreibern zur Last. Das Gedicht ist md. (dreimal *sal: al* [v. 127 allerdings *wol: vol*], zweimal *lere: -ære*, v. 55 *bræhte: knehte*, v. 69 *zuo: ruo*, v. 117 *darzuo: ruo*, v. 121 *bůch: iuch* [Dat.!], v. 71 *ein grimme suht: viuht; stân* und *gân* haben stets *â* mit Ausnahme des Konjunktivs *anegê* v. 211; daß zweimal *quît* als Reimwort vorkommt, sei auch erwähnt) und gehört dem ausgehenden 14. Jh. an.

4. Die bei Keller *Fastn.* S. 1283 stehende Fassung ist eine sinnlose Aufschwellung der Kernstücke des Gedichts.

230 Verse, davon drei Viertel eigener Mache. Die viel bessere Nürnberger Hs. (215 Verse) bietet wenigstens zu zwei Fünfteln Verse der Fassung I. Innerhalb der hs.lichen Überlieferung von I bildete eine dem cgm. 714 nahestehende Hs. den Ausgangspunkt für die Fassung II; die md. Reime des Originals vermeidet II demgemäß zum größten Teil und reimt beispielsweise *bůch: ouch.*

5. Für die Fassung III siehe Wolgemut, Niklas.

Niewöhner.

Husen, s. Friedrich von Hausen.

Huser, s. Hauser.

Huth, s. Hueth.

Hütlin, Matthias, 1500—1524 Spitalmeister in Pforzheim, verfaßte um 1509/11 den '*Liber Vagatorum*', eine Schilderung des Brauchtums und der Sprache der Landstreicher. Der Text beruht auf einer Fassung der Basler 'Betrügnisse' um 1450 (bei Kluge S. 8/16), dazu kommen als Quellen ältere handschriftliche Rotwelschglossare; eigene Erlebnisse fügt H. zur Veranschaulichung bei.

Drucke: Erstdruck um 1512 bei Thomas Anshelm in Pforzheim; wiederholt bei Kluge *Rotwelsch* S. 37/55. Danach bis 1755 32 Drucke; darunter der von 1528 mit Luthers Vorrede (Weimarer Ausgabe XXVI S. 634/54). Bibliographie von J. M. Wagner Serapeum 1862 S. 113/7; wiederholt bei Kluge S. 55/8.

Übersetzungen: Ndrh. in Köln bei Heinrich v. Neuß, um 1509. Borchling-Claussen *Niederdeutsche Bibliographie* Nr. 462 (wie das folgende fälschlich unter dem Verfassernamen *Pamphilus Gengenbach*). Teildruck bei Kluge S. 78/80. — Mnd. in Braunschweig bei Hans Dorn, um 1510. Borchling-Claussen Nr. 482. Abgedruckt bei Kluge S. 59/78. — Ndld. 1547 und 1613. Teildrucke bei Kluge S. 91/5.

Versbearbeitung durch Pamphilus Gengenbach; abgedruckt bei K. Goedeke *P. Gengenbach* 1856, S. 343/370; dazu S. 515/8, 678/81.

A. Götze Neue Jahrbücher 7 (1901) S. 588/90.

W. St.

Hymel, s. Himel.

Hynnenberger, s. Henneberger.

Hyrtzweyl *(Hyrtwyl)*, **Christoph Bruno (von).** Der Name gehört nicht in die mittelalterliche Literaturgeschichte hinein, wie man aus Goedeke I S. 375 folgern könnte, sondern in das humanistische Schrifttum. Die Zeitangabe in Kuppitschs Bibliothekskatalog Nr. 3392 beruht auf Flüchtigkeit oder einem Druckfehler. Denn das Buch '*Etliche Historien vnnd fabulen gantz lustig zů lesen*' ist nicht 1512 (MDXII), sondern 1541 (MDXLI) erschienen. Ex. in Berlin, StB. (Yt 6831).

W. St.

I.

Iglau, s. Johannes v. I.

Illnau, s. Scherer.

Ilöw, s. Scherer.

Imbrico, s. Embrico.

Immessen, Arnold. 1. Das geistliche Schauspiel, als dessen Verfasser sich A. I. im Akrostichon des Eingangs nennt, ist in einer um 1500 in Goslar geschriebenen Papierhandschrift gut überliefert (Landesbibliothek zu Wolfenbüttel, Helmstedter Hs. 759, kl. 4⁰; keine Aufführungshs.). Der Dichter war ein Einbecker Geistlicher, der in einem Brief vom 15. Juni 1483 genannt wird und 1486 auch in einer Alfelder Urkunde erscheint.

2. Das umfangreiche Stück (3962 Verse), vom ersten Herausgeber ganz unzutreffend 'Sündenfall' benannt, ließe sich als Spiel von der Geburt Mariä bezeichnen, da dies der längst vorbereitete Gipfel und Abschluß ist, dem es die ganze Heilsgeschichte von der Erschaffung der Welt und dem Sündenfall der Engel und Menschen an entgegenführt. Neben der Vulgata als seiner Hauptquelle hat A. I. für die Darstellung der Kreuzholzlegende das niederländische Gedicht '*Dboec van den houte*' in engem Anschluß, aber geschickt verwertet. Wenn er auch sichtlich im Zusammenhang der sonstigen Erlösungsdramen steht und von dort nicht genau bestimmbare Grundlinien und Einzelzüge

gewonnen hat, zeigt er doch in der auf Maria eingestellten Gesamtanlage wie in der Ausführung große Selbständigkeit. Bei kraftvoll bewegtem dramatischem Leben zeichnet sich seine Dichtung aus durch ihre Geistigkeit. Nicht die möglichst vollständige und naturtreue Wiedergabe alles Stofflichen ist das Ziel, sondern die Grundwahrheiten der Heilsgeschichte in ihrer bleibenden Bedeutung in großer Linie darzustellen und dabei die religiösen Gedanken und Empfindungen überall in voller Tiefe auszuschöpfen; das innere Leben wird das Entscheidende. Die feste geistige Zusammenfassung der gesamten Handlung wirkt sich auch in der Darstellungsweise aus, wenn hier die Stimmen aus Hölle, Erde und Himmel, aufeinander antwortend, wie auf einem einzigen Schauplatz als Teilglieder eines weltumspannenden Gesamtgeschehens zusammenklingen. Mit der Ausdeutung der alttestamentarischen Ereignisse, mit dem Prophetenspiel und mit der Parabel von den Töchtern Gottes, die dem göttlichen Walten weiterhin die führende Rolle geben und es in seiner gerechten und erbarmungsvollen Weisheit zeigen will, wird ebenso wie durch die feierlichen Gesänge die Darstellung der gegenwartsbedeutsamen Grundgedanken zu gottesdienstlicher Erhebung der Wiedergabe eines wirklichkeitsmöglichen geschichtlichen Geschehens übergeordnet; aus dieser nicht an wirkliche Täuschung denkenden erbaulichen Absicht des Predigers versteht sich (neben der Verwendung allgemeiner Denksprüche) auch die Anführung zahlreicher Bibelworte (lateinisch mit folgender Verdeutschung) auch an geschichtlich unmöglicher Stelle, z. B. in den Worten Gottes nach der Schöpfung. So geben die weithin aus der Handlung hervorscheinende Unwirklichkeit, Zeitlosigkeit und Gegenwartsrichtung denn auch die Voraussetzung, daß der Dichter auch einmal kühn ins Leben der eigenen Tage hinübergreift und die menschlichen Unvollkommenheiten Salomons zum Anlaß für einen prächtigen Gelageauftritt nimmt, in dem der König sich an Einbecker Bier als dem köstlichsten Trank erlabt.

Mit religiösem Ernst verbindet sich also aus der Einheit einer das ganze Menschentum mit kraftvoller und lebhafter Empfindung umfassenden Persönlichkeit wirklichkeitsfreudiger Humor, der aber von jedem Schatten der Roheit frei ist. Der Versbau ist recht frei und eindrucksvoll. Reimbrechung dient in planmäßiger Verwendung dazu, die einander folgenden Reden zu verketten und so auch im einzelnen den Zusammenbau zur Einheit durchzuführen. Die Reimkunst ist anspruchslos.

3. Gegenüber der äußerlichen Stoffanhäufung in den Dramen der Übergangszeit bezeichnet das Spiel von A. I. als ein Markstein für das Heranreifen einer neuen Kunst den Fortschritt zu einem innerlich voll ausgebauten, großzügig durchgeführten Werk, in dem sich die geistige Haltung mit einem gesunden Wirklichkeitssinn glücklich verbindet.

Ausgaben: O. Schönemann *'Der Sündenfall' und Marienklage* 1855; Fr. Krage *A. I. 'Der Sündenfall'* (Germ. Bibl. II, 8) 1913.—W. Hohnbaum *Untersuchungen zum Wolfenbütteler Sündenfall.* Diss. Marburg 1912; NdKbl. 34 (1913/14) S. 91ff. Fr. Krage ebd. 33 (1912) S. 78; 34, S. 28; 35 (1915/16) S. 93ff. E. Damköhler Nd. Jb. 41 (1915) S. 127ff.; 47 (1921) S. 65ff. W. Stammler NdKbl. 37 (1919/21) S. 40; NJbb. 45 (1920) S. 133.

L. Wolff.

Inderstorf, s. Joh. v. I.

'Ingenier-, Kunst- und Wunderbuch'. Cod. Fol. 328 Landesbibl. Weimar. Bemalte Handschrift, 325 Pergamentblätter, verfaßt zwischen 1430—1520. Das Werk wurde angeblich aus dem Besitz des Fürsten von Albanien Georg Kastriota (Skanderbeg), 1414—1467, vom Herzog Johann Ernst von Sachsen 1621 erworben. Es haben verschiedene Verfasser und Künstler daran gearbeitet. Der Kern ist um die Mitte des 15. Jhs. entstanden und hat in den nächsten 100 Jahren Erweiterungen und Fortsetzungen erfahren. Es ist eine der ausführlichsten Bilderhandschriften, welche wir mit „militärische Ikonographien" zu bezeichnen pflegen, deren Verfasser unbekannt geblieben sind. Die ältesten Typen der Darstellungen, leicht schattierte Umrißzeichnungen, gehen in die Frühzeit des Geschützwesens zurück.

Wir finden dann solche abhängig von Kyeser (s. d.) und aus gedruckten militärischen Werken des 15. Jhs., wie aus dem 'Deutschen Vegez' (siehe Hohenwang) und des Italieners Valturius '*De re militari libri XII*', dem ersten gedruckten Kriegsbuch, 1472.

Max Jähns *Geschichte der Kriegswissenschaften* 1889, I S. 275. B. Rathgen *Das Geschütz im Mittelalter* 1928, S. 336. — G. Köhler *Die Entwickelung des Kriegswesens* B. III. Abt. 1 S. 270. A. Schultz *Deutsches Leben im 14. und 15. Jh.* Fig. 642, 643. F. M. Feldhaus *Technik der Antike und des Mittelalters* 1931 S. 349—350. O. Baarmann *Die Entwicklung der Geschützlafette*, Thierbach-Festschrift 1905 S. 72 Fig. 26, 85.

Eduard A. Geßler.

Ingold, Meister.

1. Außer dem 'Goldenen Spiel' sind unter M. I.s Namen drei Predigten überliefert.

Das 'G. Sp.' hat Edw. Schröder in den Elsäss. Literaturdenkmälern Bd. III (Straßburg 1882) herausgegeben. Die Ausgabe beruht auf der zu Augsburg von Georg Mülich geschriebenen Hs. (jetzt Gießen Universitätsbibl. Cod. 813), in der das 'G. Sp.' am 25. April 1450 beendet worden ist; einen davon unabhängigen, aber sehr verwilderten Text bietet die Züricher Hs. C 28, in der Ulrich Heidenreich 1474 zu Zürich das 'G. Sp.' schrieb. Ein Augsburger Druck Günther Zainers vom Jahre 1472 sowie drei Hss. — München Staatsbibl. cgm. 311; die Raudnitzer Hs. (vgl. AnzfKddV. N. F. 4, 1857, Sp. 7ff., 77ff.) und Wien Nationalbibl. Cod. 3049 — gehen wohl alle auf die Gießener Hs. bzw. den Druck zurück. Nicht benutzt ist bisher die von R. Priebsch (*Deutsche Hss. in England* I S. 111) erwähnte Hs. zu Cheltenham, Bibl. Philippica Nr. 11079 sowie der Cod. theol. 1592 der Hamburger Staats- und Universitätsbibl. (ehem. Stadtbibl.), der auf S. 36—168 eine Abschrift des 'G. Sp.' von Daniel Sudermanns Hand enthält. Eine Hs. des 'G. Sp.' führt auch das Bücherverzeichnis an, das in der 1443—1447 zu Augsburg geschriebenen Heidelberger Hs. cpg. 314 vorn eingetragen ist (siehe vor allem R. Kautzsch *Diebolt Lauber und seine Werkstatt in Hagenau*, ZblfBblw. 15 [1895] S. 105).

Von den drei Predigten M. I.s sind zwei in der Hs. Ms. Germ. 4° 35 der Preußischen Staatsbibl. zu Berlin enthalten (vgl. H. Degering *Kurzes Verzeichnis der germ. Hss. der Preuß. Staatsbibl.* II S. 6; Cruel S. 523—529): Bl. 34ᵃ—48ᵇ eine Predigt über Lucas 11, 5—13 mit der Überschrift: *Diz het gebredigt meister jn golt jn der krůtze woche jn dem XXXV jor* (Inhaltsangabe bei Lucian Pfleger S. 28—29) und Bl. 57ᵇ—70ᵃ eine andere: *Dis het gebrediget meister jngolt.* Die letztere behandelt zunächst, an Matth. 22, 42 anknüpfend, die dreifache Geburt Christi, geht aber schon auf Bl. 59ᵇ in eine Predigt von den zehn Jungfrauen über und verliert von Bl. 67 an auch dies Thema wieder aus den Augen. Es ist keine Rede davon, daß durch ein Schreiberversehen zwei verschiedene Predigten aneinandergekoppelt seien; vor allem ist der Abschnitt von den 10 Jungfrauen nicht Taulers Werk (Cruels Irrtum berichtigte schon Edw. Schröder S. XVI). Es handelt sich vielmehr um eine recht sorglos aufgebaute Predigt eines Verfassers, eben M. I.s. Eine Predigt M. I.s über Matth. 22, 42 enthielt auch die jetzt verlorene Straßburger Hs. B 146 Bl. 57ᵇ (vgl. Wilh. Wackernagel *Lit.-Gesch.*² I S. 434 Anm. 74). Daß die Predigt in der Straßburger Hs. auf demselben Bl. 57ᵇ steht wie in der Berliner Hs. Ms. Germ. 4° 35, könnte auf die Vermutung bringen, die — aus Straßburg stammende — Berliner Hs. sei mit der Straßburger identisch. Dem widerspricht außer vielem Anderem aber auch die Überschrift, die nach Wackernagels Angabe die Predigt trug: *Dis noch gonde materie hat gebrediet meister Ingolt brediger ordens.* Wer in der Blattzifferübereinstimmung mehr als einen Zufall erblicken will, wird sich beide Hss. als in Inhalt und Schrifteinrichtung, Zeilenzahl usw. genau übereinstimmend vorstellen. Die dritte der Predigten, die von den sieben Paternostern, ist in zwei von einander gänzlich unabhängigen Niederschriften überliefert: a) Karlsruhe Landesbibl. Hs. aus St. Georgen Nr. 94 Bl. 182ᵇ—185ᵃ, b) Berlin Preuß. Staatsbibl. Ms. Germ. 8° 224 Bl. 67ᵃ bis 72ᵇ und München Staatsbibl. cgm. 456 Bl. 45ᵃ—53ᵇ. So sehr die beiden Fassungen voneinander abweichen, so lautet doch die Überschrift in allen drei Hss.: *Maister Ingolt (der) prediget ze Spyr in ainem capitel.*

2. Während von den Predigten M. I.s nur eine datiert ist (1435), sind im 'G. Sp.' mehrfach Jahreszahlen genannt. Die 1450 geschriebene Gießener Hs. (G) sagt S. 8, 31: *aber nun so man zalt tusend und fierhundert vnd funfftzig jar...* und S. 67, 29 (68, 1 gibt Edw. Schröder versehentlich an): *da man zalt nach cristus geburt M°.CCCC.L. iar.* Wäre völlig sicher, daß das im Heidelberger cpg. 314 vorn eingetragene Bücherverzeichnis nicht jünger als die eigentliche Hs. selbst wäre (1443 bis 1447), so würde das Zeugnis des cpg. 314 schon die Jahreszahl 1450 als falsch erweisen. Die Züricher Hs. (Z) hat an der einen Stelle (S. 67, 29) gar keine Jahreszahl, an der ersteren dagegen das zweifellos richtigere 1432; und wenn es an anderer Stelle (S. 57, 8) heißt: *yetz zů den weihenåchten*, so führt das auf die Wende der Jahre 1432/33. Noch in einem anderen Punkte stehen sich die Überlieferungen G und Z gegenüber, da nämlich, wo die Einleitung Nachricht über M. I. gibt. Z sagt:

Da ich nach den gewonlichen rechten vnd vffgesetzter alter ordnung der brůder predier ordens ein vnwirdiger lesmeister was und mir von des selben amts wege die vslegung des gottlichen worts geburt vnd zugehört...; G hat kürzer und inhaltlich abweichend: *Do ich bey meiner herschafft was ain peichtiger und ain selwarter...* Die Schlußbemerkung des ganzen Traktats: *Des beger ich. ain priester prediger ordens hieß mayster ingold hat disse spil gemacht* fehlt in Z. (Die Cheltenhamer Hs. steht zur Überlieferung G, die Hamburger zu Z; leider versagen beide Hss. für die Einleitung, die erstere wegen Verstümmelung, die zweite wegen recht selbständiger Kürzung.)

Bernhard Hertzogs 'Chronicon Alsatiae, Edelsasser Chronik' (Straßburg 1592) Buch III S. 61 bringt unter anderen Epitaphien aus dem Stifte Surburg (zwischen Hagenau und Weißenburg) das folgende bei: *Anno Domini 1465. 8. Idus Julij obijt Honorabilis vir Dominus Joannes Ingolt Canonicus hujus Ecclesiæ.* Den dort Verstorbenen mit M. I. einfach gleichzusetzen, ist freilich nicht ohne Bedenken.

Die Ingolds sind in Straßburg — freilich auch anderswo im Elsaß — seit alter Zeit ansässig. Damit ist Straßburg als Hauptort von M. I.s Wirken von vornherein recht wahrscheinlich. Immerhin ist nicht zu übersehen: Von der hslichen Überlieferung der Werke M. I.s ist ausgesprochen Straßburgisch nur die der beiden im Berliner Ms. Germ. 4⁰ 35 erhaltenen Predigten: Die Hs. hat Bl. 1^a eine Randnotiz eines Besitzers aus dem 17. Jh.: *Gesammelte predigten kompt aussem kloster SN*, und eine Predigt darin (Bl. 93^a—96^b) hat die Überschrift *Dis ist gebrediget zů ſant nyclavs ...* (hinter *nyclavs* Rasur, auf der als erstes Wort noch *zů* zu erraten ist): "St. Nicolaus in undis" zu Straßburg ist ohne Zweifel gemeint. M. I. erscheint hier in der Gesellschaft von Straßburger Predigern: *her behtolt filinger ain pfrůndner zů allen heiligen, her oswalt lůppriester zů dem můnster, meister hvg von ehenheim Brediger orden, her heinrich von offēbvrg priol zů den augustinern, her erhart* (ergänze: *von Dürningen).* Drei der Genannten, Hug von Ehenheim (s. d.), Heinrich von Offenburg (s. d.) und Erhart von Dürningen (s. d.) sind auch in der Predigtsammlung von Agnes, Steffan Sahssen Tochter, (Berlin Ms. Germ. 4⁰ 206 Bl. 27^b—267^b) vertreten, die Straßburger Predigten der Jahre 1434 bis 1437 enthält. Zu Straßburg befand sich ferner die zweite Hs. von M. I.s Predigt über Matth. 22, 42 (siehe oben). Für das 'G. Sp.' ist Straßburg als Entstehungsort nicht gesichert, wenn die Einleitung der Hs. G das Echte bietet. Die beiden auf uns gekommenen Zweige der hsl. Überlieferung stammen aus Augsburg und Zürich; elsässisch — nicht Straßburgisch ohne weiteres — ist nur Diebold Laubers Hs. (vgl. die Bücherliste im Heidelberger cpg. 314). Die Predigt von den sieben Paternostern ist vor einem nicht jahrzahlmäßig nachweisbaren Ordenskapitel zu Speyer gehalten worden. Auf Straßburg weist nichts in der hslichen Überlieferung. Die Karlsruher Hs. stammt aus einem Frauenkloster des Gebietes, das *Zingstag* statt *Dienstag* sagt; die Berliner ist aus dem Augustinerinnenkloster Inzigkofen bei Sigmaringen, das nur ganz wenig nördlicher liegt; die Münchener entstammt einem bairischen Frauenkloster.

Die Rolle, die die Frauenklöster bei der hslichen Verbreitung der Predigten spielen, und die Art des Zusammenwirkens von Predigern verschiedener Orden ist noch nicht klargestellt. Beachtenswert ist, in welcher Weise die *Acta Capitulorum generalium* des Dominikanerordens der Ordensschwestern gedenken. Die Akten zählen fast stets die *suffragia* auf; eine besondere Abteilung bilden darunter die *suffragia pro vivis*, für Landesfürsten und Persönlichkeiten, die sich irgendwie um das Zustandekommen des Generalkapitels verdient gemacht haben. Von 1400—1460 ist dabei nur zweimal von Ordensschwestern die Rede: 1421 (Metz): *Item. Pro priorissa et aliis sororibus nostri ordinis civitatis Metensis, quilibet sacerdos unam missam.*

1423 (Pavia): überhaupt keine *suffragia in* den Akten,

1426 (Bologna): sehr viele, aber keine für Ordensschwestern,

1428 (Köln): überhaupt keine in den Akten,

1431 (Lyon): sehr viele, aber keine für Ordensschwestern,

1434: anläßlich des Generalkapitels zu Kolmar heißt es aber ganz ausführlich:

Ista sunt suffragia pro vivis.

Item pro monasteriis sororum ordinis nostri de Subtilia, de Steinbaco, ad Lapides, sancte Catharine de Nurimberga, sancti Nicholai in Argentina, Celi corone et Libenau et sororibus ipsorum, qui copiosissimas eleemosinas fecerunt nostro capitulo, quilibet sacerdos unam missam.

Item. Pro domina abbatissa de Andlaw et nostris sororibus monasteriorum sancte Katherine in Columbaria, Dissenhowen, in Oettenbach, de Thuez, de Slezstat, de Kilchperch, de Pforzem, sancti Marchi [et] sancti Joannis in Argentina, ad Luenz(?), sancte Agnetis [et] sancte Catherine de Friburgo, sancte Gertrudis in Colonia, in Win(t)erstat, sancti Lamberti, de Hasenpfuel, sancte Margarite de Argentina, Vallisducisse et Vallis sancte Marie, que fecerunt bonas elemosinas presenti capitulo, quilibet sacerdos unam missam.

Es ist kein Zweifel, daß die reichen Spenden der Nonnen, die große Zahl der Predigten und die vielen aus Frauenklöstern stammenden Predigthss. einer großen umfassenden „Aktion" entspringen. Das Jahr 1434, das sich in den Akten der Dominikanerkapitel so deutlich heraushebt, liegt zwischen den beiden für M. I. bezeugten Jahren 1432 und 1435. Wenn ihn auch die Akten der Generalkapitel nicht nennen, so nahm er doch an dieser Aktion teil. Es gelingt also nicht, seine Wirksamkeit über eine lange Reihe von Jahren hin nachzuweisen. Immerhin wissen wir aus dem 'G. Sp.', daß er es in reiferen Jahren schrieb. Daß die beiden Predigten der Berliner Hs. Ms. Germ. 4° 35 zeitlich nicht allzuweit vom 'G. Sp.' abstehen, dafür sprechen nicht nur die überlieferte Jahreszahl 1435, sondern auch mancherlei inhaltliche Anklänge.

3. M. I. gibt im 'G. Sp.' selbst (S. 1 Zeile 11f.) an, was er schreiben will: *ain bůchlin das ich nennen wil das guldin spil, und das wil ich taylen in siben spil wider die siben haubttodsünd, und das sind syben guldin spil, schaffzagel wider horffart, pretspil mit den scheiblachen wider fraußhayt, kartenspil wider vnkeusch, würfelspil wider geitikayt, schießen wider zoren, tantzen wider trauckayt, saytenspil wider neid und haß.* Im Texte selbst steht das Würfelspiel vor dem Kartenspiel und das Tanzen vor dem Schießen, und *jn dem spil des schießens ist begriffen kuglen, walglen der bůben, bolen, ballen, keglen und alles das spil da mit man des zils war nempt.* Mehr als die Hälfte des 'G. Sp.' ist dem Schachspiel gewidmet. M. I. nennt (S. 1 Z. 18) als seine Quelle Jacobus de Cessolis; doch wird er wohl nicht das Werk des Jacobus de Cessolis selbst benutzt haben, sondern die dt. Bearbeitung des Konrad von Ammenhausen (s. d.); die ungenaue Quellenangabe ist um so verständlicher, wenn man sich vergegenwärtigt, daß Konrad von Ammenhausen seinen eigenen Namen in einem Akrostichon versteckt hat, dagegen gleich zu Anfang Jacobus de Cessolis nennt. Sonstige Quellen, aus denen M. I. schöpfte, sind für das Kartenspiel ein 1377 geschriebener Traktat eines Baseler Dominikaners Johannes '*Ludus cartularum moralisatus*', für das Tanzen ein Traktat '*Was schaden tantzen bringt*' (Altd. Blätter I S. 52), dazu das Werk des Baseler Dominikaners Johannes Herolt (s. d.) '*Discipulus de eruditione christfidelium cum thematibus sermonum dominicalium*', das auch für das Würfelspiel Einiges hergab. Den Abschnitt über das Brettspiel scheint M. I. ohne Anlehnung an eine Quellenschrift verfaßt zu haben.

Spiele symbolisch-moralisierend auszulegen, ist alte Übung; was M. I. darin bietet, ist denn auch recht trocken und unselbständig. Die Zwiespältigkeit seines Zieles — Auslegung und Bekämpfung des Spieles — führt ihn zu Unklarheiten und Widersprüchen. Ein Bild von der Spielwütigkeit des 15. Jhs. gibt die unendlich lange Aufzählung von Spielen in Meister Altswerts (s. d.) Gedichte 'Der Tugenden Schatz' (die sich freilich haarscharf auf der schmalen Grenzlinie bewegt, die wirklich gespielte Spiele von Synonymen für das eine verbreitetste aller Spiele, das *minnespil*, trennt). Für die Dürre mancher scholastischen Auslegung entschädigt

M. I. durch frisch erzählte Geschichten und durch Sittenbilder; die Abschnitte über Kartenspiel und Tanz sind dafür besonders bezeichnend.

4. Die Fassung Z des 'G. Sp.' sagt in der Einleitung, die Anregung zu dem Traktate stamme daher, daß viele der Predigten M. I.s nachgeschrieben wurden. Das 'G. Sp.' selbst beweist seinen engen Zusammenhang mit der Predigt nicht nur durch seinen Inhalt, sondern auch durch seine Form: Jedes Kapitel beginnt mit lateinischem Textwort nebst deutscher Übertragung. Die Herkunft all seiner Kenntnisse, stofflicher und katechetischer, ist kaum festzustellen. So freigebig M. I. Gewährsmänner nennt, von denjenigen, denen er unmittelbar zu Dank verpflichtet ist, nennt er kaum einen außer Jacobus de Cessolis (d. i. Konrad von Ammenhausen). Für viele seiner Gedanken ist mit einem Nachweis von Parallelen nicht ohne weiteres der Nachweis der Quellen erbracht. Herolts Einfluß oder der der 'Vierundzwanzig Alten' Ottos von Passau (s. d.) und der 'Vierundzwanzig goldenen Harfen' Johann Niders (s. d.) bedürfen noch genauer Untersuchung. Solch ein Kapitel wie das des zwanzigsten Alten bei Otto von Passau (über die Tugenden und Laster) ist im Mittelalter so oft und so eingehend durchdisponiert und durchkatechisiert worden, daß direkte Abhängigkeit M. I.s von Otto von Passau schwer nachzuweisen ist. Die Predigt über Matth. 22, 42 handelt gegen Schluß (Bl. 69[b]) von der *verirreten consciencie;* man könnte Anregung durch Abschnitt V, 1—2 der 'Vierundzwanzig Alten' annehmen; doch nennt hier plötzlich M. I. — ganz gegen seine sonstige Gewohnheit — seine unmittelbare Quelle, Matthäus von Krakau (s. d.): *ein glichnisse setzet meister matheus ein byschoff zv wurmes.*

Der recht ungleiche Überlieferungszustand der Predigten macht es schwer, M. I. als Prediger zu beurteilen. Die beiden Predigten im Berliner Ms. Germ. 4⁰ 35 scheinen einheitlich (von M. I. selbst?) bearbeitet. Dafür spricht nicht nur die fast wörtlich gleiche Einleitung beider; sie sind sich auch an Wortfülle und unförmlichem Aufbau ähnlich. Die zu Speyer gehaltene Paternosterpredigt ist in zwei ganz verschiedenen, auf Nachschrift oder Niederschrift nach dem Gedächtnis beruhenden Fassungen erhalten: Die Berlin-Münchener Überlieferung gibt dürr und trocken den straffen logischen (d. i. pedantisch-schematischen) Aufbau der Predigt wieder; die Karlsruher Fassung hat größere Eindringlichkeit und hat die Predigt über die sieben Paternoster verwandelt in sieben Gebete an Jesus Christus. Beide Fassungen aber heben das Wort und den Begriff hervor, mit dessen Prägung, sich M. I. einen Platz im 'Deutschen Wörterbuche' gesichert hat: Er stellt den Märtyrern, die *bluotvergießer* waren, die *bluotverswainer* gegenüber (die Karlsruher und die Münchener Hs. haben das Substantiv und das Verbum mit dem Stammvokal *-ai-*, die Berliner hat beide Formen mit *-i-: plůtv'-schwiner* und *verschwinen).* Er versteht darunter Asketen, *die ir selb verlaugent in worten vnd in wercken.*

Jedenfalls ist es verfehlt, M. I. unter die späten Mystiker zu rechnen, wenn auch diese Mystik auf ihn gewirkt hat. Schule gemacht hat er durch die Art, wie er ein lehrhaftes Gedicht für seine Kanzelpredigten nutzbar machte. In derselben Weise hat später Geiler von Kaiserberg (s. d.) über das 'Narrenschiff' Sebastian Brants (s. d.) oder Thomas Murner über eigene Dichtungen — z. B. die 'Narrenbeschwörung' — gepredigt.

Edw. Schröder *Das Goldene Spiel von Meister Ingold* (Elsässische Literaturdenkmäler III) 1882. Für Georg Mülichs jetzt zu Gießen befindliche Hs. des 'G. Sp.' vgl. vor allem Lehmann-Haupt *Schwäbische Federzeichnungen des 15. Jhs.* 1930 S. 49. — Cruel *Geschichte der dt. Predigt im Mittelalter* 1879. Lucian Pfleger *Zur Geschichte des Predigtwesens in Straßburg vor Geiler von Kaysersberg* 1907. *Monumenta Ordinis Fratrum Praedicatorum Historica Tomus VIII: Acta Capitulorum generalium Vol. III, rec.* Fr. Benedictus Maria Reichert 1900.

Niewöhner.

Institoris, s. Sprenger, Jakob.

Irinhart, s. Fremhart.

Irregang, Meister. Mit diesem Spielmannsnamen nennt sich der alemannische Verfasser einer Reimerei aus dem Anfang des 14. Jhs., die man mit Leitzmann am besten als „renommistische Kundgebung des in allen Sätteln gerechten Tausendkünstlers" bezeichnet; poetisch wertlos, ist sie kulturgeschichtlich nicht ohne Interesse, wenn man freilich auch nicht annehmen wird, daß ein Spielmann wirklich alle die hier aufgezählten Tätigkeiten geübt habe, wie ja auch der Verfasser selbst die Ironie durchblicken läßt. Diese Ironie hat freilich einen späteren Meistersinger (nach der Überlieferung Rosenblüt) nicht gebindert, Partien daraus in ein Gedicht von den Handwerkern aufzunehmen (Keller *Fastnachtsspiele* S. 1135).

Hrsg. von Laßberg *Liedersaal* II Nr. CXXVII S. 311ff. und v. d. Hagen GA. III Nr. 56 S. 83ff.; dazu A. Leitzmann PBB. 48 S. 274.

H.-Fr. Rosenfeld.

Irrfried. Hs. Additional 16581 des Britischen Museums, 15. Jh. (1469), ostschwäbisch, Bl. 247ᵃ; s. R. Priebsch *Deutsche Hss. in England* II (1901) S. 147 bis 158.

Ihm wird in den Mund gelegt ein satirisches Gedicht vom Haushaben. Anfang:

Wend Ir hören warumb Ich nit hauß will hon,
So will ich euchs wissen lön.
Da müst Ich hon angst vnd not,
Aygen wein vnd aigen prott,
Flaisch ryndriß vnd sweynis,
Pettgwätt wüllis vnd leynis usw.
(249ᵃ) *Darumbe wöllt Ich Im holde' sein*
Dann brächt er mir alle tag ain quartt weyn
Man wurd mein lachen hören durch gott
Vnd wurde aller leutt spott.

R. Priebsch.

'Isengrimus', s. Nachtrag.

Isenhofer. In den dreißiger und vierziger Jahren des 15. Jhs. entstehen zwischen Zürich und den übrigen eidgenössischen Staaten, vor allem Schwyz, Erbschafts- und Vorherrschaftsstreitigkeiten. 1442 schließt Zürich einen Bündnisvertrag mit dem alten Bedrücker Österreich gegen die „Bauern", der die Eidgenossenschaft zu sprengen droht. Aus dieser Lage heraus ist das Lied des I. gedichtet, der selbst österreichisch gesinnt und vielleicht mit dem Vogt gleichen Namens auf Freudenberg zu identifizieren ist, der im Jahre 1436 nachgewiesen wird. Das Lied ist voll hochmütigen Spottes auf die eidgenössischen „Bauern". 29 Str. Anf.: *Wol uf, ich hör ain nüw gedön,*
der edel vogel sang .....
Str. 28: *Der dises liedli hat gemacht,*
der ist von Isenhofen;
die puren hatten sin kain acht,
wan er saß hinder dem ofen.

Die Überlieferung ist dreifach: A = 1) Zürich Ms. B 23a, S. 281 v. J. 1462; 2) München cgm. 1223. 2⁰, Bl. 201b v. J. 1562. — B = St. Galler cod. 654, gleichzeitige Hand. — C = in B von junger Hand abweichend und erweitert eingetragen, vielleicht von Tschudi. Liliencron *Histor. Volkslieder* I Nr. 79 S. 378ff.

Ruth Westermann.

'Isidor'.

1. Hss.: a) Paris, Nationalbibl. Cod. 2326 *(P)*, enthaltend auf 79 Blättern die Abhandlung des Bischofs Isidor von Sevilla (gest. 636) *'De fide catholica contra Judaeos'*. Das erste Buch *('De nativitate Domini')* ist bis Bl. 33ᵇ zweispaltig angelegt; links steht der lateinische Text, rechts bis Bl. 22ᵃ die althochdeutsche Übersetzung (Kap. II, 2—IX, 12). b) Wien 3093*, 5 Blätter einer ehemals dem Kloster Monsee gehörigen, dort zu Büchereinbänden benutzten Hs. *(M)*, enthaltend Kap. I, 5—V, 2 des 1. Buches lat. u. ahd. c) Oxford, Bodleiana, Cod. Jun. 25 (aus Murbach), enthaltend auf Bl. 118ᵃff. das lat.-ahd. Glossar *Ic*, in das einige Worte und Sätzchen aus dem 1. Buch der Abhandlung Isidors eingestreut sind, die auf die Existenz einer dritten, jetzt verschollenen Hs. in Murbach hinweisen.

2. Als Verfasser der ahd. Übersetzung ist ein Geistlicher aus dem Ende des 8. Jahrhunderts anzunehmen. Die Haupthandschrift *P*, die offenbar der Urschrift am nächsten steht, zeigt eine Mundartenmischung von Alemannisch und Rheinfränkisch, während *M* eine Umschrift ins Bairische darstellt; Sprache und Rechtschreibung von *P* lassen Murbach als Entstehungsort der Übersetzung vermuten. Der Verfasser muß ein sehr gelehrter, mit dem Hof Karls des Großen in Verbindung stehender Mann gewesen sein, doch ist an eine Urheberschaft des Alkuin nicht zu denken, da dieser dogmatischer Gegner Isidors war.

3. Das Werk Isidors ist eine Kampfschrift gegen die Juden mit dem Zweck, die rechtgläubigen Christen mit Beweismitteln für ihre Überzeugung von der göttlichen Abstammung und Berufung Jesu zu versehen. Dies geschieht im

1. Buch mit Hilfe von Stellen aus dem Alten Testament, die auf Erzeugung, Geburt, Wunder, Leiden und Auferstehung Christi gedeutet werden, während im zweiten auf die gleiche Art die Berufung der Heiden vor den Juden und die Erfüllung des Alten Testamentes durch das Neue bewiesen wird.

4. Der althochdeutschen Übersetzung dieser Schrift lag jedoch eine andere Absicht zugrunde. Nicht Kampf gegen die Juden, sondern gegen die Irrlehrer im christlichen Lager galt es den Kreisen, aus denen sie hervorgegangen ist. Dazu war nötig, die Rechtgläubigkeit der eigenen Anhänger zu stärken, und zwar in der Form, die der große Beweger alles Geistigen im Frankenreich, Kaiser Karl, als die wirkungsvollste erkannt hatte und in unablässigem Drängen befahl: durch Übersetzung des maßgebenden Schriftwerks in die Volkssprache.

5. Der ahd. 'Isidor' ist ein glänzendes Beispiel dafür, was auf diesem Wege geleistet werden konnte. Die Rechtschreibung ist nach einem bis ins einzelne erdachten System folgerichtig durchgeführt; die Übersetzung gibt nicht nur den Sinn des durch seine abstrakten Gedankengänge schwierigen, lateinischen Textes fast ohne Fehler wieder, sondern bemüht sich auch um gefälligen Ausdruck. Sie steht damit hoch über allen ähnlichen Unternehmungen der Vor- und Nachzeit bis auf Notker den Deutschen.

Texte: *Der ahd. Isidor, Faksimile-Ausgabe d. Pariser Codex durch* George A. Hench (QF. 72) 1893. E. Steinmeyer u. E. Sievers *Die ahd. Glossen* IV (1898) S. 2ff. — Ehrismann *Gesch. d. dtsch. Lit.* I S. 263ff. Kowalski-Fahrun *Alkuin u. d. ahd. Isidor*, PBB. 47 (1923) S. 312ff.

Brauer.

Issickemer, Jakob, Chorherr an der Stiftskirche zu Altötting (am Inn), hat im Jahre 1497 sein '*Buchlein der zuflucht zu Maria der muter gottes in alten Oding*' vollendet (Druck bei Kaspar Hochfeder in Nürnberg, 27 Bll.). Er hat es seinem Oheim, dem *furnemen Johansen Grafen*, Bürger und Gerichtsschreiber zu Nürnberg, gewidmet.

Hain *Repert. Bibliogr.* (1831) Nr. *9319.

Urte Kletzin.

Istrien, s. Heinrich v. I.

Italicus, Nikolaus, ist der Verfasser eines mnemonischen Traktates auf Bl. 144ᵃ der Münchener Hs. clm. 4749, die aus Benediktbeuren stammt und 1447 in Freising geschrieben war. N. I. war Dr. und Magister der Medizin, dann Plebanus (Leutpriester) an St. Jodokus in Landshut. Dieselbe Münchener Hs. enthält u. a. noch zwei andere mnemonische Abhandlungen, eine von Joh. Hartlieb (s. d.) v. J. 1432, die andere von einem Magister Heinrich (s. d.). Der Traktat des N. I. wird wie andere solche Schriften durch Zusammentragen und Übersetzen lateinischer Vorlagen entstanden sein. Die Mnemotechnik als Teilgebiet der Rhetorik stammt offenbar wie der Verfasser aus Italien; auch ihr Hauptvertreter Konrad Celtes hatte sie wohl daher.

L. Volkmann *Ars memorativa*, Jahrb. d. kunsthist. Sammlungen in Wien, N. F. 3 (1929) S. 160.

Urte Kletzin.

J.

Jäck, 1. Heinrich, Prediger zu Biberach, urkdl. 1477: er verkauft seine gesamte Bibliothek unter Anführung der einzelnen Büchertitel um 240 rh. fl. an das Heiliggeistspital in Biberach. — Eine Reihe seiner Predigten ist in sehr ausführlicher Nachschrift in mgf. 1056 der Berl. Staatsbibl. erhalten — ob auch die eine oder andere Gruppe der anonymen Stücke in mgf. 1056 Heinrich zugeschrieben werden darf, ist fraglich. Leider enthalten nur diese biographische und Zeitangaben. Entstehungszeit danach: ungefähr 50 Jahre nach dem Basler Konzil, also um 1485: *es ist jetzt eben XLIX (L) iar daz man ain consily zu bassel het* (32ᵃ, 67ᵇ). Verf. nennt sich einmal Prälat: *ich bin ein prälat* (87ᵇ), ein anderes Mal heißt er *unser caplan* (8ᵇ). Jedenfalls wurden Heinrichs wie die anonymen Predigten, ausgenommen Heinrichs St. Georg-Kirchweihpredigt Bl. 53[b]ff., in einem Franziskanerinnen-Observantenkloster gehalten, vielleicht dem Tertiärinnenkloster in Biberach. (Vgl. ... *jungkfrow... vzervelt vz Tusenten... in biberach vnd in vlm* [36[a]], aber *liebe... die sy heruß brächt hond von biberach* [84[a]].) H. war wohl selbst Franziskaner-Observant, da sich seine (und die anonymen) Predigten in den typischen Gedankenkreisen der Franziskaner des 15. Jhs. bewegen: Bekenntnis zur Observanz, Auslegung der Ordensregel, Abhandlungen über die conceptio immaculata und die Notwendigkeit der kirchlichen Feier von Mariä Empfängnis. Die Predigten sind schlicht, aber sie erfassen mit liebevollem Verständnis die Probleme des täglichen Klosterlebens. Trotz seiner umfassenden Bildung (H.s Bibliothek enthielt neben vielen theologischen und selbst juristischen Werken auch Cicero, Seneca und Bocaccio) vermeidet H. die Anhäufung gelehrter Zitate, auch Mirakel und Predigtmärlein verwendet er sparsam.

V. Ernst *Die Biberacher Kirche vor der Reformation*, Württemberg. Vierteljahrshefte N. F. 7 S. 39ff.

2. **Johannes**, ebenfalls Prediger in Biberach (Heinrichs Bruder?), widmete der Fürstin Frau Margarethe, Bestätigte der Abtei zu Buchau, Gräfin von Werdenberg (Äbtissin 1449—96) und ihrer Schwester *[soror (?)] ze inzkoven* (Inzigkofen O. A. Sigmaringen, Augustinerinnen unter dem Schutz der Grafen von Werdenberg) eine stilistisch gewandte Übersetzung der Pseudoaugustinischen Epistola ad Monicam, als Dank: *das ich vs vergunnen ower fürstlichen gnaden och gaistlich worden bin.* Es handelt sich hier (mgf. 1045 Berl. Staatsbibl., Bl. 15[a]—24[b]) ausnahmsweise um des Verf.s Originalhs.

Elisabeth Hübener.

'Die Jagd der Minne', s. Jagdgedichte e).

Jagdgedichte.

Die Geliebte als Hindin dargestellt, der treulose Geliebte als entflogener Falke: beide Motive geben bei weitem nicht so häufig das Thema für Reimpaargedichte ab, wie man eigentlich nach dem Alter des einen (Kürenberger und Nibelungen) und nach dem beispiellosen Publikumerfolg des andern (Hadamar von Laber) erwarten könnte. Hier, wo nicht die Geschichte beider Motive darzustellen ist, muß beiseite bleiben, was in der Lyrik davon handelt oder darauf anspielt[1]), ferner gerade das berühmteste aller Jagdgedichte, Hadamars (s.d.), und die sich daran anschließende Dichtung in Titurelstrophen 'DerMinne Falkner' (siehe Hadamar Sp. 137), die die Geliebte unter dem Bilde des Falken beklagt und insofern ein Gegenstück zu dem unten behandelten 'Entflogenen Falken' darstellt; beiseite bleibt auch Peter Suchenwirts (s. d.) 'Geiaid'[2]). Was übrig bleibt, sind wenige Gedichte, alle verhältnismäßig kurz und durch klaren Aufbau von Hadamars berühmter 'Jagd' unterschieden. Nicht zu übersehen ist aber, daß die hsl. Überlieferung dieser Jagdgedichte sehr spärlich ist: Jedes ist nur in einer Hs. uns erhalten, 'Die verfolgte Hindin' und die 'Drei Hunde als Beschützer' sogar nur in ein und derselben, und Hadamars gewaltiger Erfolg beruht gerade auf dem, was die kleineren Jagdgedichte nicht aufweisen, auf dem „Meistersingerischen" in gekünstelter Form, in Lehrhaftigkeit, in Häufung der Allegorie, in Uferlosigkeit des Aufbaus.

Wie die Allegorie vom Minnekloster ihr geistliches Gegenstück hat in dem vielleicht auf Bernhard von Clairvaux zurückgehenden Stücke 'Das Herz ein geistlich Kloster'[3]), so steht auch neben den Minnejagdgedichten eine mystische Jagd auf einen Hirsch[4]), und noch im Jahre 1545 verfaßt Wolfgang Sedelius, ein Benediktiner zu Tegernsee, 'Des Hirschengeiaids geist-

---

[1]) Für das Falkenmotiv vgl. MF. 8, 33 und die Anmerkung dazu.

[2]) Primissers Ausgabe der Werke Suchenwirts-Nr. XXVI.

[3]) München, Staatsbibl. cgm. 30 Bl. 77; Hei delberg, Universitätsbibl., cpg. 472 Bl. 126[bß]—127[aß]; Basel, Universitätsbibl. Cod. A. V. 33 Bl. 26[ba] und öfter; ähnliche Allegorie auch im 'Gnaistli' (s. d.). (Vers 59—174, 249—356 des 'Gnaistli' sind auch im Heidelberger cpg. 314 Bl. 62[bα]—64[bß] überliefert.) — Vgl. W. Stammler *Prosa der dt. Gotik* 1933 Nr. 28.

[4]) München, Staatsbibl. clm. 4307 Bl. 80—105.

liche Auslegung'[5]). Die Sucht nach Originalität bringt auch einen 'Minnefischfang' zu Stande[6]).

In Betracht kommen im Folgenden sechs Gedichte:

a) 'Der entflogene Falke',
b) 'Das Königsberger Jagdgedicht',
c) 'Die verfolgte Hindin',
d) 'Die Brackenjagd',
e) 'Die Jagd der Minne',
f) 'Drei Hunde als Beschützer'

(das letzte ganz streng genommen kein Jagdgedicht, aber durch die drei allegorischen Hunde eng damit verwandt).

Die obige Reihenfolge versucht, die Gedichte nach ihrem Alter zu ordnen; doch ist die hsl. Überlieferung so ungleichwertig, daß eine neu auftauchende Hs. u. U. das Bild umgestaltet.

a) 'Der entflogene Falke': Anfang: *Trurigen herczen ungemach! Die mynne die mir manigez ach...* 284 Reimpaarverse. Hs. Heidelberg Universitätsbibl. cpg. 358 Bl. 134^a—140^b, gedruckt bei Kurt Matthaei *Mhd. Minnereden* I (DTdMA. XXIV) Nr. 9 S. 92ff. (Erläuterungen zu v. 86 und 256 gibt Leitzmann PBB. 44 S. 134). — Inhalt: Der Dichter trifft im Walde eine schöne Frau, der ihr Falke entflogen ist, den sie aus dem Ei großgezogen hatte. Der Dichter erbietet sich, ihr ein anderes Federspiel zu beschaffen; sie lehnt ab. Er will den Entflogenen wiedersuchen helfen; sie glaubt nicht, daß er je wieder auf ihr Locken hören werde. Sie klagt wohl, daß er es nirgends anders so gut haben werde wie bei ihr; aber auf eine Wiedervereinigung hofft sie nicht mehr und will hinfort wie die Turteltaube in Trauer leben. — Dem Gedicht haftet keine Spur von lehrhafter Minnerede an; es fehlt auch — zum Glück — jede Andeutung, wer unter dem Falken zu verstehen sei[7]). Die Verse sind nach allen Regeln der Kunst um 1300 gebaut. 67 Prozent sind vierhebig$\acute{-}$, 12 Prozent vierhebig$\smile\smile$, 21 Prozent dreihebig$\acute{-}\smile$; vierhebigklingend ist nur v. 275f. *(riuwe : triuwe)*, bei v. 183f. ist *verkêrt : gelêrt* wohl mit Synkope als stumpf endigend aufzufassen. Sonst ist Synkope und Apokope nur in recht beschränktem Umfange anzunehmen. Das Gedicht ist wohl nordalemannisch.

b) 'Das Königsberger Jagdgedicht'. Anfang: *Hæt ich ze jagende sinne guot Sô wolt ich mit wîsem muot...* 316 Reimpaarverse. Hs. Königsberg, Universitätsbibl. Cod. 898 (Perg. 14. Jh.) Bl. $102^{a\alpha}$—$103^{b\beta}$[8]), hsg. durch K. Stejskal ZfdA. 24 S. 254ff. und durch F. Schulz Festschrift zum 70. Geburtstage O. Schade dargebracht (1896) S. 233—238. — Inhalt: Ein Jäger kann mit *Trôst, Harre, Stæte* und *Triuwe* zehn Jahre lang eine Hindin nicht erjagen. Ein weiser Mann rät ihm, andere Hunde auf die Fährte zu setzen, *Zwîfel, Falsch* und *Wenken*. Der Jäger aber lehnt das ab. Der Dichter jedoch, der hinter einer Hecke verborgen das Gespräch belauscht hatte, macht mit den bösen Hunden einen Versuch, der erfolgreich ist; die gefangene Hindin führt er an einem Seile mit sich. Da begegnet ihm Frau Minne mit ihrem Sohn und ihrem Gesinde. Der Dichter verklagt die Hindin, die nur mit *valschem geziuge* zu erringen gewesen sei. Der Sohn der Minne spricht ihr das Urteil. Den Beschluß (v. 250—316) machen Verwünschungen gegen falsche Frauen. — Das Gedicht ist alem. und gehört dem 14. Jh. an (nicht der Mitte des 13., wie Stejskal annimmt). Es kann älter sein als Hadamars 'Jagd'; völlig sicher ist das indes nicht. Die reine Jagdallegorie ist im zweiten Teil des Gedichtes verbunden mit dem üblichen Apparate der Minnereden (der Dichter hinter einer Hecke versteckt, Frau Minne, Anklage, Urteil).

[5]) München, Staatsbibl. cgm. 4304^a; vgl. auch Schmellers Ausgabe von Hadamars 'Jagd' S. XX; Merker-Stammler *Reallexikon* unter 'Jagdliche Dichtung' Bd. II S. 13^a—14^b (Deimann).

[6]) Fichards Frankfurtisches Archiv für ältere deutsche Literatur und Geschichte 3 (1815) S. 241; danach auch bei F. Vetter *Lehrhafte Dichtung des 14. u. 15. Jhs.* (Kürschners DNL. Bd. XII) S. 233.

[7]) Man vergleiche etwa, wie aufdringlich Suchensinns Lied: *Ich ging durch lust in eynen walt Ich fant eynen hirß gar wol gestalt* (Fichards Frankfurtisches Archiv 3 [1815] S. 233) in Strophe 5 beginnt: *Dem hirß glichet ein iungez wip.*

[8]) Vgl. Steffenhagen ZfdA. 13 S. 509.

c) 'Die verfolgte Hindin'. Anfang: *Der walt hat sich entlaubt Darzu sein wir beraubt*... 300 Reimpaarverse. Hs. München, Staatsbibl. cgm. 439 Bl. 30^b—37^b (nach der alten Blattzählung, die die vorn verlorenen 110 Bll. mitberücksichtigt, Bl. 140^b—147^b); Abdruck danach: Keller *Fastnachtsspiele* S. 1392—99. — Inhalt: Zur Winterzeit erblickt der Dichter auf der Birsch eine Hindin, der keine andere an Schönheit gleichkommt. Er kann ihr nur mit sehnenden Blicken folgen; sie zu erjagen hat er keine Hoffnung, denn er hat *keinen hunt, Weder garen gestellt Hag gepunden noch pawm gefellet So mocht ich auch nit erlauffen*. Nur einen Zweig, den die Hindin bei ihren Sprüngen abgetreten hat, hebt er auf und steckt ihn an seinen Hut. Beim Heimritt aber reißt ihm ein Ast den Hut vom Kopf; das Zweiglein geht dabei verloren. Der Untröstliche begegnet drei Jungfrauen, Stäte, Treue und Ehre, die ihm Trost verheißen, wenn er ihnen dienen wolle. Dann schlägt ihm ein alter Mann namens Treuer Rat vor, er solle sich dem Weidwerk ergeben und darüber die Hindin vergessen. Aber immer wieder schwebt sie ihm vor Augen, und bei einem erneuten Besuche empfiehlt ihm Treuer Rat, von einem guten Maler ein Bild der Hindin fertigen zu lassen und ihr nach dem Rate der drei Jungfrauen zu dienen, mit Stäte, Treue und in Ehren. Der Dichter trägt dies Bildnis dann Tag und Nacht bei sich und empfiehlt die edle Hindin der Himmelskönigin.

Das Gedicht ist unter den Jagdallegorien eine der erfreulichsten. Der nicht stark hervortretenden Allegorie fehlt alles Gesuchte und Gequälte; warmes Natur- und Liebesgefühl herrschen vor.

Die hsl. Überlieferung ist sehr schlecht; alle dreihebig-stumpfen Verse zu vierhebigen, alle vierhebigklingenden Verse zu dreihebigen zu „verbessern", ist doch wohl bedenklich. Ungenaue Reime wie v. 33 *pflegen : leben* und 93 *huop : huot* sind nicht anzuzweifeln, und darum ist wohl auch v. 53 *hân : gehôrsam*, 107 *versan : kam*, 183 *kam : man* nicht allzu ernst zu nehmen, und 59 *empfâhen: hinnen (empfân: hinnan)* wird wohl verderbt sein; verdächtig ist auch 173 *vröuden : leiden*. Die übrigen Reime weisen auf md. (moselfränkische) Heimat: v. 39 und 293 *schouwen : ougen*, 91 *heiden : beiten*, 229 *der alte : walde*, 129 *er bouc : er zôch*, 187 *mich : trûric*, 285 *ich sach : tac*, 49 *schœne : krône*, 69 *hoeren : spüeren*, 137 *betrüebet : er tobet*, 205 *sinne : hinde*, 273 *vinden : entrinnen; daz* und *ez* fehlen im Reime; v. 47 *hol : ez sol* ist wohl literarischer Reim.

Über die Beziehungen zu den sogen. Hindenfeesagen vgl. ZfdA. 55 S. 67 und Pschmadt *Die Sage von der verfolgten Hinde*. Diss. Greifswald 1911.

d) 'Die Brackenjagd'. Anfang: *Ich bin eyn bracke up rechter vart Sint ich an dich gehitzit wart*... 46 Reimpaarverse. Hs. Berlin, Staatsbibl. Ms. Germ. 4° 284 (die sogen. Blankenheimsche Tristanhs. aus der Bibliothek der Grafen von Manderscheid, Perg. 2. Hälfte des 14. Jhs.), Bl. $60^{a\alpha}$ bis $60^{b\alpha}$. — Trotz seiner Kürze ist das Gedicht im Aufbau völlig verunglückt. Der Dichter schildert sich zuerst als Bracken auf des Wildes Fährte (v. 1—32), spricht dann aber als Jäger zu der Frau und versichert, sein Hund werde nie müde werden, ihr nachzujagen.

e) 'Die Jagd der Minne'. Anfang: *Ich wolt jagen durch frien mut Als noch manig geselle tut*... 478 Reimpaarverse. Gedruckt: Laßberg LS. Nr. 126. — Die Kernfabel von Hadamars 'Jagd' ist hier weiterentwickelt. Die Rolle, die dort die Wölfe (die Merker) spielen, wird hier einem übeln Weidmann mit 13 bösen Hunden zugewiesen, der dem Minnejäger die Jagd zu verderben droht. Zum Glück verlieren die schlechten Hunde die Fährte der edlen Hindin und jagen wahllos dem ersten besten ihren Weg kreuzenden geringeren Wilde nach. Dem echten Weidmann bleibt also die Hoffnung, zu seinem Ziele zu kommen. — Das Gedicht ist alemannisch und gehört noch in die zweite Hälfte des 14. Jhs.

f) 'Drei Hunde als Beschützer'. Anfang: *Der brachmonat der hat heissen glast Die sunne die thut sich neigen fast*... 604 Reimpaarverse. Hs. München Staatsbibl. cgm. 439 Bl. 65ff. (alte Blattzählung 175ff.); gedruckt (mit irreführender Überschrift 'Der Maid Erzählung von ihrem

Buhlen, einem Freunde der Jagd') bei Keller *Fastnachtsspiele* S. 1416—30. — Inhalt: Eine Frau erzählt in direkter Rede: Vor Sonnenhitze und vor der Glut des Sterns der Venus sucht sie Schutz in einem Hain. Dort trifft sie einen Gesellen, *der war alt nach gedunck, Doch was jm sein hertz jungk;* vor langen Zeiten hatte er auch der Minne Joch gern getragen, und Frau Venus' Stern hatte auch ihm geleuchtet (weiterhin heißt es: *Im wont aber wol pej sibentzig jar Vor alter ist jm gra das har).* Da beide sich längst kennen, erzählt sie ihm auf seine Frage, was der Mai ihr Gutes beschert habe: Ein junger Geselle habe um sie geworben, sie habe ihn aber dreimal abgewiesen, da er zu *hoffertig* sei. Er sei wohl in Ritterschaft und Frauendienst bewandert, wohlhabend und von guter Herkunft. Doch sei er selbstbewußt und wolle sie nur versuchen und bilde sich ein, ihm könne keine widerstehen; auch vertraue er seinem Knechte zu viel von seinen Geheimnissen an. Deshalb habe sie drei Hunde zu ihrem Schutz mitgenommen: *Versagen, Es darff sein nit* und *Las ab pej zeit.* Sie will sich lieber hüten und Freude entbehren als ihm zum Spielzeug dienen. Der Alte kann nicht anders als ihr Recht geben. — Das Gedicht gehört dem 15. Jh. an; seine Heimat ist schwer zu bestimmen. Daß der siebzigjährige Alte als Sachverständiger in Minnefragen gilt, möchte man einem Einflusse Hermanns von Sachsenheim zuschreiben.

H. Niewöhner.

Jäger, Konrad, s. Axspitz.

Jakob von Anwil, Fritz, kommt als selbständiger Vf. nicht in Betracht. Es handelt sich bei der Schlußnotiz (Bl. 407b) der Berliner Hs. germ. fol. 1310 um einen 16 Jahre nach Abschluß der Hs. (1470) eingetragenen Vermerk von 1486, in dem gesagt wird, daß *fritz jacob von annwil diſes bůch verdüſchet* hat, was aber nicht „verdeutscht" heißt, sondern „vertauscht". Daß es sich um ein Tauschgeschäft handelt, geht auch aus der ganzen Formulierung des Eintrages hervor. Degerings Hss.-Katalog (I S. 178) ist also in diesem Sinne zu berichtigen.

Wieland Schmidt.

Jakob, Pfarrhelfer in Augsburg (Jakob Helfer?), Verfasser dreier Predigten, einer Passionsrede und einiger Traktatfragmente, die in mgq. 1112 Berl. Staatsbibl. an Predigten Geilers angebunden sind: *Das send die predig die der wirdig herr herr jacob helfer an unser lieben frawen zu augspurg gepredigет hat.* — Die Predigten sind qualitativ verschieden, inhaltlich von zeitgeschichtlichem Interesse; als Gattung ist die sehr lange Passionsrede, die neben der auch von Joh. Nider (s. d.) in seinen Predigten in ähnlicher Form erörterten Frage, ob Christi innere oder äußere Leiden schwerer gewesen seien, eine außerordentlich realistische Schilderung der Kreuzigung und eine Allegorie des Gekreuzigten (nicht des Kreuzes) als Baum des Lebens bringt.

Gdr. bei Birlinger Alemania 7 S. 193 ff.; 8 S. 103ff. Über J. H. und Geiler hsl. Brief v. L. Dacheux an Birlinger angebunden an mgq. 1112 Berl.

Elisabeth Hübener.

Jakob von Burig. In der Hamburger Hs. theol. 2065, um 1500 geschrieben von Schwester Katharina Gürdeler *(Cingulator)* im St. Agnes-Kloster zu Trier, stehen Auszüge aus seinen Kollationen an die Nonnen (Bl. 12a—40b, 148b—157a, 293a bis 300b, 382a—392a, 396b—403a). Er war offenbar Beichtvater in diesem Kloster; über seine Ordenszugehörigkeit wird nichts bemerkt. In den Ansprachen zeigen sich leise mystische Anklänge. Die Sprache ist moselfränkisch.

W. St.

Jakob (Jacobus) **von Cossen** *(der pherrer czu deme Nup..)* nennt sich der Verfasser eines medizin. Buches aus dem 14. Jahrhundert in der Breslauer Universitäts-Bibl. (I. F. 449).

Sudhoff.

Jakob von Jüterbogk

1. Geb. 1381 als Sohn eines Bauern in der Nähe von Jüterbogk, war er zuerst Mönch im Zisterzienserkloster Paradies bei Meseritz, dessen Abt Paulus ihn 1420 zum Studium auf die Universität Krakau sandte. 1432 wurde er dort Magister der Theologie und wirkte bis 1441 als Lektor der Theologie und Universitätsprediger.

1441 nahm er am Baseler Konzil teil, vor dem er einen Vortrag gehalten haben soll, was sich jedoch aus den Konzilsakten nicht bestätigen läßt. Aus Unmut über die Zustände der Kirche und den Verfall der Ordenszucht trat er in den Kartäuserorden über und lebte fortan im Kloster S. Salvatoris in Erfurt, als dessen Vicarius (Subprior) er am 30. April 1465 starb. Die Namen, unter denen seine Schriften in zahlreichen Hss. verbreitet sind, wechseln als *Jacobus (Palma) de Paradiso*, *J. de Jutirboc (Juntirborck)*, *J. Junterburgius*, *J. de Cracovia*, *J. de Polonia*, *J. de Erfordia*, *J. Carthusiensis* und wohl irrtümlich *J. de Clusa* auf dem Titel einer Inkunabel von 1475. Sein Vatersname war wahrscheinlich Kunike oder Künike (vgl. Oergel S. 145).

2. Jakobs Werke, im Original sämtlich lateinisch, sind vorwiegend asketischen, moralischen und kanonistischen Inhalts. Besonderes Interesse verdienen seine Traktate reformatorischen Charakters und seine Äußerungen zu aktuellen religiösen Fragen. Die reformerischen Schriften wie '*Petitiones religiosorum pro reformatione sui status*' (hg. v. Klüpfel S. 146ff.), '*De negligentia prelatorum*' (hg. v. Walch I, 1 S. 159ff.), '*Avisamentum ad papam pro reformatione ecclesie*' (hg. v. Klüpfel S. 34ff.), '*De septem statibus ecclesie in apocalipsi, de scriptis et de auctoritate ecclesie et de ejus reformatione*' (hg. v. Walch II, 2 S. 25ff.) u. a. zeigen ihn als scharfen und gewichtigen Kritiker der kirchlichen Zustände und leidenschaftlichen Verfechter der konziliaristischen Idee, nicht ohne Abhängigkeit von Marsilius von Padua zu verraten. Sein verbreitetstes Werk '*De animabus exutis a corporibus*', das wie eine beträchtliche Zahl seiner Schriften in mehreren Inkunabeln vorliegt (vgl. Hain S. 150ff.), findet sich in deutscher Übersetzung in Ms. St. Blasien 84 (v. J. 1477) Bl. 148a—186b unter dem Titel '*Ain subtil und schön büchlin von den abgescheydenen selen oder gaysten uß den liben, gemacht von dem erwirdigen doctor und mayster Jacob der hohen schůl in Erdtfurt Kartüser ordens*' in der Landesbibliothek Karlsruhe; dieser Titel stützt die von Oergel zu schroff abgewiesene Überlieferung, daß Jakob auch an der Erfurter Universität eine Rolle gespielt hat. Von den aktuellen und moraltheologischen Arbeiten sind das Gutachten gegen die Verehrung des heiligen Blutes von Wilsnack '*De cruore in Wylsnaco*' oder '*De concertatione super cruore in Welsnaco*' (vgl. Freest S. 250ff.), seine Schrift über den Ablaß '*De indulgentiis*' (hg. v. Walch II, 2 S. 165ff.) und der Traktat '*Quodlibetum fallacium humanarum*' (vgl. Schillmann S. 65ff.) erwähnenswert. Ein Verzeichnis seiner mehr als 75 Nummern umfassenden Werke gibt Fijałek (s. u.); von Fijałek nicht benutzt ist die ehemals der Erfurter Kartäuserbibliothek gehörige Hs. P 42 der Landesbibliothek Dresden, die 23 Schriften Jakobs teils in eigenhändiger Niederschrift, teils in von ihm verbesserten Diktaten enthält (vgl. Brieger), davon 15 noch ungedruckte; die bei Fijałek ebenfalls fehlenden Berliner Hss. verzeichnet Schillmann S. 369ff.

RE.[3] VIII S. 556—558; Wetzer-Welte[2] VI Sp. 1166—1171; RGG.[2] III Sp. 12f. Umfassende Darstellung von Jakobs Leben und Schriften von Jan Fijałek *Mistrz Jakób z Paradyża i uniwersytet Krakowski w okresie soboru bazylejskiego*, Krakau 1900, wo neben Urkunden auch die Biographie Jakobs, von seinem Ordensbruder und Freunde Jacobus Volradus 1482 geschrieben, in II S. 122—127 abgedruckt ist; Bibliographie ebda S. 168ff., weitere bibliographische Angaben bei Brieger ZfKg. 24 (1903) S. 136ff. Inhaltsangaben der wichtigsten Schriften bei Kellner Tübinger theol. Quartalsschr. 48 (1866) S. 315ff. Abdrucke der genannten Werke bei E. Klüpfel *Vetus bibliotheca ecclesiastica* (1780) und bei Chr. W. Fr. Walch *Monimenta medii aevi ex bibliotheca regia Hanoveriana* (1757) Vol. I, Fasc. 1 und Vol. II, Fasc. 2. Vgl. weiter G. Oergel Mitteil. d. Vereins f. d. Geschichte v. Erfurt 22 (1901) S. 139ff.; Freest Märkische Forschungen 16 (1881) S. 250ff.; Fr. Schillmann ZfKg. 35 (1914) S. 64—76, 363—371.

Hans Neumann.

Jakob der Kartäuser, s. Jakob v. Jüterbogk.

Jakob von Königshofen, s. Twinger.

Jakob von Landshut, Meister. Von ihm überliefert Johann Schenk von Würzburg (s. d.) eine Anweisung zur Entfernung von Ohrwürmern. Es ist ganz unsicher, ob er mit einem „Meister Jakob" identifiziert werden kann, den der Luzerner Wundarzt Antony Truthmann in seinem

Manual erwähnt. Jakob gehört bestimmt dem 15. Jahrhundert an.

Sudhoff *Beitr. z. Gesch. d. Chir. im MA.* II S. 562, 565 und 561.

Sudhoff.

Jakob von Mühldorf. *Jacobus presbyter de M.* (clm. 18735 s. XIV.), *plebanus magister J. in M.* (clm. 12257 s. XV.), *maister Jacob ein schuelmaister ze Müldorf* (cgm. 715, s. XV). Ampferers Identifizierungsversuch mit dem 1424 urkundenden Präfekten Jakob Stainer zu Müldorf ist nicht einleuchtend (vgl. auch das Alter der Handschriften). Verfasser der lat. Sequenz *Ave virginalis forma*, 12 Str., die Halbstrophen beginnen fortlaufend mit den Buchstaben des Alphabets; Hermann, der Mönch von Salzburg (s. d.) übersetzte das Gedicht: *Ave grüeßt pist magtleich forme* (W. KL. II Nr. 590).

Ampferer Programm d. Gymn. Salzburg 1864. Mayer u. Rietsch *Die Mondsee-Wiener Liederhandschrift* 1896, S. 44. Abdrücke der Sequenz: Altdeutsche Blätter II (1840) S. 332; W. KL. I Nr. 370; Analecta hymnica 54 (1915) Nr. 243, mit Angabe zahlreicher Hss. (darunter einer von etwa 1360) und ausführlichem Nachwort.

Ludwig Denecke.

Jakob von Soest (1.) ist geboren zwischen 1360 und 1365 in dem Dorf Sweve bei Soest. Er entstammt wohl einer dort ansässigen Ministerialenfamilie. Selber nennt er sich fast immer *de Susato*. 1379 ist J. als Student des Warburger Kapitels nachweisbar, und 1390 tritt er in das Dominikanerkloster zu Soest ein, das fortan die vorwiegende Stätte seiner Betätigung ist; besonders sind dort die auf uns gekommenen schriftstellerischen Arbeiten entstanden. Für einige Jahre zieht J. nach Prag, wo er promoviert. Doch wird er 1409 als Gegner der Hussiten und Vertreter des Deutschtums gezwungen, der zunehmenden nationaltschechischen Bewegung zu weichen. Er begibt sich jetzt nach Köln und wird dort 1410 zum Inquisitor für die kölnische Provinz, d. h. die Bistümer Köln, Paderborn und Bremen, bestimmt. Seit 1232 war nämlich dem Soester Dominikanerkloster von Gregor IX. das Inquisitionsrecht übertragen worden. 1417 wählt die Theologische Fakultät zu Köln J. zum Dekan. Eine weitere Tätigkeit übt er als Rat und Beichtvater zweier Kölner Erzbischöfe aus: Friedrichs III. von Saarwerden und nach dessen Tode 1414 seines Schwestersohnes und Nachfolgers Dietrichs II. Die letzten Jahre oder wohl Jahrzehnte seines Lebens zieht sich J. wieder in die Ruhe seines Soester Klosters zurück und widmet sich der wissenschaftlichen Arbeit. Wir besitzen noch die Widmung eines Buches an einen Schüler aus dem Jahre 1438. Vermutlich ist er dann 1440 gestorben.

2. Eine umfangreiche Sammlung von Schriften des J. v. S. ist auf uns gekommen. Von den 35 Bänden, die Hartzheim aufzählt, ist einiges verloren gegangen, doch erreicht das Verzeichnis, das Landmann S. 222ff. bringt, diese Zahl noch annähernd. Zum Teil handelt es sich dabei um Sammelbände, die auch noch Arbeiten anderer Theologen enthalten. Sie befinden sich heute vorwiegend in Münster und Soest. So vielseitig wie die Tätigkeit Jakobs im öffentlichen Leben ist auch sein schriftlicher Nachlaß. Theologische, historische und juristische Arbeiten liegen vor.

3. An Zahl überwiegen die theologischen Schriften. Aus seiner Dekanstätigkeit stammen die Vorlesungen über den Titusbrief und das Matthäusevangelium. Eine Fülle von Predigtwerken ist uns überliefert: Predigten *de sanctis*, *de tempore*, Marienpredigten, ferner solche für besondere Stände und Gelegenheiten, über das Vaterunser und die zehn Gebote. Zum großen Teil sind diese Predigten von J. selbst gehalten worden; wir können das für sein eigenes Kloster und für das der Dominikanerinnen in Paradies nachweisen; ebenfalls für Eisenach und Utrecht scheint seine Predigertätigkeit festzustehen. Eine Bearbeitung von Thomas Ringsteds '*Postilla in Parabolas Salomonis*' (bei Seibertz falsch zitiert) und eine Schrift '*De quatuor virtutibus cardinalibus*' sind noch zu nennen. Neben diesen ausgeführten Werken hat J. eine rege theoretische Tätigkeit entfaltet. Ein ungeheueres Material von Predigtentwürfen, -notizen, -motiven, Kompilationen und Registern für alle erdenklichen Gelegenheiten hat

sein Fleiß zur Benutzung und Lehre für seine Mitkleriker zusammengetragen. Daß es sich dabei wie auch bei den übrigen Schriften um Eignes und nur selten um Abschriften handelt, zeigen die wiederholten Überarbeitungen und Glossierungen. Geistig steht J. ganz auf dem Boden der Scholastik. Augustin und Thomas von Aquino sind seine meist zitierten Vorbilder. In seltenen Fällen findet sich ein christlich ausgedeutetes Zitat aus Seneca oder Ovid.

4. Die Liebe J.s gehört seinen historischen Werken. Besonders spürt man das Interesse, das er seiner Zeit entgegenbringt; dann wird sein knapper und nüchterner Stil wärmer und ausführlicher. Eine Dominikanerchronik bringt besonders reiches Material von Privilegien und anderen den Orden betreffenden Dokumenten. Die *'Chronica episcoporum Coloniensium'* und die *'Chronologia comitum de Marka'* sind bei Seibertz abgedruckt. — Bei aller streng päpstlichen Einstellung bringt J. dem Volk warmes Interesse entgegen; besonders für den Bauernstand setzt er sich ein.

5. Das juristische Vermächtnis des J. v. S. wirft ein Licht auf seine inquisitorische Betätigung. In zwei großen Prozessen hat er besonders eingegriffen. Ms. VII des Staatsarchivs zu Münster berichtet den Gang des Prozesses Palborne, eines Pfarrers von Maria zur Wiesen in Soest, der der Ketzerei angeklagt war. Allerdings scheint J. hier nicht günstig abgeschnitten zu haben, da er es vermeidet, den Ausgang zu berichten; persönliche Streitigkeiten haben wohl mitgespielt. Auch der zweite große Prozeß J.s gegen einen Preußen Malkau kommt infolge der Wirren um den päpstlichen Stuhl nicht zum vollen Austrag. Vermutlich stammt auch das *'Formularium inquisitionis'* von der Hand J.s.

6. Der Stil Jakobs ist klar und einfach. Der Historiker und Kommentator steht über dem Prediger. Es ergibt sich das Bild eines Mannes, dessen Befähigung und Neigung in der Hauptsache politisch war. Auch die Klosterarbeit der letzten Jahre zeigt mehr eine organisatorische Begabung.

ADB. XIII S. 556. J. Evelt *Mitteilungen über einige gelehrte Westfalen, vornehmlich aus der ersten Hälfte des 15. Jhs.*, Zs. f. vaterl. Gesch. u. Altert. 21 (1861) S. 241ff. H. Finke *Zur Geschichte Jakobs von Soest und Hermanns von Schildesche*, ebd. 46 (1888) S. 188ff. Hartzheim *Catalogus historicus criticus Codicum Mss. bibl. eccl. metr. Colon* 1752. F. Jostes *Zur Geschichte der mal. Predigt in Westfalen*, Zs. f. Gesch. u. Alt. 44 (1886) S. 10. F. Landmann *Das Predigtwesen in Westfalen* (Vorreformationsgeschichtl. Forschungen I) 1900 S. 17ff. (mit ausführlicher Angabe der Hss.). R. Wilmans *Zur Geschichte der römischen Inquisition in Deutschland während des 14. und 15. Jhs.*, HZ. 41 (1879) S. 206ff. W. Ribbeck *Beiträge zur Geschichte der römischen Inquisition in Deutschland während des 14. u. 15. Jhs.*, Zs. f. vaterl. Gesch. u. Alt. 46 (1888) S. 129. Seibertz *Quellen der westf. Geschichte* I (1857) S. 160ff. J. D. v. Steinen *Die Quellen der westphälischen Historie* 1741 S. 82 (sehr ungenau).

Ruth Westermann.

Jakob von Straubing, Benediktiner. Deutsche Fastenpredigten, die er 1506 gehalten hat, in der Hs. Q I/1. 18 in der Bibliothek des Benediktinerklosters zu Schwaz (Tirol).

W. St.

Jakob von Ulm, s. Egeli.

Jakob von Wart(e). Schweizer Minnesinger der 2. Hälfte des 13. Jhs., aus thurgauischem Geschlecht, dessen Stammburg Wart an der Thöß in der Nähe des Weinortes Neftenbach lag. Unter den drei urkundlich belegbaren J. v. W. der Zeit weist man die Lieder dem dritten zu, der 1272—1331 bezeugt ist. Für ihn allein läßt sich ein höheres Alter nachweisen, was das Bild der Liederhs. *C* voraussetzt: Es zeigt ihn als alten Mann in mit Blumen bestreutem Bad, von vier Jungfrauen bedient. Sein Bruder Rudolph war in den Mordanschlag auf König Albrecht 1308 verwickelt. Dadurch verfiel auch Jakob der Rache der Königin: seine Burg wurde zerstört, doch muß er später wieder in seine Besitzungen eingesetzt worden sein.

Die sechs von ihm überlieferten Lieder halten sich im Rahmen der üblichen Minnedichtung, zu der vielfach Berührungen vorhanden sind: Frühling, Maienwonne und Trauer über den Winter werden in Beziehung gesetzt zur Stimmung des Liebenden, der vergeblich auf die Gnade seiner Herrin hofft. Nach Sievers tragen sie alle Tanzrhythmus. Das Tagelied (VI), ein Wechselgesang zwischen dem Wächter, der frouwe, die die Stunde des Abschieds hinausschieben möchte, und dem Ritter, ist in seiner gedrängten Form ein guter Vertreter der Gattung.

Große Heidelberger Liederhs. *C* (Universitätsbibliothek Heidelberg Cod. Germ. Pal. 848, Bl. 46c—47, mit Bild). F. Pfaff *Die große Heidelberger Liederhs.* I 1909, Sp. 116—121. — [Bodmer] *Proben der alten schwäbischen Poesie des 13. Jahrhunderts* 1748, S. 26f. (= I, 5; IV, 3. 5; V, 1). Bodmer *Sammlung von Minnesingern aus dem schwäbischen Zeitpunkte* 1758 I S. 25—28. HMS. Nr. 20 I 65—68; III 591f., 826; IV 95—98; V 208—215; Taf. IX. K. Volckmar *Auswahl der Minnesänger* 1845, S. 126f. (= I, VI). K. Bartsch *Die schweizerischen Minnesänger* 1886, Nr. 22, S. CXXXVIII—CXLVII; 247—255; 447f. F. Techen *Die Lieder des Herrn Jacob von Warte*. Diss. Göttingen 1886. — Gräter Bragur 2, 1 (1792) 185—187 (= I); 4, 1 (1796) 81—84 (= I, kompon. von Eidenbenz). Conz Bragur 5, 2 (1797) 63f. (= V). Ludwig Tieck *Minnelieder aus dem schwäbischen Zeitalter* 1803, S. 24—29 (= I, III, IV). Wilh. Müller *Blumenlese aus den Minnesingern* 1816. Graf F. Pocci *6 Altdeutsche Minnelieder* 1835 (= I). — Karl Bartsch *Urkundliche Nachweise zur Geschichte der deutschen Poesie 2*, Germ. 9 (1864) S. 146f. F. Grimme *Die Schweizer Minnesänger 14*, Germ. 35 (1890) S. 327—329. Rochat *Drei Schweizer Dichter* 1856, S. 9—22. J. Baechtold *Die Züricher Minnesinger*, Züricher Taschenb. f. 1883, S. 13—18. Ders. *Geschichte der deutschen Literatur in der Schweiz* 1892, S. 159. Richard M. Meyer ADB. XLI (1896) S. 184f. E. Sievers *Zur Klangstruktur der mittelhochdeutschen Tanzdichtung*, PBB. 56 (1932) S. 194.

Elisabeth Karg-Gasterstädt.

Jans, *hern Jansen enikel.*

1. Die Werke des Dichters, die 'Weltchronik' (W) und das 'Fürstenbuch' (F), liegen in abschließender Ausgabe von Philipp Strauch in den MG. Deutsche Chroniken Band III (s. u.) vor. Zwischen dem Erscheinen der beiden Ausgaben hat K. Uhlirz in einem Aufsatz über Quellen und Geschichtschreibung der Stadt Wien (s. u.) in einigen Punkten abweichende Meinungen von Strauch vertreten, durch die sich dieser aber (Vorwort zur Ausgabe in MG. III 2) für nicht überzeugt erklärt hat. Es läßt sich danach folgendes sagen.

2. Der Dichter nennt sich in der Weltchronik (v. 83ff.) *Johans der Jansen eninchel*, im Fürstenbuch (v. 19ff.) *Jans — — hern Jansen eninchel*. „Er heißt also Johannes, in verkürzter Form Jans, und ist Enkel eines Herrn Jans oder 'der jansen Enkel', d. h. aus dem Geschlechte der Janse" (Strauch). An Zusammenhang mit dem bis 1627 blühenden ritterlichen, nachher freiherrlichen Geschlecht der Enenkel, Herren zu Albrechtsburg, Hoheneck usw. ist nicht zu denken. Nach Bemerkung von Uhlirz sollte man deutlichkeitshalber nur von Jans allein oder von Jans, Herrn Jansens Enkel, sprechen. In F v. 2434 nennt der Dichter für 1239 eines *hern Jansen sun* als einen von 12 Wiener Bürgern, die Herzog Friedrich der Streitbare von Österreich damals besonders ehrte; vielleicht war das der Vater des Dichters. Die Namensform Jans deutet nach Strauch auf fremden Ursprung wohl nicht vom Rhein, wie er früher meinte, sondern aus Böhmen. Der Dichter hat nach F v. 2460 die Babenbergerin Gertrud, Tochter Heinrichs des Grausamen von Mödling und Nichte Herzog Friedrichs des Streitbaren, bei ihrer Vermählung mit Markgraf Wladislaw von Mähren, dem Sohne König Wenzels I. von Böhmen und Bruder König Otakars, im Jahre 1246 (Wladislaw starb schon 1247; danach war sie noch mit dem Markgrafen Hermann von Baden, † 1250, und dann mit dem Herzog Roman von Reußen vermählt, der sie nach wenigen Monaten wieder verstieß) selbst gesehen, nicht aber die Herzöge Leopold und Friedrich. Er dürfte nach Strauch zwischen 1230 und 1240 geboren sein und hat etwa um 1280 (1277ff.) an seinen Werken gearbeitet. Das ergibt sich in W aus dem daselbst benutzten Papstkatalog, der bis in das zweite Jahr Gregors X. (1271—76) führt, und der dann folgenden Geschichte von einem Papste (W v. 22703—22710), den eine Mauer seines Palastes erschlagen habe, was in der Geschichte nur Johann XXI. († 1277) geschehen ist. Die Einwendungen von Uhlirz, der Jansens Werke vor 1276 abgeschlossen sein lassen möchte, sind nach Strauchs m. E. ganz begründeten Ausführungen nicht durchgreifend. Auf persönlicher Erinnerung des Dichters beruht wohl noch die eingehende Charakteristik von Rittern, die in der Schlacht bei Laa Ende 1245 oder Anfang 1246 mitkämpften, und die er vielleicht selber hat zum Kampfe ausziehen sehen. Seiner Herkunft nach gehört J. den Kreisen des

wohlhabenden, aufstrebenden Wiener Bürgerstandes an, das ergibt sich aus dem ganzen Umkreis der in seinen Werken oft hervortretenden kaufmännischen Interessen, besonders für die Wildwerker- oder Kürschnergilde. Jedenfalls besaß er ein Haus in Wien und war vielleicht der *civis Wiennensis Iohannes*, der nach einer Urkunde des Wiener Schottenklosters vom 6. Dezember 1272 sein Grundstück in der Wildwerkerstraße diesem Kloster untertänig machte. Zu alledem paßt auch sehr wohl, daß er die lateinischen Quellen für seine Schriften aus dem Schottenkloster in Wien entnommen und überhaupt nähere Beziehungen dorthin unterhalten hat (F 963—970, 1090, 1115, 1123—1127, 1670 mit Anm. 6, 2297f.; W 27603ff. und etwa noch 1541ff., 27564). F ist unvollendet, der Verfasser erbittet sich in der Einleitung (v. 24—28) von Gott die Gnade, daß er ihn sein Werk möge vollenden lassen; er stand also sicherlich schon in höherem Alter und ist anscheinend an der Arbeit über F gestorben. Nach allem war er ein wohlhabender Kaufmann mit Interesse für Bildung, der Beziehungen zu gelehrten Leuten suchte, sie im Schottenkloster in Wien fand und sich dorthin vielleicht in seinen späteren Jahren zurückgezogen hat. Seine Lebenszeit ist etwa durch die Jahre 1230/40—1280 ff. zu begrenzen.

3. Beide Werke des Jans, die von ihm deutlich als Erstlingswerk bezeichnete W und das ebenso deutlich spätere F sind Erzeugnisse populärer Literatur und sollen dem Unterhaltungsbedürfnis weiterer Kreise des Bürgertums dienen. W ist durch den Rahmen einer Weltchronik, F durch eine Babenbergische Genealogie nur locker zusammengehalten; beide Werke stellen auf der Grundlage hauptsächlich je einer Quelle jedes eine große, lockere Anekdotensammlung dar, wobei es dem Dichter, wenn man ihn so nennen darf, oder Erzähler weit mehr auf das Einzelne und die anschauliche Erzählung, die gelegentlich auch einen pikanten oder schlüpfrigen Beigeschmack hat, als auf große geschichtliche Darstellung ankommt. Als Haupt- und Rahmenquelle diente für W eine zwar verlorene, aber aus ähnlichen erhaltenen Werken erschließbare Handschrift des Schottenklosters in Wien, die folgende Bestandteile gehabt hat: An das dritte Buch der *'Imago mundi'* des Honorius Augustodunensis (s. d.) (Migne *Patrologia latina* 172 Sp. 165ff.), die durch Zusätze aus der *'Epitome Sangallensis'* (vgl. Wattenbach *Deutschlands Geschichtsquellen* [6]II S. 45f.) und aus der Redaktion B der 'Kaiserchronik' (s. d.) vermehrt war, schloß sich eine Handschrift österreichischer Annalen an (über eine vorhandene Zusammenarbeitung der *'Imago mundi'* mit Salzburger Annalen vgl. Wattenbach a. a. O. S. 260, Anm. 2), die wir als einen Auszug aus den Melker Annalen, und zwar in deren Klosterneuburger Überarbeitung und Fortsetzung (MG. SS. IX, S. 607, 613), bestimmen können. Ferner war darin eine Genealogie der Fürsten von Österreich und Steier, die sogen. Babenberger Genealogie aus der *'Continuatio Predicatorum Vindobonensium'* (MG. SS. IX S. 724ff.), enthalten. Die gleichen Quellen wie in W sind in F benutzt (dort ist die Genealogie die Hauptquelle), außerdem in dem späteren F aber noch andere Schriften aus dem Schottenkloster. Auffallend sind zahlreiche Ähnlichkeiten mit dem *'Chronicon Austriacum rhythmicum'* (MG. SS. XXV S. 349—368). In W ist außerdem noch ein durchgehender Einfluß der *'Historia scholastica'* des Petrus Comestor und die Benutzung von allerhand apokryph-jüdischer Tradition zu bemerken, welch letztere dem praktischen Kaufmann Jans sicherlich von jüdischen Handelsfreunden zugekommen ist.

4. Die Gesamtheit seiner lateinischen Quellen hat der ungelehrte Jans sicherlich durch die Vermittlung und Übersetzung der ihm befreundeten Mönche des Schottenklosters erhalten. Er spricht überall mit dem größten Respekt von den Gelehrten, den weisen Leuten, den Büchern, die dies und jenes so berichten. Dabei sind ihm recht starke Mißverständnisse und Übersetzungsfehler unterlaufen, viele wunderliche Nachrichten von ihm werden erst durch Vergleichung mit seinen —

mißverstandenen — lateinischen Quellen verständlich. Dabei ist er durchaus nicht ohne den Gesichtspunkt, gelegentlich Kritik an seinen Quellen üben zu müssen; Strauch Einleitung S. LXIXf. hat einige Beispiele dafür zusammengestellt. Begreiflicher Weise ist die Kritik des ungelehrten Mannes gegenüber den z. T. recht schwierigen Fragen, die er aufwirft, nicht sehr tief gedrungen, gelegentlich gesteht er auch in recht anerkennenswerter Weise sein Nichtwissen, sein Nichtvermögen zur Entscheidung ein.

5. Der historische Wert der Schriften J.s ist nach Strauch äußerst gering, und das ist sicher richtig, wenn man eigentlich politisch-historische Nachrichten bei ihm sucht. Aber der ganze Gehalt an Realien in seiner Darstellung, die lebendigen Vergleiche mit der Gegenwart sind gewiß nicht wertlos; beispielsweise auf die Kennzeichnung der Völker und ihrer Sprachen in W v. 27357—27652 (mit Schilderung der deutschen Stämme und ihrer Sitten, zum Teil nach ausdrücklich angerufenem eigenen Sehen, z. B. für Thüringen) wird man eigens hinweisen können. Die Fabel von den drei Ringen, in Verbindung mit dem Sultan Saladin, kommt bei ihm zuerst in deutscher Sprache vor. Der Verfasser ist redselig, selbst schwatzhaft, in seiner Darstellungsart formelhaft und unselbständig; Elemente der Spielmannsdichtung und andere literarische Vorbilder haben auf seine Phraseologie und seinen gesamten Stil stark eingewirkt; die Sprache der besseren und ursprünglicheren Handschriften ist bairisch-österreichisch. Der höheren Bildung des früheren Mittelalters gegenüber ist J. verständnislos, aber in seiner Geistesart und Haltung ein kennzeichnender Vertreter eines aufstrebenden, ungelehrten, aber nach Bildung ringenden Standes, des hochmittelalterlichen Bürgertums in Wien. Eine breite Nachwirkung für ihn beweisen die 38 Handschriften seiner 'Weltchronik', von denen allerdings nur 16 reine Handschriften, andere Mischhandschriften und andere Weltchroniken mit einzelnen Stücken aus ihm sind, und die neun Handschriften seines 'Fürstenbuches'.

Literatur und Ausgaben. Abschließend: Ph. Strauch *Jansen Enikels Werke.* MG. Deutsche Chroniken III 1 (1891, die Weltchronik enthaltend). und 2 (1900, das Fürstenbuch und die Einleitung enthaltend). Dazu die älteren, ausführlicheren, in der Ausgabe zum Teil etwas veränderten und berichtigten Darlegungen von Strauch ZfdA. (1884) S. 35ff. und als selbständig noch in Betracht kommend K. Uhlirz *Geschichte der Stadt Wien* II 1 (1900) S. 57—62.

B. Schmeidler.

Jauer, s. Nikolaus v. J.

Jelin (auch *Yelin*), **Matthäus,** aus Ulm, schrieb *Ain newes lied von dem wirttembergischen krieg Jn des Wyssbecken ton.* Die dargestellten Ereignisse sind frisch und herzhaft behandelt in 18 Str. Man spürt die lebhafte Anteilnahme und das persönliche Miterleben des Dichters deutlich. Berichtet wird von der Niederlage Herzogs Ulrich von Württemberg 1519 bei seinem Versuch, die Herrschaft wieder an sich zu reißen. Mit Hilfe der Bauern war Stuttgart bereits in seine Hand gefallen, als sich bei Ulm das bündische Heer unter dem Frundsberger und Wilhelm von Baiern sammelt und den Herzog nahe Eßlingen schlägt. Ulrich entläßt darauf seine Bauern und flüchtet in die Verbannung zurück. — Die Bezeichnung *in des Wyssbecken ton* hat nicht Bezug auf ein Lied dieses (s. d.) selbst, sondern auf das eines Unbekannten, das ähnlich wie J.s beginnt. Die Anfangsstrophe steht inhaltlich in keinerlei Zusammenhang zu dem übrigen Lied.

Anf.: *Mancher freud sich der summerzeit.*
Vers 18: *der uns das liedlin newes gesang,*
Matheus Yelin von Ulm ist ers genant,
er hats gar wol gesungen.

Einblattdruck o. O. u. J. (1519) 2°, Berlin SB, Yd 7803, Nr. 20. Gedruckt bei Uhland *Volkslieder* Nr. 189; v. Liliencron *Histor. Volkslieder* III Nr. 322; Steiff-Mehring *Geschichtl. Lieder und Sprüche Württembergs* 1912, Nr. 46.

Ruth Westermann.

Jeronimus, s. Hieronymus.

Jeroschin, s. Nikolaus v. J.

'Jerusalem, das himmlische'.

Handschrift: Die Vorauer; Ehrismann *Gesch. d. dt. Lit.* II, 1 S. 16f. In der Milstätter sind nur wenige Verse erhalten.

Ausgaben: Diemer *Dt. Ged. d. 11. u. 12. Jhs.* S. 359—372, Anm. S. 87—95, Einl. S. L. Piper *Geistl. Dichtg.* II S. 99—113. Waag *Kl. dt.*

Ged. d. 11. u. 12. Jhs.[2] S. XL—XLV, 55—70. Ehrentraut Leipzig. Diss. 1913 S. 56—76.

Literatur: Ehrismann *Gesch. d. dt. Lit.* II,1 S. 138—140. de Boor Germanica f. Ed. Sievers 1925 S. 500f. Heusler *Dt. Versgesch.* II S. 76, 82. Peters *Quellen und Charakter der Paradiesesvorstellungen* 1915 S. 87—101. E. Schröder *Kaiserchr.* S. 92. Schwickert Köln. Diss. 1926. Waag PBB. 11 S. 146—153. Wesle *Frühmhd. Reimstud.* 1925. Wilhelm *Denkm. dt. Prosa d. 11. u. 12. Jhs., Komm.* S. 45.

1. Die Sprache der Hs. ist bairisch-österreichisch (Waag) bis auf zwei *-ent* der 2. ps. pl. (Wilhelm). 'Rolandslied' (s. d.) und 'Kaiserchronik' (s. d.) haben einige Verse, z. T. wörtlich, übernommen (Schröder), danach ist 'Das h. J.' vor 1150 abgefaßt. Schröder hielt für den Dichter den Priester Arnold (s. d.). Schwickert (S. 23ff.) hat indessen Unterschiede der Reimkunst aufgezeigt, die die Annahme als unbegründet erscheinen lassen. Auf Grund der Schallanalyse nimmt Ehrentraut mehrfache Bearbeitung des Gedichts an. Doch führt gerade hier die Unterscheidung der Schallformen inhaltlich zu einer unwahrscheinlichen Zerstückelung.

2. Die Einleitung (v. 1—48) nennt den Gegenstand und die Quelle, die Apokalypse. Dann wird im Gegensatz zu den stofflich nahestehenden Gedichten 'Himmel und Hölle' (s. d.) und 'Himmelreich' (s. d.) nur die himmlische Stadt selbst beschrieben, nicht das Leben in ihr. Die einzelnen Züge werden allegorisch auf das religiöse und sittliche Leben gedeutet. So die zwölf Pforten nach den vier Himmelsrichtungen auf den Zeitpunkt der Zuwendung zu Gott (v. 61ff.). Den größten Raum nimmt die Beschreibung und Deutung der zwölf Edelsteine in der Stadtmauer ein (v. 128—429). Der Schluß (v. 444—473) wendet sich gegen die weltliche Heldendichtung und spricht von den zwei Wegen (Matth. 7, 13f.), die Stelle wird dem *apostolus* zugeschrieben.

3. Welche Quelle der Dichter, ein Geistlicher, neben Apoc. 21 benutzt hat, steht nicht fest. Neben allgemein verbreiteten Zügen stehn andre, die sich sonst nicht belegen lassen (Ehrentraut S. 10ff.). In der Auslegung der Steine, die ein beliebter Gegenstand zahlreicher Schriften war, steht am nächsten eine Abhandlung, die als Kap. 58 des 3. Buches '*De bestiis et aliis rebus*' überliefert ist, Buch 1 und 2 werden Hugo von Folieto zugeschrieben (Ehrentraut, Peters). Das himmlische Jerusalem behandeln mehrere Sequenzen zur Kirchweihfeier, daraufhin hielt Ehrentraut das Gedicht für eine gereimte Kirchweihpredigt; doch fehlt jeder Hinweis auf diesen besondern Anlaß (Ehrismann). — Der Ausdruck ist lehrhaft-sachlich. Die Deutungen werden als solche angekündigt. Längere Verse finden sich meist am Ende von Abschnitten. Von den Reimen ist etwa ein Drittel unrein (Schwickert). Hans Steinger.

'Jesu Unterweisungen', s. 'Unterweisungen'.

Jobst von Pfullendorf *(Phullendorff), der minst under den maistern der süben künst zů Rotwyl,* hat 1427 in Form eines Dialoges über die Klostertugenden geschrieben (Hs. Donaueschingen Nr. 423, 15. Jh., 170 Bll., 2°). Das Buch besteht aus zwei Teilen, aus 73 Fragen *in ain closter sol tůn und gaistlich machen* und aus 63 Fragen *wie das gaistlich leben und die örden ... uffkomen sint.* Das Werk hatte der Verfasser den regulierten Chorfräulein des Inzigkofener Klosters (nahe Sigmaringen) gewidmet. Urte Kletzin.

Jod *(Jodocus)* **von Säckingen.** Ärztl. Verordnung von ihm im Cod. germ. Fol. 8° saec. XV. der Stsbibl. zu Berlin Bl. 80. Sudhoff.

Johann = Johannes.

Johannes, Nikolaus, Meister, gibt im Cod. 278 der Landesbibliothek zu Dresden eine deutsche Bearbeitung der Harn- und der Pulsschrift des Aegidius Corboliensis, doch nur bruchstückweise, i. J. 1475 an einem Freitag geschrieben. Er sagt selbst Bl. 242[b]: *Item hab ich Meister Nicl. Johannes vor meine Hußfrauwe gedicht auß dem latein deutz zcu machen Egidius de vrinis, der do gebit zcu Irkennen, wy man sehen sal eines itzlichen menschen sichtum. Item ist der harm bleiuar* [bleifarben] *vnd dicke vnd dem sichen Ist we in der rechten seyten, Etwan zo wirt der harm bleiuar von kranckeit des gederms, das saltu alßo irkennen ym ist umb den nabel we. ist es vonn den wurmen, so hath her amechtikeit* [Ohnmacht] *und grimmet in sere in dem* *leibe und der sal trub sein vnde rodt, kumpt aber is von der rur, ßo sal des harms wenigk sein...* Es kommt dann noch ein Abschnitt über wolkenfarbnen Urin und Bl. 242[b]: *roth alß ein golt* und zum Schluß einige Zeilen über die Bestimmung des Geschlechtes eines Kindes aus den Zeichen im Harn der Mutter während der Schwangerschaft. Von alledem vermag ich in den Harnversen des Aegidius (hrsg. von Ludwig Choulant 1826) S. 4ff. nichts zu finden, ebensowenig von dem Bl. 243[a] folgenden Abschnitte: *von dem puls*, der auch im Druck auf die Harnverse folgt.

Blatt 243[b] schließen sich dann kleinere klinisch-therapeutische Abschnitte an, beginnend: *Item meister Johannes contra menstrua...* [Bl. 244[a]] *Contra squinanciam*, die sich in dem von Val. Rose 1907 herausgegebenen '*Egidii Corboliensis Viaticus, de signis et symptomatibus aegritudinum*' nicht finden, wo allerdings von Vers 650 an über *tres species squinantis* gehandelt wird. Sudhoff.

Johannes, Magister, s. 'Facetus'.

'**Johannes, Priester**', s. 'Priester Johannes'.

Johannes de Altamuda, s. Johann v. Neumarkt.

Johannes von Alven. Ein ndd. Gebet von ihm in dem Lübecker ms. theol. germ. 69, XV. Jh., Bl. 90[b]. Sonst unbekannt. W. St.

Johann von Amberg (nicht: Johann von Nürnberg, wie Wilh. Grimm *Altd. Wälder* II S. 59 irrig liest; die richtige Lesung steht schon bei Jacobs und Ukert *Beiträge zur älteren Litteratur* 1836, S. 199) nennt sich als Verfasser eines Gedichtes, das nur in der Hs. Ch. A. 216 der Gothaer Bibliothek des Herzogl. Hauses auf Bl. 104[aα]ff. überliefert ist und dort die Überschrift trägt: '*De vita vagorum*'. Wilh. Grimm hat es unter der Bezeichnung 'Von einem fahrenden Schüler' Altd. Wälder II S. 49ff. abgedruckt. Über den 3. Teil der Hs. (Bl. 75—112), der 18 Gedichte enthält, urteilt Edw. Schröder (Archiv f. Hess. Gesch. u. Altertumskunde, Neue Folge Bd. 3 [1904, S.-A. schon 1900 ausgegeben] S. 10): ...„daß die Sammlung in den Kreisen der höheren Würzburgischen Geistlichkeit zustande gekommen ist, und zwar mindestens unter Beisteuer des Michael de Leone (s. d.) .... Nichts in der Sammlung reicht über die Mitte des 14. Jhs. herab, die Hs. aber, d. h. dieser III. Teil, gehört erst in die Zeit um 1400." Den Dichter J. v. A. darf man unbedenklich der 1. Hälfte des 14. Jhs. zurechnen; seinen Namen trägt er nicht nach dem oberpfälzischen, sondern nach dem schwäbischen Amberg südlich von Ulm.

Er schildert in 306 Versen nach eigenem Erleben (v. 2: *Von mir wilden schůlere*, v. 296f.: *Ich Johan von Amberg Han dirre not erliten vil)* Vagantenleben mit beachtenswertem Humor, der auch lat. Zitate parodistisch verwendet. Er klagt die Not der Vaganten: Die Mönche — die grauen werden einmal besonders genannt — scheren ihr Haar; die Vaganten raufen es sich aus. Mönche werden am ersten Tage eingekleidet; dem Vaganten bläst der Wind auf den Leib. Und so geht die Klage weiter über Armut, Hunger, Frost, Regen. Geizige Pfarrer nehmen ihn nicht auf; so geht er in eines Bauern Haus, wo ihm bald die Magd die Not klagt, die sie mit ihrem ungetreuen Liebhaber hat. Er lehrt sie einen Minnezauber anfertigen *(von wachs einen kobolt)*. So wird er berühmt bei ihren Gespielinnen. Seine Not hat ein Ende; sie schenken ihm Fleisch, Brot und Geld, und er muß dafür Runzeln vertreiben, verlorenes Magdtum wiederschaffen, Rinder vor dem Verkalben bewahren usw. Und er zählt all die Aberglauben auf, die er den Ratsuchenden anempfiehlt. Die Bauern aber vertreiben ihn schließlich, und wenn sie ihn auch „fahrenden Schüler" nennen, so muß er doch mehr laufen als fahren und muß sich weiter durchbetteln. Wer einen Sohn hat, der nichts taugt, der soll ihn meinetwegen Spieler werden lassen oder Dieb, aber nur nicht „Lotterpfaffen". Niewöhner.

Johannes von Auerbach. Von ihm stehen im Münchener Cod. lat. 5637, saec. XV. Bl. 62 Aderlaßregeln bei der Pest in deutscher Sprache. Ebenda von Blatt 1a bis 62a ein '*Directorium*' genanntes größeres medizinisches Werk. Sudhoff.

Johannes von Biel. Von ihm ein '*Vocabularius*' in München, cgm. 1129, v. J. 1462, 311 Bll. in folio. W. St.

Joh. v. Bieris, Bires, Biris, s. Beris, Joh.

Johannes von Bitterfeld, Magister. Unter diesem sonst unbekannten Namen findet sich in der Hs. Cim. 19 des Kupferstichkabinetts zu Berlin, 15. Jh., schwäbisch, Bl. 125b—127a eine *regel* über Sakramentsempfang. Anfang: *So ain gaistlich kind an ainem tag Nitt gegangen ist, so es solt sein Gangen, sol jm das laid sain, wen es hätt villůcht ain gnǎd versumpt.*
W. St.

Johann von Bopfingen, bürgerlichen Standes aus Nördlingen (Diözese Augsburg), studierte wahrscheinlich 1343 an der Universität Bologna, wurde Magister, folgte seinen Brüdern Heinrich und Ulrich(?) unter der Regierung Ludwigs von Brandenburg, des zweiten Gatten der Margareta Maultasch, nach Tirol. Heinrich war 1342 des Markgrafen Rat und 1358 dessen Landeshauptmann an der Etsch geworden. Nach dem Tode Ludwigs, i. J. 1362, wurde Heinrich abgesetzt, verlor seine Pfarre von Tirol an Hermann von Nördlingen und seine Güter. Herzog Rudolf von Habsburg setzte ihn wieder als Pfarrer von Tirol (bei Meran) ein. Als Domherr von Trient und Brixen starb Heinrich am 22. Juni 1380. Er hatte reichen Gutsbesitz erworben, so 1356 das Schloß Brunnenburg bei Meran, mit dem 1380 Hans Schenk von Metz und Ekard Vilany von Bopfingen und 1385 Leonbard Schenk von Metz, ein Vetter Heinrichs, belehnt wurden. Angeblich war Ulrich von Bopfingen, Domdekan zu Trient, sein Bruder. Johann von Bopfingen tritt zuerst als Pfarrer von Fügen im Zillertal (1356), sodann wiederholt als Prokurator seines Bruders Heinrich, 1356 oder 1359 als Pfarrer von Villanders bei Klausen, 1373 als Pfarrer zu Povo (Trient), 1376 als Pfarrer von Schenna bei Meran und im selben Jahre auch als Domherr von Trient hervor, 1390 soll er abermals die Pfarre Villanders innegehabt haben; vielleicht hatte er sie inzwischen nur an seiner Statt verwalten lassen. Mit dem Johann Zeiß von Bopfingen, der von 1420 bis 1433 als Domherr im Trientner Kapitel wirkte, ist Johann wohl kaum identisch.

War Heinrich ein äußerst erfolgreicher politischer Emporkömmling unter Markgraf Ludwig von Brandenburg, so gebührt Johann ein Platz im damaligen Geistesleben Tirols. In der Sterzinger Miszellaneenhs., welche Adolf Pichler entdeckte (vgl. Wackernell-Dörrer *Adolf Pichler 1819—1900, Leben u. Werke* 1925, S. 40ff. u. 148) steht am oberen Rande des Blattes 7^b über der ersten Gedichtgruppe der Sammelhs. *mgr Jo Bopfingen* von derselben Hand geschrieben, welche die Gedichte nach dem Jahre 1409 eingetragen hat (s. Mitteilungen d. österr. Instituts f. Geschichtsforschung 10 [1890] S. 467). O. Zingerle hält es nicht für ausgeschlossen, daß auch ein fremdes Gedicht irrtümlich unter Johanns Namen gestellt wurde, so das auf S. 7^b stehende, das in einer Münchner Hs. dem Mönch von Salzburg (s. d.) zugeschrieben wird (s. F. A. Mayer u. H. Rietsch *Die Mondsee-Wiener Liederhandschrift und der Mönch von Salzburg*, Acta germanica II/4 [1894] S. 22, 38, 42 u. 228). Dies ist umso leichter möglich, als die Sterzinger Miscellaneen-Hs. von Bl. 8^b an weitere Lieder vom *Munch von Salzburg* bringt. Sonach verblieben Johann von Bopfingen nur zwei Lieder, beide mit Melodien versehen, an dieser Stelle. Jedoch ist sehr wahrscheinlich, daß der Schreiber nur eine Auslese vollzog. Es sind dreistrophige Liebeslieder, die wohl am minnereichen Hofe Margaretens vorgetragen wurden; denn sie sind auf den höfischen Ton gestimmt, zeigen kein besonderes und eigenartiges Gepräge und stehen weit ab von der Derbheit Oswalds von Wolkenstein (s. d.), dessen Mutter von Ekkard von Villanders abstammte und daher in der Pfarre Johanns von Bopfingen daheim war.

Ign. Vinz. Zingerle *Bericht über die Sterzinger Miscellaneen-Handschrift*, WSB. Phil.-histor. Kl. 54 (1866) S. 293—340 (mit sehr mangelhafter Wiedergabe der Gedichte). Osw. Zingerle *Johann von Bopfingen, ein unbekannter Dichter des 14. Jhs.*, Euphorion 17 (1900) S. 469 bis 473. L. Santifaller *Die mal. Bildungsverhältnisse und literarischen Bestrebungen im Brixner Domkapitel*, Der Schlern 1 (1921) S. 135 bis 140; ders. *Das Brixner Domkapitel in seiner persönlichen Zusammensetzung im MA*. (Schlern-Schriften 7) 1924/25 S. 135 u. 280—285.

A. Dörrer.

Johann von Brabant, Herzog. Johann I., Herzog von Brabant 1260 bis 1294, verbrachte sein Leben in den unaufhörlichen Streitigkeiten, Verhandlungen, Verträgen der niederländischen Herrschaften, geistlichen wie weltlichen, und der Städte und wurde dadurch auch in die niederrheinischen Verhältnisse hineingezogen. In einer Fehde des Erzbischofs von Köln gegen die Bürger von Köln nahm er die Partei der Bürger und erfocht den Sieg von Worringen, 5. Juni 1288, der ihn weithin berühmt machte. Es ist ihm überhaupt gelungen, seinem Herzogtum die führende Stelle in den Niederlanden wesentlich zu verstärken. Neben den stets wechselnden Sorgen des Regiments war sein Sinn besonders auf die Turniere gerichtet, und auf einem Turnier, zu Bar, erhielt er auch die Verletzung, an der er starb, den 5. Mai 1294. Auch war er ein Gönner der Dichtkunst; als solchen nennt ihn der Dichter Adenez Roi (aus der Brüsseler Familie de Koninck). Unter seinem Namen hat die Handschrift C neun Lieder, die unter der hd. Übermalung die ndld. Mundart hie und da erkennen lassen, so daß die Rückübersetzung in dieselbe möglich ist. Es sind zum Teil reine Minnelieder, sie zeigen aber in der Anwendung des Kehrreims und in der Anlehnung an die Art der Pasturelle eine erfreuliche Frische. Ob auch die in verschiedenen französischen Handschriften erhaltenen unter dem Namen eines nicht weiter bezeichneten „Herzogs von Brabant" Lieder ihm zuzuschreiben sind oder seinem Vater Heinrich III. zukommen (wie Wackernagel *Altfranzösische Lieder und Leiche* S. 206 meint, was auch die allgemeinere Meinung zu sein scheint), lassen wir dahingestellt. Jedenfalls ist es bei seinem Leben, das zwischen deutschen und französischen Verhältnissen geteilt war, und der Zweisprachigkeit der Literatur seines Landes durchaus nicht unmöglich, daß er auch in beiden Sprachen als Dichter sich geäußert hat.

HMS. I S. 15—17; IV S. 38—47. Bartsch-Golther *LD.* Nr. LXXXII. A. Wauters *Le duc Jean Ier et le Brabant sous le règne de ce prince* 1862. Hoffmann von Fallersleben Germania 3 S, 154—161 (Rückübertragung ins Niederländische). E. Martin ADB. XIV S. 148.

G. Rosenhagen.

Johannes van Brack, Lesemeister im Augustinerkloster zu Osnabrück. Er übersetzte in freier Bearbeitung 1415 den '*Tractatus de regimine principum*' des Ägidius Romanus, eines Schülers des Thomas von Aquin (s. d.) und späteren Lehrers in Paris.

Einzige bis jetzt bekannte vollständige Hs. in nd. Sprache in der Fürstl. Bibliothek Wernigerode, signiert Zb, Bl. 83a—132a. Vgl. Borchling III S. 230f. Ein Bruchstück einer nfr. Hs. aus dem Stadtarchiv in Rees (14. Jh.) veröffentlichte A. Tille in der Ztschr. f. d. gesamte Staatswiss. 57 (1901) S. 484/96. Vgl. Borchling IV S. 200. Einen Abdruck des Anfanges der nd. Hs. enthält Wolfg. Stammler *Mittelniederdeutsches Lesebuch* 1921, S. 63f., ebda. weitere Literaturangaben S. 139, desgl. in dessen *Geschichte der niederdeutschen Literatur* 1920, S. 59.

K. Menne.

Johannes von Brandenturn wird als Verf. einer Predigt *Nuptiae factae sunt in Cana* in mgq. 66 (Bl. 342b) und in mgf. 206 (Bl. 276a) der Berl. Staatsbibl. genannt, einer Sammlung von Predigten, die während der Zeit des Basler Konzils 1434 im Dominikanerinnen-Kloster An den Steinen in Basel von verschiedenen am Konzil teilnehmenden Dominikanern gehalten wurden: *Istos sermones fecerunt... patres et magistri ordinis predicatorum qui fuerunt in concilio basiliensi in claustro monialium etiam ordinis predicatorum nomine an den steinen basilee anno MCCCCXXXIIII.* Der Name Brandenturn ist vermutlich Übersetzung des latein. *Turrecremata*, damit wäre J. v. B., der in den Hss. *prior zů Ispanien* heißt, identisch mit dem späteren Kardinal des Titels S. Sixti, Bischof v. Orense, Alba und Sabina Joannes de Turrecremata (Torquemada), Prior ord. pr. in Valladolid und Toledo, der 1434 als magister palatii in Basel weilte. (Vgl. Präsenzlisten des Basler Konzils bei Lazarus *Das Basler Konzil* H. St. 100.) Jedenfalls erscheint der größere Teil der deutschen Predigt des J. v. B. auch als latein. Exzerpt in T.s Predigtsammlung '*Flos theologie*'. (Zahlreiche Drucke des 15. Jh., z. B. Basel [J. Amerbach 1480].)

Die Basler Predigt behandelt, in loser Verknüpfung mit dem Thema der Hochzeit zu Kana, die St. Agnes-Legende (in genauem Anschluß an Jacobus de Voragine) und zwar Agnes als sponsa dei.

Erwähnung des J. v. B. bei L. Pfleger *Zur Gesch. des Predigtwesens in Straßburg* 1907. Ausführl. Lebensbeschreibung des J. d. T. sowie Verz. s. gedr. u. hsl. Werke bei Quétif u. Echard *Script. ord. pr.* 1719/21 T. I S. 843.

Elisabeth Hübener.

Johannes v. Brünn, s. Joh. v. Gelnhausen.

Johannes von Bruk, s. Nachtrag.

Johannes von Caub, s. Wonnecke.

Johannes von Chur, s. Merswin.

Johannes de Clerick, s. 'Ogier'.

Johannes von Cleve, s. Joh. v. Kleve.

Johannes von Dambach (im Elsaß), Theologe aus dem Dominikanerorden, geb. 1288 oder 1289, gest. 1372, wurde durch Papst Clemens VI. 1347 zum Magister der Theologie befördert und lehrte auf Wunsch Karls IV. kurze Zeit in Prag. Die späteren Lebensjahre scheint er hauptsächlich in Straßburg zugebracht zu haben. Von seinen zahlreichen theologischen Schriften (vgl. Auer S. 5—62) ist besonders erwähnenswert die '*Consolatio theologiae*', an der er von etwa 1340 bis in die sechziger Jahre gearbeitet hat. Wie schon der Titel zeigt, will das Werk ein Gegenstück zur '*Consolatio philosophiae*' des Boëthius sein. Der Verfasser möchte über eigenes und fremdes Leid mit Trostgründen hinweghelfen, die er der Theologie entnimmt (den genauen Inhalt der 15 Bücher sieh bei Auer S. 70f.). Dieser theologische Standpunkt hindert J. aber nicht, die antiken Philosophen von Platon bis Boëthius in stärkstem Maße zu benutzen. Da die '*Consolatio*' für einen großen Teil der Askese des 14. und 15. Jhs. richtungweisend wurde, so ist diese indirekt von den ethischen Grundsätzen der Antike beeinflußt. Auf die Beziehungen zu Eckharts (s. d.) '*Liber Benedictus*' wurde schon in dem Artikel über diesen Mystiker hingewiesen.

Von dem 9. bis 15. Buch existiert eine freie niederländische Übersetzung von der Hand eines Kartäusers aus dem Jahre 1439, handschriftlich erhalten in Hs. 1023 der Universitätsbibliothek zu Utrecht (vgl. Auer S. 207), gedruckt 1479 in Delft (vgl. Auer S. 227).

Von besonderer Wichtigkeit ist Auers Nachweis des weitgehenden Einflusses der '*Consolatio*'. Er reicht westlich bis nach Spanien, östlich über ganz Deutschland hin, nördlich bis ans Meer. Die Blüte der von J. beeinflußten Consolatorienliteratur fällt mit der Zeit des großen abendländischen Schismas zusammen; in der gewaltigen Erschütterung jener Tage suchten viele Trost in einer weltflüchtigen Askese. Diese Trostbücher geben so einen tiefen Einblick in die Seele des Spätmittelalters.

A. Auer *Johannes von Dambach und die Trostbücher vom 11. bis zum 16. Jh.* (Beiträge z. Gesch. d. Phil. u. Theol. d. MA. XXVII, 1—2) 1928.

J. Koch.

Johann v. Ellenbogen, s. Joh. v. Waldsassen.

Johannes von Erfurt, Bruder im Minoritenkloster zu Erfurt. 1309 vollendete er ein lateinisch-deutsches Vokabular nach dem Muster des Guilelmus Brito; es ist erhalten in dem cod. Arund. 209, v. J. 1341, im Britischen Museum zu London.

Priebsch *Deutsche Hss. in England* II (1896) S. 42f.

W. St.

Johann von Frankenstein. Johanniter, Sein Geburtsort ist Frankenstein in Schlesien. Als Johanniter wurde er von seinem Pfleger von Mauerberg, einem Ort in Österreich, nach Wien in das Ordenshaus in der Kärtnerstraße geschickt. Hier vollendete er im Jahre 1300 die gereimte Übersetzung und Bearbeitung einer weitverbreiteten lateinischen Darstellung der Passionsgeschichte. Den Schlußversen dieses Werkes, dem er den Namen 'Der Kreuziger' gab, verdanken wir die Angaben über die Persönlichkeit des Verfassers. Er schrieb es auf Wunsch eines Freundes, des Ordensdieners und Schaffners Seidel. Seine dichterischen Fähigkeiten sind sehr gering, was schon die vielen Flickverse erkennen lassen. Er selbst bittet auch um Nachsicht und gesteht, daß ihm die Ausarbeitung viele Mühe machte, zumal er vorher noch nichts ähnliches dichtete. Immerhin ermöglichte ihm seine Kenntnis des Lateinischen, eine inhaltlich im wesentlichen richtige Darstellung zu geben. Die Verse sind sehr oft durch lateinische Bibelstellen oder durch Anführungen aus Werken der Kirchenväter unterbrochen. Als *Kreuziger* bezeichnete er sein Buch, weil es die Leidensgeschichte Jesu Christi, des ersten Kreuzträgers, kündet. Er griff jedoch zu diesem Namen, weil er als Johanniter auch sich selbst als einen Kreuzträger betrachtete. Mit der weltlichen Dichtung zeigt er einige Vertrautheit. Bekannt waren ihm wenigstens Wolfram von Eschenbach (s. d.), Ulrich von dem Türlin (s. d.), Konrad von Würzburg (s. d.) und der 'Jüngere Titurel' (s. Albrecht).

Überlieferung. Der 'Kreuziger' ist nur in einer einzigen Hs. erhalten, die als cod. perg. 2691 in der Wiener Nationalbibliothek aufbewahrt wird. Von dieser wurde sie nach einem Eintrag auf dem vorderen Deckel am 28. Januar 1773 käuflich erworben. Der frühere Besitzer war C. G. v. Windisch. Weiter stammt die Hs., wie der karmesinrote Einband und die Initialen *M. T. B. M.* auf Bl. 1a zeigen, aus einem Kartäuserkloster, vermutlich aus dem Monasterium Throni Beatae Mariae Gaming. Oben auf der zweiten Seite ist ein in hölzernem Gestühl sitzender Mönch dargestellt, dessen linker Ärmel mit dem Johanniterkreuz versehen ist. Er hält in der linken Hand ein Band mit der Aufschrift: *Frater Johannes von Frankenstein.* Mit der Rechten weist er auf die unter dem Bilde beginnende Dichtung. Die Seite enthält dann noch die ersten 16 Verse in viel größeren Buchstaben als die übrigen. Von Bl. 2a sind die Seiten in zwei Spalten geteilt. Nach Bl. 32d sind acht Blätter ausgefallen. Es folgen dann noch Bl. 33a—114b. Die Hs. ist von zwei Schreibern geschrieben, die durch die Lücke getrennt werden. Von ihnen zeigt der erste eine viel größere Sorgfalt. Die Abschrift des zweiten Schreibers ist von anderer Hand verbessert worden, wobei auch häufig österreichische Lautgebungen und Formen getilgt wurden. Beide Schreiber waren Österreicher, wie ihr immer stärker werdender Einfluß auf den Laut- und Formenstand erkennen läßt. In manchen Fällen ist freilich auch schon der schlesische Dichter für den nichtmitteldeutschen Einschlag verantwortlich zu machen.

Die von Bartsch aufgenommene Angabe bei Gervinus, Litt.-Gesch. II S. 457, daß der 'Kreuziger' am Ende des 15. Jh.s mehrfach gedruckt und wahrscheinlich auch ins Niederdeutsche (Lübeck 1482) übersetzt worden sei, habe ich nicht bestätigen können.

Ausgabe. Kritische Ausgabe von F. Khull *Der Kreuziger des Johannes von Frankenstein* (Bibl. des Stuttg. Lit. Vereins 160) 1882. Der Herausgeber geht in der Umsetzung des Handschriftlichen ins Mitteldeutsche teilweise zu weit.

Literatur. K. Bartsch ADB. VII S. 245f. J. M. Wagner *Über Lessings Entdeckung einer alten Messiade in Klosterneuburg*, Wagners Archiv I S. 82ff. F. Khull *Über die Sprache des Johannes von Frankenstein*, Progr. Graz 1880; dazu Strauch AfdA. 7 S. 95, Roediger DLZ. 1880 Sp. 371. Crüger AfdA. 10 S. 277. P. Piper *Geistl. Dichtung* (D.N.L. 3, 2) II S. 135f. Seemüller *Geschichte der Stadt Wien* III 1(1907) S. 7. Ziesemer *Die Literatur des deutschen Ordens in Preußen* (1928) S. 38. M. Reinhildis Ferber O. Pr. *Die Quelle des 'Creuziger' des J. v. F.* Diss. München 1935 [setzt als Abfassungszeit das 14. Jh., Vf. der lat. Quelle vielleicht Matthäus v. Krakau].

Willy Krogmann.

Johann von Freiberg.

1. Überlieferung: 'Das Rädlein' ist erhalten in dem Heidelberger Cpg. 341, der Pap.-Hs. Nr. 408 der Karlsruher (Hof-)Bibliothek sowie einem Pergamentbruchstück aus Halle (ZfdA. 13 S. 329ff.).

2. Johann von Freiberg war wohl ein Fahrender, der neben seiner literarischen Tätigkeit auch als Zauberkünstler oder dergl. auftrat (v. 3: *der mangez wunderlîche werc ûf der erden würken kan*, was gewiß nicht auf frühere literarische Werke hinweist). Nach Obersachsen oder dem angrenzenden Böhmen weist seine Sprache, doch besteht keinerlei Anlaß, verwandtschaftliche Beziehung zu Heinrich von Freiberg (s. d.) anzunehmen. Jedenfalls ist die von Bernt *Heinrich von Freiberg* S. 191f. und von Buske *'Rädlein'* S. 19 versuchte Identifizierung mit Johannes de Broda, der wahrscheinlich verwandt war mit Henricus de Broda, in dem Bernt den Dichter Heinrich von Freiberg sieht, abzulehnen; der erwähnte Hinweis unseres Johann auf seine sonstige Tätigkeit wie der Gesamtcharakter und besonders der Schlußabschnitt des Gedichtes passen nicht zu diesem anscheinend angesehenen *miles* des Bischofs Bruno von Olmütz (1245—81).

Ein edles Geschlecht *von Vriberch, de Fryberg*, das im 13. Jh. in obersächsischen Städten urkundlich bezeugt ist, darunter einen zwischen 1290 und 1308 in Halle auftretenden Johannes v. F. sowie einen damit wohl nicht identischen Joh. v. F., der 1233 in der Umgebung des Bischofs Heinrich von Meißen begegnet, wies F. Bech Germania 19 S. 420ff. nach. Doch ist eine Identifikation dieser angesehenen Bürger mit unserm Dichter schwerlich am Platze.

3. Im Ausgang des 13. Jhs. wird Johanns Novelle 'Das Rädlein' entstanden sein (Buskes Ansetzung um 1250 ist im Hinblick auf die Reime *kârte: worte, sô: jâ* und *s: z* gewiß zu früh). Sie zeugt von wirklicher Begabung und weist namentlich in der Schilderung des sinnlichen Liebesgenusses überraschendes Können auf, wobei zugleich die auch sonst sichtbare Vorliebe für das Gewagte hervortritt. Ob dabei mit französischer Befruchtung zu rechnen ist, bleibt fraglich, da nichts auf eine direkte französische Quelle hindeutet. Vielmehr ist der Stoff einfacher und mit weit geringerer Kunst wohl schon etwas früher in einer leider nur fragmentarisch erhaltenen Fassung gleichfalls in Mitteldeutschland bearbeitet (nach einer Perg.-Hs. des 14. Jhs. hrsg. v. L. Müller ZfdA. 24 S. 61ff.); sie macht wahrscheinlich, daß Johann das Motiv von der Überlistung der Spröden selbst ausgebaut und es mit dem der Imma portatrix verbunden hat. Literarisch hat Johann sich vor allem wohl an der Novellistik und verwandter Kleinkunst geschult, da er deutliche Beziehungen zur IV. Redaktion der 'Heidin' (s. d.) sowie zum 'Mönch Felix' (s. d.) (beide gleichfalls aus Mitteldeutschland), vielauch zum 'Sperber' (s. d.) aufweist, während die großen Epiker keine eindeutigen Spuren bei ihm hinterlassen haben.

Hrsg. v. von der Hagen GA. III Nr. LVIII S. 105ff. u. v. Fr. Buske *D. mhd. Novelle 'Das Rädlein' des Johann von Freiberg*, Diss. Rostock 1912. — A. Leitzmann PBB. 48 S. 275f.; A. Wallner ZfdA. 64 S. 89—91; H. Niewöhner *'Der Sperber' und verwandte mhd. Novellen* (Palästra 119) 1913 S. 66. H.-Fr. Rosenfeld.

Johannes von Freiburg, s. Nachtrag

Johannes der Futerer, s. Futerer.

Johannes von Gablingen, Leutpriester *(plebanus)* ebendort, vollendete 1429 einen umfangreichen '*Vocabularius latino-germanicus fundamentarius*', überliefert in den Münchener Hss. cgm. 649, v. J. 1468, Bl. 1ª—526ª, und cgm. 650, XV. Jh., 339 Bll. in folio.

W. St.

Johannes von Gelnhausen, s. Nachtrag.

Johann von Gersdorf (Meister Hans), genannt Schielhans *(Schylhans)*, aus dem Schlesischen stammend, ein Glied der Adelsfamilie v. Gersdorf (aus Deutsch-Paulsdorf bei Görlitz) aus der Linie, die im 15. Jahrh. den erblichen Beinamen „Schyle, Schielende" trugen (Hans der Schielende geb. um 1450 Kaspar v. G. „der Schielende", der „schielende" Bernhard usw.). J. v. G. hatte sich in den Burgundischen Kriegen, z. B. 1476 bei Murten und 1477 bei Nancy, Erfahrungen erworben und war später als Wundarzt in Straßburg ansässig (Bürger), wo er auch aus 40jähriger eigener Erfahrung heraus sein '*Feldbuch der Wundarznei*' schrieb, das 1517 zuerst bei Johannes Schott erschien, am 22. August *(sambstag vor Bartholomei)* bevorwortet. Das reich mit Instrumenten und Operationsszenen illustrierte Buch ist reicher an Inhalt als das Brunschwigs (s. d.), bedeutet aber kaum einen besonderen Fortschritt. Es wurde sofort nachgedruckt und erlebte 1524 bis 1540 vier weitere Auflagen in Straßburg, ferner 1542 ebda. und 1551 in Frankfurt a. M. Es wurde auch ins Lateinische, zuerst 1542 in Straßburg, und ins Holländische übersetzt und noch oft gedruckt. Johanns Geburts- und Todesjahr sind unbekannt.

Kasche *Gesch. des Oberlausitzer Adels* 1879 S. 222. Boetticher N. Laus. Magazin 104 (1928) S. 45. Fr. Wieger *Gesch. d. Med. in Straßburg* 1885 S. 4—11. Gurlt *Gesch. der Chirurgie* II (1898) S. 222—233.

Sudhoff.

Johannes von Gmunden (Oberösterreich), Vertreter der mathematischen und astronomischen Wissenschaft in Deutschland. 1406 artistischer Magister in Wien, hielt er von 1408—35 dort physikalische, mathematische und astronomische Vorlesungen; daneben studierte er Theologie und erhielt den Grad eines Baccalarius in Theologia formatus. 1425 schied er als Canonicus bei St. Stephan aus dem Collegium ducale aus. Zuletzt war er Pfarrer in dem niederösterreichischen Orte Laa und starb am 23. Februar 1442. Die erhaltenen Stücke seiner theologischen Vorlesungen sind in zwei Teilen fast wörtlich von Joh. Duns Scotus übernommenen. Das einzig erhaltene mathematische Werk ist sein '*Algorismus*' (= Arithmetik). Bahnbrechend sind seine astronomischen Tafeln und Berechnungen, die er der artistischen Fakultät in Wien mit seiner Bibliothek vermacht hat, und die z. T. noch heute dort aufbewart werden. Johannes v. Gmunden wird für den ersten Berechner astronomischer Ephemeriden gehalten. Im Drucke liegt eine Flugschrift von 1432 vor, die eine damals umgehende, astrologische Prophezeiung widerlegt: *Refutatio prophetiae astronomicae de concursu planetarum.*

Wiener Jahrbücher der Lit. 41 (1828) Anz.-Bl. 26. Aschbach *Gesch. der Wiener Universität* I (1865) S. 455/67. ADB. XXIV (1881) S. 456f.

Urte Kletzin.

Johannes von Großenglogau, s. Nachtrag.

Johann von Guben, Zittauer Stadtschreiber und Chronist um 1370.

1. Er erscheint zuerst 1363 als Stadtschreiber in Zittau, 1381 zog er in den Rat, 1387 bekam er einen Nachfolger in seinem Stadtschreiberamte. Vielleicht ist er damals gestorben. Er hat also mindestens 24 Jahre in Zittau gelebt und mag etwa 1335 geboren sein.

2. Er hat als Stadtschreiber eine zeitgenössische Zittauer Chronik in deutscher Sprache verfaßt. Sie ist als wichtigstes Kleinod im Zittauer Ratsarchiv erhalten und entging durch einen glücklichen Zufall dem großen Brande (Beschießung der Stadt am 23. Juli 1757). Die Hs. hat 42 Pergamentbll., die in 2 Sp. beschrieben sind. Nach J.s Niederschrift folgen noch spätere Eintragungen (s. u.).

3. J.s Chronik reicht bis 1375, der Verf. hat also die letzten 12 Jahre seiner Amtsführung ohne Eintragungen gelassen. Auf der anderen Seite greift er zurück in die Zeit vor 1363. Noch gab es damals eine mündliche Überlieferung über die Gründung der Stadt Zittau, die er verzeichnet hat — ein höchst lehrreiches Bild, wie eine Tradition sich gestaltete. Für die darauffolgenden Zeiten Wenzels II. bis zu Johann dem Blinden mag wohl hin und wieder eine Aufzeichnung vorgelegen haben, doch umspielt die Legendenbildung noch das Ganze. Erst mit dem Landesherrn Karl IV. gewinnt die Überlieferung festen Boden. J.s Stellung als führender Zittauer Beamter seit 1363 stand in engstem Zusammenhang mit den Jahrzehnten zuvor. Das Eingreifen des Erzbischofs von Magdeburg und Kanzlers von Böhmen Dietrich 1361 ist anschaulich und packend im einzelnen geschildert. Die Gründung des Zölestinerklosters auf dem Oybin 1366, der Streit der Handwerker gegen den Rat 1367 und das Eingreifen des Kaisers, der Zug der Oberlausitzer gegen Neuhaus in der Görlitzer Heide und seine verhängnisvollen Folgen 1368ff., der Streit mit der Stadt Ostritz und dem Kloster Marienthal 1368 und andere Darstellungen aus dieser Zeit sind in ihrer genauen einfachen und anschaulichen Schilderung geradezu das Muster einer damaligen Chronik. Daneben gibt J. im vollen Wortlaut Urkunden, aber auch nackte Tatsachen wieder, so die vielen geldlichen Anforderungen Karls IV., der „ein gar schwerer Herr" war.

Die Nachrichten sind nicht bloß für Zittau wichtig, sondern sie befruchten auch die gesamten Sechslande, ja einzelne Aufzeichnungen haben auch Bedeutung für weitere Kreise (Böhmen, Brandenburg).

Vergl. hierzu R. Jecht *Geschichte v. Görlitz* S. 67ff.

4. In der ganzen oberlausitzer Geschichtsschreibung steht J.s Berichterstattung einzig da, auch die Görlitzer reichhaltigen Annalen um 1500 und später sind ganz anders gestaltet. J. ist nicht etwa ein Annalist reinsten Schlages. Neben den Tatsachen bringt er die beteiligten Personen im Gespräch miteinander vor, er stellt sie wie auf einer Schaubühne handelnd und redend dar (so den Kaiser Karl IV.) und versetzt uns packend in die damalige Zeit. Die heutigen Kritiker mögen darin manches Versehen finden, aber die geschichtlichen Berichterstatter sind nicht von unserem heutigen Standpunkt, sondern aus ihrer Zeit zu beurteilen. J.s Werk gibt uns ein erfrischendes Bild, wie sich im Kopfe eines gebildeten und die Ereignisse erlebenden und bestimmenden Mannes die damalige

Zeit darstellt. Das Ganze ist in einfacher körniger Sprache wiedergegeben.

5. Wie stechen doch die Fortsetzungen dagegen ab, die sich in demselben Ms. finden! Zunächst tritt nach J.s Niederschrift eine Pause von 42 Jahren ein; es folgt eine Urkunde von 1417. Die Heldenzeit der Oberlausitz, die schreckliche Zeit, wo die Oberlausitz und vor allen Dingen Zittau durch die Hussiteneinfälle das ärgste zu leiden hatten, findet eine dürftige Behandlung. Es mögen wohl auch Zittauer Stadtschreiber sein, die hier der Nachwelt Berichte meist in kurzer annalistischer Weise und durch Urkunden lieferten. Auch die Zeiten König Albrechts und seiner Nachfolger, Ladislaus', Podjebrads, werden in bescheidenem Ausmaße sprungweise behandelt. Manches ist ja für die heutige Geschichtsforschung willkommen, reicht aber lange nicht an das, was an Fülle und Genauigkeit die Nachbarstadt Görlitz an urkundlichem Stoffe lieferte. Hier ist auch der Text zum großen Teil lateinisch. Ähnlich ist es mit der Zeit des Matthias Corvinus. Zwei Nachrichten aus dem Jahre 1496 und 1531 bilden den Schluß.

Den ganzen Text des Kodex hat die Oberlausitzische Gesellschaft 1839 in den *Script. rerum Lusat. N. F. I* drucken lassen. Abschrift und Druck besorgte der Zittauer Bürgermeister E. F. Haupt, die letzte Hand dabei legte vornehmlich in sprachlicher Hinsicht sein berühmter Sohn Moriz Haupt an. S. die Vorrede zu den *Script.* S. XII—XVII; Huber *Regesten Karls IV.* Einleitung S. LIV bringt ein lobendes Urteil Johann Friedrich Böhmers.

R. Jecht.

Johann von Habsburg. In der Heidelberger Hs. 343 steht auf Bl. 70b—72a ein Lied von 9 Str. zu je 8 Zeilen mit dem Anfang:

Ich weis mir ein blumlein bloe
vonn himmel bloem schein.....

und dem Schluß:

herz lieb nun halt dich stette
wie fer ich doch von dir bin.....

Die innere Einstellung des schönen Liedes steht der ritterlichen Minnetradition noch nahe, die Sprache ist rein und innig. Vom Verfasser melden weder Lied noch Hs. etwas. — Gedruckt erschien das Lied bei Samuel Apiarius in Basel o. J. (zwischen 1567 und 1590) als drittes Stück eines fliegenden Blattes. Dieser Druck gelangte 1835 in einem Sammelband von 77 Flugblättern in Ludwig Uhlands Besitz, der sich dann auch näher mit ihm befaßte. Uhland fand in drei Schweizer Chroniken Angaben über Lied und Dichter; es sind dies: Etterlins 'Eidgenössische Chronik' (Basel 1507), Crusius 'Schwäbische Annalen' (Frankfurt 1596) und Tschudis 'Chronic. helvetic.' (1734), wobei die zwei letzteren wohl auf der ersten beruhen. Nach diesen Quellen dichtete das Lied Graf Johann von Habsburg, österreichischer Hauptmann zu Rapperswyl, während seiner über dreijährigen Kerkerhaft in Zürich. Mit vielen andern Österreichern wurde er in der Züricher Blutnacht von 1350 gefangen genommen. — Uhland nahm das Lied, auf 6 Str. verkürzt und bearbeitet, in seine Volkslieder auf.

Uhland *Volkslieder* I Nr. 54, III S. 289; IV S. 242. Böhme *Altd. Liederbuch* 1877 Nr. 145. Blümel *Uhlands Sammelband flieg. Bll.* 1911, S. 50. A. Kopp *Dtsch. Volks- und Gesellschaftslieder d. XIV. Jhs.* (DTdMA. V) Nr. 76.

Ruth Westermann.

Johann von Hain, s. Rosenbach.

Johannes von Hasfurt, s. Virdung.

Johannes von Hildesheim: *'Die Historie von den Hl. Drei Königen'.*

Zahlreiche Hss. sind bislang bekannt geworden. Als erster hat Goethe eine lat. Hs. entdeckt (vgl. Goethes Werke, Weimarer Ausg. Bd. XL 1 'Über Kunst u. Altertum' II 2, S. 169—182, Ergänzungen S. 358—360 u. sonst zerstreut). Sie wurde benutzt von Gust. Schwab in seiner 'Legende von den hl. drei Königen von Joh. von Hildesheim, aus einer von Goethe mitgeteilten lat. Hs. u. einer deutschen der Heidelberger Bibl., bearbeitet u. mit 12 Romanzen begleitet' (1822). Seitdem wurden mehr als 40 lat. Hss. festgestellt. Die wichtigsten sind in Erlangen (Univ.-Bibl. Nr. 399, a. 1385), St. Gallen (a. 1392), München (clm. 629, 14. Jh.; clm. 2941, um 1410, u. sonst noch rund 20 des 15.—16. Jhs.); ferner in Amiens, Basel (Univ.-Bibl. Nr. A. V. 14, a. 1456—59; vgl. Neues Archiv 11 S. 627), Bamberg (E VII, 11; 15. Jh.), Berlin (4), Cambray, Douay, den Haag, Hildesheim (Stadtarchiv, Nr. 267, 14. Jh.), Klagenfurt, Köln (Dombibl. Nr. 169, 15. Jh.; Stadtarchiv W. f⁰. 261a, W. f⁰ 320, W. 8⁰. 239, G. B. 8⁰. 137 a. d. J. 1628), Leipzig, Lille, Mühlhausen i. Th. (Städt. Archiv Nr. 21, um 1450), Olmütz (vgl. Zarncke *Der Priester Johannes* 1876 S. 155), Oxford (Univ. Bibl. Nr. 33, 15. Jh.; Balliol Coll. Nr. 349), Rom (Bibl. Vat., Cod. Reg. lat. 522, a. 1434), Trier, Utrecht

u. Wien (3). Die ältesten deutschen Hss. befinden sich in Fulda (Ständ. Landesbibl. B 7, a. 1389), Basel (a. 1389 u. Abschr. davon 1420), München (cgm. Nr. 54, 14. Jh.; cgm. 535 u. 4886 a. d. 15. Jh. und cgm. 5134, a. 1405; Kehrer [s. u.] erwähnt noch 3 Hss. cgm. 1103, 1458 u. 504, a. 1475) u. Aschaffenburg (Ms. 111, a. 1404). Andere deutsche Hss. des 15. Jhs. in Berlin (Staatsbibl., Arnswaldt Nr. 3109), Brit. Museum (Add. Nr. 28752, beschr. von Gaillard u. De Flou Verslagen en Mededeelingen der K. Vlaamsche Acad. voor Taal- en Letterkunde 1895 S. 188), Brixen (hrsg. von Jg. Vinz. Zingerle *Von den heyl. drey kunigen* 1855), Darmstadt (Nr. 991 u. 447), Dessau (Cod. Georg. 4⁰, 20), Donaueschingen (Nr. 451), St. Gallen (Nr. 594, 628, 985 u. 987), Göttingen (Univ. Bibl. Ms. theol. 200), Hamburg (mehrere Codd., vgl. darüber Staphorst *Hamb. Kirchengesch.* I S. 369), Heidelberg (Cod. Palat. Germ. 118, von G. Schwab benutzt, s. o.), Köln (Stadtarchiv W. f⁰. 3*, Anf. des 15. Jhs.), Paris (Bibl. Nat., Ms. allemand, Nr. 33), Straßburg, Trier (Stadtarchiv Nr. 1183), Wien (Palat. 3026 u. 2856), Wolfenbüttel (Ms. Helmst. Nr. 1183) und Zerbst. Außerdem erwähnt Priebsch *(Deutsche Hss. in England* I [1896] S. 109) eine Hs. aus Cheltenham, Nr. 112. Vgl. noch die Berliner Hss.-Kataloge von Herm. Degering *(Verzeichnis der germ. Hss.* usw. 1925ff.) und Valentin Rose. — Außerdem gibt es noch 5 niederl. Hss., abgedruckt bei Scheepstra (s. u.), S. 91—258, wo dazu noch S. 67ff. 15 engl. Hss. bzw. Drucke u. 1 dän. Druck (1872) genannt werden.

Frühdrucke sind bekannt: 6 lat. (Köln 1477, 1478, 1481, 1486 u. 1514, Modena 1490), 1 niederdeutsche aus dem Anfang des 16. Jhs. (vgl. Borchling-Claußen Nr. 395), 2 niederländ.: Delft 1479 (vgl. Campbell Nr. 983 u. Scheepstra S. 71) u. Antwerpen rd. 1530 (vgl. Scheepstra S. 71), 3 deutsche (vgl. Hain Nr. 9400 u. 9401, desgl. in den Nachträgen dazu Nr. 188), endlich 2 französ. vom J. 1498 u. 1543.

Eine moderne Nacherzählung bzw. Bearbeitung ist 'Das Buch der hl. Dreikönige usw.' von Leo Weismantel 1929.

Außer den gen. Ausgaben sind noch folg. wichtige vorhanden: *Joh. von Hildesheim, Die Legende von den hl. drei Königen, Volksbuch zum besten des Dombaus neu hrsg. von* K. Simrock in seinen 'Deutschen Volksbüchern', Frankf. o. J. (zw. 1842—46). Zugrunde liegt die Baseler Hs. v. J. 1389 bzw. 1420. Sodann: *Historia von den heilig drein kuning. Aus der Hs. hrsg. u. mit Anm. versehen von* Frz. Xax. Wöber, Progr. Wien 1857. E. Köpke *Joh. von Hildesheim* Progr. Brandenburg a. H. 1878, mit wertvoller Einleitung u. Abdruck des lat. Textes nach einer Hs. des Dom-Gymn. vom J. 1409; nach derselben Hs. neu hrsg. von C. Horstmann *The Three kings of Cologne* (Early English Text Society) 1886.

Die Historie von den Hl. Drei Königen, die in so vielen Hss. und Drucken vorliegt, ist ursprünglich in lat. Sprache verfaßt von Joh. von Hildesheim unter dem Titel *'Historia Trium Regum'* im Auftrage des, wie er ihn eingangs seiner Schrift nennt, geistlichen Vaters Florens von Wevelkoven (s. d.), Bischofs von Münster (1364 bis 1379). Joh. v. H., nach Arnoldus Bostius aus Westfalen gebürtig *(Westfalus)*, nach Trithemius *urbe Saxoniae oriundus*, geboren Ende des 13. Jhs., trat um 1316 in das Karmeliterkloster zu Marienau (Hann.), war 1338 in Frankfurt, studierte 1349—52 am Studium Generale der Karmeliter in Avignon, wurde hier Lektor und 1358 Prof. der Theol. an der Karm.-Univ. in Paris, 1361 Prior des Klosters in Kassel und Lektor daselbst, reiste 1367 nach Rom, wurde nach der Rückkehr Prior des Klosters zu Marienau, wo er am 5. Mai 1375 starb. Er verfaßte verschiedene Werke in lateinischer Sprache in Prosa und Versen, u. a. *'Contra Judaeos'*, *'De modernis monstruosis abusionibus'*, ein *'Defensorium ord. fratrum... de Monte Carm.'*, *'De fonte vitae'*, *'De Antichristo'*. Die *'Hist. trium regum'* muß zwischen 1364 und 1375 entstanden sein, eine vielfach unkrit. Kompilation, der fromme Niederschlag umfassender Kenntnis der Heiligen- und Legendenliteratur sowie der Reiseberichte und Beschreibungen des hl. Landes und überhaupt Vorderasiens, Wahrheit und Dichtung, vorwiegend in Prosa, vereinzelt Verse.

Wichtigste Literatur: Über Joh. v. H. vgl. man H. Usener *Christl. Festbrauch*, in: *Religionsgeschichtl. Untersuchungen* 1889, S. 7ff. Potthast *Bibl. hist. medii aevi* I², 1896, S. 655. ADB. XIV S. 458, L S. 686. Röhricht und Meisner *Ein niederrhein. Bericht über den Orient*, ZfdPh. 19 (1887) S. 1—86 (wo S. 6—7 Anhang zu der Dreikönigenlegende des Joh. v. H.). *Monum. Carmel.* 1907, S. 431. B. Xiberta *De scriptoribus Carm. saec. XIV.* 1931, S. 9f. u. 57f. Am besten zusammengestellt in der Einleitung der Groninger Diss. *Van den Heilighen Drien Coninghen* von T. J. A. Scheepstra 1914.

Über die Legende der Hl. Drei Könige im allg. ist für die ältere Zeit als Materialquelle unentbehrlich: *Primitiae gentium sive historia et encomium ss. trium magorum evangelicorum. Authore R. P.* Hermanno Crombach *è soc. Jesu* 1654 (883 S. + 40 S. Index). Wiener *Bibl. Real.-Wbch.* s. v. 'Stern der Weisen'. Chevalier *Repertoire biogr.* 1442—43. H. J. Floß *Dreikönigenbuch* 1864. Kehrer *Die hl. drei Könige in der Legende u. in der bildenden Kunst bis A. Dürer*

1904; dazu J. Sauer DLZ. 1904 Sp. 1526ff. H. Anz *Die lat. Magierspiele* 1905. Künstle *Ikonographie* I S. 354—65. Friedr. Wilhelm *Deutsche Legenden u. Legendare* 1907, S. 5, 59, 61, 101 u. 174. W. Stammler *Prosa der dt. Gotik* 1933, Nr. 57.

K. Menne.

Johannes von Iglau, ein sonst unbekannter Ordensbruder. Er verfaßte eine Abhandlung von den zehn Geboten, die eine Art Stellenzusammenordnung aus dem Alten und Neuen Testament darstellt und in Briefform gekleidet ist. Erhalten in der Wiener Hs. 2646, XIV. Jh., Bl. 2^b—5^b, aus dem Dorotheenkloster in Wien. Anf.: *Die zehen geboth, die got selber gab Moysi geschriben mit gotes vingern an zwayn staynen taveln, die scholt du merchen an diesem brief.* Schl.: *Alle dis rede von den czehen geboten, als si gescriben sint, hat bruder Johannes von der Ygla gelesen und erclaubt aus der hailigen schrift und hi czu ein ander bracht.* W. St.

Joh. de Indagine, s. Rosenbach.

Johannes von Indersdorf (*Johannes Rotthuet* oder auch *Johannes Prunner* oder *Brunner*, als der er zumeist in den Quellen begegnet) (1) hatte auf Veranlassung seines Stiefbruders Erhard Brunner, Propstes des Augustiner-Chorherren-Klosters Indersdorf, eine sorgfältige Erziehung im Kloster Langenzenn und in Bamberg genossen. Sein Bruder berief ihn als Dekan an seine Seite und überließ ihm die Leitung des Klosters in den religiösen Übungen. Als — ausgehend vom Basler Konzil — die Reformation klösterlicher Zucht und Ordnung begann, als 1427 als dessen Beauftragter in Baiern Johannes Grünwalder Indersdorf visitierte, wurde dies Kloster so vorbildlich befunden, daß sein Dekan Johannes fortan unter die leitenden Reformatoren Baierns zählte: die Chroniken nennen 24 unter seiner Führung wiederhergestellte Klöster, Indersdorf sandte zahlreich Brüder aus. 1435 war Johannes nach dem unglücklichen Ende der Agnes Bernauerin an Albrecht von Vohburg, späteren Herzog Albrecht III., gesandt, um ihn mit seinem Vater Herzog Ernst zu versöhnen. Johannes wurde Albrechts Beichtvater und Gewissensrat, Herzog Albrecht Protektor der bairischen Reformation. — Nach dem Tode seines Bruders 1442 folgte Johannes als Propst von Indersdorf; die letzten Jahre seines Lebens sind Jahre der höchsten Blüte des Klosters. Er starb 1470. Der Münchener Arzt und Magister Liebhard bezeichnet ihn einmal als „streng und unnachgiebig in Pflichttreue" (clm. 7744).

2. Von J. v. I. sind uns zwei kleine dt. Werke erhalten, beide Herzog Albrecht gewidmet: 1. *'Geistliche Materi'*, eine Übersetzung aus dem Lateinischen v. J. 1437 (in zwei Münchener Hss.: a) cgm. 357, Bl. 197—220, XV. Jh.; b) cgm. 402, Bl. 82 bis 118, v. J. 1457); 2. 'Geistliche Betrachtungen, vor Tisch zu lesen auf alle Tage der Woche', v. J. 1438 (in vier Münchener Hss.: a) cgm. 514, Bl. 75—83, v. J. 1457; b) cgm. 523, Bl. 179—188, v. J. 1471; c) cgm. 744, Bl. 148—161, XV. Jh.; d) cgm. 778, Bl. 100—110, XV. Jh.). Letzteres ist von Westenrieder Beiträge zur vaterländischen Historie 5 (1794) S. 53—75 veröffentlicht. — Das wird schwerlich alles sein, was uns aus Johannes' von Indersdorf Feder erhalten ist. Docen (im *Verzeichnis der altdt. Hss. der Münchener Bibliothek* 1803 bis 1806) hatte ihm schon die 'Geistlichen Betrachtungen und Gebete' für Frau Elisabeth Ebran, geb. von Gumppenberg, und Herzog Wilhelm III. von Baiern aus den Jahren 1426—1432 (cgm. 29, Teile daraus in den cgm. 56, 110, 255) zugeschrieben. Der Nachweis dafür steht noch aus. Daneben kommt noch ein lat. Werkchen in Betracht, eine Art Fürsten- und Adelsspiegel *'Modus contemplandi et utilitatis dominicae passionis'* in clm. 7660 (ob etwa die Vorlage zu der an erster Stelle genannten dt. Schrift?).

Die 'Geistlichen Betrachtungen' sind vierzehn vor Herzog Albrecht ursprünglich gehaltene Tischreden, für jeden Tag der Woche eine zur *rechten mal zeit*, eine zum Nachtmahl — eine *geistliche Speise beim leiblichen Mahle.* Jede Mittagsbetrachtung geht aus von mindestens je einer biblischen Geschichte aus dem Alten und Neuen Testament, vorzüglich aus der Schöpfungs- und Passionsgeschichte des betreffenden Wochentages. Es spricht aus ihnen ein frommer, schlichter Mensch, der, streng asketisch und dem Zeitlichen abgewandt, den gestaltlosen, ungreifbaren inneren Menschen als Norm hat. *Lieb, herzigklich, minnigklich, überschwengklich* sind charakteristische Adjektiva. Beispiel für die warme, der Mystik nahestehende Gesinnung: *gedenck lieber mensch dy grossen uberschwenck lieb daz got der almächtig sich so ser gedyemütigt vnd genydert hat gen dir vnd mensch worden ist durch deinen willen, geporen ain klains kindlein in grosser keltten vnd armütt in einem armen öffnen vich hewslein vnd hat gesäugt dy kewschn prüst seiner junckfräwlicher müter, vnd hat sich lassen äczen mit ihren hennden vnd vil geliten in seiner heyligen myniklichn kindhait.* — Ein gut durchformter Stil hebt dies klangliche, fließend Malerische entsprechend hervor. Wir finden Zweigliedrigkeit von Wörtern und Satzteilen, die nur das Gefühl für den Rhythmus, nicht der Satzinhalt hervorgerufen hat.

Westenrieder *Beiträge zur vaterländischen Historie* 5 (1794) S. 38ff., S. 53ff. Kuen *Collectio scriptorum rerum ecclesiasticarum* T. V P. II S. 185 (1757). Mundt *Die Urkunden des Klosters I.* 1863 S. VII—IX. Eberh. Graf von Fugger *Geschichte des Klosters Indersdorf von seiner Gründung bis auf unsere Zeit* 1883.

Urte Kletzin.

Johannes von Jüterbogk, s. Bereith.

Johannes von Kastl.

Hss.: München Clm. 17247 (um 1480); Clm. 18195 (s. XV); Clm. 18592 (s. XV); Clm. 18578 (s. XV); Cgm. 806 u. 5140 (hierin dt. Übersetzungen des Buches *'De adhaerendo Deo')*; weitere Münchener Hss. beschrieben bei Grabmann S. 501f. Donaueschingen cod. 356 (dt. Übers. v. *'De adhaerendo Deo')*. Melk cod. 356. Wilhering cod. 133. Trier Stadtbibl. cod. 659; cod. 603; cod. 755 u. 760; cod. 796 u. 1919; Trier Seminarbibl. cod. 135. Köln Stadtbibl. mehrere Exempl. v. *'De adhaerendo Deo'*. Wien cod. lat. 1592 u. 3761, ferner 3803 u. 4732. Prag cod. 687 u. 2008. Utrecht cod. 358. Amsterdam 588. Brüssel Bibl. royale cod. lat. 1635. Oxford Cod. Bodl. Laud. Misc. 30.

Sichere Daten über J.s Leben fehlen. Er war Mönch des unter den Äbten Otto Nortweiner und Georg Kemnater mit Melk und Bursfeld in der Erneuerung des Benediktinerordens wetteifernden Stiftes Kastl bei Neumarkt in der Oberpfalz. Wahrscheinlich ist er, der in den Hss. als Baccalaureus der Theologie bezeichnet wird, identisch mit dem am 12. September 1388 an der Prager deutschen Universität promovierten Artisten-Baccalaureus *Johannes de Castello.* Der Münchener Clm. 18195 sagt, daß J. die Schrift *'De lumine increato'* im Jahre 1410 vollendete. Nikolaus v. Siegen und Trithemius setzen sein Wirken in die Jahre 1370 und 1420. Die Abfassung des unter dem Namen Alberts d. Gr. (s. d.) lebendig gebliebenen Büchleins *'De adhaerendo Deo'* fällt nach Dom J. Huybens Untersuchung in die Zeit um 1400. Es ist eine Kompilation aus Schriften der Vorzeit von Athanasius und Kassian angefangen bis auf Ruysbroek (s. d.), Gerhard Groot (s. d.) und Gerh. v. Zutphen (s. d.). Da das Buch aber schon 1414 in einem Bibl.-Katalog vorkommt, so fällt seine Abfassungszeit zwischen 1390 und 1414. J. v. K. ist nach Grabmanns Untersuchungen der Verfasser folgender Schriften: 1. *'De adhaerendo Deo sive De perfectione et fine vitae religiosae et modo fruendi Deo in praesenti via'*; 2. *'Spiritualis philosophia de sui ipsius vera et humili cognitione'*; 3. *'De natura gratia gloria et beatitudine in patria'*; 4. *'De lumine increato'*; 5. dasselbe in Gebetsform; 6. *'De contemplatione'* und andere Fragmente: 7. Zwei *'Formulae vitae religiosae'*; 8. *'Expositio Psalmorum'*; 9. *'Expositio in regulam St. Benedicti'*; 10. *'Clenodium religiosorum ad Canonicos in Untersdorf'*; 11. *'Breviarium Bibliae'*; 12. Verlorene Schriften: *'Sermones de sanctis'*; *'Epistolarum ad diversos liber'*; *'Liber de viris illustribus Ordinis S. Benedicti'*. Grabmann möchte der Schrift *'De lumine increato'* noch vor dem allein bis jetzt berühmt gewordenen *'De adhaerendo Deo'* die Palme reichen. Väterkenntnis, Thomistische Scholastik und deutsche Mystik sind die Quellen, aus denen J. schöpft. *'De adhaerendo Deo'* war bisher nur z. T. gedruckt. Die Kap. 18 bis 24 fehlten in den Albertusausgaben. Die Hauptthemata J.s sind Losschälung, Ordenszucht, Beschauung, Christus- und Passionsmystik.

Trithemius *Catalogus scriptorum eccles.* 1531, I. CXXI. Nikolaus v. Siegen *Chronicon ecclesiasticum, ed.* F. X. Wegele (Thüring. Gesch.-Quellen II) 1855 S. 395. M. Grabmann Benediktinische Monatschr. 1920 Heft 5/6; ders. Theol. Quartalschr. 1920 Heft 2/3; ders. *Mittelalterl. Geistesleben* 1926 S. 487

bis 524 (die maßgebende Arbeit über J. v. K.). W. Oehl *Dokumente der Religion* II 1923: 'Wie man Gott anhangen soll' (dt. Übersetzg. des vollständigen lat. Textes). Dom I. Huyben *Le 'De adhaerendo Deo'*, Vie spirituelle, Novembre 1922 Supplément und Janvier 1923 Supplément. Otto Karrer *Die große Glut* (Textgesch. d. Myst. i. MA.) 1926 S. 385ff.

Engelbert Krebs.

Johannes von Kaub, s. Wonnecke.

Johannes de Ketham, s. Kirchheimer.

Johannes von Kleve, s. Nachtrag.

Johann von Konstanz, Verf. der 'Minnelehre', die man bis vor kurzem dem Heinzelein von Konstanz (s. d.) zuschrieb.

1. Das Gedicht ist in fünf Hss. aufbewahrt, aber es ist auch das einzige Werk, das mit Sicherheit dem J. v. K. zugeschrieben werden kann. Der Wert der Dichtung beruht vor allem in der recht reizvollen, persönlichen Erzählweise. Wo der Verfasser Minnelehren erteilt, ist er meist unbeholfen, anfängerhaft und plump. In der Wiedergabe seiner eigenen Erfahrung entfernt er sich von der konventionellen Form und wird lebhaft, überzeugend und geradezu. Der Bericht von seinem Werben, den Begegnungen mit seiner Dame und dem endlichen Gipfelpunkt seiner Hoffnungen kann recht gut bestehen neben dem Werk weitaus begabterer Dichter.

2. Handschriften:

A = Stuttgart, Landesbibliothek, HB. XIII. poet. germ. 1 (Weingartner Liederhs.), Bl. 253 bis 305, 2430 Zeilen, Pergament, 14. Jh., einspaltig. (Bodmer hatte A abgeschrieben, danach veranstaltete Myller seine Ausgabe.) Beschreibung der Hs. durch Löffler in der Faksimile-Ausgabe. Der Schreiber der 'Minnelehre' hat nur diesen Teil der Hs. geschrieben.

B = Donaueschingen, Fürstlich Fürstenbergische Hofbibl. Hs. 77, Bl. 257—294, 2541 Zeilen, Papier, 15. Jh., zweispaltig. Überschrift von Laßbergs Hand: *Hie folgt: Der werden mynne lere, von maister Johannes von Kostentz.* Beschreibung in Baracks Katalog 1865. Dort findet sich aber ein bis heute noch nicht richtiggestellter Irrtum, der eine St. Gallener Hs. als Quelle von B bezeichnet. Tatsächlich enthält die St. Galtener Hs. kein solches Gedicht. B ist größtenteils sorgfältig durchgesehen, sichtlich später als A. (Eine Abschrift des 19. Jhs. in Donaueschingen Hs. 72.)

C = Heidelberg, Universitäts-Bibl., Cod. palat. 313, Bl. 1a—43a, 2530 Zeilen, Papier, 15. Jh., wahrscheinlich vor 1478, einspaltig. Beschrieben bei Bartsch *Die altdeutschen Hss. der Univ.-Bibl. in Heidelberg* 1887. Diese Überlieferung ist von geringem Wert. Eine wortreiche Anrufung Gottes, der Dreieinigkeit, der Jungfrau Maria und der Heiligen ersetzt u. a. die letzten 13 Verse des Gedichtes.

D = Dresden, Landesbibl., Codex M 68, Überschrift: *Cupido deus amoris*, Bl. 33a—50a, 2399 Zeilen, Papier, datiert 1447, zweispaltig. Kommt C am nächsten und ist die wenigst brauchbare der fünf Hss.

E = Roudnici n. L., Lobkowiczky Archiv a Knihovna, VI Fc. 26, Bl. 257a—298a, 2535 Zeilen, Überschrift: *Ain bůch von der hohen mynne Genemet der maginne.* V. J. 1464, Papier zweispaltig. Beschrieben 1857 im Anzeiger f. Kde. d. dtsch. Vorzeit 4, Sp. 7—8, 77—79, 387 durch J. Petters. Die Überlieferung ist das Werk eines sorgsamen, wenn auch in Kleinigkeiten nicht immer sauberen Schreibers. (Eine Abschrift hatte sich Th. v. Karajan anfertigen lassen; vgl. Germania 20 [1875] S. 125.)

3. Ein Vergleich des sprachlichen Befundes der Hss. lehrt, daß die Schreiber in verschiedenem Maße die Mundart des Originals bewahrt haben. Die Sprache der ursprünglichen 'Minnelehre' scheint nicht sehr stark von derjenigen abzuweichen, die in E erhalten ist. Obwohl es unmöglich war, die Entstehungszeit der Dichtung ganz genau festzulegen, enthält der Sprachbefund keinerlei Elemente, die mit einer Datierung in das späte 13. oder beginnende 14. Jh. im Widerspruch stehen.

4. Die Hss. E und B tragen den Namen des Verfassers J. v. K. Die beiden Gedichte des Heinzelein sind nicht nur offensichtlich Produkte einer späteren Zeit als die 'Minnelehre', sondern die Art der Wortwahl und der Versbehandlung schließt jede Annahme einer gemeinsamen Verfasserschaft für die drei Gedichte aus. Über den Verfasser der 'Minnelehre' können wir nur sagen, was aus der Betrachtung des Gedichtes selbst hervorgeht. J. v. K. ist augenscheinlich kein Kleriker gewesen. Er war ein Mann von geringer Bedeutung und von begrenzter literarischer Übung, der vielleicht zum Hofhalt eines Gönners der Kunst gehörte.

5. Eine ganze Anzahl Stellen weist die 'Minnelehre' auf, die mit Zeilen aus früheren, berühmteren Dichtungen übereinstimmen, so finden sich Zitate aus dem 'Lanzelet', 'Flor und Blancheflor', 'Wigalois', 'Iwein' u. a. Doch kann man keine bestimmte Quelle festlegen, und der Gebrauch von Stellen aus anderen Dichtun-

gen entspricht der Gewohnheit der Zeit. Als Erzeugnis der sinkenden höfischen Überlieferung enthält die 'Minnelehre' nur wenige Gedanken, die nicht allgemeines literarisches Besitztum der Zeit sind. Kaum mögen einige Elemente aus dem eigenen, alltäglichen Wissen des Verfassers geflossen sein, ohne daß sie nicht auch in andern zeitgenössischen Quellen sich vorfänden.

Ausgaben: Ch. H. Myller *Sammlung deutscher Gedichte aus dem XII., XIII. und XIV. Jh.* I (1783) [die 'Minnelehre' hat eigene Seitenzählung]. F. Pfeiffer *Die Weingartner Liederhandschrift* 1843; Faksimile-Ausgabe von Löffler 1927. F. E. Sweet *Johann von Konstanz: Die Minnelehre* 1933 [kritische Ausgabe].

L. Meister *Beiträge zur deutschen Sprache und Nationalliteratur* I (1780) S. 94, 102f. G. W. Zapf *Reisen in einige Klöster Schwabens, durch den Schwarzwald und in die Schweiz i. J. 1781* (1786). F. Weckherlin Iduna u. Hermode 1816, Beilagen 3/4. Graff *Diutiska I* (1826) S. 76/114. Laßberg *Liedersaal* S. XVII/XX. F. Pfeiffer *Heinzelein von Konstanz* 1852. F. Höhne *Die Gedichte des Heinzelein von Konstanz und die Minnelehre.* Diss. Leipzig 1894; dazu C. v. Kraus AfdA. 22 (1897) S. 234/6; A. E. Schönbach Österr. Ltbl. 14 (1895) S. 437/9; R. Sprenger ZfdPh. 26 (1895) S. 114f. B. Möking *Küchenmeister u. Dichter Heinzelein von Konstanz*, Bodenseebuch 1926, S. 144/7. Sweet s. o. Ausg.

F. E. Sweet u. Ruth Westermann.

Johannes der Kotz. Hs. Additional 16581 des Britischen Museums, 15. Jh. (1469), ostschwäbisch, Bl. 171b; s. R. Priebsch *Deutsche Hss. in England* II (1901) S. 147—58. Ihm wird zugeteilt der Spruch:

Wer all würm fürcht vnd den schein des mon,
Der soll nit durch vil weld gan.

R. Priebsch.

Johannes a Lapide, s. Heynlin.

Johann von Latsch. Eine beträchtliche Anzahl von Sängern und Spielleuten ist aus dem Hochmittelalter in Tirol schon urkundlich nachgewiesen worden. Die drei Söhne des Herzogs Meinhard II. von Tirol und Kärnten († 1295) hielten an ihren Höfen ständig Spielleute, in südtirolischen Urkunden öfters *jugulatores* genannt (vgl. Du Cange III 921). Verschiedene Adelige des Landes taten es ihnen hierin möglichst nach. So werden z. B. in den Rechnungen der Herren zu Schlandersberg im Vinschgau während der Jahre 1320—1400 ziemlich oft Ausgaben für Sprecher, d. s. Leute, die Gedichte vortrugen (s. Heinrich der Vogler), und für Pfeifer und Fiedler verbucht. Mancher Sänger aus Kärnten, Augsburg, vom Rheine usw. fand Verwendung als Bote an Fürsten- und Kaiserhöfen, wiederholt wurden sie als Zeugen und zur Ausstellung von Urkunden herangezogen. Der Pleier (s. d.), Meister Stolle (s. d.), Heinrich von Meißen genannt Frauenlob (s. d.) und Barthel Regenbogen (s. d.) waren Gäste in Tirol. Herzog Heinrich wies Frauenlob in einem Schreiben von 1288 zwölf Mark für den Ankauf eines Streitrosses an; es ist die höchste Spende, die in Tirol für einen Sänger beurkundet ist. Manche Vertreter trugen witzige Übernamen, z. B. *Hahnenkampf*, Fiedler *Schanprüllen*, Sänger *Nernsnabel* und *Cluchentot*, Fahrender *Chunrad genannt Nimmerselich* und *Lorenz genannt Hüntli*, Pfeifer *Hasensprung* und *Snurrenphayl* usw. Sänger Hovelich in Brixen a. E. wird stets mit dem Hinweis *ad portam sancti Francisci* (Klarissenkloster?) angeführt (1295ff.).

Als ältester urkundlich nachweisbarer Sangeskundiger aus dem Vinschgau erscheint Johann von Latsch zwischen 1326 und 1338. Er wird auch *Hans Sager* genannt, wiederholt als Zeuge angeführt, und sein Sohn Ulin von Hagenach schon 1326 als Erwachsener erwähnt. J. v. L. hauste neben der Burg Annenberg und war ein engerer Landsmann und Zeitgenosse des Bozner Franziskaners und Dichters des Beichtspiegels 'Der Seele Rat', Heinrich aus Burgeis (s. d.). Er gehörte zum Kreis der übrigen tiroler Sänger und Dichter jener Zeit: Colla von Viarago, Heinrich von Kastelruth, Aeblin von Stufels (bei Brixen), über deren Leistungen nichts bekannt ist, und wahrscheinlich auch des Marienleichdichters *Albertus socius intimus* (s. Nachtrag).

L. Schönach *Urkundliches über die Spielleute in Tirol von der Mitte des 13. bis zur Mitte des 14. Jhs.*, ZfdA. NF. 19 (1887) S. 171—185; ders. *Zur Lebensgeschichte des tirolischen Sängers Johann von Latsch*, Forschungen und Mitteilungen zur Geschichte Tirols und Vorarlbergs 5 (1908) S. 315—317; ders. *Die fahrenden Sänger und Spielleute Tirols 1250—1360*, ebda. 8 (1911)

S. 1—8, 119—126; ders. *Marienleiche des Albertus socius inttimus*, Zeitschrift des Ferdinandeums 3. F. 47 (1903) S. 284—289. A. Dörrer *Heinrich von Burgeis und sein 'Seelenrat'*, Arch. f. n. Spr. 167 (1935). O. Stolz *Die Ausbreitung des Deutschtums in Südtirol im Lichte der Urkunden* IV (1934) S. 55.

A. Dörrer.

Johann (Ribi) **von Lenzburg**, Kanzler der Herzöge von Österreich, Bischof von Gurk (1359—1364) und Brixen (1364 bis 1374), ist ein Neffe des Augustiner-Eremiten, päpstlichen Pönitentiars, späteren Kanzlers des Herzogs von Österreich und Bischofs von Chur (1331—1355), Ulrich von Lenzburg, und der älteste Sohn des Meisters Konrad Ribi von Sengen am Hallwyler See im Aargau, der von der Herrschaft Österreich um 1350 das Aargauer Schloß Lenzburg (Diöz. Konstanz) und das Schultheißenamt zu Lehen erhielt. Nach. Math. Burgklehner *Tirolischer Adler* (Abschrift im Innsbrucker Ferdinandeum 1 S. 656) wäre Joh. zu Schlackenwert in Böhmen geboren worden; dem widerspricht die Grabinschrift am Brixner Dom, wonach Joh. zu Lenzburg geboren und am Sixtustag (6. Aug.) 1374 gestorben ist (s. Jos. Resch *Monumenta veteris ecclesiae Brixinensis* 1765 S. 7). Unter seinen Brüdern waren Rudolf, Kanonikus in Zofingen, und wahrscheinlich auch Rudiger, Notar des Herzogs von Österreich und Kanonikus in Säckingen. Am österreichischen Hof erzogen und an einer Universität ausgebildet, wurde Joh. 1341 Propst von Churwalden bei Chur, 1347 Pfarrer von Blatzheim im Oberelsaß und seither meist *Magister Johann von Platzheim* genannt. 1352 Notar, 1353 Kanzler des Herzogs Albrecht II. von Österreich geworden, vertrat er erfolgreich die Habsburgische Ausdehnungspolitik und nahm größten Anteil an der raschen Besitznahme Tirols i. J. 1363. Er ragte als Staatsmann bedeutend hervor. Seine kirchlichen Verpflichtungen litten unter den fortwährenden Diensten als Kanzler, Statthalter und Feldkommandant. In seine Brixner Zeit fällt ein starker Zuzug von Konstanzer Diözesanen.

Herzog Rudolf IV. von Österreich schrieb den Kanonikern des Kollegialstiftes St. Stephan in Wien 1365 vor, es sollten „die drei Gebete, die unser lieber Fürst und Kanzler, Herr Bischof Johann von Brixen, gedichtet hat, alle Tage laut gelesen werden, eines zur Metten, eines zur Terz und eines zur Vesper." Unter diesen „Gebeten" sind wohl lateinische Lieder oder Hymnen zu verstehen.

Th. v. Liebenau *Bischof Johann von Gurk, Brixen und Chur(!) und die Familie Schultheiß von Lenzburg*, Argovia 8 (1874). L. Santifaller *Das Brixner Domkapitel in seiner persönlichen Zusammensetzung im MA.* (= Schlern-Schriften 7) 1924 S. 366/7. J. A. Sinnacher *Beyträge zur Geschichte der bischöflichen Kirche Säben und Brixen* V (1827) S. 414ff. Alf. Huber *Geschichte des Herzogs Rudolph IV. von Österreich* 1865. ADB. XIV (1881) S. 200.

A. Dörrer.

Johannes von Leonrodt will zwar aus deutlich betonter *demütigkeit* verschweigen, daß er das Büchlein *'Hymelwag, auff dem, der wol lebt vñ wol stirbt, fert in das reich der Hymel. Hellwag auff dem wer übel lebt vñ stirbt fert in die ewigen verdammnuß'* verfaßt habe. Sein Name geht aber aus der Widmung an Markgraf Friedrich von Brandenburg (II. ?, 1440—1470) hervor. Nach Zedler (Univ.-Lex.) waren die Leonrods eines der ältesten adligen Häuser in Franken und besaßen im Stift Eichstätt das Erb-Truchsessenamt. Falkenstein erwähnt in seiner Geschichte der Bischöfe von Eichstätt (*Antiquitates Nordgavienses* 1733 I, 51 § 6 S. 205) unter dem Jahre 1464 einen Johann von Leonrodt als einen der Klosterältesten des Stifts. Daß dies der Verfasser des *'Hymelwag'* ist, macht dessen Selbstcharakteristik am Schluß seines Büchleins wahrscheinlich: *gesamet von ainem vesten und Edlen der ersten geburt halb, aber gaistlichen erleuchten vn christlichen mañ nach der annderen geburt.* Panzer (*Annalen der älteren deutschen Literatur* 1788 I S. 401/2) erwähnt außer dem Druck von Sylvanus Ottmar, Augsburg 1517 (jetzt St.-Bibl. Berlin), noch einen zweiten desselben Druckers v. J. 1518 (beide in Quart), auch dieser Druck mit Holzschnitten versehen, wahrscheinlich wie der erste mit denen des Malers Hans Leonhard Schäuffelein. Zwei jüngere Drucke aus Dillingen (1576 und 1628) sind in Berlin und Breslau. Bei Struve *Hist.*

u. polit. Archiv I cap. I S. 356/7 ist ein Streit zwischen einem Hanns Leonrod und einem Sigmund von Schwarzenberg verzeichnet, und ebda. I S. 232 werden Hanns L. der ältere und der jüngere als Anwesende beim Turnier in Stuttgart 1484, bei Ansbach 1485 und bei Bamberg 1486 erwähnt.

Urte Kletzin.

Johannes von Leutschau (Zips, im damaligen Ungarn, seit dem Friedensvertrag von Trianon zur Tchechoslowakei gehörend), Predigermönch, verfaßte um 1435 eine Reihe von Predigten *'Sermones per fratrem Ioannem de Lewcza in festo Angelorum. Scriptum Basilee tempore concilii anno 1435'*, dessen Hs. in der Bibliothek des Schottenstiftes in Wien aufbewahrt wird.

Hs.: A. Hübl *Catalogus codicum manuscript. qui in Bibl. monasterii B. V. M. ad Scotos Vindobonae servantur* 1899 Nr. 245. — Vgl. Joh. Csontosi *Adalék a magyarországi XIV—XV. századi könyvmásolók és betűfestök történetéhez* (Beiträge zur Gesch. der ungarländischen Buchkopisten und Illuminatoren im 14.—15. Jh.), Magyar Könyvszemle 1879 S. 42ff., 134ff., 297ff.; 1881 S. 205ff. L. Kemény: *Adalékok a kassai könyvmásolók, könyvkereskedök és könyvnyomtatók történetéhez* (Beiträge zur Gesch. der Buchkopisten, Buchhändler und Buchdrucker in Kaschau), Magyar Könyvszemle 1910 S. 188ff. E. Békesi *Magyar irók Hunyadi Mátyás korából* (Ungarische Schrifsteller aus der Zeit König Matthias' Corvinus), Katholikus Szemle 1902.

B. v. Pukánszky.

Johannes von Lindau, s. Geßler, Heinrich.

Johannes von Lobkowitz, s. Boguslaw v. L.

Johann von Lübeck, vielleicht aus der westfälischen Kreisstadt Lübbecke. Im Ms. F. 4, saec. XV., der Schloßbibl. zu Berleburg Bl. 9 ein Pestschriftstück, bei dessen Schluß es heißt: *Dyse arzenye ist bewerdt yn Vngern van Meinster Johan von Lebecke, da man schreiff nach gotz gebort dusent ccc⁰ vnd xl iar. werr disse arzenige deit der genaß.* Statt 1340 ist wohl 1360 zu lesen. Abgedruckt im Arch. f. Gesch. d. Med. IV S. 7 u. 8.

Sudhoff.

Johannes von Mainz. Die Nachrichten über ihn sind so dürftig wie die schriftstellerische Leistung, soweit diese bekannt ist. Nur sein Todesjahr 1457 steht fest. Nach einer Notiz in einer von K. Schieler (s. u.) verwerteten Hs. schrieb *der andächtig vatter bruder Johannes von Mentz* ein lateinisches Büchlein über die Reform des Predigerkonventes in Basel, wird also wohl selbst Dominikanerpater dort gewesen sein; diese Schrift ist bisher nicht aufgefunden worden. Eine kleine Arbeit in deutscher Sprache ist das von ihm aufgezeichnete Stück *'Von dem sterben des erwirdigen andehtigen vatters brůder Heinrich, der ein bihter ist gesin der geistlichen swestren zů Schönensteinbach'* (Anf.: *dis ist unsers erwürdigen und getruwen bihtvatters Heinrich seligen leste meinung*...; Schl.: *und wart begraben in dem kor vor dem alter)*, das nur in der Berliner Hs. germ. quart 191 Bl. 115^a—118^b (15. Jh.) erhalten ist und das selige Hinscheiden Heinrichs von Schönensteinbach (s. d.) in 12 Punkten schildert, geschrieben 1452. In der Überschrift nennt die Schreiberin als Autor *brůder Johannes von Mentze unser getruwer bihtvatter.* Einen ihn betreffenden Brief besitzt die Nürnberger Stadtbibliothek unter der Signatur Cent. VII, 20.

K. Schieler *Johannes Nieder* 1885 S. 254. Joh. Meyer *Leben der Schönensteinbacher Schwestern* in der Hs. Mt 456 der Universitätsbibliothek Tübingen.

Hans Neumann.

Johannes von Marienwerder, Theologe aus dem Orden der Deutschritter, geb. in Marienwerder 1343, gest. 19. Sept. 1417, studierte und lehrte in Prag, zuerst in der Artistenfakultät, seit 1384 in der theologischen Fakultät; 1387 wurde er Domherr in seiner Vaterstadt, wo er bis zu seinem Tode sehr eifrig in der Seelsorge arbeitete. Die Betreuung der frommen Rekluse Dorothea von Montau (s. d.) wurde für ihn zum großen religiösen Erlebnis, das ihm nach seinem eigenen Geständnis mehr Erkenntnis gab als alles theologische Studium. Nach den Aufzeichnungen, die er sich während der Unterredungen mit Dorothea oder sofort nachher machte, beschrieb er ihr Leben und ihre Offenbarungen in mehreren lateinischen und deutschen Werken. Letztere seien hier genauer beschrieben:

a) *'Das Leben der zeligen Frawen Dorothee Clewsenerynne in der Thumkyrchen czu Marienwerder des Landes czu Prewszen'.*

Diese Lebensbeschreibung, die das älteste auf preußischem Boden in dt. Sprache geschriebene prosaische Geschichtswerk ist, wurde auf Grund der Königsberger Hs. 1128 (beginnendes 15. Jh., nur etwa die Hälfte der Schrift) und des Marienburger Druckes von 1492 (einziges bekanntes Exemplar in Leningrad) von M. Toeppen herausgegeben in: *Scriptores rer. Pruss.* II (1863) S. 197—350.

b) Die Beichten der Dorothea, enthalten in der Heidelberger Hs. 367 (Bl. 174 bis 191), wurden von F. Hipler herausgegeben in: Zeitschrift f. d. Gesch. u. Altertumskunde Ermlands 6 (1875—78) S. 147—183. Sie bilden den siebten deutschen Teil des im übrigen lateinisch abgefaßten '*Septililium*' (hg. von F. Hipler *Analecta Bollandiana* 2 [1883] S. 381 bis 472; 3 [1884] S. 113—140; 4 [1885] S. 207—251).

F. Hipler *Meister Johannes von Marienwerder* 1865. ADB. XX S. 381 ff. S. Rühle *Dorothea von Montau*, Altpreußische Forschungen 2 (1925) S. 59—101.

J. Koch.

Johann von Molsheim (*Moilßhem*, wahrscheinlich aus Molsheim, westlich Straßburg), Meister. Joh. Schenk (s. d.) von Würzburg überliefert (1487) von ihm einen *Dollentrank*, einen Einschläferungstrank für Operationen oder auch einen einfachen Schlaftrunk von sofortiger Wirkung: *Et hoc probatum est per magistrum Johannem Moilßhem cyrurgicum Argentine*. Die Anweisung selbst ist in deutscher Sprache geschrieben (abgedruckt in Beitr. z. Gesch. d. Chir. im MA. II S. 577). J. v. M. war im 15. Jahrh. Wundarzt zu Straßburg.

Hat ein Meister Johann von Mosin im Wundarzt-Buch 3484 in der Gaml. kong. Sammlung 8° (Kgl. Bibl. Kopenhagen) von 1468 etwas mit obenstehendem Wundarzt Johann von Molsheim zu tun?

Sudhoff.

Johann von Morsheim.

1. Er stammt aus pfälzischem Adel. Sein Wappen sind zwei schwarze gedoppelte Querstreifen auf silbernem Schilde; auf dem Helm ein silberner Rumpf mit Mohrenkopf, statt der Arme silberne Adlerflügel mit den Zwillingsstreifen des Schildes; Helmdecken silbern und schwarz. Der Familienstammsitz war das heutige Morsheim im Bezirksamt Kirchheimbolanden. Er war der zweite Sohn des Heinrich v. M. und der Mechthild v. Bottendorf. 1477 vermählte er sich mit Margret Horneckin von Heppenheim, die ihm sieben Kinder schenkte. 1490 heiratete er Ursula v. Heusenstamm, von der er neun Kinder hatte. 1483 war er Hofmeister der Grafen v. Sponheim, 1487 bis 1493 Vogt von Germersheim, 1494 Burggraf von Alzey. 1500 ist er Hofmeister beim Kurprinzen Ludwig; 1502 pfälzischer Rat, wird er 1509 vom Pfalzgrafen Ludwig mit Christoph von Thein als Hofmeister nach Prag gesandt. Im gleichen Jahre ist er in Geschäften bekundet in Worms und Ingolstadt; 1510 auf dem Reichstage zu Augsburg. 1510 ist er pfälzischer Großhofmeister, 1514 Kammergerichtsbeisitzer. Er stirbt am 25. Januar 1516 in Worms als Kaiserlicher Rat und Kammergerichtsbeisitzer.

2. M. erzählt, wie er, durch ein krankes Bein zur Untätigkeit gezwungen, die neue Zeit von 1497 betrachtet, wo der Unehrliche den Vorteil hat. In der Versdichtung 'Spiegel des Regiments' kündet Frau Untreue, von Saturn beraten, ihren Sieg über die Treue. Die Untreue, die aus dem Himmel gestürzt worden ist, hat als Schlange die Menschen verführt und hält einen Hofstaat als Königin. Der Hofstaat wird geschildert. Dadurch sollen den Fürsten die Augen über ihre Höflinge geöffnet werden, wobei geschichtliche Beispiele und die Fabel von Wolf und Lamm helfen sollen. Quellen sind Konr. v. Ammenhausen (s. d.), Seb. Brant (s. d.), der 'Renner' des Hugo v. Trimberg (s. d.); zitiert sind Cicero, Cato minor, auch Pythagoras, Hieronymus und Petrarca. Seine Wirkung ist nicht groß; der Verfasser der sog. protestantischen Glosse des 'Reinke de Vos' (Ausg. v. Brandes S. XXX) benutzt ihn und übersetzt darin 252 Verse ins Niederländische. Auch 'Der Fürsten Schatz' (Straßb. bei Jakob Cammerlander 1538) verwertet ihn. Agricolas 'Fünfhundert Gemeine Newe Teutsche Sprüchwörter' 1548 enthalten Sprüche daraus.

Ausgaben: *'Spiegel des Regiments inn der Fürsten hofe, da Fraw Vntrewe gewaltig ist. Zu dem Leser. Kumpt her lesent disz new gedicht'*... *Getrückt zu Oppenheim.* Am Schluß: *Geendet seligklich 1515.* Buchdruckerzeichen von Jakob Köbel. 4°. — Ohne Ort u. J. 4°: *'Spigel des Regiments.'* — Erfurt 1516 *zum Schwartzen Horn* bei Matthes Maler. — Straßb. 1534 bei Jakob Cammerlander. 4°. — 1539 u. d. T. *'Aulica Vita'* mit Einschüben des Herausgebers Cammerlander. — Worms 1561 bei Sebastianus Wagner. 4°. — Frankf. 1614 bei Schmidlin. 12°. — *'Hoffleben, Dessen Schlag vnd Händel, wie vntrew daselbsten von etlichen gepflogen vnd gespüret wird. Von einem Ritter vmb das Jahr 1497 Reimenweisz beschrieben von Johann Morszheim Anno 1535 publiciert.'* Bei Paul Jakob 1617. — Ein Neudruck der Ausg. v. 1515 erschien etwa 1800—1830; 15 Bl. 4° mit Holzschnittbordüre.

Neuausg. v. K. Goedeke (Stuttg.. Lit. Ver. Bd. 37) 1856. Über Fehler dieses Neudrucks vgl. Fanny Kessler *J. v. M.s 'Spiegel d. Reg.'* (German. Abh. 53) 1921; darin Lautlehre, Synkope, Apokope im Vers, Flexionslehre, Reimgebrauch, Metrik. Von F. Kessler ist eine Neuausgabe zu erwarten. — K. Bartsch ADB. XXII S. 327. E. Sievers *Ein neues Zeugnis über J. v. M.*, PBB. 12 (1887) S. 503. John Meier *Weitere Zeugnisse über J. v. M.*, ebda. 18 (1894) S. 570.

J. Klapper.

Johann v. Mosin, s. Joh. v. Molsheim.

Johann von Neumarkt.

1. Leben. Gegen 1310 geboren, entstammt er einer deutschen Bürgerfamilie in Hohenmaut *(Alta Muta, Vysoke Myto)* nördlich von Leitomischl. Sein Vater hieß Nikolaus, die Mutter Margarethe. Eine ältere Schwester war mit Rudlin Roit (Rufus) verheiratet, der in den sechziger Jahren Stadtrichter in Hohenmaut war; der Sohn einer anderen Schwester, die mit einem Eberwin verheiratet war, hieß Andreas; er ist 1361 als Pfarrer in Kolin nachweisbar. Johann wird seine geistige Laufbahn in Prag begonnen haben; er wird mit einer auch in der Grafschaft Glatz begüterten Familie von Pannwitz bekannt und kommt in Beziehung zu Herzog Bolko II. von Münsterberg, der 1336 vom Markgrafen Karl, dem späteren Karl IV., mit Glatz belehnt worden ist. Am 16. Juni 1340 ist Joh. zuerst als herzoglicher Hofnotar in Münsterberg nachweisbar; am 29. Mai 1341 ist er Kanoniker beim Hl. Kreuz in Breslau, am 9. August 1342 Protonotar, am 6. November 1344 Pfarrer von Neumarkt bei Breslau. Nun nennt er sich nicht mehr *Joh. de Alta Muta*, sondern *Joh. Noviforensis*. Am 15. Sept. 1346 gestattet der Papst, daß sich Joh. als Pfarrer vertreten läßt, da er in den Dienst der Prager Hofkanzlei übergeht als Hofkaplan, Sekretarius und Notar Karls. Als solcher ist er am 16. Juli 1347 wahrscheinlich, am 16. Oktober 1347 sicher nachweisbar. Am 11. Januar 1349 wird ihm in Avignon ein Kanonikat am Breslauer Dome zugesichert, vor dem 14. Juni 1351 besitzt er auch eins in Olmütz und vor dem 26. Oktober 1351 eins in Großglogau. Am 16. Febr. 1352 wird er als Bischof in Naumburg a. d. Saale bestätigt; das Amt tritt er nicht an. Noch vor dem 19. September 1352 ist er königlicher Protonotar, am 9. Oktober 1353 ist er Bischof von Leitomischl, am 26. Dezember 1353 ist er bereits Hofkanzler. Er tritt in Beziehungen zu Cola di Rienzo, der von 1350 bis 1352 zu Prag in Haft gehalten worden ist, auch zu Petrarca. Er folgt Karl nach Italien (Oktober 1354 bis Juni 1355). Dort erwacht wohl seine Hochschätzung der Werke des hl. Augustin; er bringt die diesem irrtümlich zugeschriebenen *'Soliloquia'* mit und übersetzt sie für seinen kaiserlichen Herrn ins Deutsche. Auch die besonders von dem Juristen Johannes Andreae (gest. 1348) gepflegte Hieronymusverehrung wird von ihm geteilt. Augustiner-Eremiten und Kartäuser, vom Hofe und vom Adel begünstigt, werden von ihm gefördert. Am 29. September 1357 wird die Leitomischler Margarethenkapelle als vorläufiges Gotteshaus des neuen Eremitenklosters eingeweiht. Da er meist in der Umgebung Karls weilt, läßt er seinen jüngeren Bruder Matthias unter dem Titel eines Bischofs von Trebinje-Mrkanj in Herzegovina zum Vertreter in Leitomischl weihen. Als Erzbischof Arnestus von Prag 1364 stirbt und der Olmützer Bischof Ocko von Wlaschim dessen Nachfolger wird, geht Johann als Bischof nach Olmütz (23. August 1364). Am 1. Mai 1365 wird er Graf der Kgl. Böhmischen Kapelle. Im Frühjahr 1367 folgt er Karl IV. auf der Romfahrt; vom 1. August 1368 bis

5. Juli 1369 ist er in Italien. Von 1373 an zieht er sich vom Hofleben zurück. Am 6. April 1376 stirbt der Breslauer Bischof Preczlaus von Pogarell. Joh. bewirbt sich um die Nachfolge. Anfang 1380 wird er zum Breslauer Bischof gewählt; aber vor dem Eintreffen der päpstlichen Bestätigung stirbt er am Weihnachtsabend 1380. Er ist im Eremitenkloster zu Leitomischl bestattet worden.

2. Wirken und Werke. a) Als Hofkanzler ordnet er die Prager Kanzlei; die unter ihm üblichen Formulare sind, zum Teil in der Olmützer Bischofszeit unter seiner Mithilfe, zu Formelbüchern zusammengestellt worden; darin sind auch viele Privatbriefe Johanns erhalten; die Sammlungen haben vom Herausgeber die Titel '*Cancellaria*' und '*Summa cancellariae Johannis Noviforensis*' erhalten; auch der '*Collectarius*' des Johannes v. Gelnhausen (s. d.), der in die Olmützer Kanzlei Johanns übertrat, gehört dazu. Diese durch ihren neuen, an Cola di Rienzo und Petrarca geschulten Stil ausgezeichneten Formeln gingen im deutschen Osten abschriftlich in die anderen Kanzleien als Muster über; eine einheitliche lateinische und, von dieser in Ausdruck und Satzbau bestimmt, auch eine einheitliche ostdeutsche Kanzleisprache sind das Ergebnis dieses Vorgangs. Der Lautstand ist ein durch maßvolle österreichische Einflüsse gewandeltes Ostmitteldeutsch, wie es die Prager Hofgesellschaft pflegte.

b) Johanns Übersetzungen wenden sich an die Hofgesellschaft. Auf Karls IV. Bitte übersetzt er noch in der Leitomischler Zeit die '*Soliloquia animae ad deum*' unter dem Titel '*Buch der Liebkosungen*' und schafft so eine durch Kühnheit und Eleganz des Ausdrucks vorbildliche Leistung der jungen Hofsprache. Wir kennen heute davon noch 13 Handschriften aus höfischen und klösterlichen Kreisen.

c) Zum Lobe des hl. Hieronymus waren in Italien drei Briefe über das Leben, den Tod, die Lehren und die Wunder des Heiligen nach seinem Tode zusammengefügt worden, deren Verfasserschaft in diesen Briefen selbst dem heiligen Augustin, Eusebius von Jerusalem und Cyrillus zugeschrieben ist. Dieses Hieronymusleben widmete Johann mit einer Vorrede seinem Kaiser. In der Olmützer Mußezeit übersetzte er den lateinischen Text für seine Gönnerin, die mährische Markgräfin Elisabeth. Von diesem deutschen Werke sind heute noch mehr als 30 Handschriften und zwei Drucke bekannt, die sich über das gesamte deutsche Sprachgebiet verteilen.

c) Noch zahlreicher sind Handschriften mit deutschen Gebeten zu finden, die der Hofkanzler aus dem Lateinischen übersetzt und teilweise selbst verfaßt hat; sicher entstammen seiner Hand etwa 20 Gebete; weitere 80 zeigen mindestens seinen Geist und seinen sprachlichen Einfluß. Auch für die Gebete ist bezeichnend die weltmännische Aufgeschlossenheit, mit der anerkannte theologische Musterstücke Augustins, Chrysostomus', Anselms und Bernhards mit Gebeten zur Abendmahlsfeier, Marien-, Schutzengel-, Apostelgebeten, mit Tagzeiten zum Leiden Christi und zum Mitleiden Mariens in ein höfisches Gebetbuch vereint werden, wie es dem in den *Livres d'heures* vorgebildeten Zeitstile entspricht.

d) Diese Werke werden in Prachthandschriften den höfischen Gönnern übermittelt. Johann von Mähren erhält von dem Bischofe einen '*Liber viaticus*', eine Zusammenstellung von Breviergebeten, die der Bischof selbst besorgt hat, heute eines der wertvollsten Stücke des Prager Landesmuseums; ähnlich illuminiert ist der '*Liber pontificalis*' der Olmützer Kapitelbibliothek. Auch die neubearbeitete Wenzellegende wird ausgeschmückt worden sein. Werke von Italienern, die ihm geistig verwandt erschienen, wie die des Spiritualen Simon Fidati de Cassia (gest. 1348), ließ er abschreiben; seine Bücherei enthielt einen Livius, den '*Liber de regimine principum*' des Guido de Colonna (gest. 1316), auch Werke Petrarcas und Dantes.

3. Handschriften: 'Soliloquien': Paris B. N. All. 36 (um 1400); Wien N. B. 14211 (v. J. 1473, Abschrift der vorigen); Heidelberg Pal. germ. 107 (15. Jh.); Breslau St. u. U. B. I. O. 9 (um 1425); München Cgm. 70 (15.² Jh.); 3909 (15.² Jh.); Salzburg, St. Peter b I 1 (15.² Jh.); Wien, Schotten 313 (v. J. 1466); Berlin St. B.

Gq. 842 (15.[1] Jh.); Melk 861 (15.[1] Jh.); 584 (v. J 1439): Stuttgart, Landesb. theol. philos. oct. Nr. 31 (15.[2] Jh.); Wiesbaden, Landesb. Nr. 238 (15.[2] Jh.). Sowie einige Auszüge. — 'Hieronymusleben'. Paris B. N. All. 36 (um 1400); Wien N. B. 14211 (v. J. 1473); 2875 (um 1400); 2851 (15.[1] Jh.); 2953 (15.[1] Jh.); 2800 (v. J. 1410); 2956 (14.[2] Jh.); Wien, Schotten 403 (15.[2] Jh.); Göttingen C. ms. th. 82 (15.[1] Jh.); Kolmar 747, 1 (15.[2] Jh.); Hohenfurt 81 (14.[2] Jh.); Karlsruhe C. pap. germ. LXXXII (15.[1] Jh.); Gotha Ch. A. n. 21 (15.[1] Jh.); Ch. A. n. 27 (v. J. 1404); Melk Q. 10 (15.[1] Jh.); G. 8 (v. J. 1455); Budapest, Deutsche Hs. 1 (15.[1] Jh.); Raigern 360 (v. J. 1424); Berlin St. B. Gf. 1235 (um 1400); Gq. 1488 (15.[2] Jh.); Gq 1581 (v. J. 1483); Gq 842 (15.[1] Jh.); St. Gallen 985 (15. Jh.); Breslau St. u. U. B. IV Q 229 (v. J. 1480); Heidelberg 436 = D. Hss. 239 (15.[2] Jh.); 483 = D. Hss. 259 (v. J. 1388); Bamberg Ms. hist. 155 (kurz nach 1473); 315[a] (15. Jh.); Darmstadt 941 (15.[2] Jh.); 984 (15.[2] Jh.); dazu Auszüge, Drucke. Lübeck, Barthol. Ghothan, 1484, niederdeutsch (Hain 6723). — Gebete. Sämtliche Hss. gehören dem 15. Jh. an. Prag. U. B. 150; Heidelberg Pal. germ. 205; 639; Karlsruhe LX; XCII; Basel A X 138; B XI 11; Klosterneuburg 1036; St. Gallen 985; Prag Domkap. 636; Breslau St. u. U. B. I. O. 9; I. O. 31; I. O. 32; I. D. 7; I. D. 8; I. D. 37; IV. Q. 156; Colmar 271; Freiburg U. B. 213; 214; Wien N.B. 3015: 3019: Wien, Schotten 336; Salzburg, St. Peter a IV 6; b I 2; München Cgm. 80; 117; 121; 127; 128; 130; 140; 141; 175; 480; 857; München U. B. 8⁰ 267; 280; 282; Nürnberg, Germ. Mus. 1733; 1737; 1738; Nürnberg, Stadtb. VI 39; VI 43[r]; VI 100; VII 38; VII 67. Berlin, St. B. Gq. 418; 1572; G. oct. 568; 577. Druck, Augsburg, H. Schönsperger, wohl Anf. d. 16. Jh. (Hain 10007). Eingehende Untersuchungen werden diese Liste noch stark vermehren. — Formelbücher. Ein Verzeichnis der wichtigsten 15 Hss. der '*Summa Cancellariae*' findet sich bei J. Lulvès *Die Summa Cancellariae des J. v. N.* S. 20.

4. Ausgaben: '*Summa Cancellariae*' ('*Cancellaria Caroli IV.*'). *Ein Formelbuch der Kgl. Böhm. Kanzlei a. d. 14. Jh.*, hg. v. F. Tadra 1895. — '*Cancellaria Joh. Novif.*', hg. v. F. Tadra 1886. — '*Collectarius perpetuarum formarum Joh. de Geylnhusen*', hg. v. H. Kaiser 1900. — A. Sattler *Die pseudo-augustinischen Soliloquien in der Übers. d. J. v. N.*, Progr. Graz 1900—1902. — A. Benedikt *Das Leben d. hl. Hieronymus in der Übers. d. Bisch. Joh. VIII. v. Olmütz* 1880. — Eine Ausgabe der Werke auf Grund der Gesamtüberlieferung erscheint von J. Klapper in K. Burdachs Werk *Vom Mittelalter zur Reformation* Bd. VI, 1 (1930) *Buch der Liebkosung;* 2 (1932) *Hieronymus*

Literatur. Die gesamte Erforschung des Werkes und der geistigen Bedeutung J. v. N.s ist in neue Bahnen geleitet durch die Untersuchungen K. Burdachs; vgl. *Vom Mittelalter zur Reformation, Forschungen zur Geschichte der deutschen Bildung* 1893; *Bericht über Forschungen zum Ursprung der neuhochd. Schriftsprache*, Abh. d. Pr. Ak. d. Wiss. 1903; *Rienzo u. die die geistigen Wandlungen seiner Zeit* (V. Mittelalt. z. Ref. II 1) 1913 u. 1928. K. Burdach u. P. Piur *Briefwechsel d. Cola di Rienzo = V. Mittelalt. z. Ref. II* 2, 1928: II 3, 1912: II 4, 1912: II, 5, 1929: K. Burdach *Aus Petrarcas ältestem deutschen Schülerkreise* = V. M. z. R. IV, 1929; ders., *die Kulturbeweg. Böhmens u. Schlesiens an der Schwelle der Renaiss.*, Euphorion 27 S. 493—521. P. Piur *Ein unbekannter Brief Petrarcas an Joh. v. N.*, S.-B. d. Preuß. Ak. d. Wiss. 1931 VI. J. Klapper *Z. Lebensgesch. d. Humanisten J. v. N.*, Mitt. d. Schles. Ges. f. Volkskunde 28 (1927) S. 148; ders. *J. v. N.*, Schles. Jahrbuch I (1928) S. 49; ders. *Aus d. Frühzeit d. Humanismus; Dichtungen zu Ehren d. hl. Hieronymus*, N. Bausteine. Festschr. f. Max Koch 1926, S. 255—281. Jean Lulvès *Die Summa Cancellariae des J. v. N.* 1891. R. Wolkan *Gesch. d. deutsch. Lit. i. Böhmen bis z. Ausg. d. 16. Jhs.* 1895. M. Dvořák *Die Illuminatoren d. J. v. N.*, Jahrb. d. kunsthist. Sammlungen d. allerhöchsten Kaiserhauses XXII (1901).

J. Klapper.

Johannes von Nördlingen, Dominikaner in Basel im XV. Jh. Eine Predigt von ihm in der Basler Hs. A. VI. 38, v. J. 1493, Bl. 83[b]—91[b].

W. St.

Johannes Noviforensis, s. Joh. v. Neumarkt.

Johann von Nürnberg, s. Johann v. Amberg.

Johannes von Offringen, Dominikaner in Basel im XV. Jh. Von ihm eine Predigt in der Basler Hs. A. VI. 38, v. J. 1493, Bl. 91[b]—126[a].

W. St.

Johannes ohne Sorge, s. Ohnesorg.

Johann von Oppenheim, Meister, Chirurg zu Heidelberg. Seine dt. Anweisung, schlecht geheilte Glieder nach sechs Tage langem Baden in erweichender Abkochung wieder zu brechen, einzurichten, neu zu schienen und vorsichtig zu binden, teilt Joh. Schenk (s. d.) mit. Gedr. Beitr. z. Gesch. d. Chirurgie im MA. II 1918 S. 576: *Datum hedelbergae, magister Joh. de Oppenheimb cyrurgicus.*

Sudhoff.

Johann (Jeuser [Gethink]) **von Palz** *(Pfalz, Valz, Palitz,* lat. *Palatinus),* Theologe und Ablaßprediger. Seine Heimat ist, wie sein Zuname aufweist, Pfalzel oder Paltz bei Trier. Sein Geburtsjahr ist unbekannt. Er starb 1511 als Prior in Mühlheim bei Koblenz. Er studierte in Erfurt Theologie und trat hier in den Augustinerorden ein. 1483 promovierte er zum Doktor der heiligen Schrift. Sehr angesehen war er als Kanzelredner. Besonders trat er durch seine Ablaßpredigten hervor, die er seit dem 3. Februar 1490 im Auftrage des päpstlichen Legaten Raimund Peraudi als Ablaßkommissar hielt. 1490 und 1502/03 war er in Thüringen, Meißen, Sachsen, in der Mark Brandenburg und an der Ostsee tätig. Nachdrücklichst verfocht er die erhöhte Wirksamkeit des Jubiläumsablasses, der auch für etwaige spätere Taten Geltung haben sollte. Dabei stand er in seinem Einsatz für den Ablaß ebenso wie in der bei ihm immer wieder begegnenden Verherrlichung der Jungfrau Maria ganz auf dem Boden des Augustinerordens. Einige Zeit war J. v. P. auch Beichtvater des Erzbischofs von Trier, weiter Rektor der Trierer Universität und 1504 Propst des Klosters zum Neuen Werk bei Halle. Für Friedrich den Weisen sammelte und vermittelte er die wertvollsten Reliquien. Außerordentlich hoch schätzte ihn Friedrichs Bruder, der Erzbischof Ernst von Magdeburg. Einer Reise durch Sachsen entstammt der Plan zu seinem bekanntesten Werk. Als er nämlich in Schneeberg die Bergwerke sah, faßte er den Gedanken, seine 'Himmlische Fundgrube' zusammenzustellen, *darumb das man hymelisch ertz daryn mag vindenn addir grabenn das ist die gnad gottes.* Ihren Inhalt bilden Predigten, die er vor Friedrich dem Weisen gehalten hatte.

Schriften. Die erste Ausgabe der 'Himmlischen Fundgrube' wurde 1490 von Martin Landsberg in Quart als *Die hymelisch Funtgrub* in Leipzig gedruckt. Unmittelbar danach wurde die Schrift ins Niederdeutsche übertragen und mit mehreren Holzschnitten versehen. Die Übersetzung druckte Simon Koch in Magdeburg. Weitere hochdeutsche Ausgaben erschienen 1497 bei Melchior Lotter in Leipzig, 1498 bei Hans Froschauer in Augsburg, außerdem vor 1500 bei Friedrich Creußner in Nürnberg, bei Konrad Kachelofen in Leipzig und bei Wolfgang Schenck in Erfurt, später dann noch u. a. 1503 bei M. Hupfuff in Straßburg, 1506 bei Hans Froschauer, 1507 bei Hupfuff und 1517 bei Konrad Kerner in Straßburg. Gewidmet ist das Buch in der ersten Ausgabe dem Kurfürsten Friedrich dem Weisen. Im Jahre 1500 vollendete J. v. P. im Kloster Mühlheim *circa festum omnium sanctorum* eine bedeutend erweiterte Bearbeitung in lateinischer Sprache unter dem Titel '*Coelifodina*'. Die erste lateinische Ausgabe erschien 1502 bei Wolfgang Schenck in Erfurt mit einer Widmung an den Kurfürsten Hermann zu Köln. Sie dient ganz dem Ablaßgedanken. Am Schluß ist daher auch ein an das Reichsregiment gerichteter Brief des päpstlichen Legaten Raimund Peraudi angehängt. Ein '*Supplementum Celifodine*' kam noch 1504 heraus.

Weitere Werke sind die seit 1491 vorliegende Schrift '*De septem foribus seu festis beatae virginis Mariae*', die schon im selben Jahr auch übersetzt als '*Die syben porten oder feste der mutter gottes*' erschien, der von mir nicht festgestellte '*Hortulus aromaticus inclytae Virg.*' und vielleicht die seit 1486 mehrfach gedruckte '*Quaestio determinata de revelatione Antichristi*'. Nicht veröffentlicht ist ein von J. v. P. verfaßter '*Tractatus de iubileo et indulgentis*'. In Leipzig befindet sich außerdem eine Handschrift von vier Blättern in Quart mit dem Titel '*De conceptione sine preservatione a peccato originali S. Dei genitr. v. Mariae*'. Die Entstehungszeit ergibt sich aus der Schlußbemerkung: *Hec collecta sunt in itinere versus capitulum Osnabrugense per Fratr. Joh. de Palcz... Anno 1488.*

Gandolfus *Disput. hist. de ducentis celeb. August. scriptor.* S. 228. Kapp *Kleine Nachlese* IV S. 432. J. Franck ADB. XIV S. 469ff. Beitr. z. Forschung 1. Folge H. 2 S. 70ff. G. Bauch *Die Universität Erfurt im Zeitalter des Frühhumanismus* 1904 S. 14. J. Wagner Zs. f. Heimatk. v. Koblenz u. Umg. 1 (1920) S. 6. Nic. Paulus *Geschichte des Ablasses am Ausgange des Mittelalters* III (1923) S. 71ff. Willy Krogmann.

Johannes v. Paris, s. Beris, Joh.

Johann von Platzheim, s. Joh. von Lenzburg.

Johann von Rinkenberg. Freiherr von Rinkenberg (Ringgenberg) am Brienzer

See im Berner Oberlande, ist unser Dichter 1291—1349 urkundlich nachgewiesen. Ihm oder seinem gleichnamigen Sohne hat Boner (s. d.) seinen 'Edelstein' gewidmet. Die große Heidelberger Hs. bringt von ihm 17 Sprüche von je 13 Zeilen, alle im gleichen Ton. Er ist ein Schüler von Walther v. d. Vogelweide (s. d.) und Reinmar von Zweter (s. d.), aber ohne deren oft hinreißendes Pathos: man würde die bedeutende politische Rolle, die er gespielt hat, nicht ahnen. Mehr als Gemeinplätze enthalten seine moralischen Betrachtungen nicht. Von Frauendienst ist bei ihm keine Rede, nur von dem allgemeinen Lob des weiblichen Geschlechts. Bemerkenswert nur der Grund, warum man die Frauen ehren solle: daß sie nach Gottes Mutter gebildet seien. In einem Spruche wird der gewaltige Eingang von Wolframs (s. d.) 'Willehalm' verwässert.

Bartsch *Schweizer Minnesänger* Nr. 29. Histor.-biogr. Lex. der Schweiz V S. 638.

Singer.

Johannes von Rinstetten (Reichstett bei Straßburg): 'Vom sel. Bruder Heinrich'.

Als Prior der Augustiner-Eremiten 1384—99 im Straßburger Urkundenbuch nachweisbar, im Jahre 1399 als *magister et in poenitentialibus vicarius* des Straßburger Bischofs bezeichnet, war J. beteiligt an der Zusammenstellung der Quellen, Privilegien und Ablässe des Johanniterordenshauses zum Grünenwörth (K. Rieder *Der Gottesfreund vom Oberland* 1905, S. 222 A. 1) in Straßburg und schrieb, „anderen Leuten zur Besserung“, die Lebensgeschichte des „Gottesfreundes Bruder Heinrich“, seines Beichtsohnes, wie er sie selbst 1394 nach langem Drängen aus dessen eigenem Munde gehört hatte, nach dessen Tode (12. April 1396) nieder. Der Stil ist knapp und klar, hebt sich deutlich ab von der Geschwätzigkeit des Rulman Merswin (s. d.) oder Nik. v. Löwen (s. d.) und nimmt nirgends ausdrücklich Bezug auf die Gottesfreundgestalt vom Oberland.

Erstausgabe v. K. Bihlmeyer in der Festschrift für Seb. Merkle (1922) S. 38—58.

Engelbert Krebs.

Johannes von Saaz (1.) ist der Verfasser des 'Ackermanns aus Böhmen', eines Streitgespräches über den Sinn des Lebens und des Todes von höchster literarischer Bedeutung, das uns in 16 Hss. *(A—Q)* und 17 Drucken *(a—n)* überliefert ist.

2. Hss.: *A* und *C* in Stuttgart, Landesbibliothek, cod. phil. 23 (1449) und 22 (um 1470), *B* in Heidelberg, Univ.-Bibl. cod. Pal. germ. 76 (um 1480), *D* in Wolfenbüttel, Sign. 75. 10. Aug. (1468), *E—H* in München, Staatsbibl., clm. 27063 (um 1490), 17662 (1467) 8445 (1463), cgm. 579 (um 1465), *I* und *K* in Karlsruhe, Landesbibl., S. Georg. 70 (um 1520), S. Blasius 11 (um 1485), *L* in Kaaden (A. Bernt), zwischen 1410—20, *M* und *N* in Berlin, Staats-Bibl. Ms. germ. 4. 581 (um 1520) u. 763 (1470), *O* in Zürich, Staatsbibl. Ms. B 325 (um 1470), *P* in Jena, Univ.-Bibl. 5f 13, *Q* in Innsbruck, Univ.-Bibl. (ArchfnSpr. 154 S. 1ff.). Drucke: *a* in Wolfenbüttel, Sign. 16. 1. Eth., Berlin, Kupferstichkab. Nr. 2616, Paris, Nat.-Bibl. A 646, vom Jahre 1461 (?), *b* davon abhängig; c^1 in Karlsruhe, Landesbibl. Miscell. 83, Basler Druck von 1473, von ihm gehen die Drucke *c—n* aus. Die Hss. zerfallen in zwei Gruppen α und β, die auf eine älteste Überarbeitung der Urschrift zurückgehen. Von den Drucken gehören *a b* zur Fassung α, alle übrigen schließen sich der Hs. *I* der Gruppe β an. Die älteste Hs. *L* (alem.) stellt schon eine verjüngte Fassung dar; ostmd. sind nur *A* und *H*, die Hauptüberlieferung ist obd. Noch 120—130 Jahre nach der Entstehung wurde das Werk abgeschrieben und gedruckt. Das zeugt von außerordentlicher Beliebtheit.

3. Zum 'Ackermann' besteht ein tschechisches Gegenstück: *'Tkadleček'* ('Der Weber'), das tschechische Forscher für das Urbild ausgeben wollten, was Knieschek endgültig widerlegt hat. Darin handelt es sich um ein Streitgespräch zwischen dem Unglück und einem Liebhaber, dem seine Geliebte, eine Ofenheizerin, untreu geworden ist. Sonst schließt es sich genau dem Gange des 'A.' an, nur daß die kurzen Abschnitte erweitert und verwässert werden.

4. Über das Leben des 'Ackermann'-Dichters können wir manches seinem Werke entnehmen. Er nennt sich im Akrostichon des Schlußgebetes Johannes und lebte in Saaz in Böhmen. Er war verheiratet und Vater mehrerer Kinder. Sein Weib Margareta starb im Kindbett an Peters Kettenfeste (1. August) 1400. Dieser schwere seelische Schmerz machte ihn zum großen Dichter. *Ich bins genant ein ackerman, von vogelwat ist mein*

pflug, sagt er von sich; er ist aber nicht bäuerlicher Herkunft, sondern seiner ganzen Haltung nach vornehmen Standes, und die Feder sein Beruf. Auch Bildung und Sprache weisen auf die Kanzlei. Wie aus dem Werke hervorgeht, war er literarisch, künstlerisch, juristisch und theologisch gebildet, Kenner der älteren deutschen Literatur, voll von humanistischen Ideen, Verehrer Senecas und Platons, Schüler Rienzos, Petrarcas und des Johannes von Neumarkt (s. d.). Um 1400 sind in Saaz Johannes Tepla und Johannes Henslini de Sitbor als Schulmeister und Stadtschreiber tätig, auch an der Abfassung des Stadtbuches beteiligt. Dem Namen und Stande nach besser zu passen schien ein Angehöriger des Geschlechtes Pflug von Rabenstein (bei Saaz); in Betracht kämen Johannes (Pflug?) von Rabenstein, der 1413 urkundlich erwähnt wird, oder Johannes Pflug, der 1384 als Registrator in der Reichskanzlei tätig war, oder ein Mönch Pflug (von Rabenstein?), dem Erzbischof Johann von Jenzenstein 1381 einen mahnenden Brief (mit einem Wortspiel über Pflug und Ackermann) schrieb, weil er sich nach dem weltlichen Leben zurücksehnte. Burdach, dem wir das Wesentlichste unserer Kenntnis von ihnen verdanken, entschied sich für keinen, neigte aber dazu, im Registrator den Dichter zu sehen. Inzwischen ist die schon früher ausgesprochene Vermutung, daß Johann von Tepl und Johann von Schüttwa ein und derselbe Stadtschreiber sind, von Bernt und Beer bestätigt und in ihm der Ackermann-Dichter erkannt worden. Ein von Heilig aufgefundener Brief, welchen der Verfasser *cum libello ackerman* an einen Prager Freund sendet, erbringt den endgültigen Beweis dafür. So stellt sich nun das Lebensbild des Dichters folgendermaßen dar:

Johannes oder Henslin dürfte um 1350 in dem deutschen Dorf Schüttwa (tsch. Šitboř, pol. Bezirk Bischofteinitz) geboren sein; schon sein Vater nennt sich *Henslinus de Schutbor*. Er besuchte wohl eine Lateinschule und dann die Prager Universität, wo er die Würde eines Magisters erreichte. Vermutlich war er in Tepl eine Zeit lang im Amt, weshalb er sich auch *von Tepl* nennt. Von 1383—1411 ist er als Stadtschreiber *(notarius)* und Schulrektor in Saaz nachweisbar. Er lebte in behaglichem Wohlstand, besaß ein Haus gegenüber der Schule und genoß hohes Ansehen. Er war durch die Würde eines öffentlichen Notars der Prager Diözese und eines *tabellio imperialis* ausgezeichnet. 1401 verlieh König Wenzel IV. ihm und seinen Erben das Recht, an den Markttagen von jedem Fleischhacker einen Silbergroschen einzuheben. Mehrere Urkunden zeigen ihn als tüchtigen Geschäftsmann. 1404 schenkte er dem Hieronymusaltar in Eger ein *officium*, an dessen Schluß er vermutlich selbst einige deutsche Verse schrieb. 1400 starb seine erste Gattin Margarete; von vier Söhnen erfahren wir die Namen, seine Tochter Christinella war zweimal an angesehene Ratsherrn verheiratet. 1411 wurde er Protonotar der Neustadt Prag und kaufte sich in Prag ein Haus. 1413 erkrankte er, und 1415 war er nicht mehr am Leben; er hinterließ eine Witwe namens Klara. Wohl auf seine Anregung wurde 1383 in Saaz das städtische Urkundenbuch angelegt, wie auch 1411 die Neustadt Prag einige neue Bücher beginnt. Ebenso stammt das erste Saazer Formelbuch von ihm her. Eine Ausgabe seiner Briefe hat Heilig angekündigt.

5. Die Dichtung ist ein Streitgespräch zwischen dem Tod und einem Ackermann, dem er sein Weib geraubt hat. Der unglückliche Witwer erhebt vor Gott und der Welt Mordanklage gegen den Weltschädling, den sinnlosen, ungerechten Wüterich Tod. In streng geteilter Wechselrede folgt jeder Anschuldigung des Klägers die Rechtfertigung des Todes. Dieser spricht als kalter Verächter der Welt, als Leugner alles Menschenwertes, als Stoiker mit Zitaten aus Seneca, als Vertreter der Augustinschen Lehre von der durch die Erbsünde bedingten grundschlechten Natur des Menschen. Der Ackermann dagegen ist der hoffende, vertrauende, in Arbeit sich mühende Mensch, der Adamssohn, der an die Freiheit zum Guten glaubt, der überzeugt ist, Gott könne die Welt und den Menschen nicht bloß geschaffen haben, damit sie zugrunde gehen. Aber auch den Geist erkennt der Tod nicht

als ewig wirksam an; er erweist die Nichtigkeit alles menschlichen Wissens und Strebens in einer Reihe geschichtlicher Vertreter der Menschenalter. So streitet der sinnbefangene Schmerz des Dichters gegen seinen eigenen Verstand, das Recht des Gemütes gegen die Ansprüche der Vernunft. Zum Schlusse scheidet Gott den Streit: der Kläger klagt zu Unrecht, denn er hat sein Weib nur von Gott verliehen bekommen; dem Tode wird sein Hochmut verwiesen, denn er hat seine Gewalt nur von Gott. Im inbrünstigen Schlußgebet ergibt sich der Ackermann in den Willen Gottes. — Die Ackermanngestalt ist ein poetischer Typus, der den idealisierten Urpflüger Adam, den ersten arbeitenden Menschen verkörpert, dem zugleich etwas Mystisches anhaftet, das überhebliche Wesen des Menschen, der das Unerreichbare erreichen will. In verwandter Weise hatte in England William Langland 'Peter den Pflüger' zum Helden einer allegorischen Dichtung gemacht (1362). Die geistigen Einwirkungen Englands auf Böhmen zu jener Zeit (Wiclif!) kommen auch hierin mit zur Auswirkung. Der Dichter ist mit deutscher Rechtsweisheit und der Rechtssprache vertraut und lehnt sein Werk eingangs sichtlich an die Rechtsformen der Mordklage an. Er beherrscht die christliche Theologie, doch Waldensische und Wicliffitische Einflüsse machen sich in seiner freieren Haltung bemerkbar. Das Werk zeigt aber auch die Einwirkung der Philosophen des Altertums, der Platon, Seneca, Boëthius, Augustinus und der italienischen Humanisten, vor allem Petrarcas. — Die Sprache ist kunstvoll und köstlich, im Lautstand der nhd. Schriftsprache schon nahe, im Satzbau rhythmisch geregelt, beherrscht von der Dreigliedrigkeit der Satzteile; ihr Stil wurzelt in der lateinischen und deutschen Kanzleisprache. Der 'Ackermann' gilt nach Gervinus' Urteil als das vollendetste Stück deutscher Prosa vor Luther.

6. Das Werk ist die erste und zugleich köstlichste Frucht des deutschen Humanismus. In Böhmen vollzog sich um die Mitte des 14. Jhs. die große Kulturwende vom Mittelalter zur Neuzeit. Von Italien drang der neue Geistesfrühling der Renaissance über die Alpen zuerst nach Böhmen. Durch Rienzos und Petrarcas Aufenthalt wurde er gefördert, durch Johannes von Neumarkt und seine Kreise gehegt. Karls IV. Universität wurde zur Pflegstätte des frühen Humanismus. Reformatorische Gedanken erfüllten das Land, zunächst ganz im Einklang zur Altertumswiederbelebung. In der kaiserlichen Kanzlei erwuchs eine neue Sprachform unter dem Einfluß der klassischen Vorbilder; aus ihr sollte die nhd. Schriftsprache hervorgehen. Das reiche deutsche Geistesleben, das sich am kaiserlichen Hofe zu Prag entfaltete, blieb arm an dichterischen Schöpfungen. Erst am Ende des Jahrhunderts, knapp bevor die hussitischen Wirren alles in wildem Wirbel zu Boden rissen, zeitigte es ein wahres Dichtwerk, gleich eine vollreife Frucht, den 'Ackermann aus Böhmen', eine Schöpfung von zeitlosem Ewigkeitswerte.

Ausgaben: J. Knieschek *'Der Ackermann aus Böhmen'* 1877; A. Bernt und K. Burdach *'D. A. a. B.'* (Vom Mittelalter zur Reformation, Bd. III, 1) 1917; Faksimile-Ausgabe des ersten Druckes im Insel-Verlag, Leipzig 1919; A. Bernt *'D. A. a. B.'* (kleine Ausgabe) 1929. — Übersetzungen ins Nhd. von E. Proschwitzer 1913, A. Bernt 1916, G. Guth 1921. — A. Leitzmann *Die Abfassungszeit des 'A. a. B.'*, PBB. 32 (1907) S. 297. K. Burdach *Der juristische Rahmen des altd. Streitgespräches 'Der A. v. B.'*, BSB. 1913, Nr. 29; ders. *Platonische, freireligiöse und persönliche Züge im 'A. a. B.'*, BSB. 1933 Nr. 14. U. Stutz *Rechtshistorisches in u. zu dem 'A. a. B.'*, Zs. Sav.-Stift. 41 S. 388. K. Stolze *Der zsmgesetzte Satz im 'A. a. B.'* Diss. Bonn. G. Zedler *'Der A. a. B.', das älteste mit Bildern ausgestattete und mit beweglichen Lettern gedruckte deutsche Buch*, 16. Jb. d. Gutenberg-Ges. 1918. K. Burdach *Der Dichter des 'A. a. B.'* (V. M. z. R. Bd. III, 2) 1926—32. A. Bernt *Forschungen zum A. a. B.*, ZfdPh. 55 S. 160ff.; dazu K. Beer, L. Hammerich, A. Bernt ZfdPh. 56 S. 183, 185, 188. K. Beer. *Neue Forsch. über d. Schöpfer d. Dialoges 'D. A. a. B.'*, Jahrb. Ver. f. Gesch. d. Deutschen in Böhmen 3. K. Burdach *Über die Persönlichkeit des A.-Dichters*, Sudd. Jahrb. 1932. K. Beer *Johannes von Schüttwa*, Sudd. Lebb. 3 S. 61. K. J. Heilig *Die lat. Widmung der 'A. a. B.'*, MIÖG. 47 S. 415. H. Zatschek *Officium s. Hieronymi*, Mon. Palaeogr. III 16 (1935).

E. Gierach.

Johann von Sachsen war Arzt in Straßburg zu Anfang des 15. Jhs. und ist für das Jahr 1409 dort in den Staatsprotokollen urkundlich belegt. Von ihm enthält der Cod. chart A. 501 der Landesbibliothek zu Gotha auf Blatt 273—280 ein sauber um die Mitte des 15. Jahrhunderts geschriebenes '*Compendium de Epidemia compilatum per Magistrum Johannem de Saxonia egregium virum in medicinis*', aus dem ich zu seiner Charakterisierung ausgiebige auszügliche Abschnitte im Archiv f. Gesch. d. Med. Bd. 16 (1924) S. 21—29 bekannt gegeben habe, darunter auch eine kasuistische Mitteilung aus dem Jahre 1404 (S. 25). Nun hat sich aber auch eine kürzere deutsche Bearbeitung erhalten in einer Handschrift weiland der Zisterzienser-Abtei zu Maulbronn, heute auf der Universitäts- und Landesbibliothek zu Straßburg, deren Wortlaut E. Wickersheimer im Janus 1924, S. 370—378 ohne Angabe der Signatur der betreffenden Handschrift hat abdrucken lassen, beginnend und schließend: *Ich maister Johann von Sachsen.* Es ist immerhin möglich, daß auch dieser deutsche Text tatsächlich durch diesen Straßburger Arzt hergestellt ist.

„Johann von Sachsen" ist freilich eine Bezeichnung, die auf recht viele Arztpersönlichkeiten passen könnte bei der Häufigkeit dieses Vornamens und der Weite des deutschen Gebietes, so daß man größte Vorsicht walten lassen muß und ich z. B. starke Bedenken trage, Handschriftenfunde, wie die einer Klistierlehre unter diesem Verfassernamen im Additional-Kodex 17987 des Brit. Museums, Bl. 125, etwa auf die vorgehend besprochene Persönlichkeit mit zu übertragen.

Sudhoff.

Johannes v. Salzburg, s. Hermann, Mönch v. S.

Johannes v. St. Arnulf, s. Hoops RL. II S. 614.

Johannes der Seffner, s. Seffner.

Johannes ohne Sorge, s. Ohnesorg.

Johannes von Soest.

1. Geb. 1448 in Unna i. W. als Sohn eines Steinmetzmeisters — daher seine Bezeichnung *Steinwert* — namens Rotcher von Grummelkut (Grimoldskotten) und der Wendel Husselin aus Werl, verbrachte er nach dem baldigen Tode seines Vaters seine Jugendzeit in Soest, wo er am Patroklusstift Singschüler (Kurrendaner) war, kam dann an den Hof des Herzogs Johann I. von Cleve, wurde in dessen Kapelle zum Sänger ausgebildet, zog, um von englischen Sängern seine gesangstechnische Vollendung zu erhalten, nach Brügge, erhielt seine erste Anstellung als Mitglied der Kapelle in Aardenburg (bei Brügge), wurde in Maastricht als Sukzentor angestellt, kam an den Hof des Landgrafen Ludwig II. von Hessen-Kassel, von hier aus 1472 nach Heidelberg. Kurfürst Friedrich I. der Siegreiche bestellte ihn am 22. November 1472 zu seinem „Sängermeister" (Kapellmeister). Während seiner Heidelberger Zeit treten sowohl die literarischen wie die medizinischen Interessen unseres Autors immer stärker hervor. Wir wissen, daß er in Pavia studierte, zum Doktor der Arznei promoviert ward und in Pavia wie in Heidelberg medizinische Vorlesungen abgehalten hat. In Heidelberg hat er sich verheiratet und nach dem Tode seiner ersten Gattin sich mit Margarethe Hecht vermählt. Die Schilderung, die er von seiner Werbung um die Letztgenannte in seiner Selbstbiographie gibt, gehört zu den anschaulichsten Einblicken in die Psyche und das Gehaben eines mittelalterlichen Menschen. Wegen eines Zwistes mit dem pfälzischen Hofmarschall Hans von Tratt verließ Joh. seinen Heidelberger Wirkungskreis, ging zuerst als Stadtarzt nach Worms, erlebte hier den eindrucksvollen Wormser Reichstag von 1495, verließ aber die Stadt infolge der zwischen Bischof und Stadt ausgebrochenen Zwistigkeiten; er wurde in Oppenheim als Stadtarzt angestellt, blieb aber auch hier nicht lange, sondern ging nach Frankfurt a. M., wo er als Stadtarzt seinen Lebensabend verbrachte und am Kornmarkt im Haus „zum Korb" wohnte. Auch hier hatte er manche Streitigkeiten mit Apothekern und Kollegen (Heinrich Gratewohl) und starb am 2. Mai 1506. Im Friedhof zu St. Bartholomäi fand er seine letzte Ruhestätte.

2. Zweifellos war der Sänger und Musiker in J. v. S. weit bedeutender als der Arzt und der „Dichter". Eine Reihe von literarischen Werken rührt zwar von ihm her. Doch darf man wohl sagen, daß keines von ihnen an echte Kunst heranreicht, wenn auch so manche einzelne Stellen in

diesen Werken poetisch empfunden, namentlich auch lebhaft und anschaulich dargestellt sind. Man darf die „Dichtkunst" unseres Autors in die Linie rücken, welche von Rosenplüt (s. d.), dem „höfischen Wappendichter" und bürgerlichen Verherrlicher Nürnbergs, über Kunz Has (s. d.) zu Hans Sachs führt. Sein erstes, wohl in Kassel begonnenes, aber erst 1480 in Heidelberg zum Abschluß gebrachtes Werk steht noch ganz unter dem Einfluß seines Aufenthaltes in den Niederlanden: es ist eine Übersetzung des mnld. Romans des Hein von Aken 'Margarethe von Limburg' — eines Ritterromans von etwa 25 000 Versen, überkommen im Originalbande, der dem Kurfürsten Philipp vermutlich als Neujahrsgeschenk überreicht wurde, heute noch in Heidelberg Hs. Nr. 51 (früher 87), vorne ein interessantes, wahrscheinlich vom pfälzischen Hausbuchmeister gemaltes Widmungsbild mit Widmungsversen *de musice discipulo — Johannis de Suzato*. Seinem Inhalt nach stellt dieses Werk einen Helden- und Liebesroman dar, die künstlerische Komposition wird überwuchert durch die Freude am Stoff und am Fabulieren. Das ritterliche Ideal der Zeit leuchtet auch durch diese Atmosphäre durch, so verbürgerlicht und banalisiert auch alles darin ist. — Während des Heidelberger Aufenthaltes ist 1483 noch eine andere Dichtung unseres Autors entstanden: sein 'Beichtspiegel' *(Dy gemein bicht)*, am 27. Februar 1483 vollendet, aus fast 1200 deutschen Versen bestehend, in die Sünden der fünf Sinne, in die Gedanken- und Wortsünden, in die sieben Todsünden, in die Sünden gegen die 10 Gebote, die Sünden gegen die Werke der Barmherzigkeit, gegen die 12 Glaubensartikel und gegen die sieben Sakramente, die drei Haupt- und die vier Angeltugenden, gegen die sieben Gaben des hl. Geistes und gegen die acht Seligkeiten gegliedert, überliefert gleichfalls in einer Heidelberger Handschrift cod. Pal. 323 (früher 730), herausgegeben von K. v. Bahder Germania 33 (1888) S. 129ff. — Nicht erhalten ist uns ein die Evangelientexte der meisten Sonn- und Feiertage des Kirchenjahres paraphrasierendes Gedicht, ebensowenig auch eine musikalische Schrift, welche er in einem anderen seiner Werke ausdrücklich als sein Opus unter dem Titel '*De musica subalterna*' zitiert. Daß J. v. S. als Musiktheoretiker eine gewisse autoritative Geltung hatte, können wir aus einer Bemerkung eines seiner jüngeren Zeit- und Kunstgenossen, des berühmten Orgelspielers Arno Schlick, entnehmen. — Eine sehr interessante, bisher unveröffentlichte Schrift ist seine in Worms entstandene, in deutschen Reimen verfaßte, aber vom Verfasser lateinisch kommentierte Schrift '*Wie men eyn statt regyrn sol, damytt sy lang bestendig blyb*'; sie ist, gemäß den 12 Pfund Hellern, die dem Autor als Honorar wurden, in 12 Kapitel eingeteilt, am 5. Oktober 1494 vollendet. Ihre Entstehung hängt zusammen mit der großen Wormser Stadtrechtsreform, die gerade damals in Angriff genommen ward. Die Schrift ist schon allein wegen des Niederschlags, den in ihr manche Zeitströmungen gefunden haben, ganz besonders auch wegen des Kampfes gegen Astrologie und Alchymie, von Interesse. Wahrscheinlich ist sie durch die unmittelbar vorher entstandene '*Norimberga*' des Konrad Celtes beeinflußt. Vermutlich das dem Wormser Stadtrat dedizierte, mit den Widmungsversen des Autors versehene Exemplar ist uns in einer kleinen Handschrift in Kloster Einsiedeln (Nr. 1069, früher 687; Inhaltsangabe durch Gall Morel Anzeiger für Kunde der Deutschen Vorzeit NF. 12 [1865] Sp. 468f.), überkommen. Ich gedenke demnächst die ganz besonders für die städtische Kultur bedeutungsvolle Schrift herauszubringen.

3. Besonders fruchtbar war J. v. S. während seines Lebensherbstes in Frankfurt. Damals entstanden rasch nacheinander sein 'Lobspruch auf die Stadt Frankfurt' (1501) (hsg. von J. C. v. Fichard Frankfurtisches Archiv für alte deutsche Literatur und Geschichte 1 [1811] S. 77ff., nunmehr auch von W. R. Zülch *Johann Steinwert von Soest, der Sänger und Arzt [1448—1506]* 1920), eine Schrift zur Verteidigung der unbefleckten Empfängnis Mariä, abgeschlossen am 15. Januar 1502, überliefert in cod. germ. 2 der Hamburger Staats- und

Universitätsbibliothek (s. *Bibl. Uffenb. mscr.* IV Sp. 29f.; hg. bei v. d. Hagen *Deutsche Gedichte des Mittelalters I* [1808] S. XXIIIa); und schließlich seine kurz vor seinem Tode, jedenfalls bald nach dem 19. Dezember 1504, abgeschlossene Selbstbiographie (gedruckt bei Fichard a. a. O. S. 84ff., z. T. auch bei Zülch). — Der 'Lobspruch auf Frankfurt' gehört zu der immer reicher ausgestalteten Gruppe der enkomiastischen Literatur, deren Objekt einzelne Städte waren; immerhin ist das Lobgedicht des J. v. S. neben den Lobsprüchen auf die Stadt Nürnberg von Rosenplüt und von Kunz Has eines der ersten in deutscher Sprache und in Reimen abgefaßten Werke dieser Art. Die Schrift zur Verteidigung der unbefleckten Empfängnis Mariä gehört in das Milieu der gerade um die Wende des 15. zum 16. Jh. akuten Kontroverse über diesen Gegenstand, bei der sich ganz besonders Franziskaner und Dominikaner gegenüberstanden. Die Schrift unseres Autors ist vermutlich unter dem Einfluß des Frankfurter Stadtpfarrers Konrad Hensel entstanden, der gegenüber dem Dominikaner Wirt die unbefleckte Empfängnis Mariä verteidigte. — In ihrer Art darf fast als einzigartig gelten die Selbstbiographie namentlich wegen der großen Zahl anschaulich geschilderter Einzelszenen, die uns aus seinem Leben hier gegeben werden. Jedenfalls zeigt sie, daß J. v. S. trotz aller Hausbackenheit und Nüchternheit, die ihm innewohnt und ihn ungeachtet seines eigenen wenig tugendhaften Lebenwandels dauernd zum Moralprediger werden läßt, dennoch eine originelle Persönlichkeit war, eine Künstlernatur, die sich in kein Schema bringen läßt. Bezeichnend dafür sind auch die Namen seiner Kinder, von denen ein Sohn ,,Damasus", ein anderer ,,Pallas" (vielleicht nach dem Taufpaten Pallas Spangel?), ein weiterer ,,Solon" hieß. So originell aber auch die Persönlichkeit Johanns in manchem uns anmutet, so ist doch vieles an ihr typisch für das ganze Milieu, innerhalb dessen sich sein Lebenslauf abgespielt hat.

Über ihn vorläufig besonders F. Pfaff *Johann von Soest*, Allgemeine Konservative Monatsschrift 44 (1887) S. 147ff., 247ff. Jung ADB. XXXIV S. 540f. Fr. Stein *Zur Geschichte der Musik in Heidelberg*. Diss. Heidelberg 1912, S. 11ff. Eitner *Biogr.-bibliogr. Quellenlex. der Musik und Musikgelehrten* IX S. 197. Feis *Johann von Soest, der Sänger und Arzt*, Archiv für Geschichte der Medizin 13 S. 184ff. W. R. Valentiner *Der Hausbuchmeister in Heidelberg*, Jb. der königlich preußischen Kunstsammlungen 24 (1903) S. 291 ff. — Eine umfassende Biographie verbunden mit einem Kulturbild des ausgehenden Mittelalters hoffe ich in Bälde zu veröffentlichen.

Max Buchner.

Johann von Speyer (Johannes de Spira), Benediktiner in Melk. Einen von ihm *in crastino festi s. Laurentii anno 1453* an seinen Klosterbruder Johann von Weilheim in Stiftsangelegenheiten gerichteten Brief bewahrt in Urschrift die Melker Hs. 59 Bl. 180^a, 185^b. Von ihm geschrieben ist cod. 122, der Traktate von Thomas von Aquino, Johann Gerson, Heinrich von Imola und Bernardus Cassinensis sowie '*Exerpta ex Summa ostiensi*' umfaßt. Zwei lateinische Predigten von ihm finden sich im cod. 12: Bl. 232^a—238^b '*Sermo super evangelio Mathei* 19mo', Bl. 239^a—240^b ,*Sermo de illo evangelio ad religiosos incompletus*'. Lateinische Traktate u. dgl. überliefern von ihm, teilweise in Urschrift, cod. 66 (Bl. 1—104 '*Tractatus, utrum monachus, qui contra praeceptum praelati sui comedit carnes, peccet mortaliter*', Bl. 105—113 '*Tractatus, utrum monachus frangens jejunium regulare peccet minus vel que, sicut si frangeret jejunium ecclesiae*', Bl. 114—154 '*Farrago quaestionum et resolutionum canonico-theologico-moralium*', Bl. 155—160 '*Axiomata, collecta ex libris juris canonici*', Bl. 161—178, 250—246 '*Refutatio objectionum contra tractatum, utrum monachus, qui contra praeceptum praelati carnes comedit, mortaliter peccet*', Bl. 179—231 '*Farrago materiarum ascetico-moralium ex diversis patribus et auctoribus collecta*', Bl. 232—239 '*Tractatus de distinctione juris naturalis*', Bl. 248—415 '*Tractatus amplus et subtilis de praeceptis decalogi*' [unvollst.]) und cod. 74 (Bl. 107^a—127^b '*Apologia. Tractatus: utrum monachus, qui contra praeceptum praelati sui comedit carnes, peccet mortaliter, adversus cujusdam monachi objectiones*'). Mehrfach hat sich J. v. Sp. als

Übersetzer betätigt. Übertragungen von ihm aus dem Lateinischen in seine oberdeutsche Mundart enthält der cod. 140: Bl. 1—111 *'S. Gregorii Magni libri quattuor dialogorum in linguam germanicam versi'*, Bl. 114ᵇ—135 *'S. Benedicti Regula. Germanice'*, Bl. 135—136 *'Expositio orationis dominicae. Germanice'*, Bl. 136ᵃ bis 140 *'Expositio salutionis angelicae. Germanice. Außlegung dez ave Maria'*, Bl. 158 bis 177 *'Tractatus tripartitus Joannis Gerson de confessione'*, Bl. 185—191 *'S. Bonaventure Stimuli amoris pars tertia'*, Bl. 198 bis 210 *'Proverbia Salomonis'*.

Willy Krogmann.

Johannes von Staufen. Hs. Additional 16581 des Britischen Museums, 15. Jh. (1469), ostschwäbisch, Bl. 159b; s. R. Priebsch *Deutsche Hss. in England* II (1901) S. 147—58. Ihm wird in den Mund gelegt der Spruch:

Schweyg, gedenck vnd lach,
Gedult überkom̄et vil sach.

R. Priebsch.

Johannes von Sterngassen.

Hss.: Deutsche Predigten und Sprüche in Basel, Berlin, Metz, Hamburg, Straßburg, Nürnberg, Koblenz, Einsiedeln, München und Stuttgart. — Ein lateinischer Kommentar zu den Sentenzen des Petrus Lombardus in Lilienfeld (Österreich) cod. 102, vor 1323 geschrieben, und in Rom, Cod. Vat. lat. 1092 (s. XIV). Eine Quaestio, die vielleicht einmal zur Identifizierung einer anonymen Quaestionensammlung mit einer bisher unbekannten Quaestionensammlung unseres Autors führen wird, findet sich mit dem Vermerk *Sterngacius* im Wiener Cod. lat. 2165.

Dominikaner wie sein Bruder Gerhard (s. d.), mit Familiennamen *Korngin* (Körnchen) geheißen, Sohn der in der Sterngasse zu Köln als Hausbesitzer nachgewiesenen Albert und Berta K., 1310 und 1316 als Testamentsvollstrecker in Straßburg i. E., 1316 ebd. als Prior des Predigerklosters bezeugt, Lektor (Lesemeister) der Theologie (vielleicht in Paris zum Magister promoviert), wohl schon vor 1320 gestorben (die Lilienfelder Hs. gibt 1314 als Todesjahr, was durch die obigen Jahreszahlen widerlegt ist), gehört der ältesten Generation der Thomisten an. Thomas v. Aquino (s. d.) ist ihm *Doctor noster*, dem er in den wesentlichen Lehren, in einem und dem anderen Falle in seinem Sentenzenkommentar wörtlich, folgt, aber auch öfters mit eigenen Aufstellungen entgegentritt, was in den Hss. durch Randnoten *contra Thomam* eigens vermerkt wird. Seine dt. Predigten zeigen ihn als Geistesverwandten Meister Eckharts (s. d.), was den mystischen Geistesschwung und die rednerische Wirkkraft angeht. Aber ein Schülerverhältnis zu Eckhart liegt nicht vor. Insbesondere fehlt ihm der neuplatonische Einschlag der Eckhartschen Spekulation, der für andere Dominikanerprediger jener Zeit kennzeichnend ist, so für Dietrich v. Freiberg (s. d.) und den mit ihm im selben Konvent heimischen Ulrich v. Straßburg (s. d.). Sorgfältig bringt er Sicherungen gegen pantheistische Verirrungen in seinen Darlegungen über die Einwohnung Gottes in der Seele und die Einigung mit Gott im Jenseits an, während Eckhart gerade durch die Unbekümmertheit seiner Sprache auf diesem Gebiet sich die kirchliche Verurteilung zuzog. Ein in Greiths ,,Lehrsystem eines deutschen Mystikers'' übernommener Text aus J. v. St. läßt bezeichnenderweise gerade die Wendungen weg, in denen St. pantheistische Deutungen abwehrt (vgl. C. Greith *Die deutsche Mystik im Predigerorden* 1861, S. 171 mit Wackernagel S. 164).

Ausgaben: Predigten und Sprüche hg. v. Pfeiffer ZfdA. 8 (1851) S. 251—258; W. Wackernagel *Altdeutsche Predigten* 1876 S. 163—168, 544ff.; W. Stammler Arch. f. Religionswiss. 21 (1922) S. 153ff.; ders. ZfdPh. 55 (1930) S. 294. Die lat. Werke unediert, aber bei Grabmann besprochen.

Preger *Gesch. d. dt. Mystik* I S. 321. Cruel *Gesch. d. dt. Predigt im MA.* S. 404f. Linsenmayer *Die Predigt in Deutschland* S. 440—42. H. Hurter *Nomenclator literarius theologiae catholicae* II (1906) S. 678. H. Denifle Arch. f. Lit. -u. Kirchengesch. 2 (1886) S. 228. M. Grabmann *Neuaufgefundene lat. Werke dt. Mystiker*, MSB. 1922 S. 7—34; ders. *Mittelalterliches Geistesleben* 1926 S. 392ff. G. Löhr Quellen u. Forschungen z. Gesch. d. Dominikanerordens in Dld. XV (1920) S. 46ff.

Engelbert Krebs.

Johannes v. Tambach, s. Johannes v. Dambach.

'Johannes der Täufer'.

Hs. der öffentl. Bibl. in Linz, 12. Jh., 8⁰, aus Kloster Baumgartenberg a. d. Donau, Bl. 119b, beschrieben von Kraus *Dt. Ged. d. 12. Jhs.*

S. 101f.

Ausgaben: Kraus a. a. O. S. 12—15, 101—111 (mit Angabe der frühern).

Literatur: Ehrismann *Gesch. d. dt. Lit.* II, 1 S. 124. Vomberg Marburg. Diss. 1875.

Erhalten sind die am Rande mit VII bis XII bezeichneten Abschnitte, 77 Verse; für das Ganze hat Kraus (S. 104) 200 bis 250 Verse erschlossen. Der Dichter kannte das 'Ezzolied' (s. d.) (Kraus), die Eingangsverse seines Werks sind in die 'Kaiserchronik' (s. d.) aufgenommen (Vomberg). Verfaßt wird das Gedicht in Baumgartenberg oder in einem benachbarten Kloster sein, anscheinend von einem ungelehrten Geistlichen, denn nicht einmal den biblischen Bericht gibt er in der richtigen Reihenfolge wieder (Kraus S. 105). Das Erhaltene bezieht sich auf das Verhältnis des Johannes zu Christus und zum jüdischen Gesetz. Was Johannes ihm hier gegenüber stellt, ist christliche Sittenlehre (Abschn. VIII). Daß der Dichter einer Quelle folgte, hat Kraus mit dem Hinweis auf die geringe Bildung bezweifelt, es wird auch nicht dadurch bewiesen, daß ihm Verse Ezzos im Gedächtnis hafteten. Die Verse sind von sehr ungleicher Länge, sie steigen bis zu 19 Silben (v. 29). Fast die Hälfte der Reime ist unrein, zahlreich sind die rührenden Reime (v. 23f.; 27f.; 39f.; 41f.; 72f.).

Hans Steinger.

Joh. v. Tepl, s. Joh. v. Saaz.

Johannes der Timpentamper. Hs. Additional 16581 des Britischen Museums, 15. Jh. (1469), ostschwäbisch, Bl. 171a; s. R. Priebsch *DeutscheHss. in England* II (1901) S. 147—158. Ihm wird zugeteilt der Spruch:

Las fremde sach gůt sein,
Hab imer danck, besorg das dein.

R. Priebsch.

Johann von Toggenburg *(Hans von Dockenburg)*, ein *Landmann zu Schwyz*, vielleicht der uneheliche Sohn des letzten Grafen von Toggenburg, Friedrichs VIII., ein Wundarzt von Ruf in der zweiten Hälfte des 15. Jhs., aber auch im diplomatischen Dienste der Eidgenossenschaft verwandt (1475—1480) und bis ins Jahr 1491 urkundlich zu belegen. In jüngeren Jahren war er im Elsaß tätig und mit Hieronymus Brunschwig (s. d.) bekannt. Berühmt wurde er durch seine Behandlung des Ungarnkönigs Matthias, dem er 1468 eine Pfeilspitze aus den Arm schnitt, die schon vier Jahre im Körper verweilt hatte. Bericht aus dem Munde des Chirurgen selber gibt Hieron. Brunschwig in seinem 'Buch der Chirurgia' (1497) im 8. Kap. des 2. Traktates Bl. XXIX^b. Daß er auch als reisender Operateur auftrat, beweist ein Reklamebrief, den er im Oktober 1477 zu Leipzig in deutscher Sprache verbreiten ließ, worin er auch rühmend seiner Großtat in Ungarn erwähnt, für die ihn der König zum Ritter geschlagen hatte, und die Operationen aufgezählt, zu deren Ausführung er sich erbietet (den Wortlaut habe ich in meinem 8. Studienheft über die Medizinische Fakultät zu Leipzig 1909 S. 91—93 veröffentlicht). Er ließ sich im gleichen Jahre 1477 die Bindarznei Heinrichs von Pfolzpeunt (s. d.) abschreiben; das Ms. ist heute noch als cod. VIII 118 auf der Berner Stadtbibl. und genauer beschrieben bei Konrad Brunner *Die Verwundeten in den Kriegen der alten Eidgenossenschaft* 1903, S. 380—395, wo auch alles Urkundliche über J. v. T. zusammengestellt ist. Vgl. dort auch S. 126f.

Sudhoff *Beitr. z. Gesch. d. Chir. im MA.* 1918, S. 537 u. 591. Gordon Norrie Janus 1 (1896) S. 229/230.

Sudhoff.

Johannes v. Valz, s. Joh. v. Paltz.

Johann von Viktring.

1. Das Hauptwerk des Schriftstellers, das 'Buch wahrer Geschichten' *('Liber certarum historiarum'*: nicht "gewisser" Geschichten), liegt in abschließender Ausgabe von F. Schneider vor (siehe unten), andere, nur zum Teil veröffentlichte Schriften von ihm treten dahinter auch an Wichtigkeit weit zurück. Auch das Leben des bedeutenden Schriftstellers ist durch Schneiders Studien mit Hinzuziehung vieler ungedruckter Urkunden sehr erheblich gegen den vorherigen Stand unserer Kenntnisse geklärt und beleuchtet worden.

2. Johann war danach weder Deutscher noch Slave aus Kärnten, sondern ganz sicherlich ein Romane. Sein Kloster Viktring (eigentlich *Vittrin*, slavisch *Vitrino*, was nach Schneider NA. 28 S. 141, N. 1 „windiger Ort" bedeuten soll) in Kärnten nahe beim Wörther See, dem Zisterzienserorden zugehörig, war eine Tochtergründung

des Klosters Villars oder Weiler-Bethnach in Lothringen; in dem Fragment der Widmung einer Fassung seines Werkes scheint sich J. selbst als Franzosen zu bezeichnen, die Orthographie seiner erhaltenen Autographen ist durch und durch romanisch, aber nicht italienisch. Über Villars wird er also nach Kärnten gekommen sein; ob er der *Johannes der kchastner* einer Viktringer Urkunde vom 18. Aug. 1308 ist, bezweifelt Schneider, doch scheint mir manches dafür zu sprechen. Zum Abt von Viktring wurde er höchstwahrscheinlich am 15. Februar 1312 gewählt, über sein Alter zu diesem Zeitpunkte läßt sich nichts sagen. Er entfaltete dann eine rührige und sehr erfolgreiche Tätigkeit in seinem Kloster, trat spätestens 1330 in persönliche Beziehungen zu seinem Landesherrn, Heinrich von Kärnten, dessen Kaplan er um 1334 wurde, hatte Beziehungen zu König Johann von Böhmen, eine flüchtige Berührung mit Ludwig dem Baiern, dauernde Beziehungen zu Kärntens Landeshauptmännern seiner Zeit. 1341 wird J. als Kaplan Albrechts II. von Österreich bezeichnet, dem er eine Fassung seines Geschichtswerkes gewidmet, der ihn wohl zur Abfassung angeregt hat. 1342 erscheint J. als Kaplan des Patriarchen Bertrand von Aquileja, dem er eine Umarbeitung seines Werkes gewidmet hat. Eine Revision des Klosters Viktring 1338 durch einen Mönch des Mutterklosters bestätigte den guten Zustand am Orte. Am 31. Okt. 1347 erscheint erstmalig urkundlich J.s Nachfolger Nikolaus als Abt von Viktring; nach der '*Series abbatum monasterii Victoriensis*' wäre J. selbst am 12. Nov. 1345, er ist jedenfalls nach dem 30. Juli 1345, dem Datum seiner letzten bekannten Urkunde, gestorben. Er hat also als Abt eine bedeutende Verwaltungstätigkeit entfaltet und zu vielen Großen der Welt in näheren Beziehungen gestanden.

3. Der '*Liber certarum historiarum*', von J. selbst mit diesem Titel bezeichnet, ist uns hauptsächlich im Codex nr. 107 des Klosters Wessobrunn, jetzt clm. 22107, erhalten. Er ist Autograph des Verfassers, bzw., soweit von anderen Händen geschrieben, von J. ganz und gar durchkorrigiert und mit Randnotizen bedeckt. Eine Lichtdrucktafel von Bl. 47b enthält Arndt-Tangl *Schrifttafeln zur Erlernung der lat. Paläographie* Heft II Tafel 27, die die ganze Schwierigkeit der Lesung von Manuskripten J.s veranschaulicht. Die Hs. enthält, in ziemlich ungeordneter Reihenfolge, eine ganze Anzahl von Fragmenten und Teilfassungen von J.s Werk. Eine erste Fassung A, von 1231 bis 1341 reichend, steht auf Bl. 1a bis 44b und ist 1340/41 geschrieben; sie kann aus Exzerpten des Passauer Priesters Johannes Staindel vom Anfang des 16. Jahrhunderts, die wahrscheinlich auf ein anderes autographes oder von J. durchkorrigiertes Exemplar der Fassung A zurückgehen, ergänzt werden. Eine zweite Fassung B enthält der genannte clm. auf Bl. 45a, 47a—110b (B 1) und 111a—120b (B 2, früher als B 1), mit einer Darstellung der Jahre 1217—1327, wobei aber 1261—74 fehlt und sicherlich auch 1328—42 — damals hat J. nach Schneider diese Fassung geschrieben — verloren ist. Stücke von einer dritten Fassung C enthalten weitere Blätter des Codex, nämlich 122a—130b (C 1), 142a, 133a—136b (C 2) und 121a, 121b, 132a, 132b, 138b—140a, 141a, 141b, 46a, und in Randnotizen auf Blatt 47a—50a (C 3). Sie bieten Darstellung für die Jahre 715—919 (C 1), 700—1125 (C 2) und 687—1271 (C 3), letzteres aber mit Verlust vieler Stücke von rund 870—1000 und 1190—1214. Ansätze zur Einteilung in Bücher und Kapitel, in den verschiedenen Fassungen wechselnd, finden sich überall. Geschrieben ist die Fassung C 1343, vielleicht schon 1342 begonnen. Endlich hat Schneider aus dem sog. '*Anonymus Leobiensis*', einem Geschichtswerk noch des 14. Jhs., das aber nur in späteren Handschriften erhalten ist, eine vierte Fassung D herausgeschält und herausgegeben, die nach ihm die fertiggestellte Ausführung der uns nur in Fragmenten erhaltenen Fassung C ist. Sie (C) umfaßte nach Schneider die Jahre 687 bis 1343. Ja noch eine fünfte Fassung E erschließt Schneider aus der '*Cronica illustrium fundatorum monasterii*' in Stams von Burchard Gamorett (1414), der die

auf dies Kloster bezüglichen Stücke aus Johanns Fassung B 1, aber in einer gegen B 1 vom Autor selbst weitergearbeiteten Gestalt, zusammengestellt hat. Das alles zeigt eine unermüdliche geschichtschreiberische Tätigkeit unseres Abtes von 1340 an, wenn auch schwerlich alle von Schneider bezeichneten Fassungen und Stufen des Werkes zu voller, abgeschlossener Ausführung gekommen sind.

4. Außer dem *'Liber certarum historiarum'* verfaßte J. eine *'Cronica Romanorum'* (ungedruckt, im genannten clm. 22107 auf Bl. 143a—149b), römische und überhaupt antike Geschichte von Romulus und Remus bis zum Tode Neros enthaltend, und eine *'Historia fundacionis coenobii Victoriensis'* (hg. von Fournier und von Jaksch, s. u.), die auf einer älteren *'Historia'* aus dem 12. Jh. beruht und sie erweiternd ausgeschrieben hat, was Fournier nicht richtig erkannt hat. Leider verloren ist eine noch von den Brüdern Hieronymus und Bernhard Pez im Anfang des 18. Jhs. benutzte Handschrift Johanns, die sie als *'Chronicon Carinthiae'* bezeichnet, aus der sie aber wegen der Schwierigkeit der Lesung nur ganz wenige kurze Sätze veröffentlicht haben.

5. Die erhaltenen Teile und Fassungen des *'Liber certarum historiarum'* haben einen hohen Wert, vor allem für die österreichische, aber auch für die allgemeine deutsche Geschichte des 13. und 14. Jhs. Das beruht auf dem Rang und der Einsicht bedeutender Gewährsmänner, die J. für seine eigene Zeit hatte, auf der großen Anzahl der Quellen, die er benutzt, auf der Kenntnis und dem eindringlichen Studium zahlreicher antiker und mittelalterlicher Autoren, mit deren Hilfe er einen ausgezeichneten, lebendigen und höchst persönlich gefärbten lateinischen Stil schreiben konnte, und nicht zuletzt auf dem Werte seiner höchst überlegten, sorgsam arbeitenden und in jeder Beziehung allgemein gebildeten Persönlichkeit. Als Gewährsmänner für Angaben zur Geschichte seiner Zeit nennt er selber unter anderen die Herzöge Albrecht II. von Österreich und Heinrich von Kärnten, den Patriarchen Bertrand von Aquileja, die Bischöfe Heinrich von Trient und Matthäus von Brixen, zwei Landeshauptleute von Kärnten usw. Von seinen schriftlichen Quellen kann hier nur ein Teil genannt werden, vor allem Ottokars (s. d.) 'Steierische Reimchronik', die er in ausgedehntem Umfang (sehr frei) übersetzt, von dem er aber auch die verlorene, lateinisch geschriebene 'Kaiserchronik' benutzt hat, dazu u. a. die *'Annales S. Rudberti Salisburgenses'*, Lebensbeschreibungen von Salzburger Erzbischöfen, die Chronik Martins von Troppau (s. d.) mit ihrer römischen Fortsetzung, von Otto von Freising (s. d.) die 'Chronik' und die *'Gesta Friderici'* (mit Rahewins [s. d.] Fortsetzung), Einhards *'Vita Caroli Magni'*, die Chronik Reginos von Prüm mit Fortsetzung, die *'Flores temporum'*, Jakobs von Varazze *'Legenda aurea'* und zahlreiche Heiligenleben. Er kennt und zitiert oft das kanonische Recht. Antike Schriftsteller, die er zitiert oder kennt, sind an Dichtern in erster Linie Ovid, dann Horaz, Vergil, Lukan, die *'Ilias latina'*, Juvenal, Persius, Petronius, Statius, Claudian; von antiken Prosaschriftstellern nennt oder benutzt er Cicero, den Auctor ad Herennium, Sallust, Seneca, Valerius Maximus, Vegetius, Augustinus, Boëthius, Symmachus, Kassiodor, Josephus in der Übersetzung des Rufinus. Dazu zahlreiche mittelalterliche Schriftsteller in Prosa und in Versen, auch bemerkenswert viele Urkunden aus verschiedenen Archiven. J. hat eine ganz umfassende Bildung, wie man sie sich damals überhaupt wohl fast nur an der Universität Paris erworben haben kann.

6. Wenn es in seinen Werken auch an Fehlern und Versehen nicht ganz fehlt, so sind sie doch im allgemeinen sehr überlegt und mit Kritik gearbeitet, durchaus zuverlässig. Auf Österreich und vor allem auf Kärnten werfen sie für die von ihm behandelten Zeiten helles Licht, wo vorher und noch längere Zeit nachher meist tiefes Dunkel herrscht. Es ist ganz ausgeschlossen, daß dieser Autor aus dem damals noch wenig kultivierten Kärnten hervorgegangen ist; als ein Franzose ist er gekommen und hat dem Lande seiner Wirk-

samkeit hohe Werte gebracht und vermittelt.

Johannis abbatis Victoriensis 'Liber certarum historiarum' ed. Fedorus Schneider. I. II. (MG. SS. rer. Germ. in us. schol.) 1909—1910. *'Historia fundationis coenobii Victoriensis' ed.* Fournier (Titel von dessen Arbeit siehe sogleich) S. 128—154, besser hg. von A. von Jaksch *Monumenta historica ducatus Carinthiae* III, S. XLI—XLV und 289—295. — A. Fournier *Abt Johann von Victring und sein 'Liber certarum historiarum'* 19., (in vielem von Schneider überholt; aber manches auch ausführlicher bei ihm, was Schneider nur kurz andeutet, also zur Gesamtkenntnis noch heute brauchbar). F. Schneider *Studien zu Johann von Viktring*, NA. 28 (1903) S. 137—191 und 29 (1904) S. 395—442 (z. T. in Aussicht gestellte weitere Studien des Verf. sind nicht erschienen). Eine deutsche Übersetzung bietet: *Das Buch gewisser Geschichten von Abt Johann von Victring* (Geschichtschreiber der deutschen Vorzeit Bd. 86; 14. Jahrh. Heft 8), übersetzt von W. Friedensburg 1899, aber nach einem unzulänglichen und unvollständigen lateinischen Texte.

B. Schmeidler.

'Johann aus dem Virgiere'.

1. Überlieferung: Ms. Germ. Qu. 1476 der Berliner Staatsbibliothek (s. *Mitteilungen aus der kgl. Bibliothek, hsg. von der Generalverwaltung III, II Die Schenkung Sir Max Waechters* 1917 S. 70f.), bis 1912 Nr. 8316 der Bibliotheka Phillippica in Cheltenham (s. R. Priebsch *Deutsche Hss. in England* I [1896] S. 98).

2. Als Verfasser resp. Bearbeiter der Rittermäre '*Johan uz dem virgiere*' hat ein Fahrender, ein berufsmäßiger Kunstdichter, zu gelten, dessen Heimat linksrhein. im südlichen Rheinhessen, etwa auf der Linie Oppenheim—Alzey—Worms, zu suchen ist. Entstehungszeit der Dichtung wohl zweite Hälfte des 14. Jhs. Da der Schreiber der einzigen Abschrift aus der Mitte des 15. Jhs. ebenfalls auf linksrhein. Gebiet zu setzen sein wird und sonst keine Spur literarischen Weiterlebens der Dichtung in Deutschland zu finden ist, wird sie kaum über dieses Gebiet hinausgedrungen sein.

3. Inhalt: Sigismund, Kaiser von Rom, findet am Pfingsttag in seinem Baumgarten *(virgiere)* ein Knäblein, das er Johann taufen und als seinen Sohn zugleich mit seiner am gleichen Tage geborenen Tochter Clarisse auferziehen läßt. Schon als zwölfjähriger Knabe rettet J. den Kaiser vor Gefangenschaft oder Tod durch Sarazenen. Als die durch ein Versehen bei einem Festmahl über ihn erzürnte Kaiserin ihn einen unhöfischen Findling schilt, verlangt J. in die Fremde zu ziehen, um seine Eltern zu suchen. Clarisse, die ihn liebt, freut sich ob der Entdeckung. Inzwischen kommt ein Riese Fursin als Bote des Heidenkönigs Cursin, der mit einem gewaltigen Heer an der Grenze lagert, und verlangt Zweikampf oder sofortige Unterwerfung nebst Übertritt zur Religion Machmets. J. ficht gegen ihn zu Ludewerde und schlägt ihm das Haupt ab; aber von den Heiden verfolgt, findet er die Tore Roms verschlossen auf Anstiften Gaverons, des obersten Beamten des Kaisers, der den Jüngling neidet und haßt. Im Verein mit zwei Rittern, Lamelot und Lanzelot, die ihm zu Hilfe kommen, verrichtet er Wunder der Tapferkeit, bis sie endlich am zweiten Tag auf Befehl des wankelmütigen Kaisers schwerverwundet in die Stadt hineingelassen werden. Rom wird nun von den Sarazenen eineinhalb Jahre belagert und ausgehungert. Da gelingt es J., auf einem heimlichen Ritt ins feindliche Lager den heidnischen Oberkönig und einige Unterkönige zu töten und darauf in einer von ihm befehligten Schlacht das entmutigte Heidenheer zu vernichten. Jedoch enthält ihm der schwache Kaiser, wiederum auf Anstiften Gaverons, den für den Riesenkampf versprochenen Lohn, die Hand Clarissens und seine Krone, vor, und J. verläßt nun Rom, nicht ohne dem Kaiser schlankweg mitgeteilt zu haben, er erhoffe von Clarisse einen Sohn zu empfangen, und wehe, wenn jemand dem Kind ein Leid antue. Nach dreieinhalbjährigem Umherstreifen trifft J. in einem Waldtal auf einen alten Ritter, den er besiegt. Sie erkennen einander als Vater und Sohn. Es ist der Graf Ruprecht von Artois, der als Kämmerer der Schwester des Königs von Frankreich das von ihm alsbald ausgesetzte Kind erzeugt hat, aber vom König seines Landes verwiesen worden ist. Auf seinen Rat begibt sich J. an den Hof des Königs von Frankreich, während Graf Ruprecht selbst nach Rom eilt, Gaveron im Angesicht des Kaisers das Haupt abschlägt und von dem Kaiser das Versprechen erlangt, J. mit Clarisse zu vermählen und zu seinem Nachfolger zu machen. Inzwischen hat sich J. der Schwester des Königs, seiner Mutter, zu erkennen gegeben, und nachdem er Paris im Zweikampf von zwei Riesenbrüdern — Reinwart und Isenwit — befreit hat, erbittet er sich als Belohnung vom König, seinen verbannten Vater mit seiner Mutter zu vermählen. Der König willfahrt seinem Wunsch und übergibt zugleich seinem Neffen das Reich. J. rüstet sich zu einem Zug nach Rom (wir hören nicht, daß der Kaiser das Ruprecht gegebene Versprechen gebrochen hätte), aber durch Vermittlung Clarissens und ihres Söhnchens kommt es ohne Kampf zur Aussöhnung, und die Hochzeit zwischen J. und Clarisse wird gefeiert.

4. Die Dichtung stellt sich dar als stoffliche Verkörperung dreier, in der Literatur einzeln oder in ähnlicher Mischung häufig auftretender Motive: 1. Findling auf der Elternsuche; 2. Findlings Liebe zur Toch-

ter eines hochgestellten Herrn, an dessen Hof er auferzogen wird oder Dienste leistet; 3. Findling erwirbt durch seine Tapferkeit Krone und Reich. Aber die Vereinigung dieser Motive in einem biographischen Ritterepos, dessen ethischer Grundgedanke an einem vorbildlichen Helden aufzeigen will, wie *triuwe* gegen Gott und die Geliebte und *stæte* sich selbst gegenüber durch Kampf und Not schließlich zum irdischen Glück führen, ist nicht das Verdienst des deutschen Fahrenden, sondern eines ebenfalls namenlosen vlämischen Dichters, der um 1300 einen uns verlorenen Versroman, einen *'Jan uut den vergiere'*, abgefaßt haben muß unter stärkerer Benutzung des altfrz. *'Richars li biaus'* (ed. W. Förster 1874) und leichterer seitens anderer altfrz. und mnl. epischer Dichtungen; dieser Roman hat dann die Hauptquelle für das mnl. weltliche Drama *'Esmoreit'* gegeben (Neophilologus 7 S. 51ff.) und ist schließlich im 16. Jh. in Prosa aufgelöst worden als Volksbuch (einziges Exemplar auf der Göttinger Univers.-Bibl. Fab. Rom. X 132). Die mhd.-rhein. Bearbeitung, die im selbständigen Prolog (dort auch die Quellenangabe: *Uz flemschen in unser dutsche sleht)* als Zweck der Arbeit einführt: Ergötzen, Fernhalten sündhafter Gedanken und Ansporn zur Nacheiferung der in der Erzählung ausgesprochenen weisen Lehren, verdient Beifall, weil sie sich nicht als eine unbeholfene, sklavische Übertragung darstellt nach Art der späteren Übersetzer des 'Reinolt' (s. d.), 'Ogier' (s. d.) u. a., vielmehr nur selten Spuren einer sprachlichen Abhängigkeit vom Original im Reim- und Wortmaterial zeigt, dagegen selbständige Erweiterungen, neben Prolog und Epilog (captatio benevolentiae) hauptsächlich die Einlegung des kriegerischen Zuges J.s gegen den Kaiser, sowie häufigere Umbiegung von Nebenmotiven, kleinere Einschübe, anderseits Kürzungen aufweist; gelegentlich scheint noch eine oder die andere flüchtige Reminiszenz an Hartmanns 'Gregor', den 'Parzival', 'Tristan' und die 'Kaiserchronik' anzuklingen.

5. In der alten Form des Reimpaares — 4hebig stumpf, 3- und 4hebig klingend, mit mehrsilbigen Innensenkungen und anderseits Senkungsausfall —, in schlichtem Stil — es überwiegt der ein- und zweizeilige Satz, längere Perioden fehlen — ohne den Aufputz der geblümten Rede, wendet sich der deutsche Bearbeiter, obgleich er mit der Prätension auftritt, ein Leseepos *(buoch)* zu schreiben, augenscheinlich doch im mündlichen Vortrag an unverwöhnte Zuhörer, auf deren spießbürgerlichen Geschmack auch die hohen Kreise, in denen die Erzählung sich bewegt, zugeschnitten sind. Wir sehen, daß in einer Zeit, die der Lehrdichtung vornehmlich, der Allegorie und dem popularisierten „Wissen" huldigte, in niederen, bürgerlichen Kreisen am Rhein noch ein Interesse bestand für solche Nach- und Ausklänge der einst so farbenreichen höfischen Epik, jetzt natürlich dem veränderten Lebens- und Weltbild entsprechend vergröbert nach innen und außen, realistisch in Ton und Szenenausmalerei, wenngleich die alten höfischen Ideale mehr oder weniger blutlos mitgeschleppt werden. Der *'Joh. uz d. virgiere'* ermöglicht es uns ferner, nicht nur ein verlorenes, aber in heimatlicher, dramatischer Form nachlebendes mnld. Epos nach Gehalt und Inhalt zu rekonstruieren, sondern auch im Verein mit dem 'Karlmeinet' (s. d.), dem von Bartsch Germania 5 S. 356ff. veröffentlichten Bruchstück von einem 'Normannenherzog Heinrich' und wohl auch dem 'Herzog von Braunschweig' eines Augustin (s. d.) den Einfluß nld. epischer Dichtung auf den Nieder- und Mittelrhein (Aachen—Köln—Worms) für das 14. Jh. zu bezeugen.

Das Gedicht, zunächst nur in Auszügen veröffentlicht bei Priebsch *Dt. Hss. in England* I S. 241ff., ist jetzt vollständig von dems. hsg.: *'Johan ûz dem virgiere'. . . nebst dem Faksimileabdruck des fläm. Volksbuches 'Joncker Jan wt den vergiere'* 1931.

R. Priebsch.

Johann von Vitpech (= Vippach bei Erfurt), Augustinereremit, schrieb im 14./15. Jh. eine moralphilosophische dt. Abhandlung *'Catharina Divina'* (Göttinger cod. philol. 21, 1463 geschrieben, Bl. 12b—130b) für Katharina v. Meißen, Mutter († 1397) oder Gemahlin († 1442) des Kurfürsten Friedrich des Streitbaren von

Sachsen. Das schon mehr allgemein menschlich als christlich gehaltene Werk behandelt in drei Büchern 1. die Tugenden in uns, 2. *wy man das hus haldin sal und meystern sal*, 3. das Regiment der Städte und Reiche in Krieg und Frieden. Zitiert werden oft Aristoteles, Vegetius, Seneca, Boëthius, die beiden letzteren in Versen.

Wackernagel-Martin *Gesch. d. dt. Lit.* I² S. 233[71]. W. Meyer *Verzeichnis der Hss. im preuß. Staate* I. *Göttingen* 1 (1893) S. 135.

Urte Kletzin.

Johannes von Waldsassen: *'De vita ven. monachorum monasterii sui'*. Er heißt auch Joh. v. Ellenbogen und war 1313 bis 1325 Abt v. Waldsassen, einem Zisterzienserstift nahe der böhmischen Grenze in der Diözese Regensburg (heute von Zisterzienserinnen besiedelt). Er beschreibt für seinen Freund, Abt Petrus von Königssaal bei Prag, das fromme Leben und wundersame Ereignisse im Konvent von Waldsassen, woraus hervorgeht, daß nicht nur in Frauenklöstern jener Zeit das hochgespannte mystische Leben blühte, sondern auch bei den Mönchen. Denn auch aus Königssaal hat Johannes so viel Erbauliches vernommen, daß er seine Erzählung als Dank dafür dort hinüberschickt.

Ausgabe: B. Pez *Bibliotheca ascetica* VIII (1725) S. 465—490. — Übersetzung: Ludw. Clarus *Lebensbeschreibungen der Schwestern v. Unterlinden mit einem Anhang: Leben mehrerer Mönche im Kloster Waldsassen* (3. Bdchen der Sammlg.: Reliquien aus d. MA. IV. Das Kloster) 1863.

E. Michael *Gesch. d. dt. Volkes* III (1903) S. 201. W. Oehl *Deutsche Mystikerbriefe des MA.* 1931, S. 276—77.

Engelbert Krebs.

Johannes der Weise nennt sich selber als Dichter eines Marienlobes, beginnend mit den Worten: *Wol müsse mir gelingen*, auf Bl. 172ᵃ—173ᵃ des Dresdener Cod. M 60 aus dem 15. Jh. Das Marienlob findet sich dort als 107. Kapitel eines größeren geistlichen Gedichts (oder Sammelwerkes?) von 119 Kapiteln, zwischen denen auch Prosa steht. Es ist fraglich, ob mehr als das Marienlob Johannes dem Weisen angehört.

Germ. 31 (1886) S. 235.

Urte Kletzin.

Johannes de Werdea.

1. Siehe Hieronymus von Wörth.
2. Siehe Johann Fabri I.
3. Deckname in den *'Epistolae obscur. virorum'*. Verwandt ist vielleicht der Name des bekannten Johannes Fabri de Werdea (s. Johann Fabri I) zur Bezeichnung des papistischen Dominikaners Johann Fabri (s. d. III).

J. Frank ADB. VI S. 502f. Böcking *Ulr. Hutteni op. suppl.* II S. 499. Vgl. auch Goedeke II S. 287 („*Johannes a Werdea*, 1608").

Ludwig Denecke.

Johannes v. Wesel, s. Rucherath.

Johann von Winterthur.

1. Die Chronik des schweizer Minoriten ist uns in der Originalhandschrift erhalten und in abschließender Ausgabe von F. Baethgen in Verbindung mit C. Brun kürzlich vorgelegt worden. Man kann danach und nach Baethgens die Chronik und ihren Verfasser geistesgeschichtlich umreißenden Studien folgendes sagen.

2. Wir wissen über den Verfasser nur weniges aus seinem eigenen Werke, urkundlich ist er bisher nirgends und niemals nachgewiesen. Er ist in Winthertur geboren, vermutlich um 1300, ist 1309 in die Schule gekommen, war 1315 noch Schüler. Sein Vater war wohl ein Bürger von Winterthur, der am 13. April 1292 an der Schlacht zwischen den Bürgern von Winterthur und den Zürichern teilgenommen hat und auch der Schlacht am Morgarten 1315 auf der Seite Herzog Leopolds von Österreich beigewohnt zu haben scheint. Sicherlich noch in jungen Jahren ist J. in den Minoritenorden eingetreten, vielleicht in Zürich, ist später auch Priester geworden. Eine erste bestimmte Nachricht über sich gibt er zum Jahre 1328, wo er in Basel war, doch sicherlich im Minoritenkonvent. Anfang 1335 war er in Schaffhausen, wo er noch 1339 gelebt zu haben scheint. Von Anfang der vierziger Jahre an muß er nach dem Inhalt seiner Chronik nach Lindau am Bodensee übergesiedelt sein, Ereignisse in dieser Stadt und ihrem Umkreis treten nunmehr ganz in den Vordergrund seiner Berichte. Wohl von 1340 bis 1348 hat er dort gelebt. Die letzte sicher datierbare Nachricht der Chronik — von der allerdings nicht ganz feststeht, ob wir sie vollständig besitzen — ist vom Juni 1348, nach Vermutung Baethgens kann der Verfasser leicht im Jahre 1349 an der damals nach Süddeutschland kommenden

Pest gestorben sein. Jedenfalls ist durchaus nichts Weiteres über ihn bekannt.

3. Seine Chronik liegt uns in der Originalhandschrift (Zentralbibl. Zürich C 114d, früher A 131) vor, über deren allmähliche Entstehungsweise im Verhältnis zum Leben des Autors allerdings noch ein paar Worte notwendig sind. Keineswegs die ganze Hs. ist erstes Konzept, Urhs., sondern S. 1 bis etwa S. 100 und wieder noch bis S. 132 ist ziemlich einheitliche Abschrift — aber auch mit einzelnen später eingelegten bzw. neueingeschriebenen Blättern — durch den Verfasser selbst nach einer nicht mehr vorhandenen älteren Fassung, in die naturgemäß bei der Umschreibung mancherlei neue, in der ersten Fassung nicht enthaltene Nachrichten und Bemerkungen eingedrungen sind. Nach Aufklärung der so entstandenen, scheinbaren Widersprüche ergibt sich über die Entstehungszeit des Werkes, daß J. spätestens wohl von 1340 ab mit der Ausarbeitung und Niederschrift seiner Chronik begonnen und sie von der Zeit Innozenz' III. und Friedrichs II. bis auf seine eigene Zeit geführt hat. Diese erreichte er etwa im Herbst 1343 und führte die Berichterstattung nun gleichzeitig weiter bis 1348, hatte sich aber auch für 1340—43 schon gleichzeitige, im einzelnen genaue Aufzeichnungen gemacht, die er dann später in das neue Gesamtmanuskript einordnete.

4. Der Verfasser ist seiner Geistesart nach durch und durch Minorit, ein Angehöriger der unteren Volksschichten. An schriftlichen Quellen hat er für den Anfang seines Werkes vor allem die '*Cronica Minor*', dann die '*Flores temporum*', die Chronik Martins von Troppau (s. d.) und die sogen. '*Historia Lombarda*' aus der '*Legenda aurea*' des Jacobus a Varagine (Kap. 181 des ganzen Werkes) benutzt. Doch geht die weitaus überwiegende Masse seiner Aufzeichnungen auf eigenes Erleben und mündliche Erzählungen von Gewährsmännern zurück. Als solche dienten ihm vor allem Ordensgenossen, dann wandernde Kriegsleute, Männer und Frauen aus dem Volk. Er erzählt auch, was das einfache Volk interessiert, vom Wetter, von Bränden, Gespenstergeschichten, Ergebnisse des täglichen Lebens. Von eigentlich geschichtlichen Dingen und Vorgängen hat er kaum eine Vorstellung, den ihm zukommenden Berichten gegenüber ist er von gröbster naiver Leichtgläubigkeit und Kritiklosigkeit. Er ist wohl bemüht, die Wahrheit zu sagen, und entstellt nichts bewußt, ist aber z. B. nach allgemeiner minoritischer Einstellung dem Weltklerus sehr feindlich; aus gleicher Ursache Ludwig dem Baiern freundlich. Seine Chronik ist ein Erzeugnis naiv volkstümlichen Empfindens und Schaffens, ein für die Kultur- und Geistesgeschichte, die Volksgeschichte von Schwaben und der Schweiz beachtenswertes Zeugnis aus der ersten Hälfte des 14. Jhs.

Die Chronik Johannes von Winterthur. In Verbindung mit C. Brun *hg. von* F. Baethgen (MG. SS. rer. Germ. Nova Series Bd. III) 1924. — F. Baethgen *Franziskanische Studien*, HistZ. 131 (1925) S. 421—471.

B. Schmeidler.

Johann von Würzburg.

1. Über das Leben Johanns von Würzburg unterrichtet uns ausschließlich sein Epos '*Wilhelm von Österreich*'. Urkundlich ist er nicht nachzuweisen. Daß der Dichter sich v. 19561 auch einmal des Verses wegen *Hanns der schribœr* und nicht *Johannes* nennt, gibt uns kein Recht, ihn unter den Zeugen einer Urkunde des Grafen Burkhard IV. von Hohenberg-Haigerloch vom 20. Mai 1286 zu suchen, wo ein *H. dictus de wirzeburk, minister comitis antedicti* genannt wird. Der einzige feste Zeitpunkt ist das Jahr 1314, in dem er *in der crütz wochen* (12. bis 19. Mai) bei der Belagerung Aspergs während des Krieges, den Eberhard von Württemberg gegen die schwäbischen Städte führte, sein Werk vollendete. Daß er zu jener Zeit schon alterte, zeigen die Verse 12361ff.:

Móht ich in miner jugent
wirde, ere, prislich tugent
den werden ze oren bringen,
tihten und singen
mich dest baz geluste

und wohl auch die Verse 15091ff.:

Wol dir, rainer vrawen zart!
swie mir von wiplich küscher art
niht liebs uf erden mag geschehen,

so wil ich doch lieplichen jehen
von lieb, swie ich niht liebes han,

die jedenfalls nicht den Schluß zulassen, daß J. v. W. Geistlicher war. Gegen eine derartige Ausdeutung sprechen schon die Verse 8646ff., wo er von den Frauen sagt:

wœr ich des gutes rich,
ir trutschaft ich gewúnne
e daz ich mich versúnne.

Hinzukommt, daß in der umfangreichen Dichtung nur an ganz wenigen Stellen auf die Bibel bezuggenommen wird. J. war vielmehr ein Bürgerlicher, der aus seiner Vaterstadt Würzburg zu den Grafen von Hohenberg-Haigerloch gekommen war. Sie preist er v. 13228ff. als seine Herren. Ein festes Amt wird er bei ihnen nicht bekleidet haben; denn er sagt:

mit sunderdienst walten
kan ich die aller wirde werk
minnten ie.

Wenn er sich v. 19561 *Hanns der schribœr* nennt, so bezieht sich der Beiname sicherlich auf sein Dichten, wie die Verse 13228f.

Johannes der tugend schribœr
haizz ich geborn uz Francken

und 13262ff.

sin (Dieprechts) *innrlich begirde*
stůnd ie nach tugende sachen,
da von man in siht machen
hie manic bůch und schriben

dartun. Zu dem in den letzten Versen erwähnten Eßlinger Bürger Dieprecht, der sehr wahrscheinlich in einer Urkunde vom 19. März 1280 begegnet, stand er in Beziehung. Jener verschaffte ihm die Quellen für sein Werk. Keinen Aufschluß über den Dichter geben die allein in der Hs. G überlieferten Schlußverse:

ob mir zum lone mac
werden — ich nims — ain gůt gewant,
des si der commentur gemant!
daz stat in siner gnaden hant.

Sie sind ein deutlicher Zusatz des betreffenden Schreibers, der die Abschrift wie die im gleichen Codex enthaltene von Strickers 'Karl' wahrscheinlich für einen Komtur des Deutschen Ordens anfertigte. Daß J. v. W. längere Zeit in ritterlicher Umgebung lebte, beweist seine genaue Vertrautheit mit höfischer Lebenshaltung. Seine ziemlich umfassende Bildung hatte er vielleicht in einer geistlichen Schule seiner Vaterstadt erworben. Seine Kenntnis des Lateinischen wird durch zahlreiche Wendungen seiner Dichtung bezeugt.

2. Über die Quelle seines Werkes bemerkt J. v. 19562ff.:

dis aventúr ahtbœr
ich in latine geschriben vant.
von Zyzya kúnc Agrant
hiez si also beschriben.

Weiter sagt er von Dieprecht v. 13269ff. ausdrücklich:

er schraip mit sin selbes hant
swaz im wart aventúr bekant.
der hat ditz bůch mir auch geschriben,
des han ich im ditz lob getriben
ze dienst, wan erz von schulden hat.

Daß ihm jener wirklich den Stoff zur Verfügung stellte, geht auch aus den Versen 9097ff. hervor:

Diu Minn sprach: wes zihstu mich?
lieber Diepreht, wie schol ich
hie die grozzen clage erwern?
. . . .
an der selben geschiht
han ich kain schulde.

Gerade sie sind für die Arbeitsweise des Dichters und sein Verhältnis zur Vorlage sehr aufschlußreich.

3. Das Epos hat nur eine schmale geschichtliche Grundlage. Der österreichische Herzog Leopold V. (1177—94), der am dritten Kreuzzug teilnahm, ist mit seinem Sohn, Leopold VI. (1198—1230), in Wilhelms Vater Leopold zusammengefallen. Zu jenem gehören Herzog Friedrich von Schwaben, der Sohn Kaiser Friedrichs (v. 16614 ff.), König Richard von England (v. 16789ff.) und König Philipp von Frankreich (v. 17910ff.), zu diesem die Belagerung von Damiette im Jahre 1218 (v. 16226ff.). Auf Leopold VI. paßt auch die Angabe, daß sich der Vater Wilhelms einer Wallfahrt unterzieht, um einen Erben zu erlangen; denn er nahm tatsächlich zum Dank für die Geburt eines Sohnes im Jahre 1208 das Kreuz. Der Sohn Leopolds VI., Friedrich der Streitbare (gest. 1246), erscheint als Friedrich, der Sohn Wilhelms und Aglyes. In Wilhelm selbst wird sich der mit Agnes von Thüringen vermählte ältere Bruder Fried-

richs Heinrich spiegeln, der sich 1226 wegen eines Streites *super hereditate* gegen den Vater empörte und, nachdem er sich mit ihm wieder ausgesöhnt hatte, schon 1228 starb. Der Name *Wilhelm* scheint dabei aus Rudolfs v. Ems (s. d.) 'Wilhelm von Orlens' zu stammen, mit dem sich J.s Dichtung mehrfach berührt, zumal dieses Werk in gewiß echten Versen der Hss. H und Hb als Vorbild genannt wird. Überwuchert sind diese wenigen geschichtlichen Bezüge jedoch durch eine große Zahl sagenhafter Motive, die die wirklichen Geschehnisse nur noch eben erkennen lassen.

4. Der 'Wilhelm von Österreich' schildert das ganze Leben des Helden von seiner Kindheit bis zu seinem Tode. Um einen Sohn zu erlangen, unternimmt Herzog Leopold von Österreich eine Wallfahrt nach Ephesus. Er kommt dabei nach Zyzya, in das Land des Königs Agrant. Dieser schließt sich ihm an, um auch um einen Erben zu bitten. Beider Wunsch geht in Erfüllung. Gleichzeitig werden Leopolds Sohn Wilhelm und Agrants Tochter Aglye geboren. Der Knabe wächst heran und erblickt im Traum das Bild des Mädchens. Sein Herz entbrennt in Liebe zu ihm. Da seine Gedanken nicht von ihm loskommen, bricht er schließlich heimlich auf, um es zu suchen. Er gelangt auch nach Zyzya und trifft hier mit Aglye zusammen, die seine Liebe erwidert. Das traute Zusammenleben der beiden Kinder wird aber durch die Eltern unterbrochen. Sie können ihre Neigung einander nur noch in Briefen zu erkennen geben. Aglye wird von Agrant König Walwan von Frigia versprochen, der Wilhelm mit sich nimmt. Er schickt ihn mit der Kriegsansage zu Melchior von Maroch, der solche Boten tötet. Nach zahlreichen Abenteuern, in denen er u. a. vom Ritter Joraffin einen Helm mit dem Kinde Cupido erhält und eine Frau befreit, gelangt Wilhelm auch dorthin. Melchior will ihn aber nicht umbringen lassen. Auf Rat des Kalifen begnadigt er ihn und stellt ihn in sein Heer ein. Gemeinsam ziehen sie gegen Agrant und Walwan zu Felde. In siegreicher Schlacht erschlägt Wilhelm den letzteren. Jetzt wird aber Aglye mit Wildomis verlobt. Auch diesen kann Wilhelm überwinden. Er tötet den Nebenbuhler im Speerkampf, wird jedoch selber gefangengenommen und zum Tode verurteilt. Aglye klagt um ihn und sucht seine Tat zu rechtfertigen. Der Bedrohte wird dann durch Parklise mit einem Greifen gerettet. Er kämpft mit einem Ungeheuer, weiter mit Merlin und befreit die Königin Crispin von Belgalgan. Diese hilft ihm dafür mit einer List, die Geliebte zu gewinnen. Angeblich wirbt ihr Neffe um Aglye. Als Agrant jedoch zur Hochzeit nach Solia kommt, muß er es zulassen, daß seine Tochter mit Wilhelm vermählt wird. Auf Rache sinnend zieht er wieder ab. Es kommt daraufhin zu einer großen Entscheidungsschlacht, an der auch die Christen von Damiette mit Leopold von Österreich, Herzog Friedrich von Schwaben, König Richard von England, König Philipp von Frankreich u. a. teilnehmen. Agrant und die Seinen werden geschlagen, und er und alle Heiden bitten um die Taufe. Wilhelm läßt dann Aglye zurück und begibt sich mit seinem Vater nach Österreich zu seiner Mutter. In seiner Abwesenheit wird sein Sohn Friedrich, der spätere Herzog von Österreich, geboren. Nur kurze Zeit kann er nach seiner Wiederkehr noch mit der Gattin verbringen. Auf einer Jagd wird er ermordet. Aglye stirbt über seiner Leiche. Seinem jungen Sohn aber schwören die Dienstherren Treue.

5. Als Vorbilder nennt J. außer Rudolf v. Ems Wolfram v. Eschenbach (s. d.) und Gottfried v. Straßburg (s. d.). Seine Gestaltung des Stoffes verrät entschieden dichterische Begabung. Die leitenden Gesichtspunkte sind ihm *minne und aventiur*, die er mit *tugende* verbinden möchte (v. 146ff.). Dabei schreibt er *den werden ... durch bezzerunge* (v. 19502ff.). Den Inhalt kleidet er in eine angemessene Form. Er ist ein Meister der geblümten Rede. Aus feinerem Empfinden heraus hat er aber im allgemeinen überall dort, wo sie unangebracht war, auf jeden Prunk verzichtet und sich einer schlichten Ausdrucksweise bedient.

6. Das Epos Johanns hat bei den Zeitgenossen und auch späterhin noch bis zum Ausgang des 15. Jhs. großen Beifall ge-

funden. Anklänge daran begegnen im *'Friedrich von Schwaben'* (s. d.). Im Schloß Runkelstein bei Bozen sind auf den im 15. Jh. entstandenen Wandgemälden neben Tristan und Isolde und Wilhelm von Orleans und Amelye auch Wilhelm von Österreich und Aglye dargestellt. Ebenso bemerkt (1462) der 'Ehrenbrief' Püterichs von Reicherzhausen (s. d.) an die Erzherzogin Mechthild von Österreich (s. d.) in Str. 108:

Wilhelm von Österreich
den tichtet vnns vil schon
ein schreiber Tugentliche
von Würzburg Hannss gehaiszen was der mann.

Auch Ulrich Füetrer (s. d.) nennt in seinem 'Buch der Abenteuer' Str. 4 Agley und Ryal (= Wilhelm von Österreich) neben anderen berühmten Liebespaaren. Auf Einzelheiten der Dichtung spielt er außerdem in Str. 28f. an. 1481 wurde eine Prosaauflösung unter dem Titel *'Historie von Herzog Leupold und seinem Sohn'* gedruckt. 1557 endlich bearbeitete Hans Sachs den Vorwurf zu einem Drama.

Überlieferung. Der 'Wilhelm von Österreich' ist in neun Hss. und einigen Bruchstücken überkommen. Die Gothaer Hs. (G) cod. membr. 4. Nr. 39 stammt aus der ersten Hälfte des 14. Jhs. und enthält von S. 153 an auf 122 zweispaltigen Quartblättern das Werk bis auf einzelne Lücken vollständig. Die Sprache ist oberdeutsch, doch ziemlich frei von grobmundartlichen Zügen. — 1397 wurde die Liegnitzer Pergamenths. (L) in Kleinfolio vollendet. Am Anfang fehlen 41 Blätter, außerdem noch 4. Erhalten sind 108 Blätter. Der erste Vers ist v. 5237. — Dem Anfang des 15. Jhs. gehört die Heidelberger Papierhs. (H) Pal. Germ. 153 an. Sie reicht nur bis v. 18115 und enthält 319 gezählte Blätter in 17 Lagen von je 12 Blättern. Die Sprache weist auf ostschwäbische Heimat des Schreibers. — Die Wiener Hs. (W) ist eine Papierhs. in Kleinfolio vom Jahre 1415. Sie ist von *Eberhardus Sculteti de Möchingen* geschrieben und umfaßte ursprünglich 110 Blätter, von denen 3 verloren sind. Mit Bl. 52 scheint eine andere Hand zu beginnen. — Die Wernigeroder Hs. (Wg) ist 1474 entstanden. Sie zählt 136 Blätter und ist unabgesetzt geschrieben. — Die Haager Hs. (Ha) Nr. 720 ist eine Papierhs. des 15. Jhs. mit 150 Blättern in Folio. Sie geht von v. 2501 bis zum Schluß. — Die auch ins 15. Jh. fallende Gießener Papierhs. (Gi) enthält 33 Blätter, von denen 3 aber nur noch als Ecken erhalten sind. Von v. 6936 an sind die Zeilen vollständig. Die Hs. reicht bis v. 17636. — Die Heubacher Papierhs. (Hb) in Kleinfolio ist von drei Händen geschrieben und umfaßt auf 143 Blättern die Verse 131—17313. — Die Stuttgarter Hs. (S) endlich ist eine Papierhs. von 77 gezählten Folioblättern. Sie beginnt mit v. 173 und reicht ohne erhebliche Auslassungen bis v. 7698. Der Rest ist stark gekürzt. — Von den Bruchstücken kommt hierzu zunächst aus dem 14. Jh. das Gothaer Fragment (a), das aus zwei nicht zusammengehörigen Pergamentblättern und einem schmalen Seitenabschnitt besteht. Derselben Hs. gehört das sechs Quartblätter umfassende Berliner Fragment (B) an. Ein anderes Berliner Fragment (Ba) zählt ein Doppelblatt und ein Pergamentblatt 8⁰. Ein Straßburger Bruchstück (Str) bietet zwei Blätter. Das Münchener Fragment (I) cgm. 192 mit zwei Pergamentblättern aus dem 15. Jh. beschließt die Reihe. — Die Hss. und Bruchstücke zerfallen in zwei Gruppen. In G, W, Wg, L, Ha, Gi, a, B, Ba und Str finden sich nach v. 14300 66 Verse, die nicht an diese Stelle gehören. Im richtigen Zusammenhang stehen sie dagegen in der Sippe H, S, I. Eine Mittelstellung nimmt Hb ein. Sie bringt die 66 Verse sowohl am falschen als auch am richtigen Ort. Die Haupthss. beider Gruppen sind G und H. Die bessere Vorlage hatte jedenfalls die Sippe H, S, I (Hb). Leider mindert aber die weniger sorgfältige Überlieferung ihren Wert etwas herab.

Ausgabe. Eine kritische Ausgabe des Werkes bereitete Karl Regel für die Bibl. des Stuttg. Lit. Vereins vor. Nach seinem Tode übernahm sein Neffe Ernst Regel seine Vorarbeiten, verzichtete aber auf eine kritische Textherstellung. Vielmehr gab er in den Deutschen Texten des Mittelalters 3 (1903) im wesentlichen einen Abdruck von G. Nur in den Anmerkungen und Nachträgen ist eine Reihe von abweichenden Lesarten und Mehrversen mitgeteilt. Eine kritische Ausgabe ist nach wie vor ein Bedürfnis. Vgl. Fr. Panzer ZfdPh. 43 S. 476—79.

Literatur. Die Forschung hat sich unberechtigterweise um Johanns 'Wilhelm von Österreich' lange Zeit nur sehr wenig gekümmert. Die eigentliche Beschäftigung mit ihm beginnt erst mit einem ihm gewidmeten Akademievortrag G. Roethes vom 1. Mai 1905. Bedauerlicherweise ist über ihn aber nur eine kurze Bemerkung in den Berliner Sitzungsberichten 1905 unter dem 18. Mai erhalten. Auf Roethes Anregung geht die Berliner Dissertation von Fr. Göhrke *Die Überlieferung von Johanns von Würzburg Wilhelm von Österreich nebst einer Reimgrammatik* (1912) zurück. Auch die Stiluntersuchung über J. v. W. bei O. Mordhorst *Egen von Bamberg und die geblümte Rede* (Berl. Beitr. z. Germ. u. Rom. Phil. Germ. Abt. 30) 1911 steht unter seinem Einfluß. Sehr unzuverlässig ist E. Frenzel *Studien zur Persönlichkeit Johanns von Würzburg* (Germ. Studien 84) 1930, wesentlich besser, wenngleich auch noch in manchem irrig E. Mayser *Studien zur Dichtung Johanns von Würzburg* (Germ. Studien 101) 1931; vgl. zu beiden W. Heiligendorff ZfdPh. 57 S. 85—88. Über Einwirkungen auf den *'Friedrich von Schwaben'* s. M. H. Jellinek ZfdA. 57 S. 133ff. Über die Prosaauflösung handelt Häntzschel in seiner

Jenaer Dissertation *Das Volksbuch Wilhelm von Österreich* (Auszug im Jahrbuch d. Phil. Fakultät der Jenaer Universität 1921).

Willy Krogmann.

Johann von Zuzenhausen. Bezeichnet sich in der lateinischen Vorrede seiner Darstellung der Leidensgeschichte Jesu als *humilis frater Johannes de zuzenhusen permissione diuina Tramintis ecclesie presul proclivus.* Einen Anhaltspunkt für seine Lebenszeit gibt die Widmung an den Erzbischof Gerlach von Mainz (1346—71). Sein Geburtsort ist wohl das heutige Zuzenhausen im Kreis Heidelberg. Seine '*Passio*' beginnt nach einer kurzen lateinischen Einleitung mit der Ankündigung des Osterlammessens. Da aus der Hs. drei Blätter herausgerissen sind, ist sie nicht ganz vollständig, sondern bricht in der Zeit zwischen Christi Himmelfahrt und Pfingsten ab. Wahrscheinlich reichte sie bis zur Ausgießung des heiligen Geistes. Die Vorgänge sind in einfacher Sprache erzählt und verschiedentlich näher erläutert. Als seine Quellen nennt J. v. Z. u. a. die vier Evangelien, das Evangelium der Nazarener, das Evangelium des Nikodemus und die Schriften von Gregor, Augustin, Ambrosius, Hieronymus, Blasius, Bernhard, Chrysostomus, Hugo, Beda, Rabanus, Origenes, Sedulius, Alexander Neckam, Bonaventurus, Nicolaus de Lyra.

Die Passion findet sich in der dem 15. Jh. angehörenden Papierhs. Cat. mss. 809 Num. Loc. 1341 (ältere Sign. Nr. 15. D. I a. 11) der Trierer Stadtbibliothek. Sie ist von anderer Hand geschrieben als die übrigen Teile des Bandes. Das lateinische Vorwort füllt Bl. 250f. Der Text reicht von Bl. 251 bis zum letzten erhaltenen Blatt (325). Am Rande sind die Bibelstellen und sonstigen Belege angegeben. Die Hs. stammt nach dem Eintrag auf dem Vorsatzblatt: *Dit buech hoeret zu in vnser lieber frauwen cloester Euertzclusen* aus dem Kloster Eberhardsklausen (heute Klausen) südlich von Wittlich, das aus einer 1449 erbauten Kapelle hervorgegangen war.

Willy Krogmann.

Johann von Zwickau, s. Deumgen.

Johannes Werner von Zimmern, s. Zimmern.

Johannesdorf, s. Albrecht v. J.

'Johannesspiel, Dresdener', s. 'Fronleichnamsspiele, Freiburger' (I 734).

Jöppel, Kaspar, in Basel, Verf. eines Liedes über die Aufnahme Basels in den eidgenössischen Bund, 1501: *Ein newes lied hab ich mich bedacht* (Liliencron II S. 458).

O. v. Greyerz.

'Jordan, Wittich vom', s. 'Heidin'.

Jordan von Quedlinburg (von Sachsen), Augustinereremit, gest. 1380 (in Wien?), 1331 Lektor der Theologie in Erfurt, später in Magdeburg, dann wiederholt Provinzial seines Ordens, war als Prediger hochgeschätzt. Gedruckt wurden die '*Sermones de tempore*' (Straßburg 1483) und die '*Sermones de sanctis*' (Straßburg 1484 und öfters). Die Quellen dieses umfangreichen Predigtwerkes sind noch nicht untersucht. Nicolaus Cusanus (s. d.) macht in seinem eigenen Predigtwerke (Vat. lat. 1245, Bl. 35bβ) darauf aufmerksam, daß Jordan die Schriften Meister Eckharts (d. d.) benutzt, ohne ihn zu nennen. So ist z. B. in den *Sermones de tempore* LXVIII, LXIX, LXXI—LXXVI der Johanneskommentar ausgeschrieben; dabei ist es merkwürdig, daß Jordan in derselben Predigt LXXIV Eckhartisches Gut benutzt, einige der 1329 verurteilten Lehren des Meisters als Aussprüche von Phantasten anführt und mit Texten aus dem Johanneskommentar kritisiert. — Mnd. Sonntagspredigten Jordans enthält die Hs. Münster, Priesterseminar I, 80; nd. Predigten (Sommerteil) Berlin, Staatsbibl. Germ. Fol. 1291. Eine Auswahl bietet die Dissertation von J. Flensburg (Lund 1911). — Besonders beliebt waren die '*Articuli LXV super passione Domini*', eine Stoffsammlung für Predigten über die Leidensgeschichte; sie finden sich handschriftlich recht häufig und sind in den '*Sermones de tempore*' gedruckt. 1758 wurden sie von seinem Ordensgenossen A. Höhn ins Deutsche übersetzt.

J. F. Ossinger *Bibliotheca Augustiniana* 1768, S. 800—802, 993. R. Cruel *Geschichte der deutschen Predigt im MA.* 1879, S. 421/430.

J. Koch.

Jörg, Meister, s. Georg von Linz.

Jörg von Nürnberg, Büchsenmeister, trat 1456 in die Dienste des Herzogs Stephan von Bosnien, wurde 1460 mit

Weib und Kindern gefangen und in die Türkei verschleppt, erlangte als Büchsenmeister die Gunst des Sultans und wurde mit *gůten soldt* von ihm angestellt. 1480 wurde er als Kundschafter nach Alexandrien geschickt, mit Hilfe dortiger Franziskaner und Venetianischer Kaufleute gelang es ihm aber, nach Venedig zu entfliehen. Von da aus wurde er Büchsenmeister bei Papst Sixtus IV. Sein Todesjahr ist unbekannt.

Auf Grund seiner Erlebnisse verfaßte er nach 1481 ein Büchlein mit Nachrichten über die Türken, ihre Geschichte, ihre Sitten, ihren Glauben, von dem vier Drucke bekannt sind: 1. [Memmingen bei Albrecht Kunne] 8 Bll. 4⁰ = Hain 9379 (Ex. München). Anf.: *Es ist ze wyssen das maister von Nurnbergk ycz vnnsers hailigen vatters buchsenmaister diese her nach geschryben geschicht von der Turckey hat gemacht.* Druck sehr flüchtig und fehlerhaft. — 2. Memmingen 1496 [bei Albrecht Kunne], 30 Bll. 4⁰ = Hain 9380 (Ex. Berlin). — 3. [Nürnberg, H. Mair] 1500, 78 Bll. 4⁰ = Hain 1381. (Ex. Berlin). Titel jetzt: *Antzeygung kurtzlichen vnd volfurung den vrsprung deß Thurkyschen und hundtyschen volcks vnd deß gewaltyger vnnd poslicher zů nemung mitsampt der grossen vnd schödlichen verderblikeyt die sie byßher wider das christglaublich volck haben begangen.* — 4. [o. O.] 1500, 8 Bll. 4⁰. (Ex. Stadtbibl. Frankfurt a. M.).

Das Büchlein gliedert sich in vier ungleich lange Teile: *wie die Türcken auffkumen sein — wie ain yetlicher Türckischer kaiser sein volbracht. vnd was landt vnd stet vnd anders er gewunnen hat — ein wienig von irem gesatz oder glauben vasten vnd beten — wie sie die armen gefangen behalten kauffen vnd verkauffen.*

Der 2. Druck fügt eine Vorrede über Kaiser Maximilian und drei z. T. recht umfangreiche Abschnitte bei, z. T. Übersetzungen aus lateinischen Berichten; der 3. Druck hat diese Beigaben noch vermehrt, auch hier sind es größtenteils Verdeutschungen aus dem Lateinischen und Italienischen. Es sind Berichte über die türkischen Ereignisse, deren Quellen noch festzustellen wären. Das Originalbüchlein des J. v. N. steht immer an der Spitze, der Herausgeber des 3. Drucks hat mancherlei Streichungen darin vorgenommen.

J. v. N. schildert in schlichter, einfacher Sprache, was er gehört und selbst erlebt hat; das letzte Datum ist 1481. Schriftliche Quellen hat er wohl kaum benutzt.

Will *Nürnberger Gel.-Lex.* II (1755) S. 254; Adelung *Fortsetzung von Jöchers Gel.-Lex.* II (1787) Sp. 2294f.

Urte Kletzin.

Jos, s. Jobst.

Josep.

1. Lücken- und fehlerhaft und mit Versetzung eines großen Stücks ist J.s Gedicht von den sieben Todsünden in einer Papierhandschrift des 15. Jhs. überliefert (4⁰), die sich als Nr. 64 (139) in der Bibliothek der Gesellschaft für bildende Kunst und vaterländische Altertümer zu Emden befindet und Anfang des 16. Jhs. im Besitz des Nonnenklosters Ebstorf bei Lüneburg gewesen ist. Eine Reihe wohl auch von J. stammender Reimsprüche schließt sich in der Hs. an.

2. Der Dichter (Nennung in den Schlußversen) schrieb zur Zeit der Hussitenkriege (6^b, 28^a, Reifferscheid S. 200, 252) im innern Niedersachsen, wohl zwischen Weser und Elbe (vgl. die Stader und Bremer Schwaren 28^a, R. S. 252) und zwar im Gebiet des niederdeutschen Bauernhauses (v. 5362ff., Babucke S. 33). Er ist schwerlich in einem der Mönchsorden zu suchen, die er (anders als die *leven bagynen* 70^a, R. S. 288) mit ihren Gebrechen scharfem Tadel unterwirft und alle als Abkömmlinge der *Usura* ausgibt. Man wird ihn als einen Laien mit gelehrter Bildung und geistlicher Gedankenrichtung ansehen müssen (vgl. 48^a, R. S. 242), der den vornehmen Kreisen angehörte und in ländlicher Umgebung lebte. Die Dichtung gibt sich als die Antwort eines Vaters auf die Frage seines Sohnes (7^a, B. S. 10) und wendet sich mit ihren größtenteils für ein weltliches Leben gültigen Lehren (vgl. 41^a, R. S. 208) immer wieder ausdrücklich an diesen *leven sone* (nicht als *here* angeredet; 11^a, R. S. 201 ist zu lesen *hore my!);* vermutlich ist das nur als literarische Einkleidung aufzufassen, die von einem lateinischen Vorbild übernommen ist (vgl. 46^a, R. S. 270).

3. Diese Hauptvorlage, die aber jedenfalls sehr frei verwertet ist, wird eine prosaische Darstellung gewesen sein, die nach dem üblichen Grundriß die sieben Todsünden als Frauengestalten und die ganze Zahl der Unterlaster als deren Töchter vorführte. Nur mittelbar ist wohl das Werk *'De regimine principum'* (104^b, R. S. 221) von Aegidius a Columna benutzt, und Gleiches wird bei den Berufungen auf Aristoteles und Seneca und vielen anderen Anführungen gelten. Lateinische Zitate in großer Zahl, aus der Bibel, den Kirchenvätern und von unbekannter Herkunft, neben prosaischen gereimte von sprichwörtlicher Prägung, werden eingeschoben, ohne daß man sie als spätere Zusetzungen ausscheiden dürfte; auch ohne sie zu übertragen, weist der dt. Text darauf hin. Um den lehrhaften Ausführungen Nachdruck und Überzeugungskraft zu geben, werden zahlreiche Erzählungen eingestreut; als dienende Glieder sind sie z. T. ganz knapp, bei allgemein bekannten Stoffen wohl auch nur als Hinweise gegeben; andere sind ausführlicher und sehr lebendig. Hierzu treten vielfache Sittenschilderungen, in denen J. mit leidenschaftlicher Anteilnahme die Mißstände seiner Tage darstellt und an manchem Auftritt von packender Lebenswahrheit grell vor Augen stellt. Dieser Richtung des Blicks auf die ungeschminkte Wirklichkeit entsprechen im Stil die treffenden Bilder aus dem täglichen Leben. Die Verse zeigen mit ziemlich starker Füllung den wuchtigen freien Bau, der für die mnd. Dichtung zur Zeit ihrer Höhe bezeichnend ist.

4. An den Anschauungen J.s fällt es besonders auf, wie er sich zur Prädestinationslehre in ihrer schroffsten Form bekennt: alles, was sie auch Böses tun mögen, wird den Auserwählten zum Guten gewandelt (101^{b}f., R. S. 224f.). Weltverachtende Züge fehlen nicht, die Erbärmlichkeit und Vergänglichkeit des Erdenlebens betont J. mit so manchem strafenden Sittenprediger als eine Mahnung, an das Ewige zu denken; alle Menschen bis zum Mächtigsten sind nur Asche und Dreck (1f., B. S. 9, R. S. 207). Dennoch ist die Grundrichtung nicht weltfeindlich. Menschliche Schönheit wird als Widerspiegelung des Göttlichen gesehen (v. 5287ff., B. S. 32f.). Das Recht zur Fröhlichkeit wird für Laien und Geistliche hervorgehoben (46^a, R. S. 208); Gott zu Ehren und für ihren Gatten darf die Frau sich schmücken (B. S. 34). Im Gegensatz zur gefahrumdrohten, heimlichen und unbeständigen Liebe derer, die Amor folgen, wird der Wert der echten, der ehelichen Liebe, die von der Gottesliebe freilich übertroffen wird, hochangeschlagen (105^{a}f., R. S. 226f., B. S. 35). Wenn J. zwar den höheren Ständen angehört, an ihren dichterischen Überlieferungen teil hat und edles Menschentum als „höfisch" auffaßt, so sind doch keine nur der Oberschicht eignenden Sonderanschauungen mehr vorhanden, sondern nur noch eine für alle in gleicher Weise gültige, auf kirchlicher Grundlage ruhende Lebensauffassung. Bei entschiedenem Eintreten für die wirtschaftlich Schwachen schont J. mit seinem Tadel niemand, am wenigsten die Geistlichkeit bis zu ihrem Oberhaupt. Hart und laut erklingen die Gravamina der Deutschen gegen Rom (47^{a}ff., R. S. 244ff.). Nicht den geistlichen Stand noch irgend etwas Äußeres erkennt er als entscheidend (vgl. wie er die Überhebung der Jungfräulichen verurteilt 102^a, R. S. 225f.), sondern nur das Herz: in der Hölle ist mancher, den die Welt für heilig hält (38^{b}ff., R. S. 228, 210). Liegt es J. auch fern, das Dogma anzutasten, so spürt man doch das Jahrhundert vor der Reformation. Wiewohl sich die Gedanken J.s, der im Grübeln über die unergründlichen Geheimnisse Gottes eine schwere Gefahr erblickt (5^{b}ff., R. S. 147ff.), nicht zu einem innerlich voll geschlossenen System zusammenfügen, ist sein Werk bemerkenswert durch Freimut und Selbständigkeit der darin vertretenen Auffassungen, von denen er natürlich vieles aus seiner Quelle übernommen, aber sich auch angeeignet hat.

Auszüge und Proben bei H. Babucke *Josefs Gedicht von den sieben Todsünden*, Progr. Norden 1874; A. Reifferscheid Jb. der Gesellschaft für bildende Kunst und vaterländische Altertümer zu Emden 15 (1905) S. 192—271 (auch die Reimsprüche); A. Lübben *Reimsprüche*, Nd. Jb. 2 (1877) S. 24/6. — C. Schröder

ArchfLg. 4 (1875) S. 387ff. H. Babucke Monatsschrift für rheinisch-westfälische Geschichtsforschung und Altertumskunde 1 (1875) S. 396. A. Reifferscheid im angeführten Jb. 14 (1902) S. 1ff. F. Ritter ebd. S. 512ff. C. Borchling *Zur Geschichte der Emder Josep-Hs.*, ebd. 15 S. 520ff. W. Stammler NJbb. 45 (1920) S. 119; GRM. 13 (1925) S. 443; dort weitere Nachweise.

L. Wolff.

Joseph nannte Gottsched in seiner 'Deutschen Sprachkunst' (²S. 516, ⁴S. 567) als Verfasser der Minneallegorie 'Der neuen Liebe Buch' (s. d.). Er kannte das Gedicht aus dem Sammelbande der Zwickauer Ratsschulbibliothek, der auch den Erfurter Druck von Volmars (s. d.) 'Steinbuch' enthält, und diesem Werke entnahm er irrig den Namen *Joseph*.

Hans Hofmann *Ein Nachahmer Hermanns von Sachsenheim*, Diss. Marburg 1893, S. 7 und 70f.

Niewöhner.

Joseph nennen eine St. Galler Hs. und ein Erfurter Druck als Verfasser des 'Steinbuchs' (s. Volmar). Der Name stammt wohl aus Albertus Magnus (s. d.), der in der Vorrede zu Buch I seiner Schrift '*De mineralibus et rebus metallicis*' Hermes, Evates, Dioscorides, Aaron und Joseph nennt. Joseph führt er auch als Gewährsmann beim *celidonius* an. Albertus Magnus wiederum schöpfte vielleicht die Namen Aaron und Joseph aus Arnoldus Saxo (s. d.).

H. Lambel *Das Steinbuch, ein altd. Gedicht* 1877. V. Rose *Aristoteles de lapidibus und Arnoldus Saxo*, ZfdA. 18 S. 321—455.

Niewöhner.

Jost, s. Jobst.

Jud, Ott, s. Ott, Meister.

Judde, s. Michael de Leone.

Der Jude von Salms nennt sich der Verfasser einer deutschen Praktika in der Handschrift 1376 aus dem Anfang des 16. Jhs. auf der Erlanger Universitätsbibliothek. Seine eigene Verfasserbezeichnung lautet verschieden. So schreibt er zu Anfang nur: *Ich heisße der Judde*, Bl. 28ᵇ: *Ich hesse von Salmsse*, Bl. 160ᵃ: *Ich hesse* Bl. 271ᵃ: *Ich heisße der Judde von salmss, ein geselle in medicina und Cirologie und der heiliger schrifft gewen van eimem erst zu dem andern.* Bl. 271ᵇ gibt er auch ein Abschlußdatum: *das vollenbracht ist uff mandag vur sant Peters Tag ad kathedram, da man zalt nach der geburt cristi in diesem vir hondert und xxx iare;* das wäre der 20. Februar 1430. Er erzählt einmal Bl. 28ᵇ ganz behaglich, wie er vertraulich im Jahr 1427 bei seinem Herrn auf der Burg sitzt *zu Crauerbach uff der burg genant Cronenburg by dem wol gebornen Grauen Johann Grauen zů Spanheim und von sinen gnaden geheyssen sass in siner sytten und word wir also reden von* [Bl. 29ᵃ] *der artzidie und wie die practica were uber die konst und schonheyt von der artzdien, alss danne der vugrae weil geborn herrn lib, gnad, weil, lust mit derselben konst hait, alsso sprach ich gnediger Herr iss nit 56 jare, dass konig Karell, konig zu frangrich, der sinloß wart, zu Pariß gecront wart, da war ich bey einem großen Prelaten und vorsprecher ymm perlament, derselb genant was herr Philipps von Sapheyen* [Philipp von Savoyen], *do vant ich ein buch in krichischer schrift und frantzos sprochen geschriben. Daz selb buch ich von frantzoß zu ebreischer sprochen gesatt han. in dem selben buch die best practica ist von ich ye gehort han und ist genant die heimlich pratica. Derselbe practica und hot wiss meister gedicht und in ein solich forme gesagt und genant wass Meister Johans Gamie. Und als der vorgenannte mein gnediger herre verhort von dusser edelheit und er den lob und prieß deß buchß, da wart her des selben buchß gauch* [närrisch auf das Buch] *und sprich sin mir, daß ich ime das buch zu dutschen sprochen setzen und machen wolt;* des bet her *mich und wolt es nimer mer gegen mir vergessen. Dorauf ich mich bedacht und sach ane die begird und willen des vorgenanten herrn und als ich auch dan meynen... dass ich die thutsch sprach nit wol nae meynem willen kunt... villicht diss buch in ein frömde sproch baß mochte künnen...* Schon vorher spricht er davon, was er alles gelesen habe, *jn dem Auicenna und jn andern buchern und da wir inne erkennen die sichdache, wie sye seint und erczedie darnach... deß habe ich hie zu machen ein buch das hilft zu behuden die gesontheyt. Daz erste teil diss buchss ist von den vier elementen,* damit fangen sie ja alle an. Verfasser beruft sich bald auch auf *Isaac Israelis* den Konstantin von Afrika auch bearbeitet hat, auf den alles zurück geht in dieser Literaturgattung. Seine Kenntnis des Hebräischen gibt aber dem Juden von Salms eine größere Freiheit als Dolmetscher auch aus dem Arabischen.

Auf seinen Grafen Johann von Sponheim kommt der jüdische Autor aber stets zurück.

Sudhoff.

'Das Jüdel'.

1. Überlieferung: Vollständig erhalten nur in der Wiener Hs. Nr. 2696 (vgl. E. Schröder ZfdA. 45 S. 217ff.), dazu ein kleines Fragment aus Lambach (Serapeum 3 [1842] S. 343ff.) und ein umfangreicheres aus Seitenstetten (ZfdA. 47 S. 277).

2. Die anmutig und frisch erzählte Versbearbeitung der Legende vom Judenknaben, der am hl. Abendmahl teilnimmt, dafür von seinen Glaubensgenossen in einen glühenden Ofen geworfen, aber von Maria gerettet wird, ist wohl im ersten Viertel des 13. Jhs. im bairisch-ostschwäbischen Sprachraum entstanden. An Konrad von Fußesbrunnen (s. d.) und Konrad von Heimesfurt (s. d.) hat sich der Dichter geschult (freilich war Sprengers Versuch der Identifikation mit letzterem durchaus verfehlt).

3. Als seine Quelle gilt seit Sprenger und Wolter die betreffende Legende der bekannten von Pez herausgegebenen Sammlung von Marienlegenden bzw. nach Pelizaeus (S. 47) die dieser zugrundeliegende Fassung TS. Dann hätte der Dichter sich außerordentlich frei gegenüber seiner Vorlage verhalten und, wohl angeregt durch ähnliche Züge anderer Marienlegenden, neue Handlungsmomente hinzugefügt, vor allem die Reinigung des Marienbildes durch den Knaben, wodurch die Legende erst in den Kreis der Erzählungen von Marias dankbarer Vergeltung geleisteter Dienste einrückt. Aber es bleibt zweifelhaft, ob die Selbständigkeit des Verfassers wirklich so weit ging: so wenig wie in den 33 von Wolter besprochenen Fassungen scheint sich dies Motiv allerdings in den leider von Pelizaeus all zu knapp charakterisierten sonstigen Bearbeitungen zu finden, aber da ein anderer bei Pez nicht vorhandener Zug (das Verneigen vor dem Marienbilde) in einer unabhängigen lat. Prosafassung des 15. Jhs. (ZfdA. 29 S. 351f.) wie in einigen Versionen der „Cleopatra-Toulouse-Oxford-Gruppe" (Pelizaeus S. 39f.) begegnet, so ist mit einer ausführlicheren Vorlage zu rechnen. Die weitgehende inhaltliche Übereinstimmung des 'Jüdels' mit der betreffenden Erzählung in den Marienlegenden des 'Passional'-Dichters besagt freilich nichts für diese Vorlage, da einige markante Berührungen im Wortlaut eindeutig beweisen, daß der 'Passional'-Dichter hier das 'J.' selbst als Hauptquelle zugrundegelegt hat, ein Zeichen des literarischen Weiterlebens des 'J.'

Abdruck der Wiener Hs. bei K. A. Hahn *Gedichte des XII. und XIII. Jhs.* 1840, S. 129 bis 134, dazu S. 147; bei Müllenhoff *Altdeutsche Sprachproben* 1885, S. 104—108; unter Hinzuziehung des Lambacher Fragments bereinigt hrsg. v. Sprenger Germania 27 S. 128ff., dazu E. Steinmeyer ZfdA. 27 S. 83f. — Über den Stoff Eug. Wolter *Der Judenknabe* (Bibliotheca Normannica ed. Suchier II) 1879; dazu A. Mussafia *Studien zu den mittelalterlichen Marienlegenden*, WSB. Bd. 113, 115, 119, 123, 139 (1887—98). A. Poncelet Analecta Bollandiana 21 S. 251 Nr. 95 (Verweise!). Schönbach ZfdA. 29 S. 350ff. Bolte Alemannia 17 S. 24. P. Meyer Notices et extraits des manuscrits de la Bibliothèque Nationale XXXVI 1, S. 49. P. Toldo Arch. f. d. Stud. d. n. Spr. 117 S. 287. H. Günther *Legendenstudien*. 1914, S. 138. Th. Pelizaeus *Beiträge zur Geschichte der Legende vom Judenknaben*. Diss. Halle 1914. E. Mâle *L'art religieuse en France au XIIIe siècle* [5]1923, S. 263f., 266. — Von den sehr zahlreichen bildlichen Darstellungen der Legende seien noch erwähnt Hucher *Les vitraux de la cathédrale du Mans* 1854—67 u. Andr. Lindblom *La peinture gothique en Suède et en Norvège*. Stockholm 1916, S. 66, 203, 245ff.

H.-Fr. Rosenfeld.

Judenburg, s. Gundacker v. J.

Judensint, Hans, von Speyer ist der Verfasser eines Geschichtsliedes, das kurz nach 1474 entstanden ist. Es behandelt die Ereignisse um Peter von Hagenbach, den burgundischen Landvogt über Elsaß, Sundgau und das Gebiet des Schwarzwaldes, der von Karl dem Kühnen zur Verwaltung der ihm durch Erzherzog Siegmund von Österreich verpfändeten Lande eingesetzt war. Peter von Hagenbach errichtete eine böse Willkürherrschaft und tat sich durch eine Anzahl persönlicher Schandtaten hervor. 1470 war er ins Land gekommen, vier Jahre darauf schließen sich Österreich und die Schweizer Eidgenossenschaft zur Erhebung gegen ihn zusammen unter Führung der Städte. In Breisach wird Hagenbach überwältigt und zum Tode verurteilt; nachdem er seiner Ritterehren entkleidet ist, findet am 9. Mai 1474 die Hinrichtung statt. Erzherzog Siegmund nimmt seine Länder wieder in Besitz. — Die Dichtung, in der Form recht unbeholfen und uneinheitlich, hat 203 Zeilen in Reimpaaren. Betont ist die besonders den Städten zugeneigte Haltung des Verfassers. Er nennt sich in folgenden Versen (194—198):

Der disen spruch gedichtet hat,
groß gut er sin ding wol schafen lat
und kert sich nit vil daran.
Hans Judensint von Spier heiß ich der man,
er hat geticht das und noch vil mer.

Von den hier angekündigten weiteren Gedichten ist uns einstweilen keines bekannt geworden. Der Dichter ist wohl wie viele Verfasser anderer Historien unter den Fahrenden zu suchen; darauf deutet seine Unbekümmertheit in Bezug auf Besitztümer, die in Vers 195/6 ausgesprochen ist.

Hs. im Karlsruher Archiv, Speyerer Chronik eines *Anonymus Spirensis*, der gleichzeitig gelebt hat, auf S. 706/8. — Abgedruckt mit näheren Angaben bei Mone *Quellensammlung zur badischen Landesgeschichte* III S. 151, ferner bei v. Liliencron *Histor. Volkslieder* II Nr. 132.

Ruth Westermann.

'Judenspiel, Endinger, Rinner und Trienter'.

1. Handschriften des Endinger Spiels. 2. Sein Inhalt. 3. Sein Aufbau. 4. Sein mal. Charakter und seine Aufführung. 5. Seine Sprache. 6. Sein Stoff. 7. Ritualmorde in Vorderösterreich und Tirol. 8. Dramatisierung des Andreas von Rinn durch einen Haller Jesuiten, 9. durch Bodenständige für die Dorfbühnen von Amras, Rinn und anderen Orten. 10. Biographische Bearbeitungen. 11. In Frage kommende Wiltener Schriftsteller. 12. Der Wiltener Spielkulturkreis. 13. Wiltener Ortsspielkultur. 14. Der Fall Simon von Trient. 15. Dessen Bearbeitung. 16. Verbreitung dieser Legende in Vorderösterreich. 17. Die Kindermorde zu Benzhausen und Waldkirch im Breisgau und deren dichterische Gestaltung. 18. Ergebnis.

1. Sieben Abschriften des Judenspiels von Endingen im Breisgau aus dem 19. Jh. (von Amira mit A bis G bezeichnet), darunter vier nach verschiedenen Vorlagen, überliefern den Text. A, aus dem Nachlaß H. Schreibers im Stadtarchiv von Freiburg i. Br., kommt dem Original am nächsten; jedoch ist auch sie nicht nach diesem, sondern nach einer Abschrift aufgenommen, die selber schon fehlerhaft war. Der Orthographie und den Abkürzungen nach stammte diese aus dem 17. Jh. Keine der Kopien führt den Titel oder den Verfasser des Stückes an, nur A das Personenverzeichnis (und zwar nach Prologus und Argumentator die öffentlichen Würdenträger nach der weltlichen Anordnung an der Spitze, die Frauen nach ihren Männern, insgesamt sind es 50 Personen), den Prolog, die Schlußszenen und den Epilog, weiter die Verse 342, 429—32, 445—448, 606, 785, 868, 1185, 1225, 1481, die szenischen Vermerke nach 244, 786, die Überschriften zu Akt 2, 7 und 8. Doch dürfte schon die Vorlage zu A dem Original gegenüber Veränderungen, vor allem Modernisierungen der Sprache erfahren haben (s. z. B. Vers 360: *mit vermehren*, statt richtiger: *mit vermaeren*). Nach Schreiber hätte ein Angehöriger der Endinger Meisterzunft das Spiel verfaßt. Gegen diese Annahme sprechen gleich wie beim Freiburger Fronleichnamsspiel (s. d.) gewichtige Gründe.

2. Das Spiel umfaßt 1907 vierhebige Verse mit Reimpaaren, eingeteilt in Prolog, Argument, acht Akte und Epilog. Der Prolog beruft sich auf die Weissagung Christi über die jüdischen Greueltaten (nach Matthäus 20) und auf die Überlieferung ihrer Schelmentaten durch die '*history*' und '*chronickh*'. Eine landbekannte Untat habe sich in Endingen ereignet. Dem Rat der Stadt zu Gefallen habe er die Erinnerung an diesen Mord in nachfolgender Tragödie festgehalten. Der Argumentator berichtet hierauf das Endinger Ereignis von 1462. Zum „lauberfest" seien hier viele Juden zusammengekommen und hätten in ihrem Haß vereinbart, arme Christen zu töten. Eine Bettlerfamilie habe über Nacht in der Scheune des Juden Elias ihren Unterschlupf und ihr Ende gefunden. Ein Nachbar habe zwar ihr Hilfegeschrei vernommen, tags darauf den Juden gestellt und den Bürgermeister aufmerksam gemacht, doch dieser wollte mit den Juden nichts zu schaffen haben. So sei die Untat erst bei Abbruch des Beinhauses nach acht Jahren aufgekommen, als man auf die Leichen stieß. Die Juden gestanden *ohne alle marter und ohne pein* ihre Verbrechen und wurden dem Feuer übergeben. Im ersten Akt ruft Rabbi Elias seine Glaubens-

genossen zum Christenmord auf, um sich Kinderblut zu verschaffen, im zweiten sucht die Bettlerfamilie Unterkunft und findet sie nur bei dem Juden Elias; er mordet die vier Schläfer zu Mitternacht mit Hilfe etlicher anderer Juden — hinter der Szene — und versteckt die Leichen im Beinhaus; im dritten Akt bemüht sich der Nachbar, seine Befürchtungen an den rechten Mann zu bringen, im vierten dringt die grausige Entdeckung an die Öffentlichkeit, und der ungläubige Pfarrer wird an Händen und Füßen gelähmt, im fünften kommt es zum Verhör des Elias, im 6. mit dem anderen Mörder Eberlin, im 7. mit Merckhlin und den übrigen Mitschuldigen, im 8. zum umständlichen Urteilsspruch. Zwei Buben werfen um die Wette Steine auf die von Pferden herangeschleiften Juden. Der Epilog berichtet deren Verbrennung und schließt mit der Moral an die *lieben frommen Christen*, nichts sei so fein gesponnen ... Drum tue gut, fürchte Gott und halte sein Gebot!

3. Die Einteilung in Akte ist willkürlich und ohne ästhetischen Aufbau durchgeführt. Der 1. Akt besteht aus 272, der 2. aus 274, der 3. aus 78, der 4. aus 166, der 5. aus 146, der 6. aus 73, der 7. aus 124 und der 8. aus 500 Versen. Durch die zweimalige Einfügung von Zwischenmusik ist der letzte selbst äußerlich in drei Akte geteilt. Schon der 1. Vers des 2. Aktes knüpft unmittelbar an v. 387 (im 1. Akt) an. Die jetzige Einteilung des Spiels kann demnach erst in den jüngeren Fassungen vorgenommen worden sein, die allein uns in den Abschriften vorliegen, ähnlich wie im Freiburger Fronleichnamsspiel von 1604 (s. d.; dort nachzutragen: W. Schlang u. O. R. v. Maurer *Das Freiburger Theater* 1910; dazu: Alemannia N. F. 4 1910 S. 91 u. 92; DLZ. 1911 Sp. 1580. H. Müller *Das Freiburger Fronleichnamsfest und seine geschichtliche Entwicklung* 1926 [diese Arbeit fußt z. T. auf Veröffentlichungen von B. Wilms und E. Kreuzer im 'Freiburger Boten' und dessen Beilage 'Breisgauer Chronik', ohne im einzelnen darauf zu verweisen]. Friedr. Hefele *Alte Sitten und Bräuche zu Freiburg i. Br.*, Badische Heimat 16 [1920] S. 132—146, bes. S. 139—142 [seine Angaben über Abhaltung von Freiburger Fronleichnamsspielen stammen aus den dortigen Ratsprotokollen und Stadtrechnungen und bieten einen beträchtlichen Teil der oben (5) ersehnten archivalischen Belege. Auf Vollständigkeit erheben sie keinen Anspruch, sie beruhen auf gelegentlichen Notizen. Eine systematische Durchforschung der Bestände würde nach Hefeles Ansicht noch viel mehr zutage fördern]. W. E. Oeftering *Geschichte der Literatur in Baden* 1930 S. 70—72. Wolfg. Michael *Drama und Theater zu Freiburg i. Br. im 16. Jahrhundert*, Diss. München 1933 [Druck in Vorbereitung]. O. Sengpiel *Die Bedeutung der Prozessionen für das geistliche Spiel des Mittelalters in Deutschland*, Germanistische Abhandlungen 66 [1932]; dazu: N. C. Brooks *Processional drama and dramatic procession in Germany in the late middle*, The Journal of English and Germanic Philology 32 [1933] S. 141 bis 171; A. Dörrer DLZ. 55 [1934] Sp. 301—308; Ed. Schröder Theol. LZ. 1932 S. 467—468; R. Stumpfl Ltbl. 55 [1934] Sp. 159—162; L. Wolff AdfA. 50 [1933] S. 40. P. Browe *Die Verehrung der Eucharistie im Mittelalter* 1933 S. 115; dazu: A. Dörrer, DLZ. 56 [1935]). Mit den Freiburger Fronleichnamsspielen besitzt das Endinger Judenspiel manche Ähnlichkeit: die kurzen Handlungen, Sprach- und Verstechnik und die starken Beziehungen zum mittelalterlichen Mysterienspiel. Ursprünglich mag die Einteilung des Endinger Spiels sich nach dem zahlreichen Wechsel der Spielplätze auf der Simultanbühne gerichtet haben. Dieser ist aus den Bühnenanweisungen von A nur in einigen Fällen zu entnehmen; vor v. 499 fehlt der Hinweis auf den neuen Auftritt, die Verse 671—674 spielen sich „hinter der Szene" ab, die somit Mansionen andeutete, die Handlung wendet sich sodann einem neuen Spielplatz zu usf., ohne daß die Hs. eine Andeutung darüber enthält. Desgleichen fehlt wiederholt der Vermerk für das Auf- und besonders für das Abtreten von Per-

sonen, so bei v. 498, 535, 717 usf. Schon das Rollenverzeichnis weist ähnliche zeiteigene Mängel auf: Elias wäre als Rabbi anzuführen; der Bürgermeister fehlt; die Kinder und Narren sind identisch. Wird eine neue Person in das Spiel eingeführt, so wird sie zu ihrer Vorstellung zuerst mit Namen und Titel, ja sogar mit ihrer freilich sehr bescheidenen Charakteristik, wie ein Heiliger mit seinem Symbol, in der Anrede gekennzeichnet: v. 172: *mein abraham;* v. 233: *Abner du treuer diener mein;* v. 245: *ihr brüeder mein;* v. 279: *Elia rabi hochgelehrt;* v. 287: *Jud Merckhlin, der du woll erfahren / in manchem landt vor vilen jahren;* v. 307: *Jud Leoman;* v. 321: *Jud Hess;* v. 355: *Jud Mathis, die weil du jung;* v. 1071: *du alter böser jud* usw. Schon daraus ergibt sich die von den geistlichen Spielen des MAs. beibehaltene Simultantechnik, die noch durch etliche Spielanweisungen verdeutlicht wird, so nach v. 1845: *Sie stehen auff von gericht, gond wider ahn ihr orth;* weitere Ortsbestimmungen nach v. 245, 422, 670, 785, 808, 816, 826, 838, 848, 884, 894, 903, 926, 928, 962, 1074, 1147, 1371, 1387, 1441. Daß der Begriff „hinter der Szene" augenscheinlich gemacht wurde, daraufhin weist die Stelle v. 973/4. Mit mittelalterlicher Umständlichkeit begibt sich der Stadtknecht von einem Spielfeld zum andern (v. 885—890) und meldet die Ankunft des Herbeigebrachten (v. 969 bis 974) usf. Hinweise auf Bühnenrequisiten oder Kostüme, Gestik oder Mimik sind den Regievermerken nicht zu entnehmen.

4. Auch die Auffassung und Gestaltung ist noch mittelalterlich, die Schuld der Juden steht außer Frage, eine Charakteristik der Personen und Begründung ihrer Beteiligung an der Tat ist daher gar nicht vonnöten. Nur die Hauptrolle des Rabbi ist einigermaßen durchgebildet; er motiviert sein Vorhaben (v. 155f., 201—218, 260f., 387f.) und will seine geistliche Würde von der Bluttat unberührt wissen (v. 575/6). Verschiedene dramatische (z. B. v. 457—59) und moralische Motive (v. 514—17) sind beigebracht. Der Schluß des 2. und Anfang des 3. Aktes sind dramatisch bewegt und wirkungsvoll, desgleichen die Knabenszene am Schlusse; die Charakterisierung des bürgermeisterlichen und pfarrherrlichen Verhaltens entbehrt nicht der Zeit- und Standessatire. Im übrigen beschränkt sich der Verfasser auf die Dialogisierung von Berichten; sie ist langatmig und fast ohne Spannung. Für seine besten Auftritte, die Gerichtsszenen und das hinzu erfundene Bubenspiel, hatte er in der geistlichen und weltlichen Dramatik der ersten Jahrzehnte des 16. Jhs. zahlreiche Vorlagen, insbesondere an dem Auftritt der St. Sebastiansbruderschaft in den Fronleichnamsspielen, in dem Buben mit Gier sich auf den Heiligen stürzen (vgl. auch G. Quedenfeldt *Die Mysterien des hl. Sebastian*, Diss. Marburg 1895, S. 22f.). Das Einsiedler Meinradspiel, mit dem der Rapperswyler Bildschnitzer Felix Büchser die neue Periode der innerschweizerischen Klosteraufführungen 1576 angeblich eröffnete (vgl. R. Häne *Das Einsiedler-Meinradspiel von 1576*, Diss. Freiburg i. Schw. 1926), läßt sich, weil schon als gegensätzliches Doppelspiel angelegt, nicht mehr zum Vergleiche heranziehen, die gewissen Ähnlichkeiten des Prozesses und der Exekution und etliche anklingende Verse ergeben sich aus den gemeinsamen Rechtsordnungen und Rechtsformeln. In den von Mone veröffentlichten Tagebüchern Th. Mallingers (Quellensammlung d. bad. Landesgeschichte II [1854] S. 529) wird zum 24. April 1616 von der Aufführung der *statlichen Comedia* in Endingen berichtet; die Kinderleichname werden dabei *cadavera* genannt und die Mitwirkung einer *stattlichen instrumentalis und vocalis musica* sowie der Besuch von vielen tausend Menschen aus der Umgebung der Stadt Endingen hervorgehoben. Diese Angaben sprechen für ein erneuertes, schon seit längerem am Orte übliches Spiel. Die Erwähnung der kaiserlichen Rechtsordnung schließt die Entstehung der Vorlage A vor 1532 aus. Der *endliche Rechtstag* stimmt mit dem damaligen Verfahren der Freiburger Rechtsordnung überein. Im J. 1570 wird dem Pfarrer von Fürth verboten, *sein gemachte comedia wieder die juden truckhen zu lassen* (s. Th. Hampe *Die*

Entwicklung des Theaterwesens in Nürnberg von der zweiten Hälfte des 15. Jhs. bis 1806 1900, Nr. 119a). Die Erlaubnis zur Aufführung *Historia Constantini und Helene mit der Disputation Silvestri wieder die jüden* an Hans Hofer, Lienhard Koler und Schmid Hans Neibiger in Nürnberg stammt aus einem Jahrhundert zuvor (ebda. Nr. 3). Es handelt sich hierbei um das von Ad. v. Keller herausgebrachte Fastnachtsstück Nr. 206.

5. In der Sprache will sich der Verf. an das aufgekommene Kanzleideutsch halten, er verfällt aber immer wieder in die Mundart des mittleren Baden. Insbesondere setzen sein Rhythmus und Reim alemannische Sprecher voraus. In allem erweist sich seine bürgerlich-humanistische Einkleidung als neugeborgt. Sein Stück ist volksmäßig empfunden, dessen Bedeutung liegt im Kulturhistorischen und Volkstümlichen: es gehört zu den seltenen deutschen Volksschauspielen älterer Zeit, die einen Stoff aus der einheimischen Geschichte, ein am Ausgang des MA.s höchst aktuell gewesenes Thema zum Vorwurf haben (vgl. z. B. W. Grau *Antisemitismus im späten Mittelalter* 1934) und diese nach der damaligen Art schlicht und recht vorführen.

6. Der Stoff war im Breisgau landgemäß; denn dort verbot schon das älteste erhaltene Zeugnis über volkstümliche Theaterstücke von 1338 Spiele wider die Juden (s. H. Schreiber *Urkundenbuch der Stadt Freiburg i. Br.* I [1828] S. 339).

Die frühgotischen Plastiken des Freiburger Münsters verewigten den starken mittelalterlichen Gegensatz zwischen Judentum und Christenheit, Synagoga und Ecclesia aus der Heilsgeschichte (s. *'Ludus de Antichristo')*. Es liegt nahe, als lokale Gründe für den Breisgauer Antisemitismus noch dessen hochentwickeltes, durch Pestepidemien wiederholt betroffenes Handelsleben und die Nähe zu Lothringen und zum Frankenreich hervorzuheben; denn noch mehr als hier lieferten z. B. die dortigen Mysterienspiele das Judentum durch die Art seiner Abgrenzung in eigene Plätze der Bosheit und Ränke, seiner lächerlichen Gesänge und seiner bloßstellenden Tracht der öffentlichen Verachtung aus. Furchtbare Rache an den Mördern des Gottessohnes, seiner Jünger und Bekenner wurde in Darstellungen vom Untergange Jerusalems, vom Antichrist und Letzten Gericht vor Augen geführt (s. D. Strumpf *Die Juden der mittelalterlichen Mysterien-, Mirakel- und Moralitäten-Dichtung Frankreichs*, Diss. Heidelberg 1919). Mittelalterliche Volksprediger, Künstler und Dichter vereinigten alle Schlechtigkeit im Juden, bestärkten seinen Ruf als Brunnenvergifter und Pesturheber, Verbündeten der Hölle und Diener des Antichrist, Hostienschänder, Blutfrevler und Ritualmörder. Den letzten Höhepunkt dieser Art von Antisemitismus aus eschatologischer Einstellung oder unter dessen Vorwand betätigte das absterbende MA. Inwieweit Juden oder nur Anhänger ihrer extremen Sekten durch ihre Rassenart und wucherische Geldwirtschaft, durch Kult oder Mißbräuche und damit zusammenhängende Verbrechen gerade im Breisgau diesen Judenhaß bis zu Ausschreitungen führten, geht nur teilweise aus den zeitgeschichtlichen Prozeßakten mehr hervor (s. Stobbe *Die Juden in Deutschland während des MA.s* 1866).

Dem Endinger Spiel liegt zwar nur der eine Prozeß von 1470 zugrunde, der gegen drei jüdische Brüder der Stadt und ihre angeblichen auswärtigen Helfershelfer geführt wurde. Eine zeitgenössische Kopie des Originalprotokolls (jetzt im städtischen Archiv zu Frankfurt a. M.) enthält mit den Geständnissen der Endinger Juden auch die Aussagen der Mitangeklagten aus Pforzheim und Ettlingen (s. Gg. Wolfram *Prozeßakten eines angeblich durch Juden verübten Christenmordes zu Endingen*, Zs. f. Gesch. d. Oberrheins N. F. 2 [1887] S. 313—321). Das aus dem Anfang des 16. Jhs. datierte Protokoll des Kopialbuches A ist im Urkundenbuch der Stadt Freiburg i. Br. (Nr. 699 S. 510—525) fehlerhaft und bei Amira verbessert abgedruckt (vgl. auch S. Kracauer *L'affaire des Juives d'Endingen de 1470*, Revue des Etudes juives 16 [1888] S. 236—245). Doch scheint dieser Prozeß nur der blutige

Abschluß zu alten Gegensätzen am Orte und im Lande geworden zu sein, auf den hin der Aufenthalt in Endingen den Juden bis zum 28. März 1785 (Kaiser Josef II.) verboten blieb; denn schon 1331 waren dort jüdische Geschäftsleute ansässig und von der Herrschaft begünstigt gewesen. In der Zeit des schwarzen Todes brachen hier wie an anderen Orten des Konstanzer Bistums Verfolgungen von Juden aus (s. S. Salfeld *Martyrologium des Nürnberger Memorbuches* 1898 S. 254). 1443 wurden Konstanzer Juden wegen angeblicher Marterung eines Christenknaben von Ahausen bei Meersburg verhaftet (J. Marmor *Urkundenauszüge z. Gesch. d. Stadt Konstanz*, Schriften d. Ver. f. Gesch. d. Bodensees u. Umgebung 5, 1874). In Endingen wurde 1462 nach obigem Protokoll eine christliche Bettlerfamilie ermordet. Acht Jahre später nahmen die Beschuldigungen wider mehrere Juden, wohl infolge der vorausgegangenen schweren Heimsuchung Endingens durch die Pest, greifbare Gestalt an, wonach sie den Fremden Herberge geboten und sie nachts um der Kinder willen getötet hätten, um deren Blut gegen den Aussatz oder für rituelle Zwecke zur Bereitung des Chrysam zu verwenden. Die Endinger Brüder Mercklin, Helya und Eberlin wurden verhaftet und durch Foltern zur Aussage gebracht, daß sie gemeinsam mit vier Juden aus Pforzheim und Ettlingen, nämlich mit den *Schalatzjuden* Smollen Mennlin, Heßman, Leoman und Mathis, die Christen gemordet hätten, um das Blut der Kinder zu Beschneidungszwecken zu gebrauchen. Aus dem Protokoll ergeben sich mehrere Widersprüche über die schuldigen Personen und die Zeit ihrer Tat. Der Neffe Gerson jener drei jüdischen Endinger hinterließ einen Sohn, den Rabbi Josel von Rosheim, der in seinen Memoiren über diese Bluttat berichtet (vgl. M. Stern *Joselman von Rosheim*, Zs. f. Gesch. d. Judentums in Deutschland 3 [1890] S. 65). Erinnerungen an das Ereignis erhielten sich in Endingen bis in die Gegenwart: das Haus der „Tat" heißt noch „Judenhaus", der Brunnen daneben „Judenbrunnen", die Richtstelle „Judenbuck"; in der dortigen Peterskirche werden noch die Gebeine der Ermordeten ausgestellt. Ein altes Volkslied erzählt die blutige Geschichte, etwas abweichend vom Spiele (zusammengestellt von Amira). Endlich sind noch überliefert: *Miracula quaedam und Wunderzeichen, so sich durch Intercession und Fürbitte der lieben Kinder und Märtyrer allhie zu Endingen zuegetragen*, 22 Nummern auf 2 Bogen, mit dem Schluß: *Omnes sancti innocentes orate pro nobis* (H. Schreibers Abschrift im Freiburger Stadtarchiv).

7. Dem Prozeß liegt der alte Glaube vom Ritualmord der Juden zugrunde (s. L. Strack *Das Blut im Volksglauben und Aberglauben der Menschheit*[7] [1900] S. 85ff.; Handwörterbuch des dt. Aberglaubens I Sp. 1439. H. Hayn *Übersicht der Literatur über die angeblich von Juden verübten Ritualmorde u. Hostienfrevel* 1906; A. Hellwig *Ritualmord und Blutaberglaube* 1914)). Am Ausgang des MA.s pflegte man die Juden aus den stark hervorgekehrten religiösen, wirtschaftlichen und rechtlichen Unterschieden wie auch, weil sie in dem bodenständigen Volke ein Fremdkörper blieben und ihre kirchlichen Schriften (Altes Testament, Talmud) viel mit Blutopfern Zusammenhängendes und Geheimnisvolles enthielten, und unter dem Einflusse des blühenden Zauberglaubens und Hexenwahns, mangelhafter Volksaufklärung und Schulduntersuchung für gar viele Übel und oft für die ungeheuerlichsten Dinge verantwortlich zu machen. Es war ein bei den bestehenden Gegensätzen naheliegendes und unfehlbares Mittel geworden, durch Verstümmelung von Leichen, bes. von Kindern, sie und nur sie in den Verdacht des Ritualmordes zu bringen. Blut, Fett u. dgl. von unschuldigen Kindern, reinen Jungfrauen usf. wurden nicht nur als Heilmittel, sondern auch zu abergläubischen Zwecken sehr gesucht. Verwandte Frevel wurden besonders im 17. Jh. vielen „Hexen" vorgeworfen, so der großen Bande des Zauberjackls in dem salzburgischen (und pustertaler) Riesenprozeß (vgl. Fr. Byloff *Hexenglaube und Hexenverfolgung in den österreichischen Alpenländern* 1934 S. 26ff.).

In Ungarn und am Balkan lebt noch heute der Glaube an jüdische Ritualmorde im Volke fort, und auch in gewissen deutschen Schriftstellern erstehen immer wieder 'wissenschaftliche' Beweisführer (vgl. Christian Loge [ps. für Anton Orel] *Gibt es jüdische Ritualmorde?* 1934) für chassidische Kultverbrechen. Eine Art von Gesundbetern in Spanien fristet ihr Dasein von solchen Volksanschauungen. Bei den Samburu in der englischen Ostafrikakolonie bestehen noch Riten, wonach jeder junge Krieger vor der Mannbarwerdung seine Waffen durch das Blut eines Weißen geweiht haben muß. So wirken dunkle Vorstellungen von den geheimnisvollen Kräften des Menschenblutes und seines Gebrauches zu kultischen Zwecken, wie sie gerade im Talmud und in einer angeblichen chassidischen Geheimüberlieferung festgelegt sind (vgl. Severin Grill O. Cist. *Der Talmud und Schulchan Aruch* 1934, K. Schmidt *Blutriten*, Salzbg. kath. Kirchenztg. 1934 v. 20. Dez.) und in der katholischen Lehre von der Reinwaschung der menschlichen Seele durch das Blut Christi anklingen, durch die Jahrhunderte in den Volksschichten fort; sie tobten sich bei dem mittelalterlichen Gegensatze oft furchtbar wider die Juden aus.

8. Um 1470 und im Bereich der Herrschaft des Herzogs Sigismund des Münzreichen von Vorderösterreich und Tirol (s. *Eleonore v. Oesterreich; Kaspar v Oegspurg)* kam es wegen ,,Ritualmord" verschiedenenorts zu schweren Verfolgungen und Verurteilungen von Juden. So wegen des angeblich gleichfalls von jüdischen Händlern ermordeten Bauernbuben Andreas (Oxner, genannt das Anderl) von Rinn (bei Hall in Tirol, † mutmaßlich am 12. Juli 1462). Schon Kaiser Maximilian I. begünstigte dessen Verehrung unter den Dorfleuten Der kgl. Damenstiftsarzt und Kulturschilderer Dr. Hippol. Guarinoni in Hall entnahm 1620 einigen alten Bildern und Inschriften und verschiedenen Erzählungen alter Leute die Lebensbeschreibung des Kindes und stattete sie mit auffallend legendären Zügen aus. Guarinoni ließ es sich viel Mühe, Zeit und Geld kosten, die Erinnerung an den Martertod des Andreas auf das Anschaulichste klarzustellen, im Volksbewußtsein aufzufrischen und die kirchliche Verehrung dieses Martyriums durchzusetzen, die aber erst durch die Bulle des Papstes Benedikt XIV. vom 15. Dezember 1753 besiegelt wurde. Er trug jede Nachricht, die er erhaschen konnte, zusammen zu einer ausführlichen Legende und verband novellistische Einzelheiten mit dem Walten der göttlichen Vorsehung, als wäre er ein auf höherer Warte stehender Beteiligter gewesen. Ihm galt es, Beispielhaftes und Erbauliches anschaulich zu gestalten, mit höherer Deutung aufzurichten und zu verbinden. Er war überhaupt der unternehmendste Tiroler im Hocheifer der katholischen Restauration, der auf Volksfürbitter gleich wie auf den Ruf des ,,heiligen Landes Tirol" hohen Wert legte und dem wiedererweckten Streben der Gemeinden, eine einzigartige Kult- und Votivstätte und damit auch einen einmaligen Anziehungspunkt der Volksfrömmigkeit im Kirchenjahr zu besitzen, beispielgebend voranging. Kirchliche oder staatliche Aktenstücke standen ihm bei Abfassung der Andreaslegende augenscheinlich nicht zu Gebote. Solche sind erst aus der Mitte des 17. Jhs. im fürstbischöflichen Archiv zu Brixen a. Eisack auf uns gekommen. Von einer kindlichgläubigen Hingabe und Begeisterung für die heimatlichen Heiligen erfüllt und gehoben von einer lebhaften Phantasie und barocken Wunderseligkeit, trat der in der Natur- und Heilkunde ebenso hervorragende Gelehrte wie wichtige Kulturschilderer kaum mit der uns heute unerläßlich erscheinenden kritischen Sonde an die einzelnen Mitteilungen heran, sondern nahm bei seiner vielfältigen Betätigung und schriftstellerischen Fruchtbarkeit auch manches Flüchtige und Ungereimte mit in den Kauf und in seiner starken Volksverbundenheit Motive aus anderen Legenden und alten Sagen in seine Darstellung hinüber Ob und inwieweit jener "Judenstein", auf dem Andreas von Hebräern gemartert worden sei, schon zuvor als Judas-, Opfer- oder Schalenstein

im Volksgerede stand, wie vermutet wurde, und von denen mehrere in Tirol überliefert sind (s. z. B. Herm. Delago *Schalensteine in Nordtirol*, Tiroler Heimatblätter 12 [1934] S. 342—343), vermochte ich nicht festzustellen. Daß die Mutter des Kindes, die während der Untat als Schnitterin auf dem Acker der Landrichterfamilie Fux in den Amraser Feldern arbeitete, durch drei auf ihre Hand gefallene Blutstropfen aufgeschreckt wurde, gemahnt an einen alten, in Tirol und anderwärts viel verbreiteten Volksglauben (s. J. A. Heyl *Volkssagen, Bräuche und Meinungen aus Tirol* 1897 S. 18 Nr. 24; J. V. Zingerle *Sagen, Märchen und Gebräuche aus Tirol* 1859 S. 194 Nr. 30; Handwörterbuch des Aberglaubens I 1461). Ähnlich verhält es sich mit der Verwandlung des Verrätergoldes in eitel Laub (s. Zingerle *Sagen*² S. 194), mit dem Grünen der Birke im Winter, an deren Ast die mörderischen Juden die Leiche des Andreas aufhingen (s. Zingerle *Sagen*² S. 494), mit der Einprägung des Kindeskörpers in den Marterstein, die an die Überlieferung vom Versinken des frevelhaften Ritters Oswald Milser von Klamm in Seefeld vom Jahre 1384 erinnert, eine von Erzherzog Ferdinand II. von Tirol, Petrus Canisius u. a. m. in Drucken eifrigst verbreitete Legende (s. Zingerle *Sagen*² S. 504), u. dgl. m. Der nicht mehr recht erfaßbare geschichtliche Kern des Andreastodes, der kaum abzuleugnen ist, bleibt demnach von einem reichen Kranz von Blumen der Volkspoesie eingeschlossen und verdeckt. Guarinoni bestimmte Jahr und Tag dieses Todes auf Grund eines eigenen Traumes, für dessen Richtigkeit ihm der fromme Kapuziner Fra Tomaso da Bergamo in Innsbruck gutstand. Es kann bisher nur soviel gesagt werden, daß dieses blutige Ereignis vor dem Bau der Straße Patsch—Lans—Aldrans—Ampaß—Hall, der um 1500 erfolgt, und zwar in die unruhige Zeit des über den ebenso judenfreundlichen wie geldbedürftigen Herzog Sigismund verhängten Kirchenbanns einzureihen ist.

Guarinoni vertiefte sich vornehmlich in den Jahren 1620 bis 1622 in die Niederschrift der Legende, schloß deren endgültige Fassung, die allein uns vorliegt, jedoch erst 1651, in seinem 80. Lebensjahre, knapp vor seinem Tode ab, nachdem er sich wiederholt mit dem Fall des hl. Simon von Trient (s. Absatz 14) und dessen Schilderung und amtlicher Behandlung eingehendst beschäftigt hatte. Auch in dieser Legende treffen wir sagenhafte Züge vor, so die alte Anschauung, daß die Wunden des Ermordeten bei Vorführung des Täters wieder zu bluten beginnen. Aus der absterbenden Heldendichtung und aus Naturmythen führte er die volkstümlichsten Motive hinüber in die Heiligenpoesie. Guarinoni rückte auch als erster diese beiden Tiroler Kinderlegenden nebeneinander. Das Original seines Handschrift gebliebenen Andreas-Buches '*Begründte Histori der Marter deß Haillig-Vnschuldigen Khindtß Andreae von Rinn*' kam nach seinem Tode in das Pfarrarchiv Ampaß und von dort samt etlichen Abschriften in das Prämonstratenserstift Wilten (Innsbruck; Lade 38 A 1—3; kl. 4⁰, 231 S. mit Federzeichnungen). Den Anhang zu dieser bis auf das einzelste festgelegten Legende bildet Guarinonis Dichtung im Stile der Heiltumbücher (s. *Kaspar von Oegspurg* und *Waldauf Florian*) nach Art der Meistersinger und nach Melodie und Strophenbau eines damals in Tirol stark verbreiteten Volksliedes auf den Helden wider die Türken, Grafen Niklas von Zriny, in 73 neunzeiligen Strophen, die Guarinoni i. J. 1642, mit Noten und Kupfern (vorwiegend Medaillons) versehen, bei Mich. Wagner in Innsbruck in den Druck gegeben hatte: *Triumpf-Cron, Marter- und Grabschrifft deß Heilig-Vnschuldigen Kindts Andreae von Rinn... Gesangsweiß. In thon des Teuren Ritters vnd Grafen Herrn Niclaus von Serin, gerichtet.* Diese barocke Dichtung schildert in beabsichtigt volksmäßig-erbaulicher Weise sehr naturalistisch den Verkauf des Kindes durch den Göten, das Martyrium des Andreas im Birkenwalde und den Blutrausch der Juden, die Beunruhigung der Mutter durch die drei Blutstropfen, die Entdeckung der Leiche neben dem Opferstein, die Enttäuschung und Erschütterung des schuldigen Göten und seine Einkerkerung und streift noch die ersten Wunderdinge an der Birke und Verehrungen des Kindes in der Nachbarschaft.

Diesem „historischen" Liede fügte Guarinoni im Drucke noch ein *Epitaphium* aus 16 noch kunstvolleren, jedoch nicht geschmeidigeren Strophen hinzu, die gleichfalls einem damals geläufigen Nachrufe zu eigen waren. Beide Dichtungen erschienen 1658 in 2. Auflage. Der Erstdruck und ein Nachdruck von 1677 (ohne Melodie) sind im Stift Wilten, alle genannten Ausgaben im Tiroler Landesmuseum zu Innsbruck in je einem Exemplar erhalten. Ein Wiltener Prämonstratenser (Kasimir v. Grustner?) dehnte das „historische" Lied Guarinonis auf 150 Strophen aus und gab es ohne Noten, Bilder und Namen 1729 bei J. Gruber in Augsburg in den Druck. Seither wurde Guarinonis Dichtung, teils in Urfassung, teils erweitert, wiederholt anonym ausgegeben. Etliche Strophen erhielten sich bis tief in das 19. Jh. im Volksmund und auf Gebetbildern.

L. Rapp *Hippolytus Guarinoni* 1903, SA. aus Katholische Blätter 1858 S. 1033ff. Ad. Pichler *Hippolytus Guarinonius*, Die Presse Jg. 79 (Wien 1884) Nr. 70; Österr.-ungarische Revue 2 (1891) S. 35—49 u. 145—151; Ges. Werke XII (1905) S. 455—461; dazu J. E. Wackernell u. A. Dörrer *Adolf Pichler* 1925 S. 148. Ricc. Largajoli, Album d. Ver. ital. Studenten in Innsbruck (1873). ADB X S. 81. J. Hirn *Erzherzog Maximilian der Deutschmeister* I (1915) S. 234f., 239f., 455—461. C. Stampfer *Dr. Guarinonis Wallfahrt nach Rom 1613*, Zs. d. Ferdinandeums 3. F. 23 (1879) S. 57—94. Hipp. Guarinoni *Autographa edita et inedita*, 4 Bde. Cod. 110 der Univ.-Bibliothek Innsbruck. Hippol. Guarinoni *Thomas von Bergamo*, übersetzt u. hg. von S. Mitterstiller 1933 S. 23 bis 26. A. Fischer *Hippolit Guarinonius 1571 bis 1654*, Sozialhygienische Mitteilungen 11 (1927) S. 105—114. O. Rudl *Tiroler Aerzte*, Südtiroler Ärzteblatt 2 (1923) S. 15—18, 146 bis 149, H. Gruhn *Hippol. Guarinonius*, Deutsche Alpenzeitung 18 (1922) S. 2ff. O. Stolz *Anschauung u. Kenntnis der Hochgebirge Tirols vor Erwachen des Alpinismus*, Zs. d. D. u. Oe. Alpenvereins 58 (1927) S. 29f. u. 59 (1928) S. 44ff. K. Fischnaler *Innsbrucker Chronik* 2 (1930) S. 43; 3 S. 20f. 31, 130; 4 S. 177; 5 (1934) S. 46. K. Bidermann *Das Judenthum und seine Drangsale in Tirol*, Phönix 4 [1853] S. 12/13 u. 21/22; s. Tiroler Heimatbll. 13 (1935) S. 115/19.

Auf Grund der Dichtungen Guarinonis entstanden weitere „historische" Volkslieder, Wallfahrtsgesänge und Kunstgedichte, bildliche und plastische Darstellungen, von denen ein geistiger Nachfahre Guarinonis, der Jesuit Jak. Schmid in seinem *'Heiliger Ehren-Glantz der gefürsteten Graffschafft Tyrol'* 1732, letzter Teil S. 55 etliche anerkennend nennt. August Tiedge besuchte und besang das „Grab" des gemarterten Kindes, und K. L. Immermann fand die Legende schön und wollte sie für die Seinigen aufzeichnen (Blick ins Tyrol 1833 S. 554). Nach der derbdrastischen und phantastischen figuralen Darstellung des Martyriums auf dem Steine, über den noch im 17. Jh. die Wallfahrtskirche von Judenstein errichtet wurde, übernahmen tiroler Bildschnitzer die Legende auch in die Krippe.

8. Nach Guarinonis Bericht gestaltete ein Haller Jesuit die „History" in ein lateinisches Schuldrama um, das i. J. 1621 durch Haller Studenten unter Teilnahme des Innsbrucker Hofes und der Bewohnerschaft der mit den legendären Begebenheiten verknüpften Nachbarorte Rinn, Tulfes, Ampaß und Amras aufgeführt wurde (Perioche in der Münchener Staatsbibliothek, Bruchstück, *Bavar.* 2197, I Nr. 39). Der *Summarische Innhalt der Action* lautet: *Von dem H. dreyjärigen Kindlein Andrea, welches zu Rinn nit weit von Hall im Ynthal gelegen, von den Juden gantz listig entführt, vnd Anno Christi 1462. im Monat Julio(!) grausam gemartert worden. Gehalten von dem Gymnasio Societatis Jesu zu Hall, Anno 1621. Cum facultate Superiorum. Getruckt zu Ynsprugg, bey Daniel Paur.* o. J. (1621), 4°, 4, Bll. mit Titeleinfassung. Im Schauspiele treten laut diesem Auszuge die Schutzengel des Landes Tirol und der beiden Märtyrerkinder Andreas von Rinn und Simon von Trient innerhalb des Prologs auf. Der erste drückt im Sinne Guarinonis seine Freude und Befriedigung aus, daß diese Provinz mit so vielen eigenen Heiligen versehen sei. Einer werde in nachfolgender Aktion vorgestellt. Jeder der Schutzengel der Märtyrerknaben wünscht daraufhin, daß sein

Heiliger auf diese Weise ausgezeichnet werde. Der Unbekanntere, Andreas, erhält den Vorzug. Die Engel erzählen sich sein Martyrium. In der 1. Szene des 1. Teils beklagt die Mutter des Andreas ihre Armut und ihren Witwenstand. Der Schutzengel tröstet sie und empfiehlt ihr die Sorge um ihr Kind. Sie vertraut es dem Bauern Radolf, ihrem Vetter, an. Jüdische Kaufleute, auf der Fahrt nach einem der Märkte der Handelsstadt Bozen begriffen, rühmen sich ihres Glückes und ihrer List. Sie sehen das Kind und sprechen mit dem Wirt darüber, wollen es Radolf abschwätzen und ihn bestechen, erhöhen die Summe; Radolf überlegt schon, wird aber von seinem Schutzengel gewarnt. Er schlägt zuerst ab, verkauft aber schließlich doch das Kind. Zwei jüdische Spitzbuben haben ihren Herrn unterwegs verloren; sie beraten, wie sie sich herausreden wollen, und suchen sich gegenseitig im Lügen und Betrügen zu übertrumpfen. Mit Angabe dieses Auftritts endet das Bruchstück der Perioche, ihre übrigen Blätter fehlen. Es treten noch auf: Engel, der aus göttlicher Strafe Radolf von Sinnen bringt, sechs Heilige Gottes und sechs unschuldige Kinder, weitere jüdische Händler und zwei Christen, die ihnen Waren abkaufen; zwei Geistliche, Fidus und Clemens; ein Klagechor von Christen; edle andächtige Knaben. — Der Dramatiker hielt sich, abgesehen von den aufgezählten allegorischen Ausschmückungen, augenscheinlich an die Legende, wie Guarinoni sie sich bis dahin zurecht gelegt hatte, verkörperte deren symbolische Deutungen und schuf gemäß der blutrünstigen Veranschaulichung des Arztes ein Analogon zu den Kindsmörder- und zu den Blutszenen der Herodesstücke. Auf beide Richtungen gingen auch die Volksbearbeitungen der Legende des 18. Jhs. ein. Von Gerichtsszenen, die den Hauptteil des Endinger Judenspiels einnehmen, fehlt entsprechend der Rinner Legende — die Juden konnten entweichen — jeder Ansatz.

9. Gleichzeitig oder bald hernach wurde nämlich auch in Amras bei Innsbruck ein Volksschauspiel vom sel. Andreas zum erstenmal gegeben (s. A. Kembter *Acta pro veritate martyri B. Andreae Rinnensis* 1745 S. 244f.).

Über die Spielanfänge im Dorfe Amras (früher durchwegs *Ambras*, in lateinischer Ausdeutung des Namens nach seiner Lage *Ombras* — *ad ombras situs* — oder in höfischer gar *Ambrosiana* geschrieben) wurden erst etliche archivalische Belege aufgebracht. Die älteste und eine auch für das Andreasspiel wichtige Nachricht stammt aus dem Jahre 1550, in dem für eine Tochter Königs Ferdinand I. am Innsbrucker Hofe verrechnet wurde *den spilleuten in ambras so ein spil von den zechen altern vor der gnedigsten frauen allhie auf dem hof gehalten, verehrt 3 fl.* J. Bolte (Bibliothek d. Literar. Ver. CCXXXII S. XXIII) deutet diese Ausgabe irrtümlich auf den Schloßhof von Ambras um: das Schloß gehörte damals nicht den Habsburgern. Es handelt sich wahrscheinlich um eine Aufführung des Pamph. Gengenbachschen Stückes, vielleicht in der Bearbeitung des in Tirol damals schon gelesenen Georg Wickram, das i. J. 1540 im benachbarten Städtchen Hall am Inn vorgestellt worden war. Ähnliche Parabeln und Moralitäten waren spätestens seit den dreißiger Jahren des 16. Jhs. im ganzen Land üblich (s. *Mynner, Bartlmä* u. *Raber, Vigil;* weiters K. Fischnaler *Eine Rosenkranz- und Geißler-Bruderschaft in Nordtirol*, ZfVk. NF. 4 [1933] S. 185; A. Dörrer *Die geistlichen Bürgerspiele in Bruneck (Pustertal)*, ArchfnSpr. 157 (1930) S. 1ff.; ders. *Das Spiel vom jüngsten Gericht in Meran 1570*, ebda. S. 69). Die Amraser Bauern erhielten aber auch durch die höfischen Veranstaltungen, die auf dem oberhalb des Dorfes gelegenen Schlosse Ambras (s. *J. Garber Schloß Ambras*, Die Kunst in Tirol 14, 1928) stattfanden, zahlreiche Anregungen zu mimischen und theatralischen Vorführungen. Sie wurden besonders durch den hervorragendsten tiroler Renaissancefürsten Ferdinand II. (1563 bis 1595) und dessen Gemahlin Philippine Welser aus Augsburg zur Mitwirkung herangezogen. Ferdinand erhob den Edelsitz zu einem der am prächtigsten eingerichteten deutschen Schlösser, zum Sammelplatz jener kostbaren historischen, literarischen und künstlerischen Schätze, welche die weltberühmte Ambraser Sammlung ausmachen und sich heute größtenteils in der Nationalbibliothek (s. Th. Gottlieb *Die Ambraser Handschriften I* 1900) und im kunsthistorischen Hofmuseum zu Wien befinden. Zugleich gewann das Schloß Ambras als Heimstätte prunkvoller Feste, Turniere und Schauspiele Anziehungskraft weit über das Land hinaus (s. J. Hirn *Erzherzog Ferdinand II. von Tirol* 2 [1888] S. 421—449, 473ff.). Neben deutschen und wälschen Komödianten und Musikanten taten sich auch sieben Bauern aus Riffian in Südtirol durch eines der damals stark verbreiteten Spiele von den drei Königen vor dem Fürsten und seinem Hofe hervor. Ferdinand verband u. a. auch die übliche Sonnwendfeier mit fünf gesprächsweisen Akten vom Raub der Proserpina und eingestreuten Liedern (1583; s. Serapeum 25 [1864] S. 332) und andere Bräuche mit seinen Renaissanceplänen. Die im Ambraser Schloßpark inszenierte 'Proserpina' dürfte das älteste Parktheater eines dt. Renaissancefürsten eröffnet haben. Er trat nicht minder kräftig für die religiöse Restauration, für Heiligenkult und Wallfahrtsstätten, für bildliche und mimische Belebungen kirchlicher Gedächtnisse ein, sorgte für eine prunkvolle Ausgestaltung der Innsbrucker Fronleichnamsprozession, nicht etwa im Anschluß an die altdeutsche in Bozen, sondern an die höfische in München (s. Literaturwissenschaftl. Jb. d. Görres-Gesellschaft 3 [1928] S. 96 u. 119ff.), und förderte selber das moralisierende Spiel und deutsche Drama (s. J. Minor *Speculum vitae humanae, ein Drama von Erzherzog Ferdinand II. von Tirol*, Neudrucke dt. Literaturwerke des 16. u. 17. Jhs. 79/80; H. Kluibenschedl *Erzherzog Ferdinand II. von Tirol als Schauspieldichter*, Progr. Gymnas. Görz 1891; R. Wolkan *Zum Speculum vitae humanae d. Erzh. Ferdinand v. Tirol*, Euphorion 5 [1898] S. 470/71: A. Ilg *Erzh. Ferdinand im Lichte der humanist. Zeitbildung*, Monatshefte des wissenschaftl. Club Wien 1880). Unter Ferdinands Nachfolgern gab es noch einzelne Ballette und ähnliche Feste auf Ambras, anläßlich der Taufe des Erzherzogs Ferdinand Karl, des nachmaligen Landesfürsten und Begründers der beiden Innsbrucker Hoftheater, Ende Mai 1628 ein Freudenspiel mit Tanz. Aus dem nächsten Jahre stammt die zweite Nachricht von ländlichen Spielen zu Amras. Der dortige Richter Karl Wellenberger meldete im Februar 1629 der Regierung vom Bestehen der Fastnachtsspiele neben dem angestellten Gebete, das kirchlicherseits gerade für die letzten Fastnachtstage zur Abdrängung solcher gerne entartender Bräuche eingeführt worden war, und erhielt darauf den Befehl, daß die bereits zuvor verbotene ärgerliche Verkleidung in Gestalt des bösen Feindes sowie unvernünftiger Tiere keineswegs weder zu Amras noch anderswo geduldet werde. Das Verbot sei überall zu wiederholen, andere Fastnachtsspiele, bescheiden aufgeführt, seien zulässig. Ob die Bauern von Amras damals eine Spieltenne besaßen und sie als Schauspielhaus benützten, ist unsicher. Solche Spieltennen und Tanzhäuser lassen sich vom 13. Jh. an bis Ende des 18. Jhs. bei rasch zunehmender Zahl in Tirol nachweisen: sie dienten als Gerichtsstätten, für Musik und Tanz und ländliche Kraft- und Geschicklichkeitsspiele. K. Fischnaler (*Innsbrucker Chronik* 3 [1930] S. 77: die dort angeführte Quelle versagt) berichtet vom Einsturz der Amraser Spieltenne während eines Bauerntheaters im Jahre 1674. Die Wiltener Stiftschronik von 1678 verzeichnet dasselbe Ereignis vom Mittelgebirgsdorf Lans, das sich, anderweitig bestätigt, in Gegenwart der verwitweten Königin von Polen und Gemahlin des Türkenbefreiers Herzog Karl von Lothringen, Erzherzogin Eleonore Maria, abgespielt hat (daher das Motiv in der Novelle L. Steubs *Die Rose der Sewi*; vgl. A. Dörrer *L. Steubs Verhältnis zu den Erler Passionsspielen*, Tirol 2. Folge [1929] Hft. 5 S. 42—48). Von anderen Spieltennen und Tanzhäusern, so z. B. in dem zwischen Innsbruck und Hall gelegenen Salinenarbeiterdorfe Thaur, ist mündlich überliefert, daß sie auch als Schauspielstätten in Anspruch genommen wurden (s. A. Dörrer *Die alten Tanzhäuser und Spieltennen in Tirol*, ZfVk. NF. 3 [1931] S. 50 bis 56).

Daß der Legende nach auf den Amraser Feldern der Mutter des Andreas drei Blutstropfen auf die Hand fielen, genügte kaum zur Erklärung, weshalb gerade in Amras die Andreasspiele sich einbürgerten und am großartigsten entfalteten, wenn nicht die vermögliche Familie Fux hineinspielte, die auch einen oder mehrere Richter des Propsteigerichtes Amras in der Zeit zwischen dem Tode des Andreas und der Tätigkeit Guarinonis gestellt hat. In dieser Familie vererbte sich das älteste uns noch erhaltene Spielbuch: ein Fux wird darin ausnahmsweise als Darsteller mit Namen genannt. Örtliche Spielbräuche und die Nähe von Innsbruck und Wilten mögen zur Festlegung der Andreasspiele in Amras noch beigetragen haben. Es ist ungewiß, ob Guarinoni auf die Entstehung dieser Amraser Volksschauspiele vom sel. Andreas selber hingewirkt oder den damaligen Pfarrer und baldigen Abt von Wilten Dr. Andreas Mayr und die Familie Fux hiezu veranlaßt hat: denn Guarinoni berichtet zwar genau, jedoch wie ein Außenseiter, am Schlusse des 17. Kapitels des ersten und wohl schon anfangs der zwanziger Jahre festgelegten Teiles seiner Andreaslegende von der Haller Jesuitenaufführung, aber erst am Ende des 14. Kapitels seines 3. Teiles als jüngstes Zeugnis für die Verehrung des Kindes: *Daß aber die Ombrasser sich dessen heilligen khindts Erfreyen, undt als Negst Benachbarte sonders verehren, haben Sye dessen ein offenliches Zeichen geben mit angestellter offenlicher Comoedi oder Ansehnlichen Schauspihl eben auf offenlichen Veldt Im Dorff, in wellichen Sye den ganzen Verlauff fürtrefflich, lebhafft und also anmüetig fürgebracht, und dargestellt, daß die Zuseher, Deren etlich Tausendt, samb ain grosser Adl von Ynnsprugg beywesend, die Zacher nit verheben, der darzue geladene und Erschienene Scribent sich nit genueg verwundern und ergözen mügen, welliches Schauspihl Sy zum anderenmalen in diesem laufenden 1651. abermalen zwar mit verhinderten Scribenten, mit großen Lob undt ruhmb gehalten.* Der Professor des Kirchenrechtes im Stifte Wilten Adrian Kembter bemerkte noch in seinem erwähnten Buche von 1745, Kap. 10 § 7 S. 245: *S. Andreas in scenam datus: Eodem studio Halenses aut praevenit, aut more secuta est communitas Ambrosiana, quae idem B. Andreae martyrium, prodigia ac S. corporis cultum non tam comica libertate, quam simplicitate historica in publicam scenam magno populi plausu, atque concursu saepe saepius et nunc singulis septenniis edere consuevit.* Guarinoni kommt auch in anderen Schriften gerne und wiederholt auf Drama und Theater zu sprechen, läßt sich über selbsterlebte Jesuitenspiele und Aufführungen von holländischen und englischen Komödianten aus, zeigt besondere Teilnahme für Volksveranstaltungen und ist selber beispielgebend um die Durchführung von geistlichen Spielen und Figuralprozessionen in Hall seit Beginn des 17. Jhs. bemüht (s. K. Klaar *Dr. Hippolytus Guarinoni und die Bürger-Kongregation in Hall* 1905 S. 10ff.) und dabei auch in Musik und Malerei schöpferisch tätig. In etlichen seiner Werke entwickelt er Ansätze zu eigener dramatischer Darstellung und zu lebhaften volkstüml. Auftritten (s. J. Meißner *Die engl. Komödianten* 1884).

Zu Anfang des 16. Jhs. lockerte sich die starre Front der überragenden geistlichen Bürgerspiele augensichtlich, falls sie überhaupt je in der Strenge vorgeherrscht hat, in der sie aus dem bisher erschlossenen archivalischen Material entgegentrat. Die geistlichen und moralischen Spiele auf dem Lande erhielten aus dem Übergang von den Städten, durch die beweglicheren Berufe und durch die fahrenden Spielgesellschaften starken Antrieb. Vieles Brauchtum erlag dem Einbruche der Umwälzungen, viele neue Betätigung wurde durch Niederreißung der bisherigen Schranken eröffnet, und neben dem lärmenden Auftreten und Genießen der Emporgekommenen gab sich eine viel strengere Moral und eine instinktive Angst vor den kommenden und letzten Dingen kund. Von Mitte des Jhs. an lassen sich schon in verschiedenen tirolischen Landgemeinden, insbesonders des Inntals, größere geistliche Aufführungen bei Patrozinien von Dorfkirchen und Gedenk- oder Stiftstagen größerer Gewerkschaften nachweisen, obgleich erst wenige Gemeindearchive daraufhin untersucht sind. Vornehmlich bieten Ratsschriften kleinerer Städte verborgene Hinweise auf Spiele aus den Nachbarschaften. Diese Aufführungen stehen in keinem ursächlichen oder geistigen Zusammenhang mit den Jesuitenkomödien zu Innsbruck oder Hall. Die ersten Jesuiten kamen 1560 nach Tirol, der Bau ihres Innsbrucker Gymnasiums wurde 1562 vollendet, das erste Spiel dort 1563 veranstaltet. Im Nachbarstädtchen Hall führten Jesuitenschüler von 1573 an, in Trient erst im 17. Jh. Theaterstücke auf. In Brixen traten die Jesuiten niemals selber als Veranstalter auf. Die figurierten Umzüge ihrer Kongregationen mit den Geißlern usw. setzten i. J. 1583 in Innsbruck ein. In allen ihren mimischen und theatralischen Aufführungen des 16. Jhs. knüpften sie an Gegebenem an, an Hofveranstaltungen, Humanisteneinrichtungen, Schulmeisterunternehmungen und Bauernspielen, wie sich in der Folge zeigen wird. Da auf die Amraser Bauernspiele der Verdacht einer Hof- oder Vorstadtgründung fallen könnte, verweise ich auf das zwischen Hall und Schwaz gelegene Dorf Wattens, eine stattliche Gemeinde alten Ursprungs. Hier hatte Ludw. Laßl, Richter zu Rottenburg und angeblich Mitarbeiter an dem reich bebilderten Schwazer Bergwerksbuche von 1556, zu den ersten nordtiroler Buchdruckereien in Schwaz, Sigmundslust und Innsbruck (s. A. Dörrer *Das Innsbrucker Verlagshaus Fel. Rauch u. s. Vorgänger* 1929) i. J. 1559 die erste, bald ausgedehnte Papiermühle errichtet. Im sagenreichen Wattentale wurde damals der Bergbau betrieben. Guarinoni schildert in seinen 'Grewel' (S. 1206) einen Ausflug zum „Wattensee". Nach einer Haller Stadtrechnung von 1549 hatten Wattener am Sonntag, den 17. März dieses Jahres in der spielfrohen Stadt ein (wahrscheinlich geistliches) Stück aufgeführt und hiefür von amtswegen eine geldliche Entlohnung empfangen. Das Dorftheater zu Wattens trat mit einem „gelobten" Spiele vom Jüngsten Gericht wahrscheinlich schon im 16., spätestens im 17. Jh. und lange weiterhin stark hervor, das um 1500 in Städten und Klöstern heimisch gewesen war. So mußte in der Quatemberwoche nach Pfingsten 1507 in aller Eile die Hölle für das Spiel vom Jüngsten Gericht zu Hall hergerichtet und der Regenbogen, die Engelflügel und anderes hierzu vom Maler und Tischler besorgt werden. Die Skt. Achatiusgesellschaft war hier eine Trägerin solcher Spiele (s. *'Ludus de Antichristo')*. Die neuentfachte Neigung des Bergvolkes für erschütternde und überirdische Erlebnisse aus der Heils- und Kirchengeschichte und der eschatologische

Antisemitismus scheinen bei diesem Stücke ähnlich wie bei den Judenspielen anfeuernd mitgewirkt zu haben. Auch die von Guarinoni gleichfalls 1622 erneuerte, wiederum volksspielreif gemachte und auch von den Jesuiten auf die Bühne übertragene Legende von der tiroler Bauernmagd Notburga aus dem 13. Jh. fand auf dieser Bühne ihre bodenständige Aufführung. Die seit 1676 nachweisbare Spieltenne in Wattens wurde über Veranlassung der Jesuitenmissionäre von 1728 niedergerissen; sie scheint jedoch nur mehr zu Tanz und ausgelassenen Unterhaltungen getaugt zu haben. Andere ländliche Spielorte aus der Zeit der alten, vor Auftreten der Jesuiten gepflogenen Spielkultur werden in Verfolgung der weiteren Andreasspiele berührt worden.

In seinem reichhaltigen kulturgeschichtlichen Beitrag über die prozessions- und spieleifrige Rosenkranz- und Geißlerbruderschaft von Kitzbühel (ZfVk. NF. 4 [1932] S. 178—189) unterlief Konr. Fischnaler der Anachronismus, im J. 1545 sei das durch ganz Tirol verbreitete Jesuitendrama 'Vom bekehrten Junggesellen' in Kitzbühel aufgeführt worden. Im selben Jahre, am Festtag der Stadtpatronin Skt. Margaret, führte eine Spielgesellschaft auch zu Bozen den 'Verlornen Sun' auf, eine andere am Sonntag vor St. Matthäi 1551 auf dem Stadtplatz vor dem Goldenen Dachl zu Innsbruck. Außerdem befand sich unter den von Erzherzog Ferdinand beschlagnahmten „ketzerischen" Schriften und Drucken 'Der ungeratene Sohn'. Verschiedene andere Orte Tirols folgten mit Aufführungen desselben Stoffes bis herauf zu Schwaz, aus dem erst 1588 das 'Spill vom verlohrnen Son' belegt ist. Aus den ungleichen Titeln, den Erlaubnissen und dem Verbote der Stücke läßt sich ablesen, daß es sich um verschiedene Fassungen von katholischer und antikatholischer Seite handelte. Mangels näherer Angaben bleibt es freilich ungewiß, von welchen Dichtern und Bearbeitern sie stammten. Einen schwachen Anhaltspunkt bieten neben den angeführten Titeln noch zwei Sammelbände gedruckter lateinischer Komödien und Tragödien aus der 1. Hälfte des 16. Jhs., die sich in der Universitätsbibliothek zu Innsbruck erhalten haben. Der eine, der Druck des Nik. Bryllinger in Basel von 1541, enthält Dramen von Gnaphaeus, Naogeorgus, Macropedius usw., der andere Drucke verschiedener Orte mit Dramen von Reuchlin, Macropedius, Driesch usw. Aus weiteren Quellen ist bekannt, daß solche Autoren damals in Tirol gelesen wurden. Die erste Innsbrucker Jesuitenaufführung vom 'Verlorenen Sohn' geht dagegen auf die Tragikomödie des Portugiesen Louis de la Cruz (lat.: Crucius, 1543—1604), zurück, die zuerst in Coimbra um 1570 inszeniert worden war. Ein Abdruck seines Werkes wanderte aus der Innsbrucker Jesuitenbücherei zu der dortigen Univ.-Bibliothek. Durch die rationelle Verlagerung des tiefmenschlichen Gehaltes und die Überallegorisierung des Spieles auf den Jesuitentheatern wurde der Stoff von der Tiroler Volksbühne im 17. Jh. fast ganz verdrängt und kehrte erst über das höfische und klösterliche Musikstück als Singspiel zurück. Die Stubenkomödien bewahrten Einfachheit der Parabel, so z. B. zu Landl im Bereiche der Passionsspielgemeinde Thiersee (s. A. Dörrer '*Der verlorene Sohn*', GRM 28 od. 29 (1935/36); ders. *Die Thierseer Passionsspiele 1799—1935*, 1935).

Das Servitenkloster in Innsbruck verwahrt seit mehr als hundert Jahren eine unbeachtet gebliebene, in Leder eingebundene Papierhandschrift aus dem Ende des 17. Jhs., Quart mit 166 Bll. Die Schnallen sind abgerissen, die Papierränder rechts unten abgegriffen, auch viele Durchstreichungen und andere Abänderungen sprechen dafür, daß die Hs. stark benützt wurde und als Spielbuch und Vorlage gedient hat. Für die Ausstattung des Buches wurde viel naive Sorgfalt aufgewendet, jede Seite ist mit Linien von roter Tinte eingerahmt, die Namen der Auftretenden sind gleichfalls meist in großen Buchstaben rot, die Regiebemerkungen und oft auch die erste Verszeile der nachfolgenden Rede oder Strophe mit grüner oder blauer Tinte und etwas kleineren Buchstaben, der übrige Text mit braun gewordener Tinte in gewandter, eiliger, an vielen Stellen schwer entzifferbarer deutscher Barockschrift ausgeführt. Das grün, rot und blau ausgezierte Titelblatt besagt: *1699. Geistliche Comedia: Von dem heilligen Vnschuldigen Knaben Andreas von Rin welicher in 1462sten Jahr Cristi Von seinen aignen Thauffgëtten Threuloser weiß vmb Einen Huet voll Cronen dem Jüdnen verkhaufft vnd von Jmen vmb Christi willen Erschrëcklich gemartert vmb das lëben gebracht worden sambt denen herlichen Wunderwerckhen mit wellichen Jm Gott in vnd nach seinen Todt geehrt Reimbweis zusamen getragen durch die Ersamen Wollgeachten Andree Painpoll vnd Hans Jumckher beede derweil noch ledigs Standts zu ombraß zuuorderist Gott vnd seinen heilligen vnschuldigen bluetzeigen zu sondern lob vnd Ehrn wie auch zunuz vnd Wollfahrt der Ganzen loblichen gemain vnd nachperschafft ombras in obsteenden 1648 Jahr den 26. Juni durch besagte lobliche gemaind vnd nachperschafft zum Ersten vnd den 26. Juni Anno 1694 zum Sibend mall glicklich vollfiert vnd gehalten worden.*

Die Hs. kann nicht durch Guarinoni, der die von ihm erbaute Karlskirche an der Volderer Innbrücke bei Hall den Innsbrucker Serviten zueignete, oder dessen Erben — sein ältester Sohn, der Servit Karl, starb schon 1644 — in den Besitz des Klosters gelangt sein: denn sie gehörte laut Eintragung auf der ersten Innenseite des Einbandes im J. 1788 dem Amraser Ignaz Fux (1767—1853, 1794 vermählt mit Rosa Junkherin), der sich in den Franzosen- und Freiheitskriegen von 1797 und 1809 als Schützenhauptmann hervortat: er war aus demselben Geschlechte wie jener Tobias Fux, der am Schlusse des Spielbuches im Rollenverzeichnis als letzter (46.) Spieler und außer dem gerade zuvor eingetragenen „Hibl Knecht", der gleich ihm Teufelsdarsteller war, als einziger mit Namen angeführt ist, während die Darsteller der übrigen aufgezählten Rollen nicht genannt sind. Ein Tobias Fux war am 18. Febr. 1691 als Sohn des Melchior Fux und der Ursula geb. Kastner in Amras geboren worden und stammte von jenem Leonhard Fux ab, der von 1553 bis 1560 als Richter der Propstei Amras verbürgt ist, den aber Guarinoni als 80jähriger um 1555 sterben läßt. In L. Fuxens Vaters oder Großvaters Dienst hatte die Mutter des Knaben Andreas auf den Amraser Feldern Korn geschnitten. Diese Familie war im 17. Jh. sehr begütert und im Amras stark verbreitet. Die Hibl waren gleichfalls in Amras begütert. Wahrscheinlich ließ ein Servit, etwa der als Schriftsteller und Zensor tätig gewesene Phil. Ben. Mayr aus Hall (1760—1826), einer der ersten A.-Hofer-Dramatiker, die Hs. im Innsbrucker Kloster zurück.

Die Matrikeln der Pfarre Ampaß, zu der die Dörfer Amras, Pradl, Aldrans, Tulfes und Rinn damals kirchlich gehörten, nennen die Amraser Andreas Painpoll (auch *Paimpl* und ähnlich geschrieben), geboren am 3. September 1624 als Sohn des Joh. Painpol(d) und der Katharina Glavin, gestorben am 24. Juli 1676: *olim edituus*, und Johannes Junckherr, geboren am 3. Juni 1622 als Sohn des Michael Junckherr und der Barbara Wackerlin, gestorben am 29. März 1690: *edituus senex vir optimus*. Vermutlich haben die beiden Mesner und „Ausgeher", d. h. Boten des Ampasser Pfarrers für Amras, das Spielbuch 1648 miteinander abgefaßt, und dieses wurde 1699 abgeschrieben, ohne daß man, abgesehen von der voranstehenden Jahreszahl, den Wortlaut des Titels entsprechend abgeändert hätte, wie aus der Bemerkung *in obsteenden 1648 Jahr* hervorgeht, das gar nicht mehr über dem Titel steht. Nur der Hinweis auf die 7. Aufführung vom 26. Juni 1694 ist neu hinzugefügt.

Ohne die Voraussetzung einer starken Spielüberlieferung am Orte und eines größeren Kulturkreises, in dem dessen Klerus aus dem Prämonstratenserstift Wilten (Innsbruck) eingegliedert war, vermöchten die beiden *Editui* sich als die geistigen Urheber des Spieles kaum glaubwürdig zu machen, wenngleich Berufsgenossen des 18. Jhs., so der Pfarrmesner von St. Jakob in Innsbruck Johann Schenacher, und der von Bozen, Tobias Hueber der Ält., sich als Dramatiker und Hagiographen hervortaten. Den Formen nach könnte das Amraser Spiel noch im 16. Jh., ja vor dem Endinger Judenspiel entstanden sein. Der Ehrenhold als Pro- und Epilog und als Argumentator vor jedem der fünf Akte, die achtteiligen Reimverse (gegen 4000), die komische Figur des Dilledapp und die verschiedenen Teufel, die Zechereien und Raufereien verweisen das Stück unter jene von terenzkundigen Schulmeistern und Geistlichen geschriebenen Dramen aus dem Anfang des 16. Jhs., wie 'Der verlorene Sohn', die mit ihren episch-religiösen Stoffen und zahlreichen Personen dem Volke Ersatz für die alten geistlichen Bürgeraufführungen des Kirchenjahres boten. Die Auftritte sind durch liebevolle und umständliche Kleinmalerei (die nachgerade zu vielen Streichungen zwang), aber auch durch Einfügung köstlicher Figuren gegenüber der Legende bereichert, ohne eine gewisse Anordnung des Stoffes und Festhaltung des Grundgedankens im Geiste Guarinonis außer acht zu lassen. Ansätze zur Charakteristik sind weit mehr als beim Endinger Spiel vorhanden. Was die Freude an dem bodenständig-volksmäßigen Tiroler Spiel beeinträchtigt, verschuldet die stark entstellte inntaler Umgangssprache, die, gespickt mit Kanzleiausdrücken, Lehn- und Fremdwörtern, weitschweifig und um ihre beste Bildhaftigkeit und Schlagkraft gebracht ist. So berichtet der *Einforier* von dem ihm durch seine Juden zuteil gewordenen Auftrag: *Wo ich sie doch soll inforieren, Darmit man sy mit was thiebieren Jn ihren gedanckhen vnd oblieren.* Der sichtbarste Beweis jedoch, daß das Spiel erst im 17. Jh. abgefaßt wurde, ergibt sich aus der getreuen Beibehaltung der von Guarinoni erzählten Vorgänge und Kapitel vom Eintreffen der Juden auf der Hochstraße und ihrer Begegnung mit dem Kinde bis zur ersten Verehrung des Gemarterten unter Kaiser Maximilien I. Ja, mehrere Reime und Ausdrücke im Prolog und in den Argumenten des Ehrenholds klingen deutlich an solche aus Guarinonis Dichtung an. Einzelne humanistisch-gelehrte Bühnenüberraschungen, wie das Auftreten der Gerechtigkeit nach dem Prolog des Ehrenholds, das Erscheinen von Edelmetallen und Edelsteinen sowie der Erde, jedes mit seiner Farbe im eigenen Schilde (bezeichnenderweise im Spielbuch ganz durchgestrichen), entsprechen den Ausschmückungen Erzherzog Ferdinands II. und Guarinonis, der an den figürlichen Darstellungen der Haller Jesuitenprozessionen als Kongreganist lebhaften Anteil nahm.

Am schwierigsten ist die Frage nach der Gestalt der Bühne für den Fall zu entscheiden, daß die Vorstellung auf einer Spieltenne stattfand. Es kommt ein Bretterboden inmitten des freien Dorfplatzes oder eine Scheune in Betracht, die als Spielplatz oder als Hintergrund gedient haben kann. Guarinoni erwähnt einzig das freie Feld im Dorfe als Spielplatz, auf dem sich etliche tausend(?) Zuschauer eingefunden hätten. Die Verfasser und Abschreiber des Spiels ließen sich auf Bühnenanweisungen nur wenig ein und begnügten sich vornehmlich mit dem Vermerk: *geet ein, geet ab.* Die meisten Auftritte spielen sich auf dem Dorfplatze zu Rinn an der Hochstraße ab, auf dem die Häuser des Wirtes, des Taufgöten, der Elisabeth usw. durch Tore erkenntlich gemacht sind. Um den Wechsel von Ort und Zeit zu veranschaulichen, sind Vorbereitungs- und Überleitungsszenen eingeschoben, eine Technik, der sich Passionsspiele mit neutralem Hauptspielplatz und festen Häusern des Kaiphas u. Pilatus noch bedienen. Für das Straßenbild ist bezeichnend, daß die Juden vor dem Wirtshaus ihr Mahl einnehmen können, sie das Kind aus dem Hause der Oxnerin kommen und in einer Straße verschwinden sehen, dessen Mutter vor ein Nachbarhaus geht und daraus ihre Vertraute Elisabeth tritt, jene sich zur Wirtspforte wendet, aus der die Wirtin hervorkommt u. dgl. m. Außerdem wird durch Beiseiteschieben eines Vorhangs Einblick in die Schlafkammer des kleinen Andreas, auf das Grab des Gemarterten und auf den Marterstein eröffnet. Im 2. Akt heißt es: *Der Vorhang wiert eröffnet, die Mueter steet vor der Wiegen.* Sodann: *Sie geed vom petl, spricht zum Geeden* (auf der Naturalbühne?)... *Geet* (= der Taufpate) geet *ab. Der Wirt macht* (die Türe zu den Juden) *auf vnd spricht.* Im 4. Akt: *Der Vorhang wirt eröffnet, das Kindt ligt in ein hilzin särchl. Prinende liechter darneben. Die Edlen gestain geen Ein.* Im 5. Akt: *Man Ereffnet dem Vorhang, die ganze procession geet Ein zum marter stain, der Prelat stelt das heiltumb auf dem marterstain.*

Die Bühne des Amraser Andreasspieles ist gegenüber der des Endinger Judenspiels bedeutend fortgeschritten, der Begriff „hinter der Szene" zur Beibehaltung des Kontinuitätsprinzips stark ausgenützt, zugleich ist ein Schritt zur perspektivischen Tiefenbühne, die bald darauf für das Schlußspiel der Bozner Fronleichnamsprozession von dem Barockmaler Gabriel Kößler (s. I Sp. 720) gemalt wird, und zur dreiteiligen Passionsbühne vorwärts gemacht.

Das Amraser Andreasspiel von 1648 bis 1699 steht noch breitspurig auf dem gewohnten Boden jener Stücke von Gengenbach, Macropedius, Sixt Birk, Hans Sachs, Basti Wild usf., deren Spuren sich von Innsbruck und Hall bis Kitzbühel und St. Johann im Brixental und bis hinauf nach Erl und Kiefersfelden, Oberaudorf und Thiersee (s. *'Ludus de Antichristo'*) verfolgen lassen. Der Kitzbüheler Antanny Simmeringer besaß noch Ende des 17. Jhs. ein

Sonderstück aus Wilds Passionsspiel in unterinntaler Mundart für eine Auferstehungsfeier, die wohl lange zuvor in Kitzbühel oder St. Johann üblich gewesen war, und die dem ältesten Erler Spieltext zugrunde liegt (s. A. Dörrer *Erler Passionsbuch*[6] [1922] S. XCII). Damals pflegten die Brixentaler größere Kreuzfahrten zu unternehmen, so auch eine in die „untere Schranne" (nach Ebbs). Ihr Priester hieß der „Laffer" (Läufer). Einer ihrer kirchlichen Umgangsritte aus jener Zeit, der Antlaßritt von Brixen und Kirchberg, erhielt sich bis in die Gegenwart und zählt heute zu den reichhaltigsten und malerischesten Flurritten des katholischen Brauchtums (s. R. Sinwel Tiroler Heimatblätter 1 [1923] S. 2ff.). Brixen-, Inn- und Zillertaler begannen das österreichische Hammerwerk zu Kiefersfelden zu bevölkern: sie brachten auch hier tirolische Lust und Leidenschaft zum Spielen über die Landesgrenze gleichwie Tiroler beträchtlichen Anteil an der Oberammergauer Gründung nahmen. Die entscheidenden Übergänge vom Bürgerspiel zur Dorfveranstaltung hatten sich ähnlich wie in Bozen-Sarntal-Kastelruth und Sterzing-Gossensaß auch im Unterlande des Inns in Bergwerksorten und Mischgemeinden vollzogen, in Rattenberg-Kramsach-Brixlegg, in Kitzbühel-Jochberg-Kirchberg usf. Wie bei dem Andreasspiel von Amras fand sich an diesen Stellen der Spieltrieb der aufstrebenden kleineren Leute mit den geistlichen Bemühungen der katholischen Reformer bei Aufführung von Moralitäten und Legendendramen zusammen, die landauf, landab üblich wurden. Passionsspiele, an mehreren Orten des Inntals, so in Patsch und Silz, vor Oberammergau Dorfbrauch geworden, traten damals fast nur im Zusammenhang mit städtischen Karfreitagsprozessionen eindrucksvoll hervor. Das Einmalige und Festliche dieser Veranstaltungen innerhalb des Kirchenkalenders und der Dorfgemeinschaft herrschte noch bis Mitte des 17. Jhs. vor. Erst als die Geistlichkeit selber, besonders die neuen Orden der katholischen Restauration, die Spiele ganz zu ihrer Sache machten und durch prunkvolle Verbindung mit den Hauptfesten der Gemeinden zu rasch ansteigenden Auslagen für Bühne und Ausstattung anfeuerten, mußten Wiederholungen des Spiels und deren Verschiebung in die Sommerzeit unternommen werden. Lange hatte die zähe Überlieferung den Charakter der Stücke und der Aufführungen beherrscht. Der am 29. März 1609 in Fließ geborene Jesuitenschüler Michael Raggl dichtete im J. 1644 als Pfarrer seiner Heimatgemeinde hoch oben im Kaunertale zu Ehren der dortigen Patronin, der hl. Barbara, ein Legendenspiel, und brachte es im selben Jahre zur Erstaufführung. Auch Fließ besaß eine alte örtliche Spielkultur, auf die Raggl sich stützte. Am 22. Jänner 1581 wurde dort ein Weihnachtsspiel zu Lob und Ehren unseres Heilandes und des neugeborenen Kindes aufgeführt. Hernach gab es einer Frauensperson halber eine Rauferei im Wirtshaus, der wir den einzigen Hinweis auf das herkömmliche Spiel im Landecker Verfachbuch verdanken. Gegen Ende des Juni 1649 starb Pfarrer Raggl in Fließ. Am Pfingstmontag 1668 fand in der Nachbargemeinde Prutz eine Barbaraaufführung statt, zu welcher der Kastner (= Stiftsverwalter) des Klosters Wilten 2 fl. 20 kr. verehrte. Das Fließer Spiel erhielt sich über die Josefinische Unterdrückung hinaus. Erst das umfangreiche Spiel vom ägyptischen Josef, das 1677 und 1678 in dem westlich von Innsbruck gelegenen Mittelgebirgsdorf Axams, der Heimat Karl Schönherrs, in zwei Exemplaren niedergeschrieben wurde, trägt den barocken Stil. Auch Axams war eine alte Spielgemeinde und durch die z. T. seiner Pfarre unterstellten Wiltener Seelsorgsorte im Sellrain mit dem Stifte verbunden. Am Pfingstmontag 1651 führten Axamer Bauern, Handwerker und Bergwerksleute ein Stück von den letzten vier Dingen auf, das dort noch Mitte des 18. Jhs. üblich war (s. A. Dörrer *Die Kultur eines Tiroler Dorfes*, Alpine Monatshefte 4 [1931] S. 233—236). An solchen geistlichen Dorfspielen läßt sich die Entwicklung des ländlichen Volksschauspiels in Tirol aus den bürgerlichen Mysterien des MA.s und der Schulmeisterdramatik des 16. Jhs. bis zum Volksbarock des 18. Jhs. veranschaulichen. Als Stubenkomödie erhielt manches Parabel- und Legendenstück seine einfache Form noch viel länger, wie z. B. das Notburgaspiel, das in einer Kiefersfeldner Niederschrift von 1776 ohne Szeneneinteilung, Prolog, Zwischenspiel und Chöre verblieben war und urwüchsige Innigkeit atmet (vgl. H. Moser *Das Volksschauspiel zu Kiefersfelden*, Oberbayr. Archiv 66 [1928] S. 198 Nr. 5 und S. 200 Nr. 31; Literaturwiss. Jb. 4 [1929] S. 75 Anm. 53).

Das Spiel vom sel. Andreas zählte bald zu den volkstümlichsten Legendenstücken in Tirol und in der Nachbarschaft, dort besonders an Orten, die der tiroler Spielkultur überhaupt verpflichtet waren, wie zu Liesing in Oberkärnten (s. K. Weinhold *Weihnachtsspiele* [1853] S. 374) und zu Kiefersfelden in Oberbaiern, das noch zwei Fassungen, eine von Wolfg. Schwarz, aus der Zeit von 1810 bis 1820 besitzt (s. H. Moser *Das Volksschauspiel zu Kiefersfelden*, Oberbayr. Archiv 66 [1928] S. 199, 206). Sein Szenarium wurde wiederholt in Innsbruck und Augsburg gedruckt, der Besuch der Amraser Aufführungen von den Innsbrucker Jesuitenschülern bevorzugt, so am 25. Juni 1672 (erwähnt im Schreibkalender des Wiltener Abtes Dominikus Lohr), am 18. Juni 1679 (Protokoll 4 der Innsbrucker Congregatio major), am 24. Juni 1686 (Beginn 6 Uhr nachmittags in Gegenwart der königlichen Gemahlin des Herzogs Karl von Lothringen, erwähnt bei Lohr); demnach fand damals das Amraser Andreasspiel je einmal an einem Sonn- oder Feiertage hart beim mutmaßlichen Todestage des kleinen Andreas statt. Trotz aller Verbote des aufgeklärten Absolutismus hielt sich das verschiedentlich bearbeitete Stück auf den Bauernbühnen bis zum Ende des 19. Jhs., besonders in Amras, Hall, Wattens (dort letzte Aufführung 1893); mehrere Orte schützten zu seiner Aufführung alte Spielgelöbnisse vor. Die Perioche des Amraser Spiels von 1751 wiederholt Kembters Angabe, daß die Gemeinde Amras einst (spätestens i. J. 1651) gelobt habe, alle sieben Jahre das Schauspiel *Unschuldiges Schlacht-Opffer der Jüdischen Grausamkeit: Das ist: Der Seelige Martyrer und alldasig-glorreiches Pfarr-Kind Andreas von Rinn... von einer Ehrsamen Nachbarschafft zu Ambraß* vorzuführen, wie es nachweisbar noch 1736 (am 16. Juni und an etlichen anderen Feiertagen), 1744, 1751, 1766, 1770, 1811 und 1817 (29. Juni) geschah; 1751 am 15., 20., 24., 26., 27., 29. Juni, 4. und 11. Juli *mit hochgnädiger Repräsentantions-Erlaubnuß*. Im Prolog des Wattener Spiels von dem Jüngsten Gericht aus dem Jahre 1722 eröffnete der Spielführer die Aufführung mit dem Hinweis auf ein Spielgelöbnis derselben Frist (s. Bd. I Sp. 756). Solche Spielgelöbnisse wurden seit Einsetzen der katholischen Restauration weit mehr als früher gebräuchlich; noch in den Franzosenkriegen von 1799 gelobten die Thierseer die genaue Einhaltung ihres Passionsspiels für sich und ihre Nachkommen. Verlöbnisse wie das der Pfitscher vom Jahre 1628 nach einem besonders strengen Winter, den sie als Strafgericht Gottes empfanden, eifrig den Gottesdienst zu besuchen und die Sonntagsheiligung zu halten, zählen als Ausnahmen (s. Dörrer, *D. Thiers. Pass.* 1935).

Der Amraser Prospekt beruft sich auf Guarinonis und Ign. Zachs Werke als geschichtliche Unterlagen des Spiels, wohl auch zu dem Zwecke, um sich vor einem Einschreiten der den Dorfspielen feindlich gewordenen aufgeklärten Behörden zu schützen. Im Vorspiel wird die Andacht zum hl. Kinde zur Vermehrung des alten Schutzes der Gemeinde erneuert. Die *mordsichtigen* Juden werden als verstockte Raubvögel, Andreas als das holdselige Taublein bezeichnet. Die Hölle triumphiert über das schließliche Gelingen des Raubes. Im 1. Chor beklagt die katholische Kirche, daß das zarteste und edelste Zweiglein ihres Baumes von gottlosen Feinden abgerissen wurde. Ein Unwetter, das Entsetzen der Natur über das Vorhaben dieser Unmenschen, schiebt das Martyrium hinaus. Der 2. Chor drückt seine Freude über die himmlische Ehrung des unangesehenen Kindes aus. In der 3. Handlung zeigt sich die um sich greifende wundertätige Verehrung des Kindes, nicht ohne Unterbrechungen, zur Freude des höllischen Feindes. Zum Beschlusse wird der sel. Andreas als Helfer leiblicher und seelischer Gebreste in einer Apotheose verherrlicht. Wenngleich ein Spieltext von 1751 bisher nicht aufzubringen war (einer soll sich im Stifte Wilten erhalten haben), kann man doch schon aus den Angaben der Perioche entnehmen, daß es sich um eine neue Dramatisierung der Legende mit ungefähr gleich vielen Rollen wie 1648—99 handelt. Die Spielanlage entspricht der Abfolge von Argumentation, Bild und Handlung der in Tirol damals noch gerne veranstalteten Figuralprozessionen, wie eine solche auch zu Ehren des kleinen Martyrers im J. 1744 von Schwaz nach Judenstein stattgefunden hatte. Für die Aufführung des Spiels in Amras des Jahres 1765 wurde eine beträchtliche Bühne errichtet. Man benötigte dazu 128 „österrichladen", rund 200 andere „läden" aus denen wohl die Bühnenfläche hergestellt wurde. Das Dach ruhte auf 163 „ströbläden" und wurde mit Schindeln und „schwertling" gedeckt. Über den Zuschauerraum waren „schattentüecher" gespannt. 4 Maurer, 2 Rauharbeiter und 3 Zimmerleute führten den Bau innerhalb 9 Tagen aus. Sie verwendeten 1700 „bödennögl" und 2100 „Bröttnögl". Für die Zuschauer wurden Bänke zum Sitzen aufgestellt, weiters Bänke, Stühle und Sessel vom Lazaretthaus des Grafen Ferrari u. a. ausgeliehen. Der Bühne diente ein alter Theatervorhang, der geflickt werden mußte. Außerdem hatte ein Maler fünf Tage lang an der Bühne (Kulissen?) auszubessern. Blumen und Sträuße schmückten den Gemarterten. 5 fl. wurden „willen auf- und abnehmung des theatri, so offt das spihl gehalten worden", ausgegeben. Zur Überwachung des Theaters wurden 12 „Bühnenhüter" und 6 Männer dazu benötigt, die vor und während den Vorstellungen „bestendig die nerzumachenden leuth abtreiben" mußten.

Das Andreasspiel der Gemeinde Rinn, dessen Aufführung für die Jahre 1766, 1771 und 1798 beurkundet ist, wich von obigen in Amras ab. Die achtseitige Perioche aus dem Jahre 1766 (Ferdinandeum Dip. 671) führt den Titel an: *Der unschuldige kleine Andreas von Rinn, von einem verrätherischen Taufgöt Hanns Mayr den Juden verkauft, von selben wegen Christo grausam ermordet, vor Gott und den Menschen groß. Zu schuldigster Dankbarkeit um die durch seine Fürbitt von Gott erlangten Gnaden, und ferne Erhaltung desselben mächtigen Schutzes mit hochgnädiger Erlaubniß in einem öffentlichen Schauspiel vorgestellet von einer ehrsamen Nachbarschaft und Gemeinde Rinn, Landtgerichts Sonnenburg. Anno 1766.* Der Prolog besteht in einem Streitgesang zwischen der jüdischen Synagoge und dem christlichen Rinn, das von einer Schäferin dargestellt und von einem tiroler Mägdlein begleitet ist. Diese zeitfarbige Gegenüberstellung stützt sich nicht unmittelbar auf die Streitgespräche zwischen Synagoga und Ecclesia im liturgischen Drama des Mittelalters, sondern auf die vielfach abgewandelten geistlichen Kampfspiele der katholischen Restauration. Die Chöre oder „Vorbilder" führen am Schlusse jedes der drei Akte einen Auftritt aus dem Betlehemitischen Kindermord (Herodes mit blutrünstigen Hofherren — Rachel mit vier Schäferinnen) vor. Jeder Akt zerfällt in zehn Auftritte. Darin sind die Begebenheiten der Legende noch nachteiliger für den Taufpaten und umständlicher dialogisiert. Während im Amraser Spiel von 1648—1699 die blutgierigen Juden vor der Tat ausführlich gestehen, was sie mit dem Kinde vorhaben, umtanzen hier die Mörder ihr geschlachtetes Opfer in ihrem Blutrausche und machen dabei die Laute der Tiere nach. Frohlockend über das Gelingen ihres Ritualmordes, schlagen sie noch die Leiche mit Ruten, bis keine Stelle daran mehr heil ist, geißeln, krönen und verspotten sie das unschuldige Christenkind als Lamm Gottes wie Christus am Kreuze. Diese bis ins Widerliche gesteigerte Groteske teuflischen Fanatismus erscheint als Parallelstück zu den Auftritten im Alsfelder und Augsburger Passionsspiel, in denen die Juden, während Christus am Kreuze hängt, einen Tanz um das Marterholz aufführen. Es bringt die tief in Glaube und Blut versenkte Abneigung gegen das Peinigervolk zum Ausdruck, begünstigt durch die barocke Begeisterung für Märtyrer, deren Opfertod erschütternd und erhebend auf die Gläubigen wirken soll. Neben und unter diesen religiösen Auslebensbedürfnissen lebt aber auch die Blutrünstigkeit und der Blutaberglauben auf, deren Orgien als Ausgeburten des Hexen- und Teufelswahns gar viele Entgleiste im absinkenden 17. Jh. auf die Richtstätte gebracht hatte (vgl. Frz. Hattler *Missionsbilder aus Tirol, Beitrag zur Geschichte der religiös-sittl. Kultur des Landes* 1899). Die aufgefundene Leiche des Gemarterten wird von Jungfrauen auf der Bühne gewaschen und mit Blumen verziert und zu Grabe getragen. Der 3. Akt zeigt die Verherrlichung des Kindes. Der Schaulust und dem Nervenkitzel des Volkes wird außerordentlich entgegengekommen.

In einem stattlichen in gepreßtem Schweinsleder eingebundenen Folioband mit Schnallen ist das Spielbuch von 1770 in Rinn erhalten geblieben. Als Verfasser ist vom Schreiber der Hs. zum Schlusse der achtzigjährige Benefiziat Severin Romedius Holzhammer von dem Kirchlein der 14 hl. Nothelfer zu Thaur (schräg gegenüber Rinn gelegen) angeführt. Holzhammer dürfte zuvor seiner Gemeinde das Spiel: *Zwey hellglanzende Tugend-Liechter an der seligen*

Wiltraud, ainer gebohrenen Gräfin von Thauer und Abbtissin von Hochenwand, und dem seligen Wolfhold, gewesten Schloßkaplan zu Thaur, in dem Thaur in Gestalt einer Schäferin auftritt, und ähnliche Stücke für das spielfrohe Volk von Thaur geschrieben oder bearbeitet haben. Die Rinner Hs. von 1770 deckt sich nach Titel und Inhalt fast ganz mit den Angaben der Perioche von 1765. Von einer schwerfälligen Hand sind dort noch Bühnenanweisungen nachgetragen. Das Andreasspiel von Rinn war ein theatralisches Ausstattungsstück. Die Bühne besaß Vorder- und Hintervorhang. Die lebenden Bilder wurden im Szenarium dargestellt. Für das Malen des Theaters und der Vorhänge und das hiezu nötige Material gaben die Rinner i. J. 1765 63 fl. 7 kr. aus, für Schmiedearbeiten 62 fl.

Nach ihrem neuerlichen Ansuchen um Spielerlaubnis vom April 1811 an den bairischen Kronprinzen als letzte Hoffnung der spielfrohen Gemeinden wurde Amras bedeutet, das Stück durch einen ,,sachverständigen Geistlichen oder durch sonst ein dazu geeignetes Individuum bei Auslassung aller vom Landgericht beanständeten abenteuerlichen Szenen und Ausfälle wider die Juden" umändern zu lassen. Die barocken Symbole und Präfigurationen verloren sich allmählich. Unter solchen Anpassungen an die aufgeklärte Zeit vermochten Amras und Rinn als die mit der Legende vornehmlich verknüpften Dörfer noch weiterhin ihre Anderl-Aufführungen aufrecht zu erhalten, während entferntere Orte wie Zirl (1766), Arzl bei Imst (1752, 1753), Kitzbühel (1747), Imst (1791), abgewiesen wurden (vgl. Adalb. Sikora *Zur Geschichte der Volksschauspiele in Tirol*, Archiv f. Theatergeschichte 2 [1905] S. 4—55 und Zs. d. Ferdinandeums 3. F. 50 [1906] S. 339—372). Außerdem begünstigten diese Spiele Aufführungen der Legende des hl. Simon von Trient und riefen ähnliche Märtyrerdramen ins Leben, so das Patroziniumsspiel von Rum (damals noch in Thaur eingepfarrt): *Gaistliches Schawspil Von den H. Knaben, vnd Martyrer Vito Welcher wegen beständiger Bekandtnuß deß allein seeligmachenden Christlichen Catholischen Glaubens mit Stecken vnd Ruthen geschlagen, in haißwallendem Bley gesotten, grimmigen Löwen vorgeworffen, aber in aller Martter vnverletzt erhalten, vnd entlichen zu dem Sigkräntzlein, der himmlischen Glory von den h. Englen eingeladen, vnd getragen worden. Vorgestellt, Mit Hochgeistlicher Obrigkeit Licenz Von einer Ehrsamen Gemain vnnd Nachbarschafft zu Rum, der Pfarr Taur. Den 17. Augusti 1664. Getruckt zu Ynsprugg bey Michael Wagner.* 4 Bll. 8^0 (Staatsbibliothek München). Die Innsbrucker Jesuiten besaßen damals in Rum ihren Sommersitz. Der Innsbrucker Frz. Norb. Kraller verfaßte noch 1745: *Von dem hl. Knaben und Märterer Pancratio als sonderbahren Kirchen- und Dorfpatron zu Ambras gezeitigt, und von jungen Gesellen in einem geistlichen Schauspiel* (am 2. Mai 1745) *zu einer Ehr vorgestellet* (Hs. 1027 der Universitätsbibliothek Innsbruck). Als sonstige Amraser Volksschauspiele ließen sich bisher feststellen: Die hl. Notburga, aufgeführt 1732, 1748, 1790; Erfindung und Erhöhung des Kreuzes 1741, 1767, 1768; je ein Schauspiel 1769 und 1788; Das Leben des hl. Aegidy 1770; Leben des hl. Pankraz 1792 und 1793; Ulrikus, Der Schuhflicker Jakob 1793; Der ägyptische Josef 1794; Fridolin oder die drei Rosenkränze 1818; Euphemia 1830. Der Wiltener Stiftschronist Lor. Woller erwähnt Anfang Mai 1770, es sei noch nie soviel Theater im Lande gespielt worden wie in diesem Jahre. Die Bauern hielten Aufführungen in vielen Dörfern, obgleich sie einen bestimmten Anteil der Einnahmen zur Gründung eines Waisenhauses abliefern müßten. Am meisten Zulauf hätten die Amraser, weil sie nahe der Stadt Innsbruck seien. Doch auch sie mußten damals schon Kämpfe und Schliche zur Durchführung ihrer Spiele unternehmen. Trotz Verbot war z. B. ihr Spiel vom 12. April 1788 ,ohne Wissen der Obrigkeit und zwar durchaus von wahren, mit Papier angekleideten Kindern aufgeführt' worden.

Ein norddeutscher Besucher der Pankrazaufführung vom 26. Juli 1793 schilderte den ihm ganz unerwarteten und fremden Spielbrauch des Volkes: ,,Ungeachtet es die zehnte Vorstellung war, so traten doch viele Inspruckei an diesem schwülen Sommertage um 1 Uhr die Wallfart nach Ambras an. Das Amphitheater war ein Rasenplatz am Wirtshause, den im Hintergrunde ein angebaueter Saal begränzte. Den Schatten bezahlte man auf den Plätzen besonders mit sechs Kreuzern: eine von den spanischen Stiergefechten hergenommene Taxe, welche indeß billiger als die Bezahlung mancher Illuminationen zu seyn schien, wo man mehr Schatten als Licht sucht. Die drey Eingänge wurden durch Bauern mit Hellebarden bewahrt. Das Theater war ziemlich bauernhaft von Holz erbauet, sehr erhaben und lang; zugleich kamen dem Maschienenmeister noch zwey Seitencourtinen zu statten, die neben dem zierlichen Hauptvorhange wechselweise aufgezogen wurden. Über demselben gingen aus dem geweihten Munde eines hölzernen Engels das Leben und der Tod des heiligen Pangraz im vergoldeten Rauch hervor. Der unharmonische Doppelklang von zwey Geigen, einem Waldhorn und dem Violoncell stimmte das Publikum zu frommen Empfindungen, dann dem Anschlagszettel zu folge stellte die Musik den Weinberg Christi vor..."

11. Die Pflege des Kultes und mittelbar auch der Spiele vom sel. Andreas von Rinn fiel, nachdem seine Legende in der Literatur und im Volksleben durch Guarinoni verankert worden war, den Prämonstratensern des Stiftes Wilten

zu, welche die Seelsorge in den beteiligten Dörfern Amras-Rinn-Tulfes-Ampaß ausübten. Die jüngeren biographischen Darstellungen vom Martyrium und der Verherrlichung des Andreas von Rinn stammen von den Wiltener Chorherren Ignaz Zach (Augsburg 1724, 4⁰, 255 S., eine phantasiereiche Erweiterung Guarinonis; der Maler Jos. Ant. Funk in Wilten lieferte 24 Zeichnungen, die Jac. A. Fridrich in Augsburg stach), Kasimir v. Grustner (1729), Adrian v. Kembter (1745, lateinisch, mit einer Biographie Guarinonis und einem bemerkenswerten Kupferstich von Jos. u. Joh. Klauber) und Alois Röggl (1830): außerdem von dem tiroler Jesuiten Frz. Hattler (1887). Endlich belebte der Weltpriester Jos. Praxmarer (vgl. Bernh. Schöch *J. Praxmarer, ein tiroler Volksschriftsteller, Leben und Werke*, Diss. Innsbruck 1930) 1869 Legende und Spiel neuerdings im tiroler Volke: er trug überhaupt zur Auffrischung und Ausbreitung der christlichen Märtyrerlegenden neben etlichen Zeitgenossen und Landsleuten während der katholischen Restaurationsvorstöße des 19. Jhs. erfolgreich bei (vgl. *E. v. Handel-Mazzettis Persönlichkeit, Werk und Bedeutung* hg. von Paul Siebertz 1930 S. 429ff.). Der Wiltener Prämonstratenser Frz. Danner legte Praxmarers Erzählungen wiederholt neu auf, die Andreaslegende 1902 und 1915, mit Ergänzungen bis in die neueste Zeit. Der Schauspieler Max Stöbe in Innsbruck dramatisierte etliche Volksgeschichten Praxmarers, so auch: *Das Martyrlein vom Judenstein oder Anderl von Rinn*, das anläßlich der 400-Jahrfeier der ersten Verehrung des Kindes im Mai 1875 im Sommertheater zu Hall i. T. zur Uraufführung gelangte.

12. Kult und Spiel vom Anderl von Rinn gehören in den Kultur- und Spielkreis des Stiftes Wilten, das auch die Seelsorgen von Pradl, Hötting, Völs, Selbrain, Lans, Igls-Mutters-Natters, Patsch usw. versah und damit Innsbruck geradezu umzingelte. Ursprünglich übte das Stift als älteste Kulturstätte und christliche Niederlassung die Seelsorge auch in Innsbruck beiderseits des Flusses aus. Der Wohnsitz dieser Seelsorger blieb das Stift. Aus diesem Grunde verlor es die Stadtseelsorge; gewisse Ehrenrechte verblieben dem Abte von Wilten in Innsbruck auch nach Aufrichtung der selbständigen Pfarre unter Kardinal Nikolaus von Kues. Die Chorherren des Stiftes stammten aus dem Volke, viele aus dem Inntal selber, und ihre Zugehörigkeit zum „gemeinen Mann" prägte auch ihrer geistigen Betätigung das Kennzeichen auf. Über irgend eine Veranstaltung von geistlichen Spielen im MA. durch das Stift oder Teilnahme von Wiltener Chorherren an solchen Mysterienspielen, wie sie z. B. in Neustift üblich waren (s. *Albrecht von Neustift*), sind noch keine Belege aufgebracht worden (vgl. K. Schadelbauer *Zur mittelalterlichen Geistesgeschichte des Stiftes Wilten*, Tiroler Heimatblätter 12 [1934] S. 89). Die ersten erhaltenen Bestätigungen der Teilnahme an Spielen setzen mit den ältesten Kalenderaufzeichnungen der Äbte von 1651 an und chronistischen Aufzeichnungen etlicher Stiftsherren ein. Eine Reihe von Spieltexten dieses Kulturkreises aus älterer und späterer Zeit erhielt sich teils im Stifte, teils im Landesmuseum Ferdinandeum, im Landesarchiv u. a. a. O. Endlich lassen sich einzelne schriftstellerisch tätige Chorherren als Gelegenheitsdramatiker nachweisen. Bei ihrer starken Volksverbundenheit als Dorfseelsorger ist ihr Festhalten an alten Spielgebräuchen und Spielformen verständlich. Angesichts der hochentwickelten Theaterkultur des Landes mußten selbst die Jesuiten darauf Rücksicht nehmen. Der noch vorherrschenden Richtung in Innsbruck entsprechend, wurde im Frühjahr 1564 eine kleine Komödie von Terenz, vermutlich *'Die Brüder Adelphoe'*, in der Rhetorikerschule der Jesuiten aufgeführt. Die zweite, größere Komödie *'Hekaste'* mußte im Hofe der fürstlichen Burg fast für ganz Innsbruck wiederholt und hierfür eine hohe Brücke mit allem Bühnenapparat hergestellt werden (*Initium et progressus coll. Oenipont. S. J.* fol. 24, Innsbrucker Jesuitenkolleg). Auch Krippenspiele in deutscher Sprache zu veranstalten, wurde armen Studenten bis 1583 gestattet (*Responsa Generalium* 1556—1611). Gg. Mauritius d. Ä. aus Nürnberg (1539—1610), Rektor der Lateinschule in Steyr seit 1572, läßt im 3. Akt seiner *'Comoedia von dem Schulwesen'* (s. R. Stumpfl *Das alte Schultheater in Steyr* 1933 S. 65—69) zwei charakteristische Gestalten armer Studenten auftreten und im selben Akte das Lied *Innsbruck ich muß dich lassen* singen, das der Hofkomponist des Kaisers Maximilian I. (s. d.) in Innsbruck vertont hat und letzterer gedichtet haben soll. Die größten Massen-

wirkungen durch das Theater erreichten die Jesuiten immer wieder mit deutschen geistlichen Spielen, wie mit den sogen. Bauernspielen des Tirolers Andr. Brunner an den Kartagen in der Innsbrucker Jesuitenkirche. Freilich mit seinem Wühlen in Blut und Wunden kam er allzusehr dem Zeit- und Volksgeschmack entgegen. Erzherzog Ferdinand II. von Tirol hatte den Orden sehr gedrängt, Komödien in der Volkssprache zu veranstalten und zu wiederholen (*Acta Congr. Prov. Germaniae sup.* XI 571 f.). In dieser Richtung wirkten verschiedene Prämonstratenser des Stiftes Wilten trotz des klösterlichen Niederganges, der den Streitigkeiten mit Kardinal Nikolaus von Kues (bis 1650) folgte. Die deutsche Sprache herrscht bei Klosteraufführungen vor, abgesehen von den offiziellen Schulveranstaltungen der Stiftsalumnen des 18. Jhs., manche frühere Herren waren in Ingolstadt und Rom (Germanicum) ausgebildet worden. Charakteristisch ist auch die Begünstigung von Kultspielen in Pfarreien, die Andreasaufführungen in Amras und in Rinn, das Mirakelspiel Maria unter den vier Säulen neben der Pfarrkirche von Wilten, die Darstellung U. l. Frau zum hl. Wasser in Patsch, der Patroziniumsspiele in Völs (hl. Blasius), Aldrans (hl. Martin), Ampaß (St. Veit), die Weiterführung der Passionsspiele in Patsch und Hötting bis zu ihrer gewaltsamen Unterdrückung im 18. Jh., die Bevorzugung des Wiltener Bartlmäfestes als Spieltag, der eifrige Spielbesuch der Äbte und anderer Konventualen sowie von höchsten Persönlichkeiten des Innsbrucker Hofes. Die meisten beteiligten Seelsorgpriester aus dem Stifte gingen mit dem Geschmacke des einfachen Volkes. Ihre Mitwirkung an Aufführungen war vom Stifte in keiner Weise vorgeschrieben oder geregelt, sondern persönliche Herzens- und Bildungssache. Von einem Wiltener Stil kann daher noch weniger die Rede sein wie vom „Jesuitenstil". Das Stift mußte erst wieder sich selber langsam aufrichten. Stilles, ruhiges Wirken in der Seelsorge war seine Aufgabe. Neben den Hofveranstaltungen und Aufführungen der Schulmeister, Handwerker und fahrenden Komödianten und den Jesuitenspielen zu Innsbruck und Hall griffen noch andere Körperschaften, wie das kgl. Damenstift in Hall, wirksam in die Theaterkultur der Umgebung ein und engten den Kulturkreis des Stiftes Wilten, wenngleich er viel älter war, ein oder überschnitten ihn. Die Wiltener waren meist anspruchslose Mittler zwischen Stadt und Dorf und in der Folge auch zwischen der Schulbühne und dem Bauernspiel, trugen zur längeren Aufrechterhaltung des volksmäßigen Wesens bei und setzten sich auch noch in den dreißiger und späteren Jahren des 18. Jhs. für Volksaufführungen ein, als die Behörden davon abzurücken und sie einzuschränken begannen. Zur Zeit der Schäferspiele, die im musikeifrigen und nicht minder theaterfrohen Zisterzienserstift Stams im Oberinntal eine reiche Betätigung in den Gelegenheitskünsten für die Feste von Äbten und Stiftsjubilaren bis in die ersten Jahrzehnte des 19. Jhs. mit sich brachten, versuchten auch Wiltener sich schon in bescheidenen mundartlichen Singspielen, die in Anlage und Charakter noch in den einfachen Krippenspielen fortleben. Von einem Ordenskollegen in Wilten (Clem. Lenauer) wurde Seb. Sailers 'Fall Luzifer' und andere Parodien ab- und ins Tirolische umgeschrieben; Sailers 'Schöpfung' tauchte bald darauf auf der Dorfbühne von Fulpmes im nahen Stubai auf. Der Reichtum und die Vielfalt des barocken Volksschauspiels in den Dörfern Tirols und seine innige Verknüpfung mit den kirchlichen Gemeinschaftsfesten wären ohne Begünstigung durch die bodenständigen Stifte und andere Klöster des Landes nicht zustande gekommen. Manches, was bisher einzig den Jesuitenbühnen zugeschrieben wurde, teilen diese mit jenen Spielkreisen. Dem des Stiftes Wilten gebührt neben denen von Neustift, Stams, Marienberg-Meran, der geistlichen Mittelschulen zu Brixen und Bozen und der Figuralprozessionen von Kapuzinern und gewissen Bruderschaften Einbeziehung in die Geschichte des deutschen Volksspiels.

Der Wiltener Prämonstratenser Joachim (Taufname Frz. Gg.) Schannazar aus dem kleinen Effritsweiler am Überlinger See (1697 bis 1758), Chorregent der Abteikirche und zuletzt Kurat in Tulfes, verfaßte das Wiltener Mirakelspiel und vertonte eine Komödie vom hl. Edmund, die Adrian v. Kembter gedichtet hatte. Laurentius (Taufname Andreas) Falschlunger vom Maurerhof in Pfons bei Matrei am Brenner (1752—1810, gest. als Kurat in Hötting) schrieb u. a. eine Geschichte des sel. Andreas von Rinn in zehn Liedern (1803: Goedeke 6[2] S. 672; 2. Aufl. 1805) und kommt als Verfasser eines Höttinger-St. Nikolauser Singspiels von 1784 in Betracht. Der Musikus Gilbert Bläsl, (1717—99) aus Baiern, gilt als Bearbeiter des Patscher Passionsspiels von 1743 usf.

13. Daß die Wiltener Äbte auch Schriftsteller außerhalb ihres Ordens und Landes für ihre Stiftsfeste heranzogen und Beziehung zur Benediktiner Spielkultur unterhielten, bezeugt das ländliche Lustspiel '*Der Hans ein bezahlter bäurischer Hochzeitsgast*' des Lambacher P. Maurus Lindemayr, das anläßlich der Vermählungsfeier und in Anwesenheit des Erzherzogs und späteren Kaisers Leopold II. und seiner Braut Marie Luise von Spanien im Rekreationszimmer des Stiftes Wilten am 4. August 1765 aufgeführt wurde (s. M. Enzinger *Zwei Singspiele von P. Maurus Lindemayr*, Euphorion 31 (1930) S. 32ff.). Stärkeren Einfluß nahm das Stift nämlich auf die theatralischen Veranstaltungen im Kloster und im Dorfe Wilten selber. Letztere wurden auch außerhalb der Seelsorgegemeinden des Stiftes nachgeahmt oder deren Spiele geradezu übernommen, wie z. B. das Wiltener Mirakelspiel von der Spielgemeinde Axams. Daher kämpfte auch die aufgeklärte Richtung gegen die Mithilfe an. Im Sinne der neuen staatlichen Maßnahmen, die solche Volksschauspiele auf dem Lande nur mehr nach Vorlage der Texte und eingeholter behördlicher Erlaubnis aufgeführt wissen wollte, eiferte z. B. der Innsbrucker Staatsbibliothekar Ant. Roschmann 1747 in der dortigen wissenschaftlichen Gesellschaft *Academia Taxiana* gegen diese Bauernspiele, deren eines jüngst unter dem Titel '*Dyonisia, Kronprinzessin von Sizilien*' bei Innsbruck aufgeführt worden sei: der Gelehrte wies nach, daß es eine solche Person nur in Mirakelbüchern, nicht aber in Wirklichkeit gegeben habe (vgl. A. A. Dipauli *Ant. Roschmann und seine Schriften*, Beiträge zur Geschichte, Statistik, Naturkunde und Kunst von Tirol und Vorarlberg 2 [1826] S. 111f.), eine Verurteilung, die auch das Wiltener Mirakelspiel und die Andreaslegende zu einem gutem Teile traf. Dagegen verlangte der Vizepräsident des tiroler Guberniums, Leopold Graf Künigl, daß der Hofprediger unter den Innsbrucker Franziskanern wegen Ausfällen wider die Komödien des damaligen Hoftheaters vom Predigtamt entfernt werde (s. F. K. Zoller *Geschichte und Denkwürdigkeiten der Stadt Innsbruck* II [1826] S. 229).

14. Dieser Kult des ermordeten Rinner Kindes war jedoch erst durch den Prozeß gegen die mutmaßlichen Mörder des Gerberknaben Simon von Trient angefacht worden, der die Zeitgenossen in die größte Aufregung versetzt und auf viele Spätere noch tiefen Eindruck gemacht hat. Am Gründonnerstag des Jahres 1475 war das genannte Kind getötet worden. Sogleich nach seinem Verschwinden beschuldigte die Bevölkerung drei Trientner Judenfamilien der Mitschuld. Die Leiche wurde tatsächlich im Keller des reichen Moses vorgefunden und zwar mit Wunden behaftet, die auf einen Ritualmord hindeuteten. Drei hervorragende Ärzte, darunter Joh. Matth. Tuberinus (Tyberinus), wurden zur Untersuchung beigezogen. Der Prozeß wider die Beschuldigten währte ein Jahr. Selbst Herzog Sigismund bemühte sich sehr um dessen Niederschlagung, und Papst Sixtus IV. entsandte schließlich einen judenfreundlichen Vertrauensmann, der bei den Amtshandlungen zugegen sein mußte und ein strenges Urteil abwehren sollte. Bischof Johannes Hinderbach (s. d.) von Trient, selbst ein hervorragender Jurist und Humanist, der langjährige Genosse in der kaiserlichen Kanzlei und Freund von Enea Silvio de'Piccolomini und Fortsetzer von dessen '*Historia Friderici imp. III.*', führte als weltlicher Fürst des Hochstiftes Trient den Prozeß an und zeichnete die Vorgänge sorgfältig auf. Er bot alles auf, um den Todesfall aufzuhellen, und entsandte auch den Dominikaner Br. Heinrich nach Deutschland, wohin die Spuren des Hauptbeschuldigten Moses zurückführten, um Nachforschungen nach ähnlichen Verbrechen anzustellen. Hiebei ergaben Aussagen von Amtspersonen, daß Juden 1430 in Ravensburg (Diözese Konstanz) ein Kind gekauft und getötet, daß Juden in Pfullendorf ein Kind getötet, *ut sanguinem pro suis usibus colligerent*, und daß nach Aussage des Endinger Bürgermeisters 1462 auch dort Juden zwei Kinder aus Christenhaß getötet und deren Blut bei ihrem Paschahfest verwertet hätten. Ein ähnlicher Fall kam 1503 in Langendenzlingen bei Freiburg i. Br. auf (vgl. Deutschsoziale Blätter 7 [1892] Nr. 199, 206). Über die Kindermorde zu Benzhausen

und Waldkirch im Breisgau um 1503 vgl. Absatz 17.

Die beschuldigten Trientner Juden leugneten trotz Folterung. Erst nach schärferen Torturen gaben sie zu, das Blut für das Ostermahl und die Leiche zu gotteslästerlichen Verhöhnungen im Vorraum der Synagoge am Karfreitag verwendet zu haben. Trotz aller Bemühungen der Juden und vieler Christen wurden 1476 neun Beschuldigte gerädert, enthauptet und verbrannt; Moses war zuvor im Kerker gestorben. Den sonstigen Juden wurde der Aufenthalt in Trient auf weltewige Zeiten untersagt. Für Bischof Hinderbach war entscheidend, daß sogleich nach der Tötung des Kindes das Volk zum Grabe in der Peterskirche herbeiströmte und in kurzer Zeit der Ruf von vielen Wundern und Gebetserhörungen sich über alle Christenländer verbreitete. Der Prozeß fand in Rom ein kostspieliges Nachspiel; denn beide Parteien boten alles auf, um den Papst auf ihre Seite zu bringen. Am 20. Juni 1478 bestätigte er mit einer Bulle die Rechtmäßigkeit des Trientner Verfahrens. 1584 wurde der Name des Knaben in das Martyrologium gesetzt. Im Streite der Meinungen noch oftmals aufgegriffen, wurden doch von keiner Seite die reichhaltigen Zeitdokumente insgesamt einer methodischen Behandlung zugeführt (s. Bloch *Die päpstl. Bullen über die Blutbeschuldigung u. Simon v. Trient* 1899; Aug. Rohling *Meine Antworten an die Rabbiner oder Fünf Briefe über Talmudismus u. das Blutritual der Juden*[4] 1883; Christian Loge = Ant. Orel *Gibt es jüdische Ritualmorde?* 1934 S. 20—36). „Wenn die Juden jemals ein Christenkind zum rituellen Gebrauch gemartert haben, so ist es beim hl. Simon von Trient gewesen" (J. Weingartner *Austria Sancta*, Stud. u. Mitt. a. d. kirchengeschichtl. Seminar d. theol. Fakultät d. Univ. Wien Heft 6 [1910] S. 64). Auf dieses Ereignis hin wurden in Tirol und Vorderösterreich noch andere Fälle aufgegriffen (s. J. Deckert *Vier tiroler Kinder Opfer des chassidischen Fanatismus* 1893; O. Rudl *Die Ritualmorde*, Südtiroler Ärzteblatt 2 [1923] S. 161—166, 383—389, 438. Archivalisches und gedrucktes Material über Simon von Trient befindet sich im Vatikan. Archiv zu Rom, in den Archiven und Bibliotheken von Trient und Innsbruck, im österr. Abgeordnetenhaus zu Wien und im Landesgericht zu Innsbruck).

15. Eine reiche Literatur über den Trientner Fall entstand sogleich an Ort und Stelle. Den ältesten Druck auf altösterreichischem Boden und einen der ältesten in deutscher Sprache stellt die vom Bischof Hinderbach veranlaßte Geschichte des ermordeten Simon dar (= Hain II S. 477 Nr. 7633). Als Verfasser kommt nach den Untersuchungen von Leo Jutz nur ein Deutschtiroler in Betracht; er beeinflußte auch die Sprache des Druckes. Als Drucker nennt sich *Albertus* (Kunne von) *Duderstat von dem Eicksvellt;* er vollendete das Werklein (14 Bll. Folio mit 12 Holzschnitten) am Mittwoch vor Mariä Geburt 1475. Kunne dürfte vom Bischof, einem gebürtigen Hessen, der vordem auch ein Kanonikat in Freiburg bekleidet hat, eigens zu diesem Zwecke nach Trient berufen und zuvor in Nürnberg (erster deutscher Druck dort 1472 nachgewiesen) und vielleicht auch am Rhein (Mainz? Erster deutscher Druck dort erst 1486) als Drucker tätig gewesen sein, wie aus seinem vom Mitteldeutschen, Schwäbischen und Bairischen durchmischten Druckerdeutsch hervorgeht, das sich wiederholt auch an die Sprache der kaiserlichen Kanzlei hält. Hernach (1478, 1480—1519; vgl. G. A. Bogeng *Gesch. d. Buchdruckerkunst: Der Frühdruck* 1930 S. 307, 340, 364f.; F. Waldner *Quellenstudie z. Gesch. d. Typographie in Tirol*, Zs. d. Ferdinandeums 3. F. 32 [1888] S. 17f., 105f.) tritt er in Memmingen als Drucker hervor. 1475 gab auch J. M. Tuberinus (Tyberinus) etliche deutsche und lateinische Darstellungen des Mordes zu Trient und Rom in den Druck (= Hain 15648—58) (vgl. A. Zingerle *Beiträge z. Geschichte d. Philologie* I [1880] S. LIV); außerdem eine von Günther Zainer 1475 in Augsburg gedruckte Flugschrift: *Geschichte von dem seligen Kinde Symon*, die das Einwirken des Verfassers auf die Druckersprache nicht in dem Maße erkennen läßt wie die Kunnes, und den

Übergang in der Anwendung des „Brief"-Formschnittes auf das Buch in dem selbständig werdenden Buchholzschnitt darstellt; sie ist neben dem Werke Kunnes die älteste gedruckte illustrierte Zeitung. Desgleichen ließ Rabbi Samuel einen lateinischen Brief zur Entlastung seiner Glaubensgenossen durch Hans vom Rhin, der vom Oberrhein kam, zu Santorso bei Vicenza drucken, wie überhaupt beide Parteien sich durch Drucke und Abbildungen, Bücher und Flugzettel um die öffentliche Meinung und Aufklärung bemühten. Mathias Kunig (s. d.) gab noch 1475 ein deutsches Gedicht bei Hans vom Rhin zu Santorso in den Druck (s. Weller *Annalen* 2 S. 11 Nr. 40), endlich der spätere Ordensgeneral der Augustiner Chorherren Silvestro da Bagnora sein lateinisches Gutachten über die Heiligsprechung des ermordeten Knaben an Bischof Hinderbach bei Kunne in Trient. Auch die nächsten Drucker und Verleger von Trient, Verona, Treviso und manche entferntere betätigten sich noch oftmals mit einschlägigen Schriften (vgl. B. Bonelli *Dissertazione apologetica sul martirio del B. Simone* 1747; Flam. Cornaro *De cultu Sancti Simonis* 1753; G. Menestrina *Gli Ebrei a Trento*, Tridentum 6 (1903) S. 304—316, 348—374, 385—411 mit 6 Abbildungen; weitere Literaturangaben bei Fil. Largaiolli *Bibliografia del Trentino*[2] 1904 S. 291; A. Dörrer *Etschländer Buchwesen und Geistesleben*, Der Schlern 13 [1932] S. 363, 364). Dem Bischof Chr. Madrutz von Trient widmete der ehemalige Freiburger Theologieprofessor Dr. Joh. Eck seine mit bischöflichen Wappen geschmückte Anerkennungsschrift: *Ains Juden büechlins verlegung: darin ain Christ, gantzer Christenhait zu schmach, will es geschehe den Juden vnrecht in bezichtigung der Christen kinder mordt* (1531, 1541, 1542). Der Stoff wurde wahrscheinlich schon unter Bischof Hinderbach dramatisiert, früh auch als Jesuitendrama, nachweisbar zuerst von dem Urschweizer Kaspar Rhey (1570 bis 1625), der durch Jak. Gretser und Matth. Rader der Materie und der Volksdramatik aus Tirol nahe gebracht worden war, bearbeitet: *Puer Tridentinus a Judaeis occisus*. Von diesem Bühnenstück vermutet Joh. Müller *Das Jesuitendrama in den Ländern deutscher Zunge vom Anfang (1555) bis zum Hochbarock (1665)* 1930 S. 14, daß es ein Sensations- und Schauerdrama war, welches dann die späteren Mordspektakelstücke des Dreißigjährigen Krieges bedeutend vorwegnahm. Rhey hatte, wie er am 9. Jan. 1601 an Rader schrieb, am Dreikönigsfest einen deutschen Dialog aufführen lassen, in dem vier kleine Mädchen ihre von Herodes ermordeten Brüderchen beklagten (s. B. Duhr *Die Studienordnung der Gesellschaft Jesu* 1896 S. 138). Sein Simonspiel dürfte, daran anknüpfend, in eine Reihe mit Bidermanns *'S. Cassianus martyr puerorum graphiis confixus'* getreten sein, der 1602 zu Augsburg aufgeführt wurde. Rheys Stück wurde dort 1605, zum Schulschluß am Innsbrucker Gymnasium 1610, 1619 zu Freiburg i. Schw. inszeniert. Der Vorwurf wurde noch wiederholt behandelt (auch als *'Il Martire Pargoletto'* aufgeführt und gedruckt 1764 und 1793 zu Trient), aber auch mehrerenorts und wiederholt (so noch von dem tiroler Volksspielschreiber Josef Schmalz 1839 für die Bühne des Passionsspieldorfes Vorderthiersee bei Kufstein) als deutsches und als italienisches Volksschauspiel bearbeitet. Zahlreiche handschriftliche Gedichte, welche sich auf Simons Leben und Tod beziehen, befinden sich im Besitze des kgl. Staatsarchivs und der Stadtbibliothek (*Mazzettiana*) zu Trient und in dem Landesmuseum Ferdinandeum zu Innsbruck, ein Fragment auch im Cod. 61 der Melker Stiftsbibliothek (II. 206'). Vgl. noch A. Zingerle *Beiträge z. Gesch. d. Philologie* 1 (1880) S. LIV u. 135. Etliche der dt. Dichtungen zählen zu den ältesten uns überlieferten geschichtlichen Volksliedern aus Tirol. Inwieweit Rheys Drama den jüngeren Ritualmordspielen Anregung gab und Vorbild war, läßt sich ebensowenig abmessen wie etwa der Einfluß volkstümlicher Nikolausspiele auf das Gretsers. In diesen Fällen fehlt je eines der Vergleichsstücke für die Feststellung, was die Volksdramatik gegeben und was sie genommen hat. Es bleibt daher zu erforschen, wie in sonstigen Fällen Jesuitendramatiker altes Volksgut in ihren übernationalen Rahmen zu spannen wußten, und wie im Wege der Kirchenerneuerung alte volkstümliche Gestalten und Motive neuen Gehalt fanden. Aus den erhaltenen Dokumenten der Andreaslegende geht zur Genüge hervor, daß nicht erst der Barock diese auf die Bühne brachte, daß aber zwischen ihren Dramen und dem Endinger Judenspiel bisher kein formaler Zusammenhang festzustellen ist.

Ein angeblicher Ritualmord liegt auch dem Jesuitenstück *'Der Martyrerknabe Werner'* zugrunde, das am 15. und 16. Oktober 1630 zu Ehren Tillys in der Kongregation zu Ingolstadt aufgeführt wurde (Perioche Univ.-Bibl. München). Dagegen steht die mittelalterliche Marienlegende von dem körperlich und geistig hervorragenden Judenknaben aus Bourges (s. *'Das Jüdel')*, der mit seinem christlichen Spielgefährten zur Kommunion geht, vom ergrimmten Vater dafür in einen Ofen geworfen, aber durch die hl. Jungfrau vor dem Tode behütet wird (vgl. Bibl. Norm. 2; Th. Pelizaeus *Beiträge zur Geschichte der Legende vom Judenknaben*, Diss. Halle 1914), mit den angeblichen Auswüchsen des Chassidismus in keinem unmittelbaren Zusammenhang. Ihr ist wohl auch das Jesuitendrama *'Der Knabe und Martyrer Celsius'*, aufgeführt 1643 in der während des Mittelalters stark von Juden gepflegten Handelsstadt Judenburg in Obersteiermark, zuzuzählen.

16. Das Trientner Ereignis wurde außerdem durch mehrere Bilder, so in der Schedelschen Chronik (deutsch Nürnberg 1493, Bl. 154, s. P. Wecher Gutenberg-Jb. 1933 S. 62 f.), in Deutschland bekannt gemacht und in verschiedene Reiseberichte, so von Fel. Fabri (s. d. u. J. Garber Schlern-Schriften 3 [1923] S. 17 f.), und Geschichtswerke von Zeitgenossen aufgenommen, wie z. B. in die Speyersche Chronik (Mone *Quellensammlung d. bad. Landesgesch.* 1 [1848] S. 514), so daß schon in dem Martyrologium Usuards von 1490 ein Hinweis darauf erscheinen konnte. Geschichtschreiber wie Surius und Pistorius behandelten es ausführlich. Solche Darstellungen mögen auf die Legendenbildung und den Kult wie auch auf die umlaufenden Berichte über den Endinger Fall um so mehr Einfluß genommen haben, als im Breisgau selber einer über das Trientner Ereignis schon vor 1500 abgefaßt wurde (Hs. 490 der Univ.-Bibliothek Freiburg; vgl. K. Rieder *Das Martyrium des hl. Simon von Trient 1475*, Alemannia 26 [1898] S. 63 bis 69.) Nicht bloß die ursprünglichen Prozeßakten von 1470, sondern auch solche Erzählungen über das Verhör und die Hinrichtung der Endinger Juden sowie andere, zum Teil schriftliche Quellen waren die unmittelbaren Vorlagen für den Verfasser des Endinger Judenspiels. Er legt immerhin eine gute Vertrautheit mit den Ortsverhältnissen und Ereignissen, mit der Rechtsordnung und Justifizierung an den Tag.

17. Dem Endinger Judenspiel stehen zwei Gedichte von den Kindermorden zu Benzhausen und Waldkirch im Breisgau örtlich und geistig nahe. Die Stadtbibliothek Freiburg i. Br. besitzt ein Exemplar eines Druckes mit der Druckermarke des Johannes Grüninger in Straßburg, wahrscheinlich aus dem Tatjahre 1504 selber, in einem Sammelbande aus H. Schreibers Nachlaß. Er enthält ein Gedicht mit 809 Kurzversen in Reimpaaren auf acht ungezählten Quartblättern mit Signaturen, aber ohne Kustoden, auf jeder Seite 38 Zeilen, mit der Aufschrift auf der ersten: *Ein seltzame kauffmanschatz wie ein man sein leiplich kind Näwlich den Juden verkoufft hatte vnd das kind zv tod gemartert worden ist.* Der Druck ist mit vier Holzschnitten und dem Druckerzeichen geschmückt. Das Gedicht stammt von einem Augenzeugen, vermutlich einem Geistlichen aus Freiburg, etwa Johannes Eck, der die Anerkennungsschrift auf Bischof Hinderbach verfaßte und darin dieser Kindermorde gedenkt, oder wahrscheinlicher von Thomas Murner. Ein zweites Gedicht auf dieselben Ereignisse stand auf einer Tafel mit Schriftzügen des 17. Jhs. in Buchheim, ist aber nur in Bruchstücken mehr leserlich. Es lehnt sich nur teilweise an ersteres an und bringt auch neue Züge

vor, die nicht gerade als dichterische Erweiterung bezeichnet werden dürfen. Beide Gedichte gab Friedr. Pfaff 1900 heraus (Alemannia 27 [1900] S. 246—297). Auch hier blutet der Leichnam, wie er vor den Vater gebracht wird. Dieser gibt *on alle marter* Bescheid, daß er sein Kind den Juden zu einem Blutablaß verkauft habe, entlastet aber später die Juden. Diese schoben dagegen alle Schuld auf den Vater. Er wurde gerädert und gevierteilt, ein zweiter Christ, der auch ein Kind an Juden verkauft habe, wurde gleichfalls gerichtet, die Juden eingezogen und nach langwierigen Verhandlungen mit Kaiser Maximilian I. unter namentlicher Anführung der Vorfälle von Trient und Endingen gegen Urfehdebrief diesem ausgefolgt. Der berichtende Dichter betont, daß das goldene Kalb noch mehr als die Gerechtigkeit vermöge und die Freigebung der Juden ein Schimpf auf die Christenheit sei. Gott möge alles zum Besten wenden!

18. Während Ritualmordbeschuldigungen in den verschiedensten Ländern wider Juden erhoben wurden, beschränken sich die Dichtungen auf die gemütsverbundenen Gebiete von Vorderösterreich, Breisgau und Tirol. Die ihnen zugrunde liegenden Fälle gehören dem Ende des Mittelalters an; es sind Ereignisse in kleineren Orten; erst jener mit allen Mitteln der damaligen Erfahrungen und Propaganda betriebene Prozeß von Trient beschäftigt sich mit einem Ereignis einer größeren Stadt und eines geistlichen und geistigen Mittelpunktes eines freilich überwiegend italienisch bevölkerten Fürstentums. Diese Vorfälle erscheinen daher weniger als Ausbrüche irrsinniger Rache eines gedrückten und durch wucherische Ausbeutung empörten Volkes, wie als Erscheinungen religiöser Vorstellungen und Erlebnisse, die aus einer weit zurückliegenden Vorzeit unvergänglich fortwirken, und aus einem immer wieder hervorbrechenden Blutglauben des Volkes, der durch Juden leicht herausgefordert werden konnte. Immerhin stehen diese Fälle nicht weit von Handelsstraßen und Verkehrspunkten und zwar in einer Zeit erhöhten Geschäftslebens unter Sigismund dem Münzreichen. So konservativ diese Kreise sein mochten, bei denen solche Dichtungen dankbare Aufnahme fanden, so teilnehmend und begabt zeigen sie sich für dichterische Darstellung und Vorführung. In ihrer Phantasie lebte ein großes Ortsereignis mit Juden fort, daß sie es in einem Spiele wieder erlebt und verewigt wissen wollten.

Der Humanismus focht diese Bevölkerung wenig an. Gerade die Judenspiele schlagen eine eindeutige Brücke von der spätmittelalterlichen zur barocken Volkskultur. Und wenn auch die Jesuiten sehr früh auf diese Kindermärtyrer in ihrer Pädagogik griffen und sie mit aller Verherrlichung auf die Bühne brachten, so blieben es doch Theaterstücke aus dem Volke und im Kleide des beginnenden 16. Jahrhunderts, welche die Ortsereignisse auf den Landbühnen weitertrugen. Der Lokalpatriotismus hatte ein gewichtiges Wort mitzureden. Das barocke Kostüm wurde diesem Volke insoweit für seine Judenspiele willkommen, als es den Einzelfall ins Religiöse und Symbolische hob, dem alten Judenhaß neue kirchliche Berechtigung verschaffte und in den drastischen Darstellungen des Martyriums keine Schranken setzte, wohl aber auch zu Pracht- und Kunstentfaltung mehrfache Gelegenheit bot. Die Allegorien nahm man erst allmählich als zeitnotwendiges Requisit mit in den Kauf.

Ob es nur ein Zufall ist, daß gleichzeitig mit den uns bekannt gewordenen ersten Ritualmordspielen auch *'Der Jude von Venetien'*, die älteste deutsche Bearbeitung von Shakespeares *'Merchant of Venice'*, auf österreichische und badische Bühnen kam (vgl. J. Bolte Jb. d. Shakespeare-Gesellschaft 22 [1887] S. 189 bis 201; zu dem Übersetzer Christoph Blümel s. A. Dörrer *Komödianten auf den Bozner Märkten*, Der Schlern 10 [1929] S. 226f.), läßt sich noch nicht entscheiden.

Das Endinger Judenspiel zum erstenmal hg. v. K. v. Amira (Neudrucke dt. Literaturwerke des 16. u. 17. Jhs. Nr. 41) 1883. H. Schreiber *Das Theater*, Freiburger Adreßkalender für 1858 1S. I—XVI; ders. *Das Judenspiel zu Endingen, ein Volksschauspiel* 1858 (Text in Auszug, SA. des Vorhergehenden). G. Fehr *Das Recht in der Dichtung* 1931 S. 368/69. Ed. Eckhardt *Alte Schauspiele aus dem Breisgau*, Volkskunde im Breisgau 1906 S. 183—6. K. Burdach *Vorspiel* I 1 (1925) S. 205. S. Mauermann *Die Bühnenanweisungen im dt. Drama bis 1700* (Palaestra CII) 1911. C. Kaulfuß-Diesch *Die Inszenierung des dt. Dramas an der Wende d. 16. u. 17. Jhs.* (Probefahrten 7) 1905. L. Geiger *Die Juden in der dt. Literatur*, Zs. f. Gesch. d. Judentums in Deutschland 2 (1888) S. 358. O. Frankl *Der Jude in der dt. Dichtung* d. *16. u. 17. Jhs.* 1905. F. Singermann *Die Kennzeichnung der Juden im MA*. Diss. Freiburg i. Br. 1915. H. Carrington *Die Figur des Juden in der dramatischen Literatur des 16. Jhs.* 1897. F. Kynass *Der Jude im dt. Volkslied*, Diss. Greifswald 1934. J. Scherer *Die Rechtsverhältnisse der Juden in den deutschösterreichischen Ländern* 1901. E. K. Winter *Rudolph IV. von Österreich* 1934. Encyclopedia Judaica VI (1930) Sp. 624/25 u. a. anderen Stellen. Weitere Literatur bei K. Bauerhorst *Bibliographie der Stoff- und Motivgeschichte der dt. Literatur* 1932 S. 88/89. K. Wild *Die Entwicklung Endingens von den Anfängen bis zum Ausgang des MAs.*, Diss. Freiburg i. Br. 1928. F. W. Beck *Geschichten und Gestalten aus Badens Vergangenheit* 1928, S. 13—23. Frz. Hirtler *Endingen am Kaiserstuhl, Bilder aus seiner Vergangenheit*, Badische Heimat 16 (1929) S. 209—218, bes. 215—217. W. E. Oeftering *Geschichte der Literatur in Baden* 1 (1930) S. 75—76. N. Neßler *Das Jesuitendrama in Tirol*, Gymnas.-Progr. Brixen 1905 u. 1906. K. Lechner *Geschichte des Gymnasiums in Innsbruck*, Gymnas.-Progr. Innsbruck 1909 S. 102 f. K. Fischnaler Innsbrucker Chronik 3 (1929/30) S. 18, 20, 21, 134. J. Praxmarer *Die Verbrecher der Hochstraße und Zwei Märtyrer aus Tirol* Bd. 1^3 (1915) hg. von Frz. Danner. Adrian Zacher *Das Prämonstratenserstift Wilten in Tirol*, in Seb. Brunner, Ein Chorherrenbuch 1882. G. E. Rosenthal u. Aug. Karg *Der Deutsche und sein Vaterland* II (1797) S. 338—345 (= Tyroler Bauernkomödien, von einem Augenzeugen beschrieben). A. Dörrer *Spiele und Theater im Kulturkreis des Prämonstratenserstiftes Wilten* (ZfVk. 44 od. 45, in Vorbereitung).

A. Dörrer.

'Judith', I: ältere.

Handschrift: Die Vorauer; Ehrismann *Gesch. d. dt. Lit.* II 1 S. 16f.

Ausgaben: Diemer *Dt. Ged. d. 11. u. 12. Jhs.* S. 119—123, Anm. S. 47f., Einl. S. XLII. MSD.[3] Nr. 37. Waag *Klein. dt. Ged. d. 11. u. 12. Jhs.* S. XXIX—XXXV, 38—43.

Literatur: Ehrismann *Gesch. d. dt. Lit.* II, 1 S. 103—108. Baltzer *Judith in d. dt. Lit.* 1930 S. 1. Biebricher Frankfurt. Diss. 1924 (Mschr.). de Boor ZfdPh. 52 S. 31ff.; Germanica f. Ed. Sievers 1925 S. 494. Kelle *Gesch. d. dt. Lit.* II S. 5f., 239f. Naumann Dt. Vierteljahrsschr. 2 S. 777ff., bes. S. 790. Purdie *The Story of Judith in German and English Literature* 1928 S. 1f., 31—34. E. Schröder ZfdA. 63 S. 270. Sievers *Rhythm.-melod. Studien* 1912 S. 112—141 = Prag. Dt. Studien 8 S. 179ff. Waag PBB. 11 S. 109—119. Wesle *Frühmhd. Reimstud.* 1925.

1. Das Gedicht stammt, nach der Sprachform der Hs. zu urteilen, aus Mitteldeutschland, ihre Vorlage war wohl rheinfränkisch (Waag). Reim und Vers weisen es dem Anfang des 12. Jhs. zu.

2. In der Hs. folgt die 'Ä. J.' in derselben Zeile auf die beiden (unechten) letzten Verse des Gedichtes von den 'Jünglingen im Feuerofen' (s. d.). Vor diesen ist Absatz. Der Hs. folgend hielten Diemer, Waag u. a. 'Ä. J.' und 'J. i. F.' für ein Gedicht. Demgegenüber haben Scherer, Steinmeyer, Kelle, Ehrismann u. a. mit besseren Gründen zwei ursprünglich verschiedene Lieder angenommen. Die falsche Abteilung der Hs. erklärt sich, wenn die beiden unechten Schlußzeilen der 'J. i. F.' in einer Vorlage an den Rand geschrieben waren. Die Überlieferung spricht also nicht eindeutig für Zusammengehörigkeit. Inhaltlich sind 'Ä. J.' und 'J. i. J.' völlig selbständig, Stil, Versbau und wohl auch der Bildungsstand der Verfasser sind nicht gleich, auch die Schallform beider ist nach Biebricher verschieden.

3. Das Gedicht gibt mit Auslassungen den Inhalt des biblischen Buchs 'Judith', jedoch so frei wieder, daß zweifelhaft bleibt, ob dieses die unmittelbare Quelle gewesen ist. Manche Abweichungen würden sich am leichtesten erklären, wenn der Dichter die Geschichte nur vom Hören gekannt hätte: *Bathania* (v. 107) statt *Bethulia* nach dem bekannteren Ort der Evangelien, *Avi* statt *abra* (v. 149, 183, 207), *Bebilin* statt *Eliachim* oder *Joachim* (v. 135). Manches ist deutscher Wirklichkeit und Dichtung angepaßt: In Bathania wohnen ein Bischof (v. 135) und ein Burggraf (v. 125), Judith selbst macht Holofernes trunken (v. 189f.), die Belagerung dauert *mer danni ein jar* (v. 110). Auch die Darstellung entspricht dem Stil des mündlich überlieferten deutschen epischen Liedes: sprunghaft nur die Hauptsachen hervorhebend mit reichlicher Verwendung der Rede und Wechselrede und

formelhafter Wendungen: ***du guti Judithi du zi goti wol digiti, Oloferni di burc habit er gerni.*** **Gedankliche und seelische Vertiefung fehlt. Auf Grund dieses „spielmännischen" Stils galt die 'Ä. J.' Scherer und noch Ehrismann als Werk eines Fahrenden. Indessen der Stil beweist, wie Naumann gezeigt hat, nicht spielmännische Verfasserschaft. Ihrer ganzen Haltung nach entspricht die 'Ä. J.' mit den Mitteln einer älteren Kunstform den späteren sog. Spielmannsepen. Sie wendet sich vermutlich an dieselben Kreise, und demselben Stand gehört wohl auch der Verfasser an. Über diesen läßt sich mit einiger Sicherheit nur sagen, daß er eine geringfügige geistliche Bildung besessen hat. Wie bei den Epen muß aber mit mündlichem, gewerbsmäßigem Vortrag gerechnet werden.** Dazu würde die oft angeführte durstige Zwischenrede v. 185f. passen. Unwahrscheinlich ist, daß das Lied von Anfang an statt mit Bericht mit dem Befehl des Engels an Judith schloß. Die Verse 126—132 sind aus den 'J. i. F.' eingefügt. Neben der sonstigen Knappheit findet sich zuweilen überflüssige Breite und Verdoppelung (v. 135ff., 179f., 183f.). Ob und wieweit solche Unebenheiten auf mündlicher Entstellung beruhen, läßt sich nicht sagen. Eine schriftliche Vorlage der Vorauer Hs. ist anzunehmen, sie schließt aber mündliche Zwischenglieder vor dieser nicht aus.

4. Nachträgliche Bearbeitung nimmt Sievers auf Grund der Schallanalyse an, und zwar sind die ausgeschiedenen Verse auch inhaltlich überflüssig, oder sie bieten einen Anstoß. Sein Ergebnis wird daher der Wahrheit nahekommen. Eine Wiederherstellung der Urform ist jedoch unmöglich, da bei den Erweiterungen offenbar auch Verse ausgefallen sind. Unsicher bleibt daher auch, ob das Lied von Hause aus in ungleiche Abschnitte zerfiel wie die vorliegende Überlieferung. Sievers hält zwölf achtzeilige Strophen für das Ursprüngliche. Die Verse sind ungleicher Länge, die Reimbindung zeigt größte Freiheit.

5. Auf den Ruhm Judiths im Mittelalter weist Ehrismann hin (S. 106). Das Lied ist ein Versuch einer biblisch-geistlichen Heldendichtung, die zugleich erbauen und unterhalten will. Das Religiöse bleibt an der Oberfläche. Judiths Tat erscheint als Befreiung der Gläubigen von den Heiden. Dichter und Zuhörer haben dabei an den ihrer Zeit geläufigen Gegensatz gedacht.

II: jüngere.

Handschrift: Die Vorauer: Ehrismann *Gesch. d. dt. Lit.* II, 1 S. 16f.

Ausgabe: Diemer *Dt. Ged. d. 11. u. 12. Jhs.* S. 127—180, Anm. S. 48—57, Einl. S. XLII.

Literatur: Ehrismann *Gesch. d. dt. Lit.* II, 1 S. 108—110. Baltzer *Judith in d. dt. Lit.* 1930 S. 1. de Boor Germanica f. Sievers 1925 S. 495f. Pirig Bonner Diss. 1881. Purdie *The Story of Judith in German and English Literature* 1928 S. 2, 34—37. E. Schröder ZfdA. 67 S. 75—78. Waag PBB. 11 S. 119—122. Wesle *Frühmhd. Reimstudien* 1925.

1. Die Mundart der Überlieferung ist bair.-österr. mit wenigen alem. Formen (Waag). Als Heimat des Verfassers vermutet Schröder Niederösterreich. Versbau und Reime sprechen, auch wenn man das Ungeschick des Verfassers berücksichtigt, dafür, daß sein Werk der österreichischen Bibeldichtung aus der ersten Hälfte des 12. Jhs., 'Exodus' (s. d.) und Vorauer 'Büchern Mosis' (s. d.), zeitlich nahe steht. Bibel- und Lateinkenntnis erweisen den Verfasser als Geistlichen.

2. Das umfangreiche Werk (etwa 1800 Verse) ist eine verhältnismäßig treue Wiedergabe des biblischen Buchs. Die zugrunde liegende Hs. enthielt eine Reihe von Lesarten der Itala (Pirig S. 3ff.). Die Darstellung geht im allgemeinen ohne viel eigne Zutaten ins Breite, dafür ist anderswo gekürzt, besonders Reden und lyrische Abschnitte (Pirig S. 23ff.). Zur Übersetzung gehört, daß der fremde Stoff heimischen Verhältnissen angepaßt wird. Deutsche Standesbezeichnungen wie *uursten, herzogen unde grauen, biscolf, ercebiskolf,* Ausdrücke und Wendungen der volkstümlichen Dichtung wie *helde, riter, uolchwich* (Pirig S. 27f.) waren kaum zu umgehen. Aber der Verfasser war überdies wie der der 'Exodus' bestrebt, durch kriegerischen Aufputz dem Geschmack der Laien entgegenzukommen. Vulg. 1, 5f. hat er zu einer Schlachtschilderung mit üblichen Zügen ausgesponnen (130, 17ff.): am Anfang der Erzählung soll Erwartung erregt werden. Aber der Verfasser bleibt ganz

Geistlicher. Den Sinn der Geschichte spricht die Einleitung aus: *an disem liede ist uil gût schin, wie er* [Gott] *siu* [die Juden] *beschirmte mit einem bloden wibelin* (128, 1ff.). Wer sich zu ihm bekehrt, dem hilft Gott; wenn er will, durch ein schwaches Weib. Zum Schluß vergißt der Berichterstatter nicht, nach Vulg. 16, 26 zu erwähnen: *div urôwe was iemer mere ane man* (180, 15). Seine Judith ist im Gegensatz zu der des älteren Gedichtes eine passive Heldin (Purdie). An einem biblischen Stoff bekundet sich eine Art der Frömmigkeit, die mit der der späteren Legenden von Oswald (s. d.) und von Orendel (s. d.) verwandt ist. Nur fehlt hier noch neben der Gottergebenheit und Entsagung die Freude am bunten Treiben der Welt.

3. Der Verfasser genügt, auch an seiner Zeit gemessen, nur bescheidenen Anforderungen. Die Reime (Pirig S. 59ff.) bleiben hinter denen der 'Exodus' und der Vorauer 'Bücher Mosis' weit zurück. Der Ausdruck ist vielfach trocken und ungewandt. Oft nutzt er nicht einmal das, was die Vorlage bietet. Es finden sich Beteuerungen, Ausrufe, Anreden an die Zuhörer von der üblichen Art und volkstümliche Übertreibungen. Gelegentlich bekundet der Erzähler seinen Anteil, und ein paarmal scheint ihn sein sittliches Urteil zu leichten Abweichungen von der Quelle zu veranlassen. Aber die Gelegenheit zu frommer Erhebung, die sie bei Judiths Gebet und Lobgesang bietet (Vulg. 9, 2—19; 16, 1—21), übergeht er (160, 26ff.; 179, 17ff.) mit ein paar allgemeinen Wendungen (Pirig S. 23ff., 33, 39, 46f.).

Hans Steinger.

'Juliana', s. Arnold, Priester.

Juncreuter, Cunrat. Die Heidelberger Hs. cpg. 472, die Bl. 184ᵇ—186ᵇ 'Des Wolfes Klage' enthält, schließt nicht mit der Nennung Peter Smihers (s. d.), sondern so:

Wer das beger der sprech Amen
cunrat Juncreuter.

Als Dichter kommt Cunrat Juncreuter nicht in Frage.

Niewöhner.

Jung, Ambrosius, Dr. med., Arzt des Domkapitels zu Augsburg, widmet seinem gelehrten Gremium 1494 eine deutsche Pestschrift, betitelt '*Ein außerwelt loblich tractat vnd regiment in dem schwören zeit der pestilentz außgezogen auß den bewärten vnd weysisten alten gschrifften der artzney*', die bei Hans Schönsperger zu Augsburg in Druck gelegt und 18 Quartblätter stark am 14. Nov. 1494 hinausgegeben wurde. Über seinen gelehrten Inhalt habe ich in meinen 'Deutschen Medizinischen Inkunabeln' 1908, S. 179 bis 182, gehandelt, auch über spätere deutsche Drucke, deren einer noch im Jahre 1539 in 4° (12 Bll.) bei Siluanus Ottmar hergestellt wurde. Am 20. Nov. 1494 hatte A. J. dem deutschen Büchlein eine lateinische Bearbeitung, beim gleichen Drucker hergestellt, folgen lassen (vgl. Arch. f. Gesch. d. Med. 14 S. 100).

A. J. war der Sohn des Augsburger Stadtarztes Johannes J. und trat selbst im Jahre 1510 in städtischen Dienst, nachdem der Vater am 16. Febr. 1505 verstorben war. Vater Johannes und Sohn Ambrosius haben ihre Syphiliserfahrungen der Jahre 1497 und 1498 schriftlich niedergelegt, welche im Cod. lat. 262 der Münchener Staatsbibl. auf Bl. 178 auf uns gekommen sind und von mir 1923 in den Wiener 'Pharmazeutischen Monatsheften' Nr. 9 veröffentlicht wurden. Weitere Nachrichten über die Augsburger Ärztefamilie Jung, deren Stammvater aus Wimpfen stammte und nacheinander in Zürich, Ulm und Augsburg praktizierte, findet man bei Jakob Brucker *Historia Vitae Adolphorum Occonum* 1734, S. 15f. unter Nr. VI. Ambrosius Jung ist in Ulm geboren, zwei Söhne von ihm, Ambrosius und Ulrich, waren gleichfalls Ärzte.

Sudhoff.

Junger, Hans.

1. Der Spruch von der Armut: *Ich bin gar der welt ain tor Daz saget mir vil maniger vor* ist überliefert in den Hss. Wolfenbüttel 18. 12 Aug. 4°, Bl. 255ᵇ—257ᵇ (Abdruck bei Keller *Fastnachtsspiele* S. 1349ff.), München cgm. 270 Bl. 55ᵃ und Weimar O 145 Bl. 26ᵇ. (In der Weimarer Hs. sind 12 Verse von der Armut vorgesetzt, beginnend: *Ist armutt ain er So pin ich ain grosser her;* dieser kleine Spruch erscheint in etwas abgekürzter Form auch in einem

Stammbuche des 17. Jhs.; vgl. Mones AnzfKddVorzeit 5 [1836] Sp. 342.)

2. Der siebtletzte Vers lautet in der Wolfenbütteler Hs.: *Hans Junger gesprochen hot*, im cgm. 270: *Hans raminger gesprochen haüt;* die Weimarer Hs. läßt keinen der im cgm. 270 überlieferten Verse aus, nur diesen einen! Mancherlei spricht dafür, daß der cgm. 270 den Dichter richtig angibt: die Wolfenbüttler Überlieferung ist viel schlechter als die der beiden anderen Hss. (in denen das Gedicht 134 Verse zählt). *Hans Raminger* fügt sich besser dem Verse als *Hans Junger* (falls man nicht ein *daz* hinzukonjizieren will). Doch bleibt ein ernstes Bedenken: Der cgm. 270 schreibt Hans Raminger (s. d.) fünf Gedichte zu, nämlich außer dem Spruche 'Von der Armut' den unmittelbar vorhergehenden 'Von der Natur des Kindes' (Hätzlerin Nr. 75) und den die Reihe der Gedichte einleitenden 'Lobspruch auf die Frauen' Bl. 27ª (Hätzlerin Nr. 1), ferner gegen Ende der Hs. zwei aufeinander folgende Gedichte: Bl. 204ᵇ u. 205ª ein Bruchstück von einer minnelüsternen Maid (das Gedicht wurde wegen seines anstößigen Inhaltes ausgerissen) und Bl. 205ª—207ᵇ 'Von den Mägden'. Vielleicht gibt der cgm. 270 nur bei den beiden letztgenannten Gedichten den Dichter richtig an. Bei zweien, 'Von der Natur des Kindes' und bei dem 'Lobspruch auf die Frauen', ist er bestimmt im Unrecht. Dadurch wird sein Zeugnis auch für den Spruch 'Von der Armut' stark entwertet, und Hans Junger gewinnt an Wahrscheinlichkeit.

3. Der Dichter, der sich als Familienvater hinstellt, schildert mit gutem Humor seine Armut und eine fruchtlose Pfändung. Bei der Aufzählung all dessen, was in seinem Hause fehlt, sind Anklänge zu Dichtungen vom Hausrat (vgl. Ohnsorge) unvermeidbar. Versbau und Reime weisen auf das 15. Jh. Von Reimen sind anzumerken v. 109 *er stât: brôt*, 127 *nôt: hât;* 18 *ich schouwe: strô;* 1 *der tôre: vor;* 51 *an: gân;* 63 *mâlen: bezalen*. Die bezeichnendsten Reime sind nur in der Münchener und der Weimarer Hs. überliefert; in der Wolfenbütteler Hs. fehlen die betr. Verse, oder die Reime sind abgeändert oder zerstört: 49 *site: niht;* 93 *güeten: bieten;* 97 *vür: mir*, 111 *vür: dir*.

Niewöhner.

'Die Jünglinge im feurigen Ofen.'
Handschrift und Ausgaben s. 'Judith, ältere'.

Literatur: Ehrismann *Gesch. d. dt. Lit.* II, 1 S. 102f. Biebricher Frankfurt. Diss. 1924 (Mschr.). Stroppel *Liturgie und geistl. Dichtg.* 1927 S. 110—114.

Über das Verhältnis des Gedichts zur älteren 'Judith' s. d. Sprache und Reime beider Werke führen in dieselbe Zeit und Gegend (Waag).

Die Quelle ist Daniel Kap. 3. Der Stoff ist völlig verchristlicht. Die drei Männer, die in den Ofen geworfen werden, erscheinen als christliche Märtyrer, sie versuchen, Nabuchodonosor zu bekehren, und als er sie nicht hören will, bekennen sie standhaft ihren Glauben an den Christ. Dabei fehlt jede theologische Gelehrsamkeit, Gott und Christus werden völlig gleichgesetzt (v. 1, 2, 51, 52). Stroppel weist auf die Rolle hin, die Dan. Kap. 3 in Liturgie und Gebeten spielte. Die Erzählung ist lebendig und anschaulich; daß der umständliche Bericht der Quelle gekürzt ist, kommt ihr zugute. Der Dichter kennt den Inhalt des biblischen Buchs recht genau, das zeigen schon die Namen. Daß er Latein konnte, wird dadurch und durch v. 70f. nicht sicher bewiesen. War der Dichter geistlichen Standes, so suchte er doch seine Hörer in denselben Kreisen, an die sich auch die 'Ä. J.' wendet. Ein spielmännischer Verfasser läßt sich nicht wahrscheinlich machen. Wohl aber ist es möglich, daß auch dies kleine Gedicht für gewerbsmäßigen Vortrag bestimmt war. Vielleicht erklärt sich die Uneinheitlichkeit der Schallform, die Biebricher findet, durch mündliche Überlieferung.

Hans Steinger.

'Jüngstes Gericht', s. Gericht, Jüngstes.

'Der Junker und der treue Heinrich, s. Nachtrag.

Justinger, Konrad, kam in der zweiten Hälfte des 14. Jhs. mit seinem Bruder, wohl aus Schwaben, nach Bern. 1384—93 und dann nochmals 1411—16 findet er sich als Stadtschreiber dort und wird nach seinem Scheiden aus dieser Stellung 1420 mit dem Auftrag des Rates betraut, eine Chronik der Stadt Bern zu schreiben. Um 1425 muß J. gestorben sein. Über sein Leben sind uns sonst keinerlei Nachrichten erhalten. — Auf seine Persönlichkeit können wir indes einige Schlüsse ziehen. Da die Stadt ihn, den Landfremden, zum Stadtschreiber macht, dürfen wir wohl annehmen, daß er sich die Achtung seiner Wahlheimat in hohem Maße erworben hat, zumal diese Beamtung ja nochmals wiederholt wird. Bestärkt werden wir darin noch durch den Chronik-Auftrag, eine Aufgabe, die doch nur einem bewährten und vertrauenswürdigen Mann übertragen werden konnte. Die Chronik umfaßt die Jahre von 1152—1420 und ist in lebhaftem, auch heute noch wohl zu lesendem Ton geschrieben. Der Verfasser flicht gern kleine und bezeichnende Züge ein, die uns ein farbiges Bild des städtischen und politischen Lebens von Bern geben. Seine Stellungnahme zur hussitischen Bewegung ist durchaus negativ. Einen besonderen Wert erhält das Werk J.s dadurch, daß er, wie es außer ihm kaum ein Zeitgenosse tat, erkannte, welche Bedeutung für den Geschichtsschreiber und -betrachter im politischen Lied und Vers liegt. Er fügt daher in seine Chronik mehrere zeitgenössische Lieder ein, deren Dichter aber leider nicht genannt sind. Die Vermutung, er selbst sei der Dichter, die vielleicht auftauchen könnte, trifft aber wohl auf keines der Lieder zu.

Das Werk ist in zahlreichen — über 20 — Hss. überliefert, von denen hier nur die maßgebenden genannt seien. Eine ausführliche Angabe findet sich bei Studer. Es sind: 1. Hs. W = Winterthur, Hs. des Jakob Noll, nach dem Besitzer genannt, Ende 15. Jh., genaue Abschrift in Bern Stadtbibl. H X 35; 2. Hs. A = Bern StB. H IX 262 durch Michael Stettler, der 1562 starb (hier ist bei Studer wohl irrtümlich 1462 eingesetzt); 3. Hs. B = Bern StB. H I 54, durch des vorigen Sohn Hieronymus Stettler 1648. Außer dem Werk J.s enthalten diese Hss. noch andere geschichtliche Schriften.

Von den Quellen J.s, die teils genannt, teils zu erschließen sind, dürfen wir wohl als die wichtigsten die urkundlichen Belege, *die briefe so in der statt kisten liegen*, ansehen. Daneben sind folgende Hauptquellen: 1. *'Chronica de Berno'* im 'Jahrzeitenbuch von St. Vinzenz', und dieses selbst für die Jahre 1223—1405; 2. *'Narratio conflictus apud Laupen'*, Bern StB. ms. 452 Bl. LXXVI—LXXXVI; 3. eine anonyme Stadtchronik, die gleichzeitig mit J.s Werk und meist im Anschluß an Twingers v. Königshofen (s. d.) elsässische Chronik überliefert ist; ihr Verhältnis zu J. ist nicht ganz klar, und es besteht die Möglichkeit, daß ihr Verfasser erst auf Grund des J.schen Werkes gearbeitet hat, die Lage also umgekehrt ist; beste Hs. Zürich cod. tig. A 122 von 1469.

J.s Verdienst um die Geschichtschreibung seiner Wahlheimat war lange vergessen. Nicht sehr lange nach seinem Tode wird dem Berner Rat ein neues Chronikwerk vorgelegt, das nun an Stelle der J.-Chronik tritt, so daß wir von ihr nicht einmal mehr die dem Rat gehörige Hs., sondern nur Hss. aus dem Besitz von Privaten haben. Es ist dies die dreiteilige Chronik des Diebold Schilling (s. d.); ihr erster Teil enthält J.s Chronik, der zweite die der Jahre 1424—66 durch B. Tschachtlan (s. d.) und H. Dittlinger (s. d. im Nachtrag), der dritte die der Jahre 1468—84 durch D. Schilling selbst. Trotzdem die Fortsetzer auf J. aufbauen, finden sie es nicht nötig, seinen Namen mitzuteilen, sondern nennen ihn, im Stolz des eingebornen Bürgers auf den Landfremden herabsehend, *einen armen mann, der stat underteniger* oder *einen fromen mann.*

Drucke: 1743 wird der 3. Teil als Schillings *Chronik burgundischer Kriege* gedruckt; 1819—20 die beiden ersten Teile durch E. Stierlin und J. R. Wyß herausgegeben; beides ist unkritisch. Erst G. Studer stellt 1871 die brauchbare kritische Ausgabe mit genauen Untersuchungen über Text- und Quellenverhältnisse fertig; hierzu noch G. Studer *Studien über J.*, Arch. d. hist. Ver. v. Bern. Die in der Chronik enthaltenen Lieder gibt Liliencron *Hist. Volkslieder I* unter den Nrr. *1 Bern und Freiburg, 8 Güminenkrieg, 14 Berner Lied, 19 Biel und Bern.*

Ruth Westermann.

Jüterbogk, s. Bereith u. Jakob v. J.

K.

'Kaiser Karls Recht'. 1. '*Von keiser karls recht. Wie er ein kauffmann und ein juden macht slecht. Von eins pfund schmerbs wegen das er aus seiner seitten um M. gl. vrsetzt het*' — so lautet der Titel eines Meistergesanges, der 1493 *(im xciij vor Egidij)* von *meister Hanssen puchtrucker zu Bamberg Hinder sant Martins kirchen* gedruckt wurde. Es handelt sich aber nicht nur um das uns durch Shakespeare erst besonders packend gestaltete Shylockproblem, sondern um eine Apotheose der salomonischen Weisheit Kaiser Karls. Karl der Große ist nie der Held der heimatlichen deutschen Sage (anders liegen die Verhältnisse in Frankreich!) geworden; nicht als Kämpfer, nicht als Sieger, nicht als Legendenumraunter lebt die Erinnerung an ihn im Volksgedächtnis fort. Aber unvergessen blieb er nicht: man weiß noch lange von seiner gesetzgeberischen Tätigkeit zu sagen, man weiß von seinen Verordnungen, seinen Kapitularien. Sprichwörtlich wird seine Gerechtigkeit (s. a. W. Wackernagel *Gesch. d. dtsch. Literatur* 1848, S. 175 u. Anm.; M. Haupt *Kleine Bemerkungen zu Freidank mit Hinweis auf Neidhart*, ZfdA. 3 [1843] S. 278f.). Die Erzählung schließlich von 'Karls Recht', die den Rechtsstreit zwischen Schlange und Kröte darstellt (die Kröte liegt auf der Schlange Eiern, die Schlange hängt sich zur Wahrung ihres Rechts an die Glocke und erreicht Kaiser Karls gerechten Wahrspruch) aus Jansen Enikels (s. d.) 'Weltchronik' zeugt wiederum nur von der Überlieferung Karls als Gesetzgeber, hat aber — trotz des für uns irreführenden Titels — nichts mit dem vorliegenden Meisterliede zu tun.

Traditionell (man denke z. B. an Harders [d. s.] "beyspil", Germania 3 [1858] S. 312f.) beginnt das Meisterlied von Kaiser Karls Recht mit der Erzählung vom Vater, der sterbend dem Sohne Ratschläge erteilt. Dieses Mal handelt es sich um Erhaltung des Erbes. Nicht darf, das ist kennzeichnend für die religiöse Haltung der Zeit, die Bitte fehlen: *und laß mein gedencken in den vier orden*. Der Sohn aber *tzert und lebt im sause, / das gut weret yn nit ein jar* (Ges. 1, Ges. 2). Nun führt ihn sein Weg zu dem reichen Juden, der ihm *thausent gulden* um den Preis von *ein pfund schmerbs* leiht, falls das *rechte zil* nicht eingehalten wird. Ebenso wie in der Erzählung der '*Gesta Romanorum*' 'Das Fleisch des Schuldners' oder auch 'Von dem Kaiser Lucio' (s. u. a. auch Stammler *Prosa der dt. Gotik* Nr. 65 aus mgq. Berol. 1484 Bl. 91^b—94^b, geschr. 1428) fehlt also hier noch das Freundschaftsmotiv. Es fehlt auch in einer Reihe außereuropäischer Fassungen (zu der ganzen Frage s. Simrock S. 183ff.). Es verleiht aber Shakespeare — und seiner mittelbaren oder unmittelbaren Quelle, dem '*Pecorone*' des Ser Giovanni Fiorentino, der wohl seinerseits im übrigen durchaus aus den '*Gesta*' schöpft — das eigentliche Gepräge. Nicht ist hier — wie in den '*Gesta*', bei Fiorentino, bei Shakespeare — ein Liebesabenteuer in die Fleischverpfändung verwoben. Das erotische Motiv gehört ja nicht eigentlich zu dem Rechtshandel mit dem Fleisch, wenn auch z. B. in dem persischen Manuskript, von dem Malone berichtet, der Jude dem Muselmann das Geld nur deshalb leiht, weil der Muselmann ein schönes Weib besitzt (Simrock S. 218). Zu bemerken ist schließlich, daß u. a. der Jude als unmenschlicher Gläubiger erst später eingeführt wird. Die '*Gesta*', um nur von ihnen zu reden, sprechen nur vom Kaufmann schlechthin. Die Blutbeschuldigung gegen die Juden — auch der 'Arme-Heinrich'-Komplex mag bis zu einem gewissen Grade hierhergehören, es ist nicht nötig, die Frage des Ritualmordes zu streifen — taucht 1236 erstmalig auf, wird von einer durch Kaiser Friedrich II. eigens zu diesem Behufe eingesetzten Kommission geprüft und als nichtig erwiesen.

Wie es zum Gang der Erzählung gehört, gelangt auch in unserem Meisterliede das Geld des Schuldners nicht zur angegebenen Zeit in die Hände des Gläubigers. Gründe, Milde gibt es nicht für den Geldgierigen. Des Juden Forderung lautet, ganz Bewußtsein des „Rechtes": *du must für den keiser reite*. Auf diesem Wege, den jeder, der Kaufmann und der Jude, in dem Bewußtsein beschreitet, daß der Spruch zu seinen Gunsten ausfallen werde, stößt dem Kaufmann allerlei Unheil zu. Zuerst schläft er während der Fahrt auf seinem Pferde ein: *ein kind das lieff under das pferd, / des sach er nit und tredt das kind zu tote* (Ges. 4, 16f.). Der Vater *schrey yn für einn mörder an:* er zieht mit den anderen vor des Kaisers Gericht. Sie kommen an Karls Hof, müssen warten, *man hielt den kauffmann wol in pflicht* (Ges. 5, 9), setzt ihn *in ein fenster*, dort versinkt der Schwerbetrübte wiederum in Schlummer. Unter dem Fenster steht eine Bank, auf ihr sitzt ein Ritter *hoch gemeide*. Er ist des Kaisers Rat, ein alter Mann: *der kaufmann viel zum fenster ab / und viel den ritter schlaffendig zu tote* (Ges. 5, 16f.). Des Ritters Sohn will den Kaufmann erstechen. Der Jude aber sorgt dafür, daß er vor des Kaisers Richtstuhl Sühne heischen geht. Der Kaiser hält ein gerechtes Gericht, ein solches, wie es das Volk in seinem gesunden Empfinden ersehnt. Nicht der Buchstabe spielt eine Rolle, es kommt ihm auf das Rechte, auf das Richtige an. Daß wir die Art des Urteilsspruches manches Mal uns nicht -- scheinbar auch nicht die dem Gericht Unterworfenen — zu eigen machen, ist eine andere Frage. Der Jude darf sein *pfund schmerbs* aus des Kaufmanns Seite schneiden, aber: *weder minder, me; und velst du des, verlorn hast du dein leben* (Ges. 7, 4f.). Dem Vater des getöteten Kindes soll Gerechtigkeit werden. Den Kaufmann zu rädern, das könne in seinem Falle nichts helfen. Denn lebe ihm dadurch vielleicht sein Kind aufs neue?: *leg yn zu deinem weibe, das er ein ander kind im mach* (Ges. 8, 8f.). Der klagende Sohn des Ritters aber erfährt, auf daß ihm Sühne für seinen Vater werde, solle er sich nun hoch in das Unglücksfenster stellen, während dieses Mal der Kaufmann drunten sitzen müsse: *vall zum fenster her aus auff yn / und vall yn auch zu tot* (Ges. 9, 7f.). Keiner der Gläubiger macht sein Recht dem Schuldner gegenüber geltend: der Jude läßt nicht nur sein Geld verloren sein, er gibt gar noch, um sein Leben zu retten, 200 Gulden dem Kaufmann. Der Vater des getöteten Kindes will lieber alle seine Kinder verlieren, als daß er dem Kaufmann seine Frau *ein nacht soll leihen* (Ges. 8, 11). Der Sohn des Ritters fürchtet, er könne vielleicht nicht den Kaufmann beim Falle aus dem Fenster treffen, und verzichtet lieber auch darauf, sein ,,Recht" zu erhalten.

2. Das Meisterlied selbst umschreibt auch ausdrücklich seine Auffassung Karls des Großen. Er ist ihm der edle Fürst, dessen Namen weithin bekannt ist, *yn nach gerechtigkeit ser dürst. / er richtet recht dem armen als dem reichen* (Ges. 4, 1ff.) Und der Schluß lautet (Ges. 9, 15ff.): *welch richter hie thut solche urtheil mercken / und mit erbarmung mischt das recht...*

Simrock zeigt in eindeutiger Weise auf, daß die Lösung des Kaufmanns von dem grausamen Blutvertrage durchaus als eine Rechtssage aufzufassen ist, die zwar nicht in Rom entstanden sein muß, wie er noch in der ersten Auflage seines Werkes behauptete, die aber nur auf der Kulturstufe entstehen konnte, "wo sich der Gläubiger nach dem Zwölftafelgesetz an Fleisch und Leben des Schuldners halten durfte" (S. 226). Nicht nur in dem Rechtsstreit zwischen dem Juden und dem Kaufmann, auch in den anderen Entscheidungen, die zum Grundthema der Erzählung erst in gewisser Absicht hinzugefügt zu sein scheinen, liegt der Übergang vom jus strictum zur aequitas (*erbarmung*, wie das Gedicht sagt!) vor. Aber diese aequitas — und das darf nicht außeracht gelassen werden — wird dadurch erreicht, daß der Gläubiger statt an sein jus strictum an ein jus strictissimum gebunden wird (die exceptio: nicht mehr noch minder). So wird durch die genaueste Beachtung des "rechtes" die "erbarmung" herbeigeführt. Sonderbar ist es, daß ähnliche Rechtssagen anderswo nicht wie in unserem Falle zur Verherrlichung des gerechten Richters dienen. Wüßten wir nicht, wie unantastbar eindeutig Karls des Großen makellose Gerechtigkeit im Bewußtsein der Nachwelt fortlebte, die Parallelen Simrocks (s. seine Ausgabe der 'Deutschen Märchen' 1864, S. 322) aus tibetanischem und besonders mongolisch-russischem Gebiete würden uns auf eine falsche Spur lenken: die Fälle gleichen fast vollständig denen unseres Meisterliedes, die Entscheidungen gleichen denen des Meisterliedes, — doch während Karl „nach Gerechtigkeit dürstet", handelt es sich bei den Parallelen ganz im Gegenteil geradezu um Richter, die um eines erhofften Vorteils willen ihr Urteil zugunsten des Beklagten abgeben.

3. Das Meisterlied von 'Kaiser Karls Recht' besteht aus 9 Gesätzen zu je 17 Zeilen. Es ist keines jener Lieder, in denen Inhalt und Weise ein Ganzes geworden sind, wie es z. B. Paumholz (s. d.) in seinem Gesange von der 'Keiserin von Rom' gelang. Aber in dieser Unfähigkeit steht der Dichter unseres Meisterliedes nicht allein da: ebenso erging es Martin Schleych (s. d.) im Lied 'Von einer Künigin von Franckreych' und etwa auch dem Verfasser des Gedichtes vom 'Grafen von Savoyen' (s. d.). Hier treffen Stammlers Charakteristika der Meisterlieder zu. Man sieht wirklich eine Addierung von Sprüchen, man trifft die von ihm aufgezeigten aus der Spruchdichtung stammenden Stilmomente (*Wurzeln des Meistergesanges* S. 533 u. ebd. Anm. 1). Wie wenig das einzelne Gesätz als Einheit gefaßt ist, zeigt u. a. der Übergang von Gesätz 6 und 7: (6, 17) *der keiser sprach ich dir sagen wile* (Ges. 7, 1); *Der gute man der soll den schmertzen leiden*... Wort- und Satzakzent fallen nicht zusammen. Die Verse sind nicht durchgehend sauber gebaut. Die Erzählung ist schmucklos und weitschweifig. Die Parallelen zum Stoff zeigen ähnliche z. T. nicht so unpsychologisch erdachte Ursachen der Verbrechen des Angeklagten (schläft doch unser Kaufmann stets ein und wird dann unschuldig Schuldiger). Häufig finden sich Flickverse.

Wir wissen nicht, welche Quelle der Verfasser benutzt hat. So ist es schwierig auszumachen, bis zu welchem Grade er bei der Behandlung der Ritterepisode Eigenes gegeben hat. Der unter dem Fenster sitzende Ritter ist *hoch gemeide* (zur Zeit der Abfassung des Gesanges ist *gemeide* immerhin schon ein seltenes, dem Gedanken- und Wortschatz eines Meistersingers fernes und fremdes Wort). Und beginnt das Lied auch in alter überlieferungstreuer Weise bürgerlichen Gesanges: *Und wölt ir hören, so wil ich euch singen*..., es klingt ganz nach Ritterweise, daß der *knabe* den Rechtshandel nicht vor einem Richterstuhl erst austragen, sondern seinen Gegner ohne Umschweife und Bedenken erstechen will. —

4. Das Meisterlied von 'Kaiser Karls Recht' steht in cgm. 351 (s. d. Abdr. d. 1. Str. in Aretins Beyträgen 9, 1185), ein Exemplar des ältesten Druckes befindet sich in Paris (Y² + 1233 reserve).

K. Müllenhof *Karls Recht*, ZfdA. 4 (1869) S. 525ff. K. Simrock *Die Quellen des Shakespeare in Novellen, Märchen und Sagen I* 1870² (die erste Auflage, auf die in Schriften verwiesen wird, ist nicht zu verwenden, da unvollständig). W. Stammler *Prosa der deutschen Gotik* 1933 Nr. 65; ders. *Die Wurzeln des Meistergesanges*, Dt. Vjschr. 1 (1923) S. 529ff.

Horst Oppenheim.

'Kaiserchronik'. 1. Die 'Kchr.' ist überliefert in 3 Fassungen.

A. Der alte Text, in allen Hss. mit v. 17283 mitten im Satz abbrechend, also auf ein Exemplar zurückgehend. Unreine Reime.

B. Der jüngere Text, bair.-österr. Bearbeitung in reinen Reimen. Durch Fortlassungen und Zusammenziehungen um etwa 1600 Verse verkürzt. — 13. Jh. - 3 Hss. und eine Reihe von Bruchstücken. Der Text ist nicht eigens herausgegeben, er ist in Maßmanns Varianten vertreten durch die Siglen 𝔚, 𝔚² und 𝔓. Die einzige bis zum Ende reichende Hs. 𝔚 ergänzt den unvollständigen Schlußsatz von A.

C. Der jüngste Text. Bearbeitung in reinen Reimen auf Grund von A, mit selbständiger Einleitung und Fortsetzung (s. § 7).

Als eine vierte Fassung kann die Prosabearbeitung aus dem 14. Jh. gelten (s. § 8). — Zu der aus dem Jahre 1594 stammenden, stark ändernden und an Mißverständnissen reichen Modernisierung des Christoph von Tegernsee, der sich, ohne die 'Kchr.' zu nennen, auf eine fingierte lat. Quelle beruft, s. Maßmann III S. 26ff.; Schröder Ausg. S. 24f.

Die Hss. von A (7 vollständige und Bruchstücke von 9 weiteren) bilden 2

Gruppen, eine bair.-österr. mit der von den vollständigen Hss. allein noch dem 12. Jh. angehörenden Vorauer Hs., und eine rheinisch-norddeutsche, die am besten durch die Heidelberger Hs. vertreten wird. Die Vorauer Hs. bewahrt die äußere Textform des Originals am treuesten, obwohl sie von ihm durch eine Reihe von Zwischenstufen getrennt ist (Schröder S. 34.)

Ausgaben. 1. Auf Grund der Heidelb. Hs.: H. F. Maßmann *Der keiser und der kunige buoch oder die sogenannte Kaiserchronik* 3 Bde. 1849 bis 1854 (= Bibl. d. ges. dtsch. Nationallit. 4). Die Materialsammlungen und Untersuchungen des III. Bandes sind auch heute noch unentbehrlich. 2. Abdruck der Vorauer Hs.: J. Diemer *Die Kaiserchronik nach der ältesten Hs. d. Stiftes Vorau* I. Teil (mehr nicht erschienen) 1849. 3. Kritische Ausg.: E. Schröder *Die Kaiserchronik eines Regensburger Geistlichen* 1892 (= Mon. Germ. hist., Deutsche Chroniken 1. Bd. 1. Abt.), mit Namensregister und Glossar; besprochen von Vogt ZfdPh. 26 (1891) S. 550 bis 562; John Meier Lit. Zentralbl. 1895 Sp. 972f.; Literaturbl. 16 (1895) Sp. 257—262. — Zu den Hss.: Maßmann III S. 221—231; Schröder S. 7—39, 438f. Nachweis der Bruchstücke: Schröder S. 2—5, 438f.; Potthast *Wegweiser durch die Geschichtswerke des europäischen MA.* (1896) S. 694f.; Ehrismann *Gesch. d.dtsch. Literatur bis zum Ausg. des Mittelalters* II 1, S. 267 Anm. 3, 347; weitere Veröffentlichungen: Hobich ZfdA. 42 (1898) S. 271—276; Schröder ebda. 54 (1913) S. 420—423; D. E. Barings *Clavis diplomatica* 1754[2] Taf. 23, vgl. Steinmeyer AfdA. 20 (1894) S. 207. — Auszüge in Übersetzung: mit ausführlichen Inhaltsangaben F. M. Gredy *Über die Kaiserchronik*. Progr. Mainz 1854; W. Bulst *Die Kaiserchronik* 1926 (= Deutsche Volkheit 18); „in freier Prosabearbeitung": J. M. Mayer 1878. Einen Abriß des Inhalts bietet Ehrismann a. a. O. S. 268f., ausführlicher Maßmann I S. XXVIf. u. II S. 722ff. — Die neuere Literatur, soweit sie unten nicht genannt wird, s. bei Ehrismann a. a. O. S. 267—284; die ältere Literatur, die er nicht vollständig wieder aufgenommen hat, ist zu ergänzen nach Schröders Ausg. S. 1—6 und Potthast a. a. O. Hervorgehoben sei von Potthasts Angaben der nicht in die Jahresberichte f. german. Phil. eingegangene Aufsatz von L. Huberti *Der Gottesfriede i. d. Kchr.*, Zs. der Savignystiftung f. Rechtsgeschichte 13 (1892) S. 133—163 (zu v. 15137ff.). — Titel (s. Schröder Ausg. S. 1f.): Das Werk bezeichnet sich selbst in v. 17 als *crônicâ;* so auch die Schreiber einzelner Hss.: *kronica, diu koronica, das pûch koronica, die crônic* (vgl. Schröder S. 9, 21, 23, 24), und unter diesem Namen hat es das MA. gekannt, z. B. 'Eraclius' v. 4434, 4545, 5273 Graef; die Prosabearbeitung der 'Kchr.', das 'Königsbuch *niuwer ê*' (s. § 8), verweist wiederholt auf die ausführlichere Darstellung der *Crônica.* Der heutige Titel stammt von Docen (Aretins Beytr. z. Gesch. u. Lit. 9 [1807] S. 1063, 1076), der von Maßmann gewählte ist die willkürliche Erweiterung der Selbstbenennung einiger Hss. (s. seine Ausg. I S. XVI).

2. Inhalt und dichterische Absicht. Die 'Kchr.' ist eine Darstellung der Weltgeschichte an den Biographien der römischen und deutschen Kaiser. Sie beginnt mit der Gründung Roms und der Ausbreitung des römischen Imperiums, läßt mit Cäsar (v. 235))die biographische Reihe einsetzen und führt sie lückenlos bis auf Konstantin VI. (v. 14281). Der zweite Teil des Werkes, die Geschichte der deutschen Kaiser (v. 14308 bis zum Schluß), ist gegen die römische Geschichte deutlich abgesetzt durch die Erzählung vom Interregnum, das angeblich auf die Zeit Konstantins gefolgt sei (v. 14282—14295), und während dessen die Krone auf dem Altare Petri gelegen habe. Die Kaiserbiographien setzen wieder ein mit Karl d. Gr., sie reichen bis zu Konrad III., genauer bis zum Ende des Jahres 1146, wo mitten in der Kreuzpredigt Berhards v. Clairvaux zum zweiten Kreuzzug abgebrochen wird.

Auch innerlich, nach der Frage der historischen Substanz betrachtet, sind die beiden Hauptteile verschieden von einander: Der deutsche Abschnitt ist überreicher, gedrängtester Bericht von historischen Einzeltatsachen, die in umso atem- und pausenloserem Zeitmaß erzählt werden, je näher sie der Gegenwart liegen. Von den Ungarneinfällen wird wiederholt berichtet, weiter von Normannenzügen, Expeditionen gegen slavische Stämme, von innenpolitischen Zwisten, Hoftagen, Kirchenstiftungen, lehnsrechtlichen Verordnungen, Landfriedensverkündigungen — oft verschleiert, in halben, kaum verständlichen Andeutungen, oft recht ausführlich (etwa die genauen Angaben über die verschiedenen Parteigänger bei den Königswahlen, vgl. v. 17182ff., oder die Breite, mit der solch Einzelwerk wie jene Kleiderordnung Karls d. Gr. für Bauern [v. 14791ff.] oder die Entwicklung des schwäbischen Vorstreitrechtes [v. 14625f.] dargestellt wird), aber trotz allem hintergrundlos und, von kleinen Ansätzen abgesehen, als unepischer Bericht ohne räumliche Festlegung und gegenständliche Ausmalung. — Der große geschichtliche Gesichtspunkt, der trotz der Überdeckung mit solchen Einzelheiten klar hervortritt, und der die Verbindung mit dem römischen Teil herstellt, ist die Machtentfaltung der Kirche: Konstantin hat mit Silvester zusammen die Welt geordnet (v. 8110), er ist *voget* der Kirche geworden. Nun bestätigt und festigt die glänzende Reihe der deutschen Kaiser als Vögte diese Ordnung, allen voran Karl, kaum minder glanzvoll Ludwig der Fromme und Otto der Große.

Das Zeitmaß des römischen Abschnittes ist demgegenüber ruhiger, einmal weil die Quellen andere waren (s. § 4), sodann, weil der Stoff den Erzähler nicht so gegenwartsbezogen festhält. Hier gilt das eigentlich historische Interesse vor allem der Frühgeschichte des Christentums und dem, was damit zusammenhängt, den Kriegszügen gegen Jerusalem, seiner Zerstörung und Wiedererrichtung, der Bekehrung Roms, Märtyrergeschichten, Christenverfolgungen, Konzilienbeschlüssen. Das sind bevorzugte Motive, wenn sie auch am ganzen Umfang gemessen immer noch keinen breiten Raum einnehmen. Dabei verrät sich ein gewisses ätiologisches Interesse, wenn betont wird, die heutige Heimatlosigkeit der Juden sei auf jene Zerstörung zurückzuführen (v. 1102ff.), oder die päpstliche Macht bestehe „noch heute" in der Weise fort, wie sie von Konstantin eingesetzt sei (v. 8074). Dieses auf die Gegenwart hin orientierte Interesse tut sich vor allem darin kund, daß — in Anlehnung an das 'Annolied' (s. d.) — schon in die ersten 1000 Verse die deutsche Geschichte hineingebracht wird, und zwar z. T. die spezielle Stammesgeschichte. Der Zug Cäsars gegen die deutschen Stämme ist die erste kriegerische Unternehmung, die erzählt wird! Auf der gleichen Linie liegt die Adelgersage (v. 6622—7135). — Andere historische Themen sind gegenüber diesen beiden selten, vor allem in den zeitlich weiter zurückliegenden Abschnitten. Den breitesten Raum nimmt statt dessen die große Zahl jener in sich abgeschlossenen Geschichten, Legenden und Sagen ein, die in das historische Gerüst der Kaiserfolge eingefügt werden. Aus dem deutschen Teil entspricht dem nur die Erzählung von der unschuldig verleumdeten Frau Karls des Dicken (v. 15402—15515). — Die zweite Gruppe solcher nichthistorischen Bestandteile sind die zahlreichen und langen Streit- und Lehrgespräche (insbesondere im Faustinian und im Silvester). Sie fehlen dem deutschen Abschnitt ganz.

Während also im deutschen Teil der 'Kchr.' in erster Linie Wirklichkeitsbericht gegeben wird, und zwar bis zu trockener Aufzählung, läßt die thematische Abrundung weiter Partien des römischen Teiles keinen Zweifel darüber, daß hier ein auf geformte Wirklichkeit, auf epische Darstellung gerichteter Wille am Werk gewesen ist. Zu diesem Ziel paßt die erzieherische Absicht, die in der Vorrede kundgetan wird: Die Lebensbilder der Kaiser haben sittliche Bedeutsamkeit, sie sollen als Vor- und Schreckbilder verstanden werden, der Hörer soll an ihnen lernen, was Tüchtigkeit heißt (v. 5, 12—14). Die erzieherische Wirkung erst gibt der Erzählung in den Augen des Verfassers Wert und Berechtigung; von hier aus sind die scharfe Spitze gegen das bloße Fabulieren der Volksepik (v. 27ff.) zu verstehen und jene schärfere gegen die Dietrichsdichtung, die sich sogar eines chronologischen Arguments bedient (v. 14176—187). Wie das spätere Zusammengehen der Überlieferung der 'Kchr.' mit dem 'Schwabenspiegel' (s. d.) zeigt (s. §8), hat die Folgezeit das Werk im Sinne der Vorrede verstanden, indem sie die Gestalten der 'Kchr.' als Vorbilder empfand und sie zu einer geschichtlichen Begründung des Rechts benutzte.

Literatur: Den bequemsten Überblick bietet Ehrismann S. 268f. in dem genannten Abriß. Bei ihm auch S. 269—280, 282f. eine Würdigung der einzelnen Abschnitte und der lichterischen Absicht, darüber ausführlich auch Maßmann III S. 335—338, 349—353, 36(—371; Hauck *Kirchengesch. Deutschlands* IV (1913) S. 512ff. und neuerdings J. Schwietering *Deutsche Dicht. d. MA.* (im Hdb. d. Lit.-Wiss.) S. 95ff. Zu den einzelnen Sagen Maßmann III S. 395ff., 1185ff., mit reichem Vergleichsmaterial; Schröder Ausg. S. 45ff., 56, 58ff. und in den laufenden Anm. zum Text (vgl. auch die Lit. zu § 4). Monographische Behandlung haben erfahren die 'Veronica' (s. d.), die 'Krescentia'

(s. d.), der Silvester (s. 'Trierer Silvester') und der 'Faustinian': C. Röhrscheidt *Studien z. 'Kchr.'* Diss. Erlangen 1907, S. 1—64; St. Teubert *Crescentiastudien* Diss. Halle 1916, S. 1 bis 24. Nachweise zu gelegentlichen Angaben über weitere Motive s. bei Ehrismann in den Anm. zu S. 272—274, 281, 347. Seitdem: Krappe *Über die Jovinuslegende i. d. 'Kchr.' u. d. Ursprung der Saturnalien*, Hess. Blätter f. Volkskde. 26 (1927) S. 18—26; K. Schünemann *Ungar. Hilfsvölker i. d. Lit. d. dtsch. MA.*, Ungar. Jahrbücher 4 (1924) S. 99—115; J. Lunzer ZfdA. 67 (1930) S. 143.

3. Entwicklungsgeschichtlich deutet schon manches in der 'Kchr.' voraus auf die neue, höfisch bestimmte Kunst, und das, obwohl das Werk mit seiner deutlich welfischen Gesinnung einem Kulturkreis und -raum angehört, der in der Folge jenem Neuen nicht eben günstig sein wird. Es ist bezeichnend, daß sie schon die Formel „Ehre gewinnen und dabei die Seele bewahren" kennt (v. 5681f., 11140f.; auch 12ff., 673f.). Andererseits sind ihr Züge der Askese nicht fremd, so der gut „spielmannsepische" Ausklang der 'Krescentia', daß das Königspaar dem Thron entsagt und ins Kloster geht (ebenso in v. 15514), die Betonung der Wandelbarkeit königlicher Größe im 'Faustinian' (v. 1692 bis 1711). Die zweckbestimmende Wichtigkeit, die die Frau wenige Jahrzehnte später für das ritterliche Dasein haben wird, kündigt sich in vereinzeltem deutlichem Zeugnis schon an:

duo nâhet im sîn ende.
er rante hin unde her,
den frowen den naic er,
er kêrte uber den hof,
duo enphie in daz loch

(v. 1202—1206). Und doch ist die Unbefangenheit gerade gegenüber diesem Motiv noch so groß, daß ohne Widerspruch und Abmilderung grobe Mißhandlungen von Frauen gebracht werden (etwa v. 12196f., 12325ff., 12847ff., 15443); in der Vorstellungswelt des vorhöfischen Ritters hat neben ihnen anderes das gleiche Gewicht (v. 4423ff.):

An den selben stunden
redeten si von scônen rossen und von guoten hunden,
si redeten von vederspil,
von ander kurzewîle vil,
si redeten von scônen frowen,
daz si die gerne wolten scowen . . .

(vgl. H. Naumann *Höfisches Lesebuch* [1931] S. 4).

Literatur. Von den Literaturgeschichten vor allem Ehrismann a. a. O. passim; vereinzelte Äußerungen in der Kontroverse über Verfasser und Datierung (s. § 5 u. 6); H. Naumann, *Höfische Kultur* 1929, S. 59ff.; M. M. Helff *Studien zur 'Kchr.'* 1930.

4. Quellen. Es ist mit Quellen verschiedener Art zu rechnen. Sie sind nur zum Teil bekannt. Die von Teubert als Vorstufe vorausgesetzte chronikartige „deutsche Novellensammlung" (bestehend aus 'Faustinian', 'Urkrescentia', ['Silvester' und 'Justinian'], alle vom gleichen Verfasser) ist eine unmögliche Annahme, weil sie übersieht, daß die 'Krescentia' so, wie sie in der 'Kchr.' vorliegt, eine Sonderüberlieferung gehabt haben muß, die aus der zu postulierenden unrein reimenden (also zur Reimtechnik des 'Faustinian' usw. passenden) 'Urkrescentia' vermittelst einer Zwischenstufe die reiner reimende Fassung der 'Kchr.' und der Kolmarer Fragmente machte. Mit besserem Recht nimmt man als Grundlage für den größten Teil der römischen Kaisergeschichte eine unbekannte Sammlung römischer Kaisersagen an, wenn es auch eine Unwahrscheinlichkeit bleibt, daß sich von einem Werke, dessen Abkömmling so beliebt gewesen ist, wie es die Überlieferung für die 'Kchr.' bezeugt, nichts erhalten haben sollte. Bekannte Quellen sind für den Abschnitt bis Augustus das 'Annolied' (oder eine gemeinsame Quelle, s. Bd. 1 Sp. 89f.), daneben das Gedicht 'Von der Siebenzahl' des Priesters Arnold (s. d.) und die *'Gesta Treverorum'*; für den Abschnitt Tiberius (Veronikalegende) eine lat. *'Mors Pilati'*; für den 'Faustinian' der griech. Roman *'Recognitiones Clementis'* in einer lat. Bearbeitung (doch wohl der des Rufinus; anders urteilt Denecke S. 37), daneben der Apolloniusroman und die apokryphen *'Acta Petri'*; außerdem hat mehrfach die motivverwandte 'Krescentia' die Darstellung beeinflußt. Der 'Konstantin' (Silvesterlegende) fußt auf den *'Actus Silvestri'*, einer lat. Vita des Heiligen (s. auch 'Trierer Silvester'). — Weitere kurze Übereinstim-

mungen bestehen mit dem 'Himmlischen Jerusalem', dem 'S. Veit'; dem 'Johannes Baptista' des Pr. Adelbrecht (s. d.) und dem 'Baumgartenberger Joh. Baptista'. — Auch für die deutsche Geschichte sind schriftliche Quellen bekannt: für den Abschnitt von Ludwig dem Deutschen bis Heinrich IV. die auf dem *'Chronicon Wirciburgense'* beruhende lat. Chronik des Frutolf und Ekkehard (von Aura), und z. T. das mit ihr zusammen überlieferte *'Chronicon Wircib.'* selbst; weiter vermutlich Regensburgische Lokalannalistik (etwa für v. 16507, wohl auch für v. 17185ff.). Daneben ist hier in hohem Maße mit mündlicher Tradition zu rechnen. Eine dritte Art von Quellen sind schließlich die eingearbeiteten, ursprünglich selbständigen Erzählungen, von denen sich wenigstens eine, die 'Krescentia' (v. 11352—12808), hat absondern lassen.

Literatur: Maßmann III S. 257—261, 296—324; 1084f.; Schröder Ausg. S. 58—73, und in den Anm. zum Text, dazu Korrekturen in Vogts Besprechung a. a. O. S. 554; C. v. Kraus *Dtsch. Ged. d. 12. Jh.* 1894, S. 114f., 135. Zu v. 43ff., 3705ff.: Denecke *Ritterdichter und Heidengötter* 1929 (Form u. Geist H. 13) S. 33ff.; zu v. 485: Schröder ZfdA. 61 (1924) S. 37—39; zu v. 7142: Schönhoff ZfdA. 49 (1907) S. 354f.; Schröder ebda. S. 362; zu v. 9391ff.: Vogt ZfdPh. 27 (1895) S. 145—148. S. im übrigen Ehrismann a. a. O. S. 147 Anm. 7 (unter 'Annolied'); S. 272 Anm. 3; S. 274 oben und Anm. 4. — Eine Episode blieb der Versuch Schums (Forschungen z. dtsch. Gesch. 15 [1875] S. 610ff.), einen Zusammenhang mit dem *'Chron. Paderborn.'* herzustellen; vgl. darüber abschließend P. Scheffer-Boichorst Neues Archiv d. Gesellschaft f. ält. dtsche Geschichtskde. 27 (1902) S. 682ff.

5. Lokalisierung und Datierung. Die 'Kchr.' ist um das Jahr 1150 in Regensburg verfaßt worden.

Die Lokalisierung ergibt sich aus dem starken Anteil, den das Werk an der bairischen und besonders der Regensburgischen Geschichte nimmt: Die Gegner in den geschilderten Grenzkämpfen sind vorwiegend bairische Nachbarn; die Baiern werden als besonders tapfer gepriesen (Adelgersage! *Rôme, dich hât Baierland gescendet alsô sêre* v. 7125f.); Regensburg ist nächst Rom und Jerusalem diejenige Stadt, die in nüchtern-historischem Bericht am häufigsten genannt wird (s. d. Register bei Schröder). Gewisse Gattungsbezeichnungen allgemeinen Sinnes werden von bair. Gesichtspunkt aus speziell gebraucht: *der walt* der Böhmerwald (16413); *die marche* die bair. Grenzmark (16398); *der burgrâve* der Burggraf v. Regensburg (7044). Schließlich weist auch die Auswahl der Heiligen, die in der 'Kchr.' genannt werden, auf Baiern und insbesondere Regensburg (s. Schröder S. 48ff.). Der sprachliche Befund bestätigt diese Lokalisierung: Die 'Kchr.' hat" die bairische Machtentfaltung in der Zeit Lothars des Sachsen und Heinrichs des Stolzen zum Hintergrund" (Scherer).

Literatur (die zu der älteren falschen Lokalisierung auf das Rheinland s. bei Schröder S. 45ff.): Giesebrecht *Geschichte d. dtsch. Kaiserzeit* IV (1875) S. 399—401; H. Welzhofer *Untersuchungen üb. d. deutsche 'Kchr.'* 1874, S. 16ff.; W. Scherer ZfdA. 18 (1875) S. 298ff.; Schröder Ausg. S. 45ff. Zur Sprache ebda. S. 52ff.; Wesle *Frühmhd. Reimstudien* 1925 (mit Reimgrammatik zu 'Kchr.' u. 'Rolandslied'). — Literatur u. Angaben zur Metrik s. bei Ehrismann S. 273 u. Anm. 10, S. 282 Anm. 2, S. 284 u. Anm. 3; A. Heusler, *Deutsche Versgesch.* §§ 464f., 528, 531, 533ff.

Die Datierung stützt sich auf das Werk selbst: Die Ereignisse, die es berichtet, reichen bis an das Jahr 1147 heran, und es zwingt nichts, diesen Zeitpunkt als Terminus post quem nicht gelten zu lassen. Er wird zudem bestätigt durch die über 1000 Verse voranliegende Benennung Heinrichs II. als *sante Hainrîch* (v. 16253), die nicht vor 1146, dem Jahre seiner Heiligsprechung, möglich war. Daß diese Stelle interpoliert sei, ist nach Schröder und Lintzel eine unbegründete Annahme, die umso eher zu entbehren ist, als die Umdatierung des 'Rolandsliedes', das die 'Kchr.' voraussetzt, von 1131 auf etwa 1170 eine gepreßte Frühdatierung der Hauptmasse der 'Kchr.' jetzt überflüssig macht. — Andererseits wird das Werk, das in dem interpolierten Abschnitt des Vorwortes Anspruch erhebt (v. 23), „ein deutsches Geschichtsbuch bis auf die jüngste Vergangenheit herab zu sein" (Schröder), nicht allzu lange nach 1150 veröffentlicht worden sein, da es noch nichts von Friedrich I., Heinrich dem Löwen und der Wiedereinsetzung der Welfen in Baiern berichtet, was den Verfasser als Anhänger der Welfen besonders angegangen wäre.

Literatur. Giesebrecht, Scherer wie im vorigen Absatz; Maßmann III S. 261ff.; Welzhofer a. a. O. S. 9ff.; W. Bernhardi Jen. Lit.-Zeitung 2 (1875) Sp. 77ff.; Schröder S. 39ff. und Neues Archiv 20 (1895) S. 486ff., sowie in der zu § 6 genannten Literatur. Nebert *Die Abfassungszeit der 'Kchr.'*, Festschr. d. lat. Hauptschule z. Jubelfeier der Univ. Halle 1894, S. 105—117. C. Wesle *'Kchr.' und 'Rolandslied'*, PBB. 48 (1923) S. 234ff. M. Lintzel *Zur Datierung des dtsch. 'Rolandsliedes'*, ZfdPh. 51 (1926) S. 18ff.; ders. *E. Schröders Datierung d. dtsch. 'Rolands-L.'*, ebda. 54 (1929) S. 168ff. *Das Rolandslied d. Pfaffen Konrad*, herausgegeg. v. Wesle (1928) S. XI. H. Naumann *Höfische Kultur* 1929, S. 57.

6. Verfasser. Zum Problem der Verfasserschaft der 'Kchr.' ist zweierlei zu unterscheiden: Einmal die Frage, ob ein Verfasser oder eine Vielheit von Verfassern anzunehmen ist — sodann die Frage nach der Person des Verfassers, die man in dem Dichter des 'Rolandsliedes', dem Pfaffen Konrad, hat wiedererkennen wollen. — Nur einen Verfasser (und zwar „bis etwa zum v. 15500") nimmt von neueren Untersuchern M. M. Helff an, und zwar auf Grund einer angeblich gleichmäßigen Verteilung bestimmter Stilmittel über das ganze Werk. Den Nachweis bleibt sie schuldig, geht auf die gegnerischen Behauptungen nicht ein, ja kennt sie nicht einmal (vgl. S. 6 und 26). Auch Ehrismann spricht (Lit.-Gesch. II, 1 S. 267ff.) nur von einem Verfasser, dem Pfaffen Konrad, rechnet aber doch, wenigstens für einen Teil der Einleitung, mit einem Interpolator (S. 268, Anm. 1). — Die gegenteilige Ansicht, die 'Kchr.' sei das Werk mehr als eines Dichters, wird zuerst geäußert von F. Debo, nachdrücklicher von E. Schröder. Dieser Gemeinschaftscharakter des Werkes ist für weitere Forschung stillschweigende Voraussetzung geworden und ist zuletzt von Schwietering besonders eindrucksvoll betont worden. Von den Gründen, die Schröder für die Vielheit beibrachte — er weist zwei Mitarbeiter nach (S. 439) —, sind nicht bei Seite zu schieben: 1. die Äußerung in v. 10619ff., die *expressis verbis* von einem „ersten", und zwar wohl inzwischen verstorbenen Verfasser des Werkes spricht: *swer daz liet vernomen habe, der sol einen pater noster singen in des hailigen gaistes minne, ze lobe sancte Silvester, dem hailigen hêrren, und ze wegen sîner armen sêle, der des liedes alre êrist began; sancte Silvester der hailige man, der ist* (Var. *sî) im genædeclîchen bî ante tronum dei;* 2. die (interpolierte) Einleitungspartie v. 15—26, die von dem Werk als einem bereits beendeten spricht; 3. (und in einigem Abstand) die abweichende Darstellung der Verehrung der römischen Tagesgötter in v. 43—208 und 3706—3742, bei der feststeht, daß die letztere Fassung sich nicht an die für diesen Abschnitt zugrunde liegende Quelle (soweit sie uns bekannt ist), die *'Recogn. Clem.'*, anlehnt, also doch wohl frei erfindet, und nun doch nicht den bei einheitlicher Konzeption selbstverständlichen Weg geht, sich auf die voranliegende, ausführlichere, vollständigere Darstellung zu stützen. Auch andere Widersprüche (Schröder S. 59ff.) erhalten in diesem Zusammenhang Gewicht. — Die von Schröder vorgenommene Abgrenzung der Anteile der verschiedenen Mitarbeiter (eines Silvesterdichters [= K_1] und eines Faustiniandichters und schließlichen Überarbeiters, des Pfaffen Konrad [= K_2]) bedarf der Revision, da sie sich auf den 'Trierer Silvester' stützt und in ihm einen von der 'Kchr.' unabhängigen Text sieht, während er in Wirklichkeit unmittelbar aus der 'Kchr.' geflossen ist.

Die Einssetzung des Verfassers mit dem Pfaffen Konrad geht auf Welzhofer zurück. Sie ist von Schröder und dann von C. v. Kraus durch den Nachweis sprachlicher Übereinstimmungen breit unterbaut worden. Schröder legt den Nachdruck dabei auf die Tatsache, daß sich diese Übereinstimmungen niemals in solchen Stellen finden, die aus der frz. Vorlage des 'Rolandsliedes' übersetzt sind, sondern nur in solchen, die die Zutat des deutschen Bearbeiters, eben des Pfaffen Konrad sind. Das bedeutet für ihn, da er das 'Rolandlied' für das ältere der beiden Werke hält, daß der Verf. der 'Kchr.' kein bloßer Ausschreiber ist, sondern sich in der 'Kchr.' selbständig wieder des gleichen Eigentums an Phrasen und Reimbindungen bedient der uns in jenem älteren Werke bezeugt ist: Der Pfaffe Konrad ist nach Schröder der letzte Mitarbeiter und schließliche Herausgeber der 'Kchr.'. Eingehende Wortschatz- und Stiluntersuchungen (Leitzmann, Wesle, Freitag, Bauer) haben jedoch bei aller Übereinstimmung so weitgehende Unterschiede ergeben, daß sich allein deshalb die Annahme einer Verfasseridentität nicht aufrechterhalten läßt. Außerdem darf es aus inhaltlichen und interpretatorischen Gründen (s. diese beim Pfaffen Konrad) als ausgemacht gelten, daß das 'Rolandslied' jünger ist als die 'Kchr.', und gerade jenes Hauptargument Schröders scheint mir das zu bestätigen; denn dieses Verhältnis zur *Chanson* braucht nur zu zeigen und zeigt viel eher, daß das 'Rolandslied' in den Übereinstimmungen mit der 'Kchr.' durch die frz. Quelle „niemals" als das Primäre bestätigt wird, und daß bei diesen Anklängen gerade nicht aus Eigenem geschöpft wird (denn dann wären Anklänge auch in den deutlich aus dem Französischen übersetzten Stellen zu erwarten), sondern daß es Anklänge an ein Vorbild sind, die sich dann einstellen, wenn die Quelle für Augenblicke zurücktritt. Man nimmt deshalb heute im allgemeinen an, daß die Verfasser der 'Kchr.' ebenso wie der Pfaffe Konrad Regensburger Geistliche waren, daß die Übereinstimmungen also die Folge gleicher Bildung und gleicher landschaftlicher Zugehörigkeit, und vor allem, da der Pfaffe Konrad die 'Kchr.' gekannt hat, die Folge literarischen Kontaktes sind.

Literatur: H. Welzhofer a. a. O. S. 57ff. F. Debo *Über die Einheit der 'Kchr.'* Diss. Graz 1877. E. Schröder Ausg. S. 50ff., 59ff.; ZfdA. 27 (1883) S. 78ff.; AfdA. 13 (1887) S. 115; GGN. 1918, S. 426f.; ZfdA. 65 (1928) S. 289ff. C. v. Kraus *Dtsch. Ged.* S. 137, 181 (115). A. Leitzmann *Rolandstudien*, PBB. 43 (1918) S. 26ff. W. Freitag *Die epische Formel i. d. frühmhd. Dichtung* Diss. Marb. 1923 (Maschinenschrift). C. Wesle PBB. 48 (1923) S. 223ff. u. in der Ausg. d. 'Rolandsliedes' S. Xff. M. M. Helff a. a. O. S. 66ff. G. K. Bauer *'Kchr.' u. 'Rolandslied'*, ZfdPh. 56 (1931) S. 1ff. (seine Beweisführung auf Grund stilistischer Untersuchungsreihen ist recht unglücklich). F. Maurer *Über die Gleichsetzung der Verfasser bei anonymen altd. Dichtungen...*, ebda. S. 147ff. Schwietering *Deutsche Dichtung des MA.* (Walzels Hdb. d. Lit.-Wiss.) S. 99. Vgl. auch Denecke a. a. O. S. 44, 51; zu den röm. Tagesgöttern S. 34ff. (seine Annahme, daß die erste aus der zweiten Darstellung geflossen sei, wird sich ohne neuen Quellenfund kaum beweisen lassen).

Aus der Verarbeitung des 'Annoliedes' in der 'Kchr.' folgert Schröder einleuchtend einen Auftraggeber für die 'Kchr.': den Bischof Kuno, der zur Abfassungszeit des in Siegburg entstandenen 'Annoliedes' Mönch, später Abt von Siegburg, und zur Abfassungszeit der 'Kchr.' (genauer bis z. J. 1132) Bischof von Regensburg war (AfdA. 7 [1881] S. 191; Ausg. S. 51).

7. Fortsetzungen. Der alte Text (A) ist durch die Redaktion C in reine Reime gebracht und zweimal fortgesetzt worden: 1. Die „bair. Fortsetzung" bis zum Tode Friedrichs II.; 800 Verse (bair. und schwäb. Hss.; das Original ist bair., vermutlich aus Regensburg). 2. Eine der schwäbischen Hss. setzt diesen Text fort bis zum Jahre 1274: die sog. „schwäb. Fortsetzung" (weitere 483 Verse). — Über Verfasser und Quellen ist nichts Genaues bekannt; die Quelle von 2 scheint mitteldeutsch gewesen zu sein (Schröder S. 410). Entstanden sein wird die bair. Fortsetzung in den 50er Jahren des 13. Jhs. (die für die Datierung benutzte angebliche Bekanntschaft mit der zwischen 1250 und 1254 entstandenen 'Weltchronik' des Rudolf v. Ems [s. d.] ist durch die bisher beigebrachten Anklänge nicht bewiesen). Der Terminus ante quem non für die schwäbische Fortsetzung ist das Jahr 1310, da in v. 118 der Graf von Henneberg als *gefürster grâf* bezeichnet wird. Der Stil des bair. Fortsetzers steht, wie zu erwarten, dem der Fassung A, die er ja umgearbeitet hat, nahe. Der Stil des zweiten Fortsetzers ist selbständiger; deutliche Parallelen beweisen die Bekanntschaft mit der 'Christherre-Chronik' (s. d.). Beide Fortsetzungen sind überdies von der höfischen Epik, vor allem von Wolfram (s. d.), beeinflußt.

Text: Vollständig, d. h. Einleitung und Fortsetzungen Maßmann II S. 588—590 u. 538 bis 587; ohne die Einleitung Schröder S. 393 bis 416. — Zu den Hss. Maßmann III S. 3, 18—28, 34; Schröder S. 23—26. — Literatur: Maßmann III S. 238ff.; Schröder S. 7, 393—396, 409f.; W. Füßlein *Hermann I. Graf von Henneberg und der Aufschwung der hennebergischen Po-*

litik, Z. d. Vereins f. thür. Geschichte u. Altertumskde. N. F. 11 (1899) S. 202ff., 321ff.; A. Jünemann *Eine literargeschichtliche Untersuchung über die Fortsetzungen der 'Kchr.'* Diss. Straßb. 1909; J. Siebert *Graf Hermann v. Henneberg als Bewerber um die deutsche Königskrone*, ZfdPh. 57 (1932) S. 219f.

8. Über die Prosabearbeitung (nach der Fassung A), das 'Buch der Könige niuwer ê', s. Bd. I Sp. 306ff. — Einzelne Abschnitte der 'Kchr.' werden unabhängig von dieser Fassung in einer Redaktion der sächs. 'Weltchronik' in Prosa aufgelöst (s. § 9).

9. Der reichen Überlieferung entspricht die starke Nachwirkung der 'Kchr.'. Unmittelbar aus ihr (v. 7806—10633) geflossen ist der 'Trierer Silvester' (s. d.), sichere Anklänge zeigen Heinrichs v. Veldeke (s. d.) 'Eneit', der 'Eraclius', der 'Moriz v. Craon' (s. d.) (die Nachweise bei Schröder S. 75) und der Straßburger 'Alexander' (Schröder GGN. 1928, S. 82f.). Ohne Angaben nennt Schröder (Kchr. S. 75) auch die 'Kudrun' (s. d.). Am engsten sind die Berührungen mit dem 'Rolandslied' (Nachweise gibt die zu § 6 genannte Literatur). — Für die Historiographie der Folgezeit ist die 'Kchr.' vorbildlich geworden: Auf die Redaktion B stützt sich Jansen Enikel (s. d) (die Nachweise bei Maßmann III S. 107f. und im Einzelnen, ebenso wie bei allen folgenden Angaben, laufend in seinem Abschnitt 'Sagenerörterungen' S. 395ff., den Nachweis für die Fassung B führt Strauch *Jansen Enikels Werke* [Mon. Germ. hist., Dtsche. Chroniken 3] S. 67f.); die Redaktion C, und zwar, trotz der späten Datierung a. d. J. 1310, wohl eine schwäb. Hs. mit der 2. Fortsetzung benutzt Ottokar von Steiermark (s. d.) (Nachweise bei Jünemann a. a. O. S. 98) und Heinrich v. München (s. d.; kurze Hinweise bei Maßmann III S. 100 und in den 'Sagenerörterungen'). Einige Hss. der sächsischen 'Weltchronik' haben in Prosa aufgelöste Partien der alten Fassung (A) und außerdem fast den ganzen gereimten Text A eingeschaltet (mit Angabe von Literatur Schröder S. 13ff., 76). Schließlich wird die 'Kchr.' im 15. Jh. Quelle für Jakob Twinger von Königshofen (s. d.) (s. Maßmann in den 'Sagenerörterungen'; Schröder S. 77) und die Koelhoffsche Chronik 'Van der hilliger stat van Collen' (Maßmann III S. 256; Schröder S. 77), ja sie wirkt bis ins 17. Jh. hinein auf die bair. Geschichtschreibung fort (s. Maßmanns Nachweise in den 'Sagenerörterungen').

Ernst Scheunemann.

Kaisersberg, s. Geiler v. K.

Kal, Paulus. 'Fechtbuch.' Cod. germ. 1507 Staatsbibl. München, um 1460. Cod. Nr. 55 Ambras, Sammlg. kunsthist. Sammlungen Wien, 118 Bl. fol., 26 Bl. Text, 1459. Kal ist ein Schüler Lichtenauers (s. d.) gewesen und hat dessen verbesserte und vermehrte Lehre als neues Werk, 95 Blatt mit erklärenden Bilderfolgen, auf Veranlassung Ludwigs des Reichen, Pfalzgraf vom Rhein, Herzog von Nieder- und Ober-Baiern, geschrieben. Die Handschrift beginnt mit dem Fechtbuch Lichtenauers; *Hie hebt sich an die chunst die Lichtenawer mit seiner Geselschaft gemacht und gepraucht hat in allen Ritterlichen wer*, nebst einer Liste von 16 Fechtmeistern. Die verschiedenen Fechtarten, die Fach- und Kunstausdrücke werden ersichtlich. Man focht mit dem langen Schwert, dem Anderthalb- oder Zweihänder, der Wehre, einer kurzen Waffe, dann mit dem langen und dem kurzen Spieß, mit der Halbarte, mit der Sense, mit Flegel, Kolben und mit dem Dolch.

M. Jähns *Geschichte der Kriegswissenschaften* 1889, I S. 368—370; ders. *Handbuch einer Geschichte des Kriegswesens, Technischer Teil* S. 926. G. Hergsell *Livre d'escrime de Talhoffer de l'an 1459* 1901 S. 9.

Eduard A. Geßler.

Kalbsuter, s. Halbsuter.

Kalenberg, s. 'Pfarrer v. K.'

Kalff, Peter.

1. Das 'Redentiner Osterspiel', in einer ungefähr gleichzeitigen Papierhandschrift recht gut überliefert (Badische Landesbibl. in Karlsruhe, Ms. Karlsruhe 369), ist nach der Anspielung auf die Lübecker Pest im Jahre 1464 gedichtet und zwar zu einer Aufführung in Wismar (also wohl Ostern 1465), wie der Hinweis auf die Insel Poel ergibt, die sich nach dem Zusammenhang in unmittelbarer Nähe des am Meer gelegenen Darstellungsorts befinden mußte. Falls die Schlußbemerkung deshalb mit

Recht auf die Dichtung und nicht auf die Handschrift bezogen wird, ist es am 20. Nov. 1464 in Hof-Redentin, einer Besitzung des Klosters Doberan, vollendet. Da ein Geistlicher als Verfasser anzunehmen ist, und dort im 15. Jh. außer einem *magister curiae* weiter keine *fratres* waren, kann man den am 28. Jan. 1465 urkundlich bezeugten *houemester to Redentyn broder P. K.* mit hoher Wahrscheinlichkeit als den Dichter ansehn.

2. In der Anlage steht dem 'R. O.' das Pfarrkircher Passionsspiel besonders nahe, und man kann die Urstufe des Tiroler Passionsspiels (s. d.) als führendes Vorbild namentlich für den ersten Teil ansetzen, vielleicht in einer mitteldeutschen Ausgestaltung, welche Anregungen aus dem Friedberger Passionsspiel oder seiner Vorstufe aufgenommen hatte (falls nicht unmittelbarer Einfluß auf das 'R. O.' vorliegt). Daneben tritt, gleichzeitig wirksam, aber im zweiten Teile stärker, das Innsbrucker Osterspiel (westthüringisch). Diese Vorbilder, denen er im ganzen Spiel in gleich unabhängiger Haltung gegenübersteht, bedeuteten dem mecklenburgischen Dichter nur einen richtungweisenden Entwurf, nach dem er, in selbständigem Zurückgreifen auf die Bibel, die Liturgie und das '*Evangelium Nicodemi*', sein eigenes Werk geschaffen hat; wörtlicher Anschluß ist Ausnahme. Die auffälligste Eigenheit des 'R. O.s' ist die Beschneidung des Stoffs, die wie im 5. Erlauer Spiel die Keimzelle der Osterspiele, den Auftritt der drei Marien am Grabe nebst den zugehörigen Teilen, trifft. Diese Selbstbeschränkung gibt die Bewegungsfreiheit für den tieferen Ausbau des Gestalteten, der nunmehr der Zeit der Stoffanhäufung folgt (vgl. die Ausbildung der drei Einzelspiele in Erlau sowie die Aufteilung der großen Spiele in Spiele für die einzelnen Gedenktage). Der Dichter beginnt sich also sein besonderes Thema selbst zu formen. Im 'R. O.' ist es das vergebliche Bemühen und die Niederlage der Widersacher Christi, der menschlichen und höllischen, abschließend (mit einem dem 'R. O.' allein angehörigen Zug) noch durch den Sieg des durch sein Priestertum geschützten Geistlichen über Luzifer veranschaulicht. Auch die Ausführung läßt in allen Teilen ein- und dieselbe Dichterpersönlichkeit erkennen, schmiegt sich aber dem wechselnden Charakter des Gegenstandes an. Die dem Göttlichen zugewandten Stücke ordnen mit dem gottesdienstlichen Urziel der Osterfeier die religiöse Erhebung der geschichtsgenauen Wirklichkeitsnachbildung über und streben in Anlehnung an die herkömmliche Gestaltung (was auch hochdeutsche Spuren mit sich bringt) unter Verwendung stimmungsbeschwerter lateinischer Gesänge nach würdigem dichterischen Ausdruck. Die Darstellung der Gegner Christi und der Unzulänglichen, in der sich die Kraft des Dichters mit urwüchsigem Humor erst voll entfaltet, greift dagegen als satirisch mit Inhalt und Wort zu ungeschminkter Derbheit, scheidet nur als Belustigung gedachte Roheiten ihrer Vorbilder aber aus. Ihre Farben kann sie, weil das ganze Spiel, nicht auf Täuschung eingestellt, in der Absicht erbauender und erziehender Wirkung nur auf das Gegenwartsbedeutsame bedacht ist, der eigenen Wirklichkeit entleihen, und so wagt sie bei dem mit parodistischen Zügen ausgestatteten Wächterauftritt oder bei der mahnenden Vergegenwärtigung der allzeit tätigen Bemühungen des Teufels auch ganz offen den Sprung in die mecklenburgische Umwelt. Unversiegliche Lebendigkeit, die es nie zu einem toten Punkte kommen läßt, verbindet sich mit volkstümlicher Darstellungsweise, die gern zu festgeprägten Formeln, Sprichwörtern und manchen Kraftausdrücken greift. Sehr lebendig in seiner Freiheit ist auch der Versbau, der den Einklang mit dem natürlichen Satzrhythmus wahrt; das Vierhebungsmaß bleibt manchmal unerfüllt und wird gelegentlich überschritten.

3. Das 'R. O.' ist durch die Selbständigkeit, mit der ein gestaltungskräftiger Dichter den frei umgrenzten Stoff neu geformt und dadurch (trotz geringfügiger Unstimmigkeiten und des zweiteiligen Aufbaus) zu einem Werk von recht starker Einheit ausgebaut hat, künstlerisch das wertvollste unter den spätmittelalterlichen Osterspielen. Mit humorkräftigem Wirklichkeitssinn verbindet sich die religiöse Grundrichtung;

weil beide Seiten nicht bloß nebeneinandertreten, sondern sich verbünden, kommt es nicht zum Abfall in das Gemeine. Auf Grund dieser Eigenschaften konnte man es auch in jüngster Zeit im Verlauf der Erneuerungen mittelalterlicher Spiele mehrfach mit bedeutendem Erfolg aufführen.

Ausgaben (Mone und Ettmüller überholend) von R. Froning *Das Drama des MA.s.* (DNL. 14) S. 107/98 (1892); C. Schröder *R. O., nebst Einleitung und Anmerkungen* (Nd. Denkmäler 5) 1893 (dazu W. Seelmann DLZ. 1893, Sp. 367f.; H. Jellinghaus ZfdPh. 27 S. 136); W. Krogmann 1936. A. Freybe *Die Hs. des 'R. O.s' in Lichtdruck mit einigen Beiträgen zu seiner Geschichte und Literatur* 1892. W. Stammler NJbb. 45 (1920) S. 134f. E. Spener *Die Entstehung des 'R. O.s'*, Diss. Marburg 1922 (Maschinenschrift). W. Gehl *Metrik des 'R. O.s.'* Diss. Rostock 1923 (Maschinenschrift). G. Rosenhagen *Das 'R. O.' im Zusammenhang mit dem geistlichen Schauspiel seiner Zeit*, Nd. Jb. 51 (1925) S. 91/103. W. Krogmann *Die zweite weibliche Rolle im 'R. O.'*, ZfdPh. 53 (1928) S. 135/43. L. Wolff Dt. Vjschr. 7 (1929) S. 296. Weitere Literaturnachweise bei Stammler *Mnd. Leseb.* Nr. 72 und bei M. J. Rudwin *A Historical and Bibliographical Survey of the German Religious Drama* (University of Pittsburgh Studies in Language and Literature) 1924, S. 30/2.

L. Wolff.

Kalkar, Heinrich (von) (1328—1408).

1. Heinrich Egher *(Eger, Aeger, Von Egher, Van den Egher, Von Egheren)* wurde 1328 zu Kalkar, einer damals wirtschaftlich regsamen Stadt im Herzogtum Kleve, geboren. Er entstammte einem reichen Patriziergeschlecht. Nach Besuch der Lateinschule zu Kalkar studierte er zunächst in Köln, dann aber in Paris (wahrscheinlich von 1351 an) die artes. Daselbst 1355 bacc. art., 1356 mag. art., 1358 und 1359 mag. regens (= dozierender Magister), 1359 Prokurator der Englischen Nation. Daß er neben den artes auch Theologie studiert habe und bacc. theol. geworden sei, ist anzunehmen. An diese Pariser Studienzeit erinnert sich K. gern in seinen als alter Mann geschriebenen Briefen an Johannes Dotzheim, Kartäuser zu Mainz, aus den Jahren 1405—1407. Nach seinem fast zehnjährigen Aufenthalt in Paris bekleidete K. zunächst (1362) Kanonikate an St. Georg zu Köln und an St. Swibert zu Kaiserswerth. Ob diesem Lebensabschnitt einige von seinen Werken angehören, bleibt aus ihnen selber zu untersuchen, da allein ein späteres datiert ist. Seinem Lebenslauf entsprechend könnte man die rein wissenschaftlichen Werke rhetorischen, musiktheoretischen, metrischen, ja juristischen Inhalts als hierhergehörend ansetzen, nämlich a) *'Loquagium de rhetorica'*, b) *'Cantuagium de musica'*, c) *'Contemplativa metrica'*, d) *'Commentariolum in Decretum Gratiani et Decretales'*, e) *'De continentis et distinctione scientiarum'*.

2. 37 Jahre war K. schon alt, als er sich entschloß, Mönch zu werden und zwar jenes Ordens, der in Westdeutschland und den Niederlanden damals der strengste war und sich durch seinen asketisch-beschaulichen Zug von anderen unterschied: der Kartäuser. K. trat 1365 in die Kartause St. Barbara zu Köln ein und tat 1366 dort das Gelübde. Schnell wird seine Bedeutung erkannt und er zu leitender Stellung berufen — schon 1368 ist er Prior zu Monnikhuizen —, und damit beginnt eine reiche und bewegte Tätigkeit in Ordensdiensten. 1368—1373 Prior zu Monnikhuizen, 1373 bis 1378 Rektor zu Roermond, einer Neugründung, 1378—1384 Prior zu St. Barbara in Köln, 1384—1396 Prior zu Marienberge in Straßburg, dem Kloster Ludolfs von Sachsen (s. d.), den er wohl noch persönlich gekannt hatte. Aus dieser Zeit besitzen wir von ihm die *'Sermones capitulares'*, vierzehn rednerisch bedeutsame, mystisch durchsetzte Kapitelreden für die Feste des Kirchenjahres. Das mehr nützliche Traktätchen *'De modo faciendi collationes more Cartusiano'* spricht von seiner besonderen Pflege der Predigtberedsamkeit. — Während seines Rektorates in Roermond wird K. Visitator der Ordensprovinz Alemannia inferior und bleibt es fast 20 Jahre lang. Trotz der großen Zahl der Ordenshäuser gerade in dieser Provinz gingen seine Visitationsreisen noch über ihre Grenzen hinaus: „in einem einzigen Jahre visitierte ich die Picardie, Gallien und Niederalemannien, und einmal war ich auch Visitator zu Prag in Böhmen und auch zu Brünn in Mähren", so heißt es in einem seiner Briefe (Hs. 819 L.-B. Darmstadt, Bl. 38b). — K.s führende Stellung im Orden

ging über das Priorat und über die Aufsicht über eine Ordensprovinz hinaus: auf fünf Generalkapiteln war er Definitor. Als solcher war er zweimal in der Grande Chartreuse und zwar im Jahre 1380 auf jenem wichtigen Kapitel, auf dem das derzeitige große Schisma auch den Orden traf und trennte. Seither gab es zwei Ordensparteien, die Urbanisten und die Klementisten, jede mit eigenem Generalkapitel. K. war Klementist wie die Mehrzahl — auch der Ordensgeneral —, damit aber Außenseiter in der Zahl der deutschen fast durchweg urbanistischen Kartäuser. Von diesen wurde er denn auf ihrem Generalkapitel v. J. 1380 zu Rom als Visitator abgesetzt und bekam 1382 den drohenden Befehl, in Zukunft auf dem Generalkapitel zu erscheinen. Im selben Jahr noch wurde er Urbanist und damit wieder Visitator. Von den folgenden Generalkapiteln erzählt er selber in einem seiner Briefe (Hs. 819 L.-B. Darmstadt, Bl. 38[b]): „Dreimal hab ich die Eingangspredigten auf den Kapiteln unserer Partei gehalten; auf fünf Kapiteln war ich Definitor."

3. Das Ansehn, in dem die Kartäuser im westlichen Niederdeutschland im 15. Jh. standen, geht vor allem auf K. zurück, und seine führende Stellung im Orden ist schließlich nur Ausdruck dessen, was er war. Es ist schon nicht bedeutungslos, daß er gerade Kartäuser war; ihr das „heilige Schweigen" beachtender, nach innen gerichteter Grundzug entsprach seinem Charakter. So kam es, daß er sich als Greis auf seinen Wunsch und mit Zustimmung des Generalkapitels von den Geschäften zurückzog (1396) und nur als einfacher Mönch in derselben Kartause, wo er sein Gelübde abgelegt und Prior gewesen, einen beschaulichen Lebensabschnitt beschloß (1408), *ubi securior michi vita, quietior et purior in Cristo et letior* (Hs. 819 Darmst., Bl. 23[a]). Seine Schriften mystischen Grundzugs mögen in dieser Zeit entstanden sein, die *'Scala spiritualis exercitii'*, *'Libellus exhortatorius ad Petrum monachum Carthusie Confluentie'*, *'Tractatus de cotidiano holocausto spiritualis exercitii'*. Deren Inhalt gemäß konnte ihm auch zeitweise die *'Imitatio Christi'* des Thomas von Kempen (s. d.) zugeschrieben werden. Doch darf er nicht einseitig als Mystiker gesehen werden. Wie neben solchen Büchern gleichzeitig die Ordensgeschichte *'Ortus et decursus ordinis Cartusiensis'* (1398) entstand, machte eine glückliche Verbindung von scheinbaren Gegensätzen sein Wesen aus: er war Spätscholastiker und Mystiker zugleich; objektiver Wissenschaftler von großer Kenntnis und Belesenheit und inniger Marienverehrer; klarer, organisatorisch begabter Führer und legendär gewordener Visionär, aufs Jenseitige gerichtet und doch nicht weltabgewandt, unnachgiebig und von besonders liebenswürdiger Milde als Vorgesetzter seiner Brüder. Als solcher hat er auf die Zeitgenossen gewirkt (*o karissime pater, quotiens fit memoria patris Kalkariensis... o, quotiens revolvo que olim audivi de futuris continentibus*, schrieb ein Prior aus Koblenz an ihn [Hs. 819 Darmst., Bl. 24[b]]) und ist schließlich im Geruch der Heiligkeit gestorben. Lange bleibt seine Tradition im Orden aufrechterhalten und er Vorbild aller Brüder und Prioren. Er hat namhafte Männer in die Klöster seines Wirkens nach sich gezogen: in Roermond lebte Geert Groote (s. d.) lange in der Zurückgezogenheit, in St. Barbara war Hermann von Deventer nach K. Prior, Dionys der Kartäuser trat 1423 in Roermond in den Orden ein. Bedeutsam ist besonders seine Wirkung auf Geert Groote bei jenem bekannten Zusammentreffen in Utrecht, demzufolge der kluge, weltgewandte Magister schließlich der Stifter der „Brüder vom gemeinsamen Leben" wurde. Thomas von Kempen (s. d.) erzählt es in seiner *'Vita Gerardi Magni'*, wie es K. gelungen sei, nach einem Kolloquium seinen Freund vom Elternhause her, seinen alten Gefährten, seinen liebenswürdigen Gastfreund zeitlichen Fluten zu entziehen. Auch Hermann von Deventer war durch K.s Einfluß Kartäuser geworden.

4. Werke a) wissenschaftlichen Charakters: α) *'Loquagium de rhetorica'*, β) *'Cantuagium de musica'*, γ) *'Contemplativa metrica'*, δ) *'Commentariolum in Decretum Gratiani et Decretales'*, ε) *'De continentis et distinctione scientiarum'*. — b) Schriften für den Orden: α) *'Ortus et decursus*

ordinis Cartusiensis', β) *'Sermones capitulares'*, γ) *'De modo faciendi collationes more Cartusiano'*, δ) *'Collatio pro eligendo priore'*. — c) Erbaulich-mystische Schriften: α) *'Scala spiritualis exercitii'*, β) *'Libellus exhortatorius ad Petrum monachum Carthusie Confluentie'*, γ) *'Tractatus de cotidiano holocausto spiritualis exercitii'*, am bekanntesten unter dem Namen *'Exercitatorium monachale'*, sonst noch *'Tractatus proficere volentibus'*, *'Speculum peccatorum'*, *'Exercitium Cartusianum'*, *'Monachale exhortatorium'* genannt, das als Entlehnung aus Hugos von Balma *'Mystica theologia'* nicht recht als K.s eigenes Werk angesehen werden kann. — d) Briefe. — e) *'Psalterium Beatae Mariae'*, das 1541 zu Köln im *'Hortulus devotionis'* gedruckt wurde.

Für das Hss.-Verzeichnis dieser Werke sei auf H. B. C. W. Vermeer *Het tractaat 'Ortus et decursus ordinis cartusiensis' van H. E. v. K.* S. 25—28 u. 61ff. verwiesen. Die meistverbreitetsten seiner Werke sind das *'Exercitatorium monachale'* und der *'Ortus et decursus ord. Cart.'* vom Jahre 1398. Da ersteres nicht ganz als K.s Werk anzusprechen ist, bleibt die Ordensgeschichte das bedeutendste seiner Schriften. Eine große Anzahl älterer Schriftsteller erwähnt und gebraucht es, selbst noch am Ende des 17. Jhs. Le Couteulx für seine Ordensannalen. Es beruht auf älteren Quellen (der Chronik *'Quoniam'* [1367], die die Chronik *'Laudemus'* v. 1250 verarbeitet hat, dem *'Speculum'* des Vinzenz v. Beauvais, Caesarius *'Liber exemplorum'*, Joh. Andreas *'Novella')*, die K. meist genannt und sehr frei benutzt hat, so daß es durchaus als sein eigenes Werk gelten muß. Es ist ein kleines geschichtliches Kunstwerk, das für die kartusianische Historiographie von Bedeutung wurde. Sehr wahrscheinlich haben wir es in der Hs. 710 LB. Darmstadt, Bl. 151ᵃ—166ᵇ mit dem Autograph K.s zu tun. — Die für die Geschichte K.s selbst wichtigsten Zeugnisse bleiben seine zahlreich erhaltenen, schönen Briefe.

H. B. C. W. Vermeer *Het tractaat 'Ort. et d. ord. Cart.' van H. E. v. K.* Diss. Leiden 1929 [ältere Literatur daselbst S. 142ff.]. Ausgabe von Werken: *'Ort. et dec. ord. Cart.'* bei Vermeer S. 87ff. — Autore *Dict. de Theol. Cath.* IV S. 1911 hat herausgegeben *'Sermones capitulares'*, *'Scala spiritualis'* u. einige Briefe. — *'Libellus exhortatorius'* bei De Vooys *De Handschriften van H. v. K.s Werken*, Nederl. Arch. voor Kerkgesch., N. S. 2 (1903) S. 306ff. — *'Psalterium Beatae Mariae'* in: Analecta hymnica hrg. v. Blume u. Dreves XXXVI S. 5—6.

Urte Kletzin.

Kaltenbach, Ulrich. Nur bekannt durch einen vierzeiligen Reimspruch in der Londoner Hs. Additional 16581, s. Priebsch *Deutsche Hss. in England* II, 1901, S. 148. Die Hs. enthält neben erbaulichen und moralischen Traktaten mehrere Spruchsammlungen, deren eine Vierzeiler bringt, die bekannten biblischen Persönlichkeiten und ritterlichen sowie bürgerlichen Dichtern in den Mund gelegt sind. Der Spruch des U. K. ist auf Bl. 146b der aus dem 15. Jh. stammenden Papierhs. verzeichnet.

Ruth Westermann.

Kaltisen, Heinrich s. Nachtrag.

Kammermeister, Hartung.

1. Die Chronik Hartung Kammermeisters liegt außer dem Menckenschen Druck in vier Hss. vor, über die zusammenfassend Robert Reiche (s. u.) berichtet. Am wichtigsten ist die Hs. der Universitätsbibl. zu Jena, Ms. Bud. fol. 145, Bl. 98ᵃ—327ᵇ, die von L. F. Hesse ZfdA. 8 (1851) S. 466—476, von A. Michelsen Zs. d. Ver. f. thüringische Gesch. 1 (1854) und von K. Herrmann *Bibliotheca Erfurtina* S. 72ff. beschrieben worden ist.

Mencken schreibt über die von ihm benutzte Dresdener Hs. in der Praefatio unter Nr. XX: „Ex Tabulario Dresdensi. Qui supra Chronicon Erfurtense Sampetrinum, Latino idiomate exaratum et ex Tabulario Regio productum, commendavimus, jam ex eodem non minori laude dignos Annales exhibemus vernaculos, quorum fides et autoritas nobis admodum veneranda, etsi in rebus paulo recentioribus versentur... Utrum vero noster Codex, quem ex Tabulario Regio obtinuimus, autographus sit, an apographus, nunc non discipiemus; vetustus certe est et incorruptus, nobisque hoc minus negligendus, quod *Chronicon Thuringiae Rohtianum,* quod Tomo II dedimus, continuare videtur Autor, quippe ab eodem anno eademque re, ubi finitur, Rohtius, Annales incipiens." Es bleibt also, wie schon R. Reiche (s. u., S. 3) bemerkt hat, unentschieden, ob Mencken die Urschrift oder eine schon früh angefertigte Abschrift vor sich gehabt hat, doch hält er das erstere nicht für wahrscheinlich. Reiche entscheidet sich doch dafür, in der Buderschen Hs. den Urtext zu sehen, denn obwohl die Marginalnoten gegen den

Schluß der Hs. seltener werden, kann vielleicht doch aus dem unfertigen Zustand der Hs. geschlossen werden, daß der Inhalt aller Kapitel entweder in der Urschrift angegeben war oder doch, falls die Budersche die Urschrift ist, angegeben werden sollte.

Die Dresdener Papierhandschrift K 71, 45½ Bll., geschrieben von Joh. Bartholomeus, enthält sämtliche Berichte K.s v. J. 1459 bis 1466, bezw. 1467. Eine von K. Herrmann noch erwähnte zweite Dresdener Hs. läßt sich nicht oder nicht mehr feststellen. Eine Hs. aus dem Ende des 16. Jhs. befand sich nach Reiche im Besitze des Freiherrn von Tettau in Erfurt, jetzt im dortigen Stadtarchiv (Hss. A I, 6). R. Reiche gibt zur Charakterisierung der drei Hss. eine tabellenmäßige Übersichtstafel zum Inhalt der Chronik Kammermeisters, um zu zeigen, in welchen Hss. sich die einzelnen Abschnitte finden, so daß seine Ausgabe ihre Überlegenheit an Umfang und Inhalt gegenüber dem Menckenschen Druck schon äußerlich beweist.

2. Die Bedeutung der Chronik, die die thüringische Chronik des Johannes Rothe (s. d.) v. J. 1440—1467 fortgesetzt hat, ist schon früh erkannt worden, denn der Erfurter Bürgermeister hat nicht nur thüringisch-sächsische Ereignisse berichtet, sondern auch Mitteilungen über die Kriege zwischen Ludwig dem Reichen von Baiern und Albrecht von Brandenburg, zwischen Diether von Mainz und dem Pfalzgrafen Friedrich, über den Mainzer Bistumsstreit und die Gegensätze Kaiser Friedrichs III. und seines Bruders Albrecht in Wien 1462 gegeben. Dazu kommt die Darstellung des sächsischen Bruderkrieges und anderer Geschehnisse, nebst all den Nachrichten, die der in hervorragender Stellung befindliche Mann zu erfahren wußte. Stand H. K. doch auch als Geleitsmann in sehr engen Wechselbeziehungen zu dem Landgrafen Friedrich von Thüringen (gest. 1440) und seinen Erben, den Herzögen Friedrich und Wilhelm von Sachsen. Seine Chronik hat er schreiben lassen, aber auch selbst viel geschrieben. Die einzelnen Kapitel sind offenbar in der Reihenfolge geschrieben, in der sie in der Hs. Buder stehen. Die zeitliche Darstellung ist danach von Anfang an beabsichtigt gewesen, spätere Ergänzungen und Zusätze gestatten einen Rückschluß auf die Abfassungszeit. H. K. war einerseits Augenzeuge zahlreicher Ereignisse, für andere stützte er sich auf sein Gedächtnis, endlich gingen ihm bei seiner gewiß einflußreichen Stellung wichtige amtliche Schriftstücke durch die Hände: so hat er nachweislich doch wohl Erfurter Akten benutzt, Handelsverbindungen seiner Vaterstadt Erfurt für wichtige Nachrichten beigezogen, aber sich doch in auffallender Weise mit seinem eigenen Urteil über Menschen und Dinge zurückgehalten, wenn es natürlich auch nicht ganz fehlt. Für die sächsisch-thüringische Geschichte gilt K.s Chronik trotz vieler Mängel als Quelle ersten Ranges (Reiche S. LXVI).

3. Der Familienname des Verf.s war wohl *Cammermeister*, vielleicht auch *Kämmerer*, während der Name *Hartung* als Vorname in Erfurt und Gotha häufig nachweisbar ist. Sein Siegel, das sich in zwei Exemplaren erhalten hat, läßt doch keine Möglichkeit zu, Aufschluß über seine Familienverbindungen zu erlangen. Der Vorname des Vaters ist unbekannt, i. J. 1434 war er schon verstorben und im Augustinerkloster bestattet. Erfurt darf als Geburtsort Hartungs angenommen werden. Wahrscheinlich gehört sein Geburtsjahr noch dem 14. Jh. an. Nach der in Erfurt verlebten Jugendzeit suchte er den Dienst des Landgrafen Friedrich von Thüringen, nachdem er sich vorher mit einer Gothaer Patriziertochter verheiratet hatte. Als Geleitsmann des Landgrafen war er Beamter des Fürsten und übte in Wahrnehmung der Geleitsrechte des Landgrafen eine bestimmte Gerichtsbarkeit aus: die Geleitssätze einzuziehen, den gesetzlich festgestellten Straßenzwang aufrecht zu erhalten, Strafen für Umfuhr des Geleites zu verhängen, Raub und Mord auf der Landstraße zur Anzeige zu bringen und zu verfolgen. Er besaß das Vertrauen des Landgrafen und gewährte durch seine Stellung doch seiner Vaterstadt große Vorteile. Als er später aus finanziellen Gründen seiner Stellung enthoben wurde, gewann er bald in seiner Vaterstadt das Vertrauen seiner Mitbürger, so daß er schon 1442 in den sitzenden Rat aufgenommen und 1447 oberster Bürgermeister wurde. Die gleiche Stellung bekleidete er noch 1452, 1456, 1461 und 1465. Damit und in anderen Stellungen war ihm Gelegenheit zu

großer und umfassender Tätigkeit geboten, so daß in diesen Jahren kaum eine Entscheidung, eine Verordnung, ein Vertrag vorgebracht wurde, an dem er nicht mittelbar oder unmittelbar beteiligt war. Für die Geschichte Erfurts und Thüringens ist seine politische Bedeutung unbestritten. Am 15. März 1467 starb er und wurde, wie sein Vater und seine Gattin, bei den Augustinern begraben. Mit ihm scheint die Familie ausgestorben zu sein, in den allerdings nur lückenhaft erhaltenen Verzeichnissen der Ratsmitglieder erscheint sein Name nicht mehr.

Die Chronik Hartung Cammermeisters, bearbeitet von R. Reiche (Geschichtsquellen der Provinz Sachsen und angrenzender Gebiete, 35) 1896. — *Annales Erfurtenses Germanici ab anno MCCCCXL usque ad annum LXVII iussu Hartungi Kammermeisteri, consulis Erfurt., collecti sive continuatio Chronici Thuringici Johannis Rothii,* in: J. B. Menckenii *Scriptores rerum Germanicarum praecipue Saxonicarum,* III S. 1186—1238 [enthält nur Auszüge]. — Über die Handschriften ferner K. Herrmann *Bibliotheca Erfurtina* 1863 S. 76—77.

Friedrich Schneider.

Kandelgießer, Wolfgang, s. Cyclop.

Der Kanzler. Lieder- und Spruchdichter, dessen Schaffen wahrscheinlich in die 2. Hälfte des 13. Jhs. fällt, denn in einem Spruche spielt er auf die 1283 beendeten Kämpfe im Ordensland an, ferner dichtet er in Meister Boppes (s. d.) „Hofton" und ahmt die Reimkünste Konrads von Würzburg (s. d.) nach. Über seine Lebensumstände ist wenig bekannt. Seine Sprache weist ihn nach Alemannien, wo der Name öfter belegt ist. Vielleicht ist er identisch mit dem 1312 und 1323 urkundlich bezeugten K., Schulmeister zu Offenburg. Die große Gelehrsamkeit, die in seinen Sprüchen zutage tritt, würde sich damit gut vertragen. Er wäre in seiner Jugend, Gaben heischend und Rat erteilend, als fahrender Dichter von Hof zu Hof gezogen und hätte später erst das Amt angetreten. Trotzdem er sicher bürgerlichen Standes war, ist seine Dichtung vom Geist höfischer Kultur getragen. Er scheidet scharf zwischen sich und der Masse der Gehrenden, wenn er sich andrerseits auch nicht scheut, getragene Kleider anzunehmen. Seine Sprüche wenden sich an Ritter, denen die ritterlichen Tugenden der Ehre und Freigebigkeit vorgehalten werden; sie sind von dem Gedanken getragen, daß wahrer Adel Adel der Gesinnung ist. Unter diesem Gesichtspunkt übt er scharfe Kritik an seiner Zeit. Andre Sprüche behandeln religiöse oder naturkundliche Fragen oder sind Fabeln wie die vom Fuchs und dem Raben.

Seine Minnelieder preisen meist alle Frauen, nicht eine einzelne. Auch die Minneidee hat sich gegenüber der Blütezeit gewandelt. Minne beruht auf Gegenseitigkeit, ist nicht mehr unerfülltes Sehnen des Mannes. Nach dem Vorbild Gottfrieds von Neifen (s. d.) und Neidharts von Reuental (s. d.) sind es meist Sommer- oder Winterlieder, die mit einer Naturschilderung anheben.

Das formale Können des K. ist groß. Seine Verse sind glatt und rhythmisch gut durchgebildet. Die Sprache ist gepflegt, gelegentlich sehr kunstvoll, fast künstlich. Alliteration, Wiederholung von Worten und Motiven werden geschickt zur Gliederung und Steigerung verwendet. So gehört er zu den guten Vertretern der Nachblütezeit. Der Meistergesang verehrte in ihm einen seiner 12 Gründer; seine Töne waren noch lange Zeit Muster und Vorbild.

Große Heidelberger Liederhs. *C* (Universitätsbibl. Heidelberg Cod. Germ. Pal. 848, Nr. 114 Bl. 423c—428a, mit Bild). Leipziger Hs. *n* (Stadtbibl. Leipzig II, 70a). [Kolmarer Meistersingerhs. *K* (Universitätsbibl. München cod. germ. 4497) kaum echt.] — F. Pfaff *Die große Heidelberger Liederhs.* I 1909, Sp. 1419—1444. — Melchior Goldast *Paraeneticorum veterum pars* I 1604, S. 359, 382, 427 (= XVI, 9; II,8; III,1). [Bodmer] *Proben der alten schwäbischen Poesie des 13. Jahrhunderts* 1748, S. 268f. (= III, 4. XVI, 9, 13). Bodmer *Sammlung von Minnesingern aus dem schwäbischen Zeitpunkte* 1759 II S. 238 bis 247. Bragur IV, 2 (1796) S. 143—149 (= XVI, 13; von J. P. Conz). HMS. Nr. 14a, II 387 bis 399; III 454, 468m, 735f., 823, 836, 843; IV 701—705. BG. Nr. 77. S. LXXXIV, 305—307 (= II, 8. XIV, XVI, 6). [Karl Bartsch *Meisterlieder der Kolmarer Hs.* 1862, S. 167, 486—489.] W. Wackernagel *Das deutsche Kirchenlied* II (1867) S. 200—202 (= II, 1—3, K. 123, I, 4, XVI, 5, 8, 9, 4, III, 1). K. Goedeke *Deutsche Dichtung im MA.* 1854, S. 648 (= XVI, 13). — L. Tieck *Minnelieder aus dem Schwäbischen Zeitalter* 1803, S. 275—280 (= II, 9, IX, X, XV, V). W. Storck *Buch der Lieder aus der Minnezeit* 1872 (= VIII, 1—3). B. Obermann *Deut-*

scher Minnesang (Reclam o. J.) S. 243f. (= XIV; I, 4). R. Zoozmann *Deutscher Minnesang* (o. J.) S. 357—359 (= V, IV, I, 4).
W. Wilmanns ADB. XV (1882) S. 98. G. Roethe *Die Gedichte Reinmars von Zweter* 1887 (s. Reg.). F. Grimme *Vornamenlose Minnesinger Nr. 6*, Germ. 37 (1892) S. 165—171; ders. *Die rheinisch-schwäbischen Minnesinger* 1897, S. 182—187, 287f. H. Blasius *Der Kanzler, ein mhd. Spruchdichter.* Progr. Kreuzburg 1898. H. Krieger *Der Kanzler. Ein mhd. Spruch- und Liederdichter um 1300.* Diss. Bonn 1931.

Elisabeth Karg-Gasterstädt.

Kaper, Heinrich, ein Ordensritter, der im Jahre 1457 im Alter von 91 Jahren starb. Er schrieb eine Danziger Chronik, die besonders Konrad Letzkaus Tod behandelt.

Scriptores rerum Prussicarum Bd. 4 S. 300f. und 364.

Recke.

Kapfman, Steffen, s. Nachtrag.

'Karl der Große'.

1. Überlieferung. In der Papierhs. 3597 der gräflich Waldorffschen Fideikommißbibliothek, einer Hs., die um die Wende des 15./16. Jhs. von Johann Gensbein, Schreiber zu Limburg, geschrieben wurde und die u. a. eine Abschrift der Limburger Chronik enthält (vgl. A. Wyß Neues Archiv der Gesellschaft für ältere deutsche Geschichtskunde 7 S. 569ff.), folgt auf Partieen aus Strickers (s. d.) 'Karl' (v. 70—76 und 126—860) auf Bl. 458/64 ein Gedicht über die Taten Karls des Großen und seiner Helden, 367 Verse umfassend. (Abdruck von A. Wyß ZfdA. 30 [1886] S. 64ff.)

2. Der Inhalt dieses bisher noch nicht näher untersuchten Gedichtes ist folgender: Karl der Große überwand mit Gottes Hilfe alle seine Feinde. Zuerst eroberte er die deutschen Lande und erwählte daraus 12 Mannen zu seiner Hut, so *nåymis*, Herzog von Baiern, *gerolt* von Schwaben, *otto* von Rheinfranken, Graf *aẙmont* von Flandern, *rẙchart* von der Normandie, *orẙger* von Dänemark u. a. m. Dem *růlant*, seiner Schwester Sohn, erwählte er gleichfalls 12 Paladine, so *olyfer von viande*, Erzbischof *tůrpyn von remenß* usw. Mit diesen allen unternahm er die Bekehrung der Heiden in vielen Ländern und herrschte bald vom Mittelmeer bis zum Ozean. Zuletzt unternahm er einen Feldzug nach Spanien. König *marstoles* von Saragossa unterwarf sich aber nur zum Schein, und als Karl abgezogen war, überfiel er auf den Rat *gebylons* den zurückgelassenen Roland im Tale *rontzenfall*. Nach drei Angriffen sind alle Christen erschlagen. Karl nimmt blutige Rache und besiegt auch den von Persien herbeieilenden König *balean*, wobei freilich Karls Bruder *rapode* den Tod findet. Marstoles' Witwe *premūda* läßt sich taufen. Karl errichtet in Ronceval eine Kirche, benachrichtigt auf seinem Rückmarsch *agaleyden*, Rolands Braut, *olifiers* Schwester, und hält dann in Aachen Gerichtstag über den Verräter *genelon*. Darauf lebt er als ein frommer und gelehrter Kaiser in Paris und läßt u. a. 20 Dome bauen. Karl war das Ideal eines christlichen Herrschers, darum sollen alle Christen seinen Namen loben.

Arthur Witte.

'Karl der Große und die schottischen Heiligen'.

1. Überlieferung. Dieses annähernd 10000 Verse umfassende spätmittelhochdeutsche Gedicht ist uns in zwei Hss. überliefert: 1. L, Harleian Manuscript Nr. 3971, Perg.-Hs. des 14. Jhs. im Brit. Museum; Überschrift dieser sehr sorgfältigen, dem Original am nächsten kommenden Abschrift: *Historicum poema de Karolo Magno et sanctis Hybernensibus*. 2. K, Papierhs. von 1405 aus Karlsburg (Siebenbürgen), von der sich eine vom Grafen Mailáth angefertigte Abschrift in Donaueschingen befindet. K ist jünger als L und bedeutend unzuverlässiger (vgl. Baechtold S. 1ff.; Perry S. 6ff.).

2. Der Inhalt dieses noch unedierten Gedichtes läßt sich in drei Teile gliedern. Der erste, etwa 1800 Verse umfassende handelt von dem Feldzug, den Karl der Große auf Geheiß eines Engels gegen das heidnische Regensburg unternimmt. Der erfolgreiche Sturm auf die Stadt (nach einjähriger Belagerung) vom *pühel des siges* aus bildet den Höhepunkt eines Siegeszuges durch die Lombardei, Alemannien und Baiern. Karl läßt in Regensburg drei Kirchen bauen und unternimmt dann die Christianisierung Frankens und der Niederlande. Hier trifft er — und damit beginnt

der zweite Teil der Dichtung — zum erstenmale mit den heiligen Schotten zusammen. Deren Unternehmungen werden ausführlich geschildert, so z. B. die Taten Columbans in Mailand. Mit ihrer Hilfe unterwirft Karl nach der Gründung Aachens Gallien, muß dann aber der von den Heiden bedrohten „viereckigen Stadt" zu Hilfe eilen; nach ihrer Befreiung gibt er ihr den Namen Regensburg. Hier siedelt er sodann einen Teil der Schotten an, u. a. den heiligen Marianus, dessen Wundertaten beschrieben werden. Anläßlich eines nach Regensburg ausgeschriebenen Reichstages gründet Karl noch eine Kirche und das Schottenkloster. Bald nach einem Hoftag in Aachen, auf dem er seinen Sohn Lothar zum Erben seines Reiches einsetzt, stirbt Karl, der also durchaus, wie in der 'Kaiserchronik' (s. d.), als Glaubensheld aufgefaßt wird. — Der dritte, 3000 Verse umfassende Teil unseres Gedichtes schildert die weitere Entwicklung der Regensburger Schottenklöster.

3. Historische Grundlage. Diese mönchische Spekulation über die Gründung der Schottenklöster in Regensburg entbehrt nicht ganz der histor. Grundlage. Nach Einhard lieferte Karl den Heiden in der Tat bei Regensburg eine Schlacht (789) und erschien bald darauf einmal in R. Aber die Ansiedlung der irischen Mönche, die das Mittelalter konsequent Schotten nennt, geht erst 200 Jahre später vor sich. Während die dann geschilderte weitere Entwicklung der Schottenklöster auf besserer historischer Grundlage zu ruhen scheint, stecken die beiden ersten Teile voller Anachronismen, wie ja schon aus der Inhaltsangabe hervorgeht. Die Kirche Weih St. Peter bestand übrigens schon vor Ankunft der Schotten, und das Kloster St. Jakob, das im Mittelpunkt des Interesses steht, ist erst 1020 eingeweiht worden.

4. Quelle. Unser Gedicht ist eine gekürzte, zuweilen wörtliche Übersetzung des lat. Traktates '*Historia fundationis ecclesiae Petri Ratisponae et sanctorum Hibernensium*', von dem sich eine Hs. des 14. Jhs. als Cod. 3973 der Harleian. Sammlung im Brit. Museum befindet. (Über andere Hss. vgl. Baechtold S. 60.)

5. Die Sprache des Gedichtes (vgl. Perry S. 21ff.) ist bair.; mitteldeutsche Elemente in den Reimen erscheinen mehr als Fremdkörper. Auffällig ist der Widerstand gegen das neue *ei* sowie die späte Bewahrung der vollen Endungen der 2. schw. Konj. auf *-ot*, *-ote*.

6. Die Metrik steht auf der Übergangsstufe vom kurzen Reimpaar zum Knittelvers. Auffallend ist die Armut an Reimwörtern; rührende Reime sind demgemäß häufig.

7. Der Dichter nennt sich nicht, doch scheint es sicher, daß er ein Benediktiner des Klosters St. Jakob war, der etwa um 1350 (Perry) geschrieben haben mag.

8. Andere deutsche Fassungen. Aus dem deutschen Gedicht entwickelt sich im 15. Jh. eine kurze Prosalegende für das Volk, die gegen Ende des Jhs. mehrfach gedruckt wurde. Ein Jh. später dichtete Hans Sachs ein Loblied auf Regensburg, in dem die hier behandelten Ereignisse z. T. ebenfalls erwähnt sind (Baechtold S. 61ff. u. S. 70).

Maßmann Bair. Annalen 1835, S. 19. J. Baechtold *Deutsche Hss. aus dem Brit. Museum* 1873. Ch. C. Perry *Die Sprache des spätmhd. Gedichtes 'K. d. Gr.' usw.* Diss. Marburg 1892.

Arthur Witte.

'Karlmeinet'.

1. Überlieferung. Der 'Krlm.' ist überliefert: vollständig in A = Papierhs. Landesbibliothek Darmstadt Folio Nr. 2290, 15. Jh., 540 Bl.; hg. v. Ad. v. Keller. Beschreibung bei Kalisch S. VI; kürzt hie und da den Text. Fragmentarisch in: *B* = Perg. 14. Jh., Stralsunder Stadtbibl., enthält A 85, 15ff., zuletzt hg. v. Benecke in seinen 'Beiträgen' I, 2, S. 611 (1832); *D* = Perg. um 1300, Darmst. Landesbibl., zusammengebunden mit U, enthält A 212, 9ff.; gedruckt v. L. A. Haas Neoph. 8 (1923) S. 261ff.; *H* = Perg. um 1400, Kön. Bibl. Haag, enthält Bruchstücke aus A 30,24—46,1; hg. v. Kalff Ts. v. Nl. T. en Lk. 4 (1884) S. 196; *M* = Perg., Preuß. Staatsbibl., Ms. German. qu. 660, 14./15. Jh.; enthält A 229, 43ff.; gedruckt von K. Lachmann *Drei Bruchstücke niederrheinischer Gedichte* 1838, S. 172ff. Beschreibung: Kalisch S. XII; nach ihm aus dem 13. Jh.; *m* = Perg., 1. H. 14. Jh., aus Kapuzinerkloster, Münster, enthält A 148/9; 169/171; gedruckt von A. Bömer ZfdA. 50 (1913) S. 285; *O* = Perg., Darmst. Landesbibl. 3307, enthält A 409, 64 bis 410, 38; 416, 43—417, 48, gedruckt von L. A. Haas Neoph. 8 (1923) S. 265; *U* = Perg. um 1300 Darmst. Landesbibl., zusammengeb. mit D;

enthält A 176, 30; gedruckt v. Maßmann *Denkmäler d. Spr. u. Lit. aus Hss. des 8.—16. Jh.* 1828, I S. 155; *W* = Perg. um 1300, Landesbibl. Wolfenbüttel, enthält A 180bff.; hg. v. O. Schönemann Anz. f. Kunde der d. Vorzeit 1855 S. 275.

'Morant und Galie' ist einzeln und vollständig erhalten in *C* = Papier; Anf. 15 Jh., Kölner Städtisches Archiv Wf. Nr. 3 Blankenheim. Beschreibung: Kalisch S. VIII.

Wieviel verschiedenen Hss. die verschiedenen Fragmente angehören, steht noch nicht fest; nach Haas S. 261 entstammen jedenfalls D, U und W derselben Hs.

Vgl. über die Überlieferung zuletzt L. A. Haas Neoph. 8 (1923) S. 259ff.

2. Der erste Teil ist der eigentliche 'Karlmeinet' (aus *Carolus Magnitus*), die Jugendgeschichte Karls des Großen. Inhalt: Zwei Brüder, Haenfrait und Hoderich, aus Balduch bei Paris heben auf Angabe eines Zwerges einen Schatz, lassen sich in Paris nieder und werden von Pipin zu Pflegern des 12-jährigen Karl und zu Reichsverwesern bestellt. Sie trachten ihm nach dem Leben; sein Erzieher David weiß diese Pläne zu hintertreiben. Karl, in der Küche erzogen, bricht beim Mahle einen Streit vom Zaun, der beigelegt wird. Er zieht dann mit Freunden nach Spanien, um König Galafers gegen Bremunt beizustehen. Dessen Tochter Galie entbrennt in Liebe zu Karl. Der geschlagene Feind kehrt nach einem Jahr zurück. Karl wird auf Galiens Bitte zum Ritter geschlagen, tötet dann im Zweikampf Kaiphas, Bremunts Neffen. Im Massenkampf gewinnt er Bremunts Schwert Durendart und tötet ihn. Dann unternimmt Karl mit Galafers' Hilfe einen Kriegszug nach Paris, der siegreich verläuft. Nach Einzug und Krönung geht Galafers zurück. Karl kommt dann verkleidet nach Toledo und flieht mit Galie und ihrer Begleiterin Florette. Er hat zunächst Schwierigkeiten mit Orias, einem Verwandten der Galie, der im Kampf fällt. Dessen Schwester Orie heiratet einen mit Karl befreundeten Ritter Godin, Karl gleichzeitig Galie.

Die Quelle dieses Gedichtes hält Bartsch S. 2 aus heute nicht ganz stichhaltigen Gründen für niederländisch. Jedenfalls aber geht es direkt oder indirekt auf ein französisches Gedicht zurück. Fragmente eines in Einzelheiten abweichenden französischen '*Mainet*' in pikardischer Mundart veröffentlichte G. Paris (Romania 4 [1875] S. 305ff.). In ähnlicher Weise findet sich die Geschichte in Girard d'Amiens '*Charlemagne*' und in abgeleiteten italienischen und spanischen Berichten (vgl. Bartsch S. 8ff.) sowie in Strickers (s. d.) 'Karl' und im 'Buch vom heiligen Karl'. Die Sage haftete früher an Chlodowech und Karl Martell und wurde dann auf Karl den Großen übertragen.

Vgl. G. Paris *Histoire poétique de Charlemagne* 1865, S. 125 u. 485; Deutschbein *Studien zur Sagengesch. Englands* 1906, I S. 34ff. Über das Verhältnis zum frz. '*Mainet*' vgl. Müller S. 131.

Der zweite Teil (216, 29—293, 34) enthält die Geschichte 'Morant und Galie'. Galie und Morant von Rivere werden von dem Verräter Rohart des Ehebruchs beschuldigt. Als Morant trotz böser Anzeichen zum Hof zurückkehrt, wird er mit Galie gefangengesetzt; er weiß aber im Zweikampf Rohart zu entlarven. Ein Hoffest und die Heirat von Morant und Florette bilden den Schluß. Die Vorlage für diesen Teil ist nicht bekannt, war aber sicher eine französische chanson de geste. Ihr Inhalt stimmt in großen Zügen zu dem Volksbuch von der Königin Sibille, in der diese Galiens Stelle vertritt.

Diese Partie ist auch einzeln überliefert und von E. Kalisch 1921 herausgegeben; einzelne Stellen beweisen jedoch (Kalisch S. XV), daß dieser Text aus der Kompilation losgelöst ist. Daß es auch ein selbständiges Gedicht von Morant und Galie gegeben hat, hat Lachmann schon aus dem Alter des Meusebachschen Fragments geschlossen; da über dessen Datierung jetzt anders geurteilt wird, bleibt diese Frage — für die auch gewisse Parallelstellen zu I wichtig sind — zunächst unentschieden.

Auch die übliche Datierung dieser Dichtung um 1200 ist noch zweifelhaft. Ebenso ist die mehrmals behauptete Abhängigkeit dieser Partie von Heinrich v. Veldeke (s. d.) nicht in Einzelheiten nachgewiesen.

Ehrismann II, II, 1 S. 123. Vogt *Gesch. d. mhd. Lit.* I (1922) S. 205. Zur sagengeschichtlichen Stellung: W. Liepe *Elisabeth v. Nassau-*

Saarbrücken 1920, S. 178; H. Hempel *Nibelungenstudien* I (1926) S. 254.

Allerdings spricht auch die Tatsache, daß der zweite Teil mit einem kunstvoll gebauten lyrischen Gedicht einsetzt (das Frings *Der Eingang des 'Morant und Galie'*, Teuthonista 3 [1926] S. 97 sorgfältig rekonstruiert hat), für ursprünglich selbständige Abfassung der Dichtung.

Der dritte Teil beschreibt in buntem Durcheinander Karls verschiedene Kriege, gegen Sachsen und Baiern, Hunnen und Schotten, Iren und Sarazenen, gegen Agolant von Afrika und Ferracut, und seine verschiedenen Heiraten nach dem Tode der Galie, mit Hildegart von Schwaben, Vasterait, Luckart, sein Eintreten für den Papst und seine Kaiserweihe, seinen Zug ins Heilige Land und nach St. Jakob von Compostella, die Heimführung wichtiger Reliquien, den Bau des Aachener Münsters und seiner Paläste, das Wunder der beiden Toten Amiles und Amis und die Verzauberung durch die tote Frau. Diese verwirrte Darstellung geht auf verschiedene Quellen zurück, die bis etwa 1250 reichen; die Hauptquelle ist des Vincenz von Beauvais (s. d.) *'Speculum historiale'* (vgl. Piper S. 101). Diese Partie wird von Bartsch S. 35 dem Kompilator des Ganzen zugeschrieben.

Der vierte Teil (374, 1—394, 49) ist eine ziemlich getreue Übersetzung des mittelniederländischen Romans *'Carel ende Elegast'*, der fünfte eine Bearbeitung des deutschen 'Rolandsliedes' des Pfaffen Konrad (s. d.) (394, 50—408, 59 und 426, 10—533, 12), die vermutlich auf eine etwas ausführlichere Fassung desselben zurückgeht als die uns erhaltene, und die auch vom Stricker für seinen 'Karl' benutzt worden ist; vielleicht ist auch eine französische Nebenquelle vorauszusetzen. Eingeschoben ist in diese Bearbeitung eine sechste Partie, die eine Ospineldichtung enthält (408, 60—426, 2); sie erzählt, wie Ospinel, der König von Babylonien, aus Liebe zu der heidnischen Marselis auf Karl und die Seinen stößt, aber fällt, und wie Rolant das Mädchen für sich gewinnt. Die Quelle dieses Einschubs ist unbekannt.

Schließlich berichtet die letzte Partie, 533, 13—540, 49 nach Vincenz von Beauvais die letzten Ereignisse, die um Karls Tod gruppiert sind, das Konzil in St. Denis, den Aufenthalt in Aachen, den Brand der Mainzer Brücke, Turpins Vision usw. Bartsch schreibt diesen Teil dem Verfasser von III zu.

3. Auf diese Weise ist also die Kompilation zusammengesetzt, die irrtümlicherweise den Namen 'Karlmeinet' trägt, aber eher das 'Buch von Karl' heißen könnte und eine vollständige sagenhafte Biographie des großen Kaisers enthält. Die wichtigsten philologischen und literarhistorischen Fragen harren noch der Beantwortung. Die Frage, ob der unbekannte Kompilator, der sich hinter dem Buchstabenspiel H F F L P G der Einleitung verbirgt, zugleich auch gewisse Teile dichtete, hat Bartsch vorläufig dahin zu beantworten gesucht, daß er ihm III und VI zuschreibt und zugleich mit gutem Instinkt, aber allzu flüchtig andere Dichterpersönlichkeiten zu entdecken vermeint, so den Dichter von 'Morant und Galie', den Umarbeiter des 'Rolandsliedes', den Bearbeiter des 'Ospinel'.

4. Zeit und Ort der Kompilation sind unbekannt. Da in III und in VI Partien aus Jacob von Maerlants *'Spieghel Historiael'* aufgenommen worden sind, die um 1290 fertig waren (Haas S. 259), müssen wir diese Teile und damit das Ganze in das 14. Jh. rücken. Wie alt die verschiedenen Teile sind, entzieht sich vorläufig unserer Kenntnis.

5. Die Sprache ist ripuarisch; Unterschiede zwischen den verschiedenen Teilen, die Bartsch nachgewiesen hat, harren der Deutung. Die übliche Lokalisierung in Aachen entbehrt jeder festen Begründung. Auch der Stil ist verschieden, aber bleibt überall innerhalb der Grenzen der chanson de geste, er trennt somit das Werk vom höfischen Epos und weist eine starke Verwandtschaft mit dem niederländischen Epos auf, die den Gedanken nahelegt, daß wir es hier mit einem stilistisch wie inhaltlich von den Niederlanden her beeinflußten Großepos zu tun haben, wie sie dort häufiger zustandekamen (Lorrei-

nen). Auch der Karlstoff an sich weist auf französisch-niederländisch-rheinisches Kulturgebiet hin.

'Karl Meinet', zum ersten Mal hg. v. Ad. v. Keller 1858 (Lit. Verein 45). K. Bartsch *Über 'Karlmeinet'. Ein Beitrag zur Karlssage* 1861; ders. *Zum 'Karlmeinet'*, Germania 6 (1861) S. 28. Piper DNL 2, 2, 91. C. Jecklin *Verhältn. des 'Karl' zum 'Karlmeinet'*, Germ. 22 (1877) S. 147. El. Müller *Stiluntersuchung des 'Karlmeinet' (1, 1—216, 28)*. Bonner Diss. 1930. L. A. Haas *Die Fragmente des 'Karlmeinet' in Darmstadt*, Neoph. 8 (1923) S. 259. Ehrismann II Schlußband S. 468.

J. van Dam.

'Karls Recht' s. 'Kaiser Karls Recht'.

Kaspar von Oegspurg, später Augspurger genannt, (1) wurde zu Freiburg i. Br. geboren, trat 1435 in das Kartäuserkloster Johannesberg ein, mußte aber wegen seiner schwächlichen Gesundheit diesen strengen Orden aufgeben und fand im nächsten Jahre Aufnahme in der Benediktinerabtei Gottestal bei Basel. Im Kriege von 1463 wurden das Kloster und seine Besitzungen von Engländern und Franzosen derart verwüstet, daß der Abt seine Konventualen freigab. K. kehrte trotzdem 1469 zurück, konnte aber unter den gegebenen Verhältnissen nicht bleiben und erhielt das Zeugnis, daß er an italienischen Hochschulen in göttlichen und menschlichen Wissenschaften und an Reinheit der Sitten sich ausgezeichnet habe und sein Abt in ihn die größten Erwartungen setze. Damals hatte K. schon eine Vertretung für den Landesfürsten von Tirol und die österr. Vorlande (Breisgau) in Venedig übernommen. Im Mai 1469 kam er nach Innsbruck und wurde nach dem Wunsche des Herzogs Siegmund des Münzreichen und des Erzbischofs von Salzburg von den versammelten Benediktinern von St. Georgenberg (bei Schwaz im Unterinntale) zum Abt erwählt. Herzog Siegmund ernannte ihn noch im selben Jahre zu seinen Rat, nahm ihn gar oft in Anspruch, entsandte ihn gerne in wichtigen Aufträgen auswärts und betraute ihn mit den schwierigsten Unternehmungen. K. galt als die rechte Hand des nur allzu verschwenderischen Fürsten und mag ihn zu mancher seiner literarischen Unternehmungen angeeifert haben (s. Eleonore v. Österreich I Sp. 543—47).

Gleich den beiden anderen Räten, dem Bischof Johann Hinderbach von Trient (s. V. v. Hofmann-Wellenhof *Leben und Schriften des Dr. Johannes Hinderbach*, Zs. d. Ferdinandeums 37 [1893] S. 203 bis 262; Krones ADB. XII S. 457 u. *Judenspiel, Trienter II* Sp. 66 S.). und dem Gelehrten Johann Fuchsmagen von Hall (s. Seb. Ruf *Dr. Johannes Fuchsmagen 1469—1510*, Zs. d. Ferdinandeums 21 [1877] S. 93 bis 119), zählte Kaspar zu den hervorragendsten Humanisten im Lande und zu den Bevorzugten des Enea Silvio Piccolomini. Mit demselben Eifer, mit dem der Abt Reliquien für die Wallfahrtskirche St. Georgenberg sammelte und diese von Papst, Kardinälen und Bischöfen mit Ablässen ausstatten ließ, bereicherte er sein Kloster auch mit Hss. und Büchern, von denen freilich infolge Feuersbrünsten, die diese Abtei heimsuchten, und der Aufhebung unter Kaiser Josef II. sehr viele zugrunde gingen. So kamen unter ihm eine Noniushandschrift des 15. Jhs. mit einer Schlußnotiz über Filelfo, eine Handschrift der Scholien zum römischen Satiriker Persius (s. A. Zingerle *Zu den Persius-Scholien*, SB. d. Wiener Akad. 97 [1880] S. 731 ff.; Bonelli *Monumenta Ecclesiae Tridentinae* 157) und verschiedene Schriften italienischer Humanisten, auch Petrarcas Buch *'De vita solitaria'*, in die Abtei. Im Verzeichnis der Äbte von St. Georgenberg heißt es: „Er war ein wunderbarer Liebhaber gelehrter Leute, um die er gern war alle Tage seines Lebens; daher er beide Libereien fast gemehrt; darzue nit wenig Bücher mit eigener Hand geschrieben, darinnen sein hoher Verstand trefflich sich hat sehen lassen. Er hat das Kloster 22 Jahre sehr wohl regiert." Abt Kaspar starb am Ostertage 1491 den 14. April als ein hervorragender Förderer des Humanismus in Tirol und als ein notorischer Gönner der Landesuniversität in Freiburg i. Br.

2. Nicht so sehr als Verf. denn als Anreger und Auftraggeber kommt Kaspar für den Druck des Heiltumbuches des Klosters

und der Wallfahrt von St. Georgenberg in Betracht, der bald nach dem Mai 1479 in der Druckerei A. Sorg in Augsburg ausgeführt worden sein dürfte. Das Werklein trägt keine Angabe über Verfasser, Drukker und Erscheinungsjahr. Sein Titel lautet: *Das ist ein tafel des anefangs des wir/digen Closters vnd Aptie auff sant Jör/gen berg jm jntal vnd Brixner bistumbs/vnd von dem loblichen heyltumb dz do/ist vnd wirdigklich da gehalten wirt.* Es umfaßt 33 unbezeichnete Oktavblättchen. Der ungenannte Autor sagt in der Einleitung des halb als legendäre Geschichte halb als Erbauungsschrift zu wertenden Heiltumbuches, daß er Gott zu Lob und zur Ehre der hl. Jungfrau es unternommen habe, das Gotteshaus und Benediktinerkloster St. Jörgenberg hier zu beschreiben, nämlich dessen Anfang, Wachstum und seine wundertätigen Heiltümer (S. 2): .... *durch wen/vnnd wie das gemerdt ist hincz auff den/heutigen tag. Das ist der zehenden tag/des mayen in dem jare als man zallte vō/der gepurdt Christi M. cccc. Lxxx. jare.* Am Schlusse ist eine Bulle des Papstes vom Jahre 1479 deutsch wiedergegeben.

Nach der sprachlichen Untersuchung von L. Jutz kommt als Verf. ein Alemanne oder Schwabe nicht in Betracht, sondern nur ein Südbaier (Tiroler); dagegen ist wahrscheinlich, daß der Setzer, wenigstens vorübergehend, damals in Augsburg lebte. Bei dem unermüdlichen Bestreben, den Besuch des Wallfahrtsortes zu heben, auch durch Benützung der neuesten Werbemittel, die sein Freund Hinderbach noch viel großzügiger in den Dienst seiner Sache stellte (unter ihm druckte Albert Kunne aus Duderstadt als erster auf altösterreich. Boden, u. a. eine illustrierte Geschichte des hl. Simon von Trient), und bei den Beziehungen zu Augsburg, die aus Kaspars Beinamen zu schließen sind, ist es möglich, daß der Abt selber einen Konventualen als Druckerlehrling nach Augsburg entsandte, und daß dieser oder ein anderer aus Tirol zugewanderter das geschilderte Werklein (Hain 9382—7577) herstellte. Es ist in je einem Stück erhalten in Fiecht-St. Georgenberg, im Tiroler Landesmuseum Ferdinandeum Innsbruck, in der Nationalbibliothek Wien, Staatsbibliothek München und im Britischen Museum London. Das hsl. Verzeichnis des gleichfalls unter Josef II. aufgehobenen Frauenklosters St. Martin in Schwaz (erhalten in der Universitätsbibliothek Innsbruck) erwähnt eine Geschichte des Klosters St. Georgenberg, welche 1483 in Augsburg gedruckt und 1783 von der damaligen Hofbibliothek in Wien angefordert worden sei. Nach deren Angaben und denen der Kommission für den Gesamtkatalog der Wiegendrucke in Berlin kann es sich nur um Hain 9382—7577 handeln. Die Jahresangabe ist bestenfalls als das am Orte überlieferte Erscheinungsjahr des Büchleins zu werten. Ein weit großartiger angelegtes und mit Holzschnitten von Hans Burgkmair d. Ä. reich geschmücktes Haller Heiltumbuch des Ritters Florian Waldauf von Waldenstein (s. d.) kam nicht mehr zum Drucke (vgl. J. Garber, *Das Haller Heiltumbuch*, Jb. d. Kunsthistor. Sammlungen des ah. Kaiserhauses 32 [Wien 1915] Heft 6). Zwei gedruckte Auszüge aus päpstlichen Bullen und Ablässen und Schilderungen werben fast ein Jh. später für den älteren Wunder- und Wallfahrtsort Seefeld im Oberinntal.

3. Auf Betreiben des Abtes entstand auch der Einblattdruck Nr. 1408 lateinisch und deutsch: *Summa bullarum indulgentiarum pro monasterio montis S. Georgii...* (2°, Augsburg, A. Sorg, um 1479, vorhanden in der Staatsbibliothek München).

Diese beiden Frühdrucke für St. Georgenberg sind der Sprache nach die ältesten und einzigen des 15. Jhs. erhaltenen, welche aus der Hand eines Südbaiern (Tirolers) hervorgegangen sein können. Die Verdeutschung des Ritterromans „Pontus und Sidonia" durch Eleonore von Österreich (s. d.) ging, wohl durch Vermittlung Steinhöwels, zuerst aus Augsburger Druckereien hervor. Der Nachfolger Siegmunds von Tirol und spätere Kaiser Maximilian I. (s. a.) bediente sich neben Erhard Oeglin u. a. auch der Augsburger Druckerei Hans Schönsbergers, vornehmlich des Jüngeren, der z. B. den 'Theuerdank' und das Gebetbuch herstellte. Bei seinen vielen, meist kurzfristigen Aufenthalten in Tirol benötigte Maximilian auch Wanderdrucker zur Herstellung seiner Mandate; Namen und Herkunft dieser Drucker sind uns nicht bekannt (s. Einblattdrucke des 15. Jhs., Sammlung bibliothekwissenschaftl. Arbeiten 35/36 [1914]).

Caspar Augsburger, Rath des Erzherzogs Siegmund und Abt von St. Georgenberg, Katholische Blätter aus Tirol 17 (1859) S. 481f. u. 505f. [P. Pockstaller] *Chronik der Benediktiner-Abtei St. Georgenberg nun Fiecht in Tirol* 1874 S. 117—142. Burglechner *Tiroler Adler*, Ms. 1619 S. 151 (Ferdinandeum Innsbruck) Karpe *Tirol. Literat. bis Max I.*, Ms. f. 17 (ebda.). A. Zingerle *Der Humanismus in Tirol*, Tirolensia 1898 S. 147—154.; ders. *Übersicht über philol. Hss. aus tirol. Bibliotheken*, Commentationes Aenipontanae 4 (1909) S. 2f. D. Schönherr *Die Kunstbestrebungen Erzherzog Siegmunds in Tirol*, Jb. d. Kh. Sammlgn. 2 S. 182. V. v. Hoffmann-Wellenhof *Leben und Schriften des Dr. Ioh. Hinderbach*, Zs. d. Ferd. 3. F. 37 (1893) S. 203—262. S. Ruf *Dr. Joh. Fuchsmagen*, ebda. 3. F. 21 (1877) S. 93—119. H. Hammer *Literarische Beziehungen und musikalisches Leben des Hofes Herzog Siegmunds von Tirol*, Zeitschr. d. Ferdinandeums 3, F. 43 (1899) S. 9—92. F. Waldner *Quellenstudien zur Geschichte der Typographie in Tirol bis zum Beginn des 17. Jhs.*, ebda. 3. F. 32 (1888) S. 106. A. Dörrer *Bozener Buchdrucker*, Gutenberg-Jahrbuch 1931 S. 121; ders. *Eischländer Buchwesen und Geistesleben* 1933 S. 21/22, 39ff.; ders. *Brixener Buchdrucker*, Gutenberg-Jahrbuch 1936; ders. *Tirolisches a. d. Bücherei d. Frhrn. Christoph v. Wolkenstein auf Rodenegg*, Schlernschriften 30 (1935); ders. *Das Insbrucker Verlagshaus Fel. Rauch* 1929 S. 3. L. Jutz *Zur Sprache in den ältesten dt. Drucken Tirols*, Beiträge z. Gesch. d. dt. Spr. u. Lit. 59 (1935) S. 414—453.

A. Dörrer.

Kaspar von der Rhön.

Hs.: Dresden M 201 (früher 103).

1. Außer als Schreiber des 'Dresdener Heldenbuches' (1472), in dem 'Ecke' (3), 'Wormser Rosengarten' (4), 'Sigenot' (6), 'Wunderer' (7), 'Herzog Ernst' (8), 'Laurin' (9) von seiner Hand stammen, ist K. nur im Sommersemester 1474 in der Leipziger Universitätsmatrikel nachzuweisen. Er stammte aus Münnerstadt in Franken und war adeliger Abkunft. In die Nürnberger Gegend verweist auch die Sprache. In den Fastnachtspielen von Rosenplüt (s. d.) und Folz (s. d.) finden sich ähnliche Ausdrücke. K. gibt den Inhalt seiner Vorlagen getreu wieder. Seine Modifikationen sind unwesentlich, doch ändert er die poetische Physiognomie. Er neigt zu Perioden und kompliziertem Ausdruck, wodurch die poetische Anschaulichkeit verliert. Keinesfalls darf er als Bänkelsänger angesehen werden. Als seine Haupttätigkeit ist wohl die strophische Bearbeitung paarreimiger Vorlagen anzusehen. K. ist gewandter als sein flinkerer und stark kürzender Mitarbeiter, von dessen Hand 'Ortnit' (1), 'Wolfdietrich' (2), 'Meerwunder' (5), 'Dietrich und seine Gesellen' (10), 'Hildebrandslied' (11) stammen. Zum Teil liegen gute Quellen vor. Einige Rezensionen sind sonst nicht bekannt. Darin liegt der Wert der durch die Verstümmelungen des Ungenannten oft recht abgeschmackt wirkenden Dichtungen.

2. Das 'Dresdener Heldenbuch' wurde für Herzog Balthasar von Mecklenburg geschrieben, dessen Auftrag wahrscheinlich der aus Nürnberg stammende Kanzler Balthasars Dr. Antonius Grünewald an K. vermittelte. Im 17. Jh. kam die Hs. in den Besitz von Gottfried Thomasius, sodann in den Gottscheds, von dem sie die Dredener Hofbibliothek erwarb.

Fr. H. v. d. Hagen u. A. Primisser *Deutsche Ged. d. MA.* II 2 (1825) S. 1—233. v. d. Hagen *Deutsches Heldenb.* I (1855) S. XI u. ö. *Deutsches Heldenb.* 1866—70. H. Schneider Merker-Stammler I S. 478f. Bartsch ADB. XV S. 437. F. Zarncke Germ. 1 S. 53—63. Goedeke ebda. 1 S. 239—241. Steinmeyer ZfdPh. 3 S. 241—44. Zarncke Berichte üb. d. Verhandlungen d. kgl. sächs. Ges. d. Wissensch. z. Lpzg. Phil.-hist. Kl. 22 (1870) S. 207. H. Schneider *Die Gedichte und die Sage v. Wolfdietrich* 1913, S. 53ff. F. Zimmerstädt *Untersuchungen über d. Ged. K. v. d. R. 'Der Wunderer'*. Progr. Berlin 1888. H. Hempel *Untersuchungen zum 'Wunderer'*. Diss. Halle 1915.

R. Newald.

Kastl, s. Joh. u. Peter v. K.

Kastner, Heinrich, Franziskaner, anziehende Predigergestalt des ausgehenden Mittelalters. Er erscheint als Prediger in Heidelberg, Ingolstadt (1498—1501), Nürnberg (1501 bis mindestens 1506) und Freiburg i. Br. (seit 1515). Als Anhänger der Observantenrichtung nahm er 1506 teil am Generalkapitel aller Franziskaner in Rom, reformierte unter Schatzgeyer das Freiburger Kloster (1515) und wurde nach einer Tätigkeit als Guardian in Bamberg auf dem Kapitel zu Landshut 1523 zum Provinzial gewählt. Doch legte er krankheitshalber das Amt nach eineinhalb-

Jahren nieder und starb 1530 in Ingolstadt.

Erhalten ist von Kastner allein das Ingolstadter Predigtbuch, die '*Sermones de sanctis et aliis variis*' (Pp.-Hs. zu Kolmar Nr. 115. 15—16. Jh., mutmaßlich aus dem Franziskanerkloster zu Ruffach stammend). Nach ihm hat er außerdem noch an Predigtsammlungen verfaßt: einen '*Sermonarius viarum vite et mortis*', die '*Sermones extravagantes*', die '*Sermones Ulmenses*' und den '*Eytlposs*'.

Das Predigtbuch, offenbar für den eigenen Gebrauch lateinisch abgefaßt, enthält selten ganze Predigten, vornehmlich Predigtskizzen aus den Jahren 1448—1501. Die Sammlung bietet trotz vieler gelehrter Stücke, in denen massenhaft Scholastiker, aber auch Aristoteles, Ovid usw. zitiert werden, einen vorwiegend volkstümlichen Eindruck; die Richtung auf das Praktische herrscht vor. Mit allen Mitteln der Vergegenwärtigung, auch schauspielerischen (Unterbrechung einer Karpredigt, um die Tropfen des blutschwitzenden Heilands aufzusammeln) stellt K. seinen Gegenstand vor die Augen des Hörers. Zuweilen Zeitereignisse zum Thema wählend (Türkenkrieg, Judentaufe), knüpft er überall an die nächsten Vorstellungen der Hörer an und bietet dadurch reiches kulturgeschichtliches Material (Wallfahrt nach Compostella, Folterungsarten, Volksbräuche, Zigeuner usw.). Zur Veranschaulichung streut er auch in seinen eigenen lateinischen Text kräftige deutsche Wörter und Sprichwörter ein. Zuweilen dichtet er lateinische Verse in deutsche um und schreibt auch (selbstgedichtete?) deutsche Verse mitten in seine lateinische Predigtaufzeichnung: u. a. eine kurze Marienklage, eine Anrede des Heilands an den Sünder.

Florenz Landmann *Das Ingolstadter Predigtbuch des Franziskaners Heinrich Kastner*, Festschrift für Heinrich Finke 1904, S. 423—480.

Urte Kletzin.

Katharina von Gebweiler (oder *Geberschweier*): '*Vitae sororum*'.

Hs. Kolmar Stadtbibliothek n. 508 (aus Unterlinden), ohne Titelüberschrift, 14. Jh., Pgt., 141 Bll. in kl. Fol.

Um 1260 (M. Tanner) als Kind ins Dominikanerkloster zu Unterlinden in Kolmar (heute Museum) aufgenommen, verbrachte K. ihre ersten Klosterjahre noch ganz im Umgang mit der ersten Schwesterngeneration des 1232 gegründeten Konventes. Im Verzeichnis steht sie als 92. genannt und zwar ohne den Titel Priorin (die Identifizierung mit einer um 1340 mit Venturino korrespondierenden Priorin K. ist also fraglich). Das Obituar gedenkt ihres Todes am 22. Januar ohne Jahrzahl (Kolmar Stadtbibl. Hs. n. 302 u. 576 *Obituarium* u. *Nomina sororum*). Sie muß in hohem Alter gestorben sein: „Schon alternd habe ich den ersten Teil dieses Werkes mit eigenen Händen auf Wachs gezeichnet und mit schon dunkelnden Augen zusammengefügt" (Prolog). Als die erste Generation der Schwestern ins Grab gesunken war und die zweite Generation, die gleich ihr noch persönliche Erinnerungen und Erzählungen aus erster Hand weitertradieren konnte, auch dahin ging, in diesem — für jede Kommunität und ihre Tradition so entscheidenden — Augenblicke begann K. die Erzählungen über die ersten Schwestern und die persönlichen Erinnerungen an verstorbene Schwestern niederzuschreiben für die kommenden Geschlechter. Zu den persönlichen Bekannten zählen die Priorinnen Hedwig v. Gundolsheim, Gertrud v. Girsberg und Adelheid v. Rheinfelden. Die Amtszeit dieser letztgenannten ist um 1289 anzusetzen, da nach H. Finke (*Ungedruckte Dominikanerbriefe* S. 122) in diesem Jahr der Provinzial Herm. v. Minden die Angelegenheit des Bruders Dietrich v. Suntheim regelte, um dessentwillen sich Adelheid Gewissensängste machte. In der Schilderung des wohl um 1310—20 zu datierenden Büchleins unterscheidet die Verfasserin streng zwischen dem, was sie „von glaubwürdigen Schwestern vernommen, die mir unter Bezeugung der Wahrheit versichert haben, wie sie das alles mit eigenen Ohren ganz geheim von jenen Schwestern bei deren Lebzeiten vernommen haben", und zwischen dem, was sie „mit eigenen Augen gesehen" oder „wobei wir zugegen waren". — K. bezeugt, daß der Eifer und die Kraft des Ordensgeistes sich mit Gottes Hilfe bis auf ihre Tage erhalten hat. — Solcher

Viten-Sammlungen entstehen um diese Zeit viele in den Dominikanerinnenklöstern Süddeutschlands (Katharinental bei Dießenhofen, Thöß bei Winterthur, Adelhausen bei Freiburg, Engeltal bei Nürnberg usw.). Ihr Vorbild hatten sie in Gerhards von Fracheto *'Vitae fratrum ordinis praedicatorum'*, verfaßt vor 1270 (hsg. durch B. M. Reichert *Monumenta ordinis fratrum praedicatorum historica* I 1897) und in Dietrichs v. Apolda (s. d.) Dominikuslegende, von der eine Hs. aus Unterlinden in der Kolmarer Stadtbibliothek (n. 264) erhalten ist. Daß K. Dietrichs Einleitung für ihren Prolog im einzelnen bis zum Wortlaut benutzt hat, habe ich nachgewiesen in der Festgabe für H. Finke (1904) S. 104. Der Schluß des Büchleins sagt: „Ich K. v. G. die ich von Kindheit an in diesem Kloster erzogen worden bin, habe dieses Werk verfaßt".

Ausgabe: Die editio princeps des Freiburger Kartäusers Math. Tanner († 1648 zu Agsbach), Molzheim 1625, ist verschollen, deren Nachdruck aber erhalten bei B. Pez *Bibl. ascetica* VIII (1725) S. 3—399: *Ven. Cath. de Geweswiler Priorissae Subtiliensis seu Unterlindensis de vitis primarum sororum sui Monasterii.* — Französische Bearbeitung: Bussierre *Fleurs dominicains ou les mystiques d'Unterlinden* 1864. — Deutsche Übersetzung mit Einleitung: Clarus *Lebensbeschreibungen der ersten Schw. d. Kl. U.* (3. Bdchen der 'Reliquien aus dem MA.' IV. Das Kloster) 1863 [im Anhang u. a.: Johannes Meyer O. P. *Leben der Marg. v. Kenzingen, einer Laienschwester zu Unterlinden; Leben der Schw. Elis Kämpf aus Colmar von einer Nonne zu U. lateinisch beschrieben*].

Literatur: Jos. Goerres *Christl. Mystik* I S. 292—97. Dom. F. I. O. Pitra [der spätere Kardinal] *Lettre au Père Lacordaire sur le couvent d'Unterlinden* (datiert: Colmar 21. 3. 1846) Amiens o. J. (um 1898). Jos. Clauß *Hist. topogr. Wörterbuch des Elsaß* (1895ff.) Artikel: Colmar. A. M. P. Ingold Mitt. des Ver. für Erhaltung der gesch. Denkm. des Elsaß 18 (1896) S. 222—40 (enthält leider die eingangs versprochene Publ. des Necrologium nicht); ders. *Les manuscrits des anciennes maisons religieuses d'Alsace* 1898, S. 55f. E. Rode *Katalog der Hss. der Stadtbibl. Colmar.* A. Dennys *U. zu Colmar* 1900. L. Winterer *Les religieuses dominicaines de Colmar au 13^{e} scle.* 1912. I. Beuchot *Das frühere Unterlindenkloster zu Colmar in seiner Blütezeit* 1916 [S. 59 Anm. 5 die Bemerkung, daß *Geweswiler* nicht Gebweiler, sondern Geberschweier ist]. Hier. Wilms *Das Beten der Mystikerinnen* (Quellen u. Forschungen zur Gesch. der Dom.-Ord. in Dland Heft 11) 1916; ders. *Gesch. d. dtsch. Dominikanerinnen 1920;* ders. *Das Tugendstreben der Mystikerinnen* (Dominikanisches Geistesleben Bd. II) 1927. A. M. Heiler *Mystik deutscher Frauen im MA.* 1929, S. 185—203. F. Vernet *La spiritualité* 1929, S. 49f. G. Schnürer *Kirche u. Kultur im MA.* III 1929, S. 182ff. W. Oehl *Deutsche Mystikerbriefe* des MA. 1931 S. 197—204, 278—296.

Engelbert Krebs.

Katzmair, Jörg. Einem sehr begüterten Münchener Geschlechte entstammend, dessen Mitglieder gleich bei ihrem ersten Auftreten (1318) in München im Stadtrat erscheinen, war J. K. als Sohn des Johann Katzmair und seiner Ehefrau Elsbeth etwa um die Mitte des 14. Jhs. in München geboren. Im Jahre 1391 finden wir ihn als Bürger der Stadt München hier seßhaft. Fünf Jahre später kam er dank dem Vertrauen seiner Mitbürger sogleich in den inneren Rat der Stadt, ohne daß er vorher im äußeren Rat eine Stelle innegehabt hätte. 1397 wiedergewählt, gehörte er zu den Sechs des inneren Rates, die zusammen mit neun Leuten der Gemeinde die Prüfung der Kammer- und Steuerbücher vornehmen sollten. In die Zeit dieser seiner Tätigkeit fielen die durch den Tod Herzog Johanns von Baiern veranlaßten wittelsbachischen Thronwirren, bei denen K. zunächst als Vermittler eine Rolle spielte; dem seitens der Herzöge Stephan und Ludwig an die Stadt München gestellten Ansinnen trat K. voll männlicher Entschlossenheit entgegen. Mehrere Jahre zogen sich diese Wirren hin. Als er, in die Irrungen, die namentlich auch mit den damaligen Zunftwirren zusammenhingen, und die durch die Kämpfe der Zünfte gegen das patrizische Stadtregiment verschärft wurden, stark verstrickt, am 3. August 1398 München verließ und nach Tölz zog, um in der Ferne die Entwicklung der Lage abzuwarten, legten die Münchener Zünftler auf sein Hab und Gut Beschlag. Fünf Jahre lebte er so in halb freiwilliger, halb unfreiwilliger Verbannung. Er schrieb seine Erlebnisse nieder und wurde zum Verfasser einer als Geschichtsquelle wichtigen Denkschrift über diese Münchener Unruhen von 1397—1403. Mit dem Bericht über die Belagerung der aufrührerischen Stadt durch die Herzöge Ende Februar

1403 bricht K.s Erzählung ab. Nach der kurze Zeit später erfolgten Aussöhnung der Stadt mit ihren rechtmäßigen Landesherren konnte auch K., der auf der Seite der letzteren gestanden hatte, wieder nach München zurückkehren. Seitdem finden wir ihn wieder als bedeutsamen Grundbesitzer, dessen Grundbesitz ständig wuchs, während gleichzeitig die von K. erkauften Renten sich mehrten. Am 5. März 1417 ist er mit Hinterlassung einer Witwe und zweier Söhne gestorben — das Urbild eines Patriziers von altem Schrot und Korn, aus dessen erwähnter Denkschrift Ehrenhaftigkeit des Charakters, ein starkes Rechts- und Billigkeitsgefühl, eine aufrichtige Friedensliebe, die aber fern jeder schwächlichen Haltung ist, schließlich eine warme Liebe zu seiner Stadt als leitende Züge hervortreten. Die Wahrheitsliebe des Verfassers erhöht den Wert seiner Schrift. Natürlich unterliefen auch ihm Irrtümer durch falsche Nachrichten, die ihm geworden waren. Da die Aufzeichnungen gleichzeitig mit den Ereignissen, von denen sie berichten, gemacht worden und bei aller Schmucklosigkeit doch ungemein lebensvoll gehalten sind, so haben sie angesichts der großen Dürftigkeit an geschichtlichen Quellen für Münchens ältere Geschichte einen sehr hohen Wert als Geschichtsquelle. Durch die Abschrift, welche Anna Reitmor 1573 von jener Denkschrift gemacht hat, ist uns diese wichtige Quelle überkommen.

Ausgezeichnete Ausgabe der Schrift mit einer trefflichen Einleitung von K. A. von Muffat in den 'Chroniken der deutschen Städte' XV (Leipzig 1878) S. 411ff. Riezler *Geschichte Baierns* III 1889, S. 180ff. von Öfele ADB. XV S. 459f., 914ff. J. A. Schmeller *München unter der Vierherzog-Regierung 1397—1403* (gelesen in der Sitzung der Münchener Akademie 1833).

Max Buchner.

Kaub, s. Wonnecke.

Kauder, Konrad, aus Schongau, Kopist des 'Feuerwerksbuches' (s. dort) Cod. germ. 4902, Staatsbibl. München, 1429.

A. von Essenwein *Quellen zur Geschichte der Feuerwaffen* 1877 S. 25 u. 30. P. Sixl Zs. f. histor. Waffenkde. I S. 165. F. M. Feldhaus *Die Technik der Antike und des Mittelalters* 1931, S. 362.

Eduard A. Geßler.

'Kaufleuten, Von den vier' s. Nachtrag.

Kaufringer, Heinrich s. Nachtrag.

Kebicz, Jakob, (1) ist der Schreiber und Besitzer der in der Münchener Staatsbibliothek liegenden Handschrift cgm. 811. Genaues über K., der in seiner Hs. möglicherweise auch als Autor auftritt, ist nicht bekannt. An sechs verschiedenen Stellen hat er in verschiedener Weise uns seinen Namen übermittelt; besonders bemerkenswert auf Bl. 14a, wo es sowohl lautet: *Quis hoc invenit Jacobo Kebicz reddere debet* als auch *Item daz puch hat geschriben Jekel mit der leberwurst* (das letzte Wort dieses roten Eintrages ist schwarz durchstrichen; es handelt sich wohl um einen dem K. von Freunden gegebenen Beinamen). Daß es Bl. 20 endlich heißt: *Jacobus granatoris proprius filius* kann darauf hinweisen, wie Keinz S. 643f. ausführt, daß er als Sohn eines „Kastners", also eines angesehenen, einen öffentlichen Vertrauensposten bekleidenden Mannes eine gute Erziehung genossen haben wird, daß er eine Schulbildung (Klosterschule?) erhalten hat, daß er in der Muttersprache und im Lateinischen ausgebildet und in der Kunst des Singens, vielleicht als Chorknabe, in diesen jungen Jahren auch unterrichtet wurde. Keinz ist der Auffassung, daß K. als „Typus für eine große Anzahl seiner Standesgenossen dienen" könne. Ob wirklich seine Tätigkeit als „Meistersinger" daraus zu verstehen ist, daß er und „viele seiner Genossen in diesem Stande sich aus solchen in ihrem Studiengang steckengebliebenen Studenten zu wandernden Sängern entwickelt" hat, scheint mir nach Stammlers Forschungen über die Wurzeln des Meistergesanges recht fraglich zu sein. — Zeitlich ist er, der Muskatblut (s. d.) besonders schätzte und eine Anzahl der Lieder dieses interessanten und sehr beliebten Meistersingers in seiner Hs. abschrieb, wohl ebenso wie jener in den Beginn und die Mitte des 15. Jhs. zu setzen. Keinz hält ihn ebenfalls für einen Landsmann des Meisters; wie unendlich schwierig die dialektliche Einordnung gerade Muskatblüts ist, zeigt sich in der Dissertation von Junge, der (S. 132) das Ostfränkische als Muskatblüts Heimatmundart angibt. Sonderbar reichhaltig ist K.s Repertoire, des wandernden Meistersingers, wie Keinz sagt: da gibt es in seiner Sammlung Stücke von Muskatblüt, Regenbogen, Teichner, Öttinger, Voburk, Mönch von Salzburg, einen falschen Neidhart, eine Umarbeitung (aus den Jahren um 1300) des Gedichtes vom Zwergenkönig Laurin; es gibt da des weiteren einige Lieder, die in recht unminnesingerischer Art — charakteristisch für die Spätzeit (s. etwa 'Graf v. Savoyen', Muskatblüt; anders z. B. Lesch) — von Verschwiegenheit in der Liebe, von Liebe und Treue, vom Trost der Liebe, von unglücklicher Liebe handeln. Man findet dort ein Liebeslied mit Anwendung auf die Osterwoche; eine Verherrlichung des Opfertodes Christi: *Ein starker leb det ein geschwinden ruff, da er beschuff* geht in althergebrachter Weise (s. Marner, Strauch XV, 15 und Anm.; Muskatblüt, Groote 4,3; Wiltener Hs., Zingerle WSB. Bd. 37 S. 384 usw.) in Anknüpfung an den 'Physiologus' von der Erzählung vom Löwen aus, der durch sein Brüllen erst die Welpen zum Leben erweckt. Das Kampfgespräch zwischen Ritter und Bauer (Nr. 6) legt Zeugnis dafür ab, wie wenig noch von der Idee des höfischen Rittertums zu K.s Zeit erhalten ist. Wie könnte es sonst beginnen: *Ein ritter und ein paumann / begunden abenteuren, / ieweder kempfen da versprach....* und mit der Erkenntnis des Ritters enden: *Nun dar, nun dar, mein peuerlein! / wer wil sich dar nach prechen, / leb ieder man nach seiner art. / wer wil da wider sprechen? / hab die dein gůt, las mir mein er, / got frist unser beder leben ......!* Doch das ist noch nicht alles: K. hat auch neben einem musikalischen Traktat eine Reihe von Rezepten aufgeschrieben. Der Wandernde muß gegen alle widrigen Zufälle des Lebens gefeit sein. Da lernt man, wie der Sänger seine Stimme zu pflegen, zu erhalten und zu verbessern hat, da erfährt man, wie man gegen Sommersprossen (*wiltu die rosma vertriben* [Nr. 26]), gegen allerlei Krankheiten vorzugehen hat, wie man Geschwulste, wie man Natterbisse bekämpft. Und sollte ein Mann ,,von einer gewissen delikaten Krankheit befallen" sein (s. Keinz S. 643ff. Nr. 13b), so findet er hier Rat! Und auch die Kochkunst kommt nicht zu kurz. Gilt es Dinge niederzuschreiben, die nicht jeder zu verstehen braucht, so wendet der in so vielen Künsten Bewanderte nicht nur Lateinisch oder eine Mischung von Lateinisch und Deutsch, sondern auch zwei verschiedene Geheimschriften an. Wie weit da Gelehrsamkeit, prahlerischer Stolz und Geheimniskrämerei, spielerische Versuche vorliegen — wer könnte das heute entscheiden!

K. scheint als selbständiger Dichter einzig in Nr. 33, einem Spruch von dem Tode, hervorzutreten, denn Nr. 31 '*Pfaffen fraydigkait junkfra gailhait*' stellt, wie aus Mones Abdruck hervor geht, nichts dar als eine zusammenhanglose Aneinanderreihung von Lebensregeln in Sprichwortform und gibt keinesfalls Eigenes. Ob aber Nr. 31, der Spruch, der nach Keinz ,,mit größter Wahrscheinlichkeit" dem Sammler der Hs. als geistiges Eigentum zuzuschreiben ist, wirklich von K. verfaßt wurde, scheint mir noch nicht ausgemacht. Es steht zwar zum Schluß da: *Daz haysst der warhayt kern:* aber ist das wirklich das den Namen des Dichters angebende Ende des Gedichtes? Handelt es sich nicht vielleicht hier nur darum, daß der Kompilator unter die Endzeile 112 nochmals — für sich oder für andere! — Sinn und Titel des Spruches niedergelegt hat? V. 107 nämlich hat bereits denselben Wortlaut! Aber wie dem auch sei, das Gedicht weicht in keiner Weise von anderen gleichen oder ähnlichen Inhaltes ab. Das Wissen: *Nun schleicht der tod uns allen nach, / wie manigen sei zu dem leben gach....*, die Warnung, der Mensch solle dem irdischen Leben nicht zu viel Wert zumessen und die überzeugte (katholische) Glaubenstreue manifestieren sich in vielen, z. T. bedeutend innigeren und formvollendeteren Gedichten vor und nach K.s Zeit (zum Todesgedanken seit Hrabanus Maurus bis zu Frauenlob s. Oppenheim S. 35 und Anm. 3 bis 5). —

Viele der Stücke der Hs. von K. kommen in anderen Hss. vor und sind, wenn auch in etwas gewandelter Fassung, weit verbreitet. Eine Sonderstellung nehmen insofern die Gedichte Muskatblüts ein, als ihr Wortlaut hier besser als in der Trierer Hs. erhalten blieb und sie keiner Umarbeitung unterworfen wurden (Keinz S. 684).

Einigen Gedichten sind ein paar Noten vorangesetzt; die angeführten Melodien waren ebenso allgemein bekannt, daß Hinweise und Andeutungen genügten. Kebicz ist nicht als selbständiger Dichter wichtig; wir lernen aus seiner Sammlung aber nicht nur Lieder, Sprüche, Rezepte kennen, sondern gewinnen einen Einblick in eine Zeit, die sammelte und nicht auswählte.

S. Junge *Studien zu Leben und Mundart des Meistersingers Muskatblüt.* Greifsw. Diss. 1932. F. Keinz *Ein Meistersinger des XV. Jhs. und sein Liederbuch,* Sitzungsberichte der philos.-histor. Klasse der k. bair. Akad. der Wiss. 1892 S. 639—700. Mone Anzeiger f. Kunde des dtsch. Mittelalters 8 (1839) Sp. 545f. H. Oppenheim *Naturschilderung und Naturgefühl bei den frühen Meistersingern* (Form und Geist 22) 1931. W. Stammler *Die Wurzeln des Meistergesanges,* D. Vjschr. I (1923) S. 529ff.

Horst Oppenheim.

Keitzl, Maximilian. Von ihm Anweisungen über Tage, die beim Aderlassen zu meiden sind, im Cod. germ. 349 vom Jahr 1458 der Münchener Staatsbibl., Bl. 70[a].

Sudhoff.

Kelin. Spruchdichter der 2. Hälfte des 13. Jhs., durch den Zusatz ,,Meister" als Bürgerlicher gekennzeichnet. Von seinen äußeren Lebensumständen wissen wir wenig. Ob er ein Oberdeutscher war oder, wie seine Sprache nahelegt, ein Mitteldeutscher, der auf seinen Wanderfahrten nach Süddeutschland verschlagen wurde und dort hängen blieb, ist nicht entschieden. Jedenfalls ist er weit herumgekommen; er selbst erwähnt Schwaben, Baiern, Österreich, den Rhein und Ostfranken. Offenbar stand er in einem gewissen Ansehen und war nicht ohne Einfluß. Seine politischen Sprüche spiegeln die Zeit des Interregnums, zahlreiche Anspielungen auf Zeitgenossen weisen ebenfalls auf die Jahre 1245—1273. Seine Kunst verrät gelegentlich den Einfluß Reinmars von Zweter (s. d.). Was ihn in seinen Sprüchen beschäftigt, sind die Fragen der Zeit: Politik, Sitte, Kampf gegen den allgemeinen Verfall. Seine Lehre kleidet sich öfter in das Gewand der Fabel, auch die Form des Rätsels findet sich. Die religiösen Sprüche preisen Maria oder Jesus oder bitten Gott um seine Gnade. Formal sind sie gewandt, straff aufgebaut und in einer klaren Sprache abgefaßt.

Jenaer Liederhs. *J* (Nr. 4, Bl. 16^c—20^c, mit drei Melodien). Große Heidelberger Liederhs. *C* (Universitätsbibl. Heidelberg Cod. Germ. Pal. 848, Bl. 351^{b-d}, unter dem Namen des Marner). — G. Holz, F. Saran u. E. Bernoulli *Die Jenaer Liederhs.* 1901 I 31—38; II 8—10, 86. F. Pfaff *Die große Heidelberger Liederhs.* I 1909, Sp. 1152—1154. — B. Christ. Bernh. Wiedeburg *Ausführliche Nachricht von einigen alten teutschen poetischen Manuscripten aus dem dreyzehenden und vierzehenden Jahrhunderte welche in der Jenaischen akademischen Bibliothek aufbehalten werden* 1754, S. 18f. (= I, 7. III, 5). Bragur I (1791) 381f. (= III, 5 unter Frauenlobs Namen). HMS. II 241f. (= XIII, 1, 3, 4 unter dem Namen des Marner), III 20—25, 408, 738, 816, 837; IV 708f. W. Wackernagel *Das deutsche Kirchenlied* II 1867, S. 1150f. (= I, 4—6). — W. Storck *Buch der Lieder aus der Minnezeit* 1872, S. 25 (= I, 7).

Kummer *Herrand von Wildonie* 1880, S. 69. W. Wilmanns ADB. XV (1882) S. 560. G. Roethe *Die Gedichte Reinmars von Zweter* 1887 (s. Reg.). F. Grimme *Beiträge zur Geschichte der Minnesänger* II, Germ. 32 (1887) S. 419; ders. *Die rheinisch-schwäbischen Minnesinger* 1897, S. 173—176, 285. A. Wallner *Sechs Rätselsprüche: 6. Kelin,* PBB. 44 (1920) S. 116f.

Elisabeth Karg-Gasterstädt.

Kellner, s. Heinz der Kellner u. Kirchheimer.

Kemenaten, Albrecht v., s. 'Goldener'.

Kemly, Gallus s. Biblia pauperum.

Kemnat, s. Heckel u. Matthias v. K.

Kemnater, Hans.

Die bei Zarncke 'Der deutsche Cato' S. 144ff. abgedruckte Catoparodie *Herzlieber sun nun hör mir zu, Waz ich dir rat daz selb daz tů* hat in Val. Holls Hs. den Schlußvers *Hans Krug dz wol gesprochen hat* (siehe Krug, Hans), während der Münchener cgm. 270 überliefert *Hans chemnater gesprochn̄ haūt;* die Weimarer Hs. O 145 schließt *Katto das gespr. h.* Anderwärts ist H. K.s Name nirgends bezeugt. Ob H. K. und Hans Krug zwei Benennungen für eine und dieselbe Person sind, oder ob eine der Hss. einen falschen Verfassernamen bietet, ist nicht auszumachen. Ortschaften, von denen der Name *Kemnater* ausgegangen sein könnte, sind heute vorhanden: Kemnat (Schwaben) in der Mitte zwischen Ulm und Augsburg; ferner drei Kemnath, alle in der Oberpfalz, eins von Amberg aus nordöstlich, eins südöstlich am Eichelberg und eins nördlich am Fuße des Fichtelgebirges.

Niewöhner.

Kempen, s. Thomas v. K.

Kempensen (Keppensen), Verfasser eines unserer ältesten nd. historischen Lieder, nennt sich selber am Schlusse seines aus 16 fünfzeiligen Strophen bestehenden Gesanges von der Ursulanacht. An die 700 Ritter und Knappen aus dem Lager des Herzogs Magnus von Braunschweig hatten sich gerüstet, mittels nächtlicher *instiginge* die im Febr. 1371 verlorene Landeshauptstadt Lüneburg am 21. Okt. wieder zu unterwerfen. Es schien, als sollte nach heißem Gemetzel in den finsteren Straßen der Altstadt der Sieg den Herzoglichen gehören, die zu Beginn der Morgendämmerung unaufhaltsam bis auf den Marktplatz vorgedrungen waren. Da gelang es dem Führer der Bürgerwehr, dem Stadthauptmann Hinrik Wessenberch oder Ulrich von Weißenburg, durch eine List die Oberhand zu gewinnen; das erneuerte Gefecht endete mit völliger Niederlage der Eingedrungenen, die größtenteils gefangen genommen, zu Dutzenden erschlagen wurden. Der Versmacher nennt zahlreiche Streiter, weiß sie zu charakterisieren, kennt Straßen und Plätze und setzt sich begeistert ein für den Ruhm der Stadt Lüneburg: *or lof dat wijlle wy itzundt meren! — Kempensenn, eyn frischer knape*, das ist alles, was der Verfasser über sich selber aussagt. Wir wissen nicht, wer der Sänger gewesen ist, woher er kam, wohin er ging. Da der Name in Lüneburg sonst unbekannt ist, liegt die Vermutung nahe, daß K. zu den Söldnern gehörte, die, wie der oben genannte Hauptmann, für Lüneburg gefochten haben.

Gedruckt: Leibniz *SS. rerum Brunsvicensium* III S. 185; Rehtmeier *Chronik* I S. 647; Wolff *Volkslieder* S. 370; Havemann *Gesch. der Lande Braunschweig und Lüneburg* I S. 498; Ludwig Uhland *Schriften zur Geschichte der Dichtung u. Sage* III S. 401; Borchling-Quistorf *Tausend Jahre Plattdeutsch* I (1927) S. 100ff.; Deutsche Städtechroniken XXXVI S. 22ff.

W. Reinecke.

Kempf, Nikolaus, Kartäuser u. Mystiker.

1. Hss. Zahlreich in der Staatsbibl. von Wien u. München, Univ.-Bibl. Basel, Landesbibl. Karlsruhe. Näheres bei Nikolaus Paulus Archiv f. elsäss. Kirchengeschichte 3 (1928) S. 22 bis 46. Erstdrucke einzelner Traktate 1483, 1494, 1498 (Augsburg), 1497 (Lübeck). (Hierüber vgl. außer N. Paulus a. a. O. auch den 'Gesamtkatalog der Wiegendrucke' II [1926] Nr. 1554 bis 1566). Pez *Bibliotheca ascetica* IV (1724), IX (1726), XI u. XII (1735 u. 1742).

2. Zu Straßburg 1397 geboren und auf der dortigen Lateinschule gebildet, erwirbt K. in Wien den Grad des Magister artium, tritt auch schon unter dem Protektorat seines glühend verehrten theologischen Lehrers Nikolaus v. Dinkelsbühl († 1433; s. d.) früh als geistlicher Schriftsteller auf und lehrt als *magister regens* (ordentlicher Professor) an der Artistenfakultät der Wiener Universität 1437—40. Trotz des großen Erfolges (noch 1491 wird er als vor 50 Jahren „berühmter Magister" bezeichnet) legt er das Lehramt nieder und wird am 6. Sept. 1440 Kartäuser in Gaming (Nieder-Österreich). 1447—51 Prior der Kartause Gayrach (Unter-Steiermark), 1451—58 Prior von Gaming, zieht er einstige Schüler nach sich (5 Magister u. 7 Baccalaurei) und bringt die Zahl der Mönche von Gaming auf die je erreichte Höchstzahl, so daß der Konvent 13 Mönche an andere Häuser abgeben kann. 1462—67 Prior von Pletriach (Krain), 1467—1490 wieder Prior von Gayrach, darf er erst 1490—97 der verdienten Ruhe als einfacher Mönch sich erfreuen und stirbt hundertjährig am 20. Nov. 1497.

3. Die Schriften des einstigen Universitätslehrers und späteren Mönchsbildners dienen den beiden Zielen dieser Berufsarbeit, der erstgenannten z. B. die '*Regulae grammaticae*' (München, clm. 7649; Wien Cod. lat. 4966) und vor allem der berühmte '*Dialogus de recto studiorum fine et ordine*' (Pez IV; Rösler *Bibl. der kathol. Paedagogik* VII [1894] bietet eine deutsche Übersetzung), ferner '*Disputatio super libros posteriorum Aristotelis*' (München clm.

19677 mit Jahreszahl 1439; eine Hs. auch in Karlsruhe) sowie anderes; dem Hauptziel seines Lebens sind zahlreiche Traktate über Noviziats- und Mönchserziehung gewidmet sowie die vielen lateinischen und deutschen Traktate über die mystische Gottesliebe, so neben anderen: Erklärungen zum Hohen Lied (*'Expositiones mysticae in Cantica Canticorum'*, aus Gaminger und Seitzer Hss. bei Pez XI u. XII); *'De ostensione regni Dei'* (worauf der Verf. gleich zu Anfang des vorigen Werkes sich bezieht); *'Tractatus de mystica theologia'* (zwei Hss. in München, clm. 18587, beendet 1479, u. 5828); höchst wahrscheinlich auch das deutsche 'Büchlein von der Liebe Gottes', das Ancelet-Hustache (Paris 1926) neu ediert hat, ohne zu wissen, daß zahlreiche Inkunabeldrucke und spätere Ausgaben existieren, und ohne an K. als Verfasser zu denken. Wahrscheinlich gehört ihm auch das *'Alphabetum divini amoris'*, das vor 1500 zwölf Ausgaben erlebte. Die Nachweise für diese Zugehörigkeiten liefert N. Paulus (s. u.).

4. Die Bedeutung K.s liegt auf pädagogischem und mystischem Gebiet. Sein Dialog über das rechte Ziel des Universitätsstudiums gibt lebensnahe Einblicke in die Gedankenwelt der Studenten an der Wiener Universität und korrigiert deren oft zerfahrene und rein utilitaristische Auffassung vom Universitätsstudium durch ideale und religiöse Zielsetzung. Auf dem Gebiet der Mystik führt er die von Gregor d. Gr. übernommene Theorie weiter, daß der Aufruf zum mystischen Leben von der Seele verlangt, sich mittelst der zuvorkommenden Gnade zur reinen Liebe aktiv zu erheben und so sich bereit zu halten für die durch Gottes freie Güte versprochene und von ihr zu empfangende Liebe der erfahrungsmäßigen Vereinigung mit Gott. In den Forderungen der reinen Liebe geht er mit seinem Lehrer Nikolaus v. Dinkelsbühl so weit, die Selbstliebe ganz auszuschließen und die Furcht vor der Höllenqual als „besondere Sünde" zu bezeichnen. So nimmt er Positionen an, die später M. Luther und Fénélon in Konflikt mit der Kirchenlehre brachten, und die in der *querelle du pur amour* in der französischen Mystik des 17. Jhs. heiß umstritten waren.

Die Ausgaben der wenigen gedruckten Werke durch Frühdrucke, durch Pez und Rösler sind oben unter § 1 und 3 aufgeführt. Über K. handeln Pez u. Rösler in der Einleitung zu ihren Ausgaben, vor allem aber N. Paulus Archiv f. elsässische Kirchengeschichte 3 (1928) S. 22—46; ders. Ztschr. f. Aszese u. Mystik 3 (1928) S. 69—72, 257—260; ders. Katholik 1891 II S. 346—364.

Engelbert Krebs.

Kentzingen, s. Margarethe v. K.

Keppensen, s. Kempensen.

Kerkhörde, Johann. Die meisten Nachrichten über J. K. verdanken wir seiner 'Chronik', die mit dem Tage seiner Heirat (19. Okt. 1405) beginnt. In den Jahren 1431, 1433, 1436 und 1450 wurde er zum Vertreter der Sechsgilden Dortmunds, zum „Dreimann" gewählt und infolge dieses Amts in den Rat der Stadt, dem er in d. J. 1438—1448, 1455, 1458—1462 angehörte. Allen Vorgängen in der inneren und äußeren Politik der Stadt folgte er mit regem Interesse oder auch eigener Teilnahme. Mehrfach hat er in den Reihen der Dortmunder gekämpft, so beim Sturm auf Hörde (1427) und in der Soester Fehde 1446 und 1448, wo er gefangen nach Iserlohn gebracht wurde. Als Bürger steht er auf Seiten der neuen, demokratischen Partei, wie nicht anders zu erwarten, denn diese hatte ja erst für seine politische Arbeit überhaupt die Möglichkeit geschaffen.

K. hat seine 'Chronik', die mit einer Nachricht zum 17. Sept. 1465 abbricht, nach Jahren eingeteilt; von ihr ist nur ein Auszug, etwa knapp die Hälfte des Originals, erhalten, den der Dortmunder Geschichtsschreiber Detmar Mülher 1612 dem Autograph des Verf. entnommen hat. K. schreibt einfach und schlicht, in der heimatlichen Mundart, sein Urteil wägt er vorsichtig ab und hat eine möglichst unparteiische Auffassung und Wiedergabe der Ereignisse. Er ist gut unterrichtet, nicht zuletzt auch durch seine amtliche Stellung, und erzählt meist aus dem Miterleben heraus. Seine Chronik bietet viele Mitteilungen über die Familie der K. und berichtet ausführlich von den Verfassungsstreitigkeiten Dortmunds und den Vorgängen im niederrheinisch-westfälischen Grenzland, wobei die Erzählung vor anderm dem Bruderstreit im Hause Kleve-Mark, der Soester Fehde und der Münsterschen Stiftsfehde zugewandt ist; die Darstellung der Soester Fehde hat ihren besonderen Wert noch als Gegenbericht zu der 'Klevischen Chronik' des Gert von der Schüren (s. d.) und der 'Soester Chronik' des Bartholomäus von der Lake (s. d.). Keine der Dortmunder Chroniken kommt der 'Chronik' K.s an Wert gleich, und doch hat diese nur eine sehr geringe Verbreitung gefunden. Manche Anzeichen deuten darauf hin, daß K. sein Werk nur für sich und seine Familie, nicht für die breite Öffentlichkeit geschrieben hat.

Ausg. der 'Chronik' von Joseph Hansen in: *Die Chroniken der westfälischen und niederrheinischen Städte. Bd. 1: Dortmund. Neuß (Die Chroniken der deutschen Städte vom 14. bis ins 16. Jahrhundert. Bd. 20)* 1887, S. 25—146.

Rübel in Beiträge zur Geschichte Dortmunds und der Grafschaft Mark 1 (1875) S. 58—63; J. Hansen a. a. O. Einl. S. XIXf.,. 3—13.

Josef Deutsch.

Kerkhörde, Reinold, war der Enkel des Johann K.; die Stammtafel der K. führt ihn z. J. 1464 auf, nennt seinen Vater Johann K., seine Mutter Kunna und zwei ältere Geschwister. R. K. war Priester in Dortmund und begegnet mehrfach in Dortmunder Urkunden und Rechnungen, zuletzt i. J. 1500 und 1503.

Er hat eine niederdeutsche Prosa-Chronik und eine niederdeutsche Reimchronik geschrieben, die beide m. d. J. 1491 beginnen; diese führt hinab bis zum Ausgang des 15. Jhs. und ist vielleicht nur eine Umarbeitung jener, die bis z. J. 1508 reicht. Beide sind ohne besondere Bedeutung, erzählen von mehr nebensächlichen, örtlichen Dingen, Preisen, Naturerscheinungen, dann auch von Kampfhändeln in den umliegenden Landschaften. Etwa ein halbes Jahrhundert später hat der Dortmunder Geschichtsschreiber Dietrich Westhoff (s. d.) die Aufzeichnungen R. K.s inhaltlich in seine Chronik der Stadt Dortmund aufgenommen. Mehrere Handschriften haben noch ein kleines lateinisches Gedicht des R. K. erhalten, das in 16 Zeilen die Belagerung der Stadt Neuß durch Herzog Karl den Kühnen von Burgund (1474/1475) beschreibt.

Ausg. der Reimchronik von Fr. Woeste in: Zeitschrift des Bergischen Geschichtsvereins 10 (1874) S. 1—26.

Joseph Hansen in *Die Chroniken der westfälischen und niederrheinischen Städte. Bd. 1. Dortmund.* Neuss. 1887. Einl. S.XXf.; hier auch Abdruck des lat. Gedichtes; ebd. S. 7 der Stammbaum der K., S. 355—388 die Teile der Westhoffschen Chronik, die auf R. K. zurückgehen.

Josef Deutsch.

Kerling.

Kleine Heidelberger Handschrift Nr. 357 (A), Bl. 27b—28a *(Spervogel):* 28b—29a *(Der junge Spervogel)* = Pfeiffers Abdruck (Stuttg. Lit. Ver. IX), S. 153—156; 161—164. Cod. Pal. Germ. 848 (C), Bl. 416b—416d; 417ab *(Speruogil)* = Pfaffs Abdruck, Sp. 1393—1395; 1397—1399.

1. Die gemeinsame Vorlage der Hss. *A* und *C* für das Spervogelliederbuch bestand vermutlich aus drei in einander gelegten Doppelblättern, von denen das äußere Sprüche Spervogels, das innere Sprüche des "jungen Spervogel" *(A)*, das mittlere Sprüche eines in beiden Hss. namenlosen Dichters enthielt. Dieser wird (nach Simrocks Vorschlag) Herger genannt oder (mit Scherer) als Anonymus Spervogel bezeichnet; sein wahrer Name aber ist doch wohl Kerling.

2. Die erhaltenen 28 Strophen lassen sich in 10 Herrensprüche, 10 Sittensprüche und 8 (ursprünglich 10?) geistliche Sprüche zerlegen; jede der drei Gruppen umfaßt wieder zwei Vortragsreihen (vgl. dazu Roethe *R. v. Zweter* S. 313) von je 5 Strophen. Deutlich gegen einander abgegrenzt und vollzählig sind die Reihen 'Herrenlob' und 'Spielmannsklage', die Tierfabeln und die Parabeln, während die zweite geistliche Spruchreihe von der ersten durch einen Einschub getrennt und unvollständig ist. Aufschlüsse über den Dichter und seine Lebensverhältnisse gewähren uns nur die Herrensprüche.

2. Mit wirksamer Captatio beginnt der Spielmann seinen Vortrag, indem er auf seine unversorgten Söhne deutet, denen weder Korn noch Wein wachse. „Gott gebe euch Glück und Segen mit der Kunst: *vil wol gelanc von Tenemarke Fruote!*" (Er empfiehlt sie also der Freigebigkeit der Herren, denen dafür der Sängerruhm des

milden Königs Frute verheißen wird.) „Frute ist leider tot; auch um Walther v. Hausen, Heinrich v. Gebechenstein und einen von Staufen muß ich klagen, vor allen aber um Wernhart auf Steinberg. Als der geboren wurde, begann er sogleich mit der Aufteilung seiner Habe: die Seele Rüdigers v. Bechelären war in ihn gefahren. Wer aber soll nun auf Steinberg der Nachfolger seiner Milde werden? Die Burg kann tröstlicher Weise kein Karger erben, und diese glückhafte Eigenheit hat sie jetzt wieder bewährt: die edeln Öttinger werden ihr den alten Ruf nicht verderben." Dem neuen Herrn auf Steinberg war offenbar dies 'Lied' gewidmet, in dem uns das Spielmannsleben seine helle Seite zukehrt. Die nächste Strophenkette führt uns seine Schattenseite vor: „Das Hofgesinde will wissen, Kerling und Gebewart seien geschiedene Leute! Das ist gelogen: zwei Brüder können sich wohl im Zorn entzweien und einen Zaun durch ihre Hofmark ziehen; die Stiegel aber lassen sie unverdörnt. 2. Leidig spielt mir das Alter mit, da es — Herger ganz von Kräften (oder: um alle Macht) brachte! Im Flaumbart schon soll der Mann sich eine Herberge sichern für die Zeit, da es mit der Hofgunst aus ist. 3. Wie der Reiche sichs wohl sein läßt, während des Nothaften Stegreif durchs Land baumelt! Warum versäumte ich einst, als mir der Bart sproßte, ein Heimwesen zu gründen! Dafür muß ich jetzt mit Nöten ringen. 4. Weißt du, wie der Igel sprach? 'Eigen Gemach geht über alles.' Zimmere dir ein Haus, Kerling! Wer jetzt, da die Herren so aus der Art schlagen, keine Heimstatt hat, der ist übel dran. 5. Wie schlimm das Wetter sei, der Gast muß zeitig fort; der Wirt aber hat die Füße trocken. Wer im Alter Wirt will sein, der soll sich in der Jugend nicht säumen." Diese Strophen, zumal 2—5, zeigen völlig gleiche Struktur: der Spielmann klagt über die zunehmende Ungastlichkeit der Höfe und bedauert, in der Jugend keinen andern Beruf gewählt zu haben. Jede Strophe stellt den Sänger und den Herrn einander gegenüber: *Kerlinc* und *Gebewart*, *mich* und *Hergêr*, den *nôthaften* und den *rîchen*, *Kerlinc* und die *hêrren*, den *gast* und den *wirt*. Diese Spielmannsklage war ebenso wie das 'Herrenlob' auch für den Vortrag anderer Sänger bestimmt (erst dadurch erhielten ja beide die wirksame Resonanz), und darum werden auch *Gebewart* (Haupt rezipierte einem urkundl. *Gebehart gigare* zuliebe die La. von *C*) und *Hergêr* hier als Typen gelten, obschon bestimmte Personen dahinter stecken mögen. Wäre Herger der Sänger selbst, so fiele dieser Spruch aus der Reihe heraus. Auch darf nicht übersehen werden, daß die Altersklage nur hier erhoben wird, denn das Sprichwort *swer alter welle wesen wirt*... (27, 11) kann von jedermann, auch vom Jüngsten vorgebracht werden (vgl. 'Wolfd.' A 311). Der Sänger ist ein bejahrter Mann, aber kein hinfälliger Greis; erwägt er doch, ob er nicht jetzt noch die Kunst an den Nagel hängen und sich (und seinen jungen Söhnen) ein Heimwesen gründen solle. Daher mochten die Zuhörer bei den Worten *Mich müet daz alter sêre* erstaunt aufblicken, bis der Nachsatz die Aufklärung brachte: des Sängers bewährter Gönner ist altersschwach und unmündig geworden (vgl. dazu 'Warnung' v. 3031ff.). Ganz im Einklang mit aller alten Volkspoesie liebt es Kerling, durch überraschende, rätselmäßige Wendungen zu wirken: er weist seine Söhne mit kühnstem Gedankensprung an Frute von Dänemark, und er beklagt den Tod dieses sagenhaften Königs der Vorwelt in einem Atem mit dem Tode Walthers v. Hausen und anderer kürzlich verstorbener Gönner; er leiht der Burg Steinberg die Wundergabe, sich ihren Herrn selber zu wählen, und er läßt den milden Wernhart gleich nach der Geburt mit dem beginnen, was andere vor ihrem Tode tun (Walth. 60, 34), nämlich mit der Aufteilung seiner Habe. Eine harmlos platte Redensart darf man diesem Dichter nirgends zumuten, wo eine sinnschwere, eigenwillige Wendung mit zur Wahl steht.

3. Herger, Kerling und Gebewart können aber auch nicht, wozu der Ausdruck *zwên bruoder* (26,17) verführt hat (vgl. dazu Joufrois 795ff.; 'Warn.' v. 3035ff.), als Genossen des Dichters aufgefaßt werden; das hieße voraussetzen, daß diese Leute überall, wo die Sprüche vorgetragen wur-

den, zugegen und den Zuhörern wohlbekannt waren, und selbst diese Voraussetzung wäre noch unzureichend (vgl. Prag. Dt. Stud. 8 S. 70f.). *Kerling* wurde schließlich als der Autorname auch deshalb nicht erkannt oder anerkannt, weil dagegen eine dritte Erwähnung, in der Fabelreihe, zu sprechen schien. In dem Strophenpaar von den zwei Hunden, die um den Knochen raufen, beginnt das (irrig vorgeschobene) Epimythium mit dem Satze: *Ez mac der man sô vil vertragen, hôrt ich Kerlingen sagen, daz man in deste wirs hât* (27, 34). Als Selbstzitat klingt uns das befremdlich; den Zeitgenossen des Dichters aber war diese Wendung aus allgemeiner Gepflogenheit geläufig und vertraut. Die Dichtung des MA.s wurde mündlich verbreitet und war auf die Vorleser und Berufssänger angewiesen, da der Autor selbst nur auf enge Kreise wirken konnte. Nannte er im Gedichte seinen Namen, so war diese Mitteilung zunächst für fremden Vortrag bestimmt und wurde dem Vorleser (oder Sänger) in den Mund gelegt. So hielten es die alten Epiker Lamprecht, Veldeke, Eilhart (s. u. Spervogel) und nicht anders die Dichter von Schwänken und Volksliedern bis herauf in die neuere Zeit: *Diz ungelogen mære machte uns der Vriolsheimære* (GA. 30); *Der uns das liedlin new gesang Lienhart Ott ist ers genannt* (Uhl. 185); *Ein guete nacht wünscht vns Hans Sachs.* Auch der Spruchdichter hat Autorenstolz und „will nicht gern vergessen sein". Auch er dichtet für fremden Vortrag, denn was er seinen fahrenden Genossen überläßt, *aut prece aut precio* (vgl. Hertz *Spielmannsbuch* S. 25), macht ihn weithin bekannt und sichert ihm ehrenvolle Aufnahme. Darum bringt er seinen Namen an, so oft er kann (Muskatplüt z. B. überall), als Anrede, Selbstanrede und Selbstzitat. Für die Kerlingstellen 26, 15 und 27, 1 ließen sich die Parallelen häufen; für 27, 34 aber genügt es, auf Spervogel (s. d.) zu verweisen: *Swer suochet rât und volget des der habe danc, alse mîn geselle Spervogel sanc* (20, 17).

4. Die Fabel von dem bissigen Hunde, der dem schwächern den Knochen wegschnappt, ist der einzige Spruch, in dem Kerling einen seiner Genossen vorführt. Über karge Herren aber klagt auch die Parabel von dem Obstbaum, den der Hungrige vergebens schüttelt (29, 13), und die von dem Acker, den der Bauer vergebens besäet hat (30, 6). Allgemeine Sünden des Herrenstandes rügt das Sprüchepaar gegen den Ehebruch und gegen die Fehdesucht um der *êre* willen (29, 27. 30, 5). Rein lehrhaft, ohne satirische Spitze, sind die Fabeln vom Wolf, den ein Tor im Schafstall übernachten läßt, den ein Kluger beim Schachspiel durch einen Widder ablenkt, den die Klosterleute zum Hirten nehmen (Freid. 137, 11) — alles Bilder zu den Sprichwörtern: Gelegenheit macht Diebe, Art läßt nicht von Art, man soll den Bock nicht zum Gärtner setzen. Hierher gehört auch die Parabel 'Ein fauler Apfel steckt die andern an' (29, 20). Die geistlichen Sprüche besingen Christi Geburt, Tod, Auferstehung und Höllenfahrt. Finster und öd ist die Hölle, der Himmel ein goldenes Haus. Da findet nur der Einlaß, der gern zur Kirche geht und rein von Sünden ist. „Ich habe leider einem Manne gedient, der in der Hölle haust. Erlöse mich, heiliger Geist, aus seinen Banden." „Alles Verborgene ist dir, o Herr, kund, und alles steht in deiner Hand. Dein Lob ist nimmer auszusingen."

5. Zu dem Spruch über den Kirchenbesuch hat uns der Zufall ein Gegenstück aus früherer Zeit erhalten (MSD. XLIX, 3) und damit ein Zeugnis, daß wenigstens Kerlings Lehrdichtung in alten Geleisen fährt; mehr von seiner Eigenart wird in den Gehrsprüchen stecken. Die Bildchen, die er in seiner knappen Strophe vorführt, sind keine glatten Miniaturen, sondern rohe, aber eindrucksvolle Holzschnitte. Ungelenk, starr ist der Satzbau, ohne Wohllaut der Vers, dem das Fehlen der Senkung, die ungenauen, oft 2hebig stumpfen Reime ein recht altertümliches Gepräge leihen.

6. Über des Dichters Lebenszeit und Heimat geben die Namen seiner Gönner (25, 20) keine sichere Auskunft. Ein Walther v. Hausen erscheint 1124, dann (18 mal) von den vierziger Jahren bis 1173 in Mainzer und Wormser Urkunden. Der

lange Zeitraum und die Urkundenlücke lassen an zwei Gleichnamige denken. Ein Wernhard v. Steinesberch ist nur aus einer Wormser Kaiserurkunde v. 27. Dez. 1128 bekannt und (was neu hinzutritt) aus einer Straßburger v. 20. Jan. 1129 *(comes Werinhardus de Steinesberch)*: MG. Dipl. VIII (1927) Nr. 14. Daß dieser Graf Wernhard mit einem 1165 (neben Walther v. Hausen) urkundenden Wernher v. St. wesensgleich sei, ist wieder recht unwahrscheinlich. Strittig ist auch, ob Wernharts Burg das Gräfensteinberg b. Gunzenhausen war (Haupt) oder das Steinsberg b. Hilsbach (Pfaff). In beiden Fällen überrascht die Erwähnung des weit entlegenen Gibichensteins bei Halle. Ist *Gebechenstein* etwa ein Lesefehler für *Gebezenstein* im Hegau (vgl. HMS. IV S. 694)? Dann könnte der von *Stoufen*, den Haupt für einen Regenstaufer, Henrici für einen Pfälzer hielt, auch ein Breisgauer sein. Schwaben kommt jedenfalls in erster Linie als Heimat des Dichters in Betracht (vgl. Vogt zu MF. 27, 6). Sein Steinberglied aber, das um 1180 unglaubhaft spät fiele, wird 40 Jahre älter sein, wozu die Anleihe der 'Kaiserchronik' stimmt, auf die Henrici hingewiesen hat: *er gab unde lêch: swes er dem armen verzêch daz nemaht er niender gewinnen* (v. 16162). Auch konnten Kerling und Genossen nach dem Aufkommen des Minnedienstes schwerlich noch an Herrenhöfen das grobe Wort wagen: *Swel man ein guot wîp hât unde zeiner ander gât, der bezeichent daz swîn* (29, 27).

7. Der Name *Kerlinc* ("Franzos", ein nicht seltener Beiname) deutet an, daß der Sänger wie sein großer Nachfahr Walther v. d. Vogelweide (s. d.) eine Zeitlang in Frankreich geweilt habe. Dennoch ist er von den neuen Lebensidealen des Rittertums noch ganz unberührt. Von dessen Losungsworten *minne, mâze, fröude, êre* kennt er nur das letzte. Aber diese Losung führte auch schon das Reckentum der Heldensage, die wohl die Wunschwelt des epischen Sängers umschloß. *Ein man sol haben êre und sol iedoch der sêle under wîlen wesen guot* (29, 34); bei aller Kirchenfrömmigkeit gesteht er den Forderungen der Ehre den Vorrang zu. Im übrigen weiß seine Dichtung nichts von Standesbegriffen; er sagt *man* und *wîp*, nicht *hêrre* und *frouwe*, nennt seine Gönner kurzweg Herger und Wernhart und vergleicht sich und Gebewart mit einem entzweiten Brüderpaar. So wahrt er selbst in den Gehrsprüchen unbefangen die alte Würde des Sängers *(scof „vates")*, der sich als öffentliches Gewissen fühlt: *die hêrren sint erarget*. Er klagt und rügt, aber wedelt und schilt nicht wie der spätere Spielmann. Erst als die Herren selbst zur Harfe griffen und sich im Minnesang eine exklusive Standesdichtung schufen, haben die Hofsänger vom Schlage Kerlings ihr Ansehen und ihr Selbstgefühl allmählich eingebüßt.

HMS. Nr. 137. B.-G. Nr. III. MF. Nr. VI. Scherer *Deutsche Studien* I (= WSB. 64, S 283). Paul PBB. 2 S. 427. Henrici *Z. Gesch d. mhd. Lyrik*. Jenaer Diss. 1876; vgl. Steinmeyer AfdA. 2 S. 144. Garthaus Germ. 2 S. 214. Wisser *Zu Spervogel: Der Archetypus von AC*. Progr. Jever 1882. v. Bahder Germ. 31 S. 98. Pfaff ZsfGesch. d. Oberrheins NF. 5 (1890) S. 108. John Meier PBB. 15 S. 307, 570. Roethe ADB. XXXV S. 139. Hildebrand ZfdA. 39 S. 1. Schönbach WSB. 141 (1899) S. 21. Wisser AfdA. 27 (1901 S108.). Wallner *Kerling u. Spervogel*, Prag. Deutsche Studien 8 (1908) S. 289. Ehrismann Festschrift Max H. Jellinek (1928) S. 7—21.

Anton Wallner.

'Kern der göttlichen Wahrheit' betitelt sich ein mystischer (allerdings verwässerter) Traktat in der Berliner Hs. 2°. 654, geschrieben 1460 von Barbara Geuderin in Nürnberg (217 Bll., 2spaltig). Wie die falschen Zitate beweisen, verstand der Verfasser (oder die Verfasserin?) wenig Latein; vielleicht allerdings ist auch die Schreiberin dafür verantwortlich zu machen. Inhaltlich ist es einer der üblichen mystischen Traktate, die vor allem aus Exzerpten und Zitaten bestehen. Die innige Seele wird angeredet, Abgeschiedenheit und andere mystische Lehren werden gepredigt. Christus ist die „wahre Sonne" (Bl. 186b α, 202a α); die Werkgerechtigkeit wird verworfen (Bl. 88a α), ebenso die Prädestinationslehre, der gegenüber des Menschen freier Wille betont wird (Bl. 213a α). Einmal findet sich eine deutliche Warnung vor der Sekte „vom freien Geist" (Bl. 198b β). Beachtlich Bl. 180b α: *Ein capitel* *von zweyrley nicht von einem weßenlichen nicht und von einem angenumen und wy man di erkennen sol.* Unter den angeführten Autoritäten fallen auf: Heinrich von Friemar (Bl. 9bβ), Heinrich von Hessen (Bl. 16aβ), *Holgot* (Bl. 139bβ), *Symon de Hassia* (Bl. 94aα). Der Traktat kann also erst in das XV. Jh. fallen.

W. St.

Kero von St. Gallen.

1. Von der Tatsache abgesehen, daß der für St. Gallen sehr selten nachweisbare Name in einer Urkunde aus dem Jahre 799 als *testis* erscheint, finden sich sonst keinerlei Zeugnisse für die Person oder eine literarische Tätigkeit dieses Mannes, ja selbst die Echtheit der betreffenden Urkunde ist nicht zweifelsfrei erwiesen. Trotzdem galt K. lange Zeit als Verfasser zweier aus der ältesten Epoche deutscher Überlieferung stammender, ebenso sprachlich wie kulturkundlich wichtiger Werke: des nach ihm benannten 'Keronischen Glossars' und der 'Benediktiner-Regel'. In beiden Fällen handelt es sich um die ursprünglich interlineare Übersetzung einer lateinischen Vorlage, der *'Regula S. Benedicti'* bzw. eines lateinischen, alphabetisch geordneten Wörterbuches. Die Übersetzer sind unbekannt, der sprachliche und chronologische Unterschied der beiden Denkmäler schließt aber jede Möglichkeit aus, sie dem gleichen Verfasser zuzuschreiben: das Glossar muß nämlich auf bairischem Sprachgebiet um die Mitte des 8. Jhs. entstanden sein; die älteste Handschrift *Pa* aus der zweiten Hälfte dieses Jhs. läßt den ursprünglichen Dialekt noch deutlich erkennen, während erst eine zweite wenig jüngere Handschrift *K* überwiegend auf alemannischer Grundlage beruht. Dagegen ist die deutsche Interlinearversion der *'Regula'* zwar auf St. Galler Boden erwachsen, dafür aber rund fünfzig Jahre jünger als die Originalfassung des Glossars.

2. Den Ruhm, als Schöpfer dieser beiden ahd. Denkmäler zu gelten, verdankt K. einigen Gelehrten seiner (angeblichen) Heimat aus dem 17. und beginnenden 18. Jh., von denen in erster Linie der St. Galler Chronist Jodocus Metzler († 1639), Melchior Goldast und der Bibliothekar des Klosters Pius Kolb († 1762) zu nennen sind. Wie weit es sich hierbei um ein Mißverständnis alter Quellen oder um eine bewußte, vielleicht lokalpatriotisch gefärbte Erfindung handelt, die dem großen Notker Teutonicus (s. d.) einen gleichwertigen Übersetzer und Förderer der deutschen Sprache aus einer früheren Epoche St. Gallens in der Person K.s zur Seite stellen wollte, wird kaum noch entschieden werden können. Es ist wohl in der Hauptsache das Verdienst Wilhelm Scherers gewesen, den Keronischen Spuk endgültig verscheucht zu haben, selbst wenn man nach S. Singers späterer Mitteilung auch geneigt sein sollte, den Urhebern milderndere (soll heißen: sachlichere) Umstände zuzubilligen, als Scherer dies tat.

H. Hattemer *Denkmale des Mittelalters* I (1844) S. 17ff., 133. G. Scherrer *Verzeichnis der Handschriften der Stiftsbibliothek von St. Gallen* 1875, S. 340ff. W. Scherer ZfdA. 18 (1875) S. 145/49. E. Steinmeyer ADB. XV (1882) S. 646. S. Singer AfdA. 10 (1884) S. 278f. R. Koegel *Geschichte d. deutsch. Literatur* I, 2 (1897) S. 426ff., 465ff. G. Ehrismann *Geschichte d. deutsch. Literatur* I (1918) S. 245ff., S. 256f.; ²I (1932) S. 254ff., 266f.

Hans Bork.

Keßler, Veit, ist der Name eines Meistersingers, über dessen Schaffen und über dessen Lebenszeit wir nichts auszusagen wissen. Ein Lied, das ihm zugeschrieben wird, befindet sich in der Dresdener Hs. M 188 Bl. 81a; es ist verfaßt *In dem Ungekannten thon nestlers* (über Herkunft, Name und Verbreitung dieser Weise s. bei Nestler von Speyer) und stellt eine Paraphrase des 30. Kapitels der Genesis dar. Der Dichter geht in traditioneller Meistersingerart vor und sieht das Alte Testament im Sinne der Präfigurationen. Es ist sonderbar, daß der Name *Keßler* unten auf dem Blatte, an welcher Stelle der Gesang nicht schließt, mit frischerer Tinte hinzugefügt ist. — Zu der Hs. selbst läßt sich noch sagen, daß sie früher die Numerierung M 93 trug; F. Schnorr von Carolsfeld *(Zur Geschichte des deutschen Meistergesangs, Notizen usw. aus den Dresdener Handschriften* 1872, S. 7) gibt an, daß M 93 durchgängig von Hans Sachs (s. d.) geschrieben und 1610 für einen Ungenannten zusammengebunden wurde; die Lieder von Sachsens Hand reichen bis zum Jahre 1565. Bei K. steht 1580.

Horst Oppenheim.

Ketham, Joh., s. Kirchheimer.

Ketner, s. Kettner.

Ketowein. In der Münchener Handschrift (15. Jh.) cgm. 351, Bl. 242a befindet sich ein dreistrophiges Lied in Regenbogens (s. d.) „langem ton" mit dem Anfang: *Es stun drey engel wunecklichen.* Bartsch (*Meisterlieder der Kolmarer Handschrift*, [StLV. 68] 1862, S. 135) gibt an, daß sich der Verfasser im letzten Gesätz nennt. Ein merkwürdiger Name! — Der Dichter ist aber, wie die Sächsische Landesbibliothek mir mitteilt, schwerlich identisch mit dem Autor des auf Bl. 21b in der Dresdener Hs. M 13 befindlichen Gedichtes, das man einem Körewein zuschrieb. Jacob Grimm indes gibt auf dem Vorsatzblatt der Handschrift der Vermutung Raum, daß es sich hier in Wirklichkeit nicht um einen Autorennamen handele. Ein Lesefehler liege vor. Der Text nämlich lautet: *mit freden sang so köre wein.* Grimm meint, die Himmelschöre sangen: *köre nein.* Falkenstein (*Beschreibung der Bibliothek zu Dresden* 1839, S. 378 ff) lehnt zwar, ebenso wie Schnorr von Carolsfeld (*Gesch. d. dtsch. Meistergesangs*, 1872, S. 4) Grimms Konjektur ab, eine Betrachtung des Schlusses des Gedichtes (WKl. II, Nr. 533) (*et nunck et semper also rein / sungen ker mer jn seckula ..*) spricht meiner Auffassung nach zu Jacob Grimms Gunsten.

Horst Oppenheim.

Kettler, s. Dietrich v. K.

Ket(t)ner (*Kethener;* der Vorname *Fritz* entstammt wohl erst späterer Überlieferung, wie Bartsch *Kolm. Hs.* S. 186 angibt; eine andere Namensform, nämlich *Kötner*, wird von Adam Puschman, *Singebuch* Nr. 217ff., bei Münzer S. 23b angegeben) ist ein Nürnberger Meister. Er wird bei Puschman als „Heftelmacher" geführt. Von seinem Leben ist uns nichts bekannt; er wird wohl dem Ende des 15. Jhs. oder dem Beginn des 16. Jhs. angehören. Hans Sachs und Puschman nennen ihn unter den zwölf alten Nürnberger Meistern, Kunz Nachtigal (s. d.) erwähnt ihn in dem Hans Sachsschen Berliner mgq. 414 (Bl. 426b).

2. K. ist durchaus der Tradition des Meistergesanges verhaftet. Religiöse Zweifel quälen ihn nicht: er ist Christ, das heißt für ihn Katholik; so geht er in den Bahnen anderer Meister — man denke z. B. an Harder (s. d.), Kienast (s. d.), Lesch (s. d.), Nunnenpeck (s. d.) usw.; ganz anders etwa das kämpferische Bemühen eines Jörg Preining (s. d.), eines Ulrich Wiest (s. d.) — und singt mit vielem allegorischen Beiwerk gezierte Lieder auf Maria (s. Docen S. 1171) und die Erlösung der Altväter (s. Docen S. 1175). Er selbst sagt — in seinem Liede auf die Gottesmutter —, daß er sich *geplumter Worte* bediene. Auch er ist sich dessen bewußt, daß nur Gott ihm *kunst* verleihen könne, er bittet des Schöpfers Güte um Beistand bei seinem Vorhaben, schlicht und ohne Vertrauen auf eigene Stärke und eigenes Vermögen (solch Selbstbewußtsein, das z. B. Frauenlob [s. d.] — auch Lesch? — auszeichnet, ist äußerst selten; s. Oppenheim S. 6, Anm. 5, 6, 7 und S. 7 Anm. 1, 2 und Stammler S. 530, 543ff.) endet er: *Got her dir sey das lob gesungen durch's Ketener munt.* Interessant und charakteristisch für diesen Meister aber ist seine Eigenart, zum Beginne eines Gesanges die Begründung zu geben, warum er ihn gerade im besonderen Ton verfaßte. So in seinem Liede in der Schlüsselweise (Docen S. 1151), das beginnt: *Ich wil zu eim schloß guldein / Hie singen ein edlen schlussel fein.....* (s. a. Leschs *im goldenen Schloß* gesungenes Lied mit dem Schluß *Das ist unser frauen guldein slozz....*). Auch den Namen einer anderen Weise, des „Prophetentanzes", deutet ein Meisterlied mit der Einleitung: *Nu horet wuneclichen tantz / Der ist so wirdig vnd so glantz / Vir vnd zwainzig altherren springen / .... Eva vnd Adam hat vns den tantz geprawen* (Docen S. 1172). —

K. ist ein Meister, der sich allerlei Reimkünste mit bemerkenswerter Geschicklichkeit und Meisterschaft zu bedienen weiß (häufige Verwendung des Mittelreimes u.a.);

Flickverse sucht er zu vermeiden. Seine Töne sind, wie Münzer anerkennt, herb, würdig, doch ohne eigene Erfindung; störend, sagt er, wirken die Wiederholungen derselben Weise. Alle die Nürnberger Meister, zu denen ja auch z. B. Oertel (s. d.) gehört, komponieren einfachere Töne als die Augsburger (so z. B. Marx Metzger, s. d.); sie stehen in der Melodienbildung den frühen Kunstgenossen näher. Daß aber auch seine Zeitgenossen und nahen Nachfolger seine Weisen schätzten, beweist z. B. die Tatsache, daß 1576 in der Heiberger Hs. (Schröer S. 226) ein Lied in seinem *parat rei* zu finden ist. —

3. Weisen des Meisters: Baratreie, Hoher Ton, Osterweis (nach Münzer sein bester Ton!), Schlüsselweise (nach Bartsch [S. 186.] vielleicht identisch mit dem bei Wagenseil S. 538 angeführten Frauenton), Prophetentanz (nach Bartsch [ebd.] nicht identisch mit Marners [s. d.] gleichnamiger Melodie, wie Docen annahm).

Lieder Ks. stehen in folgenden Hss.: mgq. Berol. 414 (von Hans Sachs z. T. 1517 selbst geschrieben) Bl. 270a, 328b, 382, 403a; cgm. 351 Bl. 220b, 259a; Kolm. Hs. cgm. 4997; Heiberger Hs.; Puschmans Singebuch, Breslau.

K. Bartsch *Die Meisterlieder der Kolmarer Handschrift* (StLV. 68) 1862. B. J. Docen *Beschreibung einer Sammlung alter Meistergesänge*, Aretins Beyträge IX (1807). G. Münzer *Das Singebuch von Adam Puschman* 1906. H. Oppenheim *Naturschilderung und Naturgefühl b. d. frühen Meistersingern* (Form und Geist 22) 1931. K. J. Schröer *Meistersinger in Österreich*, Germ. Stud. II (1875) S. 197ff. W. Stammler *Die Wurzeln des Meistergesanges*, Dt. Vjschr. I (1923) S. 529ff.

Horst Oppenheim.

Ketzel, Martin s. Nachtrag.

Kiburger, s. Kyburger.

Kienast, Jörg (1) (er bezeichnet sich stets selbst am Schlusse seiner Lieder als Verfasser und nennt sich auch *Jerg kiennascht* oder *Jörg künnast)* ist ein Meistersinger aus Freiburg im Breisgau. Er ist seines Zeichens Drucker und druckte bestimmt selbst zwei seiner drei erhaltenen aus dem Jahre 1518 stammenden Lieder.

2. Weder aus den beiden Lobgedichten auf Straßburg noch aus dem Wappengedicht auf die gleiche Stadt ist zu merken, daß Luthertum und Humanismus in deutschen Landen ihren Siegeszug beginnen. K. bittet in althergebrachter Weise Gottvater, Jesus, den Heiligen Geist um Weisheit für sein dichterisches Beginnen, er fleht: *Hilff mir du reyne magt Marey, / in mein gesang und weise, / das ich hie sing kein stempeney, / Das ich die warheit breise* (A. f. Lg. S. 138); er zeigt sich als überzeugter Katholik in seiner Freude über Straßburgs viele Klöster, Messen, Ablässe. — Überaus wichtig für uns sind die Loblieder auf Straßburg deshalb, weil wir durch sie Kunde davon erhalten, in wie hohem Maße diese Stadt in Zeiten böser Hungersnot für ihre Bürger — und für Ortsfremde sogar — Sorge trug. Unser Meistersinger, der sich ein *arm blute* nennt, hat die Härte anderer Städte am eigenen Leibe erfahren müssen. Nicht nur die Armen, die Hilfsbedürftigen aller Art fanden dort Pflege, auch für die Irren versuchte man Sorge zu tragen. In welcher Weise das vor sich ging, geht aus Str. 7 des '*Lobgesanges von der statt Strassburg*' (A. f. Lg. S. 146) hervor: *legt man die armen geschwin, / die ir vernunfft beraubet sin, / eins teils an ketten eben.*

K. scheint zu wissen, daß man seinen Gedichten zu große Ausführlichkeit und zu starke Detaildarstellung vorwerfen könne: entschuldigt er doch die Liedlänge mit der Erklärung, er wolle nur der Wahrheit dienen und anderen Städten zur Lehre singen. —

3. Während eine gewisse Anschaulichkeit und Frische der Darstellung diese beiden Straßburger Loblieder auszeichnet, versinkt K. in seinem '*Lied von der gilgen*' in eine Fülle von Allegorien und gelehrtem Beiwerk. Der Lilie, der Straßburgisch-französischen Wappenblume, gilt sein Sang. Mit wunderlicher Spitzfindigkeit geht er dem „geschichtlichen" Ursprunge der Lilie nach, zeichnet ihre Schicksale seit Karl dem Großen, weiß von „Lotarius" zu berichten, deutet endlich — und hier tritt das Meistersingliche besonders charakteristisch zutage (man denke z. B. an Albrecht Leschs [s. d.] Rätsel vom Geier, von den sechzig Pfeilen, den zwölf Strahlen (Kolm. Hs., Bartsch Nr. 183) — je vierundzwanzig Blätter der Lilie auf die Domherren und Vikarien am Straßburger Münster, neun

Zweige auf die täglichen Messen usw. usw. Maria ist ihm die Herrin der Stadt, ihren Schutz erfleht er. — Aber nicht diese breit ausgesponnenen gelehrten Äußerungen interessieren uns. Wir fühlen uns heute noch nahe berührt durch des Dichters Befürchtungen, Straßburg und dem Elsaß könne Gefahr von Frankreich her drohen. K. schilt die französische Arglist in seiner Geschichte der Lilie, er erklärt warnend (33): *Man tut vil bullen verkauffen, / so gar an manchem ort, / lass dich nicht vber lauffen, / würt vff gedon die port, / ich bit vmb vrlob alle santt, / Mümpelgart das ist der schlüssel / zům gantzen elsossland.* Diese politische Weitsicht läßt uns fast vergessen, wie nüchtern und dabei geschraubt dieses Lied auf Straßburg klingt im Gegensatz zur pseudohistorischen Schilderung der Entstehung der Stadt „Stierusburg" die Jörg Graff (s. d.), der Landsknecht und Poet, ungefähr zur selben Zeit schuf. —

K. bittet am Schluß für sein Lilienlied um eine Gabe — das „geren" hört eben niemals auf! — wenn er weiter vor Fürsten und Herren komme, so wolle er Straßburgs Lob mehren. Kann man vielleicht sagen, daß K. ein fahrender Meistersinger aus Freiburg gewesen ist, der, recht gewandt, in den Regeln seiner Kunst bewandert, an fremden Orten und von fremden Orten seine Lieder singt? Es fällt auf, daß er sich an *die lieben gest* (S. 138), *die* (edlen?) *Herren* (S. 158) wendet, daß er von *dysem ring* spricht (über Ring im Meistergesang usw. s. Stammler S. 522 und Anm. 2). —

4. '*Dis lied ist wie man den Burgern von der stat Strassburg in den türen iaren korn vnd meel mit geteilt hat*' und '*Ein lobgesang von der statt Straßburg*' sind im „schillerthon", das '*Lied von der gilgen*' in dem Ton „ich stund an einem morgen" abgefaßt. Also nicht mehr die genaue, exakte Tonangabe der früheren Meistersinger. Daß Liedinhalt und Liedmelodie von K. nicht als zusammengehörend empfunden werden, beweist der Umstand, daß die letztgenannte Melodie, die als jene des „Fräuleins von Britannien" schon seit 1491 umging und sehr beliebt war, in schroffem Gegensatze zum steifen Texte des Lilienliedes steht (s. A. f. Lg. 2 S. 130).

R. Gosche *Die Lieder und Reime von Straßburg*, AfLg. 2 (S. 128—131, S. 138—158) 1872. W. Stammler *Die Wurzeln des Meistergesanges*, Dt. Vjschr. 1 (1923) S. 527ff.

Horst Oppenheim.

Kilian, s. 'Hedwigslegende'.

Kimpel, Johann, d. Ältere.

1. Er war geboren 1422, studierte 1433—1449, wurde 1442 Magister, 1448 Priester, lebte 1460—1492 in Rom und starb am 14. November 1474 in Memmingen.

2. 1473 kamen ihm die chronikalischen Aufzeichnungen des Memmingers Erhard Wintergerst (s. d.) zu Händen. Diese Aufzeichnungen, die in der Hauptsache die Geschichte Memmingens seit den ältesten Zeiten behandeln, hat K. nach seiner eigenen Angabe „zusammen gesammelt". Ob und in welcher Weise er sie erweitert, ergänzt und überarbeitet hat, ist bis jetzt noch nicht untersucht. Auch fehlt eine Ausgabe des Werkes. Johann K. d. Jüngere, der seit 1496 Dekan des Stiftes Grönenbach im bairischen Schwaben war, hat anscheinend von 1474 an Ergänzungen angefügt. Ein Nachkomme des Bruders des jüngeren K., der Memminger Türmer und Stadtbläser Jonas K. (geb. 20. April 1573, gest. um 1623), hat die in der Stadtbibliothek Memmingen befindliche Handschrift mit Nachträgen bis auf seine Zeit versehen. Eine andere Handschrift liegt in der Nationalbibliothek Paris (Supplément français 3161, 16. Jh.).

J. Miedel *Allerlei aus Vergangenheit und Gegenwart*, 'Schwäbischer Erzähler' Beilage zur Memminger Zeitung 23. Jg. 1907, Nr. 48, 50, 51; 24. Jg. 1908, Nr. 2, 3, 4. G. Huet *Catalogue des manuscrits allemands de la Bibliothèque Nationale* 1895 S. 50 Nr. 92.

Paul Ruf.

Kipfenberger, s. Chiphenwerger.

Kippenheim, s. Dorothea v. K.

Kirchberg, s. Konrad v. K.

Kirchheimer, Johannes, (1) mit Familiennamen Kellner geheißen, stammte aus dem württembergischen Oberamtsstädtchen Kirchheim *(Kirchaim, Kirchem)*, wo sein Vater Bindermeister war. Er wurde 1437 als *Johannes Celearii de Kirchen* bei der Universität zu Wien immatrikuliert. Er war schon 1444 mit einer reichen Bürgerstochter Ursula (Tochter des verstorbenen Hans Herzog) verheiratet

(Hannsen Kirchheym hausfrau). Er war damals Lizentiat der freien Künste und unterzog sich der medizin. Baccalaureatsprüfung. Am 9. August 1447 meldet er sich zur medizinischen Lizentiatenprüfung, erlangt die Approbation und erringt am 15. Jänner 1448 den Doktortitel unter schwierigen Umständen nicht ohne eigenes Verschulden. Aber schon 1450 wird er Dekan, verläßt darauf für 3 Jahre Wien und übernimmt nach seiner Rückkehr erneut das Dekanat. Als Demonstrator und Lektor fungierte er damals bei den anatomischen Übungen, wurde aber in die politischen Händel zwischen Stadt, Kaiser Friedrich II. und Erzherzog Albrecht VI. derart verwickelt, daß er um Lehramt und Fakultät sich wenig kümmerte und auch sein Dekanat, zu dem er 1461 wiedergewählt wurde, höchst lässig versah als *Mag. Johannes Kircham.* Seine letzte Lebenszeit scheint er zu Budapest in Ungarn *(Wude in Ungaria)* zugebracht zu haben, wohin eine seiner Töchter, Margarete, an den Apotheker Engelhard Wild verheiratet war (in Ofen). Von dort wird er 1468 nach Wien als tot gemeldet, scheint aber erst zu Anfang des Jahres 1470 sein unruhiges Leben beschlossen zu haben.

2. Ich habe das Leben dieses energischen, streitlustigen Schwaben wenigstens in aller Kürze hier andeuten wollen, trotzdem wir kein Blättchen seiner Feder über Medizin in deutscher Sprache besitzen, weil er in der medizinischen Literatur des ausgehenden 15. Jhs. als *Johannes de Ketham Alemannus* Unsterblichkeit erlangt hat. Auch dies allerdings zu Unrecht; denn er ist wohl mehr versehentlich in die handschriftliche Vorlage geraten, die den Venetianer Druckern, den Brüdern Johannes und Gregorius de Gregoriis aus Forli, für ihren Großfolio Druck des *'Fasciculus Medicinae'*, jener berühmten illustrierten Inkunabel, die im Juli 1491 hinausging, als Quelle für Text und Bildwerk gedient hat. Ich habe mich darüber ausführlich im Nachwort zu der Faksimile-Ausgabe 1923 der *'Monumenta Medica'* Vol. I ausgesprochen in dem Abschnitt S. 41—43: 'Wer ist der als Verfasser genannte Johannes de Ketham?'

I. Schwarz *Johannes Kirchheimer, ein ärztliches Charakterbild aus dem mittelalterlichen Wien* 1923. K. Sudhoff *Der Fasciculus Medicinae des Johannes de Ketham Alemannus. Facsimile des Venetianer Erstdruckes von 1491, mit einer historischen Einführung herausgegeben mit 13 Tafeln.* (Monumenta Medica I) 1923. Sigerist *Eine deutsche Übersetzung der Kethamschen Gynäkologie*, Arch. f. Gesch. Med. 14 (1923) S. 169—178.

Sudhoff.

Kirchmaier, Hans. Er war Stadtschreiber von München und Magister des kanonischen Rechtes. Von ihm besitzen wir in den Ratsprotokollen von München kurze schmucklose Aufzeichnungen zur Geschichte der Stadt und der Münchener Herzöge für die Jahre 1460—1468. Sie sind unter dem Titel 'Fragment einer Chronik der Stadt München von 1460 bis 1468' hsg. von L. v. Westenrieder in seinen 'Beyträgen zur vaterländischen Historie' V (1794) S. 190—201. Vgl. auch S. Riezler *Geschichte Baierns* III (1889) S. 917.

Paul Ruf.

Kirchpüchler, Peter, „Poet" und Spielorganisator in Innsbruck, s. Mynner Bartlmä 3.

Kirchslag, s. Haas.

Kistener, Kunz.

1. K. K. ist der Verfasser einer Verslegende des 14. Jhs., der 'Jakobsbrüder'. Aus der Tradition Hartmanns von Aue (s. d.) erwachsen, der Erbauung und Unterhaltung verbunden wissen wollte, schließt sich das Werkchen formal eng an Konrad von Würzburg (s. d.) und seine Schule an. Deutlich finden sich Anlehnungen an andere Konrad-Epigonen: Egenolf von Staufenberg (s. d.) zeigt nahe Verwandtschaft, der Rappoltsteiner 'Parzifal' wirkt nach, es zeigen sich Beziehungen zu Ulrich Boner (s. d.), ja auch die Blüte der Ritterdichtung scheint dem Verf. bekannt gewesen zu sein, wie einzelne Erinnerungen aus Gottfried von Straßburg (s. d.) und Rudolf von Ems (s. d.) es beweisen. Der große Unterschied zu den Genannten ist aber der, daß K. K. sich durchaus auf dem Boden des aufblühenden Bürgertums bewegt. Heldentaten treten zurück gegen Ausmalung des Familiären, die Gestalten, obschon noch Ritter, sind in eng bürger-

lichen, ja sogar bedrängten Verhältnissen gesehen. Das Ideal, das der Dichter verherrlicht, ist die Treue, er selbst betont sie an manchen Stellen. Es handelt sich dabei in erster Linie um Freundestreue; das gewählte Motiv ist das der Freundschaftssage von 'Amicus und Amelius', das auch Konrad bereits behandelt hat. Es handelt sich dabei wie in den meisten Novellen des MA. um einen Wanderstoff orientalischer Herkunft, der auch im Französischen, Italienischen und Lateinischen Gestaltung gefunden hat: Von zwei Kameraden rettet der eine den schwer erkrankten andern durch Opferung der eigenen Kinder; ein Wunder aber ruft die Kinder ins Leben zurück. Abweichend von Konrad ist die Verbindung der Freundschaftssage mit einer Legende vom heiligen Jakob, der den einen der beiden Gesellen vom Tode erweckt, den er auf der Wallfahrt gefunden hat; durch des andern Treue gelangt der Leichnam aber doch noch zu der Gnadenkapelle, wo sich das Wunder vollzieht. Der Erweckte seinerseits hält Freundestreue, als der andere am Aussatz erkrankt und nur durch das unschuldige Blut gerettet werden kann.

2. Die Erzählungsart K.s ist äußerst sympathisch. Lebhafter Dialog, liebevolle Einzeldarstellung ohnePlattheiten, Affektmalerei ohne die Übertreibung der Spätzeit zeichnen sie aus. Die Frage, die bei Goedeke auftaucht, ob die 'Jakobsbrüder' vielleicht identisch seien mit dem bei Rudolf von Ems erwähnten 'Wallaere' eines Heinrich von Linau (s. d.), darf wohl endgültig abgelehnt werden, und man kann sich ruhig an K.s eigene Angabe halten. Etwas Anderes ist es, daß dem Dichter vielleicht ein lateinischer Prosabericht der beiden verbundenen oder einer der Legenden vorgelegen hat. Nach Vers 1193/95 könnte man darauf schließen:

ders uns ze liste hat gedaht
und ze tütsche hat gebraht
daz tet Kuonze Kistener......

Doch kennen wir das etwaige Vorbild nicht.

3. Die Überlieferung der Dichtung ist zwar ziemlich zahlreich, aber nicht sehr genau. Goedeke nimmt einen verlorenen Archetypus an, von dem die drei erhaltenen Fassungen ausgehen; doch weist jede von ihnen eigene Fehler auf. Wir besitzen:

A) die Wolfenbüttler Hs. 4° Aug. 16. 17, aus dem Anfang des 15. Jhs. stammend. Der Dialekt weist auf Straßburg, desgleichen der Besitzvermerk. Ferner sind in diesem Sammelbande noch weitere auf Straßburg bezügliche Arbeiten erhalten.

B) die von Wülcker gefundenen Frankfurter Fragmente; 2 Quartblätter mit 93 Zeilen, die sich auf dem Frankfurter Stadtarchiv befinden. Sie sind eine mitteldeutsche Umschrift des Urtextes und Ende des 14., Anfang des 15. Jhs. anzusetzen. Selbst die Kürze der Bruchstücke zeigt eine weit sorgsamere Arbeit als die der Wolfenbütteler Hs. Wir haben es mit dem Vorbild zu

C) zu tun. Dies ist die Bearbeitung der K.schen Dichtung durch Pamphilus Gengenbach um 1516 (Druck: Berlin Yg 6731). Der Bearbeiter läßt die Einleitungsworte weg, doch bleibt K.s Name überliefert. Im Übrigen erstrecken sich die Änderungen meist auf Sprachliches. Die Neubelebung des alten Büchleins zeigt aber, wie beliebt es geblieben war.

4. Über des Dichters Persönlichkeit wissen wir außer seinem Namen sehr wenig. Wie die Überlieferung auf Straßburg wies, so auch der Name, der von einer dortigen Bürgerfamilie getragen wurde. Urkundlich erwähnt ist ein K. K. 1355 als *winrueffer und winmesser*, was etwa „Weinhändler" bedeutet. Es besteht kein Grund, den Dichter nicht mit diesem K. K. zu identifizieren. Ferner spricht dafür der Umstand, daß sich am Weinmarkt eine Jakobskapelle befand, die den oft dort Weilenden zu seiner Arbeit angeregt haben könnte.

ADB. XVI S. 38. K. Euling *'Die Jakobsbrüder' des K. K.* (Bresl. Germ. Abh. XII) 1899. Goedeke ²I S. 233; ders. *K. K.* 1855; ders. *P. Gengenbach* 1856. W. Golther *Die deutsche Dichtung im MA.* ²1922, S. 431/32. R. Köhler *Zu K. K.*, Germ. 10 (1865) S. 447ff. A. Leitzmann *Zu den 'Jakobsbrüdern'*, ZfdPh. 32 S. 422. Eine Prosa-Bearbeitung in Pfeiffers Adt. Übungsbuch. — Urkundliches im Straßburger UB. V S. 295, Nr. 336. R. Wülcker *Zu K. K.*, Germ. 17 (1872) S. 55ff.

Ruth Westermann.

Kistenfeger, Heinrich. Hs. Additional 16581 des Britischen Museums, 15. Jh. (1469), ostschwäbisch, Bl. 147b; s. R. Priebsch *Deutsche Hss. in England II* (1901) S. 147—58.

Ihm wird in den Mund gelegt der Spruch:

Wer komen ist zu seinen tagen,
Der soll uon nyemants ubels sag̃,
Er soll sich selber sehen an,
Was er selber ubels hab getõn.

R. Priebsch.

'Klage', s. 'Minners Klage' u. 'Nibelungenlied'.

Klaus, s. auch Nikolaus.

Klaus, Bruder, s. Nikolaus v. d. Flühe.

Klaus der Schirmer, *ein hoher lesmeister von Paris.* Eine Predigt von ihm in der Basler Hs. A. VI. 38, v. J. 1493, Bl. 61ª—83ᵇ.

W. St.

Klefelser, Paulus, aus Regensburg. Von ihm eine deutsche Prosabearbeitung des '*Macer floridus*' (von der Loire, Ende des 11. Jahrhunderts), im Münchener Cod. germ. 376, saec. XV., Bl. 161ff.

Sudhoff.

'Kleriker und Nonne'.

1. Die Cambridger Liedersammlung (Ms. cod. Cantabrig. Gg 5.35 [früher Nr. 1567] der Universitätsbibliothek von Cambridge Bl. 432—441) enthält auf Bl. 438ª—439ᵇ ein Gedicht, das geschwärzt und teilweise auch radiert, infolgedessen bis auf die Zeilenschlüsse in der Hauptsache unleserlich gemacht ist. Die wenigen erhaltenen Reste lassen mit einiger Sicherheit nur erkennen, daß es sich um die Liebeserklärung eines Mannes handelt, der einer Nonne seine Minne anträgt. Die Verse waren in (wahrscheinlich elf) Strophen eingeteilt, die aus je zwei Langzeilen bestanden, deren Halbzeilen untereinander durch Endreim gebunden waren, und ähnlich wie das in der gleichen Sammlung überlieferte Lied '*De Heinrico*' (s. d.) in lateinisch-deutscher Mischsprache abgefaßt. Fraglich bleibt, ob das Lateinische und das Deutsche auch gleichmäßig auf die einzelnen Halbzeilen verteilt waren; dagegen folgt der Versbau auch in den lateinischen Partien offensichtlich deutschem Muster. Entstanden wird das Stück spätestens im ersten Drittel des 11. Jhs. sein; die Mundart der erkennbaren deutschen Worte weist auf das Nordrheinfränkische oder Thüringische. Den noch lesbaren Text und seine Verteilung auf die einzelnen Zeilen der Handschrift bietet jetzt am übersichtlichsten die Ausgabe Streckers.

2. Nachdem Pertz um die Mitte des vorigen Jhs. durch eine gelegentliche Bemerkung zuerst die Aufmerksamkeit der Forschung auf dieses Gedicht lenkte, hat es an Deutungs- und Ergänzungsversuchen nicht gefehlt. Scherer (*Denkm.*³ II S. 104) faßte es als Gebet eines frommen Mannes, „der sich zu seiner Schutzheiligen in der Form eines Liebesliedes erhebt", drang aber mit seiner Ansicht nicht durch und wurde von Steinmeyer (ebda. S. 106) dahin berichtigt, das Ganze wäre ein Dialog zwischen einem Kleriker und einer Nonne, „in welchem er ihr seine Liebe anträgt". Steinmeyer fand Zustimmung bei Koegel, Golther, Brinkmann u. a. besonders für die Person des Klerikers, während Singer und Ehrismann in dem Liebhaber einen Ritter bzw. vornehmen Laien sehen wollten. v. Unwerth-Siebs wiederum ließen diese Frage offen und erklärten den mutmaßlichen Inhalt als „Zwiegespräch zwischen einer Nonne und einem Manne, der sie zur Liebe verführen will".

Alles in allem herrscht heute Einigkeit über die Form des Dialogs, ebenso darüber, daß der weibliche Gesprächspartner eine Nonne ist, da dies durch die Überlieferung einwandfrei bestätigt wird. Ob dagegen die angeblich schon auf Pertz zurückgehende Überschrift 'Kleriker und Nonne' gerechtfertigt ist, scheint auch durch Brinkmanns Ausführungen keineswegs endgültig geklärt. Aber Kleriker oder nicht Kleriker: hätte Brinkmann mit seiner (für den Ausgang des Gedichtes auch von Ehrismann und anderen vertretenen) These recht, daß die Nonne der Werbung und Verlockung auf irdische Freuden als "Gottes Braut" widersteht, so bleibt — wie schon Strecker betonte — die Zerstörung des Gedichtes unverständlich, als deren Grund immer wieder der „bedenkliche Inhalt" angeführt wird (vgl. hierzu auch die Nummern 27, 39, 49 der Cambridger Lieder). Ein Sieg der Keuschheit würde aber doch den Inhalt gerade unbedenklich erscheinen lassen und damit den an sich einleuchtenden Zweck der Zerstörung wieder hinfällig machen. Falls es also nicht gelingt, den bisher noch unleserlichen Text doch noch zu entziffern, dürften alle Erklärungsversuche und die an sie geknüpften Schlußfolgerungen ohne zwingende Beweiskraft bleiben, und auch die mutmaßliche Bedeutung des Gedichtes für den deutschen Minnesang und seine Entwicklung darf daher nicht überschätzt werden.

Ausgaben: Ph. Jaffé ZfdA. 14 (1869) S. 494f. P. Piper Kürschners deutsche Nationalliteratur 162 (o. J.) S. 225f. K. Breul ZfdA. 30 (1886) S. 186ff.; ders. *The Cambridge Songs* (1915) S. 16 f., 94. K. Strecker *Die Cambridger Lieder* (1926) S. 74ff. Nr. 28.

Abhandlungen: Pertz Abhandlg. d. Preuß. Akad. d. Wissensch. (1851) S. 222. Müllenhoff-Scherer *Denkmäler* Bd. ³II (1892) S. 104, 106. R. Koegel *Geschichte der deutsch. Literatur* 1, 2 (1897) S. 136ff. Golther *Die deutsche Dichtung im Mittelalter* (1912) S. 71. G. Ehrismann *Geschichte der deutsch. Literatur* 1 (1918) S. 232ff.; ²1 (1932), S. 241ff. v. Unwerth-Siebs *Geschichte der deutsch. Literatur* (1920) S. 110f. S. Singer PBB. 44 (1920) S. 427. H. Brinkmann Neophilologus 9 (1924) S. 217f.

Hans Bork.

Klesse, Verfasser der 'Chronik von alten Dingen der Stadt Mainz'.

1. Hss. Die wichtigste Hs. aus dem 15. Jh. befindet sich in der Stadtbibl. Frankfurt a. M. Ihr Besitzer war Johann Maximilian zum Jungen. Eine im Staatsarchiv Darmstadt liegende Sammlung von Originalen und Abschriften aus dem 14. und 15. Jh., die sich auf innere Mainzer Angelegenheiten beziehen, diente vermutlich als Grundlage zur Abfassung der Chronik. Eine Abschrift der Frankfurter Hs. nahm J. E. von Glauburg im 18. Jahrhundert vor (Staatsarchiv Darmstadt). Diese Abschrift wurde von Uffenbach kopiert (Universitätsbibl. Gießen) und von Bodmann exzerpiert (Staatsarchiv Darmstadt, Bodmann-Habelsche Sammlung).

2. Der Verf. nennt sich an einer Stelle der Chronik (S. 67, 5) mit seinem Vornamen *Clesse* = „Klas, Nikolaus". Er gehörte den Geschlechtern der Stadt Mainz an, redet er von diesen doch als *unsern frunden* und mit ihnen als *wir*. Er befand sich auch unter denen, die nach Oppenheim auswanderten, und mit denen 1429 dort verhandelt wurde. Die Vermutung Bechs, daß er mit dem in der Chronik oft an hervorragender Stelle genannten Clesse Reise gleichzusetzen ist, wurde durch Wyß auf Grund weiterer Belege gegen Hegel stark gestützt.

Über diesen Clesse Reise wissen wir außer dem, was die Chronik von ihm erzählt, nicht viel. Wyß hat dazu einige schätzenswerte urkundliche Nachrichten zusammengetragen. Im Jahre 1430 erscheint er vermählt mit einer Tochter des Schultheißen Peter zum Mulbaum. Zusammen mit Heinrich Spyrer war er im Jahre 1443 Pfleger des Hospitals zum heiligen Geist. Wahrscheinlich ist er im Jahre 1462 bei der Eroberung von Mainz umgekommen.

3. Die Chronik beginnt mit einer Übersetzung des bekannten von Erzbischof Adalbert I. der Stadt Mainz 1135 erteilten Freiheitsbriefes. Im wesentlichen umfaßt sie dann den Zeitraum von 1332—1452, den der Verfasser von etwa 1400 an selbst miterlebt hat. Während aber die Geschichte des Reiches und der Mainzer Erzbischöfe kaum gestreift wird, beschränkt sie sich fast ausschließlich auf die inneren Verhältnisse der Stadt. Im Mittelpunkt der Erzählung steht der Kampf zwischen den Geschlechtern und der Gemeinde um die Stadtregierung. Der Verfasser gibt hier auf Grund zahlreicher von ihm mitgeteilter Urkunden, Akten und Briefe ein ausführliches Bild der Mainzer Finanzverhältnisse, des durch ihren schlechten Zustand bedingten Streites zwischen Geschlechtern und Gemeinde und der langläufigen, unter Vermittlung der Räte befreundeter Nachbarstädte gepflogenen Verhandlungen. Als Anhang schließt sich daran eine Darstellung des Streites zwischen dem neuen Rate und der Geistlichkeit wegen der städtischen Steuerforderungen in den Jahren 1445—1452. Der Verfasser versucht eine objektive, allein auf die Akten gegründete Erzählung zu geben, kann aber an einigen Stellen seine den Standesgenossen freundliche Stimmung nicht ganz verbergen. Die Chronik ist von größtem Wert für unsere Kenntnis der Geschichte

der Verfassung und Verwaltung der Stadt Mainz.

Ausgabe: C. Hegel *Die Chroniken der mittelrheinischen Städte. Mainz.* Bd. I (Die Chroniken der Deutschen Städte vom 14. bis ins 16. Jahrhundert. Bd. XVII) 1881.

Zur Ausgabe und der Verfasserfrage: F. Bech LZbl. 1882 Sp. 171—173. C. Hegel a. a. O. II, 2. S. 244—246. A. Wyß *Zur Geschichte der Stadt Mainz im Mittelalter,* WZ. 3 (1884) S. 35. C. Hegel *Über die Ausgabe der Mainzer Chroniken,* WZ. 3 (1884) S. 398. A. Wyß *Über die Ausgabe der Mainzer Chroniken,* WZ. 3 (1884) S. 409. Zu den Handschriften: A. Wyß FDG. 18 (1878) S. 211. L. Weiland NA. 4 (1879) S. 67. L. Götze Archivalische Zeitschr. 2 (1877) S. 146 (Verzeichnis).

Uhlhorn.

Klesse, s. Dietrich von der Glesse.

Kleve, s. Joh. u. Philipp v. Cleve.

Cliers, s. Gliers.

Klingen, s. Walther v. K.

Klingsor *(Klingser, Klingesor(e), Klinsor, Klinges Uhr, Clingsor, Clinchor)* (1) ist eine Gestalt, die in ihrer ausgesprochenen Eigenart Wolfram von Eschenbach (s. d.) — 'Parzival' — zum Schöpfer hat. Ich halte es für fraglich, ob es überhaupt angängig ist, zur Namenserklärung auf San Martes These zurückzugehen, die den Ursprung in frz. *clincher* (Hinweis auf Lüsternheit) suchte. Auch K. Bartschs Ableitung *(Die Eigennamen in Wolframs 'Parzival' und 'Titurel'*, Germ. Stud. II [1875] S. 114ff., bes. S. 150) aus afrz. *clergeot*, prov. *clergier* scheint nicht überzeugend. Kaum zwei Generationen nach Wolframs Tode weiß man so wenig historisches Geschehen von legendärer Erzählung zu scheiden, so wenig Personen der Wirklichkeit und Figuren der Dichtung zu trennen, daß aus dem Geschöpfe Wolframs, dem "listenreichen" Zauberer, sein Widersacher im 'Wartburgkrieg' (s. d.) wird. Der zweite Teil dieses langen Gedichtes, das die alte Gattung des Rätselliedes — man denke an die Tradition seit dem 'Traugemundslied' (s. d.) bis zu den Kranzliedern (s. b. Schöffler) aufnimmt, das das Thema des Rätselstreites — u. a. Frauenlob / Regenbogen, Singûf / Rumzlant — auf seine Weise gestaltet, ist reich an altem Sagengut, gefällt sich in vielfältig-verschlungener religiöser Deutung. Er ist im „schwarzen Ton" verfaßt.

2. In dieser Weise liegt uns eine große Anzahl von späteren Liedern vor. Aus dem gelehrten Schwarzkünstler, dem Zauberer bei Wolfram und im 'Wartburgkrieg', wird in der Überlieferung der Meistersinger Klingsor, der im „schwarzen Tone" schuf. Wenn man das *Klingesor vō vngerlant* in der Manessischen Hs. gewidmete Bild betrachtet, dann vermag man sich vorzustellen, daß die Meistersinger in ihrem Streben nach Regel, Gesetz, Autorität einen Dichter als einen der Ihren hinstellen, der als einziger klar und gefestigt dem Ansturm der Gesanges-Widersacher zu widerstehen scheint. Die Überzeugung von der Existenz des historischen K. geht so weit, daß Meister Folz (s. d.) in seinem Dichterkataloge in dem von Hans Sachs um 1516 z. T. selbst geschriebenen Berliner Codex mgq. 414 (Bl. 475f.; Mayer *Meisterlieder* Nr. 94, Ges. 2) erklärt : *Clingser der kund wol singen*, daß Kunz Nachtigal (s. d.) in der gleichen Hs. (Bl. 426f.; WKL. II S. 1311) ihn erwähnt, daß die Heiberger Hs. (s. Schröder S. 226) ihn gar als ersten *alt nachdichter* nennt und ihm außer seinem „schwarzen Ton" noch eine „Nachtweise" zuschreibt, eine Melodie, die sie sogar selbst benutzt. Der „schwarze Ton" schließlich ist nach Münzer nicht charakteristisch bei dem so wichtigen Sammler und Theoretiker Adam Puschman (s. Singebuch-Ausgabe S. 17a; Nr. 59) und eng verwandt mit der bei Ruge nach der Jenaer Hs. mitgeteilten Weise.

Mannigfaltiger Art sind die Forderungen, die an den Meistersinger gestellt werden. Seine Gelehrsamkeit, sein Wissen um verborgene Dinge müssen ihm Ruhm und Ruf verschaffen. Aberglauben und religiöse Probleme behandelt er, Sagen und Legenden verflicht er in seine Schöpfungen, Lehren der wahren *kunst* spricht er aus, er übt Kritik am Sangesgenossen. All das lebt in den K. zugeschriebenen Liedern. Wohlgemerkt: manches ist geradeswegs, ohne jedwede Veränderung, aus dem 'Wartburgkrieg' übernommen!

Das Rätsel vom Lebensbaum — uns bekannt aus Darstellungen der Dichter (s. z. B. Michel Beheim) und der bildenden Künstler — und jenes andere vom Vater, der seinen Sohn in schwerer innerer Pein von *eines sewes tamme* zurückrufen will (Kolm. Hs. Bl. 660ª und 667ª; HMS. III 181ᵇ und II 9ª) fordern eine Lösung im religiös-exegetischen Sinne, heißt es doch — völlig in Bahnen meisterlicher Gelehrsamkeit — für das zweite: *Ich sage dir, wer dem kinde rief: Altissimus der starcke; / ein ieglich sünder ist daz kint, / Gotes hern die meisterpfaffen sint....* — Im 'Wartburgkrieg' könnte man den Streit Wolfram / Klingsor auf die Formel bringen: Laie / Gelehrter. So weit geht die Erhöhung des „Meisters" K., daß man nicht wie sonst üblich im Meistergesang das Gegensatzpaar Laie—Kunstdichter (s. Stammler S. 536) aufstellt, sondern daß man die eigentlich doch gänzlich gottfremde Gestalt K.s mit immer größerer, immer tieferer Gottesgelahrtheit begabt. Die Parabel von dem Vogel, dem eines der sorgfältig gehüteten Jungen hoch hinaus entflogen ist, der die andere Brut mit sich ins Verderben reißt, findet seine Auflösung in Christus und Lucifer, *der wider sînen vater wolte vehten*, und in seinen Abfall die Schar der Engel mit sich zog (Kolm. Hs. Bl. 675c f.; HMS. III 431ᵇf.). Mit diesem Vorwurf kommen wir in die Nähe eines 25gesätzigen Liedes '*Der helle krieg*': *Wer pracht uns die krone für, / die ward gemachet von sechzig tausent engel kür, / die wolten got von himelreich verdringen? / Luciper, die kron was dein..* (1ff.). In drastischer Weise wird Luzifers Fall behandelt, man hört seine Klage: *nun pin ich laider worden schwarz und gelbe, rauch, hürnein, schwuzlich, ungestalt, mein krumpe nas ist lange* (Ges. 4), man wird Zeuge der Gespräche von Satanas mit ihm, seinem Meister, Zeuge der Einflüsterungen, er möge ein neues Reich gründen, möge die Hölle erschaffen. Luzifer erwählt sich als König eine Reihe von Fürsten und Rittern (charakterist. Namengebung: man vergleiche Schernbergs [s. d.] 'Spiel von Frau Jutten'), er zieht mit Herren und Gefolge zur Heerschau auf: *Pfeiffer, paucker, pusaunär die pfiffen und pusanten* (Ges. 18). Mit Tanz beginnt es, mit Ausforderungen an Gott bahnt sich das Unheil an, des Höchsten Zorn zerstört die geborgte Herrlichkeit: *Da sprach ein tiefel: welt irs hören? / ich horts eben trumeln in des himels chören, / es ist ain gotes herepaucken gewesen* (Wiltener Hs. 92_a f., Germania 6; s. a. das 5gesätzige Lied in der Kolm. Hs. Bl. 666c).

3. Die Tatsache, daß unter den Liedern in Klingsors schwarzem Ton auch die Legende vom Herzog von „prafant" und vom Schwan (Bl. 687c) genannt wird, vermag nur wiederum zu erweisen, wie durchsichtig die Übertragungen auf K.s Namen sind. Bedeutungsvoller aber ist die mittelbare Wirkung, die sich in Schöpfungen zeigt, die an das Unheimliche, das Übermenschliche, Grauenvoll-Zwingende des Urbildes anknüpfen. Hoffmann-Krayer (Handbuch des deutschen Aberglaubens IV Sp. 1533) nennt K. einen gelehrten Schwarzkünstler und Teufelsbanner; Wolfram bereits stellt ihn in verwandtschaftliche Beziehung zu dem weitberühmten Zauberer Virgilius (s. d.) von Neapel. Und dieser sagenumwobene Mann hat bezeichnenderweise auf zwei Gedichte gewirkt, die unter K.s Namen gehen (über das Problem s. K. L. Roth *Über den Zauberer Virgilius*, Germania 4 [1859] S. 257ff.; Maßmann *Kaiserchronik* S. 438ff.). An erster Stelle sei aus cgm. 476 (15. Jh.) der Meistergesang '*Wie der teufel im glas dem bannenden rede steht*' genannt. Ein alter Stoff! Aristoteles, so erklärt der Klingsor im 'Wartburgkriege', bannte den Geist Klestron (nicht etwa eine Fliege!) in ein Glas; von ihm gewann Virgilius *meisterschafte*. Auch Enenkel (s. d.) erzählt die gleiche Geschichte von Virgilius (s. a. das holländische Volksbuch '*Een schone Historie von Virgilius*', Amsterdam 1522). — Dann aber kommt in diesem Zusammenhange '*Von einem pild ze Rome das den êprecherinnen die vinger ab peiz*' in Betracht (13gesätzig, Wiltener Hs. Germania 4): *Virgilius die künste sîn / ze Rome an einem pilde wol liez werden schîn, / daz er gemachet het mit sînen henden....*, so beginnt das Gedicht, das das alte Motiv des durch eine Frau fälschlich erschlichenen Gottesurteils zum Vorwurf hat — Meister Gottfried von Straßburg (s. d) scheint es fast ins Ethische wandeln zu können! Es handelt sich um eine römische Kaiserin, die den Gatten mit

einem Ritter hintergeht; der Kaiser erhält dadurch Kunde von dem, was ihm geschah, daß *er wachsen sach ûz sînem heubt ein horn, daz muot in sêre* (19f.) — anschaulicher könnte der „Gehörnte" wohl nicht gezeichnet werden. Die Ehebrecherin ist bereit, ihre Schuldlosigkeit darzutun, die Hand in des Standbildes Mund zu legen: bei einem Falscheide sollen ihr zwei Finger abgebissen werden. An dem Urteilsspruch des Wunderwerkes — wir sehen, daß es die *Becca de la verità* ist — wird niemand zu zweifeln wagen. Der Geliebte muß vor dem Urteilsspruch als Narr nahen, muß sie liebkosen, umhalsen: mit gutem Gewissen wird der Schwur abgelegt, daß nur der Ehegatte und jener *leidec tôre* sie je liebend umfing. Es ist das *pild* betrogen, es kann die Betrügerin nicht strafen, doch dann zerspringt es, *ez peiz niht mêr, der kunst was im zerunnen* (130). Die älteste Fassung dieses Gedichtes findet sich in einer Erzählung des Çukasaptati; auch dort, wo dieBeschuldigte zwischen den Beinen einer Statue hindurchgehen muß, stellt sich der Liebhaber toll, um den Reinigungseid zu ermöglichen (Benfey *Pantschatantra* I 456ff.; ähnlich die mongolische Fassung, *Pantschatantra* I 485; s. a. K. Bartsch *Der Zauberer Virgilius*, Germania 5 [1860] S. 94/95).

5. Der Weg vom „Klingsor", in dessen „schwarzem Ton" ein Lied: *In astronomi ein meister was* (in der Kolm. Hs. Bl. 667b) steht, vom Meister der schwarzen Kunst zum Meister der holden Sangeskunst, zum Meistersinger mag den Nachfahren, mag der Überlieferung nicht allzu bedenklich gewesen sein. Gerade das Schullied, mit seinen Forderungen an die Spitzfindigkeit der Kunstgenossen, mit seinen Anforderungen, schwere rätselvolle und rätselhafte Probleme und Fragen zu lösen, mit seiner scharfen Zurückweisung jedes Sängers, der in den Gesetzen der *ars* nicht beschlagen ist, einer Zurückweisung, die manches Mal über Spott und Hohn hinausgeht zu gröblichem Schimpfen, gerade das Schullied als gewisse Zusammenfassung der Selbsteinschätzung und der Kritik des anderen liegt ja durchaus auf der Linie des 'Wartburgkrieges'. Alles, was wir seit dem Kanzler (s. d.), Muskatblüt (s. d.), dem bedeutenden Heinrich von Mügeln (s. d.), seit dem Meistergesangsreformator Hans Folz her immer von neuem hören, was Beheim, was Lesch (s. d.) und Hülzing (s. d.) bewegt, was Zwinger (s. d.) zum Prototyp der Gattung gemacht hat — Primat der sieben freien Künste, Hochachtung vor dem Studium von Quadrivium und Trivium, Sehnsucht nach gleichwertigen Sangesfreunden, Bewußtsein, daß nur die *reine mait* im Leben und in der Kunst zu helfen wisse: all das findet sich in einem K. zugeschriebenen Liede des 15. Jh.s im cod. pal. 392 (Germania 3 S. 316/7). Genau so wenig wie etwa in Zwingers Gedichten (s. a. dazu das unter K.s Namen gehende Lied in der Kolm. Hs. Bl. 683d) handelt es sich hier bei der Anrede *Nun hert ir heren algemein* um eine Floskel ohne gegenständliche Bedeutung: der wandernde Meistersinger kommt an die Statt, wo es gilt, im edlen Wettstreit sein Können zu erweisen.

Ein Meistersinger wie Zwinger kann nur ernste, gesetzte Schullieder schaffen. Hülzing singt neben gläubigen Meisterliedern einmal ironisch-kritisierend von einer Schule, in der nicht erprobte Meister ihre Kunst zeigen, sondern Tiere ihr Unwesen treiben (Kolm. Hs. Nr. 196), dem Kanzler gilt ein künsteloser Sänger so viel wie ein Esel in Löwenhaut (HMS. II 388a). All das reicht auch im entferntesten nicht heran an die häßlichen Schimpfreden und Unflätigkeiten, mit denen die des Gesanges Unkundigen in zwei anderen Gedichten „Meister Klingsors" aus demselben Codex (Bl. 36, Bl. 39, Germania 3 S. 315f.) überhäuft werden. *Welcher reckt sein Maul herfir, recht als der esel hinder der stalle dir? / das sein gesang will jedermann verdriessen.. Der esel hat vil me vernunft, wenn du auch gen mir singest...*, so hebt das Machwerk an. Das Bellen müsse dem Gegner leid werden, er komme überhaupt eigentlich nicht in Betracht, sei *ze krank*. In dem zweiten Liede gar empfiehlt der Verfasser dem Widersacher: *schmirb deinen hals mit rindermist.. so wirt dein hals von heller stim erklingen... Nun heb dich in der affe land, wilt du zu kunig weren, da finst du effin und ir kind, die dir zu allen zeiten undertenig sind, die mugent dein zum kunig nit enberen.* —

Klingsor — nicht ein Mann, der dichterische Werke schuf. Doch kein Name der nur vergessen verweht. Erst die Gestalt, die ein Großer formte, dann eines Zauberers Figur, die im Sagenraum gegen ihren Schöpfer im Wortstreit ficht, dann Kennwort für Vieles, was unheimlich und verborgen, was sagenhaft, überlieferungsumwittert, Deckname für das, was jede Zeit auf ihre eigene Art „magister", „Meister" benannte.

In vielen Hss. finden sich Werke, die unter K.s Namen gehen. Oft auch — man denke nur an die dem 'Wartburgkrieg' entnommenen Stellen — findet sich der gleiche Beleg an verschiedenen Stellen.

Kolmarer Hs. (cgm. 4997) Bl. 666a—667b, 675c—679c, 683a—687c, Wiltener Hs. (cgm. 5198) Bl. 92b—96a. Heidelbg. cod. pal. germ. 392 Bl. 36a, 38a, 39b; 680 Bl. 41. cgm. 746 Bl. 277—283. Das Singebuch von Adam Puschman, Universitätsbibl. Breslau. Heiberger (Steyrer) Hs.

K. Bartsch *Gedicht auf den Zauberer Virgilius*, Germania 4 (1859) S. 237. A. Holzmann *Meistergesänge des XV. Jhs.*, Germania 3 (1858) S. 307ff. G. Münzer *Das Singebuch von Adam Puschman* 1906. H. Oppenheim *Naturschilderung und Naturgefühl b. d. frühen Meistersingern* (Form u. Geist 22) 1931. K. J. Schröer *Meistersinger in Oesterreich*, Germ. Stud. II (1875) S. 197ff. W. Stammler *Die Wurzeln des Meistergesanges*, Dt. Vjschr. 1 (1923) S. 529ff. J. V. Zingerle *Der Helle Krieg*, Germania 6 (1861) S. 295ff.

Horst Oppenheim.

Cloit, Hermann. In der Hs. Nr. 476 der Univ.-Bibl. Münster, ca. 1500, aus dem Dominikanerkloster zu Soest, befindet sich Bl. 299a – 303b ein lateinisch-deutsches Vokabular, in dem es am Schluß heißt: *Expliciunt vocabula theutonizata per fratrem Hermannum Cloit scripta per me in Vismaria tunc indigus* (!) *magister studiorum*. Daraus scheint mir hervorzugehen, daß H. C. der Zusammensteller des Vokabulars war und ein anderer dies in Wismar abgeschrieben hat. Wir dürfen in H. C. wohl auch einen Dominikaner sehen. W. St.

Closener, Fritsche.

1. Fritsche (= Friedrich) Cl. entstammte einer angesehenen Straßburger Patrizierfamilie, deren Name in den Urkunden des 14. und 15. Jhs. häufig vorkommt, auch in den Listen der Münzerhausgenossen, der Beamten der bischöflichen Münze, mehrfach erwähnt wird. Sein Vater hieß Sigfried, seine Mutter Margaretha; diese, eine geborene Spirer, ist 1366 als Witwe noch unter den Lebenden bezeugt. Friedrichs Geburtsjahr ist unbekannt. Auf Grund der wenigen Notizen, die uns über sein Leben erhalten sind, bekleidete er nach Empfang der Priesterweihe zeitlebens das Amt eines Münsterbenefiziaten und gehörte infolgedessen auch der Vereinigung der Vikare des „großen Chores" an, die als Organisation der niederen Geistlichkeit neben der Korporation des Domkapitels an der Kathedrale existierte. 1349 wurde er Präbendar des „Frauenwerks", d. i. der Münsterfabrik, welcher der Marienaltar unter dem Ambon gehörte. Als solcher war er städtischer Beamter und der Jurisdiktion des Rats unterstellt. Bekleidung und Beköstigung empfing er (wie Baumeister und Steinmetzen) vom Frauenwerk. Außerdem erhielt er als Vergütung für seine priesterlichen Funktionen jährlich 5 Pfund Pfennige. Schon vor Ablauf eines Jahres scheint Cl. aber diese kärglich besoldete Stelle mit der besser dotierten Pfründe des neu errichteten Katharinenaltars vertauscht zu haben, in deren Besitz wir ihn seit Herbst 1358 urkundlich nachweisen können. Später ist ihm dann noch der Aufstieg zum Summissariat, zu einer der einträglichsten und angesehensten Pfründen am Münster, gelungen, mit der die Feier des Haupt- und Festgottesdienstes anstelle der behinderten adligen Domherrn ohne presbyteralen Ordo verbunden war. Sein Todesjahr ist unsicher. Nach einer Konjektur Alois Schultes wäre er bereits 1372/73, nach Grandidier 1384 oder in einem späteren Jahre gestorben; urkundlich sicher weilte er erst 1396 nicht mehr unter den Lebenden. Als seinen Todestag bezeichnet das Nekrologium des „großen Chores" den 26. Oktober.

2. Cl.s schriftstellerische Bedeutung beruht in erster Linie auf seiner historio-

graphischen Tätigkeit. Mit seiner 'Chronik' beginnt die Reihe der deutsch geschriebenen Geschichtswerke Straßburgs. Ursprünglich nur als Papst- und Kaisergeschichte gedacht, wuchs sie sich unter der Hand auch zur Straßburger Stadt- und Bistumsgeschichte aus. Bürgerliches Interesse an der Vergangenheit verlangte damals entschieden nach einer, auch dem ungelehrten Laien verständlichen, Darstellung der Kämpfe um die städtische Freiheit. Solchem Bedürfnis suchte Cl. durch seine Chronik abzuhelfen. Sie beginnt, dem ursprünglichen Plane entsprechend, mit einem der üblichen, Martin von Troppau († 1278; s. d.) nachgeschriebenen Papstkataloge, der vom Jahre 1277 an nach der 'Sächsischen Weltchronik' ergänzt ist. Er führt von Jesus Christus, dem „ersten und obersten Papst", bis zu Clemens V. (1305—1314), der den päpstlichen Stuhl nach Avignon verlegte. Im übrigen beschränkt sich die Tabelle auf kurze Notizen über die Dauer der einzelnen Pontifikate, fügt häufig Angaben über die Herkunft der Päpste hinzu und vermerkt gelegentlich auch noch andere Umstände ihres Lebens und wichtig dünkende Regierungsmaßnahmen. Dabei unterlaufen aber Auslassungen, Verwechslungen und mancherlei andere Ungenauigkeiten. Das sich anschließende Verzeichnis der römischen und griechischen Kaiser ist noch unkritischer gehalten. Karls des Großen Erwerb der Kaiserkrone bedeutet Übergang des Reichs an die „Franzosen", Otto I. bringt es dann an die Deutschen. Allmählich anschwellend, sprengt die Darstellung bald den Rahmen eines einfachen Herrscherkatalogs und wächst seit Rudolf von Habsburg immer mehr in die Breite. Mit der Krönung Karls IV. im Jahre 1355 schließt dieser Abschnitt. Es folgt hierauf die Geschichte der Bischöfe von Straßburg, eingeleitet mit einer einfachen Namenliste. Dann schiebt sich die Übersetzung des '*Bellum Waltherianum*' (1261—1263) ein, die Cl. 1362 auf Veranlassung „Johannes Twingers eines Bürgers zu Straßburg" veranstaltete, desselben Twingers übrigens, der Mitglied des Stadtrates, 1357 und öfter auch regierender Stadtmeister war. Die packende, nach Berichten von Augenzeugen (von einem Karmelitenpater namens Peter?) verfaßte Schilderung der schweren Kämpfe des stolzen Bischofs Walther von Geroldseck mit der Bürgerschaft und der Niederlage des ersteren bei Hausbergen ist ein wahres Kabinettstück der Straßburger Lokalgeschichtschreibung, das in Erinnerung an die heldenhaften Kämpfe um die städtische Freiheit immer wieder gern gelesen wurde. Die Geschichte der Nachfolger Walthers gibt Cl. dann ebenfalls in ausführlicherer Form bis 1358. Mitten in der Regierungszeit Johanns von Lichtenberg (1353—1365) bricht die Erzählung ab. Der Rest der Chronik handelt, nach sachlichen Gesichtspunkten geordnet, von Feuersbrünsten, Kriegszügen, Judenverfolgungen, Geißlerfahrten, Pest und Bürgerzwisten, berichtet über Stifte und Klöster, städtische Bauten, Naturereignisse, Wein- und Kornpreise, sowie über den Streit um die Besetzung der Dompropstei nach dem Tode Gebhards von Freiburg († 1337). Ein Anhang bringt in Anlehnung an die 'Sächsische Weltchronik' eine zweite Fassung der staufischen Geschichte von Philipp von Schwaben bis auf Rudolf von Habsburg. Der Verfasser überläßt es naiver Weise dem Leser zu wählen, ob er lieber diesem Bericht oder jenem der Chronik folgen wolle.

3. Cl.s Geschichtswerk ist ein anspruchsloses Mosaik aus den Schriften Martins von Troppau (s. d.), Ellenhards (s. d.) und der im Elsaß weitverbreiteten oberdeutschen Fortsetzung der 'Sächsischen Weltchronik'. Eigenwert besitzt es nur für die Zeit von 1320—1360. Einzigartige Dokumente sind hier die Nachrichten über die Geißler mit den wörtlich zitierten Gesängen und Predigten derselben, über die Verfassungsumwälzungen in den Jahren 1332 und 1349 und die dadurch heraufgeführten Parteikämpfe innerhalb der Stadt, über den schwarzen Tod und über den Wahlstreit im Domkapitel. Die knappen Zusätze, mit denen Cl. die Papst- und ältere Kaisergeschichte versieht, verraten deutlich den Geistlichen. Seiner politischen Gesinnung nach steht er, wie

die Bürgerschaft Straßburgs überhaupt, in den Tagen des Doppelkönigtums Ludwigs des Baiern und Friedrichs von Österreich im Lager der Feinde Habsburgs. Darum verläßt er auch bei der Erzählung der Regierung Adolfs von Nassau plötzlich seinen bisherigen Führer, den noch habsburgerfreundlichen Ellenhard, und vertraut sich von da ab der Leitung des oberdeutschen Fortsetzers der 'Sächsischen Weltchronik' an. Zur ghibellinischen Weltanschauung bekennt er sich gelegentlich der Erwähnung der Aufsehen erregenden, viel gelesenen Neuerscheinung seiner Tage, des *'Defensor pacis'* eines Marsilius von Padua. Bei der Darstellung der inneren Geschichte Straßburgs, die den wertvollsten Teil der Chronik bildet, tritt Cl.s bürgerliche Auffassung, aber auch seine unbedingte Wahrheitsliebe klar zu Tage. Der Stil der Chronik ist einfach und schmucklos. Aber gerade die Schlichtheit des Ausdrucks verleiht der Erzählung den besonderen Reiz unmittelbarer Wirklichkeitsnähe. Von kunstvollem Aufbau kann keine Rede sein, die Schrift ist vielmehr eine lose Aneinanderreihung von Stadt- und Allgemeingeschichte, die ihre Akzente ganz nach den Vorlagen verteilt. In den originalen Teilen scheint mehr eine Materialsammlung denn ein wirkliches Geschichtswerk vorzuliegen. Als Abfassungszeit kommen hauptsächlich die fünfziger Jahre des 14. Jhs. in Frage. Wahrscheinlich haben schon die wirrvollen Ereignisse des Jahres 1349: Pest, Geißlerzüge, Judenbrand und Umwälzung der Ratsverfassung, Cl. die Feder zu Aufzeichnungen in die Hand gedrückt. Auf der letzten Wegstrecke scheint ihm dann der freundliche Zuruf des historisch interessierten Stadtmeisters Twinger und dessen Auftrag zur Übersetzung des *'Bellum Waltherianum'* den Ansporn zur Vollendung des Werkes gegeben zu haben. 1362 wird die Handschrift abgeschlossen. Lange Zeit ward sie im Hause Unserer Lieben Frau, dem Verwaltungsgebäude der Münsterfabrik, aufbewahrt. Heute befindet sie sich nach dunklen Irrfahrten in der Nationalbibliothek zu Paris.

4. Außer dieser Chronik verfaßte Cl. auch ein knappes, geschickt angelegtes lateinisch-deutsches und deutsch-lateinisches 'Vocabularium', dessen Existenz durch einen Hinweis im Wörterbuch Jakob Twingers (s. d.), der es als Muster benutzte, verbürgt war, das aber lange Zeit als verschollen galt, bis F. Jostes es 1895 wieder ans Licht zog. Für die Geschichte der mhd. Lexikographie ist es als erster selbständiger Auftakt von hervorragender Bedeutung.

5. Dem praktischen Sinne Cl.s entsprang endlich noch als dritte Schrift das *'Directorium chori'*, eine Zusammenstellung der an der Straßburger Kathedrale geübten Zeremonien und Gebräuche. Um eine solche Aufzeichnung hatte sich zwar in der ersten Hälfte des 12. Jhs. schon der Kanonikus Balduf bemüht, doch war sein Werk ein Torso geblieben. Cl.s Rituale erfaßte den Stoff dagegen völlig, erhielt 1364 auch die Approbation des Bischofs, des Dekans und des ganzen Kapitels, harrt aber noch seiner wissenschaftlichen Erschließung seitens der Liturgiegeschichte, da es erst jüngst in cod. 966 der Melker Klosterbibliothek wieder entdeckt wurde.

Ausgaben der Chronik: A. W. Strobel, Bibliothek des literarischen Vereins in Stuttgart Bd. I, 1843, S. 1—127. C. Hegel Die Chroniken der deutschen Städte Bd. VIII, 1870, S. 1—151.

Literatur: A. W. Strobel *De Frid. Closneri presb. Arg. chronico germanico* 1829. L. Schneegans *Notice sur Closener et Twinger de Koenigshoven*, Code histor. et diplom. de la ville de Strasbourg, T. I. 1843, S. 1—20. C. Hegel ADB. IV 1(876) S. 341 W. Wiegand *Das 'Bellum Walterianum'*, Straßburger Habilitationsschrift 1878. A. Schulte *Closener und Königshofen*, Straßburger Studien I (1883) S. 277—299. O. Lorenz *Deutschlands Geschichtsquellen im Mittelalter* Bd. I., 1886, S. 32ff. F. Jostes *Fritsche Closeners und Jakob Twingers Vokabularien*, ZGORh. 49 (1895) S. 424—443. Ch. Schmidt *Les chroniqueurs Ellenhard, Closener, Koenigshoven*, Revue d'Alsace 47 (1896) S. 148—150. R. Reuss *De scriptoribus rerum Alsaticarum historicis*, Argentorati 1897, S. 30 bis 35. H. Vildhaut *Handbuch der Qellenkunde zur deutschen Geschichte*, Bd. II (1900) S. 34—38.

J. Ahlhaus.

Kloster, s. 'Der Minne Kloster'.

Clusener, Heinrich, Geistlicher und Schreiber in der königlichen böhmischen

Kanzlei, dichtete um 1280 im Auftrag Wenzels II. eine Marienlegende im höfischen Novellenton. Seinen Stoff erhielt er von dem Franziskanergardian Pilgrim in Görlitz; es ist eine Wundergeschichte, wie Maria einen armen Schüler zu sich heimholt, und sonst nicht überliefert. Ein Ausfall gegen die dunkle Dichtungsweise Frauenlobs (s. d.) ist eingeflochten.

Druck nach der Pommersfelder Hs. 2798, XIV. Jh., bei K. Bartsch *Mitteldeutsche Gedichte* (StLV. 53) 1860, S. 1/39; dazu Einl. S. VIII/XIII. E. Schröder ZfdA. 67 (1930) S. 152/4. — Zum Motiv von Marias Kleidern vgl. de Vooys *Middelnederlandse legenden en exempelen* 1926, S. 92ff.

W. St.

Der elende Knabe. Als „elenden Knaben" bezeichnet sich wiederholt der Dichter von vier Spruchgedichten über die Minne, die im cod. pal. germ. 344 aufeinander folgen (das erste auch in cod. pal. germ. 313) und danach schon 1499 gemeinsam gedruckt sind. Das Datum 1459, das an den Schluß des ersten Gedichtes angereimt ist, stammt kaum vom Dichter selbst, der wohl einige Jahrzehnte früher gedichtet hat. In seiner Sprache verbindet sich Mitteldeutsches und Alemannisches. Von seinen vier Dichtungen bedienen sich drei der allegorischen Personifikation, während das vierte 'Die Minne im Garten' sich für die Belehrung über die Minne mit dem einfachen Motiv der Traumliebe begnügt. Das didaktische Element steht naturgemäß für den Minneallegoriker im Vordergrund, aber der „elende Knabe" unterscheidet sich dadurch von den meisten seiner Mitstrebenden, daß er auch anschaulich und lebendig zu erzählen versteht. Vor allem steht er dem geblümten Stil, wie er besonders von der 'Minneburg' und Egon von Bamberg (s. d.) in die Minneallegorie eingeführt war, recht fern, vielmehr ist seine Sprache einfach und durchsichtig.

Seine umfänglichste Dichtung 'Der Minne Gericht' (1840 v.), greift ein Motiv aus des Andreas Capellanus Liebeslehre auf, die Bestrafung der spröden Geliebten, wobei charakteristischerweise die Einkleidung im Sinne der allegorischen Personifikation umgestaltet wird. Die Gerichtsszene wird nur indirekt gegeben, der Hauptnachdruck liegt auf den dem Andreas wohl unmittelbar entlehnten 13 Geboten und 32 Regeln der Minne. Das Gedicht 'Minne und Pfennig' (688 v.) verbindet das alte Streitgespräch mit allegorischer Handlung und einer allgemeinen Klage der Tugenden *Wißhait, Kunst, Frümkait und Ere, Lieb, Adel und Geistlich Lere* über den Materialismus der Welt. In 'Der Minne Freud und Leid' erscheinen diese beiden Seiten der Minne personifiziert und werden vom Dichter in ihrer Notwendigkeit erkannt. Nach Gedankengehalt und Motivschatz steht der „elende Knabe" also durchaus in der Tradition seiner Zeit.

Die Gedichte hrsg. von K. Matthaei *Mittelhochdeutsche Minnereden* (Deutsche Texte des Mittelalters 24) Nr. 1—4, S. 1—59; dazu Einleitung S. IXf. Über die Drucke s. Weller *Annalen der poetischen National-Lit. der Deutschen* II (1864) S. 10; zum Druck von 'Minne und Pfennig' (Frankfurt 1580) vgl. Gervinus *Gesch. d. dt. Dichtung* II⁵ S. 444. — K. Matthaei *Das 'Weltliche Klösterlein' und die dt. Minneallegorie.* Diss. Marburg 1907, S. 37f. (dort auch über eine Nachahmung). F. X. Wöber *Der Minne Regel v. Eberhard Cersne v. Minden* 1861, S. XXII. Strothmann *Die Gerichtsverhandlung als literarisches Motiv* 1930, S. 25—27. Ranke *Zur Rolle der Minneallegorie in der deutschen Dichtung des ausgehenden Mittelalters*, Festschrift Th. Siebs 1933, S. 307f. Ehrismann *Literatur-Geschichte* II 2, S. 507f.

H.-Fr. Rosenfeld.

Knebel, Joh., s. Nachtrag.

Knorr von Onolsbach, Doktor. Hs. Additional 16581 des Britischen Museums, 15. Jh. (1469), ostschwäbisch, Bl. 170ᵇ; s. R. Priebsch *Deutsche Hss. in England* II (1901) S. 147—58.

Ihm wird zugeteilt Freidank 153, 15.

R. Priebsch.

Köbel, Jakob, s. Nachtrag.

Köditz, Friedrich, von Saalfeld, war um 1300 Rektor der Klosterschule zu Reinhardsbrunn. 1323 muß er schon tot gewesen sein, da in diesem Jahr bereits sein Amtsnachfolger Konrad von Molschleben urkundet. Was für einem Geschlecht er angehört hat, oder sonstiges über ihn hat sich nicht gefunden. Überliefert ist sein Name durch Nikolaus Götze von Mühlhausen, der 1404 eine Abschrift (Hs. C) von

K.s Werk für den damaligen Abt von Reinhardsbrunn anfertigte. Sie enthält *daz lebin des ediln togenthaftigin lantgraven Lodewigis, der da was elich gemal unde wirt der heiligin hochgebornen frouwen Elyzabeth.* K. übersetzte nach einer verloren gegangenen lateinischen Vita des Landgrafen Ludwig IV. von Thüringen, von der uns Teile in der '*Chronica pontificum et archiepiscoporum Magdeburgiensium*' aufbewahrt sind. Die Feststellung von K.s Quellen ist ziemlich schwierig. Als Verfasser einer ursprünglichen Vita wird Ludwigs Kaplan Berlt oder Berthold genannt, doch liegt ein Teil der beschriebenen Ereignisse erst um 1308, so daß für diese eine Verfasserschaft eines Zeitgenossen Ludwigs nicht anzunehmen ist. Nach den Forschungen von Wenck und Börner hat der Kaplan Berthold Annalen geschrieben, die das Leben Ludwigs mitbehandeln. Diese Annalen sind die eine Vorlage der verlorenen lateinischen Vita. Die zweite ist die Lebensbeschreibung der heiligen Elisabeth, welche 1289 von Dietrich von Apolda (s. d.) verfaßt wurde, und aus der auch die dem Köditzschen Werk verwandten '*Annales Reinhardsbrunnenses*' geschöpft haben. Der Verfasser der lateinischen Vita hat dann noch aus Eigenem dazugegeben und das Werk somit erweitert.

Zwischen 1308 und 1314 ist diese Kompilation entstanden, nach der K. seine Übersetzung anfertigte, die also in den Zeitraum zwischen 1314 und 1323 fällt. Der Stammbaum von K.s Arbeit stellt sich demnach wie folgt dar:

Dietrich von Apolda 1289 — Annalen des Berthold um 1228

Lat. Vita Ludwigs zw. 1308 u. 1314

'*Annales Reinhardsbrunnenses*' [1231]-1307 — Übersetzung des K., zw. 1314 u. 1323.

Stilistisch hat K. trotz enger Anlehnung an das Urbild völlig frei und mit bemerkenswerter sprachlicher Sicherheit gewaltet.

Hss.: C = Bibl. Gymn. Casimir. zu Koburg, 4°, 1404, Bl. 1a—54b (bei Rückert gedr.); G = Cod. chart. B Nr. 52, 4°, nach 1467; g = Cod. chart. B Nr. 180, 4°, 1487, beide in Gotha (s. Jacobs-Ukert *Beiträge z. älteren Literatur* II, 1836, S. 287/8); Kasseler Hs. Nr. 13, 4°, Abschrift von G (s. Rommel *Hess. Gesch.* I, Anm. z. B. III); Dresdener Hs. R 61, 1482, ähnlich g (s. Hs.-Kat. Dresden Bd. III, S. 217, u. Tittmann *Leben Heinrichs des Erlauchten* I); Berlin mg. 576, 2°, um 1430, 52 Bll. wie C; Hamburg StB., cod. theol. 1729, 4°, 15. Jh., Bl. 1a—235b (noch nicht untersucht).

Ausgabe durch H. Rückert *Das Leben des heiligen Ludwig* 1851; ein Stück daraus bei H. Naumann *Altdeutsches Prosalesebuch* 1916, S. 113f. — G. Börner *Zur Kritik der Quellen für die Geschichte der heiligen Elisabeth,* Neues Archiv 13 S. 433f. (dort die übrige, ältere Literatur).

Ruth Westermann.

Kögelin, s. Kügelin.

Kol von Neunzen (Neußen). Von Adelungs und Docens anfänglicher Vermutung, es handle sich bei der Heimat des Dichters um „Neuß in der Schweiz" (nach v. d. Hagen wohl Nyon am Genfersee), kam man bald ab, als nämlich von der Hagen „Neunzen oder Neizen bei Zwetel in Österreich" auftrieb, wo er zugleich ein „Verwalterhaus" des Stifts Zwetel „für seine dortigen Besitzungen" urkundlich nachwies. Trotz des fehlenden edlen Geschlechtes in Neunzen, trotz des fehlenden Herrentitels und Wappens, war v. d. Hagen doch schließlich bereit, den Dichter für einen ritterlichen Dienstmann, vielleicht eben des Stiftes, zu halten, wie andere nach Gütern des Stiftes Benannte. [Aber das Jagdbild, das er zum Beweis ritterlichen Standes beiziehen möchte, ist, wie Wallner gezeigt hat (S. 513), versehentlich vertauscht worden mit dem jetzt falscherweise bei Rubin (s. d.) und Rüdiger (s. d.) stehenden Bild (HMS. IV S. 644), in dem eine Illustration des ersten Neunzenschen Liedes vorliegt (das v. d. Hagen bei Niune abgedruckt hat).] Später hat man den Dichter vielmehr für bürgerlicher oder bäurischer Abkunft gehalten (so Grimme, aber nicht unbedingt stichhaltig, wegen des fehlenden Wappens; zuletzt wieder Kluckhohn, der ihn für Fahrenden hält). Wallner (S. 523) führt seinen Namen als „Beinamen" auf. Kummer ist dafür, wegen Einstrophigkeit der Neunzenschen

Lieder und wegen Beziehungen der Lieder zu Niune (s. Neune), den Dichter „so früh als möglich" zu setzen; v. d. Hagen setzt ihn gleichzeitig mit Dürner, Rosenheim, Mülndorf, Rubin, Rüdiger um 1230 (IV S. 911).

N.s. Dichtung ist die ausgesprochenste Fahrendenpoesie. Unter dem ähnlich klingenden Namen *Niune* überliefern sowohl die alte Heidelberger Liederhandschrift (A) (hg. v. F. Pfeiffer 1844, S. 120f.) als auch die Manessische (C) (HMS. Nr. 110; II S. 172b) noch einmal das erste Stück der Neunzenschen Sammlung, ein pastourellartiges, balladenhaftes zweistrophiges Lied von Blumenlesen und Liebeserfüllung im Wald, in obszöner Pikanterie. Das paßt gut zu der leichtgeschürzten Neunzenschen Muse; denn das Obszöne ist, wie schon v.d. Hagen bemerkte, geradezu seine besondere Domäne, wenigstens in dem, was wir außerdem von ihm besitzen. Auch die Form scheint den gleichen Charakter zu haben: die normale Dreiteiligkeit hat Neunzen lieber gemieden und es geliebt, sich sehr originell, teils archaisch, teils raffiniert zu ergehen; die Strophenkadenz in v. d. Hagens Ton I ist dieselbe wie in der Ballade; zugleich ist Ton I N.s. einziger Ton, der nach dem üblichen Schema gebaut ist; die anderen Töne haben die konventionellen Gesetze noch mehr mißachtet als die Ballade, vor allem wird mit Reimen und Rhythmen in virtuoser Weise jongliert. Dabei sind aber die drei einzelnen Spruchstrophen (jede in einer eigenen Form), die die Manessische Sammlung uns bietet, sehr leicht gebaut, kurz und epigrammatisch. Das Stärkste und Eindeutigste hat sich der Poet in der ersten geleistet. Die beiden andern scheinen auf den ersten Blick hin biedere Minnestrophen zu sein; aber nicht bloß für die dritte, deren Schluß schon v. d. Hagen entlarvt, sondern auch für die (scheinbar unverfängliche) zweite möchte ich mich so unbedingt nicht verbürgen; freilich der Nachweis führt hier zu weit. — In diesem kleinen Liederbuch haben wir also einen höchst interessanten Beitrag zum südostdeutschen Naturalismus.

HMS. Nr. 130. II 336. IV 645. — J. C. Adelung Mag. f. d. deutsche Sprache II, 2 (1783) S. 67. B. J. Docen Mus. f. altd. Lit. I (1809) S. 145. K. F. Kummer *Die Erzählungen des Herrand von Wildonie* 1880, S. 64. F. Grimme Germ. 33 (1888) S. 443. F. Grimme Neue Heidelberger Jahrbücher 4 (1894) S. 74. A. Wallner PBB. 33 (1908) S. 523. P. Kluckhohn ZfdA. 52 (1910) S. 154. F. Mohr *Das unhöfische Element in der mhd. Lyrik.* Diss. Tüb. 1913, S. 73f. (ungenau, flüchtig).

Halbach.

Coelde, Dietrich.

I. Handschriften: 1. Cod. theol. 8^0 Nr. 141 der ehemal. Kgl. öff. Bibliothek in Stuttgart. Eine Predigt in deutscher Sprache auf den Text Apoc. 3, 15 „O, daß du warm wärest oder kalt," gehalten i. J. 1470 in einem Kloster, später gedruckt und bei Tische vorgelesen. Zuerst benutzt von Ernsing. — 2. Hs. Nr. 2915 des Brüsseler Stadtarchivs aus dem Ende des 15. Jhs. Bl. 71ff.: *Hier beghinnen sommighe sermoenen die brueder Dieric van Munster ghepredict heeft* (vgl. Revue des bibliothèques et archives 5, 1907, S. 442f.); D. Brinkerink hat daraus einiges als *Devote epistelen* mitgeteilt im 'Nederlandsch archief voor kerkgeschiedenis, N. Ser.' IV (1906/07) S. 312—338 u. 388—409. — 3. Hs. 852 theol. oct. 37 (aus Hamm, 15. Jh.) enthält Bl. 145a—146b: *De modo absolucionis sacramentalis certorum criminum mgri theodorici de monasterio ... responsio.* — 4. Hs. Nr. 15030 der Kgl. Bibl. in Brüssel, betitelt: '*Doctrina salutifera a fratre Theodorico van Munster relicta*' enthält: *Dit is een hant vol wijsheyden doer die welke een mensche mach voertfaen in gratien en devotien,* mitgeteilt von Schlager *Beitr. z. Gesch. d. Sächs. Franzisk. Ord.-Prov.* 1907, S. 30f. (vielleicht = '*De exercitio quotidiano interiori*', die Trithemius unter Coeldes Schriften erwähnt). — 5. Hs. Helmst. 1308 der Wolfenbütteler Bibl., wo Bl. 1a—10b ein Traktat Coeldes steht: *Dyt is eyn heylsam testament vnd eyne bekantniße eynes waren cristen mynschen in synem lesten.* (Vgl. Borchling *Mnd. Hss., Reiseberichte* III S. 82.) Auch unter gleichem Titel gedr. in Lübeck 1491, 8 Bll., 8^0 (vgl. Borchling ebda. S. 180). Dieser Traktat findet sich auch als Anhang zu Coeldes 'Christenspiegel', desgl. in einer: 6. Pap. Hs. (Sign. verloren) des 15. Jhs. in der Lüneburger Stadtbibl. Vgl. Borchling *Mnd. Hss., Reiseber.* I S. 169. — 7. Pap. Hs. G 210 in 12^0, 15. Jh., in der Bibl. des Bischöfl. Priesterseminars in Münster i. W.: *Der kerstenen spegel vthgenomen ghecorrigert vnde vorbetert van broder Dirick van Munster van der mynre broder orden.* Vgl. Borchling a. a. O. I S. 284; Bahlmann *Deutschlands kathol. Katechismen* 1894, S. 16ff. — 8. Hs. 833 der Trierer Stadtbibl., enthält die ersten 10 Kapitel des '*Spegel des cristene mynschen*'. Vgl. Borchling a. a. O. IV S. 168.

II. Erstdrucke: 1. '*Der kerstenen spiegel oft hantboexken utgegeven by broeder Dierick van Munster minre broeder.*' Bis heute sind 34 Drucke bekannt, der erste 1470 in Brabant, der letzte 1708 in Köln, darunter 32 in nl. u. nd. Sprache, 2 in hd. Vgl. Bahlmann *Deutschlands kath. Katechismen bis zum Ende des 16. Jhs.* 1894, S. 16ff. Chr. Moufang veröffentlichte einen Kölner Druck von 1508: *Kathol. Katechismen des 16. Jhs. in deutscher Sprache* 1881. Vgl. Borchling a. a. O. I 289, III 175, 182, 183, 189, 208. — 2. *'Een scoon spieghel der simpelre menschen daer hem een goed kersten in spieghelen ende bescouwen sal'* (= der von Trithemius gen. Schrift Coeldes *'Manuale simplicium')*. Vgl. Dirks Servais *Hist. litt. et bibliogr. des Frères Mineurs* (Antw. 1885) S. 19f.; Schlager a. a. O. S. 32. — 3. *'Een niewe bouxken opt niew gheprent welck verbeetert es en bat ghecorrigeert dan de erste. Omme te comme tot der minne Jhesu ende Marien. Loeve bij meester Jane vut Westfalen, 1490'* 12°. Vgl. Louis D. Petit. — 4. *'Corte oefeninge vander passien ons heren Jhesu Christi. Tantwerpen bij Adr. van Liesveldt'* (o. J.; vor 1500). — 5. *'Een devoot boecxke ghemaect ende ghecorrigeert by broeder dierick van munster minre broeder sprekende en leerende Vander minne ihesu en marien Vander glorien ihesu en marien. Gheprynt tantwerpen buyten die camerpoorte inde gulden eenhoorn by Adr. van Liesveldt, 1499'* (wohl = den bei Polius in der *'Chronotaxis'* erwähnten *'Meditationes* des Dietrich Coelde). Vgl. Campbell *Annales de la typogr. Néerlandaise*, 2. Suppl., S. 15f.; Dirks Servais a. a. O. S. 22f. — 6. *'Een suuerlijc liedeken vol deuocien, dwelc alle deuote herten moghen singhen op die wijse: Met vroechden willen wi singhen ende louen die triniteyt'* (= Bl. 24b—25c in: *'Scone Leysen ende veel scone gheestelike liedekens'*. Antw. 1508, Adr. van Berghen; vgl. Nijhoff-Kronenberg *Nederlandsche Bibliographie van 1500—1540* 1923, Nr. 1366). — 7. 'Lob des Leidens'. Die Originalfassung des Liedes ist noch unbekannt; eine Übersetzung findet sich in der Neubearbeitung des Coeldeschen 'Christenspiegels' von Ludw. Kellen (1677), und modernisiert bei Patritius Schlager *Blütenlese aus den Werken rheinischer Franziskaner* 1907, S. 25.

III. Lebenslauf. Dietrich Coelde, latinisiert *Theodoricus a Monasterio* oder *de Osembruc*, *Osemburck* und ähnlich, französiert *Thierry de Munster* [daneben sind die Namen *Dederich*, *Derick*, *Dieric*, *Dierick*, *Dirick*, *Dirik*, *Dirk (Bruder Dirk)* gebräuchlich], wurde um 1453 zu Münster in Westf. geboren, daher meist Dietrich von Münster genannt; Dietrich von Osnabrück heißt er auch wohl, weil seine Eltern aus Osnabrück stammten. Den ersten Schulunterricht erhielt er in Münster bei den Fraterherren, ging zur Fortsetzung und Vollendung der theol.-philosoph. Studien an die Kölner Universität, trat dann zunächst in den Orden der Fraterherren, bald darauf in den der Franziskanerobservanten (wahrscheinlich in Hamm i. W.), wo er das Noviziat ablegte, und siedelte in der Folge in das in waldiger Einsamkeit bei Brüssel liegende Ordenskloster Bodendaal über, um nach Jahren der Einkehr und Reifung als Volksmissionar in die Öffentlichkeit zu treten. Er war einer der eifrigsten und größten Volksprediger der Zeit, wobei er sich stets der deutschen Sprache bediente. Dabei machte er sich auch politisch dadurch verdient, daß er die furchtbaren Streitigkeiten zwischen den Hoekschen und Kabeljauwschen, die 1479 in den Niederlanden wieder ausgebrochen waren, durch seine Predigten beilegte. Als in den Jahren 1488/90 in Brüssel die Pest wütete, bemühte er sich während dieser Zeit Tag und Nacht, Sommer und Winter seelsorgerisch um die Pestkranken. Vom Franziskanerobservantenkloster in Brühl aus, das 1491/93 entstand, zog er predigend durch die Rheinlande und Westfalen, kam von Brühl, wo er 1497 Guardian war, wieder nach Bodendaal, wurde hier 1502 gleichfalls Guardian und 1508 dazu noch Definitor der Ordensprovinz, kurz darauf Guardian in Antwerpen und 1510 im Kloster zu Löwen, wo er bis zum Lebensende blieb. Unter seinem Einflusse gingen viele Klöster zur Observanz über oder wurden neu gegründet. Er starb am 11. Dezember 1515 in Löwen und wurde im Chor der alten Franziskanerkirche beigesetzt. Bei Zerstörung des Klosters durch die französischen Revolutionsbanden wurden die Gebeine nach dem neuaufgeblühten Franziskanerkloster in Sint Truiden (St. Trond) überführt, wo sie noch heute ruhen.

Mit bedeutenden Leuten seiner Zeit war er befreundet, so mit dem Abte Trithemius von Sponheim, der über Coeldes Beredsamkeit berichtet, sie „lenke die Geister und greife in des Menschen Schicksal ein wie ein Wunder", „kein Prediger in Deutschland sei ihm ähnlich"; ferner mit dem Kölner Erzbischof Hermann von Hessen, auf dessen Veranlassung er mehrere Schriften verfaßte, desgleichen mit dem gelehrten Humanisten und Domdechanten Rud. von Langen in Münster, auch mit Erasmus von Rotterdam, der in einem Briefe an seinen Freund Carolus (9. Aug. 1532) Dietrich als Ordensmann preist: „Niemals ging er aus, es sei denn, um zu predigen, und nirgends nahm er irdische Speise, ohne nicht gleichzeitig auch geistliche Speise auszuteilen", usw.

IV. Werke. 1. Von Coeldes reicher schriftstellerischer Tätigkeit — der unbekannte Verf. von *'Den wyngaert van Sinte Franciscus'* (1518) sagt darin von Dederich: *he maecte veel devote boecxkens ende goede leeringen* — ist leider nur wenig in Hss. oder Erstdrucken erhalten, da die Stürme der nachfolgenden Jahrhunderte das meiste vernichtet haben. Immerhin wird in den Bibliotheken, besonders in Sammelbänden, noch manches seiner asketisch-mystischen Schriftstellerei, z. B. Predigten, Traktate, Gebete, Gedichte, geistliche Lieder usw., entdeckt werden können.

2. Außer den eingangs gen. Werken ist noch glaubhaft bezeugt der *'Liber precationum'* bei Polius, der es in der *'Chronotaxis'* den bei Trithemius aufgeführten drei Schriften Coeldes *('De passione Domini et de articulis eius'; 'Manuale simplicium devotorum'; 'De exercitio quotidiano interiori')* hinzusetzt. Bis heute ist das Original dieser Gebete bzw. dieses Gebetbuches nicht bekannt.

3. Die 'Betrachtungen über das Leiden Christi', die wahrscheinlich vor 1500 in Antwerpen gedruckt wurden (vgl. oben II 4), sind nach Schlagers Vermuten identisch mit der in der Stuttgarter Ausg. des 'Christenspiegels' (Kap. 52) enthaltenen Kreuzwegandacht.

4. Der 'Christenspiegel' *('Kerstenspiegel'* oder *'Spiegel der kerstenen menschen')* ist Coeldes bekanntestes und verbreitetstes Werk und wurde für die anderen 'Spiegel' der Zeit sprachlich wie stofflich Vorbild. Die Sprache der ersten Drucke war nd., später die der verschiedenen Druckorte. Trithemius nennt ihn „das Handbuch für die schlichten und frommen Christen". Die drei Lehren, wie man glauben, leben und sterben soll, werden in 46 Abschnitten zum praktischen Gebrauche der Christenmenschen übersichtlich und klar und in volkstümlicher Sprache, oft in der leicht sich einprägenden Versform dargelegt. Die Glaubens- und Sittenlehren sind mit kurzen Gebeten, Anrufungen usw. untermischt, alles unter dem Ziele der Christusliebe. Wichtig ist der Mainzer Druck von 1677: *'Uhralter catholischer Katechismus. Das ist Christ-Catholische allen Ständen fast nützlich und nothwendige Lehr, welche erstlich im Jahre 1470 durch den Ehrw. Diener Christi P. F. Theodoricum von Münster S. Francisci Orden von der strengen Observantz in damahls üblicher Teutscher Sprach außgegangen, jetzt aber wiederumb ans Licht in einer besserer Ordnung und Sprach gebracht. Durch P. F. Ludovicum Kellen, obgemeldeten Ordens Cölnischer Provintz Priester. Cum Gratia et Privilegio S. Caes. Maj. Mayntz, Verlegts Johann Peter Zubrodt. Im Jahr MDCLXXVII.'*

5. Das einzige und sicher als Coeldes *(Dirk van Munster)* Eigentum überlieferte Lied gehört zur Gruppe der damals weitverbreiteten mystisch-allegorischen Lieder in Dialogform. Es besteht aus 21 Strophen von je 8 Verszeilen, beginnend: *Och edel siele wilt mercken.* Der Bräutigam (Jesus) wirbt, immer dringlicher werdend, um die Liebe der Braut, die er als sein Recht beansprucht, ein Mittler (Priester) unterstützt Jesu Werben, bis die Braut sich besiegt erklärt und der Bräutigam sie einlädt, ihn am Kreuze zu küssen.

Dieses Lied ist später oft herausgegeben, so von Hoffmann von Fallersleben (Dietsche Warande, III 252/62; auch als Sonderdruck, Amst. 1857), von Willems (Belg. Museum, V 442/49), von J. G. R. Acquoy *Het geestelijk lied in de Nederlanden vóór de hervorming* (im Archief voor Nederlandsche kerkgeschiedenis II, 1886, S. 32) u. *Middeleeuwsche geestelijke liederen en leisen* (in: Verslagen der Kgl. Akad. van wetenschappen, afd. letterkunde, 3de reeks, dl. IV, 1887/8), von J. A. N. Knuttel *Het geestelijk lied in de Nederlanden vóór de kerkhervorming* (1906) S. 385/88. Vgl. noch De Hoop-Scheffer *Geschiedenis der kerkhervorming in Nederland* (1873) I S. 43.

6. Coelde ist „eins der letzten helleuchtenden Gestirne am Himmel des ausgehenden Mittelalters. Leuchtend in gleicher Weise durch Gelehrsamkeit und Tadellosigkeit des Wandels, leuchtend als Führer des Volkes und Ordens wie als Berater und Freund von Gelehrten und

Prälaten" (Ath. Bierbaum Katechet. Blätter 1926, S. 252). Als Prediger in deutscher Sprache von hinreißender Beredsamkeit, verstärkte er die Wirkung noch durch erbauliche Schriften und besonders auch durch geistliche Lieder, die damals durch die Franziskaner und ihnen nahestehende Kreise eifrig gepflegt wurden, wie es dem Bedürfnisse und Empfinden des Volkes entsprach, auch im Ton glücklich getroffen wurden.

Arnoldus Raisius (Raisse) *Vita rev. patr. Theodorici a Monasterio*, Duaci 1631 (Sonderdruck aus dessen '*Ad natales sanctorum Belgii Joan. Molani auctarium*', ebda 1626). Unter demselben Titel 1636 gedr. in Münster. Neudruck 1869 in Sint Truiden (St. Trond). Jac. Polius *Chronotaxis vitae R. P. Theodorici* (1654), veröffentlicht von P. Patritius Schlager *Zur Biographie des Theodorich von Münster*, Jahrbuch der Sächs. Franziskaner-Ordensprov. vom hl. Kreuze 1907, S. 15ff. J. B. Nordhoff *P. Dederich Coelde u. sein 'Christenspiegel'*, Picks Monatschr. f. rhein. u. westfäl. Geschichtsforschung, 1 (1875) S. 67ff., 166ff., 351ff. u. 560ff. Virnich *Nekrologium u. Memorienbuch der Franziskaner zu Brühl*, Annalen des hist. Ver. f. d. Niederrhein 34 (1879) S. 131ff. N. Ernsing *Zu dem Leben u. den Werken Dietrich Koeldes*, Histor. Jahrb. XII (1891) S. 56—68. Patritius Schlager *Beiträge zur Gesch. der Köln. Franziskaner-Ordensprov. im Mittelalter* 1904; ders. *Zur Biographie des Theodorich von Münster*, Beitr. z. Gesch. der Sächs. Franziskaner Ordensprov., 1907, S. 10ff.; ders. *Gesch. der Köln. Franzisk.-Ordensprov. im Reformationszeitalter* 1909. B. Bockholt *Theodorich von Münster* 1915; ders. *Die Orden des hl. Franziskus in Münster* 1917. F. Doelle *Die Observanzbewegung in der Sächs. Franzisk.-Ordensprov. bis 1529* 1918. W. Stammler *Gesch. d. nd. Lit.* 1921. Athan. Bierbaum *Der erste deutsche Katechismus u. sein Schreiber*, Katechet. Blätter, N. F. 27 (1926) S. 252ff.; ders. *Dietrich von Münster* 1926. Jérome Goyens *Le Bx. Thierri Coelde de Münster, O. F. M. Biographie et documents sur ses reliques*, Archivum Franciscanum Historicum 19 (1926) 3, S. 1—13 (mit reicher Bibliographie).

Menne.

Kölderer, s. Maximilian I.

Colin, Philipp,

(1.) hat im Verein mit Claus Wisse in den Jahren 1331—36 die frz. Fortsetzungen des Chrétienschen '*Perceval*' (den '*Nüwen Parzefal*') übersetzt, und dieses 36426 Verse umfassende Epos wurde zwischen das 14. und 15. Buch des Wolframschen 'Parzival' eingeschoben, der auch eine selbständige Überarbeitung erfuhr. Das von Henselin und dem von Onheim geschriebene Original liegt in der Donaueschinger Hs. 97 (nach Schorbach D, nach Martin G[d]) vor; eine Kopie befindet sich in der Casanatischen Bibliothek in Rom (nach Schorbach R, nach Martin G[dd]), aber sie enthält nur den '*Nüwen Parzefal*' und die beiden letzten Wolframschen Bücher; das übrige ist verloren.

2. Die beiden Redaktoren stammen aus Straßburger Goldschmiedfamilien: Colins Geschlecht ist seit 1265, das Wisses schon 1148 urkundlich in Straßburg bezeugt. Auffällig ist es, daß sie sich als Straßburger eines Dolmetschers, des Juden Sampson Pine, bedienten.

3. Colins Epilog schildert in allegorischer Einkleidung, wie Frau Minne und Frau Milde ihren treuen Diener Ulrich von Rappoltstein (den Sohn des Johannes v. R.) zur Herstellung dieses Werkes auserkoren haben, dessen Kosten sich auf etwa 200 Pfund beliefen. Ulrich war mit Herzelaude (Loveline), der Tochter des Grafen Götzo von Fürstenberg, vermählt, und auch beider Tochter erhielt den Namen Herzelaude.

4. Über die Quellen gibt Colin in seinem Epilog Auskunft, in dem er Manessier begeistert lobt, dessen Werk er aber nicht ganz übertragen hat; daneben erwähnt er auch Walther von Dunsin (Gauthier de Dourdan). Als erster hatte Birch-Hirschfeld versucht, die Anteile der frz. Dichter, die den unvollendeten '*Perceval*' Chrétiens fortgesetzt haben, gegeneinander abzugrenzen: '*Perceval*' Chrétiens (bis v. 10601 nach Potvin), Gauthier (v. 10602—34934), Manessier (v. 34935 bis Schluß); dann Gerberts 15000 Verse umfassende Interpolation zwischen Gauthiers und Manessiers Gedicht, aber dieses Stück wurde von Colin-Wisse nicht benutzt. Später haben Gaston Paris und unabhängig von ihm Schorbach nachgewiesen, daß Gauthiers Anteil erst bei v. 21917 einsetzt, während in dem Zwischenstück (v. 10602—21916) die frz. Hss. an Umfang und Inhalt außerordentlich differieren, so daß diese Partie einem Anonymus zugehört. Jessie L. Weston ferner setzt v. 10602—11596 auf Rechnung späterer Chrétienkopisten und läßt Gauthiers Werk schon bei v. 15796 beginnen.

5. Dieses episodenreiche Epos spielt in dem bekannten Artusmilieu mit seiner üblichen Phantastik, die sich in einer ungeheuren Buntheit von rasch wechselnden Szenen auftut.

Es ist klar, daß ein an äußerem Geschehen so reiches Gedicht nicht ohne schwere innere Widersprüche und Verstöße gegen die kompositorische Ökonomie mit Wolframs 'Parzival' vereinigt werden konnte: die Abenteuer Gawans, die schon bei Wolfram (s. d.) den Hauptbelden stark zurücktreten lassen, sind hier maßlos vermehrt, und dazu kommt noch die Einschaltung neuer epenartiger Stoffkomplexe (wie Karados' Buch), die fast ein selbständiges Gedicht ausmachen. Da diese interpolierten Episoden nur Selbstzweck sind, verschiebt sich fortwährend das Verhältnis der handelnden Personen, von denen jede mit den gleichen (typischen) Farben gemalt wird wie der Hauptheld, der stellenweise zu einem bloßen Statisten herabsinkt: die Bearbeiter haben kein Gefühl für den Grad der Wichtigkeit der einzelnen Figuren mit Rücksicht auf die Haupthandlung. So ist also die Verbindung der einzelnen für den Gesamtverlauf ganz zwecklosen Szenen rein äußerlich, und nur gelegentlich bringt die Iweinsche Art der Ineinanderschachtelung von Abenteuern eine gewisse dramatische Steigerung hervor.

6. Durch diesen Grundfehler in der Komposition mußte der Hauptgedanke des alten 'Parzival' am empfindlichsten leiden: wenn nicht nur Parzival, sondern auch Gawan mehrmals auf die Gralsburg gelangen, und Parzival beim dritten Besuch sogar die Krone — allerdings vergeblich — angeboten wird, so verträgt sich das nicht mehr mit Wolframs leitender Idee, daß nur der das Höchste erreicht, der, durch Leiden geläutert, das Böse in sich besiegt und des Schwankens in seiner Brust Herr wird. Daß aber diese Wiederholungen sogar beabsichtigt sind (um den Zusammenhang mit dem alten 'Parzival' nicht zu verlieren), ersieht man aus der Planmäßigkeit, mit der Ereignisse, die Wolfram nur flüchtig streift, hier ausführlich weiter gesponnen werden, so daß der 'Nüwe Parzefal' zu Wolframs Werk etwa in ähnlichem Verhältnis steht wie die 'Klage' (s. d.) zum 'Nibelungenlied' (s. d.).

7. Da also in der Hauptsache eine Art stofflicher Polyhistorie angestrebt ist, bleibt für ästhetische Durchbildung im einzelnen nichts übrig: von Wolframs Geist und Kunst ist wenig auf seine beiden bürgerlichen Bearbeiter übergegangen; ihnen ist das vornehm-höfisch-ritterliche Element (mit dem ihr Werk steht und fällt) nicht eine Lebensnotwendigkeit, vielmehr prägt sich bei ihnen schon der Geist der neuen, bürgerlichen Zeit aus, und Bürger im Harnisch sind die Ritter und Könige Wisses und Colins: zwischen der durch die einzelne Gestalt verkörperten Idee und ihrer künstlerischen Darstellung besteht ein starkes Mißverhältnis, und an Stelle von innerer Tragik tritt äußeres Geschehen.

8. Trotz dieser Mängel läuft die Erzählung — von einigen schleppenden Partien abgesehen — gleichmäßig dahin, und der recht frische Ton wirkt ästhetisch versöhnend. Noch milder aber muß das Urteil werden, wenn man bedenkt, daß es sich hier nicht um eine schöpferische Leistung, sondern um eine (ziemlich getreue) Übersetzung handelt, bei der sich die Bearbeiter wesentlich in ihrer künstlerischen Entfaltung beengt fühlten. Wo aber Eigenes gegeben wird, findet sich sogar höherer dichterischer Schwung wie in Colins Epilog, der von überraschend guter Wirkung ist, während Wisses Prolog (nach Parz. 112, 12) künstlerisch tiefer steht.

9. Die Sprache ist rein elsässisch und gelegentlich mit volkstümlichen Wendungen vermischt, die Reime sind oft dialektisch und metrisch nicht immer einwandfrei, häufig stören auch harte Enjambements; von einer gewissen Reimnot zeugen auch manche zum Überdruß angewandte Formeln.

10. Für die zeitgenössische textkritische Wertung der Quellen ist das Verhalten der beiden Redaktoren im Wolframschen Teil interessant, für den sie nebeneinander zwei verschiedene Hss.-Klassen benutzten, und viele von den in Wolframs 'Parzival' interpolierten Überstellen sind aus Manessier übersetzt. Ihre Art der Textgestaltung, ihre Umsicht und ihre Quellenkenntnis sind höchst anerkennenswert; aber gerade bei dieser Stoffkenntnis ist es auffällig, daß Colin in seinem Epilog zwar Wolfram und dessen Gewährsmann *meister Cristian* nennt, aber von der Existenz eines Kyot keine Ahnung hat — wohl sicher ein weiterer Beweis dafür, daß Kyot nur eine Fiktion Wolframs ist.

11. Interessant wäre es, die Übersetzungstechnik der beiden Redaktoren zu untersuchen, nachdem vorher die unmittelbaren frz. Vorlagen festgestellt wären (entweder die Monser Gruppe †A oder ein aus †A und †B gemischter Text). Dieser Frage ist zwar schon Jessie L. Weston nachgegangen, ohne jedoch die komplizierte frz. Überlieferung völlig geklärt zu haben. Auch Potvins Ausgabe bedürfte dringend der Erneuerung.

K. Schorbach *Parzefal von Claus Wisse und Philipp Colin (1331—1336), eine Ergänzung der Dichtung Wolframs von Eschenbach* (Elsässische Literaturdenkmäler aus dem 14.—17. Jh., V) 1888. Ch. Potvin *Perceval le Gallois ou le Conte du Graal* (Société des Bibliophiles Belges, séant à Mons, Nr. 21) 6 Bde. 1866—71. E. Hartl *Die Textgeschichte des Wolframschen 'Parzival'. I. Teil: Die jüngeren *G-Hss. 1. Abt. Die Wiener Mischhandschriftengruppe *W* (Germanisch und Deutsch, 1) 1928. — Weitere Literatur in den genannten Werken.

E. Hartl.

Kolin, s. Stephan v. K.

Kolmar, s. Heinrich v. K.

Der von Kolmas. Unter dem Namen *Kolmas* gibt eine Züricher Handschrift ein vierstrophiges, frommes und schönes Lied mit leisen Anklängen an Walther v. d. Vogelweide (s. d.). Der Vergänglichkeit des irdischen Lebens stellt es die Beständigkeit des ewigen Lebens gegenüber. Darum sollen wir die Mutter Gottes um ihre Vermittlung bitten und uns bei Zeiten vorsehen: *begrîft uns die naht mit der schulde, so wirt ez zu spâte.* Es ist kein Minnelied, auch weist es die breitbehandelte Marienverehrung der 3. Str. in spätere Zeiten, aber in Stil und Strophenform bewahrt es die vornehme Überlieferung des besten Minnesangs. Man kann es daher mit dem Ministerialen Heinrich von Kolmas zusammenbringen, der in Urkunden zwischen 1262 und 1279 in Thüringen belegt ist. Der Mundart nach gehört der Dichter auch dahin.

MF. (1. Ausg.!) Nr. XVII, S. 120f. (280f.). Wackernagel Altd. Blätter 2 S. 121f. Wilmans ADB. XVI S. 484. Bartsch-Golther LD. Nr. XIII.

Rosenhagen.

Köln, s. Franke u. Nikolaus v. K.

Komer ist ein Meistersinger, über dessen Leben und Wirken uns nichts bekannt ist. Ein Lied in *Komers gesang wyß* mit dem Beginn: *Got hat gewundert wunderlich manigfalt.....*, das einundzwanzig Strophen umfaßt, befindet sich auf Bl. 116b bis 118a unter einer Reihe geistlicher Lieder bekannter Meistersinger in der Hs. 1032 Stadtbibl. Trier, ca. 1560, aus dem Kloster St. Eberhartsklausen.

Horst Oppenheim.

Köneman.

1. 'Der Kaland' ist in der aus der Zeit des Dichters stammenden Hs. der Eilenstedter Bruderschaft, für die das Werk gedichtet ist, zumindest in Bezug auf den Wortlaut gut wiewohl nicht fehlerfrei überliefert (*A*, hd.-nd. Mischsprache, Staatsarchiv zu Magdeburg, Kopiarien Nr. 778). Als die Hs. später in den Besitz des Halberstädter Kalands kam, wurde einiges darin umgedichtet und gestrichen. Von der verschollenen Hs. des Oschersleber Kalands (*e*, nd.) sind in wohl recht ungenauem Abdruck nur geringfügige Bruchstücke bekannt (J. A. Steyer *Merkwürdigkeiten der Stadt Oschersleben und umliegenden Gegenden* 1784, S. 94ff.; Fürstl. Stolbergsche Bibl. zu Wernigerode). Nach einer guten Vorlage geschrieben geht sie in verschiedenen kleinen Einzelheiten (z. B. v. 111) berichtigend gegen *A* mit den Hss. des Osterwiecker und des Hornburger Kalands zusammen; diese beiden vertreten eine tiefgreifende Bearbeitung (*B*, Magdeburg Nr. 779, 15. — nicht 16. — Jh., nd.; *H*, Privatbesitz, sehr genaue neuzeitige Abschrift von *B*). — 'Der Wurzgarten Mariens' liegt nur, entstellt durch ungezählte grobe Nachlässigkeitsfehler, in einer Hs. des 15. Jhs. vor (Universitätsbibl. Göttingen, Ms. theol. 153); durch Lagenverschiebung in der Vorlage sind zwei Stücke von 1150—1350 Versen gegeneinander versetzt.

2. Den 'Kaland' hat K. als Priester zu Dingelstädt am Huy auf Bitten aus der Bruderschaft verfaßt (v. 1ff.). Den wahrscheinlich späteren 'Wurzgarten', in dem er sich zweimal nennt (Bl. 195bα, 210aα), hat er am 24. Febr. 1304 in Goslar vollendet. Von verschiedenen dort urkundlich belegten Geistlichen dieses Namens kommt als Dichter nur der Domherr K. aus dem ritterlichen Geschlecht von Jereksem in Frage, der seit 1301 häufig auftritt, von 1306/7 ab als *scolasticus* (1304 noch nicht), und im Jahre 1316 als hochangesehene Persönlichkeit gestorben ist. Ein Schiedsspruch in nd. Sprache ist von ihm erhalten. — Eine dritte Dichtung 'Von der Messe', auf die K. sich im 'Wurzgarten' bezieht (Bl. 199aα), ist verloren.

3. Die ursprüngliche Sprachform der K.schen Dichtungen war wohl nd. Während starke Beimischungen hd. Bestand-

teile im Wort- und Formenschatz, wiewohl zu etwas Herkömmlichen geworden, noch auf unmittelbare Anlehnung an hd. Vorbilder deuten mögen, zeigt rückhaltlose Verwendung auch ausgesprochen nd. Ausdrücke und Formen, daß die bodenständige Sprache jetzt als vollberechtigt gilt. Der Versbau (in der Eilenstedter Hs. öfter durch kleine sprachliche Kürzungen verändert) steht dem höfischen Reimpaar noch nahe. Worte mit tonlangem Vokal können gleich solchen mit alter Länge verwendet werden, so daß es nur zwei Ausgänge gibt, die beide im Vier- und Dreiheber erscheinen: neben den geläufigen Versen hd. Dichtung, in denen der dritten Hebung noch eine Senkungssilbe folgt, (besonders beliebt), finden sich auch solche, in denen sie von der Schlußsilbe gebildet wird. Die Reimkunst ist reich, aber für die feineren vokalischen Unterschiede nicht sehr empfindlich. Inhaltliche Abschnitte werden regelmäßig durch abschließenden Dreireim hervorgehoben. Der Stil läßt, mit seinen Substantivumschreibungen z.B. (maßvoll gebraucht), die Abhängigkeit von der hd. Formkunst des 13. Jhs. und zwar wohl, wenn auch nur mittelbar, von Wolfram (s. d.) erkennen. Daneben ist der Einfluß des lateinischen geistlichen Schrifttums und der Bibel nicht zu unterschätzen. Bei den zahlreichen Berufungen, unter denen im 'Kaland' der hl. Bernhard besonders häufig wiederkehrt, sind neben der deutschen Wiedergabe die wörtlichen Anführungen nur gleich wissenschaftlichen Belegen, die beim Vortrag zu überspringen sind; nur selten werden aus dem Gottesdienst allbekannte Worte von besonderer Bedeutung und erhaben-feierlichem Klang den Versen wirklich eingefügt.

3. 'Der Kaland' schildert (in erster Linie für die der Bruderschaft angehörigen Laien) z. T. in engem Anschluß an die lateinischen Satzungen Ursprung, Ziele und die daraus für die tatsächliche Verwirklichung im Leben erwachsenden Regeln dieser Vereinigung, die sich in rasch um sich greifender Verbreitung seit dem 13. Jh. vornehmlich in Mittel- und Norddeutschland an zahlreichen Orten gebildet hatte und zur praktischen Förderung einer religiösen Lebensgestaltung Geistliche und Laien zur Freundesgemeinschaft zusammenfaßte. Durch Heraushebung des hinter allem Äußern stehenden menschlichen und religiösen Sinns erwärmt K. das Nüchterne und erhebt sich darauf zu eindringlichen religiösen Mahnungen und einer bewegten Darstellung der letzten Dinge; das Ergriffensein von diesen Bildern prägt sich etwa darin aus, wie er bei der Schilderung des Jüngsten Gerichts die schreckhaften Vorstellungen ohne Verb einfach nebeneinanderstellt.

4. Ganz anders kann sich die dichterische Kraft K.s im 'Wurzgarten' entfalten. Dieser behandelt in klarem Aufbau, nicht der Wirklichkeitsabschilderung sondern dem religiös Bedeutsamen zugewendet, unter Zugrundelegung des Gleichnisses von den vier Töchtern Gottes die ganze Heilsgeschichte. Nach der Art der Zitate ist eine wohl frei behandelte lateinische Vorlage anzunehmen. Vor den Reden tritt die unmittelbare Erzählung in den Hintergrund. Mit großer dramatischer Kraft in den erregten Auseinandersetzungen, in denen sich häufig Rede und Gegenrede ohne Einführung gegenübertreten, verbindet sich die Entfaltung des Lyrischen, in das das Empfinden des Dichters in ganzer Tiefe eingegangen ist. Im Mittelpunkt, weit ausgesponnen, alle Bilder, die man kannte, aneinanderreihend, stehen die Lobpreisungen auf Maria, der K. die Dichtung weiht als einen *wortegarde*, in dem der Ungelehrte lustwandeln und geistliche Blumen lesen soll (Bl. 210aβ).

5. K. zeigt sich als gestaltungskräftigen religiösen Dichter, der wachsenden Marienverehrung hingegeben, innerlich, aber ohne Weltfeindschaft mitten im Leben stehend. Bei formgeschichtlicher Abhängigkeit von der höfischen Dichtung herrscht bei ihm doch nur das rein Menschliche.

Ausgabe des 'Kalands' von G. Sello *Des Pfaffen K. Gedicht vom Kaland*, Zs. des Harzvereins für Geschichte u. Altertumskunde 23 (1890) S. 99/170 (nach *A*); von K. Euling *'Der Kaland' des Pfaffen K.*, Nd. Jb. 18 (1892) S. 19/60 (nach *H*). W. Schatz *'Der Kaland', ein Gedicht des 13. Jhs., vom Pfaffen K.* Progr. Halberstadt 1851. W. Seelmann NdKbl. 15 (1891) S. 61f. K. Koppmann ebd. S. 93; 17 (1893) S. 28ff. R. Sprenger Nd. Jb. 19 (1893) S. 102ff.;

NdKbl. 23 (1902) S. 74. E. Damköhler Nd. Jb. 21 (1895) S. 128f. K. Euling ebd. 25 (1899) S. 122. C. Walther Nd. Kbl. 21 (1899—1900) S. 49ff., 88 f. Zum 'Wurzgarten' C. Borchling Nd. Jb. 23 (1897) S. 115/9: der Anfang bei Stammler *Mnd. Leseb.* Nr. 48 (motivgeschichtl. Literaturnachweise). G. Roethe *Die Reimvorreden des Sachsenspiegels* (Abh. d. Gesellsch. der Wissenschaften zu Göttingen, Phil.-hist. Kl., N. F.II Nr. 8) 1899, S. 52/9; AfdA. 33 (1909) S. 121f. Stammler Lg. S. 21f.; GRM. 13 (1925) S. 442f. L. Wolff Nd. Jb. 50 (1924) S. 58; *Von K. u. dem 'Wurzgarten'*, ebd. 54 (1929) S.15—23.

L. Wolff.

'König Laurin'.

1. Der Text des 'L.' ist in 11 größtenteils fragmentarischen Hss. sowie in einigen alten Drucken überliefert. Die Hss. verteilen sich sprachlich auf 2 Gruppen, eine bair.-österr. (Kmrv) und eine md.(pHzfs); zur letzteren zählt Holz auch die Hs.w, die Müllenhoff zur bair.-österr. Gruppe rechnete. Dazu kommt noch eine aus dem 15. Jh. stammende Papierhs. in Basel (G^2 II 73 4), über die Schorbach berichtet (a. a. O. S. 2f.). Auf Grund der textlichen Verschiedenheiten konstruierte Holz vier Textgruppen, A B C D, während Müllenhoff nur einen „älteren" und „jüngeren" Text unterschied. Die Gruppe A umfaßt die Hss. K (dazu ein nahe verwandtes geringes Bruchstück M), v, r, m, w; B die Hss. H (Müllenh. h), p (Müllenh. P), Z; C die Hs. f; D endlich gehören die Hs. s (vgl. dazu Schorbach a. a. O. S. 4ff.) sowie der älteste Druck d an. Ferner liegen jüngere Bearbeitungen vor in dem Bruchstück α (hrsg. v. Schröer, Progr. Preßburg 1857 und v. Müllenhoff DHB.I S. 295f.) und in der Dresdener Hs. des Heldenbuchs Kaspars v. d. Rhön (s. d.). Weiter finden sich Zitate aus einer nicht mehr vorhandenen 'L.'-Hs. bei Wolfgang Lazius (*'De gentium aliquot migrationibus'* Basel 1557 S. 680f.; dazu Holz a. a. O. S. IIIf.); Ettmüller berichtete von einer Freiburger Hs. in seiner völlig wertlosen 'L.'-Ausgabe (1829), die auf einer Kopie dieser angeblich verlorenen Hs. beruhte. Nach Holz' Untersuchungen (a. a. O. S. XXXIff.) handelte es sich hier jedoch nur um eine Abschrift eines der alten 'L.'-Drucke. — Von alten Drucken des 'L'. sei außer dem bereits genannten ältesten Druck d (vermutlich Straßburg um 1480; Neudruck durch A. v. Keller 1867) noch der von Gutknecht (Nürnberg o. J., vermutl. um 1560; Neudruck durch Schade 1854) erwähnt, in dem der 'L.' sprachlich und metrisch modernisiert ist. Nach diesem Druck wurde der 'L.' ins Nd. übertragen (*'Van dem köninge der Dwerge Lorin'*) und bei Löw (Hamburg o. J.) gedruckt. — Eine Aufzählung und Beschreibung sämtlicher alten L.-Drucke liegt vor bei Schorbach (a. a. O. S. 7ff.; ebenda Nachdruck eines Straßburger Druckes v. J. 1500).

2. Der Gang der Textentwicklung sei (nach Holz) kurz folgendermaßen dargestellt: Der Archetypus (A) entstand im südöstl. Deutschland; er gelangte (um 1260/70) nach Thüringen, wo als Abschrift von ihm B entstand. In textlicher Hinsicht weicht infolgedessen B nicht allzu stark von A ab (Holz' Text beruht denn auch hauptsächlich auf der der Gruppe B angehörenden besten Hs. p unter besonderer Heranziehung von w und K.). Dagegen stellt der Text C, der um 1290 in Rheinfranken entstanden sein mag, eine erweiternde Neubearbeitung der md. Version B dar; er liegt vor in den 838 Versen der Hs.f (vgl. Holz a. a. O. S. XVIIIff.) und muß im übrigen aus D erschlossen werden. Der „jüngere Text" (Müllenhoff) D endlich ist eine alem. Neubearbeitung von C, deren Entstehung um 1300 angesetzt werden muß.

Textabdrucke: Müllenhoff DHB. I (1866) S. 199ff. („älterer Text"); dazu K. Bartsch Germ. 20 S. 94ff. u. S. 486 Nr. 638; Sonderabdruck 1874, 5. Aufl. 1926. G. Holz 1897 (Texte A und D); dazu Vogt DLZ. 1899 Sp. 146ff. und Lambel AfdA. 25 S. 266ff. — Zur Textkritik vgl. auch Leitzmann PBB. 50 S. 394ff.

3. Der 'L.' in seiner ältesten literarischen Form ist vermutlich um 1250 von einem unbekannten Fahrenden in Tirol gedichtet worden. Holz (a. a. O. S. XXXVff.) versuchte diesen Termin vor allem dadurch zu bestimmen, daß er bei dem Dichter die Kenntnis des ziemlich genau datierten 'Goldemar' (s. d.) voraussetzte. Die inhaltlichen Gründe allerdings, die er hierfür beibrachte, sind bei der Unbe-

kümmertheit gerade jener alten Dichter um derartige Dinge nicht zwingend (vgl. dazu Lunzer a. a. O. S. 192ff.). Sicher aber trifft Holz mit seiner Annahme die wirkliche Entstehungszeit besser als Lachmann und Müllenhoff, die den 'L.' um 1200 datierten; Bartsch (Germ. 20 S. 94ff.) setzte ihn sogar um 1170 an, allerdings mit der Einschränkung, daß der Text A bereits eine Überarbeitung des alten 'L.' sei.

4. Die Quelle des Dichters ist unbekannt, wahrscheinlich hat er aus mündlicher Überlieferung seiner tiroler Heimat geschöpft (vgl. H. Schneider ZfdA. 58 S. 100). Daß der Schauplatz der Handlung, der Rosengarten König L.s, in Tirol zu suchen ist, darüber kann kein Zweifel bestehen; die Versuche, den Ort genau zu bestimmen, sind bisher allerdings sämtlich als mißlungen zu bezeichnen und dürften auch in Zukunft ohne Erfolg bleiben. Aus den Andeutungen des Textes (vgl. bes. v. 95ff.) ist eine genaue Ortsbestimmung unmöglich, und Plätze in Tirol, die den Namen Rosengarten tragen, sind mehrfach vorhanden (vgl. dazu Lunzer a. a. O. S. 196ff., S. 197 Literaturangaben; zur Ergänzung: Fr. S. Weber 'Der Schlern' VII 1926; Jos. Schatz Veröffentl. d. Museum Ferdin. in Innsbruck 1928 Heft 8 S. 537ff.; M. Werner 'Tirol Natur Kunst etc.' 1929 2. Folge I. Heft).

5. Über den Ursprung des Namens *Laurin* bestehen geteilte Meinungen. In der von Ettmüller benutzten angeblichen Kopie der Freiburger Hs. lautete der Name *Luarin;* Müllenhoff (ZfdA. 7 S. 531 u. 12 S. 310f.) verwies auf eine Salzburger Urkunde v. J. 1050, in der der Name *Luaran* auftaucht, und glaubte daraus auf den Ursprung des Namens schließen zu können (vgl. DBH. I S. XLIIIf.). Einen andern Deutungsversuch machte Hertz (a. a. O.), der ihn aus *lur* (Kobold, erhalten z. B. in Loreley) + Suffix *-în* (als Diminutiv) erklärt (vgl. dazu Holz a. a. O. S. XXXXIf.). Lunzer (a. a. O. S. 209ff.) dagegen zog, einer Anregung Scherers (Kl. Schriften I [1893] S. 640) folgend, den Tiroler Ortsnamen *Laurein* zur Erklärung heran, der möglicherweise von dem Dichter auf die Figur seines Helden übertragen worden sei. Dieser Ansicht stimmt auch H. Schneider (a. a. O. S. 269) bei. — Erwähnt sei hier noch die Ansicht G. W. Panzers (*Annalen* 1788 S. 314), der L. für identisch mit dem Grafen Lorenz von Tirol erklärt. (Vgl. ferner die Notizen in Mones Anzeigen V 1836 S. 308 f. VI 1837 S. 171.)

6. Der 'L.' gehört zu den „märchenhaften Dietrichfabeln" und schildert den mit verschiedenen Abenteuern ausgeschmückten Kampf zwischen L. und Dietrich, der mit L.s Besiegung endet. Von den Personen des Gedichts sind neben L. und D. die geraubte Kunhild (über die Entstellung ihres Namens in den Hss. vgl. DHB. I S. 282) sowie K.s Bruder Dietleib, der Held des 'Biterolf' (s. d.), zu nennen, der neben Hildebrand, Witege und Wolfhart unter D.s Gesellen auftritt. Es begegnet im 'L.' wie im 'Goldemar' (s. d.) das weitverbreitete Motiv von der Entführung einer Jungfrau durch Zwerge. Bei der weitgehenden Verschiedenheit beider Gedichte ist jedoch anzunehmen, daß die beiden Dichter unabhängig voneinander ihre Dichtungen aus im Grunde gleicher Quelle — mündlich überlieferter tiroler Sage — formten. Im 'L.' ist nun mit diesem ersten noch ein zweites Motiv verbunden: der Kampf im Rosengarten. Vermutlich fand der 'L.'-Dichter bereits in der mündlichen Erzählung eine Kreuzung der beiden Motive — Zwerg als Mädchenräuber, Zwerg als Rosengartenbesitzer — vor. Diese Kreuzung hatte allerdings keine organische Verbindung gefunden, und dem 'L.'-Dichter gelang eine solche Verbindung bei seinem geringen Kompositionstalent ebenfalls nicht. — Die Zusammenhänge zwischen dem 'L.' und dem 'Großen Rosengarten' (s. d.) erscheinen nach Lunzers Untersuchungen nunmehr dahingehend geklärt, daß der 'Roseng.' vom 'L.' abhängig ist. — Auch eine Bekanntschaft der 'Virginal' (s. d.) mit dem 'L.' ist nachgewiesen, wobei ebenfalls die Priorität des 'L.' feststeht (vgl. J. v. Lunzer Progr. d. Franz.-Jos-Gymn. Wien 1901 S. Xff.).

7. An Kompositionsgabe mangelte es dem Dichter, doch ist ihm durchaus nicht jedes Talent abzusprechen; hat er es doch wie kein andrer in jener Zeit verstanden, in seiner Dichtung „spielmännische" und „höfische" Züge in harmonischen Einklang zu bringen (vgl. Zur Nieden Diss. Bonn 1930 S. 143ff.); auch ist seine Darstellungsweise im übrigen meist lebendig und anziehend (über Sprache und Reimkunst vgl. Müllenhoff a. a. O. S. XLVIff. u. Holz a. a. O. S. XXXXIVf.). Über die Person des Dichters ist nichts bekannt. Die Hss. s d v geben Heinrich von Ofterdingen als Verfasser an (vgl. DHB. I S. 288f., dazu auch Burdach ADB. XXIV S. 174, Spittler Diss. Königsberg 1928 S. 37), doch sind diese Verse ohne Zweifel ein „späteres Anhängsel". Nach d zitiert Goldast (*Paraeneses* 1601 S. 381; 398; 404; 449 f.) Verse aus dem 'L' unter dem Namen des Ofterdingers.

8. Daß der 'L.' noch bis ins späte MA. hinein bekannt und beliebt war, ist aus verschiedenen Zeugnissen (vgl. Grimm *Dt. Heldensage*; Holz a. a.O.S. XXXIXff.) sowie aus den vielfachen Drucken zu ersehen. Aus dem 15. Jh. stammende auf 'L.' bezügliche Wandgemälde mit Inschriften wurden in den Ruinen des Schlosses Lichtenberg in Tirol entdeckt (vgl. ZfdA. 12 S. 425ff., dazu Germ. 23 S. 29f.). Auch nach Dänemark gelangte der 'L.' (*'Kong Laurins Krönike'*; vgl. Müllenhoff a. a. O. S. XL, Schorbach a. a. O. S. 33 Anm. 1) und wurde hier wieder die Quelle eines faeröischen Liedes (*'Dvarga kongur'*). — Endlich liegt noch eine tschechische Übersetzung des 'L.' in einer Hs. aus dem Ende des 14. Jhs. vor (hrsg. von Brückner ArchfslPh. 13 S. 1ff.), die wahrscheinlich auf eine md. Vorlage zurückgeht (vgl. dazu Brückner Archfsl Ph. 11 S. 83ff.; Cerny Progr. Pardubitz 1893; Lambel AfdA. 25 S. 271 Anm.; Schorbach a. a. O. S. 33 Anm. I).

9. Für die Beliebtheit des L. spricht schließlich auch der Umstand, daß das Gedicht schon früh — wohl im Anfang des 14. Jh.s — eine Fortsetzung erhielt, den sog. 'Walberan'. Diese Fortsetzung ist allein überliefert in der Hs. K. (und teilweise in dem verwandten Bruchstück M), in der zunächst noch etwa 300 Verse zum eigentlichen 'L.' hinzugefügt sind; Müllenhoff hielt diese Verse für den echten Schluß des 'L.' (in seinem Text v. 1600ff., vgl. dazu Holz a. a. O. S. XVff.). Mit Holz ist jedoch anzunehmen, daß diese Verse, in denen von der Taufe L.s berichtet wird, dem Verf. des 'Walb.' zuzuschreiben sind. Auf diesen Zusatz folgt dann ein Einschnitt in K (*Explicit liber primus. Incipit secundus*), und hier beginnt der 'Walberan' (Text bei Müllenhoff a. a. O. S. 238ff., bei Holz a. a. O. S. 59ff.) In ihm wird erzählt, wie L.s Oheim Walberan, ein orientalischer Zwergenkönig, gegen Dietrich auszieht, um L. zu rächen. Aber L. stellt seine Treue zu Dietrich unter Beweis und erreicht, daß Dietrich und Walberan ihren Zweikampf abbrechen und Frieden schließen; Walberan zieht als Dietrichs Gast in Bern ein. Der Schluß der Erzählung fehlt. — Der unbekannte Verfasser, der mit großer Gelehrsamkeit prunkt, dabei aber manche Unklarheit in seinen Anschauungen erkennen läßt, besitzt wenig Phantasie, seine Erfindung ist „im höchsten Grade armselig" (vgl. Müllenhoff a. a. O. S. LIVff.; über die Personen im 'Walb.' vgl. Holz a. a. O. S. XXXXIIIf., Lütjens a. a. O. S. 25f., Ahrendt a. a. O. S. 11 u. 76).

10. Endlich erhielt der 'L.' noch eine weitere Fortsetzung in einigen Strophen des Gedichts vom 'Wartburgkrieg' (s. d.), die von L.s Bruder Sinnels handeln, der zu Palakers am Lebermeer sein Reich hat. Zu diesem Sinnels ziehen am Ende Dietrich und L., um dort noch tausend Jahre zu leben, während den Menschen vorgetäuscht wird, daß beide sich in einen feurigen Berg gestürzt hätten (vgl. Müllenhoff a. a. O. LVIff. u. Holz a. a. O. S. XXXXf.). Hier ist also in der Erzählung von „Dietrichs Ende" (vgl. Sijmons PGrundr. 2, I S. 48 und Schneider a. a. O. S. 414) die „kirchliche" mit der „volkstümlichen" Version verknüpft.

Müllenhoff DHB. I S. XXXIIIff. Hertz MSB. 1886 S. 217ff. E. H. Meyer *Germ. Mythol.*

1891 § 166. Holz 'L.' 1897 S. Iff. Jiriczek *Dt. Heldensage* I (1898) S. 249ff. K. Schorbach *Seltene Drucke in Nachbildungen. IV. 'L.'* 1904. A. Lütjens *Der Zwerg in der dt. Heldendichtung* 1911 S. 43f. E. H. Ahrendt *Der Riese in der mhd. Epik.* Diss. Rostock 1923 S. 62. Lunzer PBB. 50 S. 161ff. H. Schneider *Germ. Heldensage* I (1928) S. 267ff. u. 411.

Eberhard Klaaß.

'König Rother'.

1. Den Dichter des 'König Rother' kennen wir nicht. Über sein Leben wissen wir nur, was sich aus dem Epos erschließen läßt. Vor 1200 weisen ihn schon die Hss. zurück, die zum Teil noch der zweiten Hälfte des 12. Jhs. angehören. Sein Werk wird um 1150 entstanden sein. Dieser Zeit entspricht die Bekanntschaft mit dem Orient, die durch die Kreuzzüge vermittelt war. Daß die Dichtung nicht vor 1137 verfaßt wurde, dürfen wir aus dem Umstand entnehmen, daß Bari als Hauptstadt Rothers hingestellt wird. Diese Auffassung entstammt einer Bezugnahme auf den normannischen König Roger II., gegen den Kaiser Lothar im genannten Jahr einen Kriegszug unternahm, der zur Eroberung von Bari und zum Rückzug Rogers nach Sizilien führte. Der Anklang des Namens *Roger (Rozier)* an *Rother*, der auch Schreibungen wie *Rochter(e)*, *Rotcher(e)* bedingte, veranlaßte den Dichter, einen Zusammenhang herzustellen. Er wurde aber auf den Normannenkönig aufmerksam, weil ihn die Ereignisse in den Vordergrund des politischen Lebens geschoben hatten. Der Zug Lothars gegen Roger mußte in Deutschland starke Beachtung finden, vor allem auch die Eroberung Baris, das der Einschiffungsort für Kreuzfahrer war. Daß die Namen *Rother* und *Roger* wirklich als ähnlich empfunden wurden, bestätigt die 'Sächsische Weltchronik', die Roger geradezu *Rother* nennt, wenn sie zum Jahre 1137 berichtet: *Do vor de keiser aver mit groteme here to Langbarden. Wider ene satte sic koning Rother van Pulle* [Apulien]; *deme wan he af dat lant wante an Bari* (D. Chr. II S. 207, 18ff.).

Nach Ausweis der Reime und von Wortformen wie der Deminutivbildung *Pipinchis mvder* (3476 [Maßmann]) stammte der Dichter des 'König Rother' aus Mittelfranken. Auf den Niederrhein führen die Verse 3096ff., die Rother bei der Ankunft des Spielmanns in Ripuarien weilen lassen:

Do was der koninc Rothere
Hine zo Riflande
Mit sinin uianden (= *uiganden*).
Dar rigte der gode keyser
Widewin unde weisin

und wohl auch der von der Flußschiffahrt herkommende Ausdruck *in owe vliezen* (183). Für diese Herkunft spricht auch die Erwähnung des heiligen Aegidius, eines westdeutsch-niederrheinischen Heiligen südfranzösischer Herkunft, und der heiligen Gertrud von Nivele, der bekanntesten Heiligen Nordwestdeutschlands, der Kirchen am Niederrhein und in Belgien geweiht waren. Nach Mittelfranken deutet schließlich noch die Einführung des Klosters Fulda. Nach B heißt es v. 5164ff.:

nu uolge mir, trut herre min,
vnde uare wir hin tzo uulde.
swer gerne genesen wulde,
der mochte da uil gerne broder sin.
wir moneken uns, trut herre min.

H liest zwar:

Vnde zewir hin zo walde.
Swer genesen wolde,

doch ist die Lesart in B besser. Rückert und de Vries wenden vergeblich ein, daß B auch sonst Reimbesserungen enthält. Es handelt sich bei H nicht um eine Reimverschlechterung schlechthin. Vielmehr hat der Schreiber das *uulde* seiner Vorlage ohne weiteres als *walde* aufgefaßt und gar nicht an den Ortsnamen gedacht. Zu beachten ist nämlich, daß v. 4833 in *gevrin* und v. 4867 in *gews a* ausgelassen ist. Hier wird eine Eigentümlichkeit der Vorlage hervortreten, die im allgemeinen bei der Abschrift beseitigt und irrigerweise auch bei *uulde* angenommen wurde.

Gedichtet wurde das Epos, wie zahlreiche Anspielungen zeigen, in Baiern. Daß Berchter *herzoge* oder *grave von Meran* genannt wird, hat freilich nichts damit zu tun, daß um 1150 Konrad II. von Dachau den Titel eines Herzogs von Meran (= Dalmatien) führte; denn auch im 'Wolfdietrich' (s. d.) ist Berchtung Herr von Meran. Bedeutsam ist dagegen, daß das Geschlecht der Tengelinger, das in Tengling beim Chiemsee ansässig war, wiederholt rühmend hervorgehoben wird. Amelger und Wolfrat (Wolfram, Lofhart) sind ihm zugewiesen. Den Tengelingern, von denen v. 2954f. gesagt wird:

Izne quam van eineme sinin kunne
Also manich ture wigant,

ist Hademar von Dießen entgegengestellt, dessen Geschlecht nach Dissen am Ammersee gehört. V. 3571ff. wird *die berische diet* überhaupt gepriesen, und ebenso steht v. 3577f.:

Iz scienet den Beyeren imer mer an,
Da ist noch manich wat ziere man.

Die Annahme, daß die auf bairische Verhältnisse bezüglichen Stellen einem Interpolator entstammten, ist unbegründet. Sie scheitert daran, daß wir schon der Urfassung oberdeutsche Sprachformen zugestehen müssen und umgekehrt auch in jenen Versen mittelfränkisches Gut antreffen. Der Dichter stand anscheinend in Beziehung zu den Tengelingern. Diese Vermutung läßt begreifen, daß gerade sie besonders hervorgehoben sind. Darüber hinaus erklärt sie auch das abfällige Urteil über die Diezener; denn es liegt nahe, an gespannte Verhältnisse zwischen den benachbarten Geschlechtern zu denken.

Daß der Dichter ein Spielmann war, ist schon daran zu ersehen, daß er wiederholt Spielleute erwähnt und in den Vordergrund schiebt. Einer von ihnen fährt nach Bari, um die entführte Königstochter zurückzubringen. Als er Konstantin seinen Vorschlag unterbreitet, redet dieser ihn mit *Genadhe here* (3077) und *trut geselle* (3079) an. Asprian wird als *der riesen spileman* (2162) bezeichnet. Hohen Preis erhält von einem Gehrenden natürlich, wer viel schenkt. Ausführlich wird v. 1283ff. die Freigebigkeit Dietrichs geschildert, und in gleichem Sinne heißt es v. 1874ff.:

Die varunde diet begunde gan
Vor den Dietherichis dish.
Her gaph in schone, wizze crist,
Den hals her niegote,
Her gaph sinim ma(n)til gotin
Eineme armen spilemanne;
Her was zo heile dar ingegannen
(ingegangen).
So tatin die anderen al intsamt,
Dar ne behelt nieman sin gewan(t).

In den Versen 4853 und 5196 bezeichnet sich der Verfasser selbst als *richtere*. Durch diesen Ausdruck will er sich nicht als einen Bearbeiter hinstellen. Vielmehr bedeutet *richtere* „Dichter", wenn es auch nicht in *tichtere* zu ändern ist. Einen entsprechenden Sinn hat das zugrunde liegende Verbum etwa bei Ulrich von Lichtenstein 29,24:

die wile ich si[niwiu liet] ze rihten pflac

oder im 'Georg' Reinbots von Durne v. 21f.: [Reinbot] *du solt ein buoch tihten, in tiutsche* [a. L. *tewtscher] sprache rihten.*

Über die Quellen des Werkes ist nichts gesagt. Wenn an einigen Stellen vom *buoch* oder vom *liet* die Rede ist, so ist das Epos selbst gemeint, nicht aber auf etwaige Vorlagen Bezug genommen.

2. Der 'König Rother' umfaßt zwei Teile, von denen der zweite das Motiv des ersten wiederholt.

Bi deme westeren mere in der Stadt Bari herrscht König Rother, der als Herr über Rom aber auch *keyser* (3099) genannt wird. Seine Genossen raten ihm, sich zu vermählen. Lupolt, der Sohn seines Ratgebers Berchter, schlägt die Tochter des Königs Konstantin von Konstantinopel als passende Gattin vor. Daraufhin ziehen er, seine sechs Brüder und fünf Gefährten als Rothers Boten aus, werden aber, als sie die Werbung vorgebracht haben, ins Gefängnis geworfen. Rother wartet vergeblich auf ihre Rückkehr. Auf Berchters Rat entschließt er sich zur Heerfahrt, um sie zu retten oder zu rächen. Zu seiner Schar gehört auch der Riesenkönig Asprian mit Widolt (Widolf), Grimme und zehn weiteren Riesen. Der wildeste von ihnen ist *Widolt mit der stangen*, der außerhalb des Kampfes an einer Kette geführt werden muß. In Konstantinopel bietet Rother dem König unter dem Namen *Dietrich* seine Dienste an. Er behauptet, daß ihn Rother geächtet habe. Konstantin wagt nicht, ihn zurückzuweisen. Die Fremden erregen durch ihre Pracht und ihre Stärke Staunen und Furcht. U. a. zerschmettert Asprian einen Löwen, der ihm an der Tafel das Brot fortnimmt, an der Wand. Die Königin klagt, daß ihre Tochter nicht dessen Frau geworden, der solche Männer vertreiben konnte. Auch diese möchte Dietrich sehen. Ihre Dienerin Herlint geht, um ihn zu ihr zu führen. Er will nicht zu ihr gehen, läßt aber für sie ein Paar goldene und ein Paar silberne Schuhe gießen. Von beiden gibt er Herlint einen auf denselben Fuß passenden Schuh als Geschenk für die Königstochter mit. Als diese merkt, daß ihr das Paar nichts nützt, begibt sich die Dienerin noch einmal zu Dietrich, und jetzt folgt er ihr. Als er der Königstochter die goldenen Schuhe anzieht, fragt er sie, wer ihr von ihren Freiern am besten gefalle. Da sie antwortet, daß sie nur Rothers Frau werden wolle, gibt er sich zu erkennen. Ihre Zweifel will er durch das Verhalten der Gefangenen als nichtig erweisen. Die Prinzessin erhält von ihrem Vater die Erlaubnis, die Boten Rothers zu waschen und zu kleiden. An dem Eindruck, den Dietrich auf sie macht, erkennt sie, daß er wirklich Rother ist. Von nun an werden die Gefangenen besser behandelt. Als Ymelot von Babilon mit Heeresmacht gegen Konstantinopel heranzieht, werden sie auf Verlangen Dietrichs sogar frei gelassen. Nach dem Siege über den feindlichen König wird er mit seinem Heere vorausgeschickt. Er verschweigt aber die Wahrheit und berichtet, daß Konstantin geschlagen sei und Ymelot die Stadt zerstören wolle. Die Frauen bitten ihn, sie zu retten. Er bringt die Prinzessin und ihre Mutter auch zu seinen Schiff, läßt aber abstoßen, als jene sich im Boot befindet. Der zurückbleibenden Königin sagt er die Wahrheit, worüber diese sehr erfreut ist.

Ganz anders wirkt die Entführung auf Konstantin. Sie ist ihm durchaus nicht recht, und er läßt einen Spielmann als Kaufmann verkleidet nach Bari fahren, um seine Tochter zurückzuholen. Durch seine kostbaren Waren gelingt es diesem, Rothers Gattin auf sein Boot zu locken und wieder nach Konstantinopel zu bringen. Mit 22 Schiffen folgt Rother dem Entführer. Nach der Ankunft verbirgt sich das Heer in einem Walde, während der König, Berchter und Lupolt in Pilgergewändern in die Stadt gehen. Auf dem Wege dorthin erfahren sie, daß Konstantin seine Tochter gezwungen hat, Ymelots Sohn Basilistium zu heiraten. Gerade wird die Vermählung gefeiert. Rother gibt sich seiner Frau durch einen Ring zu erkennen, wird aber entdeckt und soll am Galgen sterben. Da kommt ihm der Graf Arnolt mit seinen Leuten zu Hilfe und befreit ihn und seine Begleiter von den Fesseln. Auf das Blasen Lupolts bricht das versteckte Heer aus dem Walde hervor und besiegt Ymelots Mannen. Jetzt ist Konstantin bereit, Rother seine Tochter zur Frau zu geben. Nachdem Arnolt zum König von Griechenland gekrönt worden ist, kehren beide nach Bari zurück. Am Tage, an dem sie ankommen, wird ihr Sohn Pipin geboren, aus dessen Ehe mit Berta Karl stammt. Die getreuen Mannen Rothers werden reich belohnt. Nach der Schwertleite Pipins gehen der König, die Königin und Berchter ins Kloster.

3. Die geschichtliche Grundlage des Epos bildet die Werbung des Langobardenkönigs Authari (584—590), von der Paulus Diaconus im 3. Buch seiner '*Historia Langobardorum*' erzählt. Nachdem Authari vergeblich um die Tochter des Frankenkönigs Childepert geworben hatte, der sogar in sein Reich eingefallen, aber von ihm besiegt worden war, schickte er Gesandte zu König Garibald von Baiern, um seine Tochter Theudelinda als Gattin zu erbitten. Garibald gab seine Zustimmung. Als die Boten zu Authari zurückgekehrt waren, *ille per semet ipsum suam sponsam videre cupiens, paucis secum sed expeditis ex Langobardis adhibitis, unumque sibi fidelissimum et quasi seniorem secum ducens, sine mora ad Baioariam perrexit.* Er gab sich als Abgesandter Autharis aus, der seinem Herrn über die künftige Königin berichten solle. *Cumque rex haec audiens filiam venire iussisset, eamque Authari, ut erat satis eleganti forma, tacito nutu contemplatus esset, eique*

satis per omnia complacuisset, ait ad regem: 'Quia talem filiae vestrae personam cernimus, ut eam merito nostram reginam fieri optemus, si placet vestrae potestati, de eius manu, sicut nobis postea factura est, vini poculum sumere praeoptamus'. Cumque rex id, ut fieri deberet, annuisset, illa, accepto vini poculo, ei prius qui senior esse videbatur propinavit. Deinde cum Authari, quem suum esse sponsum nesciebat, porrexisset, ille, postquam bibit ac poculum redderet, eius manu, nemine animadvertente, digito tetigit dexteramque suam sibi a fronte per nasum ac faciem produxit. Illa hoc suae nutrici rubore perfusa nuntiavit. Cui nutrix sua ait: 'Iste nisi ipse rex et sponsus tuus esset, te omnino tangere non auderet. Sed interim sileamus, ne hoc patri tuo fiat cognitum. Re enim vera digna persona est, quae tenere debeat regnum et tuo sociari coniugio'. Nach einiger Zeit floh Theudelinda vor den andringenden Franken zu Authari, wonach die Vermählung bei Verona gefeiert wurde.

Daß wir für den geschichtlichen Kern der Rothersage wirklich bis in jene Zeit zurückgehen müssen und in ihr keineswegs eine Spiegelung zeitgenössischen Geschehens, wie etwa der Werbung Rogers II. um eine byzantinische Prinzessin und seiner Züge gegen Konstantinopel (1143—1149), sehen dürfen, stellt die zeitliche Festlegung der in der Dichtung geschilderten Vorgänge sicher. Die Verbindung mit der Karlssage, die Darstellung, daß Pipin der Sohn Rothers ist, schließt alle derartigen Deutungsversuche aus.

Da es sich bei Theudelinda um eine bairische Prinzessin handelt, dürfen wir unbedenklich mit einer Überlieferung der Vorgänge auf bairischem Boden rechnen. Dabei wurde der Name Autharis durch den anklingenden des bekannten Langobardenkönigs Rothari (636—652) ersetzt, der durch seine Eroberungen und sein Gesetzbuch zu hohem Ansehen gelangt war. In Baiern wird der Dichter des Epos Kunde von jenen Ereignissen erhalten haben.

4. Die Aufdeckung der geschichtlichen Grundlagen genügt für das Verständnis der Rotherdichtung freilich nicht, da sie in weiteren sagengeschichtlichen Zusammenhängen steht. Der Klärung bedarf vor allem das Verhältnis zum Bericht in der Þiðrekssaga, der in zwei Versionen vorliegt und auf niederdeutsche Quellen zurückgeht.

König Osanctrix von Wilkinaland, dem die Riesen Aspilian, Aðgeirr, Aventroð und der gewöhnlich gefesselte Viðolfr mittumstangi untergeben sind, wirbt nach dem Tode der Königin Juliana um Oða, die Tochter des Königs Milias von Hunaland. Bisher sind alle Freier abgeweisen worden, und auch die neuen Boten, die zunächst zu sechs und dann nochmals zu zwölf Mann abgesandt sind, werden ins Gefängnis geworfen. Der Führer der Zwölf ist Hertnið, der Neffe und Vertraute des Königs. Nach der erneuten Kränkung zieht Osanctrix mit großem Heer nach Hunaland. Er nennt sich *Þiðrekr (Friðrekr)* und gibt vor, vom König von Wilkinaland vertrieben zu sein. Da Milias ihn nicht als Lehnsmann aufnehmen will, kommt es zum Kampf. Viðolfr zerreißt seine Ketten und schlägt alles nieder. Laut ruft er nach Hertnið, der mit den übrigen Gefangenen die Tür erbricht und herbeieilt. Milias entflieht. Oða wird zu Þiðrekr geführt, der sie Osanctrix bringen will. Er zieht ihr zunächst einen silbernen und dann einen goldenen Schuh an. Als sie ihren Fuß ausstreckt und wünscht, ihn auf den Thron des Königs Osanctrix zu setzen, offenbart er sich ihr. Erfreut fährt sie mit ihm heim. Nach kurzer Zeit söhnt sich Osanctrix mit Milias aus. Aus seiner Ehe mit Oða geht Erka hervor, die Atlis Frau wird.

Es ist unverkennbar, daß Beziehungen zwischen der Osanctrixsage und dem 'König Rother' bestehen. Man hat sie auf doppelte Weise zu erklären gesucht. Entweder hat man die Rothersage als ursprünglich und den Bericht der Þiðrekssaga als abgeleitet betrachtet oder in ihm das Alte gesehen und den Namen *Rother* als Neuerung gefaßt. Beide Wege führen nicht zum Ziel, da sie an dem trotz aller Ähnlichkeit vorhandenen Unterschied vorbeigehen. Ihn macht nur die Annahme verständlich, daß der Dichter bei der Gestaltung des Rotherstoffes wesentliche Züge der motivisch nahestehenden Osanctrixsage verwertete. Er kannte sie zweifellos von seiner niederrheinischen Heimat her. Eine Spur von ihr findet sich noch im 'Biterolf' (s. d.), wo Etzels Gemahlin Helche v. 1962 *Oseriches kint* genannt wird.

Daß der Dichter des 'König Rother' seinen Stoff tatsächlich aus verschiedensten Quellen zusammentrug, beweist die Einfügung Berchters und seiner Söhne. Jener stammt aus der Wolfdietrichsage und ist Berchtung, der treue Ratgeber Hugdietrichs und Wolfdietrichs. Daß er und die Dienstmannensage dort bodenständig sind, bezeugt auch das altfranzösische Gedicht von Parise la Duchesse, wo die zehn Söhne Clarembauts in Nueve Ferté belagert und von Hugues und Clarembaut befreit werden. Die Namen *Hugues* und *Clarembaut* übersetzen *Hugdietrich* und *Berchtung*.

Der gleichen Sage wird ein verkümmertes Motiv entstammen. V. 1138ff. wird erzählt, wie Asprian einen Löwen an der Wand zerschmettert. V. 1281f. entschuldigt er sich mit den Worten:

Herre, iz tete mir michil not:
Mer nam din berwelf min brot!

Eine Spur des Motivs findet sich noch im 'Wolfdietrich A', wo der junge Held nach Str. 38 den Hund an die Wand wirft, der ihm sein Brot stiehlt. Vollständiger ist es im 'Göttweiger Trojanerkrieg' (s. d.) bewahrt, der gerade für die Jugendgeschichte des Paris aus der Wolfdietrichsage schöpfte. V. 1469—1704 werden entsprechende Abenteuer des Knaben mit einem Hund, einem Bären und einem Löwen berichtet, wobei Paris den Bären für einen Hund und den Löwen für einen Bären hält. Der Dichter des 'König Rother' hat das dreigliedriege Motiv in ein Glied zusammengezogen, aber den nun beziehungslos gewordenen Ausdruck *berwelf* beibehalten.

Eine weitere Ergänzung des Dichters ist der zweite Teil des Epos. Man verkennt seine Arbeitsweise völlig, wenn man diesen einem anderen Verfasser zuweisen zu müssen glaubt. In diesem Falle hat die Salomosage den Stoff geliefert. Freilich ist eine ältere Version benutzt, als sonst in der deutschen Salomoüberlieferung hervortritt. Während in ihr die Königin durch einen Schlaftrunk scheintot gemacht und dann entführt wird, bringen sie im 'König Rother' die reichen Schätze auf das Schiff. Das Epos stimmt hierin eng zu russischen Salomosagen, die zum Teil auch das Ringmotiv kennen. Das Galgenmotiv und das Hornblasen findet sich auch in den deutschen Fassungen. Daß der Verfasser der Rotherdichtung nicht blind übernahm, sondern das für ihn Brauchbare auswählte, zeigt der Umstand, daß er die Treulosigkeit der Königin beiseite ließ.

Erst vom Dichter geschaffen ist auch der Rahmen des Epos. Während in der Oserich-Osanctrixsage die Umworbene die Tochter des Königs von Hunaland ist, verlegt er die Werbung nach Konstantinopel. Hier spüren wir die Wirkung der Kreuzzüge, die den Blick des Abendlandes nach Osten lenkten.

Die Vereinigung verschiedensten Sagengutes ist ein Kennzeichen spielmännischer Kunst. Dem Dichter stand keine schriftliche Vorlage zur Verfügung. Vielmehr errichtete er sein Werk aus dem reichen Sagenschatze, über den er als Fahrender verfügte.

5. Der Dichter wendet sich mit seinem Werk an hohe adlige Kreise in Baiern. Sein Stil mußte sich daher von der späteren spielmännischen Kunst unterscheiden, die mit breiteren Schichten rechnet. Im 'König Rother' bricht sich der Geist der ritterlichen Gesellschaft im die Mitte des 12. Jhs. *ere* und *zucht* werden gefordert. Schon zeigen sich Ansätze der höfischen Minne. Zu ihr stimmt das Verhalten Rothers und der Königstochter. Als diese Dietrich zu sich bitten läßt, sagt er v. 1995ff.:

hie ist der merkere so ville.
Swer sin ere behaldin wille,
Der sal gezogenliche gan.

Seiner inneren Haltung nach stellt sich das Epos mehr zur 'Kaiserchronik' (s. d.) und zum 'Rolandslied' des Pfaffen Konrad (s. d.), zum 'Alexanderlied' des Pfaffen Lamprecht (s. d.) und besonders zum 'Herzog Ernst' (s. d.). Seine besondere Prägung erhält es durch die Mischung höfischer und spielmännischer Tonart. Als Frucht der frühmittelhochdeutschen ritterlichen Epik kennzeichnet sich das Werk auch durch seine gehobenere Technik. Der 'König Rother' überragt in seiner Ausdrucksweise die Gedichte 'Salman und Morolf' (s. d.), 'Oswald' (s. d.) und 'Orendel' (s. d.) bedeutend. Die Darstellung steht nicht wie dort unter der Herrschaft der Formeln. Einfache Wiederholungen finden wir nur selten. Wo sonst Wendungen und Schilderungen wiederkehren, sind sie weitergeführt. Ein Beispiel für die künstlerische Verwendung der Wiederholung sind die Verse 2409f., 2549f., 2599f. Als Rothers Boten aus dem Gefängnis geholt werden sollen, heißt es:

Die heleden haftin
Lagin in unkreftin.

Nachdem sie gesättigt sind und der Kerker mit Annehmlichkeiten versehen ist, wandelt der Dichter die Verse dahin ab:

Do lagin di haftin
in sanftin vncreftin.

Dietrich fordert endlich

Die elenden haftin
Vz den vncreftin.

Die Verse und Reime entsprechen der Technik um 1150. Regelmäßigkeit ist noch nicht zu finden. In weitem Umfang begegnen Assonanzen.

6. Die verschiedenen Hss. lassen schon erkennen, daß das Epos noch im 13. Jh. gelesen wurde. Dies wird auch durch unmittelbare Zeugnisse bestätigt. Um 1250 berichtet der Marner (s. d.) (Strauch S. 124f., v. 260—263):

Sing ich dien liuten miniu liet,
so wil der erste daz,
wie Dieterich von Berne schiet,
der ander, wa künc Ruother saz.

Der Hinweis nimmt die Eingangsverse auf:

Bi deme westeren mere
saz ein kuninc, der heiz Rŏther.

Im 'Reinfrit von Braunschweig' (s. d.) (um 1300) werden v. 25266ff. die Riesen Witolt, Asprian und Grimme genannt. Weiter heißt es:

swaz man hie vor den richen
hoherbornen Ruother
sach risen füeren über mer,
daz was ein ungelichez mez
gen disen hie.

Abhängig von der Marnerstelle sind die Verse 16183ff. in Hugos von Trimberg (s. d.) 'Renner', der ebenfalls um 1300 entstand:

So sprichet einer, ich hœrte gern
Von hern Dietrich von Bern
. . . .
Der zwelfte wil Rückern besunder.

Im gleichen Gedicht werden bereits v. 1221ff. unter den bekannten Helden *Künic Ruother und her Parcifal* aufgezählt. Auf den 'Renner' beziehen sich wieder Joh. Agricola in der Vorrede zu den 'Sprüchwörtern' (1634) und Cyr. Spangenberg (1528—1604) im 'Adelsspiegel', die beide *König Rucker* oder *Rugger* erwähnen, der letztere als eine der verlorenen oder *doch gar seltsam* gewordenen Dichtungen.

Zu diesen Belegen tritt noch das aus dem 13. Jh. stammende Gedicht von 'Dietrichs Flucht' (s. d.), das bei der Werbung Dietwarts um König Ladiners Tochter Einflüsse des 'König Rother' verrät. Die verwendeten Namen zeigen, daß der Dichter das Epos kannte. Dietwarts Ratgeber heißen, wie einige von Rothers Gefährten *Herman, Erwin* und *Arnold.* Sein Land *Westenmer* ist nach Rothers Reich genannt, das *bi deme westeren mere* lag. Ein Sohn Ladiners trägt sogar den Namen *Rother.* 'Dietrichs Flucht' ist die einzige Dichtung, die zweifellos auf den 'König Rother' zurückgreift. Was an sonstigen Zusammenhängen behauptet worden ist, ist zum mindesten sehr zweifelhaft.

Überlieferung. Das Epos ist nur in der Heidelberger Pergamenths. (H), Cod. pal. germ. 390, fast vollständig überliefert. Diese stammt noch aus dem Ende des 12. Jhs. und ist allem Anschein nach von einem Schreiber geschrieben. Sie besteht aus 9 Lagen von je 4 Doppelblättern. Bei Bl. 68[a] ist Bl. 70 eingeheftet. Am Schluß fehlt ein weiteres Blatt. Die vorliegende Hs. umfaßt somit 73 Blätter. Die hervortretende Sprache zeigt neben mittelfränkischen Merkmalen oberdeutsche und niederfränkische Besonderheiten. Aus Verbesserungen wie *waz* aus *wat* (2124), Fehlschreibungen wie *cracfte* (4300; = *crachte* + *crafte)* sowie den Adoptivformen *zvginthafter* (929) und *spozeder* (1962) ist der Abschreiber vermutlich als Niederfranke zu bestimmen. Der Wert der Hs. wird durch zahlreiche Lese- und Schreibfehler tarsk herabgemindert. — Neben H stehen einige Bruchstücke. Von ihnen scheint das Münchener Fragment (M), Cod. germ. 5249, Nr. 1, H noch an Alter zu übertreffen. M ist ein auf beiden Seiten beschriebener Pergamentstreifen, der als Einbanddecke diente. Es bietet die Verse 4054—4072, 4091—4140, 4578—4598, 4614—4633. Gegen H fehlen v. 4099f., 4107—4134. V. 4065f. finden sich hinter 4062, umgestellt sind 4623f. Die Sprache ist bairisch. — Das Berliner oder v. Arnswaldtische Bruchstück (B[A]), Ms. Germ. fol. 923, Nr. 20, das früher im Besitze des Freiherrn von Arnswaldt zu Hannover war, gehörte zu einer Hs. des 14. Jhs. Erhalten ist der größere obere Teil des Schlußblattes. Dieses ist zweispaltig geschrieben, doch ist auf der Rückseite die rechte Spalte frei. B bietet die Verse 5135 bis 5147, 5159—5173, 5182—5197, die beiden ersten Gruppen je mit einem in H fehlenden Vorvers. Die Schlußverse 5182ff. sind nur durch B bekannt. Die Sprache zeigt stärkere oberdeutsche Einschläge als H. — Reste einer weiteren, aus der zweiten Hälfte des 13. Jhs. herrührenden Hs. sind das Nürnberger oder Badener Fragment (N[B]), Hs. 2744, sowie das Ermlitzer Bruchstück (E). N, das 1827 Eigentum Professor Federers in Baden war, später aber von Dr. O. Henne Am-Rhyn, dem Kantonsarchivar in St. Gallen, dem Germanischen Museum in Nürnberg geschenkt wurde, ist die rechte Hälfte eines zweispaltigen Blattes mit den Versen 994—1046. An der Schnittkante stehen noch Buchstabenreste der linken Blatthälfte. Mehrverse gegenüber H sind 995^{a}, 1043^{ab}. Darüber hinaus weicht die Versgruppe 1040ff. stark von H ab. E, das 1883 aus der Bibliothek des ehemaligen Kartäuserklosters und gräflich Waldbott-Bassenheimschen Schlosses Buxheim in den Besitz der Ermlitzer Familie Apel gelangte, bildet mit zwei Pergamentdoppelblättern die innere Hälfte eines Quaternio, ist aber beschnitten. Überkommen sind die Verse 1379 bis 1806. Mehrverse gegenüber H sind die ersten 11 Verse vor 1379, außerdem 1563^{a}, 1566^{a}, 1627^{a}, 1606^{ab}, 1728^{ab}, 1804^{ab}. Demgegenüber fehlen v. 1479, 1480, 1532, 1534, 1703, 1704. Umgestellt sind v. 1495f., v. 1420f. sind in einen Vers zusammengezogen. Von späterer Hand ist dann nach v. 1422 ein Ergänzungsvers hinzugefügt. Dieselbe Hand hat in NE mehrfach den Reim gebessert. Die Sprache der Hs. ist bairisch.

Von den Hss. steht M der Urfassung hinsichtlich der Textgestaltung am nächsten. Es entfernt sich von ihr durch die Umsetzung der Sprache ins Oberdeutsche. H zeigt schon Zusätze, wie M, aber auch NE erkennen läßt. Wie weit es die ursprüngliche Sprache bewahrt hat, ist im einzelnen schwer auszumachen. In B sind die Reime gebessert. Wegen der Lesart *uulde* (5165) kann die Hs. nicht auf H zurückgehen. Die stärksten Umarbeitungen begegnen in NE, dessen Schilderung weitschweifiger ist. Für Assonanzen sind mehrfach genauere Reime eingesetzt worden. Da die Lesarten von NE trotzdem teilweise besser sind als in H, tritt seine Vorlage neben diese Hs. An den Stellen, wo H und NE verschiedene Assonanzen aufweisen, wird die Urschrift noch größere Abweichungen gehabt und auch H geändert haben.

Ausgaben. Bei der Beschaffenheit der Überlieferung läßt sich die Urfassung nicht sicher erreichen. Die bisherigen Ausgaben beschränken sich daher weitgehend auf den Abdruck der Hss. Eine freiere Textbehandlung treffen wir nur bei H. Rückert *König Rother* (= Deutsche Dicht. d. MA.s 1), 1872, doch ist sie ganz willkürlich; vgl. H. Lambel Zs. f. d. öster. Gymn. 24 S. 168ff.; E. Wilken Götting. Gel. Anz. 1873 S. 1194ff. Eine ursprünglichere Gestalt des Epos sucht Pogatscher *Zur Entstehungsgeschichte des mhd. Gedichtes vom König Rother* (1913) auf Grund rhythmisch-melodischer Untersuchungen herzustellen. Seine Ergebnisse sind abzulehnen; vgl. G. Baesecke DLZ. 35 Sp. 1062ff. Als Aufgabe bleibt, einen kritischen Text zu schaffen, der sich dem Werk des Dichters so weit wie möglich nähert. — H war aus der Heidelberger Bibliothek zeitweilig in die Vatikanische gekommen und wurde hier von F. Adelung wieder aufgefunden. 1796 beschrieb er es in seinen *Nachrichten von altdeutschen Gedichten* I S. 212ff. Er veröffentlichte Verse des ersten Blattes und der letzten Seite. In Rom verfertigte dann 1805 Tieck eine Abschrift, auf deren Grundlage v. d. Hagen 1808 in den *Deutschen Gedichten des Mittelalters* die erste Ausgabe veranstaltete. Verbesserungen bot F. J. Mone bei F. Wilken *Geschichte der Bildung, Beraubung und Vernichtung der alten Heidelberger Büchersammlungen* (1817) S. 461f. V. 1—184 außer 21—40 teilte 1830 H. Hoffmann v. F. *Fundgruben* 1 S. 215ff. mit. Ziemlich zuverlässig ist erst der Abdruck Maßmanns in den *Deutschen Gedichten des 12. Jhs.* (1837). Vgl. dazu A. Edzardi Germ. 20 S. 403ff. und K. Bartsch *Die altdeutschen Hss. der Universitätsbibliothek in Heidelberg* (1887) S. 210f. Weitere Lesungen Bartschs benutzte Rückert, nach dem 1884 K. v. Bahder das Epos erneut in der *Altdeutschen Textbibliothek* herausgab; vgl. Lit. Centralbl. 18 S. 612f.; F. Vogt Literaturbl. 8 Sp. 315ff.; Roediger AfdA. 11 S. 109ff. Zuletzt wurde H bei J. de Vries *Rother* (Germ. Bibl. II 13), 1922, und Th. Frings u. J. Kuhnt *König Rother* (Rhein. Beitr. 3), 1922, abgedruckt. Vgl. zum ersten Priebsch MLR. 20 S. 360ff.; H. Suolahti Neuphil. Mitt. 27 S. 31ff.; zu beiden E. Schröder AfdA. 43 S. 58ff. — M wurde zuerst von Keinz in den Münchener Sitzungsber. 1869 II S. 307ff. mitgeteilt. Außerdem findet es sich bei v. Bahder, de Vries und Frings-Kuhnt. — B wurde von Maßmann mit veröffentlicht. Es ist ebenfalls bei v. Bahder, de Vries und Frings-

Kuhnt nachzulesen. — N bringen alle vier, nachdem es vorher von Graff *Diutiska* II (1827) S. 376ff. bekannt gemacht worden war. Vgl. Edzardi Germ. 20 S. 419ff. — E hat v. Bahder Germ. 29 S. 229ff. erstmals herausgegeben. Nur wiederholt ist dieser Abdruck bei de Vries. Auf neuer Lesung beruht die Wiedergabe von Frings-Kuhnt.

Literatur. Über das umfangreiche Schrifttum zum 'König Rother' unterrichten die Zusammenstellungen bei Ehrismann *Geschichte der deutschen Literatur* II, 1 (1922) S. 290ff. und besonders bei Frings-Kuhnt S. 195ff. Näheren Aufschluß gibt auch die Einleitung von de Vries. Nachzutragen sind an neueren Untersuchungen E. Schröder *Berchtung und Berchter*, ZfdA. 59 S. 179f.; K. Schünemann *Ungarische Hilfsvölker in der Literatur des deutschen Mittelalters*, Ungar. Jbb. 4 S. 99ff.; H. Hempel *Die Handschriftenverhältnisse der Thidrekssaga*, Beitr. 48 S. 414ff., bes. S. 444ff.; F. Panzer *Italische Normannen in deutscher Heldensage* (Deutsche Forschungen 1) 1925; H. Suolahti *Textkritische Bemerkungen zum König Rother*, Kluge-Festschrift (1926) S. 140ff.; K. Droege *Zur Thidrekssaga*, ZfdA. 66 S. 33ff., bes. S. 40ff.; R. Meißner *Herriz (Rother 2160)*, AfdA. 49 S. 161f. Lina Kirchenbauer *Raumvorstellungen in der frühmhd. Epik*, Diss. Heidelberg 1932; Valeria Gramatzky *Quellenstudien zum Göttweiger Trojanerkrieg*, Diss. Berlin 1935 S. 10f., 19; W. Krogmann *Ein verkümmertes Motiv im 'König Rother'*, Zs. f. d. Ph. 61 (1935) H. 4. — Zur Spielmannsdichtung überhaupt vgl. noch H. Naumann *Versuch einer Einschränkung des romantischen Begriffs Spielmannsdichtung*, Dt. Vjs. 2 S. 777ff.; RLg. III S. 253ff; H. Steinger *Fahrende Dichter im deutschen Mittelalter*, Dt. Vjs. 8 S. 61ff. mit Nachwort von Naumann S. 80f.; K. zur Nieden *Über die Verfasser der mhd. Heldenepen*. Diss. Bonn 1930.

Willy Krogmann.

'König Tirol'.

1. Von König Tirol von Schotten und seinem Sohn Fridebrant gibt es drei Gedichte scheinbar ganz verschiedener Art, aber gleichen Strophenbaus (aa bb c x c; die Kadenz schwankt in x zwischen voll und klingend, sonst ist sie voll). Gedicht A und B stehen, oberflächlich verbunden, in der großen Heidelberger Liederhs. zu Anfang unter den Königen. A nennt man das Rätselgedicht: der König (11) gibt seinem Sohne Fridebrant zwei Rätsel auf, die an Gesichte Daniels anknüpfen und sich vor allem auf Wesen und Beruf des Priestertums beziehen. Fridebrant löst sie, wenngleich als Ritter über solche Fragen unmutig (18). Ein gereimter Übergang sagt, daß König Tirol seinen Sohn nun weltliche Weisheit lehre. Die folgenden 20 Strophen, B, könnte man wohl einen Fürstenspiegel nennen. Sie betreffen vor allem das Verhalten des Königs zu seinen Vasallen, mahnen aber auch zur Freigebigkeit gegen den Dürftigen, zur Wahrhaftigkeit usw. und tragen einen stark geistlichen Ton an sich. Offenbar will der junge Sohn in Begleitung eines Zuchtmeisters (44,1f.) eben eine Fahrt antreten. — C ist das sog. epische Fragment. Die Hs. stammt aus J. Grimms Besitz, die dürftigen, immer wieder abreißenden und z. T. sehr verstümmelten Bruchstücke lassen nur erkennen, daß die Könige Tirol und Fridebrant in fremden Landen weilen und dort als Befreier und Wohltäter geehrt werden. Eine Königin, deren Gebiet sie offenbar beschützt haben, feiert ein großes Fest; die beiden königlichen Gäste verteilen Lehen. Aber schon wird ihre Hilfe wieder benötigt: zwei Halbleute (halb weiß, halb schwarz), ein Meerwunder, ein Zwerg und andere Ungeheuer sind ins Land eingefallen und jagen alles in die Flucht. Die Ausführlichkeit, mit der dieses neue Abenteuer eingeleitet wird, läßt auf eine breit angelegte Erzählung von großen Ausmaßen schließen.

2. Man glaubt, eine Ergänzung der Romanhandlung aus Wolframs (s. d.) 'Parzival' entnehmen zu können. Sein 1. Buch nennt im Zusammenhang von Gahmurets Orientfahrt einen König *Vridebrant von Schotten* (Gahmuret selbst scheint auch im epischen Fragment aufzutreten, D 2 bei Leitzmann). Dort erscheint Fridebrant zuerst 16,16 und gehört zu den Verwandten des angeblich durch Belakanes Schuld getöteten Isenhart. Er war an der Belagerung von Patelamunt beteiligt, mußte aber zurück, weil die Mage des von ihm um Herlindes willen erschlagenen Königs Hernant sein eigenes Land bedrängten (25, 1ff.). Ob der epische 'Tirol'-Dichter noch die Absicht hatte, später (vielleicht nach dem Tode des Vaters) an den Sohn eine selbständige Abenteuerserie zu hängen, muß zweifelhaft bleiben, und auch dafür ist die Wahrscheinlichkeit gering, daß Fridebrant gleich auf jenem ersten Auszug in den Orient kam. Wolf-

rams Fridebrant ist selbständiger König, den die Verwandtenrache in die Fremde führt, kein Knabe, der mit einem Zuchtmeister auf Abenteuer zieht. Der nebensächliche Gahmuret des Fragments verbietet eher die Annahme eines näheren Zusammenhangs mit der 'Parzival'-Stelle, als daß er sie bestätigte.

3. Als Hauptproblem der 'Tirol'-Dichtung gilt das Verhältnis von A, B, C. Drei neuere Theorien sind darüber aufgestellt worden. 1) A, B und C sind die zersprengten Teile eines großen Epos, das geistliche und weltliche Unterweisung und Abenteuer zusammen enthielt (Mayne). — 2) B und C gehören zusammen (sogar ganz eng, sodaß B eine Art Programm der künftigen Handlung ist), A aber ist eine ganz unabhängige spätere Reimerei, der ein herausgerissenes Stück des Epos, eben die Lehren, angehängt wurde (Leitzmann, Bäsecke). — 3) Ein Dichter schuf ein selbständiges Lehrgedicht von Tirol, indem er die Erziehungsregeln aus dem Roman herausnahm und eine geistliche Sittenlehre in dem Rätselgedicht A hinzufügte (Ehrismann). — Gegen die 3. Theorie läßt sich sofort einwenden, daß, wenn ein Dichter das getan hätte, bessere Arbeit geleistet worden wäre. A und B stehen, wie erwähnt, ganz roh und äußerlich nebeneinander, ein formloser Kompilator ist dafür verantwortlich und kein Dichter, der nach einem neuen Ganzen trachtete. Auch die 2. Anschauung steht dem A-Teil ratlos gegenüber. Sie findet ihn inhaltlich so gänzlich abweichend, daß ihr eine alte Einheit, die A und B mit enthielt, unvorstellbar ist, weiß aber auch nicht zu sagen, wie die Verkoppelung in der Hs. C entstanden sein kann. — In Wahrheit ist der Unterschied in Ton und Anschauungskreis zwischen A und B gar nicht so groß. Jenes schlägt ritterliche Töne an, dieses schillert ins Geistliche. Daß sie so im Grunde e i n e s Geistes und doch erst durch einen späten Willkürakt nebeneinandergestellt sind, erklärt sich daraus, daß beide wohl in einem großen Epos enthalten waren, aber nicht unmittelbar aufeinander folgten. Das geistliche Examen stand nicht in Zusammenhang mit der weltlichen Unterweisung, die nach dem Herkommen vor dem Auszug in die Welt stattfand. Man hat das bisher nur deshalb nicht für wahr haben wollen, weil man in dem 'Tirol'-Gedicht auf Grund des epischen Fragments C eine harmlose Abenteuerfabelei nach dem Muster etwa des 'Wigamur' (s. d.) gesehen hat. Der ungemein enge Anschluß an Wolfram, der namentlich in B und C hervortritt, und die strophische Form mußten aber zeigen, daß es sich hier um ein Werk der späteren Wolframschule handelt, das, gleich dem 'Titurel' (s. A l b r e c h t) und 'Lohengrin' (s. d.), wirre Abenteuerlichkeit mit nützlicher Belehrung und geistlicher Mystik zu verbinden suchte. B, die weltliche Unterweisung, erreicht fast die doppelte Verszahl der Wolframschen Gurnemanzlehren, war also Selbstzweck und nicht nur konventionelle Einlage. 'König Tirol' war einer der gelehrt höfischen Romane der 2. Hälfte des 13. Jhs. Auch Umfang und Stilbesonderheiten weisen dahin. Der Dichter gehörte zu jener md. Gruppe, aus der wohl schon früher 'Segremors' (s. d.) und 'Edolanz' (s. d.) hervorgegangen waren.

4. In Wahrheit ist das schwierigste Problem die Quellenfrage. Auszugehen ist dabei von der 'Parzival'-Stelle, für die wieder eine Dreiheit der Erklärungsmöglichkeit besteht: entweder hat Wolfram alle diese Namen und Ereignisse glatt erfunden — oder er nahm sie aus einer welschen Quelle — oder es gab ein altes deutsches Gedicht von Fridebrant. Die letzte Anschauung hat merkwürdig viele Anhänger gefunden, trotzdem die Literaturgeschichte für einen frühen 'Fridebrantroman' nirgends Raum hat; um so weniger, als der erhaltene ohne Wolfram in keiner Zeile denkbar ist. Die zweite Möglichkeit bleibt offen, wenngleich die sichtlich deutschen Namen gegen sie zu sprechen scheinen. Im Endergebnis liefe sie auf die erste hinaus, denn ein späterer deutscher Dichter hätte doch wohl nur Wolframs Angaben gekannt und nicht dessen frz. Quelle. Das aber sahen wir ja schon, daß das Schicksal Fridebrants nicht gleich dem Schionatulanders, Segremors' u. a. aus

dem 'Parzival' herausgesponnen worden ist. Und nehmen wir auch an, daß der kahle Name Fridebrant bei einem Nachkommen eingeschlagen und ihm einen Wolframisierenden Roman entlockt hätte, so bliebe doch noch ein großes Rätsel für uns: der König Tirol. Er, den keine ältere Quelle kennt, versperrt den Weg zur Lösung der Quellenfrage des 'Tirol'-Gedichtes.

Maync *Die altdeutschen Fragmente von König Tirol und Fridebrant* 1910; dazu Bäsecke Anz. f. deutsches Alt. 37 S. 26. Leitzmann *Kleinere mhd. Lehrgedichte* 1928, S. VIII—XVII, 1—18. — Ehrismann *Geschichte der deutschen Literatur* II, Schlußband, 1935, S. 310ff.; dort alle weitere Literatur.

Hermann Schneider.

'Der König im Bade'.

Überlieferung: Heidelberger Hs. cod. Pal. germ. 341 (Nr. 126 vgl. Rosenhagen DTM. 17 S. XXXVIII), deren Caloszaer Abschrift (Nr. 114, vgl. J. M. G. Mailáth u. J. P. Köffinger *Coloszeer Codex* S. XVI), Liedersaal (als Nr. CXLVII Laßberg II S. 483ff.), Melker Hs. R 18 (Nr. 43 vgl. Leitzmann DTM. 4 S. XII), Wiener Hs. 2885, deren Innsbrucker Abschrift Ferdinand. 16.0. S., Dresdener Hs. M 68, dazu ein Persenburger Bruchstück des 17. Jhs. (v. 152—205), abgedr. v. J. Seemüller ZfdA. 55 S. 440ff.

Die Dichtung, die vor dem Kardinallaster, der *superbia*, warnen will und zur Selbsterkenntnis mahnt (vgl. bes. v. 362f., 357), erzählt, wie ein König sich gegen den Spruch des *'Magnificat': Deposuit potentes et exaltavit humiles* auflehnt, aber dadurch zur Demut bekehrt wird, daß während eines Bades ein Engel in seinen Kleidern seine Stelle einnimmt und er selbst nun, nackt und entblößt, nur verlacht und mißhandelt wird, bis ihn der Engel aufklärt und ihn dank seiner Sinnesänderung wieder in sein Amt einsetzt. Die unmittelbare Quelle der Dichtung kennen wir leider nicht. Aber Berührungen im Wortlaut mit Herrands von Wildonie (s. d.) 'Bloßem Kaiser' lassen vermuten, da Herrands Novelle älter zu sein scheint als 'Der König im Bade' und andererseits aus inneren Gründen nicht seine Quelle gewesen sein kann, daß beide Gedichte nach derselben deutschen Vorlage gearbeitet sind. Das war nach Herrands Zeugnis eine deutsche Prosaerzählung; diese selbst war freilich nach Ausweis einer verwandten mittelenglischen Dichtung kaum etwas anderes als die Übersetzung eines lateinischen Exempels, das aber der Fassung der *'Gesta Romanorum'* (Kap. 59) recht fern stand, vielmehr den für die Zeitgenossen, die noch unter dem Eindruck des Kampfes von Imperium und Sacerdotium standen, erschütternden Zug bereits enthielt, daß der weltliche Herrscher durch Unterdrückung jenes Spruches unmittelbar in Gottesdienst und Heilige Schriften eingreift.

Das Gedicht, das anonym überliefert ist, hat v. d. Hagen auf Grund der überwiegend Strickerschen Melker Handschrift dem Stricker (s. d.) zugewiesen, und obwohl dagegen bereits mehrfach Zweifel und Einspruch erhoben ist (u. a. von Bartsch, Rosenhagen, E. Schröder; auch C. v. Kraus schließt es *Mhd. Übungsbuch*[2] S. 281 u. 286 von den echten Stücken in M und im 'Gesamtabenteuer' aus), hat sich diese Auffassung mit erstaunlicher Zähigkeit gehalten (u. a. neuerdings wieder bei Ehrismann *Literaturgeschichte* II 2 S. 110). Nun steht zwar die Erzählung in ihrem Gesamtcharakter der Art Strickers nahe, aber die Sprache zeigt deutlich, daß das Gedicht unmöglich von ihm herrühren kann. Vielmehr ist es wohl unter seinem Einfluß im letzten Drittel des 13. Jhs. von einem alemann. Dichter verfaßt.

Der Stoff findet sich in seinen Grundzügen bereits früh im Orient in indischen, hebräischen und muhamedanischen Versionen und hat wohl auch von dort seinen Ausgang genommen. Er hat sich auch im Abendland großer Beliebtheit erfreut und ist in der deutschen Literatur mehrfach, u. a. von Rosenblüt (s. d.) und H. Sachs, bearbeitet worden. Gelegentliche Anklänge scheinen dabei auf direkte Fortwirkung unserer Novelle zu deuten.

Der Text sehr schlecht. hrsg. von v. d. Hagen *Gesamtabenteuer* Nr. LXXI, Bd. II S. 409ff.; Abdruck im 'Liedersaal' a. a. O. — Stehmann *Die mhd. Novelle v. Studentenabenteuer* (Pal. 67) S. 165—67. E. Schröder *Herrand von Wildon v. Ulrich von Liechtenstein*, Gött. Gel. Nachr. 1923, S. 54f. — Zur Stoffgeschichte s. Oesterley *Gesta Romanorum* S. 722 zu Kap. 59; Reinh. Köhler Germ. 2 S. 431—34 = Kl. Schr. II (1900) S. 207—13.

H.-Fr. Rosenfeld.

König vom Odenwald. Der Name deutet auf einen Pfeifer- oder Spielmannskönig, d. h. den Obersten der Spielleute im Odenwald. Seiner Sprache nach ist er ein Ostfranke. Offenbar wanderte er von Burg zu Burg, denn die von ihm namentlich angeführten Adelsgeschlechter weisen auf verschiedene Gegenden des Frankenlandes. Er war ein Zeitgenosse Hugos von Trimberg (s. d.) und dichtete um 1300 bis 1310. In ernsten Sprüchen klagt er über den Verfall der ritterlichen Sitte und rügt das schonungslose Treiben der Raubritter. Lehrhafte Zwecke verfolgen seine Fabeln. Eigentlich charakteristisch für ihn aber sind die Lob- und Preisgedichte auf die nützlichen Haustiere, die Kuh, die Gans, das Schwein, das Huhn, deren Vorzüge einzeln angeführt werden. Die realistische Darstellung, der ein kräftiger, gesunder Humor Reiz verleiht, gibt ein ausgezeichnetes Bild der Sitten und Bräuche der Zeit. Der Wert der Dichtungen liegt im Kulturgeschichtlichen und Volkskundlichen.

Würzburger Hs. *E* (Universitätsbibl. München Bl. 192a—201b, 277a—280b). Gothaer Hs. (ehemals herzogl. Bibl. Ch. A. Nr. 216 Bl. 93). — Wilh. Grimm *Altdeutsche Wälder* II (1815) S. 84—88 *(Von den berten)*. W. Wackernagel *Altdeutsches Lesebuch*, 5. Aufl. 1873, Sp. 1137—1140 *(Genselop)*. F. Pfeiffer *Altdeutsches Übungsbuch* 1866, S. 155—158 ('Der Mäuse Rath', 'Thierbeichte'). K. v. Bahder Germ. 23 (1878) S. 193—222, 292—314. — K. Bartsch ADB. XXIV (1887) S. 146. E. Schröder Arch. f. hess. Gesch. N. F. 3 (1901) S. 3—92.

Elisabeth Karg-Gasterstädt.

'Könige, Buch der', s. 'Buch der Könige'.

'Könige, Die heiligen drei', s. Johannes v. Hildesheim.

Königsberg ist der Verfasser eines kleinen ernsten politischen Spruchgedichtes, das die Ermordung des Herzogs Friedrich von Braunschweig behandelt. Der Name K. tritt in den 167 Versen viermal auf (v. 5, 70, 108, 165). Das Gedicht ist enthalten in den Wahltagsakten des Frankfurter Stadtarchivs Bd. I Bl. 32ff. und ist mehrere Male abgedruckt (s. Lit.). Der Mord an dem Herzog geschah am 5. Juni 1400 bei Fritzlar. K. ist ein Zeitgenosse des Herzogs, wie aus der tatnahen Redeweise des Spruches hervorgeht. Nähere Daten über die Person des Reimsprechers K. sind nicht bekannt. Ob die Eintragung vom Juli 1376, z. Zt. der Krönung des Königs Wenzel, die den Herold *Kůninxberg* bei der Auszahlung eines Rechnungsbetrages erwähnt, unsern Verfasser betrifft, ist nicht bestimmt zu sagen. Als Herold bekennt er sich durch die Verse 72f., 121ff. Der Name K. kann angenommen sein.

Der Stoff ist in einem der damaligen Zeit geläufigen allegorischen Gewande vorgetragen. Der Dichter trifft die „Gerechtigkeit", die ihm die Botschaft von dem Mord im Auftrag der Herrin „Ehre" bringt. Die „Schande" hat sie und ihre Genossinnen vertrieben. Es entspinnt sich ein lebhaftes Gespräch zwischen K. und der Gerechtigkeit. Das Zwiegespräch gibt überwiegend die Schande der Tat wieder und die Pflicht des Verfassers, die Kunde davon zu verbreiten (v. 119). Er tritt wohlmeinend auf die Seite seiner ungläubigen Hörer und läßt sich im Dialog überzeugen. Seine Forderung soll die Forderung seiner Hörer werden, und so vorgebracht wird der Dichter seine Absicht im Publikum erreicht haben. — Die wenigen Reime, die einen Schluß auf die Heimat des Verfassers zulassen könnten, weisen uns ins Rheinfränkische oder in ein Gebiet an der md.-nd. Sprachgrenze. Genaueres läßt sich aus dem Gedicht für die Heimat nicht bestimmen. Die kleine Verserzählung ist unstrophisch und in Reimpaaren geschrieben, Dreireim findet sich nur v. 95ff., 118ff. und 133ff.

R. v. Liliencron *Die historischen Volkslieder der Deutschen* I Nr. 43. Archiv für Frankfurts Geschichte und Kunst. N. F. Bd. 1 (1860) S. 161ff. ZfdA. 1 (1841) S. 3428ff., 27 (1883) S. 301f.

Karl Bertram.

Königsberg, s. Müller, Johannes, v. K.

'Königsberger Jagdgedicht', s. 'Jagdgedichte' b).

Königshofen, s. Twinger.

Königsschlacher, Peter, von Waldsee, übersetzt für Georg von Waldburg den

'*Liber de naturis rerum*' des Thomas von Chantimpré ins Deutsche. Stuttgart Landesbibl. Cod. med. et phys. fol. 15, saec. XV.

Sudhoff.

Konrad. Die Hs. 203 Schottenkloster Wien, XV. Jh., Bl. 1a—67b, enthält: '*Das puechel ist von geistleicher gemahelschaft die czwischen got ist vnd der sel vnd redet in geleichnuzz von tugenten als von junchfrawen.*' Anf. der Vorrede:

Adducentur regi virgines.
Mein geist wegert des,
Daz ich ettwaz sprech von der wirtschaft
Geistleicher gemahelschaft,
Die czwischen got ist vnd der sel.
Dar czu was mein will snell.

Anf. des Hauptteils:

Ein reicher hocher chunig sant
Poten vnd prieff in seine lantt.

Schluß:

Ich sünder heiz Chunrat.
Wer mein armes gehüge hat,
Dem lan got in seinem reich,
Da ich in sech ewichleich.
Dez verleich vns in dez sunes namen
Gotvater mit dem heyligen geist! Amen.

Das Gedicht gehört in den großen Kreis der — popularisierten — Brautmystik, die einmal an das Hohe Lied, dann an das Gleichnis von der Hochzeit und schließlich an die Parabel von den klugen und törichten Jungfrauen anknüpft. Von allem finden wir hier Elemente eingeschmolzen. Für die Tugenden als Jungfrauen sind vielleicht bildkünstlerische Anregungen mit maßgebend gewesen. Das Gedicht, das einmal eine Ausgabe verdiente, ist ohne großen Schwung; die Verse klappern mitunter etwas; die Allegorien und Sinnbilder sind die herkömmlichen. Über den Verf. war bisher nichts auszumachen.

Vielleicht steht mit diesem K. in Zusammenhang der Dichter eines mystischen Liedes, das in einer Hs. des 14. Jhs., die ehemals der Gräfl. Thun-Hohensteinschen Bibliothek in Tetschen angehörte (vgl. Germ. 15 S. 97) und sich jetzt in Privatbesitz befindet, sehr verderbt aufgezeichnet ist.

Anf.:

Ein mûre fur din o̊gen.
ein want fur din munt.

Schluß:

Swer halt die mite wize
folge im, daz min rat.

4×7 Str. Am Ende steht: *Gedenke eins cůnrat.* Doch kann das auch der Schreiber sein. Die Hs. stammt jedenfalls aus einem schwäb. oder oberrhein. Nonnenkloster.

W. St.

Bruder Konrad. Die Berliner Hs. germ. 2° 1028 enthält Bl. 78a—81a eine Predigt in dtsch. Sprache (ripuar.) *van der verueirlicher funden der eygenschaff*, in der Eigenbesitz für Klosterleute als Todsünde, von der weder Papst noch Ordensoberer den Sünder lösen kann, gegeißelt wird; am Schluß ist *broder koynrait* genannt (Reifferscheid NdJb. 11 [1885] S. 106 = Arnswaldtsche Hs. Nr. 3112). Die Sammelhs. wurde von verschiedenen Händen in einem Frauenkloster am Niederrhein, vielleicht in Köln, um 1479/82 zusammengeschrieben; die Predigt scheint von einem Franziskaner vor Männern und Frauen seines Ordens gehalten zu sein: liegt es da so fern, an den Barfüßer Konrad Bömlin (s. d.) zu denken? Die Diktion der Predigt würde sich gut den bekannten Reden Bömlins angliedern.

Wieland Schmidt.

Meister Konrad *(Cunrat)*, Münzmeister zu Freiburg. Von ihm eine Klystierlehre im Additional Ms. 17987, saec. XV., im Brit. Museum, Bl. 126a.

Sudhoff.

Der Pfaffe Konrad, Verfasser des 'Rolandsliedes' (9094 Verse).

1. Der Text ist überliefert in einer vollständigen Hs. (P = cod. Pal. Germ. 112, mit 39 Miniaturen, 12. Jh.) und den Bruchstücken von vier weiteren Hss., von denen die eine (A, aus Straßburg; 1870 verbrannt; ebenfalls mit Miniaturen) mit 4521 Versen in 8 Bruchstücken die Hälfte des Werkes enthält. — P und A, sowie die Schweriner Bruchstücke S gehen unabhängig von einander auf eine Stufe X zurück, die sich dialektisch vom bair. Original bereits entfernt hatte, es jedoch offenbar noch sehr gut vertritt (doch vgl. § 9). Von den erhaltenen Hss. bewahrt P die Sprachform von X am treuesten, während A durch wohl nordrheinfr., S durch vielleicht ostmd. Schreiberhände gegangen ist. Die beiden anderen, nur kurzen Bruchstücke entstammen einem anderen Zweig der Überlieferung, ohne jedoch für O etwas auszugeben; ein weiteres Bruchstück ist verschollen. — Das Werk ist verbreiteter gewesen als die Überlieferung erkennen

läßt; über Hss. im Besitz des Deutschen Ordens s. Steffenhagen ZfdA. 13 (1867) S. 569f.; Voretzsch Zfrom. Phil. 33 (1909) S. 12f.; F. Karg *Das literar. Erwachen des deutschen Ostens im MA.* (1932) S. 140, 28, 29.

Ausgaben: 1. Abdruck von A: *Anonymi Fragmentum de Bello Caroli contra Saracenos* von Joh. Georg Scherz in Joh. Schilters *Thes. Antiqu. Germ.* II (1727). 2. Abdruck von P mit Varianten von A, S und von dem verschollenen Bruchstück: *Ruolandes Liet von* Wilh. Grimm (1838). 3. Kritische Ausgabe, unzulässig normalisiert nach A: *Das Rolandslied von* Bartsch (1874), dazu Germania 19 S. 385ff. 4. Maßvoll geglätteter Abdruck aller Hss. bis auf A, das nur zum Teil aufgenommen ist: *Das Rolandslied des Pfaffen Konrad herausgeg. von* Carl Wesle (1928) (Rhein. Beitr. u. Hilfsbücher z. germ. Phil. u. Volkskde. 15), besprochen von Ehrismann DLZ. 49 Sp. 2450; Fr. R. Schröder GRM. 16 S. 486; Behaghel Lit.Bl. 50 Sp. 90f.; Monteverdi Studi medievali, n. s. 2 S. 238; Wilmotte Revue Belg. 10 S. 231. — Zu den Hss.: Wesle a. a. O. S. XIV—XLVII mit den Nachweisen der Bruchstücke und der weiteren Literatur. — Zu den Miniaturen: W. Grimm Ausg. S. XXIVff.; A. v. Öchelhäuser, *Die Miniaturen der Universitätsbibl. zu Heidelberg* I S. 56ff.; Wesle a. a. O. S. XV, XXII. — Abrisse, Inhaltsangaben: W. Grimm a. a. O. S. LX—LXV [bei ihm auch ausführliche Wiedergaben der übrigen Fassungen (s. § 10)]; Gervinus *Gesch. d. dtschen Dichtung* I (1871)[5] S. 365—370; Vilmar *Gesch. d. dtschen Nationallit.* (1877)[18] S. 108—111, und öfter in den Lit.-gesch., zuletzt Ehrismann II, 1, S. 257—258. — Übersetzungen ins Nhd.: Ottmann *Pfaffe Konrad, Rolandslied* (Reclams Univ.-Bibl. 2745—48) 1891; Chr. Stecher *Dtsche Dichtung f. christl. Familie und Schule* I (1880).

Die im folgenden genannte Literatur ist eine Auswahl, die nach Ehrismann II, 1 (1922) S. 255 bis 267 zu vervollständigen ist; dort nachzutragen: V. Dufauret *Les variantes allemandes de la légende de Roland*, Rev. polit. et litt. 11 (1899); Heinle *Das RL.*, Monatsbl. f. dt. Lit. 4 (1900) S. 8ff. Seitdem, soweit nicht unten genannt: Harder *Ein Schwabenstreich*, Z. f. Vkde. 37 (1928) S. 107—111; H. Meyer und K. Steinacker *Der Roland u. d. Löwenstein*, Gött. gel. Nachr. 1933 [war mir nicht zugänglich]. Kritische Literaturübersicht „seit Melchior Goldast": bei Friedr. Wilhelm *Die Gesch. d. handschr. Überlieferung von Strickers 'Karl d. Gr.'* 1904, 1. Kap.; seit Ehrismann: Wesle Ausg. S. X—XII.

2. Verfasser. Der Verfasser nennt sich in v. 9077ff. selbst: *Ob iu daz liet gevalle, so gedencket ir min alle: ich haize der phaffe Chunrat.* Er ist urkundlich nicht bezeugt; ihn mit dem Abt Konrad von Tegernsee (1134—55) gleichzusetzen (Wald), verbietet außer anderem die Datierung (s. § 3); diese und das, was das Werk selbst über die Beschaffung der Quelle sagt (s. § 4), lassen es ebensowenig zu, Konrad mit einer Frankreichreise Heinrichs des Stolzen in Zusammenhang zu bringen, die ihm die Quelle eingetragen habe (so Wald, Schröder). Das Werk verweist K. nach Baiern, und zwar nach Regensburg (s. § 5), wo wir ihn uns als einen mit den politischen Tendenzen der Welfen vertrauten Hofbeamten der herzoglichen Kanzlei vorzustellen haben (E. Schröder; zur Bedeutung des Wortes *phaffe* s. in diesem Zusammenhang Wallner PBB. 43 [1918] S. 199). — Das 'RL'. ist das einzige nachweisbare Werk des Pf. K.; der Versuch E. Schröders, ihm teilweise auch die 'Kaiserchronik' (s. d.) zuzuschreiben, darf als hinreichend widerlegt gelten.

Literatur: W. Grimm Ausg. S. XXXIff.; ders. *Der Epilog zum 'RL.'*, ZfdA. 3 (1843) S. 281—288 = Kl. Schr. III S. 200ff. Maßmann *Eraclius* 1842, S. 559—561 (versuchte K. mit dem Bischof Konrad von Lübeck [seit 1162] zu identifizieren). W. Wald *Über Konrad, den Dichter des deutschen 'RL.'* Programm Wandsbeck 1879 (bes. S. VII—XII). Edw. Schröder *Die Heimat des deutschen 'RL.'*, ZfdA. 27 (1883) S. 70—82; ders. Ausgabe der 'Kaiserchronik' 1892 S. 50ff., bes. S. 56; s. auch die Literatur zur Datierung (§ 3), bes. Lintzel Zfd. Phil. 54 S. 172. — Über die Beziehungen Heinrichs d. Löwen zu Regensburg s. M. Philippson *Gesch. H.s d. L.* II (1867) S. 145ff., 167ff.; H. Heydel *Das Itinerar H.s d. L.* Diss. Greifsw. 1929; vgl. Denecke u. Lintzel in der Lit. zu § 11 u. 3.

3. Datierung: Es sind zwei Datierungen erörtert worden, die eine auf unmittelbar nach 1131 (d. h. auf die Zeit nach der Rückkehr Heinrichs des Stolzen aus Frankreich, von wo er das *buoch* mitgebracht haben soll; vertreten seit Goedeke vor allem von Wald, E. Schröder, J. v. Dam und neuerdings wieder von Schwietering) — die andere auf die Jahre um 1170 (Wilh. Grimm; in neuerer Zeit wieder bei Wesle, Lintzel, H. Naumann, Bauer). Die frühe Datierung stützt sich vor allem auf die Person des Auftraggebers, die nach ihr nur Heinrich der Stolze gewesen sein kann, da die Angabe über seine Gemahlin in v. 9025 *(aines richen chuniges barn)* bei deiktischer Verwendung des *ain* nur auf die Tochter des deutschen Königs passe, eben auf Gertrud, die Tochter Lothars von Supplinburg, mit der Heinrich der Stolze

seit 1127 verheiratet war. Eine zweite Stütze, die angebliche Priorität des 'RL'. vor der 1146 beendeten 'Kaiserchronik' (s. d. § 5), ist unwirksam geworden, seit nachgewiesen ist, daß umgekehrt die 'Kaiserchronik' das ältere Werk ist (s. § 11). Was sonst noch vorgebracht worden ist, spricht nicht gegen die spätere Datierung (s. Lintzel), etwa gewisse Altertümlichkeiten des Wortschatzes (vgl. § 7), der Grammatik, des Versbaues (vgl. § 8), des Ideengehaltes (vgl. § 7). Ein Einfluß auf den 'König Rother' (um 1160; s. d.) ist nicht erwiesen (s. § 12).

Die spätere Datierung sieht als Auftraggeber Heinrich den Löwen an, der seit 1168, nach seiner Scheidung von Clementia, mit Mathilde, der Tochter König Heinrichs II. von England, vermählt war; sie stützt sich auf die hinreichend gesicherte Abhängigkeit des 'RL'. von der 'Kaiserchronik' (s. § 11), die sich bis in den auf etwa 1147 datierbaren Schluß dieses Werkes hinein erstreckt (Lintzel ZfdPhil. 51 S. 21). Dazu kommt die Abhängigkeit des 'RL.' von der durch die Straßburger Fassung vertretenen Stufe Y des 'Alexander' (Lintzel), die auf die Jahre 1160—1170 anzusetzen ist, und die bisher in diesem Zusammenhang nicht ausgewertete Abhängigkeit Konrads vom Armen Hartmann (s. d.) (1140—50, s. § 11). Von der späteren Datierung aus wird auch der Vers 9046 durchsichtig, der von der Heidenbekehrung des Auftraggebers spricht — eine Angabe, die auf Heinrich den Stolzen nicht zutrifft, und die die Vertreter der frühen Datierung deshalb als Fiktion (Wald, E. Schröder ZfdA. 65), als Interpolation (Ehrismann LG. II, 1 S. 259 Anm.), oder als „geschmacklose Herübernahme aus dem 'Lob Salomonis'" (E. Schröder ZfdA. 27) abtun müssen. Weiter ist es wahrscheinlicher, daß die Anregung zur Übertragung der Chanson (s. § 4) von der sei es auch erst vierzehnjährigen englischen Königstochter ausging, in deren Heimat das Werk bekannt war, als von der auch erst 15—16jährigen Gertrud, „die aus dem literarisch toten Sachsen stammte" (Lintzel). Da schließlich kein zwingender Grund besteht, das deiktische *ain* an dieser Stelle als solches gelten zu lassen, darf die jüngere Datierung als erwiesen gelten.

Terminus post quem ist das Jahr der Vermählung Heinrichs mit Mathilde, 1168; der Terminus ante quem dürfte 1172 sein, da man bei späterer Abfassung einen deutlicheren Hinweis auf Heinrichs in diesem Jahre unternommenen Kreuzzug erwarten würde, als es wohl trotz Wesle das *nû* in v. 9070 ist. Da Heinrich 1169 und 1171 längere Zeit in Baiern gewesen ist, würden sich die Zeitgrenzen mit einiger Wahrscheinlichkeit noch weiter einengen lassen auf diese beiden Jahre (Lintzel).

Literatur: W. Grimm, Maßmann, Wald, Edw. Schröder in der zu § 2 genannten Literatur. Weiter: Goedeke *Deutsche Dichtung i. MA.* 1856 S. 683. O. Schade *Veterum monumentorum Theodiscorum decas* 1860 S. 63—68. Bartsch Ausg. S. XIf. W. Scherer ZfdA. 18 (1875) S. 303—305. Giesebrecht *Geschichte d. dtsch. Kaiserzeit* IV (1877) S. 499. C. v. Kraus *Dtsch. Ged. d. 12. Jh.* 1894 S. 116. J. v. Dam *Zur Vorgesch. d. höf. Epos* 1923 S. 11. Wesle *'Kaiserchronik' und 'Rolandslied'*, PBB. 48 (1924) S. 223—258. M. Lintzel *Zur Datierung des deutschen 'RL'.*, ZfdPhil. 51 (1926) S. 13—33. Wesle Ausg. S. XII. E. Schröder *Die Datierung des dt. 'RL.'*, ZfdA. 65 (1928) S. 289—296. H. Naumann *Höfische Kultur* 1929 S. 58. M. Lintzel *Edward Schröders Datierung des deutschen 'RL.'*, ZfdPhil. 54 (1929) S. 168—174. G. K. Bauer *'Kaiserchronik' u. 'RL'.*, ZfdPh. 56 (1931) S. 1—14. Schwietering *Dtsch. Dichtung d. MA.* 1932 (Walzels Handb.) S. 99f., s. auch die Lit. zur 'Kaiserchronik' § 6. — Über das *ain* dieser Stelle zuerst W. Braune *Mhd. ein als Demonstrativpron.*, ZfdA. 18 (1886) S. 521f. Mit guten Gründen hat Behaghel *Deutsche Syntax* 1 § 88 die Möglichkeit demonstrativer (deiktischer) Verwendung des unbestimmten Artikel für das Mhd. überhaupt verneint. — Über Welzhofers Versuch, den Epilog auf Heinr. Jasomirgott zu deuten (*Unters. über die deutsche Kaiserchron.* 1874 S. 62ff.), s. zuletzt Lintzel Zfd. Phil. 51 S. 16 Anm.

4. Über die Vorgeschichte seiner Übersetzung sagt Konrad (v. 9017—25, 9080—85), daß der Herzog die Quelle *(daz buoch)* auf den Wunsch seiner Gemahlin aus Frankreich hat herbeischaffen lassen, und daß er sie erst ins Lateinische und dann vom Lateinischen ins Deutsche übersetzt hat. Diese lateinische Zwischenstufe, die gut in die sächsisch-welfische Literaturtradition paßt (vgl. Arnold von Lübeck), ist nicht erhalten, hat aber deutliche Spuren im deutschen Text hinterlassen.

Literatur zur lateinischen Stufe: Bartsch Ausg. S. XI; Wald a. a. O. S. XIII; B. Baumgarten *Stilistische Untersuchungen zum dtsch. 'RL.'* Halle 1899, S. 99; O. Behaghel *Zum Gebrauch d. Präp. mit*, ZfdWortf. 10 (1908/9) S. 32f.; über sonstige Latinismen: ders. *Deutsche Syntax* I (1923) S. 67, 581, 584; IV (1924) S. 327. Zur Bewertung M. Lintzel ZfdPhil. 51 S. 16f.

5. Lokalisierung. Das 'RL.' ist in Baiern entstanden, und zwar in Regensburg, in unmittelbarer Nähe der 'Kaiserchronik'. Dahin weisen es außer der Sprache 1. die auszeichnende Darstellung der Baiern (besonders des Herzogs Naimes); 2. die Nennung bairischer Ortsnamen (darunter Regensburgs), die die einzigen deutschen des Epos sind; 3. Anspielungen auf die (in Baiern heimische) Heldensage (s. § 11), sowie auf die bairische Stammessage und -geschichte.

Literatur: W. Scherer *Geistl. Poeten d. deutschen Kaiserzeit* II (1875) S. 62f.; ders. ZfdA. 18 (1875) S. 305. Roediger AnzfdA. 1 (1876) S. 87 Anm. R. v. Muth ebda. 5 (1879) S. 226. W. Wald *Über Konrad, den Dichter des dtsch. 'RL.'* Programm Wandsbeck 1879, S. Iff. E. Schröder *Die Heimat des dtsch. 'RL.'*, ZfdA. 27 (1883) S. 70—82. S. auch die Schriften von Schröder und Lintzel zu § 3, sowie die Lit. zur 'Kaiserchronik' passim. Zur Sprache s. § 8. — K. Bartsch folgerte aus dialektischen Besonderheiten der Hss. und aus der Erwähnung der *Rînfrancken* in v. 7851 zu Unrecht rheinfränkische Herkunft der Dichtung, vgl. seine Ausg. S. XIIf.

6. Quelle. Die Quelle Konrads ist die afrz. *Chanson de Roland*, die — vielleicht verfaßt von Turoldus, dem Bischof von Bayeux — wohl vor 1108 (nach anderer, meist abgelehnter Auffassung um 1120) in der Isle de France oder in der Normandie entstanden ist. Sie ist in ursprünglicher Form nicht erhalten. Am nächsten steht der Vorlage Konrads die Venetianer Hs. IV (nicht die Oxforder Hs.; diese bietet sich nur als Ersatz für Vn IV im Schluß [RL. 8666—9016], der in Vn IV fehlt!); außerdem ist bei einem Vergleich K.s mit der Vorlage stets die altnordische Karlamagnus-Saga (s. § 10) zu befragen, die in manchen Fällen das Ursprüngliche besser bewahrt hat als die Chanson-Fassungen.

Die Vorgeschichte bis v. 360 hat in den erhaltenen Chanson-Fassungen keine Parallele. Da aber die Erzählung der Karlamagnus-Saga in den Grundzügen zu K.s Eingang stimmt und auch eine ähnliche arabische Erzählung, die unzweifelhaft mit der Chanson in Zusammenhang steht, die beiden entsprechenden Teile vereinigt zeigt, so wird K. diesen Abschnitt nicht aus Eigenem hinzugesetzt haben (so Vogt), sondern ihn in seiner Vorlage, dem ausdrücklich im Singular genannten *buoch*, bereits vorgefunden haben (während die Chanson-Fassungen also alle verstümmelt sind, S. Singer). Ebenso verbietet es sich, für diesen Eingang eine zweite, schon in Frankreich als Einleitung zur *Ch. de' R.* gedichtete Chanson anzunehmen, die Konrads Auftraggeber oder er selbst aus seiner „Bekanntschaft mit französischer Literatur" heraus als Nebenquelle ausfindig gemacht habe (so Golther und ihm mit Vorbehalt folgend Denecke).

Literatur: Zur Chanson selbst mit ausgewählter Bibliographie K. Voretzsch *Einführung i. d. Studium der afrz. Literatur*[3], 1925, S. 174ff., bzw. 179ff.; Gröber *Grundriß* S. 463ff. (s. auch das Register). Sonderbibliographie: E. Seelmann *Bibliographie des afrz. Rolandsliedes mit Berücksichtigung nahestehender Sprach- u. Literaturdenkmale* 1888. Überblick über die Forschung: E. Winkler *Das Rolandslied* (K. v. Ettmayers Repetitorien 2) 1919. Kritische Ausgabe nach allen Hss. von E. Stengel: *Das afrz. RL.* I. (Text, Varianten, Namenregister); neuerdings auch: *La "chanson de Roland", introduzione, testo, versione* (ital. Prosa), *note, glossario (22 fac-simili)* hrsg. v. Giulio Bertoni, Firenze 1936. Diplomatischer Abdruck der Venet. Hs. IV (V IV): E. Kölbing *La chanson de Roland* 1877. Ausgaben der Karlamagnus-S. s. in § 10. — Über K.s Verhältnis zur Quelle: W. Golther *Das 'RL.' des Pfaffen Konrad* 1887 (Diss. München, Teildruck 1886) mit einer Konkordanz für die Gegenüberstellung mit den frz. Fassungen. Zu einzelnen Übersetzungsfehlern: Bartsch Ausg. S. XIII und i. d. Anm. zum Text; *Über Karlmeinet* 1861 passim, s. bes. S. 102, vgl. dazu anders S. Singer ZfdA. 35 S. 184f. Wald a. a. O. S. XIIIf., XV, XVIIIf. Golther a. a. O. S. 143ff. E. Färber *Höfisches u. "Spielmännisches" im 'RL.' des Pf. K, zugleich ein Beitrag zur Klärung der Beziehungen zw. 'Kaiserchr.' u. 'RL.'* Diss. Erlangen 1934 S. 56f. — Zur Frage der Nebenquelle außer Golther a. a. O. S. 116f.; 145f.: Vogt *Gesch. d. mhd. Lit.* 1 (1922)[3] S. 86f.; S. Singer *Arabische und europäische Poesie im MA.*, ZfdPhil. 52 (1927) S. 83—86; L. Denecke *Ritterdichter und Heidengötter* 1929 S. 75f. Vgl. im übrigen die Lit. zu § 7, die in anderem Zusammenhang auf das Verhältnis zur Quelle eingeht.

7. Inhalt und Verhältnis zur Vorlage. Das RL. erzählt den Kampf Karls des Großen und seiner Helden gegen die spanischen Sarazenen, und zwar genauer den durch Verrat herbeigeführten Untergang der fränkischen Nachhut, die unter der Führung Rolands und der zwölf Paladine den Abzug des Hauptheeres zu decken hat. Dieser Runzeval-Kampf nimmt mit seinen Vorbereitungen weit mehr als ein Drittel des Werkes ein (v. 3241—6949). Ihm geht voran eine kurze, sehr allgemein gehaltene Kriegsvorgeschichte, die in der Chanson fehlt (s. § 6), und weiter die Geschichte der Feindschaft zwischen Genelun und Roland, die zu G.s Verbindung mit den auf Verrat sinnenden Heiden führt. An den Kampf schließen sich die Vernichtung des heidnischen Heeres durch den zurückgekehrten Kaiser, die Bekehrung der Unterworfenen und die Bestrafung des Verräters auf einem Hoftage zu Aachen an.

Die Absicht des Dichters verrät sich sogleich im Eingang und wird im weiteren Verlauf immer wieder mit Nachdruck herausgestellt: Er will in den Kämpfern von Runzeval Gottesstreiter zeichnen, deren Ziel der Märtyrertod ist: *ir van si gewanten nie ze dehein werltlichen scanten.. den lip furten si veile durch willin der sele. sine gerten nichtis mere wan durh got irsterbin, daz himelriche mit der martire irwerben* (v. 73—82; weiter etwa noch 1024ff., 1065ff., 3880ff., 4519ff., 5152ff., 5163ff., 5399ff., 5759ff., 7008f.). Diese Martyriumsfreudigkeit, die mit ihrerNichtachtung des zeitlichen Lebens dem tragischen Grundgehalt dieser Geschichte von Verrat und Tod durchaus widerstreitet, zeigt deutlich den Einfluß des kluniazensischen Gedankengutes. Vor allem aber hat der große Zeitgedanke der Kreuzzüge allenthalben in die Darstellung hineingewirkt: Der Zug gegen die Heiden wird als Kreuzzug aufgefaßt, die Franken sind Kreuzritter, die im Stile der Kreuzpredigt angeredet werden — gelegentlich in einer Formulierung, die gegen jede Wahrscheinlichkeit verstößt: *Wol ir heiligin pilgerime..* (v. 245). Es paßt zu dieser Hinwendung auf das jenseitige Dasein, daß auch der epische Raum sich mit Selbstverständlichkeit immer wieder nach dorthin öffnet: Die gefallenen Christen gehen sogleich in die Seligkeit ein (vgl. besonders v. 6765—70); wunderbarer Himmelstau erfrischt die Kämpfenden, ein Engel weckt Karl aus dem Schlafe und gibt ihm ein Kreuz, eine Stimme vom Himmel stärkt ihn in dem schwersten Zweikampf, den er zu bestehen hat; beim Tode Rolands verfinstert sich die Sonne, und es geschehen Zeichen. In dem gleichen Sinne ist der hohe Grad von Wirklichkeit zu verstehen, den die überaus häufigen Gesichte, Träume und Gebete haben.

Konrad hat sich mit dieser Auffassung weit von der seiner Vorlage entfernt. Dem Interesse des Franzosen steht das Religiöse fern; gänzlich fehlt seinen Gestalten zumal die Martyriumssehnsucht. Zu ihm spricht das, was der Stoff an nationalen Möglichkeiten enthält. Das ist (nach Saran): 1. Der Gedanke der nationalen Erweiterung des Reiches von Nordfrankreich aus über das Abendland bis zu den Heiden, eine Eroberungsidee, die ihre göttliche Begründung erhalten hat durch das Schwert Durendal, das von einem Engel an Karl und von diesem an Roland als den Vollstrecker weitergegeben ist — eine Idee, die schließlich durch die dargestellten Ereignisse in ihrer Gottgewolltheit bestätigt wird (: das Gottesurteil gegen Guenes, dessen Verrat sich gegen diese Idee wandte); 2. der Gedanke eines Lehnstaates mit starker Zentralgewalt, der in Karl und seinen Getreuen verwirklicht ist; 3. der Gedanke der geistlichen Oberherrschaft des französischen Herrschers über die Christenheit, der in den priesterlichen Funktionen verwirklicht ist, die Karl ausübt (er segnet, bekreuzigt, absolviert [v. 340 Oxf. Hs.] die Ritter), weiter in seinem unmittelbaren Verkehr mit Gott und dadurch, daß er Rom und Italien in Besitz hat. Von diesem „nationalen Programm", das die Persönlichkeit des großen Frankenkaisers zufrühest den Plänen eines französischen Imperialismus dienstbar macht, ist, wie Saran zeigt, bei K. wenig genug geblieben.

Gewisse Anklänge (s. § 11) machen es gewiß, daß Konrad mit der deutschen

Heldensage vertraut gewesen ist, und wirklich finden sich trotz aller Vergeistlichung des Stoffes hin und wieder Stellen, die ahnen lassen, daß er ein Empfinden auch für den alten unbedingten Geist der Heldensage gehabt haben muß. Die Verdichtung der Stimmung etwa vor dem letzten, zum Untergang führenden Angriff des unzählbaren Heidenheeres (v. 5237ff.) ist trotz der Wendung ins Geistliche durchaus erhalten geblieben (ähnlich v. 6572ff.), und die an Wolfharts Worte im 'Nib.-L.'. Str. 2302 erinnernden Stellen v. 5652ff. *(da pestunter alrest den man, der daz lop hat gewunnen uz allem irdiskem chunne. vor dem ist er tot gelegen: wi macht im imer baz geschen?)* und ähnlich v. 4391ff. finden sich beide nicht in der Quelle (vgl. Vn IV v. 1386ff.; 1154ff.). Auffällig ist, daß sie beide Worte von Heiden sind, wie auch etwa der Gefolgschaftsgedanke kaum irgendwo eine so starke Formulierung findet wie v. 5457 in heidnischem Munde, eine Stelle, die sich gleichfalls nicht in der Quelle findet — ebensowenig wie jene Äußerung eines ganz diesseitigen Schicksalsglaubens im Munde des heidnischen Führers in v. 5835ff. Wenn diese Zuordnung sich als Absicht erweisen ließe, würde das für einen erstaunlichen Grad von Problembewußtheit sprechen.

Höfischer Ideengehalt ist gelegentlich, wenn auch nicht eben oft, festzustellen, was bei dem bewußt archaischen Gepräge (H. Naumann) trotz der späten Entstehungszeit nicht zu verwundern braucht. Das Minnemotiv fehlt gänzlich (eine übergangene Möglichkeit ist die Gestalt Aldas, der Verlobten Rolands); daß sich anderes, nicht so Exponiertes wenigstens in deutlichen Ansätzen zeigt, macht es fast zur Gewißheit, daß jene Zurückhaltung Absicht ist, umso mehr, als das Einzige, was allenfalls in die Richtung "Minne" weist, sich auf Genelun (v. 1459 bis 1461, 1694—1727) und auf den Heiden Margariz (v. 8597ff.) bezieht. Die „höfischen" Spuren sind: der Gedanke der Toleranz (z. B. in der Zeichnung des Heiden Margariz, v. 3727—31, 2680, ähnl. v. 4744ff.; 8006 — daneben allerdings immer wieder Stellen der gegenteiligen Auffassung: v. 5158, 5423, 8310 u. a.; vgl. v. 7698ff.; als Problem zeigen die Toleranz schon die Verse 4600—10), das Ideal der mâze (etwa v. 6081—83, 1049—53; das Wort selbst in v. 6447, 7502, auch 1736!). Deutlich weist voraus auch ein Teil der von E. Färber beigebrachten Belege für höfische Prachtentfaltung, deren mancher über das, was die Chanson bringt, recht weit hinausgeht (auch hier ist Genelun besonders reichlich bedacht [1568ff.]).

In der Datierungskontroverse haben eine Rolle gespielt Wort und Begriff *riter* (neben *degen, wigant, recke, helt)*, dem nach E. Schröder nur die Bedeutung "Reiter", "Kavallerist" zukommt. Daß das nicht zutrifft, zeigt allein der eine oder andere Beleg für das Adj.: *daz swert ist ain riterlich gewant, iz zimt (!) wol in iuwer hant* (5577); *sin gebarde were riterlich*(8006), vgl. noch v. 287f. Die Belege vollständig bei E. Schröder ZfdA. 65 S. 294f.; vgl. dazu Lintzel ZfdPhil. 54 S. 173f.; Bauer ZfdPhil. 56 S. 13f.

Literatur: W. Grimm Ausg. S. CXXIII bis CXXVIII. G. Paris *Hist. poétique de Charlemagne* (1865, Neudr. 1905) S. 120ff. Gervinus *Gesch. d. dtsch. Dichtung* I (1871)[5] S. 358ff., bes. 361ff. Bartsch Ausg. XIVff. A. M. Weiß *Die Entwickelung des christl. Rittertums — Studien über die Rolandsage*, Hist. Jahrb. der Görresges. 1 (1880) S. 107—140. Golther a. a. O. Kap. 5. Wald a. a. O. S. Xf. F. Saran *Hildebrantslied, Waltharius, Rolandslied, König Rother, Herzog Ernst* (= Handbücherei f. d. dtsch. Unterricht, Reihe 1, Bd. 1) (1922) S. 61ff. Fr. Ranke *Der Tod i. d. Wertung d. german. Helden*, Wochenschrift "Tannenberg" 1922. H. Naumann *Der "wilde" und der "edle" Heide*, Festschriftgabe Ehrismann (1925) S. 80ff.; *Kurzer Versuch über welf. u. stauf. Dichtung*, Els.-Lothr. Jahrb. 8 (1929) S. 69ff., bes. 71f.; *Höfische Kultur* 1929 S. 57f. L. Deneke *Ritterdichter und Heidengötter* 1929, S. 67ff. E. Färber *Höfisches und Spielmännisches im 'RL.' des Pfaffen Konrad*, Diss. Erlangen 1934. In Vorbereitung ist eine Breslauer Dissertation von G. Fliegner über: *Geistliches und weltliches Rittertum im 'RL.' des Pfaffen Konrad.* — S. auch die Literaturgeschichten, vor allem Ehrismann II, 1 S. 255—267; J. Schwietering *Dtsche Dichtung d. MA.* 1932 S. 100ff. (Walzels Handb.). — Zum Prozeß Geneluns s. außer Saran: E. Klibanski *Gerichtsszene u. Prozeßform i. d. erz. dtsch. Dichtung d. 12.—14. Jh.* 1925, S. 59—63 (m. weiterer Literatur).

8. Stil, Verstechnik, Sprache: Eine ausführliche Darstellung der stilistischen Elemente gibt Bruno Baumgarten *Stilistische Untersuchungen zum deutschen 'RL.'* 1899; weiteres Material bei E. Färber S. 58ff.; die Marburger Diss. von W. Freitag *Die epische Formel in der frühmhd. Dichtung* (1923) ist nicht gedruckt. Einzelne Bemerkungen bei Golther a. a. O.

S. 124ff., 131ff. J. J. Ammann *Das Verh. v. Strickers Karl d. Gr. zum 'RL.' d. Pfaffen K.* 1901, S. 325ff. Leitzmann PBB. 43 S. 35. Wesle PBB 48 S. 246ff. Ehrismann LG. II, 1 S. 266 u. Anm. mit weiterer Literatur. — Die Arbeit von W. E. Thamhayn *Über den Stil des deutschen 'RL.' nach seiner formalen Seite* (Diss. Halle 1884) ist eine syntaktische Untersuchung. Syntaktische Beobachtungen gibt auch G. K. Bauer ZfdPhil. 56 (1931) S. 1—14.— Zum Versbau s. außer der bei Ehrismann a. a. O. S. 266 Anm. 4 genannten Literatur: W. Grimm *Einl. z. Grafen Rudolf* (1828) S. 15; C. Wesle *Frühmhd. Reimstudien* 1925 (mit Reimgrammatik zu 'Kchr.' u. 'RL.'); ders. PBB. 48 S. 245f.; Heusler *Deutsche Versgesch.* II (1927) Register. — Zur Sprache: W. Grimm Ausg. S. Vff. E. Schröder Ausg. der' Kaiserchr.' S. 52ff. H. Schürer *Die Sprache der Hs. P des 'RL.'* Progr. Komotau 1887; dazu Bartsch Germania 33 (1888) S. 234f.; J. Weiß Zföst. Realschulw. 13 S. 350. J. Jacobi *Über die Bezeichnung d. verschobenen Verschluß- und Reibelaute i. d. Hss. des 'RL.'* Diss. Bonn 1904. Grundlegend Wesle *Reimstudien* (1925), dazu die Einl. s. Ausg. Kap. II.

9. Ältere oder jüngere Redaktion. Bartsch glaubte, aus den verschiedenen Fassungen des Roland-Karl-Stoffes eine oder mehrere von dem erhaltenen Konrad-Text abweichende Redaktionen des 'RL.' erschließen zu können, ohne daß er seine sich bei den verschiedenen Gelegenheiten widersprechenden Ansichten darüber zu einem einheitlichen Satz abgerundet hätte. Sein textkritisches Hauptwerkzeug, die Übereinstimmungen des 'Karlmeinet' (s. d.) mit Strickers (s. d.) 'Karl', die er für unabhängig voneinander hielt, ist als unbrauchbar erwiesen worden (C. v. Jecklin, Fr. Wilhelm), da eine gemeinsame Lancelet-Parallele die Abhängigkeit des 'Karlm.' vom Stricker sichert. Das Vorhandensein einer zeitlich hinter Konrad liegenden erweiterten Überarbeitung, das Bartsch beweisen wollte, wird also mit Recht abgelehnt. Über Bartschs falsches Stemma hinaus sind aber seine Einzelbeobachtungen kritisch noch nicht ausreichend gesichtet worden, z. B. vereinzelte Fälle, in denen eine größere Kürze des 'Karlmeinet' zur Chanson stimmt (Bartsch *Über 'Karlmeinet'* S. 106—108, [109], 117). Die Frage müßte demnach sein, ob die erhaltene Fassung des 'RL.', die ja, wenigstens dialektisch, nicht mehr O ist (s. § 1), nicht einzelne Zusätze gemacht hat, die in ihrer Auswertung nicht dem Pfaffen Konrad gutgeschrieben werden dürfen, also ihrerseits so etwas wie Spuren einer allerdings ganz sparsam erweiternden und nach Ausweis der Überlieferung sehr alten „Redaktion" darstellen — besonders da zwei der wenigen durch Bartsch zu ermittelnden Abweichungen ("Zutaten", bei Bartsch "Kürzungen") für einen einheitlichen Darstellungswillen sprechen: v. 1568—1647, 7735ff.

Literatur: K. Bartsch *Über 'Karlmeinet'* 1861 S. 87ff., mit Ergänzungen Germania 6 (1861) S. 28ff.; *Unters. üb. d. Nibelungenl.* 1865 S. 50; Ausg. d. 'RL.' S. XIXf.; Germania 19 (1874) S. 390. C. v. Jecklin Germania 22 (1877) S. 147ff. Fr. Wilhelm *Die Gesch. d. handschr. Überlieferung von Strickers 'Karl d. Gr.'* 1904 S. 11ff. Vgl. auch W. Grimm, Einl. d. 'RL.' S. CVf. Steinmeyer ADB. XVI (1882) S. 638. J. Ammann *D. Verhältn. v. Strickers 'Karl' zum 'RL.' des Pf. Konrad* 1901 S. 127—172. Die letzte Darstellung der Frage von E. Schulze *Wirkung u. Verbr. d. dt. 'RL.'* Diss. Hambg. 1927 S. 83—85 bringt nichts Neues.

10. Stoffgeschichte. Der historische Kern der Rolandsage ist die Niederlage, die die Nachhut der Franken nach einem Kriegszug Karls des Großen beim Überschreiten der Pyrenäen erlitt. Gegner waren nicht die Sarazenen, sondern Basken *(Wascones)*. Als Gefallene dieser Schlacht nennt die '*Vita Caroli Magni*' des Einhart (Kap. 9): *Eggihardus, regiae mensae praepositus, Anshelmus comes palatii et Hruodlandus, Brittannici limitis praefectus.* Die Nennung Rolands fehlt einem Zweige der Überlieferung, braucht aber deshalb nicht interpoliert zu sein (Voretzsch *Einführung i. d. Stud. d. afrz. Lit.* 1925 S. 174 Anm.). — Auf einen *Aggiardus, regi summus in aula* ist eine lateinische Grabinschrift in 11 Distichen erhalten, die von ihm aussagt, daß er auf einem spanischen Feldzug Karls durchs Schwert *(ferro)* umgekommen sei, und als seinen Todestag, der somit auch als das Datum der Schlacht zu gelten hat, den 15. August 778 nennt. — Dem Namen *Guenes, Guenelon* liegt nach Form und Bedeutung der Name einer ebenfalls historischen Person zu Grunde, der Name des Bischofs *Wenilo* von Sens, der i. J. 859 Karl dem Kahlen seine Unterstützung gegen Ludwig den Deutschen verweigerte.

Die Sagenbildung scheint sich des Ereignisses frühe bemächtigt zu haben. Schon eine jüngere Hs. der *'Vita Einhardi' (Cod. Steinveldensis)* fügt an den Namen Rolands an: *De hoc nostri cantores multa in carminibus cantant, dicentes eum fuisse filium sororis Karoli regis.* Ein Beleg wenigstens für die Allbekanntheit des Ereignisses ist weiter der Bericht des Limousinischen Astronomen, des Biographen Ludwigs des Frommen, der allerdings keinen der Gefallenen nennt: *Quorum, quia vulgata sunt, nomina dicere supersedi.* Eine gleichfalls noch vor der Chanson-Stufe liegende Fassung des Stoffes scheint der *'Roman de Rou'* des Wace zu bezeugen, der (v. 8035—40 Andresen) Taillefer vor der Schlacht bei Hastings (1066) an der Spitze des Heeres einherziehend ein Lied singen läßt *de Karlemaigne e de Rollant e d'Oliver e des vassals, qui morurent en Rencevals.* Immerhin ist es nicht unmöglich, daß Wace hier, angeregt durch die Chanson, frei erfindet (der *'Rou'* ist um 1160—1170 geschrieben!). Andere jüngere und alte Zeugnisse, die z. T. noch der kritischen Sichtung harren, s. bei W. Grimm Ausg. S. XCIIff.; vgl. auch Voretzsch S. 178.

Die greifbare Geschichte des Stoffes beginnt demgegenüber mit der Chanson, von der alle alten Fassungen des Stoffes abhängig sind. Es sind dies außer Konrad:

1. Das lateinische aus dem 12. Jh. stammende *'Carmen de proditione Guenonis'* in Distichen.

2. Die lateinischen *'Gesta Caroli Magni'* des Pseudoturpin, eine dem Bischof Tilpin (= Turpin) von Reims (8. Jh.) untergeschobene Prosa unbekannten Verfassers aus der 2. Hälfte des 12. Jhs. (1149—73, wahrscheinlich 1164/5).

3. Die altnordische Karlamagnus-Saga aus der 1. Hälfte des 13. Jhs.

Nach Deutschland kommt der Stoff mit der Übersetzung des Pfaffen Konrad und findet nach Ausweis der sofort einsetzenden starken Überlieferung und Verbreitung (s. § 1 und § 12) bereitwillige Aufnahme. Sein Werk wird im 13. Jh. erneuert vom Stricker (s. d.), von dem es wiederum zwei Redaktionen gibt, die noch einmal auf Konrad zurückgreifen. Im Anfang des 14. Jhs. wird Konrads Werk in die 'Karlmeinet'-Kompilation hineingearbeitet; etwa zur gleichen Zeit wird auf den Stoff angespielt in der 'Braunschw. Reimchronik' (v. 185ff. Weiland). s. E. Schulze *Wirkung und Verbreitung des deutschen 'RL.'* (Diss. Hamburg 1927) S. 81. Im 15. Jh. wird die Sage in das Buch vom heiligen Karl hineingearbeitet. Das 16. Jh. steht unter der Wirkung des Turpinschen Werkes, das damals ins Deutsche übersetzt wird: auf ihm beruht die Darstellung in Stumpffs 'Schweizerchronik' und in Lindenbruchs 'Chronika von Keyser Carolo Magno' — und schließlich im 19. Jh. Fr. Schlegels 'Roland, ein Heldengedicht in Romanzen', während Fouqués 'Romanzen vom Thale Ronceval' wahrscheinlich, Immermanns Trauerspiel 'Das Thal Ronceval' mit Sicherheit auf den Stricker zurückgehen.

Literatur. Ausgaben: Einhart MGH. SS. II S. 426 — 463, oder ed. G. H. Pertz-G. Waitz (1911)^6; die ausgehobene Stelle S. 447f., bzw. 12f.; die Grabinschrift: E. Dümmler ZfdA. 16 (1873) S. 279f., 436, oder Poetae Lat. aevi Carol. 1, 109f. (MGH.). Zu Wenilo v. Sens s. J. F. Böhmer *Regesta imperii* I^2 (1908) S. 608. Der Biograph Ludwigs d. Frommen: MGH. SS. II S. 604—648, die ausgehobene Stelle S. 608. — Das *'Carmen d. p. G.'*: G. Paris Romania 11 (1882) S. 465ff. Darüber Voretzsch *Einf. i. d. Stud. d. afrz. Lit.* (1925)^3 S. 85, Bibliogr. S. 86f., 180, 181; Gröber *Grundriß* II, 1 (1908) S. 408; kurz Manitius *Gesch. d. lat. Lit. d. MA.* III (1931) S. 488. — Pseudoturpin: Castets *Turp. hist. K. M. et Rotholandi* (1880). Darüber Manitius a. a. O. S. 487—493 mit Bibliographie; Voretzsch a. a. O. S. 87, 180. — Die Karlamagnus-Saga: C. R. Unger 1860; in wörtlicher deutscher Übersetzung auch der Varianten: E. Koschwitz Böhmers Roman. Studien 3 (1878) S. 295—350; vgl. Paul *Grundr.* II, 1 S. 864f. — Zu anderen englischen, niederländischen, schwedischen, dänischen, italienischen, spanischen, kymrischen Bearbeitungen der Sage (die meisten noch a. d. 13. Jh.) s. Voretzsch a. a. O. S. 181f. Außerdem zur gesamten Stoffgeschichte: W. Grimm Ausg. S. XXXIVff. mit ausführlichen Inhaltsangaben aller ihm bekannten Fassungen. Gervinus *Gesch. d. dtsch. Dichtung* I (1871)^5 S. 350ff. Th. Eicke *Zur neueren Lit.-Gesch. d. Rolandsage in Deutschland und Frankreich.* Diss. Marb. 1891; bespr. v. Varnhagen DLZ 1892 Sp. 1618f.; Literar. Centralbl. 1892 Sp. 882. Zu einzelnen Zweigen außerdem: W. Masing *Karlssage u. 'RL.'*, Balt. Monatsschr. 53 (1902) S. 299—329.

Ferner die Lit. bei Ehrismann LG. II, 1 S. 260 Anm. 2. Insbesondere über französische Zyklen, die sich um die Chanson herumbilden s. W. Grimm a. a. O. S. LXXVff.; Voretzsch a. a. O. S. 423f.; Gröber-Hofer *Gesch. d. mittelfrz. Lit.* 1933 S. 161f. (Grundr. N. F.). Zu einer arabischen Parallele vgl. § 6, über die deutschen Fassungen im besonderen s. die einschlägigen Beiträge des Verfasserlexikons. — Inwieweit die Rolandsäulen in Mittel- und Niederdeutschland mit dem 'RL.' zusammenhängen, ist eine noch nicht endgültig beantwortete Frage, s. darüber mit einem Überblick über die Forschung C. Voretzsch *Die neueren Forschungen über die deutschen Rolandbilder*, Zfrom. Phil. 33 (1909) S. 1—19, woselbst die Ansicht, daß nur der Name, nicht die Sache aus der Rolandsage stammt; dort nachzutragen: Brandenburgia, Mon.-Bl. d. Ges. f. Heimatkde. d. Prov. Br. 13 (1904) S. 337—341, 398—406, 462—467; 14 (1905) S. 231—235, 279, 437—442. F. E. Mann *Rolandslied und Rolandsäulen* Progr. Posen 1906. Neuerdings E. Schultze *Wirkung u. Verbreitung d. deutschen 'RL.'* Diss. Hamb. 1927 S. 85ff.; W. Stammler *Deutscher Kulturatlas* hsg. von G. Lüdtke u. L. Mackensen Bd. II Karte 57; Th. Goerlitz *Der Ursprung u. die Bedeutung der Rolandbilder* 1934.

11. Literarische Voraussetzungen. Deutliche Anklänge machen es wahrscheinlich, daß K. folgende Denkmäler gekannt hat: den 'Friedberger Christ', s. B. Baumgarten a. a. O. S. 3; das 'Lob Salomonis', s. Anm. z. MSD. XXXV v. 1, 5; 9, 3; 16, 8; Golther a. a. O. S. 148; Schröder *Kaiserchr.* S. 56f.; die 'Summa Theologiae', s. Golther a. a. O. S. 149; den 'Johannes Baptista' des Adelbrecht (s. d.), s. C. v. Kraus *Deutsche Ged. d. 12. Jh.* S. 113f.; Hartmanns 'Rede vom Glauben', s. Fr. v. d. Leyen *D. Armen Hartm. R. v. Gl.* 1897 S. 12f.; die Vorstufe des Straßb. 'Alexander', s. Kinzel *Lamprecht Alexander* 1884 S. LIX—LXI; ZfdPhil. 10 S. 49; W. Wilmanns *Z. Rolands- und Alexanderliede*, ZfdA. 50 (1908) S. 137ff.; J. v. Dam *Vorgesch.* S. 11ff.; Denecke *Ritterd. u. Heideng.* S. 85; sowie die Lit. zu § 3; vielleicht auch den 'S. Veit', s. C. v. Kraus a. a. O. S. 115. — Namen und Anspielungen zeigen seine Vertrautheit auch mit der deutschen Heldensage, unter anderem mit dem Stoff der 'Kudrun' (s. E. Schröder ZfdA. 27 S. 71ff.) und des 'Nibelungenliedes' (s. K. Droege ZfdA. 51 S. 200f., vgl. auch § 7). Außerdem steht K. in gelehrter historischer Überlieferung, wie etwa die Herleitung der Baiern von den Armeniern oder die selbständig eingefügten lateinischen Namen zeigen (E. Schröder ZfdA. 27 S. 78; Golther a. a. O. S. 147). Einen Anklang an die Salomosage s. bei S. Singer ZfdA. 35 S. 184f.

Die Übereinstimmungen mit der 'Kaiserchronik' sind so zahlreich, daß man (zu Unrecht) den Pfaffen K. für den Verfasser beider Werke gehalten hat. — Zusammen mit der Datierung des 'RL.' (s. § 3) entscheidet sich die Frage, welches von ihnen das entlehnende gewesen ist. Folgende Gründe weisen diese Rolle dem 'RL.' zu:

1. Der Stoff des 'RL.' wird in der 'Kchr.' nicht erwähnt, obwohl sie sonst die verschiedenartigsten Erzählungen eingearbeitet hat.

2. Die Chanson, die entscheidend für die Priorität des 'RL.' zeugen könnte, schweigt bei allen wesentlichen Anklängen.

3. „Keine der Parallelen spricht sachlich für die Priorität des 'RL', mehrere entschieden für die der 'Kchr.'", vor allem der Bericht von der Bestrafung Geneluns, dessen verunklärender Vers 9012 durch 'Kchr.' v. 6356 aufgehellt wird (Wesle PBB. 48 S. 240ff. mit weiteren Belegen; Denecke *Ritterdichter u. Heidengötter* S. 83f. [besonders *Jovinus* für *Juppiter*!]).

Literatur: Verzeichnis der Anklänge: Schröder ZfdA. 27 S. 78; Ausg. der 'Kchr.' S. 51. Golther a. a. O. S. 150ff. Wesle PBB. 48 (1924) S. 224ff. Verzeichnis des nicht gemeinsamen Wortgutes: Leitzmann *Rolandstudien*, PBB. 43 (1918) S. 28—34. Die Bewertung s. in der zu § 3 genannten Literatur.

12. Die literarische Wirkung des 'RL.' beginnt bald nach seinem Erscheinen.

Die Abhängigkeit des 'Grafen Rudolf', die zeitlich durchaus möglich wäre (s. d.), bedarf allerdings wie alle Ergebnisse der E. Schulzeschen Arbeit (*Wirkung u. Verbreitung des dtschen RL.* [Diss. Hamb. 1927]) gründlicher Prüfung (vor allem durch Heranziehung der Chanson!); die stärkste seiner Stellen ('Rud.' H 24'5: 'RL.' 9013f.) findet sich auch 'KChr'. 12567 (Crescentia!), für 'Rud.' S. 9f.: 'RL.' 201f. gibt es gar vier Parallelen in der 'Kchr.' Gewichtiger sind die Parallelen von Ehrismann LG. II, 2, 1 S. 63 Anm. 4. — Gänzlich abzulehnen ist ein Einfluß auf den 'König Rother', der für die Datierung wichtig hätte werden können; auch hier geht Schulzes Hauptbeleg 'Rother' 442ff.: 'RL.' 7559ff. auf die 'Kchr.'

(v. 14921f.) zurück, und daß etwa die Wendungen *vâlantes man*, zerbrechen *als ein hon, criucestal* sich dort ebenfalls bereits finden, wäre schon aus den Wbb. zu ersehen gewesen. — Einige Parallelen scheinen dagegen für die umgekehrte Entlehnungsrichtung zu sprechen; eine Untersuchung auch dieser Frage kündigt in ZfdA. 65 S. 290 E. Schröder an. — Ebensowenig wahrscheinlich wird durch Schulzes Parallelen die Abhängigkeit des 'Herzog Ernst' (s. d.).

Die Wirkung beginnt dagegen wohl mit Veldekes (s. d.) 'Eneit' (s. Behaghel Ausg. S. CLXXVI; Schulze S. 29ff.; Denecke *Ritterd. u. Heidengötter* S. 84f.), denn wenn auch die Stelle 'Eneit' v. 2954ff., wie Denecke will, statt auf 'Rol.' 7092ff. auf den Straßb. 'Alexander' zurückgehen mag — die bei ihm und bei v. Dam a. a. O. S. 74f. nachzutragende Erwähnung des *Durendart* zusammen mit *Haltecleir*, dem Schwert Turpins, in 'Eneit' v. 5731 bleibt stark genug. — Außerordentlich stark beeinflußt zeigt sich Wolfram von Eschenbach im 'Willehalm' (vgl. San Marte *Üb. Wolfr. v. E.s Rittergedicht 'Wilh. v. Orange'* 1871 S. 97—103; Bacon *The source of W.s Willehalm* 1910; S. Singer *Wolframs 'Willeh.'* 1918 S. 11, 24 u. ö.; Leitzmann PBB. 43 S. 45; R. Palgen *'Willehalm', 'RL.' und 'Eneide'*, PBB. 44 [1920] S. 191—241; Schulze S. 37ff.), weiter der Stricker, nicht nur im 'Karl', den er nach dem 'RL.' umgearbeitet hat, sondern auch im 'Daniel' (vgl. Bartsch, Ausg. des 'Karl' [1857] S. XLVIff.; J. J. Ammann *Das Verh. von Strickers 'Karl d. Gr.' zum 'RL.' d. Pf. Konrad* 1901 passim; G. Rosenhagen *Untersuchungen über 'Daniel vom Blühenden Tal'* [Diss. Kiel 1890] S. 52f., 110—112 und in den Anm. zum Text seiner Ausgabe [1894]; Schulze S. 46ff.; 74ff.); auch auf den zweiten Bearbeiter des 'RL.', den 'Karlmeinet'-Kompilator, hat seine Vorlage verständlicher Weise stark eingewirkt (Bartsch *Über Karlmeinet* 1861 S. 87ff.). — Eine deutliche Parallele beweist, daß auch Gottfried von Straßburg das 'RL.' gekannt hat (Schröder ZfdA. 51 [1924] S. 39f.; Schulze S. 83ff.), ebenso deutlich ist die Wirkung auf einige Stellen des 'Reinfrid von Braunschweig' (Schulze S. 82f.) — Ein vielleicht nur mittelbarer Einfluß auf den 'Willehalm' des Ulrich v. d. Türlin (s. d.) ist aus Übereinstimmungen von Einzelheiten zu schließen, die Ulrich nicht bei Wolfram vorfand (s. S. Singers Ausgabe U.s v. T. [1893] S. XXXVIIf.).

Ernst Scheunemann.

Priester Konrad.

1. Von den zahlreichen Predigtsammlungen in dt. Sprache aus der Zeit vor 1200 ist von besonderem Interesse das 114 Predigten umfassende Buch eines sonst nicht bekannten Priesters Konrad, weil sich sein Verfasser im Gegensatz zu den übrigen Sammlungen aus dieser Zeit in einer lateinischen Vorrede wenigstens mit Namen nennt: *ego Cůnradus prespiter*. Irgendwelche biographischen Angaben fehlen dagegen.

Überliefert ist K.s Werk in der Wiener Hs. Nr. 2684* aus dem 13. Jahrh.; ferner enthalten die Regensburger Fragmente u. a. zwölf seiner Predigten (wenn auch teilweise unvollständig), die Roth 1839 ohne Kenntnis ihres Verfassers bereits herausgegeben hatte. Aus der Wiener Hs. veröffentlichte Johann Schmidt 1878 einige Proben (Nr. 3. 6. 18. 43. 77. 92. 93), überließ aber die Gesamtausgabe Anton Schönbach, der die Hs. im III. Bd. seiner 'Altdeutschen Predigten' abdruckte und für die Nr. 5. 6. 18. 19. 26. 27. 28,2. 29,1. 31,1. 34. 39. 40 auch die Regensburger Bruchstücke heranzog, auf die schon Schmidt seinerzeit hingewiesen hatte. (Nähere Angaben über die Wiener Hs. geben Schmidt S. 1f.; Schönbach S. V.)

Da auch der Inhalt der Predigten für K.s Lebensweg keinerlei positive Anhaltspunkte bietet, ist die Forschung über den Hinweis Schmidts noch nicht hinausgekommen, daß K. „in den letzten Jahrzehnten des zwölften Jh.s in der Gegend des Bodensees gewirkt und geschrieben haben dürfte". Die lokale Behauptung stützt sich anscheinend auf die Erwähnung der beiden alemannischen Orte Kempten und Füssen in der Predigt für den heiligen Magnus, die eine genauere geographische Kenntnis in dieser Gegend wahrscheinlich macht: *da er* [der Teufel] *zwai lant mit hete verirret unde verwůst da ze Chemten unde ze Fůzen, daz da nieman was* (Schönbach S. 212).

2. Dagegen gibt K. in seinem *Proemium* einen deutlichen Hinweis auf die Absicht, die er mit seinem Predigtbuch verfolgte: *hanc ego quoque collectionem Christi sacerdotibus offero. Christi sacerdotibus dico, qui Christum amant, qui Christum et non se predicant, veruntamen maxime plebeis et popularibus prespiteris et quibus forsan librorum copia defuerit, et qui frequentius cum beata Martha circa exteriora solliciti et occupati fuerint et ob hoc rarius cum beata Maria ad pedes domini sedere, id est sancte lectioni operam dare potuerint; Ita tamen per omnia, ut quisque speret idem. Quapropter nec latinis verbis editum, quod etiam magistrorum querit ingenium, in ydioma materne lingue prorupi, quo facilius pateat legenti et audienti ejus intuitus* (Schönbach S. 3, Z. 14—23).

Sein Werk selbst gliedert sich in zwei Teile. Der erste umfaßt die Sonntags- und Festtagspredigten des Kirchenjahres(Nr. 1 bis 79). Diese beginnen mit Weihnachtspredigten und schließen mit dem letzten Adventsonntag; sie sind in der Mehrzahl einfache Homilien (Texterklärungen) über Epistel und Evangelium des betreffenden Tages und halten sich eng an den Wortlaut des Neuen Testamentes, d. h. sie paraphrasieren gewöhnlich die Perikope des jeweiligen Sonntags und geben dazu allegorische und belehrende Erläuterungen. Nur in den Festpredigten wird auch bisweilen ein bestimmtes aus dem biblischen oder liturgischen Text entnommenes Thema zugrunde gelegt und ausführlicher behandelt. Den zweiten Teil bilden Heiligenpredigten (Nr. 80—114), die überwiegend legendarischen Charakter haben. Über die von K. benutzten Quellen hat Schönbach in den Anmerkungen seiner Ausgabe (S. 271—421) wertvolles und sicherlich erschöpfendes Material zusammengestellt.

Beide Teile des Predigtbuches wollen bei leicht verständlichem Inhalt zur religiösen Belehrung und Erbauung beitragen; die schlichte, einfache Sprache und die volkstümliche Form, in die der Verfasser seine Worte und Gedanken einzukleiden wußte, dürften seine Bestrebungen mit Erfolg gekrönt haben.

K. Roth *Deutsche Predigten des 12. und 13. Jahrhunderts* 1839, Nr. I. II. VI—VII. X. XII—XVI. XVIII. XIX. XXIII—XXVII. Joh. Schmidt *Sieben Predigten des Priester Konrad*. 9. Jahresbericht des K. K. Staatsgymnasiums im 3. Bezirk in Wien 1878. A. Schönbach *Altdeutsche Predigten* III (1891); dazu F. Bech ZfdPh. 25 (1893) S. 256—64; Joh. Schmidt Ltbl. 14 (1893) Sp. 352—58. H. Naumann *Altdeutsches Prosalesebuch* 1916 Nr. IX, S. 30ff. (= Schönbach Nr. 92, S. 211ff.). — R. Cruel *Geschichte der dt. Predigt im MA.* 1879, S. 191—94. A. Linsenmayer *Geschichte der Predigt in Deutschland* 1886, S. 285—91. G. Ehrismann *Geschichte der dt. Literatur* II, 2 (1935) S. 413f.

Hans Bork.

Konrad, Heinrich, der „Schreiber im Korb", ist sowohl Held wie Verfasser eines Liedes, das um 1496 als Einblattdruck mit einem Holzschnitt in 2⁰ wohl bei Konrad Dinkmut in Ulm erschien. Das Lied, in frischem, derbem Ton gedichtet, behandelt in leicht selbstironischer Weise das (aus der mal. Vergilsage geschöpfte) Mißgeschick des armen Schreibers, der sich am Ziel seiner Wünsche glaubt und von seiner Dame im Korb zwischen Erdboden und Fenster jämmerlich bloßgestellt und unsanft wieder heruntergelassen wird. — Der Druck befindet sich in der Münchener SB. in einem Sammelband von Einblattdrucken des XV. Jhs., S. 176, Nr. 680. — Der Anfang des Originals lautet:

Nun well wirs aber heben an
Von einem schreÿber wollgethan
Du hailloß ſoͤslin
Du krafftlos poͤslin
Heng nach, henng nach
Heinrice Kuͤnrade der schreÿber im korb.

Und der Schluß:

Der unß das liedlein neüwes sang
Ain gůt gesell ist ers genangt
Heinrice Kunrade der schreiber ÿm korb.

Eine weitere Angabe über das Lied findet sich durch Gottlieb Leon in der Zeitschrift 'Bragur' VI, 2, S. 70 und VII, 2, S. 93, 1798/99. Er drückt sich allerdings reichlich undeutlich aus, als er von einer Sammlung von Blättern in kl. 2^0, z. T. mit Holzschnitten und Noten im Besitz der Kaiserlichen Bibliothek, also wohl in Wien, spricht. Die angeblich genaue orthographische Wiedergabe stimmt nicht ganz mit der obigen überein, sodaß die Möglichkeit besteht, daß es sich hier um ein noch unbekanntes Exemplar handelt. Der Anfang lautet:

Nun well wirs aber heben ann
von ainem schreyber wohgletan
Du hailoß ſoͤslin
Du krauſſtloß poͤslin
henng nach henng nach
Heinrice Kuͤnrade der schreiber ym korb.

Und der Schluß:

Der vnnß das liedlein neuwes gesang
ain gut gesell ist ers genannt
. . . .

Dieser Abdruck hat 15 zweizeilige Strophen mit dem nachfolgenden Kehrreim. Ludwig Uhland bringt das Lied in Bd. I seiner 'Volkslieder' Nr. 288, S. 579/80, jedoch nur mit 14 Str., welche ebenfalls zweizeilig sind und als Kehrreim nur den Namen des Helden und Verfassers bringen. Uhland weist auch auf den Abdruck im 'Bragur' hin, den er seiner Veröffentlichung zugrundelegt.

Ruth Westermann.

Konrad von Altstetten, Minnesinger aus einem schweizer Geschlecht, das zu Altstetten im Oberrheintal beheimatet und dem Kloster St. Gallen als Meier dienstpflichtig war. Urkundlich bezeugt sind drei Konrade, von denen wahrscheinlich der mittlere, ein Kleriker, 1268 genannt, als der Dichter anzusehen ist, da sprachliche Kriterien auf eine spätere Zeit weisen (Reim *s : z; siten : sniten* als klingend), die Gedichte andrerseits aber zum Grundstock von *C* gehören, so daß der erst 1322 und 1326 nachweisbare letzte Konrad kaum mehr in Frage kommt. — Die Überlieferung bietet drei Gedichte, alle drei im Tanzrhythmus. Zwei preisen, gedanklich typisch, die Schönheit der Geliebten und bitten um ihre Gnade, das dritte allgemein gehaltene ist vom Dichter selbst als Tanzlied bezeichnet (Sommerlied). Künstlerisches Vorbild der formal gewandten und gefälligen Lieder ist Gottfried von Neifen (s. d.).

Große Heidelberger Liederhs. *C* (Universitätsbibl. Heidelberg Cod. Germ. Pal. 848, Nr. 69, Bl. 249c—250b, mit Bild). — F. Pfaff *Die große Heidelberger Liederhs.* I 1909, Sp. 827—830. F. H. v. d. Hagen *Bildersaal altdeutscher Dichter* 1856, S. 260f. Taf. XXXII. — [Bodmer] *Proben der alten schwäbischen Poesie des 13. Jahrhunderts* 1748, S. 146f. (= II, 3—5). Bodmer *Sammlung von Minnesingern aus dem schwäbischen Zeitpunkte* 1759 II S. 47f. HMS. Nr. 80 I 64f; III 662, 832; IV 407f. BG. Nr. 91, S. XCI, 349f. (= III). K. Bartsch *Die Schweizer Minnesänger* 1886, Nr. 24, S. CLII—CLV, 265—269, 450. — L. Tieck *Minnelieder aus dem Schwäbischen Zeitalter* 1803, S. 265—268. B. Obermann *Deutscher Minnesang* (Recl.) o. J. S. 232f. (= II). W. Storck *Buch der Lieder aus der Minnezeit* 1872, S. 180f. (=III). R. Zoozmann *Deutscher Minnesang* o. J. S. 367—369 (= II). W. Wackernagel *Die Verdienste der Schweizer um die deutsche Literatur* 1833, S. 13, 32, 43. W. Wilmanns ADB. I (1875) S. 374. E. Sievers *Zur Klangstruktur der mhd. Tanzdichtung*, PBB. 56 (1930) S. 194.

Elisabeth Karg-Gasterstädt.

Konrad von Alzey. Johannes Trithemius schreibt im *'Liber de ecclesiasticis scriptoribus'*: *Conradus de Altzeya, natione Teutonicus... claruit circa tempora Caroli IV. imperatoris, anno 1370.* Als Hauptwerk wird ein *Figurarum opus* über Maria bezeichnet, das vielleicht als Vorlage zu Heinrich Laufenbergs (s. d.) 'Buch der Figuren' anzusehen ist. Fälschlich ist Konrad als Verfasser des *'Speculum humanae salvationis'* bezeichnet worden (Berichtigung durch Lutz u. Perdrizet). Das *'Speculum beatae Mariae virginis'* in der Wiener Hs. 1575, auf das von F. Falk hingewiesen wird, ist nach der genaueren Beschreibung bei Denis nicht das Werk des K. v. A.

Johannis Trithemii *Opera historica* ed. Freher I (Frankf. 1601) S. 329f. Lutz und Perdrizet *Speculum humanae salvationis* I (1907) S. 255f. (mit Abdruck der Trithemius-Stelle). F. Falk Zentralbl. f. Bibliothekswesen 15 (1898) S. 422. Denis *Cod. manuscr. bibl. Vindob.* II 1 (1799) S. 430.

Ludwig Denecke.

Konrad von Ammenhausen. 'Schachzabelbuch' 1337 (18948 Verse).

1. Hss.: 24 oder 25 weithin über Europa verteilt, davon die Straßburger verloren. Stammbaum nicht hergestellt. Älteste anscheinend Petersburg Kat. I Nr. 1321, Paris Fonds allem. Nr. 108, beide Pergamenthss. aus der Zeit des Originals? Für die Textausgabe sind nur einige Hss. (zwei durchgängig) nach zufälliger Wahl benutzt. — Der von Goedeke *Dt. Dichtg. i. MA.* S. 903 genannte Druck: Straßburg 1483, ist nicht nachzuweisen (Auskunft der Kommission f. d. Gesamtkatalog d. Wiegendrucke 1928).

2. Konrad, nach dem thurgauischen Weiler Ammenhausen benannt, war im benachbarten Stein a. Rh. Mönch und Leutpriester, hat verschiedene Gegenden Frankreichs gesehen. Etwa als Fünfziger überträgt er, ohne deutsche Vorlage und Muster, das 'Schachbuch' des Jakob de Cessolis aus dem Latein, und zwar ist seine Vorlage irgendein glossierter Text. Er erwähnt Konstanz, den Bodensee, einige Zeitereignisse. Von deutscher Literatur seiner Zeit nimmt er keine Notiz, er kennt auch nicht seinen Nachbarn Heinrich von Beringen (s. d.), der vor ihm solche Übertragung unternommen hatte.

3. Er erweitert von allen deutschen Schachbuchdichtern am meisten: Im ganzen folgt er der Quelle, aus der er nur ganz gelegentlich etwas übergeht. Seine eigenen zahlreichen Zutaten mag er einem enzyko-

pädischen Werke wie dem *'Speculum historiale'* des Vincentius Bellovacensis (s. d.) entnehmen. Die Beziehung auf das Schachspiel geht im Gewirr seiner nüchternen, breiten Betrachtungen und Erzählungen noch mehr verloren als im Original. Von seiner dürftigen Kunst in Darstellung und Form denkt er selber bescheiden. Kirchlich, doch nicht durchweg mönchisch.

4. Der Vorzug seines Werkes besteht im kulturgeschichtlichen Gehalt aus dem Kreise des kleinen Bürgers, des Bauern, des Mönches seiner Zeit. — Nach selbständiger Vorrede folgt in der Ordnung der Vorlage das 1. Buch vom Ursprung des Schachs, das 2. von den edlen Figuren (Läufer = Richter, Springer = Ritter, Turm = Landvogt), der beste Abschnitt ist das 3. Buch (v. 9707—18086) von den Bauern des Spiels, d. h. allen Berufen vom Landmann bis zum Arzt und Apotheker. Das 4. Buch faßt die Einrichtungen des Spielbrettes und den Gang der Figuren mit Allegorien und Nutzanwendungen zusammen.

5. K. ist von der Didaktik vielfach benutzt, von Mennel (s. d.) direkt ausgeschrieben worden. Er ist der seiner Zeit weitaus bekannteste und gelesenste deutsche Schachbuchdichter.

Ausg.: *Das Schachzabelbuch Kunrats von Ammenhausen... Nebst den Schachbüchern des Jakob von Cessole und des Jakob Mennel*, hsg. v. F. Vetter 1892. [Zum Text laufende Zahlenangabe für die Parallelen bei Beringen, Pfarrer zum Hecht (s. d.), Stephan (s. d.) und Angabe, wieweit eigene Zutat.] — P. P. Albert *E. bisher unbekannt gebl. Hs. K.s v. A.*, Alem. 31 (1903) S. 171 [Münchner Hs.]. C. Kraus Z. f. österr. Gymn. 1892 S. 1093 [zu Vetters Ausgabe]. F. Holzner *D. deutschen Schachbücher in ihrer dicht. Eigenart gegenüber ihrer Quelle, d. lat. Schachb. d. J. de C. I: Das Schachbuch Kunrats v. A.* Progr. Pilsen 1895. Zur Vorlage: S. Singer Prager Studien VIII S. 313.

Mitzka.

Konrad von Dangkrotzheim, s. Dangkrotzheim.

Konrad von Dornstadt, Meister. Hs. Additional 16581 des Britischen Museums, 15. Jh. (1469), ostschwäbisch, Bl. 170a; s. R. Priebsch *Deutsche Hss. in England* II (1901) S. 147—58. Ihm wird zugeteilt der Spruch:

Lobe nicht den man,
Biß du besehest was er kan.

R. Priebsch.

Konrad von Durnegg. Hs. Additional 16581 des Britischen Museums, 15. Jh. (1469), ostschwäbisch, Bl. 159b; s. R. Priebsch *Deutsche Hss. in England* II (1901) S. 147—58. Ihm wird zugeteilt der Spruch:

Wenne der allmächtig gott wil,
So verkerett sich der sachn̄ uil.

R. Priebsch.

Konrad von Eßlingen. Nach dem Verzeichnis bei Jundt (s. u.) war er 1277 bis 1281 und 1290—1293 Provinzial der deutschen Ordensprovinz der Dominikaner. Erhalten ist von ihm in der Berliner Hs. germ. quart. 191 (15. Jh.) Bl. 391b—393a eine deutsche Predigt über Matth. 20, 22: *von den V stücken, die man von unsers lieben herren lichnam entpfohet,* als deren Verfasser *brůder Cůnrat von Esselingen* genannt wird; sie ist nach einer Adelhauser Hs. (s. u.) veröffentlicht und verrät keine spezifisch mystische Denkrichtung.

A. Jundt *Histoire du panthéisme* 1875, S. 287. Abdruck der Predigt im Freiburger Diözesanarchiv 13 (1880) S. 189ff.

Hans Neumann.

Konrad von Kronenberg, s. Kronenberg.

Konrad v. Fußesbrunn, s. Nachtrag.

Konrad von Grünenberg, s. Grünemberg (Nachtrag).

Konrad von Haslau.

Überlieferung: Heidelberger Hs. cod. Pal. germ. 341 (vgl. Rosenhagen DTM. 17 S. XXXVI Nr. 49); dazu ein Auszug aus der Partie 295—448 in der Leipziger Hs. 946, hrsg. von Hoffmann v. Fallersleben Altdt. Blätter 1 S. 63—65.

Den Namen des Dichters kennen wir nur aus dem sog. Seifrid Helbling (s. d.), dessen Verfasser ihn II v. 443ff. als seinen Vorgänger nennt und dabei eindeutig auf das tragende Motiv der Dichtung vom 'Jüngling' hinweist, die Pfennigbuße: wenn der Dichter für jeden Verstoß gegen Anstand und Sittlichkeit auch nur einen Pfennig erhielte, so könnte er auf alle fürstlichen Lehen verzichten. Da die Helblingsche Dichtung, die bald nach 1290 entstanden ist, von der Zeit Konrads als einer länger zurückliegenden spricht, wird 'Der Jüngling' in den 70er oder spätestens Anfang der 80er Jahre entstanden sein. Daß Konrad ein Österreicher war, verrät seine Dichtung auf Schritt und Tritt; die oft derbe Sprache strotzt geradezu von erdgebundenen Dialektworten, wenn auch die Reime verhältnismäßig rein sind; im übrigen aber ist auch die metrische Form frei und nähert sich volkstümlicher Art.

Volkstümliche Realistik und höfische Tendenz gehen überhaupt in der Dichtung eine reizvolle Verbindung ein. Der 'Jüngling' ist ein „Spiegel" für junge Edelleute und legt als solcher mehr Wert auf Anstandslehre als auf ein ausgebreitetes Tugendsystem. Gutes Benehmen bei Tisch und auf dem Ritt, maßvolle Sorgfalt in Kleidung und Pflege der äußeren Erscheinung, Warnung vor Trunk und Würfelspiel stehen in vorderster Linie. Aber auch ethische Fragen wie der rechte Gebrauch des Reichtums, Wahrheit und Aufrichtigkeit werden angeschnitten. Die Gedankenfolge ist sehr locker und zwanglos. Gegliedert wird das Ganze durch die Wiederkehr der auf dem Grundmotiv beruhenden Verse: *swâ daz tuot ein jungelinc, der gebe mir einen pfenninc* (oder ähnlich); sie markieren zuerst ungefähr gleiche Abschnitte von 5—7 Reimpaaren, sodaß der Dichter zunächst eine Art strophischer Gliederung beabsichtigt zu haben scheint; aber schon nach 14 solcher Abschnitte gibt er dies Prinzip auf, die Abschnitte werden länger und ungleichmäßig.

Der 'Jüngling' steht in der östereichischen didaktischen Dichtung zwischen dem 'Frauenbuch' Ulrichs von Liechtenstein (s. d.) und dem sog. Seifrid Helbling. Mit diesem verbinden ihn vor allem die Neigung und Fähigkeit zu lebensvoller satirischer Zustandsschilderung, die von scharfer Beobachtungsgabe zeugt (vgl. bes. die Schilderung des Spielers v. 378ff.), und ein ausgeprägter Pessimismus, der wohl nicht bloß auf der allgemeinen Schwarzfärberei des Sittenpredigers beruht, sondern in dem kulturellen Wandel der Zeit seine Begründung hat. Kräftige Bilder, sprichwörtliche Redensarten und gelegentliche Verwendung der volkstümlichen Rätselform (v. 834ff.) kennzeichnen den Stil Konrads, der wohl als *magezoge* ritterlicher Herkunft war und in höfischer Luft lebte, aber mit beiden Füßen fest auf seinem Heimatboden stand.

'Der Jüngling' hrsg. von M. Haupt ZfdA. 8 (1851) S. 550—587. — J. Seemüller *Studien zum kleinen Lucidarius (Seifrid Helbling)*, Wiener Sitz.-Ber. 102 (1882) S. 651 ff.; ders., Ausgabe des Seifrid Helbling (1886) S. XXXIIIf. u. S. XXXVII.; K. Euling *Priamel* (Germanist. Abhdl. 25) S. 299. P. Merker *Die Tischzuchtenliteratur des 12.—16. Jhs.*, Mitteilungen der deutschen Gesellschaft z. Erforschung vaterländischer Sprache u. Altertümer in Leipzig, 1911, S. 19f.; ders. Reallexikon d. dt. Lit. Gesch. III S. 371. Ehrismann *Lit.-Gesch.* II 2 (1935) S. 333. — Zu einzelnen Stellen E. Schröder ZfdA. 69 (1932) S. 354f.

H.-Fr. Rosenfeld.

Konrad v. Heimesfurt, s. Nachtrag.

Konrad von Heinrichau, Zisterzienser im schlesischen Kloster Heinrichau, hat vor 1340 ein lateinisches Vokabular verfaßt, das uns eigenhändig geschrieben auf Blatt 1^b—76^a des Breslauer Pergamentbandes IV Qu 92 vorliegt. Eine weitere, in der Anordnung abweichende Hs. hat Birlinger, leider ohne Angabe ihrer Herkunft, benutzt bei seiner Veröffentlichung in den 'Altdeutschen Neujahrsblättern für 1874'. Der erste und weitaus größte Teil der Breslauer Hs. (Bl. $1^{b\beta}$—$67^{a\beta}$) gibt ein alphabetisches Verzeichnis lateinischer Wörter mit kurzen Erklärungen, wofür ein kurzer Prolog als Quellen Papias, Isidor, Huguccio, Brito, *magister Moyses Graecus et quidam alii fide digni* nennt. Nicht selten sind nun deutsche Worterklärungen — im Ganzen 269 — beigegeben, und Übersetzungen bilden den eigentlichen Gegenstand von fünf kurzen Anhängen, nämlich: II. ein alphabetisches lat.-deutsches Lexikon von 389 Stichwörtern; III. ein systematisches *de diversis artificibus et instrumentis eorum;* IV. lateinische Merkverse zur Synonymik mit deutschen Interlinearglossen; V. ein kurzes Verzeichnis von Wörtern des Geldverkehrs, des Kriegs- und Verwaltungswesens; VI. ein alphabetischer Nachtrag. Durch diese Arbeit hat Konrad die ältesten altschlesischen Vokabulare geliefert.

Den deutschen Wortbestand hat K. Gusinde (*Konrad v. H. und die Bedeutung der altschles. Vokabulare*, Mitt. d. schles. Ges. f. Volksk. XIII—XIV = Festschr. z. Jahrhundertfeier d. Univ. Breslau, 1911, S. 374—400) alphabetisch mit lat. Übersetzung herausgegeben. Verwandtschaft des Teils II mit dem Abstraktumvokabular aus Kaaden wird dargelegt von Bernt (*Ein Beitrag zu mal. Vokabularien*, Prager Dt. Studien VIII = Festschr. f. Kelle, S. 435f.).

Urte Kletzin.

Konrad v. Helmsdorf, s. Nachtrag.

Konrad von Heuberg, Meister. Hs. Additional 16581 des Britischen Museums, 15. Jh. (1469), ostschwäbisch, Bl. 146b; s. R. Priebsch *Deutsche Hss. in England* II (1901) S. 147—58. Ihm wird zugeteilt der Spruch:

Wo ich waiß des wolffes zandt,
Da will ich hütten mein' handt,
Das er mich nicht v'wundt,
Sein peyssen swirtt von grundt
(= Freidank 137, 23).

R. Priebsch.

Konrad von Himmelsfurt, s. Konrad von Heimesfurt.

Konrad von Hohenberg, Meister. Hs. Additional 16581 des Britischen Museums, 15. Jh. (1469), ostschwäbisch, Bl. 171a; s. R. Priebsch *Deutsche Hss. in England* II (1901) S. 147—58. Ihm wird zugeteilt der Spruch:

Niemant sich selbs loben sol,
Wer frum ist, man lobt in wol.
(Vgl. Aberlin von Weiler.)

R. Priebsch.

Konrad von Hohenburg. Konrad von Hohenburg, von dessen Stammschloß die Ruinen im Unterelsaß, zwei Stunden von Weißenburg, liegen, nahm an dem Zuge König Rudolfs gegen Ottokar, 1276, teil, der ihn bis zur Schlacht auf dem Marchfeld, 1278, von seiner Heimat fern hielt. Seit 1276 erscheint er in den Urkunden mit dem Beinamen *der Püller*. 1283 ist *der Püller* Richter in einem Rechtsstreit zwischen König Rudolf und dem Pfalzgrafen Ludwig. Unter dem Namen *Püller* bringt die große Heidelberger Handschrift fünf Gedichte, die wir ihm zuzusprechen haben. Es kommt darin mehrfach das Gedenken an die Heimat und die Freunde im Elsaß zum Ausdruck.

MSH. II S. 69—71. J. Franck ZfdA. 25 S. 329—335; ders. ADB. XII S. 669.

G. Rosenhagen.

Konrad von Hohenlohe-Brauneck, s. Brauneck.

Konrad von Kirchberg (Nebenform *Kilchberg)*, Minnesinger aus schwäbischem Geschlecht, das südlich von Ulm im OA. Laupheim beheimatet war, und in dem der Name Konrad wiederholt auftritt. Als Dichter kommen in Frage der zwischen 1255 und 1268 bezeugte Graf Konrad, Bruder des Bischofs von Brixen, und sein von 1286—1315 nachweisbarer Sohn, für den in neuerer Zeit Edw. Schröder eintritt. Die sechs von ihm erhaltenen Lieder zeigen formal eine nicht geringe Fertigkeit und gehen inhaltlich eigene Wege. Sie setzen alle mit einer typischen Naturschilderung ein: Freude am Frühling oder Klage über den Winter, und preisen die Schönheit der Geliebten. Dann aber fordern sie statt des Minnedienstes echte Liebe, denn Liebe steht über Minne. Und in diesem gegenseitigen Verhältnis ist der Mann der Überlegene, er will die Geliebte lehren, was Minne ist, und ihr beweisen, daß man nicht an erwiderter, wohl aber an unerwiderter Minne sterben kann. Neben fünf solchen Liebesliedern steht ein Tanzlied in der Art Neidharts (s. d.) mit einem im Rhythmus abweichenden Refrain und einer durch die Häufung von Eigennamen künstlerisch verfehlten Strophe.

Weingartner Liederhs. *B* (Landesbibl. Stuttgart, Bl. 192f., unter *Neidhart)*. Große Heidelberger Liederhs. *C* (Universitätsbibl. Heidelberg Cod. Germ. Pal. 848 Nr. 12, Bl. 24a—25b, mit Bild). — F. Pfeiffer *Die Weingartner Liederhs.* 1843, S. 189f. (v. 30—34). F. Pfaff *Die große Heidelberger Liederhs.* I 1909, Sp. 38—43. — Melchior Goldast *Paraeneticorum veterum pars* I 1604, S. 356, 424. [Bodmer] *Proben der alten schwäbischen Poesie des 13. Jahrhunderts* 1748, S. 18f. (= I, 1—3, II, 4). Bodmer *Sammlung von Minnesingern aus dem schwäbischen Zeitpunkte* 1759 I S. 12—14. HMS. Nr. 12, I 23—26; III 587, 825; IV 55—59. BG.Nr. 85 S. LXXXVIII, 330—333 (= I, II). — L. Tieck *Minnelieder aus dem Schwäbischen Zeitalter* 1803, S. 7—13 (= V, 1, 2, 4, 5, III, VI, I, II). K. Simrock *Lieder der Minnesinger* 1857, S. 30—32 (= V, 1, 2, 4, 5). W. Storck *Buch der Lieder aus der Minnezeit* 1872, S. 64f. (= I). K. Pannier *Die Minnesänger*² 1881, S. 298f. (= I, V,

1, 2, 4, 5). B. Obermann *Deutscher Minnesang* (Recl.) o. J. S. 222—226 (= I, II, V, 1, 2, 4, 5). R. Zoozmann *Deutscher Minnesang* o. J. S. 360 bis 364 (= V, 1, 2, 4, 5).

Seufferheld *Zwey Schreiben über Conrad Graf von Kirchberg, den Minnesinger*, Bragur 5, 2 (1797) S. 172—182. Chr. Fr. Stälin *Wirtembergische Geschichte* II (1847) S. 406, 767; III (1856) S. 681. W. Wilmanns ADB. XV (1882) S. 789. Fr. Grimme *Die rheinisch-schwäbischen Minnesinger* 1897, S. 209, 219, 297—302. E. Sievers *Zur Klangstruktur der mhd. Tanzdichtung*, PBB. 56 (1930) S. 206. Edw. Schröder *Graf Konrad von Kirchberg*, ZfdA. 67 (1930) S. 108.

Elisabeth Karg-Gasterstädt.

Konrad v. Kronenberg, s. Kronenberg.

Konrad von Landeck, Schenk.

1. K. v. L., der Sohn Rudolfs, war Ministeriale und Inhaber des Schenkenamts zu St. Gallen. In diesem Amt stellt ihn die Abbildung in der Heidelberger Handschrift dar: vor einem Geistlichen mit dem Abtsstab kniet ein Ritter und reicht ihm einen goldnen Becher. Auch das beigefügte Wappen ist das der Landecker, zwei gehende rote Löwen. Von 1277 bis 1306 ist er in Urkunden bezeugt, die sich auf Verpfändungen und Begabungen beziehen. (Spätere Erwähnungen eines K. v. L. betreffen seinen Sohn.) Er hat an dem Zuge des Königs Rudolf nach Wien, 1276, teilgenommen; von dort hat er ein Lied in die Heimat gesandt. Ein anderes Lied ist auf einer winterlichen Fahrt durch Frankreich verfaßt, wohin er, vielleicht 1289, ebenfalls mit König Rudolf gekommen ist. Wenn dieses zutrifft, bekommen wir schon etwa 15 Jahre für die Zeit seines Dichtens; vermutlich umfaßt sie noch eine längere Zeit.

2. Jedenfalls sind uns eine ganz hübsche Zahl von Liedern, 21, überliefert. Zu Dichtern wie Ulrich von Winterstetten (s. d.), Gottfried von Neifen (s. d.) und Konrad von Würzburg (s. d.) hat er deutliche Beziehungen. Allerdings treffen sie nur Äußeres. Wie bei Ulrich und Konrad fangen alle seine Lieder entweder mit einer Frühlingsstrophe oder einer Winterstrophe an. Den bei Ulrich nie fehlenden Kehrreim dagegen hat er nur einmal, und zwar in dem Liede, das am meisten von der äußerlich spielenden Reim- und Strophenkunst darbietet, in der Ulrichs wie auch Gottfrieds Lieder schwelgen. So allgemein und wohl bekannt aus dem Minnesang auch die Gedanken und die Worte seiner Lieder sind, so geht doch durch sie ein gewisser ernsthafter Zug, der sich in den nicht immer spielenden Wiederholungen, in gedrängtem Wortlaut vieler seiner Verse zeigt. Jedenfalls ist er in seiner schwerblütigen Art von jenen weit ab und immerhin mehr noch ein gläubiger Vertreter des späteren Minnesanges als ein virtuoser.

HMS. I 351—363; IV 307—310. Bartsch-Golther *LD.* LXXII. Bartsch *Schweizer Minnesänger* XXI. — Grimme Germ. 25 S. 326.

G. Rosenhagen.

Konrad v. d. Mauer, s. Nachtrag.

Konrad von Megenberg. 1. K. v. M. *(de Monte Puellarum)* ist wahrscheinlich auf Mainberg bei Schweinfurt um 1309 geboren. Er studiert in Erfurt (Trithemius *Annal. Hirsaug.* II 187), dann erscheint sein Name häufig 1337—42 in den Pariser Universitätsakten (Denifle *Liber procuratorum nationis Anglicae [Alemaniae]* I S. 18 im Bd. I des *Auctarium Chartularii Parisiensis* 1894). Dort ist er Magister und liest Theologie und Philosophie. Er scheint 1342 Paris verlassen zu haben. Er wurde Leiter an der Stephanschule in Wien. Um 1359—1363 ist er Dompfarrer in Regensburg bei St. Ulrich; Domherr blieb er bis zum Tode. Als Anhänger Ludwigs des Baiern kämpft er zunächst im Lager Ockams, später, mit der Thronbesteigung Karls IV., schwenkt er scharf in dessen Lager, vertritt die These der Überordnung der Kirche über den Staat und bekämpft Ockams politische Lehre. Im Auftrage der Abtei St. Emmeram geht er 1357 nach Avignon an den päpstlichen Hof. Dann lebt er in Regensburg, wo er am 14. Apr. 1374 stirbt.

2. Lateinische Werke. K. v. M. steht mitten im Leben seiner Zeit, die zahlreichen Schriften, die von ihm erwähnt werden, erweisen seine geistigen Neigungen und seine Stellung zu den Zeitfragen. Sie sind bis auf die zwei Hauptwerke lateinisch geschrieben. a) Noch in Paris entstand '*Planctus ecclesiae in Germaniam*'; die Dichtung fordert in 78 Kap. im Streite

zwischen Ludw. d. Baiern und dem Papste die Aussöhnung beider mit rücksichtsloser Heftigkeit und schneidender Satire. In der ersten Vorrede wendet er sich an den Legaten Papst Benedikts XII. Arnaldus de Virdello, in der zweiten an den päpstlichen Kaplan Johannes de Piscibus. Die Einleitungsverse preisen den Papst als „Staunen des Weltalls, Öffner und Schließer des Himmels, *Flos et apex mundi*". Die Schlußschrift ist für die Lebensgeschichte Megenbergs wichtig: *Planctus ecclesie in Germaniam editus a Conrado de Megenberg, quod Parysyus dicitur de Monte puellarum, anno domini 1337 in die circumcisionis domini, anno vero nativitatis sue 28.*

Hs. Paris, B. N., fonds lat. 3197 A (14. Jh.). Vgl. Grauert Hist. Jahrb. d. Görresges. 22 (1901) S. 631; Rich. Scholz *Unbek. kirchenpol. Streitschriften aus d. Zeit Ludw. d. Baiern I* (Bibl. d. Preuß. Hist. Instit. in Rom Bd. IX, 1911); *II* (Bd. X, 1914): I 79 *Streitschriften Konrads v. M.;* Analyse des '*Planctus*'; II 188 Text.

b) Schon als junger Mensch verfaßte er eine Mariensequenz, von der nur 2×6 Verse erhalten sind in dem Bruchstück einer Expositio dazu, die er im reifen Alter schrieb: *Ave virgo, praegnans prole*, worin er Mariae Empfängnis besingt und die Jungfrau mit 12 Gemmen vergleicht.

Vgl. *Anal. hymn.* XLIV 6; Hss. Göttweig 291; München Clm. 14190.

c) '*Speculum felicitatis humanae*'; ein umfängliches moraltheologisches Werk, das er 1348 dem Herzog Rudolf v. Österr. widmete. Die Hs. befand sich einst im Chorherrenstifte zu St. Mang in Stadt am Hofe (Diemer WSB. VII [1851] S. 86). Wir kennen nach einer verlorenen Regensburger Hs. den Inhalt aus einer Beschreibung. 1. Hauptteil '*De passionibus animae*': '*De passionibus appetitum consequentibus*' (34 cap.); '*De amicitia*' (34 cap.); 2. Hauptteil '*De virtutibus moralibus et intellectualibus*': '*De principiis moralium*' (29 cap.); '*De distinctione virtutis*' (13 cap.); '*De virtutibus moralibus in speciali*' (29 cap.); '*De virtutibus intellectualibus*' (13 cap.).

d) '*Oeconomia*'. Das 1353—54 geschriebene Werk ist dem Bamberger Bischofe Lupoldus de Babenburg gewidmet gewesen. Wir kennen nur Andeutungen über den Inhalt; es bestand aus drei Büchern; das 1. Buch handelte '*De regimine domestico popularium hominum*' in drei Traktaten zu 33, 30 u. 50 Kap. Das zweite Buch '*De regimine curiensium populorum*' umfaßte vier Traktate, von denen der 2. 18, der 3. 16, der 4. 15 Kap. enthielt. In 15 Kap. disputierte er zunächst mit Aegidius Colonna, im 3. Traktate sprach er über die kaiserliche Gewalt gegen Johannes de Janduno und Marsilius de Padua († 1342), die den '*Defensor pacis*' mit den im Dienste Ludw. d. Baiern entstandenen Theorien gegen die Weltstellung und Verfassung der Kirche herausgegeben hatten. Er empfiehlt Karl IV., dem er kriegerische Kraft wünscht. Auch gegen verwandte Anschauungen des Franziskaners Wilhelm Ockam (um 1280—1359) richtet er sich. Der 4. Traktat handelte '*De regimine curie Imperatoris*'. Das dritte Buch '*De domibus divinis*' enthielt 3 Traktate zu 24, 21 u. 21 Kap. Der 1. Traktat handelte '*De regimine domus scholastice*' mit Einflechtung von mehr als 200 Artikeln von Philosophen, die 1277 in Paris von Bischof Etienne Tempier als ketzerisch verurteilt worden waren. Im 3. Traktate handelte er nach Bernhard v. Clairvaux '*De auctoritate summi pontificis atque de regimine curie ipsius*'.

Vgl. Burc. Gotthelf Struve *Acta litt. ex mss.* 1706, fasc. IV S. 81—91, wo die Widmungsepistel abgedr. ist. S. Riezler *Die literar. Widersacher der Päpste z. Zeit Ludwigs d. Baiern* S. 289—92. R. Scholz *Unbek. kirchenpol. Streitschr.* I S. 79ff.; R. Salomon *Zur 'Oeconomia' des K. v. M.*, Neues Arch. d. Ges. f. ält. dtsch. Geschichtsk. 39 (1914) S. 190. Die Hs. war noch Anf. d. 18. Jhs. vorhanden im Besitze des Holstein. Staatsrats Wilh. v. Eyben.

e) '*Tractatus de translatione imperii*', um 1354, nicht lange nach der '*Oeconomia*', geschrieben; er behandelt in 15 Kap. die Frage, wie das Imperium an Deutschland kam, und ob der Papst nach menschlichem und göttlichem Rechte das Imperium übertragen dürfe. Der König müsse der Schild des Klerus und der Kirche sein. Der Imperator sei Weltkaiser, *princeps mundi*. Das Imperium sei auf Deutsche und Franken übertragen; der Papst sei der befugte Translator; er besitze die *potestas ordinaria* oder *regularis in temporalibus* zur „Nennung mit dem Titel König" *(nominatio)*. Das geschieht in der Kaiserkrönung. Gegen die vom Römischen Könige dem Papste gemachten Zusagen können die Wahlfürsten keinen Einspruch erheben.

Hs. Eichstädt 698 (einst 269); vgl. R. Scholz a. a. O. I S. 95 u. II S. 249.

f) Im gleichen Jahre entstand der '*Tractatus contra Wilhelmum Occam de coronatione Caroli IV.*' in 11 Kap. über den Unterwerfungseid Karls IV.

Hs. 149 (348) d. Mähr. Landesarchivs in Brünn (früher Nr. 5 des Franzens-Museums in Brünn); Eichstädt 698 (einst 269); vgl. R. Scholz a. a. O. I S. 127; II S. 346.

g) '*Lacrima ecclesie dedicata Arnoldo archiep. Auxitano*' (Auch), in 2 Teilen zu 7 u. 11 Kap., eine scharfe Anklage gegen die Mendikanten und Begarden. Diese Schrift ist wohl identisch mit einem verloren geglaubten '*Tractatus contra mendicantes ad papam Urbanum V.*' Anf.: *Cum solaris splendor beatissimi solis huius terrene monarchie.* Ein Abschnitt daraus '*De erroribus Beghardorum et Beginarum*' ist fälschlich für eine besondere Schrift Konrads gehalten worden; gedr. bei Gretser *Scr. contra sectam* 1613 u. *Bibl. patr. Lugd.* XXXV S. 310.

Hss. Wolfenbüttel, Cod. 876 Helmst. (15. Jh.), laufende Nr. 978 Bl. 73 —94 ; Trier, Seminarbibl. 81 (15. Jh.). Vgl. H. Meyer '*Lacrima ecclesiae*', *Neue Forschungen zu den Schr. K. v. M.*, NA. 39 (1914) S. 469.

h) '*Tractatus de XII virtutibus missae*'. Hs. München Clm. 5854.

i) '*Repertorium nuptiale*' oder '*De arbore consanguinitatis*' v. J. 1372. Hs. Clm. 14016; vgl. Schuegraf *Gesch. d. Domes zu Regensburg* II (1848) S. 223.

k) '*Statuta et consuetudines capituli eccl. Ratisbonensis*', um 1355. Hs. Clm. 14873; gedr. bei A. Mayer *Thes. nov.* II S. 1—37.

l) '*Vita s. Erhardi*', nach der Vita des Paulus Judaeus *(Acta SS.* 8. Jan. I Sp. 541); Hs. Clm. 14053.

m) '*Tractatus de limitibus parochialibus in Ratispona, editus a. d. 1373 die mensis Maji 21*'.

Hss. Clm. 14440; 14512; Bruchstücke in Clm. 14870; 14186; 14894; beste Hs. im Arch. d. Domkap. zu Regensburg H. 42 (um 1400). Herausg. v. Ph. Schneider 1906; vgl. Hist. Jahrb. d. Görresges. 22 (1901) S. 609; 25 (1904) S. 703.

n) Ein '*Chronicum magnum*', von dem Pez in Baiern Hss. gesehen haben will, ist verschollen; vgl. H. Grauert Hist. Jahrb. d. Görresges. 22 (1901) S. 333. Das '*Breve chronicon episcoporum Ratisb.*', das aus dem Anhange einer Hamburger Hs. des Andreas v. Regensburg (s. d.) bei Eccard *Corpus hist. medii aevi* II Sp. 2243 abgedruckt ist, ist nicht von Konrad geschrieben. Trithemius *(Annales Hirsaug.* z. J. 1340 [St. Gallen 1690] II S. 187) erwähnt noch unter Konrads Schriften '*Super sententias (Petri Lombardi) libri IV*'; '*Sermones*', nach einer einst in S. Emmeram zu Regensburg vorhandenen Hs.; '*Collectio canonum poenitentialium*';'*Historia* (Brevierlektionen) *St. Matthaei*' v. J. 1351; '*Vita St. Dominici*'. Auch eine Abhandlung '*De ducibus Wawarie*' ist ihm zugeschrieben worden, die über Zweck und Geschichte des Kaisertums in besonderem Hinblick auf Baiern gehandelt haben soll.

4. Deutsche Schriften. a) 'Deutsche Sphära'. Um 1250 hatte der Engländer Johannes de Sacro Bosco (Holywood) als Lehrer der Astronomie in Paris eine '*Sphaera mundi*' geschrieben, im wesentlichen einen Auszug aus dem Almagest und den Schriften des Arabers Alfraganus (Al Fergani). Das Buch fand eine sehr starke Verbreitung. K. übersetzte es in voller Beherrschung der lateinischen Sprache und des deutschen Ausdrucks und schuf so das erste deutsche volkstümliche Lehrbuch der Physik und Astronomie. Unter Verschweigung des Namens Konrads hat ein Konrad Heinfogel (1470 bis 1530) aus Nürnberg mit Änderungen und Zusätzen das Buch 1516 drucken lassen; es ist in Köln 1519, Straßburg 1533 u. 1539 nachgedruckt worden. Quaestiones zur Sphära von Konrads Hand enthält Clm. 14687.

Hss. München Cgm. 156 (14. Jh.); 328 (14?7); Graz U. B. II 470 (früher 39/58 fo.). Die beiden letzteren Hss. gehen gegen die erste auf eine gemeinsame Quelle zurück. Ausg. v. O. Matthaei *K. v. M. 'Deutsche Sphaera'* (= Deutsche Texte d. Mittelalt. XXIII) 1912. — O. Matthaei *K. v. M. 'Dt. Sphära' u. die Übersetzungs-*

technik seiner beiden Prosawerke. Diss. Berlin 1912.

b) 'Buch der Natur'. Der Dominikaner Thomas von Chantimpré (Cantipratanus), ein Schüler Alberts d. Gr. (s. d.), hatte zwischen 1230 u. 1250 einen '*Liber de natura rerum*' geschrieben, um die naturkundlichen Kenntnisse der Zeit zusammenzufassen. Er beschreibt in 19 Abschnitten I den Menschen, II die Seele, III die ungeheuerlichen Menschen des Morgenlandes, IV die vierfüßigen Tiere, V die Vögel, VI die Meerwunder, VII die Fluß- u. Meerfische, VIII die Schlangen, IX die Würmer, X die gewöhnlichen Bäume, XI die wohlriechenden Bäume, XII die Kräuter, XIII die Quellen, XIV die edlen Steine, XV die Metalle, XVI die sieben Regionen und Feuchtigkeiten der Luft, XVII die Gestalt der Welt und die Planeten, XVIII die Erregungen der Luft, XIX die vier Elemente. Teile dieses Werkes hatte bereits Albertus Magnus selbst in seine Schriften und Vincenz von Beauvais in das '*Speculum naturale*' (1250) aufgenommen, ebenso Jakob von Maerlant in '*Der naturen bloeme*' versifiziert. Dieses Werk des Thomas bearbeitete K. 1349—50. Er gibt damit die erste Naturgeschichte in deutscher Sprache. Anfangs schreibt er seine Vorlage Albertus zu; den wahren Verfasser kennt er nicht. Er ordnet den Stoff um und faßt ihn in 8 Stücken zusammen: I der Mensch (50 Kap.); II Zusammenfassung der Stücke 16—19 der Vorlage in 33 Kap.; III Stück 4—9 der Vorlage; hier behandelt er in 69 Kap. die Tiere (gegen 110 Kap. bei Thomas), in 72 Kap. die Vögel (gegen 114 bei Thomas), in 20 Kap. die Meerwunder, in 29 Kap. die Fische, in 37 Kap. die Schlangen, in 31 Kap. die Würmer; IV entspricht Stück 10—11 der Vorlage: Bäume (55 Kap.) u. wohlriechende Bäume (29 Kap.); V entspricht Stück 12 der Vorlage: Kräuter 89 Kap., wo Thomas nur 31 bietet); VI Von den Edelsteinen (86 Kap., Stück 14 bei Thomas); dieser Teil ist am stärksten umgearbeitet unter Anlehnung an Albertus '*De lapidibus nominatis et eorum virtutibus*'; VII von den Metallen (10 Kap., Stück 15 bei Thomas); VIII wunderbare Gewässer (Thomas, Teil 13). Als Anhang ist Stück 3 bei Thomas: 'Über die Wundermenschen' angefügt, um dem Wunsche von Freunden zu willfahren. Das Stück II des Thomas 'Von der Seele' ist weggelassen. K. kürzt, erweitert, ordnet und übt Kritik; eigene Beobachtungen fehlen fast ganz. Die Lehre des Aristoteles herrscht; Galenus und die Araber geben die physiologischen Grundlagen; die Theorie von den vier Elementen bleibt anerkannte Voraussetzung.

Oberdeutsche und mitteldeutsche Hss. sind überaus zahlreich, besonders in München und Wien; Cgm. 589 (v. J. 1377); 1116 (1406); 263 (1431); 313 (1433); 249 (1447); 253 (1449); 295 (1450); 586 (1453); 585 (1476); 38 (älteste Hs., 14. Jh.); aus d. 15. Jh.: 288; 399; 427; 587; 588; 590; 6110. — Wien, NB. 2669 (14. Jh.); 3071 (1389); 2812 (1410); 2863 (1420); aus d. 15. Jh.: 3066; 3070; 2797; 2856. — Berlin St. B. (15. Jh.): Gf. 696; 987; 1048 (Bruchstück); 1279; Gq. 1024 (Bruchst.); 1484 (v. J. 1424, gekürzt). — Drucke sind im 15. Jh. von 1475 an 16 nachweisbar; so in Augsburg (Bämler, Hans Schönsperger u. A. Sorg), alle in Folio und mit Holzschnitten (Hain Nr. 4040ff.). Unter dem Namen des Albertus Magnus wird ein Auszug des Werkes zum Volksbuche. Buch I u. II sind auch in einer oberdeutschen Naturlehre des 15. Jhs. benutzt worden; Hs. Berlin St. B. Gf. 1174.

Ausg. Fr. Pfeiffer 1861; in nhd. Sprache v. Hugo Schulz 1897.

Außer den genannten Abhandlungen u. Ausgaben: K. Höfler *K. v. M. u. die geistige Bewegung seiner Zeit*, Tübinger Quartalschr. 1 (1856) S. 38; ders. *Aus Avignon*, S. 24ff. Jos. Diemer WSB. VII (1851) S. 86; ders. *Kleine Beitr. z. ält. deutsch. Spr.* I S. 60ff. Riezler ADB. XVI S. 648. Al. Kaufmann *Thomas v. Chantimpré* 1899, S. 34ff. — M. Sponheimer *K. v. M.s politische Ideen.* Diss. Berlin 1924 = Jahrb. d. philos. Fakultät 1923—24 I S. 361.

Jos. Klapper.

Konrad von Nürnberg. Die Heidelberger Hs. Pal. germ. 19—23, im übrigen von Walther zu seinem 12. Kreis gerechnet, enthält die alttestamentlichen Propheten in einer zum 11. Zweig gezählten Gestalt. Hier heißt es am Schluß des entsprechenden Abschnitts: *Hie endet sich micheas der prophet vnd die propheten sind alle volbracht von latin zu tutsche von probst Cunrot von nierenberg etc.* Gerne möchte Walther demselben Propst Konrad von Nürnberg auch die als 23. Zweig bezeichnete Übersetzung des Evangeliums des Johannes und des

Matthäus zuschreiben; aber die Begründung dünkt ihn selbst nicht ausreichend. Eine Textprobe zu der Prophetenübersetzung bietet er Sp. 249, Z. 34—55.

Über die Persönlichkeit aber, die hinter dem Namen steckt, bleiben wir im Dunkel. Johannes Geffcken glaubte in Propst Konrad Künhofer den Autor gefunden zu haben. Allein Walther macht triftige Bedenken geltend und weist mit Recht darauf hin, daß unser Propst Konrad in Nürnberg gar nicht beamtet, sondern nur beheimatet zu sein brauchte.

J. Geffeken *Der Bilderkatechismus des 15. Jhs.* I (1855) S. 106. W. Walther *Die dt. Bibelübersetzung des Mittelalters* 1889ff., Sp. 396f., 517ff.

Hans Vollmer.

Konrad von Queinfurt. Pfarrer zu Steinkirchen am Queiß; gest. zu Löwenberg (Schlesien) 1382, begraben daselbst in der Kapelle des Franziskanerklosters. Verf. des meistersängerischen Osterliedes *Du lentze gut, des jores teuirste quarte*, 5 Str. zu je 17 Versen. Benutzt in dem Liede *Der lentz ist uns des jares erste quartir*, 1559 in Valentin Trillers Singebuch (abgedr. W. KL. IV S. 67; vgl. a. Bäumker).

Überlieferung: Drei von *Wackernagel* KL. I. S. 390f. verzeichnete Hss. und zwei selbst-Drucke. Hs. A: s. XV, 8⁰ Breslau U.-B. I 113 Bl. 74—76. B: v. J. 1478, 8⁰ Breslau U.-B. I 32 Bl. 96—98. C: Anf. d. XV. Jhs., 4⁰ Leipzig U.-B. Nr. 1305 Bl. 107—110b, mit Noten. Druck in D. G. Corners *Gr. kath. Gesangbuch* 1631, mit Noten. Schlecht in Gräters *Iduna und Hermode* II (1813) S. 77 (wiederholt bei W. KL. II Nr. 538a).

Text nach Corner in *Fortges. Sammlg. v. alten u. neuen theol. Sachen* (1726) S. 883 und danach in *Literatur d. kath. Deutschlands* I (1775) S. 38; nach A, mit Laa. von B u. C bei W. KL. II Nr. 538b mit ausführl. Bemerkungen. Weise nach Corner bei Bäumker I, Nr. 281, ebenfalls mit Anmerkungen.

Ludwig Denecke.

Konrad von Ratenburg. Unter diesem Namen zwei dt. Predigten in der Melker Hs. 586 in 2⁰, XV. Jh., Bl. 23b—26b und 72a—76b. Derselbe wie K. v. Rotenburg?

W. St.

Konrad von Roggenfeldt, Meister. Hs. Additional 16581 des Britischen Museums, 15. Jh. (1469), ostschwäbisch, Bl. 187b; s. R. Priebsch *Deutsche Hss. in England* II (1901) S. 147—58. Ihm wird beigelegt der Spruch Freidank 79, 19—80, 1: *Ich höre jehen die weysen* usw.

R. Priebsch.

Konrad von Rotenburg, Magister aus Franken. Seit 1396 liest er in der artistischen Fakultät der Wiener Universität über latein. Grammatik, Mathematik u. Physik, besonders aber über Logik u. Aristotelische Philosophie. Dekan 1404, 1410 und 1414; Kanonikus seit 1413. Gestorben um 1416.

Außer einem lat. *'Tractatus logicus sive disputatio super vetere arte'* hat sich erhalten: *'Ob man das gut das man mit dem spiel gewunnen hat wider sol geben. Ex lectura Magistri Chunradi Rotenburg'*; hsl. in der Bibliothek des Schottenklosters zu Wien, cod. Nr. 204, XV. Jh., Bl. 134b bis 136b, und cod. 306, XV. Jh., Bl. 26a bis 27a. — S. auch K. v. Ratenburg.

W. St.

Konrad de Schamoppia, Meister. Hans Suff (s. d.) teilte von ihm im Stuttgarter Cod. med. et phys. fol⁰ 8 Bl. 51 fünf verschiedene deutsche Verordnungen mit. *Beitr. z. Gesch. d. Chir. i. MA.* II S. 596.

Sudhoff.

Konrad der Steckel, s. Steckel.

Konrad von Stoffeln.

1. Das höfische Epos 'Gauriel von Muntabel, der Ritter mit dem Bocke' ist in zwei in der Textgestalt und im Umfang stark voneinander abweichenden Hss. des 15. Jhs., D (Donaueschingen) und I (Innsbruck), sowie in einem Münchener Fragment (Cgm. 5249/9) des 14. Jhs. erhalten.

2. Das schwäbische Adelsgeschlecht der Freiherren von Stoffeln wird in der Zimmerschen Chronik für die 2. Hälfte des 13. Jhs. (in der der 'Gauriel' entstanden ist) öfter erwähnt. Laßbergs Versuch, den zu dieser Zeit urkundlich bezeugten Domherrn K. v. St. mit dem 'Gauriel'-Dichter zu identifizieren, müßte erst durch Tatsachen glaubhaft gemacht werden; überhaupt ist es noch sehr fraglich, ob der Dichter wirklich K. v. St. geheißen hat denn die nur in D überlieferten Verse 4164a—f, in denen der Name des Dichters genannt wird, können — in dieser Form wenigstens — nur vom Schreiber, aber nicht vom Dichter herrühren.

3. Den Kern des 'Gauriel' bildet das Motiv der heimlichen Ehe des Helden mit einer Elbin: durch Übertretung ihres Gebots, nie von ihr zu erzählen, verscherzt er ihre Huld, gewinnt sie aber durch außergewöhnliche Heldentaten wieder. Von den zahlreichen Fassungen dieses Stoffes, der sich auch mit dem Motiv der Schwanjungfrau berührt, steht der 'Lai von Lanval' der Marie de France und der 'Lai von Graelant' dem 'Gauriel' am nächsten, ohne daß aber eine direkte Beeinflussung anzunehmen ist; freilich ist im 'Gauriel' von der ursprünglichen Formung des Stoffes nicht mehr viel Echtes erhalten: die der Vermählung vorausgehende Entzauberung und Befreiung der Fee ist hier weggelassen, und die sonstigen typischen und wichtigen Züge sind stark entstellt und zeitlich durcheinandergeworfen oder abgeschwächt (wie etwa das hier wirkungslos gewordene Ringmotiv). Allerdings wird die Scheidung zwischen echtem Gut und Interpolationen durch die Ausgabe Khulls (s. u.) sehr erschwert, da dieser mitunter auch den ursprünglichen Text in die Varianten verweist.

4. Trotz der zahlreichen Berufungen auf eine schriftliche Quelle fußt der Dichter auf mündlicher (wohl schon entstellter) Überlieferung, die er in einzelnen Motiven durch Anleihen bei Hartmann v. Aue (s. d.) und Wolfram v. Eschenbach (s. d.) bereichert, und diese beiden Dichter nennt er zusammen mit Gottfried v. Straßburg (s. d.), der für ihn in der metrischen Behandlung richtunggebend war, ausdrücklich als seine Vorbilder (v. 29, 30). Am stärksten aber hat Hartmann auf ihn gewirkt, und auch inhaltlich ist der 'Gauriel' z. T. eine Art Fortsetzung des 'Erec' und des 'Iwein': dem Iweinschen Löwen, der trotz seiner gelegentlichen Vermenschlichung ein passender Kampfgenosse ist, wird Gauriels Reisebegleiter, der unfreiwillig-komisch wirkende Bock, gegenübergestellt, der in dem, was ihm an Heldentaten zugemutet wird (so in der Bezwingung des Löwen Iweins!), fast wie eine Persiflage des Rittertums selbst wirkt. — Sonst kennt der Dichter noch Ulrich von Zatzikhofen (s. d.), aus dessen 'Lanzelet' wohl das Motiv des „Landes ohne Wiederkehr" stammt, ferner Wirnt von Grafenberg (s. d.), den 'Meleranz' des Pleiers (s. d.), den 'Daniel vom blühenden Tal' des Strickers (s. d.) und den 'Edolanz' (s. d.).

Der Dichter erzählt recht flüssig und in flottem Tempo, ohne sich viel mit Beschreibungen oder Schilderungen aufzuhalten; denn für ihn ist das Geschehen die Hauptsache, das freilich nicht immer mit der nötigen Klarheit vorgeführt wird; für individuelle Entwicklung der Charaktere und für psychologische Vertiefung fehlt ihm jede Begabung: es ist eben das typische Artusepos der Übergangszeit, das nicht mehr großes Erleben künstlerisch zu formen versteht, aber noch in einer wirklichkeitsfernen Wunschwelt spielt, ohne daß der schon zum Realismus neigende Zeitgeist zum Ausdruck kommen könnte. Das herbe Urteil Jakob Püterichs von Reichertshausen (s. d.; 'Ehrenbrief' Str. 126) ist nicht unberechtigt.

A. Jeitteles Germ. 6 (1861) S. 385—411 (Einleitung u. teilw. Abdruck). F. Khull *'Gauriel von Muntabel'* 1885. F. Keinz Germ. 31 (1886) S. 85—87 (Abdruck des Cgm. 5249/9). F. Panzer *'Merlin' und 'Seifrid de Ardemont'* (StLV. 227) 1902, S. LXXXVI—LXXXIX (zur Stoffgeschichte).

Ed. Hartl.

Konrad von Tanna, Mönch im St. Petrikloster zu Erfurt, stellte 1410 ein systematisch geordnetes lateinisch-deutsches Glossar zusammen, erhalten in der Pommersfelder Hs. Nr. 92 = 2723. 4^0, Bl. 152b—207a. Ist *Tanna* das Dorf Hohenthann in Baiern? Der Dialekt des Glossars ist aber thüringisch.

P. Mitzschke *Aus einem Erfurter lateinisch-deutschen Glossar des Jahres 1410*, Germania 37 (1892) S. 185/8.

W. St.

Konrad von Waldhausen, einer der bedeutendsten Kanzelredner des 14. Jhs. Er gehört zu den sog. Vorläufern des Joh. Hus.

Gegen 1320 im oberösterreichischen Waldhausen geboren, empfing er dort 1349 (nach Loserth 1343) im Kloster der Augustiner Chorherren die Priesterweihe. 1349 war er in Bologna — wohl der Wissenschaft halber —, 1350 in Rom. In der österreichischen Heimat unterrichtete und predigte er vorzüglich in Wien, bis ihn Karl IV. 1358 nach Prag an die Galluskirche rief. Er war danach 1361 Vorstand der Thomaskirche auf der Kleinseite, 1363 Pfarrer in Leitmeritz mit Wohnung in Prag, 1365 an der großen Prager Teynkirche und starb 1369.

Der Freund und Geschichtschreiber Karls IV. Benesch Krabice von Weitmühl hat Konrad in seiner Chronik der Prager Kirche gerühmt: *ecce illum nosti predicatorem in sermone potentem et opere, virum landabilis vite et multum acceptabilis in auribus cunctorum auditorum (SS. rer. Boh.* II S. 403).

Von Konrads deutschen Predigten — bedeutsam durch ihre Wirkung aufs Volk — ist nichts erhalten. Wie sehr sie sittenändernd gewirkt haben, geht allein aus den Schriften von Zeitgenossen (Benesch Krabice v. Weitmühl, Matthias von Janow) und aus Konrads Apologie hervor. Die (73) Predigten seiner *'Postilla studentium sanctœ Pragensis universitatis'* (Hss.-Nachweise s. bei Loserth) beruhen zwar nach ihrer Angabe auf selbst gehaltenen Volksreden, sind aber lateinisch zu Schulzwecken für Studierende zusammengestellt und dementsprechend gelehrsamer und minder suggestiv wirkend. Die Predigten schließen sich Vers für Vers an den Text des Evangeliums an und bringen allegorisch-moralische Ausdeutungen nach kirchlichen Lehrern, besonders auch der Glosse. Ein kurzes Exordium steht meist vor der Erklärung des Textes, meist auch noch eine Einleitung, das sog. *prothema*. Eine Sammlung solcher ist enthalten in den *'Prothemata sermonum domini Conradi'* (eine Hs. im Prager Domkapitel E 19, W. F. Palacky *Die Vorläufer des Husitenthums).* Die Postille zeigt Konrad als einen Mann von großem Wissen und strenger sittlicher Zucht. Sie ist noch Jahrzehnte nach seinem Tode in Prag selber, in Mähren, Schlesien, Österreich, Tirol, ja in der Schweiz, abgeschrieben worden.

Die *'Apologia'* (ed. Höfler *FF. rer. Austr.* 2, VI S. 17—39) ist eine 1364 verfaßte Rechtfertigung Konrads gegenüber Anschuldigungen und Verleumdungen der Bettelorden. Er hat sie für die Österreicher verfaßt. Konrad hatte die Mönche gereizt, da er ihnen öffentlich in seinen Predigten Lockerung der Sitten und lasterhafte Simonie vorwarf. Sein Leben lang währte der Kampf gegen die Mönche. Dies ließ ihn den Vorläufern des Hus — nicht ganz berechtigt — zugezählt werden: die Lehre selber und den Klerus an sich hat er nie angegriffen; er eiferte allein — ein Prager Savonarola — gegen Sittenverderbnis und schreckte hier nicht vor der Macht der Orden zurück. — Die Bettelmönche hatten ihre Klagen in 24 Artikeln zusammengefaßt. Eine unmittelbare Antwort darauf waren K.s *'Accusationes mendicantium'*, die verloren scheinen.

Joh. Loserth *Hus und Wiclif*² 1925, S. 29 bis 36 [daselbst ältere Literatur].

Urte Kletzin.

Konrad von Walse, s. Kügelin.

Konrad von Warpperg (Wartberg?), Herr. Hs. Additional 16581 des Britischen Museums, 15. Jh. (1469), ostschwäbisch, Bl. 170b; s. R. Priebsch *Deutsche Hss. in England* II (1901) S. 147—58. Ihm wird zugeteilt Freidank 138, 3.

R. Priebsch.

Konrad von Weinsberg, Graf. Hs. Additional 16581 des Britischen Museums, 15. Jh. (1469), ostschwäbisch, Bl. 161a; s. R. Priebsch *Deutsche Hss. in England* II (1901) S. 147—58. Ihm wird zuerteilt der Spruch:

Vor gott wurt er verschmacht,
Wer recht zu vnrecht macht.

R. Priebsch.

Konrad von Weißenburg, Prediger (fraglich welchen Ordens).

Hs.: Berliner Staatsbibliothek Ms. germ. 4° 191 (Bl. $208^{b\alpha}$ u. $212^{a\alpha}$ Pgt. 14. Jh.).

Der Verfasser zweier Predigten in einer Sammelhs., die eine Baumgartenallegorie (s. Preger II S. 48ff.), Predigten und Minnesprüche enthält, wird einmal ($208^{b\alpha}$) *der vil selige bröder Cůnrad von Wisenburc*, das anderemal ($212^{a\alpha}$) *brůder Cůnrad* genannt. Die Predigten stehen in einer geistlichen Blumenlese, die für eine Nonne zusammengestellt ist. Da die Hs. der ersten Hälfte des 14. Jhs. angehört und aus dem Elsaß stammt, liegt es nahe, an einen Konvent der Dominikanerinnen und einen „Bruder" des Predigerordens zu denken, da um diese Zeit die hsl. Zeugnisse solcher speziellen Seelsorge gerade aus dominikanischen Kreisen im Elsaß häufig sind. Wie in den Kolmarer Annalen (*Mon. Germ. SS.* XVII S. 226, 10) im Jahre 1301 ein *Johannes de Wissenburc ordinis Praedicatorum* vorkommt, so findet sich in der Basler Hs. B. XI, 10 (Bl. 378b) ein Exzerpt mit der Überschrift: *dis ist von dem von Wisenbg* (Wackernagel *Altdt.Pred.* S. 277), der als *armer brůder Johans* für sich ums Gebet bittet. So möchte man als Verfasser am ehesten einen unbekannten Dominikaner K. v. W. annehmen, der gleich jenem Johannes nach dem Geburtsort benannt ist. Die beiden Predigten handeln: 1. von dem Zug, mit dem der Vater die Seele durch den hl. Geist an sich zieht aufgrund des Erlösungswerkes des Sohnes, 2. von der Seligkeit im Himmel.

Bormann wollte dem K. alle Stücke der Blütensammlung zueignen. Strauch sagt mit Recht, daß nur die beiden Predigten ihm sicher zuzuweisen sind, und hält es für möglich, den Verfasser zu identifizieren mit dem im Straßburger Urkundenbuch I S. 212, 14 (n. 276) von der Zisterzienserinnenäbtissin Guta des Klosters Königsbruck im Jahre 1241 als Zeugen erwähnten Zisterzienserbruder *Cůnradus de albo castro*, der seinerseits vielleicht wieder identisch wäre mit einem am 1. Sept. 1251 als „Abt von Weißenburg" verstorbenen Zisterzienser Konrad (Grandidier *Nouvelles oeuvres* III S. 277). Näher liegt es wohl, an einen unbekannten Dominikaner um 1300 zu denken.

Ph. Strauch *K. v. W.*, Euphorion, Erg.-Heft 16 (Festschrift für B. Seuffert) 1923, S. 34—42. Bormann *K. v. W. ein bisher unbekannter Mystiker*, v. d. Hagens Germania 2 (1837) S. 303 bis 310.

Engelbert Krebs.

Konrad von Würzburg.

1. Der bürgerliche Dichter K. v. W. wurde zwischen 1220 und 1230 zu Würzburg geboren, und obwohl er seine beste Zeit auf alem. Boden (in Basel und auch in Straßburg) verlebte, verleugnete er doch in seiner etwas alem. gefärbten Sprache nie ganz einen leisen fränk. Anklang. Er zeichnet sich durch reiches, in gründlicher Schulbildung erworbenes Wissen aus, er verfügt über gute Lateinkenntnisse und zeigt sich bewandert in theologischen und juristischen Fragen. Seine dichterischen Anfänge sind nicht vor den vierziger Jahren anzusetzen, da ihn Rudolf von Ems (s. d.), der alle Dichter seiner Zeit behandelt, noch nicht erwähnt. Von K. selbst erfahren wir, daß er ein höheres Alter erreicht hat: er klagt über den raschen Flug der Jahre und spricht mit einer gewissen Ergebung von dem herannahenden Tod; am 31. August 1287 ist er in Basel gestorben und hat mit seiner Frau und seinen zwei Töchtern eine Ruhestätte im Maria-Magdalenen-Stift gefunden.

2. In der äußeren Stellung des Dichters spricht sich bereits ein bedeutsamer Wandel aus: nicht mehr der Hof, sondern das Bürgerhaus ist ihm Heimat, seine Mäzene sind nicht mehr Ritter, sondern bürgerliche Patrizier oder höhere geistliche Würdenträger. Diese in Basel (bzw. in Straßburg) führende Gesellschaftsschicht weltlichen oder geistlichen Standes bildet exklusive Zirkel, denen die Pflege der Literatur besonders am Herzen liegt; dieses Publikum ringt sich allmählich zu der Weltlichkeit durch, die das Rittertum schon Jahrzehnte vorher vertreten hatte: so ist es bezeichnend, daß K. dem Abt von Tiersberg seine weltliche Novelle 'Heinrich von Kempten' widmet und nicht etwa 'Der Welt Lohn', dessen Grundgedanke *omnia vana* für den geistlichen Gönner passender gewesen wäre. Doch es ist charakteristisch für den feingebildeten, aber schon dem Weltlichen zuneigenden Geistlichen, daß er als Mitglied der literarisch interessierten bürgerlichen Gesellschaft auch moralisch hochstehenden weltlichen Gedichten seine Gunst schenkt. Die zahlreichen Gönner, die K. in seinen Werken lobend hervorhebt, erscheinen auch oft zusammen in Urkunden. Im Gegensatz zu Walther von der Vogelweide (s. d.) und andern fahrenden Sängern finden sich bei K. keine Bettelstrophen, da er ständige Mäzene in dem

reichen Basel hatte: so ist K. der erste Dichter, der das Dichten als Beruf auffaßt und auf Bestellung schafft; trotz seiner Klagen über das laue Interesse des (weiteren) Publikums war er bei seinen Zeitgenossen sehr beliebt, wie die Zahl der Hss. seiner Werke beweist. Diese Beliebtheit verdankt K. auch seiner Geschmeidigkeit und Vielseitigkeit: Weltliches und Geistliches, Episches und Lyrisches, Novellen und Legenden, Epen und Sagen, deutsches und antikes Gut, Heraldik, Zeitgeschichtliches und Zeitkritisches, das sind seine mannigfaltigen Themen. Diese Vielseitigkeit entspringt seiner ungeheuren Leichtigkeit zu dichten: alles, auch das sprödeste Stoffmaterial, wandelt sich bei ihm ungezwungen zum Vers; die Zahl der Verse, die er insgesamt geschrieben hat, beläuft sich auf etwa 85000, ein überreicher Inhalt angesichts der in den meisten Fällen erstrebten Knappheit der Darstellung. Auch zeitgenössische Dichter wie Rûmesland (s. d.) oder Hermann Damen (VL. I Sp. 401) preisen ihn und ahmen ihn nach, die dichterische Nachwelt (Boppe, VL. I Sp. 259f.; Frauenlob VL. I Sp. 656) rühmt ihn, die Meistersinger rechnen ihn zu den „zwölf alten Singern". Seine Nachwirkung reicht bis ins 15. Jh.: noch Hermann von Sachsenheim (s. d.) und vielen andern ist K. Vorbild.

W. Golther ADB. XLIV S. 356—363. H. Schneider *Heldendichtung, Geistlichendichtung, Ritterdichtung* 1925, S. 326—332. G. Ehrismann *Lit. Gesch.* II. Schlußband (1935) S. 35—54.

3. Die Reihenfolge der Werke K.s, die lange umstritten war, ist jetzt im wesentlichen geklärt, und die Entwicklungsperioden des Dichters können nun abgegrenzt werden: I. 'Herzmære'. 'Der Welt Lohn'. — II. 'Silvester'. 'Heinrich von Kempten'. 'Alexius'. — III. 'Klage der Kunst'. 'Engelhard'. 'Die Goldene Schmiede'. 'Pantaleon'. — IV. 'Partonopier und Meliur'. 'Schwanritter'. 'Trojanerkrieg'. Das 'Turnier von Nantheiz', das Pfeiffer, Bartsch und Lambel als Erstlingswerk ansahen, hat man später vor den 'Troj. Kr.' gestellt; heute setzt man es als ziemlich gleichzeitig mit dem Schluß des 'Troj. Kriegs' an. Die Lieder und Sprüche verteilen sich in der Hauptsache auf die 3. und die 4. Schaffensperiode. Die 4. Periode zeigt die ganze reife Kunst des Dichters, für den es sprachlich und metrisch keine Schwierigkeiten mehr gibt, sie verrät aber auch schon eine gewisse Kälte und Erstarrung.

H. Laudan *Die Chronologie der Werke K.s v. W.* Diss. Göttingen 1906. Vgl. ferner die Einleitungen der Herausgeber zu den einzelnen Werken.

I. 'Herzmære': Ein eifersüchtiger Ritter setzt seiner Frau das Herz ihres Liebhabers, der fern von ihr aus Liebeskummer gestorben ist, als Speise vor, worauf auch sie an gebrochenem Herzen stirbt. — Diese Erzählung vom gegessenen Herzen stammt aus Indien und kam etwa um 1100 nach Europa, wo die verbreitetste (nordfrz.) Fassung sich an den Kastellan von Coucy, einen 1186—1201 historisch bezeugten Minnesinger, anknüpft, der auf dem 4. Kreuzzug auf dem Schiff starb und ins Meer versenkt wurde; die Verbindung der urspr. Fabel mit der Person des Kastellans vollzog sich aber erst in der 2. Hälfte des 13. Jhs. In der Provence wurde Guilhem de Cabestanh, in Deutschland der Brennenberger († vor 1276) zum Helden der Erzählung gemacht, wie auch sonst sich Sagen gern um das Leben von Dichtern ranken (Wirnt von Gravenberg, Heinrich von Morungen, Tannhäuser, Wolfram).

K.s Werk ist in 9 Hss. erhalten; die Darstellung umfaßt nicht ganz 600 Verse, ein Beweis für die Prägnanz der Sprache angesichts des reichen Inhalts. Der auch sonst im Abendland beliebte Stoff hat noch bis auf Hans Sachs ('Tragödie von dem Fürsten Concreti') nachgewirkt.

F. Roth *Die Mähre von der Minne oder die Herzmähre* 1846; GA. I (1850) S. 225—244. H. Lambel *Erzählungen und Schwänke* 1872, S. 271—290 (= Dt. Classiker d. MA.s, 12). E. Schröder *Kleinere Dichtungen K.s. v. W.* 1^2 (1930) S. 12 —40. — F. Rostock *Mhd. Dichterheldensage* 1925 (= Hermaea 15) S. 16 bis 18.

II. 'Der Welt Lohn': Dem Dichter Wirnt von Gravenberg (s. d.), der in die Lektüre eines Minnebuchs vertieft ist, erscheint eine schöne Frau, der er nach ihrer Aussage immer gehuldigt hat; es ist Frau Welt, deren Rücken von ekelhaftem Getier und Eiterbeulen wimmelt. Erschüttert kehrt sich Wirnt von der Welt ab, nimmt das Kreuz und erwirbt das Heil der Seele. — Den Grund, aus dem gerade Wirnt zum Helden dieser Erzählung gemacht wurde, glaubt J. Schwietering (*Demutsformel* S. 89) in dem Prolog des Dichters zum 'Wigalois' zu finden, indem er offen ausspricht, daß er mit seinem Werk der Welt dienen will. Dieser Dualismus, der den Leitgedanken der Erzählung bildet, ist ein beliebtes Motiv der geistlichen

Dichtung, das sich aber auch in geistlichen Stimmungen weltlicher Dichter kundgibt (z. B. Walther von der Vogelweide 124, 37f. 101, 5—13). Die bildende Kunst hat sich dieses dankbaren und anschaulich-erzieherischen Vorwurfs bedient: die Portale der Münster von Worms und Basel zeigen die gleiche Frauengestalt, wie sie K. schildert; gelegentlich tritt auch „der Fürst dieser Welt" an ihre Stelle. — Das in 9 Hss. erhaltene Gedicht umfaßt nicht ganz 300 Verse; die Darstellung ist objektiv und ohne Formkünstelei, aber mit etwas gelehrtem Aufputz versehen.

F. Roth *Der Werlte lôn von Kuonrat von Wirzeburc* 1843. GA. I (1850) S. 395—407. E. Schröder I S. 1—11. — Rostock a. a. O. S. 18—20.

III. 'Heinrich von Kempten' ('Otte mit dem Barte'), eine historische Novelle, behandelt den Konflikt zwischen dem Kaiser Otto und Heinrich, der sich durch sein Rechtsgefühl den Zorn des Kaisers zugezogen hat und daher vom Hof verbannt wird; nach Jahren rettet H. den Kaiser, der in einen Hinterhalt geraten ist, und gewinnt dessen Gunst wieder. In der Person des Kaisers, der hier recht unsympathische Züge trägt, sind Otto I. und Otto II. in eins verschmolzen. K. schöpft nach seiner eigenen Aussage aus einer lat. Quelle, die jedoch in der Fassung, wie sie K. vorgelegen hat, nicht erhalten ist, wohl aber in andern Versionen bekannt ist. Da das Werk K.s Gönner, dem 1260—1275 als Abt bezeugten Berthold von Tiersberg, gewidmet ist, muß die Entstehungszeit der Novelle in diese Jahre gesetzt werden. Das Gedicht ist in 7 Hss. überliefert.

K. A. Hahn *Otte mit dem Barte von Cuonrat von Würzeburg* 1838 (Bibl. d. ges. dt. Nat. Lit. 13, 3). Lambel a. a. O. S. 239—267. E. Schröder I S. 41—68.

IV. Legenden:

a) 'Silvester' zerfällt in zwei Teile: im ersten Teil wird die Heilung Konstantins durch Papst Silvester geschildert, im zweiten Teil wird die Disputation zwischen Silvester und 12 jüdischen Gelehrten dargestellt; der Zweck dieser (im ganzen MA., sowohl in der theol. Literatur als auch im Drama beliebten) Disputation zwischen Vertretern des Christentums und des Judentums, bzw. des Heidentums, ist hier, Konstantins Mutter Helena dem Christentum zu gewinnen. Diese Legende wurde schon vom 12. Jh. an häufig bearbeitet ('Kaiserchronik' v. 7806—10633; 'Trierer Silvester'; 'Passional'; Hermann von Fritzlar, Der Heiligen Leben, VL. II Sp. 415f.). K.s lat. Quelle steht der Fassung bei Boninus Mombritius nahe. Das Gedicht, eines seiner frühesten Werke, ist nur in einer Hs. erhalten und ist 1258/60—1274 entstanden. Der Anreger dieser Bearbeitung ist der Domherr Liutold von Rœtenlein (urk. ab 1241).

W. Grimm *K.s v. W. 'Silvester'* 1841; P. Gereke *K. v. W. Die Legenden* I 1925 (Altdt. Textbibl. 19).

b) 'Alexius' behandelt das Büßermotiv: ein Sohn aus vornehmer Familie entsagt freiwillig der Welt und lebt nach 10 in der Fremde verbrachten Bußjahren unerkannt als Bettler im Hause seines Vaters, der erst an der Bahre seines Sohnes erfährt, wen er beherbergt hat. Diese Legende ist weit verbreitet; zugrunde liegt eine syrische Fassung, die im 9. Jh. in die geistliche byzantinische Literatur und von ihr am Ende des 10. Jhs. ins Lateinische kam, aus dem die abendländischen Versionen stammen. Die älteste frz. Fassung ist 1040 entstanden; in Deutschland ist der Stoff seit dem 12. Jh. bekannt. Vor 1275 hat K. die Legende (ziemlich unselbständig) aus einer lat. Vorlage ins Deutsche übertragen, und zwar auf Wunsch der Basler Bürger Johannes von Bermeswil (urk. 1273) und Heinrich Isenlin (urk. 1265—1299). Seine Überarbeitung ist in drei Hss. erhalten.

Beide Legendenbearbeitungen stehen künstlerisch nicht sehr hoch, die Darstellung ist zwar schlicht und ohne stilistisches Raffinement, aber auch breit und weitschweifig, die Reime wiederholen sich oft, und die spröde Behandlung der Stoffe zeigt, daß der Dichter kein inneres Verhältnis zu ihnen hatte.

H. Maßmann *S.Alexius Leben in acht gereimten mhd. Behandlungen* 1843. M. Haupt *Der heilige Alexius von K. v. W.*, ZfdA. 3 (1843) S. 534—576. R. Hencynski *Das Leben des heil. Alexius v. K. v. W.* (Acta Germ. VI, 1) 1898. P. Gereke *K. v. W. Die Legenden II* 1926 (Altdt. Textbibl. 20).

c) 'Pantaleon': Pantaleon, der Sohn eines röm. Senators, Arzt, wird Christ und vollbringt aufsehenerregende Heilungen; nach langen Martren läßt ihn der Kaiser Maximianus (dessen Leibarzt der histor. P. war) enthaupten (nach der Legende i. J. 305). P. wurde dann zum Schutzpatron der Ärzte und wurde auch unter die 14 Nothelfer eingereiht. Der Stoff geht auf orientalische Quellen zurück; die direkte Vorlage K.s war eine lat. Fassung, die er auf Veranlassung des Johannes von Arguel, eines Basler Patriziers (urk. 1277—1311), der Schalers Gegner im Rat der Stadt war, ins Deutsche übertrug. — Im Gegensatz zu K.s Erstlingsnovellen zeigt sich hier eine reifere Kunst: er verhält sich seiner Quelle gegenüber ziemlich frei, die Komposition ist durchaus selbständig, und deutlich ist das Streben nach psychologischer Vertiefung; der Schauplatz ist von Nikomedien nach Rom verlegt, der Kaiser Galerius Maximianus hat sich zu einem Tyrannen gewandelt, die Taufe der Henkersknechte ist eine wirksame Erfindung K.s. Das Gedicht ist um 1277 entstanden und ist in einer Hs. überliefert.

M. Haupt *Pantaleon von K. v. W.* ZfdA. 6 (1848) S. 193—253. P. Gereke *K. v. W. Die Legenden* III 1927 (Altdt. Textbibl. 21). — G. O. Janson *Studien über die Legendendichtungen K.s v. W.* Diss. Marburg 1902.

V. 'Die Goldene Schmiede' ist eine Sammlung von Lobpreisungen Marias, wie sie seit frühester Zeit üblich sind. Diese Häufungen kommen dem Stil und dem Geschmack der Zeit sehr entgegen, die es liebt, das thematische Objekt durch Variationen und Synonyma in seiner ganzen Buntheit und Fülle auszuschöpfen. So wird auch hier die Darstellung berauschend durch die vielen Bilder, Gleichnisse und Epitheta, und dazu kommen noch gekünstelte Reime und gelehrte Arabesken, die, nur dem Gebildeten deutbar, das Ganze mit dem Nimbus des Geheimnisvollen umranken. Für ein längeres Gedicht ist diese Behandlung ermüdend, da kein entwicklungsfähiger Leitgedanke Steigerung, Spannung und Abwechslung bringt, sondern das Werk ist nur eine Aneinanderreihung von Superlativen, allerdings in einem bisher ungeahnten Grad der Beherrschung der Sprache künstlerisch geformt. Kein anderes Gedicht K.s ist in so vielen Hss. (24) überliefert wie dieses, ein Beweis für die außerordentliche Beliebtheit, derer sich dieses Virtuosenstück erfreute. Auch die Nachwirkung reicht bis ins 15. Jh.; unmittelbar auf K.s Werk geht die '*Aurea Fabrica*' des Franco von Meschede (um 1330) zurück (hrsg. v. Leyser ZfdA. 2 [1842] S. 168—176; vgl. auch E. Schröder GGN. 1927 S. 119 —129, Nachtrag ZfdA. 64 [1927] S. 266). E. Schröder (*Stud. z. K. v. W. IV*, GGN. 1917 S. 114ff.) hat die Vermutung geäußert, daß K.s Gönner, der Bischof Konrad von Lichtenberg (Straßburg 1273—1299), der den Bau des Marien-Münsters tatkräftig gefördert hat, auch K. v. W. die Anregung zu diesem Hymnus auf Maria gegeben habe.

W. Grimm *K. v. W. Goldene Schmiede* 1840. E. Schröder *Die Goldene Schmiede des K v. W.* 1926.

VI. 'Die Klage der Kunst', eine Allegorie in Prozeßform mit einem in späteren Allegorien oft nachgeahmten Natureingang (Frühlingspracht): der Dichter wird Zeuge, wie die ärmlich gekleidete Kunst vor die Gerichtsversammlung der zwölf Tugenden tritt und Anklage erhebt, daß sie nicht mehr geschätzt wird, und daß nur denen Milde zuteil wird, die der Masse schmeicheln. Schließlich fällt die Gerechtigkeit das Urteil zugunsten der Kunst, und K. v. W. wird ausgeschickt, um diesen Richtspruch in der Welt bekannt zu machen. Das Gedicht ist in 32 achtzeiligen Strophen (Reim abababab, a klingend, b stumpf) abgefaßt; es ist nur in einer Hs., dem 'Hausbuch' des Michael de Leone (s. d.) von Würzburg, erhalten (jetzt Univ.-Bibl. München).

E. Joseph *K.s v. W. Klage der Kunst* (QF. 54) 1885. E. Schröder *Kleinere Dichtungen* III (1926) S. 1—8.

VII. 'Engelhard', ein Epos, behandelt die Freundschaftssage, die hier in Verbindung mit dem Aussatzmotiv steht. Dieser Stoff, das Beispiel der zum äußersten Opfer bereiten Freundschaft, ist schon vom 9. Jh. an in Deutschland bekannt und beliebt: '*Modus de Lantfrido et Cobbono*', 'Athis und Prophilias' (VL. I Sp. 145), 'Titus und Gisippus', 'Alexander und Septimus', 'Amicus und Amelius', 'Ludwig und Alexander', 'Olivier und Artus', Kunz Kistener (s. d.) 'Jakobsbrüder', um 1350, Andreas Kurzmann (um 1430; s. d.), schließlich die Komödie von Hans Sachs (1556), der aus dem Volksbuch von 'Olivier und Artus' schöpft. Zugrunde liegt eine lat. Prosafassung, die sich in drei Versionen spaltete: 1. Freundschaftssage und Aussatzmotiv ('Amicus', 'Engelhard'), 2. Freundschaftsmotiv und Treuprobe ('Landfrid', 'Athis'), 3. das Aussatzmotiv, verbunden mit dem Heilungsmotiv ('Arm. Heinr.', 'Silvester'). K.s unmittelbare lat. Quelle ist entweder nicht erhalten, oder K. ist mit einer der bekannten Darstellungen sehr frei verfahren. — Das Grundthema, der Preis der Treue, wird in einer kunstvollen Einleitung besonders scharf herausgearbeitet (11 achtzeilige Strophen, aa stumpf, bb stumpf, cccc klingend; außerdem Binnenreim der 1. und 2. Hebung im 1. Verspaar, der 2. und 3. Hebung im 2. Verspaar). Unter allen Dichtungen K.s spürt man hier am stärksten die innere Anteilnahme des Dichters, die Wärme des Temperaments und die überaus farbenprächtige Darstellung, die durch psychologische Kleinmalerei an innerer Wahrheit gewinnt. Hier kommt K. dem alten höfischen Geist, der ihm sonst nicht mehr vorbildliches Erlebnis war, am nächsten; doch das Ideal der Freundschaft ist in diesem Extremfall bereits so sehr übersteigert, daß es den Zusammenhang mit natürlicher Menschlichkeit verliert.

Dieses Werk ist nur in einem Druck v. J. 1573 (Frankfurt a. M.) erhalten, von dem in Deutschland nur noch drei Exemplare vorhanden sind. Die Ausgabe, die M. Haupt (*Engelhard* 1844, 2. Aufl. v. E. Joseph 1890) besorgte, war für ihre Zeit eine philologische Glanzleistung; P. Gereke *Engelhard von K. v. W.* 1912 (Altdt. Textbibl. 17).

VIII. 'Partonopier und Meliur', ein Epos, behandelt das Verlockungsmotiv: eine Fee (Meliur) schenkt einem Sterblichen (Partonopier) ihre Liebe, an deren Bestand ein Gebot geknüpft ist (das Motiv aus 'Amor und Psyche'), das der Mensch durch den Einfluß der Oberwelt (Vergessenheitstrank) übertritt; schließlich erringt er durch Beweise seiner Tüchtigkeit die Liebe der Fee von neuem. K.s unmittelbare Vorlage war der (auf eine byzantinische Fassung zurückgehende) frz. 'Partenopeus von Blois' (um 1150), aus dem die abendländischen Fassungen stammen. K. hat den Stoff eingedeutscht: im frz. Epos ist der Verräter ein Deutscher, hier ist diese Rolle einem Franzosen zugeteilt; während das frz. Werk noch ganz auf den aristokratisch-feudalen Einrichtungen und Anschauungen fußt, tritt bei dem bürgerlich denkenden K. mehr das soziale Moment hervor. Besonders gut ist K. die elegante Konversation und die Schilderung weiblicher Schönheit gelungen; im Ausdruck der Empfindungen ist die dt. Bearbeitung wärmer und temperamentvoller als die frz. Vorlage. K.s Werk ist gegenüber dem frz. Original fast um das Doppelte aufgeschwelt (rd. 11000 frz. Verse, 21784 dt. Verse); a)-

gesehen von selbständigen Erweiterungen, die sich u. a. auf theologische und heraldische Dinge erstrecken, hängt der größere Umfang des dt. Werkes damit zusammen, daß K. noch nicht mit dem Frz. vertraut ist und sich partienweise die Vorlage übersetzen läßt, so daß er aus Mangel an stofflicher Übersicht die Komposition vernachlässigen muß. Sein Übersetzer ist Heinrich Marschant (urk. 1273—1296), dem er in der Einleitung für seine Mühe dankt; in der Einleitung nennt K. auch den Gönner und Anreger dieses Werkes, Herrn Peter Schaler (urk. 1236—1292); der v. 215 erwähnte Arnold Fuchs ist gleichfalls ein Gönner oder Helfer. Die einzig vollständige Hs. gibt (wohl richtig) als Zeit der Entstehung des Originals das Jahr 1277 an.

K. Bartsch *K.s v. W. 'Partonopier und Meliur'. 'Turnei von Nantheiz'. 'Sant Nicolaus'. Lieder und Sprüche* 1871. — André Moret *L'Originalité de Conrad de Wurzbourg dans son poème 'Partonopier und Meliur'* 1933.

IX. 'Der Schwanritter' behandelt die Lohengrinsage. K.s Darstellung hat geringes poetisches Interesse, ist aber kulturgeschichtlich wichtig, da hier ein ausführliches Bild eines altdeutschen Rechtsstreites gegeben wird. Der Held ist hier namenlos, auch ist keine Verbindung mit Parzival versucht, und der Kaiser ist nicht Heinrich I., sondern Karl d. Gr.: Konrad schöpft aus einer frz. Quelle. Chronologisch gehört dieses Werk vor das 'Turnier von Nantes', da hier einige Wappen unrichtig beschrieben sind, die im Turnier richtig angegeben werden. Das Gedicht ist nur in einer lückenhaften Hs. und in einem Bruchstück, hrsg. ZfdA. 67 (1930) S. 70—72, erhalten.

F. Roth *Der Schwanritter* 1861. E. Schröder *Kleinere Dichtungen K.s v. W.* II. 2. Aufl. 1936. — R. Schröder ZfdA. 13 (1867) S. 139. ... F. D. Blöte *Das Aufkommen des Schwanritters*, ZfdA. 42 (1898) S. 1—53. E. Klibansky *Gerichtsszene und Prozeßform in erzählenden dt. Dichtungen des 12.–14. Jhs.* (Germ. Stud. 40) 1925. K. Helm Braune-Festschr. 1920 S. 250.

X. 'Turnier von Nantheiz': Zu Nantes wird ein Turnier veranstaltet, an dem 4000 Ritter teilnehmen; die Deutschen kämpfen für Richard von Cornwallis (nicht Richard Löwenherz, wie Bartsch meinte), die Welschen treten für den frz. König auf den Plan; schließlich fällt Richard (seit 1257 dt. König) der Sieg zu. Die Schilderung des Turniers gibt Gelegenheit, eine Wappenschau großen Stils zu halten; schon in Wolframs 'Parz.' wird mitunter eine Deutung der Wappen versucht (99,15; 68,7), und in der gelehrt-bürgerlichen Zeit wird dieses Interesse an der Heraldik größer. Obwohl der Vorwurf denkbar unkünstlerisch ist, versucht K., durch Variation die Einförmigkeit zu vermeiden, ohne aber sogar der Gefahr des Selbstplagiierens (auf Grund dessen man K. das Werk absprechen wollte) entgehen zu können. Wenn man auch schon früher sich in der Literatur mit Wappen beschäftigte, so ist doch erst seit K. die Wappen- und Heroldsdichtung zu einer eigenen literarischen Gattung geworden. Das Gedicht ist in der Hs. des Michael de Leone enthalten.

F. Roth 1861. K. Bartsch a. a. O. S. 313 bis 332. E. Schröder II 1936. — A. Galle *Wappenwesen und Heraldik bei K. v. W.*, ZfdA. 53 (1912) S. 209—260. Rosenfeld *Nord. Schilddichtung und mhd. Wappendichtung*, ZfdPh. 61 (1936) H. 3.

XI. 'Trojanerkrieg': Auf Anregung des Basler Domkantors Dietrich verfaßte K. einen 'Trojanerkrieg', dem er den '*Roman de Troie*' des Benoît de Sainte More (um 1165) zugrunde legte; daneben benutzte er die '*Metamorphoses*' und die '*Heroides*' des Ovid und die '*Achilleis*' des Statius. Das Torso gebliebene Gedicht umfaßt über 40000 Verse: der große Umfang ist durch selbständige Erweiterungen K.s (Schlachtenschilderungen, Minnereden usw.) verursacht worden; vor allem ist die Vorgeschichte viel zu breit ausgesponnen: nach etwa 10000 Versen ist der Dichter erst zum Raub der Helena gekommen. Beim Tod des Patroklos bricht das Gedicht ab, und ein unbekannter Fortsetzer, der aus Dictys und daneben auch aus Dares schöpfte, hat das Werk bis zur Thronbesteigung des Orestes weiter geführt und es auf 49836 Verse gebracht. Der 'Troj. Kr.' ist ein Alterswerk K.s: zwar ist die Technik hier vollkommen, und die Form ist raffinierter geworden, aber dem Ganzen fehlt Wärme, Anschaulichkeit und innere Anteilnahme. Im ganzen MA. war dieser Stoff sehr beliebt, und K.s Werk, das in 10 Hss. und 8 Bruchstücken erhalten ist, wirkte noch lange nach: der um 1300 entstandene 'Göttweiger Trojanerkrieg' (s. d.) (DTM. 29) ist ganz von K. abhängig, und noch Ulrich Füetrer (s. d.) schließt sich an ihn an (Panzer StLV. 227, S. XXIV).

A. v. Keller *Der Trojanische Krieg von K. v. W.* (StLV. 44) 1858.—K. Basler *K.s v. W. 'Trojanerkrieg' und Benoîts de Sainte Maure 'Roman de Troie'*. Diss. Berlin 1911. G. Klitscher *Die Fortsetzung zu K.s v. W. 'Trojanerkrieg' und ihr Verhältnis zum Original*. Diss. Breslau 1891.

XII. Leiche, Lieder und Sprüche: Die Themen, die K. in seinen lyrischen und didaktischen Gedichten anschlägt, sind mannigfaltig: 9 Sommerlieder, 11 Winterlieder, 2 Taglieder, ein religiöser Leich und ein Minneleich (Tanzleich), gelehrte Allegorien, die mit dem krausen Putz der antiken Mythologie geschmückt sind; die Sprüche sind vielfach mit Gelehrsamkeit durchsetzt, ihr Inhalt ist religiöser oder politischer Natur, und in ihnen meldet sich gelegentlich ein scharfer Kritiker der Zeit zum Wort. Während Einzelheiten in K.s Epen, die mitunter etwas weitschweifig sind, von seiner formvollendeten Darstellung Zeugnis ablegen, tritt seine Gestaltungskraft erst in den außerordentlich straff gehaltenen Novellen ins richtige Licht, in denen sich zu dem Wirklichkeitssinn des Dichters die prägnante Knappheit der Sprache und des Aufbaues gesellt. Jedoch erst in den

Liedern entfaltet sich das Können des Dichters in seinem ganzen Reichtum: hier zeigt sich der Meister der Sprache, der Farben und der Töne, der Virtuose, der gewandt jedes Hindernis überwindet und in seiner feinen Ziselierkunst, in seiner liebevollen Versenkung in Einzelheiten nicht seinesgleichen hat.

HMS. II (1838) S. 310—335; Bartsch a. a. O. S. 345—402; LD. Nr. LXIX; E. Schröder *Klein. Dichtungen* III (1926) S. 9—68.

XIII. Unechtes: Fälschlich wurden K. früher folgende Werke zugewiesen:

a) 'Nikolauslegende' (hrsg. v. Bartsch a. a. O. S. 335—342), die Bartsch (S. XIIff.) für ein Jugendwerk des Dichters hielt; vgl. aber Steinmeyer ZfdA. 19 (1876) S. 228 —236 und 21 (1877) S. 417—425; Haupt *Engelhard* S. VIII.

b) 'Diu halbe bir' paßt weder in ihrer Sprache noch mit ihrer ausgesprochenen Obszönität zu der vorwiegend idealistischen Richtung K.s. — G. A. Wolff *'Diu halbe bir'*. Diss. Erlangen 1893; H. Laudan ZfdA. 50 (1908) S. 158—166.

c) 'Alten Weibes List': GA. I (1850) Nr. 9; Bartsch *Md.Ged.* S. 84—97.

d) 'Ave Maria': Heidelberger Hs. Nr. 350; L. Sig *Das K. v. W. zugeschriebene 'Ave Maria'*. Diss. Straßburg 1904.

4. Wenig originell ist K. in der Stoffwahl. Seine eigentliche Bedeutung liegt auf formalem Gebiet, auf dem er neue Wege gewiesen hat: er überrascht durch neuartige Suffixbildungen, durch minnigliche Deminutiva, durch Alliterationen, die er anfangs nur in Hebungen, später in Hebung und Senkung oder nur in Senkungen verwendet, um das Wuchtige des alten Stabreims zu vermeiden und die tändelnde Grazie nicht zu stören; besonders groß ist sein wortschöpferisches Talent, das ihn mühelos neue Wörter erfinden oder selten gebrauchte ans Licht ziehen und mit neuem Gehalt erfüllen läßt. Ungeheuer ist die Mannigfaltigkeit des Reims: er liebt es, durch seltsame, schwierige, ja scheinbar unmögliche, weil isolierte Reimwörter zu verblüffen. Seinem Schönheitssinn entspricht die im Lauf seines Schaffens steigende Vorliebe für den alternierenden Rhythmus, den er oft auf Kosten des Inhalts oder des Satzakzentes durchführt, wodurch er bereits auf das Prinzip der Silbenzählung der Meistersinger vorausdeutet; erst in seiner letzten Schaffensperiode ist auch hier jede Unebenheit verschwunden, und die raffinierteste Technik spricht aus den späten Werken. Er verwendet gern den klingenden Reim und versucht auch, den Auftakt folgerichtig durchzuführen, um einen harten Verseinsatz zu vermeiden.

Deutlich ist K.s Bemühen um einen eigenen Stil: allmählich wird Gottfrieds Einfluß geringer, und das Eigene tritt schärfer hervor; er strebt nach Abwechslung und versucht, durch fein gewählte Synonyma den Ausdruck zu variieren und zu nüanzieren, ohne daß dadurch (abgesehen von Extremfällen in seinen lyrischen Gedichten) der Eindruck des Gezwungenen erweckt würde. Seine einzelnen Werke wirken höchst verschieden: während sich die Versnovellen durch die Prägnanz der Sprache, durch ihre innere Geschlossenheit und ihre scharfe Pointe und die Legenden durch ihre Schlichtheit auszeichnen, begegnet man in seinen Epen oft allzu breiter Darstellung und ermüdenden Aufzählungen. Aber besonders in seiner Lyrik dient so häufig das Wort, das seiner inneren Bedeutung entkleidet ist, nur noch dem rhetorischen Prunk: eine schier erdrückende Fülle von Beiwörtern, Bildern und Gleichnissen, berauschend und verwirrend zugleich, wechseln einander ab: uns erscheinen viele dieser Bilder, die seine Zeit liebte, gesucht oder geschmacklos, so wenn im religiösen Leich die Ewigkeit der Trinitas durch das Bild eines unauflösbaren Zopfes interpretiert wird (Schröder Nr. 1, S. 9). Besonders gehäuft, wenn auch oft schon vor K. vorgeformt, finden sich solche barocke Bilder in der 'Gold. Schmiede', in der das Mißverhältnis zwischen Stoff und Form offensichtlich ist: stofflich ist es das schlechteste von K.s Werken, formal aber das vollendetste; diese Vollendung entspringt aber mehr einem negativen Moment, nämlich der Überwindung der Schwierigkeiten; gerade hierin zeigt sich der sprachbegabte, gelehrte Virtuose, der beliebte Meister des geblümten Stils, weniger aber der Dichter, der aus einem inneren Zwang heraus schafft und daher von selbst die dem Stoff adäquate Form findet. Wie es schon Hugo von Trimberg ('Renner', v. 1195—1220; s. d.) fühlte geht bei K. häufig die Form auf Kosten des Inhalts, so in dem Lied Nr. 26 (Schröder S. 47f.), in dem innerhalb des Verses je zwei aufeinander folgende Wörter reimen, oder in dem Lied Nr. 30 (Schröder S. 50), in dem sogar je zwei Silben der ungeraden, bzw. geraden (5—7 Hebungen umfassenden) Verszeilen paarweise im Reim gebunden sind.

Dieses Virtuosentum wird von K.s zahlreichen Nachfolgern bis zur Manier pseudogelehrter Dunkelheit übersteigert, und hier treffen die Nachahmer K.s mit denen Wolframs zusammen, dessen gehaltvolle Schwere durch einseitige Betonung des stets sich der Umschreibung bedienenden formalen Elements bis zur Unverständlichkeit gewandelt wird.

O. Meßner *Epitheta ornantia bei K. v. W.* Diss. Tübingen 1931. K. H. Halbach *Gottfried von Straßburg und K. v. W. „Klassik" und „Barock" im 13. Jh.* (Tübinger germanist. Arbeiten 12) 1930.

5. Charakteristisch nicht nur für K., sondern für die nachhöfische Zeit überhaupt ist die größere Wertung der Kunst von Seiten des Dichters und damit auch die größere Selbstwertung des Dichters, wie sie sich bei K. in der Einleitung zur 'Gold. Schmiede' ausspricht: die Zunge des Dichters soll das Lob Mariens so prägen, wie ein Hammer das edle Gold bearbeitet. Dieses Selbstbewußtsein ist aber nicht wie bei Wolfram oder Walther v. d. V. von innen heraus erwachsen, sondern vielmehr von außen, durch den Gegensatz zwischen dem an überlebtem Inhalt haftenden Dichter und dem nach Neuem strebenden Publikum, in den Dichter hineingetragen worden. Durch die Reflexion über die geringe Wertung der Kunst kommt K. zu einer Theorie der Kunst: die Kunst soll das Ohr erfreuen und Unterhaltung bringen, sie soll aber auch Beispiel und Lehre geben und *bezzerunge* wirken; wie man aber nicht auf den Gesang der Lerche hört, weil es derer so viele gibt, so achtet auch das Publikum den einzelnen unter den vielen Dichtern nicht sonderlich hoch ('Part.' v. 49—96); doch ein echter Dichter läßt sich nicht durch die Lauheit des Publikums bestimmen, sondern er singt wie die Nachtigall, die da singt, auch wenn sie niemand hört ('Part.' v. 122—134). Im Gegensatz zu Rudolf von Ems (s.d.), der schon ganz wie später die Meistersinger die Kunst für etwas Erlernbares erklärt, schlummert in K. schon die Ahnung von dem Wert des dichterischen Genius: alles menschliche Tun läßt sich aus materiellen Gründen und mechanischen Mitteln erklären, jedoch die Dichtkunst bleibt unerklärbar, Geist kann nur durch Geist verstanden werden (Spr. 32, 301—315, Schröder S. 66).

6. Aber trotz dieser idealistischen Einstellung, mit der er ziemlich vereinzelt dasteht, durchzieht seine Werke eine Verfalls- und Altersstimmung: zwischen zwei Perioden stehend, vertritt K. eine Übergangszeit; wohl hält er noch an ritterlichem Milieu und an ritterlichen Formen fest, die er sogar über Gottfried, sein Vorbild, hinaus zu einem großen Grad der Vollendung steigert, so daß sein 'Engelhard', dessen treibende Kräfte innere und äußere Schönheit, Edelmut, Opferbereitschaft und Selbstentsagung sind, das ideale Wunschbild der höfischen Zeit in seiner ganzen Reinheit wiedergibt. Aber schon im 'Turnier', in dem er sich so weit von der ritterlichen Fachsprache entfernt, zeigt sich der Bürgerliche, dem trotz aller äußerer Nachahmung das Rittertum etwas innerlich Fremdes geblieben ist. Ja mitunter steht K. sogar in einem offenen Gegensatz zu den höfischen Anschauungen: dem höfischen Geist geradezu zuwiderlaufend ist im 'Herzmære' das Motiv des eifersüchtigen Gatten und die eine Beleidigung der Frauenwelt darstellende Rohheit, mit der dieser seiner Gattin das Herz des Liebhabers als Speise vorsetzt; unhöfisch ist ferner die die *mâze* überschreitende „Disziplin" des Truchsesses und die brutale Behandlung des Kaisers im 'Heinr. v. Kempten', wie auch die Darstellung des Ritters, der nackt aus dem Zuber springt, um seinem Kaiser zu helfen.

Der Übergang zeigt sich ferner in dem tastenden Suchen nach wirksamen Stoffen: der Artusroman hatte sich überlebt, und die eigene Zeit vermochte der Dichter nicht künstlerisch zu gestalten (auch das

'Turnier von Nantheiz' bildet keine Ausnahme), weil er, sie mit höfischen Augen betrachtend, als Verfallszeit ansehen mußte; so greift er auf vorhöfische Stoffe zurück, ohne sie aber mit neuem Geist erfüllen zu können. Neu ist nur die Behandlung der Stoffe, die Übersteigerung des Formalen: da durch das innere Sinken des Rittertums die Zeit sich nicht mehr an der Harmonie des Lebens freuen kann, die das Rittertum erstrebt und z. T. auch erreicht hatte, berauscht sie sich an der äußeren Form, die die höfische Zeit geschaffen hatte. Aber große Gedanken, die eine Dichtung aus sich selbst heraus verstehen lassen, fehlen, da die im Schatten des Ritterlichen lebende nachhöfische Zeit sich selbst noch nicht gefunden hat: so muß die Dichtung ihre Rechtfertigung in einem didaktischen Zweck suchen; als Zweck seiner Dichtung nennt K. die Erziehung zu höfischer Zucht, die *bezzerunge*, die er im Gegensatz zu dem Stricker (s. d.), der um den moralischen Leitsatz herum eine belustigende Geschichte mit ernstem Hintergrund aufbaut, mehr von innen heraus versucht; namentlich im 'Engelhard' sollen die Gestalten als Beispiele und Vorbilder von sich aus moralisch reinigend wirken; aber gerade hier, wo K. das moralische Element, das stets aus Kampf, Verzicht und Tragik besteht, besonders hätte herausarbeiten können, geht er an dem Tragischen vorbei: Dietrich wird nur durch einen Zufall miselsüchtig, nicht aber zur Strafe für seinen Betrug, wie dies im engl. 'Amis und Amiloun' mit größerer künstlerischer Folgerichtigkeit durchgeführt ist. Die erstrebte *bezzerunge* steht sogar im Widerspruch zu dem Stoffe: bei Gottfried v. Straßburg (s. d.) ist der Betrug beim Gottesurteil deshalb erträglich, weil der Dichter keinerlei moralisierende Tendenzen verfolgt; im 'Engelhard' aber, in dem die ideale Einstellung im Vordergrund steht, geschieht der Betrug skrupellos, die Liebe läßt sich durch keine Schranken der Moral hemmen und nimmt nur auf Grund ihres Gefühls das Recht zum Betrug für sich in Anspruch. Diese hier sogar den Betrug idealisierende Lebensbejahung (die an sich an die gradualistische Welt und Überwelt zu vereinen trachtende höfische Zeit erinnert) steht in schroffem Gegensatz zu der Haltung anderer Werke ('Weltlohn'), in denen schon der spätere bürgerliche Dualismus vernehmlich anklingt. Dieser Dualismus, der unter immer stärkerem Verzicht auf das Göttliche mehr zum Weltlichen hinweist, spricht sich auch in der veränderten Auffassung des Stoffes aus: während in der die Harmonie zwischen Gott und Welt erstrebenden höfischen Zeit das Häßliche und das Böse gewissermaßen als Störung der göttlichschönen Weltordnung aufgefaßt werden und daher einer ganz besonderen Motivierung als eines moralisch zu deutenden Sonderfalls bedürfen (z. B. Töchter Adams 'Parz.' 518,1ff.), tritt hier das Ekelhafte und Häßliche unverhüllt in Erscheinung (Frau Welt, Aussatz im 'Engelhard'). Noch geht aber bei K. Wirklichkeitsferne und Wirklichkeitsnähe nebeneinander her, z. B. in der 'Klage der Kunst', in der die idealistische Einkleidung eine Verbindung mit der realistischen Grundlage der Prozeßform sucht. Im übrigen ist der größere Wirklichkeitssinn, den K. im Gegensatz zu der höfischen Zeit entwickelt, seiner Dichtung nur förderlich gewesen: seine visuelle Einstellung und sein Sinn für das Farbige machen seine Dichtungen anschaulicher und lebenswahrer, wenn auch mitunter in der Darstellung des Sinnlichen etwas Lüsternes zu spüren ist; sein Wirklichkeitssinn läßt ihn auch auf das Artusepos und damit auch auf den frz. Einfluß verzichten, und dadurch wird er (wie auch die folgende Zeit) stärker auf das nationale Gut hin gelenkt, das er aus dem lat. Gewand befreit und volkstümlich macht. Erst spät (in seinem 5. oder 6. Lebensjahrzent) lernt er Französisch; aber die beginnende Besinnung auf die nationale Eigenart ist für den lebensnäheren, heimat- und vaterlandgebundenen Bürger charakteristisch, der hier im Gegensatz steht zu dem übernational-exklusiven Ritter.

Eduard Hartl.

Konrad von Zabern. In der Frankfurter Sammelhandschrift Msc. Barth. 99

(Bl. 333ab), die von mehreren Händen des 15. Jhs. geschrieben ist und meist lat. Abhandlungen theologischer Richtung enthält, steht ein deutsches Gedicht von 60 Zeilen, dessen Verfasser sich selbst (v. 50) Konrad von Zabern nennt. Das diesen Versen vorangehende, vom gleichen Schreiber hergestellte Stück trägt das Datum 1446; Joh. Trithemius, auf den E. Martin (s. u.) hinweist, bezeichnet die Zeit um 1470 als Höhepunkt im Schaffen Konrads, der dieser Quelle zufolge verschiedene Werke (*'De monochordi'*, *'De modo bene cantandi'*, *'De fine collectarum'* usw.) verfaßt hat.

Das Gedicht gruppiert sich um zwei (Valerius, bzw. Augustinus in den Mund gelegte) Sprüche, in denen das Leben der Menschen getadelt wird, die mehr auf das Heil des Leibes als auf das der Seele bedacht sind. Die Verse, deren krauser Gedankengehalt in einer syntaktisch verworrenen Form ausgedrückt wird, sind unregelmäßig gebaut, Reimpaare, Dreireime und gekreuzte Reime stehen neben Waisen oder Prosazeilen.

Falk (s. u.) vermutet in dem Verfasser einen Rheinhessen, da dieser mit besonderer Betonung den Wallfahrtsort Armeßheim (v. 30) erwähnt.

Diese didaktischen Zeilen sind zweimal herausgegeben, von F. Pfaff Germ. 25 (1880) S. 105f., und von E. Martin Straßburger Studien 3 (1888) S. 238—240, beide Male aber ziemlich fehlerhaft. — Vgl. noch Joh. Trithemius *Liber de scriptoribus ecclesiasticis* 1494; Falk Germ. 26 (1881) S. 382.

E. Hartl.

Konradin, Sohn Konrads IV. und der Elisabeth von Baiern, König von Jerusalem und Herzog von Schwaben, der letzte Hohenstaufe, in dessen tragischem Geschick sich der Untergang des Geschlechts vollendet. Er wurde am 25. März 1252 in Wolfstein bei Landshut geboren, lebte nach dem Tode seines Vaters zunächst mit seiner Mutter in Donauwörth, später in seinem angestammten Herzogtum Schwaben in der Nähe des Bodensees. Seine Erziehung in allen Künsten und Fertigkeiten der Zeit war sehr sorgfältig. 1267 zog er mit einem Heer nach Italien, um sein väterliches Erbe in Besitz zu nehmen. Nach anfänglichen Erfolgen schlug ihn Karl von Anjou in der Schlacht bei Tagliacozzo am 23. August 1268. Er geriet in Gefangenschaft und wurde mit seinem treuen Freund Friedrich von Österreich am 29. Oktober 1268 in Neapel enthauptet. — Unter seinem Namen sind zwei Minnelieder überliefert, die noch in Deutschland entstanden sein müßten. Die Überschrift der Hss. *Künic Chuonrat der junge* ist allerdings mehrdeutig, und immer wieder tauchen Stimmen auf, die die Lieder seinem Vater, Konrad IV., zuschreiben wollen. Auch dieser wurde in jungen Jahren schon in schwere politische Kämpfe verwickelt und fand mit 26 Jahren in Italien ein vorzeitiges Ende. Es ist bekannt, daß er vor seiner Verheiratung mit Elisabeth von Baiern in dem sanges- und dichterfrohen Kreis um Gottfried von Hohenlohe (s. d.), Konrad von Winterstetten u. a. aufwuchs, wo ihm höfische Kunst nahegebracht werden konnte. Die beiden Lieder fügen sich inhaltlich durchaus in den Rahmen der sonstigen Minnedichtung, es sind Klagen über die Sehnsucht unerfüllter Liebe, von einfachen Naturbildern eingeleitet, aber ins Persönliche gewendet durch den Hinweis auf die eigene Jugend. Der Schreiber der Hss. hat sie sicher Konradin zugesprochen, dessen Name länger in der Erinnerung bewahrt blieb als der seines Vaters.

Große Heidelberger Liederhs. *C* (Universitätsbibliothek Heidelberg Cod. Germ. Pal. 848, Nr. 2, Bl. 7a—c, mit Bild). — F. Pfaff *Die große Heidelberger Liederhs.* I 1909, Sp. 3f. — [Bodmer] *Proben der alten schwäbischen Poesie des 13. Jahrhunderts* 1748, S. 2 (= II). Bodmer *Sammlung von Minnesingern aus dem schwäbischen Zeitpunkte* I 1758, 1f. HMS. Nr. 2, I 4; III 583, 825; IV 8—11. BG.Nr. 65 S. LXXVII, 277f. (= II). F. Pfaff *Der Minnesang des 12. bis 14. Jahrhunderts* S. 206 (= II). K. Goedeke *Deutsche Dichtung im Mittelalter*[2] 1871, S. 942. — Bragur 2 (1792) S. 184f. (= II von Böckh). K. Simrock *Lieder der Minnesinger* 1857, S. 5f. (= II). W. Storck *Buch der Lieder aus der Minnezeit* 1872, S. 270 (= II). K. Pannier *Die Minnesänger*[2] 1881, S. 274f. (= II). R. Zoozmann *Deutscher Minnesang* o. J. S. 294 (= II). B. Obermann *Deutscher Minnesang* (Recl.) o. J., S. 196f. (= II).

Chr. Fr. Stälin *Wirtembergische Geschichte* II (1847) S. 208—227. Fr. H. v. d. Hagen *Bildersaal altdeutscher Dichter* 1856, S. 95—100, Taf. II.

Winkelmann ADB. XVI (1882) S. 567—571. K. Hampe *Geschichte Konradins von Hohenstaufen* 1894. K. Weller *König Konrad IV. und der Minnesang*, Württ. Vierteljahrsschrift f. Landesgesch. N. F. 34 (1928) S. 37—43. E. Sievers *Zur Klangstruktur der mhd. Tanzdichtung*, PBB. 56 (1930) S. 206. Edw. Schröder *Das Abschiedslied König Konradins*, GRM. 20 (1932) S. 385—389.

Elisabeth Karg-Gasterstädt.

Konstanz, s. Heinzelin und Hugo v. K.

Koppensen, s. Kempensen.

Coplär, Hans, von Salzburg, beschrieb eine 'Reise in das Heilige Land', die er 1461 mitmachte. Wiener Hschr. 3080, s. XV, Bl. 1^a—6^a. Er ist vielleicht identisch mit dem Kammerdiener Hans Compan (Kumpfan), der die Pilgerreise des Herzogs Wilhelm von Thüringen und Sachsen sowie Herzog Adolfs von Geldern mitmachte. Vgl. Hoffmann von Fallersleben *Altdt. Handschr.* S. 220. Eine weitere Beschreibung dieser Reise, mit der die von Coplär fast wörtlich übereinstimmt, verfaßte Landgraf Wilhelm v. Thüringen (s. d.).

Röhricht S. 130. Röhricht-Meisner S. 484. Röhricht *Bibl.* Nr. 346. Fehlt bei Tobler. Vgl. ferner Kohl *Die Pilgerfahrt des Landgrafen Wilhelm des Tapferen von Thüringen* 1868.

Hartnack.

Körewein, s. Ketowein.

Cornelius, Bruder. In der Hs. W. 8⁰. 185 des Stadtarchivs Köln aus dem 15. Jh. finden sich Bl. 51^a—96^b die Offenbarungen des Bruders Cornelius aus dem Orden der Kreuzbrüder (in Köln?), der um 1450 lebte, *vnsem lieven heren na syme vermogen na strenchiheit des ordens dienende.* Sie handeln von dem *leven ind wanderynge* des gen. Bruders und seinen Offenbarungen, die *dienen sullen zo salicheit ind vortganck goider menschen*, gehören also zur asketischen Literatur der Zeit.

K. Menne *Die deutschen u. niederländ. Hss. des Archivs der Stadt Köln*, Mitteilungen aus dem Stadtarchiv von Köln 1931, S. 87—89.

K. Menne.

Kosel, s. Nikolaus v. K.

Kottanner, Helene, geb. Wolfram, um 1400 zu Ödenburg in Westungarn geboren, heiratete früh einen der angesehensten Bürger ihrer Vaterstadt Peter den Gelusch. Nach dessen Tode hat sie sich (vor 1432) dem Wiener Bürger Hans K. vermählt und erscheint seit 1436 im Dienste der Herzogin Elisabeth, Tochter Kaiser Sigismunds und Gemahlin Herzogs Albrechts V. von Österreich. An der Seite Elisabeths weilte H. K. auch in den Jahren 1438 und 1439, da Herzog Albrecht V., zum römischen, böhmischen und ungarischen König erhoben, auf Feldzügen in Böhmen, Schlesien und Südungarn sich aufhielt. Sie lebte mit dem Hof der Königin in diesen Jahren in Ungarn, in Ofen, Preßburg und auf der Plintenburg (Vizegrad). Im Februar des folgenden Jahres vollführte sie den kühnen Raub der ungarischen Königskrone aus der Plintenburg und nahm an der Krönung des jungen Ladislaus in Stuhlweißenburg teil. Über ihr späteres Schicksal ist wenig bekannt. Nach dem Tode der Königin Elisabeth (1442) wird sie nach Wien zurückgekehrt sein, wo wir sie bis nach 1470 nachweisen können. Ihr Gemahl Hans K. besaß ein Haus in der Nähe der Burg, das beim Aufstand Wiens gegen Friedrich III. im Jahre 1462 arg mitgenommen wurde. Die Aufzeichnungen über die Wiederherstellungsarbeiten geben uns Einblick in die behäbig-bürgerliche Lebenshaltung der Familie. Der ungarische Gubernator Johannes Hunyadi hatte 1452, wohl auf Verwendung Königs Ladislaus, dem Hans K. die Besitzung Kisfalud im Komitat Preßburg verliehen. Doch ist es zweifelhaft, ob die K. jemals in den Besitz dieses Gutes gelangt sind, da H. K. noch im Jahre 1470 in dieser Sache eine Bittschrift an den ungarischen König Mathias Corvinus richtete.

Die Erinnerungen der H. K. (Hs. 2920 der Wiener Nationalbibliothek) erzählen ihren Anteil an dem Raub der Königskrone, die Krönung zu Stuhlweißenburg und den Rückzug der Königin nach Ödenburg. Das uns überlieferte Bruchstück ist offenbar bald nach den Ereignissen niedergeschrieben, da die Namen der Beteiligten verschwiegen oder durch Siglen ersetzt sind. Verschiedene Anzeichen deuten darauf hin, daß wir eine nach dem Diktat der K. geschriebene Aufzeichnung vor uns haben.

Druck: [Stephan Endlicher] *Aus den Denkwürdigkeiten der Helene Kottannerin 1439, 1440* 1846.
K. Uhlirz *Geschichte der Stadt Wien hgr. vom Altertumsverein zu Wien* Bd. II/1 S. 73—79. Alice Wengraf *Aus den Denkwürdigkeiten der H. K.*, Ungarische Rundschau 3 (1914) S. 424—441. L. Groß *Zur Biographie der H. K.*, Monatsblatt des Vereins für Geschichte der Stadt Wien 14 (1925) S. 65—67. Lux Kalman *A Visegrádi fellegvár koronakamrája*, Napkelet 5 (1925) S. 343ff. (mit zum Verständnis des Textes unentbehrlichen Plänen der Plintenburg).

Otto Brunner.

Kottbus, s. Martin von Bolkenhain.

Kotz, s. Johannes der K.

Kotz von der Etsch, Doktor. Ärztl. Verordnung im Ms. D. III. 10, Univ. Bibl. Basel, saec. XV/XVI., Bl. 102b.

Sudhoff.

'Das Kotzenmäre'.

Überlieferung: Fassung I Liedersaalhs. Nr. LXXVIII; Fassung II Heidelberger Hs. cod. Pal. germ. 341 (als Nr. 46, vgl. Rosenhagen DTM. 17 S. XXXVI); deren Kaloczaer Abschrift Nr. 44, s. J. M. G. Mailáth u. J. P. Köffinger *Coloczaer Codex* S. XIII); Fassung III Wiener Hs. Nr. 2885, deren Innsbrucker Abschr. Ferdinandeum 16. o. 9 und Münchener Hs. cgm. 444; Fassung IV Dresdener Hs. M 68; Fassung V Nürnberger Hs. German. Museum Nr. 5339ª und Wolfenbütteler Hs. 29. 6. Aug.

Die Erzählung von dem undankbaren Sohn, der seinen alten Vater schlecht behandelt, aber dadurch belehrt wird, daß sein eigenes Kind die Hälfte einer für den Alten bestimmten Decke bewahren will, um später mit ihm in gleicher Weise verfahren zu können, ist in fünf einander nahestehenden mhd. Versbearbeitungen erhalten (eine weitere Bearbeitung von Heinrich Kaufringer [s. d.] steht abseits). Ausgangspunkt war wohl das Fabliau *'C'est de la houce'* (Montaiglon II 1 Nr. 30). Fassung I, auf alemannischem Boden wohl zu Anfang des 14. Jhs. entstanden, ist am knappesten (150 v.), betont am stärksten den exempelhaften Charakter und verzichtet daher auf alles, was in der frz. Vorlage (worauf doch wohl die Lokalisierung in Paris deutet) der psychologischen Erklärung diente. Bei stark dialektischen Reimen zeigt sie eine saubere unter dem Einfluß Konrads von Würzburg (s. d.) stehende Verstechnik. Fassung II (304 v.), der Zeit um 1300 angehörend, steht dichterisch am höchsten; der Verfasser hat von Rüdeger von Hünchover (s. d.), dem Dichter des 'Schlegels', gelernt und versteht es, lebendig und anschaulich zu schildern, verdirbt aber manches durch den gar zu breiten moralisierenden Schluß. Die schwäbische Fassung III (204 v.), wohl etwas älter als II, verlegt die Handlung in ritterliche Umwelt und betont vor allem die Einwirkung der egoistischen Gattin des Sohnes; sie erzählt glatt, aber nüchtern und ohne individuelle Eigenart.

Als Verfasser der IV. Redaktion, die in Niederalemannien in der ersten Hälfte des 14. Jhs. entstanden ist, nennt sich der Hufferer (s. d.). Sie ist am breitesten (370 v.) und ist durch inhaltliche Kombination von Fassung II und III zustande gekommen, ohne sich doch (von einigen Versen abgesehen) im Wortlaut an sie anzulehnen. H.s dichterische Fähigkeit ist gering, Übertreibung und Ungeschicklichkeiten im Ausdruck häufen sich. Fassung V ist vor allem von methodischem Interesse: sie ist durch weitgehende Ineinanderschachtelung von Teilen von Fassung III und IV entstanden; dabei hat es der Kompilator verstanden, trotz nur geringer eigener Zutaten einen durchaus lesbaren Text zustande zu bringen, der in seiner Wirkung entschieden über des Hufferers Fassung steht. Sie ist daher ein wichtiges Zeugnis dafür, womit wir in dieser Kleinkunst, wo uns die Zwischenglieder oft verloren sind, zu rechnen haben.

Der Stoff, in früher indischer Überlieferung bezeugt und in der lateinischen Exempelliteratur verbreitet, hat nicht nur in Meistersang und Schwanksammlung weiter gelebt, sondern ist auch in Volkslied und Volksmärchen eingegangen, ohne daß sich doch direkte Nachwirkung der mhd. Dichtungen nachweisen ließe.

Fassung I hrsg. von Laßberg *Liedersaal* I S. 583ff.; Fassung II hrsg. v. Fr. v. d. Hagen *Gesamtabenteuer* II S. 387ff.; Fassung III hrsg. von L. Pfannmüller ZfdA. 54 (1913) S. 239ff.; Fassung IV abgedr. bei v. d. Hagen *Gesamtabenteuer* III S. 729 (Anhang); Fassung V hrsg. von H.-Fr. Rosenfeld PBB. 54 (1930) S. 367—90. — Stehmann *Die mhd. Novelle vom Studentenabenteuer* (Pal. 67) S. 173ff.; Ehrismann *Lit.-Gesch.* II 2 S. 114. — Zum Stoff v. d. Hagen *Gesamtabenteuer* II S. LVff.;

Erk-Böhme *Liederhort* I S. 587 Nr. 187; Marriage Alemannia 26 S. 252; Bolte-Polívka ***Anmerkungen zu den Märchen der Brüder Grimm*** II S. 135—40; Bolte zu Pauli *Schimpf u. Ernst* 1522 c. 436; L. Mackensen *Pommersche Volksballaden* S. 85, 151.

H.-Fr. Rosenfeld.

Kraf(f)t, Ulrich, Dr. und Professor beider Rechte in Freiburg, dann in Basel, hatte seit 1475 in Basel, Tübingen und Pavia studiert. Im Jahre 1500 nahm er einen Ruf als Stadtpfarrer in seiner Heimatstadt Ulm an; dort starb er 1516. Zwei Sammlungen Fastenpredigten *(Quadragesimalia)* 'Der geistliche Streit', 1513 gehalten, und 'Die Arche Noe', 1514 gehalten, erschienen nach seinem Tode im Druck: es sind recht lückenhafte und ungleichmäßige Nachschriften eines seiner Zuhörer. Die Abschnitte des Evangeliums werden gern auf nützliche Lehren hin ausgebeutet. Krafft sucht Belebung durch unmittelbare Anrede und Zwiegespräch mit dem Hörer zu erreichen, doch wirken diese Mittel gewollt, der Vortrag ist mehr oder weniger trocken. Wahrscheinlich stand K. Kreisen nahe, die die Reformation vorbereiten halfen. Joh. Eberlin, der kurz nach seinem Tod in Ulm war, zählt ihn neben Reuchlin, Erasmus, Geiler, Wimpfeling und Oecolampadius auf; im Sinne der lutherischen Gnadenlehre können dann auch einzelne lebendigere Sätze seiner Predigten verstanden werden.

Werke: 1. '*Das ist der geistlich streit gemacht vnnd gepredigt worden durch den Hochgelertenn Bayder Rechtenn Doctor Vlrich Krafft pfarrer zu Vlm außgeteilt in Sermones durch die fiertzigtegigen fastenn lert wie Christus vnser hauptman für alß menschlich geschlecht gestritten vnder dem Bannir vnd stammen des heiligen Creuts.*' Straßburg 1517. Der verwitweten Herzogin Kunigunda von Baiern gewidmet von *Johann Haselberg außs der Reichen ouw Costantzer bistumbs bůchtrucker.* — 2. '*Das ist die arch Noe: leret wie Gott Noe gebotten hatt die Arch zu bauwen, wie weyt und hoch die sein solt. Auch wie man sie behoblen und bestreychen solt, mit vil schönen leren. Gepredigetdurch den Hochgelerten bayder Rechten Doctor Vlrich Kraft pfarrer zu Vlm. Im jar M. D.vnd xiiij.*' Straßburg 1517, gedr. bei Konrad Kerner. Der Markgräfin Elisabeth von Baden gewidmet von Joh. Haselberg.

Cruel *Geschichte der deutschen Predigt im MA.* 1879 S. (557), 561—565.

Urte Kletzin.

Kraft von Toggenburg. Von diesem Minnesänger sind in der großen Heidelberger Hs. und einer damit aufs engste zusammenhängenden Berliner Hs. 7 Lieder erhalten, deren 3 fünfstrophig, je 2 drei- und zweistrophig. Es gibt drei Toggenburger Grafen dieses Namens: da der dritte zu spät ist, schwankt man zwischen den beiden ersten. Der erste ist 1240—54 nachgewiesen, der zweite in einer Urkunde von 1260: bei diesem geringen Unterschiede in der Lebenszeit ist aus Sprache und Stil keine Entscheidung für den einen oder anderen zu treffen. Daß die Lieder "zu dem gewalttätigen Charakter" des ersten der beiden nicht passen, ist eine durch nichts zu rechtfertigende Annahme: wer hätte hinter dem historischen Kaiser Heinrich VI. (s. d.) einen Minnesänger gesucht? Gerade bei solchen Gewaltnaturen sind derartige Kompensationserscheinungen häufig. Sehr beachtenswert ist eine Übereinstimmung in einem Gedichtanfang *ich clage niht bluomen noch den clê* mit dem Taler (s. d.). Sie fahren beide ganz anders fort, indem der Taler mehr als den Wechsel der Jahreszeit beklagt, daß seine Dame ihm ein ledernes Hemd und Fasttage vorgeschrieben hat, während K. v. T. über den Mangel an Gut klagt, wobei mit dem Begriff etwas künstlich gespielt wird. Aber sie stimmen dann wieder in gewisser Weise überein, dadurch daß der Taler sich dem Gottfried von Neifen (s. d.) gegenüberstellt, während Kraft in seiner ersten Strophe sich an eine des Neifeners (ed. Haupt 7,8 ff.) anlehnt. Es scheint sich weniger um eine Abhängigkeit als um im Wetteifer gemachte Gedichte zu handeln. Da der Taler von dem v. Neifen wie von einem Zeitgenossen spricht und dieser 1234—55 urkundlich nachgewiesen ist, stimmt das auch zur Lebenszeit der beiden Kraft. Um seine Zeit muß das Märchen vom rosenlachenden Menschen aus dem Orient nach Europa gedrungen sein, und er verwendet es graziös, um den Mund der Geliebten zu preisen. Im Übrigen haben seine Gedichte nicht gerade viel Inhalt, sind aber von anmutiger, volkstümlich anmutender Sangbarkeit: die Form seines ersten und vierten Gedichts scheinen Variationen der Kudrunstrophe.

Bartsch *Schweizer Minnesänger* Nr. 6. Bartsch-Golther *Liederdichter* Nr. 48. Meyer ADB. XXXVIII S. 410. Über das Wappen in der Manessischen Hs. s. Kern Thurgauische Beiträge zur vaterländischen Gesch. 1928, S. 131. Das Märchen vom rosenlachenden Mann s. Heinr. v. Neustadt 'Apollonius' v. 182ff. *Tuti Nameh übers.* v. Rosen II S. 76ff.

Singer.

Kraft, Adam, s. Adam v. Fulda.

Krakau, s. Matthäus v. K.

Kräler, Johann. Er war Notar in Kempten, sein Geburts- und Todesjahr ist nicht bekannt. Lange Zeit galt er als der Übersetzer einer in schwerfälligem Deutsch ungefähr 1479 abgefaßten Kemptener Klosterchronik nach einer lateinischen Vorlage. In Wirklichkeit hat K. diese Chronik — wie er selbst sagt — nur abgeschrieben und am 3. Juli 1506 vollendet. Der wahre Verfasser der Chronik ist der Kemptener Stiftsschulmeister Johann Birck (s. d. im Nachtrag). Einige Nachträge, welche die Jahre 1480—1500 betreffen, hat K. wohl selbständig beigefügt. Von seiner Hand sind noch zwei weitere Kemptener Chroniken geschrieben.

F. L. Baumann *Die Kemptner Chroniken des ausgehenden 15. Jahrhunderts*, Forschungen zur Schwäbischen Geschichte (1899) S. 1ff. (Wiederabdruck aus Birlingers 'Alemannia' Bd. 9, 1881).

Paul Ruf.

Kramer, Heinrich, s. Sprenger, Jakob.

Cranc, Claus, verfaßte um die Mitte des 14. Jhs. auf Veranlassung des Ordensmarschalls und Komturs von Königsberg Siegfried von Tahenfeld (1347—59) eine Übersetzung der großen und kleinen Propheten und wahrscheinlich auch die in derselben Hs. überlieferte Apostelgeschichte (s. 'Der Apostel Tat'). Hs. Staatsarchiv Königsberg, A 191, zusammen mit der Apostelgeschichte und der poetischen Hiobparaphrase. Cranc war Kustos der Minoriten in Preußen, das Kustodenamt befand sich in Thorn. Woher er stammte, ist unbekannt. Er schließt sich an die Vulgata an und fügt nur zu Ezechiel im Anschluß an Nikolaus von Lyra einen mit zahlreichen Zeichnungen versehenen Exkurs über den Tempelbau an. Zu Beginn steht eine in rhythmischer Hinsicht äußerst kunstvolle Einleitung von 180 Versen. Er sucht die fremden Satzkonstruktionen zu vermeiden und deutschen Satzbau anzuwenden, wobei ihm oft kraft- und schwungvolle Formulierungen gelingen. Die Übersetzung bedeutet eine wichtige Etappe in der Deutschordensliteratur, da sie zeigt, daß man nach einer Reihe poetischer Bearbeitungen von biblischen Büchern nunmehr zur Prosa selbst übergeht; denn der Bibeltext bildete für diese den Zwecken des Ordens dienenden Übertragungen die Hauptsache. Nicht minder wichtig ist sie für die Geschichte der mittelalterlichen Bibelübersetzung überhaupt, da sie eine der bedeutendsten Vorstufen der Lutherschen Übersetzung bildet.

Ausgabe: Ziesemer *Die Prophetenübersetzung des Cl. Cranc* (Schriften der Königsberger Gel. Gesellschaft, Sonderreihe Bd. 1) 1930.

Vgl. Ziesemer *Studien zur mittelalterl. Bibelübersetzung* (Kbg. Gel. Gesellschaft) 1929.

Ziesemer.

'Des Kranichhalses neun Grade.'

Anfang: *Ich lach an enem slape hure My dromede van enem euenture.* In drei nd. Hss. und in einer ostmd. Umschrift erhalten: a) in Stockholm, Königl. Bibl. Mscr. Nr. 126 in 4^0 (der aus Kloster Borglum stammenden sogen. 'Jütischen Sammlung') S. 1—7; b) in Wolfenbüttel, Cod. 1203 Helmst. Bl. 37^b—41^b; c) im Hamburger 'Hartebok' (s. d.) und d) in Gotha, Herzogl. Bibl. Ch. A. 985 Bl. $8^{a\alpha}$. Textabdrucke: nach b) Bruns *Romantische und andere Gedichte in altplattd. Sprache* 1798, S. 110; nach c) Staphorst *Hamburgische Kirchengeschichte* I 4 (1731) S. 225; eine Textherstellung versuchte Ettmüller *Wizlaws IV. Sprüche und Lieder* 1852, S. 56.

Der Dichter kommt im Traume vor eine schöne Burg und findet unter einem Rosenbusche eine Jungfrau, die ihm klagt, sie wisse nicht, an welchen Eigenschaften man einen guten Mann erkenne. Er belehrt sie, ein solcher trage einen Kranichhals, *De schal hebben negen grat;* diese neun Grade, gute Eigenschaften, werden aufgezählt. Sie gibt ihm zum Danke einen Diamantring. Als er dann fortreitet, stolpert sein Roß über einen Stein, und er erwacht. — So weit überliefern die Hss. a,b und d (194 Verse in d) das Gedicht. Im 'Hartebok' ist noch ein zweiter Teil (v. 176—314) angehängt, der von den Eigenschaften redet, die *houeschen frowen* wohl anstehen.

Das Gedicht ist ursprünglich nd. und gehört dem 14. Jh. an. Eine Quelle für den merkwürdig abgeschmackten Grundgedanken ist noch nicht nachgewiesen.

Oesterley *Nd. Dichtung im MA.* S. 67. Für die Hss. vgl.: zu a) C. Borchling *Mnd. Handschriften (Zweiter Reisebericht)*, GGN. 1900 Beiheft S. 110; zu b) O. v. Heinemann *Die Hss. der Herzogl. Bibl. zu Wolfenbüttel, I. Abt. Die Helmstädter Hss. III* (1888) S. 110; zu d) ZfdA. 68 S. 273 (die Gothaer Hs. bildete ursprünglich die letzte Lage der Hs. Dresden, Landesbibl. M. 42).

Niewöhner.

'Kranz, Der Seele', s. 'Der Seele Kranz'.

'Kranz, Der Tugenden', s. 'Der Tugenden Kranz'.

Krauter, Heinrich, gest. 1434, Dominikaner in Nürnberg und Beichtvater der Nonnen des Katharinenklosters, verfaßte eine Art Beichtspiegel über die Todsünden und die zehn Gebote (Hs. Cent VIII, 4, Nürnberg St.-Bibl.) und erbauliche Traktate über die Leiden unseres Herrn und die zehn Gebote (Nürnberg St.-Bibl. Hs. Cent VIII 94) mit der Legende von Kaiser Heinrich und Kunigunde, die heute fehlt.

Bock *Das Nürnberger Predigerkloster*, Mitt. d. Ver. f. Gesch. d. Stadt Nürnberg 25 (1924) S. 180. F. Jostes *M. Eckhart und seine Jünger* 189. S. 117, 127.

Urte Kletzin.

Krauwel, s. Mynsinger, Heinrich.

Kreckwitz, Georg, Pfarrer zu Grünberg i. Schles., Verfasser einer deutschen Evangelienharmonie und eines deutschen Kommentars zur Johannes-Apokalypse, vielleicht identisch mit dem Baccalaureus *Georgius Krakowetz* der Prager Matrikel von 1387 (?), wurde zwischen 1394 und 1398 Pfarrer zu Freystadt in Schlesien, spätestens 1409 Pfarrer *(plebanus)* zu Grünberg und ist als solcher 1422 gestorben. — Seine beiden Werke sind in der Papierhs. I F 85 der Breslauer Staats- und Univ.-Bibl. erhalten. Ein ausführliches Verzeichnis der im Jahr 1423 nach K.s Tode in Grünberg vorgefundenen Bücher, das unsern Codex aufführt, ermöglicht die Feststellung des Verfassers, der sich in seinen Werken nicht nennt.

Die Evangelienharmonie (Bl. 254b bis 317a) beginnt: [Überschrift] *Hje hebin sich an die ewangelia noch allir ordenunge also sye geschen sein* usw. [Text] *In deme begynnen was das wort, vnd das wort bey gote, vnd got was das wort, das was in deme begynnen bey gote.* Sie unterscheidet sich von den bisher bekanntgemachten lateinischen und deutschen Ev.-Harmonien durch die geringere Gründlichkeit der Harmonisierung bzw. eine mechanischere Arbeitsweise. Der Verf. scheut sich sichtlich, dem heiligen Text den geringsten Zwang anzutun: Wo die verschiedenen Berichte nicht völlig eindeutig das gleiche Begebnis meinen, gibt er sie lieber nach einander, als sie in einander zu verarbeiten, und folgt dabei länger als bräuchlich einem und demselben Evangelisten. — Ob Übersetzung einer lat. Harmonie oder selbständige Zusammenstellung des dt. Textes vorliegt, ist noch nicht entschieden. Verbesserungen in der Hs. lassen erkennen, daß der Schreiber (= Verfasser?) während seiner Arbeit den lat. Wortlaut der von ihm übersetzten Evangelienstellen vor sich hatte; anderseits zeigt die Übersetzung bei starker Selbständigkeit auffallende Beziehungen zu md. Evangelien [Matthias Behaim (s. d.), Hartung von Erfurt (s. d.; vgl. Klapper *Im Kampf um die deutsche Bibel* 1922; auch oben II Sp. 217), Luther], die vermuten lassen, daß der Verf. gelegentlich eine noch nicht festgestellte md. Evangelien-Übersetzung zu Rate gezogen hat. — Die Übersetzung, in leicht lokal gefärbter schlesischer Kanzleisprache, ist in der Wortwahl geschickt, syntaktisch unfrei. Sie neigt zu mehrfacher Wortvariation *(penitenciam agite: ubit, tut adir wirket dy buse — tunc videns Judas: do nu der Judas sach, das ist merkte adir prufte adir irkante).* Die seltenen erklärenden Zusätze folgen meist der Glosse des Nikolaus von Lyra.

Das Apokalypsenwerk (Bl. 105a bis 253b), nach 1409 verfaßt, ist nach der Art mittelalterl. Kommentare geschrieben: der übersetzte Text, in fetterer und sorgfältigerer Schrift in schmaler Mittelkolumne, wird vom Kommentar allseitig eingerahmt; ist der Kommentar zu umfangreich, so füllt er, einspaltig, ganze Seiten oder nach genauer Vorberechnung eingelegte Teilseiten. Beginn: [Text] *Dye heymeliche offinbarunge Jesu Cristi, dy got der herre gegebin hat im offenbar czu machen seynen knechtin dy schire geschehin müsen.* [Kommentar] *Das erste capittil dis buchis ist ag eine vorrede vnd eyn anhebin dis gantczyn buchis vnd wirt geteilt in drey teil usw.* — K.s Quellen für den Kommentar sind noch nicht festgestellt. Heimatbeziehungen zeigt z. B. die Erwähnung der Oder, die bei Beuthen (a.O.) oder Crossen blutig wird, *ab heute vil blutis werde vergossin vf der brockin czu Glowgow* (191b). Der Verfasser schilt auf die *beheimischen meistir, dy durch ir hoffart wille me wenne vor dreysig jarn anhubin in den sebin kunstin sunderliche synnen aws czu teichtin... vnd vilen in vorlange vordampte ketczerey, als in dy ketczerey des meistirs Wyclef, der mir wenne in dreisig artikiln vordammit ist czu Paris, dy vornawtin weder dy beheimischen meistir vnd vortrebin dorumme alle andir meistir von Prage, dy do woren von manchirley dawtschin landen vnd mortin etliche aws in vnd etliche wunten sy bas uf den tot.* Er beklagt, daß *dy erbar werde stat Proge, dy vor irlawcht hat alz eyne sunne dy werlid daz ist dy Cristenheit, ist nv wordin czu einer fackil dy sich selbin vorbornit vnd vorczerit,* und sieht in dem gefallenen Stern der Apokalypse den *ertczketczir Hus, der mit seinen newen fundin ist gefallen in das dritte teil der flise, das ist der heydenischen kunste, vnd hat dy vorgift mit seynen falschin synnen.* Die Liebe des Verf. gilt den Armen und Unterdrückten, insbesondre den Bauern; die weltlichen Herren kommen schlecht weg; K.s besonderer Zorn aber geht auf die (höhere) Geistlichkeit: er verurteilt den Streit um Pfarreien und Prälatenstellen, die Jagd nach Pfründen und ihre Häufung in einer Hand und bedroht mit den Strafen des künftigen Gerichts alle, die die Ämter Christi nach der Person oder nach ihrem eigenen Vorteil, nicht nach der Würdigkeit vergeben.

Die gut kirchliche Gesinnung des Verf. zeige das Schlußwort der Evangelienharmonie: *Dorumme was ir nicht wol vornemit, daz lot euch dy schriftgelertin auslegin, wenne mans so gar eigentlich noch allin wortin alz daz latin lawtit nicht wol kan vordawtczschin, vnd ab ich icht dorumme vordawczt hette, daz ich nicht recht hette vornomen adir den synnen hette vorkorczt adir icht czu vil dorczu geleget, so undirgebe ich mich der strofunge der meistir der heiligen schrift vnd andir schriftgelertin, clugin vnd wol weysin. vnd ab sich iemandes des icht mochte gebessirn, der spreche ein pater noster gote czu lobe, ein ave maria seiner heilgin gebenedeytin mutir czu erin, vnd im selbir vnd desim vordawtczer czu holfe vnd czu troste* (sehr ähnlich das Schlußwort des Apokalypsenkommentars).

Marg. Lustig *Die deutsche Evangelienharmonie der Hs. Breslau I F 85* (ungedruckte Staatsexamensarbeit, Breslau 1932). M. Effner *Geschichte der kath. Pfarrei Grünberg* 1852 S. 37f. Stenzel *Scriptores rer. Siles.* I S. 288. C. H. Rother *Das Handschriftenverzeichnis der Augustiner Propstei Grünberg*, Zs. d. Ver. f. Gesch. Schles. 59 S. 121.

F. Ranke.

Kremmeling, Hermann. In dem cod. Helmst. 1318 der Herzog-August-Bibliothek zu Wolfenbüttel steht ein 'Marienrosenkranz' (Bl. 28a—43a), mit dem Anfang: *Ane we, ghegrotet sis, vrowe di, wol di, o Maria*; am Schluß heißt es: *Dit bed heft in dissem dudischen veftich stucke er veftich rosen, ouer in dem latine heft yd veftich ryme, seuder ik hebbe yd ghewandelt von dem latine in slicht dudisch, vppe dat ik deste bat bi dem rechten synne des latines bleue. We auer nu dit beteren konde eder welde, de neme dat lon van gode vnde bidde vor Hermanse Kremmelinge, de dit bed aldus ghewandelt hef vnd ik bidde, dat me hir an mer weghe mine willen wen dat werk* (Bl. 42b—43a).

K., der urkundlich nicht nachzuweisen ist, hat also eine lateinische Versvorlage in mittelniederdeutsche Prosa umgegossen. Und zwar ist es das weitverbreitete '*Rosarium*' des österreichischen Kartäusers Konrad von Haimburg (gest. 1360), das hier für ein Hildesheimer Nonnenkloster —denn aus einem solchen stammt die Hs. — mundgerecht gemacht wird. Denn K. beschränkt sich nicht auf eine wortgetreue Übersetzung, sondern verbreitert den ursprünglichen lateinischen Wortlaut, um die theologischen Ausdrücke u. dogmatischen Anspielungen des Originalgedichtes den ungelehrten Leserinnen zu verdeutlichen. Dabei ist er von mystischen Ausdrücken nicht frei. Wir haben in ihm wohl den Beichtvater der Nonnen zu sehen, der um 1400 diese mittelniederdeutsche Prosa schuf.

E. Löfstedt *Ein mittelostfälisches Gebetbuch* (Lunds Universitets-Årsskrift. N. F. Avd. 1, Bd. 30, Nr. 5) 1935 S. 24/46, 144. — Der lat. Text des Konrad v. Haimburg bei Dreves *Analecta hymnica medii aevi* III (1888) S. 22ff.

W. St.

Cremon, Markwart, Frater *to Marienwolde*, d. i. das Augustinerchorherren-Stift Frenswegen *(Nemus St. Mariae)* in der Grafschaft Bentheim. Er übersetzte aus einer lateinischen Vorlage den *'Speygel der samwitticheit'* ins Niederdeutsche, einen asketischen Traktat über Sünde und Beichte. Die Übertragung gehört in den Kreis der geistlichen Literatur, die gerade in Niederdeutschland durch die Windesheimer Reform und Kongregation aufkam. K.s Arbeit ist nur in der Wolfenbüttler Hs. Helmst. 704, Mitte XV. Jhs., Bl. 191a bis 237b, erhalten.

W. Stammler GRM. 13 (1925) S. 436f.

W. St.

'Crescentia', Dichtung des frühen 12. Jahrhunderts, die selbst nicht erhalten, aber durch die erhaltenen abgeleiteten Fassungen zu erschließen ist.

1. Diese Fassungen sind *A*: die der 'Kaiserchronik' (s. d.) v. 11352—12808 (12. Jh.); *B*: die sog. Kolmarer Crescentiabruchstücke (12. Jh.); *C*: die Crescentiadichtung des 13. Jhs., überliefert in 2 Hss., in der besseren des Heidelberger Cod. 341 (13. Jh.) und im Koloczaer Codex (13. Jh.). C geht unmittelbar auf jene nicht erhaltene alte Dichtung, die 'Urcrescentia', zurück, während A und B auf einer gemeinsamen, aus der 'Urcrescentia' geflossenen überarbeiteten Zwischenstufe beruhen (Röhrscheidt). Die 'Urcresc.' wird im weiteren Fortleben des Stoffes mehrfach bestätigt, dadurch daß diese späteren Fassungen eine Vereinigung von Zügen aufweisen, die in den Fassungen A, B und C nur einzeln auftreten (s. Teubert). Teubert nennt und bearbeitet an solchen späteren Fassungen: *D*: Heinrich Teichners (s. d.) Cresc.; *E*: die Prosacresc. der 'Sächs. Weltchronik' (s. d.); *F*: die mitteldt. Prosacresc. der Leipziger Hs. 1279; *G*: ein Volksbuch des 16. Jh.: *'Ein schone und warhaftige hystori von einer Kayserin zü Rom: genandt Crescentia'*; *H*: die moderne Bearbeitung einer unbekannten älteren Prosa: *'Historie von der geduldigen Königin Crescentia'*. G und H druckt Teubert (in umgekehrter Reihenfolge) im Anhang seiner Untersuchung ab, für D, E, F gibt er Literatur und Nachweise.

2. Der Verfasser der 'Urcresc.' ist nicht bekannt. Teuberts Versuch, ihm noch andere der in der 'Kaiserchron'. überlieferten Erzählungen zuzuweisen, die alle in einer Novellensammlung vereinigt gewesen sein sollen, ehe sie in die 'Kaiserchron.' eingegangen seien, ist abzulehnen, vielmehr ist die 'Cresc.' die einzige Erzählung, die sich aus der Masse des sonstigen Inhalts der Chronik reimtechnisch und darstellerisch als ursprünglich selbstständig heraushebt, vgl. 'Kaiserchronik' § 4 und C. Wesle PBB. 48 (1923) S. 237 Anm. — Als Heimat wird am ehesten das südliche oder südwestliche Baiern zu gelten haben (E. Schröder S. 52), während die Cresc.-Dichtung des 13. Jhs. (C) eine ostmitteldt. Bearbeitung ist (Röhrscheidt). — Die Datierung der 'Urcresc.', die die fälschliche Frühdatierung des 'Rolandsliedes' (s. Pfaffe Konrad § 7) in das zweite Jahrzehnt des 12. Jhs. zu pressen zwang (so Wesle PBB. 48 S. 244), wollte man nicht, wie E. Schröder es tut (S. 59), dem 'Rolandslied' die Priorität zusprechen, erhält mit der gesicherten Festlegung des 'Rol.-L.' auf die Jahre um 1170 einen Spielraum bis auf die Zeit um 1140, d. h. bis an oder in das Jahrzehnt der 'Kaiserchronik' — eine Tatsache, die ihre moderne Gestalt verständlicher macht.

3. Zu Stil und Reimtechnik s. die zu 'Kaiserchronik' § 5 gegebene Literatur.

4. Das der Cresc.-Legende zu Grunde liegende Motiv der unschuldig verfolgten

und wieder zu Ehren gebrachten Frau ist letzlich orientalischen Ursprungs. Es ist auch in Europa weit verbreitet, s. H. Hempel *Nibelungenstudien* I (1926) (= German. Bibl. 22, 1) S. 179ff., 230ff., dazu eine ausführliche Motivtabelle auf S. 192, die allerdings nach Suchier *Œuvres poétiques de Phil. Beaumanoir* I S. XXIIIff. zu ergänzen ist, der zahlreiche weitere Fassungen nachweist, darunter an deutschen 'Mai und Beaflor' (s. d.); 'Der König von Reußen'; einen Abschnitt aus Jansen Enikels (s. d.) 'Weltchron.' (v. 27065ff.); Hans von Bühels (s. d.) 'Königstochter von Frankreich'. — Dem Crescentiatypus liegt ebenfalls eine bereits europäische Umgestaltung des Stoffes zu Grunde, innerhalb deren der Dichter der 'Urcresc.' selbst unter Benutzung der '*Recognitiones Clementis*' (vgl. 'Kaiserchron.' unter § 4 zu Faustinian), des Apolloniusromans und der Mirakelliteratur dem Stoff die Gestalt ge geben zu haben scheint, wie sie uns in jenen überlieferten Fassungen entgegen tritt.

St. Teubert *Crescentia-Studien* (Diss. Halle 1916) S. 1ff. Hempel a. a. O. S. 230—233. H. F. Maßmann *Der keiser und der kunige buoch, oder die sogenannte Kaiserchron.* III (1854) S. 893—917. E. Schröder *Die Kaiserchron. e. Regensburger Geistlichen* (1892), Anm. zu v. 11352. Bolte-Polivka *Anm. z. d. Kinder- und Hausmärchen der Brüder Grimm* I (1913) S. 301ff. mit weiterer Literatur (zum Märchen 'Das Mädchen ohne Hände'). Friedr. Panzer *Studien zur germ. Sagengeschichte* II (1912) S. 37ff., mit weiterer Literatur. A. Wallensköld *Le conte de la femme chaste convoitée par son beau-frère. Etude de litt. comparée* 1907 (= Acta societat. scientiarum Fennicae 34,1). Ders. *L'origine et l'évolution du conte de la femme chaste convoitée par son beau-frère (légende de Crescentia)*, Neuphilolog. Mitteilungen 1912 S. S. 67—78: gegen Svetislav Stefanowić *Die Crescentia-Florence-Sage, eine krit. Studie über ihren Ursprung und ihre Entwicklung*, Roman. Forschungen 29 (1911) S. 461--556. A. Hilka *Zum Crescentia-Stoff*, Archiv f. d. Studium d. neueren Spr. 133 (1915) S. 135—141.

§ 5. Ausgaben: Zu A s. 'Kaiserchron'. § 1. B: herausg. von E. Martin ZfdA. 40 (1896) S. 305ff., dazu E. Schröder ebda 41 (1897) S. 92f. Herausg. v. A. Leitzmann *Kl. geistl. Gedichte d. 12. Jhs.* (1910) S. 3—5, dazu S. 30 (Kl. Texte f. theol. u. philol. Übungen 54). C: Der Text der Heidelb. Hs. herausg. von Fr. v. d. Hagen *Gesamtabenteuer* Nr. 7, Bd. I (1850) S. 129ff.; in der Auswahl der Heidelberger Hs. 341 von Rosenhagen, 1909 (Deutsche Texte d. MA. Bd. 17) ist die Crescentia nicht abgedruckt; der Text der Koloczaer Hs. herausg. von J. N. Mailáth und J. P. Köffinger (1817).— O. Schades Ausgabe der Dichtung nach dem Text der 'Kaiserchronik' in 6-zeiligen Strophen (*Crescentia, ein niderrhein. Gedicht aus dem 12. Jh.* 1853; dazu ders. *Geistl. Ged. d. 14. und 15. Jhs.* 1854. S. LIIIff. passim) hat nur Kuriositätswert; auch das von ihm beanspruchte Verdienst, die Sonderstellung der 'Cresc.' innerhalb der 'Kaiserchron'. als erster erkannt zu haben (*Crescentia* S. 9), kommt ihm nicht zu: vgl. schon Lachmann *Wolfr. v. Eschenb.* 1833 S. XXVIII.

Literatur (außer der in § 4 genannten): W. Scherer *Geistliche Poeten der deutschen Kaiserzeit* II (1875) S. 31f., 38 (Quellen u. Forschungen 7). E. Schröder Einl. zur 'Kaiserchron.' S. 58f. Carl Röhrscheidt *Studien zur 'Kaiserchronik'*. Diss. Göttingen 1907. S. 82 bis 111 (besonders wichtig für die 'Crescentia' des 13. Jh.). Stephan Teubert *Crescentia-Studien* Diss. Halle 1916. Weiterhin sei auf die gelegentlicheren Bemerkungen zur 'Cresc.' verwiesen, die Ehrismann *Gesch. d. deutschen Lit. bis z. Ausg. des MA.* II, 1 S. 273 Anm. 4 und 10 über die hier angeführte Literatur hinaus nachweist, sowie auf die zur 'Kaiserchron.' genannte Literatur, innerhalb deren auf den 'Crescentia'-Abschnitt seiner Sonderstellung wegen jeweils besonders eingegangen wird.

Ernst Scheunemann.

Kreutzer, Joh., s. Nachtrag.

'Kreuzgang', die Bezeichnung einer dt. Hs. in der Bücherei des Domkapitels zu Preßburg (Ungarn, seit dem Friedensvertrag von Trianon zur Tschechoslowakischen Republik gehörend). Sie wird in einem Bücherregister des Stadtarchivs, das den Bestand der Bibliothek des Domkapitels im 15. Jh. angibt, unter den sonst ausschließlich lateinischen Kodizes genannt: *Item quidam liber thewtunicalis* (!) *in pergameno et asseribus in alba cutte qui intitulatur Creutzgang.* Da uns der ungarische Kunsthistoriker Arnold Ipolyi, der das Register veröffentlichte, jede nähere Erklärung schuldig blieb, und die Hs. verschollen ist, kann auch ihr Inhalt sowie Ort und Zeit der Entstehung nicht bestimmt werden.

A. Ipolyi *A pozsonyi káptalan XIV. századi könyvtára* (Die Bibliothek des Preßburger Domkapitels im 14. Jh.), Uj Magyar Múzeum 1856 I S. 161ff. F. Knauz: *A pozsonyi káptalannak kéziratai* (Die Handschriften des Preßburger Domkapitels), Esztergom 1870.

B. v. Pukánszky.

'Die Kreuzfahrt Ludwigs des Frommen' ist in einer einzigen Hs. überliefert, die früher in Ambras war, jetzt in der Nationalbibliothek in Wien verwahrt ist (Hs. 2737); sie entstammt dem Anfange des 14. Jhs. Der Schreiber wie der Dichter gehören dem ostmd. Sprachgebiete an. Das Werk ist in Reimpaaren abgefaßt und zählt 8176 Verse. Der Dichter nennt sich nicht; aller Wahrscheinlichkeit nach war er ein Geistlicher, gegen Ende seines Lebens vermutlich Hofkaplan des Herzogs Bolko I. von Schweidnitz-Jauer-Münsterberg. Vordem dürfte er bei Ulrich II. auf Neuhaus (in Südböhmen, nicht bei Olmütz) und am Prager Hofe eine Zeitlang geweilt haben. Nach Naumann stammt er aus dem Troppauer Lande, dessen Adel er gut kennt; aber das ist unsicher. Sein Werk vollendete er i. J. 1301, kurz vor dem Tode Herzog Bolkos (wie wir der Feststellung Naumanns verdanken); auf dessen Anregung hatte er — wohl schon als älterer Mann — die Dichtung begonnen. Sein Werk behandelt die Kreuzfahrt des Landgrafen Ludwigs des Frommen von 1189/90; die Verwandtschaft der schlesischen Piasten mit dem thüringischen Fürstenhause bot den Anlaß zur Wahl dieses Stoffes, der auch beim schlesischen Adel, dessen thüringische Vorfahren am Zuge teilgenommen hatten, Anklang finden mußte. Für die Vorgeschichte folgte der Dichter lateinischen Quellen, auch Arnold von Lübeck hat er stellenweise benützt, im allgemeinen aber stützt er sich auf Berichte von Gewährsmännern und läßt seiner Phantasie freien Lauf. Der geschichtliche Wert des Werkes ist darum sehr gering. Die Bedeutung des Landgrafen wird weit überschätzt, auch wird er mit Ludwig IV. dem Heiligen verwechselt, wie auch beider Gemahlinnen und Brüder verwechselt werden; Friedrich Rotbart läßt er noch an der Belagerung von Akkon teilnehmen u. a. m. Wichtiger ist, daß wir erfahren, wie man um 1300 über den Kreuzzug dachte. Auch die dichterische Leistung ist nur von Mittelmaß; ein Epigonenwerk der höfischen Richtung aus Wolframscher Schule. Des Dichters Hauptvorbild ist Ulrich von Eschenbach (s. d.) und insbesondere dessen 'Herzog Ernst'. Wie in Böhmen seit der Mitte des 13. Jhs., so sind nach diesem Vorbilde in Schlesien einige Piastenhöfe Pflegstätten deutscher Dichtung, wo Minnesang wie höfische Epik eine Nachblüte erleben. Bolko war mit den fürstlichen Minnesingern Wenzel II. (s. d.) und Heinrich IV. von Breslau (s. d.) verwandt. Die 'Kreuzfahrt' ist ein wichtiges Zeugnis für die geistigen Strömungen, die Böhmen mit Schlesien am Ende der Přemyslidenzeit verbanden und Zeugnis geben von dem regen kulturellen Leben, das den neubesiedelten deutschen Osten erfüllte.

Ausgaben: F. v. d. Hagen *Des Landgrafen L. des Frommen Kreuzfahrt* 1854. H. Naumann Deutsche Chroniken, Bd. IV 2 (Mon. Germ. hist.) 1923. Holtzmann Germ. 1 S. 247f. Kinzel *Sprache und Komposition in 'L. Kr.'*, ZfdPh. 8 (1877) S. 379ff. Jantzen *Untersuchungen über die 'Kr. L. s'*, ZfdPh. 36 (1904) S. 1ff. Naumann ZfdPh. 49 (1923) S. 81f.

E. Gierach.

'Kriegsbuch', Ms. 3062 Staatsbibl. Wien 1447, erweitert Ms. 117 Kriegsarchiv Generalstab Berlin (Heeresbücherei) 1453. Das Werk besteht, wie ähnliche Handschriften, aus einer Abschrift des 'Feuerwerkbuches' (s. d.) dann folgt Hans Hartliebs (s. d.) 'Kampfbuch' und als Ikonographie das Buch von den *Iconismis bellicis*, letztere teilweise von Konrad Kyeser (s. d.) abhängig. Der Inhalt setzt sich zusammen aus ziemlich rohen farbig getönten Zeichnungen von Kriegswerkzeugen, der Darstellung von Feuerwerkskörpern, also eine Pyrotechnik, dann folgen Geschütze, allerlei Kriegsfahrzeuge, Streitwagen und Sturmkarren und eine Zusammenfassung von älterem Wurfgeschütz und Sturmzeug, befestigte Burgen, Annäherungshindernismittel, Hebezeuge und zuletzt Darstellungen aus der Hydrotechnik. Zum Schluß eine Abhandlung von Albrecht von Lannenberg (s. d.).

M. Jähns *Geschichte der Kriegswissenschaften* 1889, I S. 261, 262.

Eduard A. Geßler.

'Kriegsrüstung, Allerley'. 1. Cod. Nr. 49 Ambraser Sammlung Kunsthist. Sammlungen Wien. 28 Pergament- und 15 Papier-Bll. 2°. Bilderhandschrift mit lateinischen und deutschen Texten, Streitwagen und

Kriegswerkzeuge darstellend. Angeblich aus dem Ende des 14. Jhs.

M. Jähns *Geschichte der Kriegswissenschaften* 1889 I 258, 259 (unabhängig von Kyeser).

2. Cod. lat. 197 Staatsbibl. München, Sammelcod. deutsch und italienisch, ersterer 48 Blatt mit kolorierten Abbildungen. Arbeit eines ungenannten Kriegstechnikers um 1420/30. Der Verfasser hat augenscheinlich die Hussitenkriege mitgemacht und seine Erfahrungen, hauptsächlich technischer Art, mitgeteilt. Die Bilder geben eine genaue und wirkliche Darstellung der damaligen Kriegsgeräte und Waffen.

Vergl. P. Sixl Zs. f. hist. Waffenkde. I S. 228, 248 Fig. 20, 21, 256, 276 Fig. 38, 278 Fig. 42, 280; II S. 166, 413, 442, 443. F. M. Feldhaus *Die Technik in der Antike* S. 348, 349, 350, Abb. 370, 371. M. Berthelot *Pour l'histoire des arts méquaniques et de l'artillerie à la fin du moyen-âge*, Annales de chimie et de physique VI me. Série 1891. M. Jähns a. a. O. S. 259. B. Rathgen *Das Geschütz im Mittelalter* 1928, S. 58, 125.

3. Cod. Nr. 25801, Bibl. Germ. Museum Nürnberg, ähnliche Handschrift mit rohen Zeichnungen.

M. Jähns a. a. O. I S. 259.

Eduard A. Geßler.

'Kriegs- und Pixsenwerch'. Cod. Nr. 51 Ambraser Sammlung Kunsthist. Sammlungen Wien. Um 1450. Reine Bilderhandschrift auf Pergament ohne Text, Zeichnungen leicht bemalt. Die Bilder enthalten die Darstellung der Gewinnung der Bestandteile des Pulvers, dann folgen kriegstechnische Abbildungen, nebst solchen von Geschützen. Der Inhalt ist ähnlich wie bei den schon vorher genannten militärischen Ikonographien. S. Kyeser.

M. Jähns *Geschichte der Kriegswissenschaften* 1889, I S. 263. A. v. Essenwein *Quellen zur Geschichte der Feuerwaffen* 1877 Abb. 19a. G. Köhler *Die Entwickelung des Kriegswesens* etc. B. III Abt. 1, S. 266. O. Baarmann *Die Entwicklung der Geschützlafette*, Thierbach-Festschrift 1908, S. 68 Fig. 19.

Eduard A. Geßler.

Kristan, s. Christan.

Kröllwitz, s. Heinrich v. K.

Kronenberg, (Hartmann) von. Dominikanischer Prediger der Eckhartschule, den der Ordenschronist Joh. Meyer (s. d.) unter den zwischen 1318—23 zur Zeit des Ordensmeisters Herveus durch Gelehrsamkeit hervorragenden Dominikanern nennt. H. v. K. soll adeliger Herkunft gewesen sein (Steill s. u.), weiteres über ihn ist nicht bekannt; daß er jedoch ein Lehrer hohen Rufes war, läßt sich schon daraus folgern, daß er in dem in einer Züricher Hs. befindlichen 'Wettstreit der 12 Meister zu Paris' zwischen Bischof Albrecht und Meister Eckhart mit Namen genannt wird, während 9 Meister namenlos bleiben. Die geistvoll pointierte These des Kronenbergers ist, daß selbst Gott ein Ding entbehren muß, nämlich so viel reine Herzen und lautere Seelen, wie er wünschte, um sich ihnen vollkommen zu schenken. Außerdem hat sich noch eine vollständige Predigt über Joh. 13, 1 von den fünf Grenzen der Liebe Gottes und der Gegenliebe des Menschen und ein Predigtstück über Matth. 4, 3 von den drei Arten des Leidens erhalten, die in der Einsiedler Hs. Nr. 278 Bl. 295—298 und Bl. 298—299 und der Berliner Hs. germ. octav 65 (14. Jh.) Bl. 26^b—28^b und Bl. 25^a—26^b überliefert sind. In Erwägung ist zu ziehen, ob nicht auch die in der Einsiedler Hs. anschließenden Predigten Bl. 293—305 und Bl. 305—307 ihm zugeschrieben werden können, in der Berliner Hs. fehlen sie jedoch. Die beiden sicheren in der Einsiedler Hs. mit der Überschrift *Der von Kronenberg* versehenen Stücke zeugen nach Preger (s. u.) von Scharfsinn, Geist und Innigkeit, doch wird der mystische Gedankenzug durch einen etwas dürren Schematismus gelähmt. Daß ein 1350 gestorbener Dominikanerprediger Konrad von Kronenberg, der ebenfalls von Steill (s. u.) genannt wird, der Verfasser dieser Predigten ist, scheint weniger wahrscheinlich.

Abdruck des Stückes aus dem 'Wettstreit der 12 Meister zu Paris' in ZfdA. 4 S. 499, der beiden gesicherten Predigten ebd. 8 S. 219ff. und S. 222f.; vgl. W. Preger *Gesch. d. dtsch. Mystik* II (1881) S. 131ff., Friedr. Steill *Ephemerides Dominicanosacræ* 1692.

Hans Neumann.

Crowel, s. Mynsinger, Heinrich.

Krug, Hans. In der von Valentin Holl in Augsburg in den Jahren 1524—26 zusammengeschriebenen Sammelhandschrift finden sich nacheinander (Bl. 81a und 81bff.) zwei Gedichte, deren Verfasser sich Hans Krug nennt.

1. Das erste Gedicht ist ein Neujahrsgruß an die Frauen, 150 Verse, Anfang: *Mancher lobt dz im geuellt Ich lob die frauwen außerweltt;* außer in Val. Holls Hs. auch in Weimar Landesbibl. Mscr. O 145 Bll. 223a; Schlußvers in Val. Holls Hs.: *Auch dise red der Krug thutt,* in der Weimarer Hs. jedoch, ohne Nennung des Dichters: *Des helf vnz dz uil hailig gůt* (wobei der Reim *vergůt: gůt* den Schlußvers der Weimarer Hs. verdächtig macht). Das Lob der Frauen hat sich der Dichter als besonders preiswürdiges Thema vorbehalten, das auf die höfische Anschauung: *minne tiuret den man* zurückgreift. Die Frauenfeinde schänden den Namen aller Frauen und vergessen, daß auch sie eine Mutter unter dem Herzen getragen hat; Evas Sünde soll man nicht alle Frauen entgelten lassen, sondern daran denken, daß aus einer Jungfrau der Erlöser geboren wurde. Von hier an verfällt der Verf. in den epischen Ton und erzählt von der Verkündigung, der Geburt Christi, der Heilsbotschaft, die die Hirten empfingen, und vom Stern, der die drei Könige leitete. Von dem Preis Marias geht der Dichter zu einem Lob aller Frauen über, denen er dieses Gedicht als Neujahrsgabe darbringt.

Da noch im 15. Jh. das neue Jahr mit dem Weihnachtstag beginnen konnte, ist diese Verbindung von Segenswünschen mit der Rückschau auf Christi Geburt und das Erlösungswerk naheliegend. Neben diesen Neujahrsgedichten geistlicher Prägung findet sich auch eine große Anzahl rein weltlicher Neujahrswünsche, die meist zwischen Liebenden getauscht werden (z. B. Liederbuch der Hätzlerin S. 54 Nr. 56; S. 77 Nr. 102; S. 196—201 Nr. 34—41; meist gegen die Mitte des 15. Jhs. gedichtet). Wenn Krugs Gedicht episch-didaktisch ist, und die von der Hätzlerin gesammelten Neujahrsgedichte der Form und der inneren Haltung nach der lyrischen Gattung angehören, so ist eine andere Art von Neujahrswünschen in Spruchform abgefaßt, die „Klopfan-Sprüche" (so nach ihrem typischen Eingang genannt): ihnen liegt die Vorstellung zugrunde, daß verschiedene Leute an die Tür einer bestimmten Person klopfen und von dieser je nach dem Charakter des Klopfenden gute Wünsche und Lehren oder herben Tadel, verbunden mit dem Wunsch nach allem Bösen, mit auf den Weg bekommen, so daß solche Sprüche bisweilen zu kleinen Charakterbildern des Klopfenden werden. Wie so oft im ausgehenden Mittelalter stehen auch hier innige und zarte Sprüche neben solchen, die von Grobheiten und Unsauberkeiten strotzen. Entsprechend dem in jener Zeit herrschenden Vervielfältigungsprinzip erscheinen hier oft lange Aufzählungen, teils in geistlicher Einstellung der Litanei nachgebildet, teils in gelehrter Tendenz mit historischen Bildern und Anspielungen versehen, bzw. aus volkstümlich-humoristischem Vagantengut entsprungen. Als Verfasser solcher Gedichte werden u. a. besonders Hans Folz (s. d.), gelegentlich auch Hans Rosenblüt (s. d.) genannt. Die Sitte des mit Gabenheischen und Glückwünschen verbundenen Anklopfens in der Zeit der Rauhnächte ist auch heute noch, zumal in den Alpenländern, weit verbreitet („Klöpfelsnächte").

K. Weinhold *Weihnacht-Spiele u. Lieder aus Süddeutschland u. Schlesien* 1875, S. 43 f. — G. K. Frommann *Neujahrsgruß an die Frauen von Hans Krug*, Germania 25 (1880) S. 107f. — O. Schade *Klopfan. Ein Beitrag zur Geschichte der Neujahrsfeier* 1855. — Handwörterbuch des deutschen Aberglaubens IV (1931/32) Sp. 1542—46.

2. In der Handschrift folgt unmittelbar eine Parodie des 'Cato' (s. d.), als deren Verfasser sich wieder Hans Krug ausgibt. 196 Verse, Anf.: *Herz lieber sun nun hör mir zů, Waz ich dir rat daz selb daz tů.* Da sich aber diese Parodie nach Zarnckes Aussage in der älteren und besseren obengenannten Weimarer Hs., die *Katto* als Verfasser nennt, und außerdem noch in dem Münchener cgm. 270 Bl. 174a findet, in dem Hans Kemnater (s. d.) als Verfasser bezeichnet wird, ist die Autorschaft Krugs recht zweifelhaft, zumal auch die Orthographie im Neujahrsgedicht und in der 'Cato'-Parodie nicht übereinstimmend ist: so wird es wahrscheinlich, daß K. die 'Cato'-Parodie nur überarbeitet hat. In diesem ironisch aufzufassenden Sittenspiegel gibt ein Vater seinem Sohn Lehren

in denen gerade das Gegenteil des guten Tons als empfehlenswert hingestellt wird.

F. Zarncke *Der deutsche Cato* 1852, S. 143 bis 153.

3. Beide Gedichte sind obd. Herkunft: die Orthographie des Neujahrsgedichtes weist auf schwäb. Gebiet (wenn auch die Reime nur allgemein obd. Merkmale zeigen), die Reime der 'Cato'-Parodie können ohne weiteres für das Alem. in Anspruch genommen werden. Die Entstehungszeit beider Gedichte dürfte um die Mitte des 15. Jhs. anzusetzen sein.

Bartsch ADB 17 (1883), S. 214.

E. Hartl u. Niewöhner.

Krumestl, Heinrich. *Eyne gutte arstedige beschribet Meister Hinricus Krumestl*, in Königsberg, Wallenrodtsche Bibl., Cod. 15, 8. saec. XV. Sudhoff.

Krus, Hans, ist der sonst nicht bekannt gewordene Dichter eines Liedes in der Hs. von St. Georgen (Karlsruhe Nr. 74, Bl. 43), das — in alemannischer Mundart — aus dem 15. Jh. stammt. Das Lied handelt von der Gewalt des Winters und beschreibt in frischem Ton die winterliche Natur und das Elend der Tiere. Die sonst gewöhnliche Übertragung auf das menschliche Leben, ebenso das Minnemotiv fehlen hier. Neben reinen Reimen finden sich zahlreiche Assonanzen. Das Lied hat 7 Str. zu je 9 Zeilen und beginnt:

Der sumer hat sich geschaiden,
der winter ist am land.......

Sehr merkwürdig und unverständlich ist das Schlußbild:

(Str. 6, 9) *er zucht nach mitten tag am sail,*
(Str. 7) *die son zugt er geschwind*
am kantengießer-rad,
es laft umb aß der wind;
darnach schepft er im bad,
der brun stat im badhus,
da er schepft us,
er haist Hans Krus,
den win er bust,
er lebt auch geren in dem sus.

Von der Person des Dichters ist hier also zu entnehmen, daß er gern in Wirtshäusern verkehrte, vielleicht auch dürfen wir ihn als einen Bader ansehen.

Mone überliefert uns das Lied im Anz. d. teutschen Vorzeit, 5. Jg., 1836, Sp. 333/4.

Ruth Westermann.

Kübeler, der. Einer der kleineren mystischen Prediger, von dem nichts weiter bekannt ist als eine kurze Erzählung aus einer seiner Predigten, die in der Berliner Hs. germ. quart 191 (15. Jh.) auf Bl. 368^b zitiert wird: ein geistlicher Mensch beklagt sich über sein schuldloses Leiden, worauf ihm Christus erscheint und mit der Gegenfrage antwortet, wessen man denn ihn hätte zeihen können; vgl. den Abdruck in Germ. 3 S. 229.

Hans Neumann.

Kuchimeister, Christan.

1. Von dem St. Galler Bürger und Verfasser der 'Nüwen Casus Monasterii sancti Galli' wissen wir — ebenso wie von seinem vielleicht etwas älteren Zeitgenossen und schweizer Landsmann, dem Züricher Patrizier und Minnesinger Hadlaub (s. d.) — nur, daß er ein Haus in seiner Vaterstadt besaß. Konrad von Bußnang (Abt zu St. Gallen 1226/39) hatte es einmal brechen lassen, vgl. Kuchimeister a. a. O. Die Familie K., die ihren Namen nach dem 1202 zum Hofamt gewordenen Beruf trägt, diesen Beruf auch möglicherweise einst beim Kloster ausgeübt hat, tritt 1222 zuerst urkundlich belegt auf. (Es ist damit nicht gesagt, daß unser Christian K. dies Amt auch ausgeübt haben müsse, er kann auch in einer andern Stellung am Kloster beamtet gewesen sein.) In c. 41 nennt K. das erstemal selbst seine Vorfahren: *Es hatt och der selb amman nit kind, und hatt sine güeter, die er in Appenzelle hatt und anderswa, gemachet den Küchimaistern von sant G., won die selben warent siner swöster sün.* Dieser *amman* war ein Schönenbühler, also war eine Schönenbühlerin Gattin eines Küchimaister. Ein Konrad K. wird als Ammann von St. Gallen und Appenzell erwähnt. Zusammen mit dem Propst Heinrich von Lupfen wird er nach dem Brandunglück in Stadt und Kloster St. Gallen 1314 von Abt Heinrich von Ramstein beauftragt, *das er sich des buwes underwund*, c. 78. Dabei steht ihm ein jüngerer Verwandter (Verwandtschaftsgrad nicht zu ermitteln) hilfreich zur Seite: Christan der Kuchimaister, eben unser Autor.

2. In ihm sehen wir den Verfasser der 'Nüwen Casus'. Er begann sein Werk, *Do man zalt von Gottes geburt drüzehenhundert und darnach in dem fünf und drissigosten jare an der mitwochen in den pfingsten.* Am 7. Juni 1335 hebt er an, d. h. aber rund hundert Jahre nach dem letzten Schreiber der alten '*Casus*', nach Konrad de Fabaria, dem Mönch und Geschichtsschreiber, den Konrad von Bußnang zu seinem Werk veranlaßt hatte: *Das recht bůch Casus monasterii das gieng ab under abt Cůnrat von Bußnang; des was do me denn hundert jar.* K. tritt bewußt in eine reiche und ehrwürdige Tradition: er wird Nachfolger der lateinisch schreibenden Mönche Ratpert (s. d.), Notker (s. d.) und Ekkehard (s. d.). Er reiht sich mithin den dynastisch und schriftstellerisch am höchsten angesehenen Namen an. Aber er steht damit auch in einer ganz bestimmten Abfolge einer literarischen Gattung, die vorläufig verborgen erst sich bildet, der der Humanismus dann den Namen geben wird: wir meinen die Tradition der Anekdote. Bei dem St. Galler Bürger handelt es sich nicht mehr um die Karlsanekdoten eines Notker Balbulus, nicht mehr um die Klosterschwänke eines Ekkehard, hier handelt es sich um die Geschichte des Klosters — fast möchte man sagen — als politischer Macht während eines Jahrhunderts unter dem Regiment von neun verschiedenen Äbten.

Das Kloster war 1335 selbst nicht mehr fähig, einen Mönch zu bestellen, der die Fortsetzung übernehmen sollte. An seine Stelle trat der — übrigens sehr beschlagene, gelehrte, des Lateins sicher kundige — Bürger. 1350 wird seine Heimatstadt, das städtische Gemeinwesen, das aus Häusern um das Kloster herum entstanden war, in den Bund der schwäbischen Seestädte eintreten. Die Stadt wird bedeutender als das Kloster; 1335 schon war der Mönch weniger gelehrt als der Bürger. Sachlich, lebensnahe, beherrscht berichtet unser Chronist. Er ist lokal interessiert, aber er ist nicht eng. Er verliert selten den Ausblick auf die Reichsgeschichte. Neben dem vorherrschenden Interesse für die Tatsachen ist nicht zu verkennen, daß K. ein Auge für die bedeutende Persönlichkeit hat. So stehen im Mittelpunkt seines Berichts die beiden Äbte Berthold von Falkenstein (1244/72), c. 10—33, und Wilhelm Graf von Montfort (1281/1301), c. 43—70. Je nach der Eigenart der einzelnen Äbte färbt sich auch die Darstellung des Verfassers.

3. Seinen lateinisch schreibenden Vorgänger Konrad de Fabaria hat er wahrscheinlich gekannt, denn von Konrad von Bußnang berichtet er nur Einzelnes, die Hauptsache war schon bei K. de F. gegeben. Wir hören in den 'N. C.', daß Abt Konrad von Bußnang ein mächtiger Herr war; und *won bi den ziten bei Kaiser Friedrich nieman haimlicher was, denn er* (c. 2), konnte er beim Kaiser Fürsprecher für Elisabeth von Thüringen werden. Obschon er so ziemlich alle, nämlich Edle, Bürger und Bauern (c. 1), zu Feinden hatte, behauptete er seine Macht. Der Herzog von Baiern muß den Weg zum Kaiser über Abt Konrad suchen. Über ihn wird auch die Anekdote berichtet, die man 'Von dem zum Mönch gewordenen Herrn' überschreiben könnte; beim Zusammentreffen mit dem weltlichen Fürsten, dem Bischof von Konstanz, der den Mönch einen toten Mann heißen kann, begehrt der Abt auf: *Ich lognen nit, ich bin ain münch, und bin ain fürst und sol allen fürsten und herren antwürten* (c. 2). Wir glauben unserm Chronisten gern, wenn er c. 6. sagt: *das voran noch sider nie werlicher abt was; es sind wol hailiger gewesen!*. C. 7—9 handelt von Abt Walther von Trauchburg (Trutburg). Die Begebenheiten hier scheinen den Autor nicht sonderlich zu fesseln, er gibt die treffende Zusammenfassung: *der* [Walther] *was nit ain übel man. Er was ein lichtsenfter man und tet den lüten güetlich, und das sin vorfaren gewunnen hatten wider an das gotzhus mit fromkait, des wart nun vil abgebrochen, won er wert sich nit* (c. 7). Als aber Walther 1244 zurücktritt und ins Dominikanerkloster zu Konstanz eingeht, beginnt die Zeit eines zweiten wehrhaften Abtes: des Berthold von Falkenstein. Mag er mehr politisch und militärisch als eben kulturfördernd gewirkt

haben, er ist neben Wilhelm von Montfort die mitreißendste Persönlichkeit unter den neun Äbten. Er liegt in immerwährenden Fehden, sucht immerzu neue Lehen zu erwerben. Er erobert dem Kloster Verlorenes zurück, so die Stadt Wil von den Toggenburgern 1245 bereits. Lange besteht Feindschaft zwischen ihm und dem Bischof von Konstanz, Eberhard von Waldburg. Erst der Papst (Alexander IV., 1258) kann die Gegner versöhnen. K. berichtet von diesem Abt gar nicht im Stil einer Klosterchronik, vielmehr als gäbe er stellenweise die Umschrift einer ritterlichen Dichtung; wenn etwa der Papst sagt: *Uwer herr ist ain man, als ir mir geseit hand, das er minnet ritterschaft und weltlich er* (c. 17). Oder wenn der Chronist selbst sagt: *Also lebt unser apt alwegen mit großem kost, und das selten kain jar was, er hetti ain hochzit, da er nüw ritter machet... Die hochzit wart ze pfingsten* (c. 30). Aus zahlreichen kleinen Einzelzügen setzt sich hier ein deutliches Bild des tatenfrohen Lebens von Abt Berthold zusammen. Die Schilderungskunst des K. ist gerade hier klar zu erkennen, sein sachlich-nüchterner Stil wird hier auch wehrhaft-ritterlich, wie Berthold von Falkenstein im Leben war; seine knappe Totenklage schließt sich denen aus ritterlicher Dichtung würdig an. Nach Bertholds Tode kommen schlimme Zeiten für das Kloster. In c. 34 berichtet K. von der Wahl Ulrichs v. Güttingen; ihm wird (vgl. c. 35—38) ein Verwandter entgegengestellt: Heinrich von Wartenberg. Knapp faßt unser Gewährsmann zusammen: *Der urlug wert strenglich wol zwei jar.* Dann stirbt H. v. Wartenberg außerhalb trotz seines besseren Rechts; seine Partei wählt 1274 Rumo von Ramstein, über ihn berichten c. 39—42; c. 40 bringt die deutliche Kennzeichnung: *Der selb apt Rum was ein tumber man von sinen sinnen, und kund von im selben nüt, won das man im riet.* König Rudolf hat einen Vogt von Ramswag im Kloster eingesetzt, mit dem alle unzufrieden sind. Der Gottesdienst und die Gebäude wurden vernachlässigt, Gewalttaten häuften sich, der Vogt tat eben, *was er wolt.* Knapp und kurz schildert K. hier, um dann zu längerem Bericht über Abt Wilhelm von Montfort überzugehen (c. 43ff.). 1281 setzten alle große Hoffnungen auf ihn: *alle gotzhus lüt wondent, es geriete bass, denn es sider tet* (c. 43). Doch wird es schlimm für das Kloster, als gleich 1282 Wilhelm dem Rat übermütiger Verwandten stattgibt und einer Einladung König Rudolfs an den Hof nicht folgt, sein Fest (Weihnachten 1282) in St. Gallen feiert statt in Augsburg und dadurch an höchster Stelle in Ungnade fällt. Wie eine Vorausdeutung auf das Geschick des Klosters und seines verwegenen Abtes klingt des Königs Äußerung: *Nun sich ich wol, das der apt mich und mine kind nit maint. Nun wil ich och der sin, der in und sin gotzhus hindren wil, die wil ich leb* (c. 44). Das tat der König auch getreulich. Er veranlaßt beim Papst ein geistliches Gericht: am 7. Okt. 1282 wird Wilhelm abgesetzt, als Gegenabt Konrad von Gundelfingen, Abt von Kempten, ernannt. Auf wessen Seite unser Verfasser steht, ist deutlich genug. Man merkt ihm die Genugtuung an, als nach Rudolfs Tod Wilhelm nach St. Gallen zurückkehren kann. Von 1291 berichtet er: *Die obrosten warent im hold gewesen; des genoß er, und liessent in in, und gab er och der stat die recht, die sie vor nie gehebt hatt, und si die andren äpt sidmals bestät hand, und die noch hand* (c. 58). Hier spricht der stadtstolze Bürger in dem Klosterchronisten. Als am 5. Mai 1292 Adolf von Nassau gewählt wird, *wart mänglich fro* (c. 62). Die schnöde Behandlung Wilhelms durch Albrecht, der ihn 1295 nach Wien beruft, um ihn zu richten, ihm dann aber nur sagt, *er hette der mûsse nit, das er in gerichten möcht — er wölti sich hernach mit im richten* (c. 64), führt zum Übertritt des Abtes zu A. v. Nassau 1297. Zwar mißlingt der erste Feldzug, doch lesen wir c. 65: *ünser apt wart hie wol enpfangen, won er hatt den sold gedienot.* Der Abt harrt beim König aus trotz der Hetzereien und des Abfalls Herzog Albrechts: *dehain pfaffen fürst was bi aim ainwelligen küng, won der abt von St. Gallen* (c. 68). Nun nicht mehr wie die Umschrift eines ritterlichen Gedichts, aber in der Art eines Heldenlieds folgt die bewegte Schilderung der „Schlacht auf dem Hasenbühel bei Göllheim". Aus germanischer und deutscher Dichtung kennen wir Schlachtschilderungen genug, K. ist durchaus mit ihnen zu vergleichen. Arm und geschlagen muß auch Abt Wilhelm fliehen, aber (c. 69): *Also kam er herwider mit großen eren und mit großem schaden.* In Albrecht, den K. auch nach Adolfs Tode nur den „Herzog" nennt, hat das Kloster einen ungnädigen Herrn. Als es endlich zu einer Versöhnung kommen soll, ist es zu spät. *Nun hett ich alle min not überwunden. So bin ich siech und krank, das ich nit weren mag* (c. 70). Am 11. Okt. 1301 wird der Abt, der so treu dem König gedient und weniger für das Kloster als für das Reich gelebt hat, von einer heftigen Krankheit so rasch dahingerafft, daß er nicht mehr beichten kann (c. 70): ...*Got waiß aber wol, was er tun wolt.*

4. Wenn K. bis hierher aus Überlieferungen geschöpft hat, so beginnt nun seine eigene Beobachtung. C. 71/79 berichten von Abt Heinrich von Ramstein. Die Schuldenlast des Klosters zwingt ihn zu häufigen Besteuerungen; so fanden 1308 acht Besteuerungen statt! Von König Heinrich erreicht Abt H. die Rechte über Wil. Wir hören von der *hochzit* Heinrichs zu Mailand, vom Tode seiner Gattin Margaretha und ihrem Begräbnis in Genua. Doch von der Reichsgeschichte wendet sich K. zur Klostergeschichte zurück, 1314 ist die große Feuersbrunst. Mit großer Teilnahme weiß der Bürger den Wiederaufbau zu schildern, St. Gallus möge dem sonst so harten Abt Heinrich seine Fürsorge für die Wiederherstellung vergelten! Hier wird auch Konrad Kuchimeister erwähnt. 1316 beginnt Abt H. zu kränkeln. Von Wil läßt er sich nach St. G. bringen und nahm *einen starken tod... Nun helf im got, won vor im was enhain grimlicher apt sinen gotzhus lüten* (c. 79); so hieß es schon c. 71: *Vor im ward nie unerbarmherziger apt armen lüten.* C. 80 bis 83, die Geschehnisse unter Abt Hiltbolt von Werstein, führen bis zum Jahre 1329. Auch Hiltbolt hat — wie sein Vorgänger — als Mitbewerber Ulrich von Trauchburg (Trutburg). Im Kloster sieht es nicht zum besten aus. Hiltbolt ist nicht vom Schlag der Berthold und Wilhelm, vielmehr *ain liechtsenfter man*, der *nieman dehain laid tet* (c. 80). *Und gieng das gotzhus vast ab an werlichait* (ebda.). Der Abt hielt sich neutral zwischen König Ludwig und Friedrich von Österreich; 1325 vergleicht Herzog Leopold den Abt mit den Toggenburgern. 1329 stirbt Hiltbolt. Nach einer Erwähnung der Gegnerschaft in der Nachfolge zwischen Ulrich von Enne und einem zweiten Berthold von Falkenstein schließt der Bericht des K. Ob er darüber starb, wissen wir nicht.

5. Für den Historiker mag K. eine der „wichtigsten und glaubwürdigsten Quellen für die Geschichte der schwäbischen und nordwestschweizerischen Territorien" sein, der auf zuverlässigen Quellen fußt, über gutes Wissen und große Beschlagenheit verfügt. Für den Literarhistoriker ist es wichtig, daß er als deutsch schreibender Laie die Reihe der lateinisch schreibenden Mönche würdig und voll persönlicher Eigenart fortsetzt. Er schreibt sein Werk in der Mundart seines Landes, seiner Stadt. Mögen die Fügungen noch rauh und etwas unbeholfen klingen (die häufigen Anknüpfungen mit *also... do... darnach...*), das vergißt man über der klaren Sicht und guten Darstellung der Personen wie der Begebenheiten. Historische Ungenauigkeiten (die hier und da vorliegen) sind für uns nicht von Belang. Wir müssen die Kunst und Kraft der Darstellung bewundern, mit der uns der Bürger ein Jahrhundert Klosterchronik schreibt, ohne seinen städtischen Standpunkt zu verleugnen, ohne der großen Einordnung in die Reichsgeschichte zu vergessen; bald ritterlich-höfisch im Stil (bei Abt Berthold), bald heldisch (bei Abt Wilhelm), oft auch legendenhaft (bei der Rache an dem Kelchdieb, c. 35; bei dem Gefecht im Riedernholz, als *sant Galle half sinen fründen oder lüten*, c. 61; bei der Erscheinung des hl. Gallus vor Albrecht, als er *im vor erschin und in manote, das er dem gotzhus bessoroti*, c. 64).

Geschlechtsnamen des weiten alemannischen Kreises klingen oft an, meist sind es auch Dichternamen: Winterstetten, Sax, Toggenburg, Kilchberg, Altstetten. Die *Ouwe*, möglicherweise Hartmanns Heimat, wird genannt. Unser bürgerlicher Chronist des Klosters St. Gallen reiht sich hinen mit der verborgenen Anekdotenform an. Denn wie bei den Dichtungen Hadlaubs (G. Weydt, GRM. 21) von der „verborgenen Novellenform" gesprochen wurde, so wird in der noch nicht offen zutage tretenden Form der Anekdote, des literarischen Porträts, der Chronist zum Dichter.

Ausg. Christian Kuchimeisters *Nüwe Casus* ... hrsg. von G. Meyer von Knonau 1881. — ADB. XVII S. 285. Bächtold *Geschichte der dtsch. Lit. in der Schweiz* S. 220/1. O. Lorenz *Deutschlands Geschichtsquellen im MA.* 1886 I S. 79. J. Nadler *Lit. der dtsch. Schweiz* 1930 S. 71, 136. H. Naumann *Altdeutsches Prosalesebuch* 1916 S. 120. S. Singer *Die mittelalterliche Lit. d. dtsch. Schweiz* 1930.

Mit der frühen „Anekdote" wird sich eine Bonner Diss. befassen.

Bertha Schwarz.

'Kudrun'.

1. Die Überlieferung. Die 'Kudrun', eine Großerzählung des 13. Jhs., ist uns durch das 'Heldenbuch' erhalten, das Maximilian (s. d.) aus romantischer Neigung im Anfang des 16. Jhs. (1504—1515) durch Hans Ried (s. d.) von Bozen schreiben ließ (vgl. Germ. 9 S. 381ff.). In dieser Sammelhandschrift der Ambraser Sammlung steht die 'Kudrun' zwischen dem 'Nibelungenlied' (s. d.) und der Erzählung von 'Biterolf und Dietleib' (s. d.). Hans Ried hat nicht das Original vor sich gehabt. Wahrscheinlich schrieb er die 'Kudrun' nach einer Sammelhandschrift, die vielleicht noch dem 13. Jh. angehört. (Doch vgl. H. Schmidt ZfdA. 54 [1913] S. 90.) Die Überlieferung zeigt, daß die 'Kudrun' im MA. keine breite Wirkung gehabt hat. Die große Zeit des Gedichts kam erst im 19. Jh.

Es ist so gut wie sicher, daß in der Vorlage Hans Rieds der Name der Hauptgestalt *Chudrun* geschrieben war und in dieser Namensform „etwas fremdartig" dastand (vgl. E. Schröder GGN. 1919, S. 51/52). Diese Namensform ist nicht zu trennen von der Namensform *Chriemhild*, die für die erste Hälfte des 13. Jhs. bezeugt ist. Man hat es drum mit Recht für sehr wahrscheinlich erklärt, daß bereits der Dichter der 'Kudrun' die absonderliche Form *Chudrun* wollte (E. Schröder). Der Ausfall des *n* vor ursprünglichem Reibelaut *(*gunþ > *guþ)* spricht für die friesische Herkunft des Namens. In dem anlautenden *Ch* mag der südostdeutsche Dichter eine Aussprache des Anlautes nachgebildet haben, die irgendwie durch die niederfränkische Aussprache des *g* bedingt war (vgl. A. Heusler ZfdA. 52 [1910] S. 105). Die jetzt übliche Form *Kudrun* behandelt das *Ch* als streng süddeutsches (südbairisches) *Ch*, das schriftsprachlichem *K* entspricht. Wie man aber auch die hochdeutsche Namensform erklärt, wir haben hier einen Wandernamen, der aus der Vortragskunst stammt und daher vom lautgesetzlichen Gleise abgewichen ist.

2. Die Ausgaben. Die Übersetzungen und Bearbeitungen. Der Neuzeit ist die 'Kudrun' erst verhältnismäßig spät bekannt geworden. A. Primisser zeigte im Jahre 1817 an, daß er die 'Kudrun' entdeckt habe. Im Jahre 1820 gaben v. d. Hagen und Primisser einen verbesserten Abdruck der Handschrift: in den 'Deutschen Gedichten des Mittelalters, hrsg. v. Fr. v. d. Hagen und J. G. Büsching' Bd. II, T. 1. 1835 versuchte A. Ziemann eine Ausgabe des mittelhochdeutschen Gedichts: 'Kutrun' (Bibl. der gesamten deutschen Nationallit. I). (Die Kudrunstrophe ist hier noch nicht erkannt.) Mit dieser Ausgabe beginnt die große Wirkung des Gedichts. Bald wurde die wissenschaftliche Beurteilung der 'Kudrun' durch Lachmanns Beurteilung des NL. beeinflußt. L. Ettmüller suchte „echte" Lieder aus dem Ganzen herauszuschälen: 'Gûdrûnlieder' (1841). Das geschah noch ohne Begründung der Auswahl. Durch K. Müllenhoff wurde sodann Lachmanns Arbeitsweise auf die 'Kudrun' übertragen: 'Kudrun, Die echten Theile des Gedichtes mit einer kritischen Einleitung' (1845). Müllenhoffs Auffassung des Gedichtes hat über ein Menschenalter hinaus (etwa bis zur Jahrhundertwende) gewirkt, war aber nie allgemein anerkannt. Die Geschichte ihres Abbaus kann hier nicht gegeben werden.

Von den weiteren Ausgaben des Gedichts sind hier nur die wichtigsten zu verzeichnen. Eine besondere Leistung war die Ausgabe von K. Bartsch: 'Kudrun' (Deutsche Klassiker des Mittelalters II) 1865, [4] 1880; Schul-Ausgabe 1875. (Über den Wert dieser Ausgabe vgl. E. Schröder GGN. 1918, S. 506.) Von Bartsch stammt auch die 1. Ausgabe in Kürschners DNL. (6. Bd. 1888). Einen Kommentar der Kudrun brachte die Ausgabe E. Martins: 'Kudrun' (Germ. Handbibl. II) 1872; 1902. Martin hält auch in der 2. Aufl. an Müllenhoffs Auffassung fest. (Vgl. auch die Textausgabe E. Martins, 1883; [2] 1911, in der E. Schröder den maßgebenden Text der Lesarten bringt.) Die Ausgabe von B. Symons hält sich im Text (nicht in der Strophenanordnung) möglichst nahe an die Handschrift: 'Kudrun' (Altdeutsche Textbibl. 5) 1883; [2] 1913. Den flüssigsten Text gibt E. Sievers: 'Der Nibelunge Not. Kudrun' (1921).

Mit dem Jahre 1836 beginnen die Versuche, die 'Kudrun' in das Neuhochdeutsche umzusetzen: G. G. Gervinus läßt anonym erscheinen: 'Gudrun, Ein episches Gedicht, Programm und Probegesang' (Wiedergabe der Erkundungsfahrt Herwigs und Ortwins und ihrer Folgen in Hexametern). S. Marte (A. Schulz) faßt, angeregt durch Tegnèrs *'Frithjofssaga'*, das Gedicht in 37 Romanzen: 'Gudrun, Nordseesage'. Es folgen zahlreiche Übersetzungen und Umdichtungen bis etwa zur Jahrhundertwende. Sehr viele Auflagen hatte K. Simrocks Übersetzung in der Kudrunstrophe, zuerst erschienen 1843. Auch in das Französische und Englische ist die 'Kudrun' übersetzt worden. Außerdem hat der Kudrunstoff zu Neudichtungen angeregt. Auch hier bildet das Jahr 1900 einen Abschluß. Erwähnenswert ist von den Neudichtungen des 19. Jhs. nur R. Baumbachs Gedicht 'Horand und Hilde' (1878; [2] 1887). Das erste Kudrundrama erschien 1851 (von V. Strauß), die erste Kudrunoper 1850 (von C. A. Mangold). Für sich steht E. Hardts Trauerspiel 'Gudrun' v. J. 1911. (Vgl. S. Benedict *Die Gudrunsage in der neueren deutschen Literatur*. Rostocker Diss. 1902; dazu Fr. Panzer ZfdPh. 35 S. 247ff. Vgl. ferner F. E. Sandbach *The Nibelungenlied and Gudrun in England and America*, London 1903.)

3. Der Aufbau. Wer eine Dichtung beurteilen will, muß ihren Aufbau deutlich vor sich haben. Damit ist auch jeder Betrachtung der 'Kudrun' der Weg vorgezeichnet. Die 'Kudrun' (dieser Name hier wie überall da, wo er ohne Zusatz auftritt, als Titel der ganzen Erzählung genommen) hat drei Teile, von denen die beiden letzten fest miteinander verbunden sind. Der dritte Teil, fast doppelt so groß als die beiden anderen Teile zusammen genommen, bringt die Hauptgeschichte.

1. Das Greifenabenteuer des jungen Hagen (Str. 1—203). Hagen ist der einzige Sohn des Königs Sigebant von Irland. In der Unruhe eines Festes wird der kleine Hagen von einem starken Greifen geraubt. Hagens Leben endet nicht im Greifennest. Ein junger Greif fällt mit ihm von einem Ast und kann ihn nicht halten. Hagen verbirgt sich. Er findet drei Königstöchter in einem hohlen Felsen, die auch vom Greifen fortgetragen waren. Wie sich diese Königstöchter retten konnten, bleibt im Dunkeln. Man ist nahe am Meer. Ein Kreuzfahrerschiff zerschellt an der Küste. Die Leichen werden von den Greifen geholt. Der kleine Hagen nimmt rechtzeitig die Waffen des letzten Toten. Er erschlägt die Greifen und befreit damit die Mädchen aus dem Felsen. Hagen lebt als Jäger in der Wildnis eine Art Robinsondasein, der Jugendliche hat Zwölfmännerkräfte. Die Mädchen wollen aus der Wildnis heraus. Die jungen Leute erreichen, daß sie von einem Pilgerschiff aufgenommen werden. Der Führer des Schiffs, der von Irland geschädigt worden ist, erklärt Hagen zum Gefangenen. Hagen erzwingt durch seine Kraft, daß das Schiff nach Irland geführt wird. In Irland wird Hilde von Indien, die zu den drei Mädchen des Greifenabenteuers gehört, seine Frau. Die Erzählung enthält in sich die Möglichkeit, eine der drei Wildnismädchen so herauszuheben, daß sie durch die Befreiung zu ihrem Befreier gehört. Aber sie ist nicht in dieser Weise angefaßt. Im Mittelpunkte stehn nur die Wundertaten des kleinen Hagen. Die Verlobung wird nachträglich angesetzt. Sigebant verzichtet sodann auf die Krone, Hagen übernimmt die Herrschaft. Er hat eine Tochter, die wie die Mutter Hilde heißt. Er will sie nur dem geben, der stärker ist als er.

2. Die Werbung Hetels um Hilde (Str. 204—586). Hetel von Hegelingen ist als Waise groß geworden. Er erscheint als Herrscher eines locker gefügten Reiches, zu dem außer Hegelingen Ortland (Nordland, vgl. E. Schröder GGN. 1919 S. 58/59), Dänenland, Stürmen, Friesen, Dietmers, Waleis und Nifland

gehören. Man darf diese Namen nicht zu fest anfassen. Die süddeutsche Erzählung denkt an ein mächtiges Nordreich, dessen Lage ungefähr durch Dänemark bestimmt wird. Die hervorragendsten von Hetels Getreuen sind der alte Wate von Stürmen, der Hetel erzogen hat, und Horand von Dänemark. Neben Horand steht in undeutlicher Beziehung der Däne Frute, also ein Träger des dänischen Königsnamens Frotho. Man rät Hetel, um Hilde von Irland, die Tochter des „wilden" Hagen, zu werben. Man weiß, wie gefährlich diese Werbung ist. Der „starke" Wate will Bote sein, wenn Horand und Frute, die ihm diese Aufgabe zugedacht haben, mitfahren. Man will sich durch eine doppelte List in Irland einführen. Die erste List: Horand soll als reicher Kaufmann auftreten. Die zweite List: man will sich unterbringen lassen, indem man angibt, von Hetel vertrieben zu sein. Eine kampftüchtige Schar soll verborgen gehalten werden. Durch den mehr kriegerischen Teil des Gesamtplans ist also ein Mittel gefunden, das Kaufmännische zurücktreten zu lassen. Nach einer märchenhaft reichen Zurüstung fahren die Werber ohne Hetel zum Wohnsitz Hagens.

Wie Bürger *(in burgære mâze)* eröffnen sie ihr Geschäft. Frute (nicht Horand) gilt als Vorsteher der Handelsgesellschaft. Vor dem Stadtrichter nennen sie sich Kaufleute. Hagen nimmt sie in seinen Schutz. Er erhält daher märchenhafte Gaben. Horand (nicht Wate) gibt beim Empfang an, sie seien von Hetel vertrieben. Hagen will die Vertriebenen durch Landgabe entschädigen und bringt sie vorläufig in der Stadt unter. Als Kaufleute sind denn auch diese Fremden sehr „höfische" Kaufleute, die ihre Ware ohne Gewinnsucht verschwenden. Man spürt schon hier, daß die beiden Ausreden, mit denen man den wahren Plan verdeckt, nicht richtig aufeinander abgestimmt sind. Man gibt sich als Kaufmann und klammert doch schnell diese Vorstellung ein.

Zunächst steht Wate im Vordergrund. Die junge Königin will ihn wegen seiner ungewöhnlichen Art sehn. Es zieht die Frauen an, daß Wate nicht als Mann der Gesellschaft wirkt, auch wenn er sich gesellschaftlich benimmt. Die Fremden werden am Hofe zu dauerndem Verkehr zugelassen. Wate läßt sich zum Schein von einem Fechtmeister und von Hagen in besonderen Hieben unterrichten. Er fordert sodann Hagen zu einem Fechtgang auf. Er erweist sich als Meister und festigt dadurch die Stellung der Fremden. Nach ihm erhält Horand seine Aventüre. Er singt mit so herrlicher Stimme, daß die Vögel verstummen. Der jungen Hilde gelingt es, den „Sangesmeister" heimlich in ihre Kemnate bringen zu lassen. Er singt ihr die Weise von Amilê, offenbar ein Stück lyrischer Kleinepik, durch das die Zuhörerin zu einem bestimmten Ziel gelenkt wird. Er erbittet als Lohn einen Gürtel für seinen Herrn Hetel und damit eine symbolische Gabe (Fr. Panzer). Hilde ist zur Ehe bereit. Sie tritt also auf die Seite der Werber. Die Entführung wird verabredet. Man gibt an, vom versöhnten Hetel zurückgerufen zu sein. Man bittet um die Ehre, daß Hagen und seine Familie zum Abschied das reiche Schiffsgut besehen.

Hagen begibt sich mit seinem Gefolge zum Strande. Dort wird die junge Hilde von ihrer Mutter getrennt. Hagen ist in der Überrumpelung machtlos. Die Dänen fahren ab. Hagen kann nicht sofort mit einer schnell zusammengerafften Truppe nach, weil seine Schiffe unbrauchbar gemacht sind. Die Brauträuber erreichen Waleis und damit Hetels Herrschaftsgebiet. Dort trifft auch Hetel ein. Indessen hat Hagen die Verfolgung aufgenommen. Am Strande von Waleis kommt es zur Schlacht. Hetel wird von Hagen verwundet. Doch bleibt das nur ein undeutliches Vorspiel. Den Hauptkampf kämpfen Hagen und Wate. Vor der Entscheidung, die gegen Hagen auszufallen droht, greift Hilde ein. Auf ihren Wunsch trennt Hetel die Kämpfenden. Wate heilt als eine Art Wundarzt *(der erzenîe meister)* die Wunden. Man hält in dieser Erzählung etwas von beruflicher Meisterschaft. In Hegelingen heiraten Hetel und Hilde. Hagen kehrt zufrieden nach Irland zurück. Dort stellt er im Gespräch mit seiner Frau fest, er habe seine Tochter aufs beste verheiratet.

Wie nach der Hochzeit Hagen—Hilde der Fortgang der Erzählung vorbereitet wurde (Str. 194—203), so geschieht es auch jetzt nach der Hochzeit Hetel—Hilde (Str. 563—586). Hetel und Hilde haben zwei Kinder. Der Sohn Ortwin wird wie der Vater von Wate erzogen. Die Tochter Kudrun wird schöner als ihre Mutter. Als erster Werber erscheint Siegfried von Moorland. Hetel lehnt ihn ab.

3. Der Raub und die Befreiung Kudruns (Str. 587—1705). Der junge König Hartmut von der Normandie will Kudrun gewinnen. Seine Mutter Gerlind treibt, und sein Vater Ludwig hilft. Er wirbt durch Boten. Die Boten werden von Hetel und Hilde abgewiesen. Hartmut gibt seinen Plan nicht auf. Indessen beginnt Herwig um Kudrun zu werben. Wo er hingehört, wird zunächst nicht bestimmt. Es heißt nur, daß sein Land in der Nähe von Kudruns Land liegt. Später wird es als Seeland angegeben. Das wirkt fast so, als ob ihn die Erzählung nicht unterbringen könne, oder gar, als ob er ursprünglich in den Bereich Hetels gehöre. Herwig erscheint plötzlich vor Hetels Burg, die Schlacht ist da. Hetel und Herwig stehn sich gegenüber. Kudrun greift, wie ehedem ihre Mutter Hilde, in den Kampf ein. Sie bekennt sich zu Herwig und wird ihm zugesprochen. Aber die Hochzeit findet nicht sofort statt. Kudrun wird noch bei den Eltern zurückgehalten.

Siegfried von Moorland bricht in Herwigs Land ein. Herwig wird stark bedrängt. Kudrun bittet den Vater zu helfen. Hetel zieht gegen Herwigs Feinde. Hartmut nutzt diese Lage aus. Er und Ludwig landen mit starker Macht unweit von Hildes Burg. Hartmut wirbt abermals durch Boten um Kudrun. Als er erneut abgelehnt wird, greift er an und erobert die Burg. Kudrun wird mit Gewalt fortgeführt. Hildes Boten eilen zu Hetel. Man macht Friede mit Siegfried von Moorland, Siegfried tritt auf Hetels Seite. Man nimmt die Verfolgung der Normannen auf.

Es wird deutlich, warum die Erzählung Kudrun und Herwig getrennt hält und Siegfried in Herwigs Land einbrechen läßt. Kudrun muß, wie ehedem Hilde, ohne entscheidende Gegenwirkung geraubt werden, damit Hartmut und Ludwig, wie ehedem Hetel, verfolgt werden können. Man hat also zu erwarten, daß sich der Kampf, den ehedem Hetel an der Grenze seines Landes gegen Hagen zu bestehen hatte, wiederholt. So kommt es auch. Die Normannen rasten auf dem Wülpensand, einer Insel, deren Name auf die Scheldemündung weist. Dort werden sie von Hetel überrascht. Ludwig ist nahe daran, von Wate erschlagen zu werden. Er erschlägt sodann Hetel, ohne daß dieser Kampf besonders gezeichnet wird. Kudrun kann hier nicht eingreifen, da sie nicht zwischen den Parteien steht. In der Nacht lösen sich die Normannen von ihren Gegnern ab und gewinnen die See. Wate und die anderen Dänenhelden, die wie Hartmut trotz alles Kämpfens keinen wirklichen Gegner haben, müssen zu Hilde zurückkehren. Wenn eine neue Macht herangewachsen ist, will man wieder ausziehn. Durch die Schlacht auf dem Wülpensand wird die Raubhandlung so weit gedehnt, daß Hetel umkommen kann. Die Schlacht ist zugleich ein Mittel, die Spannung zu erhöhen. Aber sie schließt nicht die Handlung ab. Denn die Grundform der Hildegeschichte paßt nicht zu einer Kudrungeschichte. Kudrun gehört, im Unterschied von Hilde, durchaus zur Partei ihrer Verwandten. Sie hat einen Bruder und überdies einen Verlobten. Sie will wiedergeholt sein.

Kudrun weigert sich, Hartmut zu heiraten. Sie wird von der bösen Gerlind zu hartem Dienst gezwungen. Sie bleibt trotz ihres Aschenbrödeldaseins fest. Auch durch Hartmuts Liebe und durch die Anhänglichkeit seiner Schwester Ortrun wird sie nicht erschüttert. Der Erzähler verweilt gern bei dieser Kudrun, wie es ihm überhaupt mehr liegt, Not, Trauer und Leid zu schildern als das Glück. Es fällt auf, daß Kudrun ihr Verhalten fast stets mit den Gewalttaten der Normannen, fast nie aber mit ihrer Beziehung zu Herwig begründet.

Die treibende Kraft in Hegelingen ist Hilde. Sie bietet nach Jahren ein großes Heer auf. Nach schwieriger Fahrt landet man unentdeckt im Normannengebiet. Kudrun wäscht am Strand. Ein Engel in Gestalt eines Vogels bereitet sie auf das Kommende vor. Am nächsten Morgen erscheinen Herwig und Ortwin an der gleichen Stelle, um zu erkunden. Herwig und Kudrun erkennen sich am Ring. Dann fahren die beiden Männer zurück. Kudrun wirft die Wäsche ins Meer. Sie erspart sich am Normannenhof stärkere Demütigung, indem sie zum Schein nachgibt.

Wate führt das Heer in der Nacht vor die Normannenburg. Sein Hornruf bezeichnet den Beginn des Kampfes. Die Normannen stellen sich zur Schlacht. Weil der Normanne Hartmut ohne Makel am Leben bleiben soll, obwohl seine Partei unterliegt, muß er sich ganz besonders im Kampf bewähren. Den ersten entscheidenden Kampf hat Herwig. Er erschlägt den alten König Ludwig. Den zweiten entscheidenden Kampf kämpfen Wate und Hartmut, der schon vorher Ortwin und Horand verwundet hat. Kudrun sorgt dafür, daß dieser Kampf durch Herwig unterbrochen wird. Kudrun und Herwig handeln also wie ehedem Hilde und Hetel. Aber dieser Kampf um die Burg entspricht dem Kampf, durch den die Normannen Kudrun eroberten. Kudruns Eingriff bringt daher nicht den Frieden. Hartmut wird gefangen, die Burg wird genommen. Wate, stürmend wie ein Berserker und ganz auf die Vernichtung des Gegners gerichtet, erschlägt die böse Gerlind. Kudrun ist für die Rückkehr frei.

Die Rückkehr ist eine Rückkehr zu Hilde. Kudrun und Herwig werden vereint. Dieser Schluß wird durch die Gründung weiterer Ehen verstärkt: Ortwin heiratet Hartmuts Schwester Ortrun. Der begnadigte Hartmut heiratet Hildeburg, die treuste Gefährtin Kudruns, und erhält obendrein sein Land zurück. Für den Moorenkönig, der mitgeholfen hat, wird noch eine namenlose Schwester Herwigs herbeigeholt. Ein großes Fest gibt Raum für eine grenzenlose Freigebigkeit. Dann trennt sich die Versammlung. Es ist soweit, daß Kudrun mit Herwig fortziehn kann, was ehedem der Einbruch der Normannen verhindert hatte. Die Schlußstrophen fehlen.

4. Die innere Form. Will man die 'Kudrun' als Erzählung beurteilen, darf man sie nicht als eine mehr oder minder zuverlässige Überlieferungsstelle irgendwelcher älterer Geschichten bewerten, sondern muß sie als eine eigenständige Erzählung ihrer Entstehungszeit aufzunehmen suchen. Wenn man so verfährt, wird man sie zunächst ganz schlicht als die Geschichte einer Familie zu bestimmen haben. Ihr erster Teil, die Geschichte vom jungen Hagen, läßt sich als echte Vorgeschichte leicht ablösen. Auch der zweite Teil, die Geschichte von der Werbung Hetels, ist noch eine Art Vorgeschichte. Aber er schließt sich doch enger an den Hauptteil an. Hilde und Wate wirken an hervorragenden Stellen bis zum Schluß. Wate, der zu Hetel gehört, bedeutet sogar noch in dem Hauptteil dem Erzähler mehr als Herwig und Ortwin, die blasse Gestalten bleiben. In der Geschichte von Hetel und Hilde spannt man darauf, ob die Werbung Hetels gelingt. Die Werber

Wate und Horand stehen im Vordergrund. Hetel und Hagen haben ungefähr den gleichen Rang. In der Geschichte von Kudrun (also im dritten Teil des Ganzen) spannt man darauf, ob Kudrun gegenüber dem guten Hartmut und der bösen Gerlind durchhält, und ob sie in die Heimat zurückkehren darf. Man spannt also darauf, ob die Abwehr einer Werbung gelingt. Die standhafte Kudrun wird am hellsten belichtet. Unter den kämpfenden Parteien erhalten der unglückliche Liebhaber Hartmut und der stürmende Wate am meisten Licht.

Um das Eigentümliche der Kudrunerzählung zu erfassen, wird man sie neben andere Erzählungsformen der Zeit stellen müssen. Am weitesten entfernt von ihr sind die im strengen Sinne höfisch-ritterlichen Erzählungen, die auf den Artuskreis weisen. Zwar hat die 'Kudrun' mit ihnen das glückliche Ende gemeinsam. Aber sie läßt nicht ihre Helden als Idealgestalten durch einen phantastischen Raum abenteuern. Sie gibt nicht eine Art Ritterlegende, durch die eine gesellschaftliche Bildungswelt verwirklicht wird. Sie zeichnet vielmehr eine kämpferisch bestimmte Wirklichkeit, die dem gesteigerten Alltag näher bleibt. Für ritterlichen Minnekult hat sie keinen Raum. Es geht im letzten Grunde um Mann und Frau und nicht um Ritter und Dame. Gleichwohl darf man die 'Kudrun' nicht als eine echte Heldensaga ansprechen, die eigenwüchsigen Naturen das Leben zum Schicksal werden läßt. Es gibt in ihr heldisches Aufrecken. Aber alle gefährlichen Spannungen werden immer wieder aufgelöst. Die zum Roman gehörige Märchenkausalität sorgt dafür, daß schließlich für die, die in der Erzählung die Guten sind, alles gut ausgeht. Nur Hetels Tod stört etwas die Reinheit dieses Eindrucks. (Über die Eigenart von Abläufen, deren innere Form besonders gut im Märchen ausgeprägt ist, vgl. A. Jolles *Einfache Formen* 1929, S. 218ff.)

Damit ist das aufgewiesen, was die 'Kudrun' vom NL. unterscheidet. Man darf daher die 'Kudrun' nur dann ein Heldenepos nennen, wenn man durch diesen Ausdruck unverbindlich den Unterschied von der streng höfischen Rittererzählung andeuten will. Denn in der Art ihres Aufbaus rückt die 'Kudrun' an spannende Unterhaltungsgeschichten von der Art des 'Königs Rother' (s. d.) heran. Nur vermag der Erzähler der 'Kudrun' ganz anders zu beschreiben und ganz anders zuständliche Szenen lyrisch zu durchfärben, als es in den eben erwähnten Unterhaltungsgeschichten geschieht. Darin kommt die 'Kudrun' den Rittererzählungen nahe, die der Natürlichkeit des antiken Romans verwandt bleiben. Nimmt man alles zusammen, so haben wir in der 'Kudrun' eine Erzählung, die von einem bewegten Leben voll heldischer Gefahren träumen läßt, Erregungen bringt, Rührungen weckt und doch alles zu einem glücklichen Märchenende führt. Die 'Kudrun' ist (mit gewissen Einschränkungen, die bei dem Bestimmen einer literarischen Gattung immer nötig sind) ein sentimentaler Heldenroman. Indem der Erzähler diese Art von Romandasein in der engeren Kudrunhandlung durch glückliche Griffe besonders deutlich herausarbeitet, gelingt ihm etwas, was in seiner Zeit keine besondere Wirkung haben konnte, dafür aber um so bereitwilliger in der Neuzeit (etwa seit der Mitte des 19. Jhs.) aufgenommen wurde. Der in der Neuzeit beliebte Hinweis auf die 'Odyssee' gibt für die Erkenntnis der mal. Erzählung nichts her, sondern erweckt falsche Vorstellungen.

Die 'Kudrun' als Erzählung ist nicht so gebaut, daß die einzelnen Erzählungsteile stets mit dem Blick auf das Ganze entworfen sind. So gibt es viel Unverhobeltes und Winkliges. Es gilt für die meisten mal. Erzählungen, daß die Einzelszenen für sich allein betrachtet sein wollen. Für die 'Kudrun' gilt es ganz besonders: Die Einzelheit kann in der Gesamtordnung eine gewisse Selbständigkeit und Freizügigkeit behalten. Damit gehört zusammen, daß der Erzähler der 'Kudrun' kein Raum- und Zeitgefühl hat. Vergeblich müht sich, wer die Landschaften und ihre Lage zueinander genau festzulegen sucht. (Von dieser Tatsache aus ist zu beurteilen: W. Jungandreas *Die Örtlichkeit der Gudrunsage*, Mitt. d. schles.

Ges. f. Volksk. 28, 1927, S. 19ff.) Ebensowenig darf man beim Lesen das Alter der Personen nachrechnen. Die Zahlenbegriffe sind als unbestimmte Vielheitsangaben zu nehmen. Das Entscheidende bleibt, daß der Erzähler Lageverhältnisse und zeitliche Ordnungen weder auffassen noch darstellen will und kann. Seine Darstellungskunst zeigt sich vielmehr in der Art, wie er von der Einzelszene aus Eindrücke und Stimmungen vermittelt.

Die oben erwähnte Auffassung K. Müllenhoffs läßt sich schon von hier aus beurteilen. Müllenhoff zog aus den 1502 Strophen der Erzählung des Hilde- und Kudrunteils 415 Strophen als die echten Strophen der ursprünglichen Erzählung heraus. Er erhielt dadurch eine romanartige Kurzerzählung von dramatischer Handlung. Aber nicht nur hatte er damit ein Gebilde geschaffen, das als Ganzes und in seinen Teilen keine mal. Lebensmöglichkeit hatte. Er hatte auch die innere Form der mal. Erzählung zerstört.

5. Die metrische Form und die Sprache. Der Kudrundichter hat seine Erzählung in Sprechstrophen abgefaßt. Zu dieser Form des Erzählens bestimmte ihn das literarische Vorbild des NL. Die Kudrunstrophe ist denn auch aus der Nibelungenstrophe heraus entwickelt. Fast 100 Strophen der Erzählung sind Nibelungenstrophen geblieben. Sie verteilen sich über das ganze Werk, aber mehr als die Hälfte gehören zum ersten Viertel der Erzählung. Die neue Form hat sich also immer mehr in der Erzählung befestigt.

Die Kudrunstrophe zeigt vier geteilte Langverse, deren Schlüsse paarweise aufeinander reimen (a:a, b:b). Die Anverse (vor der Zäsur) füllen den Raum eines Viertakters durch weibliche Dreiheber, deren zweisilbiger Schluß noch als schwerfallend (etwa als: –́ ⏑̀) genommen werden muß. In fast 350 Anversen tritt ein schwach schließender Vierheber (–́ –̀) ein (vgl. E. Schröder GGN. 1918, S. 507ff.). Jeder Abvers der ersten beiden Langverse stellt in den Raum eines Viertakters einen männlichen Dreiheber. Dadurch entspricht der erste Teil der Kudrunstrophe genau dem ersten Teil der Nibelungenstrophe. Der Abvers des dritten Langverses füllt einen Viertakter durch den weiblichen Dreiheber des Anverses. Und der Abvers des vierten Langverses füllt einen Sechstakter durch einen weiblichen Fünfheber, der von der gleichen Art ist wie die weiblichen Dreiheber. Dadurch zeigt der zweite Teil der Kudrunstrophe eine Grundform, die Wolfram v. Eschenbach (s. d.) im ersten Teil der Titurelstrophe verwendet. Kennzeichnend ist also für die Kudrunstrophe der weibliche Schluß des zweiten Reimpaares und die Weitung des Viertakters zum Sechstakter im letzten Abvers. Die Kudrunstrophe erhält dadurch einen lyrischen Klang. Am wahrscheinlichsten ist, daß erst der Kudrundichter diese Strophe gebildet hat. Wolframs Titurelstrophe wird nicht, wie man erwogen hat, als eine epische Strophenform von der Art der Kudrunstrophe gebildet sein. Denn die Titurelstrophe und die Kudrunstrophe haben eine verschiedene Grundform. Man hat eher anzunehmen, daß der Kudrundichter den ersten Teil der Nibelungenstrophe und den ersten Teil der Titurelstrophe zu einer neuen Einheit zusammennahm.

Der Kudrundichter ist in seiner Sprechweise so sehr vom Dichter des NL. abhängig, daß er den Eindruck erweckt, er habe beim Arbeiten den Text des NL. zur Hand gehabt. Das heißt aber: er lebt als Stilist ganz stark aus einer gegebenen Kunstsprache heraus und ist insofern durchaus Epigone. Einige Hinweise sollen andeuten, welche Auffassung der Kudrunsprache die Ergebnisse der bisherigen Forschung nahelegen. Die Kudrunsprache neigt zu formelhaftem Ausdruck, das Dargestellte wird nicht durch eine Fülle von Begriffen mit Eigenschaften ausgestattet. Dem widerspricht nicht, daß diese Sprache schon so etwas wie Stimmung vermittelt und hie und da auch Naturhaftes zeichnet. Die Sprache des NL. konnte zu all diesen Spracheigenheiten anregen. Die Sprache der 'Kudrun' wird denn auch wie die Sprache des NL. von der Sprache der höfisch ritterlichen Literatur gehalten. Nur ist die Kudrunsprache daran, die Sonderstellung jenes Sprachstiles, den der Nibelungendichter geschaffen hatte, aufzugeben. Sie rückt noch mehr als die Sprache des NL. an die gesellschaftliche Sprache des Ritterromans heran. Sie nähert sich zugleich in leichtem Abgleiten von der Sprachhöhe des NL. der Sprache unterhöfischer Darstellungsweise. Ein einheitlicher Sprachstil ist nicht erreicht, wenngleich Einzelnes gelingt. Die 'Kudrun' ist nach jeder Richtung ein zwitterhaftes und insofern unfertiges Werk.

6. Die Quellen. Die Sage von Hetels Zusammenstoß mit Hagen hat in der Form des erzählenden Liedes eine lange Geschichte gehabt. Es genügt hier die wichtigsten Zeugnisse zu nennen.

Im Alexanderroman des Pfaffen Lamprecht (s. d.), der wahrscheinlich in Köln entstand (vgl. E. Schröder GGN. 1928, § 28), wird v. 1321—24 eine Alexanderschlacht mit dem Kampf verglichen, der auf dem *Wolfenwerd* zwischen Hagen und Wate gekämpft wurde, und in dem der Vater der Hilde, also Hagen, fiel. (Die gleichfalls rheinische Bearbeitung des Romans, der sog. 'Straßburger Alexander', nennt den Kampfplatz mit seinem ursprünglichen Namen *Wülpenwerd.)* Darin liegt, daß mindestens noch in der ersten Hälfte des 12. Jhs. in niederrheinischer Landschaft ein Lied da war, das nicht so märchenhaft glücklich ausging wie der Hildeteil der 'Kudrun'. Es zeigte den Kampfplatz, auf dem im Kudrunteil Hetel durch den Vater des Brauträubers fällt. (Über die Lage des Wülpensands an der Scheldemündung vgl. Th. Frings ZfdA. 61, 1924, S. 192ff.)

Von den nordischen Zeugnissen seien genannt: Strophen der *'Ragnarsdrápa'* Bragis und ein Bericht in der *'Edda'* Snorris. Die nordischen Zeugnisse bringen nicht viel: Hild, die Tochter Högnis, wird von Hedin, dem Sohn des Hjarrandi, fortgeführt, als der Vater abwesend ist. Högni verfolgt und erreicht den Räuber. Högni wird vor dem Kampfe von Hild angesprochen. Der Kampf wird dadurch nicht unterbunden. Der Schluß führt nicht an die Vorstufen der deutschen Dichtung heran und ist nordische Zutat. Der Kampf ist hier ein ewiger Kampf, da Hild die Gefallenen wieder aufweckt. Indem das Motiv des Seelenkampfes benutzt wird, droht Hild zu einem elbischen Wesen zu werden. Auch eine dänische Fassung, die Saxo in seiner *'Historia Danica'* der Geschichte Frothos III. einfügt, hat diesen Schluß. Hier wird gesagt, daß sich Hidin und Högni gegenseitig töten, und daß die Kampfstelle die Insel Hidinsö war. Daß ursprünglich Hetel und Hagen fielen, ist durch diese nordischen Zeugnisse gesichert. Blieb Hilde nur das Selbstopfer?

Die angelsächsischen Zeugnisse sind wichtig, obwohl sie nur Namen bringen. Der Wanderer *('Widsith')*, eine Merkdichtung, die wohl noch im 8. Jh. gefügt ist, kennt einen *Hagena* als Herrscher der Holmryger, einen *Heoden* als Herrscher der Glommen und faßt beide als ein Paar zusammen. Er kennt außerdem einen *Wada* als Herrscher der Hälsungen. In des 'Sängers Klage' sagt der Sänger Deor, er sei der *Heodeninga skop* gewesen, bis ihn *Heorrenda*, der *léoðcræftig monn*, ersetzt habe. So sind nicht bloß Hagen und Hetel, sondern auch Herrand (Horand) und selbst der heldische Wate als alt erwiesen. Hetel erscheint als Inselrugier. Man pflegt daher das westliche Ostseegebiet als die ursprüngliche Landschaft Hetels anzusprechen. Auch verlockt die Hetelinsel, an Hiddensee bei Rügen zu denken (vgl. R. Much *Der germ. Osten in der Heldensage*, ZfdA. 57, 1920, vor allem S. 156ff.). Die Rugier sind aus ihren pommerschen Sitzen zum mindesten in ihrer Hauptmasse spätestens im 4. Jh. nach Süden gewandert. Eine Hetelgeschichte braucht deshalb nicht älter zu sein. Rugier, die sich im südwestlichen Norwegen festgesetzt haben, lassen vermuten, daß Teile von namengebender Kraft noch länger an der Ostsee geblieben sind (vgl. R. Much, Hoops Reall. IV. Bd. unter "Rugier"). Überdies scheint das Motiv von der Entführung einer Frau, die zum Entführer hält, im germanischen Raume nur unter westlichem oder südlichem Einfluß möglich zu sein. Daher ist Th. Frings überzeugt, daß die Hildefabel erst in der dänischen Wikingerwelt des 9. Jhs. entsteht (PBB. 54, 1930, S. 391ff.). Er weist sogar Grundzüge der mhd. Hildefabel, wie den Wettkampf zwischen dem Führer der Fremden und dem Vater der Braut und die Werbung durch Gesang, einem solchen Wikinglied des 9. Jhs. zu, weil die mhd. Hildegeschichte aus Motiven gebaut ist, die auch zur nordischen Fornaldarsaga gehören. Doch erheben sich gegen diese Auffassung starke Bedenken. Das Paar Hagen-Hetel ist älter als das 9. Jh. Es fehlt der zureichende Grund, dieses Paar von einer Fabel abzulösen, in der eine Art Hilde auftritt. Es ist nahezu ein Kennzeichen aller germanischen Fabeln, daß sie eine Frauengestalt haben. Auch fällt das Motiv einer Ehe, die nicht durch Übereinkunft der Sippe gegründet ist, nicht aus der germanischen Wirklichkeit heraus (vgl. H. Meyer *Friedelehe und Mutterrecht*, Zs. d. Savigny-Stiftg. f. Rechtsgesch. 47, 1927, S. 198ff.). Man hat ferner zu beachten, daß das Wikingern zur See bei allen Seegermanen älter als die sog. Wikingerzeit ist. Und endlich: die mhd. Hildefabel muß mit Motiven der Fornaldarsaga übereinstimmen, da mhd. Abenteurergeschichte und Fornaldarsaga literarisch auf gleicher Stufe stehn. Es läßt sich daher an solchen Übereinstimmungen die ursprüngliche Hildefabel nicht ablesen.

Die Quellenforschung wird hier nie zu sicheren Ergebnissen vordringen. Die ursprüngliche Hetel-Hildesage bleibt für uns im Dunkeln, sobald wir mehr als ihren einfachsten Grundriß sehen wollen. Es ist durchaus möglich, daß wir in der Hetel-Hildefabel altes Ostseegut der späteren Völkerwanderungszeit haben, etwa des 5. Jhs., vielleicht sogar einen nördlichen Trieb aus gotischem Einfluß. Daß auch in dieser Frühzeit die Ostsee mit dem Westen verbunden ist, hat Th. Frings besonders deutlich gezeigt (a. a. O. S. 415—17). Die Halbinsel Jütland wird wohl der Raum sein, von dem aus die Fabel auf den Nordseerand wirkt. Man wird schon für diese Frühzeit mit verschiedenen Fassungen zu rechnen haben. In der Zeit der frühmittelalterlichen Wikingerzüge ist die Fabel auf niederfränkisch-friesischem Boden an der Scheldemündung verörtlicht worden. Dort hat die uns zugängliche Weiterentwicklung stattgefunden. Die Erinnerung an das Ursprungsgebiet der Fabel ist offenbar durch den Einfluß der Wikinger lebendig geblieben. Der dänische Bereich vertrat das alte Gebiet.

Will man vom Germanischen aus die Verbindung mit der mhd. Erzählung herstellen, trennt man am besten den Hildeteil nicht scharf vom Kudrunteil ab. Denn die Kudrunfabel ist so, wie wir sie haben, bei aller Selbständigkeit nicht bloß durch Namen mit der Hildefabel verbunden. In der Entführung der Kudrun spiegelt sich vielleicht eine ältere Fassung der Hildesage. Das Motiv der Wülpensandschlacht kehrt wieder. Der Name Wülpensand gehört sogar nur dem Kudrunteil an. Zweimal trennt Kudrun gleich Hilde Kampfpaare, die ihr nahestehen. Außerdem weist der Name Kudrun auf das Nordseegebiet. (Vgl. auch R. Meißner, *Gustrate*, ZfdA. 60, 1923, S. 129ff. u. ZfdA. 64, 1927, S. 265/66.) Ein Kudrunlied muß also im Raume eines Hildeliedes entstanden sein (vgl. auch Th. Frings a. a. O. S. 414). Es verlangt eine Fassung des Hildeliedes, in der zum mindesten Hetel am Leben bleibt. Im Alexanderroman des Pfaffen Lamprecht (s. d.) heißt es, *noch Herewich noch Wolfwin* konnten Alexander im Kampfe gleich sein (v. 1325—28, Straßb. Alex. v. 1835—38). Man darf vielleicht bei dieser Stelle an eine Kudrunfabel denken. Gestalten einer Hildedichtung werden nicht gemeint sein, da der Kampf Hagen-Wate für sich gestellt ist. Da sich nicht erweisen läßt, daß Wolfwin und Ortwin gleichzusetzen sind, bleibt das Zeugnis in der Schwebe. Daß die Lust zum Fabulieren grade im 12. Jh. Geschichten von Brautwerbungen spielend umformte, zeigt die Großerzählung vom 'König Rother' (s. d.). Man beachte dabei, daß der Kudrunteil ein anderes Ethos hat als die beiden Teile des 'Rother', der nur in der Grundbewegung dem Kudrunteil ähnelt. Durch die Art der Entführung und Befreiung Kudruns wirkt sogar der Kudrunteil unseres Epos nordmännischer als der Hildeteil, was durchaus von der Art der Schilderung zu sondern ist (vgl. Fr. v. d. Leyen *Deutsches Sagenbuch* II S. 249/50 und 323, und H. Schneider *Germ. Heldensage* I S. 374/75 u. 377).

Im Kudrunteil hebt sich das Aschenbrödeldasein Kudruns und im Zusammenhang damit das Zusammentreffen Kudruns mit den Kundschaftern Herwig und Ortwin besonders heraus. Man nimmt an, daß auf den Buchepiker des 13. Jhs. die Ballade von der "wiedergefundenen Schwester" oder (wie man sie nach einer deutschen Fassung nennt) die Südeliballade (die Ballade vom Sudelchen) gewirkt hat (Fr. Panzer u. M. Kübel): Ein Mädchen kommt als Kind zu einer bösen Frau; sie wird in einem Aschenbrödeldasein gehalten. Ein Ritter wirbt um sie. Er wird von ihr abgewiesen. Im Gespräch erweist er sich als der Bruder. Er führt das Mädchen der Mutter zu. Gerade nordische Fassungen setzen die Begegnung von Bruder und Schwester an das Meer oder an einen Brunnen. Man soll freilich beachten, daß in der 'Kudrun' der Bruder keine besondere Rolle hat. Der Kundschaftergang dient wie die Botschaft des Engelvogels dazu, Kudrun auf Kommendes vorzubereiten. Das Grundgerüst der Kudrunfabel ist daher keineswegs in der Ballade enthalten. Man darf sich bei der Quellenfrage nicht allzusehr von dem Aschenbrödeldasein der Kudrun anziehen lassen.

Zu den mittelalterlichen Variationen über das Thema von der entführten Braut gehört auch die für uns sehr undeutliche Herbortsage, über die uns sehr verschieden um 1250 im mhd. 'Biterolf' und in der norwegischen 'Thidrekssaga' berichtet wird. (Herangezogen von Fr. Panzer *Hilde-Gudrun*, vor allem S. 411ff. Vgl. dazu H. Schneider *Germ. Heldensage* I S. 375/76.) Nach dem 'Biterolf' wird Hildeburg von der Normandie, die Tochter Ludwigs und Schwester Hartmuts, von Herbort geraubt. Es ist möglich, wenn auch nicht sicher, daß die Namen Ludwig, Hartmut und Hildeburg in der Herbortsage ursprünglicher sind als in der 'Kudrun', da auch die 'Klage' v. 2217/18 eine Hildeburg von der Normandie kennt. (Vgl. auch K. Droege ZfdA. 54, 1913, S. 162 u. J. M. Keyman *Kudrun en Biterolf* 1915, S. 193ff.) Aber auch ohne dies wird man anzunehmen haben, daß es ein einsträngiges Kudrunlied von der Art des Hildeliedes nie gegeben hat. Schon in dem Kudrunlied, das den Süddeutschen zuging, war eine Nebenbuhlerfabel aufgebaut.

Der künstlerische Vorgang, in dem eine ältere Kudrunfabel zusammenschießt, läßt sich nicht mehr aufweisen. Aber man darf versuchen, das Ergebnis eines solchen Vorgangs durch eine Formel behelfsmäßig zu verdeutlichen. In diesem Sinne kann man sich ein älteres Kudrunlied so entstanden denken: Eine Hildefabel, die wikingerhafter ist als die Hildefabel, die unserem mhd. Epos vorausgeht, wird unter dem Einfluß einer Art Herbortfabel zu einer Nebenbuhlerfabel erweitert und umgestaltet. An der Stelle der normannischen Hildeburg und ihrer Sippe steht die Heteltochter und ihre Sippe. Der Normanne raubt mit seinem Vater die Heteltochter nach einer älteren Hildeformel und verliert sie an den rechtmäßigen Bräutigam. Die Fabel wird durch zwei Hauptbewegungen bestimmt. Die Normannen fallen in das Land Hetels ein und rauben Kudrun. Hetel fällt und zwar vielleicht ursprünglich durch Hartmut. Herwig braucht bei diesem Kampf nicht zugegen zu sein (vgl. K. Droege a. a. O. S. 152). Den Gegenstoß führt auf Antreiben Hildes vor allem Wate. Ludwig fällt durch Herwig, vielleicht fällt auch Hartmut durch Wate, oder er bleibt für Hildeburg am Leben, die als eine Kudrun zweiten Grades erscheint. Die böse Gerlind mag erst von unserem Epiker nach einer Südelifabel als Gegenfigur zu Hilde geschaffen sein. Er gibt wohl auch erst den feindlichen Einbruch, der Herwig an einen "edlen Heiden" bindet (vgl. H. Naumann Festgabe G. Ehrismann 1925, S. 93). Das Landschaftsbild unseres Epikers, der nicht im Landschaftlichen denken kann, verschwimmt schon deshalb, weil auf ihn eine Hildefabel neuerer Art mit ihren eigenen Bestimmungen einwirkt. Er setzt diese Hildefabel der Kudrunfabel voraus. Er fügt auch den kleinen Roman von Hagens Jugend zusammen, wohl angeregt durch die kurze Angabe einer Hildegeschichte, daß Hagen in der Wildnis aufwuchs.

Eine viel einfachere Lösung des Kudrunrätsels scheint die Geschichte der Olimpia anzubieten, die Ariost im 9. Gesang seines *'Orlando furioso'* erzählt, und zwar in der letzten Ausgabe vom Jahre 1532: Olimpia, die Tochter des Grafen von Holland *(d'Olanda)*, wird dem Herzog Bireno von Seeland *(di Selandia)* verlobt, der nach Spanien gegen die Mauren zieht. Der König von Friesland *(di Frisa)* wirbt für seinen Sohn Arbante um Olimpia. Abgewiesen erobert er Holland. Der Graf von Holland und seine beiden Söhne fallen. Olimpia wird ausgeliefert und willigt zum Schein in die aufgezwungene Ehe. Bireno ist benachrichtigt und naht. Vor der Hochzeit kann Olimpia mit Hilfe zweier Getreuen den Königssohn töten und fliehen. Bireno ist inzwischen vom König gefangen worden. Er kann nur gerettet werden, wenn sich Olimpia ausliefert. Orlando hilft ihr. Er erledigt den König. Ein Heer von Seeland dringt zugleich ein und befreit den Bräutigam. Eine Schwester Arbantes soll mit dem Bruder Birenos vermählt werden.

So sehr sich die Geschichte Olimpias und die Geschichte Kudruns voneinander unterscheiden, sie sind nahe miteinander verwandt. O. Grüters, der die Geschichte Olimpias in die Kudrunforschung eingeführt hat (*Das Märe von der getreuen Braut*, GRM. 3, 1911, S. 138ff.), denkt im Vorbeigehn daran, daß Ariost aus einer französischen Prosanovelle schöpft, die aus einer älteren deutschen Kudrundichtung abgeleitet ist. M. Kübel (Von deutscher Poeterey 5, 1929, S. 51ff.) hält gegenüber dieser Annahme für wahrscheinlicher, daß Ariost aus dem tiroler Heldenbuch Kunde von unserem Epos hatte, was auch für Grüters eine unwahrscheinliche Möglichkeit war. M. H. Jellinek (Festgabe f. S. Singer 1930, S 27) setzt ein französisches Gedicht an, das Ariost den Stoff gibt und den Kudrundichter bestimmt. Aber man darf nicht daran vorbeigehn, daß beide Fabeln gerade dadurch so nahe aneinanderrücken, daß sie in derselben Landschaft ablaufen. Ein *duca di Selandia* sieht nicht nach einer ursprünglich französischen Fabel aus. Die französische Fabel müßte zunächst als eine französische Möglichkeit erwiesen werden (vgl. auch M. Kübel). Bei Seite kann hier bleiben, daß man dem Epiker des 13. Jhs. das Umschaffen einer französischen Fabel nicht zusprechen darf. Die Ariostphilologie hat die Frage zu beantworten, ob es nicht zu Ariost gehört, die Fabel unseres Epos durch Vereinfachen des Schauplatzes, Weglassen der Gerlindepisode und Wandlung der Kudrun zu verändern. Vorläufig hilft uns (wie M. Kübel hervorhebt) die Olimpiageschichte nicht weiter.

Indem wir den Quellen unserer Großerzählung nachspüren, müssen wir uns hüten, für das 12. und 13. Jh. mit allzu knappen und allzu starren Liedfabeln zu rechnen. Die erzählenden Lieder waren Vortragsstücke von Vortragsmeistenr, wohl schon vermittelt durch Vortragskonzepte, aber veränderbar, da kein Autorname sie schützte. (Vgl. zum Grundsätzlichen: D. v. Kralik *Deutsche Heldendichtung*, Das deutsche Mittelalter in Einzeldarst., 1930, S. 168ff.)

Man hat gemeint, daß unserem Epiker der Hildeteil schon als ,,ein mäßig großes Epos'', also als eine streng buchmäßige Erzählung vorlag (H. Schneider *Germ. Heldensage* I S. 383). Aber es ist zu bedenken, daß die buchmäßige Kurzerzählung (eine Art ,,Novelle'') erst im Laufe des 13. Jhs. hochkommt. Der Schöpfer des 'Rother' z. B. reihte im 12. Jh. schon deshalb zwei Frauenerwerbungen aneinander, weil man von einer streng literarischen Erzählung einen bestimmten Umfang verlangte. Daher würde eine Vorform des Kudrunteils oder noch besser eine Vorform der Hilde-Kudrunerzählung schon eher im Sinne der Zeit für eine Art Bucherzählung geeignet gewesen sein. So setzt Th. Frings in die Zeit nach der Mitte des 12. Jhs. ein rheinisches ,,Spielmannsepos', in dem eine Hildefabel und eine Gudrunfabel zusammengeschlossen sind (a. a. O. S. 408ff; dort weitere Lit.).

Die Quellenforschung darf nicht bloß geschlossene Fabeln suchen, nach denen der Epiker gearbeitet hat. Sie hat auch den Motivschatz verwandter Werbungsgeschichten zum Vergleich heranzuholen.

Man hilft damit die Phantasiemöglichkeiten des 12. und 13. Jhs. abstecken. Von hier aus muß man Fr. Panzers Versuch betrachten, die Hildesage und einen Teil der Kudrunsage mit dem Märchen vom Goldener zusammenzubringen. Weder die Hildesage noch die Kudrunsage lassen sich auf ein vorhandenes Märchen zurückführen. Aber in beiden Fabeln werden aus geeigneten Motiven Geschichten gebaut, deren Lebensauffassung mit der Lebensauffassung der Märchengattung und damit der Romangattung zusammengehört. (Die Durchforschung der Kudrunmotive haben stark gefördert G. Baesecke, Germ. Abh. 28, 1907, S. 274ff. und Th. Frings a. a. O. Über die Lebensauffassung des Märchens vgl. nochmals A. Jolles a. a. O. S. 218ff.)

Man darf den Schaffensvorgang, in dem die Kudrun entsteht, nicht zu sehr entpersönlichen, wie man es in den Anfängen der germanistischen Forschung getan hat. Aber man darf auch nicht in diesen Schaffensvorgang den Gestaltungswillen einer bewußt persönlichen Leistung eindeuten. Man kann die Art des literarischen Schaffens, aus dem die Kudrun hervorgeht, nahezu als ein literarisches Basteln bezeichnen. Eine endgültige Fassung hat es hier nie gegeben. (Vgl. von hier aus E. Sievers PBB. 54, 1930, S. 418ff.) Vielleicht gelingt es noch einmal besser als bisher, diesen Schaffensvorgang festzulegen (vgl. die Erwägungen D. v. Kraliks a. a. O., vor allem S. 173/74, u. H. Schneider, Merker-Stammler I, 1925, S. 479ff., unter „Heldenepos").

7. Die Entstehungszeit. Der Entstehungsort. Der Dichter. Die Entstehungszeit der 'Kudrun' festlegen, heißt bestimmen, wann man die Welt so darstellen kann, wie es in der 'Kudrun' geschieht. Der literarische Stil der 'Kudrun' fügt sich am besten in die literarische Welt der Generation ein, die die großen Dichter des 13. Jhs. ablöst. Wie das Nibelungenlied neben Wolframs Werken steht, so etwa die 'Kudrun' neben den Werken eines Rudolf von Ems (s. d.). Weiter führt, wenn man beachtet, wie in der 'Kudrun' das öffentliche Leben dargestellt ist, was A. E. Schönbach und vor allem K. Droege getan haben. Schon der Begriff des Landesherrn legt nahe, daß die 'Kudrun' nicht vor dem dritten Jahrzehnt des 13. Jhs. fertig war. Man glaubt auch sonst etwas von der Reichswelt zu spüren, die zu diesem Jahrzehnt gehört. Die Vorstellungen, die man durch die mhd. Erzählung von der Küstenlandschaft erhält, sind offenbar stark mitbestimmt durch die damalige Mittelmeerwelt. Versteht man unter der Entstehungszeit eines Werkes die Zeit, in der es abgeschlossen wurde, so wird man sagen dürfen: die 'Kudrun' ist wahrscheinlich um 1240 entstanden.

Noch weniger genau läßt sich bislang angeben, wo die 'Kudrun' entstanden ist. Sie gehört in das bairisch-österreichische Gebiet. Daß mit dieser Bestimmung an eine Alpenlandschaft zu denken ist, dafür gibt es kein sicheres Zeugnis. E. Martin dachte an das bairische Regensburg (vgl. Textabdruck S. XXVIII). Heranziehen muß man, daß die 'Kudrun' mit einigen Einschränkungen als Schule des Nibelungendichters anzusprechen ist. Wir werden uns wohl mit der 'Kudrun' im Bereiche der letzten Babenberger befinden.

Der 'Kudrun' kommt gemäß dem Brauche des Mittelalters kein Verfassername zu, weil sie sich nicht zur Gruppe der bewußten Bildungsdichtungen stellt. Es sei zudem daran erinnert, daß man den Schöpferbegriff nicht überspannen darf, wenn man eine Erzählung wie die 'Kudrun' erklären will. Sie kann weder von einem Ritter noch von einem Kleriker stammen, wenn man Ritter und Kleriker als Vertreter einer Bildungswelt nimmt. Natürlich war die 'Kudrun' für die führende Gesellschaftsschicht geschrieben. Aber wir verdanken sie der zwischenständischen Gruppe der Berufssänger und Berufssprecher. Für die Glieder dieser lockeren Gruppe, die nicht einen Stand ausmacht, war die persönliche Herkunft ohne Bedeutung, wie ihr denn auch Menschen verschiedener Schulung und Leistungshöhe zugeordnet werden können. Wichtiger ist, daß für das hohe MA. eine Dichtung, in der nicht eine Bildungsansicht festgelegt wird, als ein Stück Kunstgewerbe gilt, vor dem man nicht nach dem Verfasser fragt. Es kennzeichnet also eine Schaffensart, daß wir den Kudrundichter nicht nennen können. Diese Schaffensart gilt es zu begreifen. Darüber hinaus hat die Frage nach dem Dichter keinen vollen Sinn.

Eine Übersicht über die Kudrunliteratur geben: A. Fécamp *Le poème de Gudrun, ses origines, sa formation et son histoire* 1892; E. Martin, in seiner großen Ausgabe, letzte Aufl. 1902; P. Piper *'Kudrun'* (DNL. 6, 1) 1895; B. Symons, in der Einleitung seiner Ausgabe, 2. Aufl. 1914.

Von der übrigen Literatur werden hier nur einige Veröffentlichungen genannt, die bei der Weiterarbeit helfen können. Man vergleiche auch die Literatur, die oben im Text angeführt ist. Ein Teil dieser Veröffentlichungen greift über die Einzelabteilung hinaus, in die er hier eingeordnet ist.

Zum Aufbau und zur inneren Form: L. Beer *Zur Hildesage*, PBB. 14 (1888), vor allem S. 555—567. Fr. Panzer *Hilde-Gudrun* 1901; dazu G. Ehrismann ZfdPh. 37 (1905) S. 515ff. G. Baesecke *Der Münchener 'Oswald'* (Germ. Abh. 28) 1907, S. 274ff. Fr. Saran *'Kudrun'* (Handbücherei f. d. dt. Unterricht 1, 3) 1922. K. zur Nieden *Über die Verfasser der mhd. Heldenepen*, Bonner Diss. 1930. M. H. Jellinek *'Kudrun'*, Festgabe f. S. Singer 1930, S. 20ff.

Zur Sprache: E. Kettner *Der Einfluß des Nibelungenliedes auf die 'Gudrun'*, ZfdPh. 23 (1891) S. 145ff. Fr. Panzer a. a. O. J. M. Keyman *Kudrun en Biterolf*. Groninger Diss. 1915. E. Schröder *Zur Überlieferung und Textkritik der 'Kudrun'*, GGN. I 1917, II 1918, III/IV 1919, V 1919. A. Heusler *Deutsche Versgeschichte* II (1927), vor allem § 782. E. Sievers *Die stimmliche Gliederung des Kudruntextes*. PBB. 54 (1930) S. 418ff.

Zur Sage: Fr. Panzer a. a. O. B. Symons a. a. O. A. Heusler Hoops Reall. II (1913/15) S. 520f. unter „*Hetel und Hilde*"; III (1915/16) S. 113f. unter „*Kudrun*". O. L. Jiriczek *Die deutsche Heldensage* (Sammlung Göschen 32) 1919. Fr. von der Leyen *Deutsches Sagenbuch* II (Die deutschen Heldensagen) ² 1923, S. 232ff. H. Schneider *Germanische Heldensage* I, 1928 (Grundriß d. germ. Phil. 10, 1) S. 361ff. Ders. *Deutsche Heldensage* (Sammlung Göschen 32) 1930. M. Kübel *Das Fortleben des Kudrunepos* (Von dtsch. Poeterey 5) 1929. Th. Frings *Hilde*, PBB. 54 (1930) S. 391ff.

Zum Kulturgeschichtlichen: A. E. Schönbach *Das Christentum in der altdeutschen Heldendichtung* 1897. K. Droege *Zur Gesch. der 'Kudrun'*, ZfdA. 54 (1931) S. 121ff.

Friedrich Neumann.

Kues, s. Nikolaus v. K.

Kügelin, Konrad. Verfasser des in mehreren Hss. überlieferten Lebens der 1386 geborenen, 1420 gestorbenen und 1766 selig gesprochenen stigmatisierten Klausnerin Elisabeth Achler (s. Elisabeth Bona) von Reute bei Waldsee in Württemberg, der sich selbst als *Cůnrat unwirdig propest des münsters zů Walse ein geistlich corherre sant Augustinus orden der aller minste des bistoms zů Costentz... der selben jungfröwen bihter unwirdig bin ich gesin zwenczig jar* bezeichnet, so in der Berliner Hs. germ. quart. 194 (15. Jh.), die die Vita auf Bl. 199ᵃ—212ᵇ enthält; weitere Hss. sind in Engelberg Nr. 377 (42 Bll. in Quart, 16. Jh.), in Innsbruck Nr. 663 (15. Jh.) der Universitätsbibliothek Bl. 38ᵃ bis 48ᵇ, vgl. Anz. f. Kde. d. dtsch. Mittelalter 7 (1838) Sp. 432, und eine ehemals Straßburger Hs. v. 1428 Bl. 1—26, deren Verbleib unbekannt ist. Die Engelberger Hs. bietet den vollen Namen des Verfassers als *Conrad Kugelin*, ebenso die vormals Straßburger Hs. als *Conrad Kögelin*. Die Lebensbeschreibung der Elisabeth ist schlichte, aber anmutige Prosa.

Textabdruck nach der damals in Baracks Besitz befindlichen ehemals Straßburger Hs. (hess.) von Birlinger Alemannia 9 (1881) S. 275—292, dazu sprachliche, literarhistorische und bibliographische Anmerkungen 10 S. 81—109; über lateinische Bearbeitungen ebd. S. 96ff.

Hans Neumann.

Kugler, Hans, ist der Dichter eines Liedes auf die Ereignisse, die sich im Jahre 1474 in Nürnberg abspielten. Zwischen einem Ritter Hans Schüttensam und den Städten Nürnberg sowie Bamberg herrschte eine Fehde, die wohl nicht eine eigentliche Raubritterunternehmung, sondern zugleich eine grundsätzliche Auseinandersetzung zwischen Rittern und Städtern war, da auch andere Ritter in gewissem Grade für den Schüttensam und gegen die Städte Stellung nahmen. Durch den Verrat, den zwei seiner eigenen Leute mit Hilfe eines Mädchens an ihm begingen, gelangte Schüttensam in die Gewalt der Nürnberger, die ihn am 13. Sept. 1474 mitsamt den Verrätern richten ließen. Offenbar gleichzeitig entsteht das Lied des K., der sich als treuer Anhänger Nürnbergs bekennt. Dies Lied hat 25 Str. zu je 7 Z. und ist in frischem Ton geschrieben. Auffallend sind zahlreiche Assonanzen und unreine Reime.

Anf.: *Wol wir aber singen*
von ainem edelman?.....
Schl.: *Der uns das liedlein newes sang,*
von newem gesungen hat,
er hats geschenkt aim weisen rat
zů Nürnberg in der stat;
Hans Kugler ist er genant,
er war ir stäter diener
und dienet in all zů hant.

Das Gedicht liegt in zweifacher Überlieferung vor: A) Druck Augsburg bei Hans Zimmermann o. J., 4 Bll. 8⁰. Frankfurt, Stadtbibl. Auct. germ. L 521 fol. 88. — B) O. O. u. J., 4 Bll. 8⁰. Überschrift: *Ein new Lied Von dem / Schittensamen vnd seinem falschen knech / te.* Basel, Sarasinsche Samml. Aufgenommen wurde A in Uhlands Liedersammlung unter Nr. 136, B in 'Des Knaben Wunderhorn' II 180.

Unter dem Namen H. K. ist in einer durch A. v. Keller veröffentlichten Weimarer Hs. noch ein längeres Gedicht mit dem Titel 'Der Windbeutel' erhalten. Es umfaßt 155 Zeilen in Reimpaaren. Die Unreinheit der Reime ist auch hier aufzuweisen, so daß es durchaus unserm K. zugeschrieben werden kann, zumal die Sprache der Reime nicht gegen Nürnbergischen Ursprung spricht. Warum Keller es trotz der ausdrücklichen Namensangabe dem Hans Folz (s. d.) zuschreibt, ist nicht ersichtlich. Inhalt des Gedichtes ist eine Aneinanderreihung lügenhafter Begebenheiten von nicht besonderer Eigenart in der Weise der „verkehrten Welt". Anf.:

Hort ligen, lewt, von fremden sachen!...

Sch.:

Nun hept die crausen über sich
Und pit sie einer dem andern dar,
Das mir ein drinklin wider far!
Das ist der sin, des ich beger.
Also spricht Hans Kugler.

Andere Angaben über das Leben des K. waren nicht erfindlich. Daß er als Diener der Stadt und zugleich als Lohn begehrender Fahrender auftritt, ist an sich kein Widerspruch. Ähnliches begegnet uns öfter bei Dichtern geschichtlicher Volkslieder. Eine endgültige Bestimmung der Verfasseridentität beider Stücke wäre noch zu treffen.

ADB. XVII S. 315 Liliencron *Histor. Volkslieder* II Nr. 127; A. v. Keller *Aus altdeutschen Handschriften* S. 490ff.

Ruth Westermann.

Kule, Hinrik, Ratsschreiber in Lüneburg von 1399—1412, seit 1406 oder 1407 zugleich Pfarrer an der Hauptpfarrkirche von St. Johannis, die im genannten Jahre dem Patronat des Stadtrates unterstellt wurde. Im März 1412 wird der Benefiziat in Lüneburg H. K. als Kanonikus zu St. Marien in Hamburg auf Lebenszeit mit einer Sülzrente bedacht und zwar von Seiten des Domkapitels zu Lübeck, das hier den Genannten als seinen früheren Notar bezeichnet und seine treuen Dienste hervorhebt. Ein *Nicolus Kule* begegnet 137(3) in der Prager Universitätsmatrikel, ein *Hermann Kule* 1402/8 als Stadtschreiber in Hamburg.

Der große '*Donatus*', eines der inhaltreichen Amtsbücher des Lüneburger Stadtarchivs, berühmt durch die Aufzeichnung des Stadtrechts, beginnt mit einer kurzen Denkschrift über die Ursulanacht 1371, zählt die Namen der auf Lüneburgs Seite gefallenen Ritter, Bürgermeister, Ratmannen und Bürger auf, weist hin auf eine in Erinnerung des Sieges alljährlich begangene Gedenkfeier und bildet somit eine wertvolle Ergänzung zur Darstellung des Chronisten Floreke (s. d.). Die Verfasserschaft des Stadtschreibers H. K. ergibt sich mit Sicherheit aus der charakteristischen Handschrift.

Gedruckt: Volger *Urkundenbuch der Stadt Lüneburg* II S. 95; Deutsche Städtechroniken XXXVI S. 20ff.

W. Reinecke.

Kulm, s. Tilo v. K.

Culmacher, Philipp, aus Eger, Magister. Unter seinem Namen erschien um 1490 bei Martin Landsberg in Leipzig ein '*Regimen zu deutsch ... wider die grausamen erschrecklichen totlichen pestelentz*' (26 Bl. 4⁰; Klebs *Pestinkunabeln* Nr. 41 S. 28; Sudhoff *Dtsch. med. Inkunabeln* S. 176—178 Nr. 201) unter starker Anlehnung an Steinhöwel (s. d.) und das deutsche Eichstätter Pestregiment.

Arch. f. Gesch. d. Med. XVI. (1294) S. 3.

Sudhoff.

Künglein von Straßburg ist ein Meistersinger, über dessen Leben und Wirken wir nichts wissen, und dessen Namen wir nur durch Kunz Nachtigals (s. d.) berühmten und aufschlußreichen Dichterkatalog (Berlin mgq. 414 Bl. 426f. = WKL.II Sp. 1311) kennen. Er gehört zu den wenigen, die nicht auch gleichzeitig bei Hans Folz (s. d.; mgq. 414 Bl. 475f.) erscheinen.

Horst Oppenheim.

Künhofer, Konrad, s. Konrad von Nürnberg.

Künig, Hermann, v. Vach, s. Nachtrag.

Kunig, Matthias. Als in Trient der Christenknabe Simon 1475 durch Juden ermordet worden war, erschien noch im gleichen Jahr unter den zahlreichen Schriften, die sich das dankbare Thema nicht entgehen ließen, ein Gedicht, das in recht ungeschickten und holprigen Versen die ganze Geschichte wiedergab. Quelle waren offenbar die Erzählungen der Trientiner Einwohner. Der Vf., der sich selbst nennt, richtet innerhalb der Erzählung und am Schluß Ermahnungen an den Fürstbischof von Trient und an den Herzog Sigmund von Österreich, von den Juden kein Geld mehr zu leihen oder sonst zu nehmen und mit ihnen keinen Handel mehr zu treiben. Ausführlich werden dabei die Wunder hervorgehoben, die an der Leiche des Kindes geschehen sind, und am Ende der Bischof gelobt, dem zu Ehren das Gedicht verfaßt worden sei; der sonst unbekannte Vf. stand wohl in seinen Diensten oder wollte sich ihm damit sonst in empfehlende Erinnerung bringen.

Das Gedicht beginnt:

Heiliger geist nu gib mer vnder richt.
Er lucht mich hye in meinen gelich.

Der Dichter schließt:

Got hab dy selben in seiner acht.
Vnd alle dy da pey sint gevvesen.
Vnd furbas harent sagen. ader lesen.
Den geb got freydenvilklich.
Vnd vunsth yn amen arm vnd rich.

Schon diese Fehler im Druck sind auffallend. Überhaupt tritt der Druck aus der Reihe der sonstigen deutschen Wiegendrucke heraus (8 Bll. 8⁰. Ex. Berlin Staatsbibl. Inc. 3557). Er ist nämlich in lateinischen, damals neu eingeführten (italienischen) Lettern gehalten, und auch die zahlreichen Druckfehler beweisen, daß der Setzer ein Romane war und mit der deutschen Sprache nicht vertraut war. Der Drucker nennt sich auch am Schluß des Büchleins:

Meyster hans vom rin dis geticht gedrucket hat
Zu lobe den edeln dichtern fru ynd spat.
Die es gedichtet hant so schon.
Zu lobe got im hochsten tron.
Vnd auch dem edeln kindelin.
Am deilligen karfrytag leit es die pin.
Das pitte got durch synen dot.
Das er vns helff vß aller not.
M:CCCC:LXXV.

Dieser Drucker ist der sonst auch als *Johannes de Reno* oder *Johannes Renensis* bekannte Drucker, der in Santorso bei Vicenza lateinische, meist wissenschaftliche Werke druckte und mit diesem einzigen deutschsprachigen Werke aus seiner Presse seiner Heimat Tribut zollte; auch wollte er zweifellos geschäftlich die Konjunktur ausnutzen, denn zugleich ließ er aus seiner Offizin das lat. Werk des Arztes Tuberinus '*De passione pueri Simonis*' herausgehen; dieses ist aber nicht die Quelle für M. K. gewesen.

Einzige Erwähnung bei Weller *Annalen* II S. 11 Nr. 40 (ohne Vf.-Namen, Titel in Fraktur). — Über den Trientiner Mord vgl. Dörrer oben Bd. II Sp. 708ff. und die dort angegebene Literatur, in der ich aber das Werkchen des Matth. Kunig nirgends erwähnt finde. Wieweit sein geschichtlicher Quellenwert geht, mögen die Historiker ausmachen.

W. St.

Künlin, Johannes, schrieb eine gereimte Strafrede von den zehn Geboten. Sie findet sich vollständig in der Münchener Staatsbibliothek, cgm. 444, Bl. 209—218, unvollständig cgm. 379, Bl. 4b bis 11b (331 Verse, im siebenten Gebot abbrechend; abgedruckt Alemannia 18 S. 97—127, 203—335) und Stiftsbibliothek St. Peter in Salzburg b IV 3, Bl. 7a—14a. Anf.: *Was jeman singt oder seit Von got oder von der gerechtikeit*; Schl.: *Der dise red geschriben hat Johannes Künlin heist er mit namen Maria las dir in enpholhen sein amen.* Das Werkchen umfaßt in cgm. 444 422 Verse (Paarreime mit einzelnen Dreiern untermischt), scheint alemannisch zu sein und dem Anfang des

15. Jhs. zu entstammen. Die Einteilung ist die gewöhnliche: 3×7 Gebote. Der Verfasser ist kaum Geistlicher, eher ein Schulmann, jedenfalls kein Dichter.

L. L. Hammerich.

Kunrad oder **Kunz,** s. Konrad.

Kunz von Rosenheim. Unter diesem Namen enthält die Manessische Liederhandschrift in ihrem zweiten (nicht mehr rein adligen) Teil und als späteren Nachtrag einige wenige Lieder oder doch einzelne Strophen, die ausnahmslos entweder in der alten Heidelberger Handschrift (A) oder auch in dem adligen Kern der Manessischen selber unter anderem Namen noch einmal erscheinen. Es liegt nahe, hier, wie auch in ähnlichen Fällen, das Repertoire eines anderen, etwa Fahrenden, der der Dichter der Lieder nicht war, zu vermuten.

Von den beiden Strophen des ersten Tons steht die zweite in der Man. Sammlung vorn in der alten Veldekegruppe (als Nachtrag zu BC: C 52). Sie ist eine spruchartige gnomische Strophe von sehr einfacher, leichtflüssiger Form, handelt vom Laster des *rüemens* und der Würde der Frauen und ist ganz in der Veldekeschen Manier, mindestens also ausgezeichnet kopiert. Dazu haben wir im gleichen Ton eine zweite, eine Klage über Verfall von Freude und Zucht. Diese beiden stehen in der Man. Hs. (C) unter Rosenheims Namen, in der alten Heidelberger (A) unter dem des nur als Verfasser dieses Liedes dort auftretenden, sonst gänzlich unbekannten Hugo von Mülndorf, als dessen Heimat aber v. d. Hagen mit Recht das Städtchen Mühldorf in Baiern vermutet; er war also engerer Heimatgenosse und Nachbar des Kunz. Ob wenigstens diese Strophe einer von diesen beiden unbekannten Größen gehört oder doch beide, oder ob beide versprengtes Eigentum Veldekes sind, das unter Spielmannseigentum kam, läßt sich höchstens in genauer Untersuchung, wahrscheinlich jedoch überhaupt nicht, entscheiden. Sie bilden (vgl. MF. zu 61, 29) ein schlagendes Gegenstück zu Veldekes Lied 61, 18ff. MF. spricht sie Veldeke ab, aber ohne Begründung. Es ist also zunächst im Grunde nicht einzusehen, warum sie nicht ebenso wahrscheinlich Veldekes Eigentum sind, wie manches, was bloß unter dem Namen Veldeke geht. v. d. Hagen druckt sie ohne stichhaltigen Grund unter Rosenheim ab. — Den zweiten Ton bildet ein dreistrophiges übliches Minnelied mit dem Ausdruck unverfälschtester platonischer Liebe, das dem Sänger Wachsmut von Künzingen (s. d.) offenkundig gehört. Denn es steht nicht nur bei dessen Sammlung in der Man. Hs. (C) (HMS. Nr. 50, I, 303; Str. 15ff.), sondern auch in der alten Heidelberger Hs. (A) unter Wachsmut; hier bildet es mit mindestens einem, ja zwei verbürgten Künzingen-Liedern eine eigene Gruppe um diesen fragmentarischen Namen. Wie dieses V. Lied Wachsmuts in der Man. Hs. in das Rosenheim-Repertoire, so hat sein zweites in der alten Heidelberger (A) sich in die ähnlich zu beurteilende *Niune*-Sammlung verirrt (Str. 10f.). Eben das V. (unter Rosenheims Namen geratene) Lied ist es vielleicht aber gewesen, was Gedrut (s. d.), ebenfalls einen obskuren Gesellen, von dem wir ein Repertoire ebenfalls herrenloser Lieder in der alten Heidelberger Hs. besitzen, zu dem Spott, den er über Wachsmuts Donquichotterie platonischer Liebe ausgießt, gereizt hat (Str. 1, 2 bei Pfeiffer; HMS. IV, 237f.; III, 332a). Sie sind also beide gleichzeitig gewesen. — Die Einzelstrophe des dritten Tons ist überkommen unter den verschiedensten Namen. In der alten Heidelberger (A) steht sie zunächst einmal in dem erwähnten Repertoire eben des Gedrut (Str. 29 bei Pfeiffer). Zum zweiten Mal steht sie in der gleichen Hs. in Singenbergs (d. h. des Truchsessen von St. Gallen) Sammlung (Str. 55 bei Pfeiffer). In der Man. Hs. (C) steht sie zunächst unter Singenberg (s. d.) als Mittelstrophe eines dreistrophigen Lieds (VI, bei v. d. Hagen I, 289b), und sie kehrt wieder als Einzelstrophe unter Rosenheims Namen. Es handelt sich um ein Minnelied von der üblichen strengeren Haltung. Und auch hier muß man sich wieder für den bekannten Poeten entscheiden. Denn es ist wahrscheinlicher, daß eine Singenberg strophe einzeln unters Fußvolk geriet, als daß eine Fahrendenstrophe in einer Singenbergquelle zum geschlossenen Lied sich auswuchs.

Wir haben also in dem Namen K. v. R. nichts als ein (Fahrenden?-) Repertoire, ohne irgendwelche Gewähr, daß es eigene Erzeugnisse dieses Rosenheimers enthält. Damit ist für Kunz die etwaige Mitgliedschaft an dem edlen, von Kluckhohn und v. d. Hagen urkundlich belegten, nach dem bairischen R. benannten Geschlecht noch unsicherer geworden, während Wallner adligen Stand für ihn noch ausdrücklich angenommen und Kluckhohn sie nicht ausdrücklich abgelehnt hat. Schon das Fehlen des Herrntitels und Wappens (v. d. Hagen, Grimme) war ja zwar nicht ausschlaggebend (Wallner), aber immerhin doch belastend (v. d. Hagen hat sich den Dichter allerdings scheinbar auf Grund des [völlig bedeutungslosen] ,,Gemäldes" trotzdem ,,wenigstens" als einen ,,Gutsherrn" gedacht).

B. J. Docen Museum f. altd. Lit. I (1809) S. 151. HMS. IV S, 643f. *Alte Heidelberger Liederhandschrift, hg. v.* F. Pfeiffer 1844. F. Grimme Germ. 33 (1888) S. 443; ders. Neue Heidelberger Jahrbücher 4 (1894) S. 74. A. Wallner PBB. 33 (1908) S. 486, 523. P. Kluckhohn ZfdA. 52 (1910) S. 154.

Halbach.

Künzelsau, s. Fronleichnamsspiel.

Künzingen, s. Wachsmut v. K.

Der von Kürenberg.

Cod. Pal. Germ. 848 (C) Bl. 63c = Pfaffs Textabdruck Sp. 175.

1. Kürnberg heißt ,,Mühlberg" (worauf in *C* das redende Wappen, eine Handmühle, anspielt) und ist ein weit verbreiteter Ortsname Oberdeutschlands, der an Dörfern, Gehöften und Burgen, Wäldern und Einöden haftet. Freiherren dieses Namens sind für das 11. Jh. im Breisgau bezeugt, Dienstmannen für das 12. Jh. in Österreich, bei Melk (Purchard, Magins, Otto 1132—1166) und bei Linz (Konrad, Walther 1140—1161). Die Kürnbergsuche in den Urkunden ist vielleicht ein müßiges Beginnen, da der überlieferte Sängername ganz unsicher ist: er mag, wie schon Lachmann und Haupt erwogen, aus dem Frauenmonolog 8, 1 gefolgert sein. Die Frau hat in verwichener Nacht, an der Zinne lauschend, einen Ritter *in Kürenberges wîse* wunderschön singen hören, mitten aus der Menge heraus. ,,Er muß mir aus dem Lande oder muß mein werden!" Darauf antwortet die Gegenstrophe 9, 29: ,,Bring rasch mir Roß und Rüstung, denn ich muß vor einer Frau, die mich zur Minne zwingen will, aus dem Lande weichen. Sie muß meiner Liebe für immer entraten!" Der Dichter gibt sich somit als der nächtliche Sänger zu erkennen; aber ist er der Kürnberger, oder singt er bloß eine Liedweise des Kürnbergers? Schwerlich wird er einer fremden Weise so betörende Wirkung nachrühmen. Aber kann er anderseits die Frau geradezu sagen lassen: ,,Ich liebe einen Ritter, den Kürnberger" ? Und was entzündet eigentlich ihre Liebesglut? Die Weise offenbar nicht, denn die kennt sie ja, hat sie also schon früher gehört. Das Berückende kann nur in der Stimme des nächtlichen Sängers liegen; dann hat aber die Angabe der Weise keinen Sinn. Oder soll sie bloß als Kennzeichen dienen, damit *ein ritter* merke, er sei gemeint? Auch das ist überflüssig. In den Wechseln der Frühzeit ist *ein ritter, ein frouwe*, wie die Redenden einander durchwegs bezeichnen, nichts als ein verhülltes *du*, und die Umschreibung hat wohl nur den Zweck, die beiden Standeswörter anzubringen.

2. Ebenso unverständlich, wie ihre Erwähnung, ist die *Kürenberges wîse* an sich. Im 10. Jh. benannte man die Melodie nach dem Helden des Liedes *(modus Carelmanninc, m. Liebinc, m. Ottinc)*, nicht nach dem Autor. Dies wurde, soviel wir wissen, erst zur Meistersingerzeit üblich, aus Bedürfnissen der Singschule und aus literarhistorischem Interesse. Dreihundert Jahre früher, in den Anfängen des rein lyrischen Kunstliedes, fehlt für die eine wie für die andere Art der Namengebung Handhabe und Anlaß. Überdies ist *Kürenberc* ein Ortsname, und so früh im 12. Jh. ist der bloße Ortsname als Personenname nicht glaubhaft. Socins 'Mhd. Namenbuch' (S. 364) hat dafür vor 1250 aus Urkunden nur vereinzelte, mitunter unsichere Belege, und Ulrich v. Liechtenstein (i. J. 1255;

s. d.) erlaubt sich bei den hunderten seiner Adelsnamen (im Verse!) nie die Kürzung. Zwar sagt Wolfram (s. d.) einmal: *her Vogelweid* und der Marner (s. d.): *der Venis*, aber sie spielen da wohl mit dem Nebensinn „Vogelsteller" (*weide* swm.) und „Phönix" (vgl. HMS. IV S. 47). *In Kürenberges wîse* könnte demnach nur heißen „wie auf dem Kürnberg (der Burg)" oder „wie im K. (bei den Elben) gesungen wird".

3. Im ersten Falle wäre dann (da unsere Strophen die ältesten ritterlichen Liebeslieder sind) mit der frauenbetörenden Weise der neue Hofbrauch des Minnesangs gemeint, der soeben vom Kürnberg aus ins Land getragen wird, wie die Frau an der Zinne vom Hörensagen weiß. Sie erfährt nun an sich die berückende Gewalt des ersten Minneliedes, so daß sie dem Sänger verfallen ist, ohne ihn auch nur gesehen zu haben. Ob dieser der Kürnberger selbst ist, der ohne ihr Vorwissen zugekehrt wäre, oder einer ihrer eigenen Ritter, das läßt der Dichter in Schwebe, aber er steigert übermütig durch die Gegenstrophe noch den Eindruck, den die neue Kunst auf Frauenherzen übt: sein Lied galt gar nicht der fürstlichen Lauscherin, und ihre Eroberung ist ihm ganz unerwünscht! Diese scherzhaft übertreibende Selbstberühmung wäre der kecken Art des Autors von 8, 9 und 10, 17 ganz gemäß und hätte ihr Seitenstück bei Neidhart (s. d.) und Ulrich v. Winterstetten (s. d.). Und der eigentliche Zweck der Namensnennung wäre, wie bei Kerling (s. d.) und Spervogel (s. d.), die Märke „*K. fecit*" für seinen Hauptton. *On sait que les plus anciens poètes aimaient à se nommer dans leurs vers* (Jeanroy *Origines* S. 285).

4. Nur diese Deutung, die freilich ihr Schulschmäcklein hat, könnte m. E. den Dichternamen retten. Hält man ihn für apokryph, so wird für die zweite oben angedeutete Auffassung das Feld frei. Die magische Wirkung der Kürnbergweise gemahnt lebhaft an den *albleich*, die Elbenweise, die sinnberückend aus Strom und Wasserfall, aus Elfenhügeln und hohlen Bergen tönt (Laurin v. 1029—52). Das Goldharfenspiel der Zwergenkönigstochter lockt den Ritter Tynne in den Berg. Der *elfknight* Ulinger singt im Ried vor der Burg, und die Jungfrau an der Zinne ruft alles vergessend: "Mit dem will ich von hinnen!" Vielleicht haftete auch an einem Kürnberg (der eine Burg trug) die Ulingersage. Oder hat erst die Überlieferung (wir besitzen nur eine Hs.) den Eigennamen eingeschmuggelt, aus Mißverstand, Fahrlässigkeit oder einer lokalen Anspielung zuliebe? Eine Lesart *lûrenberc* würde flugs alle Rätsel lösen, die uns die überlieferte aufgibt.

5. Es bietet sich übrigens ein Weg, den fatalen Eigennamen los zu werden, ohne die Überlieferung anzutasten, und man gewinnt damit eine dritte Deutungsmöglichkeit. Den Dichtern des MA.s ist alle Kunst des Sangs und Klangs (*rede und gedoene*) Zwergen- und Feiengabe, *wilder funt*. Die im Berge machen nicht nur selbst herrliche Musik (auch ihr König Alberich, *der wilde wîse*), sie wissen diese Kunst auch an Sterblichen zu schätzen und entführen schön singende Frauen, Lautenschläger, berühmte Sänger wie Tom den Reimer und den Tannhäuser (s. d.) in ihr Reich. Auch diese Anschauungen können der „Kürnberg"-Strophe zugrunde liegen. Die Frau an der Zinne hört den Ritter *vil wol singen: in küren bergeswîse al ûz der menigîn!* „Die Wissenden im Berge, die kunstverständigen Elben, würden aus allen Sängern der Welt ihn sich erkiesen." Man hat den Zug, daß der betörende Gesang beim Männergelage (*al ûz der menigîn*) ertönt, mit Recht als befremdlich empfunden (E. Schröder ZfdA. 61, S. 180); der Anstoß wäre nun beseitigt, und dafür käme die alte Formel zum Vorschein: *kiesen ûz al der werlde, under thera menigo, ûzar uuoroltmenigî.* Diese Lesung dürfte daher mehr als ein Kuriosum sein.

6. Sie setzt freilich ein Mißverständnis voraus, das bis über die Mitte des 13. Jhs. zurückgehen mag (aber auch dann noch hundert Jahre jünger wäre als das Lied), denn die Überschrift *Der von Kürenberc* rührt nicht erst von *C* her. Dieser Dichtername konnte nur aus einer Vorlage erschlossen werden, in der die Gegenstrophe

9, 29 unmittelbar hinter 8, 1 stand. In der Hs. *C* ist die ursprüngliche Abfolge der 13 Str. des 2. Tons zerstört durch die Zusammenfassung der Frauenstrophen einerseits, der Männerstrophen anderseits und durch die Anordnung jener nach Stichwörtern. Vermutlich schlossen sich diese Strophen ursprünglich zu „Wechseln" zusammen (etwa: 7, 19; 9, 21; 8, 1: 9, 29; 8, 17:8, 9; 8, 25:10, 9; 9, 13:10,1); die Str. 10, 17 aber sprach schon damals das Schlußwort. Den Wechsel 7, 1:7, 18 schützte der besondere Ton vor der Aufteilung, und dasFalkenlied der geschlossene Inhalt. Da aber wahrscheinlich alle übrigen Strophen Wechsel sind, und da es, davon abgesehen, in der Frühzeit überhaupt kein Strophenpaar gibt, das nicht ein Wechsel wäre, so muß wohl auch das Falkenlied ein Wechsel sein: das Liebespaar ist getrennt und kann (wie im '*Lai de Milun*') nur durch den goldschimmernden Botenvogel Grüße tauschen. Die herrschende Auffassung, der Falke sei ein Sinnbild des Geliebten, vermag das Gedicht nicht befriedigend zu erklären, das ja ein Kunstlied und nicht ein zersungenes Volkslied ist (vgl. ZfdA. 50 S. 206; Joseph QF. 79 S. 47ff.). Auch kann der Kürnberger das Lied mit dem Falkensymbol nicht wohl gedichtet haben, da es schon vorhanden war, wie ein ital. Sonett des 13. Jhs. und jüngere deutsche, vlämische, französische, italienische (und serbische: Frings PBB. 54 S. 144) Volkslieder zeigen, mit überraschenden Anklängen an das altd. Lied, auf das man sie unmöglich zurückführen kann (vgl. auch Wilmanns-Michels *Walther* ² I, S. 408). Der K. aber handhabte das mythisch umwitterte Falkensymbol des Volksliedes genau so realistisch wie in 8, 1 das mythische Ulingermotiv: er stellte es auf den Boden der Wirklichkeit und bog es zum persönlichen Erlebnis um. Dem Volksgesang und der volkstümlichen Gnomik verdankt er auch sonst die Anregung für seine ganz subjektive Lyrik. So haben 7, 9; 8, 17; 9, 21 im Volkslied ihre Keime; eine Reihe von Str. geht von sprichwörtlichen Redensarten aus, und eine Reihe von Wendungen gehört zum Formelschatz des Volksliedes, und nicht bloß des deutschen.

7. Mit dem Minnesang hat die K.-dichtung das Thema „Ritterliebe" gemein, das in reicher Entfaltung abgewandelt wird. Nur eine Seite fehlt gänzlich, die gerade das Um und Auf des Minnesangs ist, nämlich der ideale Lehendienst, das Werben ohne Erhörung. Die Rollen von Mann und Frau sind vertauscht: sie bangt um seine Liebe, weint über Entfremdung und hofft auf Versöhnung, findet sich trauernd in den Verzicht, sehnt sich mit sinnlichem Verlangen nach dem Geliebten, empört sich über seine Schüchternheit und will seine Minne erzwingen; er ist zaghaft und stürmisch, zärtlich und schroff, knabenhaft treuherzig und prahlerisch verrucht. Das sind nicht die Idealtypen von Ritter und Dame in der spätern Hoflyrik, sondern noch Mann und Weib aus dem wirklichen Leben. Im Gegensatz zur Heldin des Minnesangs ist Kürnbergs *frouwe* (wahrscheinlich überall) ein *megetîn;* und was sonst zu dem Personenapparat des Minnesangs stimmt, die verhaßten Merker und die hilfreichen Boten, das ist wohl Gemeingut aller alten Liebesdichtung.

8. In der Darstellungsform hebt die K.-Lieder ihre frische Unmittelbarkeit aus allem alten Liedergut heraus. Sie wirken wie erlebt, tatsächlichen Anlässen entsprungen. Die Situation ist immer bestimmt umrissen: die Frau an der Zinne oder im Schlafgemach, der Mann vor ihrem Bette; Abfertigung des Boten durch sie und durch ihn, Ruf nach Roß und Rüstung zum Aufbruch, Aufforderung zur Flucht, Kosen beim Sternenschein, Ausflug und Landung des Grußfalken — lauter Romanzen in Wechselform. Nur die Taglieder „Dietmars" (s. d.) und „K. Heinrichs" (s. d.) und das Falkenlied 37,4 lassen sich aus der Frühzeit damit vergleichen.

9. Dem episch-lyrischen Charakter der K.-Lieder entspricht auch ihre Form, die Nibelungenstrophe. Man hat um ihretwillen im K. einst den Nibelungendichter sehen wollen und hält ihn heute noch für den Erfinder der Strophe (obwohl *wîse* nur die Melodie bezeichnet). Auf seine Erfindung griffe nicht bloß das NL. und die

Volksepik des 13. Jhs. überhaupt zurück, sondern auch die Frühlyrik, die sich (wie schon er selbst) in Variationen der Nib.-Strophe ergeht. „Einer muß sie doch schließlich erfunden haben" (Wilmanns-Michel *Walther* ² I, S. 54); aber nicht erst der Kürnberger. Die beherrschende Rolle der Nib.-Str. im spätern Volkslied, auch im rein lyrischen, läßt sich weder aus der Nachwirkung der (nicht gesungenen!) alten Volksepen begreifen noch aus der Nachwirkung des Kürnbergers selbst. Zwar taucht die Eingangszeile seiner Falkenstrophen noch in einem Liede des 16. Jhs. auf (*Ich zempt mir einen Falcken Vill lenger als sieben Jahr:* Euphorion 9 S. 40), doch wird sie durch heimische und fremde Parallelen als alte Formel ausgewiesen, die nicht erst der Kürnberger geprägt hat, wie ihm auch die Formeln 8,7; 8,21; 9,11f.; 9,17; 10,23 u.a. schon im Nibelungenmaße vorgelegen haben.

10. Die volkstümliche Strophe, die primitive Reimkunst, der der Gleichklang oder Anklang der Zeilenschlüsse nur als Mittel zur Gliederung dient, noch nicht als Schmuck gilt, sprechen ebenso entschieden gegen romanische Einflüsse wie die bodenständige Liedgattung des Wechsels und die aller Konvention ferne Auffassung der Minne. Aus romanischer Poesie lassen sich mit unsern Liedern nur die *Chansons à toile* vergleichen (Bartsch *Romanzen und Pastourellen* I), die der demütig liebenden Frau (an der Zinne) den stolzen Ritter gegenüberstellen, von Liebeszwist und Versöhnung, von Entführung, von Befreiung aus der Gewalt des Unebenbürtigen erzählen, und zwar im Ton und Geist der Volksepen, und wie diese germanisches Erbgut.

11. Die Kürnberglieder bezeugen für die Zeit vor 1150 und für Oberdeutschland (genauere Begrenzung von Zeit und Landschaft scheint unmöglich) die Pflege einer im Volksgesang wurzelnden Liebeslyrik durch den Ritterstand. Vielleicht ist schon damit zuviel gesagt. Denn mit dem Dichternamen Kürnberg steht und fällt auch die ohnehin mißliche Annahme, daß der Sänger ritterlichen Standes, adliger Dilettant war. Muß doch der Minnesang in der Provence wie in Deutschland bei Berufsdichtern und Berufsmusikern in die Lehre gegangen sein: Hofsänger werden ihn durch Rollenlieder vorbereitet und angeregt haben. Erst die Feudalisierung der Liebe war das eigene Werk der singenden Herren. Solche Rollenlieder eines Berufssängers könnten auch die kostbaren Strophen sein, welche Mißverstand (er sei dafür gepriesen!) auf den Adelsnamen Kürnberg getauft und dadurch vor sicherm Untergang gerettet hat.

HMS. Nr. 26. B.-G. Nr. I. MF. Nr. II. Die über 100 Nummern umfassende Kürnbergliteratur ist in drei Übersichten gesammelt und kritisch gewürdigt worden; diese sind: 1. Bühring *Das Kürenberg-Liederbuch nach dem gegenw. Stande der Forschung.* Progr. Arnstadt 1900 u. 1901. 2. H. Bretschneider *Die Kürnbergliteratur. Eine kritische Musterung.* Würzburger Diss. 1908. 3. G. Ehrismann *Die Kürenberg-Literatur und die Anfänge des deutschen Minnesangs,* GRM. 15 (1927) S. 328—350.

Anton Wallner.

Kursnengel von Öttingen. Hs. Additional 16581 des Britischen Museums, 15. Jh. (1469), ostschwäbisch, Bl. 147b; s. R. Priebsch *Deutsche Hss. in England* II (1901) S. 147—58. Ihm wird zugeteilt der Spruch:

Das Gluck ist sÿnwell
Vnd ist auch ze wencken schnell,
Ist es yetzunt in der handt,
Es ist paldt in ein ander landt.

R. Priebsch.

Kurtz, Johannes, von Eberspach, ist uns bisher nur durch etwa 7 Gedichte bekannt, die auf Einblattdrucken und Holzschnitten in der Zeit von 1500 bis 1520 veröffentlicht wurden. Der Name tritt in mehreren Formen auf: *Hans Kurcz, Hans Kurtz, Johann Kurtz, Joannes Kurtz von Eberspach* und in den beiden lateinischen Fassungen: *Joannes Curtius Eberspachius, Johannes Curtius Monacensis poeta.* Auf Grund der Angaben in den Gedichten ist es nicht möglich, die Heimat K.s festzulegen, auch ließen sich noch keine urkundlichen Belege beibringen. Aus den Reimworten des vorliegenden Materials kann der Heimatdialekt nur mit bescheidener Genauigkeit bestimmt werden. Die sehr wahrscheinlich noch nicht eingetretene

Diphthongierung der alten Längen, bes. des langen *î*, und einige bestimmte Reimbindungen weisen uns in das Gebiet des Alemannischen, Elsässischen, Südostschwäbischen (Rheinfränkischen). Dieser Gebietsbegrenzung würde auch ein Vergleich mit dem heutigen Dialekt nicht widersprechen. Belege konjugativer und deklinativer Art und weitere Dialektworte, die eine engere Begrenzung des Gebiets erlauben würden, fehlen im Reimbestand. Das auftretende bairische Dialektwort *busch* für „wünsch" finden wir außerhalb des Reims, kann also auf den Drucker des Gedichtes zurückzuführen sein.

Die vorliegenden Einzeldrucke befassen sich vornehmlich mit politisch-didaktischen oder kirchlich-dogmatisch-didaktischen Stoffen. Es lassen sich bei K. keine antireformatorischen Tendenzen nachweisen. Sein strengkatholischer Kirchenglaube tritt vielmehr in einigen Gedichten und in den Gebeten deutlich hervor. Die politischen Gedichte beziehen sich auf die Kriege Kaiser Maximilians (s. d.), bes. auf die gegen Venedig. Einige der Gedichte sind Maximilian gewidmet. Eines der Flugblätter bringt einen straff gefaßten Dialog, in dem der Verf. als Narr auftritt, der seinem Herrn gute Ratschläge gibt. Gedruckte Gebete liegen in deutscher und in genau entsprechender lateinischer Form vor. Da wir K. auf einem Blatt, das das Gebet des Herrn, die 7 Todsünden u. a. lateinisch enthält, als *poeta Monacensis*, d. h. als Leiter der Lateinschule in München, bezeichnet finden, so dürfen wir annehmen, daß K. der humanistischen Richtung mindestens sehr nahe stand. Denn ein *poeta Monacensis* mußte Humanist sein. Der Dialog entspricht dem Zeitstil, und gerade den Humanisten dieses geladenen Säculums eignete die Freude an dieser Gesprächsform, die uns sofort an Huttens wirksame Kampfdialoge erinnert. Alle Gedichte haben lehrhaftes Gepräge. Die satirische und grobianische Weise des Zeitalters hat jedoch auf K. in seinen Gedichten wenig abgefärbt, liegen sie ja auch noch 2 bis 3 Jahrzehnte vor dem eigentlichen mächtigsten Durchbruch dieser realistischen Art in der deutschen Literatur (Dedekinds 'Grobianus' 1549). Vergleiche und bildhafte Ausdrücke fehlen bei K. nicht. Die Verse sind meist 8-Silbler, doch treten auch 7, 9 und 10 Silben auf.

Abschließend kann man sagen, daß die vorliegenden Flugblätter K.s kein literarisches Ereignis darstellen, aber es lassen sich zeitgemäße Beziehungen aufweisen. Man kann sich des Eindrucks kaum erwehren, daß der Verfasser der Gedichte ein zwar humanistisch interessierter, sonst indessen harmloser Schulmeister, dem Kaiser und den Lehren der Kirche ergebener Mann gewesen sei. Freilich kann das niemals ein endgültiges Urteil sein, da die wenigen Gedichte aus seiner Feder — und sie sind bisher die einzige Quelle — keinen zwingenden Schluß über seine Fähigkeiten und seine Bildung, über sein Leben überhaupt zulassen.

K. Bertram *Joh. Kurtz, ein Beitrag zur Literaturgesch. des Spätmittelalters.* Diss. Greifswald 1931 (mit Ausgabe der Gedichte).

Karl Bertram.

Kurzmann, Andreas, Mönch im Zisterzienserstift Neuberg (Steiermark), gest. vor 1428. Verfaßte Übersetzungen religiöser Werke in kunstlosen Reimpaaren; einiges Selbständige findet sich nur in seinem *'Speculum'*. Sprache steiermärk.; Versbau nach Silbenzählung, klingende Reime stets abnehmend.

Werke: 1. 'St. Alban'. 923 Verse. Salzburger Studienbibl. cod. V. 1. J. S. 2. 271/6 (1443), Bl. 207ª—225ᵇ. Ein der mutmaßlichen Quelle verwandter Text in den Monatsber. der Berl. Ak. 1860, S.241ff. (M. Haupt), vgl. auch R. Köhler Germania 14 S. 300ff.—2.' Amicus und Amelius'. 1165 Verse. In ders. Hs. wie 1, Bl. 226ª—249ᵇ. Die Quelle bei Schönbach 1877 S. 850ff.—3. *'De quodam moriente'*. 111 Verse. Aus ders. Hs., Bl. 250ª bis 252ª; abgedr. von Ampferer *Über d. Mönch v. Salzburg*, Progr. Salzb. 1864, S. 31.—4. *'Speculum humanae salvationis'*. Rd. 8000 Verse. Vorauer Hs. 227, s. XV., Bl. 194ª—247ᵇ (vgl. 'Spiegel d. menschl. Heils').—5. *'Soliloquium Mariae cum Jesu'*. 427 Verse. Aus der Grazer Hs. 856 (alt 38/47), s. XV., abgedr. von Schönbach 1874. Übersetzung eines Abschnitts der

'*Vita Mariae metrica*', s. ZfdA. 17 S. 524ff. (Schönbach) oder StLV. 180 S. 119ff. (A. Vögtlin).

A. E. Schönbach *Über die Marienklagen* 1874, S. 71—83; dazu Steinmeyer Jen. Lit.-Ztg. 1875, Art. 120. A. E. Schönbach *Mitt. aus altd. Hss. 1. Über Andreas Kurzmann* (mit Proben und einem Wörterverzeichnis), WSB. Phil.-hist. Kl. 88 (1877) S. 807—874. — Zur Grammatik: Ludwig Gauby *Andreas Kurzmann. Ein Beitrag zur Sprachgeschichte des 15. Jahrhunderts*. 1. 2., 41. u. 42. Jahresbericht der ersten Staats-Realschule in Graz 1913/14. Die hier angekündigte Ausgabe von K.s Schriften in den DTM. ist nicht mehr zu erwarten. — Zu Nr. 4: Lutz u. Perdrizet *Speculum humanae salvationis* 1, 104 Nr. 235; die Angabe, daß die Hs. 227 sich nicht mehr in Vorau befinde (vgl. AfdA. 34 [1910] 62 Anm. 4) ist dadurch überholt, daß sie 1911 in Vorau für das Handschriftenarchiv der Preuß. Akademie beschrieben wurde.

Ludwig Denecke.

Der Kuse. Ein sonst nicht weiter bekannter mystischer Prediger, von dem die Berliner Hs. germ. quart 191 (15. Jh.) auf Bl. 361^a^ eine kurze Sentenz: *liden were daz aller edelste wan sin nieman würdig wart wan got alleine* unter dem Verfassernamen *der Kuse der brediger* bringt; vgl. den Abdruck in Germ. 3 S. 234.

Hans Neumann.

Kydrer, Wolfgang. Ein geborener Salzburger, begann er 1437 in Wien das Studium der Theologie und wurde 1441 magister regens in der Artistenfakultät. Einige Jahre später kam er als Rektor der Schulen bei St. Peter in die Vaterstadt zurück, ging dann als Pfarrer nach Mattsee, 1456 nach Frankenmarkt. 1462 trat er in die Benediktinerabtei Tegernsee ein und starb dort am 13. August 1487.

Seine geistigen Interessen bezeugen die 15 Bücher, die er nach Tegernsee mitbrachte, und die noch heute in der Münchener Staatsbibliothek aufbewahrt werden (clm. 18226, 18268—70, 18352, 18405, 18641—42, 18990, 19674—78, 19818). Sie enthalten vor allem Werke seiner Wiener Lehrer (Nikolaus von Dinkelsbühl [s. d.], Heinrich von Hessen [s. d.], Thomas Ebendorfer [s. d.], Nikolaus Kempf [s. d.] u. a.) sowie theologische Traktate und seine Wiener Disputationen. In den Jahren 1464 bis 1466 hielt er seinen Klosterbrüdern lateinische Predigten, die er dann selbst aufgezeichnet hat (clm. 18279, 19612); sie sind nüchtern, schwunglos und dogmatisch. Aber schon brechen deutsche Worte und Sätze durch, und auch dieser sonst ganz scholastische Denker kann sich, wie manche seiner Lehrer, den Gedanken der deutschen Mystik nicht entziehen. So heißt es einmal bezeichnenderweise: *So du dich verbegenlich under got legest, so peugt er sein achsl under dein pürd und hilft tragen. so wirdt sein joch unmäslich sues und kein leiden unleidlich. so wir aber sein an got und sten in unser aygen chuenhait, so mügen wir nichts durch got leiden oder würchen und sten dann nur in ausbendigen dingen und werden als dürr, das es ist ze erparmen.* (clm. 19612, Bl. 33a).

Wichtig ist K. auch als Übersetzer und verdient da eine eigene Untersuchung. In den siebziger Jahren bearbeitet er des Alvarus Pelagius Werk '*De planctu ecclesiae*' u. d. T. 'Von klösterlichen tugenden und lastern' (cgm. 780, Bl. 72a—166b; selbst 1477 geschrieben) und des Johannes de Turrecremata (s. Joh. v. Brandenturn) '*De nuptiis spiritualibus*' u. d. T. 'Von geistlicher hochzeit' (ebda. Bl. 205a bis 222b). Später macht er sich an die vielgelesenen '*Meditationes de passione Christi*' des Silvester von Rebdorf, die für die Wochentage nach den sieben Tagzeiten aufgebaut sind. Auch diese Verdeutschung ist, allerdings von späterer fremder Hand aufgezeichnet, in drei Handschriften erhalten (cgm. 792, 848, 1149), ein Zeichen für ihre Beliebtheit in mönchischen Kreisen. (Eine andere Übersetzung dieser Rebdorfischen Schrift in clm. 791 und 4594.)

W. K. gehört in den Kreis der gerade im 15. Jh. so zahlreichen deutschen Erbauungsschriftsteller, die, angeregt durch die Reformkonzilien, den Ungelehrten religiöse lateinische Schriften durch Übersetzungen in die Muttersprache nahebringen wollten und damit für religiöse Vertiefung, aber auch für deutsche Sprachgeltung wirkten.

P. Virgil Redlich O. S. B. *Tegernsee und die dt. Geistesgeschichte im 15. Jh.* 1931, S. 41—45.

W. St.

Kyeser, Konrad, von Eichstädt in Franken, geb. 1366, gest. nach 1405. Verfasser eines Kriegsbuches '*Bellifortis*' 1405.

1. Cod. ms. phil. 63 Univ.-Bibl. Göttingen, 140 Foliopergamentblätter mit farbigen Darstellungen und künstlerischen Miniaturen. Ferner ms. phil. 64, Papierhandschrift, nur wenig vom Hauptmanuskript abweichend.

2. Von Kyeser wissen wir, daß er aus edlem Geschlecht in Franken stammte und als Söldner, bezw. Hauptmann, wie er selbst berichtet, bei vielen Fürsten in großer Gunst stand. Sein Kriegsbuch verfaßte er in den Jahren 1396—1405, während er, aus uns unbekannten Gründen, in der Verbannung in Böhmen lebte, und widmete es dem Kaiser Ruprecht von der Pfalz. Der Name '*Bellifortis*' ist verdorbenes Latein und sollte heißen *bello fortis*, der Kampfstarke. Die zahlreichen Zeichnungen und Miniaturen sind von einem lateinischen Text, meist in schlechten Hexametern, begleitet. Die Hauptsache bilden Darstellungen, die das Kriegswesen in Deutschland im Übergang von 14. zum 15. Jh. zeigen. Das ganze ist eine technisch-militärwissenschaftliche Ikonographie, die älteste zusammenhängende dieser Art und zugleich das früheste uns erhaltene Kriegsbuch. Der Verfasser will in diesem Buche dem deutschen König, den Herzögen, Landgrafen, Rittern, Heerführern und Hauptleuten ein praktisches Hilfsmittel, ein Kompendium der Kriegswissenschaft, soweit sie damals erforscht war, in die Hand geben.

Das Werk ist ein Extrakt der Kenntnisse eines Ingenieurs und Büchsenmeisters und bringt alles, was zur technischen Kriegsführung jener Zeit bekannt und geeignet war. Die ganze Einteilung und Zusammenfassung, in der wohl uns nicht mehr erhaltene ältere Schriften eingeschlossen sind, ist einheitlich, und auch die bildliche Darstellung ein Ganzes, ein Original und keine Abschrift eines fruheren Werks. Die Bilder bestehen zum großen Teil aus Federzeichnungen mit Wasserfarben getont und dürften vom Verfasser herstammen, während eine große Reihe mit sorgfältig ausgeführten Miniaturgemälden geschmückt ist, die wohl einen Meister der böhmischen Malschule zum Urheber haben dürften.

3. Wir geben hier nur kurz den Inhalt der einzelnen Kapitel an. Das erste enthält Darstellungen von Streitkarren, teils mit Pulvergeschütz, und „Katzwagen", die zu Belagerung dienten, das zweite Belagerungsgerät, Widder, Sturmhütten, Hebezeug, worunter die Bliden, die Hebelkraftwurfzeuge, noch im Gebrauch sind. Das dritte Kapitel handelt von Hydrotechnik, sowohl militärischer wie rein technischer Art, zerlegbaren Brücken, Wasserleitungen, Schiffen, Pontons, Taucherei. Das vierte Kapitel berichtet über die Steigzeuge und Leitern zur Stürmung fester Plätze. Das fünfte behandelt die Fernwaffen, Armbrüste mit ihren Zubehören, verschiedene Spannvorrichtungen und große Schießmaschinen. Das sechste Kapitel ist dem Belagerungskrieg gewidmet, das folgende bringt allerlei Geheimmittel zur Bereitung von Beleuchtungsgegenständen. Das achte Kapitel gibt sich als eigentliches Feuerwerksbuch, mit einer prosaischen Abhandlung über Pulverherstellung, solche von Raketen und Brandmitteln, während die eigentliche Büchsenmeisterei nicht sehr ausführlich behandelt ist. Hier treffen wir auch die Beschreibung eines Drachenballons mit Warmluftfüllung. Das neunte Kapitel veranschaulicht die wohltätige Macht des Feuers. Wir sehen hier Verwendung des Feuers zu Bädern, Herd- und Heizanlagen und seine technische Verwendung zu Sprengungen. Das letzte Kapitel schließt mit der Schilderung verschiedener Werkzeuge und Waffen.

M. Jähns *Geschichte der Kriegswissenschaften* 1889 S. 249-255. v. Eye *Beiträge zur Kunst- und Kulturgeschichte von Beginn des 15. Jhs.*, Anz. f. Kunde d. Vorzeit 1871, Nr. 5 u. 11; 1872, Nr. 1, 2. F. M. Feldhaus *Modernste Kriegswaffen — alte Erfindungen* 1915, S. 61—76, Abb. S. 64, 65, 66, 67, 69, 71, 72, 73, 75, 76. A. von Essenwein *Quellen zur Geschichte der Feuerwaffen* 1877, S. 15—16, Abb. 11a, b, 12a, b. P. Sixl Z. f. hist. Waffenkde. 1 S. 223, 305. Einzelne Abbildungen mit Hinweis auf Kyeser: A. Schultz *Deutsches Leben im 14. und 15. Jh.* 1892 Bd. I S. 12, Fig. 14, 15, S. 68, Fig. 79, 80, S. 283, Taf. 19, 20, 21, Fig. 315, 317, 318, Taf. 22, 23, 26, 27, Fig. 2, 371 (die Tafeln farbig wiedergegeben); desgl. Bd. II S. 382, 383 Abb. 165, 166. P. Sixl a. a. O. I S. 224, Fig. 14; B. II S. 233, Fig. 95b, 235, Fig. 98, 269, Fig. 99. F. M. Feldhaus *Die Technik der*

Antike und des Mittelalters 1931 S. 52, 247, 340 (bes.) Abb. 355 (Porträt Kyesers) u. 356, 341 Abb. 357, 342 Abb. 358 u. 359, 343 Abb. 360, 344 Abb. 361, 345 Abb. 362, 346 Abb. 363, 347 Abb. 364, 365 u. 366, 363. G. Köhler *Die Entwickelung des Kriegswesens* Bd. III. 1. Abt. S. 216, 217, 256. H. Delbrück *Geschichte der Kriegskunst. III. Teil. Das Mittelalter* 1907 S. 676—678.

4. Das Werk Kyesers ist für kriegswissenschaftliche Bilderhandschriften in der Folgezeit maßgebend geworden. Die Verbreitung solcher Werke ist entweder in Abschriften durch den Verfasser selbst oder durch seine Gesellen, Schüler und Lehrlinge ausgegangen, gerade so, wie bei den Fechtbüchern. (S. Lichtenauer, Thalhofer, 'Feuerwerksbuch'.) Von dem *'Bellifortis'* hängen eine ganze Reihe mehr oder weniger abweichende Bearbeitungen, Ergänzungen und Kopien ab, wie überhaupt Kyesers Werk für die kriegswissenschaftlichen Bilderhandschriften und ihre Entwicklung ausschlaggebend war. Cod. ms. phil. 64, ebenfalls in Göttingen, ist eine eigentliche Abschrift, doch sind die Zeichnungen nicht an das Original reichend und gering. Neu sind eine Anzahl deutscher Texte an Stelle der lateinischen.

M. Jähns a. a. O. I S. 256. P. Sixl a. a. O. I S. 223.

Von Kyeser ausgehend: Cod. ms. 16. o. 7. Bibl. Ferdinandeum Innsbruck. 152 Blatt. Text lat. Abschrift. M. Jähns a. a. O. I S. 257—258. P. Sixl a. a. O. I S. 223. A. Schultz *Deutsches Leben* S. 540; ders. *das deutsche Leben zur Zeit der Minnesänger* 1889 Bd. II S. 382, 383 Abb. 165. 166, S. 384, 385 Abb. 167, 168, S. 396, 397, Abb. 177, 178.

Cod. ms. 50, Kunsthist. Sammlg. Wien, 1410. P. Sixl a. a. O. II S. 79, Fig. 57; III S. 233. A. von Essenwein *Quellen zur Geschichte d. Feuerwaffen* S. 17 Abb. 14—17.

Cod. Ms. 51, ebda. (s. 'Kriegs- und pixsenwerck'). P. Sixl a. a. O. I S. 139, 305; III S. 232 Fig. 92b, 271 Fig. 103. A. von Essenwein *Quellen* S. 17 Abb. 18—20.

Cod. ms. 52. ebda. 15. Jh. Anf. P. Sixl a. a. O. I S. 223, 305; III S. 271 Fig. 103.

Cod. ms. 55 ebda. Anf. 15. Jh. P. Sixl a.a.O. I S. 141, 181, Fig. 4, 224, 225, 226, Fig. 16, 245, 250, 305; II S. 413, 443. R. Coltman Clephan *A sketch of the history of the hangun:* Thierbach-Festschrift 1905, S. 51.

Cod. 34, Kunsthist. Sammlung Wien, um 1410. P. Sixl a. a. O. I S. 227, Fig. 19, 280, Fig. 45, 305; II S. 442, 443, 446. B. Rathgen *Das Geschütz im Mittelalter* 1928, S. 78.

Cod. ms. 67, 15. Jh. Anf. P. Sixl a. a. O. I S. 225.

Cod. ms. 5278. Staatsbibl. Wien: *'Tractatus de arte bellica hexametris compositus'*. Die Handschrift lateinisch und deutsch abgefaßt, 15. Jh. Anf. mit angehängtem Fecht- und Ringbuch. Mitte 15. Jh. M. Jähns *Geschichte der Kriegswissenschaften* I S. 256. — P. Sixl a. a. O. I S. 223.

Cod. Nr. 860. Bibl. Donaueschingen, um 1410. 150 Blatt, Kopie von 7 Büchern des *'Bellifortis'*, mit neuen technischen Bildern. M. Jähns a. a. O. I S. 256. F.M. Feldhaus *Die Technik der Antike und des Mittelalters* 1931, S. **343, 344**, Abb. 361.

Cod. palat. germ. 787 Universitätsbibl. Heidelberg, 1430. Wiederholung des *'Bellifortis'* verbunden mit dem 'Feuerwerksbuch'. M. Jähns a. a. O. I S. 256/57. F. M. Feldhaus *Die Technik* S. 349.

Cod. ms. Durlach. 241 General-Landesarchiv Karlsruhe, 1410, 144 Blatt. M. Jähns a. a. O. I S. 257. F. M. Feldhaus *Die Technik* S. 343, 345 Abb. 362.

Cod. ms. Privatbesitz Frankfurt a. M., Abschrift des *'Bellifortis'*, 189 Bilder, um 1460/80. Rosy Schilling *Eine illuminierte Handschrift in Frankfurter Besitz*, Festschrift 1929, S. 210/13, Nr. 184, Taf. 70, 1.

Cod. ms. 1514 (141. H. 10.) Kunsthist. Sammlung in Wien, um 1520. F. M. Feldhaus *Die Technik* S. 343, 346.

Eduard A. Geßler.

Kolibri 360 GmbH
Ferdinand-Jühlke-Straße 7
99095 Erfurt, Deutschland
produktsicherheit@kolibri360.de